NOUVEAU COURS

COMPLET

D'AGRICULTURE

THÉORIQUE ET PRATIQUE.

TAB = ZOO.

TOME TREIZIÈME.

NOMS DES AUTEURS.

MESSIEURS :

THOUIN, Professeur d'Agriculture au Muséum d'Histoire Naturelle.

PARMENTIER, Inspecteur général du Service de Santé.

TESSIER, Inspecteur des Établissemens ruraux appartenant au Gouvernement.

HUZARD, Inspecteur des Écoles Vétérinaires de France.

SILVESTRE, Chef du Bureau d'Agriculture au Ministère de l'Intérieur.

BOSC, Inspecteur des Pépinières Impériales et de celles du Gouvernement.

> Composant la Section d'Agriculture de l'Institut de France.

CHASSIRON, Président de la Société d'Agriculture de Paris.

CHAPTAL, Membre de la section de Chimie de l'Institut.

LACROIX, Membre de la Section de Géométrie de l'Institut.

DE PERTHUIS, Membre de la Société d'Agriculture de Paris.

YVART, Professeur d'Agriculture et d'Économie rurale à l'École Impériale d'Alfort; Membre de la Société d'Agriculture; etc.

DECANDOLLE, Professeur de Botanique et Membre de la Société d'Agriculture.

DU TOUR, Propriétaire-Cultivateur à Saint-Domingue, et l'un des auteurs du Nouveau Dictionnaire d'Histoire Naturelle.

Les articles signés (R) sont de ROZIER.

DE L'IMPRIMERIE DE MAME FRÈRES.

Cet Ouvrage se trouve aussi,

A PARIS, chez LE NORMANT, libraire, rue des Prêtres Saint-Germain-l'Auxerrois, n° 17.

A BRESLAU, chez G. THÉOPHILE KORN, imprimeur-libraire.

A BRUXELLES, chez { LECHARLIER, libraire.
{ P. J. DE MAT, libraire.

A LIÉGE, chez DESOER, imprimeur-libraire.

A LYON, chez YVERNAULT et CABIN, libraires.

A MANHEIM, chez FONTAINE, libraire.

NOUVEAU COURS

COMPLET

D'AGRICULTURE

THÉORIQUE ET PRATIQUE,

Contenant la grande et la petite Culture, l'Économie Rurale
et Domestique, la Médecine vétérinaire, etc. ;

O U

DICTIONNAIRE RAISONNÉ

ET UNIVERSEL

D'AGRICULTURE.

Ouvrage rédigé sur le plan de celui de feu l'abbé ROZIER, duquel on a conservé
tous les articles dont la bonté a été prouvée par l'expérience ;

PAR LES MEMBRES DE LA SECTION D'AGRICULTURE
DE L'INSTITUT DE FRANCE, etc.

AVEC 60 FIGURES EN TAILLE-DOUCE.

A PARIS,

CHEZ DETERVILLE, LIBRAIRE ET ÉDITEUR,
RUE HAUTEFEUILLE, N° 8.

M. DCCC IX.

NOUVEAU
COURS COMPLET
D'AGRICULTURE.

TABAC, NICOTIANE TABAC, PETUN, HERBE A LA REINE, *Nicotiana tabacum*, Lin. Plante du genre NICOTIANE, originaire de l'Amérique, et qui depuis deux cent cinquante ans environ s'est répandue dans les quatre parties du monde, où on la cultive et la prépare de diverses manières, non pour les arts ou pour servir d'aliment, mais comme plante de fantaisie, qui se mâche, se fume, et se prend en poudre; elle est aussi employée quelquefois en médecine. On donne indifféremment le nom de *tabac* ou à la plante même, ou à sa poudre, ou à ses feuilles entières et séchées.

La plante a une racine fibreuse, rameuse, blanche, et d'un goût âcre. Sa tige, haute de quatre à cinq pieds, est cylindrique, grosse d'un pouce, légèrement velue et pleine de moelle; elle se divise en un grand nombre de rameaux garnis de feuilles amples, ovales-lancéolées et alternes. Le sommet de ces feuilles est aigu; leurs bords sont légèrement ondés; leur surface velue et à nervures très apparentes; leur couleur un peu jaunâtre et d'un vert pâle. Elles teignent la salive, ont une saveur âcre, et sont glutineuses au toucher; leur base embrasse la tige, et se trouve partagée en deux lobes ayant la forme d'oreillettes. Les fleurs, d'une couleur purpurine ou ferrugineuse, présentent une assez belle panicule à l'extrémité des rameaux; leur calice est d'une seule pièce, légèrement velu, et découpé en cinq segmens aigus; la corolle a un tube deux fois plus long que le calice, et un limbe plane ouvert en godet et à cinq divisions; les étamines, au nombre de cinq, offrent une particularité qu'il est aisé d'observer : elles s'approchent ensemble du pistil pour le féconder, et forment alors comme une couronne autour de cet organe, dont elles s'éloignent après la fécondation. A ces fleurs succèdent des fruits oblongs, membraneux et à deux

13.   I

loges, contenant un nombre prodigieux de semences très fines. J. Ray a eu la patience d'en compter sur un seul pied jusqu'à trois cent soixante mille.

Ces semences se conservent aussi très long-temps. On lit dans les mémoires de Suède (*Collect. acad.* , *partie étrang.* , t. XI) que des tiges de tabac sont venues dans un terrain où l'on avoit jeté de la graine neuf ans auparavant. M. de La Tapie, ancien inspecteur des manufactures de la ci-devant province de Guienne, a semé en 1780, à la Brède, près de Bordeaux, de la graine de tabac de la plus belle espèce, qu'il avoit apportée de Naples, et cueillie dans la Calabre en 1774 ; elle a produit des plantes très vigoureuses et presque arborescentes.

L'espèce de tabac que je viens de décrire s'appelle communément *tabac à larges feuilles* ; elle s'est tellement naturalisée en Europe qu'elle y croît aujourd'hui presque sans soins et sans culture. Elle fleurit en juillet et août, et supporte quelquefois les hivers modérés. Cependant elle est ordinairement annuelle dans nos climats. Il y en a une autre *à feuilles étroites*, mais qui n'est qu'une variété : celle-ci porte le nom de *tabac de Virginie*, de *petun des Amazones*. La *nicotiane rustique* est encore un vrai tabac, cultivé et naturalisé en Europe ; elle a une feuille ronde ou oblongue, et pétiolée; on la nomme vulgairement *petite nicotiane* , *tabac femelle* , *tabac du Mexique* , ou *faux tabac*. C'est de ces trois plantes dont je vais parler sous le nom que porte cet article.

Le tabac n'est point une denrée de première nécessité. Il n'offre aucun aliment, aucun véritable secours à l'homme, soit en santé, soit malade. En médecine il est plus nuisible qu'utile, et son emploi est souvent dangereux. Comment se fait-il donc que cette plante ait acquis dans le monde une si grande célébrité? Comment et pourquoi depuis deux siècles s'est-elle multipliée si rapidement, et dans tous les coins du globe? Le tabac a séduit toutes les nations. L'Arabe le cultive dans ses déserts ; les Japonais, les Chinois, les Indiens en font usage. On le trouve dans les contrées brûlantes de l'Afrique ; et les habitans des zones glaciales ne peuvent s'en passer. Il plaît au nègre, au Hottentot, au Samoyède, au Lapon, au sauvage de l'Amérique ; il est enfin de mode chez tous les peuples civilisés de la terre. Les uns le mâchent, les autres remplissent leur bouche de sa fumée, d'autres en respirent la poudre par le nez. Les pauvres comme les riches en font une consommation prodigieuse. Pour tous c'est une jouissance ou plutôt un besoin, qui même fait souffrir celui qui ne peut le satisfaire. Il n'est pas jusqu'à l'homme le plus misérable qui, après un morceau de pain, ne préfère le tabac à tout le reste. D'où vient donc l'attrait puissant qu'a cette plante ? Elle appartient à une famille (les *solanées*) qui renferme plusieurs poisons ; danssa fraîcheur elle a une odeur virulente et narcotique. Comment étant séchée et pulvérisée peut-elle changer de nature au point de satisfaire tous les goûts, et d'être recherchée par tout le monde? Doit-elle cette faveur à l'espèce d'ivresse que cause sa fumée, ou à la petite convulsion agréable que produit sa poudre quand on la respire? Est-ce parcequ'elle agace ou ébranle les nerfs qu'on aime à en user, ou à cause du bien-être qu'elle semble faire éprouver en dégageant la tête des humeurs qui l'embarrassent? Je laisse au médecin philosophe à décider ces questions. Il me suffit que le tabac soit devenu chez presque tous les peuples un objet de culture, d'échange et de consommation journalière, pour que je doive en parler avec quelque étendue. Après avoir tracé son histoire en peu de mots, je dirai comment il est cultivé en Amérique et en Europe, et quelles sont les préparations qu'il reçoit avant de passer dans le commerce; je parlerai ensuite de ses propriétés et de ses divers usages.

I. HISTOIRE DU TABAC.

Si la découverte de l'Amérique n'a pas rendu les peuples de l'Europe plus sages et plus heureux, on ne peut au moins s'empêcher de convenir qu'elle a augmenté leurs jouissances. Avant cette époque nous ne faisions point usage du sucre et du café; le coton étoit très rare; la cochenille et l'indigo ne teignoient point nos laines; nous n'avions ni cacao pour composer nos déjeûners, ni quinquina pour guérir la fièvre; enfin le tabac nous étoit entièrement inconnu. C'est vers l'an 1560 qu'il fut introduit en Europe. Il y porta d'abord divers noms. On l'appela en premier lieu *nicotiane*, parceque M. Nicot, alors ambassadeur à la cour de Portugal, en ayant eu connoissance par un marchand flamand, en envoya de la semence à la reine Catherine de Médicis. A son retour en France, il lui présenta la plante même, qui prit le nom *d'herbe à la reine;* mais jamais cette princesse ne put la faire appeler *médicée.* Ensuite on la nomma *herbe du grand prieur,* à cause du grand prieur de France, de la maison de Lorraine, qui en usoit beaucoup; puis *l'herbe de Sainte-Croix* et *l'herbe de Tournabon,* du nom de deux cardinaux, l'un nonce en France, l'autre en Portugal, et qui les premiers la mirent en réputation dans l'Italie. Aux Indes occidentales, sur-tout au Brésil et dans la Floride, elle avoit le nom de *petun,* qu'elle y conserve encore; mais les Espagnols lui donnèrent celui de *tabac,* parcequ'ils la connurent d'abord à *Tabago,* l'une des petites Antilles, ou, selon d'autres, à *Tabasco,* province de l'audience du Mexique. C'est ce dernier nom qui a prévalu en Europe. Thevet a disputé à Nicot la gloire d'avoir donné le tabac à la France. Mais il est reconnu que François Drake, célèbre marin anglais, qui conquit la Virginie, en enrichit son pays.

Les Espagnols et les autres Européens ayant fait usage du tabac, à l'imitation des Indiens, le portèrent bientôt par-tout où s'étendoit leur commerce. Ainsi cette plante, qui n'étoit autrefois qu'une simple production sauvage d'une petite île ou d'un petit canton de l'Amérique, se répandit en peu de temps dans un très grand nombre de pays de climats différens. En Italie, où les cardinaux dont j'ai parlé l'avoient portée, elle fut vantée, et on en fit usage sous le nom d'*herbe sainte*, que les Espagnols lui avoient donné à cause de ses vertus.

Cependant l'herbe sainte, loin d'être également accueillie de tout le monde, alluma bientôt une vive guerre entre les savans; les ignorans en grand nombre y prirent parti, et les femmes même entrèrent dans cette querelle. On écrivit, pour ou contre le tabac, plus de cent volumes, dont un Allemand nous a conservé les titres. Jacques Stuart, roi d'Angleterre, se mit sur les rangs; il composa un traité sur les mauvais effets de cette plante. Simon Paulli, premier médecin du roi de Danemarck, et beaucoup d'autres, furent au nombre de ses détracteurs. Et il ne faut pas croire qu'on combattît le tabac seulement avec la plume; de puissans monarques le proscrivirent sévèrement. Le grand-duc de Moscovie, Michel Fédérowitz, voyant que sa capitale, bâtie de maisons de bois, avoit été presque entièrement consumée par un incendie, dont l'imprudence des fumeurs, qui s'endormoient la pipe à la bouche, fut la cause, défendit l'entrée et l'usage du tabac dans ses États, premièrement sous peine de la bastonnade, ensuite sous peine d'avoir le nez coupé, et enfin de perdre la vie. Amurat IV, empereur des Turcs, et le roi de Perse, Schah-Sophi, firent les mêmes défenses dans leurs empires, et sous les mêmes peines. Le pape Urbain VIII, par une bulle, excommunia ceux qui prenoient du tabac dans les églises. Le premier arrêt qui fut rendu en France, à l'égard du tabac, fut pour en défendre l'usage. Ces persécutions étoient aussi ridicules que celles auxquelles l'introduction du café et du quinquina donna lieu, et elles n'empêchèrent pas le tabac de se répandre chez tous les peuples des deux continens.

Les médecins, amateurs des nouveautés, qui veulent appliquer toutes les productions de la nature au soulagement de nos maux, s'emparèrent bien vite de cette plante pour y rechercher et pour en composer de nouveaux remèdes. Ils l'employèrent intérieurement et extérieurement à la guérison des maladies. Ils en tirèrent des eaux distillées, et de l'huile par infusion ou par distillation, en préparèrent des sirops et des onguens, la recommandèrent en poudre, en fumée, en mâchicatoire, en errhine, pour purger, disoient-ils, le cerveau et le décharger d'une pituite surabondante. Ils louèrent ses feuilles appliquées chaudes pour les tumeurs œdémateuses, les douleurs de jointures et la paralysie, prescrivirent l'usage de ces mêmes feuilles broyées avec du vinaigre pour les maladies cutanées, vantèrent la fumée, le suc et l'huile du tabac comme un remède odontalgique. Enfin ils inondèrent le public d'ouvrages composés à la louange de cette plante; tels sont ceux de Monardes, d'Éverhatus, de Neênder, etc. Mais d'autres médecins, éclairés par une théorie et une pratique plus savante, pensèrent bien différemment des prétendues propriétés médicinales du tabac; ils jugèrent avec raison qu'il n'y avoit presque point de cas où son usage, comme remède externe ou interne, dût être admis. Ils fondoient leur opinion sur l'âcreté de cette plante, sur sa causticité, sur sa qualité narcotique, et sa saveur à la fois brûlante et nauséabonde. Leur sentiment prévalut, et aujourd'hui on fait très rarement usage du tabac en médecine.

Mais, comme objet de luxe et de fantaisie, il n'est point de substance végétale dont la consommation soit plus abondante et plus générale. La poudre et la fumée de tabac sont devenues l'objet d'une sensation délicate presque universelle; et l'habitude, changée en passion, a promptement excité un zèle d'intérêt pour perfectionner la culture et la fabrication d'une chose aussi recherchée. Enfin, par l'effet d'un goût général, le tabac est devenu une branche très étendue du commerce de l'Europe et de celui d'Amérique; et en Europe, plusieurs souverains, en établissant sur cette denrée un impôt plus ou moins considérable, ont su en tirer avantage pour augmenter leur revenu.

Cet impôt est très ancien en France. Il doit être regardé comme une des plus belles inventions fiscales. Ce fut en effet une idée ingénieuse qu'eurent les chefs du gouvernement, d'établir, sur un besoin de fantaisie, une branche de revenu public, qui, quoique foible d'abord, devint bientôt une des plus importantes ressources de l'État, et put dans la suite verser jusqu'à trente millions dans son trésor.

Le cardinal de Richelieu, voulant favoriser le débit des productions de nos colonies naissantes, établit en 1629 un impôt de trente sous par livre sur tout tabac étranger : c'étoit un véritable droit d'entrée, qui, eu égard à la valeur de l'argent dans ce temps-là, équivaloit à une prohibition totale, d'autant que le tabac du crû des colonies en étoit exempt, et pouvoit par conséquent être vendu meilleur marché. Colbert, s'écartant de ces principes, non seulement réduisit ce droit à treize livres par quintal, mais en mit un de quatre livres par cent pesant sur les tabacs coloniaux.

En 1674, la vente du tabac fut rendue exclusive, et ce privilège, accordé aux fermiers du roi, fut maintenu jusqu'en 1719, c'est-à-dire pendant quarante-cinq ans. A cette dernière époque, le gouvernement adopta un nouveau système. Spéculant sur les profits qu'il pouvoit retirer de la Louisiane, mieux connue alors qu'elle ne l'avoit été du temps de Colbert, il prohiba en faveur de cette colonie toute culture de tabac en France, et anéantit en même temps le privilège exclusif de vente, qui fut converti en un droit d'entrée. Mais cette dernière disposition ne dura pas long-temps. En 1721, le privilège fut rétabli, et il a existé jusqu'au moment de la révolution. Ainsi, à l'exception d'un court inter-valle de deux années, la vente du tabac en France a été soumise à un régime prohibitif pendant cent seize ans de suite. Il faut croire que ce régime présente de grands avantages pour le fisc, puisque les rois et les divers ministres qui se sont succédés pendant ce laps de temps considérable ont jugé à propos de le maintenir.

Dans les commencemens cet impôt n'étoit pas très productif; il fut d'abord affermé cinq cent mille livres, puis deux millions trois cent mille livres, ensuite sept et huit millions, enfin trente millions. Cette augmentation étoit l'effet nécessaire d'un débit plus considérable, des nouvelles mesures prises contre les fraudeurs, et de la longue expérience acquise par les agens de la ferme. Au reste, on ne doit pas s'étonner qu'on se fût autant attaché à perfectionner un impôt dont le produit étoit assuré, et dont l'acquittement ne pouvoit exciter ni réclamations ni murmures. L'impôt du tabac ne pèse en effet sur personne, le paye qui veut. Et quoique l'usage de cette feuille en poudre soit devenue comme une espèce de besoin pour beaucoup d'hommes, ce n'est jamais qu'un besoin de caprice et non de nécessité.

Cet impôt offre encore plusieurs autres avantages qui lui sont particuliers, et qui le rendent préférable à toute autre contribution. C'est le plus doux de tous les impôts, même indirects. Il s'acquitte par fractions même imperceptibles, tandis qu'on est obligé de payer le droit d'enregistrement en sommes plus ou moins fortes, ce qui absorbe ou arrête les capitaux. Il n'a pas l'inconvénient du droit du timbre, qui charge inégalement des profits inégaux. Ce ne sont que les citoyens riches ou aisés qui peuvent rendre très productifs les impôts du timbre et de l'enregistrement. Comme ces droits sont le plus souvent au-dessus des moyens du pauvre, il les élude autant qu'il peut, en s'abstenant des actes ou transactions qui les nécessitent; et le fisc perd beaucoup à cela. Le pauvre, au contraire, ou le citoyen peu aisé, n'est jamais effrayé de l'impôt du tabac, qui lui est d'ail-leurs à peine connu. Aussi ne s'impose-t-il, à l'égard de cette den-rée, aucune privation; et comme le nombre de ces hommes est très grand, la consommation qu'ils font en masse est prodigieuse, et tourne au profit de l'état.

Ce tableau des ressources qu'offre le tabac pour accroître les revenus publics n'est point étranger à cet article, puisqu'il prouve l'importance de sa culture considérée seulement de ce côté. Avant la révolution, cette culture étoit prohibée dans presque toute la France; maintenant elle y est généralement répandue, et y jouit d'une liberté entière; et quoique cette liberté ait dû changer né-cessairement le système fiscal sur le tabac, elle n'en est pas moins très avantageuse à l'état, non seulement sous ce rapport, mais encore sous celui de l'industrie et de la prospérité nationales.

En effet, la culture du tabac est facile et n'exige pas de grandes dépenses; elle emploie beaucoup de terrains qui resteroient incultes; elle convient parfaitement au peuple français, parcequ'aucun autre n'a comme lui le talent de la manipulation de cette denrée. Le prix du tabac et les frais de culture et de fabrication répandent dans les diverses classes des cultivateurs et artisans un argent bien utile; enfin, par cette culture la France est affranchie d'un tribut de plusieurs millions qu'elle payoit aux étrangers pour se procurer les matières premières, et elle concentre chez elle une denrée précieuse par son débit, et dont elle peut faire commerce avec les autres nations.

Malgré ces avantages, qui ne peuvent être révoqués en doute, l'introduction de cette culture en France a eu et a encore ses détracteurs; ils prétendent que le tabac étant originaire des pays chauds, celui d'Amérique sera toujours meilleur que le nôtre, et lui sera toujours préféré dans le commerce; que la permission de le cultiver en France peut entraîner plusieurs cultivateurs dans de mauvaises spéculations, ou leur faire négliger des cultures plus utiles; qu'enfin la vente de cette denrée exige une manipulation longue et coûteuse, tandis que le blé, le vin, le foin peuvent être vendus aussitôt après la récolte. D'ailleurs, ajoutent-ils, le tabac épuise le sol; il ne donne ni paille, ni fourrage, ni fumier; il ne ménage aucune ressource à l'homme ni aux animaux dans le temps de disette. Il vaut donc mieux laisser à l'Amérique le soin de nous le fournir, et consacrer nos terres à des productions qui soient utiles à tout le monde.

Ces raisonnemens sont spécieux, mais l'expérience a prononcé contre les détracteurs de la culture dont il s'agit, et les circonstances sont venues à l'appui de l'expérience. La feuille de tabac indigène a aujourd'hui une grande valeur; tant qu'elle la conservera, il sera sans doute bien difficile de faire renoncer nos planteurs à une culture qui leur est si profitable. Enfin, l'importance de cette culture est aujourd'hui bien reconnue; elle exige donc que j'entre dans tous les détails qui vont suivre, et dont aucun n'est indifférent.

Après avoir fait connoître la manière de cultiver le tabac en Amérique, je dirai un mot des différences que présente la même culture en Hollande, sur les bords du Rhin et dans le midi de la France.

II. CULTURE DU TABAC.

Quand on traite de la culture générale d'une plante qui présente un grand intérêt, on doit toujours songer à tous les climats qui lui sont propres, et à tous les pays où cette culture est introduite;

sans cette considération on peut induire le lecteur en erreur ; car si l'on se borne à ne lui présenter que les principes tirés de pratiques locales, on l'expose nécessairement à en faire de fausses applications; voilà pourquoi j'ai cru devoir parler dans des sections séparées, des différentes manières dont le tabac est cultivé dans diverses contrées et à des latitudes différentes.

§. I. *Culture du tabac en Virginie et dans le Maryland.* Cette plante demande une terre douce, médiocrement forte, unie, profonde, et qui ne soit pas sujette aux inondations : les terres neuves lui sont plus propres que celles qui ont déjà servi. On sème le tabac sur couches ou en pleine terre, dans les premiers jours du printemps, plus tôt ou plus tard, selon que cette saison est plus ou moins avancée. Quand on le sème en pleine terre, on a soin de le couvrir à la moindre apparence de froid : on en mêle la graine avec six fois autant de cendres ou de sable, parceque si on la semoit seule, sa petitesse la feroit pousser trop épais, et il seroit impossible de transplanter le tabac sans l'endommager. On sarcle avec attention les couches ou les planches sur lesquelles il a été semé ; on ne laisse autour de lui aucunes mauvaises herbes, dès qu'on peut le distinguer ; enfin, il doit toujours être seul et bien net.

Le terrain destiné à transplanter le tabac doit avoir été labouré à la charrue ou à la bêche, et avoir été rendu aussi meuble et doux qu'il est possible. S'il est exposé au midi, en pente douce ou dans un champ garanti des vents du nord et nord-est, le succès de la plantation est plus assuré. On le partage en allées distantes de trois pieds les unes des autres, et parallèles, sur lesquelles on plante en quinconce des piquets éloignés de trois pieds. Pour cet effet, on étend un cordeau divisé de trois en trois pieds par des nœuds ou quelques autres marques apparentes, et l'on plante un piquet en terre à chaque nœud ou marque. Après qu'on a achevé de marquer les nœuds du cordeau, on le lève, on l'étend trois pieds plus loin, observant que le premier nœud ou marque ne corresponde pas vis-à-vis d'un des piquets plantés, mais au milieu de l'espace qui se trouve entre deux piquets; et on continue de marquer ainsi successivement tout le terrain avec des piquets, afin de mettre à leur place les plantes, qui, de cette manière, se trouvent plus en ordre, plus aisées à sarcler, et à une distance suffisante pour prendre la nourriture qui leur est nécessaire. L'expérience fait connoître qu'il est plus avantageux de planter en quinconce qu'en carré, et que les plantes ont plus d'espace pour étendre leurs racines et pousser leurs feuilles que si elles formoient des carrés parfaits.

Il faut que la plante ait au moins cinq à six feuilles, pour pouvoir être transplantée; il faut encore que le temps soit pluvieux ou tellement couvert, que l'on ne doute point que la pluie ne soit prochaine; car si l'on transplante en temps sec, on risque de perdre son travail et ses plantes : on lève les plantes doucement et sans endommager les racines. On les couche proprement dans des paniers, et on les porte à ceux qui doivent les mettre en terre ; ceux-ci sont munis d'un plantoir d'un pouce de diamètre et d'environ quinze pouces de longueur.

Ils font avec ce plantoir un trou à la place de chaque piquet qu'ils lèvent, et y mettent une plante bien droite, les racines bien étendues ; ils l'enfoncent jusqu'à l'œil, c'est-à-dire jusqu'à la naissance des feuilles les plus basses, et pressent mollement la terre autour des racines, afin qu'elles soutiennent la plante droite sans la comprimer. Les plantes ainsi mises en terre, et dans un temps de pluie, ne s'arrêtent point, leurs feuilles ne souffrent pas la moindre altération ; elles reprennent en vingt-quatre heures, et profitent à merveille.

Un champ de cent pas en carré contient environ dix mille pieds : on compte qu'il faut quatre hommes pour les entretenir, et qu'ils peuvent rendre quatre mille livres pesant, selon la bonté de la terre, le temps où on a planté et les soins qu'on en a pris ; car cette plante en exige beaucoup.

Un mois après que les jeunes tabacs ont été transplantés, ils ont à peu près la hauteur d'un pied ; s'ils poussent alors trop vite par le haut, on les étête afin de mieux fournir leurs feuilles de sucs. On a soin de les sarcler souvent.

Lorsque les plantes sont arrivées à la hauteur de deux pieds et demi ou environ, et avant qu'elles fleurissent, on les arrête, c'est-à-dire qu'on coupe le sommet de chaque tige pour l'empêcher de croître et de fleurir ; et en même temps on les dépouille des feuilles les plus basses, comme plus disposées à toucher la terre et à se remplir d'ordures. On ôte aussi toutes celles qui sont viciées, piquées de vers, ou qui ont quelques dispositions à la pourriture, et on se contente de laisser huit à douze feuilles tout au plus sur chaque tige, parceque ce petit nombre bien entretenu rend beaucoup plus de tabac et d'une meilleure qualité que si on laissoit croître toutes celles que la plante pourroit produire. On a encore un soin particulier d'ôter tous les bourgeons ou rejetons que la force de la sève fait pousser entre les feuilles et la tige ; car outre que ces rejetons ou feuilles avortées ne viendroient jamais bien, elles attireroient une partie de la nourriture des véritables feuilles qui n'en peuvent trop avoir.

Depuis le moment où les plantes ont été arrêtées, jusqu'à l'époque de leur parfaite maturité, il s'écoule ordinairement cinq à six semaines. On les visite pendant ce temps-là au moins deux ou trois fois la semaine pour les rejetonner. Le tabac est environ quatre mois en terre avant d'être en état d'être coupé. On connoît qu'il approche de sa maturité quand ses feuilles commencent à changer de couleur, et que leur verdeur, vive et agréable, devient un peu plus obscure; elles penchent alors vers la terre comme si leur pétiole avoit peine à soutenir le poids du suc dont elles sont remplies. L'odeur douce qu'elles avoient se fortifie, s'augmente et se répand plus au loin. Enfin, quand on s'aperçoit que les feuilles se rident, qu'elles commencent à devenir plus rudes au toucher, et qu'elles cassent plus facilement lorsqu'on les ploie, c'est un signe certain que la plante a toute la maturité dont elle a besoin, et qu'il est temps de la couper.

On attend pour cela que la rosée soit tombée, et que le soleil ait enlevé toute l'humidité qu'elle avoit répandue sur les feuilles; alors on coupe les plantes par le pied; quelques uns les coupent entre deux terres, c'est-à-dire environ un pouce au-dessous de la superficie du sol; les autres à un pouce ou deux au-dessus; cette dernière manière est la plus en usage. On laisse les plantes ainsi coupées auprès de leurs souches le reste du jour, et on a soin de les retourner trois ou quatre fois afin que le soleil les échauffe également de tous les côtés, et qu'il consomme une partie de leur humidité; quelquefois on les met le soir en tas pour qu'elles ressuent pendant la nuit; et si elles sont très abondantes en sucs, on les expose de nouveau au soleil le jour suivant, afin de mieux faire mûrir et épaissir ces sucs; mais ordinairement on ne laisse point passer la nuit à découvert aux plantes coupées, parceque la rosée, qui est très abondante dans ces climats chauds, rempliroit leurs pores ouverts par la chaleur du jour précédent, et, en arrêtant le mouvement de la fermentation déjà commencée, disposeroit les plantes à la corruption et à la pourriture.

On les transporte donc le jour même de la récolte, et avant le coucher du soleil, dans la case préparée pour les recevoir. Elles sont étendues les unes sur les autres, et couvertes de quelques nattes, avec des planches par dessus, et des pierres pour les tenir en sujétion. On les laisse ainsi trois ou quatre jours, pendant lesquels elles ressuent et fermentent; après quoi on les fait sécher dans des cases où sous des hangars construits de manière que l'air y puisse entrer de toutes parts, mais non la pluie.

Ces cases ou séchoirs sont toujours à portée des plantations, et d'une grandeur proportionnée à leur étendue. On les bâtit avec de bons piliers de bois fichés en terre, et traversés par des poutres et poutrelles pour soutenir le corps du bâtiment. Cette carcasse faite, on la garnit de planches, en les posant l'une sur l'autre, comme on borde un navire, sans cependant qu'elles soient bien jointes; elles ne sont attachées que par des chevilles de bois. La couverture est aussi en planches, qu'on attache l'une sur l'autre sur les chevrons, de manière que la pluie ne puisse entrer dans la case, et cependant on laisse une ouverture entre le toit et le corps du bâtiment pour donner passage à l'air; on ne fait point de fenêtres à cette case ; elle est suffisamment éclairée par le jour qui entre par les portes et par l'ouverture dont on vient de parler.

Le sol ordinaire de ces séchoirs est la terre même ; mais, comme on y pose les tabacs, et que dans des temps humides la fraîcheur du sol peut les humecter et les corrompre, il est plus prudent de faire des planchers, que l'on forme avec des poutrelles et des planches chevillées par dessus. La hauteur du corps du bâtiment est communément de quinze à seize pieds, et celle du toit jusqu'au faîte, de dix à douze. On peut en faire de plus élevés.

En dedans du bâtiment, on place en travers de petits chevrons qui ont chacun deux pouces et demi en carré ; le premier rang est posé à un pied et demi ou deux pieds au-dessous du faîte, le deuxième rang à quatre pieds et demi au-dessous, le troisième de même, etc., jusqu'à la hauteur de l'homme : les chevrons sont rangés à cinq pieds de distance l'un de l'autre, ils servent à poser les gaulettes auxquelles on pend les plantes de tabac.

Après leur entier desséchement, les plantes sont retirées des hangars par un temps humide ; car si on les déplaçoit dans un temps sec, elles tomberoient en poussière. On les étend sur des claies en monceaux, on les couvre et on les laisse suer une semaine ou deux, selon leur qualité, et selon la saison ; on a soin de les visiter souvent pour examiner le degré de leur chaleur, et pour ouvrir et retourner les monceaux, afin d'empêcher qu'aucune partie ne s'échauffe trop ; car cette fermentation pourroit aller jusqu'à l'inflammation ; et d'ailleurs une trop forte effervescence détruiroit la qualité du suc et des sels, et feroit pourrir le tabac. C'est la partie la plus difficile de sa préparation ; elle n'admet point de règle générale, et dépend uniquement de l'expérience et de l'habitude. Un nègre exercé à cette manipulation, en poussant sa main dans un monceau de tabac, distinguera le degré convenable de chaleur cent fois mieux que ne feroit un physicien avec son thermomètre.

Lorsque cette fermentation est complètement achevée, on dépouille les tiges de leurs feuilles, séparant les feuilles du sommet de celles d'en bas en deux ou trois classes. Ces feuilles étant entièrement séchées de nouveau, on les réunit au nombre de dix ou douze liées ensemble. Ces petites boîtes s'appellent *manoques ;* et on les met par couches régulières dans les barils ou boucauts, posant pardessus à plusieurs reprises, à mesure qu'on les remplit, une forte planche ronde, comprimée chaque fois avec un lévier qui fait l'effet d'un poids de deux, trois ou quatre mille livres pesant. Cette manière d'emballage très compacte est un des points les plus essentiels pour la bonne conservation du tabac. Quelquefois le plus fin tabac est envoyé en forme de carottes ; alors les feuilles sont dépouillées de leurs grosses fibres. On a soin de faire ces deux opérations, c'est-à-dire de remplir les boucauts et de former les carottes, dans un temps humide, quand le tabac séché est plus souple.

Le tabac ainsi préparé est envoyé au marché; mais avant d'être vendu, il subit l'examen des officiers publics institués pour cela, et nommés *inspecteurs de tabac*, lesquels en déterminent la qualité. Tout tabac mal préparé, ou qui a été mouillé en chemin, et qui, par ces causes ou d'autres, a fermenté de nouveau dans les boucauts, est condamné au feu et perdu pour le propriétaire. Les Américains ont des lois pour régler tous ces objets. C'est par la stricte observation de ces lois que leur tabac s'est perfectionné, et que le commerce qu'ils en font s'est si fort étendu. Dans les années qui ont précédé leur rupture avec l'Angleterre, les deux provinces de Virginie et de Maryland envoyoient à la Grande-Bretagne pour 768,000 liv. sterl. de tabac. Son prix moyen étoit à 8 livres sterling par boucaut de douze à quatorze cents livres pesant, ce qui fait quatre-vingt-seize mille boucauts d'exportation. De cette quantité, treize mille cinq cents boucauts environ se consommoient dans les royaumes britanniques, et payoient 26 liv. sterling un schelling par boucaut de droit à l'État, en tout 351,675 liv. sterling. Les autres quatre-vingt-deux mille cinq cents boucauts étoient exportés en d'autres pays de l'Europe par les négocians anglais. Cette seule branche de commerce employoit trois cent trente vaisseaux, et quatre mille matelots.

A ce qui vient d'être dit sur la culture et la récolte du tabac dans les États-Unis de l'Amérique, on doit ajouter les observations suivantes.

1° Le bon tabac complètement préparé et emballé de la manière spécifiée ci-dessus ne ressue et ne fermente plus, à moins de quelque accident extraordinaire. Si, au contraire, il a été mal préparé, non suffisamment séché, et pas assez comprimé dans le boucaut, il éprouve une fermentation nouvelle et pourrit ensuite.

2° Le tabac d'une deuxième récolte, c'est-à-dire les rejetons qui poussent des tiges après que la première plante a été coupée, est toujours mauvais et hors d'état de se conserver par aucune préparation; par conséquent, son exportation chez l'étranger, soit qu'il soit pur ou mélangé, est constamment prohibée par les lois.

3° Plus le sol consacré au tabac est gras et humide, plus cette plante est abondante en huiles et en sels âcres, et plus aussi elle demande une dessiccation et une fermentation longue et soignée. Une préparation suffisante pour un tabac ordinaire ne l'est pas pour celui-ci, car il fermente de nouveau et se corrompt ensuite. Il fermente et se pourrit de même toutes les fois qu'il est mouillé dans le boucaut, quoiqu'il ait été bien préparé. Dans cette nouvelle fermentation les feuilles se moisissent, perdent leur odeur et leur goût, deviennent blanches, et se corrompent au point de n'être plus d'aucun usage, si ce n'est comme engrais.

4° Dans un sol très riche et humide, la plante du tabac s'élève au-delà de six pieds, et ses feuilles s'y étendent de tous côtés à un diamètre qui n'est guère moindre que sa hauteur. Une plante aussi bien nourrie contient tant de sucs gras, tant de sels âcres, qu'il est difficile de la préparer de manière qu'elle puisse se conserver long-temps sans nouvelle fermentation.

5° Le tabac le plus fin et le plus délicat est celui qui croît dans un sol modérément riche et léger, dans la partie occidentale de la Virginie et du Maryland, près des montagnes Allegany; mais le produit en est beaucoup moindre que dans les prairies humides, et sur les bords des rivières plus près de la mer. Si le sol est trop léger et sablonneux, la plante brûle et produit fort peu.

6° Au reste, un très grand degré de chaleur est nécessaire, tant pour la culture que pour la préparation du tabac; la chaleur des mois de juin, juillet et août en Virginie, est ordinairement d'environ 30 degrés, thermomètre de Réaumur. Cette province est comprise entre le 36° et le 40° degré de latitude septentrionale.

Quoique la Hollande soit placée dans un climat bien différent, le peuple industrieux qui l'habite ne s'est pas moins attaché à cultiver le tabac, dont il a fait une des branches importantes de son commerce et de ses richesses.

§. 2. *Culture du tabac en Hollande.* Cette culture est très étendue; les seules provinces de Gueldres et d'Utrecht produisent annuellement onze millions de livres de tabac, dont trois millions étoient autrefois vendues à la ferme générale de France. Dans ce pays, principalement aux environs d'Armersfort, on sème la graine de tabac sur de grandes couches en bois, hautes de trois pieds, larges de dix, et d'une longueur indéterminée. Elles sont environnées à l'extérieur par une masse de fumier de litière de cochon et de mouton, et jusqu'à la hauteur des planches de la couche; l'intérieur est garni du même fumier à la hauteur de deux pieds et d'un pied de terre fine, meuble et bien fumée.

Pendant que la graine germe et que la plante croît et se fortifie sur cette couche, on en prépare d'autres dans le voisinage d'un genre différent. On creuse le terrain à quelques pouces de profondeur pour faire ces secondes couches; elles sont séparées les unes des autres par un sentier de six à huit pouces de largeur; leur base est de deux pieds et demi, leur hauteur de deux pieds, leur talus de trois pouces; de sorte que dans le haut il n'y a que deux pieds de largeur sur une longueur indéterminée. Leur direction est du nord au midi. A six ou huit pouces de hauteur au-dessus du niveau du fossé, on met un lit d'un pouce et demi d'épaisseur de fumier de mouton très fin et très menu par dessus, six pouces de terre bien fumée, et ainsi de suite, lit par lit, jusqu'à la hauteur désignée. Les sentiers offrent deux avantages; le premier, de conduire les eaux, et le second, de procurer la commodité de sarcler. Quelquefois ces planches ou couches ont plus ou moins de hauteur, selon que le terrain est plus ou moins humide; mais leur largeur supérieure ne varie guère que de deux à trois pieds. C'est sur des couches ainsi préparées qu'on transplante avec les précautions ordinaires les jeunes pieds de tabac; et pour tirer parti des couches à semis qui restent alors libres, on sème sur celles-ci de la laitue, du céleri et d'autres légumes. Les plants de tabac sont enfoncés en terre jusqu'à la naissance des feuilles, et distans l'un de l'autre d'un pied et demi; ils sont disposés en quinconce, et forment deux rangs sur chaque planche.

Les champs de tabac, en Hollande, sont environnés de haies très élevées, ou par des plantations d'arbres, sans doute pour garantir les plantes des coups de vent. On donne à ces plantes, jusqu'à l'époque de leur maturité, à peu près les mêmes façons qu'en Amérique, c'est-à-dire qu'on les sarcle ou arrose au besoin, qu'on les étête, qu'on les ébourgeonne, etc.

Après qu'on a ébourgeonné les plantes, on commence à cueillir les feuilles de la seconde et troisième qualité. La troisième qualité se compose des plus petites et des plus mauvaises feuilles, qui sont tout-à-fait au bas de la tige; celles qui sont placées immédiatement au-dessus, au nombre de cinq ou six, composent la seconde qualité. On cueille les unes et les autres en même temps, mais on les trie ensuite dans la case à *suerie* ou séchoir. Pendant qu'elles sèchent on ébourgeonne de nouveau les plantes, et on les veille afin de pouvoir cueillir à propos les feuilles qui restent et qui forment la première qualité; car si on laisse jaunir le tabac sur pied, il perd de sa force, est moins maniable, et se dégrade facilement. Ces deux récoltes sont l'ouvrage des femmes; elles enlèvent les feuilles le plus près qu'il est possible de la tige, dont elles arrachent même la pellicule, afin d'avoir plus de poids.

Après les préparations convenables, détaillées ailleurs dans cet article même, on met le tabac en manoques, et on l'emballe par parties de douze, treize, quatorze et quinze cents livres, dans des nattes, des mannes et des boucauts.

Le tabac dit jansen (*méthode de cultiver le tabac pratiquée en Hollande*), celui sur-tout qui est exposé en plein champ, craint les grands vents, les fortes pluies accompagnées de vent, et particulièrement la grêle, qui enlève quelquefois en un moment au planteur tout le fruit de son travail. Pour prévenir ce malheur autant qu'il est possible, on partage un champ de terre en plusieurs carrés, savoir, trente à trente-six par arpent. On entoure ces carrés de fagots de chêne, d'aune, de saule, ou même de hêtre; mais la première espèce de bois est sans contredit la meilleure pour cet effet, et peut demeurer deux ans sur pied, tandis que les autres espèces doivent être changées tous les ans. Pour planter ces palissades on fait avec la bêche de pro-

fondes rigoles que l'on comble ensuite, quand les fagots s'y trouvent. Ces abris ou brise-vents garantissent les plantes des effets
du vent et de la pluie; ils servent aussi d'espèces de rames pour
les haricots, qui aiment une terre haute et fumée, telle que doit
être celle qu'on destine à la culture du tabac. Ces haricots contribuent en même temps à mettre le tabac en sûreté contre les
intempéries de l'air. Au bout de deux ans on enlève ces haies,
qui servent de bois de chauffage, et on en plante d'autres.

Quelques cultivateurs retirent les trognons du tabac de la terrre,
et les font servir avec les rejets de la tige à former un engrais
qu'ils répandent sur les terres labourables; mais il vaut mieux,
pour les terres à tabac, les y laisser pourrir en les mettant en
pièces, lorsqu'on retourne, au printemps, le terrain avec la bêche.

§. 3. *Culture du tabac dans les départemens du Haut et du
Bas-Rhin.* Dès le mois de mars, ou même plus tôt, selon la saison,
on sème le tabac dans les jardins, sur des couches ou sur des planches bien soignées et entretenues d'engrais. On couvre ces couches
et ces planches avec des paillassons ou avec de la paille qu'on lève
tous les jours vers les neuf heures du matin, lorsque le soleil
paroît, et qu'on remet au soleil couchant.

Dès que les jeunes plantes ont deux ou quatre feuilles, elles sont
bonnes à transplanter; cette transplantation se fait communément
depuis la fin d'avril jusqu'à la mi-juin; les plantes sont disposées,
autant qu'il est possible, en lignes droites et espacées convenablement, de manière que, dans la suite, les feuilles ne puissent pas
s'étouffer entre elles lorsqu'elles auront acquis toute leur grandeur.

Huit jours après la transplantation, on remue légèrement la terre
avec une petite pioche, et, pendant les six semaines ou les deux
mois suivans, on la retourne au moins à deux fois différentes. Cette
opération, répétée à propos, empêche les mauvaises herbes de
pousser, détruit les insectes, sur-tout les vers et les chenilles, et
donne à l'eau plus de facilité pour aller rafraîchir les racines et le
pied des plantes.

Les premières plantations, jusqu'à la mi-mai, sont ordinairement les meilleures. Les feuilles que les chaleurs du printemps
développent surpassent ordinairement en qualité celles qui les
suivent; cependant, si le beau temps continue sans qu'il y ait de
gelées blanches, les feuilles des dernières plantations acquièrent
aussi la maturité convenable. Ce qui fait que celles-ci sont souvent
d'une qualité inférieure, malgré les faveurs de la saison, c'est que
les sujets qui les donnent sont plantés, en grande partie, dans des
champs peu cultivés, sur lesquels on a déjà récolté de la navette,
et qui ont été peu labourés et légèrement fumés. Quelquefois ces
terres sont, ou trop sèches, ou trop humectées, quand elles reçoivent le tabac; il n'y peut prendre racine que très lentement, sa
croissance est retardée, et s'il survient de grandes chaleurs ou des

temps pluvieux, on est obligé de le récolter avant sa maturité ; il ne donne alors que des feuilles minces, maigres et courtes, qui, même étant séchées, restent vertes, et ne peuvent, par cette raison, être employées qu'à faire du tabac à fumer.

Les jeunes tabacs nouvellement transplantés demandent de la chaleur, mais sans sécheresse, au moins jusqu'à ce qu'ils aient pris racine, et qu'ils soient parvenus à peu près à la moitié de leur croissance. Alors la sécheresse ne peut plus leur nuire ; la récolte est moins abondante, les feuilles sont petites, mais leur qualité est meilleure : si, au contraire, ils sont surpris par la sécheresse dans les premiers temps de leur transplantation, une grande partie des pieds périt, et ceux qui survivent restent tellement arriérés dans leur végétation, que, même arrosés tous les jours, ils ont beaucoup de peine à se fortifier et à parvenir à leur état naturel. D'un autre côté, les nouveaux sujets avec lesquels on remplace les sujets morts peuvent rarement acquérir assez de vigueur pour être très productifs.

Dans ces départemens, on distingue trois espèces de feuilles sur les pieds de tabac ; savoir, les bonnes feuilles, les feuilles de terre, et les petites feuilles.

Les bonnes feuilles, parmi lesquelles il y a aussi beaucoup de choix, tant pour la qualité que pour la beauté, sont celles qui se trouvent vers le milieu et dans la partie supérieure de la plante.

Les feuilles de terre sont celles qui, placées au bas de la plante, touchent, pour ainsi dire, le terrain.

Les petites feuilles sont de deux espèces ; les unes viennent aux petites branches que poussent les plantes presqu'auprès de chaque feuille, quand les têtes leur sont enlevées : on les nomme *gitzen* ; les autres ne sont autre chose que les trois ou quatre petites feuilles qui se trouvent aux tiges au moment de la transplantation. Ces dernières sont au-dessous des feuilles de terre, et s'appellent feuilles de *cœur*.

Dans un été pluvieux et humide, beaucoup de bonnes feuilles, et même de feuilles de terre, prennent des taches couleur de fer et deviennent comme galeuses. Ces taches ne s'en vont pas à la fabrication, excepté celles qui, étant d'une certaine intensité, finissent par se changer en trous quand la feuille est sèche. Les feuilles qui n'ont point de taches restent toujours minces et légères, et leur qualité est inférieure à celle des feuilles qu'on récolte dans un été ordinaire.

Si le temps humide et pluvieux ne dure que jusqu'à moitié crue des feuilles, et qu'après cela il fasse du soleil et de la chaleur pendant un mois ou six semaines, les feuilles reviendront à leur état naturel, et acquerront la qualité qu'elles ont communément dans ce pays.

Lorsque le beau temps est continuel pendant tout l'été, et que les chaleurs et la sécheresse se prolongent, les feuilles de tabac restent petites, mais elles sont plus substantielles, et, quoique moindres de surface et de volume, elles pèsent souvent plus que les feuilles longues. Si les fabricans peuvent en conserver pendant quelques années et en mêler un dixième aux feuilles provenant d'une année ordinaire, le tabac en vaudra mieux.

Enfin, dans ces départemens, on peut juger de la qualité qu'aura le tabac de l'année d'après celle du vin; l'un et l'autre seront au même degré de force et de valeur.

Plus le sol consacré à la culture du tabac a un bon fonds, plus il est engraissé, sur-tout de fumier de mouton, qui est le plus favorable à cette plante, plus aussi les feuilles deviennent longues, larges et épaisses, plus elles acquièrent les qualités nécessaires à la fabrication et au commerce en nature, et moins elles sont sujettes au dépérissement occasionné par la sécheresse et par des temps pluvieux.

Les feuilles provenant de terres grasses et compactes sont très piquantes et très fortes, et, par cette raison, elles sont toujours choisies pour fabriquer des carottes et du tabac en poudre; celles provenant d'une terre légère et sablonneuse, ayant moins de force et de piquant, sont plus propres à la fabrication du tabac à fumer. Ainsi, les terres de Strasbourg à Schelestat, qui ont la première qualité, sont préférées pour la plantation du tabac à carotte; et celles de Strasbourg à Haguenau, Bischwiller, etc., qui ont la seconde, sont employées à la plantation du tabac à fumer.

En général, la plantation du tabac réussit beaucoup moins sur les collines et sur les montagnes, même quand la terre en seroit convenable, que dans les fonds ou dans les plaines, parceque l'air y est moins chaud, le froid plus vif et de plus longue durée, les vents plus forts et plus constans.

La récolte se fait de trois manières. On commence d'abord à récolter les feuilles de terre, ce qui a lieu ordinairement vers le 15 juillet. Dès qu'elles deviennent jaunes, on ôte les quatre ou cinq feuilles de chaque tige qui sont le plus près du sol; on laisse les autres, qui sont de bonnes feuilles, jusqu'à leur maturité, ou jusqu'à ce qu'elles soient menacées des gelées blanches.

Si les plantes ont huit ou neuf feuilles sans compter les feuilles de terre, on les étête. Moins les feuilles sont nombreuses, plus elles deviennent épaisses, pesantes, et plus elles profitent au fabricant. Cette opération se fait communément au commencement d'août. Huit jours après, on cueille déjà les *gitzen*; et, comme d'autres gitzen poussent aussitôt que les premiers sont enlevés, on récolte ces nouveaux, pour qu'ils se conservent mieux, de huit jours en huit jours, jusqu'à la récolte des bonnes feuilles, qui commence dès le 20 août (un mois après les feuilles de terre), et on la continue ainsi jusqu'à l'arrivée des gelées blanches.

Après avoir cueilli les feuilles, on les épluche et on les attache sur-le-champ par bottes; et quand elles sont transportées au séchoir, on les épluche de nouveau l'une après l'autre, pour séparer autant qu'il est possible celles de chaque qualité, notamment les feuilles tachées. Ensuite on les enfile une à une, en laissant une distance d'un doigt entre elles, et on en forme des liasses de 40 à 100 feuilles, qu'on étend par rangs un peu écartés les uns des autres.

Une seule forte gelée blanche suffit pour geler les feuilles sur pied. Mais après la récolte et lorsqu'elles sont étendues aux greniers ou ailleurs, quand bien même elles seroient encore un peu vertes, les gelées blanches et le froid ne peuvent plus leur nuire.

Les séchoirs doivent être secs, couverts et aérés, parcequ'en même temps que les feuilles demandent à être garanties de la pluie et de l'humidité, elles ont besoin que l'air circule entre elles, sans quoi elles seroient étouffées, ne jauniroient pas, perdroient de leur qualité, et les côtes pourriroient. Plus les feuilles mises au séchoir sont atteintes du soleil, sur-tout de celui qui vient après les brouillards du matin, plus elles deviennent belles et jaunes, et plus leur odeur et leur qualité sont supérieures, tant pour la fabrication que pour le commerce en nature.

Dans les campagnes où la culture du tabac est considérable, et où les greniers ne suffisent pas pour étendre les feuilles toutes à la fois en sortant des champs, les cultivateurs, après les avoir épluchées et enfilées par liasses, comme il a été dit, les étendent au dehors autour de leurs maisons, de leurs ateliers, et même le long des murs, mais toujours couvertes d'une toile et dans un endroit sec. Les feuilles ainsi étendues peuvent être séchées complètement comme celles qui sont exposées dans l'intérieur des greniers. Celles au contraire que l'on pend le long des murs ou des haies sans abri (comme cela peut arriver par suite d'une récolte abondante), et qui sont par conséquent abandonnées aux injures du temps, ne peuvent rester ainsi que jusqu'à ce qu'elles soient seulement fanées : si alors on ne les retire pas, elles deviennent noires, de mauvais goût, sans qualité, et ne peuvent, à cause de leur infériorité, être fabriquées en aucune espèce de tabac.

Les feuilles enfilées et étendues n'exigent plus aucun soin, jusqu'à ce qu'elles soient entièrement sèches. Quand on les retire alors, il s'en trouve souvent de jaunes et de vertes à la même liasse ; cette différence provient de ce que les feuilles vertes n'ont pas été atteintes par le soleil, par les brouillards, ni même quelquefois par l'air. On trouve rarement cette double couleur dans les récoltes des petits cultivateurs, parceque ceux-ci ont soin de tourner et de changer les liasses à mesure que les feuilles jaunissent.

On ne peut pas retirer les feuilles des séchoirs pour les emmagasiner, ni pour les mettre en fabrication, ou dans le commerce, qu'elles n'aient éprouvé un grand froid. On les retire après par un temps doux et humide, pour ne pas les briser. On les pose dans un lieu bien aéré, liasse par liasse, jusqu'à la hauteur de 324 millimètres. On les visite de temps en temps pour voir si elles ne s'échauffent pas, et quand on s'aperçoit qu'elles s'échauffent, on les retourne en exposant à l'air celles qui étoient dans l'intérieur.

On peut retirer les feuilles des premières récoltes avant les grands froids, pour en faire du tabac à fumer, quand même elles ne seroient pas tout-à-fait sèches, et sur-tout les côtes. Mais, à leur entrée en fabrique, elles doivent être employées sans retard, pour que la moisissure et la mauvaise odeur ne s'en emparent pas auparavant. Ces feuilles parviennent à leur degré de sécheresse par la manipulation et la chaleur qu'elles doivent subir en fabrication.

Les feuilles de terre peuvent être retirées des séchoirs dès le commencement d'octobre; elles sont ordinairement mises en œuvre sans avoir été emmagasinées, quand même les côtes seroient encore vertes. La raison en est qu'on les emploie dans les boudins du tabac filé, et que par la seule manipulation elles acquièrent la sécheresse suffisante à cet emploi.

J'ai extrait ces détails sur la culture du tabac aux bords du Rhin, d'un mémoire intéressant publié par M. Heiter, contrôleur des droits réunis à Strasbourg.

§. 4. *Culture du tabac dans le midi de la France.* Elle est la même dans beaucoup de parties que sur les bords du Rhin; mais elle n'y est pas à beaucoup près aussi perfectionnée. En général, quoique le tabac y soit de meilleure qualité, on ne sait pas aussi bien le préparer, et on n'a pas les magasins et les séchoirs qu'il faut pour cela. Les bâtimens destinés à cette exploitation sont de simples métairies mal disposées et très resserrées; les tabacs y sont pressés, sèchent mal et pourrissent. Un grand nombre de cultivateurs en pendent une partie en dehors de leurs maisons, ou en plein champ, sur des perches. Ce tabac est toujours inférieur.

Dans le midi, comme au nord, le tabac se sème aussi sur des couches, qu'on couvre de paille quand le temps est froid. On le sème à la fin de février, et on le transplante vers le milieu ou la fin d'avril. Cette transplantation se continue jusqu'aux premiers jours de juin. Les propriétaires cultivateurs, qui cherchent à perfectionner cette branche de culture, plantent en quinconce, et aussi régulièrement que la position du sol le leur permet. Mais les métayers plantent sur des lignes droites au hasard. La distance entre les pieds varie suivant les qualités de terre. On voit quelquefois, dans une même pièce, des tabacs plantés à deux pieds de distance, et d'autres à trois pieds et demi; mais la distance ordinaire est de deux pieds et demi à trois.

Les cultivateurs qui veulent avoir de beaux tabacs les étêtent deux mois après leur plantation, et souvent plus tôt, quand ils ont acquis de la force et poussé toutes leurs grandes feuilles; alors ils ont soin de les rejetonner et de les ébourgeonner. Cette pratique n'est pas générale, mais elle le deviendra sans doute. On laisse sur chaque pied environ douze feuilles.

L'époque de la récolte varie suivant celle où le tabac a été mis en terre, et selon que la saison a été plus ou moins convenable. Les tabacs plantés à la fin de mai se récoltent communément vers le quinze septembre, si le temps a été d'abord pluvieux et ensuite sec. Cette récolte dure deux mois et demi, c'est-à-dire depuis les premiers jours de septembre jusqu'à la mi-novembre. On ne le cueille point feuille à feuille comme dans le nord, en détachant chaque feuille mûre de sa tige, mais on coupe la tige entière près de terre, et on lui laisse pour quelque temps encore toutes les feuilles dont elle est garnie. Cette opération se fait le matin après que la rosée est passée. Dès le soir même le tabac est remis à couvert dans la métairie. Cependant, quand le temps est beau, on le laisse quelquefois sur le champ jusqu'au lendemain. Aussitôt qu'il est arrivé à la métairie, on le met à la pente afin qu'il sèche; les tiges sont liées deux à deux, et suspendues ensemble sur des perches ou sur des cordes.

Quand le tabac est retiré de la pente, on détaché alors les feuilles des tiges, et on en fait des manoques qui sont mises en tas pour fermenter. Ces tas se font sur des planches élevées de trois à quatre pouces au-dessus du sol; ils ont au plus quatre pieds de hauteur et deux pieds de largeur, et ils sont formés de manoques rangées en sens opposé. Les feuilles ne sont détachées de leurs tiges que lorsque le tabac est sec et l'atmosphère un peu humide. Cette opération a lieu depuis le 15 novembre jusqu'au 15 janvier. La plupart des cultivateurs ne font aucun triage des feuilles, ce qui est contraire à leur intérêt. Ils les laissent en tas jusqu'au moment de la vente. Le tabac ne reçoit chez eux aucune autre préparation.

Les facteurs ou commissionnaires des fabricans et négocians vont chez les cultivateurs pour acheter leurs tabacs. Dès qu'ils sont convenus de prix, ils en font eux-mêmes des balles sans corde et sans enveloppe, du poids de trois à quatre cents livres. Arrivé chez les fabricans, le tabac y est mis en tas après avoir reçu une légère humectation. Les négocians défont les balles, laissent quelquefois le tabac en tas après avoir fait un triage et formé plusieurs qualités, et ensuite ils le mettent dans des bocaux qu'ils remplissent au moyen de presses.

Dans le département de Lot-et-Garonne on choisit pour cultiver le tabac les bons fonds qui ont été couverts par les débordemens de ces rivières : lorsqu'elles n'ont pas laissé sur le terrain trop de sable, le tabac y réussit fort bien. Souvent on fait succéder à cette culture celle du froment quand le fonds est riche. Dans les sols médiocres ou maigres, après la récolte du tabac on sème de menus grains pour fourrages.

Je passe maintenant à la fabrication du tabac, qu'il importe aux cultivateurs de connoître, afin qu'en élevant cette plante ils puissent, par leurs soins, lui faire acquérir les qualités qu'exige le fabricant.

III. FABRICATION DU TABAC.

Une manufacture de tabac n'exige ni des machines d'une mécanique compliquée, ni des ouvriers d'une intelligence difficile à rencontrer ; cependant les opérations en apparence les plus simples demandent la plus singulière attention. Rien n'est indifférent depuis le choix des matières jusqu'à la dernière manipulation qui met le tabac en état d'être livré aux consommateurs.

Il se fabrique des tabacs sous différentes formes, qui ont chacune leur dénomination, relative à leur usage particulier. Les tabacs en carottes destinés à être râpés, et ceux en rôles, ainsi que les tabacs frisés propres pour la pipe, font l'objet principal de la consommation.

Les différentes préparations que subit le tabac dans une manufacture exigent plusieurs opérations successives qui ont chacune leur nom. Nous allons les faire connoître l'une après l'autre, dans l'ordre convenable, sans entrer pourtant dans des détails minutieux qui seroient étrangers à cet ouvrage. Mais avant de dire comment le tabac se fabrique, il est à propos de faire quelques observations, tant sur les bâtimens nécessaires pour le fabriquer et sur leur distribution, que sur les magasins destinés à contenir les matières premières et celles qui sont fabriquées.

L'exposition est la première de toutes les attentions qu'on doit avoir pour placer les magasins ; le soleil et l'humidité sont également contraires à la conservation des tabacs.

Les magasins destinés pour les matières premières doivent être vastes, et il en faut de deux espèces, l'une pour contenir les feuilles anciennes qui n'ont plus de fermentation à craindre, et l'autre pour les feuilles plus nouvelles, qui, devant encore fermenter, doivent être souvent remuées, travaillées et empilées à différentes hauteurs.

La qualité des matières de chaque envoi doit être reconnue à son entrée dans la manufacture, et les feuilles doivent être placées sans confusion dans les magasins qui leur sont propres, afin d'être employées dans leur rang, lorsqu'elles sont parvenues à leur vrai point de maturité ; sans cette précaution, on doit s'attendre à n'éprouver aucun succès dans la fabrication et à essuyer des pertes et des déchets très considérables.

Il ne faudroit, pour les tabacs fabriqués, que des magasins d'une médiocre étendue, si ces tabacs pouvoient être vendus en sortant de la main de l'ouvrier ; mais leur séjour en magasin est un dernier degré de préparation très essentiel. Ils doivent essuyer une nouvelle fermentation indispensable, pour revivifier les sels dont l'activité s'étoit assoupie dans le cours de la fabrication. Ces magasins doivent être proportionnés à la consommation et contenir une provision d'avance considérable. A l'égard de l'exposition, elle doit être la même que pour les matières premières, et on doit y ménager des ouvertures en oppositions droites, afin que l'air puisse y circuler et être renouvelé à volonté.

Les magasins de toute espèce dans une manufacture de tabac devant supporter des poids énormes, il est bien difficile de pouvoir les établir assez solidement sur des planchers; on doit autant qu'il est possible les placer à rez-de-chaussée. La plupart des ateliers de la fabrique sont nécessairement dans le même cas, parceque les uns sont remplis de matières préparées, entassées, et les autres de machines dont l'effort exige le terrain le plus solide. Ainsi les bâtimens destinés à l'exploitation d'une manufacture de tabac doivent occuper une superficie considérable. Cependant on ne doit pas excéder la proportion nécessaire à une manutention facile, autrement on s'exposeroit à la perte ou au dépérissement des matières, et à multiplier beaucoup la main-d'œuvre, et l'on rendroit la régie de la fabrique moins utile et plus difficile.

Les opérations de la fabrique du tabac, dont nous allons maintenant parler, portent les noms suivans, énoncés dans l'ordre même de ces opérations. Elles sont au nombre de huit; savoir, l'*époulardage*, la *mouillade*, l'*écôtage*, le *mélange*, le *frisage*, le *filage*, le *carottage*, et le *ficelage*.

§. 1. *Époulardage du tabac.* C'est la première de toutes les opérations; elle consiste à séparer les manoques, à les frotter assez sous la main pour détacher les feuilles et en ôter le sable, la poussière et toutes les parties hétérogènes dont elles ont pu se charger. Les ouvriers employés à cette main-d'œuvre prennent les manoques, en séparent les feuilles une à une, les secouent pour en faire tomber la terre, et jettent les feuilles gâtées; celles qui ont quelque défectuosité, ou moisissure, etc., sont coupées à un pouce dans le vif, au-dessus de la portion gâtée.

Dans chaque manoque ou botte de feuilles, de quelque crû qu'elles viennent, il s'en trouve de qualités différentes; rien de plus essentiel que d'en faire un triage exact; c'est de cette opération que dépend le succès d'une manufacture. Il en résulte aussi une très grande économie pour le bon emploi des matières; on ne sauroit avoir un chef trop vigilant pour présider à cette opération. L'atelier qui y est destiné doit être placé dans une pièce claire et spacieuse, pouvant contenir autant de cases que l'on admet de triages dans les feuilles.

Les ouvriers ont communément autour d'eux un certain nombre de mannes; le maître ouvrier les change lui-même à mesure, les examine de nouveau, et place le tabac trié dans les cases, suivant sa qualité et sa destination. Sans cette précaution, les ouvriers jetteroient les manoques à la main dans les cases, et confondroient souvent les triages, ou ils les rangeroient par tas autour d'eux, où elles reprendroient une partie de la poussière dont le frottement les a dépouillées.

§. 2. *Mouillade du tabac.* C'est la seconde opération ; elle doit former un atelier séparé, mais très voisin de celui de l'époulardage ; il doit y avoir même nombre de cases et distribuées de la même manière, parceque les feuilles doivent y être transportées dans le même ordre. Cette opération est délicate et demande la plus grande attention. Elle consiste à mouiller par aspersion les feuilles avec de l'eau commune, dans laquelle on a mis du sel marin en dissolution ; toutes ne doivent pas être mouillées indifféremment ; on ne doit avoir d'autre objet que de communiquer à celles qui sont trop sèches assez de souplesse pour passer sous les mains des écôteurs sans être brisées ; les feuilles qui sont assez onctueuses par elles-mêmes pour pouvoir être écôtées sans préparation ne doivent pas être humectées. On ne sauroit en général être trop modéré sur la mouillade des feuilles, ni trop s'appliquer à leur conserver leur qualité première et leur sève naturelle.

Le sel mêlé à l'eau est nécessaire pour prévenir une altération quelconque, et pour empêcher tout mouvement de fermentation putride. La proportion est de dix livres de sel sur cent livres d'eau, et on emploie deux livres d'eau salée par quintal de tabac, plus ou moins, selon le degré d'onctuosité des feuilles. Cette eau est préparée dans des baquets ; on a soin d'écumer tout ce qui surnage ; les sédimens terreux et les substances insolubles vont au fond au-dessous du robinet. On donne à cette préparation le nom de *sauce.* Du temps de la ferme on n'en employoit pas d'autre. Aujourd'hui, pour donner au tabac une certaine saveur ou odeur, on ajoute ou on substitue au sel marin d'autres ingrédiens, tels que du sel ammoniac, du sirop, etc. Chaque fabricant a une manière particulière de composer la sauce de son tabac, et qui n'est souvent connue que de lui. Il en résulte un tabac quelquefois très agréable, mais quelquefois aussi très malsain, et qui n'est jamais ni aussi bon, ni aussi naturel, ni d'une aussi bonne conservation que l'ancien tabac des fermiers-généraux.

§. 3. *Ecôtage des feuilles.* Il consiste à enlever la côte principale depuis le sommet de la feuille jusqu'au talon, sans offenser la feuille. C'est une opération fort aisée, et qui n'exige que de l'agilité et de la souplesse dans les mains de l'ouvrier. Par cette raison, on se sert par préférence de femmes, et encore plus volontiers d'enfans, qui dès l'âge de sept ou huit ans peuvent y être employés ; ils enlèvent la côte plus nette, la pincent mieux et plus vite. La beauté du tabac dépend beaucoup de cette opération ; la moindre côte qui se trouve dans les tabacs fabriqués les dépare. Ainsi on doit avoir la plus grande attention à n'en point souffrir dans la masse des feuilles destinées à la fabrication des diverses sortes de tabacs.

Dans le nombre des feuilles qui passent journellement en fabrique, on choisit les plus larges et les plus fortes, que l'on réserve avec soin pour couvrir les tabacs. L'écôtage de celles-ci forme une espèce d'atelier à part qui suit ordinairement celui des fileurs. Cette opération demande plus d'attention que l'écôtage ordinaire, parceque les feuilles doivent être plus exactement écôtées sur toute leur longueur, et parceque, si elles venoient à être déchirées, elles ne seroient plus propres à cet usage. On distingue ces feuilles en fabrique par le nom de *robes*.

Toutes les feuilles propres à faire des robes sont remises, lorsqu'elles sont écôtées, aux plieurs. L'opération du plieur consiste à faire un pli ou rebord du côté de la dentelure de la feuille, afin qu'elle ait plus de résistance, et ne déchire pas sous la main du fileur.

§. 4. *Mélange des feuilles.* La masse des feuilles triées et écôtées est transportée de nouveau dans la salle de la mouillade. C'est alors que l'on travaille aux mélanges, opération difficile, qui ne peut être conduite que par des chefs très expérimentés et très connoisseurs. Il ne leur suffit pas de connoître le crû des feuilles et leurs qualités distinctives ; il y a très fréquemment des différences marquées pour le goût, pour la sève, pour la couleur, dans les feuilles du même crû et de la même récolte. Ce sont ces différences qu'ils doivent étudier pour les corriger par des mélanges bien entendus ; c'est le seul moyen d'entretenir l'égalité dans la fabrication, d'où dépendent principalement la réputation et l'accroissement des manufactures.

Lorsque les mélanges sont achevés on en fait deux parts, l'une des tabacs destinés à être frisés, l'autre de ceux qu'on destine à la filature ; ceux-ci doivent être mouillés par couches très légèrement avec la même sauce dont on a parlé à l'article de la mouillade, et avec les mêmes précautions, c'est-à-dire uniquement pour donner aux feuilles de la souplesse, et non de l'humidité. On les laisse ainsi fermenter quelque temps, jusqu'à ce qu'elles soient parfaitement ressuyées ; bientôt la masse prend le même ton de couleur, de goût et de fraîcheur. Alors on peut la livrer aux fileurs.

§. 5. *Frisage du tabac.* Il consiste à hacher ou à couper les feuilles avec un couteau mu par une vis qu'un ouvrier met en jeu. Ces feuilles hachées sont ensuite exposées sur une platine, à un feu doux, qui les fait se crisper ; on les agite et on les roule de temps en temps entre les mains, et quand elles sont crispées ou frisées au degré convenable, on les retire et on les fait ressuer et sécher dans des greniers. J'observe que tout tabac destiné pour la pipe, soit frisé soit en rôle, ne doit être mouillé qu'avec de l'eau pure, ou dans laquelle il entre fort peu de sel.

§. 6. *Filage* ou *filature du tabac*. C'est une opération par laquelle les feuilles de tabac sont mises en corde ou rôle. On les file à la main ou au rouet. Pour filer le tabac au rouet, il faut auparavant en former des espèces de boudins qu'on appelle *soupe*. La *soupe* est une portion de tabac filé à la main, de la longueur d'environ trois pieds, et couverte d'une robe jusqu'à trois ou quatre pouces de chaque extrémité. L'opération et l'habileté du fileur consistent à réunir, au moyen du rouet, ces soupes ensemble par les chevelures des bouts, et à les enter si bien l'une sur l'autre, que l'endroit où elles sont jointes soit absolument imperceptible; elles doivent être recouvertes en même temps d'une seconde robe qui les enveloppe exactement. Ce qui constitue la beauté du filage, est que le boudin soit toujours d'une grosseur bien égale, qu'il soit bien ferme, que la couverture ou robe en soit lisse et bien tendue, et par-tout d'une couleur brune et uniforme.

Les fileurs sont les ouvriers les plus essentiels d'une manufacture, et les plus difficiles à former; il faut pour cette opération des hommes forts et nerveux, pour résister à l'attitude contrainte, et à l'action où ils sont toujours. Les meilleurs sont ceux qui ont été élevés dans la manufacture, et y ont suivi par degrés toutes les opérations.

Lorsque les rouets des fileurs sont pleins, on les transporte dans l'atelier des *rôleurs* pour y être mis en rôles.

Les rôles sont des pelottes où le boudin est roulé plusieurs fois sur lui-même; ils sont de différentes grosseurs, suivant leur destination et leurs qualités. On observe généralement de tenir les cordons des rôles très serrés, afin que l'air ne puisse les pénétrer, ce qui les dessècheroit considérablement; pour cela on les comprime par le moyen d'une presse : c'est le dernier apprêt de ce qu'on appelle, la *fabrique des rôles*. Chaque rôle est enveloppé ensuite dans du papier gris et emmagasiné jusqu'à ce qu'il ait acquis par la garde le point de maturité convenable pour passer à la fabrique du ficelage.

§. 7. *Fabrique du carottage*. Cette fabrique est regardée, dans les manufactures comme une seconde fabrique, parceque les tabacs y reçoivent une nouvelle préparation, et qu'ils ont une autre sorte de destination. Les tabacs qui restent en rôles sont censés être destinés uniquement pour la pipe, et ceux qui passent par la fabrique du ficelage ne sont destinés que pour la râpe.

La première opération de cette fabrique est de couper les cordons du rôle en longueurs proportionnées à celles que l'on veut donner aux bouts, y compris l'extension que la pression leur procure. On se sert à cet effet d'une matrice ferrée par les deux bouts, et d'un tranchoir : on doit accoutumer les ouvriers à ne point excéder les mesures, à tenir le couteau bien perpendiculairement, et à ne point déchirer les robes.

De l'atelier des coupeurs, les longueurs passent dans l'atelier des presses, où elles sont employées par différens comptes, suivant la grosseur que l'on veut donner aux carottes. On fait des bouts composés depuis deux jusqu'à huit longueurs. On conçoit que pour amalgamer un certain nombre de bouts filés très ronds et très fermes, et n'en former qu'un tout très uni, il faut une pression fort considérable; aussi il est nécessaire que les presses soient d'une construction très forte.

Pour que le tabac prenne de belles formes, on le met dans des moules faits exprès, composés de deux pièces de bois creusées en gouttières demi-cylindriques. Il faut que ces moules soient bien polis, qu'ils soient entretenus avec la plus grande propreté, et que les arêtes sur-tout en soient bien conservées, afin d'éviter qu'il ne se forme des bourrelets le long des carottes, ce qui les dépare.

Ces moules sont rangés sur des tables de différens comptes, et les tables rangées sous la presse, à cinq, six et sept rangs de hauteur, suivant l'intervalle des sommiers. Ces tables doivent être posées bien d'à-plomb en tous sens sous la presse, afin que la pression soit bien égale par-tout. Le tabac et la presse souffriroient de la moindre inégalité.

On doit observer dans un grand atelier de ne donner à chaque presse qu'un certain nombre de tours à la fois, et de les mener ainsi par degrés jusqu'au dernier point de pression; c'est le moyen de ménager la presse et de former des carottes plus belles, plus solides et d'une garde plus sûre. Cet atelier, tant à cause de l'entretien des machines, que pour la garniture des presses, est d'un détail très considérable et doit être conduit par des chefs très intelligens.

A mesure que les carottes sortent des moules, on a soin de les envelopper fortement avec des lisières, afin que dans le transport et par le frottement, les longueurs ne puissent se désunir : elles sont livrées en cet état aux ficeleurs.

§. 8. *Ficelage.* C'est la parure d'un bout de tabac ; ainsi, quoique ce soit une manœuvre simple, elle exige beaucoup de soin, d'attention et de propreté. La perfection consiste à ce que les cordons se trouvent en distance bien égale, que les nœuds soient rangés sur une même ligne, et que la vignette soit placée bien droite. La ficelle la plus fine, la plus unie et la plus ronde est celle qui convient le mieux à cette opération.

Lorsque les carottes sont ficelées, on les remet à quelques ouvriers destinés à ébarber les bouts avec des tranchoirs; cette opération s'appelle le parage, et c'est la dernière de toutes. Le tabac alors est en état d'être livré en vente, après avoir acquis dans des magasins destinés à cet usage le dépôt qui lui est nécessaire pour se perfectionner.

IV. PROPRIÉTÉS ET USAGES DU TABAC.

Les feuilles récentes de tabac, frottées entre les doigts, les tachent d'une humeur gluante et brunâtre; si on les brûle séches, elles flambent et crépitent comme le nitre. Cette plante est en général âcre et irritante.

Sa poudre inspirée par le nez, lorsqu'on commence à en faire usage, produit une titillation agréable sur les nerfs de la membrane pituitaire; elle y excite un petit mouvement convulsif, ensuite une sensation plus douce, et enfin il faut, pour réveiller le chatouillement, que cette poudre soit plus aiguisée et plus pénétrante. Voilà pourquoi plusieurs fabricants de tabac y mêlent en le préparant certaines *sauces* ou ingrédiens propres à produire cet effet.

On se décide à prendre du tabac par goût ou par régime; mais beaucoup de personnes, dans les premiers temps, en sont incommodées; elles ont des nausées, quelquefois des vertiges; une humeur tenue s'écoule de leurs narines; l'habitude fait disparoître les vertiges et les nausées, et diminue même l'écoulement; mais l'usage immodéré de cette poudre émousse à la longue la sensibilité de l'odorat, jusqu'à le rendre incapable de distinguer les espèces d'odeurs, affoiblit la mémoire et la vivacité de l'imagination, et produit souvent dans le nez plusieurs maladies; il est cependant utile d'en user modérément et comme d'un remède toutes les fois que la tête se trouve embarrassée d'une abondance d'humeurs séreuses ou pituiteuses. Ainsi, dans la disposition à l'apoplexie, dans les douleurs de tête, les migraines, le bourdonnement, le larmoiement, etc., le tabac en poudre, respiré par le nez, produit d'heureux effets.

La mastication des feuilles rend la sécrétion de la salive plus abondante, et en détermine l'excrétion. Elle convient dans la paralysie pituiteuse, dans celle de la langue, dans l'enchifrènement, dans la surdité catarrhale, etc. Mais elle donne une mauvaise haleine, gâte les dents, corrode les gencives; et lorsqu'il passe dans l'estomac des feuilles mâchées, elles causent des nausées ou le vomissement.

La fumée du tabac ne devient un plaisir que par l'habitude; mais cette habitude est plus nuisible qu'utile. Si elle garantit, comme on l'assure, des maux de dents; si elle est salutaire dans tous les cas où la mastication de cette feuille est recommandée, elle présente aussi les mêmes inconvéniens, et beaucoup d'autres encore. Elle rend la bouche sèche et fétide, diminue la sensibilité de l'organe du goût, et prive l'estomac du suc salivaire qui lui est le plus nécessaire pour la digestion; aussi les fumeurs sont-ils obligés de boire beaucoup pour y remédier.

Selon quelques médecins, l'usage intérieur du tabac est dangereux: il purge toujours avec violence par haut et par bas. Cependant, manié par des mains adroites, il a produit, et peut produire encore, des guérisons désespérées. « Nous avons vu, dit l'auteur des *Démonstrations de botanique*, des fièvres quartes emportées par vingt-cinq grains de tabac en poudre délayé dans du vin ; des paralytiques ramenés par l'usage des lavemens de tabac ; de vieilles dartres guéries avec cinq grains de poudre de tabac. Quelques maniaques et épileptiques ont été guéris avec le sirop de tabac. On ne peut nier, en dépouillant les anciens observateurs, que ce sirop n'ait dissipé des empâtemens des viscères des premières voies. J'ai connu un médecin qui traitoit toutes les maladies avec engorgement, atonie, par l'usage du tabac, à différentes doses, et qui en guérissoit plusieurs. L'usage externe du tabac pour la guérison des dartres, de la gale, des ulcères, est confirmé chaque jour par nos observations. »

L'huile distillée de cette plante est un si puissant émétique, qu'elle excite quelquefois le vomissement, en mettant, pendant quelque temps, le nez sur la fiole dans laquelle on la garde. Un petit nombre de gouttes de cette huile injectées dans une plaie, cause des accidens mortels, comme l'ont prouvé des expériences faites sur des animaux par Hardcrus et Redi. Enfin cette huile, prise intérieurement est un des plus violens poisons.

La décoction et la fumée de tabac sont utiles pour faire périr les pucerons, les acanthies, les cochenilles et autres petits insectes qui font souvent tant de mal aux arbres fruitiers. La décoction s'emploie en forme de pluie au moyen d'une pompe ou d'un arrosoir. La fumée est dirigée sur les branches par un soufflet ordinaire. Mais celui qui est décrit au mot SOUFFLET est plus propre à cette opération. (D.)

TABLIER DES BREBIS. Morceau de toile grossière qu'on suspend sous le ventre des béliers pour les empêcher de saillir les BREBIS. *Voyez* ce mot.

TACONE, ou BRIMÉ. Lorsqu'après une petite pluie il paroît un fort soleil, chaque goutte de pluie fait, sur les grains du raisin, l'office d'une lentille, ou s'échauffe assez pour brûler par place la peau du grain où elle se trouve ; on dit alors que ce raisin est taconé. Les raisins taconés ou brimés ne profitent plus autant, et donnent un vin inférieur aux autres. *Voyez* au mot VIGNE. (B.)

TÆNIA. *Voyez* TÉNIA.

TAFIAT. *Voyez* RACK.

TAGET, *Tagetes.* Genre de plantes de la syngénésie superflue, et de la famille des corymbifères, qui rassemble une douzaine d'espèces, dont deux sont fréquemment employées à l'ornement des parterres, sous le nom d'*œillet d'Inde.*

Le TAGET DROIT, ou *grand œillet d'Inde*, a les racines annuelles ; les tiges ordinairement simples, striées, hautes de deux ou trois pieds ; les feuilles alternes, pinnatifides, dentées,

grandes, d'un vert gai ; les fleurs jaunes, grandes et solitaires.
Il est originaire du Mexique. Il varie à *fleurs doubles jaunes*,
à *fleurs orangé rayées de jaune*, *quelquefois à fleurs blanches*,
à *fleurs très grosses ou fistuleuses*.

Le TAGET BRANCHU, ou *petit œillet d'Inde*, ou *passe-velours*,
a les racines annuelles ; les tiges très rameuses ; les feuilles
alternes, pinnatifides, dentées, d'un vert noir ; les fleurs médiocres, d'un jaune orangé velouté. Il est originaire du même
pays que le précédent, et varie aussi à fleurs doubles, à *fleurs
rayées d'orangé plus foncé ou mordoré*, à *fleurs rayées de
jaune plus clair*, à *fleurs tachées de jaune*.

Ces deux plantes sont en fleur pendant une partie de l'été
et de l'automne, et ont alors un éclat tel qu'il est souvent
impossible de les fixer lorsque le soleil frappe sur elles. Elles
ont un port et un aspect assez différent pour qu'il soit ordinaire de les mettre avantageusement les unes à côté des autres. La première a plus de majesté, la seconde plus d'élégance ; elles demandent une exposition chaude. Leur beauté
dépend en partie de la fertilité du sol et de la fréquence des
arrosemens qu'on leur donne. Leur végétation est généralement très rapide. Elles périssent dès qu'elles ont été frappées
des premières gelées de l'automne.

On sème la graine des tagets dans un terrain bien préparé,
et contre un bon abri, dès que les gelées ne sont plus à craindre, ou mieux sur une couche découverte. Le plant levé demande à être sarclé et arrosé. On le transplante, lorsqu'il a
cinq ou six pouces, dans des trous garnis de bon terreau. Cette
opération le fait toujours souffrir, quelles que soient les précautions qu'on prenne en la faisant, telles que d'ombrager les
pieds, de les arroser. Il seroit mieux, en conséquence, de semer en place ; mais on le fait peu, je ne sais pourquoi.

On doit, lorsqu'on récolte la graine, toujours préférer celle
qui se trouve dans la tête principale, comme étant la meilleure.

Généralement la première espèce se place au milieu des plates-
bandes, et la seconde sur leurs côtés. Rarement on les voit
dans les jardins paysagers, quoiqu'ils y puissent figurer avec
avantage sur le bord des massifs, autour des corbeilles de
fleurs qui s'y établissent.

Tous les tagets exhalent, sur-tout lorsqu'on les froisse, une
odeur particulière, extrêmement forte, qui porte à la tête, et
qui déplaît souverainement à beaucoup de personnes. Elle est
peu sensible dans la plante qu'on ne touche pas. (B.)

TAIE. MÉDECINE VÉTÉRINAIRE. La taie est une pellicule
qui, placée directement devant la cornée lucide, empêche le
cheval qui en est affecté d'apercevoir les objets qui lui sont
opposés. Ce mal vient à la suite d'une inflammation dans cette

partie; et la tache blanche que vous apercevez n'est que l'effet
du défaut de circulation des humeurs aqueuses dans les petits
vaisseaux où elles doivent se répandre.

Contentez - vous de bassiner l'œil du cheval avec de l'eau
fraîche sans y mêler aucune autre matière. Par ce moyen,
vous pourrez parvenir à diminuer l'obscurcissement causé par
la taie, et vous préserver de voir augmenter le mal en employant tout remède étranger à celui que nous venons de donner.

Au mot ŒIL on a indiqué quelles sont toutes les maladies
auxquelles cet organe est exposé. (DES.)

TAILLE DES ARBRES. Un jeune arbre dont on coupe
la tige rez terre pousse des rejets très vigoureux.

De deux branches voisines et égales du même arbre, si on
coupe l'une, l'autre profitera de la sève qui l'alimentoit; elle
deviendra plus grosse, ainsi que les fruits qui y sont attachés.

Si on coupe une partie de branche qui doit porter plusieurs
fruits, les fruits restans seront plus assurés et plus gros.

C'est sur l'observation de ces trois faits qu'est fondée toute
la théorie de la taille.

Je ne dirai pas que la taille soit dans la nature; mais je
dirai qu'elle tient à l'essence même de la végétation. Vouloir
la proscrire est, dans mon opinion, la preuve d'un esprit
aveuglé par des idées, exagéré, et peu au fait de la pratique
journalière des pépinières et des jardins, où son utile influence
se montre constamment.

Pour être utile, la taille doit être calculée d'après des principes; aussi je n'appelle pas de ce nom les abbattis de branches que font quelques uns de ces porteurs de serpettes qui
se décorent du nom de jardiniers, et qui, pourvu qu'ils aient
coupé, croient avoir taillé. Contre ceux-là j'élève aussi ma
voix. Malheureusement le nombre de ces jardiniers ignorans
est considérable; mais qu'y faire? peuvent-ils être instruits?
Non, parcequ'ils sont persuadés que rien n'équivaut à leur
expérience; mais leurs enfans peuvent l'être.

En taillant on a différens buts qu'il faut développer successivement.

Le plant d'un arbre quelconque, venu de graine, a, ou une
tige droite, munie d'une petite quantité de branches vigoureuses et régulièrement disposées, ou une tige en zigzag, tor-
tue, pourvue d'un grande quantité de petites branches chiffonnes et irrégulièrement placées. Dans le premier cas ce plant
fera de lui-même un bel arbre, mais qui sera long à prendre
son accroissement. Dans le second il ne formera qu'un buisson.

On taillera donc, seulement en crochet, les branches latérales du premier de ces plants, ce qui fera qu'il s'élèvera
plus en hauteur que le plant semblable auquel on n'aura pas

touché. La quatrième ou cinquième année on coupera l'extrémité de bourgeon supérieure; ce qui fera grossir la tige beaucoup plus vite.

Toutes les fois qu'une branche latérale rivalisera de grosseur avec la tige, il faudra la couper sans rémission rez tronc. Les autres branches de même sorte qui l'avoisinent et qui ont été coupées en crochet empêcheront qu'il en repousse d'autres.

Le second plant, avec quelque soin qu'on le conduisît dans les mêmes principes, ne prendroit, au moyen même de tuteurs, que fort difficilement, fort lentement et même jamais une tige droite et régulière. Pour y parvenir complètement et promptement, on coupe sa tige rez terre; et, ainsi qu'il a été dit au commencement de cet article, ses racines repoussent une certaine quantité de rejets, la plupart fort vigoureux, qu'on supprime successivement au milieu de l'été, excepté le plus droit et le plus fort (*voyez* RECÉPER), lequel n'ayant qu'une seule déviation de sève à surmonter, et ce, près de la racine, prend une hauteur et une grosseur proportionnée, dans chaque espèce, à la force des racines, à la nature du sol, à l'humidité et à la chaleur de l'été; de sorte que, dès la même année, il surpasse quelquefois l'ancienne tige dans toutes ses dimensions. On le conduit, les années suivantes, ainsi qu'il a été dit plus haut.

. Ces opérations, qu'on pratique généralement et annuellement dans les PÉPINIÈRES, sont détaillées dans l'article consacré à ces dernières.

La coupe des bois rez terre, la tonte des TÊTARDS, l'ÉLAGAGE des arbres cultivés pour les branches, rentrent dans la même taille. *Voyez* ces mots et le mot RAJEUNISSEMENT.

. Quant à l'élagage des tiges dont on veut accélérer la croissance en hauteur, c'est par abus qu'on le fait rez tronc; parceque si on obtient un peu cet effet, c'est toujours aux dépens de la grosseur, de la durée et de la bonté des arbres. *Voyez* ÉLAGAGE et FEUILLE. L'expérience a prouvé qu'il falloit couper les branches à quelque distance du tronc, c'est-à-dire faire sur elles la taille en crochet, pour arriver sûrement au but.

Tant qu'on laisse croître le bourgeon supérieur, la taille en crochet n'a pas d'inconvéniens pendant la jeunesse de l'arbre, parceque chaque crochet repousse des branches secondaires qui, par le grand nombre de leurs feuilles, fournissent autant et même plus de nourriture que les branches latérales primitives en eussent fourni; mais dès qu'on coupe ce bourgeon, et qu'on continue de supprimer annuellement les branches secondaires, alors les mauvais effets des élagages se reproduisent comme on le voyoit si fréquemment dans les jardins dits français, sur les charmilles, les tilleuls, les ifs, les buis, etc., tenus en PALISSADE, en BOULE, en PYRAMIDES et autres formes où l'art contraignoit toujours la nature. *Voyez* ces mots.

Dans ces derniers cas on taille, avec la SERPE, avec le CROISSANT, avec les CISEAUX (*voyez* ces mots); et c'est le hasard de leur position qui fait que telle branche tombe et que telle autre reste. Cette taille, que le bon goût proscrit aujourd'hui, n'est donc pas soumise à des règles puisées dans la physiologie végétale. Je n'en parlerai pas plus longuement.

Ce qu'on doit véritablement appeler la taille se fait avec la SERPETTE ; rarement la SCIE et la SERPE sont dans le cas d'y concourir. Hors l'époque précitée de leur formation dans les pépinières, on la pratique rarement sur les arbres forestiers. Elle a lieu sur les arbrisseaux et arbustes d'agrément dans un grand nombre de cas; mais c'est seulement sur les arbres fruitiers en ESPALIER, en CONTR'ESPALIER, en BUISSON, en PALMETTE, en PYRAMIDE, en QUENOUILLE, en NAIN et sur la VIGNE qu'elle s'exerce nécessairement chaque année ; cependant quelques autres de la même classe, mais en plein vent, y sont aussi quelquefois soumis, principalement des ABRICOTIERS, des AMANDIERS, des PRUNIERS, des OLIVIERS, des ORANGERS, des MURIERS, des FIGUIERS, etc.

Les arbrisseaux et les arbustes d'agrément se taillent rez terre, lorsque leurs tiges sont devenues trop vieilles, et qu'il s'agit de les RAJEUNIR. (*Voyez* ce mot.) Ses effets sont de faire porter à celles qui les remplacent des fleurs plus belles. Ils se taillent sur branches, lorsqu'on est dans l'intention de régulariser leur forme ou de faire prendre à ces branches une disposition contre nature.

Il est certains arbustes, comme le FRAMBOISIER, la RONCE, dont les tiges deviennent extrêmement foibles et même meurent dès qu'elles ont porté du fruit. On doit couper ces tiges pour fortifier d'autant celles qui les remplacent.

Il en est d'autres, comme le ROSIER, le SYRINGA, le LILAS, etc., etc., où les fleurs naissent sur le jeune bois. Faire naître chaque année de nouvelles branches par la taille des vieilles est donc une bonne opération.

Dans mon opinion, jamais il ne faut tailler les arbustes à fleurs au croissant ni aux ciseaux. Je blâme donc ces jardiniers dont les parterres sont garnis de boules de ROSIERS, de KETMIES, de SPIRÉES, DE LILAS, de SYRINGA, de GAINIERS, de CYTISE DES ALPES, de CYTISE A FEUILLES SESSILES, etc., mutilés au moyen de ces instrumens. J'ai personnellement acquis la preuve qu'on pouvoit facilement, uniquement avec la serpette, les amener à une forme aussi régulière, et qui cependant leur laisse la faculté de produire des fleurs.

Dans la taille de tous les arbres en boule et les arbustes en buisson, outre la forme plus ou moins globuleuse, on doit tendre à garnir tout le pourtour de branches également espacées, ce qui s'obtient facilement en coupant sur un œil dirigé vers les vides. De toutes ces tailles celle des orangers en caisses est la plus difficile. C'est peut-être dans l'orangerie de Versailles, où elle est conduite par Péthou, qu'elle est la plus savante de tout l'univers. *Voyez* ORANGER. Là on soumet cet arbre à deux sortes de tailles qui peuvent être données pour exemple de celles que les oliviers, les mûriers, etc., sont dans le cas de recevoir. La plus rigoureuse a lieu tous les six, huit, à dix ans, plus ou moins, selon la vigueur de l'arbre. Elle se fait sur le vieux bois, et a pour objet de former une nouvelle tête à l'arbre, c'est-à-dire de lui faire pousser des bourgeons pourvus de larges feuilles et de grandes fleurs. C'est un véritable RAPPROCHEMENT. *Voyez* ce mot. Sans cette opération les orangers, gênés à leurs racines, donnant peu de feuilles et de petites feuilles, souffriroient beaucoup plus qu'ils ne souffrent et finiroient par périr. On ne reconnoît plus, six mois après, un oranger qui l'a subie, tant il a un air de vigueur et de fraîcheur. La seconde taille est annuelle, c'est plutôt un ébourgeonnement qu'une taille, quoiqu'on emploie souvent la serpette pour l'effectuer. Elle a pour but de supprimer les bourgeons de la dernière pousse qui se sont trop élancés et ceux qui se rapprochent trop, qui se nuisent réciproquement, ou mieux, font confusion. *Voyez* EBOURGEONNEMENT.

Ceux qui croient que le rapprochement, la taille et l'ébourgeonnement ont des suites nuisibles aux arbres, n'ont qu'à comparer les orangers de Versailles avec ceux de la plupart des particuliers, pour se convaincre du peu de solidité de leur opinion.

Mais il faut en venir à la taille des arbres fruitiers, qui est la plus fréquente de toutes.

La taille d'un arbre fruitier a deux buts. Le premier, c'est de faire pousser à cet arbre des branches tellement disposées qu'il devienne ESPALIER, CONTR'ESPALIER, BUISSON (arbre en), DEMI-TIGE, QUENOUILLE, PYRAMIDE, PALMETTE, NAIN, etc. Le second, de lui faire fournir de plus beaux fruits, et des fruits chaque année, presque en même nombre, lorsque des circonstances atmosphériques ne s'y opposent pas.

Aux mots précités, j'ai indiqué en détail le mode de taille de formation des arbres qu'ils rappellent; aux mots PÊCHER, ABRICOTIER, PRUNIER, CERISIER, POIRIER, POMMIER, etc., celle qui s'applique le plus généralement à ces espèces, et aux mots RAPPROCHEMENT, EBOURGEONNEMENT, PALISSAGE, REMplacement, Pincement, les opérations qui l'accompagnent ou la suivent ; ce qui me reste à dire est donc la moindre partie de ce qu'il importe de savoir lorsqu'on veut la pratiquer.

C'est en hiver que l'on exécute la taille des arbres fruitiers, et généralement de tous les arbres ; mais il en est qui demandent à l'être au commencement et d'autres à la fin. Ce qu'on appelle taille d'été dans quelques lieux n'est que l'Ébourgeonnement, le Pincement et le Palissage. *Voyez* ces mots.

On peut commencer la taille des arbres à pepins, sur-tout des poiriers, dès que les feuilles sont tombées, parceque dèslors les branches sont complètement Aoutées et les Boutons suffisamment formés. (*Voyez* ces deux mots.) « Quelques personnes pensent, dit Rozier, qu'il vaut mieux attendre après les fortes gelées, sous prétexte que les frimas empêchent les plaies de se fermer ; mais c'est une raison de peu de valeur. Il vaut toujours mieux avoir de l'ouvrage fait que de l'ouvrage à faire, et dans ce cas sur-tout, où on ne peut prévoir le temps qui surviendra. La taille ne doit pas être faite à la hâte pour l'être bien, et lorsque la saison presse on ne peut opérer avec la lenteur convenable. Les mois de novembre et de décembre sont les plus favorables dans le climat de Paris. Lorsque la sève entre en mouvement, la taille a deux inconvéniens également graves, elle cause une plus ou moins grande déperdition de cette sève, et un retard dans la pousse des feuilles et des fleurs. Les suites des fortes gelées de janvier et de février peuvent, il est vrai, se faire ressentir sur l'extrémité des chicots ; mais ce cas est rare, et il faut en agriculture savoir risquer un peu pour gagner beaucoup ; on en est quitte dans ce cas pour recommencer la taille, qui alors sera plus rigoureuse, et par conséquent, si elle conserve moins de fruits, elle fera naître du bois plus vigoureux. *Voyez* Gelée et Froid. »

« Je dis que ce cas est rare, et en effet il faut pour qu'il arrive que la sève ait prolongé son action jusqu'aux premières gelées, c'est-à-dire que le bois des branches n'ait pas été suffisamment aoûté, et que les gelées soient très fortes. Les jeunes arbres qui sortent des pépinières, c'est-à-dire qui ne sont pas complètement formés, le montrent plus souvent que les vieux. Jamais il n'a lieu lorsqu'on taille sur les branches de deux ans. »

Rozier conseille de plus, pour diminuer encore les craintes à cet égard, de recouvrir toutes les plaies grandes et petites avec l'onguent de Saint-Fiacre, et annonce que cela lui a réussi. Je suis de son avis en théorie, mais je dois observer aux praticiens, 1° que l'opération seroit plus longue que la taille même, et par conséquent très dispendieuse ; 2° que cet euglumen ne resteroit pas sur les petites branches à la première action des pluies ou des dégels.

Mais quelle que soit la valeur de ces motifs, la plupart des jardiniers taillent après l'hiver. Butret, auquel on doit le meilleur traité-pratique de la taille qui ait encore été publié, est d'opinion contraire, et pense qu'il faut suivre l'ordre de l'entrée en végétation des espèces et des variétés. D'après ce principe, il n'opère qu'en février, mars et avril, commence par l'ABRICOTIER, ensuite le PÊCHER, après quoi viennent les POIRIERS et PRUNIERS, puis les CERISIERS, enfin les POMMIERS, qui ne fleurissent qu'en avril.

Je ne puis que me ranger de l'avis de cet excellent cultivateur, en modifiant sa pratique d'après les considérations de la quantité d'arbres à tailler et de la nécessité de ne pas causer une trop forte déperdition de sève dans ceux de ces arbres qui sont foibles.

Lorsqu'on taille un arbre pendant la sève, la déperdition de cette liqueur qui a lieu l'affoiblit, et détermine pour l'année suivante une pousse de boutons à fruits. Ainsi, c'est un bon moyen à employer pour domter les poiriers et les pommiers, que leur nature, leur plantation dans un trop bon terrain, ou une taille trop courte ont rendu fougueux; mais il doit être ménagé sur les arbres foibles et très.productifs.

Chaque variété d'arbre ayant des bourgeons de grosseur, de longueur, de disposition différentes, plus ou moins nombreux, portant plus ou moins de fruits, entrant en végétation, et en floraison à diverses époques, voulant un terrain, une exposition particulière, exige bien certainement une taille qui lui est exclusivement propre; mais il n'appartient qu'aux praticiens les plus consommés de faire attention à toutes ces circonstances, et il est excessivement peu commun d'en rencontrer de tels. Il faudroit des volumes pour compléter tout ce qu'il y auroit à dire sur la taille, et je dois me restreindre le plus possible. On trouvera aux articles particuliers de chaque arbre quelques détails supplémentaires sur cet objet.

Comme je l'ai dit plus haut, je suppose que les arbres à tailler sont formés et en rapport. Je parlerai d'abord des espaliers et contr'espaliers disposés en V ouvert, autrement ceux taillés selon la méthode de Montreuil; espaliers dont la formation a été décrite aux mots ESPALIER et PÊCHER.

« Qu'on appelle chez soi, dit Rozier, un de ces tailleurs d'arbres, qui, dans les environs des grandes villes, voltigent d'un jardin à l'autre la serpette à la main, il commence à donner un nom à un arbre, bien ou mal appliqué, n'importe; ensuite prenant une des extrémités de l'arbre, la serpette travaille deçà et delà. Certes ce n'est pas tailler, c'est massacrer.

« Le premier soin est d'étudier tellement l'arbre dans son ensemble et dans toutes ses parties, que, même en fermant les yeux, on ait dans son esprit une idée nette de tous ses détails, de toutes ses branches, de tous ses bourgeons. C'est au milieu de cette méditation que le jardinier instruit se dit, je dois couper telle ou telle branche; celle-ci est au-dessous de son angle naturel; et celle-là trop basse demande à être relevée. Ici, voilà un vide à remplir; mais un bon œil laissé sur ce bourgeon deviendra un tirant dans le cours de l'année prochaine; ce tirant bouchera le vide et remplacera cette vieille branche.

« Lorsque le jardinier sait son arbre par cœur, s'il est permis de s'expliquer ainsi, il commence par placer ses quatre mères branches; ensuite venant à une des extrémités, il dispose les branches du second ordre, ensuite du troisième, enfin il fixe ce qu'il laisse de bourgeons; mais à mesure qu'il assujettit chacune de ces parties, il supprime tous les chicots, les ARGOTS, les BRANCHES mortes, et il rase et unit tellement la plaie, qu'en passant le doigt dessus il ne sent aucune aspérité. Si sous ces chicots, ces argots, il se trouve des parties chancreuses, il creuse jusqu'au vif, ménage avec soin l'ÉCORCE, parceque c'est la seule partie qui se régénère, et qui soit capable de remplir le vide. Les CHANCRES sont très multipliés principalement sur les arbres à noyaux. Ce n'est qu'à la longue que les chicots et les argots produisent la pourriture du bois intérieur, mais ils la produisent infailliblement si on les conserve pendant deux à trois ans.

« Le jardinier arrive progressivement d'une des extrémités de l'arbre jusqu'au milieu: et il sait que cette partie du milieu, quoique vide, dans le moment, se garnira assez par la pousse des nouveaux bourgeons. Cependant si le vide étoit trop considérable, ce qu'il aura prévu en étudiant son arbre, il détournera quelques bourgeons de l'année précédente, et après les avoir taillés un peu court, ou très court selon le besoin, il les inclinera sur un angle convenable contre ce milieu. Plus le bourgeon sera taillé court et plus au printemps suivant les jets seront forts et vigoureux. Il répète sur l'autre côté de l'arbre ce qu'il a fait sur le premier, en commençant toujours par l'extrémité. Le grand art consiste à ne pas multiplier le gros bois, et à bien juger de la quantité des bourgeons qui pousseront au printemps suivant, afin que, lors du palissage, tous puissent être placés convenablement et sans confusion, en ne supprimant que ceux qui poussent sur le devant de la branche, ou entre la branche et le mur. Le vrai jardinier sait que chaque branche palissée suivant les règles doit représenter un arbre entier, c'est-à-dire que considérée isolément c'est un arbre en diminutif. Mais cette manière de tailler suppose que le jardinier connoît les vrais principes de la taille, et sait en faire une juste application, ou les modifier selon les circonstances. Que l'on ne se trompe pas ; sur la multitude d'arbres d'un jardin, même dans la même variété, deux ne se ressemblent pas au point que leur taille soit la même, quoiqu'ils soient supposés, depuis l'enfance, conduits d'après les mêmes principes. Il faut donc de toute nécessité modifier cette taille suivant le besoin.

« Ils sont donc bien difficiles, les principes de la taille, puisque chaque jardinier a les siens, puisque dans chaque province ils varient? Pas un seul jardinier n'approuve la taille de son voisin, pas un ne reconnoît un supérieur. A qui faut-il donc en croire ? Quelle méthode suivre pour tailler, ou quelle est la meilleure ? Si on prenoit la peine d'étudier le grand livre de la nature, on verroit, si on étoit de bonne foi, qu'elle en sait plus que nous; enfin, que le chef-d'œuvre de l'art c'est de l'imiter. »

On réduit communément les principes de la taille à deux, 1° supprimer tout canal direct de la sève pour que la lenteur de sa marche multiplie les fleurs, assure la nouure, la permanence augmente la grosseur et la saveur des fruits (*voyez* Sève); 2° soutenir l'équilibre le plus parfait possible entre les deux côtés ou ailes de l'arbre, c'est-à-dire tailler plus long le côté le plus vigoureux, et plus court le côté le plus foible.

Au premier principe tiennent ceux, si exagérés dans ces derniers temps, de l'*arqûre des branches*. (*Voyez* Courbure.) Un espalier dont les deux maîtresses branches ont quarante-cinq degrés d'inclinaison sur l'horizon est dans cet état moyen si souvent le préférable en agriculture comme en autre chose, c'est-à-dire qu'il jouit d'une partie des avantages de l'arqûre et n'a presque pas de ses inconvéniens.

Comme les maîtresses branches tendent toujours à se relever, il faut, après chaque taille, les palissader de nouveau, en forçant un peu leur position à l'extrémité; ce qui opère un commencement de courbure souvent fort utile.

Les pommiers, les poiriers et les cerisiers sont difficiles à conduire dans le mode du pêcher, c'est pourquoi dans beaucoup de jardins on a renoncé à les tenir sur deux maîtresses branches. *Voyez* Quenouille, Pyramide, Palmette, Nain.

Du second principe résulte la durée et la permanence du bon état de l'arbre. On en déduit la nécessité de maintenir constamment les branches principales dans le même écartement et de conserver leurs intervalles également garnis de petites branches.

Souvent on taille un arbre qui a été mal conduit pendant plusieurs années consécutives, ou qui a éprouvé les effets de la grêle, de la gelée, etc. uniquement pour le rétablir, alors c'est vers la reproduction des branches à bois qu'on doit tendre. C'est un véritable RAPPROCHEMENT ou RAJEUNISSEMENT qu'on effectue. *Voyez* ces mots.

Rarement un bon jardinier taille dans l'intention de forcer la production du fruit, parcequ'il sait qu'en agissant ainsi il affoiblira son arbre, l'empêchera de donner d'aussi bonnes récoltes les années suivantes, et même accélérera sa mort. Il n'en est pas de même des mauvais jardiniers; aussi combien d'arbres fruitiers soumis à la taille se conservent-ils autant qu'ils le devroient!

C'est aux abus de la taille qu'il faut attribuer les maux qu'elle fait, et non à la taille en elle-même.

L'expérience de tous les temps et de tous les lieux prouve que toute branche inclinée de quarante-cinq degrés pousse également des bourgeons dans toute sa longueur; que, si elle est moins inclinée, elle en pousse plus supérieurement qu'inférieurement, et que les inférieures languissent et même périssent; que, si elle l'est davantage, elle en pousse plus à sa partie inférieure, et que sa partie supérieure souffre et même meurt. C'est sur ces trois considérations, certainement dans la nature, qu'est fondée la supériorité sur toutes les autres dispositions connues, de la disposition des espaliers en V ouvert et des buissons, où les fourches sous le même angle se succèdent depuis la racine jusqu'en haut; c'est sur elles que s'appuie la méthode de taille usitée à Montreuil, méthode qui jouit avec raison d'une si grande célébrité.

J'ai dit plus haut que c'étoit par les ailes ou les extrémités qu'on devoit commencer la taille, ainsi ce sont les bourgeons de l'année, prolongation des deux mères branches, des tirans et de leurs principales bifurcations qu'il s'agit d'abord de raccourcir. On les taillera donc sur un, deux, trois, quatre ou un plus grand nombre de boutons, selon qu'on le jugera nécessaire d'après la vigueur du pied et le besoin d'augmenter son étendue. Un grand nombre de circonstances secondaires agissent aussi, dans ce cas, sur les déterminations du jardinier. Les développer toutes seroit une tâche difficile à remplir. Je puis dire cependant qu'il est beaucoup plus commun de tailler trop court que trop long ces sortes de branches, et qu'il en résulte que les arbres sont extrêmement long-temps à se mettre à fruit, s'épuisent sans remplir l'objet qui les a fait planter.

Comme le principe de la disposition des espaliers, des contr'espaliers est qu'il n'y ait de branches de conservées que celles qui sont sur les côtés des mères branches ou des tirans, la première opération à faire quand on les taille, c'est de couper toutes celles qui se trouvent en-dessus ou en-dessous, et qui ont échappé au palissage de l'année précédente, ou qui ont poussé depuis. Ce n'est que dans des circonstances extraordinaires, comme lorsqu'un tirant est mort et qu'on est forcé de le remplacer, qu'on doit se permettre d'en employer. Dans ce cas, lorsque l'arbre est en espalier, on préférera ceux du derrière, parcequ'ils défigureront moins l'ordonnance générale.

Cette suppression effectuée, on doit examiner tous les tirans et autres vieilles branches, afin de s'assurer si elles sont en bon état de végétation, et de remplacer, lorsque cela se peut, ceux qui sont jugés défectueux, soit parcequ'ils sont trop rapprochés d'un autre par leur irrégularité, soit parcequ'ils sont affectés de chancres, qu'ils ont été altérés par la grêle, par les insectes, soit parcequ'ils ne portent pas suffisamment de branches à fruits. Ces branches seront coupées, ou à leur origine ou à tel point de leur longueur qu'on jugera convenable, mais, dans ce dernier cas, toujours au-dessus d'un bouton destiné à la prolonger directement ou à faire dévier sa direction, soit en montant, soit en descendant.

Dans toutes ces opérations, il faut non seulement prévoir d'avance quel sera le nombre des bourgeons directs qui devront pousser et quelle sera la place qu'ils occuperont, mais encore, s'ils pousseront des bourgeons secondaires, quel sera leur nombre, ainsi que leur direction. C'est toujours la faute de celui qui taille s'il est gêné à l'époque du palissage. En laissant trop de bourgeons à pousser, il fait que la sève s'use en pure perte, puisqu'il faudra abattre les inutiles, et que cette sève auroit servi à augmenter la vigueur de ceux qui sont jugés nécessaires; en n'en faisant pas suffisamment produire, les places vides ne se regarnissent pas et la quantité du fruit est moindre.

Dans les cas où la suppression entière ou partielle d'une vieille branche devient nécessaire par un vice inhérent à cette branche, il faut avant de la couper s'assurer de la possibilité des moyens de la remplacer, soit en en ramenant forcément une autre à sa place lors du palissage, soit en déterminant la pousse de nouveaux bourgeons, qui l'été suivant, au moment de l'ébourgeonnage, seront convenablement palissadés. Indiquer quels sont ces cas est chose impossible, puisqu'ils varient sans fin sur le même arbre et diffèrent tous les ans.

Par contre il est des circonstances où il faut réserver une branche mal placée, uniquement dans l'intention de lui faire regarnir une place qu'on rendra vide l'année suivante par la suppression d'une grosse branche, ou qu'on destine à remplacer des branches à fruits épuisées. Ces sortes de branches d'attente se nomment *branches de réserve* dans le langage des habiles cultivateurs de Montreuil.

Si on ne tendoit perpétuellement à maintenir l'égalité entre les branches des deux côtés de l'espalier, le plus vigoureux pousseroit de plus fortes racines et attireroit successivement toute la sève qui jusqu'alors nourrissoit le plus foible, ce qui après l'avoir fait languir pendant plus ou moins d'années finiroit par le faire périr. Le procédé de couper court ce dernier et long le premier, se fonde sur ce que moins la sève a de distance à parcourir et de branches à nourrir plus elle pousse de vigoureux bourgeons qui, ayant de plus larges ou plus nombreuses feuilles, décomposent plus d'air atmosphérique pendant la sève du printemps et renvoient aux racines pendant la sève d'août une plus grande quantité de sève élaborée qui les fait pousser à leur tour et leur donne, en s'y déposant, une surabondance de forces vitales pour la sève du printemps de l'année suivante. Ces phénomènes peuvent se suivre avec la plus grande facilité tous les ans sur des espaliers de toutes espèces d'arbres.

Il arrive fréquemment que les arbres taillés poussent des bourgeons droits et tellement vigoureux qu'ils absorbent toute la sève qui passe par la branche de laquelle ils sortent, de manière que l'extrémité de cette branche cesse de croître et même périt. On les appelle des GOURMANDS. (*Voyez* ce mot.) Ces bourgeons sont quelquefois utiles pour rétablir un arbre en mauvais état, mais généralement ils doivent être retranchés. Leur coupe rez la branche est ordinairement suivie d'une nouvelle pousse du même genre plus abondante ou plus vigoureuse, lorsqu'elle est faite de suite. Pour opérer conformément aux principes il faut les tailler d'abord, ou les casser longs, encore mieux, les tordre pour ne les couper que l'année suivante.

Jusqu'à présent je n'ai point parlé des fruits, parceque presque toujours les boutons qui doivent être produits dans l'année sont placés sur des branches particulières de diverses sortes, mais en coupant celles de ces branches à bois dont il vient d'être question il faut s'occuper de la multiplication des branches à fruits pour les années suivantes. Ici les arbres fruitiers se divisent en deux séries fort distinctes ; ceux à *fruits à pépin* et ceux à *fruits à noyau*. Dans la première les fruits naissent, 1° sur des branches courtes, grosses, c'est-à-dire rarement de plus de deux pouces de long, qui se conservent un grand nombre d'années variables, on les appelle *bourses* dans le pommier, et *lambourdes* dans le poirier ; 2° sur des branches minces, longues de six à huit pouces et plus : on les appelle *brindilles* dans le pommier comme dans le poirier. Ce dernier en fournit plus souvent et plus abondamment. (*Voyez* BRANCHES, BOURSES, LAMBOURDES, BRINDILLES, POIRIER et POMMIER.) Dans la seconde, les fruits naissent sur des branches minces et longues seulement, sur des brindilles qu'on appelle LAMBOURDES, et qui ne diffèrent des brindilles des poiriers que parcequ'elles ne donnent du fruit qu'une seule fois.

Les boutons à fruit étant toujours visibles à l'époque de la taille, il dépend de celui qui opère d'en conserver plus ou moins. Un jardinier ignorant croit toujours bien faire en n'en supprimant que le moins possible ; mais celui qui est éclairé par une saine théorie, sachant d'une part que plus les fruits sont nombreux et moins ils sont gros et savoureux, et de l'autre qu'un arbre qui porte trop de fruits une année n'en donne pas la suivante, ou s'épuise, n'en laisse que la quantité qu'il doit strictement nourrir, et même souvent moins. Une mauvaise taille sous se rapport a des suites funestes, sur-tout sur pêcher.

Dans beaucoup de circonstances on doit désirer des branches plutôt que du fruit, soit pour regarnir des places vides, soit, dans le pêcher, pour s'assurer des fruits pour l'année suivante, soit pour rétablir un arbre épuisé par des productions antérieures trop abondantes. Hé bien ! l'art est parvenu à transformer les bourses, les lambourdes, les brindilles en branches à bois, pour cela, d'après le principe que plus on taille court, et plus on a des pousses vigoureuses, il suffit de tailler les brindilles sur un œil ou même sur deux, et de couper la tête aux bourses et aux lambourdes. Le bouton à fruit des brindilles se transforme immanquablement, de suite, en bouton à bois par l'avortement du germe des fleurs. La bourse ou la lambourde pousse quelquefois un bouton adventif qui, la première année, donne aussi une branche, mais le plus souvent il ne pousse qu'une, deux ou un plus grand nombre de feuilles, à l'aisselle de chacune desquelles naît un bouton à bois qui donnera une branche l'année suivante. (Voyez Sous-YEUX.) Ce miracle de la taille n'a pas été assez célébré.

Les détails dans lesquels je suis entré sur la taille des PÊCHERS et des ABRICOTIERS, aux articles qui les concernent, me dispensent d'en parler ici de nouveau. Je n'ai donc à entretenir le lecteur que de la taille des POIRIERS et des POMMIERS, sur laquelle je me suis moins étendu.

Les bourses et les lambourdes des arbres à fruits à pepin sont ordinairement trois ans à se former, quelquefois davantage dans certaines variétés de poiriers qui se mettent difficilement à fruit.

« Tous les yeux des branches à bois, dit Burtret, dans l'ouvrage précité, poussent des bourgeons qui deviennent lambourdes, brindrilles, ou branches à bois, suivant la force de l'arbre et la longueur de la taille.

« Si on taille très court, comme à deux ou trois yeux, il ne poussera que de fortes branches à bois, qui, traitées de même l'année suivante, donneront toujours de forts bois, et on n'aura jamais de fruit. Si on taille à moitié environ de leur longueur ces branches, les yeux de l'extrémité donneront des bourgeons à bois, ceux au-dessous des brindilles, et les inférieurs des lambourdes. Si on laissoit les branches à bois de toute leur longueur, sans les tailler, et qu'on les incline horizontalement, il n'en sortiroit que des lambourdes ou boutons à fruit.

« C'est d'après ces effets qu'on doit se conduire. Les premières années tailler court pour avoir des branches à bois, ensuite long pour avoir du fruit.

« Les brindilles sont de très petites branches à bois qu'on a dit branches à fruit, parcequ'elles ne poussent ordinairement que des lambourdes. Elles se laissent entières si elles n'ont que quatre à cinq yeux ; l'année suivante on casse ou coupe près de sa sortie le bourgeon qui aura poussé à son extrémité : si elles se trouvent plus longues il faudra les casser à trois ou quatre yeux.

« Les lambourdes ne se taillent point. Il repousse à côté du support des fruits d'autres lambourdes pour les années suivantes, et elles continuent ainsi de fructifier pendant long-temps.

« S'il sortoit quelque bourgeon de ces lambourdes, il faudroit au palissage le casser ou couper aux sous-yeux. On fera la même opération sur tous les bourgeons qui pousseront en avant et qu'on ne peut placer ; travail qu'il faut retarder le plus possible pour ne pas faire pousser de faux jets de toutes parts, au lieu de la formation des lambourdes ; ainsi il ne doit se pratiquer que dans le mois de juillet.

« Le cassement sert à mettre à fruit les bourgeons à bois des arbres fougueux. Il n'a lieu à la taille que sur les brindilles et branches allongées que l'on veut conserver et que l'on casse seulement par les bouts ; au palissage le cassement se fait sur tous les bourgeons à supprimer. A Montreuil il est peu pratiqué ; ils aiment mieux couper au-dessus des sous-yeux.

« Il est beaucoup d'arbres fougueux que les jardiniers ne peuvent mettre à fruit ; la raison en est simple, c'est qu'ils taillent trop tôt et trop court. Attendez que la floraison se manifeste, alors taillez fort long et ne laissez aucune branche verticale ; c'est le moyen de réduire les arbres et de les amener à fructifier. Ce sont sur-tout les pommiers sur franc ou sur doucin qui sont les plus rebelles. »

J'ai employé plus haut l'expression de *taille du fort au foible.* Il convient que j'en donne l'explication.

M. La Bretonnerie ayant observé que les bourgeons, à mesure qu'ils se développoient, conservoient, jusqu'à un point donné, la même grosseur, le même écartement d'un bouton à l'autre, qu'ensuite ils s'amincissoient et rapprochoient leurs boutons, a donné à la partie inférieure, généralement bien prononcée, le nom de *forte*, et à la supérieure, de *foible*, et au point de séparation, le nom de *fort au foible*. « C'est, dit-il, avec raison, entre le fort et le foible de chaque branche qu'on doit les tailler, ce qui se trouve ordinairement depuis un œil pour les plus foibles, et jusqu'à trois ou quatre pieds pour les plus fortes ou les gourmands. Par cette pratique on est assuré de prendre un juste milieu entre une taille trop longue, qui énerve, et une taille trop courte, qui retient, et on ne peut se tromper.

Quoiqu'en général ce principe soit bon, il est un si grand nombre de cas où on est forcé de s'en écarter par des considérations de diverses sortes, qu'on ne peut le regarder comme nul dans la pratique.

Quelques personnes appliquent cette expression à la taille des deux membres d'un espalier; mais elles ont tort d'après l'exposé ci-dessus exactement rédigé dans le sens de La Bretonnerie.

La taille des arbres nains, des quenouilles, des pyramides et des buissons, diffère de celle des espaliers, principalement parceque ne pouvant étendre mécaniquement leurs branches horizontalement, il faut la diriger de manière à les faire pousser à peu près dans cette direction, et pour cet effet tailler sur un bouton extérieur. On ne doit cependant pas faire prendre à toutes les branches une direction aussi forcée, parcequ'il en résulteroit les inconvéniens de la courbure, inconvéniens dont le premier degré seroit l'affoiblissement et même la mort de l'extrémité de ces branches. C'est à la pratique à juger du plus ou moins de rigueur qu'il faut apporter à l'application de ce principe, car chaque arbre en demande une différente. Il faut laisser plus de branches montantes à celui qui est plus jeune ou plus vieux, plus foible par sa nature ou par des circonstances quelconques, circonstance au nombre desquelles il faut mettre et une année précédente fort défavorable à la végétation, et une année très abondante en fruits. L'inspection du bon bois de la dernière pousse guide assez bien, dans ce cas, celui qui est long et gros annonçant une vigueur trop active qu'il est bon de réprimer.

Il faut s'abstenir de tailler les arbres lorsqu'il gèle, ou que l'air est sec et vif, parceque les branches s'éclatent ou cassent trop aisément. Dailleurs ce temps, qui engourdit les doigts des opérateurs, les rend peu propres à des opérations qui demandent de l'agilité et de la justesse. On commence, dans les espaliers, par dépalisser tous les bourgeons, même ceux que l'inspection préalable de l'arbre auroit fait juger dans une bonne position.

Quoiqu'on ne doive pas mettre plus d'importance qu'il ne faut à la manière de couper les branches, cependant il est bon d'orienter la plaie au nord ou en dessous de la branche, et de ne la faire ni trop ni pas assez oblique, ni trop éloignée ni trop rapprochée de l'œil. Cette distance varie selon l'espèce de l'arbre, sa variété, l'âge de la branche, etc.; mais elle doit être rarement de moins d'une ligne et de plus de deux.

En effet, si on taille plus haut, il se formera un onglet de bois mort. (*Voyez* ARGOT.) Si on taille plus bas, l'œil se dessèche et le même résultat a lieu. Dans ces deux cas la sage nature répare quelquefois les fautes du jardinier par le moyen des SOUS-YEUX. *Voyez* ce mot.

Je finis par donner, d'après Thouin, la définition de quelques termes et de quelques opérations qui sont la suite de la taille.

On AMUSE LA SÈVE (*voyez* ce mot) lorsqu'on la retient à une place pour faire grossir une branche.

En taillant sur l'œil en dedans on a pour but de regarnir une place vide ou de changer la direction d'une branche. On pratique souvent cette taille sur les arbres en éventail, qui s'écartent trop de la ligne et de l'épaisseur qui leur sont assignées.

Lorsqu'un arbre, une aile, un membre, une branche, un bourgeon, un gourmand sont taillés longs et en proportion de leur force et de leur vigueur, on dit qu'ils sont *chargés à la taille*. Les mêmes parties taillées court sont appelées *déchargées à la taille*. On décharge les arbres ou les branches peu vigoureuses, qui sont malades, poussent foiblement, ont la jaunisse, etc. On ne peut pas fixer, même par des à peu près, la manière de charger ou de décharger les arbres. Telle espèce d'arbre se trouvera trop chargée étant taillée à deux ou trois yeux, tandis que telle autre ne le sera pas assez à huit ou dix; enfin deux arbres de même espèce, plantés à côté l'un de l'autre, exigent d'être plus ou moins chargés selon leur plus ou moins de vigueur. Cela ne peut s'apprendre que par une pratique longue et réfléchie.

Allonger et raccourcir la taille sont deux expressions complètement en rapport avec les précédentes.

Lorsqu'on taille il faut examiner, non seulement la nature de l'œil sur lequel on le fait, mais encore son état, y ayant des yeux éteints, c'est-à-dire morts, et qui, par conséquent, ne donneront pas le bourgeon désiré. (B.)

TAILLE DES RUCHES. Opération par laquelle on enlève aux abeilles le superflu de leur cire et de leur miel.

Il y a autant de manières de tailler les ruches que de méthodes de conduire les abeilles.

Dans les pays où on a encore la détestable habitude de les

faire périr pour s'emparer du fruit de leur travail , la taille ne consiste qu'à détacher les rayons de la ruche avec un couteau ordinaire , et à les ôter les uns après les autres.

Dans ceux où on a renoncé à cet usage, la taille devient un peu plus difficile. Il faut des instrumens de diverses forme et grandeur , tels que des couteaux à long manche , de trois lignes de large et recourbés dans le sens de leur largeur , pour pouvoir les introduire entre les rayons, et couper un de ces rayons sans entamer les autres.

Les ruches à hausses exigent un couteau ordinaire et un fil de laiton pour séparer la hausse supérieure des autres.

Enfin pour celles à la Hubert, il suffit d'un couteau ordinaire.

Pour le surplus , *voyez* au mot ABEILLE. (B.)

TAILLIS. (BOIS) Les bois sont ainsi appelés jusqu'à ce qu'ils aient atteint l'âge de trente-cinq ans. Depuis celui de quarante ans jusqu'à soixante-quinze ans, on les nomme *gaulis* , ou *hauts-taillis ; jeunes futaies*, depuis quatre-vingts jusqu'à cent cinquante ans ; et *hautes-futaies*, ou *vieilles futaies* , de-puis cent cinquante jusqu'à trois cents ans , qui est l'âge d'a-ménagement le plus long qu'on puisse donner aux futaies croissant sur les meilleurs fonds. *Voyez* BOIS , FORÊT , EXPLOI-TATION , COUPE, etc. (DE PER.)

TALICTRON. Nom vulgaire du SISYMBRE SOPHIE.

TALLE. On applique ce nom à l'ensemble des pousses qui sortent , après le développement de la tige principale , du col-let des racines d'une plante. On dit le blé a tallé lorsqu'il offre beaucoup d'épis. Dans quantité de circonstances ce mot est synonyme de TOUFFE, TROCHÉE, CÉPÉES. Il est des plantes plus disposées à taller que d'autres. Excepté les arbres rési-neux on peut faire taller presque toutes les plantes en coupant leur tige principale. Les gelées de l'hiver , les sécheresses du printemps, en faisant périr la jeune pousse des plantes, la font souvent taller. Le pâturage des bestiaux , le fauchage , le piétinement produisent le même effet. On ROULE les blés au printemps pour les faire taller ; on RECÈPE les arbres et arbustes pour les faire taller. *Voyez* ces mots.

TALLE. Nom du châtaignier dans le département des Deux-Sèvres.

TALON. On donne ce nom à la portion inférieure d'une bouture qui a été coupée sur du vieux bois, et encore mieux en enlevant une petite portion de la branche sur laquelle elle étoit insérée.

La présence d'un talon est extrèmement favorable à la reprise d'une bouture, parcequ'il offre un bourrelet naturel ou que faisant faire un coude à la sève il favorise la formation du bour-relet d'où doivent sortir les premières racines. Il faut donc le conserver toutes les fois qu'on coupe des boutures sur un arbre rare, ou d'une difficile multiplication. *V.* Bouture et Bourrelet.

Dans les pépinières bien montées il y a toujours des mères de marcottes d'arbres qui se multiplient également de boutures, de platane par exemple, et ces marcottes forment des sauterelles qu'il faut couper, et qui cependant sont souvent garnies de bonnes boutures. Dans ce cas on doit toujours préférer d'enlever ces boutures avec un talon, afin d'assurer leur reprise. L'augmentation de peine n'est presque rien. *Voyez* Sauterelle.

TALUS. Ligne d'inclinaison des portions de terrains qui ne sont pas horizontaux.

Il y a des talus de tous les degrés d'inclinaison, depuis la ligne horizontale jusqu'à la ligne perpendiculaire.

Toutes les fois qu'on creuse un fossé dans de la terre de moyenne consistance, il faut, si on ne veut pas que ce fossé se comble très promptement par l'éboulement des bords, donner à ces bords une inclinaison d'au moins quarante-cinq degrés. Plus la terre est légère et plus cette inclinaison doit être considérable. Vingt à vingt-cinq degrés sont, dans les terres sableuses ou graveleuses, un angle quelquefois encore trop grand. Il vaut presque toujours mieux pécher par excès que par défaut d'inclinaison dans ce cas, pour n'être pas obligé à des dépenses continuelles de curement.

Des semis de graminées et autres plantes à racines traçantes, des plantations de plusieurs sortes d'arbustes, sont avantageusement employées pour conserver aux talus l'inclinaison qu'on leur a primitivement donnée. *Voyez* Fossé.

Tous les penchans des montagnes sont des talus naturels. Lorsqu'ils sont très inclinés il est de la sagesse du cultivateur de les conserver en nature de bois ou de prés ; et dans le cas où il trouve un grand avantage à les cultiver en vignes ou en céréales, il doit les partager par des haies ou zones transversales, et les labourer de manière à faire toujours remonter les terres que les eaux pluviales ont entraînées. *Voyez* Montagne, Labour, et Haie.

Dans les jardins on fabrique souvent des talus, soit sous le point de vue de l'utilité, soit sous celui de l'agrément. Les carrés des potagers sont presque toujours bordés en talus.

TAMARIN. *Voyez* Tamarinier.

TAMARINIER, *Tamarindus*. Arbre qui s'élève de trente à quarante pieds, dont l'écorce est brune, les branches nombreuses ; les feuilles alternes, ailées sans impaire, à folioles nombreuses (vingt-quatre à trente), étroites, velues, luisantes ; à fleurs rouges, odorantes, disposées en petites grappes axillaires ou terminales, et accompagnées de bractées, et qui croît dans toutes les parties du monde qui sont situées entre les tropiques.

Cet arbre forme un genre dans la monadelphie triandrie et dans la famille des légumineuses.

La pulpe des fruits du tamarinier est d'un fréquent usage dans les pays chauds, soit pour faire une espèce de limonade, soit pour servir d'assaisonnement aux mets. En Europe on l'emploie en médecine comme laxative et antiputride. Elle est fort agréable au goût lorsque sur-tout elle est confite au sucre. J'en ai fait usage avec succès contre le mal de mer. C'est un des meilleurs articles dont on puisse faire usage comme boisson et comme aliment dans les navigations de long cours; aussi est-elle l'objet d'un commerce de quelque importance pour les ports de mer des colonies. Elle nous arrive rarement bonne à Paris.

Dans aucun pays on ne cultive proprement le tamarinier, mais on le plante autour des habitations, et on en récolte les fruits à leur maturité; c'est pourquoi il devoit être mentionné ici. En Europe il demande impérieusement la serre pendant six mois de l'année, et n'y fleurit jamais.

Il y avoit à Saint-Domingue un tamarinier dont les semences, par suite d'une variation, avoient quelques rapports avec le profil d'une tête de nègre. On montoit ces semences en breloques et en pendans d'oreilles. Je ne sais pas si on l'a multiplié.

Il y a tout lieu de croire que le tamarinier des Indes est une espèce différente de celui de l'Amérique. (B.)

TAMARIX, *Tamarix*. Genre de plantes de la pentandrie trigynie et de la famille des portulacées, qui renferme cinq à six espèces, dont deux sont communes dans les parties méridionales de la France, et se cultivent dans les environs de Paris pour l'agrément.

Le TAMARIX DE FRANCE, ou *tamaris de Narbonne*, est un arbrisseau de douze ou quinze pieds de haut, dont le tronc acquiert quelquefois quatre à cinq pouces de diamètre, dont les branches sont nombreuses et grêles, dont les feuilles sont imbriquées et très petites, dont les fleurs, petites et rougeâtres, sont disposées en épis grêles et terminaux. Il est très commun sur le bord des ruisseaux et des rivières, dans les vallées inférieures des Alpes, et en général des parties méridionales de la France.

Le TAMARIX D'ALLEMAGNE s'élève un peu moins que le précédent. Ses rameaux sont jaunes; ses feuilles sont plus grandes, moins rapprochées, plus obtuses et plus glauques; ses fleurs sont plus rouges, plus grandes, plus écartées, et ont dix étamines. Il croît aussi dans le voisinage des eaux des parties méridionales de l'Europe.

On trouve rarement ces deux espèces naturellement dans le même lieu.

L'agriculture retire des avantages importans de ces deux arbustes. J'ai vu, dans les vallées inférieures des Alpes et des Pyrénées, qu'ils arrêtoient fréquemment l'impétuosité des torrens lors de leurs débordemens, tant par leurs rameaux longs, flexibles et nombreux, que par leurs racines traçantes et très garnies de chevelu. Il résulte d'un mémoire de Julia, qu'ils décomposent le sel marin mieux que les soudes, et par conséquent rendent à la culture des terrains qui sont devenus infertiles par les débordemens de la mer. C'est pour cet objet qu'on cultive la première espèce sur les bords des étangs salés qui se trouvent entre Narbonne et Montpellier : là on le coupe tous les deux ans pour retirer de la soude de ses cendres, et on l'arrache au bout de dix ans, époque où il a rendu la terre la plus imprégnée de sel marin propre à produire du blé et d'autres articles de culture. Combien de marais sur les bords de la mer, autour des lacs de la Sibérie, etc., pourroient être utilisés au moyen des tamarix ! Quelle immense augmentation de richesses retireroient la Virginie, les deux Carolines, la Géorgie et les Florides, où j'ai vu le long des rivières, où remonte la marée, des terrains si étendus couverts de plantes inutiles, de l'introduction de ces arbustes !

Par-tout où se trouvent les tamarix on les coupe ainsi tous les deux ou trois ans ; aussi dans mes voyages n'en ai-je jamais vu d'aussi gros que ceux qui existent dans quelques jardins où on les cultive pour l'agrément. Tous deux produisent des effets très pittoresques lorsqu'ils sont convenablement placés, car leur aspect contraste avec celui de tous les autres arbustes ; le second sur-tout mérite les regards de l'amateur par sa couleur et la disposition de ses rameaux. Toutes terres leur sont indifférentes, pourvu qu'elles soient un peu fraîches. On les multiplie très facilement de marcottes et de boutures. Ces dernières se font au printemps, à l'exposition du nord. Elles s'enracinent dans l'année, et poussent quelquefois, même dans le climat de Paris, des jets de plusieurs pieds de hauteur. On les relève au printemps suivant pour les mettre en pépinière, à quinze ou vingt pouces de distance, et les y laisser jusqu'à plantation définitive, c'est-à-dire pendant deux ou trois ans.

La première espèce de tamarix craint les gelées du climat de Paris lorsqu'elles sont rigoureuses ; mais si quelquefois elles font périr ses tiges, il est fort rare qu'elles tuent ses racines ; et, en les recépant, elles poussent, dès la même année, des jets de trois à quatre pieds de haut. En général, il m'a paru que ces arbustes faisoient beaucoup mieux en buisson qu'en tige ; ainsi il est bon de les recéper tous les cinq à six ans au moins.

Assez souvent ils poussent irrégulièrement, et dans ce cas il est encore bon de les régler par le retranchement des branches qui s'écartent trop ; mais je n'approuve pas ceux qui les taillent, car cette opération leur ôte toute leur élégance, qui consiste principalement dans la forme svelte de leurs rameaux.

On fait des haies de tamarix dans quelques parties de la France, aux environs de Baïonne, par exemple ; et en voyant leurs avantages, je me suis demandé pourquoi on n'en faisoit pas par-tout où la nature du sol le permettoit. Elles sont d'une bonne défense contre les animaux, qui ne touchent pas à leurs feuilles, et d'un bon produit, ce bois étant très propre au chauffage, et, comme je l'ai déjà dit, d'une croissance très rapide. Toutes leurs parties servent à la médecine, comme apéritives, fébrifuges, antisyphillitiques. Les teinturiers emploient quelquefois leurs fruits comme astringens dans la teinture noire. On fait des pipes avec leurs rameaux, et des petits vases avec leur bois, très susceptible d'être mis sur le tour.

Je ne puis qu'engager les propriétaires des terrains sablonneux et en même temps humides, de planter des tamarix pour en tirer parti, et je ne doute pas qu'ils ne s'applaudissent de l'avoir fait : là au moins leur cendre fournira de la soude si le terrain est salé, et de la potasse s'il ne l'est pas. Le prix de ces denrées est assez élevé en ce moment pour espérer un bénéfice certain de leur vente. (B.)

TAMBALTE. Vaisseau de bois dans lequel on bat le beurre dans le département des Vosges.

TAMINIER, *Tamnus*. Genre de plantes de la diœcie hexandrie et de la famille des smilacées, dont une des espèces des trois qu'il contient est assez commune et assez remarquable pour être citée ici.

Le TAMINIER COMMUN, plus connu sous les noms ridicules de *racine vierge*, de *sceau de Notre-Dame*, a la racine vivace, fusiforme, noire, grosse comme le poing, quelquefois comme la tête ; les tiges annuelles, grêles, sarmenteuses ; les feuilles alternes, longuement pétiolées, en cœur aigu, très lisses ; les fleurs jaunâtres et disposées en épis lâches dans les aisselles des feuilles supérieures ; les fruits rouges et de la grosseur d'un pois. Il croît dans toute l'Europe aux lieux gras et ombragés, dans les bois et les haies, et fleurit à la fin du printemps. Souvent il s'élève sur les arbres et laisse tomber ses rameaux en festons qui produisent un effet fort agréable par la grandeur, la forme et le beau vert de ses feuilles. On doit toujours en placer quelques pieds dans les jardins paysagers pour y faire variété. On peut en garnir avec succès les berceaux. Lorsqu'on l'isole au milieu des gazons et qu'on lui fournit une perche, elle monte à six ou huit pieds et forme une pyramide de verdure d'un aspect remarquable. Ses fruits subsistent tout l'hiver et sont fort du goût des grives et autres oiseaux. Sa racine est d'usage en médecine, savoir, à l'extérieur comme résolutive, et à l'intérieur comme purgative. L'art vétérinaire sur-tout l'emploie fréquemment sous ce dernier rapport. (B.)

TAMIS. Ustensile qui sert à passer des matières réduites en poudre, ou des liqueurs épaisses; il est formé d'un cercle ou cerceau mince, plus ou moins large, autour et à l'extrémité inférieure duquel on fixe un tissu d'osier, de fer, de crin ou de toile. Cet ustensile est employé à divers usages dans l'économie rurale et domestique. Les jardiniers se servent des tamis d'osier ordinaires pour épurer de petites quantités de terre destinée à des cultures soignées, et ils emploient de petits tamis, communément en crin, pour passer la terre propre à recouvrir les semis des graines les plus fines. On fait un fréquent usage des tamis de crin et de soie dans l'économie domestique pour passer la farine destinée à faire le pain. *Voyez* FARINE. (D.)

TAN et TANNÉE. On donne le nom de tan à l'écorce du chêne pulvérisée et propre à employer au tannage des peaux des animaux.

L'opération du tannage consiste à rendre indissoluble à l'eau la gélatine qui fait partie constituante des peaux. C'est elle qui les rend dures et susceptibles d'être employées à la fabrication des souliers et à une infinité d'autres objets. Cette opération ne peut être du ressort du cultivateur, à raison des connoissances pratiques et des soins longs et multipliés qu'elle exige. En conséquence je n'en parlerai pas ici.

La tannée est le tan après qu'il a rempli l'objet ci-dessus, c'est-à-dire qu'il a perdu le tannin ou principe tannant, et qu'il ne peut plus être d'aucune utilité aux tanneurs.

Autrefois on employoit exclusivement la tannée à faire ce qu'on appelle des *mottes à brûler,* c'est-à-dire que les tanneurs la vendoient pour brûler après l'avoir moulée dans des cercles de cinq à six pouces de diamètre et l'avoir fait sécher; mais aujourd'hui on en soustrait, dans les lieux où les cultures sont soignées, une partie à cet usage, pour en faire des couches ou pour la répandre comme engrais sur les terres.

Les couches de tannée se font de préférence dans les baches à ananas et dans les serres qui renferment les plantes qui exigent le plus de chaleur. Elles ont sur celles de fumier l'avantage d'être moins humides, d'avoir moins d'odeur, de durer plus long-temps, de donner une chaleur plus égale, et d'être ranimée d'abord par de simples labours, ensuite par un remuement général, enfin par le mélange d'une certaine quantité de nouvelle tannée. Rarement on les compose entièrement de cette dernière tannée, sur-tout quand on veut en faire usage sur-le-champ, parceque la chaleur qui en émaneroit seroit trop considérable. On mêle le plus communément moitié de vieille et de nouvelle, souvent seulement un tiers de cette dernière. (*Voyez* aux mots ANANAS, COUCHE et SERRE CHAUDE.) La tannée moulue grossièrement s'échauffe plus lentement et conserve mieux sa chaleur que celle qui est fine.

Un certain degré d'humidité est nécessaire pour mettre la tannée en action et l'y conserver. Lorsqu'elle est trop peu ou trop fortement arrosée, elle ne donne pas de chaleur. Dire la quantité d'eau qu'il lui faut est impossible, puisque cette quantité dépend de sa masse, du temps qu'elle sert, de l'objet qu'on a en vue, de l'exposition ainsi que de la plus ou moins grande capacité du local où elle se trouve, etc., etc. L'expérience doit apprendre à la fixer. Ainsi le jardinier ne met point d'abord d'eau sur la couche qu'il vient de construire, et il enfonce des bâtons à différents endroits éloignés. Le lendemain il juge de sa chaleur par celle qu'ont acquise ces bâtons (qu'il serre dans sa main), et il se dirige en conséquence. Toujours ces bâtons restent dans la tannée, et chaque fois qu'il la visite il s'assure de son état par le même moyen. Ils sont, pour peu qu'on ait d'habitude, aussi bons et même meilleurs que des thermomètres.

C'est dans les baches à ananas et dans les serres chaudes destinées à recevoir les plantes des climats les plus brûlans, qu'on établit le plus communément les couches de tannée. Rarement on en forme en plein air. Ordinairement elles demandent à être remuées deux fois l'an, c'est-à-dire à l'entrée et à la fin de l'hiver; cependant, quelquefois on se contente de leur donner un seul labour à la seconde époque. Quelquefois aussi il faut les remuer un plus grand nombre de fois, les recharger, ou les réchauffer avec de la tannée nouvelle; car il y a une grande irrégularité dans leurs effets, soit à raison de la qualité de la tannée, soit à raison des circonstances atmosphériques ou autres qui varient sans cesse. Une couche qui n'a pas donné de chaleur pendant un mois en prend quelquefois une très violente qui brûle les plantes qu'elle supporte.

Par contre, une couche très chaude tombe du jour au lendemain sans qu'on puisse en deviner la cause. En général ces sortes de couches sont fort difficiles à conduire et demandent une surveillance toujours active, toujours éclairée par l'expérience de la localité.

Jamais on ne plante immédiatement sur les couches de tannée. Les plantes dont elles doivent activer la végétation sont toujours dans des pots.

Voyez pour le surplus aux mots Couchés, Serre chaude et Ananas.

La tannée, lorsqu'elle sort de la fosse du tanneur, étant imprégnée des principes animaux des peaux qu'elle a tannées, est un excellent engrais. On peut avec avantage la répandre sur les champs et sur-tout sur les prés ; mais il vaut mieux cependant la mêler avec le fumier quelques mois avant de l'employer, parcequ'ils se servent mutuellement d'excitant. Les couches ordinaires qui sont composées de ce mélange sont également excellentes.

La tannée qui a servi à faire des couches a perdu beaucoup de sa qualité, sous le rapport de l'engrais, mais elle n'en est pas moins dans le cas d'être employée pour le même objet et de la même manière.

Il est à observer qu'il est des tannées qui n'ont pas perdu tout leur principe astringent dans l'opération du tannage. Ce sont les meilleures pour faire des couches, mais elles nuiroient aux plantes sur lesquelles elles agiroient immédiatement. Il faut donc toujours répandre la tannée pour engrais en très petite quantité à la fois sur des plantes qui seroient en état actuel de végétation.

Au reste, cet engrais est rare et il est peu d'endroits où on puisse l'employer avec économie. (B.)

TAN. On donne aussi ce nom, dans les montagnes du Limousin, à la seconde peau de la châtaigne, peau qui est très âcre et qu'on est obligé d'ôter, soit avec la main, soit avec le Déboiradour. *Voyez* ce mot et le mot Chataigne.

TANAISIE, *Tanacetum.* Genre de plantes de la syngénésie superflue et de la famille des corymbifères, qui renferme une vingtaine d'espèces, dont une est si commune et si employée en médecine, qu'il n'est pas permis à un cultivateur d'ignorer ses caractères et ses propriétés.

La tanaisie vulgaire a les racines vivaces, traçantes, les tiges annuelles, striées, légèrement velues, rameuses, hautes de trois ou quatre pieds ; les feuilles alternes, deux fois ailées, dentées, légèrement velues ; les fleurs jaunes et disposées en corymbe terminal. Elle croît dans toute l'Europe, dans les bois, sur le bord des chemins, parmi les décombres, et fleurit au milieu de l'été. Toutes ses parties exhalent dans la chaleur, ou lorsqu'on les froisse, une odeur aromatique forte, peu agréable pour beaucoup de personnes, et ont une saveur âcre et amère. On la regarde comme stomacale, fébrifuge, sudorifique, carminative, vermifuge, etc. On en fait un grand nombre de préparations officinales. Quelques personnes croient que son odeur forte suffit pour chasser les puces et les punaises, mais c'est un fait faux. Souvent j'ai vu des cantons entiers couverts de cette plante, que Linnæus dit être aimée par tous les bestiaux, excepté les chèvres et les cochons, et qu'ils laissent cependant intacte dans nos campagnes. Nulle part on n'en tire parti pour faire du fumier, pour fabriquer de la potasse, et cependant elle est très propre à ces deux objets.

Cette plante, qui indique toujours un sol léger et fertile, ne manque pas d'élégance, et peut être employée avec avantage dans la décoration des parterres et des jardins paysagers. On la multiplie avec la plus grande facilité par le déchirement des vieux pieds vers la fin de l'hiver. Sa culture est presque nulle. Ses tiges subsistent tout l'hiver et demandent à être coupées avant la pousse des nouvelles. Elle offre une variété à feuilles crêpues qui est sur-tout d'un grand effet lorsqu'elle est convenablement disposée.

La TANAISIE BEAUMIÈRE, *Tanacetum balsamita*, Lin., fait actuellement partie du genre BALSAMITE.

TANCHE. Poisson qui appartient au genre des cyprins et que sa faculté de vivre dans les eaux les plus boueuses et de multiplier considérablement rend extrêmement précieux pour les propriétaires d'étangs. Sa couleur est communément d'un vert noirâtre sur le dos, jaunâtre sur les côtés, et blanchâtre sous le ventre; mais elle varie, en plus noir dans les eaux fangeuses et en plus jaune dans les eaux pures. Sa longueur est rarement de plus d'un demi-pied de long. Il vit de vers, d'insectes, de graines de plantes, de fragmens de feuilles, etc. Quand on le nourrit bien il croît très promptement. Son frai a lieu au milieu de l'été.

Comme les carpes multiplient autant que les tanches, croissent encore plus rapidement et sont d'un meilleur débit, on doit les préférer dans tous les cas où cela est possible, en conséquence ne mettre des tanches que dans les étangs où les carpes ne se plaisent pas, dans les fossés, les mares et autres eaux qui sont complètement stagnantes et dont le fond est vaseux. Un avantage qu'elles ont sur les carpes c'est de vivre dans la boue des étangs qui se dessèchent et de n'avoir pas besoin qu'on casse la glace de ceux qui se gèlent pendant l'hiver. *Voyez* ÉTANG.

On estime peu la tanche sur les tables délicates, à raison de la fadeur de sa chair et du grand nombre d'arêtes dont elle est remplie; mais elle n'en est pas moins un supplément de nourriture qu'il ne faut pas négliger quand on est à même de se le procurer. (B.)

TANNIN. Substance particulière qui se trouve dans quelques végétaux. On l'appeloit ci-devant principe astringent. C'est dans le cachou qu'il existe en plus grande abondance, ensuite dans les diverses parties des chênes, sur-tout la noix de galle. Ses deux principales propriétés sont, 1° de précipiter en noir les dissolutions de fer d'où résulte notre ENCRE à écrire (*voy.* ce mot); 2° de rendre la gélatine insoluble, d'où résulte l'opération du tannage des CUIRS. *Voyez* ce mot.

Toujours le tannin est uni à l'acide gallique. Il se dissout assez facilement dans l'eau; aussi les mares qui se forment pendant l'hiver dans les forêts de chênes en contiennent-elles, ce qui est quelquefois nuisible aux animaux qui y vont boire; aussi les plantes qu'on couvre pendant l'hiver avec des feuilles de chêne sont-elles exposées à périr par suite de son action.

TANQUE. On donne ce nom, sur les côtes de la Manche, à un détritus de coquillages marins, qu'on ramasse à l'embouchure des rivières, et qu'on emploie comme amendement. C'est une espèce de marne qui porte la fertilité sur tous les térrains argileux où on la répand, à raison du savon animal et du sel marin qu'elle contient.

TAON, *Tabanus.* Genre d'insectes de l'ordre des diptères, qui renferme une cinquantaine d'espèces toutes vivant aux dépens du sang des animaux, et dont plusieurs tourmentent souvent les bestiaux avec tant d'activité qu'ils les rendent furieux et les font maigrir au milieu des pâturages.

Les espèces de ce genre sont généralement connues dans les campagnes sous leur vrai nom. Quelques uns se font remarquer par leur grosseur et par le brillant des bandes qui semblent traverser leurs yeux pendant leur vie. On les voit principalement dans les pays boisés, et depuis le commencement de l'été jusqu'à la fin de l'automne. C'est dans les jours les plus chauds et lorsque le soleil brille le plus qu'ils se jettent avec fureur sur les bestiaux, et les couvrent souvent en peu d'instans de nombreuses plaies. On croit avoir remarqué que ce sont les femelles qui sont les plus avides de sang. Elles sont si abondantes dans certains cantons et dans certaines années, qu'on ne peut mener les bestiaux paître dans le voisinage des bois lorsqu'il ne pleut pas, ou qu'on est obligé de les frotter de bouse de vache, de les couvrir de toile, etc. Il n'y a pas d'autre moyen d'en diminuer le nombre que de les tuer un à un, et on sent combien il est insuffisant. Cependant un vacher jaloux de la santé de son troupeau se promène toujours, pendant la saison du taon, autour des bêtes qui le composent, et tue, soit avec la main, soit avec un rameau de feuilles ou son mouchoir, etc., les taons qu'il trouve suçant leur sang; opération pendant laquelle ils fuient moins le danger.

Quelque abondans que soient les taons en France, ils sont peu nombreux en comparaison de ceux qui se montrent dans les pays chauds. C'est le taon qui force les Arabes à quitter pendant l'automne les gras pâturages pour s'enfuir dans les déserts avec leurs bestiaux. Ils couvroient quelquefois mes vaches en Caroline au point que je pouvois en tuer une demi-douzaine d'un seul coup avec la paume de ma main.

On est fort peu instruit des mœurs des larves des taons. On sait seulement qu'elles vivent dans la terre, et s'y transforment en nymphes.

Les espèces les plus communes de ce genre; sont,

Le TAON DES BŒUFS. Il a les yeux d'un vert luisant; le front et le corcelet cendrés; l'abdomen d'un brun obscur avec les côtés roussâtres et une rangée de taches triangulaires, blanches au milieu. Ses pattes sont blanches, avec les cuisses et les tarses noirs. Sa longueur est de huit à dix lignes. Il se voit en abondance pendant tout l'été.

Le TAON AUTUMNAL. Il ne diffère presque du précédent que parcequ'il a l'abdomen tout noir et trois rangées de taches blanches sur sa partie supérieure.

Le TAON TROPIQUE. Il a trois bandes purpurines sur les yeux. Le corps d'un brun grisâtre, avec les côtés de l'abdomen couleur de rouille. Sa longueur est de six à huit lignes. Il est commun dans les pays marécageux.

Le TAON PLUVIAL a les yeux couverts de quatre raies rougeâtres, ondées; le corps gris brun, avec des taches noires sur la tête; le bord des anneaux de l'abdomen gris; les ailes obscures, avec un grand nombre de taches blanches; les antennes longues. Il a environ quatre lignes de long. Il est excessivement abondant pendant l'été et l'automne, et moleste principalement les bestiaux aux approches de la pluie et le soir. Il ne craint point de s'attacher à l'homme même.

Le TAON AVEUGLANT, *Tabanus cœcutiens*, Fab. Il a les yeux verts ponctués de noir; le front gris taché de noir; le corcelet brun, couvert de poils jaunes; l'abdomen brun, avec le bord des anneaux, et une rangée de taches triangulaires, jaunes; les ailes brunes, avec une tache ronde transparente à l'extrémité intérieure. Sa longueur est de quatre lignes. Il est extrêmement commun dans les pays boisés. Ce que j'ai dit du précédent lui convient. Sa forme et sa manière de porter les ailes diffèrent un peu des autres. (B.)

TAON. On donne aussi quelquefois ce nom au ver blanc, c'est-à-dire à la larve du HANNETON. *Voyez* ce mot.

TAP. On appelle ainsi toute petite élévation de terre dans le département de Lot-et-Garonne.

TAP. Nom qu'on donne à la gale des moutons dans le département de la Haute-Garonne.

TAPERIER. C'est le caprier dans le département du Var.

TAPIS VERT. On donne ce nom, dans les jardins ornés, aux

espaces d'une certaine largeur semés en gazon. Une allée en gazon n'est pas un tapis vert; mais si elle avoit deux ou trois fois la largeur ordinaire et une longueur peu considérable, elle en seroit un. Le tapis vert de Versailles est dans ce dernier genre.

Le semis ou la fabrication et l'entretien des tapis verts ne diffèrent pas de ceux des GAZONS. Je renvoie donc à ce mot.

TARASPIC. Nom jardinier de l'IBÉRIDE TOUJOURS VERTE, et l'IBÉRIDE DE CRÈTE. *Voyez* ces mots.

TARÉ. Un arbre taré est celui qui a quelque défaut qui le rend impropre aux usages du haut service. *Voyez* EXPLOITATION DES BOIS.

TARRIAU, ou TARRIÈRE. Il est un grand nombre de circonstances où les cultivateurs ont besoin de savoir quelle est la nature des couches qui se trouvent au-dessous de leur terrain, de savoir s'ils peuvent y faire un puits avec certitude qu'il y viendra de l'eau. Creuser à la bêche ou à la pioche est un moyen extrêmement dispendieux; la mécanique leur offre le tarriau ou la tarrière pour le suppléer avec une grande économie. *Voyez* PUITS.

Cet instrument, dont on fait un usage fréquent dans l'exploitation des mines, n'est autre qu'une grande vrille ou gouge, dont le mordant, en acier de bonne nature, a de trois à six pouces de diamètre et quelquefois plus, dont la tige est composée de plusieurs morceaux qui s'ajoutent successivement les uns au-dessus des autres (ils ont de trois à six pieds), et dont la poignée a une longueur de quatre à huit pieds de long sur une grosseur proportionnée.

Lorsqu'on veut sonder une localité, on n'emploie d'abord qu'un, ensuite deux, ensuite trois, etc., morceaux de la tige. De temps en temps on retire la totalité de l'instrument, et la terre, qui se trouve dans la concavité du mordant, indique celle qui se trouve à la profondeur où il est parvenu. L'opération est lente, pénible; mais trois ou quatre hommes, lorsque la machine est de petite dimension, et cinq à six quand elle est plus forte, suffisent pour la faire mouvoir et la retirer.

Un tarriau est un objet d'une certaine valeur; et comme l'occasion de s'en servir est rare, les cultivateurs sont peu désireux de s'en pourvoir; mais l'utilité dont il peut être devroit engager le gouvernement de faire les frais d'un assez grand nombre, pour qu'il puisse en déposer un dans chaque chef-lieu de préfecture et même de sous-préfecture, pour les prêter à ceux qui en réclameroient l'usage. -

TARTRE. Sel qui existe dans le suc du raisin et de beaucoup d'autres fruits. Il est formé par la combinaison de l'acide tartareux avec la potasse. On l'appelle *tartrite de potasse.* (*Voyez* ACIDE, ALKALI et POTASSE.) Il sert en médecine comme fondant et purgatif.

Mais ce sel, qu'on retire ordinairement de la lie de vin, où il s'est déposé par suite de la fermentation, y est toujours avec excès d'acide. C'est cette combinaison, que l'on appeloit autrefois *crème de tartre*, et que l'on emploie fréquemment, après l'avoir purifié, dans la teinture et dans la médecine, comme rafraîchissant, antiputride et laxatif. C'est aujourd'hui le *tartrite acidule de potasse.*

Le vin contient d'autant plus de tartre qu'il est fabriqué avec des raisins plus verts, ou crûs dans un climat plus froid. Son influence sur la qualité et la durée du vin est fort grande. *Voy*. VIN et FERMENTATION.

Pour retirer du tartre la lie de vin qui le salit, on le fait dissoudre dans l'eau bouillante; on fait bouillir la dissolution et on l'écume, ensuite on la fait passer à travers une marne argileuse.

La consommation du tartrite acidule de potasse et du tartrite de potasse étant fort peu étendue, il n'y a que quelques localités où on se livre à sa purification, comme à Montpellier. Par-tout ailleurs on brûle les lies, ce qui décompose l'acide tartareux et met à nu une potasse qu'une simple lixiviation, suivie d'une évaporation, rend propre à tous les usages de la potasse la plus pure.

La rareté actuelle de la potasse et le haut prix qui en est la suite, doivent engager tous les cultivateurs des pays de vignobles à redoubler de précautions pour rassembler toutes leurs lies et les brûler. Ils y trouveront un bénéfice pour eux, et rendront un service important à plusieurs arts. *Voyez* LIE. (B.)

TAUBERRE. Petit fossé, fait à travers les sillons, dans le département de Lot-et-Garonne, pour écouler les eaux des champs.

TAUPE. Petit quadrupède de couleur noire, à museau pointu, à yeux à peine apparens, à queue courte, à pieds bas, les antérieurs obliques, beaucoup plus larges et plus robustes que les postérieurs, tous armés de cinq ongles, qui vit dans la terre et qui cause souvent beaucoup de dommage aux cultivateurs, 1° en bouleversant leurs semis; 2° en coupant les racines des plantes ou des jeunes arbres; 3° en élevant des monticules dans leurs jardins, leurs champs et leurs prairies. Il est par conséquent de leur intérêt de le détruire.

Non seulement les taupes font directement du tort à l'agriculture, mais même indirectement, en perçant les digues des étangs et des rivières, et en fournissant des retraites toutes faites aux belettes, aux surmulots, aux campagnols, aux mulots, aux loirs, etc.

La nourriture des taupes est animale et végétale, c'est-à-dire qu'elles mangent aussi-bien des racines et des graines que des vers et des insectes. Il paroît cependant que les lombrics ou vers de terre sont le plus solide fondement de leur cuisine ; car on n'en voit que rarement dans les terrains où ces lombrics ne peuvent vivre, c'est-à-dire dans ceux qui sont trop secs, ou qui ne contiennent pas d'humus. *Voy.* LOMBRICS.

Excepté la vue, la taupe a les sens très fins. Les organes de sa génération sont d'une amplitude remarquable, aussi est-elle très ardente en amour. Les femelles font ordinairement deux portées par an, la première dès le mois de mars, et chacune de quatre à cinq petits.

La taupe vit toujours solitaire, et si elle sort de terre ce n'est que pour quelques instans. Elle y rentre aussitôt qu'elle a trouvé une nouvelle place qui lui convienne, ou dès qu'elle a satisfait aux rapports des sexes : cependant les oiseaux de proie nocturnes en font une grande destruction, comme j'ai eu plusieurs fois occasion de m'en assurer en visitant leurs nids. L'industrie et l'activité qu'elle met à se creuser une retraite a été l'objet de l'admiration de tous ceux qui ont observé ses mœurs.

C'est avec ses pattes antérieures que la taupe creuse sa retraite, qui est une cavité souvent circulaire de huit à dix pouces de diamètre, située à un ou deux pieds en terre, ainsi que les longues et nombreuses galeries qui y conduisent. Toutes ces galeries ont des communications entre elles. Tantôt elles sont à la surface du sol, tantôt à une profondeur plus ou moins considérable; elles sont plus souvent parallèles à l'horison du sol. Elle rejette dehors, avec ses pattes, la terre qu'elle a détachée de ses galeries, et en forme des monceaux ou buttes demi-sphériques qu'on appelle TAUPINIÈRE. *Voyez* ce mot.

Quatre à cinq taupinières disposées à peu près circulairement indiquent le lieu où est placée la cavité qui sert de retraite à une taupe.

On dit que la taupe *souffle* quand elle travaille à cette opération. Presque toujours l'entrée de ses galeries est fermée. Une terre meuble, fraîche et fertile est celle qui lui convient le mieux ; cependant elle craint celle qui est trop souvent labourée et encore plus celle qui est sujette aux inondations. Rarement elle est abondante dans les terrains pierreux et dans les bois fourrés, parceque les obstacles qu'elle rencontre à chaque pas la forcent à changer la direction de ses galeries.

On distingue les galeries et les buttes faites par les mâles à leur plus de largeur, de grosseur et à leur grand nombre. Celles des jeunes sont irrégulières.

Le travail de la taupe n'est pas continuel, mais ses retours sont généralement réguliers, c'est-à-dire ont lieu le matin, à midi et le soir. Il est moins actif en hiver qu'en été. Son commencement annonce celui des beaux jours.

Les inconvéniens de la présence des taupes ont dû faire rechercher les moyens de les détruire. Dans les jardins ou autres lieux où la terre est meuble, un jardinier, armé d'une bêche, les prend assez facilement, en attendant en silence l'instant où elles commencent à souffler, en enfonçant cette bêche à un pied de la taupinière, de maniere à couper le boyau de la direction duquel il s'est assuré auparavant.

On empoisonne aussi les taupes avec des racines ou des fruits, ou même de la viande impregnée d'arsenic, de noix vomique, etc. Enfin on leur tend des pièges de diverses sortes.

Il existe trois ouvrages principaux sur les moyens de prendre les taupes. Celui de M. Lafaille, celui de M. Dralet, et celui de M. Cadet-de-Vaux. Je vais y puiser ce qui me reste à dire sur les mœurs des taupes et sur les moyens de les détruire.

Le piège de M. Lafaille et un tube de bois cylindrique de neuf à dix pouces de long, et de dix-huit lignes de diamètre à l'intérieur. Il porte à une de ses extrémités un grillage en fil de fer et à l'autre une espèce de soupape ou de porte en tôle, suspendue sur une charnière et cédant au moindre effort de l'extérieur à l'intérieur, mais qui n'a pas le même mouvement de l'intérieur à l'extérieur. On place ce tube dans la galerie d'une taupe, elle s'y introduit et n'en peut sortir. J'ai l'expérience de la bonté de cet instrument.

Pour prendre les taupes, M. Dralet n'emploie que la houe, des morceaux de paille, du papier blanc et un peu d'eau.

« Lorsqu'une taupe n'a fait qu'un trou, j'enlève d'abord la taupinière avec la bêche, dit cet agriculteur, et je m'assure si elle n'a pas de communication avec les taupinières voisines. Pour y parvenir je tousse dans l'ouverture que j'ai faite, c'est-à-dire à l'ouverture des boyaux (galeries) commencés. J'en approche en même temps l'oreille. Si la taupinière n'a pas de communication la taupe est peu éloignée ; effrayée par le bruit, je l'entends s'agiter et elle ne peut m'échapper. Je découvre le boyau avec la houe et je rencontre la taupe ; mais l'animal, connoissant le danger, a peut-être eu le temps de s'enfoncer en terre, en y formant un boyau, alors j'ai deux moyens pour la prendre : je creuse, ou bien je verse de l'eau.

« Si, en toussant, je n'ai pas entendu l'animal s'agiter, c'est une preuve qu'il a au moins deux taupinières, et j'opère de la manière suivante. Je fais une ouverture de plus de neuf pouces dans la direction du boyau qui communique d'une taupinière à l'autre, je ferme avec un peu de terre les deux ex-

trémités du boyau. Frappée par le grand air, ou craignant
pour sa sûreté, la taupe vient quelques instans après pour
réparer le dommage fait à sa galerie souterraine ; elle souffle
ou pousse de la terre avec ses pattes. Qu'elle se présente à droite
ou à gauche, je sais de quelle côté elle est, et j'opère comme
dans le premier cas.

« Si une taupe a trois taupinières, je multiplie mes sections
d'après les mêmes principes.

« Si une taupe a six taupinières, on fait d'abord une tranchée
entre les deux plus centrales, et ensuite entre les deux autres
du côté où on s'est assuré qu'elle se trouve.

« Lorsqu'une ou plusieurs taupinières fraîches se trouvent
près de vieilles taupinières, il faut d'abord faire des coupures
qui interrompent toutes les communications entre les unes et
les autres, et lorsqu'on est parvenu à reconnoître l'endroit où
la taupe se présente, on agit comme dans les premiers cas.

« Si on attaque plusieurs taupes à la fois, on doit être très
actif et très vigilant, parceque, lorsqu'on est occupé à en guet-
ter une, une autre peut traverser le boyau que l'on a découvert. Pour s'apercevoir plus facilement de ses mouvemens, on
place, dans ce cas, un étendard de paille ou de papier, dont
l'agitation ou la chute indique la présence de la taupe, à laquelle on rend encore le passage plus difficile par une petite
motte de terre placée dans sa galerie. »

L'ouvrage de M. Cadet-de-Vaux est l'exposé des procédés
qu'emploie Henri-le-Court, de Pontoise, et en général tous
les taupiers des environs de Paris, pour prendre les taupes.
L'important est de s'assurer d'abord où se trouve la taupe, et
pour cela on suit les mêmes procédés que M. Dralet, ensuite
on place deux pièges, un à chacune des issues.

Le piège qu'emploie Henri-le-Court est celui qui a été approuvé par la commission d'agriculture, il y a une douzaine
d'années. C'est une pince élastique, d'une seule pièce, semblable en petit à une pincette fermée. Les extrémités des branches sont resserrées dans la détente par l'effet de l'élasticité du
ressort. Elles sont tendues par une petite plaque de tôle percée et légèrement retenue sur les bords entre les extrémités.
Ce piège est placé dans la galerie de la taupe qui, en passant,
pousse la petite plaque, ce qui occasionne le resserrement
des branches de la pince et la prise de l'animal.

On fait aussi des pièges du même genre en croix de Saint-
André, au moyen d'un ressort placé dans l'angle supérieur.

Ces pièges se trouvent tout faits chez la plupart des quin-
calliers de Paris et autres grandes villes. Ils sont préférables
à tous les autres proposés à différentes époques.

Quoique je pense, comme tous les cultivateurs, qu'on doit

détruire les taupes par tous les moyens possibles, il faut cependant que je reconnoisse avec les naturalistes qu'elles rendent quelques services à l'agriculture. Elles mangent les larves de vers de terre dont la surabondance est un fléau, les larves des insectes, principalement celles du hanneton (ver blanc), si nuisibles aux jardins et pépinières. Elles diminuent l'abondance de quelques plantes nuisibles, le colchique par exemple. Les taupinières sont un des moyens employés par la nature pour assurer la multiplication des plantes par le moyen des graines, ainsi qu'on peut s'en assurer au printemps sur les bords et dans les clairières des forêts. Ces mêmes buttes renouvellent dans les prairies naturelles la surface du sol épuisé par une longue production, et buttent les racines des graminées. *Voyez* ASSOLEMENT, BUTTAGE et GRAMINÉES.

La peau des taupes offre un poil fort serré et fort fin. Pendant long-temps on les a recherchées pour faire des fourrures, mais on s'en est dégoûté, à raison, dit-on, de leur pesanteur. (B.)

TAUPE. (MÉDECINE VÉTÉRINAIRE.) La taupe est une tumeur phlegmoneuse située à la partie supérieure de l'encolure, près le sommet de la tête; elle a quelquefois son siège sous la peau et paroît former une tumeur de chaque côté, d'autres fois elle est sous les muscles et même sous le ligament cervical.

Cette maladie est plus particulière au cheval et à ses congénères, elle affecte rarement le bœuf, le mouton et le chien, je l'ai cependant vue une fois dans ce dernier.

Les causes qui y donnent lieu sont presque toujours des coups de heurts, la compression par le licol, lorsque les chevaux tirent fortement sur leur longe, ce qu'on appelle *tirer au renard*, ainsi que des contusions, des démangeaisons et les frottemens souvent répétés auxquels ces démangeaisons donnent lieu; enfin la malpropreté, les amas de crasse, de petites portions de fourrage qu'on laisse séjourner sous le licol.

Cette maladie est plus fréquente dans les chevaux de charrette auxquels les charretiers donnent des coups de manche de fouet sur la tête; elle affecte plus particulièrement les chevaux entiers et plus encore ceux qui sont affectés de gale, dartres ou rouvieux.

Lorsqu'elle a son siège simplement sous la peau, qu'elle est récente et qu'il n'y a que peu de douleur, on peut essayer d'en tenter la résolution en faisant des frictions d'eau-de-vie et de savon, ou en appliquant un cataplasme résolutif, tel que celui fait avec la mie de pain et l'eau végéto-minérale ou toute autre de la même nature.

Si l'abcès est formé et qu'il y ait du pus, ce que l'on reconnoît aisément par le tact, il faut se hâter de l'ouvrir; si au contraire il y a dureté, douleur et chaleur à la peau, il faut appliquer des cataplasmes émolliens, faits avec des mauves cuites bien hachées, ou avec de la mie de pain et du saindoux, puis ouvrir la tumeur lorsqu'elle est mûre, et faire ensuite des pansemens simples avec des étoupes imbibées d'eau-de-vie.

Si l'abcès est sous les muscles ou sous le ligament cervical, et que le séjour du pus ait occasionné la carie des os ou du ligament, ou qu'il ait attaqué l'un et l'autre, comme cela arrive quelquefois, il faudra nécessairement avoir recours à l'opération qui se fait de la manière suivante.

L'animal fixé soit debout ou couché, on s'arme d'un bistouri droit que l'on plonge dans le centre de la tumeur, suivant la direction des muscles, on fait pénétrer l'instrument jusqu'à ce que l'on soit parvenu au foyer, puis on s'assure de l'état des parties ; s'il y a carie à l'os ou que le ligament cervical soit endommagé, et qu'il s'en détache quelques portions, on facilite les exfoliations par les pansemens faits avec les spiritueux, tels que la teinture d'aloës ou autres ; on peut aussi porter le cautère actuel, ou bouton de feu sur les parties cariées, mais il faut pour cela avoir un cautère à entonnoir, à travers lequel on passe le bouton de feu, afin de garantir de son action les parties sur lesquelles il ne doit pas agir ; quelquefois le pus a fusé entre les muscles, il a fait des *clapiers* qu'il faut chercher à ouvrir autant que possible et à réunir, afin de n'en former qu'un seul ; on est souvent obligé de faire des contre-ouvertures : d'ailleurs le voisinage de l'articulation de la première vertèbre avec la tête, et les vaisseaux qui se rencontrent sur ces parties nécessitent des connoissances anatomiques de la part de l'opérateur ; nous conseillons d'avoir recours à un artiste vétérinaire lorsque la *taupe* est parvenue à ce degré. (DESP.)

TAUPE GRILLON. *Voyez* COURTILIÈRE.

TAUPINIÈRE. Monticule que forment les taupes avec la terre qu'elles ont fouillée pour former la cavité où elles se retirent et les nombreuses galeries ou boyaux qui y aboutissent. *Voyez* TAUPE.

Ainsi que je l'ai dit à l'article taupe, les taupinières ont quelques résultats utiles, dans les vues de la nature, mais elles sont presque toujours nuisibles à l'agriculture. Elles empêchent principalement de faucher rez terre les prairies et les gazons, et n'y eût-il que ce seul motif, il suffiroit pour engager à les détruire.

Un cultivateur actif fera donc, chaque printemps, étendre les taupinières de ses prés, soit à la bêche ou à la pioche, soit, s'il y en a beaucoup, pour aller plus vite, avec une RATISSOIR À BINER, ou une herse telle que celle qui est figurée à l'article

Pré. (*Voyez* ces mots.)Par la même opération il détruira aussi les monticules élevés par les Fourmis. *Voy*. ce mot.

Il n'est pas vrai, comme on le lit dans plusieurs ouvrages, que la terre des taupinières soit meilleure que celle de la localité où elle se trouve pour faire des terres composées, comme terre à oranger, à œillet, etc. Si elle est fort divisée, on peut diviser également celle qui n'a pas été remuée par les taupes. Il est probable que ce préjugé vient de ce que les taupes préférant les terrains gras parcequ'il y a plus de lombrics, celui qui se sera servi de cette terre l'aura trouvée convenable. (B.)

TAUREAU. C'est le mâle de la vache.

Comme on ne conserve de veaux mâles que le nombre strictement nécessaire à la reproduction de l'espèce, ce que je dirai ici du taureau sera peu étendu; c'est aux articles des Bœufs et des Vaches que j'entrerai dans de grands détails. Je me contenterai ici de présenter quelques observations sur ce qui est particulier aux taureaux et sur l'importance de les bien choisir pour relever les races des bœufs et des vaches.

Buffon indique ainsi les qualités du taureau qu'on doit préférer pour étalon. « Il faut qu'il soit gros, bien fait, en bonne chair, que son œil soit noir, son regard fixe, son front ouvert, sa tête courte, ses cornes grosses, ses oreilles longues et velues, son mufle grand, son nez court, son cou gros et charnu, ses épaules et sa poitrine larges, son fanon pendant jusqu'aux genoux, les organes de la génération gros, les reins fermes, le dos droit, les jambes grosses et charnues, la queue longue et bien couverte de poils, l'allure ferme et sûre, le caractère doux »; mais je n'ajouterai pas, avec cet écrivain, qu'il faut qu'un taureau ait le poil rouge, car il est de fait que le poil, si ce n'est le poil tout blanc, n'influe en rien sur les qualités des animaux.

La différence du veau produit par un beau taureau est quelquefois d'un cinquième en poids et en prix, ainsi on doit toujours choisir les plus gros et les mieux faits dans la race. Je dis dans la race parcequ'il y auroit des inconvéniens graves à faire couvrir une petite vache par un gros taureau, à raison de ce que cette dernière ne pourroit pas mettre bas son veau. Les amis de la prospérité de l'agriculture française ne peuvent faire des vœux trop ardens pour que les cultivateurs apprécient enfin l'importance dont il est pour eux d'améliorer l'espèce de leurs bestiaux, y ayant fort peu de cantons où on y mette quelque soin. Je ne leur conseillerai cependant pas de faire venir des beaux taureaux du Danemarck, de l'Angleterre, de la Hollande, de la Suisse, etc., parceque cela est trop coûteux et trop difficile; mais je leur dirai, choisissez toujours dans votre département, ou les voisins, les plus belles bêtes mâles et femelles, et vous pouvez espérer, dans l'espace d'une vingtaine d'années, en vendant au boucher toutes les productions foibles ou contrefaites, ou d'un mauvais naturel qui en proviendront, et en choisissant toujours les plus beaux rejetons pour continuer la propagation, en nourrissant avec choix et abondance les jeunes veaux, de remonter la race de vos Bêtes a cornes (*voy.* ce mot), et d'augmenter, par conséquent, les produits que vous en retirez.

Quoique le taureau soit en pleine puberté à deux ans, il est bon d'attendre jusqu'à trois avant de lui livrer des vaches. Il n'en est que plus fort et dure plus long-temps. On doit le réformer lorsqu'on s'aperçoit qu'il devient lourd et pesant, cette époque arrive vers sa neuvième année. Alors on l'engraisse et on le vend au boucher, mais sa viande est toujours dure et de mauvais goût.

Le temps de la monte dure généralement depuis le mois d'avril jusqu'au commencement de juillet. Pendant cette époque les taureaux demandent à être mieux nourris. On règle rarement le nombre des vaches qu'ils doivent saillir, mais il est reconnu que vingt à trente est le nombre convenable. Il est beaucoup de pays où un seul taureau sert d'étalon à toutes celles du canton, moyennant une rétribution, et plus on amène de vaches et plus le gain augmente; mais il s'épuise promptement et donne de foibles productions. Ce n'est pas dans de tels pays que la race peut se relever.

Lorsque les taureaux sont en rut ils deviennent quelquefois plus méchants, et il faut veiller de plus près sur leurs mouvemens. Cela se remarque principalement chez les vieux, chez ceux qui sont épuisés. Dans ces deux cas il faut les livrer au boucher, car le caractère du père passant presque entièrement aux enfans, les bœufs et les vaches auxquelles ils donneroient naissance seroient difficiles à conduire, et c'est un grave inconvénient.

Quelques cultivateurs pensent qu'il faut nourrir perpétuellement les taureaux à l'étable, 1° pour éviter les suites de leur méchanceté; 2° pour les empêcher de s'épuiser et de fatiguer les vaches. Il est cependant de fait que ceux qui sont continuellement aux champs, qui voient le plus de monde, sont les plus doux, et qu'ils recherchent rarement les vaches qui ne sont pas en chaleur et encore moins celles qui sont pleines. Ils se contentent de les lécher. L'ennui seul d'être continuellement attaché est capable de les irriter. D'ailleurs ils perdent nécessairement de leur vigueur par le défaut d'exercice et la mauvaise qualité de l'air qu'ils respirent, des alimens secs qu'on leur donne, etc. Les taureaux des pays pauvres, qui font pour ainsi dire partie de la famille à laquelle ils appartiennent sont les plus doux, et ne s'irritent jamais, sur-tout contre ceux qui les soignent. Il n'en est pas de même de ceux des plaines. Quelques cultivateurs, pour les accoutumer à la vue des hommes, les placent dans l'écurie, auprès de la porte.

La nourriture des taureaux ne diffère pas de celle des bœufs et des vaches.

On emploie quelquefois les taureaux au labour, ou seuls ou concurremment avec des bœufs, mais ce n'est pas toujours sans inconvéniens. Si on pouvoit les adoucir au point de ne jamais craindre les effets de leur fureur, ils le seroient bien plus généralement, puisqu'ils ont beaucoup plus de force et de vivacité que les bœufs.

Les taureaux se battent entre eux avec une extrême fureur pour la possession des femelles et contre les animaux qui les attaquent. On a profité de cette disposition pour, en les irritant les uns contre les autres, ou contre des animaux, tels que des chiens, des ours, des lions, des éléphans, etc., donner à volonté le spectacle de leurs combats. L'homme même, à la honte de sa raison, n'a pas dédaigné entrer en lice avec eux. Les Espagnols sont les seuls parmi les peuples modernes qui aient conservé ce goût barbare, et chez eux on élève encore des taureaux, qu'on rend les plus féroces possibles, uniquement dans l'intention de les faire battre. Je ne souillerai pas ma plume par la description de la manière d'éduquer ces taureaux. (Tess.)

TAURILLON. Jeune taureau.

TAYON. Dans quelques endroits on donne ce nom aux baliveaux de trois âges. *Voyez* Exploitation des bois.

TECOMA. Nom latin de la bignone radicante.

TEIGNE, *Tinea*. Genre d'insectes de l'ordre des lépidoptères, qui, quoique dans ces derniers temps on lui ait beaucoup enlevé d'espèces pour former les genres *alucite*, *gallerie*, et autres moins importans à connoître, en renferme encore plus de cent, et dont plusieurs causent beaucoup de dommage, soit aux productions de la terre, soit aux objets d'utilité domestique.

Les espèces les plus dans le cas d'être remarquées par les cultivateurs sont,

La teigne du fusain qui a les ailes antérieures blanches, avec cinquante points noirs. Sa longueur est de six lignes. La chenille qui la produit est jaunâtre, ponctuée de noir, et vit en société sur le fusain, exclusivement à toutes autres plantes. Elle forme sur les branches de cet arbuste des toiles, qui en enveloppent souvent la totalité; c'est sous ces toiles où elle est à l'abri des effets de la pluie et des recherches de ses ennemis, qu'elle se tient le jour, ne sortant que la nuit pour aller manger les feuilles qui sont restées dehors. C'est également sous ces toiles qu'elle se tranforme en chrysalide vers la fin de mai. Elle n'est guère que quinze jours sous cette forme.

Il est des années où tous les fusains d'un canton sont complètement dépouillés de leurs feuilles par cette chenille. Les espèces étrangères qu'on cultive dans les jardins paysagers ne sont pas plus épargnées par elle que la commune, ce qui produit un fort mauvais effet aux yeux des promeneurs. C'est en brûlant les toiles et les chenilles qu'elles recèlent, dès qu'on s'aperçoit de leur présence, qu'on peut espérer de s'en délivrer pour l'année actuelle et les suivantes ; mais il faut avoir la précaution d'empêcher les chenilles de se sauver, car dès qu'on les touche elles se laissent couler avec la plus grande vivacité jusqu'à terre, chacune suspendue à son fil.

La TEIGNE PADELLE a les ailes antérieures d'un gris luisant, avec vingt points noirs. Sa longueur est de quatre lignes. La chenille de qui elle provient ressemble si fort à la précédente, qu'à la grandeur près on peut difficilement l'en distinguer. Elle vit exclusivement aux dépens des feuilles du pommier, et quoiqu'elle fasse des toiles semblables elle a des mœurs un peu différentes. 1° Elle ne mange que le parenchyme de la feuille ; 2° elle fait de nouvelles toiles à mesure qu'elle a consommé les feuilles qui sont comprises dans les premières, de sorte que des arbres d'une très vaste étendue peuvent être couverts dans l'espace de deux mois par un fort petit nombre de nids de ces chenilles. C'est un des plus grands fléaux des vergers, et sur-tout des pays à cidre, les années où elle est abondante, et ces années reviennent souvent. J'ai vu bien des fois les feuilles des premiers complètement desséchées à la fin de mai, et les fruits ou complètement perdus ou restés si petits qu'ils ne méritoient pas les frais de la récolte. Non seulement ce fléau nuit ainsi à la récolte de l'année, mais encore à celle de l'année suivante ; les arbres qui l'éprouvent, s'épuisant à pousser de nouvelles feuilles au commencement de l'été, ne produisent point ou presque point de fruits jusqu'à ce qu'ils se soient réparés. Souvent même ils meurent à la suite des efforts qu'ils font pour pousser des feuilles au printemps suivant.

On m'a plusieurs fois demandé d'indiquer les moyens de détruire ces chenilles, mais je n'ai jamais pu répondre d'une manière complètement satisfaisante. En effet, on ne peut facilement aller chercher leurs nids au sommet ou aux extrémités des branches d'un pommier à plein vent, et rien ne peut les atteindre dessous les tentes de soie qu'elles ont filées. La pratique qui m'a le mieux réussi étoit de donner des coups secs avec un bâton sur les branches. Beaucoup de chenilles épouvantées ou étourdies se laissoient couler de leur nid suspendues à leur fil, comme celles du fusain, et en coupant tous ces fils, en décrivant un demi-cercle avec le même bâton, je les faisois toutes tomber à terre. Là elles périssoient de faim ou devenoient la proie des oiseaux ; très peu cherchoient à remonter sur l'arbre et encore moins y parvenoient. Un cercle de goudron les en empêcheroit d'ailleurs aisément. Il seroit inutile de donner un second coup sur la même branche, mais le lendemain on peut y revenir. Ce moyen ne détruit pas toutes les chenilles, mais il en diminue sensiblement le nombre. J'ai aussi éprouvé qu'un coup de fusil à poudre lâché au centre de l'arbre produisoit souvent le même effet d'une manière plus marquée et sur toute l'étendue de cet arbre en même temps.

Au reste, la multitude de ces chenilles est souvent le signe avant-coureur de leur destruction presque totale, et par conséquent de leur non reproduction pour l'année suivante. En effet, lorsqu'elles ont mangé toutes les feuilles d'un arbre avant l'époque où elles doivent se transformer en chrysalides, il faut bien qu'elles meurent de faim, puisque la nature ne leur a pas donné la faculté de pouvoir aller en chercher sur un autre. J'ai vu ce cas arriver plusieurs fois. Un temps froid prolongé pendant plusieurs jours les fait aussi quelquefois toutes ou presque toutes périr, ainsi que j'ai également été dans le cas de m'en assurer.

La TEIGNE DES TAPIS a les ailes supérieures antérieurement noirâtres et postérieurement blanchâtres, et la tête blanche. Sa longueur est de trois ou quatre lignes. Sa chenille, qui est blanchâtre, vit aux dépens des cadavres desséchés, du lard mal salé, des cuirs mal tannés, des peaux mal préparées et sur-tout des fourrures mal soignées et des draps de laine abandonnés. Elle cause souvent de grands dommages. C'est dans l'intérieur même de ces objets qu'elle se creuse un fourreau ; aussi sur les draps de laine, par exemple, ne voit-on pas la trace de sa présence aussi facilement que celle des espèces suivantes. J'ai vu des pièces d'anatomie en être complètement perforées. Il n'est pas facile de s'opposer à ses ravages autrement qu'en les prévenant. La brosse, à moins qu'elle ne soit très rude, ne détruit pas ses fourreaux sur les draps. C'est au reste la plus grosse des espèces qui attaquent les substances animales. Elle travaille pendant neuf à dix mois, et se transforme en mai ou juin en insecte parfait.

La TEIGNE DES PLUMES, *Tinea flavifrontella*, Fab., a les ailes antérieures cendrées et la tête fauve. Sa longueur est de trois lignes. Sa larve ou chenille vit aux dépens des substances animales, sur-tout des plumes, soit qu'elles soient isolées comme celles destinées à l'écriture, soit qu'elles soient réunies en masse comme celles des lits, soit qu'elles soient en place comme celles des oiseaux empaillés. Dans tous ces cas je lui ai vu faire de grands dégâts. C'est moins aux barbes de ces plumes qu'elle s'attache qu'à leur tuyau, et à leur grosse côte dans lesquels elle entre. Elle a souvent fait éprouver des pertes importantes à ma collection d'insectes. Une surveillance active et le soin de tuer tous les insectes parfaits qu'on rencontre dans son appartement sont les moyens les plus certains d'arrêter sa multiplication.

La TEIGNE DES FOURRURES a les ailes blanchâtres, avec un point noir au milieu, et la tête grise. Sa longueur est de trois lignes. Sa chenille est blanchâtre et vit aux dépens des fourrures, des étoffes de laine, de la laine des matelas, etc. Elle se fait un fourreau de soie qu'elle fortifie par des poils et qu'elle augmente à mesure qu'elle grandit. C'est à l'abri de ce fourreau qu'elle ronge, sans qu'on la voie, les fourrures les plus précieuses, les draps les plus fins, les tapis les mieux fabriqués ; non seulement elle coupe les poils nécessaires à sa subsistance et à la fabrication de son fourreau, mais encore ceux qui gênent sa marche. Les dommages qu'elle cause chaque année aux fourrures, auxquelles elle s'attache de préférence, sont incalculables. Peut-être devoit-on porter à un demi-million par an les pertes en ce genre qu'elle occasionnoit dans la seule ville de Paris aux époques où les fourrures étoient à la mode. Il est extrêmement difficile, autrement que par une surveillance toujours active, de s'opposer à ses ravages. Souvent lorsqu'on croit sa pelisse, son manchon à l'abri dans une boîte, dans une armoire bien fermée, ils sont livrés à leur destruction, parceque des œufs ou de petites chenilles invisibles s'y trouvoient lorsqu'on a cessé de s'en servir. C'est principalement dans l'ombre et le repos qu'elles aiment à vivre, aussi vaut-il mieux tenir ces articles à la lumière que renfermés pour les en garantir.

La TEIGNE FRIPIÈRE, *Tinea sarcitella*, Fab., a les ailes cendrées, avec un point blanc de chaque côté du corcelet. Sa longueur est d'environ trois lignes. Sa chenille vit sur les étoffes de laine, les fourrures et autres substances animales. Sa manière de se vêtir et de se nourrir diffère fort peu de celle des précédentes ; mais quelque grands que soient ses dégâts annuels, ils sont moins sensibles. On peut d'ailleurs les arrêter plus facilement, parcequ'ils sont visibles pour les yeux les moins exercés. Une brosse un peu rude suffit pour détacher ses fourreaux des draps sur lesquels ils sont fixés. Le plus petit frottement les écrase. La chaleur du soleil les dessèche. Cette chenille, après avoir rongé les étoffes depuis le mois de juillet jusqu'au mois de mai de l'année suivante, à quelques interruptions près pendant les gelées de l'hiver, les quitte en emportant son fourreau et va se fixer sous les saillies des gros meubles, dans les angles des murs, au plafond des appartemens; c'est là qu'elle se change d'abord en nymphe et ensuite en insecte parfait. Là on peut lui faire une guerre facile. On peut aussi prendre l'insecte parfait, soit lorsqu'il est en repos, soit lorsqu'il vole. Il est du nombre de ceux qui viennent se brûler le soir à la chandelle.

La TEIGNE DES HABITS, *Tinea vestianella*, Fab., a les ailes cendrées, avec le bord extérieur blanc. Sa chenille vit comme la précédente sur les étoffes de laine et sur les pelleteries. Ce que je viens de dire lui convient également.

Il est encore deux ou trois autres teignes moins connues et moins communes auxquelles on peut attribuer les mêmes ravages.

Réaumur, à qui on doit une excellente histoire de ces insectes dans le troisième volume de ses mémoires, indique plusieurs moyens préservatifs contre leurs ravages, qui tous sont bons, mais aussi sont insuffisans ou sujets à des inconvéniens plus ou moins graves. Le meilleur à mon avis est de battre souvent, et sur-tout à la fin de l'automne, les pelleteries, les étoffes de laine, les meubles où il entre de la plume, etc., et de visiter avec soin leurs replis et autres parties les moins exposées au grand jour.

Réaumur ayant observé que les teignes n'attaquent pas les toisons des moutons encore pourvues de leur suint, a proposé de frotter les meubles et les habits avec de ces toisons, ou d'en faire une décoction et d'en mouiller les mêmes objets. Il a éprouvé que l'essence de térébenthine, l'esprit-de-vin en vapeur et la fumée de tabac étoient les meilleurs moyens pour les faire périr, et que le poivre, les plantes à odeur forte produisoient très peu d'effet sur elles. On trouvera au mot MOUTON les moyens proposés par Daubenton pour détruire les teignes dans les magasins de laine, moyens très propres à remplir leur objet.

Il est beaucoup d'autres espèces de teignes qui vivent aux dépens des végétaux; mais comme elles ne se font pas souvent remarquer par les dommages qu'elles causent, j'ai jugé que je ne devois pas allonger cet article de leur histoire. (B.)

TEIGNE. Maladie de l'écorce des arbres. Elle ne paroît pas différer essentiellement de la GALE. *Voyez* ce mot.

TEIGNE DU BLÉ. *Voyez* ALUCITE.

TEIGNE DE LA CIRE. *Voyez* GALERIE.

TEIGNE DES PINS. Maladie propre aux pins. Elle attaque principalement l'aubier et le liber, et commence par l'extré-

mité des rameaux. On la reconnoît à la chute des feuilles qui
deviennent rouges, à de petites gouttes de résine qui sortent
de l'écorce, à une odeur putride de térébenthine, à de grandes
lanières d'écorce qui tombent d'elles-mêmes, à l'aubier qui
paroît livide et enflammé. Elle fait périr un très grand nombre d'arbres certaines années. Sa cause a été attribuée au
bostriche typographe, parceque cet insecte recherche les arbres qui en sont infestés pour y déposer ses œufs. Selon
Plenck, à qui on en doit l'exposition, elle est due à la suspension de la circulation et à l'altération de la sève qui en est
la suite. Les sécheresses prolongées la causent le plus souvent;
la pluie est son seul remède.

TEILLER, ou TILLER. C'est séparer la filasse de la chenevotte, après que le chanvre a été roui, en cassant la dernière et en tirant la première.

Aucune opération n'est plus simple que celle-ci, cependant
pour être bien faite elle demande une grande habitude.

On a plusieurs fois élevé la question de savoir s'il ne convenoit pas mieux de broyer que teiller le chanvre. Il n'y a pas
de doute qu'il n'y ait une grande économie de temps à préférer de le broyer; mais on obtient de la plus longue filasse en
le teillant. Dans les pays riches et peu peuplés, où il se cultive
beaucoup de chanvre, on est forcé d'employer le premier de
ces moyens; de sorte que ce n'est que dans les pays de montagnes, c'est-à-dire dans ceux où chaque ménage ne sème que la
quantité de chanvre strictement nécessaire à ses besoins, qu'on
conserve l'usage de teiller. *Voyez* CHANVRE.

On teille encore plus rarement, et, par la même raison, le
lin que le chanvre; aussi est-ce à l'article de cette première
plante que j'ai donné la figure de la BROYE. *Voyez* LIN.

TEINTURE. Dissolution des principes médicamentaux,
huileux ou résineux des plantes dans de l'alcohol.

Pour opérer cette dissolution, il suffit de mettre des plantes
ou partie de plantes dans un vase susceptible d'être exactement
fermé, et de verser dessus de l'alcohol. Rarement la chaleur
artificielle s'emploie dans ce cas.

On fait usage des teintures dans un assez grand nombre de
maladies des animaux, pour qu'il soit utile que les cultivateurs sachent les préparer.

TEMPÉRATURE DE LA TERRE, DE L'EAU ET DE
L'ATMOSPHÈRE. Quoi qu'en aient dit quelques écrivains, il
ne paroît pas qu'on doive se refuser à croire que toute chaleur, excepté celle qui est inhérente aux corps, et qu'on peut
en dégager par la percussion ou la combustion, vienne du
soleil.

Chaque nature de corps a une capacité différente pour le

ealorique, c'est-à-dire que le fer s'en charge plus facilement que le verre, le verre que le charbon.

Ce n'est que par l'accumulation de la chaleur des rayons du soleil pendant l'été que la terre conserve pendant l'hiver une somme de chaleur suffisante pour conserver dans nos climats la vie aux plantes qui se trouvent sur sa surface. Au-delà du cercle polaire, où ces rayons sont trop obliques pour pénétrer dans son sein, elle est éternellement gelée, témoins ces corps d'éléphans et de rhinocéros qui s'y sont conservés, presque à la surface, depuis la catastrophe qui a changé les climats, c'est-à-dire depuis bien des milliers d'années peut-être, avec une chair aussi fraîche que s'ils venoient d'être tués.

L'eau, comme transparente, comme moins dense, absorbe moins facilement la chaleur des rayons du soleil, et comme plus mobile, la perd plus aisément.

Ces mêmes causes agissent encore plus puissamment sur l'air, aussi suffit-il d'un changement de vent, du passage d'un nuage, pour affoiblir sa température.

Mais si l'air se refroidit plus vite que l'eau, il ne se refroidit pas autant, parcequ'il est beaucoup moins dense.

Il importe beaucoup aux cultivateurs de connoître la température de la terre, de l'eau et de l'air. Pour cela, outre la sensation qu'ils éprouvent, lorsqu'il y a plus ou moins de chaleur, ils ont l'instrument qu'on appelle THERMOMÈTRE (*voyez* ce mot), et les mots CHALEUR, FROID., TERRE, EAU et AIR. (B.)

TEMPLIER. On donne ce nom, dans le département de la Haute-Garonne, à un orage qui menace de ravager les récoltes.

TEMPS DE COUPE. TERME FORESTIER. C'est celui qui est donné, par une clause particulière, à l'adjudicataire d'une vente en usance, pour achever d'abattre et de couper tout le bois vendu et non réservé. (DE PER.)

TÉNÉBRION, *Tenebrio.* Genre d'insectes de la classe des coléoptères, autrefois beaucoup plus étendu qu'aujourd'hui, mais qui n'en contient pas moins encore une trentaine d'espèces, dont une vivant sous l'état de larve, aux dépens de la farine et du pain, est dans le cas d'intéresser les cultivateurs auxquels elle fait quelquefois assez de tort pour mériter qu'on cherche les moyens de la détruire.

Le TÉNÉBRION DE LA FARINE est d'un brun plus ou moins clair, avec les élytres striés ; sa grandeur est de six à huit lignes de long sur deux à trois de large. Il est la BLATTE des anciens. On le trouve pendant une partie de l'année, et surtout au printemps, dans les boulangeries, les moulins, les cuisines, les greniers, et autres lieux où on conserve de la farine, du pain, du sucre, et même du bois pourri, dont lui et sa larve se nourrissent. On le trouve aussi, mais peu souvent, dans la campagne, sous les écorces d'arbres. Son marcher et son vol sont assez vifs, mais il n'a généralement lieu que la nuit. C'est pourquoi on en voit peu, même dans les lieux où il y en a le plus. Sa larve est longue d'environ un pouce, avec une tête jaunâtre et écailleuse. On la connoît sous le nom de *ver de la farine*, et on l'emploie à nourrir les rossignols, à prendre du poisson à la ligne, etc. Les volailles en sont extrèmement friandes. Une masse de farine abandonnée en est bientôt remplie. Cette larve causeroit chaque année de grands dommages à la société, s'il n'étoit pas facile de mettre obstacle à ses ravages en renfermant la farine dans des sacs isolés, ou dans des coffres bien fermés. Lorsque cette substance s'en trouve nouvellement infestée, on peut l'en débarrasser en la tamisant, et le pain qu'on en fabrique n'en est pas plus mauvais; mais il n'en est pas de même lorsqu'il y a long-temps qu'elle en nourrit, parcequ'ils versent dedans leurs excrémens, leurs dépouilles, et qu'il y en a beaucoup qui meurent. Le pain fait avec une telle farine est très désagréable au goût et très malsain, lors même qu'on la tamise, et à plus forte raison lorsqu'on ne prend pas cette précaution.

L'expérience a prouvé que la farine d'un an fournissoit du meilleur pain que la nouvelle, et que le plus sûr moyen de la conserver étoit de la mettre dans des sacs isolés les uns des autres, et, si cela est possible, suspendus ; mais un cultivateur soigneux doit outre cela la faire tamiser une fois au moins par an, tant pour la débarrasser des larves dont il est ici question, que pour renouveler ses points de contact, et l'empêcher de s'échauffer. *Voyez* au mot FARINE.

On ne peut utilement proposer de moyen direct de détruire les ténébrions, car comme ils ne sortent que la nuit, et qu'ils se sauvent dès qu'ils voient de la lumière, on ne peut qu'en tuer un petit nombre en leur faisant la chasse. L'empoisonnement seroit un moyen assez sûr si ses inconvéniens ne devenoient pas très graves. La propreté dans les boulangeries et dans les greniers, et un crépissage exact des murs, sont les moyens préservatifs les plus certains. (B.)

TÉNESME, ou EPREINTE. Efforts que le cheval et les autres animaux font pour fienter. Les symptômes de cette maladie, ainsi que le traitement, étant les mêmes que ceux du DÉVOIEMENT et DYSSENTERIE, *voyez* ces mots.

TENIA, *Tænia.* Genre de vers intestins, dont les espèces, plus connues sous le nom de *vers solitaires*, tourmentent souvent les hommes et les animaux domestiques, et leur causent même quelquefois la mort.

Ce genre présente pour caractère un corps très long, aplati, articulé, ayant un ou deux pores sur les bords de chaque articulation, et étant antérieurement terminé par deux ou quatre suçoirs couronnés ou non de crochets rétractiles. C'est toujours à l'extrémité la plus grêle qu'il faut chercher la tête.

Les espèces de ce genre, qui sont au nombre de plus de soixante, vivent toutes aux dépens des sucs gastriques et pancréatiques qui fluent perpétuellement dans l'estomac et les intestins des hommes et des animaux. Il est rare qu'ils percent ces viscères. Il est prouvé que la partie où est la tête peut croître en longueur lorsqu'on en a séparé les anneaux postérieurs; ainsi tant que cette tête reste dans les intestins on est certain d'être tourmenté.

Il se trouve cinq espèces de ténia dans l'homme, dont les deux plus communs sont le ténia vulgaire, ou *ver solitaire à anneaux courts*, et le ténia solitaire, ou *ver cucurbitain*, ou *ver solitaire à anneaux longs*. Ces deux espèces sont le plus souvent effectivement seules dans le même homme, mais quelquefois cependant elles sont au nombre de deux ou de trois. Dans les animaux domestiques les autres espèces se trouvent quelquefois par douzaines, par centaines. Il y en a quelquefois de démesurément longs. Boërhaave cite un ténia vulgaire de trois cents aunes; ceux de cinquante aunes ne sont pas rares; leur largeur ne surpasse jamais deux lignes.

Une faim extrême et une grande maigreur sont les symptômes les plus remarquables de la présence des ténia dans l'homme et les animaux; les autres symptômes sont très nombreux, et varient suivant l'âge et le tempérament de ceux qui en sont attaqués. Les résultats de leur présence sont la fièvre lente, le marasme, l'hydropisie ascite, et enfin la mort.

En général tous les purgatifs drastiques sont de bons remèdes contre les ténia; mais celui offert par la racine de *polypode fougère mâle*, jouit à cet égard d'une préférence méritée. Son usage est cependant dangereux et doit être guidé par une main exercée. On a aussi indiqué le sel d'étain et l'éther, ce dernier pour enivrer le ver et l'empêcher de se soustraire à l'effet des purgatifs, en fixant sa tête contre les parois des intestins.

Lorsqu'un ver solitaire est en partie expulsé par l'effet de ces remèdes, il faut bien se garder de le tirer avec rapidité pour s'en débarrasser plus promptement. On doit au contraire le rouler autour d'un petit bâton, et répéter cette opération pendant plusieurs jours avec le plus de lenteur possible, car il se casse très facilement; et, comme je l'ai déjà dit, lorsque la tête reste dans le corps, il n'y a véritablement rien de fait.

Les ravages que les ténia exercent dans les animaux ne sont

pas inférieurs à ceux qui se remarquent dans l'homme. On a vu une mortalité de moutons être produite par eux ; ils sont très fréquens dans les chevaux et les chiens. L'huile empyreumatique est le moyen le plus certain et le plus facile de les faire périr. On la leur donne à plus ou moins forte dose, selon la grosseur de l'animal et la qualité de l'huile, qualité qui varie extrêmement selon la manière de la préparer.

Parmi les ténia à tête armée de crochets, je citerai,

Le TÉNIA VULGAIRE, qui est grisâtre, très long, dont les articulations sont carrées, noduleuses et percées de deux orifices latéraux ;

Le TÉNIA CUCURBITAIN, qui est blanc, dont les articulations sont quadrangulaires, unies et percées d'un seul orifice latéral.

Ces deux espèces vivent exclusivement dans l'homme ;

Le TÉNIA CHAÎNETTE a les articulations elliptiques, avec un seul orifice latéral. Il vit dans les intestins des chiens ;

Le TÉNIA INFUNDIBULIFORME a les articulations infundibuliformes et dentelées. Il se trouve dans les intestins des poules et des canards ;

Le TÉNIA NODULEUX a les articulations noduleuses, ponctuées dans leur milieu, et la tête pourvue de deux lèvres épineuses. Il se rencontre dans les intestins des perches, des brochets et des anguilles.

Parmi les ténia dont la tête n'est pas armée de crochets, je mentionnerai,

Le TÉNIA LARGE, dont les articulations sont très courtes, noueuses, et n'ont qu'un seul orifice latéral ;

Le TÉNIA DENTÉ a les articulations courtes et larges, striées transversalement, et deux orifices latéraux saillans.

Ces deux derniers se trouvent dans l'homme, mais rarement ;

Le TÉNIA DU CHEVAL a la tête quadrangulaire avec quatre trous ; les articulations larges et courtes, et sans orifices visibles. Il se rencontre dans les intestins du cheval ;

Le TÉNIA DE LA BREBIS a les articulations courtes et arrondies des deux côtés, des vésicules latérales, transparentes et deux orifices. Il se voit dans les brebis, même au moment de leur naissance.

Les hydatides sont appelées ténia dans plusieurs auteurs, parcequ'elles ont fait partie de ce genre dont elles ne diffèrent que parcequ'elles vivent dans un sac et hors des intestins, sur les viscères, les tégumens, etc. *Voyez* HYDATIDE. (B.)

TENTHRÈDE, *Tentredo*. Genre d'insectes de l'ordre des hyménoptères, qui renferme plus de cent espèces connues, dont les larves vivent toutes aux dépens des feuilles des plantes, et ainsi que les chenilles, auxquelles elles ressemblent extrêmement, nuisent souvent beaucoup aux cultivateurs. Je dois, par conséquent, mentionner ici celles de ces espèces qui sont dans le cas d'être le plus souvent remarquées sous ce rapport.

Les tenthrèdes femelles déposent leurs œufs dans l'écorce des plantes après l'avoir entamée au moyen de la double scie qu'elles portent, et les larves qui en proviennent vont chercher les feuilles aux dépens desquelles elles vivent. Ces larves, qu'on a appelées *fausses chenilles* pour les distinguer de celles qui se transforment en lépidoptères, n'ont pas moins de dix-huit pattes, ni plus de vingt-deux, tandis que les vraies chenilles en ont au plus seize. On reconnoît de loin la plupart à la position arquée qu'elles prennent de préférence. Leur transformation a toujours lieu dans la terre et souvent dans une double coque de soie. Dans les unes cette transformation a lieu en peu de temps, dans les autres seulement après l'hiver. Quelques unes restent dans leur coque plusieurs mois de suite sans se changer en nymphes.

Linnæus avoit divisé ce genre en quatre sections : dans la première étoient les espèces dont les antennes sont en massue, dans la seconde celles qui les ont pectinées ou sans articles, dans la troisième celles qui les ont moniliformes, et dans la quatrième celles qui les ont filiformes. Depuis, ces divisions ont été transformées en autant de genres; cependant les mœurs de leurs espèces ne différant pas, je ne crois pas nécessaire d'en traiter séparément.

Dans la première division se trouvent les plus grandes espèces ; mais comme leurs larves n'attaquent que les saules, les bouleaux et les ormes, elles ne causent pas des dommages importans, et n'intéressent par conséquent que fort peu les cultivateurs. Je citerai, et ce seulement pour exemple, la TEN-THRÈDE JAUNE, qui a un pouce de long, dont la couleur est d'un jaune rougeâtre, avec les antennes et la partie postérieure et supérieure de l'abdomen d'un jaune pur. Sa chenille est verte, avec une ligne noire le long du dos. Elle est ordinairement roulée en spirale sur les feuilles du saule, et fait jaillir de ses anneaux, lorsqu'on la touche, une liqueur d'une odeur désagréable, qui fait fuir les ichneumons qui veulent déposer leurs œufs dans son corps.

Dans la seconde division se trouve,

La TENTHRÈDE DU PIN, qui a les antennes très pectinées et le corps entièrement noir dans le mâle et presque roux dans la femelle. Elle a trois lignes de long. Sa chenille est grise, ponctuée de noir, avec la tête fauve. Elle vit en grandes sociétés sur le *pin sylvestre* et autres, dont elle mange les feuilles et qu'elle en dépouille souvent entièrement.

Dans la troisième on remarque ,

La TENTHRÈDE USTULATE, qui a les antennes de trois articles , dont le dernier est très long et un peu en massue, le corps d'un noir bleuâtre , les ailes et les tarses jaunâtres. Sa longueur est de quatre lignes. Sa larve est verte , avec deux lignes blanches et la tête rouge. Elle vit sur le rosier.

La TENTHRÈDE DU ROSIER. Elle a les antennes de trois articles, dont le dernier est très long et en massue. Sa tête et son corcelet sont noirs. Son abdomen est jaune ainsi que ses tarses. Ses ailes ont le bord extérieur noir. Sa longueur est de trois lignes. La larve qui le produit est jaune, avec des points noirs , et vit sur le rosier.

Les larves de ces deux espèces sont quelquefois si abondantes sur les rosiers , qu'elles les dépouillent complètement de leurs feuilles et empêchent, par conséquent, qu'ils fournissent des fleurs. On doit donc , lorsqu'on les aperçoit, et elles sont toujours très visibles, se tenant le cul en l'air sur le bord des feuilles, les écraser sans miséricorde. J'ai vu des années où elles étoient si communes, que peu de rosiers étoient exempts de leurs atteintes, et qu'ils présentoient l'aspect de l'hiver au milieu du printemps. Elles recommencent leurs dégâts en automne. Les pieds ainsi attaqués deux fois de suite périssent souvent pendant l'hiver.

La TENTHRÈDE DU GROSEILLER a les antennes un peu plus grosses à leur extrémité , le corps noir et les pattes blanches. Sa longueur est de deux lignes. Sa larve est verdâtre et vit sur le groseiller épineux, qu'elle dépouille souvent de toutes ses feuilles au milieu du printemps , de sorte qu'il ne peut amener ses fruits à maturité et offre un aspect hideux.

La TENTHRÈDE DU MARSAULT est jaune, avec la tête, le corcelet et le dessus de l'abdomen noirs. Sa longueur est de deux lignes. La chenille dont elle provient est d'un vert céladon , avec neufs points noirs de chaque côté, et du jaune semé par-ci par-là, sur-tout aux extrémités. On la trouve sur le saule marsault et sur le groseiller. Elle produit les mêmes effets sur ces derniers que la précédente. C'est au groseiller rouge qu'elle s'attache de préférence, tandis que l'autre préfère le groseiller épineux.

La TENTHRÈDE DE LA RAVE est noire, avec le ventre, les pieds et l'écusson blanchâtres. Sa longueur est de quatre lignes. Sa chenille vit aux dépens des feuilles de la rave, et est quelquefois si abondante qu'elle les dévore et s'oppose, par conséquent, à la bonne venue de la racine. J'ai vu deux ou trois fois des champs de raves ainsi dépouillés, mais je ne suis pas certain que ce soit par cette espèce , y en ayant une autre dont l'insecte parfait est tout noir, la TENTHRÈDE NOIRE, et n'ayant pas réussi à la voir se transformer chez moi. En général c'est chose fort difficile que d'obtenir les insectes parfaits des larves de ce genre qu'on a mises dans des boîtes ou dans des bocaux, même avec de la terre. Il paroît que les larves ont besoin d'une constante humidité pour se conserver en vie et se transformer, et il est difficile de la leur donner convenablement pendant souvent cinq à six mois consécutifs; aussi ce genre n'est il pas aussi connu qu'il mériteroit de l'être.

La TENTHRÈDE DU CERISIER est noire, avec l'écusson et les pieds jaunes. Sa longueur est de trois lignes. Elle provient d'une larve qui s'éloigne beaucoup des autres par son apparence et ses mœurs, et qui cause beaucoup de dommage, certaines années, aux arbres fruitiers, principalement aux poiriers, aux cerisiers et aux pruniers. Au moment où j'écris ceci la pépinière du Luxembourg en souffre considérablement. Ces larves sont verdâtres, gluantes, et enflent à volonté la partie antérieure de leur corps, de manière qu'elles ressemblent à des têtards de grenouilles. On les prendroit aussi pour de petites limaces si on n'apercevoit pas leurs pattes. Elles se tiennent constamment sur la surface supérieure des feuilles et en mangent le parenchyme. Leur allure est extrêmement lente. C'est à la fin de juillet qu'elles sont dans toute leur grosseur, c'est-à-dire qu'elles dépouillent les feuilles de leur parenchyme, les rendent noires et comme brûlées à l'époque où l'arbre en a le plus besoin pour absorber l'humidité de l'atmosphère pendant la nuit, et exhaler les gaz inutiles à leur végétation pendant le jour. Aussi retardent-elles souvent la croissance des jeunes arbres dans les pépinières, et empêchent-elles le grossissement des fruits dans les vergers. Un pépiniériste soigneux doit leur faire la chasse à outrance, les écraser à mesure qu'il les rencontre, ce qui n'est pas difficile, se trouvant toujours à portée de la vue et de la main dans les pépinières. Leur destruction sur les arbres à plein vent est presque impossible, ainsi il faut laisser à la nature le soin d'en diminuer le nombre. Une pluie froide, une violente pluie suffisent quelquefois pour produire cet effet en peu d'instans.

Dans la quatrième division il faut seulement faire remarquer,

La TENTHRÈDE CYNOSBATE, qui est noire, avec les pattes couleur de rouille, les postérieures annelées de noir et de blanc. Elle a quatre lignes de long. Sa larve vit sur les rosiers et concourt, avec celles dont il a été parlé plus haut, à dépouiller ces arbustes de leurs feuilles.

TÉRÉBENTHINE. Résine liquide qui découle naturellement de plusieurs arbres de genres différens, ou qu'on retire par la distillation de résines solides.

Le TÉRÉBINTHE (*voyez* PISTACHIER) est l'arbre qui fournit la vraie térébenthine, qui est rare et chère.

On retire du mélèze celle qui est la plus estimée après celle-ci, et la plus employée en médecine et dans les arts. On l'appelle vulgairement la *térébenthine de Venise*. (*Voyez* MÉLÈZE. Elle est très visqueuse, d'une couleur jaunâtre, d'une odeur forte et aromatique, d'une saveur âcre, légèrement amère.

C'est du sapin commun que provient celle qui vient ensuite, et qu'on appelle *térébenthine de Strasbourg*. On la reconnoît à sa consistance moins visqueuse, à sa couleur moins foncée, à sa saveur amère. Elle épaissit et jaunit avec le temps.

Enfin la térébenthine de Bordeaux s'obtient par la séparation de la partie la plus fluide du galipot, par le seul repos et l'influence de la lumière solaire. C'est la moins estimée de toutes.

L'extraction des térébenthines est par-tout un objet d'industrie agricole, c'est pourquoi j'ai dû en dire un mot ici. On les emploie pour faire des vernis, pour rendre les couleurs plus siccatives, pour des usages médicinaux, etc. Le commerce, auquel elles donnent lieu, ne laisse pas que d'être considérable. Il est fâcheux que les arbres de qui on les retire deviennent de plus en plus rares et qu'on puisse craindre d'en manquer. Tout ami de son pays doit désirer que la culture de ces arbres prenne plus de faveur.

TEREBINTHE, ou THÉRÉBINTHE. Espèce du genre PISTACHIER. *Voyez* ce dernier mot.

TERMER UNE VENTE (EXPRESSION FORESTIÈRE). C'est assigner le lieu et le jour de son adjudication.

TERRAIN. *Voyez* TERREIN.

TERRASSE. Élévation de terre formée artificiellement dans les jardins, et dont la partie supérieure est plate.

Le plus souvent les terrasses sont plus longues que larges et supportent des allées d'arbres.

Tantôt les terrasses ont leurs côtés en TALUS (*voy*. ce mot), tantôt elles sont revêtues de murs.

Un mur de terrasse doit être construit d'autant plus solidement qu'elle est plus haute, et que les terres qu'il soutient sont plus susceptibles d'être gonflées par les eaux pluviales.

Presque toujours un mur de terrasse offre des ouvertures longitudinales pour l'écoulement de ces eaux; ce qui est un motif de sécurité de plus pour son propriétaire. *Voyez* CONSTRUCTION RURALE.

Autrefois on ne pouvoit pas bâtir une maison de campagne sans qu'il y eût au moins une terrasse, aujourd'hui on n'en construit plus guère que dans les terrains en pente, où elles sont presque toujours utiles et souvent indispensables.

Il est certains pays de montagnes où les pentes exigent des terrasses pour être cultivées. Le plus souvent elles ont peu de largeur et sont d'une grande irrégularité. Tantôt elles sont en talus du côté de la descente, tantôt elles sont revêtues de petits murs en pierre sèche, plus rarement elles sont garnies de haies vives.

J'ai vu beaucoup de ces terrasses dans mes voyages en France et dans les pays étrangers. Souvent j'ai admiré l'industrie des cultivateurs qui les avoient formées, souvent aussi j'ai gémi des désastres que les pluies d'orage leur faisoient éprouver. La vallée du Gardon qui aboutit à Anduse, vallée qui se distingue par sa supériorité dans la construction des terrasses en pierres sèches, ainsi qu'on le voit dans le Mémoire sur sa culture, rédigé par mon collaborateur Chaptal, m'a offert, lorsque j'y ai passé, une scène de désolation dont j'ai été trop frappé pour que j'approuve ce genre de construction. Une grande partie des terrasses dans la partie méridionale où passe la route, avoient été entraînées par une pluie d'orage, et leur terre avoit été ou entraînée ou recouverte des débris des murs des terrasses supérieures. Dans beaucoup de lieux les dépenses du rétablissement de ces terrasses et des cultures qu'elles portoient devoient, dit-on, coûter plus de quatre fois la valeur du fonds. On les a réparées cependant, parceque les habitans de cette intéressante vallée tiennent à leurs propriétés et ne redoutent pas le travail : mais quelle immense perte de temps ! D'autres localités moins remarquées, où on cultive également en terrasses, sans s'en douter, savent braver, au moins jusqu'à un certain point, les malheurs de ce genre. Pour cela leurs cultivateurs garnissent les pentes des montagnes de haies transversales, épaisses et tenues courtes. Les terres entraînées par les pluies ou la fonte des neiges s'arrêtent à ces haies, et exhaussent leur côté supérieur, ainsi que j'en ai mille exemples à citer, d'un, deux, trois, quatre pieds et plus, et forment ainsi naturellement des terrasses qui subsistent autant que la haie. *Voyez* MONTAGNES et HAIE.

Ces sortes de terrasses, on le pense bien, doivent être d'autant plus étroites ou plus multipliées que le terrain est plus en pente. Elles offrent un si grand nombre d'avantages sur celles faites artificiellement, que tout ami de la prospérité de son pays doit faire des vœux pour que le penchant de toutes les montagnes, sans exception, en soit garni. Elles sont aussi favorables à la vigne qu'à toute autre culture. (B.)

TERRASSIER. Ouvrier qui travaille à élever des terrasses.

Quoiqu'aujourd'hui on n'élève presque plus de terrasses, on a conservé ce nom, dans les environs de Paris et ailleurs, à des ouvriers qui se louent uniquement pour défoncer des terres, creuser des fossés, des étangs, établir ou entretenir des routes, enfin faire tous les travaux de remuement de terre qui exigent l'emploi de la pioche, et qui ne peuvent être exécutés, à raison de leur étendue, par les ouvriers attachés pendant toute l'année à un établissement agricole.

On regarde généralement les terrassiers comme étant au dernier rang des agens de l'agriculture ; et, en effet, ce sont ceux qui ont le moins besoin d'intelligence et ceux qu'on paye le moins. Leur salaire, terme commun, est ce qu'on entend par *prix d'une journée de travail* dans la nouvelle législation. Cependant un bon terrassier est dans le cas d'être recherché, car au moins il fait plus d'ouvrage qu'un mauvais.

Quoique la nécessité de soutenir le prix des journées de travail à un taux modéré soit toujours en opposition avec l'intérêt des terrassiers, il est du devoir des cultivateurs d'adoucir leur sort par tous les moyens possibles, afin de les attacher à leur ouvrage.

TERRE. Planète que nous habitons, et dont l'étude devroit être le premier objet dont on occupe l'enfance, mais dont les mouvemens et la composition sont cependant ignorés de la plupart des cultivateurs.

C'est parceque la terre tourne autour d'elle-même qu'il y a des jours et des nuits. C'est parcequ'elle tourne autour du soleil qu'il y a des années.

Pour la commodité on a divisé la réunion d'un jour et d'une nuit en vingt-quatre heures, et l'année en quatre Saisons ou en douze Mois (*voyez* ces mots), qui chacun offre des travaux d'agriculture différens.

Notre planète est composée de continens et de mers. Les premiers offrent des Montagnes, des Vallées, des Plaines, formées principalement de Pierre, d'Argile, et de Terreau, des Fontaines, des Ruisseaux, des Rivières, une Zone torride, deux zones tempérées et deux zones glaciales; et les secondes de l'Eau ; l'Air entoure le tout et le Soleil l'échauffe et l'éclaire. *Voyez* tous ces mots. (B.)

TERRE. Si on considère la terre comme principe élémentaire, on dira qu'il y a la terre alumineuse, la terre siliceuse, la terre calcaire, la terre magnésienne et autres qu'il n'est pas utile aux agriculteurs de connoître.

Ces quatre terres sont très rarement isolées. C'est leur mélange dans des proportions sans nombre qui constitue la croûte du globe.

Généralement la terre est partagée en bancs ou couches superposées les unes aux autres, et variant dans leur nature, dans leur couleur, etc.

On suppose que toute terre repose sur des bancs de pierres et en définitif sur le GRANIT. *Voyez* ce mot.

La terre alumineuse mêlée avec de la silice constitue l'argile, terre qui joue un si grand rôle dans l'agriculture, non seulement parcequ'elle est la plus généralement abondante, mais encore parceque c'est elle qui retient les eaux des pluies à la surface de la terre, donne le plus souvent lieu aux FONTAINES, aux LACS, aux ÉTANGS, aux MARES. *Voyez* ces mots.

Les observations des géologues tendent à faire croire que toute la terre siliceuse ou tout le sable qui se trouve mêlé avec les autres terres, provient de la décomposition des roches quartzeuses ou siliceuses, et qu'au moins une partie de l'argile a la même origine. *Voyez* ROCHE, MONTAGNE, CAILLOUX ROULÉS, GRAVIER, SABLE et SABLON.

Il n'y a pas de doute que les neuf dixièmes au moins de la terre calcaire ne soient le produit des animaux marins de la classe des vers, c'est-à-dire des coquillages et des polypes coralligènes, principalement de ceux qui forment les madrépores. *V.* CALCAIRE.

La terre magnésienne non seulement est impropre à toute culture lorsqu'elle est pure, mais encore elle rend infertiles les autres lorsqu'on l'y introduit en certaine quantité. *Voyez* MAGNÉSIE et SCHISTE.

Lorsque les trois premières terres seules ou combinées deux par deux, ou toutes ensembles, contiennent de l'humus ou terreau, il en résulte la *terre végétale*, c'est-à-dire la terre propre à nourrir des plantes, la seule sur laquelle l'agriculture puisse s'exercer avec succès. *Voyez* HUMUS et TERREAU.

Nous savons par des observations positives que les plantes peuvent germer, vivre et même fructifier hors de terre, à l'aide de l'air, de l'eau et de la chaleur, mais nous voyons aussi qu'à l'exception de quelques espèces, telles que la lenticule, le gui, etc., aucunes ne prospèrent qu'autant qu'elles ont leurs racines dans la terre. Elles tirent donc plus abondamment de la terre les principes qu'elles trouvent en petite quantité dans l'air ou dans l'eau. Or, l'analyse chimique nous a appris que ces principes se trouvent dans l'humus ou terreau, dont il vient d'être question. Plus une terre contient donc de terreau et plus elle doit donc être fertile; et c'est ce que l'expérience de tous les siècles et de tous les pays prouve d'une manière indubitable.

Les FUMIERS et autres ENGRAIS animaux et végétaux ne sont que des terreaux. *Voyez* ces mots.

Je dois cependant observer que pour que le terreau puisse

servir de nourriture aux plantes, il faut qu'il soit à l'état soluble, et que naturellement il ne le devient que successivement par l'action chimique des gaz atmosphériques, qu'en
conséquence tout terreau qui est depuis longues années enterré trop profondément, la tourbe qui est du terreau formé
sous l'eau, ne sont point propres à la végétation. *Voyez* GAZ,
TOURBE et CHAUX.

Mais comment ont pu se former les premières parcelles de
terreau, puisque ce sont les végétaux et les animaux qui les
créent exclusivement par l'effet de leur décomposition, et que
ces premiers ont dû nécessairement préexister aux seconds,
puisque aucun animal ne vit d'air, ou d'eau, ou de terre?
Cette question est insoluble, car nous n'avons et ne pourrons
jamais avoir connoissance de ce qui a eu lieu à la première
apparition des êtres organisés sur notre planète, apparition
qui date certainement de bien des milliers d'années, mais
que les recherches géologiques indiquent être de beaucoup
postérieures à sa formation. *Voyez* MONTAGNES PRIMITIVES.

Au défaut de documens géologiques ou autres, je puis dire
ce qui se passe en ce moment dans une localité où il n'y a pas
de terreau, et conclure de ce qui est à ce qui a pu être.

Lorsqu'un volcan a recouvert de ses déjections les alentours
de son cratère, il n'y a plus aucune végétation pendant un
grand nombre d'années; mais s'il cesse de vomir des matières
enflammées, il naît sur les laves et autres pierres qui, en sont
sorties, des LICHENS (*voyez* ce mot), qui ne vivent que d'air
et d'eau, qui fournissent un peu d'humus et qui, arrêtant
l'humidité sous leurs expansions, favorisent l'action décompo-
sante des alternatives du froid et du chaud. Bientôt il se forme
une espèce d'argile, et sur cette argile naissent des MOUSSES
(*voyez* ce mot) qui produisent plus en grand les mêmes effets.
Après quoi des petites plantes parfaites trouvent assez d'humus
pour vivre, puis des grandes, puis des buissons, puis des
arbres. Le granit lui-même, quelque dur qu'il soit, est
soumis à la même loi, comme on le voit à chaque pas dans
les montagnes qui en sont composées.

Il est aujourd'hui reconnu que chaque plante, quelle que soit
sa nature, rend toujours à la terre plus qu'elle n'en a pris.
L'immense quantité de terreau qui se trouve dans la couche
supérieure de la terre n'a donc lieu d'étonner que ceux, qui,
malgré la réunion des faits géologiques qui prouvent son
ancienneté, persistent à croire que notre planète date de
l'époque que lui ont assignée les documens historiques.

Si aucune cause n'avoit troublé la marche de la nature,
la quantité de terreau seroit à peu près la même par-tout;
mais, ainsi que je l'ai annoncé au mot MONTAGNE, toutes les

élévations existant sur le globe se sont considérablement abaissées par suite de la décomposition des pierres qui les constituoient, leurs débris entraînés par les eaux pluviales ont comblé les vallées, recouvert les plaines dans un grand nombre de lieux. La terre végétale qui y avoit été formée a été mêlée avec ces débris, ou même, comme plus légère, conduite par les fleuves jusqu'à la mer, où une partie a formé des ATTERRISSEMENS (*voyez* ce mot), et l'autre se conserve peut-être pour les époques futures. Lorsque ce cas n'a pas eu lieu, elle s'est déposée au pied des coteaux, sur le bord des rivières, etc. En général, par-tout les lieux en pente sont moins fertiles que les lieux creux, et cela est sur-tout remarquable dans les pays où ils ont été mis en culture depuis long-temps, par la raison que les eaux pluviales ont plus d'action sur les terres remuées que sur celles qui sont retenues par les racines des plantes vivaces, des arbustes et des arbres.

Mais ce n'est pas seulement la terre végétale qui a été ainsi entraînée par les eaux pluviales : les lits d'argile, de calcaire, de marne, de sable, etc., ont été sillonnés dans beaucoup de lieux par des TORRENS (*voyez* ce mot), et leurs débris déposés avec l'humus dans les vallées ou à leur embouchure. Ce mélange forme de grands dépôts dans certains cantons.

La terre végétale pure ou le terreau doit paroître, au premier aperçu, la plus avantageuse, puisqu'elle seule contient les élémens de la fertilité; mais outre qu'on ne peut en réunir que de petites quantités et à grands frais, elle a l'inconvénient de se dessécher trop facilement, et, lorsqu'elle est convenablement humectée, de donner des productions bien plus abondantes en feuilles qu'en fruits. Cet effet se remarque sur les plantes annuelles comme sur les plus grands arbres. Il est donc à désirer qu'elle soit mêlée avec les autres terres, surtout avec l'argile, qui seule retient l'eau pendant un temps assez long pour qu'elle puisse remplir son objet.

La silice est utile dans la composition des terres arables, parcequ'elle en divise les molécules, permet à l'eau et aux racines des plantes d'y pénétrer avec facilité.

Quant au calcaire il agit souvent comme la silice, quelquefois en favorisant la solubilité du terreau, plus rarement en y portant le mucilage qui est resté dans sa composition depuis la mort des animaux qui l'ont formé (j'ai eu des preuves certaines de ce dernier fait).

Les pays calcaires sont généralement les plus fertiles; cependant il ne faut pas dire avec Rozier *que la terre calcaire est la seule terre végétale, la seule qui entre dans la composition des plantes et des animaux*, car les craies de la Champagne pouilleuse témoignent le contraire. La terre calcaire ne favorise la végétation qu'autant qu'elle rend l'humus soluble. *Voyez* CHAUX.

On a de tout temps recherché quelle étoit la proportion qu'on devoit désirer de trouver dans ce mélange des quatre terres pour qu'elles remplissent toutes les données possibles. Je crois cette recherche sans résultats utiles, parceque ce n'est pas seulement de cette proportion que résulte la fertilité d'une terre, mais encore de circonstances atmosphériques qui sont hors de la puissance humaine, de la nature des plantes et même du but de la culture. Ainsi, supposant un mélange parfait en théorie, si la terre eût été plus sablonneuse elle auroit donné, dans une année pluvieuse, des produits plus abondans et de meilleure qualité. Presque chaque espèce de plante exige une nature particulière de sol; ainsi le tussilage aime l'argile; la spergule, le sable; la bunelle à grandes fleurs, le calcaire. Connoître la nature de la terre sur laquelle on cultive me paroît bien plus important. Je vais donc indiquer la manière d'en faire l'analyse, non pas avec cette rigueur qu'on exige aujourd'hui en chimie, mais avec toute l'exactitude nécessaire pour remplir l'intention qui la fait faire.

On prend dans chaque endroit d'un champ qu'on juge à l'aspect devoir offrir quelque différence dans sa composition, une petite quantité de terre, et après avoir réuni le tout, on le fait complètement dessécher à l'air, ou dans un four dont on vient d'ôter le pain. La dessiccation terminée on pèse le tout, on le divise idéalement en cent parties, et on le met dans un vase creux avec une quantité d'eau bien claire, quadruple de son volume. Le lendemain on agite l'eau et la terre avec un morceau de bois, de manière que cette dernière soit divisée le plus possible. Quand on pense être arrivé à ce point on arrête le mouvement, et peu après on verse doucement dans un autre vase l'eau encore trouble; on remet de la nouvelle eau et ce jusqu'à ce qu'elle sorte claire de dessus le dépôt. Ce dépôt est le sable ou le calcaire solide. Les eaux troubles sont réunies et le dépôt qui s'y forme est desséché et mis au feu jusqu'à ce qu'il soit devenu rouge. La quantité qu'il perd par la calcination est la portion d'humus que contenoit la masse. Sur le reste, pulvérisé, ainsi que sur le premier dépôt, mais sans les mêler, on verse de l'acide nitrique affoibli (de l'eau forte) ou du fort vinaigre, et la quantité qui manque au poids après qu'on l'a fait dessécher de nouveau est la portion de calcaire qui s'y trouvoit; enfin on fait dessécher de nouveau et le sable et l'argile, et on les pèse. On a ainsi séparément, à peu près, les quantités respectives de tous les constituans de cette terre.

Cette grossière analyse, fort à la portée du plus simple cul-

tivateur, suffit pour les besoins de la culture. On peut même
s'en passer, et on s'en passe réellement presque par-tout; car,
pourvu qu'on sache que sa terre est argileuse, est sablonneuse,
est calcaire, est abondante en humus, et la simple inspection
le fait connoître, on peut agir pour lui confier les plantes les
plus convenables à sa nature, et employer, pour corriger ses
défauts, les moyens avoués par l'expérience.

La couleur des terres peut jusqu'à un certain point guider
dans le jugement de leur bonne ou mauvaise qualité ; mais
il ne faut pas cependant la regarder comme un indice
certain. La couleur noire, qui est celle du terreau, annonce
certainement le plus souvent la fertilité ; cependant les terres
schisteuses, les terres charbonneuses, les terres tourbeuses
sont également noires et sont infertiles. Il est des terres jaunâtres d'excellente nature ; il en est de complètement stériles.
Les rouges, à raison de la grande quantité d'oxide de fer
qu'elles contiennent, ne pronostiquent rien d'avantageux.

Une terre trop argileuse est améliorée par du sable, par
de la craie, par de la marne calcaire, par des gravats, de la
brique pilée, etc.

Une terre trop sablonneuse devient plus propre à la culture lorsqu'on augmente sa compacité par de l'argile ou de la
marne argileuse.

Je ne parle pas des amendemens qui résultent des fossés
pour retenir ou écouler les eaux, des labours, des arrosemens, etc., ni des engrais de toute espèce, parcequ'il en a été
question aux mots AMENDEMENT et ENGRAIS.

Dans les pays incultes la terre n'a pas besoin d'engrais,
parceque, d'après l'observation citée plus haut, elle reçoit,
par la chute des feuilles et des tiges, etc., des plantes qui y
croissent, plus de principes que ces feuilles et ces tiges n'en
ont tirés ; mais lorsqu'on enlève annuellement à un champ
la récolte de froment qu'il a fournie, la terre doit nécessairement s'appauvrir de tout ce qui est entré de ses principes
dans les tiges, les feuilles et sur-tout les graines de ce froment. Il faut donc, pour soutenir la fertilité de ce champ,
lui donner des engrais, ou attendre par une jachère, ou par
des cultures moins épuisantes, qu'une nouvelle portion de
l'humus qu'il contenoit soit devenue soluble. *Voyez* ENGRAIS,
JACHÈRE, ASSOLEMENT, et SUCCESSION DE CULTURE.

Il est très heureux que la sage nature n'ait pas voulu que
l'humus fût susceptible de devenir trop facilement ou trop
abondamment soluble, car les meilleures terres seroient depuis
long-temps stériles. Il faut la présence de l'air pour opérer
cet effet ; c'est pourquoi l'humus, qui est à plus d'un pied
de la surface, et qui n'a jamais été entamé par la charrue,

est , immédiatement après qu'elle est amenée à la surface , aussi infertile que la terre argileuse la plus coriace, les sables les plus arides ; il lui faut une exposition à l'air de quelques mois pour devenir aussi propre aux productions végétales que celle qui est depuis long-temps à cette surface.

Je me suis souvent demandé ce que devenoit la portion soluble d'humus qui n'entre pas dans la composition des plantes. Il sembleroit naturel de croire qu'elle est entraînée par les eaux qui s'infiltrent dans les couches inférieures ; mais l'observation repousse cette idée, car on n'en voit jamais d'indices dans les eaux des fontaines, à moins qu'elles ne soient superficielles , et on n'en trouve jamais de dépôts dans les fissures , ni dans les cavités des couches inférieures. On doit même , d'après le fait cité plus haut, croire que cette portion soluble ne quitte pas la surface du sol.

Ainsi que je l'ai plusieurs fois annoncé , les ALKALIS et la CHAUX dissolvent rapidement l'HUMUS , et peuvent augmenter considérablement le produit d'une terre qui en est abondamment pourvue , et sur laquelle on les répand en petite quantité ; mais si on mésusoit de ce moyen, cette terre deviendroit enfin complètement infertile.

Il reste encore, il faut l'avouer, un grand nombre d'expériences à tenter pour expliquer la plupart des phénomènes que présentent la terre végétale, la végétation , etc. ; mais chaque jour on lève un petit coin du voile qui couvre ces phénomènes, et on doit espérer que la science pourra bientôt remplir les lacunes qui gênent sa marche.

Aux articles ORANGER , ANANAS , BRUYÈRE , ŒILLET , JACINTHE , etc. , etc., il a été déjà donné des recettes de composition de terres propres aux cultures de ces plantes. Ici, donc, je dois me renfermer dans des généralités.

Presque chaque espèce de plante , comme je l'ai déjà observé , a été affectée par la nature à une telle sorte de terre. Un des avantages de la science du cultivateur est donc de connoître quelle est la sorte de terre qui convient à celle qu'il veut cultiver. Inutilement fera-t-il de longs, pénibles et coûteux efforts pour faire croître la bruyère dans une terre argileuse , le châtaignier dans une terre calcaire , le tussilage dans une terre sablonneuse. Lorsque son jardin n'est pas d'une terre convenable aux espèces qu'il veut y introduire , il est donc obligé d'en composer une de toutes pièces, si je puis employer cette expression.

D'un autre côté on veut obtenir des productions plus hâtives , plus vigoureuses, plus savoureuses que celles qui sont naturelles ; on veut qu'une plante trouve dans un pot de quelques pouces , dans une caisse au plus de deux ou trois pieds, autant de nourriture qu'elle en auroit trouvé en pleine terre. Il faut donc outrer les principes nutritifs de la terre qu'on lui donne.

Ces deux considérations font que les principes de la composition des terres se rangent sous deux séries principales, quoique ces deux séries se lient par tous les points intermédiaires.

Lorsqu'on peut arroser facilement et qu'on a des semis à faire, les terres légères sont beaucoup plus convenables que les terres fortes ; c'est pourquoi la terre de BRUYÈRE (*voyez* ce mot) est devenue si précieuse. On est donc fréquemment dans le cas de mélanger des sables, des sablons, des recoupes de pierre calcaire, avec les terres argileuses des jardins où on entreprend beaucoup de semis, dans les pépinières, etc. Toutes les plantes à racines fibreuses demandent une terre de même nature, et quand on veut faire grossir les racines nourrissantes, comme les raves, les carottes, les panais, etc., il faut également les y placer.

Plusieurs plantes, ainsi que je l'ai observé plus haut, ne prospèrent que dans les terres qui conservent facilement l'eau, et la nécessité d'épargner les arrosemens oblige quelquefois de rendre une terre trop légère plus compacte par son mélange avec de l'argile.

Enfin toutes, à quelques plantes de terre de bruyère près, gagnent à être plus ou moins abondamment fumées.

La terre de bruyère est la plus légère des terres. La nature la donne le plus souvent; mais il est des lieux où on ne peut s'en procurer qu'en la composant avec du sable ou du sablon et du terreau de feuille. Le terreau de couche ne vaut absolument rien.

La terre à oranger est la plus chargée de principes nutritifs de toutes celles en usage ; il ne seroit même pas possible de l'en charger davantage sans brûler les plantes.

Ce que j'ai dit aux articles BRUYÈRE et ORANGER me dispense de nouveaux détails sur ce qui concerne ces terres.

Deux objets principaux doivent guider lorsqu'on veut composer des terres. 1°. Les mélanger le plus exactement possible. 2°. Mettre le plus de leur humus possible à l'état dissoluble, en exposant successivement toutes leurs molécules à l'air.

C'est donc à les émietter avec la pioche, à les passer souvent à la claie, à les changer souvent de place que doivent tendre les jardiniers. Une terre à oranger, pour être bonne, doit entrer en préparation trois à quatre ans avant son emploi, et être travaillée d'abord deux, ensuite trois, et enfin quatre fois par an.

Des expériences fréquemment répétées ont prouvé que lorsqu'on arrosoit souvent et légèrement les tas de terre en préparation, on accéléroit le moment où elles seront propres à être employées. La théorie de ce fait a été développée au mot TERREAU.

De même on a remarqué que lorsqu'on plaçoit les tas de cette terre dans de petites cours, à l'ombre de grands arbres, elle se façonnoit plus rapidement, soit par l'effet ci-dessus, soit à raison de la stagnation de l'air, soit à raison de ces deux causes à la fois.

Sans doute il me reste encore beaucoup de choses à dire sur les terres ; mais les articles généraux et particuliers de culture où il est question d'elles suppléeront à ce qui manque à celui-ci. Les articles suivans offriront de plus de nouvelles considérations sur les différentes sortes de terres. (B.)

TERRE ALUMINEUSE. C'est l'ARGILE. *Voyez* ce mot et ALUMINE.

TERRE ARGILEUSE. *Voyez* ARGILE.

TERRES BLANCHES. On donne ce nom, dans quelques cantons, à des marnes argileuses superficielles, très peu abondantes en humus, que la plus petite pluie rend dures et unies à leur surface, que la sécheresse la moins prolongée prive de toute humidité. D'après cela ces terres doivent être très peu fertiles, et en effet ce n'est que dans les années où les pluies sont peu durables et se succèdent régulièrement qu'elles sont productives. Pour les améliorer, il faudroit augmenter, quelquefois jusqu'à la moitié, la portion de sable qu'elles contiennent, et multiplier les engrais de toute espèce pendant une longue suite d'années.

Comme elles conservent souvent l'eau des pluies, il est nécessaire de les labourer en BILLON (*voyez* ce mot), ou de les couper d'ÉGOUTS propres à donner de l'écoulement à cette eau.

Un autre inconvénient de ces terres c'est de ne pas absorber les rayons du soleil ; en conséquence, les récoltes qu'on leur confie sont toujours plus tardives que celles de même sorte dans les terres noires. Aussi les range-t-on parmi les terres froides.

Des semis de prairies artificielles ou même des plantations de bois sont souvent ce qu'il est le plus avantageux de faire dans ces sortes de terres.

TERRE CALCAIRE, TERRE CRAYEUSE. *Voyez* CALCAIRE et CRAIE.

TERRE CREUSE. On entend par cette dénomination, dans quelques cantons, les terres susceptibles de laisser déchausser le blé et les autres céréales par suite des gelées de l'hiver. *Voyez* GELÉE.

TERRES FORTES. On donne ce nom aux terres où l'argile domine. *Voyez* ARGILE.

Il y a des terres fortes dans tous les degrés. Il en est qui sont ou sèches ou aquatiques. Il en est qui contiennent beaucoup d'humus, d'autres qui en sont privées.

En général la culture des terres fortes est plus dispendieuse et moins productive que celle des terres légères. On ne peut faire entrer un aussi grand nombre de plantes dans la rotation de leurs assolemens. Les années trop sèches comme les années trop pluvieuses sont également nuisibles à l'abondance de leurs produits. Leurs productions sont le plus souvent de peu de saveur et de peu de durée. Des labours multipliés, des engrais peu consommés, des marnages et des sablages fréquens sont ce qu'il faut leur donner pour procéder à leur amélioration.

TERRE A FOUR. Argile mêlée de sable qu'on emploie dans la construction des fours des aires, des granges, etc. Elle ne diffère pas de la GLAISE. *Voy.* ce mot et ARGILE.

TERRE FRANCHE. l'application de ce mot varie suivant les lieux.

Généralement cependant on l'applique à une terre argileuse mêlée, au-delà de moitié, avec de la silice, ou du calcaire, et une portion assez considérable de terreau.

On estime beaucoup, et avec raison, les terres franches, parcequ'elles sont dans cet état moyen de fertilité si avantageux dans la plupart des cas.

Mieux que la plupart des autres, les terres franches se prêtent à des assolemens variés. Les productions qu'elles donnent sont savoureuses et de facile conservation dans les années sèches. Ce sont véritablement des terres à blé. Lorsque l'argile, ou la silice, ou la calcaire dominent en elles, on peut ramener leur composition à des proportions convenables par le moyen des diverses sortes de MARNE ou de SABLE. *Voy.* ces deux mots.

TERRES FROIDES. Ce nom s'applique généralement aux terres argileuses et humides, sur-tout lorsqu'elles sont placées à l'exposition du nord, ou ombragées par de grands arbres, parceque la végétation s'y développe plus tard qu'ailleurs. Quelquefois les terres froides sont des terres marneuses qui, à raison de leur couleur blanche, n'absorbent pas les rayons du soleil.

La culture des terres froides n'est pas aisée. Il leur faut des labours multipliés et faits avec soin, et le plus souvent disposés en billon, coupés par des égouts nombreux, des fumiers chauds et peu consommés. Tous les objets des cultures ordinaires n'y réussissent pas également. On peut difficilement leur appliquer une longue série d'assolement. Souvent ils repoussent même la luzerne. Les fèves de marais sont presque la seule plante, exigeant des binages d'été, qui s'en accommode bien. Les prairies naturelles y sont de mauvaise nature. Les plantations de bois, sur-tout de bois blancs, y prospérant, il semble que c'est vers elles que les propriétaires, lorsqu'ils ne sont point gênés par des considérations prédominantes, doivent porter leurs vues. J'ai vu un terrain de cette sorte, où le blé même geloit presque toutes les années, donner d'importans produits en osier.

M. Sageret, dans un excellent Mémoire sur la culture du département du Loiret, nous apprend qu'on y appelle terres froides des terres sablonneuses, et terres chaudes des terres argileuses ; mais que, quoique ces dénominations soient en apparence contraires à la définition rapportée au commencement de cet article, cependant elles sont en concordance avec elle. En effet, les sables de la partie de ce département, où sont placées ses propriétés, les environs de Loris, reposent sur de l'argile, et ont une épaisseur moyenne d'un pied. L'eau s'arrête sur l'argile et y séjourne pendant neuf mois de l'année, de sorte que les plantes qu'on y cultive ont toujours leur pied plus frais que dans les autres localités où l'eau a un écoulement quelconque. C'est ainsi que lorsqu'on n'examine pas toutes les circonstances d'un fait, on est souvent déterminé à lui donner une fausse interprétation.

TERRES GATÉES. On donne ce nom, dans les parties méridionales de la France, aux terres qui ont été rendues infertiles par des labours d'été. La théorie laisse croire que la chaux et l'eau sont les moyens de rétablir la fertilité de ces terres, qui restent quelquefois dans cet état plusieurs années. *Voyez* au mot LABOUR. (B.)

TERRE GÉOPONIQUE. C'est celle qui est susceptible de cultures de céréales.

TERRE GLAISE. *Voyez* GLAISE.

TERRE GRASSE. C'est une des dénominations communes de l'ARGILE et de ses variétés. *Voyez* ce mot.

TERRES GRANITEUSES. *Voyez* GRANIT.

TERRES GRAVELEUSES. *Voyez* GRAVIER, SABLE, SABLON, LANDES.

TERRES HUMIDES. Il est plusieurs causes qui peuvent faire qu'une terre est constamment humide.

1° Des sources superficielles qui s'infiltrent dans la couche de terre végétale, parceque cette couche repose sur de l'argile. Ces sortes de terrains sont assez communs et souvent difficiles à mettre en valeur. Les bois même, comme on le voit dans la forêt de Montmorency et autres endroits des environs de Paris, n'y prospèrent point. Des Fossés et des'Egouts (*voyez* ces mots) sont les premiers moyens à employer. S'ils ne réussissent pas, il faut défoncer l'argile à environ deux pieds et la mêler avec la couche supérieure.

2° L'infiltration des eaux d'une rivière, d'un lac, d'un étang, d'un marais. Des travaux d'arts, aussi variés que les localités, deviennent nécessaires dans ce cas.

3° Une nature argileuse, très apte à retenir l'eau, jointe à des abris (bois ou montagne) propres à empêcher l'action desséchante des rayons du soleil ou des vents. *Voyez* TERRES FROIDES.

4° Enfin le climat très pluvieux. Il est des terres sur les Alpes, et autres montagnes élevées, ainsi que dans le voisinage des cercles polaires, où il pleut fréquemment, et où il n'y a jamais assez de chaleur pour évaporer la surabondance de l'eau.

TERRE LABOURABLE. C'est celle qui est composée d'argile, de terreau, de sable ou de calcaire dans des proportions telles qu'elle retient la quantité d'eau nécessaire à la végétation, facilite l'allongement des racines des plantes, et est par conséquent la plus propre aux cultures.

Les proportions des principes des terres labourables varient sans fin. Quand l'argile domine, on dit qu'elles sont ARGILEUSES ; quand c'est le sable, qu'elles sont SABLONNEUSES ; quand c'est le calcaire, qu'elles sont MARNEUSES. *Voyez* ces mots et le mot TERREAU.

TERRE MARNEUSE. *Voyez* MARNE et TERRES BLANCHES.

TERRES MÉTALLIQUES. On donne ce nom aux terres qui contiennent des mines de métaux et principalement de fer. *Voyez* au mot OCRE.

On a cru, pendant des siècles, que la présence de quelques filons métalliques, dans une montagne, suffisoient pour en rendre la surface stérile par suite des émanations de ces filons, et on a donné ce prétendu fait comme un des moyens de découvrir les mines ; mais aujourd'hui on est revenu de cette erreur. Il n'en reste pas moins vrai que les montagnes où il y a des métaux sont en général d'une culture peu avantageuse ; mais cela tient à la nature des pierres qui en composent la masse, pierres qui sont presque toujours des GNEIS, des SCHISTES, des GRÈS, des MARBRES. *Voyez* ces mots et le mot MAGNÉSIE.

TERRE NOIRE. Tantôt la terre est noire parcequ'elle contient une grande quantité d'humus ou de terreau, et alors, à moins qu'elle ne soit trop sèche, elle est la plus fertile des terres. *Voyez* HUMUS et TERREAU, BRUYÈRE.

Cependant la tourbe, qui est composée des mêmes principes, et qui est également noire, ne devient fertile que par une très longue exposition à l'air, ou par son mélange avec la

chaux ou les alkalis. Cette différence est due à ce qu'elle est
plus difficilement rendue soluble par l'action de l'air. *Voyez*
Tourbe et Chaux.

Il est des terres noires d'une autre nature, et qui sont plus
ou moins infertiles. Les plus communes sont les schisteuses
et les houilleuses. *Voyez* Schiste et Houille.

De quelque nature qu'elles soient, les terres noires, par suite
de leur couleur, absorbent mieux la chaleur des rayons solaires que les autres ; c'est ce qui fait qu'elles sont plus précoces; qu'on peut les employer, comme on le fait sur le sommet des Alpes, pour accélérer la fonte des neiges. *Voyez*
Couleur.

TERRE NOVALE. Les agriculteurs de certains cantons
donnent ce nom aux terres nouvellement défrichées. C'est
presque par-tout, en France, l'Avoine qu'il est le plus avantageux d'y semer. Les terres novales qui proviennent de l'arrachis d'un bois en bon fonds conviennent beaucoup au Tabac.
Voyez ces deux mots et les mots Défrichement et Assolement.

TERRES OCREUSES. Ce sont celles qui sont composése
d'argile sablonneuse et surchargée de fer. Les proportions de
leurs composans varient sans fin. Elles sont plus ou moins, et
même quelquefois totalement impropres à la culture. Leur
peu de fertilité est cependant quelquefois compensé par l'excellence des productions qu'elles donnent. Le meilleur pain
de seigle que j'ai mangé de ma vie, qui étoit jaune comme
une brioche, provenoit d'un pareil terrain. Les navets si
renommés de Freneuse, de Baubry, de Saulieu, y croissent
également et se détériorent dès qu'on sème ailleurs leurs
graines.

Aux inconvéniens des terres sablono-argileuses (glaiseuses),
les terres ocreuses joignent celui de l'astringence de leur
oxide de fer ; aussi, quelque bien cultivées qu'elles soient,
n'est-ce que dans les années ni trop sèches ni trop pluvieuses
qu'elles donnent des récoltes passables. Je puis en parler avec
connoissance de cause, ayant vécu dans la ci-devant Bourgogne et la ci-devant Champagne sur des terres de cette nature qui présentoient tantôt des seigles de trois pieds, tantôt
de trois pouces de haut. Ces terres sont le plus souvent laissées
en jachères deux ans sur quatre, et n'en produisent pas plus.
C'est une augmentation d'humus que je crois qu'elles demandent, et, par conséquent, des fumages abondans. Les bois qui
y croissent, quoique toujours rares et peu élevés, m'ont paru
plus productifs que les récoltes des céréales. Je conseille donc
de les garnir d'arbres par semis ou autrement. (B.)

TERRES PIERREUSES. *Voyez* Pierre, Lave, Galet,
Gravier, Cailloux, Roche, Montagne.

TERRE POURRIE. J'ai vu appeler ainsi dans la ci-devant Bourgogne un tuf assez tendre pour que la charrue le sillonnât. Son infertilité étoit presque complète; cependant dans les années pluvieuses il donnoit une petite récolte de seigle, de raves, de sarrasin.

On donne aussi quelquefois ce nom aux schistes qui se décomposent à la surface, mais c'est plutôt celui de pierre pourrie qu'ils méritent. Ces schistes sont également d'une grande infertilité.

TERRE QUARTZEUSE. *Voyez* Quartz, Silice, Cailloux, Galets, Gravier, Sable, Sablon et Sablonneux.

TERRE ROUGE. On donne ce nom dans beaucoup de cantons aux terres argileuses ou argilo-sablonneuses surchargées d'oxide rouge de fer.

Généralement ces terres sont très infertiles, mais elles servent à suppléer économiquement le mortier pour les bâtisses rurales. Rarement elles absorbent l'eau des pluies. C'est en les mélangeant avec des terres calcaires et sur-tout en leur fournissant de l'humus, dont elles manquent presque toujours, qu'on peut espérer de leur faire donner quelques productions utiles. Certaines plantes, en particulier l'ajonc, s'en accommodent.

TERRES SAUVAGES. On donne ce nom, dans le département de la Sarre, aux terres qui, ayant peu de fond, ne se cultivent que de loin en loin et sont tout le reste du temps abandonnées au pacage des bestiaux.

TERRES SÈCHES. Plusieurs causes rendent les terres peu propres à la culture par le défaut d'eau.

Dans les unes, comme les terres sablonneuses, c'est que l'eau passe rapidement à travers de leur couche supérieure, et que l'air enlève de suite, à raison de leur porosité, la petite portion de cette eau qui s'étoit arrêtée dans la susdite couche.

Dans les autres, comme dans les craies, une petite partie de l'eau des pluies est absorbée par la première couche; mais dès qu'elle en est saturée elle n'en reçoit plus, le reste coule sur la surface. Il en résulte qu'après la pluie ces terres sont tellement boueuses qu'on ne peut les travailler, et que, dès que le soleil ou un air sec a vaporisé la quantité d'eau absorbée par leur surface, elles n'offrent plus qu'aridité.

Dans les autres, comme dans certaines argiles, l'eau ne peut en aucune manière s'infiltrer autre part que dans les crevasses de la surface, et elle s'évapore comme dans le cas précédent.

Il est aussi des terres qui sont sèches parcequ'elles sont trop en pente, que le soleil les frappe constamment de tous ses feux,

Des plantations d'arbres sont souvent un bon amendement des terres sèches qui le sont par la première et la dernière cause. *Voyez* Topinambour, Sablonneux, Craie.

TERRE SILICÉE. *Voyez* Terre quartzeuse.

TERRE TUFIÈRE, ou Tufacée, ou Tofacée. C'est celle qui contient du Tuf. *Voyez* ce mot.

TERRE USÉE. *Voyez* Usée.

TERRE VÉGÉTALE. Mélange d'Argile, de Silice, de Calcaire, séparément ou ensemble, avec de l'Humus ou Terreau. *Voyez* ces mots.

Ce mélange, qui varie dans toutes les proportions, constitue véritablement la seule terre propre à la culture.

A moins qu'elle n'ait été recouverte par des éboulemens, des alluvions, ou des déjections volcaniques, la terre végétale forme toujours la couche la plus extérieure du globe. Plus elle contient d'humus et plus elle est fertile. Elle devient terre argileuse, ou terre sablonneuse lorsque l'argile ou la silice y dominent trop, marne ou craie lorsque c'est le calcaire.

L'épaisseur des couches de la terre végétale varie autant que sa composition. On voit de ces couches qui n'ont que quelques lignes et d'autres qui ont plusieurs toises. Ces dernières qui se trouvent toujours au fond des bassins et des vallées, ou dans les plaines inférieures aux montagnes, sont certainement le produit des alluvions, c'est-à-dire sont constituées par l'accumulation, opérée par les eaux pluviales, de l'humus formé sur les pentes de ces montagnes.

On reconnoît toujours la couche de terre végétale à sa couleur plus ou moins noire ou brune. Ce qu'il y a de très remarquable, c'est qu'elle tranche presque toujours net avec la couche de terre argileuse ou marneuse à laquelle elle est superposée.

Une épaisseur d'un demi-pied de terre végétale suffit à une bonne culture de céréales, et d'un pied à toutes sortes de productions. On est rarement dans le cas d'en désirer une de plus de deux pieds.

Dans les lieux où la terre végétale a une certaine profondeur, plus de deux pieds, par exemple, sa partie inférieure, amenée à la surface, est d'abord aussi infertile que les argiles, les marnes, les sables qui se trouvent à la même profondeur dans d'autres localités; mais lorsqu'elle a été exposée à l'air pendant quelques mois, qu'une petite portion de son humus est devenue soluble, elle est d'une extrême fertilité.

Il est des pays où les baux défendent impérieusement de mêler, par les labours, la couche inférieure avec la terre végétale ; mais si ce mélange est quelquefois nuisible, il est souvent utile, soit parceque, donnant une plus grande épaisseur à la terre meuble, il permet aux racines et aux eaux pluviales de s'approfondir davantage ; soit parcequ'il rend cette terre, lorsqu'elle est trop compacte, plus légère ; soit, lorsqu'elle est trop légère, plus compacte. Je crois donc que les propriétaires ne doivent jamais gêner l'industrie des cultivateurs sous ce rapport, puisqu'à moins de passions, qu'on ne doit pas supposer, il est toujours de leur intérêt de tirer le meilleur parti possible des fonds qu'ils louent. Je fais cette observation parceque j'ai vu des localités où la couche inférieure à celle de la terre végétale étoit une marne qui pouvoit être mélangée avec la terre végétale, en approfondissant de deux pouces la charrue, et où il n'étoit pas permis aux fermiers de faire cette utile opération. *Voyez* Marne.

Je n'ose dire que les plantes ne pénètrent jamais au-delà de la couche de terre végétale, parcequ'on me citeroit beaucoup de faits qui prouvent le contraire ; cependant j'ai cru m'apercevoir que, toutes les fois que j'ai suivi une racine de luzerne, une racine d'orme, dans les couches inférieures, c'est que ces couches étoient fendillées, et on peut supposer que de l'humus avoit été entraîné par les eaux dans ces fentes.

Cette dernière observation ne doit pas faire croire que la végétation ne peut s'effectuer que dans la terre végétale, puisqu'à chaque pas on voit des plantes végéter dans des argiles, dans des marnes, dans des sables retirés de plusieurs toises de profondeur, et qu'on doit supposer ne contenir aucun atome de terreau, lorsque d'ailleurs ils ont été exposés à l'air pendant quelque temps, et se sont imprégnés de ses principes, comme je l'ai observé plusieurs fois dans le cours de cet ouvrage. Pour le surplus *Voyez* Terre.

La terre végétale, si riche en principes fécondans, peut être considérée comme un véritable fumier, et servir à l'engrais des terres qui contiennent peu d'humus. Dans beaucoup de lieux on l'emploie sous ce rapport, et sans doute on l'emploieroit plus généralement, si d'un côté les frais de transport n'étoient pas si considérables, et si de l'autre les propriétaires de cette sorte de terre se prêtoient plus facilement à s'en défaire. Il est telle de ces terres qui équivaut à un fumier consommé, comme celle des marais ou jardins légumiers de Paris. Beaucoup de vallées recélant dans leur fond une épaisseur de plusieurs pieds, même de plusieurs toises de détritus des végétaux qui ont crû pendant des milliers d'années sur les montagnes qui y versent leurs eaux, peuvent être dépouillées d'une partie pour améliorer les pentes de ces mêmes montagnes. On pratique cette opération dans quelques endroits, sur-tout dans les pays de vignes. La terre des marais, des bords des rivières doit être, dans beaucoup de cas, rangée dans la même catégorie. Il est quelques communes des bords de la Loire au-dessous d'Angers qui vendent leur terre pour être transportée au loin par la rivière. (B.)

TERRES VEULES. On appelle ainsi, dans quelques endroits, les terres sablonneuses ou crayeuses qui ne retiennent pas l'eau, ou que l'air (le vent) dessèche avec une grande rapidité. Ces sortes de terres ne sont pas toujours faciles à cultiver avec succès d'une manière économique. Des marnes argileuses, des fumiers à moitié consommés (sur-tout de vache), des plantes annuelles, aqueuses (la rave, le sarrasin), enterrées lorsqu'elles entrent en fleur, sont ce qui leur convient le mieux.

Au reste, lorsque ces terres joignent à cet inconvénient de contenir peu d'humus, le mieux est de les planter en bois. Les pins y réussissent fort bien lorsqu'au moyen des ABRIS (*voyez* ce mot et le mot TOPINAMBOUR) on est parvenu à les y faire subsister pendant les deux ou trois années qui suivent le semis leurs graines.

TERRE VIERGE. C'est celle qui n'a jamais été soumise à la culture.

Une terre vierge est plus ou moins bonne, selon qu'elle contient plus ou moins d'humus, et qu'elle est susceptible de conserver plus ou moins d'humidité. On en trouve plus de bonnes en Europe que dans quelques grandes forêts. Celles qui sont restées vierges faute d'offrir des espérances de produits susceptibles de dédommager des frais de défrichement et d'ensemencement sont plus nombreuses. *Voyez* DÉFRICHEMENT.

TERRE A VIGNE. *Voyez* AMPELITE.

TERRE VITRIFIABLE. C'est la TERRE SILICEUSE.

TERRE VOLCANIQUE. *Voyez* VOLCAN.

TERREAU. Produit définitif de la décomposition spontanée des animaux et des végétaux à l'air. Lorsque cette décomposition a lieu dans l'eau, il en résulte de la TOURBE. *Voyez* ce mot.

Quoique le terreau soit susceptible d'être rendu successivement soluble, ainsi que l'a prouvé Th. de Saussure et autres chimistes, et ainsi que je l'ai dit au mot HUMUS, par le seul effet de l'action des principes de l'air, il ne paroît pas que cette dissolution puisse naturellement passer certaines bornes, puisqu'il n'y en a presque toujours que la même quantité dans cet état, et qu'on ne voit pas que les eaux des sources, autres que celles qui sont superficielles, ni les cavités qui se trouvent dans la terre, en contiennent même des atomes. *Voyez* TERRE.

Du terreau provenant d'une grosse racine, distillé par Bra-connot, a donné, 1° une eau contenant de l'acide acéteux, en partie saturé d'ammoniac ; 2° une huile âcre ; 3° du gaz hydrogène huileux ; 4° du gaz acide carbonique. La cendre restant contenoit de la silice, de l'alumine, du fer, du manganèse, du phosphate et du carbonate de chaux.

Le même chimiste ayant mis du terreau dans de la potasse caustique, il s'en est dissout une partie qui, précipitée par les acides, offrit un charbon très hydrogéné. L'autre partie, bien lavée et bien séchée, avoit toute l'apparence et toutes les propriétés de la Houille ou charbon de terre. *Voyez* ce mot.

Je dois ici citer un passage d'Ingenhouse sur l'aliment des plantes, morceau que je prends tome 6 des annales d'agriculture.

« Plein de l'idée que l'acide carbonique étoit le principal aliment des végétaux, j'ai pensé que le terreau devoit aussi concourir à sa production. En soumettant à l'expérience ce qui n'étoit encore pour moi qu'une conjecture, j'ai trouvé que le sol même, sans le concours d'aucune plante, attiroit sans cesse à lui, de l'air qui le couvroit, le principe général acidifiant, et le changeoit en acide carbonique, en l'imprégnant de carbone, substance dont la terre ne manque jamais. J'ai trouvé que le sol opéroit cette décomposition nuit et jour, mais plus puissamment dans le jour et quand il faisoit chaud, que dans l'obscurité et par un temps froid ; cette décomposition est quelquefois si forte, qu'elle peut, à la clarté du soleil, neutraliser l'influence même des plantes les plus vigoureuses, en sorte que la terre d'un pot à fleur communiquera, dans certains cas, plus d'acide carbonique à l'air renfermé avec la plante et le pot, sous une cloche de verre, que la plante n'aura communiqué d'oxygène ; et que cet oxygène étant en même temps absorbé par le sol, l'air qui restera aura perdu plus de son oxygène par l'attraction de la terre, qu'il n'en aura acquis par la présence de la plante.

« Huit pouces cubiques d'un bon terreau, sans engrais, furent exposés, dans une soucoupe, au contact de dix-huit pouces cubes d'air atmosphérique, durant trois jours et trois nuits. On étoit alors en été et il faisoit une chaleur modérée. L'appareil couvert d'un pot à fleur ne reçut point du tout la lumière du soleil. Dans cet espace de temps les huit pouces de terreau corrompirent tellement l'air, qu'à peine une bougie pouvoit y rester allumée. Une quantité mesurée de cet air, mêlée avec une égale quantité d'air nitreux (gaz acide nitreux) dans l'endiomètre, ne se réduisit qu'à une mesure de $\frac{36}{100}$, tandis qu'une semblable quantité d'air atmosphérique, mêlée de même avec une égale quantité de gaz nitreux, fut réduite à une mesure de $\frac{2}{100}$.

13.

« Une semblable quantité du même terreau fut renfermée avec le même volume d'air atmosphérique, l'appareil resta découvert, en sorte que la clarté du soleil donnoit dessus pendant la plus grande partie du jour. L'air s'y trouva encore plus gâté que dans l'expérience précédente ; il avoit perdu la majeure partie de son oxygène.

« J'exposai en même temps deux quantités semblables d'air commun à l'action de huit pouces de terreau de jardin bien engraissé. L'un de ces appareils fut placé au grand jour, l'autre resta pendant le même espace de temps couvert avec un pot à fleur, l'air renfermé y étoit encore plus corrompu, surtout dans l'appareil exposé à la lumière, que celui des deux autres expériences. Ayant perdu presque tout son oxygène, cet air étoit presque changé en azote pur. Cependant il contenoit un peu d'acide carbonique, ce dont je ne pus douter en voyant que l'eau de chaux battue avec l'une ou l'autre de ces quatre sortes d'air devenoit trouble.

Le résultat de toutes ces expériences prouve que la terre attire sans cesse, de l'air qui la couvre, le principe général acidifiant, l'oxygène. Il me semble qu'on peut présumer que ce qui arrive à l'air renfermé avec la terre arrive également à celui qui flotte continuellement sur la surface des champs, c'est-à-dire que le sol attire sans cesse de l'air qui ne fait que glisser sur lui quelques particules *oxygéneuses*, en sorte qu'un champ labouré plusieurs fois, sur-tout si c'est un de ces sols meubles qui contiennent des débris tant du règne végétal que du règne animal, susceptibles d'une décomposition ultérieure, doit absorber, dans le cours d'une année, une grande quantité d'oxygène.

« Le sable pur ne gâte presque pas l'air qu'on met en contact avec lui.

« Quand une terre en jachère a acquis une certaine quantité d'oxygène, soit qu'il y existe sous la forme d'air commun, soit que, combiné avec le carbone, il soit devenu acide carbonique, elle est par conséquent plus propre à nourrir les plantes qu'on lui confie, c'est-à-dire qu'elle a repris les sucs que la production précédente lui avoit enlevés. »

Il résulte de ces observations d'Ingenhouse, vérifiées depuis par plusieurs physiciens, et des expériences de Th. de Saussure, Braconnot et autres, qu'on peut croire, 1° que l'oxygène de l'air enlève à l'Humus ou Terreau (*voyez* ces deux mots) une portion de son carbone, ce qui le rend en partie soluble, et transforme cette partie en une espèce de mucilage ; 2° qu'il se forme en même temps de l'acide carbonique qui reste fixé dans ce mucilage jusqu'à ce que l'un et l'autre soient absorbés par les racines des plantes ; 3° que l'effet des jachères est

de laisser à l'humus le temps de décomposer assez d'air atmosphérique pour devenir soluble et se charger d'acide carbonique ; 4° qu'on supplée aux jachères dans les sols fertiles par
de simples labours qui ramènent à la surface le terreau qui
étoit dans la couche inférieure et hors des atteintes de l'air
atmosphérique, et dans les sols arides, en leur donnant, par
des engrais animaux ou végétaux, la portion d'humus soluble
que la récolte précédente lui a enlevée.

Ainsi la terre et l'air concourent simultanément aux phénomènes de la végétation, mais l'air plus que la terre, puisqu'on peut faire croître des plantes dans l'eau distillée, dans
le verre pilé, dans des oxides métalliques, tandis qu'on ne
peut espérer les voir vivre long-temps dans un lieu privé d'air
ou dont l'air ne se renouvelle pas. *Voyez* AIR.

Plus qu'aucune autre terre, même l'argileuse, le terreau a la
propriété d'absorber et de conserver une grande quantité
d'eau. Il paroît même, par beaucoup d'observations, qu'une
constante humidité est indispensable à la formation et à la
conservation du terreau ; mais la science n'est pas encore arrivée au point de nous apprendre quel est le mode d'influence
de cette humidité. Cette humidité est également nécessaire à
l'opération par laquelle le terreau passe à l'état soluble ; car on
a remarqué, 1° dans les pays de jachères, que, lorsque l'année
de la jachère étoit pluvieuse, les récoltes suivantes, toutes
choses égales d'ailleurs, étoient meilleures ; 2° dans les jardins,
que lorsqu'on arrosoit les terres à orangers et autres terres
composées, elles devenoient plus tôt propres à leur objet.

On peut conclure de là que si la jachère a été moins jugée
nécessaire, par ses partisans même, dans les bons fonds que dans
les mauvais, ce n'est pas seulement parceque ces bons fonds
contiennent plus de terreau, mais parceque le terreau s'y
conserve plus frais et favorise par-là sa propre solubilité. *Voyez*
JACHÈRE.

Quoique le terreau soit le principe de la fertilité, il n'est
pas toujours désirable qu'il surabonde dans les terres à blé et
quelques autres, parcequ'il détermine une végétation si vigoureuse qu'elle se conserve dans les tiges et les feuilles aux
dépens des fruits ou des graines qui avortent, ou sont moins
nombreux ou moins gros.

Les arbres creux offrent souvent du terreau extrêmement
pur, provenant de leur décomposition interne (*Voyez* CARIE,
POURRITURE) que les fleuristes recherchent avec raison, mais
qui a souvent, comme la terre végétale enfouie trop profondément, besoin d'être exposé pendant quelques mois à
l'air et à la pluie pour développer toute sa puissance ferti-
lisante.

On fait artificiellement du terreau analogue au naturel en accumulant en tas, dans un endroit abrité des rayons du soleil et de l'haleine des vents desséchans, ou dans des fosses, des feuilles, des tiges, et en général toutes les parties des plantes, et en les laissant se décomposer sans y toucher. Ce terreau est plus ou moins de temps à se former, selon la nature des objets qui entrent dans sa composition, et selon la plus ou moins grande quantité d'eau qui tombe dessus. Lorsqu'on le remue et qu'on l'arrose on accélère ordinairement l'instant où il sera possible d'en faire usage, parcequ'on présente toutes ses parties à l'action de l'air et qu'on lui fournit l'excipient qui lui est nécessaire.

Si on n'a pas besoin d'avoir ce terreau dans son état de pureté, il est plus avantageux d'établir, avec les matériaux ci-dessus et de la terre franche, ce que les Anglais ont appelé un COMPOSTE. *Voyez* ce mot.

Dans les jardins on appelle particulièrement terreau le résultat de la décomposition du fumier avec laquelle on a formé des couches. C'est même à cette sorte que s'applique le plus généralement ce mot dans le langage des cultivateurs. Il diffère du terreau dont il vient d'être question, uniquement parcequ'il conserve plus ou moins les principes des matières animales qui existoient dans le fumier dont il provient, principes qu'il perd cependant à la longue, c'est-à-dire après deux ou trois ans d'exposition à l'air. Cette circonstance fait qu'il est plus soluble et plus fertilisant, mais qu'il ne convient pas aux cultures de certaines plantes, comme les BRUYÈRES, les ANDROMÈDES, les ROSAGES, etc., et qu'il donne un mauvais goût aux produits de certaines-autres, comme les radis, les laitues, etc., et qu'il fait pousser trop en feuilles les plantes cultivées pour leurs fleurs ou pour leurs graines. *Voyez* MARAICHER. Toujours donc on ne doit recouvrir les nouvelles couches qu'avec du terreau de trois ans et non avec celui provenant des précédentes, comme on le fait généralement, ou le mêler avec de la terre de bruyère, de la terre franche, ou autres qui affoiblissent son action sous ces deux rapports.

La production du terreau de couche est très considérable dans certains jardins où on cultive beaucoup de primeurs, beaucoup de melons, beaucoup de fleurs annuelles ; ce qui n'est pas nécessaire pour recouvrir les nouvelles couches est employé à l'ENGRAIS des terres, ce à quoi il est beaucoup plus propre que le FUMIER. *Voyez* ces mots et les mots TERRE et TERRE VÉGÉTALE.

On trouve une grande quantité de silice dans le terreau de couche, laquelle concourt à le rendre meuble. Cette silice n'est point, ainsi que l'a prouvé Vauquelin, le produit de

la fermentation du fumier, mais de la végétation des GRAMI-
NÉES. *Voyez* ce mot. (B.)

TERREAUTER. Expression de jardinage, qui signifie répandre une petite couche de terreau, de terre de bruyère, ou
simplement de terre ordinaire finement émiettée, sur une
planche qui vient d'être semée.

On terreaute, ou pour faciliter aux plantes de graines fines
les moyens de percer la couche de terre qui les recouvre,
ou pour leur donner une terre de meilleure nature.

Cette opération a toujours des effets fort utiles, et on ne
doit pas s'y refuser pour toutes les graines des espèces précieuses, sur-tout lorsqu'elles sont semées dans une terre forte
ou de médiocre fertilité. Elle offre de plus l'avantage de mettre
toutes les graines d'un semis exactement à la même profondeur, ce que ne fait pas le RATISSAGE. *Voyez* ce mot.

On terreaute aussi quelquefois les repiquages, pour, en leur
donnant de la meilleure terre, en obtenir des productions
plus vigoureuses.

C'est en terreautant tous les ans ou tous les deux ans les gazons des jardins, qu'on peut espérer de les conserver long-
temps au même degré de beauté.

Pour terreauter avec régularité, on met la terre presque
sèche et aussi pulvérulente que possible dans un CRIBLE d'osier
ou de fil de fer, ou sur une CLAIE, et on fait tomber la terre
sur la planche par un mouvement de vas-et-viens du bras. Quelquefois on terreaute avec la main, mais ce moyen est plus
long et moins bon. *Voyez* SEMIS.

TERREIN, ou TERRAIN. Tantôt ce mot est synonyme de
terre, tantôt de sol; quelquefois il a un sens propre qui a rapport à l'étendue ou à la surface, mais ce sens n'est pas bien fixe.

La plupart des renvois qui se trouvent au mot terre auroient
pu être placés ici. *Voyez* TERRE.

J'ai donné au mot *aquatique* la liste des plantes les plus
communes qui se trouvent dans les eaux et dans les terrains
appelés aquatiques. Ici je crois devoir offrir une liste semblable, indicative des plantes qui croissent le plus fréquemment dans les autres sortes de terrains. Linnæus, qui a le premier publié des listes de ce genre, dans sa dissertation inti-
tulée *Stationes plantarum*, me servira d'abord de guide, et
ensuite *la Flore française de* Décandolle.

Terrains argileux.

Tussilage pas-d'âne.	Chicorée sauvage.	Laitue virreuse.
Anthyllide vulnéraire.	Aunée dyssentérique.	Chrysanthème des blés.
Potentille rampante.	Agrostide traçante.	Sureau yèble.
— anserine.	Mélique bleue.	Lotier siliqueux.
Plantain moyen.	Saponaire officinale.	Orobe tubéreux.
Thlaspi des champs.	Laitue sauvage.	Chou cultivé.

Terrains calcaires.

Brize vulgaire.
Seslerie bleuâtre.
Oseille à écusson.
Plantain moyen.
Globulaire commune.
Polygala amer.

Germandrée petit chêne
— de montagne.
Brunelle à grandes
fleurs
Echinope à tête ronde.
Scabieuse colombaire.

Aspérule de teinturiers.
Boucage saxifrage.
Potentille printannière.
Sainfoin cultivé.
Lin à feuilles menues.

Les terrains argileux et les terrains calcaires donnent naissance à peu de plantes qui leur soient exclusivement propres,
cependant je crois que les listes ci-dessus, qui ne sont qu'indi-
catives de celles qui s'y trouvent le plus volontiers, peuvent être
augmentées. Il n'y a réellement dans ces listes que la brunelle
à grandes fleurs que je n'ai jamais trouvée sur les sols argileux
ou siliceux.

Terrains sablonneux.

Saule des sables.
Genêt à balai.
— des teinturiers.
— sagitté.
Elyme des sables.
Roseau des sables.
Laiche des sables.
Œillet des sables.
Herniaire glabre.
Armoise des champs.
Gnavelle vivace.
Ail des sables.
— cariné.
Thym serpolet.
Potentille printanière.
Linaire commune.
Euphorbe ésule.
— cyprès.
Epervière en ombelle.
Vergerole âcre.
Gnaphale de France.
— dioïque.
— des champs.
Statice des sables.
— à gazon.
Véronique en épi.
Oseille petite.
Fétuque ovine.
Paturin en crète.
— à feuilles aigues.
— comprimé.
— roide.
Ceraiste visqueux.

Ceraiste semidécandre.
Myosote scorpioïde.
Saxifrage tridactyle.
Brome des toits.
— stérile.
Gypsophile des mu-
railles.
Hyoséride minime.
Renouée des buissons.
Percepied des champs.
Filage des champs.
Jasione ondulée.
Carline vulgaire.
Trèfle des champs.
Sabline pourpre.
Drabe vernale.
Ibéride nudicaule.
Fléole des sables.
Canche blanchâtre.
— précoce.
Phalaride des sables.
Tragus en grappe.
Agrostide jouet des
vents.
Fétuque queue de rat.
— minime.
Froment à feuilles de
jonc.
Plantain corne de cerf.
Héliotrope d'Europe.
Myosote à fruits de bar-
dane.
Jasione de montagne.

Centaurée du solstice.
Réséda jaune.
Œillet arméria.
Spergule des champs.
Ceraiste à cinq anthères.
Sabline à feuilles de ser-
polet.
— A feuilles menues.
— A fleurs rouges.
Lampsante fluette.
Epervière piloselle.
Andriale de Nîmes.
Porcelle à longues ra-
cines.
Sisymbre des sables.
Drave printanière.
Silène otites.
— gallique.
— anglais.
— conique.
Anémone pulsatille.
Seneçon jacobée.
Orpin âcre.
— blanc.
Arabette de thalius.
Alysson calicinal.
Ciste à ombelle.
— commun.
— de l'Apennin.
Geranion sanguin.
Erable de Montpellier.
Ratuncule naine.

Terrains ombragés.

Frêne très élevé.
Noisetier commun.
Tilleul d'Europe.
Erable platanoïde.
Nerprun cathartique.
— bourgène.
Prunier mahaleb.
Cornouiller sanguin.
Fusain d'Europe.
Groseillier rouge.
— noir.
— des Alpes.
Lauréole commune.
— gentille.
Gnaphale des bois.
Fragon piquant.
Rosier des haies.
— des champs.
Ronce des haies.
Millet à panicule lâche.
Pâturin des bois.
— des prés.
Brome géant.
Circée parisienne.
Sanicle d'Europe.
Actée à épis.
Stachide des bois.
Galéope jaune.
Mercuriale vivace.
Stellaire des bois.
Muguet des bois.
— anguleux.
Mélite à feuilles de mélisse.
Ail des ours.
Renoncule ficaire.
— auricome.

Moschatelline commune.
Violette odorante.
— canine.
Fumeterre bulbeuse.
Vesce des bois.
— des haies.
Pulmonaire officinale.
Primerole du printemps.
Terrette hédéracée.
Asaret d'Europe.
Benoite commune.
Campanule gantelée.
Anémone sylvie.
— hépatique.
Scrophulaire noueuse.
Sarette des teinturiers.
Lierre de Bacchus.
Aspérule odorante.
Balsamine des bois.
Airelle myrtile.
Oxalide oseille.
Pyrole à feuilles rondes.
Laiche loliacée.
— espacée.
— allongée.
— de Schreber.
Jacinthe des bois.
Géranion des bois.
Scille à deux feuilles.
Epipactis ovale.
Pédiculaire des bois.
Bétoine officinale.
Clématite des haies.
Agrostide étalée.
— arondinacée.

Mélique uniflore.
Fétuque des bois.
Froment des bois.
Gouet serpentaire.
— commun.
— d'Italie.
Luzule printanière.
— des champs.
Parisette à quatre feuilles.
Tamme commun.
Narcisse faux narcisse.
Euphorbe des bois.
Mélampyre des bois.
Germandrée sauge des bois.
Hellébore fétide.
— noir.
— d'hiver.
Pervenche couchée.
— droite.
Epervière des bois.
— de Savoie.
Charline vulgaire.
Saule aunée.
Verge d'or des bois.
Doronic pardalianche.
Chèvrefeuille des bois.
— des Alpes.
Viorne obier.
— mancienne.
Sureau.
Aigremoine eupatoire.
Stellaire des bois
Géranion robertin.

(B.)

TERREIN EN PENTE. *Voyez* MONTAGNE, COLLINE, COTEAU.

Quand on considère combien de terrains en pente sont devenus incultivables parcequ'ils ont perdu la couche de terre végétale qui les recouvroit, on se demande pourquoi les gouvernemens se refusent à faire des lois pour arrêter ces résultats qui influent déjà si puissamment sur notre prospérité, et qui doivent, si la progression continue à être la même, devenir si inquiétans pour la postérité, eux qui en font tant du même genre, bien moins nécessaires et bien plus gênantes.

Tout agriculteur, véritablement digne de ce nom, doit employer son industrie pour retarder la dénudation des terrains en pente qui se trouvent dans sa propriété par les moyens suivans.

Si ces terrains sont peu en pente, il fera un fossé à leur partie la plus élevée, afin d'empêcher les eaux pluviales qui, pendant les averses, descendent en torrens des lieux supérieurs, d'en entraîner la terre ; et pour détruire les effets de la chute de la pluie sur ces terrains mêmes, il les labourera toujours de manière à remonter la terre. *Voyez* Labour.

Si la pente est plus considérable, il élèvera des murs, ou plantera des haies dans la direction transversale, afin de retenir les terres. Le second de ces moyens est, selon moi, beaucoup préférable au premier. *Voyez* Haie et Terrasse.

Enfin, si elle l'est encore plus, il les plantera en Bois, ou les laissera en Paturages permanens. *Voyez* ces deux mots.

Il est bon que les cultivateurs sachent que, quelle que soit l'inclinaison d'un terrain, il ne doit pas contenir plus d'arbres que si la surface étoit de niveau, parceque le diamètre de la tête des arbres est le même dans les deux cas. *Voyez* au mot Cultellation. Ils gagnent donc à y cultiver des plantes d'une petite stature, sur-tout des fourrages.

Un excellent emploi des terrains en pente rapide est celui en usage dans la Biscaye et dans quelques cantons des Cévennes. *Voyez* au mot Têtard.

TERREIN VAGUE. *Voyez* Vague.

TERRE-NOIX, *Bunium.* Genre de plantes de la pentandrie digynie, et de la famille des ombellifères, qui renferme trois espèces, dont une est commune dans les champs cultivés, et est connue de tous les cultivateurs à raison de sa racine qui est tubéreuse et qui se mange dans beaucoup de lieux sous le nom de *suron.*

La terre-noix vulgaire, *Bunium bulbo-castanum,* Lin., a les racines globuleuses, noires, de la grosseur d'une noix ; les tiges striées, rameuses, hautes d'un à deux pieds ; les feuilles alternes, deux fois pinnées, à divisions presque linéaires ; les fleurs blanches et disposées en ombelles serrées et peu garnies de rayons. Elle croît dans les champs argileux des parties moyennes et méridionales de la France, et fleurit au commencement de l'été. Ses feuilles et ses fruits ont une odeur aromatique et un goût âcre ; on les emploie comme stomachiques et carminatifs. Ses racines ont une saveur voisine de celle de la châtaigne, et se mangent cuites sous la cendre ou dans l'eau, même assaisonnées de diverses manières. On les ramasse, à la suite de la charrue, pendant les labours d'hiver. On peut les conserver jusqu'au milieu du printemps en les mettant à la cave. Les cochons en sont extrêmement friands et les détruisent dans tous les lieux où on les mène pâturer dans les champs ; aussi me paroissent-elles plus rares aujourd'hui qu'elles l'étoient dans ma jeunesse. Je ne sache pas que nulle part on ait cultivé cette plante pour le produit qui, en effet, seroit fort peu de chose, puisque chaque racine ne contient qu'un tubercule, provenu de graine, et auquel il faut deux ou trois ans au moins pour arriver à la grosseur précitée. J'avoue que je n'ai pas éprouvé et que j'ignore si on a éprouvé la possibilité de la multiplier aussi, comme la pomme de terre, au moyen de la division des tubercules; mais je penche pour la négative, d'après leur organisation. Au reste, je préfèrerois toujours cultiver la GESSE TUBERCULÉE (*voyez* ce mot), dont les tubercules sont plus petits, mais plus nombreux et d'un goût plus relevé.

TERRER. C'est augmenter l'épaisseur de la terre dans une localité. On ne se sert guère de ce terme que dans les vignobles où on est dans l'usage de remonter de temps à autre les terres que les pluies ont fait descendre du haut dans le bas d'une vigne, ou dans ceux où on a le bon esprit de croire qu'il vaut mieux y transporter de la terre de la plaine que du fumier. *Voyez* VIGNE.

TERRETTE, *Glecoma.* Plante qui seule forme un genre dans la didynamie gymnospermie, et dans la famille des labiées, qui est trop commune et trop employée en médecine pour n'être pas mentionnée ici.

Cette plante a les racines vivaces, fibreuses; les tiges tétragones, velues, rampantes; les feuilles opposées, pétiolées, réniformes, crénelées et velues; les fleurs rougeâtres, solitaires et axillaires.

C'est dans les lieux frais et ombragés, le long des haies, autour des maisons, etc., que croît le plus communément la terrette, plus connue sous le nom de *lierre terrestre*, *rondette*, *herbe de la Saint-Jean*, etc. Elle fleurit au premier printemps, avant le complet développement de ses feuilles. Sa saveur est amère et son odeur forte et aromatique. La décoction de ses feuilles, en guise de thé, est fort agréable. Elle passe pour vulnéraire, astringente, et s'emploie sur-tout beaucoup dans les toux opiniâtres, dans les commencemens de phthisie. Les bestiaux ne la recherchent pas, cependant ils en mangent quelquefois. Comme elle aime l'ombre, on doit l'employer à garnir le sol des massifs dans les jardins paysagers, sol ordinairement nu et d'un aspect désagréable. Elle a d'ailleurs de l'élégance, et ses fleurs se développent à une époque où celles des autres plantes ne sont pas encore très communes, ce qui compense leur petitesse. (B.)

TERRIER. C'est le trou que les RENARDS et les LAPINS creusent dans le sable ou dans l'intervalle de deux rochers, et où ils se mettent à l'abri de leurs ennemis. *Voyez* ces deux mots.

TERRINE A LAIT. Vase dans lequel on dépose le lait jusqu'à ce qu'il soit employé.

Ce mot suppose toujours un vase de terre et même de terre grossière ; car ce n'est que dans les laiteries de luxe qu'on en voit de porcelaine, de faïence, de terre à pipe, de verre, etc. Dans les montagnes de la Suisse, les terrines sont remplacées par des baquets en douves de sapin. Il peut être dangereux d'employer des vases de métal, parceque les meilleurs contiennent souvent du cuivre ou du plomb, et que les oxides de ces derniers sont des poisons.

La même observation s'applique aux vases de terre couverts d'un vernis fait avec le verre de l'oxide de plomb ; cependant il n'est pas rare d'en voir de tels. Un règlement de police général devroit en proscrire la fabrication.

Les meilleures terrines à lait sont celles qui sont construites en terre dite de grès, parcequ'elles réunissent la solidité, la salubrité et le bon marché. Celles en terre ordinaire, qui ne sont pas vernies, absorbent trop le lait et portent, en conséquence, dans celui qu'on y dépose nouvellement, quelque bien lavées qu'elles soient, les principes d'altération qu'y a laissés l'ancien. Les seuls inconvéniens qu'on peut reprocher à ces terrines de grès, c'est qu'elles ne supportent pas une chaleur très élevée, et qu'elles cassent non seulement sur le feu, mais même lorsqu'on y met de l'eau bouillante, et qu'à raison de leur défaut de poli, on peut difficilement les essuyer; mais avec des précautions on rend presque nuls ces inconvéniens.

Chaque pays a sa forme de terrine, sa capacité de terrine, même sa couleur de terrine. La couleur dépendant de la nature de la terre, et n'ayant aucune influence sur le lait il n'est pas nécessaire d'en parler.

Quant à la forme et à la grandeur, elles ne sont pas indifférentes, lorsqu'on destine le lait à fournir de la crème pour faire du beurre, ou du caillé pour faire du fromage; c'est-à-dire qu'il faut qu'elles soient plus larges que profondes, afin que la crème puisse facilement monter du fond à la surface, ni trop grande à raison de la difficulté de leur transport, ni trop petite, parceque les variations de la température s'y font sentir rapidement, et que ces variations nuisent à la séparation de la crème et à la formation du caillé.

Dans quelques cantons on fait les terrines extrêmement évasées et très étroites du fond. Le principe est bon, mais l'excès est nuisible en ce que les bords ont très peu de profondeur et changent de température bien plus promptement que le centre. D'ailleurs elles sont exposées à verser plus facilement que celles qui ont une large base.

Je conseillerai donc de préférer les terrines qui auront douze à quinze pouces de large à leur ouverture, et neuf à douze seulement à leur base, à celles qui, avec la même ouverture, n'ont que cinq à six pouces de base. La hauteur étant de six pouces, cette grandeur moyenne est la plus convenable pour l'usage ordinaire.

Jamais on ne doit se servir de nouveau d'une terrine à lait qu'elle n'ait été nettoyée à l'eau chaude et rincée à l'eau froide; de temps en temps il faudra même les récurer avec des cendres. *Voyez* aux mots LAIT, LAITERIE, BEURRE, FROMAGE, CRÊME, VACHE, CHÈVRE, et BREBIS.

TERRINES A SEMIS. Pot de terre beaucoup plus large que profond, percé de plusieurs trous, ou de plusieurs fentes dans son fond, dans lequel on fait avantageusement les semis des graines qui ont besoin de la chaleur des couches à châssis pour lever.

La fabrication des terrines à semis ne diffère pas de celle des POTS. *Voyez* ce mot. Les signes auxquels on reconnoît la qualité de ces derniers s'emploient aussi pour les premières.

De six à quinze pouces est la latitude dans laquelle on choisit la largeur des terrines, encore en fait-on peu au-dessous de dix pouces, parceque les pots de même dimension les suppléent fort bien. Une terrine de dix pouces en a quatre de profondeur, et une de quinze, six.

Ce qui fait principalement que les terrines sont préférées aux pots, c'est qu'elles s'imprègnent plus facilement et plus également de la chaleur des couches; c'est que, dans les grandes dimensions, elles sont plus maniables; c'est qu'elles économisent la place sur les couches, et la main-d'œuvre. On n'en fait au reste un grand usage que dans les pépinières d'arbres étrangers et dans les jardins de botanique.

Le peu de profondeur des terrines ne permet pas d'y laisser long-temps le plant qui y a levé. Le plus souvent on l'ôte à la fin de la première saison, quelquefois même avant, pour le repiquer seul à seul, dans des pots.

Les jardiniers qui ne veulent pas se donner la peine de surveiller leur semis ne doivent pas employer de terrines, parceque les plantes qui y naissent ayant, comme je viens de l'observer, une moins grande épaisseur de terre, sont plus exposées aux alternatives du trop de froid et du trop de chaud, du trop de sécheresse et du trop d'humidité. Il leur faut une couche modérée et des arrosemens légers, mais fréquens. *Voyez* SEMIS, CHASSIS, COUCHE, PLANT, EMPOTEMENT. (B.)

TERRITOIRE. C'est une étendue quelconque de terrain, considéré sous des rapports agricoles. On dit également la territoire de ce canton, en indiquant quelques champs, le territoire de cette commune, de ce département, de cet empire.

Il est des territoires propres à la culture des céréales, des prairies, des vignes, etc.

TERROIR. L'acception de ce mot varie. Tantôt il est synonyme de territoire, comme dans cette phrase : le terroir de telle commune. Tantôt il l'est de terre, comme quand on dit ce vin sent son terroir. *Voyez* TERRITOIRE et TERRE.

Des boues de ville, des fumiers trop abondans, donnant un mauvais goût au vin qui n'en avoit pas avant qu'on les eût répandus dans la vigne qui le fournit, on doit croire que cette dernière phrase peut être quelquefois fondée ; mais je pense que l'application qu'on en fait a besoin d'être renfermée dans des cas plus circonscrits. On peut supposer, par exemple, que l'influence de la variété ou du plant concoure aussi au goût particulier de certains vins. Ainsi, c'est probablement cette influence qui donne en partie le goût de violette aux vins de Saint-Peray et de Sessel, celui de pierre à fusil, à ceux de Côte-rôtie ; d'ardoise, à ceux de Moselle. *Voyez* VIGNE.

Au reste, si on a beaucoup d'observations pour prouver que le terroir influe sur la saveur des diverses parties des plantes, sur-tout des fruits et des racines, on manque d'expériences suffisamment précises pour se former une idée des causes de cette influence, du mode de leur action, et des moyens d'action que les cultivateurs peuvent avoir pour les contre-balancer. *Voyez* TERRE, TERREAU et VÉGÉTATION.

TERTRE. La terre d'un fossé rejetée du côté des champs est ainsi appelée dans le département de la Haute-Garonne.

TERTRE. Petite colline isolée au milieu d'une plaine.

On élève souvent des tertres artificiels dans les jardins paysagers, soit pour les planter en bois, soit pour bâtir à leur sommet des fabriques de diverses sortes, soit enfin seulement pour se procurer une vue plus étendue. Peu nombreux et convenablement placés, ils ajoutent beaucoup aux agrémens de ces sortes de jardins. Quelquefois on les élève sur des voûtes régulières ou irrégulières qui singent des grottes.

TESSON. Synonyme de cochon dans le département de Lot-et-Garonne.

TEST. C'est l'enveloppe des graines. Elle est ordinairement lisse, quelquefois osseuse ou pierreuse, rarement membraneuse. *Voyez* GRAINE. (B.)

TESTICULES. Parties externes de la génération dans le mâle. Les testicules sont deux corps de figure oblongue, légèrement aplatis du côté où ils s'adossent l'un à l'autre. Ils sont situés entre les jambes de derrière, à la partie inférieure et postérieure de l'abdomen, en avant des os pubis ; ils sont suspendus par un ligament composé de vaisseaux sanguins et nerveux, qu'on nomme *cordon spermatique*, qui sort de l'abdomen à travers un espace formé par le tendon du muscle grand oblique du bas-ventre, qu'on appelle pour cela *anneau du grand oblique* ; ils sont enveloppés extérieurement par la peau, qui, en cet endroit, prend le nom de *scrotum*. On remarque à cette partie, une ligne ou espèce de couture, qu'on nomme *raphé*, qui règne entre les testicules.

Leur volume n'est pas constamment le même dans toutes les races de chevaux. Nous ne dirons rien ici des inductions qu'ont prétendu en tirer certains auteurs ; mais nous dirons seulement qu'ils sont plus volumineux, et qu'ils pendent plus bas dans les chevaux espagnols que dans ceux des autres races.

Dans le taureau et dans le bélier ils descendent quelquefois très bas.

Les testicules sont sujets à plusieurs maladies, au pneumatocèle, qui est un amas d'air entre les membranes qui le recouvrent ; à l'hydrocèle, qui est une sorte d'hydropisie dans ces parties, et au sarcocèle, qui est l'épaississement des membranes dont nous venons de parler. Dans cette dernière maladie le testicule est quelquefois intact, d'autres fois il est adhérent. Dans l'hydrocèle il est toujours plus ou moins flétri et diminué de volume, attendu l'espèce de macération qu'il éprouve. Dans le pneumatocèle, il est presque toujours intact. *Voyez* HYDROCÈLE et SARCOCÈLE. (DES.)

TÉTANOS. (MÉDECINE VÉTÉRINAIRE.) Le tétanos est une maladie nerveuse, un spasme, qui est quelquefois général et quelquefois partiel ; dans le cheval il affecte plus particulièrement l'avant-main ; lorsqu'il attaque l'arrière-main en même temps l'animal ne peut se mouvoir qu'avec beaucoup de difficulté.

Dans cette maladie les muscles de l'encolure et les jambes sont roides, le cheval porte la tête en avant, le bout du nez tendu, comme s'il portoit au vent ; les mâchoires sont serrées, les yeux brillans, la membrane clignotante, et la caroncule lacrymale, que quelques personnes appellent *onglet*, recouvre par instans une partie de la cornée vers le grand angle de l'œil. Ces deux derniers symptômes caractérisent particulièrement le tétanos ; ils servent à empêcher de le confondre avec la roideur et la tension générales qui ont lieu à la suite des exercices violens et des arrêts de transpiration.

Il est précédé et souvent accompagné de sueurs abondantes.

La piqûre ou la blessure des nerfs, des tendons, des aponévroses ; le séjour dans les plaies de corps étrangers, qui, par leur présence, peuvent irriter quelques nerfs; l'impression de l'air ou du froid sur les plaies, en occasionnant le refoulement de l'humeur supurée, ou en irritant les houpes nerveuses dont elles sont garnies, donnent le tétanos. Il se déclare assez fréquemment à la suite de la castration.

L'ouverture des cadavres fournit peu d'indications pour le traitement de cette maladie, qui est presque toujours mortelle.

La difficulté d'employer les bains pour les gros animaux, et la dépense qu'occasionneroit, pour tenter une cure incertaine, l'administration des médicamens à des doses convenables pour en obtenir des effets marqués, rendent le traitement de cette maladie impraticable dans la plupart des cas. Si le tétanos est dû à la blessure ou à la piqûre d'un tendon, et que ce tendon ne soit dilacéré ou déchiré qu'en partie, on fait quelquefois cesser les accidens en le coupant complètement ; mais on sent bien que si cette section pouvoit nuire aux différens mouvemens de l'animal, et le rendre de nulle valeur pour le service, on ne devroit pas la faire. S'il est causé par la présence d'un corps étranger, l'extraction de ce corps devra être faite le plus tôt possible ; elle est assez ordinairement suivie de succès. Cependant lorsque tout le système nerveux a été pris, on ne parvient pas toujours à calmer l'irritation et à obtenir des résultats heureux.

La saignée produit un bien qui n'est quelquefois que momentané, et elle ne peut pas être pratiquée dans toutes les circonstances.

Les bains généraux sont une ressource dont la médecine vétérinaire se trouve privée par rapport au volume des animaux ; les bains de vapeurs par lesquels on les remplace ne peuvent les suppléer qu'imparfaitement. L'administration des breuvages est impossible, le resserrement des mâchoires s'y oppose ; il faut donc se borner à l'application des sétons, qu'on place aux fesses, à l'encolure et au poitrail, et à l'usage des opiats et des lavemens antispasmodiques.

On mettra dans chaque lavement un gramme ou (dix-huit grains) d'opium ; on aura soin de faire précéder ce lavement médicamenteux d'un lavement simple, et de fouiller l'animal pour vider le rectum avant que de le donner ; on devra ne pousser que légèrement, ou ne donner que la moitié du lavement, si on sent de la résistance ; il importe que l'animal le garde le plus possible.

On mettra aussi en usage les injections d'eau blanche nitrée, faites dans la bouche, et répétées le plus souvent possible.

Les opiats seront faits avec quatre grammes (un gros) d'opium dissous dans le vinaigre, et mêlé avec un quart de kilogramme (demi-livre) de miel. (Des.)

TÊTARD. Arbre dont on a coupé la tige à une certaine hauteur, et dont on laisse croître les repousses supérieures pour les couper de nouveau au bout de quelques années.

Il est des pays où on voit beaucoup de têtards d'orme, de frêne, de chêne, etc.; il en est d'autres où il n'y en a que de saules, qui est l'arbre le plus généralement cultivé dans cette disposition. *Voyez* Saule.

La question de savoir s'il convient de tenir les arbres en têtards ou de les laisser monter, ou de les couper rez terre, a été l'objet de longues discussions, dans lesquelles, à mon avis, on n'a pas assez distingué la nature du terrain, l'espèce des arbres, l'objet de la culture et autres circonstances.

Les cultivateurs qui veulent avoir sur le même local des pâturages et du bois de chauffage trouvent que les têtards, dont on coupe les pousses tous les cinq, dix et même quinze ans, et sous l'ombrage desquels il croît une herbe, sinon excellente, au moins suffisante pour entretenir en bon état leurs vaches et leurs moutons, sont très avantageux. Toutes les montagnes de la Biscaye sont ainsi plantées de têtards de chêne, de châtaigniers et autres espèces, des dépouilles desquels on fait le charbon qui alimente les nombreuses forges de cette contrée. Toute personne qui, comme moi, aura traversé ces montagnes, ne pourra se refuser à proclamer, comme très avantageuse, la disposition des arbres en têtards.

Véritablement les têtards ne sont que des souches plus élevées que celles des forêts, qu'on coupe rez terre, ou entre deux terres (*voyez* Coupe); et ils n'ont sur ces dernières que l'inconvénient de pousser un peu plus foiblement, à raison de l'espace que la sève a à parcourir pour arriver aux branches, inconvénient qui est compensé par l'herbe qui croît au pied.

La distance à mettre entre les têtards doit être assez considérable pour qu'ils jouissent librement de l'influence de l'air et de la lumière, et elle doit être calculée sur l'utilité qu'on veut retirer du terrain où ils se trouvent, sur la nature de ce terrain, sur l'espèce de l'arbre, et sur le temps qu'on veut attendre avant d'en couper les pousses. Les saules qui sont plantés des deux côtés d'un ruisseau peuvent n'être écartés que de six pieds, parcequ'ils sont comme isolés; mais ceux qui sont en quinconce exigent deux fois cette distance pour prospérer. Les frênes, les chênes, les ormes, demandent à être encore plus séparés. Ce n'est pas l'arbre à trente, à cinquante ans qu'il faut considérer lorsqu'on plante dans l'intention d'en faire des têtards, mais l'arbre à cent, à deux cents ans.

Un objet d'utilité des têtards, auquel on ne les consacre pas assez généralement en France, c'est la coupe de leurs rameaux tous les deux ou trois ans, dans l'intervalle des deux sèves, pour en donner les feuilles, soit fraîches, soit sèches aux bestiaux, principalement aux BŒUFS, aux VACHES et aux MOUTONS. (*Voyez* ces mots.) Dans ce cas, il est toujours utile de laisser une ou deux branches pour amuser la sève pendant le reste de la saison, branches qu'on coupera en hiver, afin que la pousse du printemps soit uniforme.

La culture du Robinier, faux acacia, et encore plus du robinier sans épines offre, sous ce rapport, des avantages incalculables. *Voyez* ROBINIER.

Lorsqu'on coupe les branches des têtards on doit faire attention de ne pas éclater leur tronçon, parcequ'avec cette précaution on retarde la carie du tronc, carie qui a presque toujours lieu dans les saules et autres bois blancs, mais qui ne se montre souvent pas après un siècle dans les chênes et autres bois durs. Ce n'est pas rez tronc qu'on coupera ces branches, mais à deux ou trois pouces au moins. Cette méthode élève l'arbre d'autant à chaque coupe, mais elle favorise singulièrement la repousse qui est moins incertaine et plus facile sur le jeune bois que sur le vieux.

Le tronc des têtards, quand il n'est pas carié, peut, lorsqu'on veut l'arracher, donner du bois de charpente, ou des planches courtes, mais qui trouvent leur emploi. Il est quelques espèces d'arbres, comme le BUIS, le FRÊNE, l'ORME et l'ÉRABLE SYCOMORE, dont la tête fournit un BROUSSIN (*voyez* ces mots), fort recherché dans l'art de l'ébénisterie, et qui se paye souvent fort cher. Quant aux troncs qui sont cariés, ils servent à faire du bois de chauffage.

On peut presque toujours placer des têtards dans les haies, lorsqu'on les écarte de vingt à trente pieds, et ce sans qu'ils nuisent à la croissance de la haie et aux récoltes des champs voisins. (*Voyez* HAIE.) Il est à désirer qu'on les y multiplie de plus en plus pour couvrir le déficit de bois qu'on remarque dans la plus grande partie de la France ; qu'on imite certains cantons, où toutes les fermes et autres habitations rurales en possèdent un certain nombre, dont la dépouille suffit aux besoins ordinaires de leurs habitans. (B.)

TÊTE. Toutes les plantes dont une partie offre un gros volume sur une tige grêle s'appellent en tête. On dit une tête de choux, une tête d'ail.

Les fleurs en tête sont celles qui sont réunies en grand nombre autour d'un centre, au sommet de la tige ; celles de l'oignon, par exemple.

TÊTE DE SAULE. On appelle ainsi des réunions de branches irrégulières, ordinairement courtes et minces, qui naissent d'un même point et se disposent en boule. On en voit sur tous les arbres, mais particulièrement sur les arbres fruitiers, et encore plus particulièrement sur ceux soumis à la taille.

Toujours les têtes de saule annoncent un vice d'organisation dans une branche, ou un affoiblissement dans les racines, ou une mauvaise taille. Ces deux derniers cas sont les plus communs. Jamais il ne s'en trouve sur les arbres taillés lorsqu'ils sont bien conduits. Les arbres en plein vent, qui offrent beaucoup de têtes de saule, doivent être RAJEUNIS. (*Voyez* ce mot.) Ceux en espalier, en contr'espalier, en buisson, etc., demandent à être rapprochés et mis entre les mains d'un jardinier habile.

Presque toujours, quand on se contente de couper les branches de ces têtes de saule, elles repoussent en plus grand nombre.

Il est de fait que les têtes de saule épuisent beaucoup les arbres, puisque ceux qui en offrent ne portent presque pas de fruits.

Lorsqu'on greffe une espèce très grande sur une espèce qui l'est peu, par exemple, le SORBIER DE LAPONIE sur L'ÉPINE (*voyez* ces mots), il se produit une espèce de tête de saule, parceque les racines du sujet ne peuvent pas fournir assez de nourriture aux branches produites par la greffe.

TÉTRADYNAMIE. Quinzième classe des plantes dans le système de Linnæus, classe dont les caractères consistent à avoir quatre pétales disposés en croix, six étamines, dont deux plus courtes, et une SILIQUE pour fruit.

Cette classe, qui est fort naturelle, renferme les plantes de la famille des CRUCIFÈRES. *Voyez* ce mot.

THALICTRON. Nom vulgaire du SISYMBRE SOPHIE.

THAPSIE, *Tapsia*. Genre de plantes de la pentandrie digynie et de la famille des ombellifères, qui réunit cinq ou six espèces, dont une croît dans les parties méridionales de la France, et fournit des remèdes à la médecine.

La THAPSIE VELUE a les racines vivaces; les tiges cylindriques, cannelées, rameuses, velues, hautes de cinq à six pieds; les feuilles grandes, alternes, deux fois ailées, à folioles dentées, velues et réunies par leurs bases; les fleurs jaunâtres et disposées en ombelle fort ample. Elle croît sur les bords de la Méditerranée, et fleurit au milieu de l'été. C'est une fort belle plante. Sa racine est fortement purgative et s'emploie quelquefois en médecine sous le nom de *faux thurbith*. Ses feuilles sont résolutives. (B.)

THÉ, *Thea*, Lin. Arbrisseau de la Chine et du Japon, qui appartient à la famille des ORANGERS, et qui est célèbre par le débit immense qu'on fait de sa feuille exportée dans tous les pays, et avec laquelle non seulement les peuples de l'Asie, mais ceux du nord de l'Amérique et de l'Europe, les Anglais sur-tout, composent, à l'imitation des Chinois, une boisson agréable. Cette feuille porte dans le commerce le même nom que la plante.

Le thé croît spontanément au Japon et à la Chine, et il y est cultivé avec beaucoup de soin. Les Chinois le nomment *theh*, et les Japonais *tsiaa*. Il est toujours vert, et se plaît dans les plaines basses et sur les collines et les revers de montagnes qui jouissent d'une température douce. Les terres sablonneuses et trop grasses ne lui conviennent pas. On pourroit peut-être le naturaliser en Europe, car on en cultive beaucoup dans des provinces de la Chine, où il fait aussi froid qu'à Paris. Ainsi ce n'est point le froid, mais quelque autre raison qui, jusqu'à présent, a empêché cette précieuse plante de réussir dans nos climats. On soupçonne que les Chinois trompent à cet égard les Européens en leur vendant des graines de camélie pour des graines de thé avec lesquelles les premières ont la plus grande ressemblance : il est vraisemblable aussi que la difficulté de faire germer en Europe les graines de thé vient de ce qu'étant sujettes à rancir promptement, elles demandent, pour lever, à être mises en terre presque aussitôt qu'elles ont été cueillies. M. Fougeroux, dans un mémoire sur cet arbrisseau, que nous engageons le lecteur à consulter, dit que les Anglais sont parvenus à le multiplier chez eux, et le moyen qui leur a le mieux réussi pour en assurer le transport a été de mettre ses graines dans du sable humide contenu dans une caisse, et arrosé avec soin pendant la traversée. On le cultive chez eux en espalier, et on l'y multiplie par le moyen des marcottes. Dans le petit nombre d'individus que possède le muséum impérial, deux pieds ont fleuri abondamment en l'an 11.

Linnée sachant que le nombre des pétales dans la fleur de thé est sujet à varier, et que la forme de ses feuilles varie aussi, a cru devoir distinguer deux espèces de thé ; savoir, le thé-vert (*thea viridis*, Lin.), et le thé-bou (*thea bohea*, Lin.) ; mais plusieurs botanistes, entre autres Lettsom et M. Desfontaines, pensent avec raison que celui-ci est une variété du thé-vert. Thunberg et Kœmpfer, qui ont voyagé au Japon, ne parlent que d'une espèce de thé. C'est depuis Kœmpfer que cet arbrisseau a été mieux connu en Europe. Cet auteur l'a désigné par cette phrase : *Thea frutex, folio cerasi, flore rosæ sylvestris, fructu unicocco, bicocco et ut plurimùm tricocco*. Il en a donné une description fort étendue, accompagnée de détails intéressans sur sa culture, sur la récolte de sa feuille, et sur la manière dont les Japonais le préparent et en font usage. Ce qui suit est extrait presque entièrement des ouvrages de ce voyageur naturaliste.

Le thé croît lentement ; il n'a acquis toute sa croissance qu'à l'âge de six ou sept ans ; il est alors élevé d'environ quatre à cinq pieds, quelquefois davantage. Sa racine est noire, traçante et rameuse. Sa tige se divise en plusieurs branches irrégulières ; elle est revêtue d'une écorce mince, sèche et de couleur de châtaigne ; l'écorce de l'extrémité des rejetons est verdâtre. Le bois est un peu dur, et la moelle qu'il contient en petite quantité y adhère fortement. Les rameaux sont garnis de feuilles très nombreuses, qui, après leur entier développement, ressemblent pour la substance, la figure, la couleur et la grandeur, à celles du griottier des vergers ; mais dans leur jeunesse, et lorsqu'on les cueille encore tendres pour en faire usage, elles ont plus de rapport avec celles du fusain commun, si l'on excepte la couleur. Leur forme est communément ovale, allongée ou elliptique, et leur surface d'un vert un peu luisant ; elles sont entières vers la base, dentées en scie dans le reste de leur longueur ; portées sur des pétioles demi-cylindriques, et courts, et disposées alternativement. Les bourgeons sont aigus et accompagnés d'une écaille qui se détache et tombe quand ils commencent à se développer.

Aux aisselles des feuilles naissent les fleurs, tantôt solitaires, tantôt réunies deux à deux, et portées sur des pédoncules courts et épais. Elles ont un diamètre d'un à deux pouces ; leur odeur est foible ; leur couleur blanche ; et pour la forme elles ressemblent assez aux fleurs des roses sauvages. Leur calice est petit et découpé en cinq ou six segmens ; il ne tombe point, mais subsiste jusqu'à la maturité du fruit. La corolle est composée le plus communément de six pétales arrondis et ouverts, dont les deux extérieurs sont plus petits et inégaux ; quelquefois elle a neuf pétales. Les étamines sont attachées sous l'ovaire et très nombreuses. Kœmpfer en a compté jusqu'à deux cent trente ayant chacune un filet délié plus court que la corolle, et une anthère jaunâtre et à deux loges. Le style est unique et placé au centre des étamines ; il est partagé en trois stigmates filiformes, et il pose sur un germe d'une forme triangulaire, arrondie, lequel, après sa fécondation, devient une capsule coriace, tantôt simplement sphérique, tantôt formée de deux et plus souvent de trois coques adhérentes, et dans chacune desquelles se trouve une espèce de noix ronde et anguleuse, renfermant une amande qui donne de l'huile.

Cette noix a à peu près la grosseur d'une aveline ; elle est revêtue d'une peau mince, luisante, un peu dure, et de couleur marron ; sa saveur est amère et désagréable, elle excite la salivation et cause même des nausées.

I. CULTURE ET RÉCOLTE DU THÉ.

Voici comment on cultive le thé au Japon. Les habitans de ce pays ne destinent point à cette culture des champs et des jardins entiers, mais ils font venir cet arbrisseau autour des haies et des bords de leurs champs sans avoir égard à la qualité du sol. Les graines sont semées avec leurs capsules. On creuse de distance en distance des trous de quatre à cinq pouces de profondeur, dans chacun desquels on en met six au moins et douze au plus. Ce nombre est nécessaire, parceque ces graines deviennent rances en peu de temps ; il n'en germe souvent qu'une sur quatre ou cinq. A mesure que le jeune arbuste s'élève, quelques cultivateurs engraissent le sol ; ils y mettent tous les ans de la fiente humaine mêlée de terre, ce que d'autres négligent de faire. Cependant le terroir doit être au moins fumé quand l'arbrisseau approche de trois ans, et avant que les feuilles soient propres à être cueillies ; car à cet âge il les porte bonnes, et il en a une grande quantité. A six ou sept ans le thé a la hauteur d'un homme ; mais comme alors il commence à donner moins de feuilles, on est dans l'usage de rajeunir les pieds ; on coupe à cet effet le tronc, et l'année suivante il sort de la tige une quantité de rejetons et de jeunes branches qui fournissent une ample récolte. Quelques personnes retardent cette coupe, et laissent croître l'arbrisseau pendant dix ans.

Lorsque le temps de cueillir les feuilles est arrivé, ceux qui ont un grand nombre de pieds de thé louent des ouvriers à la journée exercés à cette récolte ; car les feuilles ne doivent pas être arrachées en touffes, mais détachées une à une avec soin. Un homme peut en ramasser dix à douze livres par jour. Plus on tarde et plus la récolte est forte ; mais on n'obtient la quantité qu'aux dépens de la qualité, parceque le meilleur thé se fait avec les plus petites feuilles et les plus jeunes ; cependant on ne les cueille pas tout à la fois, mais on en fait communément trois récoltes à trois époques différentes. La première a lieu à la fin de février ou au commencement de mars. L'arbrisseau ne porte alors que peu de feuilles à peine développées, et n'ayant guère plus de deux ou trois jours de crue ; elles sont petites, tendres, gluantes, et réputées les meilleures de toutes ; aussi les réserve-t-on pour l'empereur et les grands de sa cour. Elles portent par cette raison le nom de *thé impérial*. On les appelle aussi quelquefois la *fleur du thé*. C'est sans doute cette dernière dénomination qui a donné lieu à l'erreur de quelques auteurs, qui prétendent que les fleurs de cet arbrisseau sont ramassées par les Japonais, et qu'ils s'en servent de la même manière que les feuilles. Kœmpfer, qui s'est exactement informé de cela dans le pays, assure le contraire. Les fleurs de thé, dit-il, piquent vivement la langue ; elles ne peuvent être prises ni en infusion ni autrement.

La seconde récolte, qui est la première pour ceux qui n'en font que deux par an, commence à la fin de mars ou dans les premiers jours d'avril. Les feuilles alors sont beaucoup plus grandes et n'ont pas perdu de leur saveur. Quelques unes sont parvenues à leur perfection, d'autres ne sont qu'à moitié venues : on les cueille indifféremment ; mais dans la suite, avant de leur donner la préparation ordinaire, on les range dans diverses classes, selon leur grandeur et leur bonté. Les feuilles de cette récolte, qui n'ont pas encore toute leur crue, approchent, pour la qualité, de celles de la première, et on les vend sur le même pied ; c'est par cette raison qu'on les trie avec soin et qu'on les sépare des plus grandes et des plus grossières.

Enfin la troisième récolte, qui est la dernière et la plus abondante, se fait un mois après la seconde, et lorsque les feuilles ont acquis toute leur dimension et leur épaisseur. Quelques personnes négligent les deux premières, et s'en tiennent uniquement à celle-ci. Les feuilles qu'elle fournit sont pareillement triées ; on en compte trois classes, que les Japonais appellent *itzeban, niban*, et *sanban*, c'est-à-dire la première, la seconde et la troisième : celle-ci comprend les feuilles les plus grossières, qui ont deux mois entiers de crue, et qui composent le thé que le petit peuple boit ordinairement.

Les feuilles des jeunes arbrisseaux sont meilleures que celles des vieux ; elles varient aussi suivant les provinces dont le sol leur communique plus ou moins de goût ou de parfum. Kœmpfer prétend que le thé-bou des Chinois, c'est-à-dire le véritable et le bon, qui est rare et cher dans le pays même, correspond pour la qualité et le prix au thé impérial des Japonais ; il se compose comme celui-ci des plus jeunes feuilles, qu'on cueille les premières. Ainsi, dans l'un et l'autre empire, c'est particulièrement sur l'âge des feuilles qu'est établie la distinction des trois principales sortes de thé. Celui de première qualité, après avoir été préparé, est appelé au Japon, *ficki tsjaa*, c'est-à-dire *thé moulu*, parcequ'il est réduit en une poudre que l'on hume dans de l'eau chaude ; on le nomme aussi *udsi tsjaa* et *tacke sacki tsjaa*, du nom de quelques endroits particuliers où il croît. On le regarde comme supérieur aux autres à cause de la bonté du sol de ces lieux, et parceque les feuilles sont toujours cueillies sur des arbrisseaux de trois ans. Le thé de seconde qualité s'appelle *too tsjaa*, c'est-à-dire *thé chinois*, parcequ'on le prépare à la manière de ce peuple. Ceux qui tiennent des cabarets à thé, ou qui le vendent en feuilles, subdivisent cette classe en quatre autres, qui diffèrent en bonté et en prix ; et c'est à la troisième de ces quatre classes qu'appartient la plus grande quantité du thé qui est apporté en Europe. On doit observer que les feuilles, pendant tout le temps qu'elles restent attachées à l'arbrisseau, sont sujettes à des changemens prompts et fréquens relativement à leur grandeur et à leur bonté ; de sorte que si on néglige le temps propre à les cueillir, elles peuvent, dans une seule nuit, perdre beaucoup de leur qualité. La troisième principale sorte de thé se nomme *ban tsjaa* ; elle est composée de feuilles de la dernière récolte, qui sont devenues trop fortes et trop grossières pour être préparées à la manière des Chinois, c'est-à-dire séchées sur des poêles et frisées. Ces feuilles sont destinées à l'usage du vulgaire, aux artisans et paysans, qui les préparent n'importe de quelle manière : elles conservent les vertus de la plante plus long-temps que les feuilles des classes précédentes ; celles-ci ne pourroient rester quelque temps exposées à l'air sans perdre une partie de leurs principes volatils.

Le thé qu'on regarde au Japon comme le meilleur se récolte aux environs d'Udsi, petite ville située entre le voisinage de la mer et Méaco, lieu de la résidence de l'empereur ecclésiastique. Le climat de ce canton semble plus propre qu'aucun autre à la culture de l'arbrisseau du thé ; tout celui dont on fait usage à la cour de l'empereur et dans la famille impériale est cueilli sur une montagne proche de cette ville, et qui porte le même nom. Le principal pourvoyeur de la cour pour le thé a une inspection directe sur ce lieu ; il y envoie ses commis pour veiller à la culture de l'arbrisseau, à la récolte et à la préparation des feuilles. Cette montagne est entourée d'un fossé profond pour empêcher les hommes et les bêtes d'y entrer. Les arbrisseaux sont plantés en allées qu'on balaie et nettoie chaque jour. Deux ou trois semaines avant le moment de la récolte les ouvriers chargés de la faire doivent s'abstenir de manger du poisson et de certaines viandes, afin que leur haleine ne puisse porter aucun préjudice aux feuilles. Tant que la récolte dure ils doivent se laver deux ou trois fois par jour dans un bain chaud ou dans une rivière ; on ne leur permet pas même de toucher les feuilles avec les mains nues, ils sont obligés de les cueillir avec des gants. Les feuilles étant ramassées et préparées comme il sera dit tout à l'heure sont mises dans des sacs de papier, et ces sacs dans des pots de terre ou de porcelaine, qu'on achève de remplir avec du thé commun. Le tout est bien empaqueté, et envoyé à la cour sous bonne et sûre escorte.

II. PRÉPARATION ET CONSERVATION DES FEUILLES DE THÉ.

Il y a à la Chine et au Japon plusieurs manières de préparer les feuilles de thé. Voici la préparation qu'elles reçoivent communément : aussitôt qu'elles sont cueillies on les fait sécher ou rôtir sur le feu dans une platine de fer, et lorsqu'elles sont chaudes on les roule avec la paume de la main sur une natte jusqu'à ce qu'elles deviennent comme frisées. Par cette opération elles sont dépouillées de leur eau surabondante et rendues plus propres à l'usage des hommes ; elles tiennent moins de volume et sont plus aisées à conserver. Il y a des maisons publiques destinées à cette préparation du thé ; on les nomme *tsiasi* ; chacun peut y porter ses feuilles pour les faire rôtir. Il est essentiel qu'elles soient torréfiées le même jour qu'on les cueille ; si on les gardoit seulement une nuit elles noirciroient et perdroient beaucoup de leur vertu. On a soin de n'en pas mettre trop ensemble en les cueillant, et de ne pas les laisser en monceau et trop long-temps les unes sur les autres de peur qu'elles ne s'échauffent. Le rôtisseur en jette à la fois quelques livres sur une platine, sous laquelle est un feu modéré. Pour les torréfier également il les remue sans cesse avec les deux mains, et dès qu'elles sont devenues si chaudes qu'il a de la peine à les manier plus long-temps, il les retire avec une espèce de pelle élargie en forme d'éventail, et il les répand sur la natte pour y être roulées. Ceux qui sont chargés de les rouler en mettent chacun une légère poignée devant eux pendant qu'elles sont chaudes, et les roulent promptement avec les paumes de leurs deux mains et de la même manière, afin qu'elles soient également frisées. Dans cette opération il suinte des pores des feuilles un jus jaune et verdâtre, qui est fort âpre, et qui brûle les mains jusqu'à un degré presque insupportable. Malgré cette douleur on continue à les rouler jusqu'à ce qu'elles soient refroidies, et on fait du vent sur elles pour hâter leur refroidissement.

Dès que les feuilles sont froides on les donne au rôtisseur, qui est le principal directeur de l'ouvrage, et qui en attendant en rôtit d'autres. Il les remet sur la platine et les rôtit une seconde fois, jusqu'à ce qu'elles aient perdu tout leur jus. Dans le second apprêt, il ne les remue pas vite et à la hâte comme dans le premier, mais lentement et avec attention, de peur d'en gâter la frisure, ce qui arrive pourtant en partie, plusieurs feuilles s'ouvrant et se déployant malgré tous ses soins. Après qu'il les a ainsi torréfiées une seconde fois, il les donne encore à rouler de nouveau. Si elles se trouvent alors entièrement sèches, on les met à part pour l'usage, sinon on les rôtit une troisième fois. Dans le cours de cette manipulation, on doit diminuer insensiblement la force du feu ; si on négligeoit cette précaution, les feuilles seroient infailliblement brûlées et deviendroient noires ; au lieu qu'en graduant la chaleur, on leur conserve une couleur verte, agréable et vive ; pour cela, on lave aussi la platine à chaque apprêt et avec de l'eau chaude, pour en chasser le suc sorti des feuilles déjà rôties, lequel s'y attache et pourroit gâter et salir celles qu'on y remet. Il y a des gens délicats et adroits qui répètent l'action de rôtir et de rouler jusqu'à cinq fois, même jusqu'à sept si le temps ne leur manque pas.

Les feuilles ayant été rôties et frisées, on les jette sur le plancher qui est couvert d'une natte, et on en fait le triage selon leur grandeur et leur bonté. Celles du *thé fiki* doivent être rôties à un plus grand degré de sécheresse, pour être ensuite moulues et réduites en poudre plus aisément.

Quelquefois les feuilles de thé, fort jeunes et tendres, sont mises dans l'eau chaude, ensuite sur un papier épais, puis séchées sur les charbons, sans être roulées du tout, à cause de leur extrême petitesse. Les gens de la campagne ont une méthode plus sûre et y font moins de façon ; ils torréfient leurs feuilles dans des vases de terre sans beaucoup de précaution ; leur thé n'en est pas pour cela plus mauvais, et comme il leur coûte moins de frais et de peines, ils peuvent le vendre à meilleur marché. Ils le conservent dans des barils de paille qu'ils suspendent aux lambris de leurs maisons.

Le thé, après avoir été gardé pendant quelques mois, doit être tiré des vases où on le tient, et torréfié encore sur un feu très doux, afin qu'il puisse perdre entièrement toute l'humidité qu'il peut contenir, soit qu'il l'ait retenue après la première préparation, ou qu'il l'ait attirée pendant la saison pluvieuse ; après cela il devient enfin marchand, et peut être conservé fort long-temps sans se gâter. Mais on doit le garantir avec soin de l'air ; car l'air, sur-tout quand il est chaud, en dissipe les parties volatiles qui sont extrèmement subtiles. Kœmpfer croit que celui qui nous est apporté en est privé en grande partie, car il n'a jamais pu, dit-il, trouver ce goût agréable et cette vertu modérément rafraîchissante, qu'il a à un degré éminent dans le pays où il croît. Les Chinois le mettent dans des boîtes d'étain grossier, et quand ces boîtes sont fort grandes, elles sont enfermées dans des étuis de sapin, dont on bouche soigneusement les fentes avec du papier en dehors et en dedans. Il est envoyé de cette manière dans les pays étrangers. Selon Macartney, en Chine on entasse le thé et on le foule aux pieds dans de grandes caisses de bois doublées de lames de plomb.

« On parfume le thé, dit M. Desfontaines (*Mémoire sur le thé, inséré dans les Annales du Muséum*), avec les fleurs d'une espèce d'armoise, avec celles de l'olivier odorant, du camélie sérangua, du jasmin d'Arabie, du curcuma ou safran des Indes, etc.

« Quelques auteurs, dit-il, ont avancé qu'on torréfioit le thé sur des plaques de cuivre, et que sa couleur étoit due particulièrement au vert-de-gris. Mais Kœmpfer assure positivement qu'on le torréfie sur des plaques de fer ; Macartney l'assure aussi ; et Lettsom (consultez ses *Observations sur le thé*, publiées à Londres en 1799) n'a jamais pu y découvrir un atome de substance cuivreuse, quelques tentatives qu'il ait faites sur un grand nombre d'espèces de thé ; de manière que cette imputation est dénuée de fondement. »

Les Japonais tiennent leur provision de thé commun dans de grands pots de terre dont l'ouverture est étroite. La meilleure espèce de thé, c'est-à-dire celle dont l'empereur et les grands de l'empire font usage, est conservée dans des pots ou vases de porcelaine, et particulièrement dans ceux qu'on appelle *maatsubo*, remarquables à cause de leur antiquité et de leur grand prix.

Le *bantsjaa*, ou thé grossier, de la troisième et dernière récolte, n'est pas aussi sujet à être éventé que les thés de qualité supérieure ; car, quoiqu'il ait peu de vertu en comparaison de ceux-ci, il retient mieux celle qu'il a, par cette raison il n'est pas nécessaire de le garantir de l'air d'une manière si recherchée.

III. HISTOIRE, USAGE ET PROPRIÉTÉS DU THÉ.

Le thé est la boisson favorite des Chinois comme des Japonais. Les Chinois l'appellent *theca*. Ils en boivent du matin au soir, car il est rare qu'ils boivent de l'eau froide et pure. Ils ne prennent que très peu de thé à la fois, sans mélange de lait, ni de sirop, ni d'aucune autre liqueur, mais seulement avec un petit morceau de sucre candi qu'ils tiennent dans la bouche. On le prend de la même manière dans plusieurs villes du nord de l'Europe.

L'usage de cette boisson en Chine remonte à la plus haute antiquité ; il est général et répandu dans toutes les classes du peuple, ce qui prouve assez sans doute que le thé n'a point de qualités nuisibles, lorsqu'il est récolté et préparé convenablement.

Les Japonais, selon Kœmpfer, attribuent à cette plante une origine merveilleuse. Ils disent que Darma, prince indien très religieux, vint à la Chine en l'an 519 de l'ère chrétienne, pour y prêcher sa doctrine et sa religion , comme la seule vraie. Ce Darma menoit une vie très austère ; il s'exposoit à toutes les injures de l'air , ne vivoit que d'herbes , et passoit les jours et les nuits dans la contemplation de l'Être divin. Mais après des veilles continuées pendant plusieurs années , il fut enfin si accablé de fatigues et de jeûnes , qu'il ne put se dérober au sommeil. Le lendemain en se réveillant il crut avoir manqué à ses devoirs ; pour s'en punir et pour ne plus retomber dans la même faute il se coupa les paupières et les jeta à terre. Lorsqu'il retourna le jour suivant à l'endroit même où il avoit fait cette bizarre exécution , quel fut son étonnement lorsqu'il vit chacune de ses paupières changée , par une admirable métamorphose , en un arbrisseau inconnu jusqu'alors dans le pays , et qui étoit le *thé*. Darma en mangea des feuilles , et sentit tout à coup renaître en lui une gaieté extraordinaire et une force toute nouvelle pour continuer ses divines méditations. Il recommanda l'usage de cette feuille à ses disciples. C'est ainsi que la réputation du thé se répandit , et qu'on a continué depuis à en faire usage. Kœmpfer dit que ce saint est regardé avec beaucoup de vénération parmi les nations payennes de ces parties orientales du monde. Il en donne le portrait dans ses Aménités exotiques. On le représente ayant sous ses pieds un roseau , avec lequel, dit-on , il a traversé les mers et les rivières.

« Ce sont les Hollandais (Mémoire de M. Desfontaines, cité plus haut) qui les premiers ont introduit le thé en Europe. En 1641 , Tulpius , médecin célèbre , et consul d'Amsterdam , en loua les bonnes qualités ; on assure même qu'il le fit d'après l'invitation de la compagnie hollandaise des Indes , et qu'elle le récompensa , en lui donnant une somme d'argent considérable. En 1667 , Jonquet , médecin français , en fit pareillement l'éloge. En 1678 , Boutekoe , médecin de l'électeur de Brandebourg , qui jouissoit d'une grande réputation , en loua aussi beaucoup les vertus dans une Dissertation qu'il publia sur le café, le thé et le chocolat. Cet écrit eut du succès et ne contribua pas peu à en répandre l'usage, et avant la fin du dix-septième siècle la consommation en devint très considérable. Depuis ce temps, elle a encore beaucoup augmenté. D'après le tableau imprimé dans l'ouvrage de Lettsom , la quantité de thé exportée de Chine en Europe, depuis 1776 jusqu'en 1794 , a été annuellement de quinze , vingt , vingt-cinq , vingt-neuf et même trente-six millions pesant, consommation énorme pour laquelle l'Europe paye tous les ans une somme considérable , dont elle pourroit sans doute s'affranchir. »

M. Desfontaines a raison ; mais, pour s'affranchir de ce tribut payé à l'Asie , il faudroit renoncer pour ainsi dire au thé , ce qui est aujourd'hui impossible. Cette feuille , ainsi que celle du tabac, présente un exemple frappant de l'empire de l'habitude sur les hommes. Avant la conquête du Nouveau-Monde , et la découverte d'un passage aux Indes par le cap de Bonne Espérance, les Européens ne prenoient ni thé , ni tabac ; aujourd'hui ils ne peuvent s'en passer. Depuis deux siècles, que de flottes équipées , que d'argent et d'hommes sacrifiés pour aller chercher dans l'une et l'autre Inde ces productions végétales, dont la possession et l'usage n'ont point accru le bonheur des peuples qui s'en sont fait un besoin ! Le goût des Européens pour les choses de l'Inde est digne d'observation. Que le Caraïbe et le Mexicain respirent par la bouche ou le nez la fumée de leur tabac, on le conçoit. Cette plante est un présent que la nature leur a fait ; elle croît auprès d'eux ; ils n'ont qu'à la cueillir. Par la même raison , on ne doit point s'étonner que les habitans de Pékin et d'Udsi s'abreuvent toute la journée de thé ; l'arbrisseau qui leur fournit cette liqueur est naturel à leur pays. Mais qu'un peuple éloigné de cinq à six mille lieues de la Chine et du Japon aille y chercher l'une de ses boissons favorites ; que non content de boire son excellente bière et de tous les vins que son commerce lui procure , il mette encore une grande jouissance à prendre chaque jour vingt tasses de thé , voilà ce qui paroît bizarre et singulier. Parmi les boissons variées dont les Anglais font une si grande consommation , celle-ci semble tenir le premier rang. Cette nation seule consomme peut-être plus de thé que tout le reste de l'Europe; elle attache même une si grande importance à son usage, que la première politesse faite chez elle aux étrangers est une invitation à venir prendre du thé.

Après les Anglais, c'est , en Europe, la Flandre, la Hollande et l'Allemagne qui , avec tous les peuples des bords de la Baltique, dépensent le plus en thé. Les Anglo-Américains, qui ont toutes les habitudes des Anglais, en boivent comme eux journellement. Il n'est point dans leur pays , non seulement d'homme riche ou aisé , mais de petit fermier , de garçon laboureur et même d'esclave , qui , à ses repas du matin et du soir , ne se régale de thé, bon ou mauvais. Les heureux habitans de ces contrées ne conçoivent pas comment on peut ne pas aimer cette espèce de teinture ; ils la prisent tant, qu'ils ont toujours voulu que le commerce du thé chez eux fût affranchi de toutes entraves ; et c'est parceque le gouvernement britannique avoit livré ce commerce à une compagnie, et avoit imposé des taxes sur cette denrée dans ces colonies , qu'elles se sont insurgées. Ainsi on peut dire que c'est à une feuille d'arbre qu'est due l'indépendance de l'Amérique , dont les suites pour ce continent et pour le nôtre ne peuvent se calculer.

On prend le thé intérieurement, et le plus souvent en infusion. Les Européens ont adopté à cet égard la méthode des Chinois. Elle consiste à verser à diverses reprises de l'eau bouillante sur le thé, jusqu'à ce qu'on en ait retiré toute la teinture; ensuite on le jette, et on en met aussitôt de nouveau. La manière de le prendre des Japonais est différente. Ils broient les feuilles la veille du jour, ou le jour même qu'ils veulent s'en servir, et les réduisent en poudre subtile par le moyen d'une meule d'ophite; cette poudre est mêlée avec de l'eau chaude à la consistance d'une bouillie fort claire, qu'ils hument ensuite à petites reprises. Ce thé est appelé *koits jaa*, c'est-à-dire thé épais, pour le distinguer du thé clair, qui se fait seulement par infusion; et c'est celui-là que les gens riches et les grands au Japon boivent tous les jours. Il est servi de la manière suivante. La poudre enfermée dans une boîte, avec le reste de l'assortiment de la table à thé, est portée dans la chambre où la compagnie est assise. On remplit les tasses avec de l'eau chaude, et au moyen d'une petite cuiller fort propre, on tire de la boîte à thé, pour chaque tasse, autant de poudre qu'il en tiendroit sur la pointe d'un couteau ordinaire; elle est mêlée et agitée dans la tasse avec de petits pinceaux jusqu'à ce qu'elle écume, on la présente ainsi à boire toute chaude.

Il y a une troisième manière de préparer le thé, en le faisant bien bouillir, ce qui est plus qu'une simple infusion. C'est au Japon l'usage des gens de la campagne et du peuple, qui en boivent toute la journée. De bon matin, avant le lever du soleil, un des domestiques place un chaudron sur le feu, le remplit d'eau, et, que l'eau soit froide ou chaude, il y met deux, trois ou plusieurs poignées de thé bantsjaa, selon le nombre de personnes de la famille; en même temps il dispose dans le chaudron une corbeille qui s'y ajuste parfaitement, afin que les feuilles retenues au fond n'empêchent pas d'en puiser l'eau. Cette chaudière doit servir pendant le jour à la famille entière; chacun y va, quand il lui plaît, puiser avec un godet autant de décoction qu'il en veut. Quelquefois on ne se sert pas de corbeille, et on met alors le thé dans un sachet. Les feuilles du bantsjaa doivent bouillir ainsi, parceque leur vertu est plus fixe, et réside principalement dans les parties résineuses, qu'on n'en sauroit bien extraire par une simple infusion.

Au Japon, l'art de faire le thé et de le servir en compagnie s'appelle *isianosi*; il s'apprend comme plusieurs autres arts; il y a des gens qui font profession de l'enseigner aux enfans des deux sexes.

Les plus pauvres gens du peuple, particulièrement dans la

province de Nara, font bouillir quelquefois le riz, qui est leur nourriture la plus ordinaire, dans l'infusion ou la décoction du thé ; par ce moyen, disent-ils, il devient plus nourrissant.

Quand le thé est trop vieux, et tel qu'il ne vaut plus rien à boire, on s'en sert en Asie, dit Kœmpfer, pour teindre des étoffes de soie, auxquelles il donne une couleur brune ou de châtaigne : c'est pour cette raison qu'on envoie une grande quantité de ces feuilles, chaque année, de la Chine à Surate.

Suivant le même auteur, les feuilles de thé non desséchées sont d'une amertume désagréable ; elles ont quelque chose de narcotique qui trouble le cerveau, et leur infusion fait paroître comme ivres les personnes qui en ont bu. Cette mauvaise qualité leur est ôtée en grande partie par la torréfaction. Cependant il ne faut pas faire usage du thé dans l'année où il a été récolté ; il est alors, il est vrai, extrêmement agréable au goût ; mais si on en boit beaucoup il cause des pesanteurs de tête et des tremblemens dans les nerfs. Le meilleur thé, le plus délicat et celui qui possède la qualité de rafraîchir au degré le plus éminent, doit avoir au moins un an. On ne le boit jamais plus nouveau, sans y mêler une quantité égale du plus vieux. Cette boisson dégage les obstructions, purifie le sang, et entraine sur-tout la matière tartreuse qui cause les calculs et la goutte ; elle produit si bien cet effet, que parmi les buveurs de thé du Japon, Kœmpfer dit n'en avoir trouvé aucun qui fût attaqué de la goutte ou de la pierre. « Ceux-là se trompent beaucoup, ajoute-t-il, qui recommandent l'usage de la véronique à la place du thé, comme si c'étoient des plantes d'une égale vertu. Je ne crois pas qu'il y ait de plante connue dans le monde, dont l'infusion ou la décoction, prise en grande quantité, pèse si peu sur l'estomac que le thé, passe plus vite, rafraîchisse si agréablement les esprits abattus, et donne tant de gaieté à l'esprit. »

Ces éloges donnés au thé par Kœmpfer sont en partie mérités ; mais il ne faut pas croire que cette feuille possède les propriétés sans nombre que les Chinois ou les Japonais lui attribuent ; et quoique le thé soit en Chine et au Japon d'un usage journalier, il y a pourtant dans ces pays des hommes qui s'abstiennent d'en prendre, et des détracteurs même de cette feuille, qui ne lui reconnoissent d'autre mérite que de corriger la crudité de l'eau, et de servir à amuser des gens oisifs réunis dans un salon. Si les Japonais qui pensent ainsi voyageoient dans le nord de l'Europe, ou même en France, en y voyant nos femmes et nos jeunes gens s'empresser autour d'une table de thé, moins pour en boire que pour avoir occasion de faire briller, les unes leurs charmes, les autres leur esprit, ils regarderoient sans doute leur opinion sur le thé comme fondée et raisonnable, sur-tout s'ils apprenoient qu'outre les trois acceptions reçues qu'a ce mot *thé*, lequel exprime en même temps, la plante, la feuille et son infusion, nous avons jugé depuis peu convenable, de donner encore ce nom à certaines assemblées priées, où chacun se rend moins pour le plaisir de prendre du thé, qu'attiré par ceux de la bonne chère, de la musique et de la danse.

Voici ce que pense Vitet des propriétés du thé. « L'infusion de ses feuilles, dit-il (*Pharmacopée de Lyon*), augmente la force et la vélocité du pouls, accélère la digestion, constipe légèrement, ne calme point la soif, diminue plutôt l'expectoration qu'elle ne la favorise, excite quelquefois le cours des urines; elle rend plus vives et de plus longue durée les douleurs d'estomac et les coliques occasionnées par des matières bilieuses; elle porte préjudice aux sujets maigres, bilieux, sanguins; elle est indiquée dans les douleurs de tête ou d'estomac, par excès d'alimens; dans le dégoût, dans les maladies soporeuses, causées par des humeurs séreuses, ou pituiteuses; elle convient aux personnes sédentaires et replètes; à celles qui respirent un air humide et marécageux, comme la Hollande. »

Il y a beaucoup de sortes de thé dans le commerce, et peut-être un plus grand nombre de noms différens donnés à ces divers thés. Plusieurs auteurs en ont fait l'énumération; je pense qu'on peut s'en tenir pour le moment à celle que présente M. Desfontaines dans son Mémoire. « On distingue dans le commerce, dit ce savant professeur, huit sortes principales de thé, dont trois de *thé-vert* et trois de *thé-bou*; mais nous observerons que le thé-bou du commerce n'est pas le même auquel les Chinois ont donné ce nom.

« Les trois sortes de thé-vert sont, 1° le *thé impérial*, ou *fleur de thé*, ses feuilles ne sont pas roulées; elles sont d'un vert clair et d'un parfum agréable. 2° Le thé *haisven* ou *hysson*; il tire son nom d'un marchand indien qui l'apporta en Europe; ses feuilles sont petites et roulées fortement; elles ont une couleur verte tirant sur le bleu. 3° Le thé *singlo* ou *songlo*, qui, comme plusieurs autres, a tiré son nom du lieu où on le cultive.

« Les cinq sortes de thé-bou du commerce, les plus généralement connues, sont, 1° le *souchong*, dont les feuilles sont larges, non roulées, et d'une couleur tirant sur le jaune. Il est partagé en paquets de demi-livre, et apporté par les caravanes de Russie; 2° le thé *sumlo*, qui a le parfum de la violette, et dont l'infusion est pâle; 3° le thé *congou*, dont les feuilles sont larges et l'infusion colorée; 4° le thé *peko*, que l'on reconnoît à de petites feuilles blanches qui y sont mêlées;

5° le *thé-bou ;* ses feuilles sont d'un vert brun et d'une couleur uniforme.

« Il nous vient en outre de Chine une sorte de thé roulé en boules de diverses grosseurs, dont les feuilles sont réunies par une substance glutineuse qui n'en altère pas la qualité. Il existe aussi des boules d'un thé médicinal, composées de feuilles imbibées d'une décoction de rhubarbe. Enfin, on en connoît encore plusieurs autres variétés dont je n'ai pas cru devoir faire mention. M. Boucherant, commerçant de thé très renommé, rue Vivienne, m'a donné, ajoute M. Desfontaines, tous les renseignemens que je désirois sur les variétés les plus répandues dans le commerce. » (D.)

THÉ D'EUROPE. C'est la VÉRONIQUE DES BOUTIQUES.

THÉ DU MEXIQUE. *Voyez* ANSERINE.

THÉORIE AGRICOLE. C'est la connoissance des procédés de l'agriculture et des principes sur lesquels ils reposent. *Voy.* PRATIQUE et ROUTINE.

Quelques personnes sont persuadées, non seulement que la pratique suffit en agriculture, mais encore que la théorie doit toujours conduire les cultivateurs à leur ruine. La cause de cette erreur provient de l'ignorance où on est généralement de la véritable acception de ce mot.

En effet, la théorie ne doit pas être confondue avec ces romans, fruit, ou d'une imagination déréglée, ou d'un charlatanisme coupable, que quelques personnes rédigent, ou pour se faire une réputation, ou pour attraper de l'argent. La véritable théorie est celle que j'ai définie plus haut ; elle ne repose que sur des faits, n'est que la connoissance de ces faits, et la conséquence que tout esprit juste doit tirer de leur comparaison.

Il n'est point de praticien, quelque ignorant qu'il soit, qui n'agisse d'après des règles de théorie, puisque, dès qu'il répète un procédé par lui déjà exécuté, c'est qu'il se rappelle que ce procédé lui a réussi. Sans la théorie le laboureur sèmeroit à toutes les époques de l'année, récolteroit son blé avant sa maturité, laisseroit pourrir son foin sur le pré, etc.

Mais s'il ne peut y avoir de pratique sans théorie, il peut y avoir de la théorie sans véritable pratique, c'est-à-dire qu'un homme qui a acquis des connoissances élémentaires dans les sciences physiques et mathématiques peut, en voyant opérer un praticien, relever ses fautes avec justesse, quoiqu'il ne pût opérer lui-même par défaut d'habitude.

En général, il n'y a pas de véritablement bonne théorie sans les connoissances élémentaires ci-dessus, et ces connoissances ne peuvent s'acquérir que dans la jeunesse et dans les villes ; c'est pourquoi il y a si peu d'agriculteurs qui les possèdent ; c'est pourquoi il est si désirable qu'il y ait des écoles spéciales d'agriculture où on les professeroit.

Le cours nouvellement établi à l'école vétérinaire d'Alfort, et si bien fait par mon collaborateur Yvart, ne pourra, en conséquence, être regardé que comme un cours de perfectionnement, tant que les élèves de vétérinaire qui possèdent ces connoissances élémentaires ne seront pas tenus de le suivre. (B.)

THERMOMÈTRE. Les variations de la température de l'air et des liquides employés aux usages domestiques ou autres, étant souvent très importantes à connoître, les cultivateurs éclairés, et qui veulent ne rien donner au hasard, ne peuvent se dispenser d'avoir un thermomètre, instrument destiné, ainsi que son nom l'indique, à mesurer les degrés de la chaleur.

Le principe des thermomètres est basé sur ce que la chaleur dilate tous les corps et les fluides plus que les solides. Il ne s'agit donc pour en avoir un que de placer contre une graduation quelconque (échelle) un solide transparent dans lequel se trouve un liquide coloré.

On a imaginé plusieurs sortes de thermomètres qu'il est inutile de décrire ici. Il suffit de dire que celui qu'on emploie le plus ordinairement est un tube de verre terminé par une boule ou un cylindre, et dans lequel on met de l'esprit-de-vin (alkohol) coloré en rouge, ou mieux du mercure. On ferme ensuite à la lampe d'émailleur l'extrémité du tube par lequel on a fait entrer la liqueur.

Le mercure est préférable à l'esprit-de-vin parcequ'il est toujours d'égale densité (quand il est pur), tandis que l'esprit-de-vin varie sans fin à cet égard, et qu'il est très difficile d'amener celui de deux récoltes à une parfaite similitude.

Pour que deux thermomètres soient comparables il faut qu'ils aient exactement la même capacité, que la qualité, l'épaisseur et la forme de leur partie solide soit la même dans toute son étendue. Il en est peu de tels.

Les physiciens sont partagés sur la sorte de graduation qu'il faut donner aux thermomètres. Les étrangers préfèrent celle imaginée par Farenheit. Nous avons adopté généralement celle de Réaumur, dont le premier point est la glace fondante ; mais on commence à la quitter pour la division centigrade, fondée sur la même base, mais qui rend plus facile le calcul.

Je ne crois pas bon qu'un cultivateur veuille chercher à construire des thermomètres ; il doit laisser ce soin à ceux qui en font leur état. Je ne leur en indiquerai donc pas ici les moyens, puisque dans toutes les villes on peut trouver à en acheter. Les meilleurs sont ceux à mercure, dont le réservoir est cylindrique, et dont la graduation (l'échelle) est renfermée dans un tube de verre soudé à celui qui renferme le mercure.

Il est utile qu'un cultivateur ait un thermomètre hors de sa maison, contre une fenêtre exposée au nord, pour pouvoir chaque matin et chaque soir le consulter sur le degré de froid ou de chaud auquel il doit s'attendre pendant la journée ou pendant la nuit, et régler ses opérations en conséquence. Que de haricots, que de pommes de terre sont perdus chaque année, en automne, pour avoir négligé cette précaution! Que de semis conservés au printemps si on l'avoit eue! Il doit en avoir un dans le lieu où il fait couver ses poules, où il conserve ses fruits, où il engraisse ses bestiaux, ses volailles, etc., pour pouvoir juger du degré de chaleur qui y règne, et en renouveler l'air si cela est nécessaire. Il lui en faut aussi pour apprendre à connoître le degré de froid ou de chaud qu'a l'eau qu'il donne à ses bestiaux, qu'il emploie pour arroser son jardin, pour baigner ses enfans, etc.; tous cas où de certaines variations en plus ou en moins peuvent devenir nuisibles.

C'est sur-tout pour le jardinier qui fait des couches, qui possède des baches, des orangeries, des serres, que les thermomètres sont nécessaires; car la réussite de toute ses opérations dépendant de la chaleur dont il peut disposer, et l'excès de la chaleur tuant tous les végétaux, il lui faut rigoureusement connoître le point où il doit s'arrêter. *Voyez* au mot TEMPÉRATURE.

THLASPI, *Thlaspi.* Genre de plantes de la tétradynamie siliculeuse et de la famille des crucifères, qui rassemble douze ou quinze espèces, dont quelques unes sont si communes qu'elles doivent être connues de tous les cultivateurs.

Il ne faut pas confondre ce genre avec le *thlaspi* des jardiniers, ou *tharaspi*, qui est une IBÉRIDE. *Voyez* ce mot.

Le THLASPI DES CHAMPS, *Thlaspi arvense*, Lin., a les racines annuelles; les tiges rameuses, hautes d'un pied; les feuilles alternes, amplexicaules, lancéolées, dentées, glabres; les fleurs blanches, disposées en grappes à l'extrémité des rameaux; les silicules orbiculaires, à large rebord. Il croît dans les champs sablonneux, quelquefois en si grande quantité qu'il semble y avoir été semé exprès; ses fleurs s'épanouissent au milieu de l'été. Tous les bestiaux le mangent, mais ne le recherchent pas. Il donne un mauvais goût à la viande des moutons, au lait, au fromage et au beurre des vaches qui s'en nourrissent pendant quelques jours. Ses semences sont âcres, et laissent dans la bouche un goût d'ail ou d'oignon. On les emploie comme salivaires, incisives, détersives et apéritives. Elles entrent dans la grande thériaque.

Le meilleur usage qu'on puisse faire de cette plante lorsqu'elle est très abondante dans les champs, c'est de l'arracher
au moment de sa floraison pour la porter sur le fumier, et
augmenter ainsi les engrais. On peut aussi, avec avantage,
l'enterrer avec la charrue à la même époque. *Voyez* Récoltes
enterrées pour engrais.

Le thlaspi velu, *Thlaspi hirtum*, Lin., et le thlaspi sauvage, *Thlaspi campestre*, diffèrent fort peu entre eux et du précédent. Ils partagent sans doute ses avantages et ses inconvéniens, mais ils sont plus rares, sur-tout dans les parties septentrionales de l'Europe.

Le thlaspi bourse a pasteur, connu aussi sous le nom de
tabouret et de *malette*, a les racines annuelles, les tiges droites,
rameuses ; les feuilles alternes, les radicales pétiolées, et souvent pinnatifides ; les caulinaires amplexicaules et ordinairement entières ; les fleurs blanches, disposées en grappes à
l'extrémité des tiges et des rameaux ; les siliques triangulaires
et en cœur. Il est excessivement commun dans tous les lieux
cultivés, sur-tout dans ceux qui sont frais ou ombragés. Peu
de plantes varient plus dans la forme de ses feuilles ; souvent
elle acquiert deux pieds de haut. Elle fait le tourment des jardiniers, qui, quelques soins qu'ils apportent à la sarcler, la
trouvent toujours prête à étouffer leurs semis et à couvrir leurs
allées. La cause en est que ses semences mûrissent pendant toute
l'année, même pendant l'hiver, et qu'elles se conservent en
état de germination dans la terre jusqu'à ce que les labours
les ramènent à la surface. Ces graines, quoique petites, sont
une des ressources des petits oiseaux dans les temps de disette.
Tous les bestiaux la mangent ; les moutons sur-tout en sont
fort friands. Dans beaucoup de cantons elle est ramassée au
premier printemps pour être donnée aux vaches dans l'écurie.
Elle est un peu amère, et passe pour astringente et antiscorbutique, mais ces propriétés sont très foibles en elle.

THUYA, *Thuya*. Genre de plantes de la monœcie monadelphie, et de la famille des conifères, qui renferme cinq à
six espèces d'arbres, dont deux sont fréquemment cultivées
dans les jardins d'agrément, et dont une troisième fournit une
résine au commerce.

Dans les espèces de ce genre les feuilles sont courtes, opposées, imbriquées, toujours vertes, ressemblent à des écailles.

Le thuya de Canada, *Thuya occidentalis*, Lin., est un
arbre de trente à quarante pieds de haut, dont l'écorce est rougeâtre dans la jeunesse et brune dans la vieillesse. Ses rameaux
en éventail, quoique lâches et pendans, font la pyramide. Ses
feuilles sont d'un vert foncé, et ont sur leur dos une utricule

demi-transparente, remplie d'une résine liquide fort odorante.
Ses cônes sont composés d'écailles lisses et obtuses, et ressemblent en petit à ceux des sapinettes. Il est originaire du
nord de l'Amérique septentrionale, où il croît dans les terrains
gras et humides, et où il fleurit en mai. On l'y connoît sous
le nom de *cèdre blanc*. Son bois, dont l'odeur est très forte,
est regardé comme incorruptible, et s'emploie à un grand nombre d'usages, tels que planches pour la fabrication des meubles, des bateaux, etc., essentes pour couvrir les maisons, palissades pour les fortifications et les clôtures, pieux pour les
digues, etc. Ses branches servent à faire des balais qui embaument les appartemens pour lesquels ils viennent de servir.
C'est donc un arbre très utile. Il croît très vite. On le connoît en France dès le temps de François Ier, sans qu'on ait su
en tirer parti sous les rapports économiques. Le terrible hiver
de 1789 ne lui a fait aucun tort. Il souffre très aisément la
taille. J'ai vu d'excellentes haies, des palissades et des berceaux qui en étoient fabriqués, être tondus tous les ans,
comme la charmille, sans inconvéniens. Quoique produisant
des effets moins agréables que plusieurs autres arbres verts, il
tient fort bien sa place dans les jardins paysagers. C'est au dernier rang des massifs et dans les lieux frais et ombragés qu'il
demande à être mis de préférence. Isolé, il prend naturellement une forme régulière et majestueuse. Ses feuilles rougissent en hiver. L'utilité qu'on peut retirer de son bois doit faire
désirer qu'on en fasse plutôt des plantations en quinconce ou
en avenues que des bosquets d'agrément. Il jouit plus qu'aucun
autre arbre vert de la propriété de pouvoir être transplanté fort
grand sans presqu'aucun inconvénient, sur-tout quand on le
porte d'un terrain sec dans un terrain frais, ce qui est un
avantage précieux.

On multiplie le thuya d'occident, qu'on appelle aussi quelquefois *arbre de vie* dans nos jardins, de graines, de marcottes et de boutures. Ordinairement on préfère ce dernier
mode comme plus expéditif; mais il est mieux d'employer le
premier. Ses graines se sèment au printemps, lorsque les gelées ne sont plus à craindre, dans une terre légère et ombragée (la terre de bruyère et l'exposition du nord, s'il se peut);
le plant qui en provient est arrosé fréquemment pendant
les chaleurs de l'été. Au printemps suivant il se repique en
pépinière à six ou huit pouces de distance dans une terre bien
préparée et ombragée. Deux ans après on le change encore
de place et on l'espace de deux pieds. Il est en état d'être planté
à demeure à cinq ou six ans; mais, comme je l'ai dit plus
haut, il peut attendre autant qu'on désire. Il ne faut point
tourmenter ce plant par la soustraction de ses branches, dont

les inférieures périssent peu à peu, parceque la sève se porte toujours avec plus d'abondance vers le sommet.

Les marcottes se font en automne, et peuvent se lever un an après. Elles prennent très aisément racine dans les terres humides.

Les boutures se mettent en terre pendant toute l'année. Elles manquent rarement lorsqu'elles sont dans un sol frais et léger. Les arbres qui en résultent gagnent deux ans sur ceux provenant de graines; mais ils sont ordinairement inférieurs en beauté et durent moins long-temps.

Le THUYA DE LA CHINE, *Thuya orientalis*, Lin., s'élève moins que le précédent. Ses rameaux forment mieux l'éventail, et ne sont jamais pendans. Ses feuilles sont plus petites, plus nombreuses, d'un vert plus gai, et n'ont point d'utricule sur leur dos. Ses cônes sont ronds, raboteux, gros comme le pouce, et ressemblent à ceux des cyprès. Il est originaire de la Chine, et se cultive fréquemment dans nos jardins d'agrément. Son aspect est très séduisant dans sa jeunesse, tant par la singulière disposition de ses rameaux que par le beau vert qui les colore; mais il perd de ses agrémens à mesure qu'il vieillit. Il n'a point l'odeur suave du précédent. Les grands froids l'affectent assez fréquemment au nord de Paris; en conséquence il demande à être semé en terrine et rentré dans l'orangerie pendant les deux ou trois premiers hivers, ensuite placé dans une exposition abritée. Il se cultive, comme le précédent, en pleine terre, cependant il est bon de le couvrir aux approches de l'hiver avec de la paille, des feuilles sèches ou de la fougère. On le multiplie plus difficilement de marcottes et de boutures; mais on ne doit pas s'en plaindre, car il donne abondamment de bonnes graines dès sa troisième ou quatrième année. Quelque bons effets qu'il produise, je trouve qu'on le rend trop commun dans les jardins de Paris et de ses environs. Ce n'est que par la variété qu'on parvient au véritable but dans ce genre de jouissance. On peut au reste l'employer aux mêmes usages que le précédent, excepté à ceux de haut service.

Ces deux arbres, quoique assez distincts, sont fréquemment pris l'un pour l'autre, et il en est résulté de la confusion, même dans les livres.

Le THUYA ARTICULÉ a les rameaux irréguliers, très comprimés, articulés, striés, glanduleux, et les feuilles à peine saillantes. Il est originaire du royaume de Maroc et contrées voisines. Desfontaines le premier l'a apporté en France, et l'a décrit et figuré dans sa Flore atlantique. Il demande à être tenu dans l'orangerie pendant l'hiver. On ne le multiplie que de marcottes et de boutures, car il donne rarement du fruit de bonne nature dans le climat de Paris. Je ne le cite que parceque Broussonnet nous a appris que c'étoit lui qui fournissoit la sandaraque du commerce, et que cette résine est d'un usage assez important dans les arts pour qu'on doive désirer que l'arbre qui la produit se multiplie dans les parties méridionales de la France, ce qui paroît pouvoir devenir facile. Il ne s'agit que de trouver un amateur zélé qui veuille bien s'en occuper. (B.)

THYM, *Thymus*. Genre de plantes de la didynamie gymnospermie, et de la famille des labiées, qui comprend plus de vingt espèces, dont trois ou quatre sont trop communes ou trop importantes à connoître pour n'être pas mentionnées ici.

Le THYM COMMUN ou CULTIVÉ est un sous-arbrisseau dont les tiges sont droites, très rameuses, un peu velues, et hautes de six à huit pouces; les feuilles opposées, pétiolées, ovales, recourbées, d'un vert cendré; les fleurs rougeâtres ou blanchâtres, petites et disposées en verticilles spiciformes à l'extrémité des tiges. Il se trouve dans les parties méridionales de l'Europe, et se cultive généralement dans les jardins à raison de son agréable odeur et de l'élégance de ses touffes, qui conservent leur verdure toute l'année et qui fleurissent pendant la plus grande partie de l'été. Il fournit plusieurs variétés, entre autres une *à feuilles larges*, et une *à feuilles panachées*. On le place ordinairement en bordures qu'on tond tous les ans après la fleur, comme le buis, ou en touffes qu'on laisse monter à volonté. Un terrain maigre, léger et chaud est celui qui lui convient le mieux, la gelée l'attaquant fréquemment dans ceux qui sont argileux et froids. On doit le changer de place ou de terre tous les quatre à cinq ans, parcequ'il est très effritant. Sa multiplication s'opère par graines qu'on sème à l'exposition du levant, lorsque les gelées ne sont plus à craindre, ou plus communément par le déchirement des vieux pieds pendant l'hiver ou au commencement du printemps. Toutes ses parties, et sur-tout ses calices, contiennent une huile essentielle, jaune, très odorante et abondamment chargée de camphre. On les fait entrer dans les parfums, on les emploie à l'assaisonnement des mets, et dans la médecine comme stomachiques et carminatives. La dessiccation, loin de leur faire perdre cette odeur, semble l'aviver.

Le THYM SERPOLET, ou simplement le *serpolet*, a les tiges ligneuses, rampantes, rameuses, plus ou moins velues; les feuilles opposées, planes, ovales, un peu ciliées, plus ou moins velues; les fleurs rouges ou blanches, disposées en épis courts ou en têtes terminales. Il croît dans toute l'Europe dans les terrains secs, sur les montagnes pelées, est toujours vert et fleurit pendant la plus grande partie de l'été. On en remarque plusieurs variétés relatives au plus ou moins de poils, à la couleur des fleurs, à la panachure des feuilles; une sur-tout, qu'on appelle *à odeur de citron*, est fort remarquable, et pourroit être considérée comme une espèce, si Miller n'avoit assuré que le semis de ses graines produisoit l'espèce commune.

Cette plante forme de charmans gazons, d'une odeur très suave ; mais elle est l'indice d'un mauvais sol, ainsi les cultivateurs ne doivent pas la voir avec plaisir sur leurs fonds. Les moutons, les chèvres et les lapins la mangent; mais on a probablement exagéré la qualité qu'elle donnoit à leur chair, qualité qui est plutôt due aux autres plantes qui se trouvent avec elle, telles que la *fétuque ovine* ; car j'ai l'expérience qu'ils ne l'aiment point. Les abeilles trouvent d'abondantes récoltes sur ses fleurs, et le miel qu'elles en tirent est excellent.

On ne doit pas manquer de planter le serpolet dans les pelouses des parties sèches des jardins paysagers, dont il forme le plus bel ornement ; mais il faut le proscrire des gazons proprement dits, car il nuiroit à l'uniformité de couleur qu'on exige d'eux, et il ne tarderoit pas à les détruire par le prolongement de ses tiges. Cette dernière considération a lieu aussi pour le pâturage, aussi je conseillerois d'y arracher la totalité des pieds qui s'y trouvent, pour faciliter la reproduction de la bonne herbe, si l'idée qu'on attache à son influence sur la chair des moutons, et la crainte de déplaire aux belles, ne m'arrêtoit. Il a les mêmes propriétés économiques et médicinales que le précédent.

Le THYM ANNUEL, *Thymus ascinos*, Lin., a les racines annuelles ; les tiges grêles, en partie couchées ; les feuilles opposées, ovales, pointues, dentées ou entières, et velues ; les fleurs rougeâtres et réunies cinq à six ensemble dans les aisselles des feuilles supérieures. Il croît dans les champs sablonneux et fleurit au milieu de l'été. Je l'ai vu très commun dans certains lieux. Aucun animal domestique ne s'en soucie. Il a les mêmes propriétés que les précédens. On l'appelle vulgairement *petit basilic sauvage*. Sa hauteur est d'environ un demi-pied. (B.)

THYM BLANC. C'est la GERMANDRÉE DES MONTAGNES, *Teucrium polium*, Lin.

THYMÉLÉE. Plante du genre des lauréoles.

TICS. En médecine vétérinaire on appelle tics différentes habitudes que les animaux contractent; le cheval est l'animal chez lequel ces habitudes ont été le plus remarquées.

Le tic le plus fréquent, celui qui déprécie le plus cet animal, est l'espèce de rot qu'il fait en appuyant fortement les dents incisives sur tous les corps qu'il trouve à sa portée, même sur ceux qui sont les plus durs. (On voit journellement des chevaux tiquer sur les bandes de fer dont on garnit ordinairement les mangeoires, pour les empêcher de les ronger et de les détruire, comme cela arrive assez souvent).

Il y a des chevaux qui tiquent dans le fond de la mangeoire et d'autres sur le bord ; ceux qui tiquent de cette dernière manière, en mangeant l'avoine, en perdent une partie ; on est obligé de la leur donner dans une musette, espèce de sachet que l'on pend à leur tête ; on doit avoir la même précaution à l'égard de tous les chevaux qui tiquent en mangeant l'avoine, sur-tout si on est dans l'usage de faire manger les chevaux deux à deux ; on peut encore la leur donner séparément pour éviter que le camarade en mange plus que sa part. Au reste, la méthode de distribuer les portions pour deux est extrêmement vicieuse. Il y a des chevaux qui sont plus prompts à manger l'avoine que d'autres.

Nous avons dit qu'il y avoit des chevaux qui tiquoient sur la mangeoire seulement ; il y en a aussi qui tiquent sur les râteliers, sur les barres d'écuries, sur le timon lorsqu'ils sont au carrosse et sur la charette.

Le tic se reconnoît aux dents incisives qui sont usées en forme de biseau, soit à la mâchoire antérieure soit à la mâchoire postérieure, et quelquefois aux deux mâchoires en même temps.

Il y a plusieurs autres manières de tiquer pour lesquelles ce renseignement seroit trompeur, attendu que dans ces sortes de tics l'usure des dents n'a pas lieu. Ces tics sont le tic en l'air, le tic sur la longe, et enfin celui dans lequel le cheval appuie seulement le menton contre la mangeoire.

Les différens tics produisent plus d'un inconvénient. Soleysel dit que le tic dont nous venons de parler se communique par imitation ; qu'il cause des tranchées et que les chevaux qui en sont affectés, une fois devenus maigres, ne reprennent plus de *boyaux*.

M. Lafosse, dans son Guide du maréchal, s'exprime ainsi : Le tic occasionne perte de salive, et cette perte fait dépérir le cheval. Il conseille, avec un grand nombre d'autres personnes, de mettre un large collier de cuir qu'on serre progressivement et assez fortement. J'ai cependant vu des chevaux qui en étoient très incommodés, et chez lesquels les vaisseaux de la tête s'engorgeoient au point d'être obligé de lâcher ce collier de quelques degrés. J'en ai vu d'autres dont on serroit le cou impunément.

Il y a un autre sorte de tic qu'on nomme tic de l'ours ; ce tic est une espèce de piétinement et de balancement continuel, dans lequel l'animal se porte tantôt d'un côté, tantôt de l'autre, comme fait l'ours; le cheval qui a contracté cette habitude use ses longes plus qu'un autre, attendu le frottement qu'elles éprouvent dans les anneaux par lesquels elles passent; ces chevaux, ainsi que ceux qui tiquent sur la longe, doivent être attachés avec des chaînes.

On pourroit encore ranger au nombre des tics différentes habitudes, comme celles de ruer, de mordre, de se *camper mal, ou se mal placer* dans l'écurie; c'est-à-dire tantôt sur une jambe de derrière tantôt sur une autre, ou de poser et tenir les talons d'un pied de derrière pour ainsi dire appuyés sur la partie antérieure de l'autre pied. Il y a beaucoup de chevaux qui ont l'habitude de prendre cette position à l'écurie.

Le tic qui ne paroît pas aux dents peut, aux termes de l'article 1641 du Code Napoléon, donner lieu à la rédhibition; mais l'action en garantie ne peut durer que vingt-quatre heures, attendu que ce laps de temps est suffisant pour le reconnoître. *Voyez* CAS RÉDHIBITOIRES. (DES.)

TIERÇON. Sorte de TONNEAU.

TIGE. Partie des végétaux qui se montre hors de la terre et qui porte les branches, les feuilles, les fleurs et les fruits.

Beaucoup de plantes n'ont point de tiges, ou en ont une si courte qu'elle ne se distingue pas du collet de la racine. On les appelle *acaules*.

Lorsqu'une tige ne porte pas de feuilles on l'appelle une HAMPE. *Voyez* ce mot. Dans cette définition ne sont cependant pas comprises les plantes qui n'offrent pas de véritables feuilles.

Le plus souvent les tiges s'élèvent verticalement dans l'air, quelquefois elles s'entortillent autour des arbres ou s'attachent à leurs branches par des VRILLES (*voyez* ce mot), grimpent contre les rochers, rampent sur la terre, etc.

Il est des tiges ligneuses, des tiges herbacées, des tiges qui vivent un grand nombre d'années, d'autres qui périssent tous les ans. *Voyez* PLANTE.

Dans quelques plantes les tiges font les fonctions des feuilles. *Voyez* CACTIER. Dans toutes elles le font encore pendant les premiers mois qui suivent leur naissance, c'est-à-dire tant qu'elles sont molles et d'une contexture semblable à celle des feuilles.

C'est seulement pendant que les tiges sont dans cet état herbacé, comme on dit vulgairement, que celles des plantes monocotylédones grossissent, et c'est pendant qu'il dure que celles des dicotylédones grossissent le plus rapidement. *Voyez* MONOCOTYLÉDONES, DICOTYLÉDONES et ORGANISATION DES VÉ-

GÉTAUX. En général les cultivateurs ne font pas assez attention à ces circonstances, quoiqu'ils les aient perpétuellement sous les yeux.

C'est à Desfontaines qu'on doit le complément des connoissances aujourd'hui acquises sur l'organisation des tiges des monocotylédones, tiges qui intéressent autant le cultivateur que celles des dicotylédones, puisque parmi elles se trouvent celles du blé et autres graminées, celles des liliacées et celles des palmiers. Cette organisation est fort simple, puisqu'elle n'offre ni moelle, ni prolongemens médullaires, ni corps ligneux, ni véritable écorce. On n'y voit que des fibres tantôt éparses, tantôt disposées par faisceaux, toujours entourées d'un tissu cellulaire qui est plus abondant vers le centre et le rend par conséquent plus tendre que l'extérieur.

On observe dans les dicotylédones une moelle au centre, une écorce à l'extérieur, et un corps ligneux dans l'intervalle. (*Voyez* MOELLE, BOIS, AUBIER et ÉCORCE.) Ces parties sont composées de PARENCHYMES, et offrent des VAISSEAUX qui contiennent, pendant la vie de la plante, des fluides de diverses sortes, principalement de la SÈVE, des SUCS PROPRES et de l'AIR. *Voyez* ces mots.

L'organisation des branches ne diffère pas de celles des tiges. *Voyez* BRANCHE.

On a recherché quelle étoit la cause qui faisoit que les tiges montoient vers le ciel et que les racines s'enfonçoient vers la terre. Cette question a été discutée et résolue au mot GERMINATION, mot auquel je renvoie le lecteur.

L'emploi des tiges est fort étendu dans l'art agricole. Les bestiaux mangent celles des graminées et de beaucoup de plantes herbacées. Celles des arbres, arbrisseaux et arbustes servent à une infinité d'usages et à brûler. (*Voyez* ARBRE et BOIS.) Peu servent de nourriture à l'homme.

M'étendre davantage sur les considérations agricoles que présentent les tiges seroit un double emploi, puisqu'il en a été question à presque tous les articles de physiologie et de botanique élémentaire de cet ouvrage. (B.)

TIGRE. Insecte du genre PUNAISE qui vit sur les feuilles du poirier et qui nuit souvent beaucoup à cet arbre.

TILLEUL, *Tilia*. Genre de plantes de la polyandrie monogynie et de la famille des tiliacées, qui renferme six arbres tous propres à l'ornement des jardins et à quelques usages économiques.

Tous les tilleuls ont les feuilles alternes, pétiolées, cordiformes, dentées; les fleurs blanches ou jaunâtres, disposées en corymbes pendans à l'extrémité des rameaux, chacune insérée au milieu d'une bractée lancéolée et colorée.

Le TILLEUL DES BOIS, *Tilia Europea*, Lin.; *Tilia microphylla*, Ventenat, vulgairement le *tillau*, a les racines traçantes, le tronc droit, haut de soixante pieds; les branches nombreuses, l'écorce vieille crevassée, la jeune grise; les feuilles petites, glabres, d'un beau vert en dessus, très glauques en dessous; les fruits petits, presque ronds et velus. Il croît naturellement dans les bois d'une partie de la France et fleurit en juin. On le cultive dans quelques jardins; mais comme ses feuilles sont beaucoup plus petites que celles des suivans, il doit en être repoussé. Sa grosseur devient quelquefois énorme, de quarante à cinquante pieds de circonférence, par exemple, et sa vie se prolonge pendant trois ou quatre siècles. J'en ai vu plusieurs qui avoient été plantés, d'après l'ordonnance de Sully, devant les églises des villages, et dont la vaste tête suffisoit pour garantir tous les habitans du soleil ou de la pluie. Il est certaines forêts, sur-tout dans les pays de montagnes, qui en sont presque entièrement composées. Son bois est blanc et tendre, dit Varennes de Fenilles, mais il n'est point léger comme l'assurent quelques auteurs, car il pèse sec quarante-huit livres deux onces un gros par pied cube. Sa retraite, dans la dessiccation, est d'un peu moins du quart. Il est bon pour la sculpture, passable pour le tour, mais il ne vaut rien pour la menuiserie, parcequ'il se mâche sous le rabot. On en fait des sabots, des vases et autres petits objets d'utilité. Réduit en planches minces, appelées voliges, il peut s'employer à faire des caisses, des fonds d'armoires, etc., mais il faut qu'il soit bien sec, car il est fort sujet à se voiler. Le feu qu'il donne n'est ni vif, ni durable; il fournit un charbon propre à entrer dans la composition de la poudre à canon. Les vers l'attaquent moins que la plupart des autres.

Les usages du bois de tilleul, étant, comme on le voit, très circonscrits, les arbres qui se trouvent isolés ou dans les jardins suffisent aux besoins des arts; aussi n'est-il pas avantageux de laisser venir en futaie les forêts qui en sont composées, mais on retire des services très importans de sa seconde écorce en la filant en cordes qui se pourrissent difficilement, servent généralement à tirer de l'eau des puits, à attacher les bateaux sur le bord des rivières, et à d'autres objets de même genre. Pour en tirer parti sous ce rapport on tient le tilleul en taillis qu'on coupe tous les douze ou quinze ans (plus tôt ou plus tard selon la nature du terrain), au moment où il commence à entrer en sève, on enlève l'écorce dans toute la longueur des perches, qui ont ordinairement quinze à vingt pieds, et on la laisse sécher en bottes. Son épiderme se sépare aisément par l'effet de cette seule dessiccation. Quand on veut fabriquer les cordes, on met cette écorce dans l'eau pendant plusieurs jours, on la réduit en lanières qu'on file comme les cordes de chanvre. Le commerce qu'on fait de ces cordes ne laisse pas que d'être important et de faire vivre bien du monde. On fait aussi des nattes avec ces lanières, des filets. On en pourroit faire du papier, comme l'a prouvé un Allemand par l'expérience, papier dont j'ai vu des échantillons et qui m'a paru supérieur en force aux basses qualités de celui fait avec les chiffons.

Les feuilles du tilleul sont recherchées par les bestiaux et on les ramasse dans quelques endroits pour les faire sécher et les leur faire manger pendant l'hiver ; mais Linnæus a observé qu'elles donnoient une mauvaise qualité au lait. Ses fleurs exhalent une odeur agréable et contiennent beaucoup de miel qui n'est pas d'une excellente nature , ainsi que je m'en suis assuré plusieurs fois au moyen de mes ruches à la Hubert On en fait fréquemment usage en infusion dans les maladies nerveuses et pour ranimer doucement les forces vitales. Cette infusion est fort agréable. Les amandes de ses fruits sont très huileuses et pourroient être employées à plusieurs usages s'il n'étoit pas si difficile de les retirer de la capsule. Missa les avoit indiquée comme propres à suppléer le cacao dans la fabrication du chocolat.

On tire par incision du tronc du tilleul une sève assez sucrée pour pouvoir donner une liqueur vineuse agréable par la fermentation.

Une terre légère, profonde et fraîche, est celle qui convient le mieux au tilleul, cependant je l'ai vu croître dans des lieux très arides.

Le TILLEUL DE HOLLANDE, ou *tilleul des jardins*, ou *tilleul femelle*, *Tilia platyphyllos*, Ventenat, avoit été confondu avec le précédent par Linnæus, quoiqu'il ait un grand nombre de caractères propres à l'en distinguer, caractères dont les principaux sont, des feuilles plus grandes, velues et un peu moins vertes en dessous ; des fruits plus gros et pourvus de quatre ou cinq arêtes saillantes. Il se trouve en Europe, mais seulement dans quelques cantons sans doute du côté de la Hollande, car je ne l'ai jamais rencontré dans les bois. Il fleurit au mois de mai. Ses jeunes rameaux sont d'un vert jaunâtre.

Le TILLEUL DE CORINTHE est généralement regardé comme une variété du précédent ; mais c'est une espèce bien distincte. Ses feuilles sont de même grandeur, mais plus obscures et moins velues ; ses fruits de la même grosseur, mais jamais pourvus d'arêtes saillantes. Il se trouve en Europe , probablement en Grèce, car il n'a été indiqué par personne dans nos forêts. Il fleurit au mois de mai, mais un peu plus tard que le précédent. Ses jeunes rameaux sont d'un rouge très vif.

Ces deux dernières espèces s'élèvent moins que le tilleul des bois et sont cultivées de temps immémorial dans les jardins. Elles sont les arbres par excellence des jardins d'ornement, parceque leurs rameaux se prêtent à toutes les formes sous le croissant. On en fait des avenues, des allées, des quinconces, des berceaux, des palissades, des boules, etc., etc. Leurs feuilles, nombreuses, larges, d'un vert peu foncé, et leurs fleurs abondantes et légèrement suaves, les rendent d'un aspect extrêmement agréable. Ils n'ont qu'un seul inconvénient, c'est de perdre leurs feuilles de bonne heure, et par-là de priver les promeneurs de leur ombrage à une époque (la fin d'août) où ils en ont encore quelquefois besoin, et par-là d'indiquer long-temps à l'avance la venue de l'hiver.

Le goût des jardins paysagers, qui a fait place aux décorations symétriques a diminué l'emploi des tilleuls, cependant leur beau port, leur douce verdure les fait toujours rechercher des amateurs de la culture. On les place au troisième rang des massifs, on les isole au milieu des gazons, on leur fait accompagner les fabriques, etc., et on les abandonne à eux-mêmes.

C'est en hiver qu'on doit tailler ceux de ces tilleuls qui sont encore soumis à la tyrannie des jardiniers; mais il est quelques personnes qui, outre cette taille, leur en donnent encore une d'été. Aussi quels arbres? Ils n'ont pas au triple d'âge la moitié de la grosseur de ceux qu'on n'a pas tourmentés. J'en ai vu quelques uns qui étoient depuis cinquante ans taillés en boule de deux pieds de diamètre, et dont le tronc avoit à peine un pied de tour, quoiqu'ils fussent dans un assez bon sol.

Les tilleuls viennent à toutes les expositions, cependant mieux au nord. Varennes de Fenilles a observé que ceux qui étoient à l'ouest avoient presque toujours leur tronc plus aplati et leur écorce plus gercée de ce côté.

On multiplie les tilleuls de graines, de rejetons, de marcottes, et quelquefois de boutures.

Les graines doivent se semer aussitôt qu'elles sont cueillies. Elles sont souvent inféconés et toujours fort exposées aux ravages des mulots, et autres animaux du même genre, de sorte qu'il faut les répandre fort dru, soit à la volée, soit en rayons. L'une et l'autre de ces méthodes a ses partisans, mais on obtient des résultats avantageux de toutes les deux. Lorsqu'on ne les met en terre qu'au printemps, ou que l'hiver est sec, elles ne lèvent la plupart du temps que la seconde année, de sorte qu'il est toujours bon de les laisser deux ans dans leur semis.

La seconde et quelquefois la troisième année du semis ou relève le plant pour le mettre en pépinière à vingt ou vingt-cinq pouces de distance, et un ou deux ans après on le rabat rez terre pour lui faire pousser un jet plus droit et plus gros destiné à devenir le tronc de l'arbre. L'hiver suivant on le taille en crochet, c'est-à-dire qu'on coupe ses branches latérales inférieures à deux ou trois pouces de longueur. En été de l'année d'ensuite on coupe ces crochets rez tronc, et on arrête sa croissance en hauteur à six ou huit pieds, en pinçant son extrémité. Pendant tout ce temps on donne deux ou trois binages d'été et un labour d'hiver au terrain. Ce n'est que la huitième ou neuvième année que les tilleuls ont acquis assez de grosseur pour être transplantables à demeure, c'est-à-dire qu'ils sont arrivés à deux pouces de diamètre.

Cette lenteur de croissance fait que, quoique les tilleuls venus de semence soient plus beaux et plus durables, on préfère généralement les multiplier par marcottes. En conséquence, dans les pépinières bien montées, on a un certain nombre de gros pieds, coupés rez terre, dont on couche tous les ans les rejetons, au printemps, lesquels prennent racine dans le courant de l'été, sont relevés et mis en pépinière, à vingt ou ving-cinq pouces l'hiver suivant, et ensuite traités comme il vient d'être dit, ce qui fait gagner deux ou trois ans.

Quant aux rejetons et aux boutures, les premiers donnent des arbres à racines trop traçantes, et les seconds réussissent rarement. On en fait peu usage dans les pépinières.

On peut transplanter les tilleuls jusqu'à une grosseur indéterminée. On en a vu réussir qui avoient plus de cinquante ans d'âge. C'est avec l'un d'eux que Duhamel fit la célèbre expérience de transformer des branches en racines et des racines en branches.

Il y a un tilleul à feuilles panachées. Il est peu recherché.

Les deux autres espèces de tilleuls qu'on cultive dans les jardins et pépinières des environs de Paris sont,

Le TILLEUL GLABRE, *Tilia Americana*, Lin., dont les feuilles sont très grandes, glabres, bordées de dents très pointues; les fleurs grandes, avec des pétales tronqués et munis d'une écaille à leur base ; les fruits ovales avec des côtes peu saillantes. Il croît dans les parties froides de l'Amérique septentrionale, s'élève autant que le tilleul d'Hollande, et se cultive depuis long-temps dans nos jardins sous le nom de *tilleul d'Amérique* ; c'est un superbe arbre à raison de la grandeur de ses feuilles souvent d'un demi-pied de diamètre. Ses fleurs se développent en juin. On le multiplie de graines, de marcottes, et par la greffe sur l'espèce commune, qui vaut mieux pour cet objet que les deux autres. Cette greffe se fait en écusson à œil dormant sur des sujets de trois ou quatre ans.

Le TILLEUL ARGENTÉ, *Tilia rotundifolia*, Vent., a les feuilles en cœur, presque rondes, légèrement sinuées, dentées, presque verticillées, d'abord toutes blanches, ensuite seulement en dessous. Il est originaire des bords de la mer Noire. Olivier en a vu de grandes plantations aux environs de Constantinople. Sa hauteur paroît être peu différente de celle de celui de Hollande. Sa beauté est supérieure à celle de toutes les autres, principalement à cause de la couleur de la surface inférieure de ses feuilles et par leur grand nombre. Les effets qu'il produit dans les jardins paysagers sont des plus agréables. On commence beaucoup à le multiplier dans les pépinières des environs de Paris. Tout ce que j'ai dit à l'occasion du précédent lui convient parfaitement.

Les autres espèces de tilleuls sont le PUBESCENT et l'HÉTÉRO-PHYLLE, tous deux figurés par Ventenat et tous deux d'Amérique. Ils ne présentent pas des avantages aussi marquans et sont plus rares dans nos jardins.

TIMBAREL. Synonyme de TOMBEREAU.

TINE, TINETTE ou TINOTTE. Vaisseau de bois destiné à conserver le lait ou la crème.

TINGIS, *Tingis*. Genre d'insectes de la famille des punaises, qui faisoit partie du genre des ACANTHIES de Fabricius, qui renferme plusieurs espèces qui vivent aux dépens des plantes et nuisent aux cultivateurs. La plus redoutable est celle du POIRIER. *Voyez* ce mot et le mot PUNAISE. (B.)

TINIER. Nom vulgaire du PIN CIMBRO.

TIPULE, *Tipula*. Genre d'insectes de l'ordre des diptères, qui réunit près de cent espèces, dont plusieurs intéressent les cultivateurs sous divers rapports, et dont beaucoup sont si communes dans les campagnes qu'on doit désirer les connoître.

La TIPULE DES POTAGERS, *Tipula oleracea*, Lin., a les ailes écartées, transparentes, excepté le bord extérieur qui est brun. Sa longueur est de huit à neuf lignes. Elle est excessivement commune. Il est des lieux où, pendant la moitié de l'été, on ne peut pas faire un pas sans en faire envoler plusieurs. C'est une des pâtures les plus certaines des hirondelles et autres oiseaux insectivores. Sa larve est un ver cylindrique, grisâtre, pointu aux deux bouts, composé de onze anneaux et d'une tête écailleuse rétractile, qu'on trouve pendant presque toute l'année dans la terre des jardins, des champs, des prairies, etc. Celle dans laquelle il y a beaucoup de terreau, et qui est en même temps humide, est la meilleure pour elle. Comme les lombrics, ou vers de terre, c'est des racines pourries et des parties végétales contenues dans ce terreau qu'elle vit. Elle n'a point les organes de la bouche propres à entamer les racines des plantes, cependant elle cause quelquefois par son abondance des pertes à l'agriculture. Réaumur, auquel on doit un excellent mémoire sur les tipules, rapporte avoir vu des prairies et des champs des environs de son château de Réaumur, ne rapporter presque rien certaines années, parcequ'elle avoit tellement labouré la terre que les racines des plantes s'étoient desséchées. On se plaint souvent aussi de sa présence dans les jardins, où, par la même cause, elle fait manquer des semis entiers. Il est extrêmement difficile, ou pour mieux dire impossible, de la détruire dans les prairies et même dans les champs; mais dans les jardins on peut en diminuer le nombre par de fréquens labours ou binages d'été, parcequ'elle craint la sécheresse, et que lorsqu'elle est amenée à la surface de la terre par l'effet de ces labours, elle périt si elle est frappée de la chaleur du soleil pendant quelques minutes. Souvent on la trouve en quantité autour des racines altérées des choux, des salades et autres légumes, et on lui attribue leur altération; c'est une erreur, elle en profite, mais ne la cause pas.

La TIPULE DES JARDINS a les ailes transparentes tachées de blanc.

La TIPULE DES PRÉS a le corcelet varié de jaune, l'abdomen brun, avec des taches jaunes sur les côtés, et le front fauve.

La TIPULE LUNATE a les ailes grises, avec un croissant blanc marginal.

La TIPULE CORNICINE a les ailes transparentes, avec un point marginal brun, l'abdomen jaune, avec trois lignes brunes.

Ces quatre espèces, avec autant d'autres plus rares, ont des larves dont les mœurs ne diffèrent pas sensiblement de celle de la première, et qui doivent être par conséquent placées au nombre des ennemis des cultivateurs.

La TIPULE D'HIVER a les ailes transparentes, luisantes, et le corps brun. Sa longueur est de deux lignes. On ignore le lieu où habite sa larve qui doit être infiniment petite. Je la cite, parceque, pendant les jours de l'hiver et du premier printemps, après le dégel, et lorsque le soleil brille, on en voit des colonnes d'une étendue considérable, se balancer dans les airs et sembler suivre le voyageur. J'ai quelquefois fait des lieues entières sans cesser d'être au milieu de ces insectes, qui sembloient se toucher, tant ils étoient nombreux et vifs dans leurs mouvemens. On la prend souvent pour le cousin, auquel elle ressemble en effet beaucoup; mais elle n'est point pourvue de la trompe redoutable de ce dernier. Ce n'est qu'en entrant dans les yeux ou dans la gorge qu'elle fait du mal.

Plusieurs autres petites tipules présentent le même phénomène pendant l'été, le soir, sur le bord des rivières, dans les lieux marécageux ; mais elles se font moins remarquer, parceque c'est la saison des insectes.

Il est d'autres tipules de la même division, c'est-à-dire à ailes écartées, qui vivent dans le bois pourri, dans les ulcères des arbres, dans les excrémens des animaux, dans les champignons, dans l'eau pure ou corrompue ; mais comme elles ne nuisent point à l'agriculture et se font peu remarquer, je ne les mentionnerai pas.

La TIPULE PLUMEUSE a les ailes rapprochées, blanches, avec un point brun au milieu. Son corcelet est verdâtre, et ses antennes plumeuses (dans le mâle). Sa longueur est de quatre à cinq lignes. On la trouve en abondance dans les marais, le long des rivières dont le cours est lent, pendant la majeure partie du printemps. Je l'ai vue quelquefois couvrir les arbres du voisinage de ces lieux de manière à se toucher toutes. C'est une des mannes que la nature a données aux petits poissons. Sa larve est rouge, composée de onze anneaux, et pourvue sous la tête et vers l'anus d'appendices charnus. Elle vit dans l'eau où elle se forme des tuyaux au moyen de quelques fils de soie et de la boue. Souvent elle fait sortir une partie de son corps de ces tuyaux et l'agite d'une manière remarquable. J'ai vu des centaines, même des milliers de ces larves dans cette situation et se touchant presque, dans les abreuvoirs des fermes, dans les mares où il n'y avoit pas de poisson, pour qui elles sont un manger délicieux.

Une douzaine d'espèces de la même division et très communes, quoique moins que celle-ci, n'en diffèrent que fort peu et ont les mêmes mœurs. Je ne les citerai pas, crainte de grossir cet article.

Il est aussi des tipules qui déposent leurs œufs sur les bourgeons, sur les fleurs, sur les fruits, et dont la larve produit des galles qui nuisent beaucoup à la végétation des arbres ou des plantes qu'elles attaquent. Degéer en a fait connoître, avec détail, trois espèces, savoir celle qui vit sur les bourgeons du gènevrier, celle qui vit sur les feuilles du pin, celle qui vit dans les fleurs du lottier corniculé. J'ai étudié les mœurs d'une autre espèce qui vit dans les fleurs du genêt à balai. Cette dernière est si abondante, dans certaines années, que j'ai vu presque toutes les fleurs des genêts de la forêt de Montmorency avorter par suite de ses œuvres. Il est un grand nombre d'autres plantes qui sont attaquées par de semblables insectes encore inconnus, parcequ'il est fort difficile d'obtenir

les insectes parfaits des larves qu'on renferme à la maison, et
que la petitesse de ces insectes parfaits, l'impossibilité de les conserver entiers dans les collections, les ont fait négliger par les
naturalistes. Ils doivent, d'après mes observations, former un
genre voisin des tipules. Je sollicite ceux à qui leur séjour à
la campagne et leur loisir permettent de se livrer aux recherches, d'étudier les galles en général, et je leur promets des
découvertes nombreuses et des jouissances sans cesse renaissantes. Depuis que ceci est écrit Latreille en a fait un genre
sous le nom de CÉCIDOMIE *Voyez* le mot GALLE. (B.)

TIQUE. Nom qu'on donnoit autrefois à des insectes différens des poux et qui vivent comme eux aux dépens des animaux. Ils forment aujourd'hui une famille composée de plusieurs genres. Ainsi la *tique des chiens* est un IXODE ; la *tique
de la galle*, un SARCOPTE ; la *tique du fromage* et de *la farine*,
une MITTE. *Voy*. ces mots.

TIQUET. Nom que les jardiniers donnent, dans quelques
endroits, aux ALTISES. *Voy*. ce mot.

TIRANT. On donne souvent ce nom aux deux mères branches des espaliers conduits selon la méthode de Montreuil,
parceque ce sont elles qui tirent la sève du tronc. *Voy*. ESPA-
LIER, PÊCHER et TAILLE.

D'après les mêmes principes on appelle aussi tirants les
GOURMANDS et les pousses perpendiculaires du sommet des
espaliers.

TIRE ET AIRE (COUPER A). C'est abattre un bois de
suite et sans s'écarter çà et là, couper devant soi tout ce qui
n'y est pas réservé.

TIRE-FOND. Instrument dont on se sert pour tirer le fond
d'une futaille dont les douves se sont enfoncées après être
sorties de la rainure du jable. Cet instrument n'est autre chose
qu'une tige de fer faite en forme de vis par le bas, et terminée
à sa partie supérieure par un anneau assez large. (D.)

TIRET. Synonyme de bourgeon de la vigne dans le Médoc.

TISSU VASCULAIRE ou TUBULAIRE. Les végétaux sont
tous composés de deux sortes d'organes élémentaires inté-
rieurs qu'on appelle tissu. Les uns se présentent sous forme
de cavités ou cellules hexagones ; on les appelle TISSU CELLU-
LAIRE. *Voy*. ce mot. Les autres s'offrent sous l'apparence de
tubes, de forme et de grandeur variables, et on les nomme
tissu vasculaire ou tubulaire.

Ces derniers sont donc ce qu'on appelle proprement les vaisseaux des plantes, vaisseaux que la plupart des cultivateurs
croient être des tubes continus, mais qui réellement ont leurs
parois composées de tissu cellulaire.

Comme ce seroit faire un double emploi que de parler ici

de ces organes, je renvoie ce que j'ai à en dire aux mots VAIS-
SEAUX DES PLANTES et ORGANISATION DES VÉGÉTAUX.

TISSU CELLULAIRE, TISSU VESICULAIRE, TISSU
UTRICULAIRE. Mots synonymes qui indiquent un des principaux organes des plantes, c'est-à-dire un réseau formé par
des fibres ou des vaisseaux transparens anostomosés entre ses
mailles, quelquefois utriculés, qui renferme une matière verte,
qui est le parenchyme.

Comme le tissu cellulaire fait partie du parenchyme, il
est confondu avec lui par la plupart des botanistes, de sorte
que ce dernier mot est encore souvent synonyme du premier.

Cependant notre illustre Duhamel le distingue très bien
des couches corticales qui lui sont intérieures, et d'autres
physiologistes le considèrent comme une moelle extérieure,
communiquant avec l'intérieure et remplissant les mêmes
fonctions ou des fonctions analogues.

Pour ne pas inutilement multiplier les redites, j'ai cru
devoir renvoyer au mot PARENCHYME tout ce qu'il y a à dire
au sujet du tissu cellulaire. (*Voyez* aussi ORGANISATION DES
VÉGÉTAUX.)

TITHYMALE. Nom vulgaire de quelques EUPHORBES. *Voy*.
ce mot.

TOILES POUR OMBRER. La germination des plantes a
besoin pour s'effectuer convenablement d'une chaleur et
d'une humidité toujours égales, et les graines fines plus que
les autres ; aussi ces dernières ne lèvent-elles généralement
que dans des lieux abrités des rayons du soleil et des grands
vents si souvent refroidissans ou desséchans. *Voyez* GERMINA-
TION et SEMIS.

L'observation de ce fait auroit conduit les pépiniéristes qui
cultivent des plantes délicates et rares, et même les simples
jardiniers, à ne faire leurs semis que contre des murs exposés au nord ; mais beaucoup de ces semis ont besoin, dans
le climat de Paris, par exemple, d'une chaleur plus considérable que celle qu'ils y trouvent à l'époque où on les fait.
On a donc été déterminé à semer fréquemment les graines
des pays chauds au levant ou au midi, et à employer des abris
pour les garantir des rayons du soleil à l'époque de la journée
où ils sont les plus à craindre.

D'abord on a employé des paillassons ; mais ils interceptent toute lumière, et sans lumière il n'y a pas de bonne végétation. On a donc été conduit à les remplacer par des
CLAIES (*voyez* ce mot) et par des toiles.

Les toiles qu'on emploie pour ombrer les semis, les boutures, les plantes délicates, et même les fleurs dont on veut

prolonger l'existence, sont peu serrées, mais cependant solidement tissues. Elles doivent être peu serrées afin que l'air et la lumière puissent passer à travers, et solidement tissues pour qu'elles durent long-temps. Ce sont ordinairement des toiles d'emballage fine qu'on préfère à raison de l'économie, car les canevas vaudroient mieux. On les place, soit sur des cadres assemblés avec du fil de fer, soit sur des demi-cercles dont les bouts sont enfoncés dans la terre. Lorsqu'elles sont destinées à recouvrir des châssis, sur lesquels on les étend simplement, on fixe à leurs deux extrémités des bâtons d'un pouce de diamètre qui servent à les enrouler lorsqu'on ne veut plus en faire usage.

Une culture de plantes étrangères ne peut pas se passer de quelques unes de ces toiles, qui, lorsqu'elles sont convenablement ménagées et sèchement serrées, peuvent durer huit ou dix ans et plus. (B.)

TOISÉ. C'est ainsi qu'on appelle l'opération de mesurer à la toise, non seulement les longueurs, mais encore les superficies et les volumes ou capacités. On y comprend par conséquent les calculs, que, dans les deux derniers cas, il faut effectuer sur les mesures linéaires.

On doit soigneusement distinguer dans cette opération deux parties : 1° des principes fondamentaux indépendans de la grandeur de la mesure, ainsi que de la loi de ses subdivisions, et qui tiennent aux considérations géométriques relatives aux figures planes et aux corps ; 2° la manière d'effectuer les calculs arithmétiques que ces principes prescrivent. J'ai taché, dans les articles ARPENTAGE et MESURES, de donner une idée de la première partie du toisé ; et quant à la seconde, je ne saurois me résoudre à en parler ici ; car, ainsi que je crois l'avoir prouvé dans l'article MESURES, il seroit bien à désirer qu'on voulût renoncer à l'usage des anciennes, qui donnent aux calculs une complication très inutile, et substituer dans toutes les occasions le *métrage* au *toisé*. (L. C.)

TOISON. C'est la totalité de la laine qu'on a tondue sur un MOUTON ou une brebis. *Voyez* le premier de ces mots.

TOIT. COUVERTURE des bâtimens. *Voyez* ce mot.

TOITS A PORCS. ARCHITECTURE RURALE. On appelle ainsi les logemens des cochons.

Les porcs passent pour être les plus sales parmi les animaux domestiques ; le besoin qu'ils ont de se vautrer sans cesse leur a donné cette mauvaise réputation. Il est cependant reconnu aujourd'hui que les cochons ne se vident dans leurs logemens que lorsqu'ils ne peuvent pas faire autrement, et qu'ils prospèrent d'autant mieux que les logemens sont plus sains et entretenus plus proprement.

L'élève des cochons est une branche d'industrie très lucrative pour la moyenne culture, particulièrement dans les localités où la glandée est ordinairement abondante.

Dans ces pays, chaque ferme devroit avoir des toits à porcs en assez grand nombre pour pouvoir toujours séparer les animaux suivant leur âge, leur sexe et leur destination; savoir, des toits particuliers pour les verrats; d'autres pour les truies qui viennent de mettre bas; d'autres pour les cochons sevrés; d'autres enfin pour ceux que l'on veut engraisser.

Le logement d'une truie qui vient de mettre bas demande à être plus clos et plus chaud que le toit des cochons à l'engrais; mais tous doivent avoir sous plancher une hauteur de deux mètres un tiers au moins, pour la salubrité de l'air, et être d'ailleurs suffisamment aérés par des créneaux faciles à boucher pendant l'hiver, et par des trous qu'il est bon de multiplier dans les portes.

Les loges ou stales des cochons à l'engrais auront deux mètres à deux mètres un tiers de longueur, sur un mètre de largeur; celles des truies, la même longueur, sur un mètre un tiers de largeur. La longueur des autres loges peut être réduite à deux mètres.

En général, il ne faut jamais trop économiser sur les dimensions des toits à porcs, afin que ces animaux y soient toujous à l'aise, et qu'ils puissent se retirer sur le derrière de leurs loges pour y faire leurs ordures.

Le mieux seroit, en conservant à ces logemens les dimensions que leur destination exige, de les faire communiquer à une petite cour, où les cochons iroient se vider et prendre l'air. Cette communication seroit fermée par une porte disposée en *va et vient*, qu'ils auroient bientôt l'instinct d'ouvrir, et qui se fermeroit bientôt d'elle-même en reprenant son aplomb. Si cette cour étoit commune aux différens toits à porcs, il seroit nécessaire d'y faire des séparations pour éviter le mélange des sexes.

Les auges de ces logemens doivent être placées de manière qu'on puisse y verser le manger sans être obligé d'entrer dedans. Chaque cochon doit avoir son auge particulière, principalement ceux qui sont à l'engrais, afin qu'il puisse manger tranquillement sa portion, qui lui seroit enlevée souvent par le plus fort, ou par le plus adroit, si l'auge étoit commune à tous.

Il est nécessaire de donner beaucoup de solidité à tous les détails de construction d'un toit à porcs, parcequ'il n'y a point d'animal plus destructeur que le cochon. On en pavera donc solidement le sol en pierres dures, ou en briques de champ, et l'on disposera ce pavé dans les pentes convenables pour faciliter l'écoulement des urines.

Le plancher se fait en planches, ou on l'ourdit à la manière ordinaire ; mais, dans ce dernier cas, il faut le carreler afin de pouvoir placer sainement au-dessus la provision de glands.

Ceux qui voudroient connoître la disposition qu'il faut donner à ces logemens, lorsqu'il s'agit d'élever un nombreux troupeau de cochons, en trouveront un excellent modèle dans la dix-neuvième section du recueil des Constructions rurales anglaises ; il y a été inséré par M. Lasteyrie, traducteur de cet ouvrage. (DE PER.)

TOMADON. C'est, dans le département de Lot-et-Garonne, la même chose qu'aiguillon.

TOMATE. Espèce de plante du genre des MORELLES, *Solanum lycopersicum*, Lin., qui est originaire de l'Amérique méridionale, et qu'on cultive beaucoup dans les parties chaudes de l'Europe, même à Paris, pour son fruit, dont la pulpe est employée dans l'assaisonnement des mets. *Voyez* MORELLE.

On reconnoît la tomate, qu'on appelle aussi *pomme d'amour*, à ses racines annuelles, fusiformes ; à ses tiges hautes de deux à trois pieds, velues, charnues, en partie couchées ; à ses feuilles charnues, irrégulièrement pinnées, incisées, bullées, légèrement ciliées, d'un vert foncé ; à ses fruits rouges, comme plissés à leur base, quelquefois gros comme le poing, portés deux par deux sur des pétioles sortant de l'aisselle des feuilles supérieures.

Il y a une tomate à petit fruit rond et régulier, qui a au plus un pouce de diamètre et qui est plus hâtive. On doit la regarder comme le type de l'espèce.

En Amérique, en Espagne, en Italie, et dans les départemens de la France qui bordent la Méditerranée, tous lieux où j'ai vu cultiver la tomate, on en sème les graines dans une terre labourée et abritée des vents froids, 1° en janvier ou février, pour avoir des fruits au printemps et au commencement de l'été ; 2° en avril ou mai, pour avoir des fruits en automne. Les plants ne tardent pas à se montrer, et ils s'éclaircissent et se sarclent au besoin, même quelquefois se binent. Ils fleurissent souvent à la fin du premier mois de leur sortie de terre, et continuent de le faire jusqu'à ce qu'ils soient épuisés. J'ai vu de ces pieds qui couvroient une toise de terrain, et qui fournissoient plusieurs centaines de fruits, qu'on cueilloit successivement à mesure qu'ils entroient en maturité.

Le suc de la tomate est d'un rouge jaune, ou mordoré, un peu pulpeux, légèrement acide, agréable au goût, mais ayant un peu l'odeur nauséeuse des autres solanées. On l'exprime par le seul effort de la main, et on le passe dans un tamis ou dans un linge clair, pour en séparer les graines qui s'y trouvent mêlées. C'est ce suc dont on fait une si grande consommation pour l'assaisonnement des viandes dans les pays précités, où il passe non seulement pour fort sain, mais pour un préservatif des maladies putrides qui y sont si dangereuses. J'ai souvent pris ma part de repas où il servoit de condiment à tous les mets. On les aime tant qu'on en fait sécher ou confire dans le vinaigre pour le court espace de temps où on ne peut en avoir de fraîches. La consommation qui s'en fait est immense.

Dans le climat de Paris on ne peut cultiver avec succès la tomate, si on ne la sème pas sur couche en février, pour la repiquer en avril, contre un mur exposé au midi, et dans une terre bien fumée avec du terreau, et bien travaillée. Deux pieds de distance entre chaque pied sont convenables. Des arrosemens dans le besoin sont indispensables. On ne cueille les fruits que quand ils sont arrivés à leur complète maturité, parceque le défaut de chaleur les rend âpres. Malgré cette précaution, qui a mangé des tomates dans les pays chauds sera peu jaloux d'en manger à Paris, où au reste on en fait un usage très peu étendu.

On mange aussi la tomate cuite et assaisonnée de diverses manières.

La graine de tomate ne conserve pas long-temps sa faculté germinative; il faut la déposer dans un endroit frais et non humide. (B.)

TOMBEREAU. Sorte de charrette entourée d'ais, servant à porter de la terre, de la boue, du sable, des gravois, des pierres, etc. On donne aussi le même nom à tout ce qui est contenu dans un tombereau; ainsi on dit un *tombereau de sable*, un *tombereau de terre*. Pour sa forme et ses dimensions, *voy*. le mot VOITURE. (D.)

TONDRE, TONDEUR. Opération par laquelle on force les arbres, les arbustes et même les plantes à ne pas dépasser certaines limites dans leur végétation, ou à prendre telle ou telle forme contre nature. On la fait avec de très grands ciseaux, ou avec un croissant, ou avec une serpe, selon que les objets à tondre sont plus ou moins étendus, plus ou moins gros.

Nos pères avoient la manie de tout tondre dans leurs jardins, et la poussoient à un degré extravagant. On y voyoit des charmilles, des ifs, des buis qui représentoient des villes fortifiées, des tours, des maisons, des hommes à cheval, des bestiaux, etc. Les moins bizarres surchargeoient les pyramides de girandoles, de boules de toutes grosseurs. En ce moment la mode proscrit toutes ces formes, mais peut-être va-t-elle un peu trop loin dans le sens contraire. Certainement la tonte n'est pas dans la nature, mais les bordures de buis, mais les allées de charmille, mais les avenues de tilleuls, n'y sont pas non plus, et cependant elles ont des avantages, même des agrémens qui tiennent à leur tonte. Il est même quelques arbustes qui, par leur essence même, semblent pouvoir être assujettis à cette opération sans qu'ils paroissent en souffrir, et sans que le bon goût en soit blessé. Un if pyramidal ou conique fera par-tout un bon effet. Une boule de buis au coin du parterre ne paroîtra pas ridicule. Une salle d'ormes étêtés sera quelquefois bien placée. L'art dans ces cas consiste à faire pardonner l'art en le motivant.

La tonte des arbustes et des arbres est assujettie à des règles qu'on ne viole pas sans inconvéniens. En principe général, il faut la faire lorsque la sève est en repos, c'est-à-dire pendant l'hiver ou pendant les grandes chaleurs. Celle des grands arbres, comme tilleuls, ormes, marronniers, etc., se fait toujours dans la première de ces saisons; celle des charmilles, des ifs, des buis, a ordinairement lieu au mois d'août. Souvent on tond les bordures de buis, de thym, de lavande, etc., au printemps; mais c'est mal vu, puisqu'on perd par-là la jouissance des premières pousses, et qu'on contrarie nécessairement la nature en suspendant la végétation lorsqu'elle est dans toute son activité, ou en occasionnant une grande déperdition de sève par les plaies. J'ai vu des bordures de buis frappées par les gelées tardives, à la suite de cette opération, périr en deux jours, lorsque celles qui étoient restées intactes n'avoient souffert en aucune manière de cet évènement. Je n'entreprendrai pas de détailler ici tout ce qu'il convient de considérer lorsqu'on veut tondre tel ou tel arbre, parcequ'on trouvera aux articles particuliers de chacun de ces arbres ce qui sera le plus digne de remarque sur cet objet. Au reste, la tonte au ciseau et au croissant n'est assujettie à d'autres règles, outre celle de l'époque, que celles qui résultent de la régularité des coups de ces instrumens. Or, l'expérience seule, ou mieux, l'habitude du tondeur, vaut mieux que tous les préceptes. Le but est de faire toutes les faces unies autant que possible, ce à quoi on parvient par une main sûre et un coup d'œil exercé. La tonte qui se fait au moyen de la serpe, qui porte souvent le nom d'*élagage*, quoiqu'elle en soit fort distincte, est plus difficile, parceque, outre ces considérations, il faut aussi faire attention aux bourgeons qu'on laisse sur la base des branches, et qui sont destinés à regarnir les pieds dans leur largeur ou dans leur épaisseur. Elle demande par conséquent un peu plus de science de la part de la personne qui la pratique; aussi les bons tondeurs d'avenues sont-ils rares.

Ce que je viens de dire prouve que je n'aime point voir contrarier la nature ; cependant il est des formes régulières qui ne déplaisent point à l'œil ; ainsi, un églantier greffé produit un meilleur effet lorsqu'il est en boule que quand il s'emporte d'un côté. Un lilas en buisson qui a des gourmands sur les bords perd la moitié de son mérite ; dans ces cas un jardinier ordinaire prend ses ciseaux, moi je prends ma serpette et je me contente de couper les branches les plus longues, ou les plus irrégulières, toujours au-dessous du point où se terminent les autres, et de manière à obtenir la forme que je désire. Les pousses qui remplacent ces branches étant latérales et foibles remplissent le vide sans déranger cette forme. *Voyez* au mot TAILLE.

On tond aussi un gazon, une pelouse, soit au ciseau, soit à la faux. Le temps de le faire est généralement fixé par la longueur de l'herbe, l'époque étant regardée comme indifférente relativement aux plantes, quoiqu'elle doive ne pas l'être. Le talent de l'ouvrier qui y procède consiste à couper la totalité de la pièce à la même hauteur, de manière qu'on ne voye pas des *ondes*. Dans les jardins bien tenus on l'exécute au moins trois fois dans le courant de l'été. Il en est où dans les lieux les plus apparens, tels que l'intérieur des parterres, le devant de la maison, etc., on tond l'herbe tous les samedis.

Quant à la tonte des MOUTONS, *voyez* ce mot. (B.)

TONNE. Grande futaille, ou vaisseau de bois, de forme ronde et longue, ayant deux fonds, et qui est reliée avec des cercles ou cerceaux. La tonne a du rapport au muid pour sa figure, mais elle est plus grande et plus *bougeue* ou enflée vers le milieu, et va plus en diminuant vers les bouts. On s'en sert pour mettre de l'huile, de l'eau-de-vie et d'autres liqueurs. La tonne d'huile d'Amsterdam contient sept cent dix-sept mingles, ce qui fait, à deux pintes de Paris le mingle, quatorze cent trente-quatre pintes.

Les *tonnes* sont aussi employées à mettre diverses espèces de marchandises, pour les pouvoir envoyer et voiturer plus facilement, comme sucre, cassonade, etc.

On appelle encore *tonnes* certains vaisseaux de bois d'une grandeur extraordinaire, qui servent à conserver du vin pendant plusieurs années. On en voit en Allemagne qui tiennent cent à cent vingt muids. Ces tonnes portent dans ce pays le nom de FOUDRES. *Voyez* ce mot. *Voyez* aussi le mot TONNEAU. (D.)

TONNE, TONNELLE. On appelle ainsi un berceau de peu de longueur fait avec un treillage garni de vigne, de chèvrefeuille, de houblon, de morelle douce amère, de haricots, de liserons et autres plantes grimpantes. Ces sortes de berceaux se placent ordinairement dans le voisinage de la maison, et se voient plus fréquemment dans la cour ou devant la porte des cabarets et autres lieux publics qu'ailleurs. *Voyez* au mot BERCEAU.

TONNEAU. En général et le plus ordinairement on appelle ainsi toutes sortes de futailles ou de vaisseaux de bois de petite et moyenne grandeur, ronds, à deux fonds, et reliés de cercles, servant à mettre diverses espèces de marchandises liquides, demi-liquides ou sèches, comme du vin, de la bière, de l'eau-de-vie, de l'huile, du miel, des pruneaux, etc.

On emploie aussi le mot *tonneau* pour exprimer une certaine mesure de liqueur, et dans cette acception il n'est point donné à un vaisseau quelconque, mais à la quantité même du liquide, laquelle n'est pas égale dans tous les pays.

Le même mot énonce aussi une mesure ou quantité de grains qui contient ou qui pèse plus ou moins, suivant les lieux où elle est en usage.

On applique encore le mot *tonneau* à la marchandise, soit liquide, soit solide, renfermée dans le vaisseau qui porte ce nom. C'est dans ce sens qu'on dit un tonneau de vin, un tonneau d'huile, un tonneau de pruneaux, etc.

Enfin on nomme *tonneau*, dans le commerce de mer, un poids de quelque denrée que ce soit, égal à deux mille livres, et d'après lequel on est dans l'usage d'évaluer le port des navires et le prix du fret. Dans cette acception le mot *tonneau* ne peut faire l'objet de cet article, et dans les quatre autres la première est la seule d'après laquelle il puisse en être ici question. Je vais donc parler uniquement du tonneau futaille.

Quand on considère un tonneau, on ne peut trop admirer l'industrie et le soin qu'il a fallu pour en assembler toutes les pièces de manière qu'elles puissent former un vase d'une assez grande capacité, facile à transporter, et capable de recevoir un assez grand choc sans laisser échapper la liqueur qu'il renferme.

§. 1. *De la composition et du bois des tonneaux.* Tout tonneau est composé de plusieurs planches ou douves réunies par des liens à côté les unes des autres, et présentant dans leur ensemble une espèce de cylindre court et creux, qui est renflé dans son milieu, tronqué et fermé à ses deux extrémités ; ou si l'on veut en avoir une idée plus juste, on peut le regarder comme formé par deux cônes tronqués dont les bases seroient réunies dans la partie moyenne du tonneau. Ces cônes sont cependant encore irréguliers, car ils sont formés chacun de lignes courbes qui présentent une espèce de conoïde. La par-

tie qui, le tonneau étant coupé, offriroit un plus grand diamètre, et qui se trouveroit la plus renflée de la pièce, se
nomme le *ventre du tonneau*, ou le *bouge*.

Quand les douves sont toutes préparées, et qu'il ne reste
plus qu'à mettre les cerceaux, elles forment ce qu'on appelle
un tonneau ou une futaille *en botte*. Quand elles sont mainte-
nues par des cercles, et que le tonneau a ses fonds et ses barres,
il s'appelle *tonneau monté*. C'est alors qu'on pratique sur sa
partie la plus renflée, dite le *bouge*, une ouverture à égale
distance de ses extrémités ; on la nomme *trou du bondon*. Le
bondon est le bouchon de liège ou de bois qui sert à tenir fermée cette ouverture quand on n'en fait aucun usage.

On donne le nom de *merrain* à l'espèce de bois employé à
faire les douves et les fonds des tonneaux. Cependant celui des
fonds porte spécialement le nom de *traversin*.

Le merrain n'est autre chose que du bois de chêne, ou tout
autre bois refendu en petites planches ordinairement plus longues que larges. Il y a deux sortes de merrain ; l'un qui est
propre aux ouvrages de menuiserie ; on l'appelle *merrain à
panneaux* ; l'autre qui est propre à faire des douves et des fonds
pour la construction des futailles : on l'appelle *merrain à futailles*.

Le merrain à futailles est différent, suivant les lieux et les
divers tonneaux auxquels on le destine. Celui qu'on prépare
pour les douves des pipes doit avoir quatre pieds, celui pour
les muids, trois pieds, et celui des barriques ou demi-queues,
deux pieds et demi de longueur. Sa largeur doit être de quatre
à sept pouces, et son épaisseur de neuf lignes. Le merrain destiné aux fonds doit avoir deux pieds de long, six pouces de
large au moins, et neuf lignes d'épaisseur. Les pièces du fond
entrent dans une entaille ou rainure qu'on appelle *jable*. La
circonférence de chaque extrémité du tonneau, depuis le fond
jusqu'au bord des douves, porte aussi le même nom.

Pour fabriquer de bons tonneaux les tonneliers doivent faire
une ample provision de merrain, afin que le bois puisse acquérir, avant d'être employé, le degré de siccité convenable.
Le bois de fente qui a été divisé en planches ou lames minces
doit être préféré : cependant on fait quelquefois usage du bois
refendu avec la scie ; mais les douves fabriquées de bois refendu ne sont pas aussi bonnes que celles dont on a débité le
bois, parcequ'on n'a pas pu les séparer suivant la disposition des
fibres : on est obligé de commencer leur cintre par la scie,
afin de pouvoir ensuite former avec moins de difficulté le
bouge du tonneau, et cette opération est défectueuse. Quel-

ques ouvriers amincissent avec l'essette (1) la partie du milieu de la douve qui doit former le bouge, afin, disent-ils, de cintrer plus facilement leurs barriques. C'est encore une pratique vicieuse, puisque la partie qui doit être la plus forte dans la construction devient la plus foible.

Le merrain et le traversin doivent être pris dans du bois de *quartier* dont on a enlevé l'aubier ; autrement les douves seroient sujettes à se coffiner (2), et cesseroient d'être propres à la construction des tonneaux.

J'ai dit qu'on choisissoit ordinairement le bois de chêne pour en faire du merrain à futaille, parceque la fabrication des tonneaux exige un bois serré et qui ne pourrisse pas aisément. Sans doute on peut y employer le châtaignier, le hêtre et quelques autres bois, à l'exception cependant des bois tendres, nommés *bois blancs*, et de ceux aussi qui, par leur nature, pourroient communiquer aux liquides une odeur étrangère. Mais le chêne bien choisi est préférable à tous pour la construction des vaisseaux vinaires, parceque les fibres de son bois sont mieux liées et plus compactes. L'expérience de tous les pays de vignobles prouve que le vin perd beaucoup moins dans de tels vaisseaux, soit pour la quantité, soit pour le spiritueux. Cette vérité a été tellement mise au jour par les plaintes des acheteurs d'eau-de-vie, que toute exportation d'esprit ardent hors du royaume est défendue, si elle n'est pas faite dans des tonneaux de chêne ; on se servoit auparavant des vaisseaux en bois de châtaignier, et quoique l'eau-de-vie fût au titre et même au-dessus en sortant de nos ports, elle arrivoit chez l'étranger, à Hambourg, par exemple, à un titre très inférieur à celui qui est adopté dans le commerce. Cependant on a beau faire, l'évaporation du spiritueux est encore sensible, même dans les meilleurs tonneaux de bois de chêne ; mais la perte est peu considérable.

Ce qui se manifeste si visiblement pour l'esprit ardent isolé et concentré, se manifeste de même pour le spiritueux du vin, d'une manière plus insensible, il est vrai, mais qui n'en est pas moins réelle. Supposez dix vaisseaux vinaires dont la contenance soit graduée depuis cent jusqu'à mille pintes. Il est clair que l'épaisseur du bois sera proportionnée à la graduation du contenu, au moins jusqu'à un certain point. Ainsi

---

(1) L'*essette* des tonneliers est un marteau dont la tête est ronde, et qui se termine de l'autre côté en un large tranchant de fer acéré, recourbé du côté du manche. Cet outil sert à arrondir l'ouvrage en dedans.

(2) Quand dans un assemblage de planches quelques unes enflent, augmentent, s'allongent et quittent la forme qu'on leur avoit donnée et qu'elles devoient avoir, on dit qu'elles se *coffinent*.

les douves de la barrique de cent pintes auront, suivant l'usage., sept ou huit lignes au plus d'épaisseur, et celles du vaisseau de mille pintes, trois à quatre pouces. Supposez encore que ces dix vaisseaux soient remplis du même vin fait dans le même temps et de la même manière, qu'enfin toutes les circonstances soient égales même pour l'emplacement dans la cave ; si l'on tient une note exacte de la quantité de vin que chaque vaisseau consommera pour être toujours tenu plein pendant toute l'année, et si, à la fin de l'année, on distille séparément le vin de ces dix vaisseaux et qu'on en mette à part le produit, l'expérience prouvera que le vaisseau de cent pintes a consommé à peu de chose près, et proportion gardée, dix fois autant que le vaisseau de mille pintes. On se convaincra encore par la distillation que la proportion du spiritueux sera plus de dix fois plus foible qu'au tonneau de mille pintes ; mais si les vaisseaux ne sont pas construits en chêne, alors les proportions seront encore plus à perte, soit pour la quantité, soit pour le spiritueux.

Toutes les douves, quoique de chêne, ne sont pas d'égale qualité et également propres à la construction des tonneaux. Celles tirées des chênes trop vieux ou trop jeunes sont trop poreuses. Les douves doivent toujours être faites avec un bois sec. Si on emploie le bois encore vert, les vaisseaux de l'arbre remplis de sève lui donneront de la mollesse. Dans cet état il s'imbibera des liqueurs, la pression des cercles le refoulera et il se *coffinera*. D'ailleurs le bois sec gonfle beaucoup à l'humidité et le vaisseau en devient plus étanché. Les tonneliers bien montés ont des bois en réserve pour plusieurs années ; après avoir coupé et refendu les billots, ils entassent le merrain en croisant les pièces, de façon que l'air ait un libre cours entre elles.

Le bois rongé, vermoulu ou menacé des vers, doit être rejeté, ainsi que celui qui se trouveroit *pertuisé* par toute autre cause, comme donnant issue au vin, et permettant à la liqueur de s'échapper et de se perdre. C'est un défaut du chêne d'être quelquefois attaqué par les vers ; les tonneliers ont alors soin de fermer ces trous avec des épines de prunelier ; car ils sont responsables du vin qui se perdroit par les trous des vers qu'ils auroient laissés sous les cercles.

Le bois pourri, ou qui commence à pourrir, ne doit pas être employé : on en sent les raisons.

Ou doit rejeter encore le bois *vergeté* ; on nomme ainsi celui qui présente à sa surface des veines de différentes couleurs, principalement des veines rouges ; il se trouve dans certaines parties de forêts. Quand le bois prend cette couleur rouge marbrée, c'est une preuve de mauvaise qualité ; étant employé il ne dure pas aussi long-temps qu'un autre ; il se charge d'humidité et se pourrit promptement.

Les bois gras, et pris sur des arbres tout-à-fait en retour, ne sont pas propres non plus à former des futailles ; on les reconnoît aisément à leurs couleurs et à leurs fibres tendres et non liées ; cependant, faute de meilleurs, les tonneliers sont souvent obligés d'en faire usage. Quand ils sont gras à un certain point, non seulement ils laissent perdre le vin, mais ils se coffluent aisément, et les douves sont très sujettes à se rompre dans le jable.

On n'emploie point les bois roulés, c'est-à-dire ceux dont les cercles concentriques, qu'on regarde ordinairement comme indiquant l'âge des arbres, sont séparés les uns des autres et ne font point corps ensemble.

On éprouve le merrain en le frappant sur le tranchant d'une pierre. S'il rompt par éclat ou par esquilles, il est bon ; s'il casse net, on le rebute. On doit préférer les douves qui ont flotté, pourvu qu'elles ne soient ensuite employées qu'après avoir été parfaitement séchées. Ces douves flottées ont perdu dans l'eau une partie de leur astriction ; mais si en les retirant de l'eau on les plaçoit dans un endroit humide, elles contracteroient bientôt une odeur de moisi que les efforts de l'art ne sauroient leur enlever.

Il est sans doute difficile pour celui qui achète chaque année une certaine quantité de tonneaux d'examiner chaque douve séparément ; mais s'il veut en prendre la peine, elle ne sera pas tout-à-fait perdue. On doit cependant convenir que s'il est souvent aisé d'apercevoir comment tel ou tel bois employé à faire des futailles peut gâter le vin qu'elles doivent contenir, il est aussi certain bois produisant le même effet, sur lequel on ne voit aucune des marques que nous venons de donner comme désignant du mauvais bois. Ce bois communique à la liqueur un goût qu'on est convenu d'appeler *goût de fût*, lequel en empêche la vente, et oblige le propriétaire à en faire du vinaigre ou de l'eau-de-vie. On ne sait à quel caractère reconnoître ce défaut, très commun dans le bois de nos forêts. Souvent, dans un certain nombre de pièces construites par le même tonnelier, et avec le même bois, on en voit plusieurs où le vin qu'on y a déposé prend un goût de fût et se gâte en peu de temps ; tandis que le même vin, tiré de la même cuve, placé dans le même endroit, et mis dans des futailles en apparence semblables, conserve sa qualité et ne prend aucun mauvais goût. L'ordonnance n'en a pas moins rendu les tonneliers responsables de l'altération que peut éprouver le vin dans les pièces qu'ils ont livrées et qui ont ce goût de fût ; ils sont obligés de les reprendre et de payer au propriétaire le vin gâté sur le pied de la vente commune.

§. 2. *De la forme des tonneaux*. De la figure des douves dépend celle que prend le tonneau, qui n'est formé que par leur réunion. En général, les tonneliers ne donnent point assez de courbure à leurs douves depuis le trou du bondon jusqu'à leurs extrémités. Cependant cette courbure est nécessaire, et doit être relative à l'espèce et à la destination du tonneau qu'on construit, ainsi qu'à sa grandeur et à sa capacité. En la déterminant, l'ouvrier doit calculer l'épaisseur des cerceaux et celle de leur ligature, il doit aussi compter sur l'affaissement même des courbures, qui, après quelques années, tendent à se rapprocher de l'horizontalité. Les tonneliers ne sont point assez exacts à suivre les proportions prescrites à cet égard, parcequ'il leur faudroit plus de bois, du bois mieux choisi, et en état de supporter la diminution de largeur, en partant du bondon à l'extrémité de la tige. Il n'est pas aisé de dire quelle courbure précise doivent avoir les douves, mais on peut assurer que le tonneau le mieux construit et le plus parfait est celui dont la forme approche de celle d'un fuseau tronqué par les deux bouts.

Voici les avantages qui résultent de cette forme,

1° On sait que plus une voûte est cintrée, plus elle a de force, et plus elle devient susceptible de porter de grands fardeaux. Il en est ainsi des douves réunies ; leur point le plus élevé, et qui présente le sommet de *l'anse du panier*, est la partie la plus haute du bouge.

2° Plus un tonneau approche de la forme d'un fuseau tronqué, moins il touche la terre par des points de contact ; dès-lors on le manie plus aisément, on le roule et on le retourne avec plus de facilité, moins les cerceaux et les osiers qui le lient sont sujets à se pourrir.

3° Ces avantages, quoiqu'essentiels, sont peu de chose en comparaison des suivans. Supposons que du vin soit renfermé dans un vaisseau carré, n'est-il pas vrai que si la liqueur qu'il contient ne le remplit pas exactement, ou qu'il en manque seulement l'épaisseur d'une ligne, il y aura un vide sur toute la surface supérieure du vin ? Mais comme l'expérience prouve que l'évaporation n'a lieu qu'en raison des surfaces, il est donc clair qu'elle aura lieu sur la couche du liquide en raison de toute la surface, quelle que soit son étendue, et en raison de son étendue. Au contraire, dans un tonneau ordinaire, et supposé contenir autant que celui dont on vient de parler, le vide d'une ligne de hauteur n'est presque rien, et ne porte que sur une très petite superficie, à cause de la courbure ou bouge de la douve ; mais ce vide sera encore bien moins sensible si on donne aux douves une courbure telle que le tonneau ait la forme indiquée. Dans le premier cas, c'est-à-dire dans le vaisseau carré, toute la superficie est soumise à l'évaporation, dans le second, elle est infiniment moindre, et dans le dernier elle est réputée nulle.

4° La forme du fuseau tronqué présente un quatrième avantage bien important encore, relativement à la qualité du vin. La lie est le sédiment du vin, la partie pesante qui s'en sépare ; ce résidu, par sa pesanteur spécifique, se précipite dans la partie la plus inférieure ; or plus cette partie inférieure sera profonde, plus elle concentrera la lie, et moins la lie occupera d'espace dans le tonneau, par conséquent moins elle sera susceptible de se recombiner dans le vin au printemps et en août, lors du renouvellement de la fermentation, que l'on appelle *insensible*.

5° Enfin il est plus aisé de soutirer à *clair fin* le vin d'un tonneau bien bougé que d'un tonneau plat, précisément parceque la lie y occupe moins de place en surface ; ainsi, sous quelque point de vue qu'on considère la forme d'un vaisseau vinaire, celle d'un fuseau tronqué est sans contredit la meilleure, quelle que soit la grandeur du vaisseau.

Si on excepte l'Espagne et les environs de Baïonne et de Bordeaux, les tonneaux de toutes grandeurs sont par-tout très mal construits, et plus ils sont petits, plus leurs défectuosités sont multipliées, parcequ'on ne réserve pour ceux-ci que les bois de rebut ou ceux qui ont déjà servi à des vaisseaux plus grands. Ces vieux bois sont, ou dolés de nouveau, ou parés avec l'essette, de manière que leur épaisseur, déjà très modique, est encore diminuée.

Une douve, pour être bonne, doit être aussi épaisse à ses extrémités que dans son milieu. Si on l'amincit en approchant de ses extrémités, on diminue la force de la totalité ; si on l'amincit dans son centre, elle se courbe plus aisément à la vérité, mais elle perd de sa force réelle dans la partie où elle est absolument nécessaire. C'est à l'ouvrier doleur à savoir diminuer en proportion convenable, et sur la largeur, la douve depuis son centre jusqu'à ses deux extrémités, de manière que toutes les douves étant réunies par les cerceaux présentent par leur resserrement la voûte dont j'ai parlé, et qui fait la véritable forme du tonneau.

Beaucoup d'ouvriers, non par ignorance, mais pour accélérer leur travail, emploient des douves trop larges, sur-tout pour les fonds ; qu'arrive-t-il ? Après un an ou deux de service ces douves n'ont pas le même coup d'œil que lorsque le tonneau a été acheté ; ici ce sera une douve coffinée en dedans ou en dehors ; là, pour en retenir une autre, il faudra barrer le fond, et peut-être craindre encore que cette opération ne soit pas suffisante.

Ce qui vient d'être dit des douves du fond s'applique également à celles de la circonférence, qui ne se coffinent jamais en dehors (le cas est rare), mais toujours en dedans, et que souvent on est obligé de suppléer par d'autres. Tout vaisseau quelconque, grand ou petit, pour être bien fait, pour être de durée, doit, dans sa circonférence, décrire un cercle parfait, et jamais on ne trouvera cette rondeur exacte tant que l'ouvrier emploiera des douves trop larges, qui, nécessairement formeront des angles à chaque point de réunion. Le tonnelier connoît le défaut, il le masque aux yeux de l'acheteur, en diminuant l'épaisseur du bois de la douve dans l'endroit où elle forme des arêtes avec les douves voisines, sans quoi le vaisseau présentant des angles à chaque union de douve, seroit rebuté, ce qui seroit une perte réelle pour lui.

§. 3. *Des moyens d'affranchir des tonneaux neufs et de la correction des tonneaux viciés.* On nomme *affranchir* l'opération par laquelle, à l'aide de l'eau bouillante simple, ou tenant en dissolution certaines substances, on enlève en totalité ou en partie le reste de la sève que le bois de l'arbre abattu et débité en douves contient encore dans un état d'exsudation. J'ai dit plus haut qu'il étoit avantageux de tenir long-temps les douves dans l'eau, c'est le moment de prouver cette assertion.

L'eau dissout la presque totalité du mucilage contenu dans la douve, et une grande partie de sa matière colorante et de son principe d'astriction ; la rapidité de l'eau entraîne ces principes à mesure que leur dissolution s'exécute. Si on veut se convaincre de cette vérité de fait, qu'on prenne un tonneau neuf en bois de chêne ou de châtaignier, et dont les douves n'aient pas été immergées ; qu'on le remplisse d'eau pendant autant de jours qu'elle en sortira fortement colorée, et que l'on compte le nombre de ces jours ; que l'on répète la même opération sur un tonneau fait de douves flottées, et l'on se convaincra que les eaux de ce dernier seront peu colorées, proportion gardée, et que dans peu de jours elles en sortiront claires et sans odeur. Il est donc évident que dans les premiers le vin qu'on y mettra s'appropriera la saveur astractive et l'odeur désagréable que l'eau courante a séparée du bois.

Quoi qu'il en soit, si les douves de bois de chêne ou de châtaignier dont le tonneau est construit n'ont pas flotté, on doit alors le remplir pendant plusieurs jours de suite avec de l'eau, la vider et la renouveler jusqu'à ce qu'elle en sorte claire et sans odeur. Si on est assuré que les douves aient suffisamment flotté, on se contentera de laver le tonneau avec de l'eau claire et fraîche que l'on videra aussitôt. Après cette opération on lavera chaque tonneau avec de l'eau bouillante, dans laquelle, sur deux pintes, on aura fait dissoudre une livre de sel de cuisine; on en prendra environ trois pintes pour laver un tonneau supposé contenir deux cent trente à deux cent cinquante pintes.

Cette eau bouillante et salée produit deux grands avantages: 1° comme le vaisseau est exactement bouché, elle raréfie fortement l'air qu'il contient; cet air tend à s'échapper par la plus petite gerçure, et fait connoître les endroits où le bois est piqué, où les douves joignent mal; de manière que si le tonneau est mal fabriqué on le met de côté pour le rendre au tonnelier; 2° l'eau salée et bouillante dissout beaucoup mieux la substance mucilagineuse, savonneuse et colorante du bois, et le vin dont on remplira ces vaisseaux aura moins d'action sur elle.

On ne doit pas laisser refroidir cette eau salée dans le tonneau; cinq ou six heures après qu'elle y a été mise, on égoutte le vaisseau, et on la remplace aussitôt par une ou deux pintes de moût bouilli et bouillant, qu'on a eu grand soin d'écumer pendant qu'il étoit sur le feu. On bouche exactement, on agite, tourne et retourne le tonneau. Ce moyen peut sans inconvénient refroidir dans le vaisseau, et même y rester pendant quelques jours. Au moment de ranger les tonneaux, on égoutte les barriques, on les rebouche, et le moût qu'on en retire est mis à part, et sert à bonifier le petit vin ou vin de marc. Les barriques sont ensuite exactement bouchées, mises en chantier et prêtes à recevoir le vin nouveau.

Quant aux tonneaux qui ont déjà contenu du vin, il suffit, avant la vendange, de les faire défoncer d'un côté, afin d'en retirer les vieilles lies desséchées, et afin que l'intérieur soit ratissé et dépouillé des dépôts tartareux. On doit aussi les faire relier suivant leurs besoins. La veille de s'en servir, on y jettera de l'eau bouillante sans sel, pour que le bois se gonfle; cette eau sera retirée quelques heures après, et remplacée par un peu de moût bouillant. Enfin, celui-ci vidé, on remplira avec du vin nouveau. On est assuré, en suivant ces précautions, que le vin ne contractera jamais de mauvais goût; mais il faut convenir que ces précautions ne le garantiront pas du goût de *fût*; et cependant une seule douve affectée de ce goût suffit pour gâter en peu de jours tout le vin d'une barrique.

On a cherché vainement, comme je l'ai déjà dit, l'origine de ce goût de fût concentré dans une douve plutôt que dans une autre; les vignerons, les marchands de vin ne se trompent jamais sur ce goût, plus facile à sentir qu'à décrire; si le tonnelier flairoit chaque douve en particulier, l'habitude lui feroit remarquer la douve défectueuse, et il ne l'emploieroit pas, et ne s'exposeroit pas à avoir dans la suite des difficultés avec l'acheteur de ses tonneaux.

On peut reconnoître les douves futées, 1° à leur couleur plus sombre, plus terne; si cette couleur est inégalement répartie dans les couches concentriques du bois, si elle est marbrée, ondulée, si le centre de ces inégalités présente un nœud pourri ou carié, ce bois fûtera le vin. 2° Lorsqu'on doute de la mauvaise qualité des douves, on les transporte dans un lieu humide; on les y laisse pendant quelques jours; on les scie ensuite sur un de leurs bouts, et on les flaire au chemin de la scie; la chaleur causée par le frottement décèle le goût du fût. Si le tonneau est monté et tenu depuis quelque temps dans un endroit humide, si le trou du bondon est ouvert, méfiez-vous de toute odeur insolite, même fût-elle suave. Cependant ne vous trompez pas à l'odeur naturelle du bois, ou de fumée, occasionnée par les copeaux qu'on brûle pendant la fabrication, afin de donner un pliant plus facile aux douves. Le bois peut avoir l'odeur d'échauffé, de moisi, de chanci, et ce n'est pas celle du fût. 3° un moyen bien simple décidera si les douves que l'on suspecte sont fûtées. Il suffit d'enlever de leur surface quelques lamelles ou copeaux, de les renfermer dans une bouteille remplie de vin et tenue dans un lieu modérément chaud, et de les y laisser infuser pendant vingt-quatre heures; si les bois sont viciés, le vin, à coup sûr, sera assez fûté pour être reconnu par tous les dégustateurs.

Il existe des moyens de corriger le fût. L'eau de chaux saturée et récente produit cet effet. Elle n'attaque point la saveur des vins, ni leur qualité, ni leur couleur, quand même on en mêleroit à cette liqueur une quantité surabondante à celle que le vin fûté exige. Lorsqu'on a soutiré le vin vicié dans un tonneau sain, une once d'eau de chaux suffit par livre de vin. Ce tonneau doit être roulé chaque jour, et pendant dix à douze jours consécutifs. On appelle eau de chaux celle qui surnage la chaux lorsqu'elle est éteinte. Le *surmoût* est également avantageux pour corriger le fût; on l'emploie à la dose de quatre à huit pintes sur un tonneau de deux cent à deux cent cinquante bouteilles, selon l'état vicié du vin.

Souvent les tonneaux contractent un goût de moisi, de chanci, lorsqu'étant vides on les tient débouchés dans un lieu humide ou peu aéré. On enlève ce goût avec la chaux vive bien calcinée.

Malgré les correctifs à peu près sûrs que l'on vient d'indiquer, il est beaucoup plus prudent de ne pas se servir de futailles viciées, sur-tout si dans le pays leur prix est modéré.

Pour éviter beaucoup d'accidens causés par l'humidité, on doit, dès qu'un tonneau est vide, le retirer de la cave, en écouler toute la lie fluide, et le placer bien bondonné sous un hangar frais, mais non humide. De cette manière les cerceaux dureront plus long-temps, même ceux qui ont été tirés des bois qu'on appelle blancs, lesquels sont plus sujets à pourrir que ceux de châtaignier.

§. 4. *Des diverses espèces de tonneaux vinaires ou autres connus en France, de leur usage, et de leur contenance absolue et relative.* Quoique les anciennes mesures aient été abolies, à cause de la confusion qu'elles jetoient dans le commerce, il n'est pas moins utile de les connoître, soit pour entendre les ouvrages écrits avant cette réforme, soit pour pouvoir les comparer, au besoin, aux mesures nouvelles.

Afin d'en donner une idée juste, je prends la pinte de Paris pour mesure commune à laquelle se rapportent toutes les autres; en sachant quel nombre de pintes doit renfermer tel ou tel tonneau, on connoîtra d'une manière précise et claire sa contenance ou capacité.

La *pinte* est une mesure ordinaire et moyenne dont on se servoit pour mesurer le vin, l'eau-de-vie, l'huile et d'autres liquides.

La *pinte* de Paris se divise en deux *chopines;* la chopine en deux *demi-setiers;* le demi-setier en deux *poissons,* et chaque poisson contient six pouces cubes de liquide. Les deux pintes font une quarte ou quarteau, qu'on nomme *pot* en plusieurs endroits. La bouteille, dont on fait un usage journalier, doit contenir une pinte; la demi-bouteille, une chopine ou setier, et le carafon, un demi-setier. Le vin contenu dans une pinte ou bouteille pèse environ deux livres.

De tous les tonneaux en usage, la *barrique* est celui dont la forme et le nom sont le plus généralement connus. Elle contient deux cent dix pintes. A Paris, quatre barriques de vin font trois muids; à Angers elles font deux pipes; à Bordeaux elles composent un tonneau, ou six tierçons. Par *tierçon* on doit toujours entendre la troisième partie d'une plus grande mesure. Ainsi le tierçon de Bordeaux est le tiers, non du tonneau, mais de la pipe; le tierçon de muid contient quatre-vingt-seize pintes, parcequ'il y a deux cent quatre-vingt-huit pintes dans le muid.

Le *baril* est une espèce de petite barrique, dont la contenance n'est pas déterminée. Il sert à renfermer diverses espèces de marchandises liquides ou sèches, mais plus souvent les dernières, comme de la farine, des pruneaux, des harengs, de la morue, de l'indigo, etc. Il y a des barils plus ou moins grands, suivant la quantité ou la nature des marchandises qu'on veut y mettre ; et il s'en fait de plusieurs sortes de bois, savoir, de sapin, de chêne, de hêtre. Ceux qu'on destine à transporter des marchandises sèches n'ont pas besoin d'être construits avec le même soin que les vaisseaux vinaires.

On appelle quelquefois *bariquaut* certaines petites futailles ou tonneaux dont les grandeurs ne sont pas réglées ; ainsi on dit un bariquaut de sucre, un bariquaut de soufre, pour dire un petit tonneau rempli de ces sortes de marchandises.

Il a été parlé du Muid à sa lettre ; par cette raison je n'en dirai rien. *Voyez* ce mot.

La *feuillette* est un moyen tonneau contenant la moitié d'un muid de Paris, ou 144 pintes ; aussi lui donne-t-on le plus souvent le nom de demi-muid. Ce terme est particulièrement en usage dans la ci-devant Bourgogne.

La *pipe* est un vaisseau dont on se sert le plus communément dans les ci-devant provinces de l'Anjou et du Poitou. Elle contient un muid et demi de Paris ou quatre cent trente-deux pintes. A Bordeaux, la pipe est composée de deux barriques.

La contenance de la *queue* est à très peu de chose près la même que celle de la pipe. Les queues d'Orléans, de Blois, de Nuits, de Dijon, de Mâcon sont semblables, et contiennent chacune quatre cent vingt pintes.

Le *poinçon* est à Paris la même chose que la demi-queue.

On nomme *botte* certain tonneau destiné à contenir du vin ou de l'huile. Les bottes pour les huiles sont à peu près semblables à un muid ; celles pour les vins sont beaucoup plus larges par le milieu que par les extrémités, allant toujours en diminuant depuis le bondon jusqu'au jable. Ce terme de botte est usité particulièrement dans les départemens de France qui approchent de l'Italie, où l'on appelle un tonnelier *bottaio* ; il est aussi en usage chez les Espagnols où la botte contient trente arrobes, chaque arrobe pesant vingt-cinq livres. A Aix la botte d'huile contient environ douze cents livres.

Le nom de *pièce* est générique, et s'applique à diverses espèces de tonneaux, mais plus particulièrement à ceux dont on se sert pour transporter l'eau-de-vie.

Enfin le *boucaut* est aussi un tonneau, supérieur en capacité à la plupart des précédens, mais très inférieur en qualité de bois et pour la construction. Comme les boucauts sont le plus communément employés à renfermer des marchandises non liquides, pour les faire, on est assez indifférent sur le choix du bois, et on ne s'applique pas à en assembler les douves et à les relier avec la même précision que pour les barriques et autres tonneaux. C'est dans des boucauts qu'on enferme et transporte le sucre, le tabac, l'indigo. Un boucaut rempli de l'une ou l'autre de ces marchandises pèse depuis mille jusqu'à quinze cents livres.

Le chêne n'est pas le seul bois consacré à la fabrication des tonneaux même vinaires. On en fait aussi avec le châtaignier, le hêtre et le mûrier. Dans le midi de la France, la plupart des petits barils, des seaux, des seilles sont de mûrier. On s'y sert du châtaignier pour former des pièces ou barriques à contenir de l'huile ; le mûrier est trop tendre, trop spongieux pour servir à cet usage. Dans d'autres contrées les barils destinés à transporter des denrées sèches sont souvent faits avec des planches de pin ou de sapin. Les poix grasses et sèches nous arrivent des pays étrangers dans des barils construits avec ces bois.

Je n'ai pas besoin, sans doute, de dire que les meilleurs cerceaux pour relier les tonneaux sont ceux de châtaignier. (D.)

TONNEAU DE MER. Mesure de poids. Il vaut 979,016 kilogrammes. *Voyez* MESURE.

TONNERRE. Bruit plus ou moins intense, plus ou moins prolongé qui accompagne la foudre, c'est-à-dire l'étincelle qui est la suite de la rencontre de deux nuages, dont l'un est surchargé d'ÉLECTRICITÉ. *Voyez* ce mot.

Quelques physiciens prétendent qu'à chaque coup de tonnerre il y a inflammation d'un mélange de gaz oxygène et de gaz hydrogène ; cela n'est pas prouvé ; mais la fréquence des éclairs sans tonnerre, éclairs qui ont la plus grande affinité avec les feux follets et autres météores du même genre, rendent cette opinion assez plausible pour qu'on puisse l'adopter.

La plupart des habitans des campagnes ont une grande frayeur lorsqu'ils entendent le tonnerre, et cela est fondé sur l'exemple des arbres qu'il a brisés, des maisons auxquelles il a mis le feu, des hommes et des animaux qu'il a tués. Certainement on ne peut nier la réalité des dangers auxquels la foudre expose ; mais quand on considère que chaque orage est un dépuratif de l'air et un des grands moyens employé par la nature pour activer la végétation, on ne peut qu'applaudir à la sagesse suprême qui les a fait naître à l'époque de l'année où ils sont les plus utiles.

Quelque terreur qu'inspire le tonnerre, quelque supérieur qu'il paroisse à la puissance de l'homme, l'observation a appris, non seulement qu'il étoit possible de le braver jusqu'à un certain point, mais encore qu'il étoit facile de le maîtriser.

Ainsi on atténue les dangers du tonnerre en ne se mettant jamais à l'abri sous des arbres élevés lorsqu'on est dans un endroit boisé ; en se couchant dans un sillon, lorsqu'on est dans une plaine ; en sortant de la maison dans laquelle on se trouve, etc.

Ainsi on se rend maître du tonnerre en soutirant l'électricité des nuages qui devoient le produire au moyen de pointes métalliques élevées au-dessus des plus grands arbres, ou des édifices dominans. *Voyez* au mot PARATONNERRE.

Tout mouvement de l'air attirant les nuages, on peut juger des dangers de l'usage de sonner les cloches au moment des orages. Que de malheurs ont été la suite de l'ignorance qui le faisoit pratiquer !

On peut assez exactement juger de la distance qu'il y a du lieu où on se trouve à celui où est le danger au temps qui s'écoule entre l'apparition de l'éclair et l'arrivée du son. Plus cette distance est longue et plus ce temps l'est également.

Les phénomènes qui sont la suite de la chute de la foudre sont positivement les mêmes, mais à un incommensurable plus fort degré que ceux de l'électricité artificielle. Leurs effets sont de briser les arbres et les pierres, de mettre le feu aux substances sèches et combustibles, de fondre les métaux, de les oxider même, de tuer les animaux instantanément ; mais il ne paroît pas vrai, comme on le croit dans beaucoup de lieux, que ces derniers soient réduits en poudre sans changer de forme ; car depuis qu'on étudie les sciences comme on auroit toujours dû les étudier, on n'a pas vu cette circonstance se renouveler. Au reste, la foudre ne détruit pas tous les arbres, toutes les maisons qu'elle frappe, ne brûle pas toutes les granges sur lesquelles elle tombe, ne tue pas tous les hommes et les animaux qui éprouvent ses atteintes. On a des exemples sans nombre de personnes à travers du corps desquelles elle a passé sans leur faire d'autre mal que de leur donner une forte commotion électrique, et j'en suis un. Elle laisse à sa suite une odeur propre, intermédiaire entre celle du soufre et du phosphore, qui se conserve quelquefois plusieurs jours dans les lieux qui en ont été infestés.

L'action du tonnerre sur la viande n'est pas moindre que sur les fruits. Il n'est point de ménagère de campagne qui ne sache qu'il accélère prodigieusement sa décomposition. Dès qu'on craint un orage, il faut donc porter à la cave sa provision de viande, son gibier, etc., ou lui faire subir immédiatement un commencement de cuisson. *Voyez* VIANDE.

Cette action a aussi lieu sur les œufs qu'on conserve pour l'usage, et encore plus sur ceux qui sont sous la poule, le pigeon, etc. Il est de pratique dans beaucoup de lieux de mettre un morceau de fer avec les œufs sous la couveuse pour les empêcher de tourner en cas d'orage. On ne peut qu'applaudir à ce procédé ; mais mettre les couveuses dans une chambre bien close vaut autant.

Je ne m'étendrai pas plus sur ce qui concerne ce terrible

météore, les articles Foudre, Electricité, Orage, Grêle, Paratonnerre servant de supplément à celui-ci et satisfaisant à tout ce qu'il convient aux cultivateurs de savoir sur ce qui le concerne ; ceux d'entre eux qui voudroient de plus amples éclaircissemens les trouveront dans les ouvrages qui ont la physique pour objet spécial. (B.)

TONTE. Ce mot a deux acceptions en agriculture.

On tond les Arbres, les Charmilles, les Buis, les Gazons, etc., et on tond les Moutons. *Voyez* ces mots.

On dit dans beaucoup de lieux : j'ai tondu mes saules, mes ormes, et en général tous mes têtards ; mais cette acception n'est pas très générale. Pour tondre les arbres on emploie la serpe. *Voyez* Tondre.

La tonte des charmilles se fait au Croissant ou aux Ciseaux (*voyez* ces mots) ; tantôt deux fois au mois de mai et au mois d'août, tantôt une seule fois, à la fin de juin ou au commencement de juillet. Deux tontes faites justement pendant la plus grande force de la végétation ne peuvent que nuire beaucoup à l'accroissement des arbres, et en effet des charmilles de cinquante ans ne sont pas plus grosses que des charmes de huit à dix ans ; une seule tonte, pendant que l'activité de la sève est suspendue, a moins d'influence sous ce rapport. Au reste je ne cite ce fait que par circonstance, car il est toujours désirable que les charmilles croissent le moins possible lorsqu'elles sont arrivées à toute la hauteur et à toute l'épaisseur qu'on désire.

Un inconvénient plus réel qu'a la double tonte relativement à son but, c'est qu'elle dégarnit la charmille de la plus grande partie de sa verdure aux époques où elle est la plus belle et où on a le plus la volonté d'en jouir. Une seule tonte est moins blâmable, parceque, peu après qu'elle est effectuée, la pousse d'août regarnit la charmille de pousses foibles, mais nombreuses.

Pourquoi ne fait-on pas la tonte en hiver, m'ont souvent demandé des promeneurs, frappés des désagrémens que je viens de citer, lorsqu'ils me voyoient inspecter celle des charmilles des jardins de Versailles? Parceque, leur répondois-je, les pousses du printemps seroient très fortes et peu abondantes, et qu'une charmille n'est belle qu'autant qu'elle est le plus garnie possible de rameaux.

Dans la tonte des charmilles on a deux choses à considérer, 1° le niveau parfait, sur-tout du côté le plus exposé aux regards, et il faut beaucoup d'habitude pour l'obtenir ; 2° la coupe la plus rapprochée possible de celle de l'année précédente, parceque si on la faisoit trop longue la charmille s'épaissiroit, et si on coupoit sur le vieux bois elle se dégarniroit.

Au reste, le goût actuel éloigne des charmilles ainsi tontes, et, si on respecte encore celles qui existent, on n'en plante plus guère de nouvelles.

Les produits de la tonte des charmilles se perdent le plus généralement, quoiqu'ils puissent être employés à la nourriture des bestiaux ou à l'augmentation de la masse des fumiers. On pourroit aussi les brûler pour en faire de la POTASSE.

Les haies, qui n'ont pas besoin d'être aussi soignées que les charmilles, et dont la longueur des branches est plus souvent un avantage qu'un inconvénient, ne se tondent guère qu'en hiver. Le produit de leur tonte sert à chauffer le four.

Le buis n'est pas aussi indifférent sur les époques de sa tonte que la charmille ; il souffre beaucoup, et même quelquefois périt lorsqu'on l'effectue pendant qu'il est en sève. J'ai vu de ces buis blanchir, dans ce cas, deux jours après leur tonte, et être une année entière à se remettre. C'est l'hiver, et au mois d'août, c'est-à-dire avant la seconde sève, qu'on doit l'exécuter. On y procède exclusivement avec les ciseaux.

La FAUX, la FAUCILLE et les CISEAUX servent pour couper les gazons, selon qu'ils sont étendus, élevés ou fins. Dans les jardins bien soignés on leur fait subir cette opération trois et même quatre fois dans le courant de l'été, et on les roule et les arrose ensuite. *Voyez* GAZON.

Il est des pays où on dit tondre les prés pour les FAUCHER. *Voyez* ce mot.

Quant à la tonte des MOUTONS, *voyez* ce dernier mot. (B.)

TOPINAMBOUR. Plante vivace, tubéreuse, du genre des hélianthes, originaire des montagnes du Chili, qui peut devenir un grand moyen de richesses pour l'Europe, lorsqu'on sera bien persuadé des avantages de sa culture. En effet, cette plante qui brave les gelées, qui s'élève de cinq à six pieds, dont les feuilles ont généralement huit à dix pouces de longueur, dont les racines sont des tubercules souvent gros comme les deux poings, est une des plus précieuses que nous ait données le Nouveau-Monde pour la nourriture des bestiaux, ses nombreuses feuilles et ses abondantes racines étant également recherchées par tous, et fournissant les moyens de les engraisser rapidement.

Il y a déjà près de 300 ans (1517) que le topinambour, autrefois appelé *poire de terre*, par opposition à la *morelle tubéreuse*, qu'on appelle *pomme de terre*, a été apporté en Europe ; mais quoique plusieurs agronomes aient indiqué les avantages qu'on pouvoit en retirer, quoique Olivier de Serres l'ait vanté sous le nom de *cartouf*, ce n'est que depuis peu d'années qu'on le cultive en grand, et ce encore dans un petit nombre de fermes, telles que celle de M. Quesnay de Beauvoir , près de Nevers , celle de M. Yvart à Maisons près Paris , etc. , etc.

Mais , dira-t-on , la pomme de terre sera toujours préférable au topinambour pour la nourriture de l'homme et des animaux, et elle croît dans les plus mauvais terrains , tandis que le dernier ne vient bien que dans les bons fonds , ou demande des engrais multipliés? Oui , répondrai-je ; cependant la pomme de terre n'a pas un fanage aussi abondant et aussi excellent, et elle ne produit presque rien dans les fonds humides et ombragés , qui sont ceux qui conviennent le mieux au topinambour. D'ailleurs elle gèle dans la terre , tandis qu'il y brave le plus rigoureux hiver ; ses feuilles servent pendant une grande partie de l'été et tout l'automne à la nourriture des moutons et autres bestiaux ; les tiges sèches sont employées à chauffer le four, faire bouillir la marmite, et autres usages du même genre ; elles peuvent aussi servir à ramer les pois et les haricots , ou à fabriquer de la potasse dont elles fournissent une grande quantité. Pendant l'hiver et une partie du printemps ses tubercules sont à leur tour donnés , après avoir été lavés et coupés , aux bestiaux, qui les aiment tous avec passion, et qui , s'ils ne sont pas engraissés rapidement, sont entretenus dans le meilleur état de santé par leur usage.

On auroit tort de conclure de ce que j'ai dit et de ce qu'a écrit un cultivateur peu éclairé et passionné , que les feuilles du topinambour se donnent aux bestiaux en été et en automne, qu'elles ne peuvent pas servir encore à leur nourriture pendant l'hiver, car rien de plus facile que leur dessiccation , puisqu'il suffit de couper les tiges aux premières gelées blanches , de les réunir en petites bottes , de les mettre au grenier après huit à dix jours de dessiccation , en les stratifiant avec de la paille. Les moutons les aiment presque autant sèches que fraîches. D'ailleurs, on peut , avant de les leur donner , tremper rapidement les bottes dans l'eau. Le seul inconvénient qu'elles aient est d'être très cassantes , de sorte que quand on ne manie pas les bottes avec précaution , qu'on marche habituellement dessus, toutes ces feuilles se réduisent en poussière.

Les tubercules du topinambour n'offrent à l'analyse ni sucre ni amidon. Ils ne peuvent donc être soumis, ni à la fermentation vineuse, ni à la fermentation panaire. Leurs principes nutritifs sont donc moins abondans que ceux de la pomme de terre et autres racines. On peut les comparer à cet égard à la rave , qui est, comme tout le monde le sait, un aliment aussi sain qu'agréable. Leur saveur approche beaucoup de celle de l'artichaut, c'est-à-dire est bien plus relevée que celle de la pomme de terre. On les mange cuits dans l'eau ou à sa vapeur , et assaisonnés de diverses manières.

MM. Mustel, Chancey, Quesnay de Beauvoir, Yvart et autres ont constaté que de toutes les plantes cultivées c'étoit la plus productive, lorsqu'elle se trouvoit dans des circonstances favorables. La propriété qu'elle a de se multiplier par ses plus petites racines, et de tracer avec la plus grande rapidité, propriétés qui la font regarder comme un fléau par les jardiniers, la rendent très précieuse pour utiliser une immense quantité de petites portions de terrains qui se perdent sous les rapports des produits agricoles. Que de profit, par exemple, pourroit-on retirer des places vagues des forêts qu'on en garniroit? Les taillis, pendant deux ans au moins dans les bons terrains et quatre à cinq dans les mauvais, pourroient fournir des récoltes abondantes, sans nuire à la reproduction des bois, et même quelquefois en la favorisant. Le revers des fossés, le bord de beaucoup de haies, de murs devroient en être toujours garnis. Tous les lieux enfin que leur situation ombragée rend impropres à la culture des autres plantes la recevroient avec avantage, tels que les vergers dont les arbres sont rapprochés, le nord des avenues et autres plantations, des bâtimens, etc., etc.; car, je le répète, elle ne vient jamais mieux qu'à l'ombre. Dans la plupart de ces cas on pourroit se contenter d'abandonner ses feuilles sur place aux moutons pendant l'été et les tubercules également sur place aux cochons pendant l'hiver. Je suis persuadé qu'elle peut rendre des produits immenses ainsi cultivée à demi.

Quoique les terrains frais et gras paroissent plus favorables au topinambour, il ne vient pas moins dans ceux qui sont secs et légers, comme le prouvent les exploitations d'Yvart, Bourgeois et autres. Les argiles sèches et les sols sans profondeur sont les seuls qui le repoussent.

Lorsqu'on veut cultiver régulièrement le topinambour, il faut labourer le terrain le plus profondément possible, soit à la bêche, soit à la charrue, et y enterrer des petits tubercules ou des portions de gros tubercules, à un pied de distance en tout sens, terme moyen, car ils peuvent être plus rapprochés dans les mauvais sols, et doivent l'être moins dans ceux qui lui conviennent bien. Ces opérations se font au premier printemps, lorsqu'il n'y a plus de fortes gelées à craindre, car les feuilles de cette plante sont susceptibles d'en être frappées. Lorsque le plant est parvenu à un pied d'élévation, on lui donne un premier binage pendant lequel on le butte; à la fin de l'été on lui en donne un second. Les tubercules, comme je l'ai déjà laissé entrevoir, ne doivent s'arracher qu'à mesure du besoin ou après l'hiver. Ils se conservent assez bien dans les caves ou dans des fosses.

La partie de la tige du topinambour qu'on recouvre dans le

buttage prend racine en peu de jours , sur-tout si la pluie
favorise sa croissance. Il en est de même des tiges couchées. Les
moyens supplémentaires de multiplication peuvent être employés dans les pays chauds, mais ils sont superflus en France.

Je puis supposer que le topinambour effrite beaucoup le terrain , et en conséquence qu'on ne doit le placer que de loin en
loin dans le même endroit ; cependant comme il ne donne
jamais de semence dans le climat de Paris, parceque ses fleurs
s'y développent trop tard , et que c'est la production des semences qui épuise principalement le sol, il est possible que
cela ne soit pas. Il n'y a eu à cet égard aucune observation
positive de faite , du moins à ce que je crois.

Un moyen d'utiliser encore le topinambour, c'est de l'employer, en le plantant en rangées plus ou moins écartées et
dirigées du levant au couchant , à fournir des abris contre les
feux du midi, à tous les semis que la sécheresse empêche de
prospérer, principalement ceux des arbres verts. Je suis persuadé, par suite de quelques observations, que par ce moyen
on pourroit tirer un parti bien plus avantageux de certains
terrains arides , comme des craies de la ci-devant Champagne
crayeuse, des sables des environs du Mans, des environs de
Fontainebleau , etc., non seulement en les plantant en bois ,
mais même en les cultivant en seigle, avoine et autres plantes
annuelles. C'est de l'ombre et de la fraîcheur qu'il faut à
ces pays, et le topinambour leur en donneroit. Il s'élèveroit
peu , sans doute , à raison de la mauvaise nature du sol ; mais
n'atteignit-il que deux pieds, il rempliroit son objet ? Il ne
s'agiroit que de rapprocher davantage les rangées.

Toutes ces considérations doivent faire désirer aux amis de
leur pays que la culture en grand du topinambour prenne plus
de faveur , qu'on en voie de nombreux champs dans toutes les
fermes qui nourrissent beaucoup de vaches et de moutons. Ivart
nous promet un travail complet sur cet objet , et nous l'atten-
dons avec impatience. (B.)

Cette plante, désignée encore sous le nom de *poire de terre* ,
caratouf, à cause de la forme de ses racines , est du genre des
fleurs radiées, et appartient à la classe des *corona solis*. Elle
a été confondue mal à propos avec la pomme de terre, mais
celle-ci n'a de commun avec le topinambour qu'une vigoureuse
végétation et une extrême fécondité. Nous en devons la première description à Olivier de Serres. Ce patriarche de l'agriculture française disoit dans le siècle de Henri IV que cette
plante, qu'il appelle *cartouf*, a le port d'un arbrisseau, qu'elle
s'élève à cinq ou six pieds de hauteur, pousse une tige qu'on
provigne avec toutes les branches, donne des tubercules noirs qui
ont l'apparence extérieure des truffes, et naissent à la fourchure

des nœuds; or la pomme de terre n'a aucun de ces caractères.

Cependant des écrivains célèbres, Haller entr'autres, n'ont fait aucune difficulté d'écrire qu'il s'agissoit dans cette description du *salonum tuberosum ;* mais il paroit maintenant bien constaté qu'à l'époque où le théâtre d'agriculture fut publié la pomme de terre et la patate étoient inconnues en Europe, et que de ces trois plantes, sur lesquelles j'ai donné, il y a une vingtaine d'années, un traité *ex professo*, le topinambour est la première qui ait été introduite parmi nous.

A en juger par quelques unes de ses propriétés le topinambour semble venir des pays froids, car il résiste bien plus long-temps aux gelées que la pomme de terre et la patate. Au reste, ces trois plantes peuvent également se propager par boutures, par marcottes et par semis. Sa culture est d'une facile exécution ; il faut remarquer seulement que la plante prospère mieux dans une terre forte où le chanvre et le froment se plaisent que dans un sol sablonneux; que même un fond trop léger ne lui convient pas du tout, tandis que la pomme de terre y réussit à merveille; mais la végétation en est aussi vigoureuse, et dès que la plante s'est emparée d'un champ on l'y détruit avec peine ; les endroits bas, humides et un peu ombragés ne lui sont pas contraires.

La terre étant bien préparée, on divise les topinambours par morceaux auxquels on laisse deux à trois œilletons. On met chacun à quatre pouces de profondeur, distant les uns des autres de neuf à dix pouces en tous sens, dans des rigoles ou des trous qu'on recouvre quand la plante a sept à huit pouces d'élévation; on la sarcle, on la butte ensuite dès qu'elle a atteint une certaine force. Sa maturité est annoncée par le feuillage qui se flétrit, et sa récolte s'opère avec la fourche à deux dents. On peut planter au pied des haricots grimpans, si le terrain est léger, et quelques espèces de choux, s'il est fort.

On a parlé souvent des graines de cette plante, pour m'en procurer il n'y a pas de tentatives que je n'aie faites. J'en ai mis quelques tubercules sur couches, ils ont été transplantés ensuite sur un sol léger, bien fumé et exposé au soleil ; mais quoique la fleur ait paru beaucoup plus tôt, elle n'a pas rapporté de graine. Peut-être la continuité de la reproduction par bouture est-elle la première cause de ce que la plante ne produit que difficilement sa semence.

Ce genre d'essai me paroissoit trop important pour ne pas être repris au midi de la France; c'est le seul moyen de renouveler la race, s'il en est besoin, et d'obtenir des variétés intéressantes, comme on y a réussi pour les pommes de terre.

C'est précisément ce qui vient d'arriver. M. Villemorin a

fait demander à M. Robert, botaniste à Toulon, de la graine de topinambour, qu'il a semée dans son jardin l'année dernière. Il en a obtenu bon nombre de tubercules, dans le nombre desquels il s'en est trouvé de rouges, de jaunes et de blanchâtres; il faut voir maintenant ce qu'ils produiront par la suite. Espérons de nouvelles richesses de ces semis.

On donne les topinambours crus ou cuits au bétail deux fois le jour; on pourroit faire parquer les cochons dans les champs où cette plante auroit été cultivée, comme le pratiquent, pour les pommes de terre, les Anglais et les Américains. Son feuillage peut encore offrir une nourriture aux animaux; on coupe les tiges aux premières gelées blanches et on les fait sécher à l'instar de la feuillée des arbres; alors on les fagote et on les arrange de manière à ce qu'elles ne s'échauffent point. Dans cet état elles servent pendant tout l'hiver à la nourriture des chèvres et des moutons.

Cette plante a, sur les pommes de terre, quelques avantages qui ne sont pas à dédaigner. Par exemple, elle est moins hâtive, et peut, par conséquent, profiter des pluies d'automne dont celles-ci sont privées, à cause de l'obligation où l'on est de les enlever aussitôt qu'elles sont mûres, parcequ'à cette époque elles pourroient commencer à germer ou à souffrir du froid; or, le topinambour n'est point exposé à ces deux inconvéniens.

Indépendamment des tiges qu'on pourroit, dans les pays privés de bois, employer avec avantage au chauffage des fours, les plus belles serviroient d'échalas dans les cantons de vignobles, ou de rames dans les jardins.

Au mérite inappréciable que le topinambour a de ne pas craindre la gelée, de pouvoir rester en terre pendant l'hiver, et de n'avoir pas besoin de l'arracher pour en nourrir les bestiaux, sa culture a réussi dans des fonds où la pomme de terre n'a eu que peu de succès, dans des bois taillis qu'on vient de couper; elle a figuré au nombre des plantes par lesquelles on commence les défrichemens, et les landes de Bordeaux en ont déjà rapporté de volumineux tubercules.

Il faut convenir que cette culture, bornée jusqu'à présent à de simples essais, n'a été qu'un objet de curiosité, et qu'il n'y a que mon collègue Yvart qui en ait couvert une certaine étendue de terrain pour en administrer le produit aux vaches. Il m'a fait voir plusieurs arpens les moins fertiles de sa ferme de Maisons, près Charenton, qui annonçoient la récolte la plus abondante; et j'apprends, non sans un plaisir bien vif, que ce célèbre agriculteur continue ses essais avec le même succès. C'est sans doute en considération de tous les avantages de la culture du topinambour que la société d'agriculture du département de la Sarthe en a fait le sujet d'un prix. Voici un paragraphe remarquable de son programme :

« Le topinambour est un des plus robustes végétaux ; il ne craint ni la gelée, ni la sécheresse, ni la chaleur ; il s'accommode du meilleur comme du plus mauvais terrain ; on ne connoît pas d'insecte qui le détruise, ni de maladie qui ralentisse sa végétation ; lorsqu'on le cultive en grand on le plante à la charrue, et dans le courant de l'année un seul binage lui suffit. »

Nous nous flattons que M. Yvart n'attendra point les travaux auxquels va donner lieu cette nouvelle source d'encouragement, pour publier le résultat de ses propres expériences, sur la culture du topinambour et sur l'application en grand de cette racine à la nourriture des bestiaux. En disant maintenant ce qu'il a fait et ce qu'il reste à faire, non seulement il aura la gloire de faciliter la recherche des concurrens, sur la question proposée, mais encore de déterminer les fermiers à imiter son exemple, et à comprendre la plante dont il s'agit dans le potager de la basse-cour.

Encore une fois, ne proscrivons aucune plante dont la racine alimentaire convient également à la subsistance des hommes et à celle des bestiaux, puisque, suivant le proverbe : *Ce qui ne vaut rien là est bon ici*. Nous avons, dans l'empire, une si grande diversité de terrains, d'aspects, d'abris et de températures, que le topinambour, pour ne pas prospérer sur tous les sols, peut en trouver où sa culture seroit exclusivement avantageuse. Un pays n'est véritablement riche que par la variété de ses productions. (PAR.)

TORCHE-NEZ. Planchette de bois de deux pouces de large et d'un pied de long, percée à une petite distance d'une de ses extrémités de deux trous par lesquels on fait passer une grosse ficelle qu'on noue sur elle-même à droit nœud, de manière que la main puisse passer dans l'intervalle. Cet instrument se fixe sur le nez des chevaux méchans lorsqu'on veut les ferrer ou leur faire subir quelque opération douloureuse, c'est-à-dire qu'il fait l'effet de la MORAILLE. *Voyez* ce mot.

Lorsqu'on veut employer le torche-nez, un homme passe la main droite dans l'intervalle des deux ficelles, saisit le nez du cheval, et y assujettit cette ficelle en faisant faire un tour de roue à la planchette, et on la serre autant qu'on le juge nécessaire. On contient ensuite l'instrument au moyen des extrémités de la même ficelle.

On met aussi des torche-nez aux oreilles.

TORCHEPIN. Nom vulgaire du PIN MUGHO. *Voyez* ce mot.

TORCHIS. On appelle ainsi de la GLAISE imbibée d'eau et mêlée avec du foin, de la paille hachée, des menues pailles, de la mousse, de la bourre, etc. ; glaise qu'on emploie pour revêtir les maisons en clayonnage, pour entourer les greffes en fente, pour recouvrir les ruches, etc.

On ne tire pas du torchis, qu'on appelle autrement *bauge*, ou *bauche*, tous les services dont il est susceptible. Des pays entiers n'en connoissent pas l'usage; et cependant la facilité de son application et son économie doivent le rendre recommandable aux yeux de tous les cultivateurs. Quand on voit les habitations rurales ouvertes à tous les vents, à tous les quadrupèdes, à tous les insectes, et qu'on sait qu'en deux heures de travail, et sans aucun déboursé, on peut les clore parfaitement, il y a lieu de demander ce qui prédomine le plus dans leurs propriétaires de l'ignorance ou de la paresse.

TORDYLE, *Tordylium*. Genre de plantes de la pentandrie digynie et de la famille des ombellifères, qui renferme huit à dix espèces, dont une est employée en médecine.

Le TORDYLE OFFICINAL a la racine annuelle; la tige velue, rameuse, haute de huit à dix pouces; les feuilles alternes, ailées avec impaire; à folioles ovales, velues, incisées et crénelées; les fleurs blanches. Il croît abondamment dans les champs des parties méridionales de l'Europe. Sa racine est incisive et ses semences diurétiques. Ses parties entrent dans la grande thériaque sous le nom de *séseli de Crète*.

Quelques espèces plus communes appartenoient autrefois à ce genre, mais elles font aujourd'hui partie de celui des CAUCALIDES. *Voyez* ce mot.

TORMENTILLE, *Tormentilla*. Plante à racine vivace, épaisse, noueuse, rampante, noire; à tige droite, grêle, velue, haute au plus d'un pied; à feuilles alternes, sessiles, formées par trois ou cinq folioles lancéolées, dentées et un peu velues; à fleurs jaunes, solitaires à l'extrémité de longs pédoncules extraaxillaires, qu'on trouve abondamment dans les prairies marécageuses, dans les bois humides, et qui forme un genre dans l'icosandrie polygynie et dans la famille des rosacées.

Cette plante fleurit pendant tout l'été, et n'est pas sans élégance. Les chevaux seuls d'entre les bestiaux ne la mangent pas, et les cochons sont extrêmement friands de sa racine. Cette dernière, qui est aromatique et astringente, s'emploie fréquemment en médecine dans les cas de diarrhées, de dyssenterie, d'hémoptysie, d'hémorragie et d'ulcération de la bouche. (B.)

TORRENT. Courant d'eau, ou momentané, ou d'une durée plus ou moins longue, ou permanent, qui descend des hauteurs avec une grande rapidité, et qui enlève tout ce qui s'oppose à son passage, c'est-à-dire les maisons, les murs, les arbres, les récoltes de toutes espèces, le sol même, et qui souvent cause la mort des hommes et des animaux.

C'est dans les hautes montagnes des Alpes, des Pyrénées, dans celles du centre de la France, qu'il faut aller pour prendre une idée de l'impétuosité des torrens; mais c'est dans les montagnes du second ordre qu'on ressent plus douloureusement les effets de leurs ravages. Il est beaucoup de lieux où ils ne laissent pas un seul moment de sécurité aux laboureurs; non seulement ils enlèvent en un instant le fruit de leurs pénibles travaux, mais souvent encore l'espoir des récoltes pour l'avenir, soit en dénudant le sol, soit en le couvrant de cailloux infertiles.

Les effets des torrens varient sans fin, puisqu'ils dépendent de la quantité d'eau, de la rapidité des pentes, de la nature du sol et de la durée de leur action. Il est par conséquent impossible de donner des règles générales propres à y mettre efficacement obstacle. Les moins dangereux de tous sont ceux qui sont permanens, c'est-à-dire qui ne font que s'augmenter par suite de la fonte des neiges ou de la chute des pluies, parceque leur lit est généralement creusé d'une manière proportionnée à leur volume, et qu'on sait de combien ils s'enflent habituellement. C'est dans les vallons ordinairement sans eaux qu'ils exercent leurs plus grands ravages. Quels terribles résultats ils m'ont offert dans les montagnes volcaniques du Vicentin! Que de terrains doués de la plus grande fertilité y sont perdus pour la culture par leur fait? Mais combien ils paroîtront foibles aujourd'hui si on les compare à ce qu'ils ont dû être il y a dix, quinze, vingt mille, deux cent mille ans, etc., lorsque les Alpes avoient deux à trois fois plus d'élévation, lorsqu'ils formoient ces immenses plaines de cailloux roulés qui entourent cette grande chaîne, et en général toutes celles qui existent dans l'univers.

Si les habitans des montagnes passent pour être plus industrieux et plus ardens au travail que les autres cultivateurs, c'est principalement aux efforts qu'ils sont obligés de faire pour s'opposer aux ravages des torrens qu'on doit l'attribuer. En effet, il leur faut, et toujours méditer sur les moyens, et ne pas retarder l'exécution. Souvent une pelletée de terre, une fascine, quelques pierres, une foible rigole, suffisent pour garantir un héritage; souvent un travail peu considérable au sommet de la vallée où coule le torrent dirige son cours de manière à diminuer ses dévastations. Il n'est point de montagnard qui ne puisse citer des faits pour le prouver.

Un foible torrent peut être contenu par des digues en terre, en fascines, en pierres sèches, par une plantation d'arbres ou d'arbrisseaux, par le creusement artificiel de son lit, etc. etc.; mais certains torrens renversent les constructions les plus solides, les murs en pierres de taille liées à chaux et ciment, fortifiées avec des traverses de fer , etc. , etc. Il est des localités où les plus fortes dépenses, continuées pendant des siècles , n'ont produit aucun résultat durable.

Le moyen le plus sûr, et peut-être en définitif le plus économique d'empêcher les torrens d'être aussi nuisibles à la culture, c'est de redresser leur lit. En effet , ce sont les obstacles que les eaux trouvent à leur passage et qu'elles parviennent à surmonter, qui sont la cause de tout le mal , puisque ces obstacles , en ralentissant leur cours , augmentent leur masse et par conséquent leur puissance. La plus simple expérience suffit pour s'en assurer ; mais ceux qui en voudroient des preuves plus positives peuvent consulter les calculs de M. Aubry sur cette force des torrens dans le Journal de physique de juillet 1779.

Il est probable que par - tout on eût employé cet efficace moyen , si l'ignorance, d'une part, l'intérêt mal entendu de quelques propriétaires, de l'autre, n'y avoient mis obstacle. En Piémont, pays si ravagé par les torrens, l'ancien gouvernement a été obligé de faire des lois coërcitives pour favoriser cette utile opération , et il l'a même entreprise à ses frais dans plusieurs vallées. Quarante ans se sont déjà écoulés depuis cette époque, et les effets des travaux alors exécutés se font ressentir encore dans la plupart de ces vallées, quoiqu'on ait négligé de les entretenir. On dit que ces vallées ont dès-lors triplé, quadruplé (et même plus) leurs revenus territoriaux.

Mais le possesseur d'un simple champ ne peut pas seul penser au développement de ces grands moyens ; il faut qu'il s'accoutume à la perspective de la possibilité de sa ruine par suite d'une crue extraordinaire du torrent qui traverse ce champ ; il n'a même de ressource contre ses augmentations régulières, c'est-à-dire celles qui suivent la fonte des neiges ou les longues pluies du printemps, que dans des digues en terre, en pierres sèches , ou dans des plantations d'arbres et d'arbustes qui croissent volontiers dans l'eau, et dont les racines sont traçantes.

Les cultivateurs de certaines vallées des Alpes savent tirer tout le parti possible des végétaux vivans pour se défendre à peu de frais des crues ordinaires des torrens permanens, et souvent de celles de ceux qui ne sont que momentanés. Voici comme je les ai vus s'y prendre.

Dans les basses eaux ils établissent, dans ou sur les bords du courant, très obliquement à sa direction et de manière à tendre toujours à le redresser , une ligne de fascines, le plus souvent d'AUNE (voyez ce mot), qu'ils assujettissent le plus solidement qu'ils peuvent au moyen d'un, deux et même trois rangs de pieux chassés à refus de maillet. Devant ces fascines ils placent autant de grosses pierres qu'ils peuvent s'en procurer sans trop de dépense, et derrière ils plantent ou des aunes, ou des osiers, ou des chalefs, ou des tamaris, ou mieux, tous ces arbustes ensemble, et peu serrés, afin que leurs racines puissent s'étendre à l'aise. Ils emploient aussi d'autres arbustes et même des arbres, et même des plantes vivaces, telles que les épilobes, les eupatoires, les roseaux des sables, les chiendens, etc., etc. Lorsqu'il s'écoule deux ou trois années sans crue d'eau extraordinaire, c'est-à-dire lorsque cette plantation a le temps de se fortifier, elle change la direction du torrent, et produit en tout ou en partie les effets qu'on en attend.

En général il est toujours avantageux de planter tous les bords des torrens avec les arbustes ci-dessus ou autres analogues, parceque la direction change presque toujours après chaque grande crue.

Lorsque les torrens, comme cela arrive si souvent, ont couvert un terrain fertile de sable ou de cailloux qui le rendent stérile, on n'a ordinairement d'autre parti à prendre que de le couvrir de plantations du même genre. Les arbustes forment un petit revenu par leur coupe bisannuelle ou triennale, et arrêtent la terre que des débordemens moins violens peuvent apporter ensuite.

L'eau des torrens passe pour être malsaine, et en effet elle est froide et souvent chargée de terre, et même de pierre (poudre de quartz); mais je crois qu'on a exagéré ses mauvais effets.

C'est aux torrens que sont dus tous ces cailloux roulés qui se trouvent dans les terrains éloignés des mers actuelles, même souvent de ceux qui sont sur les bords de ces mers, témoins la plaine de la Crau et les landes de Bordeaux. Ils usent les pierres les plus dures, à l'aide du temps et de la continuité de leur action. On est souvent étonné, quand on voyage dans les montagnes, de l'énorme grosseur des masses de granit qu'ils ont roulées anciennement.

Voyez, pour le surplus, aux mots INONDATION, ALLUVION, SOURCE, FONTAINE, RUISSEAU, RIVIÈRE et FLEUVE. (B.)

TORSION DES BRANCHES. Opération qu'on pratique sur les arbres fruitiers pour arrêter la croissance d'un gourmand, pour faire porter des fleurs à une branche trop vigoureuse, ou empêcher la chute des fruits, pour favoriser l'enracinement des marcottes, etc. Elle s'exécute en faisant tourner une branche sur son axe, et de manière à en désorganiser une partie afin de diminuer l'affluence de la sève, ou d'en occasionner en partie la déperdition. Trop tordue la branche périroit, pas assez elle reprendroit promptement sa vigueur. Il faut donc saisir un juste milieu, ou mieux, proportionner la torsion, ce qui n'est pas toujours aisé, à la force de l'arbre en général et de la branche en particulier. On tord peu les branches, on préfère les courber, pincer leur extrémité, leur enlever un anneau d'écorce. *Voyez* aux mots COURBURE DES BRANCHES, INCISION ANNULAIRE, PINCEMENT, AOUTER, MARCOTTE, GOURMAND.

TOUFFE. Plante herbacée ou ligneuse, qui a beaucoup de tiges et qu'on peut arracher pour replanter ailleurs. Il est beaucoup d'arbrisseaux et d'arbustes qui ne viennent bien qu'en touffes. Il est beaucoup de plantes qui ne font de l'effet dans un jardin que lorsqu'elles sont en touffe. On arrache souvent les touffes pour les diviser et faire de nouveaux pieds. C'est le moyen de multiplication qui remplit le plus rapidement son but, puisque le plus souvent chaque petite touffe fleurit la même année, comme si elle n'avoit pas changé de place.

TOUPILLON. Mot peu employé qui, en jardinage, signifie réunion de branches mal placées ou mal venues. Cet arbre est plein de toupillons se dit encore dans quelques lieux.

TOURBE. Lorsque les plantes herbacées, réunies en masse, se décomposent à l'air, elles produisent du terreau, et lorsque, dans la même circonstance, elles s'altèrent dans l'eau, elles donnent de la tourbe. Ainsi donc la tourbe ne diffère du terreau que parcequ'il est resté dans sa composition des parties que le terreau a perdues. Il n'y a pas lieu de douter que ces parties ne soient le mucilage, qui s'est transformé en une espèce d'huile dont les tourbes donnent des quantités notables à la distillation.

Cette étiologie devoit être rapportée ici dans les mêmes termes où je l'ai exprimée dans le Nouveau dictionnaire d'histoire naturelle, édition de Déterville, parceque ces termes conviennent beaucoup à la manière dont je dois envisager en ce moment la tourbe et les tourbières.

Ainsi, toutes les fois qu'il y a perte de principes, il n'y a pas de tourbe; par exemple, dans les eaux qui se putréfient; et comme c'est presque toujours la chaleur qui détermine ce dernier état, la tourbe doit être plus rare au midi; et c'est ce que prouve l'observation. Je n'en ai pas vu en Caroline, et les voyageurs ne disent pas qu'il y en ait dans les vastes marais des bords de l'Orénoque ou de l'Amazone. Le nord de l'Europe, aux approches du cercle polaire, est une tourbière continue.

Toutes les espèces de plantes herbacées peuvent fournir de la tourbe; mais ce sont les plantes qui vivent dans l'eau qui la forment, et, parmi elles, certaines qui sont beaucoup plus

abondantes, telles que les potamots, les renoncules, les my-
riophylles, les charagnes, les conferves, les sphaignes, les
lenticules, les calitriches, les roseaux, les typhes, les scirpes,
les fluteaux, les butomes, les presles, les rubaniers, les
choins, etc.

Il se forme annuellement de la tourbe; mais les grands
amas actuels de l'Europe s'augmentent peu. Ils existent depuis
plusieurs milliers d'années, c'est-à-dire depuis l'époque où
l'Europe n'étoit pas habitée par des peuples cultivateurs, et
où les eaux étoient beaucoup plus abondantes.

Rarement on trouve des dépôts de tourbe parfaitement
pure, parceque les alluvions y ont presque toujours amené,
soit par instans, soit continuellement, des terres ou des sables
qui n'en font pas par conséquent partie constituante, quoiqu'on
l'ait dit.

De toute ancienneté, dans certains cantons abondans en
tourbe, on l'emploie comme combustible, soit pour le chauffage et les usages domestiques, soit dans les manufactures à
feu; mais combien de lieux en France qui en possèdent de
grands amas, et où on dédaigne d'en faire usage !

Je ne parlerai pas ici de l'extraction ni de l'emploi des tourbes comme combustible, parceque cela sortiroit de mon objet.
En conséquence je renvoie à l'article du Nouveau dictionnaire
d'histoire naturelle précité, et à l'Art du *tourbier* publié par
mon estimable ami Roland de la Platière, ceux qui voudroient de plus grands développemens relativement à ces deux
objets.

La tourbe en masse, lorsqu'elle est pure, c'est-à-dire lorsqu'elle n'est pas mélangée naturellement avec des terres ou des
sables, ne peut servir à la végétation d'autres espèces de plantes
que celles que la nature lui a exclusivement attribuées. Voilà
pourquoi les marais tourbeux sont si dénués d'arbres; voilà
pourquoi elle est complètement infertile lorsqu'elle est desséchée.

Cette particularité n'a pas été expliquée; mais quand on sait
que les marnes et autres terres propres à la végétation sont
également infertiles, lorsqu'on les tire d'une grande profondeur; que la tourbe devient à la longue un excellent engrais
lorsqu'on la laisse exposée à l'air en couches très-minces ou
en tas fréquemment remués; qu'on la mélange avec du
sable, de l'argile, de la marne, de la craie en poudre, de
la chaux, et sur-tout des alkalis, on ne peut douter qu'elle
ne soit due à la privation de l'acide carbonique, ou mieux,
des carbonates terreux. Il s'agit donc de la rendre 1° soluble
comme le terreau; 2° propre à absorber l'acide carbonique. Or,
c'est ce que l'action de l'air fait lentement, et ce que la marne,

la craie, la chaux et les alkalis font plus rapidement. *Voyez* Chaux.

Lors donc qu'on voudra employer de la tourbe comme engrais, on la laissera se dessécher et se réduire en poudre et on la mêlera, en plus ou moins grande quantité, selon sa pureté et la nature du sol sur lequel elle devra être employée, avec celles des substances ci-dessus qui seront le plus à la portée. On en fera des tas qu'on arrosera dans les sécheresses avec de l'eau pure, ou mieux, avec des égouts de fumier, des urines, etc.

Outre ces moyens de rendre la tourbe soluble, et par conséquent propre à concourir à la fertilité des terres, on l'a encore indiquée comme pouvant servir à augmenter avantageusement la masse des engrais, soit en la répandant dans les écuries et les étables, soit en la mélangeant avec le fumier dans la cour, soit en la mettant dans des fosses avec toutes les matières animales et végétales dont on peut disposer, en en faisant enfin des Compostes. *Voyez* ce mot.

L'expérience a prouvé aux cultivateurs anglais, qui, aujourd'hui, emploient souvent la tourbe ainsi préparée, que la véritable manière d'en tirer parti c'est de la semer au printemps, lorsque les plantes sont en pleine végétation. Suivant lord Dundonald, il y a moitié à gagner pour l'effet, et moitié pour l'économie de la matière et de la main-d'œuvre. Il est donc de l'intérêt des cultivateurs français de suivre ce procédé.

Les terrains tourbeux ne sont pas faciles à rendre propres aux cultures usitées ; cependant, avec du travail et du temps, on y parvient. Il y a deux manières d'y procéder.

Le premier, en donnant de l'écoulement aux eaux, et en chargeant la tourbe d'une épaisseur de terre végétale suffisante pour que des arbres puissent y être plantés avec succès. C'est celui qu'on a employé pour faire les promenades de la ville d'Amiens, promenades qui sont garnies de si beaux arbres ; mais il est trop coûteux pour être employé dans les spéculations agricoles.

Le second, en donnant de l'écoulement aux eaux, et en brûlant la surface de la tourbe après sa dessiccation. Ce moyen est généralement usité dans les moors de la Hollande. Là, tous les ans, ou tous les deux ans, ou même seulement tous les trois ans, jusqu'à ce qu'on soit arrivé au point convenable, on approfondit les fossés d'écoulement et on diminue l'épaisseur de la tourbe en en brûlant la surface. Les terrains qu'on obtient ainsi sont d'une fertilité extraordinaire. C'est sur eux qu'on nourrit ces monstrueux bœufs, qu'on cultive ces énormes choux, etc., qui font la fortune des agriculteurs. Les arbres sont plus long-temps avant d'y prospérer que les plantes ; souvent après douze ou quinze ans de culture on ne peut pas encore en planter avec succès. Pour accélérer cette époque on apporte de la terre des montagnes qui entourent les moors , on en remplit des trous de six pieds carrés , et c'est dans ces trous qu'on plante les arbres. Lorsque les racines arrivent à la tourbe elles ont assez de force pour surmonter ses mauvais effets.

Je ne connois aucun endroit en France où on cultive les tourbières de cette manière. Dans toutes celles que j'ai vues , et j'en ai vu beaucoup, au moins de petites, car celle de la vallée de Somme est la plus grande , on se contente de la mauvaise herbe qu'elles fournissent. (B.)

TOURNÉE. Sorte de pioche, à court manche , dont le fer est très lourd , recourbé et terminé en pointe d'un côté , droit et coupant de l'autre.

Cet instrument , dont les terrassiers font un fréquent usage aux environs de Paris , expédie beaucoup et bien , mais son emploi est très fatigant.

Il est très propre au défoncement des terres argileuses et pierreuses. *Voyez* DÉFONCER et LABOURER.

TOURNER. On dit qu'une cerise tourne, lorsqu'elle commence à rougir ; on dit encore qu'elle tourne, lorsqu'elle commence à s'altérer par excès de maturité. Une grande chaleur fait plus promptement tourner les fruits sous le premier rapport. Une surabondance d'humidité et d'électricité accélère toujours le second état. Il n'est personne qui n'ait eu occasion de voir des fruits s'altérer en peu d'instans par suite d'un orage. Les œufs éprouvent un effet analogue, et tournent aussi dans cette dernière circonstance.

TOURNER. Vin tourné. *Voyez* l'article VIN.

TOURNÉS. (FRUITS) Ce sont des fruits mûrs, principalement des cerises, des prunes , des figues, des fraises, etc. , qui , arrivés à leur point de maturité, se décomposent instantanément. Presque toujours c'est l'électricité surabondante, ou le tonnerre qui fait tourner les fruits. On peut prévenir cet accident en conservant les fruits dans une cave, une glacière ou autres lieux du même genre; mais une fois arrivé, il n'est plus possible de rendre ces fruits à leur état primitif. *Voyez* FRUIT, FRUITIER, et POURRITURE.

TOURNÉS. (ŒUFS) Ce sont des œufs qui par la même cause que ci-dessus sont devenus clairs en peu d'instans. Il arrive très fréquemment que des œufs actuellement sous la couveuse tournent par le seul effet d'un coup de tonnerre. Les femmes de campagne savoient, bien des siècles avant que les savans eussent pour la première fois disserté sur l'ÉLECTRICITÉ (*voyez* ce mot), qu'un morceau de fer mis à côté des œufs suffisoit pour les empêcher de tourner. *Voyez* aux mots Incu-bation et Œuf. (B.)

TOURNESOL. Plante annuelle et monoïque, du genre Croton (*voyez* ce mot), qui croît naturellement dans les départemens méridionaux de la France, où elle est connue sous le nom de *maurelle*; on la trouve aussi en Espagne, en Italie et dans le Levant. C'est le *croton teignant*, *Croton tinctorium*, Lin. Cette plante est très utile aux arts par la teinture qu'on obtient de son suc, et qui, dans le commerce, porte le même nom. Elle s'élève ordinairement à un pied, avec une tige herbacée, cylindrique, rameuse, feuillée, cotonneuse et blanchâtre. Ses feuilles sont alternes, rhomboïdales ou ovales, ondées, molles et supportées par de longs pétioles. Ses fleurs viennent en grappes courtes et sessiles au sommet des rameaux et dans leurs bifurcations. Les mâles occupent la plus grande partie des grappes; les femelles sont situées à la base. Celles-ci produisent des fruits pendans, composés de trois capsules réunies, qui sont rondes, raboteuses et d'un vert foncé.

« Malheureusement, dit M. Décandolle (*Rapport à la société d'agriculture de Paris sur un voyage botanique et agronome dans les départemens du sud-ouest*), on doit encore ranger parmi les plantes sauvages le *tournesol* ou *maurelle*, dont le commerce est exclusivement réservé au seul village du Grand-Gallargues, département du Gard, et qui s'exporte presqu'entièrement en Hollande. Chaque année les habitans de ce village, après avoir recueilli la maurelle, qui vient naturellement autour d'eux, s'écartent de tous côtés pour en trouver de nouvelle, et vont faire cette récolte jusqu'à Toulon et Perpignan. Aucun d'eux n'a pensé à cultiver cette plante, pour éviter ces voyages éloignés et des recherches incertaines; son produit est cependant assez important pour que cette culture pût être avantageuse dans ce pays. Ceux qui vont cueillir la maurelle dans des cantons très éloignés y fabriquent le tournesol, mais reviennent le vendre à Gallargues, seul marché de cette denrée. Ceux qui la recueillent près de Gallargues la portent à leurs femmes qui sont chargées de la préparer. »

M. Montel a fait connoître cette préparation dans un mémoire inséré parmi ceux de l'académie des sciences de Paris, année 1754. Je vais, d'après lui, en donner une idée.

Les vaisseaux et instrumens destinés à recueillir le suc de la maurelle sont de différentes grandeurs et placés ordinairement à un rez-de-chaussée dans une espèce de hangar ou d'écurie. Au-dessous d'un pressoir, ayant huit pieds et demi de longueur sur un pied et demi de hauteur, on dispose une cuve de pierre, pour recevoir le suc. Dans le même lieu est une autre cuve de pierre ayant la forme d'un parallélipipède, et dans laquelle on met l'urine et les autres ingrédiens nécessaires. Enfin on établit dans le même endroit un moulin, dont la meule, posée de champ, a un pied d'épaisseur ; un cheval la fait tourner ; elle roule autour d'un pivot perpendiculaire dans une ornière circulaire assez large et assez profonde, où l'on met la maurelle qu'on veut broyer ; ce moulin est fait à peu près comme ceux dont on se sert pour écraser les olives ou les pommes à cidre. Celui qui n'a ni pressoir ni moulin pour moudre sa maurelle a recours à son voisin, auquel il abandonne en paiement une partie du suc.

Pour broyer la maurelle on doit choisir un jour convenable ; il faut que le temps soit serein, l'air sec, le soleil ardent et le vent nord ou nord ouest. Quand la plante est bien écrasée, on en remplit un cabas, fait de jonc et semblable à ceux dont on se sert pour mettre les olives au pressoir. Ce cabas est pressé fortement ; le suc exprimé coule dans la cuve de pierre placée sous le pressoir. Dès qu'il a cessé de couler, on retire le cabas, et on jette le marc, qui, dit-on, est un excellent fumier. On commence cette opération dans la matinée, et on la continue jusqu'à ce que tout le suc soit exprimé, ayant soin de changer de cabas, dès que l'on s'aperçoit que celui dont on s'étoit servi jusque-là est percé. Quand on a tiré tout le suc, les uns avant que de l'employer le laissent reposer un quart d'heure, les autres en font usage sur-le-champ. Il est porté dans une espèce de petite cuve de bois.

Avant de l'exprimer, on doit avoir fait une provision de toile qui ait déjà servi, et qui cependant n'ait été blanchie ni par la rosée ni par la lessive. Si elle est sale, on la lave et on la fait sécher ; toute toile, même grossière, est bonne, pourvu qu'elle soit de chanvre. On la divise en plusieurs pièces ; c'est le travail des femmes. Chacune a devant elle un baquet de bois pareil à celui dont les blanchisseuses se servent pour savonner le linge ; elle prend une, deux ou trois pièces de toile, suivant qu'elles sont plus ou moins grandes, qu'elle met dans le baquet ; elle verse ensuite par dessus un pot de suc de *maurelle* qu'elle a toujours à son côté . et tout de suite, par un procédé pareil à celui des blanchisseuses, elle froisse bien la toile avec ses mains, afin qu'elle soit par-tout bien imbibée de suc. Cela fait, on ôte ces chiffons, on en remet d'autres, et toujours ainsi de suite, jusqu'à ce que tout le suc exprimé soit employé.

Après cette opération, on va étendre ces drapeaux sur des haies exposées au soleil le plus ardent, pour les faire bien sécher ; on ne les met jamais à terre, parceque l'air y pénètreroit moins facilement, et qu'il est essentiel qu'ils sèchent vite. Quand ils sont séchés, on les retire et on en forme des tas.

Un mois avant de commencer cette opération, on a soin de ramasser de l'urine dans la cuve de pierre; la quantité qu'on en met n'est pas déterminée, c'est ordinairement trente pots, ce qui donne cinq à six pouces d'urine dans chaque cuve. On y jette ensuite cinq à six livres de chaux vive. Ceux qui sont dans l'usage d'employer l'alun y en mettent alors une livre, car il faut remarquer qu'on y met toujours de la chaux quoiqu'on emploie l'alun. On remue bien ce mélange avec un bâton; après cela on place, au-dessus de l'urine, des sarmens ou des roseaux, assujettis à chaque extrémité de la cuve; on étend sur ces roseaux les drapeaux imbibés de suc et bien séchés. On en met ordinairement sept à huit l'un sur l'autre, quelquefois plus ou moins, selon la grandeur de la cuve; on couvre ensuite cette même cuve d'un drapeau ou d'une couverture.

Les drapeaux sont ordinairement exposés pendant vingt-quatre heures à la vapeur de l'eau; il n'y a sur cela aucune règle certaine; la force et la quantité de l'urine doivent décider : on les visite de temps en temps, et lorsqu'on s'aperçoit qu'ils ont pris la couleur bleue, on les ôte. Pendant qu'ils sont exposés à la vapeur de l'urine, il faut avoir soin de les retourner et prendre garde qu'ils ne trempent dans la liqueur, dont le contact détruiroit entièrement leur partie colorante.

Comme il faut une grande quantité d'urine, et que d'ailleurs les cuves sont trop petites pour que l'on puisse colorer dans l'espace d'un mois et demi tous les drapeaux que demandent les marchands, on a imaginé de suppléer à l'urine par le fumier. Cependant le plus grand nombre des particuliers emploient l'urine; mais tous en font en même temps par l'une et l'autre méthode. Les drapeaux qu'on colore par le moyen de l'urine sont les plus aisés à préparer; quelque temps qu'ils restent exposés à la vapeur, ils ne prennent jamais d'autre couleur que le bleu, et la partie colorante n'est jamais détruite par l'alkali volatil qui s'élève, quelque abondant qu'il soit. Il n'en est pas de même quand on emploie le fumier, et cette autre méthode demande beaucoup plus de vigilance.

Dès qu'on veut exposer les drapeaux qui ont reçu la première préparation à la vapeur du fumier, on en étend une bonne couche dans un coin de l'écurie; sur cette couche on jette un peu de paille brisée, on met par dessus les chiffons entassés les uns sur les autres, et tout de suite on les couvre d'un drap comme dans l'autre méthode. Si le fumier est de la première force, on va au bout d'une heure retourner les chiffons;

une heure après on les visite encore, et lorsqu'ils ont pris une couleur bleue, on les retire. Si le fumier n'est pas fort, on les y laisse plus long-temps, quelquefois douze heures, et plus même quand cela est nécessaire. On sent bien que tout ceci dépend du degré de force du fumier. On doit être attentif à visiter souvent les drapeaux, car la vapeur du fumier, si on les y laissoit trop long-temps exposés, en détruiroit la couleur, et tout le travail seroit perdu. Le fumier qu'on emploie est celui de cheval, de mule ou de mulet. Quelquefois on met les drapeaux entre deux draps, et les draps entre deux couches de fumier.

Pour l'ordinaire on n'expose les chiffons qu'une seule fois à la vapeur de l'urine ou du fumier. Quelquefois, lorsque l'opération ne réussit pas par la seconde méthode, on expose alors les drapeaux à la vapeur de l'urine, mais ces cas sont rares. On doit observer que, pendant tout le temps que dure cette préparation, on met presque tous les jours de l'urine dans la cuve, mais on n'y met que trois fois de la chaux vive ou de l'alun. Chaque fois qu'on expose de nouveaux drapeaux à la vapeur de l'urine, on la remue bien avec un bâton; on change de même le fumier à chaque nouvelle opération. Dès que les drapeaux ont été assez imprégnés de la vapeur de l'urine, on les imbibe une seconde fois de suc nouveau de *maurelle*. Si, après cette seconde imbibition, ils sont d'un bleu foncé tirant sur le noir, on ne leur fournit plus de nouveau suc; alors la marchandise est dans l'état requis. Si les chiffons n'ont pas cette couleur foncée, on les imbibe de nouveau suc une troisième fois, quelquefois une quatrième; mais cela arrive rarement.

Quand les drapeaux ou chiffons, préparés comme on vient de le dire, sont bien secs, on les emballe dans de grands sacs, on les y serre et presse bien, puis on fait un second emballage dans d'autres sacs, ou dans de la toile avec de la paille, et on en forme des balles de trois à quatre quintaux; des marchands commissionnaires de Montpellier, ou des environs, les achètent pour les envoyer en Hollande, en les embarquant au port de Cette.

M. Montel a fait plusieurs expériences pour trouver la véritable cause de la coloration des drapeaux dont on vient de parler; mais ce n'est point ici le lieu d'en présenter le résultat.

Les drapeaux de tournesol sont fort aisés à décolorer, par conséquent ils sont de faux teint; l'eau froide enlève sur-le-champ la couleur, et les décolore entièrement, et c'est avec cette partie colorante qu'on fait à Amsterdam les pains de tournesol.

Le bleu de la maurelle n'est pas aussi beau que celui qu'on retire du pastel ou de l'indigo. En Allemagne, en Hollande et en Angleterre, on en colore les conserves, les gelées, et les diverses liqueurs. Dans quelques pays les chiffons de tournesol servent à donner au vin la couleur qui lui manque. Les Hollandais emploient cette teinture pour vernir en violet la croûte de leur fromage. Le tournesol en pain est d'usage dans plusieurs arts; avec cette espèce de pierre, on trace différens dessins sur la toile ou la soie qu'on veut broder. Enfin c'est avec le tournesol qu'on teint ce gros papier d'un bleu foncé dont sont enveloppés les pains de sucre.

Cette teinture est fréquemment employée par les chimistes, parcequ'elle a la propriété de rougir sur-le-champ, dès qu'on la mêle avec une substance acide quelconque, dont elle décèle ainsi la présence.

On distingue, dans le commerce, le *tournesol en drapeaux* et le *tournesol en pain.* Le premier se fait de la manière qui vient d'être dite, et se vend en drapeaux et au poids; le second se débite sous la forme d'une pâte sèche. Ce sont les Hollandais qui nous vendent celui-ci; ils le composent avec la matière première que nous leur fournissons. Autrefois, dit M. Décandolle, par un marché passé par la commune de Gallargues avec les négocians de Hollande, le quintal (poids de table) de chiffons ou drapeaux secs de tournesol se vendoit chaque année à 45 francs; depuis la révolution chacun vend cette denrée librement. Son prix s'est élevé jusqu'à 120 francs; en 1807 il a été de 60 francs, et il s'en est vendu pour 40,000 fr. (D.)

TOURNESOL. On a donné ce nom à diverses espèces de plantes, dont les fleurs se tournent toujours du côté du soleil lorsqu'elles sont épanouies, entre autres à l'HÉLIANTHE ANNUEL, qui, à raison de sa grandeur, montre cette propriété d'une manière plus positive. *Voyez* ce mot.

TOURNIS. Symptôme de plusieurs maladies des animaux, qui consiste au tournoiement de l'individu affecté autour de lui-même et irrégulièrement.

Il y a dans les bêtes à laine trois principales maladies que ce symptôme indique,

1° Le VERTIGE, aussi nommé *avertin, vitomon, tournoiement, folie.* Il est presque toujours dû à l'excès de la chaleur prolongée, soit du soleil, soit de la bergerie. Souvent il est la suite d'un coup de soleil sur la tête; aussi a-t-il tous les caractères d'une maladie inflammatoire. L'animal attaqué succombe quelquefois en peu d'heures. Ses remèdes sont l'abri du soleil, un air frais, des bains, des lotions d'eau acidulée sur le nez et dans la bouche, des boissons de même nature, la saignée. *Voyez* VERTIGE.

2° Les ŒSTRES (*voyez* ce mot) lorsqu'ils sont nombreux ou qu'ils n'ont pas pu sortir à l'époque de leur transformation. Lorsqu'il n'y a des œstres que dans un des sinus frontaux, les moutons tournent seulement du côté opposé. Lorsqu'il y en a dans les deux, ils tournent alternativement. L'absence de tout symptôme inflammatoire, des éternuemens fréquens et violens accompagnent toujours ce genre de tournis, ce qui le distingue du précédent. Rarement il conduit à la mort. Des injections d'infusion de plantes amères, d'huile empyreumatique suffisent ordinairement pour le faire cesser. Quelquefois cependant le trépan devient nécessaire. Lorsqu'il y a beaucoup de larves d'œstre, l'irritation qu'elles causent détermine par les naseaux un écoulement que quelques personnes ont appelé *la morve des moutons*. Lorsque la larve ne peut sortir, elle meurt, se putréfie, et donne lieu à des dépôts purulens, quelquefois à la gangrène, et par conséquent à la mort.

3° L'HYDATIDE CÉRÉBRALE (*voyez* ce mot). C'est le véritable et le plus dangereux des tournis. La longueur de sa durée et le manque d'inflammation et d'écoulement par les naseaux suffisent pour le distinguer des autres. Toujours l'animal tourne du côté où est le ver. D'immenses quantités de bètes à laine périssent chaque année du tournis causé par cette hydatide et dans certaines années et dans certains pays plus que dans d'autres. On a proposé des remèdes sans nombre pour le guérir; mais il n'est pas certain qu'un seul d'entre eux ait réellement rempli son but. Le trépan a quelquefois réussi. Aujourd'hui on en guérit beaucoup par la méthode de M. Riem, que mon collaborateur Huzard a fait connoître le premier, et qui consiste « à percer le crâne, sur le lieu où l'on soupçonne l'hydatide, avec un troquart, placé dans une canule adaptée à une seringue, avec laquelle on aspire, en faisant le vide, toute la liqueur de l'hydatide. » Lorsque l'hydatide est grosse et superficielle, on la sent, attendu qu'elle a aminci l'épaisseur du crâne, et l'opération est immanquable; mais dans le cas contraire on agit un peu au hasard. J'ai vu plusieurs mérinos guéris par Huzard, Tessier, Yvart, Valois et Jouvencelle : ces deux derniers à Versailles. J'ai entendu citer la guérison de beaucoup d'autres par des propriétaires des départemens de la Seine et de Seine-et-Oise. Il n'est donc plus permis de douter de la bonté de la méthode de M. Riem. Si on ne guérit pas toujours, c'est qu'il y a souvent des hydatides qui s'enfoncent dans la substance même du cerveau, et encore plus souvent, c'est qu'il y a plusieurs hydatides de différentes grosseurs, comme je l'ai observé à différentes reprises. Quand on ne sauveroit qu'une bête sur dix, ce seroit déjà beaucoup, et les personnes précitées en ont sauvé quelquefois davantage.

Voyez pour les autres sortes de tournis les mots Hydropisie du cerveau, Épilepsie.

TOURTEAU. Nom qu'on donne dans quelques pays à ce qui reste des graines huileuses après l'expression de l'huile qu'elles contenoient. Les tourteaux sont généralement une excellente nourriture pour les animaux domestiques. Ils sont aussi un puissant engrais. Aussi on ne les perd nulle part, mais nulle part peut-être on ne sait en tirer tout le parti convenable.

J'ai vu presque par-tout laisser moisir les tourteaux, faute de les conserver dans un lieu sec et aéré, et par conséquent perdre cette agréable saveur qui les fait rechercher par les bestiaux.

J'ai vu presque par-tout donner les tourteaux aux bestiaux dans l'état sec, ou seulement trempés dans l'eau froide, lorsque l'expérience prouve que leur effet est bien plus considérable, et bien plus certain lorsqu'ils ont été réduits en bouillie par leur immersion dans l'eau bouillante.

Il est plus avantageux de donner les tourteaux mélangés avec d'autre nourriture que seuls.

L'influence des tourteaux comme engrais est regardée dans les environs de Lille et de Valenciennes comme plus puissante que celle des fumiers ordinaires; aussi s'y vendent-ils fort cher. On les répand, après les avoir réduits en poudre, à la main et à la volée sur les blés en état de végétation, pendant les premiers jours du printemps, et sur les lins, les colsa, etc., lorsqu'ils commencent à se développer.

Ce n'est pas à raison de l'huile qui reste dans les tourteaux qu'ils agissent comme engrais, ainsi que quelques personnes se le persuadent, car il en reste réellement infiniment peu. Le mucilage seul produit cet effet, c'est du terreau tout dissous, et qui peut en conséquence entrer immédiatement dans les plantes. Voilà pourquoi il faut le répandre au printemps, c'est-à-dire pendant que les plantes sont dans toute leur force végétative. *Voyez* aux mots Engrais et Terreau.

Les cultivateurs doivent donc ne laisser perdre aucunes portions de leurs tourteaux, et chercher les moyens d'en tirer tout le parti possible sous les deux rapports précités.

TOUSELLE. Variété de froment qu'on cultive dans les parties méridionales de la France.

TOUTE-BONNE. *Voyez* Sauge orvale.

TOUTE-BONNE DES PRES. C'est la Sauge des prés.

TOUTE-EPICE. *Voyez* Nigelle.

TOUTE-SAINE. Espèce de Millepertuis. (B.)

TOUX. (Médecine vétérinaire.) La toux est une ou plusieurs expirations subites et violentes faites avec bruit ; lorsque ces expirations sont continuées pendant quelques instans, on les appelle *quinte*.

Dans la toux, les muscles du larynx, ceux de la poitrine et du bas-ventre, enfin tous les muscles qui concourent à la respiration, éprouvent une sorte de mouvement spasmodique qui produit un malaise général, et même la courbature, lorsque la toux est souvent répétée.

La toux est ordinairement la suite d'une irritation quelconque, portée sur la gorge, la trachée-artère, dans les bronches, ou sur le poumon lui-même ; elle est par conséquent un des symptômes des affections de ces parties.

Les breuvages donnés inconsidérément et sans précaution, des corps étrangers avalés involontairement ou engagés dans la gorge, les boissons d'eau froide et crue, lorsqu'un animal a chaud, les arrêts de transpiration, les angines ou squinancies, la gourme, des coups donnés sur les côtes, enfin toutes les lésions des organes de la respiration causent la toux ; on sent bien que pour la faire cesser il faut s'occuper de la cure des maladies dont elle est la suite.

Cependant il arrive quelquefois que la toux se prolonge et qu'elle prend un caractère de chronicité qui la rend très rebelle.

Dans la phthisie pulmonaire et les maladies de la poitrine qui ont le même caractère, telle que la vieille courbature dans le cheval, la toux est petite, courte, si on peut s'exprimer ainsi, peu sonore, et se fait avec une espèce de sifflement.

Dans les affections catarrhales, elle est quelquefois douloureuse au commencement ; mais ensuite elle devient grasse, se fait largement, et elle a lieu sans douleur (à cette époque on dit que le catarrhe ou rhume se mûrit.)

La pousse est presque toujours accompagnée de la toux ; dans ce cas on ne peut en espérer la cure : mais on peut tenter de l'adoucir par l'usage du miel, dans lequel on incorpore le soufre, la gomme ammoniaque, la poudre d'Aulnée, celle de réglisse ou de gentiane, suivant les diverses circonstances qui accompagnent la toux.

Nous avons dit que généralement la cure de la toux dépendoit de la guérison des maladies qui y donnoient lieu, et nous n'avons pas cru devoir indiquer de remèdes curatifs pour les différens cas qui la déterminent, en nous proposant de renvoyer le lecteur à chacune des maladies que nous avons indiquées au commencement de cet article.

Nous croyons cependant devoir dire ici que dans les toux quinteuses l'opium étendu dans une boisson appropriée, ou mêlé avec le miel et administré à la dose de 5 décigrammes à

2 grammes (10 grains à un demi-gros) pour les gros animaux, devient un moyen qui fait assez promptement cesser la toux. (Des.)

TOUX. *Voyez* Houx.

TRABUC. Ancienne mesure de longueur usitée à Nice. *Voyez* Mesure.

TRACER. On dit qu'une plante trace quand elle pousse des drageons de ses racines à quelque distance du tronc, ou quand ses tiges étant couchées, ces dernières poussent des racines de différens points. Le prunier est un exemple du premier cas, et le fraisier, du second.

On dit aussi tracer des sillons, tracer une allée, un jardin, etc. (B.)

TRAÇOIR. Instrument de fer à une ou plusieurs pointes triangulaires ou quadrangulaires, qui est adapté à un long manche de bois, et dont on se sert, soit pour tracer des lignes sur un terrain qu'on veut diviser et planter d'après un dessin quelconque, soit pour former de petits rayons très étroits et légèrement creux dans lesquels on se propose de semer des graines ou de transplanter de jeunes plants. Avec le traçoir à une pointe on trace des rayons simples ; avec le traçoir à deux ou à quatre pointes on trace deux ou quatre rayons à la fois sur un seul trait de cordeau. Le traçoir à pic et à taillant sert à tracer des lignes profondes sur des terrains durs. (D.)

TRACHÉES DES PLANTES. Vaisseaux qu'on ne trouve jamais contenir de liqueurs et qu'on croit en conséquence servir de poumons aux végétaux. Ils sont composés d'une lame parenchymateuse tournée en spirale sur ses bords. On les voit très facilement dans certaines plantes et on ne les trouve pas dans les autres. Le pétiole d'une feuille de plantain ou de scabieuse, cassée avec précaution, en offre qu'on peut allonger considérablement sans les rompre. Leur place est toujours la même dans chaque plante et chaque partie de plante. *Voyez* Tissu vasculaire et Vaisseaux des plantes.

Les trachées, selon quelques physiologistes, servent à faciliter les mouvemens de la sève et à lui fournir l'air ou les élémens de l'air nécessaire à son action nutritive. Le vrai est que nous ne connoissons pas encore leurs usages réels et que ce n'est que d'après des analogies que ces physiologistes ont émis cette opinion. *Voyez* Air, Oxygène, Carbone, Azote, et Feuille.

TRAINASSE. *Voyez* Renouée.

TRAMOIS ou TRÉMOIS. Mélange de vesce, de pois, de seigle, de froment, d'avoine, etc., qu'on sème pour fourrage et qu'on coupe au moment de la floraison.

TRANCADES. On donne ce nom, aux environs de Montauban et de Cahors, à des gros blocs de pierres remplis de larges cavités et enterrées à la surface de la terre. Les plantes et même les arbres trouvent moyen de végéter dans ces cavités, à raison de la terre qu'elles contiennent, mais les lieux qui sont très garnis de ces pierres peuvent difficilement être labourés avant leur enlèvement.

TRANCHÉ. Un bois tranché est celui dont les fibres ne sont pas longitudinales. L'orme tortillard offre ce cas au plus haut degré. (B.)

TRANCHÉES, ou COLIQUES (Médecine vétérinaire). Ce sont des douleurs aiguës dans le bas-ventre.

Les tranchées sont ordinairement le symptôme de la plus grande partie des maladies du bas-ventre, sur-tout dans le cheval.

Les tranchées peuvent être causées par indigestion, par rétention et suppression d'urine; par des calculs formés dans le bassinet des reins, ou engagés dans les uretères; par l'usage d'alimens donnés avant ou pendant la fermentation, ou mangés en vert; par des boissons d'eau crue ou d'eau de neige; par des égagropiles ou des bézoarts logés dans les intestins; par des vents; par la présence des vers; par la constipation, par les hernies, sur-tout celles inguinales; par la rupture de l'estomac et par celle des intestins ou l'invagination de ces derniers, qui est la colique de *miserere* dans l'homme; par l'âcreté et la surabondance de la bile, et enfin par l'inflammation des intestins, qui se termine assez souvent par gangrène; c'est ce qu'on appelle tranchées rouges; cette dernière sorte de tranchées n'est point un symptôme, mais bien une maladie.

Nous avons dit que les tranchées étoient des symptômes de la plupart des maladies du bas-ventre; parmi ces symptômes il y en a de généraux qui appartiennent à toutes les maladies de cette partie, et il y en a d'autres qui sont particuliers à quelques unes de ces affections : nous tâcherons de les faire connoître autant qu'il nous sera possible, et d'en indiquer les caractères.

Dans les symptômes généraux l'agitation est continuelle, les animaux se tourmentent sans cesse, ils se couchent, se relèvent, se roulent, et sont quelquefois pris de sueur, principalement aux flancs; ces symptômes généraux sont accompagnés de symptômes particuliers qui aident à reconnoître les différens genres de maladies et servent à diriger l'artiste dans le traitement de chacune d'elles.

Dans les indigestions, le pouls est dur et plein, il y a quelquefois diarrhée, les déjections sont d'une mauvaise odeur dans le cheval; on y reconnoît assez souvent des grains d'a-

voine encore entiers, et l'animal rend des rots. *Voyez* INDI-
GESTION.

Dans la rétention d'urine il se campe souvent pour pisser; il ne le fait que goutte à goutte ou point du tout, il regarde son flanc; au reste, il est facile de s'assurer s'il y a retention d'urine en introduisant la main dans le rectum; on sent la vessie pleine; quelquefois elle sort du bassin, elle est entraînée par son poids dans l'abdomen. *Voyez* RETENTION D'URINE.

Dans la suppression d'urine par la présence de calculs, soit dans les reins, soit dans les uretères, l'animal se campe souvent pour pisser; il se tend, fait des efforts et cherche à porter la tête vers les reins; il y en a même qui cherchent à y mordre. *Voyez* SUPPRESSION D'URINE.

Dans les tranchées occasionnées par l'usage des alimens nouveaux ou donnés en vert, le ventre est gonflé, les flancs sont durs et tendus, les douleurs vives et presque continuelles; l'animal se plaint beaucoup; il rend des vents; les mêmes symptômes se montrent aussi dans les tranchées occasionnées par les vents. *Voyez* INDIGESTION.

Dans les tranchées causées par les boissons d'eaux froides et crues, ou de neige, les douleurs ne sont ordinairement pas de longue durée quoique assez vives; on les fait cesser par des lavemens et des boissons chaudes et adoucissantes, telles que celles d'infusion de fleurs de sureau, ou de camomille, dans lesquelles on ajoute l'eau de mélisse, à la dose de trois à quatre cuillerées à bouche par litre pour les gros animaux, ou l'éther sulfurique à celle d'un à deux gros, quatre grammes à huit grammes.

Dans celles qui ont lieu par la présence des égagropiles ou bézoards, l'animal paroît inquiet; il gratte beaucoup des pieds de devant, il se couche quelquefois sur le dos, et il y reste quelques instans, ou il se tient posé sur les genoux et le derrière élevé; il prend diverses positions comme pour chercher à déplacer ces corps; les excrémens qu'il rend sont aplatis, ce qui indique qu'ils ont été gênés et comprimés dans leur passage par quelque corps étranger.

Les tranchées dues à la présence des vers sont assez ordinairement précédées d'un appétit vorace et de maigreur; l'animal rend quelques uns de ces vers, ou on en voit qui s'attachent au fondement. M. Lafosse conseille la suie de cheminée à trois onces (un hectogramme) dans un demi-setier (deux décilitres) de lait; M. Chabert indique l'huile empyreumatique à la dose de deux à trois gros (un demi-décagramme à un décagramme) étendue dans une infusion aromatique; on répète l'usage de ces médicamens jusqu'à ce que l'on croie que les vers sont détruits, c'est-à-dire trois à quatre fois en laissant un jour d'intervalle entre les prises.

Les tranchées causées par les hernies inguinales ont des symptômes caractéristiques bien marqués. L'animal qui en est atteint se couche sur le dos et ramène les jambes de derrière vers la poitrine, comme s'il cherchoit à faire rentrer la hernie; lorsqu'il est debout on le voit quelquefois ployer les jambes de devant, s'appuyer sur les genoux et se tenir ainsi le train de derrière élevé pour reporter toute la masse des intestins vers le devant; il lui prend des sueurs vers les testicules et il rend souvent des rots. *Voyez* Hernies.

Dans la rupture de l'estomac ou des intestins on voit presque toujours les excrémens revenir par la bouche; ce cas est toujours mortel ainsi que les invaginations. L'invagination est la rentrée en lui-même de l'intestin, de la même manière qu'on rentre un bonnet de coton pour le mettre sur la tête, ou un bas qu'on veut chausser.

Dans les tranchées qui sont la suite de l'inflammation des intestins, et qui se terminent ordinairement par la gangrène, les symptômes ont une telle intensité, qu'ils ne laissent pas un instant de repos à l'animal; il est violemment poursuivi par les douleurs; les lavemens et les breuvages antispasmodiques qui sont indiqués dans ce cas sont le plus souvent infructueux et l'animal succombe assez promptement. (Des.)

TRANCHE-GAZON. Disque de fer, à bord garni d'acier, et tranchant comme un couteau, tournant sur un axe, autour de son centre et entre deux montans de fer réunis par le haut et fixés dans un manche de deux pieds de haut, terminé par une traverse de quatre à cinq pouces. *Voyez* Coupe-gazon.

Cet instrument sert à ébarber les gazons, en le faisant rouler le long d'un cordeau. On le place aussi en devant de la charrue au lieu du coutre en usage en France. J'ai vu son effet dans le premier de ces cas, et je me suis demandé comment il se faisoit que dans les grands jardins on continuât d'ébarber le gazon avec la bêche, moyen si lent et si imparfait. J'ai vu faire dans les jardins de Versailles plus de besogne en un quart d'heure avec son secours que six ouvriers n'en avoient fait la veille.

TRANSAILLE. On appelle ainsi dans le ci-devant Dauphiné toutes les graines qu'on sème au printemps, comme le chanvre, le lin, l'orge, l'avoine, les pois, etc. (B.)

TRANSPIRATION. La transpiration est l'évacuation d'une humeur excrémentielle qui a lieu à travers les pores de la peau, on l'appelle aussi transpiration cutanée; elle diffère de la sueur en ce qu'elle est insensible, et que la sueur se montre par gouttes qu'on voit distinctement sur la peau.

La répercussion subite de cette humeur donne lieu 1° à la courbature, qui, dans ce cas, dégénère souvent en fourbure; 2° aux diverses affections catarrhales, qui affectent, ou la poitrine, ou la gorge, ou la membrane pituitaire, ou toutes ces parties en même temps.

On peut dire aussi que l'arrêt de transpiration produit l'engorgement des jambes et toutes les maladies qui en sont la suite, telles que les crevasses, les javarts, les dépôts et même le farcin.

La méthode pernicieuse de laver les jambes des chevaux, lorsqu'ils sortent du travail et qu'ils sont en sueur, contribue beaucoup au développement de ces maladies.

On a vu l'arrêt de transpiration produire des coliques et même la diarrhée.

Le passage subit du chaud au froid, le placement des animaux dans des écuries humides, lorsqu'ils sont en sueur, leur exposition à l'air et au vent, les boissons d'eau froide lorsqu'ils sont dans cet état, leur séjour dans des habitations malsaines, l'inaction absolue après des courses violentes sont autant de causes de la suppression de la transpiration.

La cure des arrêts de transpiration dépend et tient à la cure des maladies qui les ont produites.

Il faut dans le traitement chercher à concilier les diverses indications, et s'occuper en même temps de la maladie et des différentes causes qui y ont donné lieu.

Généralement dans les affections catarrhales, sur-tout dans celles qui sont accompagnées d'engorgemens sous la ganache, au cou ou autres parties quelconque les saignées sont souvent contre indiquées.

Lorsque l'inflammation et l'état du pouls paroissent en commander l'emploi, il doit être suivi de l'administration des diaphorétiques ou des boissons qui portent à la peau, telles que l'infusion de fleurs de sureau, activée suivant l'exigence des cas par l'addition du vin rouge à la dose de deux décilitres par litre d'infusion et du miel à celle d'un quart de kilogramme (un quarteron) dans le même volume de liquide; enfin le bouchonnement, le brossement, l'entretien de la chaleur, et le rétablissement de la transpiration par tous les moyens possibles sont les indications à remplir.

Lorsqu'on soupçonne des dépôts il faut les aider en mettant sous la ganache une pièce de laine ou un morceau de peau de mouton; ce même moyen est très bon dans l'engorgement des jambes; il est préférable aux bains et aux lotions, surtout lorsqu'il fait froid; ces médicamens, qui se mettent promptement à la température de l'atmosphère, sont plutôt nuisibles qu'utiles, à moins qu'on ne sèche bien les jambes par des frictions fortement répétées jusqu'à ce que toute l'humidité en soit absorbée. Au reste, nous répétons que dans le traitement on doit avoir en vue non seulement la maladie, mais encore les causes qui l'ont produite. (Des.)

TRANSPIRATION DES PLANTES. Emanation d'eau, sous la forme gazeuse, qui a lieu dans les plantes par suite de l'effet même de leur action vitale.

On a fait sur cette sécrétion, la plus simple de toutes celles qui ont lieu dans les êtres organisés, des recherches qui n'ont rien appris de positif, relativement à sa cause. Ses résultats sont donc seuls connus.

Dans les plantes, la transpiration est très considérable, ainsi qu'on le voit journellement pendant les jours secs et chauds de l'été, jours où toutes les plantes qui n'ont pas de très longues racines se fanent. On sait que Haller, ayant placé dans un pot un hélianthe annuel de trois pieds de haut, et l'ayant pesé tous les jours, ainsi que l'eau avec laquelle il l'arrosoit, il a trouvé qu'il perdoit vingt onces par jour par la transpiration.

Je ne puis mieux faire pour satisfaire le lecteur que de transcrire ici ce que dit mon collaborateur Décandolle sur ce sujet. *Voyez* ses principes de botanique qui sont à la tête de la nouvelle édition de la Flore française, ouvrage qui doit être entre les mains de tous les cultivateurs jaloux d'apprendre à connoître la totalité des végétaux qui les entourent.

« Si on compare avec beaucoup d'exactitude, comme l'a fait M. Sennebier, la quantité pompée par une branche avec celle qui est transpirée, on trouve que généralement l'eau soutirée est à l'eau rendue comme 3 est à 2. Ce fait fournit une première induction qu'une partie de l'eau se fixe dans le végétal. M. Sennebier a encore comparé la nature de l'eau pompée et de l'eau expirée. Il a fait tremper des branches dans de l'infusion de cochenille, et il a vu que l'eau expirée par elle étoit parfaitement transparente; il a cependant retrouvé quelque présence d'acidité dans l'eau expirée des plantes qui trempoient dans de l'eau mêlée d'acide marin et sulfurique. Enfin il s'est assuré que l'eau transpirée par différentes plantes contient $\frac{1}{11520}$ de son poids de matière étrangère; que celle de la vigne en contient $\frac{1}{25000}$; que cette matière étrangère est dissoluble, partie à l'eau, partie à l'alcohol, et que le résidu est un mélange de chaux et de sulfate de chaux.

« La transpiration insensible s'opère par les pores corticaux. En effet, elle est plus grande dans les herbes que dans les arbres; dans les herbes à feuilles minces que dans celles à feuilles charnues; dans les arbres à feuilles caduques que dans ceux à feuilles toujours vertes. Elle ne s'opère d'une manière marquée que dans les organes pourvus de pores corticaux, telles que les feuilles, les stipules, les calices, les tiges herbacées et les jeunes pousses ; elle ne s'opère pas sensiblement par les corolles, les organes sexuels, les fruits, les racines et les écorces. Il faut cependant observer, relativement aux parties dépourvues de pores corticaux, qu'elles éprouvent une légère déperdition à l'air ; mais cette déperdition s'explique par la porosité et la propriété hygrologique du tissu membraneux, et parceque l'oxygène de l'air s'empare d'un peu de leur carbone.

« En général, les plantes transpirent davantage dans un lieu chaud et sec que dans un lieu frais et humide. On sait encore par des expériences directes que les plantes transpirent beaucoup plus lorsqu'elles sont exposées à la lumière que lorsqu'elles sont à l'obscurité, souvent même elles ne transpirent point à l'obscurité totale. M. Sennebier a observé que lorsqu'on expose une plante à l'obscurité, elle cesse subitement de transpirer, et continue encore quelque temps à pomper, de sorte que son poids augmente un peu dans les premiers momens. C'est aussi ce qui arrive dans les premières heures de la nuit. Haller avoit remarqué dans ses expériences que pendant la nuit son appareil augmentoit en poids plutôt que de perdre, ce qui tient à ce que l'hélianthe cessoit de transpirer, et qu'en même temps l'air extérieur devenant plus humide, déposoit un peu d'humidité sur la plante. Au reste, l'influence de la lumière sur ce phénomène est tellement marquée, que la simple interposition d'un papier entre le soleil et la plante diminue la transpiration.

« Lorsque la transpiration est modérée, chaque gouttelette d'eau qui arrive à l'orifice d'un vaisseau s'évapore, et la transpiration est ce qu'on appelle insensible ; s'il arrive une trop grande quantité de liquide à l'orifice du vaisseau, l'évaporation ne peut avoir lieu subitement, et il se forme une gouttelette d'eau. Ce phénomène a lieu notamment dans les feuilles pointues et à nervures simples, parceque les sommités de plusieurs vaisseaux aboutissent dans un même lieu, et que les gouttelettes d'eau, étant réunies, deviennent plus visibles et plus difficiles à évaporer. Ainsi la sommité de feuilles de graminées est souvent munie, au lever du soleil, d'une gouttelette d'eau. Miller a vu de même des gouttes d'eau suinter de la sommité d'une feuille de bananier. On sait que certains gouets ont l'extrémité de la feuille terminée par un filet, qui est un faisceau de nervures. Ruysch a vu une plante de ce genre qui, lorsqu'on l'arrosoit, émettoit des gouttes d'eau de la sommité de son filet. C'est, je le pense, à un mécanisme analogue qu'on doit rapporter le phénomène que présente le *nepenthes distillatoria,* dont le godet se remplit naturellement d'eau. » *Voyez* Rosée.

Je ne puis rien ajouter à cet excellent morceau. (B.)

TRANSPLANTER. C'est ôter une plante d'une place pour mettre ailleurs.

Comme dans ce cas on déplante et on plante, ce que j'ai à dire ici se trouve aux articles Arracher, Déplanter, Lever, Plant, Plantation, etc.

Il semble au premier aperçu que transplanter est toujours une opération dangereuse ou au moins propre à retarder la croissance des plantes ; mais la pratique journalière dans les jardins et les pépinières prouve qu'au contraire, lorsque l'arrachis et la plantation sont convenablement exécutés, il y a un avantage marqué sous ce rapport. La cause en est que la plante se trouve dans une terre nouvelle et nouvellement remuée, dans laquelle par conséquent elle rencontre une plus grande abondance de sucs et plus de facilité pour l'aller chercher.

Certaines plantes gagnent plus que d'autres à être transplantées souvent. En faisant subir cette opération aux Arbres résineux, tels que Pin, Sapin, Mélèze, Thuya, Génevriers, etc., on est plus assuré de leur reprise lors de leur plantation définitive, parcequ'il en résulte une plus grande production de Racines. *Voyez* ces mots et le mot Pépinière.

Mais pour que la transplantation produise tous les bons effets, il faut qu'elle ait lieu sur des jeunes arbres. Elle est toujours une crise pour ceux d'un âge avancé.

Les arbres arrachés dans les bois n'offrent pas autant d'espérance de reprise à la transplantation que ceux pris dans une partie du jardin pour être placés dans une autre, à raison de ce qu'ils ne peuvent pas être aussi bien arrachés, et qu'ils se trouvent mis dans une situation à laquelle ils n'étoient pas accoutumés.

TRANSVASER LES VINS. *Voyez* Vin.

TRAQUERENARD. Sorte de piège employé pour prendre les Renards, les Loups, les Blaireaux, les Fouines, etc. *Voyez* ces mots.

Des cultivateurs qui habitent dans le voisinage des forêts doivent avoir des traquerenards ; mais comme ils ne peuvent pas les fabriquer eux-mêmes avec économie, je ne parlerai pas ici de leur construction. On en trouve de tout faits dans les villes.

TRAVAIL. On a donné ce nom à quatre poteaux de bois de six à huit pouces carrés, de huit à dix pieds de hauteur, disposés en parallélogramme, fortement scellés dans la terre, réunis par le haut au moyen de fortes traverses, et écartés de manière que le plus fort cheval puisse passer à l'aise dans leur intervalle le plus étroit et que sa tête ne déborde pas.

A cette machine sont fixés des anneaux, des poulies, des treuils, etc., et attachés des coussins rembourrés de paille.

On se sert du travail pour ASSUJETTIR (*voyez* ce mot, les gros animaux et sur-tout les chevaux auxquels on veut faire des opérations douloureuses. En effet par son moyen on fixe leur tête, leurs pieds, leur queue de manière qu'ils ne peuvent plus remuer. Bien plus, au moyen de trois ou quatre sangles qu'on leur passe sous le ventre, et des poulies ou des treuils, on les soulève à quelques pouces de terre.

On voit des travails chez presque tous les maréchaux; mais quelque commode et assuré que paroisse leur emploi, ils sont sujets à des inconvéniens graves, de sorte qu'on y a recours le plus rarement possible. ABAITRE (*voyez* ce mot) un cheval, un bœuf vaut toujours mieux. (B.)

TRAVERSE. Nom de la troisième façon qu'on donne aux terres dans le département de la Haute-Garonne.

TRÉBUCHET. Piège propre à prendre les petits oiseaux, et dont il y a beaucoup de sortes.

Les trébuchets faits en fil de fer ou dont le mécanisme est compliqué ne sont pas dans le cas d'être indiqués ici, et tous les enfans des cultivateurs savent fabriquer et tendre ceux en quatre de chiffre qu'il est économique de préférer.

Si on pouvoit facilement prendre les moineaux au trébuchet, j'en parlerois longuement; mais de tous les oiseaux, c'est celui qui s'en défie le plus. Ce sont ceux qui, non seulement ne nuisent pas à l'agriculture, mais même lui sont constamment utiles, tels que les rouge-gorges, les fauvettes, etc., qui le plus communément se trouvent pris.

Il n'est donc pas bon que les cultivateurs encouragent leur tendue.

TRÈFLE, *Trifolium*. Genre de plantes de la diadelphie décandrie, et de la famille des légumineuses, qui renferme près de quatre-vingts espèces, dont la moitié sont propres au sol de la France, et qui, par l'importance de quelques unes d'elles pour la nourriture des bestiaux, doit devenir l'objet de considérations fort détaillées.

Linnæus avoit réuni aux trèfles les espèces du genre appelé MÉLILOT. J'en ai parlé à ce mot.

Tous les trèfles ont les feuilles alternes, composées de trois folioles, et les fleurs disposées en tête ou en épi.

On a rangé les espèces de ce genre sous quatre divisions, que je vais successivement passer en revue. Ensuite je parlerai de celle de ces espèces qui est le plus généralement cultivée dans le nord de l'Europe, et qui le mérite sous tant de rapports.

Trèfle à calice glabre, non renflé après la floraison.

Le TRÈFLE RAMPANT. Il est vivace, rampant, a les folioles ovales, souvent émarginées, portées sur de très longs pétioles, et les fleurs blanches. C'est une des espèces les plus communes, dans les prés, les pâturages frais, le long des chemins. On l'appelle vulgairement le *triolet*, ou *petit trèfle blanc*. Tous les bestiaux le recherchent avec passion. Son élévation, rarement supérieure à six pouces, est le seul défaut dont il soit pourvu. Il est peu délicat sur la nature du sol, quoique généralement il indique un fonds de bonne qualité. Dans quelques lieux, mais ils ne sont pas aussi nombreux qu'il seroit à désirer, on le sème pour le pâturage des moutons. Les Anglais en font même des cultures réglées, uniquement dans cette intention. Ils ont remarqué que les cochons se trouvoient extrêmement bien de son usage. Une de ses plus importantes propriétés c'est de pousser dès les premiers jours du printemps, et de fournir ainsi un pâturage à une époque où ils sont rares. Cette précocité est encore plus considérable dans les terres sèches, qu'elles soient sablonneuses et crayeuses; de sorte que c'est dans ces sortes de terres qu'il faut principalement le placer, et ce avec d'autant plus d'empressement qu'elles sont souvent peu propres à d'autres cultures, et qu'elles deviennent improductives pendant l'été. *Voyez* CRAIE et SABLONNEUX.

Sept à huit livres de graines suffisent pour en couvrir un arpent.

On ne peut pas trouver un remplacement plus avantageux de l'ivraie vivace et autres graminées employées à former des gazons dans les jardins d'agrément, que le trèfle rampant, parcequ'il garnit bien, que sa verdure est très agréable, qu'il ne craint point d'être piétiné par les promeneurs, et qu'il ne redoute ni les chaleurs de l'été, ni les froids de l'hiver. La difficulté est d'avoir de la graine. Comme il est en fleur jusque bien avant dans l'automne, les abeilles font sur lui, dans les pays de plaine, leur dernière récolte de miel.

Trèfles à calice velu ou hérissé, non renflé après la floraison.

Le TRÈFLE ROUGE. Il est vivace, a la tige droite, haute d'un à deux pieds; les feuilles presque sessiles, à folioles obtusément lancéolées; les fleurs disposées en épis et d'un rouge vif. On le trouve dans les prés et les bois des parties méridionales de l'Europe. La grandeur de toutes ses parties a dû faire désirer d'en former des prairies artificielles, et je sais qu'il a été fait des tentatives à cet égard, mais j'en ignore le succès. Peut-être sa fane a-t-elle paru trop dure? Peut-être ses touffes ont-elles demandé à être isolées? Je crois qu'il seroit bon de faire quelques expériences, afin de fixer le rang qu'il doit tenir parmi les fourrages. La grosseur et la belle couleur de ses épis le rendent propre à figurer dans les parterres et dans les jardins paysagers. Les gelées ordinaires du climat de Paris n'ont point d'action nuisible sur ses racines.

Le TRÈFLE DES PRÉS. Il a les racines vivaces; la tige presque droite ; les folioles ovales, rarement échancrées, souvent marquées d'une tache courbe, blanche ou brune; les fleurs disposées en tête et très serrées. On le trouve dans toute l'Europe, dans les prés, les pâturages, le long des bois, des chemins, etc. Sa hauteur surpasse quelquefois un pied. Les variétés qu'il offre sont nombreuses. C'est lui qu'on cultive généralement sous le nom propre de *trèfle*, et sous ceux de *grand trèfle de Piémont*, *grand trèfle d'Espagne*, *grand trèfle de Hollande*. *Voy*. sa culture et ses usages à la fin de cet article.

Le TRÈFLE DES BASSES-ALPES, *Trifolium Alpestre*. Ses racines sont vivaces, ses tiges droites, peu rameuses, hautes d'un à deux pieds; ses folioles ovales, allongées; ses fleurs rouges, disposées en tête globuleuse de plus d'un pouce de diamètre. Il croît naturellement dans les Basses-Alpes, dans les Basses-Pyrénées, etc. J'ignore si on a fait des tentatives pour le soumettre à la culture; mais ce que j'ai dit du trèfle rouge lui est complètement applicable.

Le TRÈFLE INTERMÉDIAIRE, qui réellement tient le milieu entre ces deux derniers, et qu'on trouve si abondamment à Fontainebleau, du côté de la rivière, pourroit aussi être soumis à la culture. Il jouit de l'avantage de croître sous les arbres.

Le TRÈFLE DE HONGRIE, *Trifolium Pannonicum*. Lin., a les racines vivaces, les tiges velues, hautes de deux à trois pieds; les feuilles à folioles ovales, allongées; les fleurs rouges, disposées en tête ovale de près de deux pieds de diamètre. Il est remarquable par la grandeur de toutes ses parties, et se trouve en France, dans les Basses-Alpes, les Cévennes, etc. C'est encore une espèce sur laquelle il est bon de fixer l'attention des cultivateurs.

Le TRÈFLE INCARNAT, *ou trèfle du Roussillon*, appelé *farouche* dans les parties méridionales de la France, et qui s'y cultive avec beaucoup d'avantage, peut aussi, ainsi que l'a prouvé M. Pincepré, Annales d'agriculture, onzième volume, l'être dans les parties septentrionales. Il est annuel et s'élève au moins à un pied. Ses folioles sont en cœur et crénelées; ses épis ovales. Toutes ses parties sont velues. C'est le plus précoce de tous les fourrages : il fleurit plus de quinze jours avant la luzerne. La sécheresse ne lui nuit point. Tous les bestiaux l'aiment à l'égal et peut-être même mieux que le trèfle commun. Son produit est presque toujours deux fois plus fort que celui de ce dernier. On ne le coupe qu'une fois. Il ne demande aucune culture particulière. Les gelées du printemps le frappent quelquefois de mort lorsqu'elles le saisissent en état de végétation, mais le trèfle commun est dans le même cas. C'est un des fourrages qu'on doit préférer dans les assolemens réguliers, c'est-à-dire, sans jachères et très variés. On le sème au printemps lorsqu'on veut le couper en été; on le sème en automne, dans les orges ou dans les avoines un mois ou deux avant leur coupe, lorsqu'on veut le couper au printemps. Ces deux manières ont chacune leurs avantages et leurs inconvéniens; cependant la seconde vaut mieux, au moins dans les pays froids. Deux tours de herse suffisent pour enterrer sa graine qu'on laisse souvent dans son enveloppe, et ce avec utilité. Un sac de cette graine suffit pour un arpent, quoiqu'il soit avantageux de ne pas l'économiser.

Le TRÈFLE DES CHAMPS a la racine annuelle, la tige droite, velue, très rameuse; les feuilles ovales, allongées; les fleurs rouges-pâles, et disposées en épis cylindriques. Il croît dans les champs les plus arides, et est connu vulgairement sous le nom de *pied de lièvre*. Les chèvres et les moutons le mangent, mais non les chevaux ni les bœufs. Certains lieux en sont couverts. L'enterrer, lorsqu'il est en fleur, pour suppléer aux fumiers, est le meilleur parti qu'on puisse en tirer.

Le TRÈFLE A FEUILLES ÉTROITES a les racines annuelles, les tiges hautes d'un pied; les folioles presque linéaires; les fleurs rouges et disposées en épi ovale. Il croît naturellement dans les lieux secs et découverts des parties méridionales de l'Europe. Tous les bestiaux, et sur-tout les chevaux, l'aiment beaucoup. Quoiqu'en apparence moins avantageux que la plupart des précédens, les agriculteurs anglais ont conseillé de le cultiver.

Trèfles à calice renflé après la floraison.

Le TRÈFLE FRAISIER a les racines vivaces, les tiges hautes de huit à dix pouces; les feuilles à folioles ovoïdes et échancrées, à fleurs rouges, réunies en tête sphérique, qui, après la fécondation, ressemble un peu à une fraise. Il croît abondamment dans les pâturages, le long des chemins, etc. Tous les bestiaux la recherchent. Ce que j'ai dit du trèfle rampant lui convient parfaitement.

Trèfles à étendards persistans, réfléchis après la fécondaiton, et à fleurs jaunes.

Le TRÈFLE DES CAMPAGNES, *Trifolium agrarium*, Lin., a les racines annuelles, les tiges droites, rameuses, au plus hautes d'un pied; les feuilles à folioles obovales, l'intermédiaire sessile ; les épis ovales et imbriqués. Il croît dans les champs et les prairies humides, et y est quelquefois très abondant. Les bestiaux le recherchent.

Ce qui suit a exclusivement rapport au trèfle des prés.

Quoique l'abondance avec laquelle le trèfle croît dans les prés et autres lieux, et le goût que les bestiaux ont pour lui, eussent dû fixer de tout temps l'attention des cultivateurs, il paroît que ce n'est que depuis deux siècles au plus qu'on le cultive pour fourrage, puisqu'Olivier de Serres n'en parle pas. Aujourd'hui il est devenu d'une importance majeure, non seulement sous ce rapport, mais encore sous celui de l'assolement des terres légères; aussi mon collaborateur Tessier pense-t-il qu'il occupe en ce moment plus de terrain, dans les parties moyennes et septentrionales de la France, que la luzerne et le sainfoin réunis.

Il existe plusieurs variétés de trèfles parmi lesquelles celles qui ont les tiges les plus hautes, les feuilles les plus larges, les têtes de fleurs les plus grosses, sont les plus recherchables. Celle de ces variétés, qu'on appelle *grand trèfle de Hollande*, dont il y a une sous-variété à fleurs blanches, remplit ces données. Le grand *trèfle du Piémont* et le *grand trèfle d'Espagne* lui sont de fort peu inférieurs.

Toute terre qui n'est pas très aquatique ou très aride convient au trèfle ; cependant il réussit mieux sur les terres légères et fraîches que par-tout ailleurs. Il faut que cette terre ait du fond, cette plante ayant une racine pivotante.

« Comme c'est, dit Rozier, du prompt accroissement en longueur et en diamètre de sa racine que dépend la vigueur de la plante et sa faculté de résister aux sécheresses de l'été, il faut, dès que les semailles des blés d'automne sont faites, donner aux champs dans lesquels on veut mettre du trèfle deux labours croisés, et de plus faire passer deux fois de suite la charrue dans le même sillon, afin de soulever la terre à une plus grande profondeur. On multiplie, il est vrai, la dépense et le travail, ajoute cet estimable écrivain, mais la prospérité de la prairie en dédommagera largement, et le froment qu'on sèmera ensuite prouvera encore mieux que cette dépense et ce travail n'ont pas été faits à perte.

« Je prescris ce premier labour double avant l'hiver, continue Rozier, comme un travail de nécessité absolue, afin que la terre profite mieux des gelées. La gelée est le meilleur cultivateur connu ; plus elle est forte et mieux elle soulève la terre, et elle la soulève plus ou moins profondément. Si on veut, on peut après l'hiver répéter les deux labours dans le même ordre qu'auparavant; et sur-tout si le froid a été rigoureux, la terre ressemblera à celle d'un jardin ; et il est impossible que le succès du trèfle ne soit pas ensuite complet. S'il existe des mottes, on les cassera. Ensuite on hersera afin de niveler exactement le sol. *Voyez* Motte, Cassemotte, Houe a cheval et Ratissoire a cheval.

Les observations de Rozier sont fort sages, et c'est parceque'elles le sont que je les ai transcrites ici ; cependant, généralement, on se contente de deux labours pour semer le trèfle, et même souvent d'un seul, et on obtient des récoltes, sinon aussi belles, au moins passables. Il ne faut pas perdre de vue que l'économie est le premier objet à considérer en agriculture.

Lorsqu'on sème le trèfle dans des terres qui retiennent l'eau, il devient indispensable d'y faire des Egouts (*voyez* ce mot), car si cette plante aime la fraîcheur, elle craint beaucoup l'excès de l'humidité.

On fume rarement la terre qu'on destine au trèfle, parcequ'on est persuadé, et avec raison, qu'on peut obtenir sans cela des récoltes avantageuses de fourrage. Je ne m'élèverai pas contre cette pratique, mais j'observerai que les engrais ne sont jamais perdus, et que ce qui ne profite pas au trèfle profitera au froment qui lui succèdera.

C'est quand on sème le trèfle dans des terres arides ou usées qu'il convient principalement de fumer.

Bien entendu qu'il faut épierrer le champ, si le cas y échoit, puisque les pierres seroient dans le cas de mettre obstacle à la fauchaison du trèfle.

Un bon choix de graine est d'une nécessité absolue au succès de la culture du trèfle. Il est très commun d'en trouver qui n'est pas assez mûre, ou qui est moisie. On reconnoît l'excellence de sa qualité à sa grosseur, à sa pesanteur, à son luisant et à sa couleur. Gilbert a constaté, dans son excellent Traité des prairies artificielles, que celle de Hollande pesoit environ un septième de plus que celle de Normandie, et ne perdoit qu'un neuvième de son poids au lavage, tandis que cette dernière en perdoit un cinquième. Dix à douze livres de celle qui a ces caractères suffisent ordinairement pour ensemencer un arpent en sol fertile, sont même trop si c'est du grand trèfle de Hollande, qui garnit plus et s'élève davantage ; tandis que quinze à vingt livres ne sont quelquefois pas suffisantes, lorsqu'on en a de la mauvaise. On doit semer plus épais dans un sol médiocre, et encore plus dans un sol très mauvais.

La graine de la dernière récolte est celle qu'il est bon de préférer ; cependant il se trouve des cultivateurs dont l'opinion est que celle de deux ans est meilleure. S'ils vouloient avoir des fleurs doubles, ou des fruits fort gros ou nombreux, je serois de leur avis ; mais comme ce sont des tiges et des feuilles, je me range de celui du plus grand nombre. *Voyez* Graine, Semaille et Semis. Un trèfle semé trop épais ne rend pas autant que celui où les pieds sont à une distance proportionnée. La semence répandue, on passe et repasse de nouveau la herse armée de fagots. Si la graine étoit trop enterrée elle ne lèveroit pas.

Il est cependant des circonstances où il est avantageux de semer épais ; c'est lorsqu'on cultive dans des terrains secs, ou lorsqu'on veut rompre la prairie dès la première année, parceque, dans le premier cas, plus de pieds conservent mieux la fraîcheur et empêchent les tiges de devenir trop dures (inconvénient fréquent) ; et dans le second, plus il y a de pieds et plus il y a d'engrais à enterrer.

Dans les lieux où on sème le trèfle au printemps, sur des seigles ou des fromens d'automne, on peut n'en pas recouvrir la graine ; mais c'est une très mauvaise pratique que de ne pas le faire dans tous les autres cas.

Tous les auteurs s'accordent à indiquer le mois de mars pour l'époque des semailles. Leur conseil est bon en général, mais il exige plusieurs modifications : par exemple, dans les parties de la France un peu méridionales, ou dans les cantons que leur position physique en rapproche, on doit semer en février, dès que les grands froids sont passés, afin que la racine de la plante ait le temps de pivoter avant le retour des grandes chaleurs. Si l'hiver a été doux, si la chaleur est assez forte, pourquoi retarder les semailles ? La graine, comme graine, lorsqu'elle est enterrée, et avant de germer, ne craint pas les gelées tardives ; d'ailleurs elle ne germera que lorsque la chaleur ambiante ou atmosphérique, en correspondance avec celle du sol, sera au point convenable au développement du germe. D'après cette grande et importante vérité, démontrée par l'expérience, il est donc clair qu'on ne peut pas indiquer une époque fixe, mais que chacun doit étudier la manière d'être du climat qu'il habite, et d'après cette étude et la marche de la saison se décider à semer.

Dans aucun cas il n'est bon de semer le trèfle avec d'autres fourrages, vu qu'il est toujours étouffé par eux. Il n'est pas rare cependant de le voir associé avec la luzerne, sous le spécieux prétexte que si le terrain ou la saison n'est pas favorable à l'un elle le sera à l'autre. Quel pitoyable raisonnement !

Presque par-tout on sème le trèfle avec de l'orge, avec de l'avoine, même avec du seigle ou du froment. On se met par-là en position de retrouver, la première année que le trèfle ne fournit pas de récolte, les frais de culture et la rente de la terre ; et chose encore plus importante, d'assurer le jeune plant contre les effets des sécheresses de l'été. Quelques auteurs cependant blâment cet usage, sans doute parcequ'ils n'en ont connu que les désavantages, ou qu'ils ont opéré dans des cantons froids et humides, où il n'est pas aussi utile.

Les inconvéniens de semer le trèfle avec des céréales dépendent presque toujours des cultivateurs, qui, voulant tirer au profit, sèment ces céréales trop épais, ce qui étouffe le trèfle. L'ordre dans lequel j'ai indiqué ces céréales est celui de leur prééminence dans ce cas, prééminence due à leur moindre hauteur et à la moindre largeur de leurs feuilles.

Lorsqu'on ne sème pas le trèfle avec des céréales, on mêle sa graine avec partie égale de sable ou de terre desséchée.

La germination du trèfle, ainsi que Rozier l'a observé dans le morceau cité plus haut, dépend de l'état médiocrement humide de la terre et de la chaleur de l'atmosphère. Lorsque le semis a été tardif, en avril par exemple, cette germination a très promptement lieu.

Un sarclage est presque toujours utile et souvent indispensable aux terres semées en trèfle. C'est à la fin d'avril ou au commencement de mai qu'il doit s'exécuter dans le climat de Paris; quelques jours plus tôt au midi, quelques jours plus tard au nord.

Protégé par la céréale avec laquelle il a été associé, le trèfle se fortifie pendant le reste du printemps et une partie de l'été. Il est en état de supporter les sècheresses de la fin de cette dernière saison, et profite mieux de la chaleur des rayons du soleil d'automne, lorsqu'on coupe sa protectrice, ce qu'il faut faire plus haut qu'à l'ordinaire, afin de couper le moins possible de ses feuilles. Aux approches de l'hiver il garnit déjà le terrain, même quelques pieds, chose qu'on ne doit pas désirer, donnent des fleurs. Faucher alors ce trèfle tente la plupart des cultivateurs, mais lorsqu'ils le font ils agissent contre leurs véritables intérêts, puisque de la végétation de la première année dépend l'abondance des récoltes futures, qu'ils troublent cette végétation, et par conséquent, pour quelque douzaines de bottes de foin acquises six mois plus tôt, ils se privent de plusieurs centaines chacune des deux années suivantes. Jamais, sous aucun prétexte, doit-on, à plus forte raison, mettre les bestiaux dans le semis à cette époque de son existence, puisqu'à l'inconvénient de priver le trèfle de ses feuilles nourricières, ils ajouteroient ceux bien plus graves de couper le collet des racines, ce qui feroit périr les pieds, et même de les arracher.

Les ennemis des trèfles sont la CUSCUTE, la larve du HANNETON, ou *ver blanc*, et la COURTILIÈRE. Un très petit ver, probablement la larve du CHARENÇON du TRÈFLE, ou d'une BRUCHE, dévore quelquefois ses graines. (*Voyez* ces mots.) Plusieurs chenilles vivent à ses dépens, mais je ne les ai jamais vues assez communes pour lui nuire d'une manière sensible.

La seconde année le trèfle est en plein rapport ; c'est alors qu'on peut le couper deux, trois, quatre et même quelquefois cinq fois ; c'est alors qu'on doit employer au printemps le PLATRE, et pendant les chaleurs de l'été les IRRIGATIONS, lorsque la localité le rend possible, pour activer sa végétation. Gilbert cite un fait qu'il a remarqué en Alsace, et que je ne dois pas passer sous silence, c'est que le plâtre semble faire croître du trèfle sur les terrains où il n'y en a pas eu de semé, c'est-à-dire qu'il développe une telle vigueur dans les pieds qui s'y trouvent qu'ils prédominent sur les autres plantes. J'ajouterai de plus que toutes les expériences faites dans les dernières années appuient ce fait et prouvent que c'est sur le trèfle que le plâtre a le plus d'action. Jamais donc on ne doit se dispenser d'en répandre sur lui dès qu'il commence à montrer ses feuilles, non seulement au printemps, mais même après chacune de ses coupes. Ici il y a rarement à craindre les inconvéniens d'une végétation trop active ou trop accélérée, puisque presque par-tout on rompt à la fin de la seconde, ou au plus de la troisième, les prairies qui en sont composées.

Un léger marnage entre des coupes a aussi produit des résultats miraculeux lorsqu'il étoit suivi de pluies propres à assurer ses effets. *Voyez* MARNE.

C'est comme suppléant aux jachères qu'on cultive le trèfle dans beaucoup de localités, et alors on ne le laisse subsister qu'une année. Dans ce cas il offre, comparativement au non produit et à la dépense de la jachère, des bénéfices considérables, puisque, outre les nombreux bestiaux que nourrissent sa coupe ou sa pâture, il donne moyen d'avoir des engrais, et qu'il améliore encore le fonds par les restes de ses feuilles et de ses racines, par l'humidité qu'il y conserve pendant l'été, et par la disparition des mauvaises herbes qu'il a étouffées.

Si on veut rompre la prairie de trèfle après l'hiver on pourra y mettre toutes sortes de bestiaux, à quelque époque de l'année qu'on le juge à propos ; mais si on est dans l'intention de prolonger son existence une ou deux années, on fera bien de les en tenir éloignés, sur-tout les moutons, qui, ainsi que je l'ai déjà observé, coupent le collet des racines du trèfle, et déterminent la mort des pieds.

A cette raison s'en joint une plus déterminante encore, c'est que tous les bestiaux aimant cette plante avec passion ils s'en gorgent tant qu'ils peuvent ; ils prennent des INDIGESTIONS d'autant plus dangereuses que la plante est plus aqueuse et

plus abondamment couverte de rosée : de là des Météorisa-
tions qui les enlèvent en peu d'heures. (*Voyez* ces mots. Les)
moutons, les vaches et les bœufs sont plus sujets à ces accidens que les chevaux.

C'est donc dans l'écurie qu'un cultivateur prudent donnera
le trèfle en vert à ses bestiaux, parcequ'il pourra le doser
convenablement, ou le mélanger avec de la paille ou du foin,
ou on le fera précéder par la boisson, s'il est vrai, comme
Gilbert dit qu'on le pratique en Alsace, que la boisson avant
le manger empêche les indigestions dans ce cas.

Le commencement de la floraison du trèfle est l'époque où
il convient de le couper : plus tôt, il est trop peu nourrissant,
et se retrait trop en séchant ; plus tard, il perd une partie de
ses feuilles, et ses tiges deviennent extrêmement dures. D'ailleurs, comme on sait, la fructification épuise considérablement et les plantes et le terrain. *Voyez* aux mots Fauchaison,
et Prairies artificielles.

Lorsqu'on sème le trèfle avant l'hiver avec le blé, ou seul,
il peut donner l'année suivante deux coupes ; cependant on ne
doit pas regarder cela comme un avantage, puisqu'alors il
commence à dépérir l'année d'après, année qui, s'il eût été
semé quatre mois plus tard, eût été celle de sa plus grande
vigueur.

La dessiccation du trèfle est très difficile à raison de la grosseur des tiges et la quantité d'eau que contiennent les feuilles.
Quelque soin qu'on y apporte, les unes et les autres noircissent, et beaucoup de feuilles se détachent. Cette dernière circonstance rend le sautage (*voyez* Sauter les foins) impraticable. J'ai souvent vu des trèfles, où, malgré toutes les précautions possibles, il n'étoit resté que les tiges et les pétioles.
Choisir un temps sec et chaud pour faucher est la première
considération; brusquer la dessiccation, en retournant le foin
en Andins (*voyez* ce mot) avec une fourche, sans le froisser,
en est une seconde ; le mettre en petites meules, dès qu'on
craint la pluie, en est une troisième. Moins long-temps le trèfle
reste sur le champ après qu'il est coupé, moins on le remue,
et moins il se détériore sous le point de vue de la quantité et
de la qualité.

Frappé de la difficulté de remplir ces conditions on a cherché des moyens accessoires. Ainsi, Commerel conseille de
planter des piquets d'un pied de haut, et de placer sur ces
piquets des perches horizontales assez rapprochées pour supporter le trèfle. Cette méthode rentre dans celle des Séchoirs
pour les grains. (*Voyez* ce mot.) Ainsi, Rougier La Bergerie
et Gilbert veulent qu'après avoir laissé le trèfle jeter son premier feu sur-le-champ, c'est-à-dire que pendant que ses tiges

sont encore flexibles, et que ses feuilles ne se détachent pas, on l'apporte au grenier, et qu'on le stratifie avec de la paille, sur un lit de fagots d'épine, établissant de distance en distance des courans d'air au moyen d'autres fagots posés debout au-dessus les uns des autres.

Cretté de Palluel faisoit apporter de la paille (celle d'avoine de préférence) sur le champ, et faisoit rouler les andins avec elle. Hell pratiquoit une méthode analogue. Le trèfle stratifié avec la paille donne à cette dernière son odeur, sa saveur, et lui conserve une certaine souplesse fort agréable aux bestiaux; aussi recherchent-ils beaucoup ce mélange. C'est aller directement contre ses intérêts que de ne pas pratiquer le procédé de Rougier La Bergerie et de Gilbert, qui, à mes yeux, remplit le mieux et son objet et l'économie si désirable dans toutes les opérations agricoles. C'est sur-tout le trèfle de regain, dont la diminution de la chaleur de la saison rend la dessiccation presque impossible, qu'il faut stratifier.

Ce que je viens de dire de la difficulté de dessécher le trèfle indique qu'il est sujet à moisir, à s'échauffer, lorsqu'il est entassé sans être complètement sec, ou s'il est mouillé après avoir été mis en meule ou rentré. Dans ce cas, il n'est plus propre qu'à faire de la litière. Plus que les autres espèces de fourrages il est exposé, encore dans le même cas, à s'enflammer spontanément.

Le plus communément on réserve la seconde pousse de la seconde année des trèfles pour semence; cependant le principe que plus les plantes sont vigoureuses et plus la graine est grosse, que plus la graine est grosse et plus les semis sont beaux, devroit engager à employer toujours la première pousse de la seconde année. Si, pour se conformer à l'usage, on veut cependant prendre cette graine sur la seconde, il faut faire la première de très bonne heure, c'est-à-dire avant le développement des fleurs. C'est parceque les Hollandais se conforment à ce conseil que leur graine est si supérieure à la nôtre. *Voyez* aux mots GRAINE, SEMENCE et PRAIRIES ARTIFICIELLES.

On doit attendre que la maturité soit complète pour couper les trèfles réservés pour graine, les dessécher, et les conserver dans un lieu sec, à l'abri des rats et des poules, jusqu'à l'époque où on aura besoin de la graine, soit pour la semer, soit pour la mettre dans le commerce. Beaucoup de cultivateurs, il est vrai, battent leur graine peu de temps après qu'elle est récoltée, mais ils s'exposent à perdre les avantages de l'espèce de STRATIFICATION (*voyez* ce mot) dans laquelle elle est, et à éprouver tous les désavantages de sa conservation dans des sacs, désavantages très marqués par sa disposition, ou à moisir, ou à se trop dessécher.

Dans quelques parties de l'ouest de la France on cultive le trèfle uniquement pour la graine. Là on ne s'occupe que d'avoir le plus possible de cette graine, aussi les champs y sont-ils presque aussi épuisés après la récolte que s'ils avoient produit du froment. On pourroit s'y procurer de plus grands bénéfices par un assolement régulier ; mais ce mot n'y est pas connu. Là on emploie une machine que l'eau fait mouvoir pour extraire les graines de leur gousse.

Comme plante bienne ou au plus trienne, le trèfle à sa seconde année, après celle de son semis, commence à se dégarnir. Les plantes annuelles ou vivaces dont il avoit empêché l'année précédente la germination par l'effet de son épais fanage, prennent alors le dessus. On pourroit retarder sa destruction en regarnissant de graines les espaces vides, ou en leur donnant des engrais, mais il est rarement avantageux de le faire. Le rompre pour semer des céréales à sa place doit être le but du cultivateur éclairé sur ses vrais intérêts. Beaucoup même n'attendent pas la fin de la troisième année pour faire cette opération. Ils l'exécutent au commencement du printemps, après avoir laissé pâturer leurs bestiaux pendant l'hiver. En France on a reproché au trèfle de rendre la terre *creuse*, c'est-à-dire de la soulever, de la rendre plus meuble ; mais il falloit plutôt le louer de cette propriété, parceque, semé dans les terres argileuses, il les rend plus propres à des productions que leur nature repousse. Il doit entrer dans les assolemens de ces sortes de terres. On verra plus bas qu'il convient également aux terres légères. C'est presque toujours l'avoine qu'on substitue au trèfle. En Angleterre on sème cette plante sur un seul labour, et on fait, dit Arthur Young, en suivant cette méthode économique, des récoltes égales à celles des terres les mieux labourées.

Certainement le trèfle est moins productif que la luzerne, mais cependant il donne à sa seconde année des récoltes très considérables. Gilbert cite des lieux où ses coupes réunies ont fourni, par arpent, dix milliers de fourrage sec : aux environs de Paris, où on le coupe rarement plus de deux fois, il offre souvent la moitié de cette quantité. Ses avantages sont la rapidité de sa croissance, sa précocité, le moins de soins qu'il exige, le peu d'effet des gelées sur lui.

Donné en vert ou en sec aux bestiaux, il est une excellente nourriture pour eux. Il procure aux vaches, aux cavales et aux brebis un lait très abondant et de bonne qualité. Il convient mieux aux chevaux qu'aucun autre fourrage. Les cochons l'aiment tant qu'ils le préfèrent à toute autre nourriture ; il les tient toujours en bon état de santé et les dispose à l'engrais. Ses racines sont également propres au même objet. Les bœufs et même les moutons peuvent être difficilement engraissés avec le trèfle seul, mais il agit sur eux, dans ce cas, d'une manière utile lorsqu'on leur en donne avec d'autres objets.

La graine est mangée par toutes sortes de volailles. La teinture en tire une couleur jaune.

Il me reste à considérer le trèfle sous un point de vue encore plus important, s'il se peut, que la nourriture des bestiaux, c'est-à-dire sous celui de l'amélioration des terres; mais je me bornerai à quelques réflexions détachées, mon collaborateur Yvart ayant traité de cet objet avec de grands développemens aux mots ASSOLEMENT et SUCCESSION DE CULTURE.

Il y a peu d'années qu'on sait que le trèfle est une des meilleures plantes qu'on puisse cultiver comme préparation de la culture du blé et des autres céréales. Aujourd'hui il entre dans les assolemens de tous les pays qui ont le bonheur d'en avoir, c'est-à-dire en Flandre, en Allemagne et en Angleterre. Dans ce dernier pays sa végétation est regardée comme assurée sur toutes espèces de sols, aussi y est-elle devenue la branche principale de l'agriculture de beaucoup de comtés de l'est, et couvre-t-il ordinairement deux cinquièmes de l'étendue de chaque ferme. J'ai déjà parlé de son effet pour soulever les terres argileuses, j'aurois à développer ici ses avantages comme engrais des terres sablonneuses.

Le cultivateur qui sème le trèfle dans l'intention d'améliorer son sol doit d'abord se procurer autant de bestiaux qu'il est nécessaire pour en consommer les récoltes. S'il spécule sur la vente il pourra se trouver souvent dans le cas de vendre à perte ou de ne point vendre du tout. Les cochons doivent toujours entrer dans la liste de ces bestiaux, parcequ'il n'en est point qui trouvent autant d'avantages à être nourris avec cette plante. On les fait parquer sur le sol ou on les en nourrit à l'étable. Ces deux manières ont chacune leurs avantages et leurs inconvéniens.

Des cultivateurs éclairés, au lieu de faire paître la troisième pousse des trèfles par leurs bestiaux, l'enterrent à la charrue pour augmenter la fertilité du sol. On ne peut qu'applaudir à cette pratique. *Voyez* RÉCOLTES ENTERRÉES EN VERT. Rarement que je sache on enterre de même la première pousse, attendu que sa valeur est considérable.

Ce n'est qu'avec beaucoup d'engrais qu'on obtient de bonnes récoltes de céréales; or le trèfle, outre le fumier que fournissent les bestiaux qui en sont nourris, outre les débris de ses feuilles et de ses tiges, donne encore à la terre l'humus produit par la décomposition de ses racines, humus dont on n'a pas calculé la quantité, mais qui doit être considérable si on en juge par leur consistance.

Une des plus importantes propriétés du trèfle, qu'il partage avec la luzerne, c'est d'entretenir la surface du sol, par son ombrage, dans une humidité constante, humidité qui favorise la décomposition des parcelles des animaux et des végétaux, et la fixation des principes de l'air. *Voyez* HUMUS et TERREAU.

« Le plus riche cultivateur, lis-je dans une note de la collection des écrits d'Arthur Young, n'est pas celui qui laboure continuellement, mais celui qui sème des pâturages. Il est inutile d'insister sur ce fait ; il suffit de comparer les pays de pâturage et ceux qui produisent des grains pour en être convaincu. Dans l'un on manque d'engrais, dans l'autre on en a en abondance ; comment les terres n'en seroient-elles pas fertiles ? Chaque année elles s'améliorent ; or la fertilité est la base de la richesse. »

Il est à remarquer que la culture du trèfle est une de celles dont les dépenses sont des plus modiques, puisque les frais du labourage et de l'ensemencement sont payés par l'orge, l'avoine ou le froment qu'on sème avec lui. Il prépare la terre pour le froment aussi bien qu'une jachère, et il offre le produit immense de ses deux ou trois coupes en échange de la non-valeur de l'année de jachère et de la moindre récolte de l'espèce de céréale qui a été semée avec lui, céréale qui, dans un bon cours d'assolement, n'est jamais le froment.

Arthur Young a conclu, d'un relevé de beaucoup d'expériences faites sur sa ferme, qu'aucune plante ne donne plus de profit avec moins de dépense et n'améliore en outre plus le fonds que le trèfle.

Une des circonstances qui rendent le trèfle très précieux pour les cultivateurs, c'est qu'il réussit également les années sèches et les années pluvieuses. Il n'y a que les extrêmes de ces deux cas qui aient une influence réellement inquiétante sur les produits de sa récolte, et ces extrêmes sont rares. Dailleurs s'il y a production moins abondante dans une année sèche, il y a meilleure qualité. Des cochons nourris avec du trèfle d'une telle année ont beaucoup plus profité, comparativement, que des cochons nourris de même pendant une année pluvieuse. (B.)

TRÈFLE JAUNE (PETIT). C'est la LUZERNE LUPULINE.

TREILLAGE. Assemblage de perches parallèles traversées par d'autres perches perpendiculaires et liées les unes aux autres par différens moyens.

On forme des treillages par plusieurs sortes de motifs.

1° Pour palissader des arbres en espaliers contre les murs bâtis en pierre et qui ne peuvent recevoir la LOQUE. *Voyez* ce mot.

2° Pour donner une forme régulière aux arbres en contre-espaliers, en vases, etc., ainsi qu'à toute espèce de plantes qu'on veut disposer en évantail.

3° Pour faire des clôtures de plusieurs sortes et dans différens buts.

4° Enfin pour imiter, par des constructions à claire-voie, des galeries, des portiques, des colonnes, des vases, etc., etc.

Les plus simples des treillages sont ceux qui sont faits avec des perches revêtues de leur écorce et qui forment des carrés ou des parallélogrammes. On peut les appeler *treillages rustiques*. Leurs diverses parties sont attachées les unes aux autres avec des liens d'osier ou de fils de fer, ou au moyen de chevilles ou de clous. Ils varient sans fin dans leurs dimensions selon l'usage qu'on est dans l'intention de leur donner. On les employoit beaucoup plus autrefois qu'aujourd'hui à raison de la cherté actuelle du bois. Leur fabrication est extrêmement facile, et il suffit à un ouvrier, tant soit peu intelligent, d'en avoir vu une fois pour en faire toujours.

Le treillage qu'on emploie le plus dans les jardins fruitiers et légumiers des particuliers aisés, est fait avec du bois de refente, dépouillé de son aubier et plus large qu'épais. On le peint presque toujours à l'huile pour assurer sa durée. Sa hauteur et l'écartement de ses perches varient sans fin, ainsi qu'on doit le préjuger. C'est avec du bois de même nature qu'on fabrique les treillages de la quatrième sorte, treillages beaucoup plus à la mode, il y a cinquante ans, qu'aujourd'hui, et dont on ne sait si on doit le plus blâmer l'inutilité ou la grande dépense. En effet, ils ne servoient la plupart du temps que de décoration et coûtoient énormément à établir et à entretenir. Comme ils étoient souvent très compliqués dans leur ensemble et dans leurs diverses parties, qu'on les surchargeoit d'ornemens de plusieurs sortes, il falloit faire une étude de leur construction, et c'est à leur occasion que s'est établi le métier appelé des TREILLAGEURS, métier qui est très fructueux à Paris et autres grandes villes.

Depuis quelques années on a inventé un nouveau genre de treillage moins recherché, moins coûteux, mais peut-être plus élégant que celui dont il vient d'être question. Il ne s'emploie que pour des clôtures dans les cours, les jardins paysagers et autres lieux qu'on veut embellir. Des brins de jeune bois flexible d'égale grosseur, et revêtus de leur écorce (principalement de châtaignier), peuvent seuls y être employés, parceque l'art consiste à les contourner de mille manières différentes, en conservant cependant le parallélisme de la plus grande partie et la plus sévère régularité dans l'ensemble. De nombreux exemples de cette manière de traiter les treillages peuvent se voir dans le jardin du Muséum de Paris.

Toutes espèces de bois peuvent servir à la fabrication des treillages, pourvu que leurs jets ou leurs refends soient unis et droits ou presque droits ; mais comme cette fabrication, même dans le cas le moins recherché, ne laisse pas que d'être coûteuse, et que souvent, principalement pour ceux destinés à palissader des espaliers, il y a de graves inconvéniens à les renouveler, on doit chercher à n'y employer que des bois d'une longue durée. Or, parmi les indigènes il n'y a guère que le chêne blanc (*Quercus pedunculata*), le châtaignier et le frêne qui jouissent simultanément de ces trois avantages ; aussi sont-ce eux qui sont presque par-tout choisis pour cet objet. Le châtaignier sur-tout, à raison de sa rapide croissance, étant à meilleur marché, est toujours préféré dans les lieux où il croît. Il a de plus l'avantage d'être plus souple que le chêne et moins noueux que le frêne. C'est cet usage qui rend les taillis de cet arbre d'un si grand produit aux environs de Paris. Là, dans la forêt de Montmorency, j'ai vu fabriquer et même aidé à fabriquer de grandes quantités de perches à treillage, en refente, dont une partie étoit destinée à l'exportation pour les colonies. Les treillages à espaliers, faits avec ces perches bien desséchées et couvertes de deux couches de peinture à l'huile, durent communément, dans un local ni sec ni humide, de trente à quarante ans sans réparations majeures, et près du double si on les remet à neuf à cette époque et qu'on leur donne une nouvelle couche de peinture. J'en ai vu à Versailles auxquels on attribue même plus de cent ans d'âge, et qui n'étoient pas encore totalement hors de service.

On fait aussi des treillages en fer et en osier ; mais il convient d'appeler les premiers des *grillages*, et les seconds des *clayonnages*. (B.)

TREILLE. Vigne palissadée contre un mur ou contre un treillage. Quelquefois c'est aussi la vigne grimpant sur les arbres et même tenue basse, mais c'est par abus d'acception.

Par-tout où on cultive la vigne on en dispose en treille certaines variétés, principalement les chasselas et les muscats, soit pour l'usage de la table seulement, soit pour, avec cette intention, garnir un mur, faire un berceau, une tonnelle, etc. Dans le nord on place les treilles contre les murs, parceque les raisins n'y parviennent pas en maturité s'ils ne sont défendus des vents froids par un puissant abri. Dans le midi on les met au milieu des jardins, parcequ'on y a besoin d'ombrages. Il est même une méthode de culture de la vigne en grand qui consiste à faire des treilles parallèles ; c'est celle qu'on suit dans les graves de Bordeaux, dans quelques parties de la Champagne, de la Basse-Bourgogne ; c'est celle proposée par la société d'agriculture de Valence en 1772 ; celle couronnée par l'académie de Metz en 1775; celle décrite par M. Cherrier dans les Annales d'agriculture en 1807, etc. *Voyez* au mot Vigne.

Les treilles, quand elles sont bien conduites, font toujours ornement, à raison de la beauté de leurs feuilles, de la facile disposition de leurs flexibles rameaux, et du brillant aspect de leurs grappes pendantes. C'est bien mal à propos que quelques compositeurs de jardins paysagers ne les y admettent pas, car il est plus d'un moyen de les y faire entrer avec avantage; mais il est vrai de dire cependant qu'elles ne doivent pas y être aussi multipliées que dans un jardin potager ou fruitier, parceque la variété fait le principal mérite de ces sortes de jardins.

On palissade les treilles contre les murs, soit avec le secours de la loque, soit en attachant leurs rameaux à un treillage au moyen de brins de jonc, de paille ou d'osier. On les fait courir latéralement et parallèlement lorsqu'on veut leur donner de la régularité, mais plus ordinairement on se contente de diriger leurs rameaux de manière que la surface du mur en soit couverte également et qu'aucun ne soit croisé. Leur taille ne diffère pas, quant à ses principes, de celle de la vigne cultivée en grand; seulement elle est souvent plus longue sur quelques rameaux qu'on veut conserver. *Voyez* au mot Vigne.

C'est à Tomeri, et autres villages près de Fontainebleau, qu'il faut aller pour apprendre à bien conduire les treilles destinées à donner un revenu. Là elles sont visitées presque tous les jours et soignées avec une attention dont on ne se fait pas d'idée. Aussi quelle beauté, quelle bonté dans les chasselas qu'elles fournissent! Aussi que d'argent elles produisent! Souvent leurs raisins se vendent 3 fr., et même, dit-on, quelquefois 6 fr. la livre.

Comme on peut étendre presque à volonté les rameaux de la vigne, il est plus convenable de beaucoup espacer les pieds que de les rapprocher. Lorsqu'une vigne doit former un cordon au-dessus d'autres arbres fruitiers, il faut les éloigner encore davantage. Au reste, cette pratique, si généralement employée aux environs de Paris dans les jardins les mieux tenus, est sujette à plusieurs graves inconvéniens. Il vaut mieux, sous tous les rapports, autres que ceux de l'agrément, consacrer un mur, ou une portion de mur, en entier, à la vigne. *Voyez* au mot Espalier.

Dans les parties méridionales de la France on peut former des treilles à toutes les expositions; mais dans le climat de Paris, et encore plus au nord de ce climat, il ne faut penser à en établir qu'au levant et au midi. Tout au plus peut-on mettre du verjus au couchant et au nord, parceque la chaleur n'est jamais assez forte , à cès dernières expositions , pour amener aucune sorte de raisins à maturité. (B.)

TREILLIS. C'est en Médoc le vin qu'on retire du marc de la cuve soumis au pressoir.

TRÉJADE. La truie avec ses petits est ainsi appelée dans le département de la Haute-Garonne.

TREJE-LEVANT. Truie destinée à la reproduction.

TREMBLAIE. Lieu planté de trembles. *Voyez* PEUPLIER.

TREMBLE. Espèce du genre des PEUPLIERS.

TREMOIS. Mélange de froment, d'avoine, d'orge, de pois gris, et de vesce qu'on sème dans quelques cantons pour fourrage. *Voyez* MÉLANGE.

TRÉMOIS. Variété de FROMENT. *Voyez* ce mot.

TREMPE. C'est durcir le fer et l'acier en les trempant, en état d'incadescence , dans de l'eau froide.

Cette opération s'explique par la subite contraction des molécules de fer, alors très dilatées, au moment où elles sont saisies par le froid, cependant il est de fait que le fer trempé conserve les dimensions qu'il avoit étant rouge, c'est-à-dire qu'il est spécifiquement plus léger qu'avant sa chauffe. Il faut donc que ce phénomène ait une autre cause. Peut-être la fixation du calorique y contribue-t-elle.

Les cultivateurs sont souvent dans le cas de faire usage d'instrumens de fer et d'acier trempés, et il est bon qu'ils soient en garde contre les charlatans qui prétendent avoir des secrets pour mieux tremper et qui se font en conséquence payer plus cher.

Choisir le point exact de la chaleur et avoir une eau aussi froide que possible, est le meilleur de tous les secrets. Les trempes à l'huile, à l'eau chargée de sels, ne sont pas meilleures que celles à l'eau simple.

Un fer trempé une seconde fois sans avoir été martelé ne devient plus aussi dur que la première. Il en est de même de l'acier. C'est ce que les cultivateurs ne savent pas lorsqu'ils veulent eux-mêmes retremper les outils de la bonté desquels ils ont à se plaindre. *Voyez* FER et ACIER.

TREOULLI. C'est le trèfle dans le département du Var.

TREPIGNER. Action de fouler la terre avec les pieds, qu'on ne pratique que trop lorsqu'on plante des arbres ou des légumes, parcequ'elle a l'inconvénient de donner une position forcée aux racines et de rendre plus difficile l'infiltration des eaux. *Voyez* au mot PLANTATION.

TRIANNUELLE. Plante qui vit trois ans. On fait peu souvent usage de cette expression.

TRIANT, TRIANDIN, TRIANDINE. Sorte de bêche à trois fourchons. *Voyez* BÊCHE.

TRIBULE AQUATIQUE. C'est la macre.

TRICOLOR. Nom jardinier d'une espèce d'amaranthe.

TRIFOLIUM DES JARDINIERS. *Voy.* Cytise des jardins.

TRIGONELLE, *Trigonella.* Genre de plantes de la diadelphie décandrie, et de la famille des légumineuses, qui réunit près de vingt espèces, dont une étoit cultivée par les anciens comme fourrage et sert encore au même usage dans quelques endroits de l'Orient.

La trigonelle fénu grec, ou *foin grec*, a les racines annuelles, les tiges striées, fistuleuses, rameuses, en partie couchées, longues d'environ un pied; les feuilles alternes, ternées, à folioles ovales, cunéiformes, crénelées vers le sommet; à fleurs jaunes, presque sessiles, solitaires et axillaires. Elle croît naturellement dans les parties méridionales de l'Europe, fleurit au milieu de l'été et exige un bon fond. On en sème quelques champs aux environs de Paris pour l'usage des pharmacies, ses graines étant fréquemment employées en médecine comme émollientes et anodines. On lit dans les écrits des agronomes romains qu'on la cultivoit en Italie comme fourrage, et que même les hommes mangeoient ses jeunes pousses étiolées et ses semences. Aujourd'hui on n'en fait plus aucun usage sous ces rapports en Europe; mais, au rapport de Sonnini, elle jouit encore d'une grande estime parmi les Egyptiens, qui prétendent qu'elle est stomachique et anti-dyssentérique, et qui tirent de ses semences, grillées et pilées, une boisson qui, mêlée avec l'acide du limon, devient fort agréable.

Cette plante est fort sensible aux gelées du climat de Paris. Il faut la semer tard, et on risque, lorsque l'été est froid et pluvieux, de ne pas voir ses graines arriver à maturité pour peu que les premières gelées d'automne soient précoces. Beaucoup d'autres plantes lui sont préférables pour fourrage.

TRIOLET. Nom vulgaire de la luzerne lupuline.

TROCHÉE. Les arbres venus de semences ont presque toujours un seul brin, mais dès qu'ils ont été coupés ils repoussent un grand nombre de tiges latérales. C'est la réunion de ces tiges qu'on appelle une trochée.

La première année de leur pousse les trochées sont fort garnies de brins, qui disparoissent d'autant plus rapidement que quelques unes d'elles sont plus vigoureuses; souvent telle trochée qui avoit cinquante brins la première année n'en a plus que vingt la cinquième, que dix la dixième, et que cinq la quinzième.

Dans les bons terrains les trochées sont moins fournies que dans les mauvais, parceque l'activité de la sève agit sur les premiers nés de ces brins, et que les autres ne se développent pas ou périssent d'abord.

Presque tous les arbres des taillis sont en trochées, parceque'on coupe ces taillis avant trente ans. Il y en a fort peu dans les futaies.

Lors du recépage du plant des pépinières on produit artificiellement ce qui a lieu naturellement dans les taillis, c'est-à-dire qu'on supprime les bourgeons, hors les deux plus forts, vers la fin de la première sève de l'été suivant, et ensuite le plus foible de ces deux un mois plus tard. Il en résulte que le bourgeon conservé prend un accroissement extraordinaire en hauteur et en grosseur.

Ce qui se fait dans les pépinières, Varennes de Fenilles a proposé de le faire dans les taillis. Pour exécuter son plan, selon la rigueur des principes, il faudroit tous les ans couper une partie des plus foibles rejets, et ce en nombre d'autant plus grand que le terrain seroit plus mauvais; mais comme cette opération seroit coûteuse, on peut se contenter de la faire faire un certain nombre de fois pendant la durée des taillis, afin que non seulement ses résultats payent les frais, mais encore qu'ils produisent un revenu. *Voyez* Bois.

On n'appelle pas trochée les rejets des têtards ni ceux des arbres élagués, ni ceux des arbustes ou arbrisseaux qui sortent naturellement des racines à quelque distance de la tige principale, par exemple, comme dans le rosier, le lilas, etc., ce sont des Touffes. *Voyez* ce mot.

TROCHET, se dit des fruits réunis plusieurs ensemble sans régularité, soit qu'ils soient sessiles, soit qu'ils soient pédonculés.

TROCHIQUE. *Voyez* Séton.

TROENE, *Ligustrum*. Arbrisseau à racines traçantes; à tiges hautes de dix à douze pieds; à rameaux opposés, grêles, nombreux; à feuilles opposées, presque sessiles, lancéolées, très entières, d'un vert obscur; à fleurs blanches, légèrement odorantes, disposées en grappes droites à l'extrémité des rameaux; et à baies noires; qui se trouve très fréquemment dans les bois et les buissons, qui fleurit au commencement de l'été et forme un genre dans la diandrie monogynie et dans la famille des jasminées.

Cet arbrisseau vient dans tous les terrains et dans toutes les expositions. Il pousse très rapidement, se multiplie avec la plus grande facilité par ses graines, ses marcottes, ses racines et ses boutures. Les vaches et les moutons aiment beaucoup ses feuilles. On fait avec ses rameaux des liens, des paniers, des corbeilles et autres ouvrages de vannerie. Son bois peut être employé sur le tour et dans la fabrication de la poudre à canon. On retire de ses baies une couleur propre à donner plus d'intensité à celle du vin. Tant d'avantages devroient déterminer à multiplier le troëne beaucoup plus qu'on ne le fait généralement. Les pays arides, qui manquent de bois, trouveroient sur-tout en lui une ressource précieuse pour leur chauffage et pour favoriser la multiplication des grands arbres, s'ils le cultivoient en grand. Je ne doute pas qu'il ne fût un moyen de richesse incalculable sous les rapports directs et indirects pour la Champagne pouilleuse, par exemple. Aussi, si j'étois propriétaire de terres dans ces tristes cantons, me hâterois-je de faire planter une portion de ma propriété en troënes sur un labour à la charrue, en espaçant les pieds d'une demi-toise. Peu des pieds manqueroient, sur-tout si le printemps étoit pluvieux. L'année suivante la plupart de ces pieds auroient des jets longs et nombreux que je ferois coucher en tous sens, de manière que le sol seroit en deux ans entièrement couvert de ces arbustes. Tous les ans je couperois une partie des branches de chaque pied sur un sixième de mon terrain pour la nourriture de mes vaches et de mes moutons, et tous les six ans je couperois rez terre une de ces parties pour avoir du bois de chauffage. Lorsqu'au bout d'un certain nombre d'années je verrois le terrain se fatiguer de porter des troënes, qui à raison du grand nombre de leurs racines et de la multitude de leurs rameaux effritent beaucoup le sol, je sèmerois, sur de simples coups de pioche à large fer, *des glands, des faînes, des noisettes, des graines de pin sylvestre*, etc., qui lèveroient bien à raison de l'humidité conservée au sol par les troënes, et dont le plant prendroit un rapide accroissement sous la protection de leurs branches. *Voyez* les mots CHÊNE et PIN.

On fait, dans beaucoup de pays, d'excellentes haies avec le troëne en greffant ses rameaux par approche. Il sert sur-tout avec succès à regarnir les places vides des haies formées d'autres arbustes, parcequ'il vient sans difficulté au milieu d'eux, et à garnir les terres en pente des effets des grandes pluies. La propriété dont il jouit de conserver ses feuilles jusque bien avant dans l'hiver, et de donner des fleurs et des fruits d'un aspect agréable, le fait rechercher dans la décoration des jardins paysagers, où on le place par-tout où on ne peut mettre d'arbustes plus précieux, sur-tout sous les massifs, contre les murs exposés au nord, etc.; on en forme des buissons touffus; on le dispose en palissades qui se tondent avec la plus grande facilité; on le dirige sur une seule tige de manière à le faire devenir un arbre. De toutes manières il plaît, pourvu qu'on ne le blesse pas, car son écorce, ses feuilles et ses baies entamées exhalent une odeur qui n'est pas agréable.

On greffe avec succès les diverses variétés du lilas sur le

troëne, qui lui-même en présente plusieurs, telles que celles à *fruits blancs*, à *feuilles ternées*, à *feuilles panachées de jaune ou de blanc.*

Le troëne d'Italie, dont toutes les parties sont deux fois plus grandes que celles de celui dont il est ici question, est regardé comme une espèce par la plupart des botanistes.

Les caractères du genre des troënes consistent en un calice très petit et à cinq dents ; en une corolle monopétale, à quatre divisions ovales et ouvertes ; en deux étamines ; en un ovaire supérieur surmonté par un style à stigmate bifide ; en une baie sphérique contenant quatre graines (quelquefois seulement deux) arrondies d'un seul côté.

TROGNE. On donne ce nom, dans quelques pays, aux arbres mis en têtards comme le saule, et dont on coupe les rameaux tous les deux, trois, quatre, cinq, six et même dix ans, soit pour en donner les feuilles aux bestiaux, soit pour les employer au chauffage. *Voyez* TÊTARD et ÉTÊTER.

TROGOSSITE, *Trogossita*. Genre d'insectes de l'ordre des coléoptères, qui renferme plus de trente espèces, dont deux intéressent les cultivateurs, en ce que leurs larves vivent de blé, de farine et de pain, et causent quelquefois des pertes importantes à ceux qui conservent ces denrées sans précaution.

Le TROGOSSITE CARABOÏDE est d'un brun plus ou moins foncé, avec le corcelet bordé, et élytres unis et striés. Il a trois lignes de long. Sa larve, connue sous le nom de *cadelle* dans les parties méridionales de la France, est blanche et parsemée de poils roides. Sa tête est noire et armée de mandibules tranchantes. Son anus est accompagné de deux crochets très durs. Dorthes a écrit son histoire. Il en résulte qu'elle vit principalement de blé et fait une plus grande consommation de cette denrée que les CHARANÇONS et les ALUCITES. (*Voyez* ces mots.) Elle attaque les grains en dehors et un à un. C'est principalement vers la fin de l'hiver, époque où son accroissement est complet, qu'elle cause le plus de dommages. Au printemps elle quitte les tas de blé pour se réfugier dans les trous des murs, de la terre, etc., et s'y transformer en insecte parfait. On trouve ce dernier pendant une partie de l'été dans les greniers, mais il n'approche des tas de blé que pour y déposer ses œufs ; il ne vit point de grain.

Olivier, de l'institut, qui a été à portée d'observer la cadelle, propose, pour mettre le blé à l'abri de ses dégâts, de le renfermer dans des sacs aussitôt qu'il est battu, et ce moyen est certainement le meilleur, mais il est dispendieux. On peut aussi le laver au commencement de l'hiver dans une eau courante, qui emporte les œufs et les larves déjà écloses à raison de leur légèreté. Il a de plus remarqué que le blé vanné à la même époque en contenoit beaucoup moins que celui qui l'avoit été au moment de la moisson, parcequ'elles étoient rejetées avec les ordures par cette opération.

On voit, par ce qui vient d'être dit, que la cadelle se prête beaucoup plus facilement à sa destruction que les charançons et les alucites. De plus elle craint le froid ; aussi est-elle rare aux environs de Paris, et à peine ai-je trouvé une douzaine d'individus de l'insecte qu'elle produit depuis que je m'occupe de recherches entomologiques, c'est-à-dire depuis près de trente ans.

Cette larve mange aussi la farine et le pain ; mais je ne sache pas qu'on s'en plaigne beaucoup dans ces deux cas.

Le TROGOSSITE BLEU est d'un bleu brillant avec des lignes enfoncées sur la tête. Il est de la grandeur du précédent, et est beaucoup plus rare. Sa larve vit dans le pain délaissé et sans doute aussi dans la farine et le blé. (B.)

TROMBUS ou MAL DE SAIGNÉE. C'est l'engorgement qui se manifeste dans un vaisseau à la suite d'une saignée ; le trombus est quelquefois dû à un épanchement de sang entre cuir et chair immédiatement après la saignée ; d'autres fois il est dû au frottement ; il y a des chevaux qui après avoir été saignés se grattent contre l'auge, le râtelier, cassent leurs longes, ce qui détermine un engorgement douloureux dont les suites sont souvent fâcheuses, et duquel il résulte toujours l'obstruction du vaisseau, des abcès, etc. Les chevaux affectés de maladies cutannées y sont par cette raison très disposés ; aussi doivent-ils être surveillés lorsqu'on les a saignés ; il faut les attacher au râtelier et laver fréquemment la saignée avec de l'eau fraîche, pour empêcher la démangeaison.

Dans le premier cas, le trombus se guérit promptement et facilement ; tous les résolutifs, l'eau saturée de sel, ou acidulée avec le vinaigre, celle dans laquelle on a fait fondre de la glace, ou même l'eau de puits fraîche jetée avec la main comme pour doucher la partie, sont des moyens qui réussissent souvent.

Dans le second cas, la cure n'est pas toujours aussi prompte et aussi facile à obtenir ; elle demande plus de soins et nécessite quelquefois une opération dont nous parlerons plus bas.

Les vaisseaux les plus sujets aux trombus sont la veine des ars, celle du plat des cuisses, celle dite de l'éperon, et les vaisseaux temporaux, artères et veines. Mais il n'est pas dangereux sur ces vaisseaux ; il n'en est pas de même de celui qui a lieu à la jugulaire ; il est suivi d'abcès, d'engorgement douloureux qui se propagent jusqu'aux parotides, et même quelquefois jusque sous la ganache et le long de la mâchoire postérieure ; dans ce cas on doit appliquer des cataplasmes émol-

liens, afin de relâcher ou diminuer l'engorgement, de le ra-
mollir, ou de faciliter la formation des abcès s'il y a apparence qu'il s'en fasse (ce qui n'est pas la terminaison la plus
ordinaire); au reste, les abcès, dans ce cas, sont rarement de
bonne nature, le pus en est presque toujours séreux lorsqu'il
y a engorgement sans apparence d'abcès, comme cela arrive
souvent; la veine est décomposée, les membranes en sont
épaissies et comme squirreuses, le canal obstrué, et on l'enlève
facilement par petites portions ou même d'un seul morceau,
d'une longueur assez considérable; j'en ai quelquefois détaché
huit pouces d'une seule pièce.

Lorsque le trombus est parvenu au point de nécessiter l'o-
pération, il faut, après avoir mis en usage les cataplasmes
émolliens, comme nous venons de le dire, faire une incision
dans toute la longueur de la tumeur, en suivant le trajet ordinaire de la veine; on relève la portion de veine qui est détruite,
et on prolonge son incision jusques un peu au-delà de l'engorgement. Il y a quelquefois une hémorrhagie assez considérable;
elle a souvent lieu lorsqu'on cherche à détacher la partie supérieure du vaisseau; mais le praticien n'est pas troublé par cet
évènement.

Les pansemens seront faits avec des étoupes imbibées d'eau
et d'eau-de-vie, dont on remplit la plaie, qu'il faut recouvrir
de beaucoup de filasse à la partie supérieure; on maintient cet
appareil au moyen d'une bande circulaire, large de trois doigts
et longue de trois à quatre mètres (neuf à douze pieds). Ce
moyen est préférable au point de suture et aux petites atta-
ches qu'on fixe dans la peau aux bords de la plaie.

Il y a des praticiens qui mettent des pointes de feu sur la
tumeur. J'ai vu des trombus guéris par ce moyen; mais comme
je n'ai jamais employé cette méthode, je ne me crois pas autorisé à la conseiller. (DES.)

TROMPETTE, *Cucurbita leucantha longa*. Race de courge
peu distincte de la gourde. La courge trompette est bonne
à manger, mais seulement avant sa maturité, comme le
concombre. Elle appartient à l'espèce de la CALEBASSE. *Voyez*
ce mot.

TRONC. C'est la tige des arbres. *Voyez* au mot TIGE.

Tantôt le tronc est pourvu de branches, tantôt il en est privé.

C'est le tronc des arbres qu'on emploie presque exclusivement pour articles de charpente, de constructions navales,
pour faire des planches, etc.

Les arbres de service comme le chêne, l'orme, le hêtre,
le frêne, etc., n'ont autant d'importance qu'à raison de leurs
troncs. C'est la longueur et la grosseur de ces troncs qui en
fixent la valeur. *Voyez* BOIS et EXPLOITATION DES BOIS.

TRONCHÉES. On donne ce nom, dans le département de l'Ain, à des chênes têtards épars çà et là, et quelquefois fort multipliés dans certains cantons, qu'on dépouille de leurs branches tous les six à sept ans. Varennes de Fenilles, à qui on doit de si excellens travaux sur les bois, blâme cette méthode. Je ne partage pas en principe son opinion à cet égard ; mais qu'est-ce qui est sans inconvénient ? *Voyez* au mot TÊTARD.

TRONÇON. Pièce de bois qui faisoit partie du tronc d'un arbre. On a coupé, dit-on, ce chêne et six tronçons.

TROSCART, *Triglochin*. Genre de plantes de l'hexandrie trigynie et de la famille des alismoïdes, qui renferme une demi-douzaine d'espèces, dont deux intéressent les cultivateurs, comme fournissant un excellent fourrage pour les bestiaux et croissant dans des lieux dont on ne tire pas ordinairement le meilleur parti possible.

Le TROSCART DES MARAIS a la capsule triloculaire. Il est bisannuel et se trouve très abondamment dans la plupart des marais, sur le bord des étangs, dans les bois humides et autres lieux analogues. Il est quelquefois extrêmement abondant. Tous les animaux l'aiment avec passion.

Le TROSCART MARITIME a les capsules à six loges. Il est vivace et se trouve dans les marais salans, autour des flaques d'eaux salées qui se rencontrent sur les bords de la mer, à l'embouchure des rivières qui s'y jettent. Il est encore plus recherché des bestiaux que le précédent.

Ces deux plantes qui s'élèvent d'un à deux pieds mériteroient par leur grandeur, leur bonté, la facilité de leur multiplication, la nature des lieux où elles croissent de préférence, d'être l'objet des soins des cultivateurs ; mais je ne sache pas que l'art les multiplie nulle part. On se contente de profiter de ce qu'en fournit la nature. Leurs produits seroient cependant fort considérables. On a remarqué, sur les côtes du nord de l'Europe, que les bœufs et les moutons qu'on fait pâturer dans les lieux abondans en troscart maritime avoient une chair plus savoureuse. Peut-être est-ce à lui que nos moutons de Présalé doivent également l'excellence de leur goût. Je fais des vœux pour que quelque ami de la culture mette ces deux plantes dans la série de celles propres aux assolemens des terrains marécageux, terrains qu'on est généralement plus embarrassé de garnir que les autres. Je dis ces deux plantes, parceque la seconde, ainsi que j'en ai l'expérience, vient aussi bien loin que près des bords de la mer. Leurs graines sont très faciles à ramasser, puisqu'elles restent sur la tige fort avant dans l'automne, et que chaque tige en porte plusieurs centaines.

TROUÉE. Ouverture naturelle ou artificielle d'une haie ou d'un bois. Dans le premier cas, une trouée est toujours l'indice d'une culture peu soignée. On fait souvent une trouée dans les bois qui ne sont pas bien percés de routes, pour en exploiter les coupes.

TROUFLES. Nom des pommes de terre dans le département des Deux-Sèvres.

TROUPEAU. Réunion d'un grand nombre d'animaux domestiques qu'on mène paître ensemble.

Il y a des troupeaux de Bœufs, de Vaches, de Moutons, de Chèvres, de Cochons, de Dindes et d'Oies., (*Voyez* tous ces mots.) On dit une bande de poules ou de canards. Les chevaux, les ânes et les mulets se rassemblent en troupes.

Dans certains pays, chaque propriétaire a ses bestiaux réunis en troupeau sous la garde d'un berger qu'il paye seul. Dans d'autres tous les bestiaux d'une commune sont sous celle d'un berger qui se paye en commun.

On reproche généralement aux troupeaux communs de faire plus de dégâts dans les récoltes et les bois que les troupeaux particuliers ; aussi presque dans tous les pays où ils sont en usage, et j'ai habité long-temps un tel pays, l'agriculture y est-elle fort mauvaise. Espérons que les nouvelles lois ayant donné la liberté à tout propriétaire d'avoir un troupeau particulier, quoiqu'il y en ait un commun dans sa commune, et de plus leur ayant facilité les moyens de se soustraire aux inconvéniens du parcours, cet usage cessera bientôt par-tout.

TROUSSE PIED. Lanière de cuir, de deux pouces de large, ou sangle de même largeur, longue de trois pieds, ayant une boucle à une de ses extrémités, et une suite longitudinale de trous à l'autre, qui sert à tenir plié le pied de devant d'un cheval pour l'empêcher de ruer du pied postérieur du même côté. *Voyez* Assujettie.

Quand on veut empêcher un cheval de ruer des deux pieds, il suffit de lier l'autre pied postérieur au premier, ou à celui de devant du même côté, par le moyen d'une longe ou d'une corde. (B.)

TRUARDIÈRE. Nom de la bêche à trois dents dans quelques cantons.

TRUFFE, *Tuber.* Genre de plantes de la cryptogamie et de la famille des champignons, qui renferme des tubérosités plus ou moins grosses, plus ou moins approchant de la forme globuleuse, que la gourmandise recherche beaucoup, et qui sont par conséquent l'objet d'un commerce de quelque importance pour les cultivateurs des pays où on trouve le plus fréquemment les espèces les plus estimées. Il présente une subs-

tance charnue, toujours solide, qui ne sort jamais de terre,
et qui répand ses semences par suite de sa décomposition.

La seule truffe dont je doive entretenir ici le lecteur est
la TRUFFE NOIRE, ou la truffe proprement dite, dont la surface
est couverte de tubercules prismatiques. Elle répand une odeur
agréable et pénétrante, qu'on ne peut comparer à aucune autre. Dans sa maturité sa chair est d'un brun veiné de blanc.

C'est dans les terrains secs et légers, dans les forêts des
montagnes, qu'on trouve le plus fréquemment les truffes. Les
environs de Grenoble, d'Avignon, de Périgueux et d'Angoulême sont les cantons qui en fournissent le plus au commerce.
Les montagnes du Vivarais, des Cévennes, du Jura et de la
Bourgogne en produisent aussi. J'en ai beaucoup trouvé dans
ces dernières lorsque je les habitois.

Les truffes commencent à se montrer dès le mois de mai;
cependant ce n'est qu'au mois d'octobre qu'elles sont bonnes à
récolter. A cette époque les habitans des campagnes s'occupent de leur recherche, soit au hasard, en fouillant la terre
où on préjuge qu'il doit s'en trouver; et dans les pays précités, l'expérience fait qu'on se trompe rarement; soit, ce qui
est beaucoup plus sûr, avec un cochon ou un chien qu'on a
dressé à les indiquer.

Les indices auxquels on reconnoît une truffière sont, 1°
l'absence des plantes, les truffes les faisant souvent périr;
2° le soulèvement de la terre, les truffes étant ordinairement de
la grosseur d'un œuf de poule, et enfoncées seulement de deux
à trois pouces en terre; 3° la présence de colonnes de très petites
mouches et tipules, dont les larves vivent aux dépens des truffes
et qui s'élèvent en colonnes au-dessus d'elles. Les cochons recherchent les truffes avec passion lorsqu'ils en ont une fois
goûté. Ils les indiquent donc en fouillant la terre; mais il faut
les museler ou les surveiller, car ils ne savent pas obéir au commandement. Les chiens dressés leur sont préférables sous tous
les rapports, et rien de plus facile que de les styler à cette recherche. J'en ai vu qui étoient propres à remplir cet objet
après huit jours d'exercice.

Bulliard et de Borch ont essayé de former des truffières artificielles en transportant dans un jardin la terre imprégnée
des semences des truffes, et ils ont jusqu'à un certain point
réussi; mais je ne sache pas malgré cela qu'on en fasse nulle
part.

On conserve les truffes hors de terre pendant près d'un
mois, lorsqu'on les a récoltées à l'époque de la maturité; qu'on
ne les a pas endommagées, et qu'elles sont dans un air ni trop
chaud, ni trop humide, ni trop stagnant, ni trop agité; mais
comme il est rare de pouvoir faire naître toutes ces circons-

tances, on ne doit pas compter sur plus de douze ou quinze jours de conservation. Cependant, lorsqu'on les laisse dans la terre où on les a trouvées, ou qu'on les met sur-le-champ dans du sable, il est possible de les conserver deux ou trois mois.

En général, quand on veut garder des truffes pour l'hiver on doit les faire sécher au four après les avoir coupées par tranches très minces, ou les faire confire dans l'huile ou la graisse.

On emploie les truffes comme assaisonnement et comme aliment, et toujours cuites. Quelques personnes les regardent comme indigestibles, d'autres prétendent qu'elles fournissent un bon chyle. Quoi qu'il en soit, elles tiennent le premier rang parmi les champignons; on en mange beaucoup, et elles procurent des sommes considérables à ceux qui se livrent à leur recherche, car leur prix, quoique très variable, est toujours plus élevé que la peine qu'on prend pour les récolter ne semble l'exiger. La cause en est que le luxe de nos tables, dans les grandes villes, à Paris sur-tout, ne peut s'en passer, et que la production n'est jamais aussi considérable que la consommation.

Je n'entrerai pas ici dans des considérations physiologiques sur les truffes, considérations qui mèneroient trop loin sans utilité pour les cultivateurs. On trouvera au mot CHAMPIGNON tout ce qu'il convient de savoir à cet égard quand on ne veut pas faire une étude particulière de l'histoire naturelle.

Il y a des truffes blanches de plusieurs sortes qu'on mange également. Ce ne sont pas des variétés, comme quelques personnes le croient, mais de véritables espèces. Elles sont rares en France.

La TRUFFE PARASITE, OU MORT DU SAFRAN, fait aujourd'hui partie du genre SCLÉROTE. *Voyez* ce mot. (B.)

Du sol le plus propre à la génération des truffes. Les truffes ne se plaisent que dans les terrains argileux, mêlés de sablon et de parties ferrugineuses; elles préfèrent sur-tout les lieux humides, ombragés et tempérés. Les fonds calcaires, ordinairement arides, paroissent contraires à ce végétal; il a cependant besoin d'un sol un peu poreux, afin que la chaleur et l'humidité puissent y pénétrer facilement.

C'est vers les rivages incultes des ruisseaux, les terrains en pente, les coteaux, le voisinage des bois, l'ombrage des chênes, des trembles, des peupliers noirs, des bouleaux blancs, des saules, que se rencontre le plus communément la truffe. Elle n'appartient pas à tous les pays, mais on la trouve fréquemment dans plusieurs de nos départemens méridionaux, tels que les deux Charentes, le Lot, la Dordogne, l'Aveyron, le Gard, l'Hérault, le Tarn, l'Ardèche, et sur-tout dans certaines contrées de l'Italie, où elles sont communément blanches. Les pays septentrionaux en fournissent aussi, à la vérité en petite quantité, et d'une saveur peu recherchée ; tels sont les départemens de la Haute-Marne, de l'Aube, plusieurs pays d'Allemagne, et quelques comtés de l'Angleterre.

On reconnoît qu'un terrain recèle des truffes à certaines gerçures, au bruit sourd et particulier qu'il rend lorsqu'on le frappe d'un bâton, et à un léger renflement de sa surface, enfin à quelques espèces de mouches qui semblent se plaire dans le voisinage des truffières.

Mais ces signes étant équivoques, et souvent trop peu sensibles, il y a de l'inconvénient à ouvrir le terrain ; car si les truffes ne sont pas encore mûres, la truffière en souffre, malgré la précaution de la recouvrir sur-le-champ ; la marque la plus certaine est celle de l'odeur, qu'on peut facilement saisir à la distance de quelques mètres ; à la vérité, les hommes acquérant difficilement par l'habitude ce tact, cette finesse d'odorat, ils ont employé les cochons qui le possèdent à un degré supérieur.

Mais comme ces animaux sont indociles et gourmands, qu'ils mangent une bonne partie des truffes avant qu'on ait pu les leur disputer, on a trouvé plus avantageux de dresser les chiens à les indiquer. Ceux d'entre eux les plus propres à cette espèce de chasse sont des barbets de moyenne taille ; on s'attache d'abord à les familiariser avec l'odeur et le goût de la truffe en leur en faisant manger de crues ou de cuites dans leurs alimens, on les leur fait flairer souvent ; et, lorsqu'ils en ont contracté le goût, on les mène à cette quête : quand ils flairent les truffières, et qu'ils commencent à les gratter avec leurs pattes, le chasseur accourt avec une petite bêche, ouvre la terre, enlève les truffes, en donnant les plus petites aux chiens pour les encourager ; on recouvre ensuite la terre, qui peut reproduire l'année suivante. Mais si l'on met ou du fumier ou des marcs dans ce lieu, les truffes en disparoissent.

Plus les truffes sont nombreuses dans le même endroit, moins elles ont de volume ; et il arrive quelquefois qu'on fait deux et même trois récoltes chaque année dans une seule truffière ; mais communément on n'en fait qu'une.

On a remarqué que les truffes grossissoient presque subitement après les pluies d'orage et les grands tonnerres ; il en est de même des champignons ; quelques chasseurs prétendent aussi qu'on les trouve plus fréquemment dans les temps de nouvelle et de pleine lune ; la fraîcheur des nuits est encore plus favorable pour cette recherche, parcequ'alors l'odorat des chiens est plus sensible.

Des variétés des truffes. On connoît trois variétés princi-

pales de ce végétal. La première qui est la truffe noire, la plus
commune, et celle qu'on sert le plus souvent sur les tables.
Sa chair est un parenchyme un peu fongueux, marbré de
petites raies rougeâtres en tout sens, sur-tout vers l'écorce
qui est noire, raboteuse, mamelonnée et chagrinée, avec des
frisures plus ou moins profondes. Sa grosseur est variable ; il
y en a de fort grosses qui sont rares, et l'on en a trouvé du
poids d'une livre, qui avoient plus de quatre pouces de diamètre. On n'y découvre aucune racine. Au temps de la maturité, l'écorce de la truffe devient plus épaisse, le volume de
ce tubercule augmente, sa surface se gerce, et lorsqu'il se putréfie, sa chair se ramollit, s'affaisse, et exhale une odeur
qui ressemble un peu aux matières animales putréfiées.

L'odeur de la truffe fraîche est fort agréable et très volatile ;
lorsqu'on fait sécher ce végétal, elle se dissipe avec son humidité. La truffe blanche, dite *truffe du Piémont*, qui est une
véritable espèce, a une odeur très forte, alliacée, et même
assez âcre pour affecter les yeux.

Cette espèce de truffe blanche, recherchée à cause de cette
odeur d'ail vive et pénétrante qui la caractérise, diffère de
la truffe noire comestible, non seulement par la couleur,
mais encore par la forme extérieure et par la consistance ;
car elle a la peau lisse, d'un blanc jaunâtre, et ressemble
au premier coup d'œil à certaines pommes de terre blanchâtres. L'intérieur est très blanc, ferme, avec de légères marbrures grises. Il y en a de très grosses; elles deviennent
même plus considérables que les noires; leur saveur est beaucoup plus aromatique, plus stimulante, et leur chair est moins
dure. On les trouve de préférence à l'ombre des pins et des
sapins (*Pinus abies*, L.)

On a remarqué dans cette espèce blanche une autre sorte,
qu'on nomme en langage piémontais *roussetta*, ou rougette,
qui est la même que la *bianchetta*, variété de la truffe blanche, plus pâle, et qui, lorsqu'elle est exposée quelque temps
à l'air, prend cette couleur de rouge de brique pâle, qui lui
a mérité le nom de *rougette*. Elle n'a pas l'odeur et la saveur
aussi fortes que la truffe blanche ordinaire ; mais on la préfère à la rouge, quoique son arôme et son goût soient plus
fugaces.

La variété rouge, la plus rare de toutes, se trouve mêlée
dans les truffières noires, sur-tout dans celles qui viennent à
l'ombre des ormes. Elle a plus d'odeur, une saveur plus délicate, et plus durable. Elle se conserve plus long-temps; son
parenchyme intérieur est rougeâtre, et sa peau est couleur de
lie de vin rouge ; son écorce étant moins dure que celle de la
noire elle grossit davantage, mais moins que la blanche. La

nature des terrains, au reste, influe sur ces corps fongueux comme sur tous les autres végétaux.

Nous ne parlerons pas ici de cette espèce de truffe parasite, qu'on nomme *mort du safran*, parcequ'elle s'attache aux oignons de ce végétal et les fait périr. Duhamel en a donné une bonne description, et il en est parlé à l'article Safran.

La truffe musquée est encore une espèce noire, dont la peau n'est pas crévassée, mais lisse et la chair blanche, avec des marbrures noirâtres; son odeur est musquée, agréable. Il y a dans le Piémont une autre espèce de truffe blanche qui est un peu velue; mais elle est peu connue et presque inusitée. Les sangliers recherchent l'espèce de truffe blanche avec une ardeur extrême; ils la préfèrent à toute autre, mais ils ne mangent que les plus vieilles et celles qui sont bien mûres.

Au reste, toutes les espèces et variétés de truffes ne se plaisent pas également sous les mêmes arbres, car la noire préfère les noisetiers, les coudriers; la truffe rousse le voisinage des ormes champêtres. Toutes ne mûrissent point non plus à la même époque; de là vient qu'il y en a trois récoltes. La première est celle de juillet; la seconde, qui commence en septembre, finit vers le mois de novembre, et la dernière se fait en décembre. Celles qu'on recueille les premières de toutes sont plus savoureuses et plus odorantes que les dernières; la seconde récolte est la plus abondante, mais de médiocre qualité; enfin les dernières truffes sont les plus grosses et les plus parfaites, mais aussi en moindre quantité. Toutefois elles se conservent beaucoup plus long-temps.

Dans les années pluvieuses et les printemps humides, il se développe plus de truffes que dans les années sèches; cependant ces végétaux ne croissent pas dans les terrains trop humides. Il paroît qu'on a remarqué vers le mois d'août, temps où la truffe commence à mûrir, que ce végétal remonte plus près de la surface du sol qui le recèle; il semble même s'élever par une force élastique assez vive pour le faire sortir quelquefois de terre; et les animaux sauvages, tels que les renards, les loups, les sangliers le dévorent, ou bien il se putréfie et sert d'alimens aux larves de divers insectes, telles que les tipules, etc.

Dans les premières gelées d'automne et au temps des brouillards, il s'élève des truffières des exhalaisons assez sensibles pour être découvertes par les hommes dont le sens de l'odorat est exercé à cette recherche.

De la conservation des truffes. Il faut d'abord les récolter par un temps sec, à l'époque de leur parfaite maturité, dans l'état le plus sain, car une seule truffe gâtée suffit pour faire altérer les autres. Lorsqu'il règne un vent sec, qu'il fait un

beau soleil, elles se conservent beaucoup plus long-temps que
dans une saison humide. Les truffes précoces, nommées en
Italie *aoûtaines*, doivent être recueillies un peu avant leur maturité, et suspendues à l'air libre dans un panier à jour et
un endroit frais.

En général, la truffe se garde mieux dans sa terre natale
que lorsqu'on l'en débarrasse et qu'on la lave, car l'humidité s'insinuant dans les pores les fait bientôt pourrir; c'est
pourquoi il est plus expédient de la frotter avec une brosse
rude. La truffe, dans sa terre, est comme l'animal dans sa
matrice, la semence dans sa capsule; c'est pourquoi elle se
corrompt moins promptement, et pour peu que cette terre
soit desséchée, on peut transporter les truffes au loin sans
crainte qu'elles se gâtent.

On a proposé de les enterrer dans du sable bien sec, et ce
moyen est assez sûr. Les truffes blanches imprègnent ce sable
d'une odeur si forte et si pénétrante, qu'on peut en charger
de l'eau en la filtrant au travers. Le son dans lequel d'autres
personnes emballent les truffes est plutôt propre à accélérer
leur détérioration qu'à les conserver, parcequ'il s'humecte,
s'entasse, s'échauffe. Les cendres altèrent les truffes. Celles
qu'on tient plongées dans de l'huile se conservent plus long-
temps que celles qu'on envoie dans le vinaigre ou dans la
saumure. Elles se gardent fort bien dans l'eau-de-vie, mais
en cet état il n'est guère possible de les employer comme assaisonnement. L'huile, le vinaigre, l'eau-de-vie où l'on a mis des
truffes se chargent de leur odeur, et alors elles se dépouillent presque entièrement de leur parfum agréable. D'autres
les font cuire dans le vin et les plongent ensuite dans l'huile.
Il en est qui les recouvrent d'une couche de cire fondue,
mais avec peu de succès.

En général, les truffes trop mûres et celles qui ne le sont
pas assez se conservent peu de temps; mais l'arôme dont elles
sont remplies à l'époque de leur maturité et la fermeté que
leur chair acquiert les rendent propres à être conservées en
cet état. Les truffes qu'on coupe par tranches, qu'on enfile et
qu'on fait sécher comme les mousserons, peuvent se garder
long-temps sans altération; mais elles n'ont plus le parfum
et la saveur des truffes fraîches: au reste, il convient de les
sécher à l'ombre, par la sécheresse, et au soleil plutôt que
par le feu qui dissiperoit entièrement leurs parties odorantes
et volatiles.

L'usage d'entourer les truffes récentes de cire, de graisse,
d'huile, de vernis, etc., est contraire à leur conservation; car,
tant que ces végétaux sont vivans, ils transpirent, et leurs
humeurs ne pouvant pas se dissiper au dehors, rentrent au

dedans et y hâtent la putréfaction. La bourre, l'étoupe dont on les enveloppe s'imbibent d'humidité et ne les conservent pas aussi bien que les corps qui happent l'humidité ; c'est pourquoi l'argile sèche et pulvérisée paroît préférable à toute autre substance.

Usages des truffes. Les truffes mûrissent presque instantanément et dans l'espace de quelques jours ; c'est principalement à cette époque qu'elles répandent une odeur agréable et pénétrante qui fait leur principal mérite, et que leur chair devient aussi plus ferme et plus sucrée, tandis qu'elles sont insipides, inodores et mollasses avant leur maturité. C'est principalement l'écorce ou la couche superficielle qui contient le principe odorant et savoureux. Les truffes des cantons méridionaux possèdent plus d'arôme et de saveur que celles des pays froids. L'un et l'autre sont assez volatils pour passer à la distillation au bain-marie.

L'arôme des truffes et peut-être la légère substance astringente qu'elles contiennent suffisent pour conserver la viande, car l'on observe que les volailles farcies de truffes ne se gâtent pas aussi promptement. Les truffes à odeur d'ail répandent, lorsqu'elles sont putréfiées, une vapeur infecte comme celle de la chair pourrie.

Cette odeur d'ail des truffes blanches est si forte, lorsqu'on la respire quelque temps, qu'elle étourdit. La liqueur à la truffe se fait en imprégnant l'eau de l'arôme qui s'exhale de ces végétaux coupés par tranches ; mais il faut la préparer à froid, parceque la moindre chaleur en détériore les qualités et la délicatesse.

Les truffes fraîches paroissent contenir un acide à nu. Hachées et mises dans du lait bouillant, elles le coagulent et le caillent, forment un fromage à la truffe d'une odeur particulière, qui pourroit devenir un mets agréable s'il étoit préparé avec soin.

Ces tubercules sont, comme on sait, fort recherchés sur les tables, et on les apprête de diverses manières, soit cuites à l'eau ou sous la cendre, soit même crues en salade, coupées par tranches et assaisonnées avec de l'huile, de l'ail et des anchois. Quoique leur usage n'ait jamais été suivi d'inconvéniens fâcheux, il échauffe quand on en mange une trop grande quantité ; mais quel est le genre d'aliment et de boisson dont l'excès ne soit pas dangereux ?

Ce qu'il y a de positif, c'est que les truffes, quel que soit l'état où elles se trouvent, n'ont pas les propriétés vénéneuses de certains champignons, et qu'on ne sauroit les considérer comme un aliment nuisible ; nous pensons donc qu'il y a exagération de la part de ceux qui ont prétendu, avec quelques anciens, que son usage, même modéré, disposoit à la paralysie et à l'apoplexie ; il peut, au contraire, à cause de l'odeur et de la saveur qui caractérisent les truffes, procurer de la gaieté, exciter l'appétit et faciliter la digestion comme tous les assaisonnemens. (PAR.)

TRUFFE. On donne souvent ce nom à la POMME DE TERRE.

TRUFFE D'EAU. C'est la MACRE.

TRUFFE ROUGE. On donne ce nom aux POMMES DE TERRE dans quelques endroits.

TRUIE. Femelle du COCHON.

TRUITE. Poisson du genre salmone dont la chair est d'un excellent goût, mais qui ne peut vivre que dans les eaux les plus pures.

On trouve les truites dans les ruisseaux et les petites rivières, ainsi que dans les lacs qui sont alimentés par les eaux de source, et on les transporte quelquefois avec succès dans les étangs dont le fond est sablonneux ou pierreux, et qui offrent cette même qualité d'eau.

La nourriture des truites consiste en poissons, en insectes et en vers, et la consommation qu'elles en font est très considérable. Elles fraient en automne.

C'est à la ligne amorcée d'un petit poisson, ou avec des nasses et des filets qu'on prend les truites.

Les étangs à truites sont rares, mais très productifs, surtout s'ils sont à la proximité d'une grande ville, ce poisson étant le plus recherché de ceux d'eau douce et se payant en conséquence fort cher. On empoissonne ces étangs avec soixante pièces par arpent. *Voyez* ÉTANG.

TRUY. On donne ce nom aux réservoirs dans le département du Var.

TUBERCULE. Ce mot a deux acceptions dans le jardinage.

Tantôt c'est un renflement naturel ou accidentel des racines. Ainsi on dit que les pommes de terre sont des tubercules, que la saxifrage a des tubercules. Ainsi on voit des tubercules sur les raves, les radis.

Tantôt ce sont de petites excroissances également naturelles ou accidentelles qu'on remarque sur les tiges, les feuilles et même les fruits.

Lorsque les tubercules sont accidentels, ils ne diffèrent souvent des LOUPES (*voyez* ce mot) que par leur peu de grosseur.

Il faut distinguer les tubercules des excroissances produites par les insectes. *Voyez* GALLE. (B.)

TUBÉREUSE, *Polyanthes*. Plante dont la racine est formée par une bulbe ovale, pointue, insérée sur un tubercule arrondi, dont les feuilles sont toutes radicales, longues, étroites, canaliculées et entières ; la hampe haute de trois à quatre pieds, cylindrique, parsemée d'écailles arrondies, et terminée par un épi de fleurs blanches et odorantes ; qui est originaire des Indes, et qu'on cultive dans beaucoup de jardins.

Cette plante forme un genre dans l'hexandrie monogynie et dans la famille des narcissoïdes.

On ne cultive la tubéreuse, soit simple, soit double, en pleine terre et en grand, que dans les parties méridionales de l'Europe et sur-tout aux environs de Gênes, parcequ'elle craint beaucoup les gelées et qu'il lui faut un degré de chaleur assez élevé pour parcourir les phases de sa végétation. C'est de là que ses tubercules sont envoyés dans le reste de l'Europe, sur-tout dans le nord, lorsqu'ils sont arrivés à la grosseur qu'ils doivent avoir pour fleurir.

Dans les climats chauds il suffit de mettre au printemps ces tubercules dans une terre légère et bien préparée pour qu'ils donnent en abondance des fleurs et des cayeux. Les premières s'emploient dans la fabrication des parfums, et les seconds à multiplier l'espèce ; car rarement on fait usage de la voie des semis, à raison de sa longueur et de son incertitude. Les cayeux ne commencent à fleurir que la seconde ou plus communément la troisième année.

La culture de la tubéreuse ne consiste que dans des binages en été, l'arrachage de ses tubercules et la séparation de ses cayeux en automne. On peut même se dispenser de ces deux dernières opérations, lorsqu'on possède des tubéreuses uniquement pour l'agrément, ainsi que je l'ai expérimenté en Caroline où je possédois une grande planche de cette plante, qui avoit été trois ans sans être relevée et dont chaque pied donnoit jusqu'à six ou huit tiges.

Dans les pays froids cette plante demande une chaleur artificielle pendant les premiers temps de sa végétation. On ne la cultive en conséquence qu'en pots, qu'on plonge dès le commencement du printemps dans une couche à châssis, et qu'on y laisse jusqu'au moment où elle commence à entrer en fleur. Il lui faut fréquemment de l'eau pendant le fort de sa végétation. Lorsqu'elle est défleurie on la laisse se dessécher et on enlève ensuite les cayeux quoiqu'ils soient de peu d'usage, puisque ceux des tubéreuses à fleurs simples ne donnent jamais ou presque jamais de fleurs dans le climat de Paris, et que ceux de celles à fleurs doubles n'en fournissent que la troisième ou quatrième année. Aussi, en général, les cultivateurs de Paris préfèrent-ils acheter tous les ans de nouveaux tubercules des marchands de Gênes plutôt que d'employer leurs châssis à faire grossir ceux de leur propre récolte pendant un aussi long-temps. Le tubercule qui a fourni des fleurs périt toujours.

Le temps ordinaire de la floraison des tubéreuses est l'automne ; mais on peut la provoquer plus tôt, et c'est ce qui arrive souvent, en les plantant pendant l'hiver ou en leur donnant un degré de chaleur plus élevé. L'excellence de l'odeur de leurs fleurs, et leur longue durée (quinze à vingt jours), quand on les tient dans une température modérée, les fait rechercher de tout le monde. On les place ordinairement dans les appartemens ; ce qui me conduit à faire remarquer que cela peut devenir dangereux lorsqu'il y en a plusieurs pieds, et sur-tout qu'on les y laisse pendant la nuit ; car non seulement leur odeur, sur-tout de celle à fleurs doubles, porte à la tête, mais encore elle fait tomber en syncope et même en asphyxie.

On dit que c'est à M. Le Court de Leyde qu'on doit la tubéreuse double, qui a beaucoup d'avantages sur la simple, entre autres une odeur plus forte et une plus longue durée. Il y en a à deux, à trois et à quatre rangs de pétales, à petites fleurs et à feuilles panachées. Valmont de Bomare et Dutour assurent qu'on peut les colorer en les mettant, après les avoir coupées, dans des liqueurs rouges, par exemple, dans le suc des baies du phytolaca et du cactier. (B.)

TUBÉREUSE (RACINE). Sorte de racine qui est constituée le plus ordinairement par une accumulation de substance amilacée dans le tissu cellulaire des fibrilles.

La POMME DE TERRE, le TOPINAMBOUR, la PATATE, etc. (voyez ces mots), ont des racines tubéreuses. On les multiplie, comme on sait, par leur moyen. Voyez RACINE.

TUE CHIEN. Voyez COLCHIQUE.

TUE-LOUP. Nom vulgaire du COLCHIQUE.

TUF. Pierre tendre, très poreuse, ordinairement composée de calcaire mêlé d'argile et de sable, qui se trouve à une petite profondeur, en masses irrégulières plus ou moins épaisses, et qu'on peut le plus souvent supposer, d'après les circonstances qui l'environnent, avoir été produite par l'infiltration dans des cavités, des eaux tenant du calcaire en dissolution et de l'argile et du sable en suspension.

Il y a aussi des tufs volcaniques qui diffèrent fort peu des laves poreuses. Voyez VOLCAN et MONTAGNES.

On emploie cette sorte de pierre à la construction des voûtes, ce à quoi elle est très propre par sa légèreté et par la force avec laquelle elle s'unit au mortier.

Ce tuf est celui des minéralogistes, mais seulement quelquefois celui des cultivateurs ; ces derniers appellent de ce nom toutes les pierres tendres, ou les terres durcies qui forment une couche plus ou moins épaisse presque à la surface du sol, immédiatement au-dessous de la couche végétale, et qui, étant imperméables aux racines des plantes, nuisent beaucoup à la fertilité de leurs champs.

Il y a donc autant de sortes de tufs qu'il y a de modes de mélange du calcaire, de l'argile et du fer entre eux et avec le sable. Le plus souvent ce que j'ai vu appeler tuf étoit des marnes argileuses peu altérables à l'air, quelquefois de la craie ou du calcaire simplement mêlé de sable, quelquefois des grains de sables aglutinés par de l'ocre (oxide de fer) plus rarement du véritable tuf.

L'épaisseur des tufs argileux ou calcaires est ordinairement considérable ; mais il arrive souvent que le vrai tuf et ceux formés par du sable aglutiné par du calcaire ou de l'ocre n'ont que quelques pouces, que quelques lignes même, et que plus bas on trouve un terrain sablonneux. Souvent les terres sablonneuses, lorsqu'on fait trop long-temps usage de la CENDRE DE TOURBE PYRITEUSE pour les amender (*voyez* ce mot) offrent un tuf de quelques lignes d'épaisseur qui s'est formé au-dessous de la profondeur qu'atteint la charrue.

D'après ma définition, tous les tufs, lorsqu'ils ne sont pas mélangés avec une grande quantité de pierres, sont susceptibles d'être entamés par la charrue et encore mieux par la pioche. Lorsqu'ils ne peuvent être entamés, ils se rangent parmi les ROCHES. *Voyez* ce mot.

Il est beaucoup de pays où on croiroit vouer les champs à une perpétuelle stérilité, si on enlevoit la plus petite portion de tuf en labourant, et où des coutumes locales condamnent même le cultivateur à un dédommagement vis-à-vis le propriétaire, si par circonstance quelques morceaux avoient été mélangés avec la terre végétale. J'ai visité quelques uns de ces pays, et j'ai vu que c'étoit souvent un préjugé qui faisoit penser et agir ainsi, car 1° ou la couche de terre arable étoit argileuse et le tuf étoit calcaire ; or le mélange de ces deux terres est le meilleur amendement qu'on puisse désirer (*voyez* CALCAIRE, ARGILE et MARNE) ; 2° ou la couche de terre arable étoit de même nature que le tuf, et alors on gagnoit au moins de la profondeur, ce qui est beaucoup dans tous les cas où on se plaint de sa présence.

Toute terre qui n'a jamais été exposée à l'air est toujours infertile pendant un temps plus ou moins long, comme on peut le remarquer souvent lorsqu'on creuse des fossés, des puits, qu'on tire de la pierre, etc. (*voyez* MARNE) ; ainsi ce préjugé est jusqu'à un certain point autorisé ; mais dès que cette terre peut se déliter à l'air , elle devient propre à la culture et bien plus promptement si elle est mélangée avec de la terre qui contient de l'Humus. *Voyez* ce mot et Chaux.

Je crois donc qu'il est un grand nombre de localités où il faut non pas enterrer la couche de terre végétale sous le tuf , mais approfondir petit à petit cette couche, en en enlevant chaque année un demi-pouce de ce tuf lors du premier labour , jusqu'à ce qu'elle soit arrivée à la profondeur convenable au genre de culture projeté , ou que la charrue ne puisse plus y atteindre. C'est au cultivateur à décider des cas ; car, je le répète, il y en a autant que de cantons en France et même de champs dans le même canton.

Quant aux tufs peu épais formés par la réunion du sable au moyen du calcaire ou de l'ocre, on peut toujours avantageusement les rompre à la charrue ou à la pioche ; seulement on est souvent dans l'incertitude de la durée des effets de cette opération , ces sortes de tufs se reformant par suite de l'infiltration des eaux.

Ce sont les arbres qui , à raison de leur disposition à approfondir leurs racines, souffrent le plus de la présence du tuf. Il est tel canton où on ne peut avoir que des chênes nains par son fait. Quand dans un tel terrain on veut faire des plantations des arbres très élevés , il faut creuser de grands trous, ou mieux, de larges et profondes tranchées que l'on remplira de la terre de la surface.

Les jardins et les pépinières qu'on se propose d'y établir seront défoncés de deux à trois pieds. (B.)

TULIPE , *Tulipa gesneriana*. Plante de l'hexandrie monogynie et de la famille des liliacées.

Les caractères de cette plante sont un calice campanulé ou en cloche à six divisions, concaves, ovales et érigés ; six étamines renfermées dans le calice et plus courtes que ses divisions, à anthères oblongues et carrées; un ovaire gros, cylindrique ; un stigmate sessile à trois lobes; une capsule oblongue , obtusément trigone; des semences planes posées les unes sur les autres.

La tulipe a une racine bulbeuse et solide , composée de trois ou quatre tuniques ouvertes seulement dans la partie supérieure et adhérente à la base de l'oignon. La première est entièrement enveloppée par la seconde , qui l'est par la troisième. La base est garnie par un grand nombre de radicules qui forment un bourrelet ou une couronne, à peu près comme dans la jacinthe. L'oignon est recouvert par une pellicule couleur de marron plus ou moins foncée , suivant que l'oignon a été plus ou moins aoûté. Il est arrondi dans sa partie inférieure et pointu dans la supérieure. Lorsqu'il a fleuri il est plus renflé d'un côté que de l'autre.

Il sort du milieu de la première tunique une tige enveloppée par trois, quatre à cinq feuilles sessiles, ovales, lancéolées et pliées en gouttière. Ces feuilles sont adhérentes à la partie inférieure de la tige qui est en terre et l'environnent dans toute sa circonférence.

La tige droite, unique, est ronde, solide, lisse et nue, ou garnie d'une seule feuille. Les amateurs la nomment baguette. Elle est plus ou moins haute depuis un pied jusqu'à trois. Elle soutient à son extrémité la fleur, dont la corolle en cloche, comme nous l'avons dit plus haut, forme un vase plus ou moins large, d'environ trois pouces d'élévation. Sa description et celle des semences sont indiquées aux caractères.

Elle nous vient de la Turquie d'Europe où quelques auteurs prétendent qu'elle a été apportée de la Cappadoce des anciens, qui forme une partie des deux provinces asiatiques connues sous le nom de Caramanie et de Romanie.

Végétation de la tulipe. La végétation de la tulipe a été peu suivie, quoique cette plante ait été cultivée avec le plus grand succès. Mais les amateurs étoient plus occupés de soigner leurs belles plantes, de conserver celles qu'ils avoient acquises et de s'en procurer de nouvelles, que de suivre les opérations de la nature dans sa végétation. Quelques uns avoient cependant soupçonné et dit que l'oignon pourrissoit tous les ans, et qu'on ne levoit que de nouveaux oignons. Mais Rozier vint combattre cette opinion par des raisons qui parurent insolubles, et l'on se rangea de son avis.

« Je crois, dit-il, faire plaisir aux amateurs en leur annonçant que l'oignon qui produit la fleur ne meurt pas chaque année comme ils le pensent. Ce qui les a sans doute induits en erreur, c'est de voir, lorsqu'ils arrachent les oignons de terre, que la tige qui a donné sa fleur est détachée des cayeux et de l'oignon voisin, enfin qu'elle prend par dessous le plus gros oignon et qu'elle part de l'ancien bourrelet formé par la couronne. Ils doivent observer que la pulpe de l'oignon du côté de cette tige n'est pas aussi renflée que de l'autre côté; que l'oignon y est un peu aplati et même un peu creusé vers sa base. Je demanderai aux amateurs s'ils ont jamais trouvé les débris des anciens oignons? s'ils répondent que ces débris ont pourri et sont réduits en terreau, je nierai le fait et je leur proposerai l'expérience. Qu'ils plantent dans du sable de couleur jaune un oignon de tulipe, qu'ils le laissent végéter jusqu'à la dessiccation complète de la plante; alors qu'ils enlèvent avec soin la terre jaune qui enveloppe l'oignon; si l'oignon est pourri, s'il est réduit en terreau, ses débris donne-

ront un terreau de couleur plus ou moins brune. Or, s'il
trouve du terreau ainsi coloré ou des dépouilles encore re-
connoissables de l'ancien oignon, je conviens que j'ai tort et
qu'il a raison ; qu'il fasse donc cette expérience, et il saura,
ainsi que moi, ce qu'il doit croire. La vérité est qu'à mesure
que la tige s'élance, elle use les tuniques, dont est composé
l'oignon, sur le côté le plus foible, que petit à petit elle sort
de ce côté; et lorsqu'elle est sortie, les tuniques se régénèrent
et restent moins épaisses et moins compactes que du côté
opposé. Si après sa dessiccation ou coupe transversalement
l'oignon, on se convaincra de cette vérité. »

Tel fut le raisonnement de Rozier dans son neuvième volume qui a paru il y a neuf ans. Je cultivois à cette époque
une assez belle collection à laquelle je venois d'ajouter cent
belles espèces qui m'arrivoient en même temps que le volume.
Jaloux de prendre les leçons d'un si grand maître, je parcourus sur-le-champ son article. Mais son opinion sur la végétation de l'oignon, que la tige ouvre pour en sortir, ne me
parut pas prouvée d'une manière satisfaisante. Je levois moi-
même mes oignons et je n'avois jamais trouvé de terreau dans
la place de l'oignon, mais j'avois toujours vu le nouvel oignon,
ou les nouveaux oignons, environné de pellicules qui m'avoient
paru les débris de l'oignon mis en terre. J'en étois d'autant
plus persuadé, qu'ayant, les années précédentes, négligé d'enlever une partie de ces pellicules aux nouveaux oignons et
de briser celles qui les enveloppent dans la base, pour faciliter la sortie des racines, ces racines n'ayant pu les percer
avoient remonté entre la pellicule et la tunique extérieure. Elles
n'avoient donc pu fournir de la nourriture aux oignons. Ils
n'en avoient pas moins poussé leurs tiges; mais quand il avoit
été question de les tirer de terre, je n'avois trouvé qu'un petit
oignon enveloppé par des pellicules plus épaisses qu'à l'ordinaire, et plusieurs n'avoient fourni aucun oignon : les pellicules qui environnoient la tige de ceux qui n'avoient rien
produit étoient resserrées contre l'oignon, n'avoient aucune
fracture, et étoient d'autant plus épaisses qu'elles formoient
un volume moins considérable. Je n'y avois pas trouvé de
terreau ni d'autres débris de l'ancien oignon ; j'en avois conclu que ces pellicules en étoient les seuls débris.

Les nouvelles plantes que j'avois reçues m'ayant déterminé
à rejeter quelques unes des anciennes espèces, je pris le
parti de les planter à part et d'en sacrifier les oignons pour
m'assurer de la vérité.

Je débutai par rompre les tuniques d'un oignon un mois
après l'avoir tiré de terre ; il étoit fort sain, la tunique extérieure, d'une matière blanchâtre et un peu ferme, me parut de

la même qualité que les trois autres tuniques et le fond de l'oignon. Je trouvai entre cette tunique et la seconde un germe bien visible à la vue simple. Après avoir détaché les trois autres tuniques, je vis au centre un embryon qui annonçoit la pousse de l'année suivante, et un germe placé à côté, également environné, comme l'embryon, par toutes les tuniques. Je coupai longitudinalement l'embryon et je distinguai avec la loupe la fleur et les feuilles.

Au moment de les planter, c'est-à-dire à la fin d'octobre, je renouvelai la même opération sur une espèce très vigoureuse et qui produit ordinairement deux oignons et un ou deux cayeux. Après avoir détaché la tunique extérieure, j'aperçus un germe, j'en trouvai un second entre la seconde et la troisième tunique, et au centre il y avoit deux germes indépendamment de la tige. Ils étoient plus développés que la première fois, mais nullement proportionnés à la tige dont les feuilles avoient déjà la longueur des tuniques.

En janvier j'arrachai un oignon de la même espèce auquel je fis la même opération ; le tissu des tuniques étoit plus lâche et leurs pores plus visibles. L'oignon contenoit deux germes dans le centre et un entre la tunique extérieure et la suivante. Les germes du centre avoient près de deux lignes. Je les ouvris et j'y trouvai quatre tuniques comme à l'oignon. A la fin de mars nouvelle opération. Les deux premières feuilles de l'oignon levé avoient six pouces hors de terre, le germe placé contre la tige environ sept lignes ; il étoit composé de quatre tuniques bien distinctes, allongé comme la pointe d'un fuseau et parfaitement rond. Le germe placé entre la tunique extérieure et la seconde étoit au contraire fort petit et n'avoit pas plus d'une ligne. Les tuniques de l'oignon avoient le tissu plus lâche qu'en janvier, mais elles étoient aussi épaisses ; elles annonçoient une plante qui souffre et approche de sa destruction.

Au moment de la fleuraison, je tirai un autre oignon de terre et je le traitai comme les suivans. Je n'eus pas de peine à le dépouiller de ses tuniques, elles étoient fendues par l'effort de deux germes placés contre la tige, et qui, ayant pris une grande partie de leur accroissement, avoient produit un effort assez grand pour rompre les tuniques parvenues à leur dernier degré de tension. Ces tuniques n'étoient plus blanches, elles avoient pris la teinte de marron clair et étoient beaucoup plus minces qu'en mars ; quant aux deux germes, c'étoient deux oignons qui annonçoient qu'ils parviendroient à la grosseur ordinaire. Les tuniques par leur résistance les avoient fortement comprimés contre la tige qui n'avoit point cédé à cette pression en tout sens, et s'étoit opposée au développement de ces oignons dans la partie qu'il occupoit. Les deux oignons étoient cannelés dans cette partie.

Lors de la levée des oignons, j'en examinai deux ou trois avec attention. Les tuniques de l'ancien oignon étoient tout-à-fait desséchées ; elles étoient fort minces et couleur de marron très foncé : j'en trouvai quatre.

Ces expériences que j'ai renouvelées depuis m'ont prouvé que l'oignon de la tulipe est dans une végétation continuelle, comme celui de la jacinthe, et qu'il a une partie de la nourriture nécessaire au développement de ses feuilles et de sa tige ; qu'au moment de sa mise en terre, les sucs contenus dans les tuniques se portent à la base pour nourrir les germes qu'il contient, qu'ils s'y mêlent avec les nouveaux sucs que les racines fournissent à l'oignon ; mais que ces tuniques ne sont que des réservoirs qui ne conservent aucune partie de la sève et qui se dessèchent, lorsque leurs fonctions sont terminées, c'est-à-dire lorsque la plante a fleuri, produit sa graine et formé de nouveaux oignons.

Ainsi, quoique l'expérience proposée par Rozier lui eût été favorable et qu'elle l'ait probablement induit en erreur, attendu qu'il n'a point trouvé d'autres débris que les pellicules desséchées, son résultat n'est pas concluant. On ne peut en effet trouver un peu de terreau à la place de l'ancien oignon, puisqu'il ne se décompose pas ; mais comme on trouve sa base et ses tuniques qui, avec sa tige, le composoient en entier, il est certain qu'il s'est desséché après avoir produit un ou deux autres oignons pour le remplacer. S'il en étoit autrement, l'oignon seroit éternel, parceque, comme il est fort vigoureux, il ne périt jamais, à moins de cause accidentelle, et on n'est jamais exposé à remplacer des oignons de tulipes dans les planches d'ordre, comme ceux de jacinthes.

Le hasard m'a mis à portée de faire une autre expérience décisive en faveur de mon opinion. L'estimable M. Soyer, de Sarcelles, avoit oublié, comme je l'ai déjà dit à l'article Dou-BLES FLEURS, douze à quinze oignons mis chacun dans un petit sac de papier. Les oignons avoient poussé et s'étoient ensuite desséchés, mais nous trouvâmes dans une partie d'entre eux, après avoir rompu les tuniques, un petit oignon bien aoûté, bien rond et sans cannelure. La sève, inutile à la tige qui n'avoit pas pu se développer, s'étoit réunie dans le germe qui avoisine la tige et lui avoit fourni assez de nourriture pour le faire arriver à son état de perfection. Comme il n'a-voit pas besoin de l'air pour y parvenir, il avoit pu se nourrir et végéter sous les tuniques dans le sac, quoique hermétiquement fermé, au lieu que la tige, à qui l'air étoit indispensable pour son développement, s'étoit desséchée.

Ces expériences, qui sont à la portée de tous les amateurs, lèveront tous les doutes de ceux qui pourroient balancer entre l'opinion de Rozier et la mienne, et le phénix tant vanté dans l'antiquité qui nourrissoit ses petits de sa propre substance se retrouvera dans la tulipe. Cette marche de la nature fait connoître le motif de la vigueur des oignons des tulipes ; comme ce sont des oignons nouveaux et annuels, on n'est pas exposé à les perdre comme ceux de jacinthe, qui, après avoir duré quelques années, finissent par périr. Quand je dis que l'oignon est annuel, je parle de ceux qui sont parvenus à toutes leurs dimensions, car ceux de semence ne périssent probablement qu'après avoir fleuri. Je n'ai semé que depuis trois ans et je n'ose affirmer, mais la marche de la nature me le fait préjuger. Les forts cayeux qui ne fleurissent pas sont sujets à un jeu de la nature assez singulier et fort ordinaire dans certaines années. Leur fond n'étant pas aussi solide que celui des forts oignons, le cayeux, au lieu de pousser une tige, ne donne qu'une feuille roulée dans sa partie inférieure. La sève qui se porte vers le fond de l'oignon, après avoir circulé dans la feuille, force cette barrière, prolonge le pédicule de la feuille qui devient une tige creuse de deux à trois pouces, au fond de laquelle il se forme un germe qui devient un cayeux, souvent il se développe un second cayeux au fond de l'oignon. J'ai examiné avec attention ces cayeux existans dans le prolongement du pédicule, et, malgré le préjugé établi contre eux, je les ai trouvés conformés comme les autres ; je les ai plantés et ils ont très bien réussi. C'est ce qui a fait dire aux amateurs que l'oignon des tulipes s'enfonçoit en terre quand on ne le relevoit pas tous les ans ; mais ce n'est pas l'oignon planté qui s'enfonce, ce sont les nouveaux oignons qui se forment après la plantation. Tous les amateurs de tulipes peuvent encore vérifier cette observation. On prévient cet effet en plantant les cayeux sur le côté, les racines au midi.

Des espèces de tulipes et de ce qui constitue leur beauté.

Par l'expression espèces, j'entends les espèces jardinières et non celles botaniques ; je ne veux parler que des variétés de la tulipe des jardins et non de celle sauvage ou de celle du Cap.

Ces variétés sont très multipliées, et elles le seroient davantage, si la découverte de belles fleurs n'avoit pas fait rejeter une infinité de variétés inférieures. Leur nombre diminuera dans la suite, parceque depuis que l'enthousiasme pour cette fleur a diminué, les amateurs ont senti qu'il valoit mieux avoir moins de variétés et n'avoir que de belles fleurs. Le maréchal de Biron en avoit quinze cents espèces dont on n'a conservé que cent cinquante au plus, et à mesure qu'on en trouve de nouvelles supérieures aux anciennes, ces dernières perdent leur valeur et sont rejetées des jardins des connoisseurs. Les tulipes de Hollande, dont les divisions de la corolle sont pointues, sont maintenant classées dans les derniers rangs, et si on en conserve quelques unes, ce n'est que parcequ'elles ont des nuances qui ne se trouvent pas sur des plantes dont les pétales sont arrondies. Je me sers du mot *pétales*, quoique le calice de la tulipe soit d'une seule pièce; mais la corolle est divisée si profondément, qu'au premier aspect elle paroît composée de six pétales.

Au moment de l'apparition des tulipes en Europe, cette plante fut fort recherchée. Wingen en expédia des oignons au célèbre Peiresc, en 1610, à Aix, d'où elles furent transportées en Flandre. On sema et on obtint des variétés, et chaque amateur voulut renchérir sur le nombre. Ce fut à qui en auroit le plus et sur-tout des variétés qu'il possèderoit seul. Ce goût dégénéra en manie, et la manie jusqu'à la frénésie.

On poussa cette folie jusqu'au point de donner jusqu'à 20,000 livres pour un seul oignon. Voici comment s'explique à ce sujet l'auteur de l'article *tulipe* de l'encyclopédie, nouvelle édition imprimée à Genève : « on sait en particulier avec quel amour les Hollandais ont autrefois cultivé les tulipes avant leur goût pour les œillets et les oreilles d'ours. Dans l'année 1634 et les cinq suivantes, on vit en Hollande, et particulièrement à Harlem, un trafic de tulipes si singulier qu'il ressembloit assez à celui qu'eurent les actions en 1719 et en 1710. On fit monter le prix de ces fleurs à des sommes si exorbitantes, que, s'il n'en restoit des monumens indubitables, la postérité auroit peine à croire une pareille extravagance. Plusieurs bourgeois quittèrent leurs boutiques et leur commerce pour la culture des tulipes. Munting nous a laissé les détails d'un marché fait par un particulier pour une seule tulipe nommée le *vice-roi*. L'acheteur n'ayant point d'argent donna, pour cette rare tulipe (les catalogues de Hollande font mention, en 1805, d'une tulipe de ce nom estimée deux francs), deux last de froment ou trente-six setiers mesure de Paris, quatre last de riz, quatre bœufs gras, douze brebis grasses, huit cochons engraissés, deux muids de vin, quatre tonneaux de bière, deux tonneaux de beurre, dix quintaux de fromage, un lit, des habits, etc. Dans le même temps un particulier offrit douze arpens de bonne terre pour un arpent de tulipe, qu'on ne voulut pas lui céder. On fit, dans une vente publique, neuf mille florins d'une collection de tulipes......
Enfin, la folie des tulipes fut si grande que les Etats-Généraux prirent cette affaire en considération, et l'arrêtèrent par des

lois expresses des plus sérieuses. » On n'étoit pas plus sage
en Flandre et en France. Mère-brune, tulipe qui vaut aujourd'hui trois livres, fut échangée contre un moulin, etc.
Mais la manie des jardins anglais ayant fait négliger les parterres, les tulipes perdirent une grande partie de leur valeur,
et quoique les Français, graces aux soins de quelques amateurs, comme les Devienne, les Dota, les Chabouillet, et actuellement M. Drieux, aient réuni la plus riche collection de
tulipes bizarres de l'Europe, elles ne sont plus aussi recherchées, quoiqu'elles aient repris un peu de valeur depuis la
révolution.

Pour 300 francs, au plus, on peut se procurer un cent de
tulipes de cent variétés des plus riches en couleur ; et les espèces nouvelles qui approchent le plus de la perfection, et qui
réunissent le mérite de la rareté à celui de la beauté, telles
que la Bonaparte de Drieux, Louis XVI de Lille et cinq ou
six autres qui fixent l'attention, quoique mêlées parmi tout ce
qu'il y a de plus rare en ce genre, ne passent pas 150 francs
l'oignon. Je l'affirme par expérience, les ayant réunies l'an
dernier à ma collection.

Cependant, quoiqu'on préfère le petit nombre des belles
espèces à la grande quantité, quelques fleuristes de Paris ont
contracté la mauvaise habitude de donner plusieurs noms à
la même fleur pour grossir leurs catalogues. C'est encore l'expérience qui m'a fait connoître cette fraude. J'en avois fait
note sur un de mes catalogues qui a été malheureusement
la proie des flammes. En finissant cet article, je citerai celles
qui me reviendront à l'esprit en repassant mon catalogue, pour
mettre les amateurs, autant qu'il sera en moi, en garde contre
ces charlatans.

La division actuelle des tulipes est, en doubles, peu estimées,
et en simples beaucoup plus recherchées. Ces dernières se
subdivisent, en France, en bizarres, en fonds blancs, en
primes et tardives. On peut en compter environ quatre cents
faites pour l'ornement des parterres par leur beauté, qui,
quoique de convention, obtiennent les suffrages des hommes
sensés comme des fous tulipiers.

La beauté des tulipes consiste dans la force et la hauteur
des baguettes d'un beau vert. Cependant, quand elles ont les
qualités ci-après, et que le vase est proportionné à la hauteur
de la baguette, elles ne sont pas rejetées parceque les amateurs qui les tiennent en ordre font leurs planches plates, et
veulent cependant que leurs tulipes fassent le dôme ou dos
d'âne. Il leur faut, pour cet effet, des tulipes de quatre hauteurs, leurs planches ayant sept rangs.

La corolle doit être divisée en six pétales, trois en dehors et trois en dedans, celles du dedans plus larges. Ces pétales doivent être arrondis à la partie supérieure, et la totalité de la fleur bien proportionnée ; c'est-à-dire plus longue que large, et pas trop évasée.

Les pétales ne doivent se renverser ni en dehors ni en dedans. Il faut qu'elles soient épaisses et bien étoffées. La durée des fleurs, et sur-tout des couleurs foncées, tient à cette qualité. Celles dont les pétales sont minces durent fort peu et sont bientôt saisies par les rayons solaires. Enfin il ne faut pas qu'ils soient échancrés.

Quant aux couleurs, toutes sont de mise quand elles sont vives, nettes et forment un contraste frappant. La couleur du fond ne doit point se mêler à celle des panaches qui doivent trancher sur ce fond et régner du haut en bas du pétale. Plus le fond est petit, quoique bien marqué, et les panaches nombreuses, plus la plante est belle. Si la fleur est bizarre et qu'elle ait des pièces sur les bords du pétale, qu'on nomme panaches à yeux, il faut qu'ils aient une couleur bien vive et qui ressorte sur le fond, tels que des plaques noires sur un fond blanc.

La tulipe a d'autres panaches ou dispositions de couleurs qui sont recherchés par les amateurs ; tels sont les panaches en grande broderie bien détachée de ses couleurs et qui ne prennent point du fond ; ceux de petite broderie, quand ils sont nets et qu'ils percent bien leurs couleurs ; mais il faut qu'ils soient placés sur des bizarres.

Quand une fleur réunit à ces qualités des étamines brunes et non pas jaunes, des couleurs aussi marquées, et les mêmes en dehors comme en dedans, elles sont parfaites ; mais peu réunissent ces avantages, et celles qui ont une belle forme, une belle et forte tige, et qui joignent à ces avantages deux ou trois belles nuances, sans être aussi correctes qu'elles le devroient, sont admises dans les planches en attendant qu'on en ait trouvé d'autres plus parfaites.

Certains amateurs désirent vingt autres qualités qui annoncent plutôt leur esprit de détail et leur défaut d'occupation que leurs connoissances du beau.

Mais les détails dans lesquels je suis entré doivent suffire pour les amateurs qui se livrent à cette culture. La pratique leur aura bientôt donné l'usage de reconnoître une tulipe au premier coup-d'œil et d'en distinguer les beautés comme les défauts.

Culture des tulipes. La tulipe demande une terre douce plus chargée de sable que d'argile, dans laquelle on n'a mêlé que des terreaux bien consommés. La terre de bruyère lui convient beaucoup, et les mélanges disposés pour la jacinthe lui sont très propres. On doit avoir égard à la température pour cette fleur comme pour la jacinthe, et augmenter la force de la terre en raison des chaleurs et de la sécheresse, ou la rendre plus sablonneuse si le climat est doux et pluvieux. Les plâtras pilés et les démolitions de maison paroissent lui convenir; car elle réussit supérieurement dans les jardins de Paris, dont le fond ne consiste qu'en ces matières. En général la terre pour l'oignon de tulipe a plus besoin d'amendemens que d'engrais. Tous les fumiers frais lui sont funestes; tous ceux nuisibles à la jacinthe ne lui valent rien et doivent être rejetés; la tannée, ainsi que les terreaux de feuilles de noyer, de hêtre, de châtaignier et de chêne lui sont contraires. L'oignon à qui l'on en donne ne tarde pas à grossir la première année, ensuite à graisser et à périr. Les panaches disparoissent, et, qu'on conserve l'oignon ou qu'il périsse, la tulipe n'en est pas moins perdue, puisqu'l ne lui reste que des nuances mêlées ou fausses. L'oignon de tulipe craint la trop grande humidité, et, dans les climats pluvieux, où les terres sont un peu argileuses, on ne doit pas négliger d'élever les planches à quelques pouces au-dessus des sentiers, de mêler des sables avec la terre, et même de placer une couche de quatre à cinq pouces de plâtras, de gros gravois ou cailloutage sous la planche, pour l'écoulement des eaux. Dans ce cas, on donne dix pouces ou un pied d'épaisseur à la couche de terre qu'on place sur ces gravois. Cette profondeur est suffisante pour des oignons dont les racines n'ont pas plus de quatre à cinq pouces. La terre préparée, il ne s'agit plus que de planter ses oignons ou semer ses graines, la préparation étant la même. Cependant si la terre n'étoit pas bien fine, et qu'on voulût semer, je conseillerois de passer au tamis de fil de laiton un peu de terre pour en mettre un demi-pouce sous la graine et pour la couvrir.

La température des lieux doit déterminer l'époque de la plantation, et les discussions élevées entre les fleuristes à cet égard ne portent que sur des localités. Le principe qui fixe le moment de la plantation est bien général, mais chaque climat variant de température, on doit également varier l'époque de la plantation, et il est absurde d'en vouloir prescrire une pour toute l'Europe. On ne peut pas planter au nord de la France le même jour que dans le midi, et la température variant chaque année dans le même lieu force les amateurs instruits à avancer ou retarder de quinze jours la plantation. L'oignon doit indiquer par sa pousse l'époque de le mettre en terre, et comme il est vigoureux, il souffre très peu quand on le laisse quinze jours après cette indication sans le planter.

Règle générale, l'amateur et le jardinier qui ne s'occupent

que de la multiplication de leurs oignons doivent planter dès que les grandes chaleurs sont passées. L'oignon ayant plus de temps à végéter en terre, à en tirer les sucs propres à sa subsistance, produira plus de caïeux qui pourront se développer par la surabondance de sève ; mais la plante ayant poussé plus tôt, la tige étant plus avancée, les gelées pourront nuire à la fleur.

Les amateurs au contraire, qui ne veulent que jouir et ne regardent la multiplication que comme un point secondaire, doivent retarder la plantation au moins quinze jours après l'indication donnée par la pousse de l'oignon. Les fleurs plus tardives seront moins exposées aux gelées qui les perdent si on ne prend pas les plus grandes précautions.

La même distinction entre ceux qui veulent multiplier et ceux qui ne veulent que jouir de leurs fleurs doit déterminer la position des planches. L'oignon robuste de la tulipe s'accommode du nord comme du sud, et se place indifféremment à l'orient ou à l'occident ; mais la fleur est plus délicate, la trop grande ardeur du soleil la brûle, et on ne jouit qu'un moment au midi. Les pétales ne parviennent pas à toutes leurs dimensions et les couleurs à tout leur brillant. La plante est saisie par la chaleur et bientôt brûlée. Au contraire, au levant ou au nord même, elle a le temps de se développer entièrement. La chaleur y est suffisante sans la gêner ; elle devient plus grande, les couleurs y sont plus distinctes, et elles durent deux ou trois fois plus.

On plante les forts oignons à cinq, six et sept pouces. Cette dernière distance est suffisante dans les lieux où la végétation est très forte, parceque les feuilles ne peuvent se gêner, quoiqu'elles soient larges et qu'elles aient six pouces au moins de longueur ; elles n'ont réellement besoin que de trois ou quatre pouces, attendu qu'elles ne traînent pas à terre, et forment au contraire un angle plus ou moins obtus avec le terrain. C'est aux amateurs à juger, par la force de la végétation et la température plus ou moins sèche, de la distance nécessaire. Ceux qui plantent pour la première fois, et n'ont pas l'expérience, peuvent planter à six pouces ; ils pourront décider par la végétation de leurs plantes l'espace qu'il faudra entre chaque plante l'année suivante. Depuis que j'en cultive je les ai mises à cette distance, et je m'en suis bien trouvé : il est vrai que lorsque je les plante en famille je laisse huit ou neuf pouces entre les oignons ou caïeux à fleurs . mais je place un ou deux petits caïeux entre les oignons ; de cette manière je plante tout à la fois, je ne dédouble pas mes familles et n'ai pas le désagrément d'avoir des planches sans fleurs. Les gros oignons étant plus écartés, les fleurs sont plus rares dans la planche ;

mais comme je fais sept rangs et que j'ai quatre ou cinq planches les unes derrière les autres, on ne s'aperçoit pas de ce
défaut.

Lorsqu'on fait des planches, on n'y met que des oignons à
fleurs; mais quelle que soit leur grosseur il faut les espacer également, autrement le coup-d'œil seroit désagréable, parceque
le moyen oignon donneroit une aussi forte fleur que le gros,
à moins qu'il ne fût de la même espèce, certaines espèces
ayant de forts oignons, et d'autres de fort petits. Ces fleurs
plus ou moins rapprochées feroient une confusion qui nuiroit à la beauté de la planche. Trois pouces de terre dans les
climats tempérés, et quatre pouces dans les pays chauds, sont
suffisans pour recouvrir la plante à partir de sa partie supérieure.

On a deux manières de planter les oignons. La première,
de tracer la planche dans les deux sens, et de faire un trou
dans les points d'intersection pour y mettre les oignons à la
profondeur indiquée. La seconde consiste à enlever trois ou
quatre pouces de terre de la planche, à la tracer et à enfoncer les oignons avec la main dans les points d'intersection, et à
recouvrir ensuite avec la terre retirée de la planche. Cette
méthode est préférable à la première; la terre n'est pas tassée
comme avec le plantoir, et l'eau ne séjourne pas plus autour
des oignons que dans les autres parties de la planche. Quand
on est exposé à de fortes pluies l'hiver, et qu'on craint que
les oignons ne pourrissent, sur-tout lorsque la terre est un
peu forte, on jette une poignée de sable dans la place de
l'oignon et on l'y enterre.

Depuis que mes autres occupations ne m'ont pas permis de
faire des planches d'ordre, après avoir préparé ma terre, je
divise mes planches aux deux extrémités avec sept marques
que j'enfonce en terre. Cette opération est fort prompte. Les
planches ont quatre pieds. Je place ma toise transversalement
à une extrémité, et je mets une marque de six pouces en six
pouces. Je marque ainsi sept rangs que je fais rayonner à trois
pouces de profondeur, ou quatre s'il est possible. Comme je
les place au nord, et que mon terrain est humide, je fais
mettre dans ces rayons deux pouces de terre de bruyère, dans
laquelle je plonge les oignons. Cette opération terminée, je
fais donner le coup de râteau.

De quelque manière qu'on s'y prenne, après avoir donné le
coup de râteau, on couvre les planches avec un demi-pouce
de terreau très consommé; ce terreau empêche le tassement
de la terre.

L'amateur qui veut faire de belles planches de tulipes a
besoin d'un catalogue très en règle où les couleurs et la hau-

teur de chaque fleur soient désignées. Il lui faut en outre
des casiers numérotés où il puisse mettre séparément chaque
espèce. Il doit avoir spécialement un ou deux casiers proportionnés à ses planches, ayant autant de trous sur la largeur et
la longueur que la planche contient d'oignons ; il y dispose
d'avance sa planche, et tout est prêt au moment de les planter.
Les tulipes à baguettes courtes sont mises sur les bords, et
les plus hautes dans le centre. Il varie les nuances de manière
à faire un ensemble parfait.

Mais pour obtenir une collection qui produise ces effets je
me permettrois de donner le conseil suivant aux amateurs :
en général, quand ils commencent à cultiver, ils vont au
meilleur marché et recherchent plus la quantité que la qualité. Ils se procurent il est vrai cinq ou six cents oignons pour
le prix d'un cent d'espèces choisies ; qu'en résulte-t-il ? qu'ils
ont la première année une ou deux planches complètes au lieu
d'une demi-planche ; mais comme en cultivant cette fleur ils
y prennent goût, qu'ils vont visiter les planches des autres
amateurs, et qu'ils apprennent à distinguer les belles plantes
des mauvaises, ils finissent par acheter ces belles fleurs et par
jeter les autres : ainsi leur premier achat a été en pure perte ;
c'est ce qui m'est arrivé, et depuis que je cultive j'ai retran-
ché plus de cent espèces de mes planches. Une autre manie
qui nuit à la beauté des collections est de vouloir réunir toutes
les espèces connues. On met une plante commune auprès d'une
superbe fleur, et on gâte ses planches. L'expérience m'a prouvé que cent, ou au plus deux cents espèces de choix, produiront un plus bel effet que la collection la plus nombreuse.

L'amateur qui commence doit donc calculer que l'oignon
de tulipe multiplie facilement, et qu'en commençant avec une
demi-planche, s'il n'est pas riche, il les aura bientôt assez
multipliés pour en former une et ensuite deux. Il ne doit donc
pas lésiner sur le prix ; il faut qu'il s'adresse à un marchand
honnête, ou à un de ces amateurs que la perte de leur fortune force à tirer parti de leurs fleurs. Quand il aura plus
d'oignons qu'il ne lui en faudra, ses plantes étant belles, il
fera facilement des échanges et s'enrichira de nouvelles plantes : au lieu que s'il n'avoit que des fleurs communes il faudroit les jeter sur le fumier. Ces observations sur la tulipe sont
également applicables aux renoncules, aux anémones, etc.
C'est en suivant cette marche que j'ai formé ma riche collection, et qu'elle me rembourse de mes avances maintenant
que je suis obligé d'en tirer parti pour faire face à mes dépenses.

Plusieurs amateurs ont contracté l'usage de séparer les flamandes à fond blanc des bizarres de France. J'en ai vu des

planches à Paris, chez M. Vieuban, très et trop connu des amateurs fleuristes. Cette division ne m'a pas plu, et je trouve que le mélange des fonds blancs et de ceux de couleur produit un plus bel effet.

Quand les oignons sont en terre ils ne demandent aucun soin jusqu'à leur sortie de terre, à moins que des gelées fortes ne fassent craindre quelque dommage si on a une belle collection. Un peu de litière, de fougère ou de feuilles suffit, et la tulipe ne peut souffrir qu'autant que les racines ne soient gelées. Il n'y a donc de danger qu'autant que de fortes gelées sans neige pénètrent la terre à plus de quatre pouces. On couvre dans ces occasions.

Mais quand la plante est poussée et qu'on aperçoit la fleur dans le cœur, c'est le moment de prendre les plus grandes précautions s'il survient des gelées, sur-tout si le soleil se montre ensuite. Il faut alors couvrir si on ne veut pas perdre une année de jouissance, autrement les fleurs sont perdues, mais l'oignon souffre. Les gelées blanches de la fin d'avril et du mois de mai sont sur-tout funestes aux fleurs, qui sont alors très avancées. Si on laisse les rayons du soleil dissiper la couche de gelée qui les couvre, elles sont perdues : chaque goutte d'eau, en réunissant ces rayons sur un seul point, brûle les pétales ; mais si on les couvre, et que la chaleur de l'atmosphère fonde cette gelée, il n'en résulte aucun mal.

Au mois de mai de l'an 11 mes tulipes furent frappées d'une gelée blanche, telle que toutes les baguettes étoient renversées. J'entrai dans mon jardin à cinq heures du matin, et je les fis couvrir par des paillassons soutenus à deux pieds d'élévation. Lorsque la gelée fut fondue et l'humidité dissipée, les fleurs couchées se relevèrent d'elles-mêmes et s'épanouirent comme les années suivantes, mais elles ne durèrent pas si long-temps.

La couverture, s'il gèle, la chasse des limaces et la destruction des mauvaises herbes, sont les seuls soins que la tulipe exige jusqu'à la floraison ; c'est le moment de la jouissance, et si les nuances sont mêlées avec art, leur éclat est tel que l'œil ne peut en soutenir long-temps la vue, sur-tout au soleil. Il n'y a point de peintre qui puisse bien rendre une planche de tulipes ; l'effet qu'elles produisent est au-dessus de l'art. Les amateurs sont forcés, par cette raison, de les couvrir avec des toiles blanches, si elles ne sont pas au nord : ils ont un autre motif pour établir ces couvertures, celui de prolonger leurs jouissances. La fleur n'est belle au grand soleil que huit à dix jours ; mais au moyen des couvertures elle se conserve vingt à trente.

On place ces couvertures à huit ou neuf heures du matin,

et on les retire à quatre ou cinq heures du soir pour que la plante profite de la rosée.

Les amateurs qui veulent prolonger leurs jouissances après avoir planté leurs principales planches au moment indiqué par la pousse des feuilles, font une nouvelle planche au nord à la fin de décembre. Le moment de la plantation et la position de la planche retardent de vingt ou trente jours l'époque de la floraison.

Quand la fleur est passée on ne donne pas le temps aux semences de se former, et on rompt les tiges ; il suffit de passer la tige à la partie où elle est verte entre les doigts, et de la plier ; elle se brise comme le verre. Cette opération fait refluer la sève vers les nouveaux oignons, qui acquièrent plus de force et la plante se dessèche plus tôt.

Les plantes doubles se soignent comme les simples ; mais comme elles sont peu estimées parcequ'elles sont mal faites et sans beaux panaches, on ne se donne pas la peine de les couvrir ; toute l'attention se porte sur les simples. Les doubles ont cependant de l'éclat, et font un assez bel effet dans des corbeilles, mais il faut les voir de loin et en masse. Elles ne supportent pas les détails.

Les tulipes ne se cultivent qu'en planche, à l'exception de la petite espèce connue sous le nom du duc de Thol, et de deux ou trois autres variétés qui fleurissent en pots et dans les jardinières d'ornemens.

Les tiges et feuilles des tulipes se dessèchent à la fin de juin ; c'est alors le moment de les tirer de terre et de jouir de l'augmentation de ses richesses. Si on attend qu'elles soient bien mûres, on peut, en les tirant de terre, enlever la tige et les dépouilles de l'ancien oignon : ainsi on les nettoie sur-le-champ, et après les avoir apportés dans la serre ils ne demandent aucune surveillance s'ils sont dans un endroit sec, si le soleil ne donne pas dessus, et si les rats et les souris ne peuvent les atteindre ; mais si on les lève comme à Paris, on n'attend pas que les tiges soient entièrement séchées, parcequ'alors la pellicule de l'oignon prend une couleur marron très foncé, et souvent s'en détache, ce qui le rend moins agréable à la vue et moins propre à la vente ; on est forcé d'attendre pour le nettoyer qu'il ait achevé de se dessécher dans la serre. Lorsqu'on les lève on prend les précautions nécessaires pour ne pas les blesser ; et si le soleil est vif on recouvre le panier ou le casier dans lequel on les place à mesure qu'on les lève, autrement le soleil en les frappant y produiroit une fermentation qui les réduiroit en une matière semblable à la chaux. On presse à Paris la levée de ces plantes, parcequ'on y est en outre persuadé que la fleur en est plus belle, et que les insectes n'attaquent l'oignon qu'après sa dessiccation, époque à laquelle il est d'ailleurs plus difficile à lever. Les amateurs qui les mettent en mélange ne doivent pas ignorer qu'il est des espèces qui pullulent beaucoup, et d'autres qui le font peu. S'ils veulent conserver leurs planches dans leur premier état, et empêcher que certaines couleurs dominent trop, ils doivent, à la fleur, marquer toutes les espèces qui multiplient beaucoup, ou au moins un certain nombre d'oignons, et en tirer une partie, soit pour les jeter, soit pour les donner au lieu de les prendre au hasard, ce qui les expose à perdre des espèces dont ils ont fort peu.

On conserve les oignons dans la serre jusqu'au moment de la plantation ; alors on les examine pour s'assurer si les radicules qui sortent de la couronne se sont fait jour à travers la pellicule qui recouvre l'oignon. Dans le cas qu'elle paroisse assez dure pour faire résistance, on la fend dans cette partie, autrement on seroit exposé à perdre les oignons qui seroient dans ce cas, parceque les racines ne pouvant percer la pellicule ne pénètreroient pas en terre pour en attirer les sucs nécessaires à la nourriture de la plante, mais ils remonteroient entre la pellicule et l'oignon, qui, privé de la sève nécessaire pour le développement des germes, se dessècheroit après avoir donné sa fleur sans former ni oignons ni caïeux.

Tels sont les moyens propres à former une belle collection de tulipes et à la conserver ; mais si un amateur, non content des espèces qu'il peut se procurer à prix d'argent ou par échange, désire augmenter sa collection de nouvelles fleurs, il faut qu'il sème.

Des semis de tulipes. L'amateur qui veut récolter de la graine s'y dispose une année d'avance ; il choisit dans ses planches les espèces dont les tiges sont fortes et hautes, le calice bien fait et les couleurs bien nettes ; il les prend dans les nuances qui sont les plus rares, et s'il choisit des fonds blancs et des fonds de couleur il les marque. Il ne plante pas ses oignons dans ses planches, il les met dans un endroit séparé, bien exposé au soleil levant, pour que la graine puisse parvenir à une parfaite maturité, autrement il ne pourroit lever ses planches entières, et seroit forcé d'y laisser les oignons destinés à graine trois semaines ou un mois après les autres, parceque ces oignons végètent plus long-temps pour nourrir la graine, et ne se dessèchent qu'après avoir rempli ce but principal de la nature. D'ailleurs, en mettant ces planches à part, il a la certitude que les semences ne sont fécondées que par la poussière de leurs propres fleurs ou de celles choisies.

Il donne à ces plantes les mêmes soins qu'aux autres, mais il ne les recouvre pas pendant la floraison. Il reconnoît la maturité de la graine quand la capsule, originairement verte, prend la teinte des tiges desséchées, et qu'elle s'ouvre à sa partie supérieure où on aperçoit les graines dont la couleur doit être plus foncée que celle de la capsule quand elles sont mûres ; c'est alors le moment de la cueillir. On coupe les tiges et on porte les capsules dans la serre ; on y laisse la graine, qui achève de s'y perfectionner jusqu'à ce que les chaleurs soient passées, c'est-à-dire jusqu'en septembre ou octobre, suivant les climats.

C'est alors le moment de semer. On brise les capsules et on en tire la graine ; on prépare la terre comme je l'ai marqué ci-dessus, et après l'avoir bien unie on y répand la graine qu'on recouvre avec un demi-pouce de terre. On jette par dessus un peu de terreau bien consommé. On peut semer en pleine terre dans les climats tempérés, mais il vaut mieux le faire dans des terrines.

On tient la terre fraîche pendant l'automne, et si la chaleur est forte dans cette saison on place ses terrines au soleil levant. Quand les rigueurs de l'hiver se font sentir, on les enterre à l'exposition du midi, et on les couvre bien s'il vient à geler. Si le temps étoit trop sec on les arroseroit légèrement ; si les pluies étoient au contraire très abondantes, on les couvriroit avec un paillasson mis en pente pour l'écoulement des eaux. Le jeune plant lève en février ou mars, et sa végétation est lente. On change la position des terrines, et on ne leur donne que le soleil levant. On continue les arrosemens jusqu'au moment que la feuille commence à jaunir ; je dis la feuille, parceque le jeune plant ne pousse qu'une seule feuille jusqu'à l'époque où il fleurit. Quand la feuille est desséchée on enlève une partie de la terre qui couvre le plant, et on la remplace par de nouvelle, dont on double la charge. On n'a alors d'autres soins à donner à ces plantes que de sarcler les terrines, ce qu'on a dû faire également pendant la végétation, époque où on doit les visiter plus souvent, pour ne pas donner aux plantes parasites le temps de former de longues racines, et pour détruire les limaces.

On continue les mêmes soins aux terrines l'année suivante, époque à laquelle on lève les petits oignons, après le dessèchement des feuilles. Rozier recommande de tirer ces oignons de terre au printemps, lorsque la feuille commence à paroître, sans nuire à leurs racines, pour les mettre en planche. Cette méthode, qui doit retarder la végétation, peut avoir de grands inconvéniens ; la racine, qui est fort délicate, peut périr après avoir pris l'air, et l'oignon, n'en formant pas de nouvelles, ne peut plus attirer les sucs sèveux. On est donc exposé à le perdre. Je pense qu'il vaut mieux attendre le dessèchement de la feuille, temps où la racine est également desséchée, et où l'oignon est dans le même cas que les forts oignons, c'est-à-dire susceptible d'être tiré de terre et de passer deux ou trois mois dans la serre sans souffrir.

On les plante en septembre ou octobre, à deux pouces de distance et à deux pouces de profondeur dans des planches dont la terre est disposée comme pour les forts oignons. On penche un peu l'oignon, le fond du côté du midi. On recouvre la terre avec du terreau, et on les soigne comme les forts oignons; mais on n'attend pas que le froid soit aussi vif pour les couvrir, parcequ'ils sont encore délicats et moins enfoncés en terre. Miller recommande, lors de cette plantation, de placer des tuiles à la profondeur de six pouces, afin d'empêcher les racines de pousser dans le bas, ce qui arrive souvent quand on n'y met point d'obstacle, et ce qui les détruit entièrement.

Cette précaution me paroît au moins inutile, 1° parceque les racines doivent plonger et non s'étendre horizontalement, autrement les jeunes oignons n'étant qu'à deux pouces de distance, leurs racines se croiseroient; 2° si Miller entend par racine l'oignon, ses tuiles ne peuvent mettre obstacle au prolongement du pédicule qui passeroit à travers l'oignon pour former un caïeux à deux ou trois pouces plus bas, puisqu'il y a six pouces de distance entre l'oignon et les tuiles, ainsi elles ne pourroient produire cet effet. Le seul moyen connu pour mettre obstacle à ce prolongement est de coucher l'oignon, et, quand la couronne est bien formée, de placer dessous un très petit morceau d'ardoise ou une petite pierre qui ne gêne pas la sortie des racines.

On laisse les jeunes oignons deux ans dans cette planche, à moins qu'on ne craigne les vers blancs. Dans ce cas il faut les lever comme les autres; si on les laisse, on enlève après le dessèchement des feuilles un pouce et demi de terre, qu'on remplace par deux pouces de terre préparée, et on recouvre avec du terreau. On les laisse en cet état, sans autres soins que le sarclage, et des couvertures l'hiver si la saison l'exige. La seconde année on les lève de terre. On prend ces précautions pour ne pas blesser l'oignon, et à cet effet on ouvre une petite tranchée devant soi, et on creuse un peu sous l'oignon qui y tombe. A ce moyen, qu'on emploie également pour les oignons faits, on ne peut les toucher avec l'instrument. Ces oignons ont alors quatre ans, et peuvent fleurir l'année suivante au moins en partie. On les traite en conséquence comme les autres oignons, quand on les plante, tant pour la profondeur que pour la distance entre les oignons.

Enfin, la cinquième année on a des fleurs, et l'amateur juge à leur vue s'il a l'espoir d'obtenir par la suite de bonnes plantes.

Je dis l'espoir, car il est encore éloigné de la certitude. Il examine avec soin les baguettes et la forme de la fleur, et il arrache de suite tous les oignons dont la baguette est foible et basse, ainsi que tous ceux dont les pétales sont pointus et déchiquetés, parceque les tiges ou baguettes, quand la plante a perdu la grande vigueur de sa jeunesse, diminue de force et de longueur, et que les pétales pointus et découpés conservent ces formes. Les oignons dont les vases sont trop courts à raison de leur longueur, ou qui ne sont pas proportionnés à la force ou à la hauteur des baguettes, sont rejetés. Celles dont les feuilles se reploient en dedans ou en dehors le sont également. Le surplus est traité comme les oignons formés ; mais à la levée des plantes on doit mettre à part celles qui n'ont pas fleuri, qu'on vérifie l'année suivante pour faire même le triage. Cette opération réduit souvent le nombre des oignons au tiers, au quart et souvent au huitième ; mais il est avantageux de la faire, puisqu'il faudroit toujours en venir là, et qu'on auroit eu la peine de les cultiver à pure perte pendant plusieurs années.

Les tulipes ne prennent ni leurs panaches ni leurs plaques les premières années. Toutes les couleurs sont confondues. Ces plantes sont alors nommées couleurs. Elles restent en cet état quatre, cinq, six et jusqu'à dix ans. Enfin les couleurs mêlées se séparent, et à la seconde floraison, après la séparation, on peut juger les plantes, et décider si elles peuvent entrer dans la collection ou être rejetées.

Les fonds blancs se panachent plus tôt que les fonds de couleur. L'expérience, qui a donné cette connoissance aux amateurs, doit les déterminer à les semer séparément, parcequ'ils peuvent, la neuvième année des semis, jeter tous les oignons provenant des fonds blancs qui ne se sont pas panachés, au lieu que mêlés avec les semences des fonds de couleur, ils seroient contraints de les conserver quinze ans.

Voici la méthode à suivre par les amateurs qui ont du temps et peuvent surveiller eux-mêmes leurs semences. Ils sèmeront à part, dans des pots ou des terrines, la graine de chaque espèce de tulipe, et ils les numéroteront. Lorsque les plantes auront fleuri, et qu'ils auront arraché tout ce qui n'annonce que des fleurs imparfaites, au moment où les oignons se multiplieront, ils les mettront à part dans des casiers comme les espèces en ordre. Ils conserveront deux, trois ou quatre oignons, suivant le terrain qu'ils leur destinent, et la quantité d'oignons restés après le triage déterminera ce nombre. Ainsi, s'ils ont ménagé cinq cents oignons, et qu'ils puissent en placer quinze cents, ils garderont trois oignons de chacun, et jetteront ensuite tous les ans le surplus. De cette manière, ils conserveront toutes les plantes dont ils ont espéré des gains, c'est-à-dire de nouvelles fleurs, sans être obligés de conserver des milliers d'oignons, et ils sauront de quelles plantes elles viennent, et qui sont celles qui en fournissent le plus. En suivant la marche contraire, c'est-à-dire en laissant toutes les plantes en mélange, il vient un temps où il est impossible de les conserver toutes, principalement les fonds de couleurs qui fleurissent quelquefois huit ou neuf fois avant de se panacher, et qui peuvent fournir vingt ou trente oignons chacun. Alors on est exposé à jeter les plantes qui auroient dédommagé de tant de soins et d'attente, parcequ'il est impossible de les reconnoître. Si M. Drieux, après avoir fait son semis et trié ses couleurs, n'avoit pas conservé tous oignons, dont il ne jettoit que les caïeux, il auroit pu se priver de la superbe tulipe qu'il a nommée *la Bonaparte*, et auroit perdu le principal fruit de ses peines.

Plusieurs amateurs, pour éviter cette multiplication, prennent le parti de ne conserver qu'un oignon de chaque couleur, en jetant tous les ans, au moment de la levée de ces oignons, tous les caïeux et même les oignons s'il y en a plusieurs, moins un. Par ce moyen, s'ils n'avoient que quatre cents oignons au moment du triage, ils n'en ont que le même nombre au bout de dix ans. Ils évitent par-là l'embarras des casiers. Mais quoique l'oignon de tulipe soit vigoureux, il est difficile qu'il n'en pourrisse pas quelques uns pendant neuf ou dix ans. Les vers blancs les recherchent; une mouche y vient pondre, et sa famille se nourrit de l'oignon qu'elle détruit; enfin les souris, les rats et les mulots en sont très friands; et en ne conservant qu'un oignon de chaque espèce, le nombre des couleurs peut se réduire à la moitié, au quart ou moins encore. Les probabilités en faveur des nouveaux gains diminuent tous les ans, et il peut en résulter qu'on a vainement travaillé pendant douze à quatorze ans.

La méthode que j'indique prévient ces inconvéniens, puisque quand on perdroit la moitié ou les trois quarts d'une couleur, il en reste deux ou un si on en a conservé quatre. Cette méthode peut également faire connoître si trois ou quatre oignons, provenant de la même graine, se panacheroient de la même manière.

On voit par ces détails que la culture des tulipes par semence est longue, dispendieuse, et ne peut être suivie que par des jardiniers riches comme les Hollandais, ou par des amateurs aisés et qui cultivent par eux-mêmes. On sentira également que les nouvelles fleurs découvertes dans les semis doivent être vendues un prix assez élevé pour dédommager des soins et des frais qu'elles ont occasionnés. Enfin on jugera que pour que les Français, vifs et impatiens, continuent leurs semis pour conserver la supériorité ou même l'égalité, afin que les amateurs ne soient pas obligés de recourir à l'étranger, il faut les encourager, et leur accorder la considération qu'ils méritent et dont ils jouissent chez nos voisins.

Voici la liste de quelques tulipes qui ont plusieurs noms.

Alcée, ou Fidèle Maîtresse.

Apoline, ou Facellis, ou Rhamnusie.

Arnusile, ou Coriphée.

Agrippine, ou Démétra, ou la Ponteau, ou Zara.

Corbeau, ou Mélante, ou Mélandre, ou la Ponteau.

Calchas, ou Gamélia.

Louis XVI de Liège. — Je la crois la même que Paradis terrestre.

Eudoxe, ou Trésor de Hollande. — Je crois qu'Hérodias est la même.

Héros d'Italie, ou Mont-Vésuve.

Quiros, ou Quidui. — Je la crois la même que Dromadaire, ou Célestina.

Amusette, ou Ambassadeur de la Porte, ou Drap d'or.

Aspasie, ou Pucelle.

Baronne, ou la Marquise.

Acamentis, ou Cadina, ou Carmina.

Danaé dota, ou Hérodiade.

Rose prieurale, ou Taffetas rosé.

Philippique, ou Sublime.

Déricie, ou Cedo nulli.

Cléodore, ou Zedor, ou Nicette, ou Gaudenzia, ou Ganimède, ou Laodamie.

Kerdidi, ou Soleil d'or.

Sultane, ou Thétis.

Européenne, ou la Fourcroy.

Antoine, ou Honneur.

Adrasta dota, ou Osiris.

Kadina, ou la Constitution.

Katirette, ou roi des Bizarres.

Lagier, ou Bagriel.

Mélibée, ou Bavalette.

Comtesse d'Artois, ou Pucelle d'Orléans. — Je la crois la même qu'Archidiacre, au moins la différence est peu sensible.

Calypso, ou Éclipse totale.

Mirabeau, ou Alcimède.

Oriade, ou Agathe légale.

Rose Scilla, ou Rose marbrée, ou Rosalie-Fontaine.

Uranie, ou Vénus.

Thérèse, ou Ludovicus.

Libie, ou Manlius, ou Leucipe, ou Mélia.

Archidiacre, ou le Grand-Aumônier.

Adam, ou l'Aurore.

Canante, ou Madame Bonaparte.

Lavinia, ou Théagène.

Biche de Sertorius, ou prince de Tingris.

Romance, ou Aglaé, ou Germanicus.

Marius, ou Honorine.

Pulchérie, ou la Vineuse.

Voltaire, ou Apollon.

Cadière, ou la Reine de France de Paris.

Voilà quarante-huit fleurs pour cent onze noms, et si je n'avois pas perdu mon ancien catalogue, et sur-tout si j'avois une meilleure mémoire pour les noms propres, cette liste seroit plus étendue. Tels jardiniers et amateurs annoncent souvent des collections de mille à douze cents espèces qui, réduites comme je viens de le faire, ne monteroient pas à trois cents. J'avois eu le projet de réunir les principaux amateurs et fleuristes de Paris et environs, de m'entendre avec eux pour former une nomenclature telle que les amateurs n'auroient pu être trompés ; mais les intérêts particuliers l'ont fait manquer.

Ennemis des tulipes. J'en ai déjà nommé plusieurs, tels que le ver blanc, les limaces, les rats, souris et mulots, les courtilières, et une mouche (*syrphe*) qui pénètre jusqu'à l'oignon et y pond. On ne peut prévenir les dégâts de cette mouche qu'autant qu'on l'aperçoit lorsqu'elle entre en terre. Quant aux vers blancs et aux limaces, j'ai indiqué les moyens de les détruire aux articles ANÉMONE et JACINTHE. *Voyez* les mots COURTILIÈRE, SOURIS, RAT, MULOT et SYRPHE. (FÉB.)

Outre cette espèce, qui, dans son état de nature est rouge, les botanistes en connoissent encore six autres, dont font partie la TULIPE DU DUC DE THOL, qui a la tige pubescente, très courte ; la fleur odorante, variée de jaune et de rouge, paroissant plus d'un mois avant les autres. Il est très agréable d'en avoir pendant l'hiver dans les appartemens, en ce qu'elle y dure près d'un mois en fleur. C'est le *Tulipa suaveolens* des botanistes modernes. Elle est originaire d'Italie.

La TULIPE DE CELS, qui a la fleur jaunâtre et les feuilles linéaires. Elle est originaire de Perse.

La TULIPE DE L'ÉCLUSE qui a la fleur blanche et les pétales très allongés. Elle vient du même pays.

Ces trois espèces se cultivent dans quelques jardins ; mais la première seule mérite les regards des amateurs par sa précocité, la vivacité de ses couleurs et sa bonne odeur. (B.)

TULIPIER, *Liriodendron.* Arbre de première grandeur, d'un aspect superbe, qui forme un genre dans la polyandrie polygynie, et dans la famille de tulipifères.

Cet arbre, qui est originaire de l'Amérique septentrionale, a une écorce lisse et purpurine dans sa jeunesse, crevassée et grise dans sa vieillesse. Ses rameaux sont nombreux et presque horizontaux : ses feuilles sont alternes, longuement pétiolées, trilobées, avec le lobe intermédiaire tronqué, et même un peu excisé, d'un vert gai et luisant, et accompagnées de deux stipules ovales, concaves et caduques ; ses fleurs, solitaires sur de longs pédoncules terminaux, ont la forme d'une tulipe, et sont composées de six pétales roulées en dehors, d'un jaune tendre, mêlé de vert, avec une tache transversale, arquée, couleur aurore.

C'est à l'amiral de La Galissonnière qu'on doit les premières graines de tulipier. Elles furent semées en 1732 dans le jardin de Trianon, et des trois arbres qu'elles fournirent un existe encore dans le jardin de M. de Cubières à Versailles. Depuis il en a été successivement beaucoup apporté du Canada, de Pensylvanie, de Virginie, de Caroline; plusieurs arbres, entre autres ceux du bosquet dit des tulipiers à Versailles, donnent presque toutes les années de bonnes graines; de sorte qu'il y a un grand nombre de jardins qui en renferment de gros, et que les pépinières en sont extrêmement bien garnies en ce moment.

Peu d'autres arbres méritent plus les soins de l'amateur des jardins que le tulipier. La forme remarquable, la largeur et la belle couleur de sa feuille, le nombre et le port de ses fleurs, auxquelles on demanderoit cependant une couleur plus éclatante, la vaste étendue et l'épaisseur de son ombrage, le rendront toujours l'ornement des bosquets. Il ne craint point les plus rudes gelées lorsqu'il est parvenu à cinq ou six ans, et avant cet âge il est facile de l'en garantir en l'enveloppant, ou en le couvrant, pendant l'hiver, avec des feuilles sèches ou de la fougère. Un bon fond argileux et frais est celui qui lui convient exclusivement. Il pousse peu et meurt jeune dans ceux qui sont trop légers et trop secs, ainsi que dans ceux qui sont marécageux. Le voisinage d'une eau courante ne lui fait pas de tort, car c'est principalement sur le bord des rivières et des ravines sujettes à inondation qu'on le trouve, ainsi que je l'ai observé pendant mon séjour dans son pays natal. Là, on en trouve qui ont quinze, seize et même dix-huit pieds de tour; Catesby dit même trente. C'est après le platane le plus gros des arbres de l'Amérique septentrionale. Mais aujourd'hui il faut aller dans les états de l'ouest pour en trouver de cette force. Son bois est odorant, blanc et à larges veines, parfaitement semblable, dit Varennes de Fenilles, à celui du peuplier noir. Il pèse environ trente-quatre livres par pied cube. Les sauvages en fabriquoient autrefois des canots d'une seule pièce, probablement à cause de la facilité qu'ils trouvoient à les creuser; car, aujourd'hui, on en fait peu de cas sous les rapports économiques, parcequ'il est trop mou et pourrit facilement à l'air. On ne l'emploie que dans l'intérieur des maisons. L'écorce de ses racines est beaucoup plus odorante que le bois. On la fait entrer dans la bière, à laquelle elle donne une odeur fort agréable. Elle fait la base d'une des liqueurs de madame Amphou, à la Martinique. Celle que j'en fais fabriquer pour mon usage a une odeur et une saveur qui ne peuvent être comparées à aucunes autres.

On ne multiplie le tulipier que de graines, car il ne pousse pas de rejetons, ne reprend pas de boutures, et ses marcottes, lorsqu'elles s'enracinent, et elles ne le font qu'au bout de trois ou quatre ans, ne fournissent jamais que des arbres irréguliers et de peu de durée. Ordinairement on ne sème ses graines qu'au printemps, et au nord, dans une terre de bruyère mêlée avec moitié de terre franche; mais l'expérience m'a appris que, dans le climat de Paris, il valoit mieux les semer en automne, c'est-à-dire peu après leur récolte, et à l'exposition du levant et du midi, sauf à ombrager le plant pendant les grandes chaleurs de l'été par des claies ou des toiles. Elles demandent des arrosemens fréquens et abondans. Une partie lève la première année et l'autre la seconde. Lorsque le plant est trop épais la première, on peut lever le plus fort pour le mettre en pépinière; mais, en général, il est bon de le laisser deux ans dans la planche. La distance à laquelle il convient de le placer est d'abord à un pied, et ensuite à deux pieds. Ce qui sous-entend qu'on le replante deux fois, ce qu'on ne fait pas toujours, quelque avantageux que cela soit à la rapidité de la croissance et à la sûreté de la reprise. Pendant ces quatre premières années il faut des arrosemens pendant les grandes chaleurs de l'été, et des couvertures pendant les grandes gelées de l'hiver. Lorsqu'il aura acquis cinq ou six pieds, il faudra le planter à demeure, car les tulipiers reprennent difficilement lorsqu'ils sont d'un âge plus avancé. Si c'est en quinconce ou en allée qu'on les mette, leur écartement doit être au moins de vingt pieds dans un sol médiocre, et de trente dans un bon. A aucune époque de leur jeunesse on ne doit leur faire sentir la serpette ; et ce n'est qu'avec une extrême circonspection, et petit à petit, qu'on peut ensuite élever leur tige par la suppression des branches inférieures. Les plaies qu'on leur fait se recouvrent très difficilement. Un pied qu'on étête est un pied perdu. Lorsqu'une branche s'emporte trop, il suffit de pincer l'extrémité de son bourgeon avec l'ongle, pour retarder considérablement sa croissance et faire que la tige reprenne le dessus.

On peut placer le tulipier dans toutes les parties des jardins paysagers; mais c'est isolé ou groupé, trois ou quatre ensemble au milieu des gazons, qu'il produit le plus d'effet. Les ombrages lui nuisent sous tous les rapports. C'est au milieu de l'été qu'il développe ses fleurs. Ses graines ne sont mûres que vers la fin de l'automne, ce qui fait qu'elles sont quelquefois frappées de la gelée. En général, il est rare que, sur un cône qui doit en contenir plus de cent, il y en ait cinquante de bonnes en Amérique, et douze ou quinze en Europe; mais comme ces cônes sont très nombreux sur chaque arbre, je ne doute pas que dans cinquante ans les tulipiers ne soient communs non seulement dans les jardins, mais dans les avenues, les parcs, ect.

Il y a une variété de cet arbre dont la fleur est toute jaune, et qu'on cultive depuis quelques années en Angleterre, et en France chez M. de Cubières.

Ce même M. de Cubières a publié un mémoire qui a le tulipier pour objet.

Dans les pays beaucoup plus froids que le climat de Paris, il peut être prudent de semer le tulipier en caisse pour le rentrer dans l'orangerie pendant ses trois ou quatre premières années; mais par-tout il peut être mis en pleine terre à cet âge sans inconvéniens.

On appelle quelquefois le tulipier *arbre aux tulipes*, et *bois jaune*. En Amérique il se nomme *poplar*.

TUMEUR. On donne souvent ce nom aux loupes qui se remarquent sur le tronc des arbres, sur-tout sur le tronc de ceux qui bordent les grandes routes. *Voyez* LOUPE. (B.)

TUMEURS. (MÉDECINE VÉTÉRINAIRE.) On appelle généralement du nom de tumeur toutes saillies contre nature sur une partie du corps.

Les tumeurs se divisent en tumeurs critiques et en tumeurs accidentelles : dans ces deux classes de tumeurs, il y en a qui sont dures et d'autres qui sont molles; il en est aussi qu'on désigne par les noms de tumeurs chaudes et de tumeurs froides. Les tumeurs dures ont différens noms, on les appelle tumeurs sarcomateuses, carcinomateuses, ou charnues, exostoses, suros, ou tumeurs osseuses ; celles qui sont molles sont nommées phlegmons, dépôts, abcès, tumeurs herniaires; dans les blessures pénétrantes de la poitrine, on a vu quelquefois le poumon former de ces sortes de tumeurs ; cela arrive aussi dans celles du crâne ; le cerveau fait hernie par l'ouverture.

Les tumeurs critiques sont celles qui sont le produit d'un effort que fait la nature pour se débarrasser.

Celles qu'on appelle accidentelles reconnoissent des causes externes, telles que des coups, des heurtes, des frottemens, des piqûres, la présence de corps étrangers introduits sous la peau ou dans l'épaisseur des muscles.

Nous avons dit que les tumeurs critiques étoient dues à des causes internes; ces sortes de tumeurs exigent un traitement différent de celui qui doit être employé pour les tumeurs accidentelles.

Les tumeurs critiques chaudes ou inflammatoires sont les tumeurs charbonneuses, les dépôts inflammatoires, qui se manifestent sans causes externes, principalement sur les parties glanduleuses, tous les dépôts de gourme, qui, sans avoir le caractère inflammatoire, sont aussi des tumeurs critiques.

Dans les animaux il y a peu de tumeurs dures qu'on puisse regarder comme critiques; les exostoses ou tumeurs osseuses sont rarement, comme dans l'homme, le produit de vices internes ; on voit cependant quelques exostoses farcineuses, mais ce cas est rare.

La disparition subite des tumeurs critiques est promptement suivie d'accidens fâcheux et même de la mort si on ne se hâte de les faire reparoître par l'application d'un emplâtre vésicatoire sur la partie qu'elles occupoient, et par l'usage des breuvages sudorifiques les plus actifs, tel que l'ammoniaque (ou alkali volatil fluor), à la dose pour le cheval et le bœuf de trente gouttes à douze grammes, et pour le mouton.à celle de dix gouttes à huit grammes.

On peut aussi ranger dans la classe des tumeurs les loupes, et regarder comme critiques celles qui ne reconnoissent aucunes causes externes ; mais ces sortes de tumeurs ont un genre d'organisation particulière qui en rend le traitement différent de celui des tumeurs dont nous venons de parler ; nous pensons qu'on ne pourroit comparer aux tumeurs que les loupes dues à des causes externes, telles que les foulures qui se montrent dans le cheval à la pointe de l'épaule, à la suite des compressions de la bricole ou du collier et autres de cette nature.

Les tumeurs accidentelles, c'est-à-dire celles qui sont dues à des causes externes ou enfin à des causes visibles, sont en beaucoup plus grand nombre que les premières ; comme dans celles qui sont critiques, il y en a qui sont chaudes, c'est-à-dire inflammatoires, phlegmoneuses ; et d'autres qui sont froides et indolentes, c'est-à-dire sans chaleur ni douleur ; parmi ces dernières, il y en a dont le pus est renfermé dans un sac membraneux qu'on nomme *kiste ;* ce sont ces tumeurs qu'on appelle *enkistées.* Elles ne renferment ordinairement qu'une matière séreuse lymphatique, et des débris membraneux, tels que dans certains engorgemens au garot, et la loupe au coude, appelée aussi *éponge.*

On peut encore ranger parmi les tumeurs les différentes espèces de hernies ; mais le traitement de ces sortes de tumeurs étant subordonné aux causes qui les produisent, aux diverses parties du corps qu'elles occupent, et aux accidens qui les accompagnent, nous nous bornerons à indiquer ici les caractères auxquels on peut les reconnoître, et qui les différencient des autres tumeurs.

Lorsqu'on comprime une hernie, l'enflure disparoît, les parties sorties rentrent dans leur place, et on reconnoît au tact l'ouverture par laquelle la hernie a eu lieu ; dès qu'on cesse de comprimer, la tumeur reparoît de nouveau ; les hernies du scrotum ont un caractère trop marqué pour en parler ici. *Voyez* HERNIE.

Les tumeurs dures, comme nous l'avons dit au commencement de cet article, sont les tumeurs charnues et les exostoses ; les premières se traitent par l'extirpation, et les secondes par l'application du cautère actuel, le *feu*.

Les tumeurs charnues qui avoisinent les gros vaisseaux sont souvent traversées par leurs rameaux dont on est forcé de faire la ligature ; et celles qui se trouvent directement sur les gros vaisseaux eux-mêmes exigent des connoissances de la part de l'opérateur, qui doit toujours être muni, pour faire ces opérations, de plusieurs aiguilles enfilées, afin de faire la ligature au besoin.

Les tumeurs à base large sont plus difficiles à opérer que celles à base étroite ; celles qui roulent sous la peau sont aisées à emporter, soit par l'instrument tranchant, soit en les liant fortement à la base. J'ai eu occasion d'opérer des tumeurs squirreuses aux mamelles de plusieurs chiennes de chasse ; comme elles étoient pendantes et roulantes sous leur peau, je me suis borné à en faire la ligature, qui a parfaitement réussi.

Les tumeurs charbonneuses se traitent par l'extirpation, le feu (cautère actuel), et l'application des vésicatoires suivant les circonstances : ces deux derniers moyens sont les plus avantageux, ils peuvent être employés en même temps ; et on y joint l'usage des breuvages alexitères, tels que ceux que j'ai indiqués dans la disparition des tumeurs critiques.

Les tumeurs molles critiques ne doivent être ouvertes que lorsque la collection du pus est parfaite, et qu'on observe une petite élévation sur laquelle la peau est amincie ; on peut les ouvrir avec le bistouri, ou une pointe de feu ; mais le dernier moyen est préférable.

Le traitement des tumeurs phlegmoneuses, abcès ou dépôts accidentels est subordonné aux causes qui les ont produites. Les cataplasmes maturatifs et l'ouverture de ces dépôts, lorsqu'ils sont parvenus à leur maturité, sont les moyens employés. On sent bien que dans celles de ces tumeurs qui sont produites par la présence des corps étrangers introduits sous la peau ou dans le corps des muscles, l'extraction de ces corps est indispensable.

Les tumeurs froides ou indolentes qui sont accidentelles, et qui ne sont autre chose que des dépôts séreux ou lymphatiques, ou d'humeur semblable à du miel liquide, doivent être ouvertes par le cautère actuel ou le *feu* ; il est bon aussi de les recouvrir d'un emplâtre vésicatoire.

Le traitement des hernies consiste à faire rentrer dans leur place les parties sorties. *Voyez* l'article HERNIE. (DES.)

TUNIQUE. On donne ce nom, en botanique, aux différentes couches qui composent certains oignons, celui de cuisine principalement. *Voyez* OIGNON.

TURBAN, ou TURBANET. Une des meilleures races de pépons, et même temps des plus singulières par la forme que rappellent ces deux noms.

TURC. Nom jardinier de la larve du HANNETON. *Voyez* ce mot.

TURION. Les anciens donnoient ce nom aux jeunes pousses des arbres, à ce que les cultivateurs appellent des bourgeons. Aujourd'hui on le restreint aux pousses de certaines plantes herbacées, vivaces, qui sortent du collet des racines, avec toute la grosseur qu'elles doivent avoir. Les familles des asperges, des apocinées, etc., offrent des exemples de ces sortes de pousses. Ainsi, ce qu'on mange dans l'asperge est un TURION.

On multiplie quelquefois les plantes à turions par éclat ou marcottes de leurs turions. *Voyez* au mot HOUBLON.

TURNEPS. Variété de rave, beaucoup plus large que longue, que les Anglais ont introduite dans leur grande agriculture, et dont ils ont retiré des avantages immenses. Cette variété est de toute ancienneté cultivée en France, mais seulement pour la nourriture des hommes et des animaux. *Voyez* au mot RAVE. (B.)

TURNIPS. C'est la betterave dans la département des Vosges.

TURQUES. Nom qu'on donne dans le département de l'Aveyron aux brebis qui ont plus d'un an, mais qui n'ont pas encore porté. Les turques font le passage entre les antenoises et les brebis.

TURQUETTE. Nom vulgaire de la HERNIAIRE.

TURRE. Synonyme de MOTTE DE TERRE.

TUSSILAGE, *Tussilago*. Genre de plantes de la syngénésie superflue, et de la famille des corymbifères, qui rassemble une vingtaine d'espèces, dont trois sont dans le cas d'être mentionnées ici, à raison de ce que deux sont très communes et s'emploient en médecine, et de ce que l'autre se cultive dans les jardins pour l'odeur suave de ses fleurs.

Le TUSSILAGE PAS-D'ANE, ou simplement le *pas-d'âne*, *Tussilago farfara*, Lin., a les racines vivaces, longues, menues, traçantes; les feuilles toutes radicales, cordiformes, anguleuses, dentelées, très larges, d'un vert noir en dessus, tomenteuses en dessous; les fleurs jaunes, assez grandes, solitaires à l'extrémité de hampes de cinq à six pouces de haut et parsemées d'écailles ovales, lancéolées. Il croît par toute l'Europe dans les terrains argileux et humides, sur le bord des rivières, et fleurit au premier printemps avant la pousse des feuilles. La précocité de ses fleurs et la grandeur de ses feuilles peuvent le faire placer dans les jardins paysagers, lorsque la nature de leur terrain lui convient. On regarde l'infusion de ses fleurs comme pectorale et adoucissante, et la fumée de ses feuilles comme avantageuse dans l'asthme.

Cette plante est si commune dans certains lieux qu'elle y devient un fléau pour l'agriculture. Les labours ordinaires, loin de la détruire, ne font que la multiplier, attendu que chaque portion de racines cassées par la charrue donne naissance à un nouveau pied. On ne peut parvenir à s'en débarrasser que par des labours profonds et répétés, et l'enlèvement à la main de toutes les racines, ou mieux, par la culture des plantes qui exigent des binages d'été, telle que celle des fèves de marais, des pommes de terre, etc.

Le TUSSILAGE PÉTASITE, ou simplement le *pétasite*, a les racines vivaces, traçantes et noires; les feuilles toutes radicales, pétiolées, presque rondes, dentelées, tomenteuses en dessous, souvent larges d'un pied; les hampes hautes d'un pied et plus, garnies de longues écailles lancéolées, lanugineuses; les fleurs rougeâtres, disposées en grappes à l'extrémité des hampes et sans rayons. Il croît en Europe dans les lieux humides et ombragés, sur le bord des ruisseaux. Il fleurit au premier printemps avant la pousse des feuilles. Sa racine a une saveur âcre et une odeur aromatique. Elle passe pour hystérique, apéritive, vulnéraire et antivermineuse. On l'emploie sur-tout pour guérir la teigne, d'où le nom *herbe aux teigneux*, d'*herbe à la teigne*, que porte aussi la plante. On le voit dans quelques jardins anglais où on le place par les mêmes motifs que le précédent.

Le TUSSILAGE ODORANT, *Tussilago fragans*, Villars, a les racines vivaces, traçantes; les feuilles réniformes, dentées, velues en dessous; les hampes hautes de six à huit pouces, garnies d'écailles et terminées par un épi de fleurs rougeâtres. Il est originaire du royaume de Naples et fleurit à l'époque de la fonte des neiges. Ses fleurs ont une odeur très suave, analogue à celle de l'*héliotrope du Pérou*; aussi l'appelle-t-on *héliotrope d'hiver*. On le cultive abondamment depuis quelques années aux environs de Paris à cause de cette odeur. Il demande une terre humide et substantielle, et se multiplie, comme les espèces précédentes, avec une incroyable rapidité par le moyen de ses racines qui poussent des rejets de tous côtés. J'ai vu un seul pied en produire cent trente autres dans le courant d'une

saison. Comme il fleurit avant la fin des gelées, il est rare
qu'on jouisse de ses fleurs, dans le climat de Paris, lorsqu'on
le laisse en pleine terre ; en conséquence sa vraie culture consiste à le laisser se multiplier dans un coin du jardin, et chaque
automne à relever les plus forts pieds, ceux qu'on juge devoir
donner les plus belles hampes de fleurs, pour les mettre dans
des pots qu'on arrose abondamment et qu'on rentre dans l'orangerie aux premières gelées. Ces pots s'apportent dans les appartemens et les embaument lorsqu'ils sont garnis de fleurs. On
peut, avec peu d'art, se procurer ainsi successivement des fleurs
pendant près de deux mois. Les pieds mis dans les pots se multiplient aussi et peuvent se diviser l'automne suivant ; mais ils
ne doivent pas rester plus de deux ans dans la même terre, car
ils l'épuisent et périssent. Il faut les arroser fort peu pendant
l'hiver, si on ne veut pas risquer de les faire pourrir. Je ne puis
trop recommander cette agréable plante aux cultivateurs, afin
qu'ils la placent en abondance dans les jardins paysagers. Ses
fleurs sont moins odorantes, mais ses pieds bien plus vigoureux
au nord qu'à toute autre exposition.

TUTEUR. On donne ce nom, dans les pépinières et les jardins des fleuristes, à des bâtons qu'on enfonce en terre au pied
d'un jeune arbre ou d'une plante pour la soutenir en l'y attachant. Il ne diffère en rien de l'échalas, si ce n'est que ce
dernier est toujours à peu près de la même hauteur et grosseur, tandis que le tuteur varie beaucoup sous ces deux rapports. On fait des tuteurs avec toutes espèces de bois, mais
les meilleurs sont en chêne ou en châtaignier refendus, et il
y a toujours de l'économie à s'en procurer de ces sortes pour
les grands établissemens de culture, quelque prix qu'ils coûtent. On prolonge leur durée en les mettant à l'abri de la pluie
lorsqu'ils ne sont pas employés. Il est presque toujours utile
d'interposer entre eux et l'arbre ou la plante qu'ils sont destinés à protéger un torchon de paille, de mousse ou de feuilles,
pour empêcher l'action du lien qui les unit, action qui tend
toujours à former un BOURRELET. *Voyez* ce mot. (B.)

U.

U. Synonyme d'œuf dans le département des Deux-Sèvres.

ULCERE. MÉDECINE VÉTÉRINAIRE. On entend par le mot
ulcère une solution de continuité, une plaie, avec perte de
substance, engorgement et suppuration.

Les dépôts ou abcès une fois ouverts, soit par la nature,
soit par l'art, prennent le nom d'ulcère ; enfin une plaie ancienne est un ulcère.

Cependant on donne plus généralement ce nom d'ulcère à une plaie entretenue par quelque vice intérieur.

Les ulcères sont plus ou moins difficiles à guérir, suivant les causes qui les entretiennent.

Les ulcères simples ne sont accompagnés d'aucune maladie. Ils n'ont ni clapiers ni fistules ; le pus en est blanc et sans mauvaise odeur.

Les ulcères fistuleux ou à clapiers sont ceux qui ont dans le fond ou dans quelques unes de leurs parties des foyers cachés, dont les ouvertures sont plus petites que le fond, et qui par leur situation ne laissent que peu ou point d'issue à la matière qu'ils renferment.

On appelle ulcère carcinomateux ceux dont les chairs sont baveuses, boursouflées, les bords durs et engorgés ; le pus qui découle de ces sortes d'ulcères est séreux, sanieux, quelquefois sanguinolent et d'une odeur fétide.

La maladie qu'on désigne dans le cheval et ses congénères, sous le nom d'*eaux aux jambes*, est la réunion de plusieurs petits ulcères, desquels il découle une sanie quelquefois limpide ou grisâtre, et d'autres fois sanguinolente, mais presque toujours âcre, corrosive, et d'une odeur insupportable. Les *poireaux*, qui accompagnent souvent cette maladie, la rendent plus grave et plus difficile à guérir.

Le *crapaud*, qui est aussi une maladie du cheval, est un ulcère des plus rebelles.

Les ulcères compliqués ne se guérissent pas toujours par l'application des remèdes externes ; il en est qui nécessitent l'application des sétons, et l'usage des médicamens fondans, apéritifs, toniques, ou purgatifs, suivant l'état de l'ulcère et la nature des maladies qui les accompagnent.

Si un ulcère est produit par la carie d'un os, d'un tendon ou d'un cartilage, l'odeur qui s'en exhale est extrêmement fétide ; celle de la carie de l'os l'est moins que celle des tendons et des ligamens. Cela arrive dans le mal de taupe et dans les maux de garrot.

Les femelles des animaux sont sujettes à des ulcères à la matrice. Ils sont assez fréquens dans les chiennes ; rarement les jumens en sont affectées, cependant j'en ai vu plusieurs dans ce cas.

On voit aussi dans certains chevaux des ulcères à l'anus ; le pus qui en découle est noir ; ces ulcères sont formés par plusieurs tumeurs, qui sont de chaque côté de l'anus et dont les fonds fistuleux s'ouvrent quelquefois dans l'intestin rectum. Ces ulcères sont à peu près de la même nature que le crapaud : ils sont fibreux, et paroissent avoir des racines ; la cure en est très incertaine; cette maladie n'est pas fréquente ; il paroît cependant qu'elle est connue en Allemagne.

Les ulcères qui sont dans la bouche sont d'une odeur insupportable ; ils sont en général très difficiles à guérir, parcequ'il n'est pas facile d'y entretenir des médicamens, et que les alimens y entrent continuellement et en entretiennent la puanteur. Cela arrive dans ceux qui sont situés sur les barres et sous la langue; dans le cheval, ces sortes d'ulcères sont très fréquens.

Je n'entends pas ici parler des ulcères qu'on nomme *aphtes* qui ne sont que de légères excoriations, et dont la cure s'opère facilement par l'usage des rafraîchissemens et des gargarismes.

Il y a des ulcères sphoriques ; ils ont souvent le caractère dartreux et galeux, se manifestent plus ordinairement pendant les chaleurs ; les froids les font quelquefois cesser.

Il y a aussi des ulcères vermineux, dans lesquels on trouve des vers en grande quantité; l'aloès, la térébenthine, ou l'huile empyreumatique détruisent assez facilement ces insectes.

J'ai vu un cheval qui avoit été abandonné pour un mal de garrot, qu'on regardoit comme incurable, parcequ'il s'y étoit amassé une quantité prodigieuse de vers, être parfaitement guéri par l'application de plumeaux imbibés d'huile empyreumatique. (Des.)

ULVE. Genre de plantes de la famille des algues, dont les espèces, assez nombreuses, vivent toutes au fond des eaux douces ou des eaux salées.

Ces espèces n'intéressent les agriculteurs, que parcequ'on peut les faire servir à l'engrais des terres.

Comme leur emploi, sous ce rapport, ne diffère pas de celui des Varecs, que même ils font partie de ces varecs dans l'acception commune, je renverrai à l'article de ces derniers pour ce qui les concerne.

UMBILIC, ou OMBILIC. Cavité qui se voit sur le sommet des poires, des pommes et autres fruits à ovaire inférieur, et qui est le reste de celle du Calice. *Voyez* ce mot.

Les jardiniers appellent cette cavité l'œil.

UMBILICAL. Comme la nutrition des graines se fait par le moyen d'un vaisseau qui part de la paroi intérieure du fruit pour aller s'implanter dans la graine, on a, par comparaison avec la nutrition du fœtus dans le sein de sa mère, appelé ce vaisseau le vaisseau umbilical. *Voyez* Graine.

UOUS. Synonyme d'œuf dans le département du Var.

URÉDO , *Uredo.* Genre de plantes cryptogames, de la famille des champignons, renfermant plus de trente espèces décrites, et peut-être plus de cent non connues des botanistes, lesquelles naissent sous l'épiderme des feuilles ou autres parties des plantes. Elles déchirent cet épiderme dans la maturité. Leurs graines sont des capsules ovoïdes ou globuleuses, toujours sessiles et dépourvues de cloisons transversales, qui répandent une poussière noire, brune, jaune ou blanche.

Quelques botanistes ont confondu les urédo avec quelques autres plantes des genres voisins; mais il est toujours facile de les distinguer.

En détruisant, ainsi que les ÉCIDIES (*voyez* ce mot), l'organisation des feuilles d'un grand nombre de plantes, les urédo nuisent à leur accroissement, diminuent la production de leurs graines, et les font même quelquefois périr. En effet, les feuilles étant destinées par la nature à servir à la respiration des plantes, toutes les fois qu'elles ne peuvent remplir cet objet, et elles ne le peuvent plus lorsque les urédo ou les écidies se sont emparés de leurs surfaces, ces plantes doivent nécessairement languir. (*Voyez* au mot FEUILLE.) La maladie qu'elle leur cause peut être appelée la *pulmonie des végétaux*. J'ai cru remarquer que celles de ces plantes qui croissoient dans un mauvais sol, ou dans un sol contraire à leur nature, y étoient plus sujettes que les autres. Rendre raison de ce fait n'est pas chose facile. La multiplication des urédo sur les plantes dont on apporte les graines des pays éloignés seroit également difficile à expliquer, si on ne savoit, par le résultat des expériences faites sur le CHARBON (*voyez* ce mot), que leurs poussières séminiformes se transportent avec ces graines mêmes auxquelles elles adhèrent. Il n'y a que l'amputation des feuilles ou même des tiges qui puisse détruire ces dangereux parasites, encore faut-il qu'elle ait lieu avant la maturité de cette poussière séminiforme, et que son résultat soit sur-le-champ brûlé; car elle continue probablement de croître sur les plantes desséchées, et finit alors par agir comme si elles n'eussent pas cessé d'être sur des plantes vivantes.

Je ne citerai ici, pour ne pas trop allonger cet article, que les urédo qui croissent sur les plantes cultivées.

Poussière noire. L'URÉDO DES BLÉS. C'est la *réticulaire des blés* de Bulliard. Il cause ce que les agriculteurs ont pris pour une maladie, et qu'ils ont appelé CHARBON, NIELLE, BOSSE, CLOQUE, CHAMBAIE. *Voyez* le premier de ces mots et le mot CHAULAGE.

Bénédict Prévôt, qui a fait des observations importantes sur la carie du froment, a constaté qu'elle étoit produite par une espèce de ce genre, qui se distingue de l'*urédo des blés*,

parceque ses graines sont moins noires et exhalent une odeur
fétide.

Il paroît résulter de ses expériences, que cette espèce, et
sans doute toutes les autres, sont dans le grain du froment
à moitié terme de leur végétation, et que pour la compléter il
faut le concours de l'eau, c'est-à-dire que des globules pris
dans un grain carié et mis dans l'eau ou dans la terre, grossit
du double, pousse une queue qui se ramifie le plus souvent à
son extrémité, et qui contient, dans toute son étendue, des
globules infiniment petits, qui doivent être regardés comme
la véritable semence, ou mieux, les bourgeons séminiformes.
Voyez au mot CARIE.

Poussière jaune. L'URÉDO ROUILLE offre des taches jaunes
placées sous l'épiderme de diverses plantes, composées de
globules ovales, sessiles, et demi-transparens, taches qui varient beaucoup de formes, qui finissent presque toujours par
se réunir les unes aux autres, et qui se déchirent pour répandre
leur poussière. Elle retarde la croissance des plantes, nuit à
leur fructification, et finit quelquefois par les faire périr. Il
ne faut pas la confondre avec la PUCCINÉE DES GRAMINÉES qui
lui ressemble beaucoup. *Voyez* ce mot.

C'est principalement sur les blés, les orges et les avoines,
que la rouille exerce ses ravages de la manière la plus nuisible aux cultivateurs. Il est des champs entiers qui quelquefois ne rapportent pas la semence qu'ils ont coûté, par suite de
sa présence. Bien des personnes croient qu'elle est la suite des
brouillards et des rosées; et on a même proposé de l'empêcher
en promenant une corde tendue sur les épis avant l'apparition
du soleil, pour en faire tomber les gouttes d'eau. Le vrai est
que dans les années pluvieuses et les sols humides les céréales
y sont plus sujets que les autres. J'ai vu des lieux où il devenoit
onéreux d'en cultiver à cause de son abondance, et ces lieux
étoient tous voisins des bois marécageux. Dans la basse Caroline, pays chaud et aquatique, on n'a pu jusqu'à présent en
cultiver, par la même raison, ainsi que je l'ai constaté chez
un propriétaire qui avoit tenté de nouveaux essais à cet égard
pendant mon séjour dans ce pays. On a proposé des milliers
de recettes pour empêcher la rouille de naître sur les céréales;
mais toutes n'étoient fondées que sur de fausses bases, puisque
leurs auteurs ignoroient tous la vraie cause de cette maladie.
Il n'y a réellement pas de moyen assuré de s'opposer à ses ravages quand les circonstances atmosphériques ou locales favorisent sa multiplication. Lorsqu'elle n'est pas très abondante,
on pourroit arrêter sa multiplication en supprimant les feuilles
qui en sont attaquées; mais comme alors elle cause peu de

diminution dans le produit des récoltes, il est inutile de le faire.

Les bestiaux ne mangent pas avec plaisir et même souvent ne mangent pas du tout les feuilles des plantes attaquées de la rouille avec excès. Si on en juge par l'effet de la poussière des RÉTICULAIRES et des LYCOPERDES sur l'estomac des hommes et des animaux, cette nourriture prolongée peut leur occasionner des accidens graves. Je ne sache pas au reste que l'on ait fait des expériences directes à ce sujet. Je crois qu'il seroit bon que quelque ami de l'agriculture en fît le but de ses expériences.

Bénédict Prévôt, qui a fait des observations sur cette espèce, a constaté qu'elle accompagnoit presque toujours la carie, et que ses bourgeons séminiformes se comportoient presque de même que ceux qui se trouvent dans les blés cariés, lorsqu'on les mettoit dans l'eau.

L'URÉDO DE L'OSIER naît en pustules sur la face inférieure des feuilles du saule osier. Elles en sont quelquefois si couvertes qu'elles se dessèchent, ce qui doit retarder la croissance des tiges, et nuire par conséquent au but pour lequel on cultive cet arbre. Je n'ai pas essayé si en enlevant les feuilles au milieu de l'été dans une oseraie isolée on empêcheroit la reproduction de l'urédo les années suivantes. Ce seroit perdre presque entièrement une récolte pour assurer la bonté des autres.

L'URÉDO DES ROSIERS est très commun sur la surface inférieure des feuilles du rosier à cent feuilles et autres voisins. Je les en ai vues souvent si chargées, que la couleur verte avoit disparu, et que les fleurs étoient toutes avortées et presque sans odeur. C'est une perte pour les amateurs de jardins, dont il est fort difficile de se défendre. Certains cantons en sont plus infestés que d'autres, et les vieux pieds plus que les jeunes.

Poussière blanche. L'URÉDO DU SALSIFIS naît en globules sphériques sur les feuilles du salsifis, et les couvre quelquefois au point de les faire recoquiller sur elles-mêmes. Quoique moins remarqué que le précédent, il doit faire quelquefois du tort à la production de ce légume. (B.)

URINE. Liqueur excrémentielle qui se sépare du sang dans les reins et se rend dans la vessie, d'où elle est expulsée par le canal de l'urètre.

On doit à Fourcroy une exellente analyse de l'urine, de laquelle il résulte que l'eau en constitue les neuf dixièmes, et qu'on y trouve des phosphates et des muriates d'ammoniaque, de potasse, de soude, de chaux, de magnésie, du sulfate de potasse et de soude, du carbonate de potasse et de soude, des acides phosphorique, urique, benzoïque, de l'urée et du muqueux.

Lorsque l'urine fermente, il se développe de l'acide acéteux et il se dégage de l'ammoniaque.

L'urine des animaux pâturans contient plus de carbonate et d'acide benzoïque que des autres sels. C'est le contraire dans l'homme.

Ce sont les bases de ces sels et principalement l'urée qui causent les calculs ou pierres de la vessie auxquels les animaux domestiques (principalement le cheval) sont sujets comme l'homme.

Comme il n'y a que les vétérinaires les plus instruits qui puissent juger avec certitude qu'un cheval est attaqué de la pierre, et qui puissent lui appliquer les remèdes convenables ou lui faire l'opération de la taille, je me dispenserai d'en parler au long.

Les animaux domestiques, et sur-tout le bœuf, sont sujets à des flux extraordinaires d'urines lorsqu'ils ont mangé des plantes aromatiques en abondance, qu'on leur a donné trop de sel, qu'ils ont fait des travaux forcés, que leur transpiration a été subitement arrêtée à la suite d'une grande sueur, etc. On appelle ces flux diabètes.

Dans les diabètes simples il ne s'agit que de donner du repos à l'animal, et de lui faire prendre des boissons rafraîchissantes, comme de l'eau blanche, des décoctions de plantes émollientes dans lesquelles on mettra un peu de nitre.

Dans les diabètes avec chaleur, fièvre, pléthore, on doit saigner à la jugulaire, tenir à la diète, augmenter les boissons ci-dessus, donner des lavemens émolliens et rafraîchissans, faire baigner, si la saison le permet, et ce jusqu'à ce que les symptômes soient passés.

Dans les diabètes qui sont le produit d'une transpiration ou d'une sueur arrêtée, il faut se contenter de couvrir l'animal, de lui donner des breuvages sudorifiques et un exercice modéré.

L'urine de l'homme et des animaux est un excellent engrais lorsqu'elle est répandue en proportion modérée sur les champs et les prés. L'expérience a sur-tout prouvé qu'elle amélioroit singulièrement les fumiers, les composts et autres engrais. Dans quelques pays des lois de police obligent les habitans des villes à réunir leurs urines et à les abandonner aux habitans des campagnes voisines qui viennent les chercher tous les matins. Dans d'autres, comme aux environs de Lille et de Valenciennes, elles sont l'objet d'un bénéfice pour ceux qui les ont rendues ou pour leurs domestiques. C'est donc bien contre leurs intérêts que les cultivateurs de la majeure partie de la France laissent perdre celle qu'ils rendent pendant la nuit et qu'il leur seroit facile de jeter sur leur fumier, ou de réunir dans une auge remplie de terre. On répandroit ensuite cette terre tous les deux ou trois mois sur les champs ou au pied des arbres qu'on voudroit fumer. On a remarqué que les effets de cette composition et des autres analogues étoient sur-tout très marqués sur les terrains légers et sablonneux.

J'ai lu dans Arthur-Young qu'il y avoit des fermiers qui, deux fois par an, élevoient de deux pieds le sol de leurs écuries avec de la terre franche, afin que cette terre s'imprégnât des urines de leurs bestiaux. Cette pratique remplit certainement l'objet qu'ont en vue ces fermiers; mais elle doit être bien plus coûteuse que l'établissement d'un pavé ou d'une *glaisée*, et d'un puisard, en dehors, destiné à recevoir ces urines qui seront répandues sur les fumiers ou portées dans les champs à bien moindres frais.

Ce qui rend l'urine si excellente pour l'engrais, c'est que toute la partie mucilagineuse qu'elle contient est à l'état dissoluble, et que, par conséquent, elle agit sur le champ; mais aussi son action est de courte durée, c'est-à-dire ne subsiste pas au-delà d'une saison, de sorte qu'il faut la renouveler tous les ans.

Trop d'urine brûle les plantes, ainsi qu'on peut le voir contre les murs dans les environs des villes, aux lieux où beaucoup de personnes se réunissent, de sorte qu'il ne faut jamais en répandre beaucoup à la fois.

Il est reçu, comme fait avéré, que l'urine des chiens fait périr les arbres sur le pied desquels elle est déposée, et je ne le nie pas; mais il en faut tant pour produire ce résultat sur un arbre assez fort pour être planté dans une promenade publique, qu'on ne peut supposer qu'elle soit la seule cause de la détérioration de ceux des Tuileries, des boulevards, du Luxembourg, etc. J'ai observé ces arbres et je me suis convaincu que les gros se carioient par l'effet des absurdes élagages auxquels on les soumet de loin en loin, et que les jeunes perdoient leur écorce par suite de l'action brûlante des rayons du soleil réverbéré par les allées sablées. L'allée des Tuileries appelée des Feuillans, avant qu'on eût abattu le mur, m'a prouvé ce dernier fait d'une manière indubitable. (B.)

USAGE. Lorsqu'on demande à un laboureur pourquoi il laisse javeler ses avoines, opération qui lui en fait toujours perdre une partie, et souvent le tout, il répond c'est l'usage; quand on demande à un vigneron pourquoi il entreprend sa vendange avant la maturité complète de ses raisins, ce qui fait que son

vin est peu agréable ; il répond, c'est l'usage. Ces faits et autres,
du même genre extrêmement nombreux, prouvent que l'u-
sage, qui n'est que l'habitude prolongée d'une même action,
joue un grand rôle dans l'agriculture, et malheureusement
presque toujours d'une manière nuisible. C'est l'usage qui
s'oppose le plus à la suppression des jachères, à la substitu-
tion d'écuries, d'étables, de bergeries saines, aux cloaques
fangeux et sans air, où on met les bestiaux dans tant de
lieux, etc., etc.

Mais quels sont les moyens de faire abandonner les mauvais
usages, qui sont si enracinés dans les campagnes, demandera-
t-on ? L'instruction, répondrai-je. Non pas l'instruction des
cultivateurs actuels, car elle n'aura point d'influence sur eux
sous ce rapport, mais celle de leurs enfans, garçons et filles.
Voyez PRÉJUGÉ.

La matière que je traite seroit susceptible de grands développemens ; mais comme elle sort un peu du but de cet ouvrage,
je me contente de l'indiquer aux esprits méditatifs et observateurs. (B.)

USÉE. On donne ce nom aux terres qui, à force de rapporter, sont devenues infertiles. *Voyez* TERRE.

Les plantes annuelles qu'on cultive pour leurs graines
usent beaucoup plus la terre que celles qu'on cultive pour leurs
feuilles. *Voyez* GRAINE et FEUILLE.

C'est par le moyen des ENGRAIS ou par la JACHÈRE (*voyez*
ces deux mots) qu'on rétablit une terre usée. Une judicieuse
rotation dans les assolemens fait que, loin d'user une terre par
la culture, on la bonifie annuellement. *Voyez* ASSOLEMENT et
SUCCESSION DE CULTURE.

Une terre s'use d'autant plus promptement qu'il entre
moins d'HUMUS ou TERREAU dans sa composition. *Voyez* ces
mots.

USER UNE VENTE DE BOIS. C'est l'exploiter.

USTENSILES D'AGRICULTURE. On donne généralement ce nom, en agriculture, à toutes les choses qui, n'é-
tant ni des outils, ni des instrumens, ni des machines, ont
pourtant un emploi et une destination utiles à quelque partie
de cet art. Les ustensiles sont ordinairement d'une fabrication
moins recherchée et plus facile que les outils ou instrumens ;
on en fait beaucoup en bois, et plusieurs en fer-blanc, en
cuivre ou en terre cuite ; il y en a aussi quelques uns en fer.
Les uns servent au triage ou mélange des terres et à leur
transport, comme au transport des fruits et légumes ; tels sont
les claies, les pelles, les paniers, les mannes ou manne-
quins, etc. ; d'autres sont employés à la conservation des

plantes et de leurs produits ; ce sont les pots ou vases, les terrines, les caisses, les contresols, les paillassons et nattes, les grillages, les éventails, les filets et sacs à fruits. Il en est qui sont uniquement consacrés à l'arrosage des végétaux, comme les arrosoirs proprement dits, les seringues, les tuyaux de conduite pour l'eau, les tonneaux propres à la contenir. Les ustensiles de récoltes sont les fléaux, les vans, les pressoirs, les cribles, les tamis, les corbeilles, etc.

Un cultivateur doit être pourvu de tous les ustensiles que je viens de nommer et de beaucoup d'autres, de tous ceux enfin qui sont nécessaires au genre de culture auquel il se livre. S'il est adroit, et s'il a des bois dans son domaine ou sa ferme, il pourra en fabriquer lui-même plusieurs, aidé de sa femme et de ses enfans, ou du moins les remettre en état, quand ils demanderont à être réparés ; leur conservation et leur durée dépendront du soin qu'il en prendra. Quoique la plupart n'aient pas une grande valeur, s'il falloit les renouveler trop souvent, cela seroit dispendieux à cause de leur nombre. Toutes les fois qu'on lui fera connoître quelque ustensile nouveau, plus commode et plus utile que ceux de la même espèce dont il se sert, il tâchera de se le procurer, car il n'en est pas des ustensiles comme des machines. Celles-ci coûtent beaucoup à établir, et l'effet qu'on en attend est toujours incertain ; mais l'homme le plus simple voit tout de suite quel service peut lui rendre tel ou tel ustensile, et ce qu'il peut lui coûter. Nous avons fait connoître dans ce dictionnaire tous ceux qu'il importoit d'avoir pour tous les genres de culture. Nous renvoyons le lecteur à leurs articles ; nous l'invitons en même temps à lire les articles, INSTRUMENS D'AGRICULTURE, MACHINES, OUTILS D'AGRICULTURE. (D.)

USUELLE (PLANTE). C'est celle à qui on a reconnu des propriétés médicinales et dont on fait usage pour combattre les maladies des hommes et des animaux. *Voyez* PLANTE.

UTILE. Tout ce qui existe est sans doute utile à quelque chose ; mais l'homme qui se regarde, avec raison, comme l'être par excellence, ne donne cette épithète qu'à ce qu'il peut employer à son usage. Ainsi pour lui le chat est un animal utile et la souris un animal nuisible ; l'orge cultivée une plante utile, et l'orge des murs une plante inutile, etc., etc.

Dans la grande agriculture tout devroit être dirigé vers l'utilité ; mais il est rare que cela ait lieu d'une manière complète. Il suffit de séjourner pendant quelques jours dans une grande comme dans une petite exploitation rurale, pour juger du peu d'importance que mettent les cultivateurs à tirer parti de certains articles qui pourroient être utiles sous quelques rapports.

Aussi suis-je persuadé que l'on n'obtient pas en France la moitié du profit qu'on pourroit retirer du sol si on savoit en utiliser tous les produits.

Dans la petite agriculture on peut quelquefois sacrifier l'utile à l'agréable, et on le fait. *Voyez* JARDIN. (B.)

V.

VACCINE. On a donné ce nom en France à une maladie des vaches qu'on appelle en Angleterre *coupox*, et qui se caractérise par des boutons d'abord inflammatoires, ensuite suppurans, sur leurs pis.

Cette maladie qui n'a aucunes suites graves pour ces animaux n'étoit connue que des cultivateurs de quelques cantons du nord de l'Angleterre et de l'Allemagne, où elle est endémique, lorsque Edward Jenner lui a donné une grande célébrité en observant que lorsqu'on l'inoculoit aux hommes, elle les préservoit de la petite vérole.

Aujourd'hui on vaccine des enfans ainsi que des grandes personnes dans toutes les parties de l'Europe et même dans quelques lieux des autres parties du monde, et chaque jour il se confirme de plus en plus que ceux de ces enfans ou de ces grandes personnes qui ont éprouvé tous les symptômes de la maladie, et chez qui les boutons ont laissé une légère excavation, ne sont réellement plus suceptibles d'être atteints de la petite vérole. Il n'y a plus qu'à désirer que l'usage de la vaccination devienne plus général dans les campagnes, d'où des préjugés de plusieurs sortes l'ont repoussé jusqu'ici.

Aucun motif raisonnable ne peut s'opposer à ce qu'on fasse vacciner un enfant, puisque l'opération n'est pas plus douloureuse qu'une piqûre d'épingle, et que ses suites sont la sortie de quelques boutons (un seul suffit; mais on en provoque presque toujours six, dont il ne paroît ordinairement que deux ou trois), qui causent une légère démangeaison, et quelquefois de la tristesse, et même un peu de fièvre (pendant un jour), lorsqu'ils sont arrivés à leur dernier degré d'inflammation. Les accidens que les ennemis de cette précieuse découverte ont cités comme étant causés par le virus de vaccin, ont été reconnus, par des personnes éclairées et sans préventions, provenir de circonstances totalement différentes.

Il est donc du devoir de tout ami de l'humanité de provoquer, par tous les moyens qui sont en son pouvoir, la propagation de la vaccine dans les campagnes.

Depuis qu'on a reconnu la propriété de la vaccine pour garantir de la petite vérole, on l'a appliquée à la plupart des maladies éruptives des hommes et des animaux. Ainsi, on a prétendu qu'elle guérissoit le Claveau (*voyez* ce mot), ce que des expériences positives faites en ma présence, à Versailles, par le savant et estimable docteur Voisin, ont prouvé être faux. Ainsi, on a prétendu qu'elle empêchoit la maladie appelée dans les chevaux Eaux aux jambes, celle appelée Maladie des chiens. (*Voyez* ces mots.) Il faudra encore, j'ose le dire, multiplier les expériences avant de reconnoître son efficacité dans ces deux derniers cas. (B.)

VACHE. Si le cheval est, comme l'a dit un célèbre écrivain, la plus noble conquête que l'homme ait faite, la vache et son mâle le taureau, ainsi que le bœuf, sont la plus utile. Que de services ils rendent à toutes les époques de leur vie et après leur mort ! A peine nés on les mange, sous le nom de veaux, et on emploie leur peau à une infinité d'usages auxquels elle est seule propre. Plus âgé, le bœuf sert au labourage, au charroi, etc.; et la vache donne, presque chaque année, un petit, et ensuite deux à trois fois chaque jour un lait salutaire. Leurs forces commencent-elles à diminuer, on les engraisse, on se nourrit de leur chair, et on tire parti de leur suif, de leur poil, de leur peau, de leurs cornes, de leurs os, de leurs intestins même.

La vache a jusqu'à présent été regardée comme indigène à nos contrées, parcequ'on l'a toujours crue être la même que l'auroche, animal de son genre, dont on voit encore quelques individus dans les forêts de la Pologne ; mais Cuvier, qui a examiné le squelette de ce dernier, s'est convaincu qu'il appartient à une espèce distincte. De ce fait, on doit conclure que la vache ainsi que le cheval vient des plaines de la Haute-Asie, et ainsi que lui n'a plus son représentant dans l'état sauvage.

Ce que les sauvages de l'Amérique font actuellement à l'égard du bison, les premiers peuples de l'Asie l'ont fait à l'égard de la vache, c'est-à-dire qu'ils l'ont chassée à outrance pour se nourrir de sa chair, et en ont singulièrement diminué l'espèce. Il a fallu, pour la conserver, que ces peuples, devenus agriculteurs, aient senti les services qu'ils pourroient en retirer, et que son caractère ait permis de la soumettre au joug.

L'ancienneté et l'intimité de la domesticité de la vache ont agi sur elle, l'ont modifiée au point qu'elle varie sans fin sous tous les rapports. Entrer dans les détails des formes des différentes races qu'elle offre en ce moment, et des avantages ou des inconvéniens que chacune présente, seroit ici superflu, puisqu'elles sont les mêmes que celles du Bœuf. *Voyez* ce mot.

Je dois cependant signaler ici les races flandrine et normande, la première plus grosse, la seconde plus laitière, ainsi que la race sans cornes : cette dernière est venue d'Écosse à Rambouillet, et on la croit originaire de l'Inde. Cette race, qui a la grande douceur, dit Parmentier, nouveau Dictionnaire d'histoire naturelle, « joint les avantages d'être bonne portière et excellente laitière, a encore celui de pouvoir être mise sans crainte dans la pâture avec des jumens pleines ou poulinières. » Cette race commence à se multiplier aux environs de Paris, parceque tous les ans on vend le produit du troupeau de Rambouillet.

Les plus grosses vaches, toutes autres choses égales d'ailleurs, sont les meilleures ; il faut donc, autant que possible, les préférer ; mais une grosse vache ne fait que languir dans un pâturage maigre ou de mauvaise nature, il faut donc proportionner leur grosseur aux alimens dont elles sont destinées à se nourrir. C'est faute de cette attention que tant de vaches normandes, flamandes, suisses, ont trompé l'attente de ceux qui les avoient fait venir à grands frais sur leur propriété. Un cultivateur prudent se contentera donc de la race de son pays ; mais parmi cette race il choisira les plus grosses, les plus fécondes, les plus pourvues de lait, les plus douces de caractère, etc., les fera couvrir par des taureaux les plus parfaits qu'il pourra se procurer. C'est par ces moyens que, sans dépenses extraordinaires, il remontera la race de ses bêtes à cornes. *Voyez* Races et Bêtes a cornes.

Dans beaucoup de lieux on met beaucoup d'importance à la couleur du poil des vaches, parcequ'on attribue à cette couleur une grande influence sur la quantité ou sur la qualité de leur lait. Les opinions de ce genre tiennent sans doute à des faits particuliers anciennement observés, et depuis généralisés ; mais pour prouver que ce sont des erreurs, il suffit de faire remarquer qu'ici ce sont les vaches noires qui sont préférées, là les vaches blanches, les vaches fauves, les vaches brunes, les vaches de plusieurs couleurs.

Une bonne vache se reconnoît à sa taille haute, à son front large, à ses yeux doux et unis, à ses cornes bien ouvertes et polies, à son ventre gros et ample, à son pis volumineux, à ses tétines peu charnues, à ses veines mammaires très saillantes. Lorsqu'à une telle vache on donne un taureau de choix et proportionné, on peut être assuré d'avoir des productions très avantageuses. *Voyez* Taureau.

Beaucoup de cultivateurs pensent beaucoup gagner en employant des taureaux et des vaches à la reproduction aussitôt qu'elles y sont propres ; mais le résultat ne donne que des veaux petits, foibles, et qui n'arrivent jamais au degré de vigueur désirable.

Comme l'état de chaleur dure peu dans la vache, quelquefois pas plus de vingt-quatre heures, rarement quatre à cinq jours, il faut saisir le moment de mener au taureau celles qui s'y trouvent, sans quoi il sera nécessaire d'attendre au mois suivant celles de ces vaches qui sont tenues isolées.

Un taureau de trois ans est en état de servir à vingt vaches pendant sept à huit ans. On ne doit pas lui en laisser couvrir plus d'une par jour. C'est de l'usage des taureaux communs, ou qui saillent à prix d'argent toutes les vaches qu'on leur présente, que résulte l'abâtardissement de la race dans tous les pays de petite culture. L'intérêt général exigeroit que ces taureaux fussent reçus par un vétérinaire instruit, et que leur monte fût soumise à des règlemens propres à empêcher qu'ils soient et trop jeunes, et trop vieux, et trop fatigués.

Généralement les vaches entrent en chaleur tous les mois. Le taureau les monte tant qu'elles ne sont pas pleines ; mais une fois en cet état il se contente de les lécher. C'est un grand avantage, sous ce dernier rapport, que d'avoir un taureau dans son troupeau, parceque les vaches caressées par lui se tourmentent moins.

Les signes de la chaleur sont un fréquent mugissement, des mouvemens plus vifs et plus fréquens de la tête, le gonflement de la vulve, et l'écoulement par la même partie d'une liqueur blanche. Souvent les vaches en chaleur quittent le pâturage pour aller chercher le taureau, soit qu'elles se souviennent du lieu où elles l'ont déjà reçu, soit par suite de l'inquiétude dans laquelle elles se trouvent.

Il est des vaches qui ont une chaleur qui ne se manifeste pas à l'extérieur. Il en est qui ont de fausses chaleurs.

Le lait des vaches qui sont en chaleur a un goût particulier fort peu agréable. Il tourne très facilement lorsqu'on le chauffe. Il en est de même de celles qui sont prêtes à véler.

Il est des vaches qui entrent en chaleur moins souvent. Il en est d'autres qui y entrent tous les quinze et même tous les huit jours. Ce dernier cas est un mauvais signe ; et ses suites sont une infécondité réelle. *Voyez* POMMELIÈRE.

Il est aussi des vaches qui, par mauvaise constitution, ou par excès d'embonpoint, ou par excès de maigreur, ne sont pas susceptibles de reproduction. Le plus court parti, c'est de les envoyer au boucher.

Toutes les indications qu'on trouve dans les livres sur les

précautions qu'il faut prendre après la monte pour assurer ses effets, sont complètement inutiles. La nature fait tout. Il suffit de ne pas la contrarier. Or, on remplit ce but en laissant perpétuellement les vaches avec le taureau dans les pâturages, ou lorsqu'on n'a pas de taureau en les ramenant à l'écurie, et en les y laissant tranquilles après leur avoir donné à manger et à boire.

Pendant la gestation, les vaches ne demandent pas de soins particuliers, ou plus étendus. Il faut toujours les nourrir abondamment, soit au pâturage, soit à l'écurie.

La quantité de lait que donne une vache ne peut être évaluée, parceque cette quantité varie sans fin. Aux environs de Paris une vache est regardée comme excellente lorsqu'elle en donne douze ou quinze pintes par jour. On en a cité dans les journaux qui en fournissoient le double.

Certaines races de vaches, ou certaines vaches de telles races, perdent leur lait au cinquième, sixième ou septième mois de la gestation, d'autres au huitième ou neuvième mois, d'autres ne le perdent point du tout. Les premières ne sont pas à rechercher; mais il est bon de cesser de traire les dernières vers la fin du huitième mois. On sent en effet que tout ce qu'on leur enlève de lait, quelque bien nourries qu'elles soient, est autant de subsistance de moins dont on prive la mère et le petit. La maigreur et l'affoiblissement de la première, la petitesse et la mauvaise constitution du second, un part anticipé, même la mort du fœtus et l'avortement sont souvent la suite de l'avidité des propriétaires de vaches.

On doit présumer, d'après cela, que quand les vaches sont destinées à fournir des veaux pour relever une race, il faut cesser de les traire au septième et même au sixième mois, et leur donner une nourriture qui fournisse plus d'élémens nutritifs, telles que des graines. *Voyez* Fève, Gesse, Vesce, Avoine, Orge.

Cependant il n'est pas convenable que cette nourriture soit trop abondante, car les vaches grasses avec excès offrent deux des inconvéniens des maigres, c'est-à-dire que leur petit, faute de place, ne prend pas tout le développement désirable, et périt souvent au moment de l'accouchement par suite du rétrécissement du vagin.

Lorsque ce cas est à craindre, loin de donner une nourriture substantielle aux vaches, on doit leur en donner une débilitante, telle que des raves, des choux, des courges, etc., en petite quantité. Même on la purge plusieurs fois.

Enfin, le moment de mettre bas arrive. Si le part est naturel, il faut rester spectateur tranquille. S'il est contre nature, il faut le faciliter par les moyens indiqués par mon savant collaborateur Desplas, à l'article Part. Mais auparavant on a dû renouveler et augmenter la litière, et tout approprier autour d'elle. Si c'est en hiver on tiendra l'étable fermée, si c'est en été on lui donnera de l'air. Surcharger les vaches de couvertures, comme on le fait en Flandre et ailleurs, est tout au moins inutile.

Les approches de l'accouchement de la vache sont caractérisés par l'abaissement de son flanc et de sa croupe, par le grossissement de son pis, par son agitation, par ses beuglemens, par l'écoulement d'une matière blanche de sa vulve. Il est bon que le vacher soit présent à sa mise bas, mais il ne doit chercher à l'aider que dans des cas extraordinaires, soit pour la sortie du veau, soit pour l'expulsion du délivre, cas où il est toujours prudent d'appeler un vétérinaire Instruit.

La plupart des vaches mangent leur délivre, comme les femelles de tous les animaux sans exception. C'est une loi de la nature, qui a probablement pour but de ne pas exposer ces femelles à la visite des espèces carnassières dans un moment où elles ont un petit hors d'état de se défendre, et qu'elles-mêmes sont foibles. Il est des lieux où on regarde cette action comme un bien, d'autres où on la considère comme un mal. Le vrai est qu'elle n'a aucune influence sur la santé ni sur les produits futurs de la vache.

Il arrive quelquefois que les vaches ont deux veaux, et que le vêlage du second ne se fait que le lendemain.

Donner une bouteille de vin ou de cidre à la vache qui vient de vêler est un usage assez général, et contre lequel je ne m'élèverai pas, parcequ'il la fortifie. Plus tard on lui fera boire de l'eau blanche très chargée de farine d'orge ou autre, et on lui fournira à discrétion de l'herbe ou du foin d'excellente qualité. Ceux qui, dans ce cas, nourrissent leurs vaches avec du son ne savent pas qu'il n'y a que la portion de farine restée dans le son qui soit nutritive, et que par conséquent on leur surcharge l'estomac lorsque cela a le plus d'inconvéniens. *Voyez* Son. Ces soins doivent être continués huit à dix jours, pendant lesquels les vaches ne sortent pas de l'écurie, après quoi on les remet à leur ordinaire.

Dans beaucoup de lieux on est dans l'usage de faire boire aux vaches leur première traite, pour, dit-on, les purger ; mais ce ne sont pas elles qui ont besoin d'être purgées, c'est leur veau, dont l'estomac et les intestins sont remplis de méconium. Il faut donc ne pas contrarier la nature, qui n'a pas rendu sans intention ce premier lait purgatif pour le nouveau né.

Le seul soin à avoir du veau, immédiatement après sa naissance, c'est de le laisser tranquillement auprès de sa mère qui le lèche pour le sécher, et contre laquelle il se couche pour se réchauffer, si la saison est froide. Toutes les recettes qui se trouvent dans les livres ou qui circulent dans les campagnes, et dont le but est, dit-on, de le fortifier, de le nourrir, ne valent pas le repos. On doit sur-tout éviter de le manier sans nécessité absolue, à raison de sa délicatesse et des efforts qu'il fait pour s'échapper.

L'usage d'attacher les veaux peu après leur naissance est presque général, le raisonnement dit pourtant qu'il vaudroit beaucoup mieux les laisser libres dans une étable séparée.

A cette époque, la pratique des ménagères varie, et il est convenable de parler des différentes méthodes d'éducation qu'elles suivent.

La seule de ces méthodes qui soit naturelle est celle de laisser téter le veau aussi souvent et autant qu'il veut ; on y gagne absence d'embarras et bénigne influence des causes morales, qui agissent si puissamment sur toutes les nourrices et leur nourrisson. Aucune des objections qu'on a faites contre elle relativement à lui et à sa mère, n'est fondée, excepté le cas où la mère n'a pas assez de lait, ou que son lait est altéré par suite d'une maladie. Toutes les fois qu'on fait une nourriture dans l'intention d'obtenir de beaux bœufs ou de belles vaches, on doit l'adopter, sauf à suppléer par la traite d'une autre mère, ou par des œufs, des eaux chargées de farine, etc., à l'insuffisance du lait de la mère. Ces moyens sont même souvent employés pour les veaux destinés à la boucherie, et dont on veut augmenter la grosseur et l'embonpoint.

Lorsqu'on enlève le petit à une vache elle fait connoître sa douleur par des mugissemens plaintifs, par son agitation, souvent même elle entre en fureur. Alors son lait diminue ou s'arrête complètement. On en a vu périr.

Des effets analogues mais plus modérés ont quelquefois lieu lorsqu'on sépare des vaches qui étoient accoutumées à vivre ensemble, seulement même lorsqu'on ne fait que les changer de place dans l'écurie.

Il est d'expérience que plus on trait souvent les vaches et plus elles donnent de lait. Cette observation doit militer en faveur de l'alaitement par la mère, puisque son veau, en la tétant trente fois par jour, en tirera plus de lait que si on lui donnoit le produit des deux traites. Eh qu'on ne dise pas qu'il l'épuisera ! La nature a tout fait pour le mieux.

Dans tous les lieux où on met plus d'importance aux produits du lait qu'à ceux des veaux on trouve quelques avantages à ne pas laisser téter les veaux. Pour cela 'on trait la mère, et on fait boire son lait, mis en un baquet ou un seau, à son veau, dans les premiers temps, en mettant la main dedans, et en présentant l'index à la bouche du veau, qui le suce, ou en figurant un pis de toile ou d'éponge, qu'il suce également.

Si cette méthode donne une plus grande quantité de lait disponible, n'est-ce pas toujours aux dépens du veau? Les *veaux de Pontoise*, ou *veaux de riviere*, ou *veaux de lait*, si connus à Paris par leur grosseur et l'excellence de leur chair, sont cependant nourris ainsi; mais on leur donne le lait de deux ou trois mères étrangères. Dans ce cas il est avantageux à la promptitude de l'engrais que le lait soit donné le plus chaud possible.

On gagne à la pratique de cette seconde méthode plus de douceur dans la vache, qui quelquefois ne veut pas donner son lait à la traite tant qu'elle a son veau, lorsqu'elle est accoutumée à être tétée par lui. Ce refus se prolonge même, et oblige souvent à livrer des vaches au boucher immédiatement après leur première portée.

Il est des lieux où on suit une méthode mixte, et ce, sous trois modifications, qui toutes exigent que la mère soit fort douce de caractère; c'est-à-dire, 1º on trait d'abord la moitié du lait de la mère, et on laisse le veau téter le reste; 2º on laisse téter au veau la moitié du lait et on trait l'autre. Dans ces derniers lieux, on sait que le dernier lait est plus crêmeux que le premier; fait qui a été constaté par les expériences directes et positives de Parmentier et de Deyeux. (*Voyez* LAIT.) 3º On laisse téter le veau d'un côté pendant qu'on trait la mère de l'autre.

Cette dernière méthode est celle qu'on suit presque exclusivement dans les parties méridionales des États-Unis de l'Amérique, parcequ'elle est la plus appropriée à la manière d'être actuelle des vaches dans ce fortuné pays.

Je crois devoir profiter de cette remarque pour dire un mot de cette manière d'être, que j'ai observée et dont j'ai été personnellement à portée d'apprécier les avantages, ayant une douzaine de vaches et une centaine d'arpens de bois à ma disposition, appartenant à l'établissement entretenu par le gouvernement français dans le voisinage de Charleston, pour l'acclimatation en France des arbres utiles et agréables de l'Amérique; établissement qu'en ma qualité de consul j'ai géré, en l'absence du botaniste Michaux, pendant près de deux ans.

Là donc, la grande quantité de terrain boisé et la rareté des bras invite à laisser paître toute l'année les vaches en liberté et sans gardiens; mais il a cependant fallu trouver les moyens d'en tirer parti. Pour cela on a profité de l'attachement de ces animaux pour leurs petits et de leur goût pour les graines et pour le sel. En conséquence, toutes les vaches y sont accoutumées à venir seules, chaque soir, coucher dans un enclos voisin de la maison. (Les étables y sont inconnues.) Là, on leur amène successivement leur veau et on les trait pendant qu'il tète, comme je l'ai dit plus haut. Le lendemain matin on répète la même opération, et les vaches retournent dans les bois pour toute la journée. Lorsqu'elles n'ont point de veau, on leur donne une poignée de maïs, et une poignée de foin imbibée d'eau salée. Ce n'est qu'à la fin de l'hiver, c'est-à-dire en février ou en mars que le manque de pâturage se fait sentir, et qu'on est dans le cas de leur donner une certaine quantité de foin. Leur exactitude à revenir le soir à la maison est telle qu'elle sert de règle pour la cessation des travaux des nègres employés à la terre. C'est cinq heures et demi. Quand elles sont prêtes à vêler, on les retient ordinairement dans l'enclos des veaux ; mais comme on ne les surveille pas fort exactement, elles mettent souvent bas dans les bois, et reviennent un ou deux jours après avec leur petit, qu'on enferme avec les autres.

J'ai voué de la reconnoissance aux vaches de ce pays, parceque c'est à l'usage abondant de leur lait caillé, matin et soir, que je crois devoir de n'y avoir pas été attaqué de la fièvre jaune, qui enlevoit mes voisins par centaines. Cette maladie, quoi qu'on en ait dit, m'a paru n'être qu'une fièvre bilieuse facile à éviter par l'usage des débilitans rafraîchissans.

Je rentre en France et poursuis mes observations sur la nourriture des veaux.

Il est, dit-on, des localités où on élève les veaux pour ainsi dire sans lait. Pour le suppléer, on délaye d'abord de la farine dans de l'eau, ou du petit-lait tiède, et ensuite des raves ou des pommes de terre cuites. Cette méthode pourroit être plus généralement pratiquée dans les lieux où le produit du lait est le but de l'éducation des vaches.

Il est des veaux qui ne tètent pas naturellement, auxquels il faut mettre le pis dans la bouche pour le leur faire connoître.

Il est des vaches qui ne veulent pas se laisser téter par leur veau. On doit les y déterminer par tous les moyens possibles.

Quels que soient les procédés employés pour nourrir les veaux dans leur première enfance, il faut les tenir proprement, et sur-tout éloigner d'eux l'humidité. Les mettre à l'air pendant l'été est toujours plus avantageux que de les renfermer dans des étables, pourvu qu'ils puissent se mettre à l'abri pendant les nuits fraiches et pendant la pluie.

Les deux tiers peut-être des veaux qui naissent en France sont destinés à être livrés au boucher dans les deux ou trois premiers mois de leur vie. On en tue même beaucoup au bout de huit jours, quoique les règlemens de police prononcent des peines pécuniaires contre ceux qui les vendent ou les achètent avant un mois. Les plus petits pèsent environ cinquante livres, et les plus gros environ cent cinquante.

Quels tourmens n'éprouvent point les veaux qu'on transporte à la boucherie les pattes liées en croix, serrées avec force et la tête pendante hors de la voiture? Je ne vois pas passer une de ces voitures sans me demander s'il n'est pas possible d'être moins cruel à leur égard, et si la morale publique ne sollicite pas la suppression de la méthode actuelle.

Les veaux sont sujets à deux maladies opposées, la CONSTIPATION et le DÉVOIEMENT. *Voyez* ces deux mots.

Dans les cantons éloignés des grandes villes, où le lait en nature est d'une foible valeur, on élève les vaches, ou pour faire du beurre, ou pour faire du fromage, ou enfin pour propager leur espèce.

Mon estimable collaborateur Parmentier a traité avec détail de l'emploi du produit des vaches, sous les deux premiers de ces rapports, aux mots qui les concernent (*voyez* BEURRE et FROMAGE); je n'ai plus qu'à entretenir le lecteur du troisième.

Les plus gros veaux, et qui n'ont aucun défaut apparent, sont les seuls qu'on doive élever. Jamais on n'est embarrassé de se défaire de ceux qui sont petits, contrefaits ou maladifs, parceque la demande est toujours plus grande que la production.

Le premier veau d'une vache est ordinairement sacrifié jeune, sur-tout quand elle a été couverte avant trois ans, tant parcequ'il est petit que pour ménager les forces de la mère et l'accoutumer à se laisser traire. Ceux d'une vache trop vieille sont souvent foibles et rentrent dans le même cas. C'est donc entre quatre et dix ans que les vaches remplissent le mieux leur destination sous ce rapport.

Les cultivateurs sont divisés d'opinion sur la question de savoir s'il est plus avantageux d'élever les veaux nés en automne que les veaux nés au printemps. Les uns soutiennent que les premiers trouvant, à l'époque où ils commencent à manger, une herbe abondante et succulente, profiteront mieux. Les autres prétendent que les seconds, ayant un été tout entier pour se fortifier, auront moins à craindre les influences de l'hiver. L'observation des biches et autres animaux sauvages pâturans décide qu'il faudroit choisir ceux du milieu de l'été. Au reste, l'expérience de tous les temps et de tous les lieux prouve qu'avec des soins ou des précautions il est possible d'élever des veaux, avec un égal succès, à quelque époque de l'année qu'ils naissent.

Lorsque les veaux vont au pâturage avec leur mère, ils commencent à brouter quelquefois à la fin du premier mois, mais ce n'est qu'à la fin du second qu'on peut dire qu'ils mangent. Comme il y a de grandes variations à cet égard dans les races et les individus, on doit laisser aller les choses naturellement.

A cette occasion, il convient de dire que les dents de lait des veaux commencent à sortir avant ou peu de jours après leur naissance, et sont complètes à la fin du premier mois ; qu'à dix-huit ou vingt mois, quelquefois même deux ans, ces dents commencent à tomber, et ne sont complètement renouvelées qu'à quatre ans et demi ou cinq ans. (*Voyez* DENT et DENTITION.) Les cornes leur poussent à la seconde année ; elles servent, comme les dents, à reconnoître leur âge, chaque bourrelet de leur base en indiquant une au-delà de la première. *Voyez* BŒUF et CORNE.

Les meilleurs et les plus abondans pâturages doivent être réservés pour les veaux destinés à faire des élèves d'après le principe établi plus haut, que mieux ils seront nourris et plus ils deviendront gros. Cette pratique doit toujours concourir avec le choix des père et mère au relèvement des races. (*Voyez* ELÈVE.) Lorque les pâturages sont en terrain sec, les veaux grossissent moins, mais ils sont plus forts et plus vifs.

Le vert, mangé avec excès par les veaux, dit Rougier La Bergerie, leur occasionne le dévoiement et la colique, dont les suites sont souvent la mort ou une sorte d'obstruction dans le mésentère, qui leur donne un gros ventre, les fait appeler des *boyarts*, et s'oppose à ce qu'on les élève. J'ai lieu de croire que ces accidens ne se montrent fréquemment que sur les veaux qui ont été d'abord nourris à l'écurie et au sec, et qu'on abandonne ensuite sans précautions dans les pâturages ; car je ne les ai jamais observés dans les pays que j'ai habités, et où on est dans l'usage de les y mettre dès les premiers jours de leur naissance.

Dans le cas où on ne veut pas que le veau tète sa mère hors des heures convenues, on lui met une MUSELIÈRE. (*Voyez* ce mot.) Ce moyen remplit son but ; mais comme il n'empêche pas le veau de faire des tentatives, lui et la mère en pâtissent. Que dirai-je de ceux qui mettent un clou ou une lanière de peau d'hérisson en place de muselière, pour qu'en piquant la mère elle ne se laisse pas approcher ? Peut-on imaginer une plus absurde pratique ?

Avant même un an les veaux n'ont presque plus besoin de soins particuliers. Ils vivent comme leurs mères. A cette époque ils quittent leur nom pour prendre celui de taureau s'ils sont mâles, et de génisse s'ils sont femelles.

Les taureaux, comme les génisses, sont capables d'engendrer à quinze ou seize mois ; mais, ainsi que je l'ai déjà observé, il n'est pas bon de le leur permettre. Deux ans quand on est pressé de jouir, trois ans quand on veut de belles productions, sont les époques qu'il faut attendre.

Vers le même âge on châtre les mâles qui ne sont pas destinés à la reproduction, et c'est le plus grand nombre. *Voyez* Bœuf et Castration.

On ne peut trop conduire doucement, ni vivre trop familièrement avec les veaux, parceque des premières impressions qu'ils reçoivent dans leurs rapports avec les hommes dépendent leur douceur et leur obéissance, lorsqu'ils seront devenus taureau, bœuf ou vache. Un taureau méchant ne peut être conservé, un bœuf indomtable ne rend aucun service, une vache revêche devient fort difficile à traire. On voit souvent dans les pays pauvres des exemples de douceur et d'attachement des vaches pour leur maître ou leur maîtresse, qui feroient honneur à l'homme. Ces exemples sont rares dans les pays riches, parceque le grand nombre de vaches qui appartiennent au même propriétaire ne permettent pas de s'occuper autant d'elles. Là, il est nécessaire de leur donner au moins un conducteur d'un caractère doux et qui sache s'en faire aimer.

Il est des cantons où on est dans l'usage de vendre les taureaux et les génisses à deux ans, d'autres où on attend que les premiers soient châtrés, et les secondes pleines. C'est à chaque cultivateur à calculer ce qu'il lui est le plus avantageux de faire, selon la position où il se trouve et les circonstances qui se présentent.

Actuellement je reviens aux vaches faites, pour parler du régime qui leur est le plus convenable et des profits qu'on peut en tirer.

Dans quelques parties de la France on emploie les vaches au labour et au charroi positivement comme les bœufs (*voyez* ce mot). Cet usage ne tarde pas à tarir les sources de leur lait et finit par abâtardir leur race. Il ne doit être toléré que momentanément et chez les cultivateurs qui, n'ayant que peu de terre, ne peuvent entretenir une paire de bœufs. C'est bien assez pour ces animaux de donner un veau tous les ans et du lait pendant six à huit mois. J'ai vu de ces vaches, et leur apparence indiquoit leur misère. Au reste, il paroît qu'on renonce généralement à s'en servir sous ce rapport, soit par l'effet des lumières, soit par suite de l'aisance des cultivateurs.

Certains cultivateurs pensent non seulement qu'il n'est pas nécessaire d'entretenir la peau des vaches dans un état perpétuel de propreté, mais même que la fiente dont elles se recouvrent dans des étables, rarement débarrassées du fumier qui les encombre, est utile pour les soustraire aux piqûres des TAONS, des ASILES, des STOMOXES et autres INSECTES. (*Voyez* ces mots.) J'en ai rencontré dans mes voyages, qui étoient réellement hideuses à voir. Les personnes instruites des principes sur lesquels repose l'HYGIÈNE des animaux domestiques sont au contraire convaincues, avec certains autres cultivateurs, qu'on ne peut trop les ETRILLER, les BOUCHONNER, les LAVER, pour faciliter leur TRANSPIRATION. *Voyez* ces mots.

J'ai déjà parlé de la nécessité de tenir les vaches dans des ETABLES aérées, sur une LITIÈRE souvent renouvelée (*voyez* ces mots), ainsi il ne doit plus en être question.

Des expériences directes ont prouvé que les vaches toujours tenues à l'ombre dépérissoient promptement et donnoient un lait de mauvaise qualité. Les observations de Huzard sur celles des nourrisseurs des environs de Paris appuient complètement ces expériences.

Que dirai-je de leur nourriture ? Qu'elle doit être la plus abondante et la meilleure possible ? Mais l'économie, dira-t-on; mais le produit, répondrai-je. Il est beaucoup plus avantageux, à mon avis, de n'avoir pas de vaches ou d'en avoir peu que de les mal nourrir. Dire mes raisons seroit trop long et d'ailleurs superflu, puisqu'il est évident que la quantité de lait produit est toujours, à part la nature de l'individu, proportionnée à la nourriture.

Il est beaucoup de lieux où on nourrit les vaches avec des feuilles d'arbres, soit vertes en été, soit sèches en hiver. Elles aiment beaucoup cette nourriture. Les feuilles d'ORME et de VIGNE sont souvent préférées, peut-être uniquement parcequ'elles sont plus communes. Elles recherchent beaucoup les jeunes pousses de l'AJONC. Celles du ROBINIER leur vaudroient beaucoup mieux, ainsi que des expériences l'ont constaté. *Voyez* ces mots.

Lorsqu'on laisse entrer les vaches dans les bois, sur-tout au printemps, et dans les taillis, elles y causent beaucoup de dommages, aussi en sont-elles proscrites par les ordonnances. Elles gagnent dans ceux de chêne une maladie qu'on appelle mal de BROU. *Voyez* ce mot.

La nourriture verte donne aux vaches plus de lait, mais du lait moins crémeux que la nourriture sèche. La vesce non battue est peut-être le fourrage qui leur en donne le plus et de meilleure qualité. On vante beaucoup celui des vaches qui pâturent la spergule.

Parmi les différentes races de vaches il en est qui exigent plus de nourriture, qui donnent plus de lait, du lait plus crémeux, du lait plus caseux, de là le nom de *vaches beurrières, vaches fourragères*, qu'on leur donne. Les individus de la même race offrent quelquefois les mêmes différences ; ce que j'ai plusieurs fois personnellement constaté.

Dans les étables il est plus convenable de donner peu à manger à la fois aux vaches, parcequ'elles ruminent et digèrent mieux. L'herbe verte sera exempte de rosée et le fourrage dépourvu de poussière. Toute nourriture altérée leur est très nuisible.

La quantité de fourrage à donner aux vaches dans l'écurie ne peut être fixée ici, puisqu'elle dépend de la race, de l'âge, de l'état actuel, de la nature du fourrage, de la saison, etc. En général, il y a moins d'inconvéniens à en donner peu et souvent, que beaucoup et rarement. Le plus souvent on ne les affourage que deux fois. Il vaudroit mieux le faire quatre fois par jour.

Les vaches ne seront conduites aux champs que lorsque la rosée sera dissipée, et, pendant l'été, elles en seront ramenées entre dix heures et midi, époque où la grande chaleur commence à se faire sentir.

Le pâturage des vaches dans les marais ne doit jamais être de longue durée, à raison de la mauvaise nature de l'air et de la mauvaise qualité des plantes.

La manière de brouter des vaches (elles ramassent un faisceau d'herbe avec leur langue et le scient avec leurs dents) fait qu'elles ne peuvent paître là où les chevaux et encore mieux les moutons trouvent une subsistance abondante. La nature les a faites pour les pays fertiles, peut-être aussi pour les bois, où elles trouvent une herbe haute et abondante. L'énormité de leur panse et la longueur de leur rumination exigent d'ailleurs qu'elles puissent prendre leur nourriture en peu de temps. (*Voyez* RUMINATION.) Les observations consignées à l'article BŒUF me dispensent de m'étendre ici sur cet objet.

Chaque animal a une nourriture qui lui est propre ou plus convenable. Les vaches préfèrent les plantes de la famille des légumineuses et de celle des graminées, de sorte que la plupart de celles qui font l'objet habituel des cultures leur conviennent. Beaucoup appartenant à d'autres familles sont encore de leur goût, mais aussi beaucoup leur répugnent. J'ai eu soin d'indiquer les unes et les autres à mesure que l'occasion s'en est présentée. Il faut autant que possible ne pas con-

trarier la nature à cet égard, parcequ'il en résulteroit moindre
abondance et plus mauvaise qualité du lait. *Voyez* AIL.

Presque tous les fourrages, entre autres la LUZERNE, le
TRÈFLE, le SAINFOIN, la SPERGULE, les CHOUX, la CHICORÉE, la
PIMPRENELLE; presque toutes les racines, entre autres les
RAVES, les CAROTTES, les PANAIS, les BETTERAVES, les POMMES
DE TERRE, les TOPINAMBOURS; presque toutes les graines, entre
autres les FÈVES DE MARAIS, les POIS, les VESCES, les GESSES,
les LUPINS, le MAÏS, l'AVOINE, l'ORGE, ainsi que le FOIN et la
PAILLE, peuvent donc être donnés aux vaches, ce qui offre
une grande latitude pour être généreux à leur égard.

Parmi ces plantes la CHICORÉE sauvage et la RAVE ont pour
elles des inconvéniens lorsqu'on leur en donne trop à la fois
ou trop souvent. *Voyez* ces mots.

Lorsqu'on leur donne des racines, il convient de les couper
en morceaux. *Voyez* au mot RACINE la description d'un instrument à ce destiné.

Quelques agronomes ont prétendu que les racines cuites en
totalité, ou seulement à moitié, donnoient beaucoup plus de
lait aux vaches et les entretenoient en meilleur état; d'autres,
au contraire, ont soutenu que cette nourriture débilitoit leur
estomac et les faisoit bientôt maigrir. Sans avoir d'expérience
à opposer aux uns ou aux autres, je me crois autorisé à dire
que la nature et l'économie militent en faveur de l'opinion
des derniers.

Des expériences faites en Angleterre ont constaté que la
luzerne donnoit plus de lait aux vaches que le trèfle, mais
moins que l'herbe naturelle, ce qui appuie l'opinion de ceux
qui veulent que leur nourriture soit très variée.

Cette même plante donnée avec excès cause, d'après les
observations de Chabert et de Huzard, une irruption avec suin-
tement aux pieds de derrière des vaches, irruption connue
sous les noms de *jet de la luzerne, poussée d'herbe, feu d'herbe,
rafle*, et qu'on adoucit avec des lotions d'eau de fleur de sureau.

Autant que possible on doit éviter aux vaches une transition
trop brusque entre la nourriture sèche et la nourriture verte;
car des dévoiemens fort débilitans, et d'autres maladies encore plus graves en sont la suite. *Voyez* VERT.

Dans le nord de l'Europe on nourrit quelquefois, pendant
l'hiver, les vaches avec des harengs ou autres poissons dont
on a retiré l'huile. Leur lait en contracte un goût intolérable,
mais leur santé n'en est pas altérée.

Si on veut suivre l'indication de la nature, on laissera toute
l'année les vaches au pâturage libres sous la conduite d'un gar-
dien, et on y trouvera économie, bonne santé pour elles, et
qualité dans le lait, parceque là on ne sera pas obligé à des

dépenses de transport de fourrage ; qu'elles prendront un exercice salutaire et respireront un air pur ; qu'elles pourront varier et choisir leur nourriture , etc.

Cependant dans plusieurs localités on trouve de l'avantage à nourrir une partie de l'année, et même toute l'année, les vaches à l'écurie, tantôt au vert, tantôt au sec, 1° parcequ'on profite de tous leurs fumiers ; 2° parcequ'il y a moins de fourrage gaspillé ; 3° parcequ'elles donnent plus de lait.

Au premier de ces motifs je n'ai rien à objecter ; mais des RÉCOLTES ENTERRÉES EN VERT, un meilleur ASSOLEMENT, etc., ne peut-il pas diminuer la nécessité de cette surabondance de fumier ? Au second, je répondrai que les frais de transport des fourrages compense beaucoup la perte qui s'en fait par le piétinement, etc. Pour répondre au troisième, je dirai : il est facile de mettre de l'eau dans le lait après qu'il est trait, car ce n'est réellement que plus d'eau qui le fait être plus abondant.

J'ai vu les vaches sur les pâturages élevés de la Suisse, et chez les nourrisseurs de Paris, les deux extrèmes de ces deux méthodes, et j'ai bu de leur lait. Quelle apparence de bonne santé, quelle fermeté dans le maintien, quelle vivacité dans le regard des premières ; quelle apparence maladive, quel affaissement général, quel regard morne dans les secondes ! Et le lait ! une émulsion sucrée, délicieuse, ou une eau blanche insipide. Voilà la différence.

Je n'entreprendrai pas d'éloigner plus qu'il ne faut d'une pratique dont on se trouve si bien dans tant de lieux, à laquelle tant de personnes qui ne possèdent point de pâturages sont obligées de se soumettre, mais je ne ferai pas des vœux pour qu'elle s'étende sur tout le sol de la France.

La nécessité de ménager et la garde des vaches et l'herbe qu'elles perdent en la foulant aux pieds, a fait imaginer plusieurs manières de les mettre en pâturage.

1° On les enferme dans un parc qu'on change de place tous les jours, et dont la grandeur est proportionnée à leur nombre et à l'abondance de l'herbe ; on gagne de plus l'engrais produit par leur fiente. Cette manière ne peut pas être pratiquée par-tout, et exige des frais de claies ou de treillages. Si, comme je n'ai cessé de le recommander dans tout le cours de cet ouvrage, on se déterminoit à enclore les propriétés de haies vives, elles serviroient par-tout, comme elles servent en Normandie et ailleurs, à suppléer à ces parcs. Voyez HAIE, ENGRAIS, BOUZE, et PARC.

2° On fixe un piquet en terre et on y attache la vache avec une corde, de sorte qu'elle peut manger autour de ce piquet dans un rayon égal à la longueur de cette corde. Tantôt on allonge chaque jour cette corde ; tantôt on transporte plusieurs fois chaque jour le piquet à une autre place. Cette manière, fort en usage dans les pays de petite culture où il n'y a pas de troupeau commun, a fort peu d'inconvéniens lorsque les vaches y sont accoutumées dès leur enfance, et elle mérite d'être préconisée dans ceux où elle n'est pas employée.

3° Ou on attache la tête de la vache, au moyen d'une corde, avec une de ses jambes de devant, afin qu'elle ne puisse pas la lever de plus d'un pied ; ou on attache ses deux jambes de devant ensemble, ou une jambe de devant avec une de derrière, de façon qu'elle puisse à peine marcher. Je n'approuve pas cette manière, qui fait souffrir et maigrir les animaux. *Voyez* au mot ENTRAVE.

4° Enfin, les propriétaires de vaches, qui n'ont aucun terrain où ils puissent les faire ainsi paître, les font conduire par leurs enfans au moyen d'une longue corde le long des routes, sur le bord des ruisseaux, par-tout enfin où il y a de l'herbe qui n'est réclamée par personne. Cette manière est souvent sujette à de grands inconvéniens pour les propriétés riveraines.

La boisson des vaches est l'eau la plus pure ; elles ont besoin d'en prendre souvent et abondamment, c'est-à-dire deux fois par jour en été, matin et soir, et une fois en hiver, à midi. Lorsque l'eau provient d'un puits ou d'une fontaine, il est nécessaire de la laisser prendre la température de l'atmosphère avant de la leur donner.

Dès que les vaches cessent d'entrer en chaleur, qu'elles commencent à devenir grasses, c'est-à-dire à dix, douze et quinze ans au plus, suivant les races et les individus plus ou moins vigoureux, il faut les vendre au boucher. Il est rare que la plus-value de leur prix compense les frais de leur engrais régulier ; cependant si on vouloit on pourroit l'effectuer, soit en les laissant quelques mois dans de bons prés, ou les nourrissant abondamment à l'étable de foin, de paille, de racines potagères, soit en leur donnant des graines, principalement des fèves, des pois, des gesses, de l'orge, etc. *Voyez* ENGRAIS.

En Angleterre on châtre les vaches, en leur enlevant les ovaires afin de les disposer à l'engrais. *Voyez* CASTRATION. Ce procédé n'est pas d'usage en France.

« On ne peut pas dire que la viande de vache de même âge, engraissée de la même manière, soit aussi bonne que celle de bœuf ; aussi se vend-elle moins chère : elle est consommée généralement par les habitans des campagnes et par les pauvres des villes. Celle qui provient de vaches en chaleur a un goût particulier fort désagréable. Il est, dit-on, des vaches normandes qui donnent de la viande aussi bonne que celle de certains bœufs. »

Les principales maladies des vaches sont le Dégout, la Colique, l'Enflure, la Pomelière. Elles sont, pour ainsi dire, périodiquement frappées d'Épizootie. *Voyez* ces mots.

Dans la Limagne les vaches perdent souvent leurs cornes sans qu'on puisse en deviner la cause, et sans qu'elles en souffrent.

Sur les bords de la Creuse, des nodosités leur surviennent aux genoux et les empêchent de marcher. On peut supposer que c'est une espèce de goutte produite par l'humidité des étables.

Je m'arrêterai ici, renvoyant, pour ce qui peut manquer à cet article, aux écrits de Chabert et de Huzard sur les vaches laitières, sur les nourrisseurs de vaches de Paris, ainsi qu'à ceux de Parmentier et de Tessier sur le lait (B.)

VACHER. Homme qui conduit les vaches et les bœufs au pâturage. Il doit être jeune, bien constitué, attaché à ses devoirs et d'un caractère doux. On l'appelle aussi PATRE.

Quoique les vaches soient armées de cornes redoutables, elles sont assez faciles à diriger par celui auquel elles sont accoutumées, mais elles se révoltent souvent contre ceux qu'elles ne connoissent pas et contre les chiens. C'est par la douceur qu'il faut les soumettre à notre volonté. *Voyez* Vache et Bœuf.

Comme les soins qu'un vacher doit prendre des animaux qui lui sont confiés rentrent dans ceux des Bouviers et des Bergers, je renvoie à l'article de ces derniers, article où ces soins ont été si bien développés par Rozier et par mon collaborateur Tessier.

VAGUE (PLACE). Se dit de la localité d'une forêt qui est dépourvue d'arbres. Ce mot est synonyme de Clairière. *Voy.* ce mot.

VAGUES (TERRAINS). On donne ce nom à des terres qui ne sont pas cultivées, soit parceque le propriétaire dédaigne les mettre en valeur, soit parcequ'elles appartiennent à des communes qui les réservent pour le pâturage de leurs bestiaux.

Rarement les terrains vagues sont d'une bonne nature, mais il en est peu dont un cultivateur éclairé ne puisse tirer parti. La quantité qui en existe en France est immense; aussi les amis de l'agriculture font-ils des vœux pour que des lois coërcitives lèvent les obstacles qui s'opposent à ce qu'ils soient plantés en bois, convertis en prairies artificielles ou au moins en pâturage bien réglé.

Comme la plupart de ces terrains rentrent dans ceux qu'on appelle Lande, et que beaucoup sont des Communaux, je renverrai à ces deux mots et à ceux Craie, Argile, Sablonneux, Granit, Schiste et Marais.

VAINE PATURE. Usage qui, malheureusement pour l'agriculture, existe dans beaucoup de cantons de la France, et à la faveur duquel tous les bestiaux d'une commune pâturent sur les terres non closes de cette commune aussitôt que les récoltes en sont enlevées. Il est même de ces cantons où cet usage s'oppose à ce qu'on fasse du regain dans les prairies.

Beaucoup d'écrivains, amis des droits de la propriété et de la prospérité de l'agriculture, se sont élevés contre la vaine pâture et en ont demandé la suppression. Déjà des lois protectrices l'ont restreinte et le nouveau Code rural tend à l'anéantir. Ses inconvéniens sont trop généralement reconnus pour qu'il soit nécessaire de les développer ici. Je me contenterai donc de dire qu'elle ne permet pas une culture par assolemens réguliers, c'est-à-dire qu'elle s'oppose à toute bonne agriculture, ou ne peut exister dans un pays convenablement cultivé. *Voyez* Assolement.

VAISSEAUX LYMPHATIQUES. Ce sont les vaisseaux dans lesquels circule la sève. Ils varient en forme, en grandeur et en nombre dans chaque espèce de plante. On ne peut les indiquer d'une manière certaine que lorsqu'on les a vus remplir leurs fonctions, parcequ'ils ressemblent beaucoup aux autres vaisseaux. *Voyez* Sève, Tissu cellulaire, Tissu tubulaire, Suc propre et Physiologie végétale.

VAISSEAUX DES PLANTES. Une branche de chêne coupée offre des cercles concentriques alternativement larges et étroits, et la simple vue montre que ces derniers sont percés d'une immense quantité de trous, qui se prolongent dans toute la longueur de l'arbre. On a appelé ces trous les vaisseaux du chêne.

Cependant si on examine les cercles les plus larges et les intervalles des trous des petits, au moyen d'une forte loupe et ensuite d'un microscope, on s'assure facilement qu'ils sont également perforés de trous de diverses grandeurs, qu'on doit aussi appeler les vaisseaux du chêne.

Les progrès de la physiologie végétale ayant donné la preuve que ces différens ordres de vaisseaux n'étoient réellement formés que par l'écartement de cellules, la plupart hexagones et fermées de tous côtés, qu'ils avoient une organisation et des fonctions différentes, on a dû leur donner des noms particuliers. Les premiers ont été appelés le Tissu vasculaire ou tubulaire, et les seconds Tissu cellulaire ou réticulaire. *Voy.* ces deux mots et les mots Parenchyme, Sève, Suc propre, Trachée, Pore, Physiologie végétale.

Les agriculteurs sont peu souvent dans le cas d'avoir à prendre en considération, dans la pratique, les vaisseaux des plantes. Quoiqu'en général leur petitesse indique la dureté des bois, il est cependant des cas où cela n'est pas. Ils s'oblitèrent plus ou moins dans la vieillesse. *Voyez* Aubier, Bois et Ecorcement des arbres. (B.)

VALANCE, *Valantia*. Genre de plantes de la polygamie monœcie, et de la famille des rubiacées, qui réunit une douzaine d'espèces, dont deux se rencontrent si fréquemment et si abondamment dans les campagnes, que je ne puis me dispenser d'en parler ici.

La valance croisette, autrement la *croisette velue*, a les racines vivaces, traçantes, les tiges grêles, quadrangulaires, hautes d'un à deux pieds ; les feuilles sessiles, ovales, velues, réfléchies contre la tige après la floraison, et verticillées quatre par quatre ; les fleurs jaunes, petites et en bouquets verticillés dans les aisselles des feuilles supérieures. Elle se trouve dans les bois, les haies un peu humides, et fleurit à la fin du printemps. On la regarde comme un excellent vulnéraire astringent. Les bestiaux n'y touchent pas ; cependant quand elle est coupée et mêlée avec d'autres plantes ils la mangent fort bien. Elle est quelquefois si abondante qu'on doit la couper pour faire de la litière et augmenter la masse des fumiers.

La valance grateron, ou simplement le *grateron*, a les racines annuelles, les tiges grêles, anguleuses, garnies de dents crochues et hautes d'un pied ; les feuilles presque linéaires, rudes, dentées, verticillées six par six ; les fleurs blanchâtres, verticillées dans les aisselles des feuilles supérieures et portées trois par trois sur des pédoncules communs. Elle se trouve dans les champs ou autres lieux cultivés, et fleurit au milieu du printemps. On la regarde comme sudorifique. Ses tiges s'accrochent aux habits des hommes et aux poils des animaux, sur-tout quand elles commencent à se dessécher, gênent souvent la marche dans certains cantons. Il n'est point de chasseur qui ne la connoisse.

VALÉRIANE, *Valeriana*. Genre de plantes de la triandrie monogynie, et de la famille des dipsacées, qui rassemble près de cinquante espèces, dont plusieurs intéressent les cultivateurs sous divers rapports, et qu'ils doivent, par conséquent, désirer connoître.

Les valérianes ont toutes les feuilles opposées, et les fleurs disposées en panicule ou en corymbe terminal.

La valériane rouge, ou des jardins, *Valeriana rubra*, L., a les racines vivaces, épaisses, ridées, rampantes, les tiges cylindriques, lisses, fistuleuses, rameuses, hautes de deux à trois pieds ; les feuilles sessiles, lancéolées, pointues, très entières, d'un vert glauque ; les fleurs rouges disposées en un vaste panicule terminal, et dont la corolle n'a qu'une étamine et un éperon allongé. Elle est originaire des montagnes sèches des parties méridionales de l'Europe, et est devenue commune autour des grandes villes des parties septentrionales, où elle croît dans les décombres, sur les vieux murs, etc. Elle fleurit successivement pendant tout l'été, ce qui fait qu'on la cultive dans les grands parterres et dans les jardins paysagers, où elle produit des effets agréables. Elle aime les terrains les plus chauds et les plus légers à l'exposition du midi. Elle craint ceux qui sont argileux et humides. On la place avec avantage sur les rochers et les masures. Elle a le défaut de ne pas toujours se soutenir droite et de se casser par suite des grands vents et des orages ; c'est pourquoi on est souvent obligé, dans les parterres, de gêner son port en lui donnant un tuteur, ce qui nuit à la beauté de son aspect. On la multiplie par ses graines qu'on sème aussitôt qu'elles sont mûres, ou au printemps, et qui lèvent d'ailleurs assez abondamment d'elles-mêmes autour des pieds : on la multiplie aussi par la séparation de ses racines. Ce dernier moyen, qui est le plus expéditif, puisque ses résultats donnent des fleurs dès la même année, est employé de préférence. On est même presque toujours obligé, chaque hiver, de retrancher une partie des racines de cette plante, qui s'étendent avec une prodigieuse rapidité lorsque le terrain leur convient, et d'en relever les pieds tous les trois ou quatre ans, parcequ'ils épuisent le terrain et périssent par leur centre.

Tous les bestiaux aiment beaucoup cette plante dont l'homme même mange les jeunes pousses dans quelques pays. Peut-être seroit-il avantageux de la cultiver pour eux. On en connoît une variété à *fleurs blanches* et une autre à *feuilles étroites.*

La VALÉRIANE GRANDE, *Valeriana phu*, Lin., a les racines vivaces, grosses, ridées, traçantes, les tiges droites, cylindriques, peu rameuses, hautes de quatre à cinq pieds ; les feuilles d'un vert jaunâtre, les radicales pétiolées, ovales, oblongues, entières ou lisses, les caulinaires sessiles, ailées, avec impaire et à folioles linéaires lancéolées ; les fleurs blanches à trois étamines et disposées en panicule terminal. Elle est originaire des parties méridionales de l'Europe et fleurit au milieu du printemps. On la cultive dans les jardins sous le nom de *grande valériane* ou de *valériane franche*, principalement à cause de son port qui est réellement superbe et d'un grand effet. C'est au milieu des parterres, autour des massifs, dans les petites plates-bandes éparses au milieu des gazons qu'il convient de la placer. Toute terre et toute exposition lui conviennent, cependant elle craint la trop grande sécheresse comme la trop grande humidité. On la multiplie positivement comme la précédente. Sa racine a une odeur fort désagréable, une saveur aromatique, et s'emploie en médecine comme diurétique, céphalique et vulnéraire. Les chats aiment à se rouler dessus et à la déchirer, aussi doit-on la garantir de leurs atteintes par des épines ou autrement.

La VALÉRIANE OFFICINALE, ou *valériane des bois*, a les racines vivaces, traçantes, les tiges cylindriques, striées, presque simples, hautes de quatre à cinq pieds ; les feuilles toutes ailées avec impaire et à folioles lancéolées, dentées, un peu velues, les radicales pétiolées, les caulinaires sessiles et opposées ; les fleurs rougeâtres à trois étamines, et disposées en panicule terminal. Elle croît très abondamment dans les bois humides, et fleurit pendant une grande partie de l'été. Tous les bestiaux l'aiment avec passion quoiqu'elle les purge. Sa racine est amère, stiptique et odorante. On l'a beaucoup préconisée comme cordiale, apéritive, diaphorétique et céphalique. Elle a, dit-on, guéri des épileptiques, des paralytiques. Quelques médecins l'emploient très fréquemment dans leur pratique. On la récolte pour cet usage, lorsque les tiges commencent à se dessécher, et on la conserve bonne pendant plusieurs années.

Cette plante peut concourir, aussi-bien que les précédentes, à l'ornement des jardins ; mais comme il lui faut un sol frais et ombragé, on la voit rarement dans les parterres. On doit la réserver pour les jardins paysagers, où elle produit de très bons effets sur le bord des eaux, entre les buissons des massifs exposés au nord, etc. On la multiplie comme les autres.

Il est des bois où elle est si commune qu'il peut paroître avantageux de la couper pour la donner aux bestiaux, ou même seulement pour faire de la litière. Elle se fait toujours remarquer par la grandeur et l'élégance de son port et de son feuillage.

La VALÉRIANE DIOÏQUE, ou *valériane des marais*, a les racines vivaces, traçantes, les tiges droites, anguleuses, noueuses, simples, hautes d'un pied au plus ; les feuilles radicales pétiolées, plus ou moins entières, les caulinaires sessiles, ailées, à folioles linéaires lancéolées et non dentées, l'impaire plus grande ; les fleurs purpurines ou blanches, mâles à trois étamines dans certains pieds, et femelles dans d'autres. Elle se trouve souvent très abondamment dans les marais, et fleurit au premier printemps. Tous les bestiaux recherchent ses feuilles avec passion. Ses racines sont très odorantes. On doit la placer sur le bord des eaux dans les jardins paysagers, car elle est, en petit, aussi élégante que les précédentes, et elle a de plus l'avantage de fleurir avant elles.

La VALÉRIANE MACHE, ou *doucette*, *Valeriana locusta*, Lin., a été établie en titre de genre par les botanistes modernes. *Voyez* au mot MACHE. (B.)

VALERIANE GRECQUE. *Voyez* POLÉMOINE.

VALEUR. Les cultivateurs sont souvent dans le cas d'estimer la valeur d'une terre, soit pour en faire l'acquisition, soit comme arbitres, et doivent désirer connoître les bases d'après lesquelles on peut l'établir.

Tout fonds de terre a une valeur propre et une valeur relative. La valeur propre est fondée sur la nature du sol, sur son exposition, sur l'abondance ou la rareté des eaux, etc. La valeur relative tient à sa position dans le voisinage d'une grande ville, sur une route très fréquentée, etc.

Une terre de peu de valeur peut en acquérir une grande entre les mains d'un cultivateur industrieux qui sait en tirer parti, soit directement par une meilleure culture, un meilleur choix de productions, etc., soit indirectement, en y élevant ou engraissant des bestiaux, en fabriquant plus de beurre, de fromage, etc.

Généralement on établit la valeur d'un fonds sur la rente qu'en paye le fermier ; mais si cela suffit à l'acquéreur qui ne veut que placer un capital, il faut des données plus certaines pour celui qui veut spéculer sur la culture. Telle ferme est louée au-delà de sa valeur, telle autre bien au-dessous, et ce dans le même pays, dans le même sol, parceque beaucoup de circonstances étrangères à la nature du sol influent souvent sur les déterminations de ceux qui la louent.

L'évaluation faite d'après le nombre d'arpens en terres labourables, prés, vignes, bois, divisé en bon, médiocre et mauvais, et d'après le prix moyen de chacune de ces sortes de terres dans le pays, est moins sujette à erreur lorsqu'on agit de bonne foi ; cependant des causes physiques peuvent encore en altérer les bases. Ainsi, dans les pays réputés malsains, sujets aux inondations, à la grêle, les terres se vendent moins, quoique cependant meilleures que dans ceux qui n'offrent pas la crainte de ces inconvéniens.

Il résulte de ceci qu'il est presque impossible d'établir la valeur d'une terre sur des bases fixes ; qu'on doit presque toujours croire être arrivé au but lorsqu'on s'est rapproché le plus possible de ce que l'opinion du pays annonce être cette valeur.

J'aurois pu développer beaucoup plus cet article ; mais comme les élémens des évaluations varient dans chaque canton, cela eût été d'une très foible utilité aux cultivateurs.

VALIÈRE. Sorte de moutons gras qui sont amenés du Poitou à Paris. *Voyez* MOUTON.

VALLAT. Nom des fossés dans le département du Var.

VALLÉE, VALLON. Une vallée est l'intervalle de deux chaînes de montagnes à peu près parallèles. Un vallon, qu'on appelle aussi *combe* dans certains cantons, est l'intervalle de deux montagnes. Il n'y a donc de différence entre eux que la grandeur et la position. La plupart même des vallées sont des vallons à leur origine, c'est-à-dire dans leur partie la plus élevée. Au reste, ces deux mots se substituent sans cesse l'un à l'autre.

Toutes les vallées des montagnes primitives ont été formées en même temps qu'elles, mais la plupart ont été depuis agrandies ou élevées par les eaux pluviales. Plusieurs de celles des montagnes secondaires et tertiaires l'ont été par les courans lorsque ces montagnes étoient sous les eaux de la mer, et ont été également depuis agrandies ou élevées par les eaux des ruisseaux et des rivières qui y coulent presque toujours ; mais la plupart ont été formées presque entièrement par ces ruisseaux ou ces rivières, ainsi que le prouve la similitude des couches correspondantes des coteaux et quelquefois des angles rentrans et sortans de ces mêmes coteaux. *Voyez* au mot MONTAGNE.

La culture des vallées qui sont fort larges diffère peu de celles des plaines de climat et de nature de terre analogue ; mais celle des vallées étroites ou des vallons est susceptible de beaucoup de modifications. C'est véritablement dans les vallées que la petite agriculture, c'est-à-dire celle qui se fait par les propriétaires mêmes, et le plus souvent à bras, montre tous ses avantages, ou en d'autres termes, c'est là, et là seulement, que la division des propriétés, pourvu qu'elle ne soit pas trop minime, est sans inconvéniens pour les produits. On pourroit faire un volume et ne pas encore épuiser ce qu'il y a à dire sur les vallées considérées sous le point de vue agricole, et cependant l'article que je leur consacre doit être court !

Le premier point de vue sous lequel il convient que j'envisage ici une vallée, c'est sa position. Celle qui est tournée au midi recevant directement les rayons du soleil, et étant garantie des autres vents, sur-tout de celui du nord, acquiert un degré de chaleur supérieur à celui de toutes les plaines et les montagnes du même climat ; les plantes plus méridionales pourront donc y être cultivées avec succès. On trouve de ces vallées dans toutes les chaînes ; mais nulle part elles ne se remarquent autant en France que sur la limite de la culture de l'olivier et du figuier, c'est-à-dire dans les Cévennes et les Alpes maritimes. Celle, au contraire, qui présente son ouverture au nord, ne recevant les rayons du soleil que lorsque cet astre est déjà fort élevé sur l'horizon, c'est-à-dire pendant peu de temps , et donnant entrée au vent du nord , sera beaucoup plus froide que les plaines et les montagnes voisines ; la neige s'y conservera plus long-temps et les gelées y seront plus tardives. On ne peut pas y cultiver la vigne dans le climat de Paris , et même plus au midi.

Les vallées qui présentent leur ouverture au levant, recevant les rayons du soleil dès le matin dans leur direction et pendant une grande partie de la journée sur un de leurs côtés , auront une partie de la chaleur des premières, et celles qui l'ont au couchant les recevant pendant une foible partie de la journée sur un de leurs côtés , et encore moins de temps dans leur direction , ne seront pas beaucoup plus chaudes que celles exposées au nord. Cependant, comme dans la plus grande partie de la France les vents du levant sont très froids , et ceux de l'ouest passablement chauds , ces deux dernières sortes de vallées sont presque à égalité relativement à la température moyenne , abstraction faite de l'abri du vent du nord dont jouit celui de leurs côtés qui est exposé au midi.

Ce que je viens de dire ne s'applique qu'aux vallées qui sont à la même hauteur relativement au niveau de la mer ; car celles qui ont la même exposition suivent, relativement à leur degré de chaleur, lorsqu'elles sont plus élevées, les mêmes lois de refroidissement que les montagnes, ou à peu près.

Il n'est pas nécessaire de dire que cela ne s'applique aussi qu'aux vallées qui ont un sol de même nature et de même couleur , puisque celle qui est composée de terre argileuse s'échauffe moins que celle qui l'est de terre calcaire ; celle qui est blanche moins que celle qui est noire. *Voy.* au mot TERRE.

On peut cultiver généralement les mêmes espèces de plantes sur le milieu et sur les deux côtés d'une vallée tournée au midi , ainsi que sur ceux de celle tournée au nord. Dans les vallées tournées au levant ou au couchant il n'en est pas de même. En effet , un des côtés de ces dernières reçoit perpendiculairement les rayons du soleil pendant une grande partie de la journée , mais l'autre ne le reçoit qu'obliquement et pendant peu d'instans le matin ou le soir. Ce dernier côté, froid et humide à l'excès, repousse certaines espèces de cultures, et ne peut pas , dans le climat de Paris par exemple , être planté en vignes ; mais les prairies artificielles , les bois , sur-tout ceux d'arbres verts, y réussissent fort bien. Il en est de même des plantations de pommiers, de châtaigniers, de noyers, etc. Ces derniers arbres sont réellement habitans des vallées, ils ne croissent bien que là , et sur-tout au nord , mais non ensemble , le châtaignier voulant un terrain quartzeux et léger , et le noyer un terrain argileux et frais. *Voyez* au mot COTEAU.

Dans les hautes montagnes le fond ou milieu des vallées es

ordinairement en prairies naturelles, parceque c'est le seul
endroit où l'herbe soit assez épaisse et assez haute pour mériter d'être fauchée. Dans les montagnes inférieures il est cultivé comme les plaines. Presque par-tout il est généralement
bien garni d'arbres fruitiers en plein vent, et donne des récoltes abondantes en tous genres, parceque le sol y est profond et amélioré chaque année par les détritus des plantes,
par les parcelles de terre végétale que les eaux pluviales amènent des coteaux, et souvent par le ruisseau ou la rivière qui
y coule, rivière dont les eaux filtrent à travers les terres et y
portent une humidité continuelle et bienfaisante.

Mais si les vallées sont, sous tant de rapports, le véritable
séjour du bonheur, elles sont aussi sujettes à de grands inconvéniens agricoles. Telle, dans les hautes Alpes, qui présentoit
l'année précédente le plus riche pâturage, est transformée en
un glacier éternel par la prolongation extraordinaire de l'hiver, ou la chute d'une plus grande quantité d'avalanches que
de coutume : telle, dans les montagnes inférieures, qui hier
étaloit les richesses de la plus brillante culture, se trouve aujourd'hui dépouillée de toutes ses productions par l'effet d'un
orage de quelques minutes, orage qui a versé des torrens d'eau
et par suite détruit les moissons, arraché les arbres, démoli
les maisons, entraîné les terres, ou substitué à ces dernières
des sables arides, etc., etc. (*Voyez* au mot ORAGE.) Ces malheurs
sont d'autant plus graves que les montagnes sont plus élevées
et que leurs pentes sont plus rapides. Il est des vallées où
chaque pluie forme ou augmente la rivière qui les parcourt, et
où par conséquent on a perpétuellement à craindre des pertes
de ce genre, et où il est très difficile d'apporter des obstacles
à la fureur des eaux. (*Voyez* au mot TORRENT.) Il en est d'autres
beaucoup plus fortunées, où le ruisseau ou la rivière déborde
tous les hivers, et occasionne des pertes plus ou moins considérables, mais aussi améliore le sol par des alluvions de vase.
Voyez aux mots DÉBORDEMENT et INONDATION.

La plupart des vallées peuvent être transformées, en totalité ou en partie, en étangs, en les barrant par une digue plus
ou moins élevée. Ces étangs donnent le meilleur poisson, attendu que les eaux s'y renouvellent perpétuellement ; mais ils
ne sont pas très communs, parcequ'ils sont exposés à des dégradations fréquentes par suite des orages ou des fontes de
neige. (B.)

VAN. Ustensile d'osier ou de carton fait en forme de co-
quille et à deux anses, servant à séparer des grains ou graines
la poussière, les pailles, les ordures et autres corps étrangers
qui s'y trouvent mêlés. Le derrière du van est un peu élevé et

courbé en rond, et son creux diminue insensiblement jusque sur le devant.

Les vans d'osier sont de différentes grandeurs, selon les pays et selon l'espèce ou la quantité de grains qu'on se propose de vanner. C'est avec ces vans qu'on nettoie le froment, le seigle, l'orge, l'avoine et beaucoup de graines de la famille des légumineuses. Pour s'en servir utilement il faut agiter le grain d'une certaine manière, et employer dans ce mouvement un tour de poignet que l'adresse naturelle et l'habitude seule peuvent donner. On le verse ensuite dans un courant d'air, afin que les pailles et les autres ordures soient facilement emportées.

Avec les vans de carton on nettoie les petites graines, soit potagères, soit de fleurs, soit d'autres plantes. Après avoir agité ces graines on en détache et fait sortir avec la main, ou en soufflant dessus, jusqu'aux plus légers fragmens étrangers qu'elles contenoient. (D.)

VANILLIER, *Vanilla*, Gœrtn. Juss., *Epidrendum vanilla*, Lin., plante exotique, sarmenteuse, de la famille des ORCHIDÉES, qui croît en Amérique, principalement au Mexique, et dont le fruit ou silique, connu sous le nom de *vanille*, est employé dans les parfums, et sert particulièrement d'aromate au chocolat, auquel il donne en même temps de la force et un goût très agréable.

La vanille est une de ces substances végétales dont on use beaucoup, et sur la production desquelles on n'a que des détails peu sûrs et peu exacts.

On connoît deux espèces de vanilliers, celui de *Saint-Domingue* et celui du *Mexique*. Le fruit du premier est sans odeur, et n'entre point dans le commerce; par ces deux raisons je n'en parlerai pas.

Le VANILLIER DU MEXIQUE, *Vanilla Mexicana*, Mill. Dict. n° 2, vient naturellement dans la baie de Campêche, aux environs de Carthagène, sur la côte de Caraque, dans l'isthme de Darien et toute l'étendue qui est depuis cet isthme et le golfe Saint-Michel jusqu'à Panama, le Jucatan et le Honduras. On le trouve aussi en quelques autres lieux; mais il ne produit nulle part d'aussi bonne vanille, ni en si grande quantité qu'au Mexique. Cette plante aime les endroits frais et ombragés; on ne la rencontre guère qu'auprès des rivières, et dans les lieux où la hauteur et l'épaisseur des bois la mettent à couvert des trop vives ardeurs du soleil. Elle grimpe le long des arbres placés dans son voisinage et qui lui servent d'appui, et elle porte des fleurs d'un rouge noirâtre. Ses fruits, tels qu'on les voit dans le commerce, sont des espèces de siliques longues de six à sept pouces, larges d'environ quatre lignes, d'un roux brun, un peu aplaties d'un côté, et se divisant dans leur longueur en deux valves, dont une, un peu plus large que l'autre, a une arête ou une saillie longitudinale sur son dos, ce qui fait paroître chaque silique d'une forme légèrement triangulaire. Les battans de ces siliques sont un peu coriaces, cassans néanmoins, et ont un aspect gras et huileux. La pulpe qu'ils renferment est roussâtre, remplie d'une infinité de petits grains noirs, luisans; elle est un peu âcre, grasse, et a une odeur suave qui se rapproche de celle de l'héliotrope ou du baume du Pérou.

On distingue dans le commerce trois principales sortes de vanilles. La première est appelée par les Espagnols *pompona* ou *bova*, c'est-à-dire enflée ou bouffie, ses siliques sont grosses et courtes; la seconde, ou celle du *leq*, qui est la marchande, a des siliques plus longues et plus déliées; enfin les siliques de la troisième, qu'on appelle *simarona* ou bâtarde, sont les plus petites en tous sens.

La seule vanille de *leq* est la bonne; elle doit être d'un rouge brun foncé, ni trop noire, ni trop rousse, ni trop gluante, ni trop desséchée. Il faut que ses siliques paroissent pleines, et qu'un paquet de 50 pèse plus de cinq onces; celle qui en pèse huit est la *sobre buena*, l'excellente. L'odeur en doit être pénétrante et agréable. Quand on ouvre une de ces siliques, bien conditionnée et fraîche, on la trouve remplie d'une liqueur noire, huileuse et balsamique, où nagent une infinité de petits grains noirs presque imperceptibles. La *pompana* a l'odeur plus forte, mais moins agréable, elle donne des maux de tête, des vapeurs et des suffocations : sa liqueur est plus fluide, et ses grains plus gros; ils égalent presque ceux de la moutarde. La *simarona* a peu d'odeur, de liqueur et de grains. On ne vend point la *pompona* et encore moins la *simarona* : mais les Indiens en glissent adroitement quelques siliques parmi la vanille de *leq*. On ne sait point si ces trois sortes de vanilles sont trois espèces différentes, ou si ce n'en est qu'une seule, qui varie suivant le sol, la culture et la saison où la récolte a lieu.

Selon Geoffroy (*Mat. med.*), cette récolte se fait depuis le commencement d'octobre jusqu'à la fin de décembre; quand les siliques sont mûres, les Mexicains les cueillent, les lient par les bouts, et les mettent à l'ombre pendant quinze à vingt jours pour les faire sécher, parceque leur eau de végétation surabondante pourroit les faire pourrir. Lorsqu'elles sont sèches et en état d'être gardées, ils les oignent extérieurement avec un peu d'huile pour les rendre souples, les mieux conserver, empêcher qu'elles ne se brisent; ensuite ils les mettent par paquets de cinquante, de cent ou de cent cinquante, pour nous les envoyer. Quelquefois ils falsifient la vanille de la manière suivante : après avoir cueilli les siliques, ils en retirent la pulpe aromatique, y substituent de petites pailles ou d'autres corps étrangers, en bouchent après les ouvertures avec un peu de colle, et les entremêlent ensuite avec la bonne vanille.

Selon Miller, le vanillier ne donne qu'une récolte par année, et elle se fait communément au mois de mai, avant que les fruits soient parfaitement mûrs, sans quoi ils seroient d'une qualité inférieure; on les recueille, dit-il, lorsqu'ils deviennent rouges et qu'ils commencent à s'ouvrir; on les met en petits tas pour fermenter pendant deux ou trois jours, comme on le pratique pour le cacao; on les étend ensuite au soleil, et lorsqu'ils sont à moitié secs, on les aplatit avec les mains, et on les frotte avec de l'huile de *palma Christi* ou de cacao; on les remet une seconde fois sécher au soleil, et on les frotte encore d'huile, après quoi on en forme de petits paquets que l'on couvre de roseau des Indes pour les conserver.

On voit que Geoffroy et Miller ne s'accordent point sur l'époque de la récolte de la vanille, ni sur la manière dont elle est desséchée. Peut-être la fait-on sécher tantôt à l'ombre, tantôt au soleil, et la recueille-t-on dans diverses saisons de l'année, selon les pays où elle vient.

Pour multiplier le vanillier dans son pays natal, on se contente de le couper en morceaux de trois ou quatre nœuds de longueur, qu'on plante près des tiges des arbres dans les lieux bas et marécageux. Les rejetons de cette plante sont succulens, et peuvent se conserver frais pendant plusieurs mois, ce qui facilite leur transport. Miller dit en avoir reçu en Angleterre des branches coupées depuis plus de six mois, qu'il a plantées dans des pots, plongés dans une couche chaude de tan, et qui bientôt ont poussé des feuilles et des racines à chaque nœud. (D.)

VANNEAU. Oiseau du genre de son nom et de la famille des échassiers, qui se reconnoît à sa tête noire et ornée d'une huppe à sa partie postérieure, à ses joues grises, à sa gorge noire, à son ventre et à son croupion blanc, à son dos d'un vert doré, à ses ailes et à la moitié de sa queue noires. Il a un pied de long.

Quoiqu'on voie des vanneaux en France pendant toute l'année, il faut cependant les mettre au nombre des oiseaux de passage, car la plupart vont, pendant l'hiver, chercher en Afrique un climat moins rigoureux.

On voit les vanneaux en bandes de plusieurs centaines errer dans les prairies, les terres labourées, dans tous les lieux enfin où ils trouvent les vers de terre, dont ils se nourrissent. Loin de causer du dommage à l'agriculture, ils lui rendent ainsi serviee. (*Voyez* Lombric.) Les cultivateurs devroient donc les respecter, mais l'appât de leur chair, qui est un bon manger, les détermine à en tuer autant qu'ils peuvent. (B.)

VAPEURS. Particules aqueuses qui s'élèvent de l'eau, de la terre, des plantes, etc., à l'aide de la chaleur du soleil ou de celle du feu.

Lorsqu'une vapeur est devenue très visible, elle prend le nom de Brouillard, de Nuage, de Fumée. *Voyez* ces mots.

Quelquefois les vapeurs sont emportées par des gaz et deviennent dangereuses. *Voyez* Hydrogène, Miasme et Marais.

Toute vapeur se résout en eau en perdant son Calorique. *Voyez* ce mot, et les mots Eau, Pluie, Rosée.

On voit pendant les jours les plus chauds de l'été, lorsque le soleil brille, les vapeurs s'élever de la terre, mais non dans les autres temps, quoiqu'il en sorte presque continuellement pendant toute l'année.

Ce sont les vapeurs qui s'élèvent de la terre pendant la nuit ou dans les jours froids de l'automne qui complètent la maturité des fruits qui sont voisins de la surface de la terre. (B.)

VARAIRE, *Veratrum*. Genre de plantes de la polygamie monœcie, et de la famille des joncoïdes, qui renferme trois ou quatre espèces et dont deux sont très connues en médecine sous les noms d'*ellébore blanc* et d'*ellébore noir*, et se cultivent dans quelques jardins d'agrément.

Les varaires blanche et noire ont les racines vivaces, charnues; les tiges presque simples, droites, velues, hautes de trois à quatre pieds; les feuilles alternes, amplexicaules, ovales, plissées, nervées, d'un beau vert; les radicales très grandes, et d'un beau vert; les fleurs disposées en grappes paniculées. Ces fleurs sont plus nombreuses et blanchâtres dans la première, et écartées et d'un rouge noirâtre dans la seconde. Toutes deux croissent naturellement sur les montagnes de presque toutes les parties méridionales de l'Europe.

Ces deux plantes ont un très beau port et font de l'effet dans les jardins, quoique leurs fleurs soient peu brillantes. On les y place au milieu des plates-bandes des parterres, ou parmi les arbustes des derniers rangs des massifs, ou entre les rochers, les fabriques, etc. Elles fleurissent au milieu de l'été. Elles viennent dans toute sorte de terrain; mais les bons fonds légèrement ombragés leur conviennent davantage que les autres. On les multiplie par leurs graines semées dans une planche bien préparée et exposée au levant. Le plant reste deux ans en place, après quoi on le place à demeure. Elles sont encore un ou deux ans avant de fleurir. Cette lenteur dans la végétation du plant venu de graine fait qu'on préfère propager cette plante par le déchirement des vieux pieds, déchirement qu'on ne doit renouveler sur chaque pied que tous les trois ou quatre ans. Il se pratique en hiver.

Les racines de ces deux plantes ont une odeur nauséabonde qui fait quelquefois vomir ceux qui les arrachent. Elles sont émétiques, purgatives et sternutatoires à un haut degré. On les emploie contre l'hydropisie, les maladies vénériennes et la folie ; mais il faut les laisser doser par un praticien exercé, car elles sont dans le cas de causer des accidens graves et même la mort. Dans les Pyrénées et en Espagne on les emploie avec succès en décoction pour guérir la gale des moutons. Il y a tout lieu de croire qu'elles sont le véritable ellébore des anciens, si célèbre par sa propriété de guérir la folie. (B.)

VAREC ou VARECH, *Fucus*. Genre de plantes de la famille des algues dont toutes les espèces vivent au fond de la mer, attachées aux rochers par un empatement radiciforme. Ce sont des expansions membraneuses ou coriaces, la plupart ramifiées, qui varient infiniment dans leur forme, leur grandeur, leur consistance et leur couleur.

Les varecs sont certainement des végétaux, quoique leur végétation soit fort différente de celle des plantes qui croissent dans les eaux douces ; si on y a reconnu des principes animaux, c'est que vivant dans des eaux où des animaux sans nombre se décomposent journellement, ils se sont imprégnés de leurs élémens.

Les vaches et les moutons recherchent beaucoup les varecs lorsqu'ils sont frais, mais ils les rebutent dès qu'ils commencent à s'altérer, ce qui arrive, pendant l'été, fort peu de temps après qu'ils sont sortis de l'eau.

De tout temps il est connu que les varecs sont un des meilleurs engrais qu'on puisse employer pour les terres humides. Par-tout donc où il est possible de s'en procurer on en fait usage sous ce rapport. Ils agissent à raison des matières végétales et animales qui entrent dans leur composition, à raison des sels, principalement du sel marin, qui leur restent attachés.

Il y a deux manières de récolter les varecs, qu'on appelle goemon sur les côtes de l'Océan.

Ou on ramasse ceux que les vagues ont détachés du fond de la mer et jetés sur la grève, et il est alors toujours mélangé avec d'autres plantes marines, telles qu'ULVES et CONFERVES, ainsi qu'avec des débris de poissons, de vers, de coquilles, de productions polypeuses, etc. C'est le meilleur et cependant le moins estimé sur les côtes de la ci-devant Normandie, où il est connu sous le nom de *varec d'échouage*, et où on ne l'emploie qu'après avoir servi de litière aux bestiaux.

Ou on va, à mer basse, l'arracher des rochers avec des râteaux à ce destinés. On appelle ce varec *varec de rocher* dans les cantons précités. On l'estime plus que le précédent, parcequ'enterré au sortir de la mer il se décompose plus rapidement.

Ce qui me fait donner la préférence au premier, malgré l'autorité des cultivateurs qui en font usage, c'est qu'en ayant examiné en naturaliste de grandes quantités en divers lieux de France et d'Espagne, je l'ai toujours vu surchargé de matières animales qui, comme on sait, sont les plus puissans de tous les engrais. Il est probable que le retard qu'on met à son emploi donne le temps aux eaux pluviales d'entraîner ces matières qui se décomposent très rapidement.

J'ai vu des champs fumés avec le varec, mais je n'ai pas eu occasion de suivre les divers modes de son emploi.

Quand on répand une trop grande quantité de varecs sur la terre immédiatement à leur sortie de la mer, ils y causent souvent l'infertilité pour une année à raison de la grande quantité de sel qu'ils y portent. (*Voyez* SEL MARIN.) Lorsqu'on les laisse exposés à l'air, ils se dessèchent, se racornissent et se conservent ensuite plusieurs années consécutives dans la terre sans se décomposer. On doit donc les accumuler en tas pendant quelque temps pour les empêcher de se dessécher et leur laisser perdre la surabondance de ces sels, mais alors, comme je l'ai observé plus haut, on occasionne aussi la perte des matières animales qui s'y trouvent.

La véritable manière de tirer tout le parti possible des varecs, c'est d'en faire un COMPOST (*voyez* ce mot), c'est-à-dire de les stratifier avec de la terre, un pied d'épaisseur de chaque, et de les laisser ainsi un an se décomposer, en les arrosant, si on en a la facilité, dans les chaleurs de l'été.

C'est presque exclusivement sur les côtes de la ci-devant Normandie et de la ci-devant Bretagne qu'on fait usage du varec pour engrais. En Angleterre, où il est estimé à sa juste valeur, on en laisse perdre le moins possible. Dans l'un et l'autre pays il y a des usages ou des règlemens qui fixent le temps et le mode de sa récolte.

Dans beaucoup de lieux on se contente de jeter le varec sur le fumier et de l'en recouvrir ensuite.

Le varec est très propre à maintenir la fraîcheur de la terre. Il lui faut souvent plusieurs années pour se décomposer complètement, de sorte qu'il est un des engrais les plus durables. (*Voyez* ENGRAIS.) Enterré lorsqu'il est décomposé, il équivaut au meilleur fumier.

Il vaut beaucoup mieux mettre souvent du varec sur sa

terre que d'en mettre trop à la fois, par la raison indiquée plus haut.

On applique aussi l'engrais du varec aux prairies en le répandant eu nature sur leur surface au commencement de l'hiver. Nul doute pour moi que le résultat de leur compost ne produise de meilleurs effets dans ce cas.

Dans quelques cantons des deux provinces précitées, on trouve plus de bénéfice à brûler le varec pour en obtenir la soude ; mais j'ai tout lieu de croire que c'est par suite d'un faux calcul. Quoi qu'il en soit, voici comme on s'y prend, d'après Rozier.

« On commence par étendre le varec sur la plage pour le laisser sécher. Arrivé au degré convenable de dessiccation, on le porte et on l'amoncelle près du fourneau. Les fourneaux destinés à cette opération sont fort simples ; une cavité de cinq à six pieds d'ouverture, pratiquée dans la terre, formée en cul de lampe, et dont la plus grande profondeur a dix-huit ou vingt pouces, en devient un. Un peu de paille qu'on met au fond communique le feu au varec desséché dont on la recouvre légèrement ; d'autres varecs s'enflamment à l'aide de celui-ci. La combustion devient générale. La soude se forme, se fond, et coule au fond où elle se condense en refroidissant et prend la dureté de la pierre. *Voyez* SOUDE.

La soude de varec est très impure ; mais il seroit sans doute possible, au moyen de précautions préliminaires, d'améliorer sa fabrication. On l'emploie comme amendement dans beaucoup de lieux des mêmes provinces.

Plusieurs espèces de varecs se mangent, mais on n'en fait pas usage en France sous ce rapport.

VARENNE. Plaine inculte. Ce mot est aujourd'hui peu employé. Le plus souvent l'infertilité des varennes tient à la nature du sol, sablonneuse et dépourvue d'humus. *Voyez* SABLONNEUX.

VARET. Nom de la jachère dans quelques cantons.

VARICE. Dilatation contre nature d'une veine. *Voyez* ANÉVRISME.

Les animaux domestiques offrent assez souvent des varices. Lorsqu'elles sont internes il n'est pas possible d'y apporter remède. Lorsqu'elles sont externes on peut en diminuer les dangers par la compression.

C'est la veine saphène, c'est-à-dire celle qui passe sous le jarret, qui dans les chevaux est la plus sujette à cette maladie.

« Le nom de varice, dit Rozier, est particulièrement restreint, en maréchalerie, à signifier un gonflement de la partie latérale interne du jarret. Ce gonflement n'est autre chose qu'un relâchement des ligamens capsulaires de l'articulation.

Le feu appliqué par pointe est le remède le plus propre pour le guérir. » (B.)

VARIÉTÉ. Différence qui s'observe dans toutes les parties, plusieurs parties ou une seule partie d'un individu, d'un des trois règnes, lorsqu'on le compare à la généralité des autres individus de la même ESPÈCE. *Voyez* ce mot.

Ainsi, le feld-spath qui entre dans la composition du granit est ordinairement blanc; lorsqu'il est rouge il détermine une variété.

Ainsi, le cheval a ordinairement le poil court et droit; lorsqu'il l'a long et frisé, il constitue une variété.

Ainsi, la pomme sauvage a le fruit âpre au goût, et les pommes calviles qui sont douces, les pommes reinettes qui sont sucrées, les pommes de fenouillette qui sont musquées, sont des variétés.

La nature seule fait des variétés. On trouve des taupes blanches, des ormes à larges feuilles dans les champs et dans les bois; mais c'est sous la main de l'homme qu'elles se montrent avec le plus d'abondance et de permanence.

Toujours, ou presque toujours, les variétés, ainsi nées spontanément, ne se perpétuent pas par la génération, c'est-à-dire que la taupe blanche fera des petits noirs, la graine de l'orme à larges feuilles donnera des ormes à feuilles moyennes; mais les animaux domestiques et les végétaux cultivés propagent souvent leurs variétés pendant de nombreuses générations, lorsqu'ils restent dans les mêmes circonstances. Dans ce cas, on dit que ce sont des RACES. *Voyez* ce mot.

Le cheval normand, le mouton à large queue forment des races dans les animaux.

Le chou-fleur, la laitue romaine, en forment dans les végétaux, quoiqu'on ne leur donne pas ce nom.

Les races sont elles-mêmes soumises aux variations. Il y a des chevaux normands blancs; des moutons à large queue noirs; des choux-fleurs verts (brocolis); des laitues romaines blondes.

Les motifs qui déterminent les cultivateurs à désirer obtenir des variétés et encore plus des races sont très multipliés. Les énumérer ici seroit superflu, puisqu'ils ont été indiqués à l'article de chacune de ces variétés.

Plus les animaux sont rapprochés de l'homme et plus ils sont sujets aux variétés. *Voyez* CHIEN, CHAT, POULE, PIGEON, CHEVAL, VACHE, ANE, CANARD, DINDE et OIE, dont l'ordre du nombre des variétés est à peu près celui de cette liste.

Plus les végétaux sont cultivés depuis long-temps, et plus ils y sont également sujets. *Voyez* les mots VIGNE, OLIVIER, POIRIER, POMMIER, CHOU, LAITUE, FROMENT, AVOINE, etc.

Il est certains animaux qui varient beaucoup plus facilement, et qui s'éloignent beaucoup davantage du type de
l'espèce que d'autres. Le chien, dont on ne voit peut-être
pas deux parfaitement semblables entre mille, peut servir
d'exemple.

Il est des végétaux qu'on n'a pas encore pu soumettre à la
variation d'une manière tranchante et permanente, le seigle
par exemple.

Certains animaux et certains végétaux ne varient que dans
des limites très circonscrites.

L'intérêt des cultivateurs est de tendre toujours à faire naître
de nouvelles variétés, et de propager celles d'entre elles qui
leur paroissent utiles ou agréables.

Jusqu'à présent j'ai parlé de la multiplication des variétés,
comme si elle ne pouvoit avoir lieu que par la génération,
parceque je traitois de celle des animaux en même temps que
de celle des végétaux ; et que dans les premiers ce mode de
multiplication existe seul. Cependant dans les derniers c'est le
moins certain, c'est-à-dire qu'on emploie rarement la voie
du semis pour les variétés des espèces vivaces, qu'on peut
conserver par REJETON, par MARCOTTE, par BOUTURE et par
GREFFE. *Voyez* ces mots.

Il faut distinguer dans les plantes deux ordres de variétés
fort distinctes.

L'une qui tient au sol, au climat, à l'exposition, à l'âge,
à la saison, etc. Ainsi, une plante des terrains arides devient
plus grande, perd ses poils, lorsqu'on la cultive dans un terrain gras et humide ; ainsi, une plante du midi reste foible
dans toutes ses parties, lorsqu'on la cultive au nord ; ainsi,
une plante de la plaine, qu'on transporte dans les bois, s'allonge davantage ; ainsi, les jeunes plantes, les plantes au
printemps, diffèrent souvent dans une ou plusieurs de leurs
parties des mêmes plantes vieilles, ou en automne. Ces variations changent souvent d'une année à l'autre, et cessent également souvent dès qu'on remet les plantes dans leur position
première.

L'autre qui tient à la nature même de la plante. Par
exemple les plantes précoces, les plantes tardives, les plantes
à racines, à tiges, à feuilles, à fruit, plus douces, plus sucrées, plus tendres, plus grosses, plus larges, plus longues,
différemment colorées, etc., etc. Ce sont ces variations qui
intéressent essentiellement les cultivateurs, et qui se perpétuent les mêmes, ou presque les mêmes, pendant une longue
suite de générations, par le moyen des rejetons, des marcottes, des boutures et des greffes, dans les plantes vivaces et
les arbres, et même par semis dans les plantes annuelles. La

culture provoque la naissance de ces variétés, mais elle ne peut les faire naître au gré des désirs du cultivateur. Saisir celles qui se présentent et les multiplier est tout ce à quoi se borne son pouvoir. C'est ainsi qu'on s'est procuré cette nombreuse série de variétés de céréales, de légumes, de fruits, de fleurs, qui sont supérieures, sous un ou plusieurs rapports, à l'espèce sauvage.

Aujourd'hui plus que jamais les cultivateurs s'occupent des moyens d'augmenter encore le nombre de ces variétés, et je dois les y encourager, parceque c'est le moyen d'assurer nos moyens de subsistance, ou de multiplier nos jouissances. N'y eût-il que des variétés de précocité plus grande, ce seroit déjà une conquête de première importance.

Il est des plantes dont l'essence même est de varier sans cesse, dans une ou plusieurs de leurs parties, les feuilles du chêne par exemple; mais ces variations n'entrent pas dans les considérations qui sont le but de cet article.

Quant aux variétés qui sont dues à des maladies, elles rentrent pour la plupart dans les PANACHURES et dans les MONSTRUOSITÉS. *Voyez* ces mots.

Dire que les variétés sont des jeux de la nature et des effets du hasard est ne dire rien. Tout en elle tient aux lois générales, comme dans les plantes dont elles émanent. Seulement nous ne connoissons pas la cause qui les fait varier.

Les faits qu'offrent la multiplication des plantes annuelles par semence ont encore été peu observés. Ils méritent cependant, sous plusieurs rapports, l'attention des physiologistes et des agriculteurs. Ainsi, lorsqu'on sème de la graine d'un pied d'alouette des jardins, qui est blanc, tantôt ce sont les pieds blancs qui dominent, tantôt les pieds bleus, les pieds roses, etc. Cette irrégularité est la cause que la couleur de la plupart des fleurs annuelles ne peut être connue que lorsqu'elles commencent à s'épanouir, ce qui rend difficile leur distribution dans les parterres.

On fait naître en semant des graines de variétés d'autres variétés qui ont une partie de leurs caractères, et cela sans doute à l'infini. On les appelle *sous-variétés*.

J'ai dit plus haut que les variétés qui tiennent à la nature même de la plante se propageoient souvent pendant une longue suite de générations. On ignore encore jusqu'où cela peut aller. C'est à la postérité à le connoître.

Quant à la transmutation des variétés en espèces, transmutation qui a servi de base à plusieurs systèmes sur l'origine du monde, elle n'est appuyée sur aucune observation positive. Il faut donc encore en repousser l'idée.

On doit ranger parmi les variétés les fleurs doubles, attendu qu'elles ne sont pas, comme on l'a cru pendant si long-temps, des monstruosités produites par l'abondance de la nourriture, mais une dégénération véritable, puisque ce sont les plus petites graines qui les fournissent, et que les racines, les tiges et les feuilles de ces fleurs doubles sont plus foibles. *Voyez* Anemone, Fleur double, Monstruosité et Dégéné- ration.

Si on vouloit prendre le mot variété dans son acception la plus rigoureuse, il n'y auroit point d'espèce, car il est en général, dans les animaux comme dans les plantes, peu d'in- dividus qui n'offrent des différences. Si ce fait s'observe moins dans les animaux et les plantes sauvages, c'est que leurs va- riations sont circonscrites dans des bornes plus étroites, et que nous n'avons pas un bien grand intérêt de les distinguer. Les moutons blancs paroissent tous semblables à celui qui ne les voit pas habituellement, mais le berger sait fort bien les re- connoître.

Il n'est souvent rien moins que facile de déterminer si un animal, sur-tout si une plante est une espèce ou une variété; aussi y a-t-il des botanistes qui nient qu'il y ait des espèces; hérésie que j'ai combattue au mot Espèce.

Autrefois on rangeoit beaucoup de variétés parmi les es- pèces, puis on a rangé beaucoup d'espèces parmi les variétés. Aujourd'hui on commet moins d'erreurs de ce genre, parce- que les principes sont mieux connus. Il n'en reste pas moins vrai que tout naturaliste qui n'étudiera la nature que dans son cabinet et sur des animaux ou des plantes desséchées ne pourra le plus souvent prendre un parti à cet égard. C'est dans les bois, sur les montagnes, au milieu des plaines, des marais, etc., qu'on doit étudier la nature.

Les graines d'une plante sauvage semées dans un jardin donnent presque toujours des pieds qui diffèrent de celui sur lequel on les a recueillies. Décrire et peindre une plante cul- tivée est donc en donner une idée plus ou moins fausse ; mais il est presque impossible de faire autrement, puisqu'on ne peut porter un herbier, une bibliothèque dans les forêts de l'Amérique, dans les déserts de l'Afrique, et qu'un dessina- teur de quelque talent, et connu, se résout difficilement à courir les hasards des voyages.

Cependant la culture, dans quelques cas, sert à faire distin- guer les variétés des espèces, ou les espèces des variétés, ainsi que le prouvent les ouvrages de Miller, comparés à ceux de Linnæus; et ainsi que la pratique de Thouin et la mienne nous le font voir chaque jour. *Voyez* pour le surplus aux mots Couleur, Climat, Feuille, Fleur, Prolifère, Tulipe, Anémone, Renoncule, Chou, etc. (B.)

VASE. On plante des fleurs et des arbustes dans des vases pour orner un gradin, une terrasse, une fenêtre, une cheminée. Dans ce cas vase est synonyme de pot de luxe, c'est-à-dire de pot de faïence, de porcelaine, etc. *Voyez* Pot.

Il est des vases de marbre, de bronze, etc., qui ne servent qu'à l'ornement des jardins dits français, quoiqu'ils soient supposés devoir aussi recevoir des fleurs. Les jardins des Tuileries, de Versailles, etc., en offrent de tels.

Quelquefois même on imite des vases en treillage, en vannerie, qu'on place sur des tonnelles, ou dans lesquels on cache, au moyen de mousse, des pots de terre communs.

Tous ces vases, quand ils sont dessinés avec goût, qu'ils ne sont pas trop multipliés, concourent à l'agrément des jardins. Il n'y a que des esprits moroses qui puissent les en repousser.

VASE D'EAU DOUCE. Ce mot est presque synonyme de boue; mais il s'applique plus particulièrement à la boue qui se dépose au fond des eaux, boue qui résulte de la décomposition des végétaux qui y croissent, ainsi que des animaux qui y vivent, et à laquelle se mêlent des terres qui y sont entraînées par les pluies.

Les cultivateurs devroient mettre plus d'importance aux vases d'eau douce, si abondantes dans beaucoup de lieux, et qui, avec le temps, deviennent un si excellent engrais; mais la dépense de leur extraction les effraie presque par-tout. Il faut que d'autres considérations viennent se joindre à celles-ci pour les engager à les tirer et à les porter sur leurs champs, comme la nécessité de nettoyer un bief, de curer un ruisseau dont les eaux se répandent, d'approfondir un étang où le poisson manque d'eau, etc.

Dans certains cas les vases valent mieux que le meilleur fumier, leur effet est au moins plus durable; mais il n'agit pas aussi promptement, car elles tiennent beaucoup de la nature de la tourbe, et ont besoin, comme elle, de s'imprégner de carbone, et de perdre leur hydrogène, par plusieurs mois, même par plusieurs années d'exposition à l'air, ainsi que le prouve l'expérience de tous les temps et de tous les lieux.

Un moyen assuré d'accélérer le moment de l'emploi des vases, c'est de les mélanger avec de la chaux vive ou de les stratifier avec des terres végétales, d'en faire un Compost (*voyez* ce mot), mais c'est une augmentation considérable de dépense; aussi l'emploie-t-on rarement. Dans les pays où les cultivateurs sont propriétaires, et où les impôts sont peu pesans, on peut se livrer à des opérations d'une utilité durable auxquelles il n'est pas permis de penser par-tout, parcequ'on est obligé de proportionner rigoureusement la mise dehors à la recette présumée, qu'il faut vivre avant d'améliorer.

· Quoi qu'il en soit, j'exhorte tout propriétaire ou fermier qui peut, sans se gêner, dans les temps morts, par exemple, faire curer ses étangs, ses rivières, ses ruisseaux, ses mares, etc., de ne pas le négliger. Il sera toujours à même d'employer les vases qu'il en aura tirées à l'amélioration de ses champs, lorsqu'il en trouvera le loisir, puisque ces vases s'amélioreront d'autant plus qu'elles resteront plus long-temps exposées à l'air.

VASE DE MER. Limon gras et noir que la mer dépose dans tous les lieux où la marée a peu d'action et qu'elle rejette sur les bords dans tous ceux ou la plage est en pente douce. Ce limon est composé de débris d'animaux et de plantes marines. Son odeur est nauséabonde et ses exhalaisons malsaines dans la chaleur. Desséché et répandu sur les terres, il devient un excellent engrais ; mais il est très peu de lieux où il puisse être exploité avec facilité. C'est dans ces lieux privilégiés que je voudrois qu'on n'en perdît pas une pelletée. Sa composition différant peu de celle du varec décomposé, son action est la même sur la végétation. *Voyez* au mot VAREC et au mot ENGRAIS.

·VASE (ARBRE EN). Sorte de disposition d'arbre fruitier qui représente une terrine, un saladier et autre vase de cette espèce. Aujourd'hui on n'emploie plus cette dénomination que rarement, le mot BUISSON ayant prévalu.

VASSIVIER. Nom qu'on donne dans le département de l'Aveyron aux bergers qui conduisent les antenois, c'est-à-dire les moutons d'un an. *Voyez* MOUTON.

VEAU. Petit de la VACHE. *Voyez* ce mot.

VEDET. Synonyme de veau de lait dans le département de la Haute-Garonne.

· VÉGÉTAL. Être organisé, c'est-à-dire qui naît, s'accroît, se multiplie et meurt sans changer de place, à moins qu'une force étrangère n'agisse sur lui.

Comme c'est sur les végétaux que s'exerce l'art agricole, cet article devroit être d'une grande étendue ; cependant il sera très court, ayant déjà traité des objets qui devroient y entrer dans un grand nombre d'autres, dont on trouvera l'énumération au mot PLANTE.

VÉGÉTALE. *Voyez* TERRE VÉGÉTALE, TERRE, TERREAU et HUMUS. (B.)

VÉGÉTATION. Le végétal puise sa nourriture dans l'air, la terre et l'eau ; il élabore et s'assimile les alimens pour former ses divers produits : c'est cette suite d'opérations exécutées pendant sa vie, et donnant lieu à son accroissement, à la formation de ses fruits, à la reproduction annuelle de ses feuilles, qu'on appelle *végétation*.

La plante, comme l'animal, digère et approprie à sa substance les divers sucs qui lui servent d'aliment; en cela elle diffère des minéraux qui grossissent par une simple juxta-position de matières analogues et souvent étrangères à leur nature; il n'y a chez eux ni digestion ni assimilation; tout s'y fait d'après les simples lois de l'affinité chimique; tandis que, dans le végétal, il y a choix, absorption, digestion, assimilation d'alimens. Ainsi, dans la plante, les forces d'affinités qui appartiennent essentiellement à la matière, sont toutes modifiées par le concours des lois vitales, et il y a chez elle organisation et vie.

Sans doute, dans l'animal, les lois vitales sont plus parfaites, les fonctions plus compliquées et plus indépendantes des causes purement physiques qui agissent sur tous les corps; mais chez lui, comme dans la plante, ces fonctions dérivent d'une organisation particulière qui n'est pas exclusivement passive des agens externes, qui travaille d'après des lois qui lui sont propres; qui change la nature des corps qu'elle digère et les assimile à sa substance; qui reproduit l'espèce par des lois constantes; qui fait choix des alimens qui lui conviennent, les digère et fait servir le résultat de cette élaboration à former des tiges, des fleurs, des feuilles, à produire des fruits, en un mot à maintenir la vie pendant un temps déterminé, et à perpétuer l'espèce.

C'est cette série de fonctions qui constitue la *vie* dans l'animal, et la *végétation* dans la plante.

Pour nous former, de la végétation, une idée aussi exacte que nos connoissances peuvent le permettre, nous la suivrons dans tous ses périodes; et nous commencerons par examiner les phénomènes que nous présente une graine dans les premiers temps de la germination; après cela, nous nous occuperons de ceux qu'offre la plante dans les progrès de son accroissement.

SECT. Iʳᵉ. DES PRINCIPES NUTRITIFS OU DES ALIMENS DE LA PLANTE.

On peut distinguer deux périodes très marqués dans la végétation :

Le premier embrasse tous les phénomènes qu'elle présente pendant la germination de la semence;

Le second comprend cette seconde époque où, la semence ayant rempli ses fonctions, la plante vit par elle-même, c'est-à-dire qu'elle puise, à l'aide de ses organes propres, dans l'air, l'eau et la terre, tous les alimens qui sont nécessaires à la végétation.

Chap. Iᵉʳ. des principes nutritifs de l'embryon végétal.

On peut distinguer trois parties dans une *semence* ou *graine* : les *cotylédons* ou les *lobes*, la *radicule* et la *plumule*.

Si l'on ramollit une graine de fève dans l'eau chaude, on détache sans peine l'enveloppe qui la recouvre, et l'on peut alors la diviser aisément en deux lobes.

Entre ces deux lobes, à l'endroit qu'on appelle l'*œil de la fève*, vers le point central de sa concavité, on aperçoit un petit corps rond qu'on nomme *radicule*; de ce corps rond part un autre petit corps qui est aplati entre les deux lobes et qu'on appelle *plumule*.

Le nombre des cotylédons varie dans les semences ainsi que leur volume; mais toutes ont les trois parties dont nous venons de parler, et c'est dans le jeu et l'action de ces trois organes qu'il faut étudier les premiers rudimens de la végétation ou les premiers développemens de l'*embryon*.

Lorsqu'une semence se trouve dans les conditions favorables à sa germination, les lobes se gonflent, se ramollissent; la radicule pousse des racines qui plongent dans la terre, et la plumule s'élève et se dirige en haut.

Trois conditions sont nécessaires pour faciliter ce premier développement : l'humidité, la chaleur et l'oxygène.

Ces faits ont été établis par les physiciens qui nous ont précédés, sur-tout par M. Saussure fils. (*Recherches chimiques sur la végétation.*)

La graine ne germe point sans humidité : on facilite même la germination de celles dont l'enveloppe est très dure, en les ramollissant, par leur séjour dans l'eau avant de les semer.

Il n'y a pas de germination sans chaleur. La température la plus convenable est au-dessus du dixième degré du thermomètre de Réaumur. Une chaleur trop forte dessèche la graine lorsqu'elle n'est pas continuellement humectée : une température voisine du terme de la glace suspend la végétation, ou ne lui permet pas de se développer : une température de deux degrés au-dessous du terme de la congélation, gèle les sucs de la plupart des végétaux et fait périr les feuilles, souvent même les jeunes tiges. L'impression de la gelée est plus sensible lorsque la plante est mouillée.

Les semences ne germent ni dans le vide, ni dans un air privé d'oxygène, ni sous terre à une profondeur telle que l'air atmosphérique ne puisse pas y atteindre : et si, dans quelques cas, la germination a lieu dans l'eau mise à l'abri du contact de l'air atmosphérique, c'est, comme l'a prouvé Saussure, à raison de l'oxygène contenu dans ce liquide; car, lorsqu'il

en est entièrement dépouillé par l'art, il n'y a plus de germination.

Les phénomènes que présente la graine, dans ce premier
état de germination, sont les suivans :

1" Il se produit de l'acide carbonique par la combinaison de
l'oxygène avec le carbone qui est très abondant dans la graine.
Cet acide occupe exactement le volume de l'oxygène absorbé ;
de sorte que, lorsque la germination se fait sous cloche, il ne
s'opère pas de changement sensible dans le volume de l'air
enfermé, quoiqu'il change de nature. (*Saussure.*)

2° Les vaisseaux contenus dans les cotylédons se développent et se dirigent vers la radicule : ces vaisseaux y portent
évidemment la nourriture qui est nécessaire à la racine ; ils
sont, pour la plante, ce qu'est le *placenta* pour le fœtus dans la
matrice.

Lorsqu'on coupe les lobes, l'embryon périt, même dans le
cas où il a déjà implanté ses jeunes racines dans la terre, d'a-
près l'expérience de Sennebier.

3° L'humeur renfermée dans les cotylédons devient blanche
et sucrée ; ce développement de la matière sucrée a lieu dans
tous les grains qu'on soumet à la fermentation ; il paroît dû à
la soustraction du carbone, puisque, dans tous ces cas, il y a
production d'acide carbonique.

On peut se former une idée des changemens survenus dans
les sucs des cotylédons, en considérant qu'ils sont primitivement formés d'huile, de mucilage et d'amidon. La décarbonisation qui s'opère dans l'acte de la germination les convertit
en une substance molle, blanche et sucrée, qui a tous les caractères des *émulsions*, et qui forme un tout soluble dans l'eau et
très propre à la nutrition : ce suc est d'abord porté dans les racines dont il facilite le développement ; il fournit ensuite à l'accroissement de la *plumule* qui s'élève en tige.

4° La plumule commence à s'élever dès que les racines sont
formées : il paroît qu'elle reçoit sa principale nourriture des
racines qui, elles-mêmes, dans le premier temps, la reçoivent
des cotylédons.

5° Lorsque les lobes ont fourni tout leur suc aux racines,
ils se changent en *feuilles séminales*. Ces feuilles pompent dans
l'air pour fournir de l'aliment à la plante, en attendant que la
tige en produise elle-même pour remplacer dans cette fonction
les feuilles séminales.

Il résulte des expériences de Bonnet et de Sennebier que la
plante meurt lorsqu'on coupe les feuilles séminales dès leur
naissance, et qu'elle languit si on les coupe plus tard.

6° Dès que la plumule a formé des feuilles, les séminales
tombent. La plante est, dès-lors, assez forte pour puiser dans

l'air et dans la terre les principes de nutrition qui lui sont nécessaires.

Nous pouvons donc distinguer trois périodes bien marqués
dans la nutrition de la plante ainsi que dans celle de l'animal.

Les lobes, dans le premier moment de la germination, fournissent seuls les principes nutritifs.

Les feuilles séminales préparent ces sucs dans le second, et
enfin les racines et les feuilles remplacent ces deux premiers
organes lorsque la plante a acquis de la force.

Le premier de ces périodes a bien de l'analogie avec ce qui
se passe dans le sein des femelles des animaux pendant leur
gestation : ici, c'est le placenta qui transmet au fœtus les
sucs appropriés à sa nutrition ; là ce sont les lobes qui fournissent les sucs à l'embryon, et font, par conséquent, l'office
du placenta : dans l'un et l'autre cas ces sucs sont transmis
par des vaisseaux particuliers qui, probablement, font encore
subir à ce premier aliment une élaboration convenable. La
seule différence dans cette organisation, c'est que les causes
externes, telles que l'air et l'eau, agissent nécessairement sur
le suc contenu dans les lobes, tandis que leur effet est nul sur
le placenta.

Le fœtus sorti du sein de sa mère reçoit une autre nourriture
préparée par les mamelles. Lorsque la radicule est une fois
développée, l'aliment fourni à la plante provient essentiel'e-
ment des feuilles séminales qui pompent dans l'air et préparent
les sucs nécessaires à l'accroissement de la plumule.

Lorsque l'enfant a acquis des forces, on confie à ses organes
digestifs les alimens dans leur état naturel et sans aucune assimilation animale ; de même, lorsque la tige a poussé des feuilles,
les séminales tombent et la plante est livrée à elle-même pour
sa nutrition.

On voit que la nature a travaillé les êtres sur le même plan
et d'après des lois générales, et que les modifications que nous
trouvons dans l'exercice de leurs fonctions proviennent de
leur organisation plus ou moins parfaite et sur-tout de leurs
besoins respectifs.

Chap. II. des principes nutritifs de la plante.

Quels sont les alimens de la plante ? Comme elle ne communique qu'avec l'eau, l'air et la terre, nous devons les trouver
tous dans ces trois substances ; et nous allons considérer séparément chacun de ces trois agens pour déterminer la part qu'a
chacun d'eux dans le phénomène de la végétation.

Art. 1. *De l'eau considérée comme agent de la végétation.*
Sans doute l'eau est nécessaire à la plante, puisque, sans elle,
il n'y a ni germination ni végétation. Mais toutes les plantes

n'exigent pas la même quantité d'eau : il en est qui vivent immergées dans ce liquide ; il en est qui végètent dans des sols arides et secs. Les unes ont besoin d'une eau abondante qui abreuve continuellement leurs racines, tandis que d'autres ne demandent à la terre qu'un support et puisent dans l'atmosphère le peu d'humidité qui leur est nécessaire.

Plusieurs physiciens ont prétendu que l'eau seule servoit d'aliment à la plante : tout le monde connoît et cite, à ce sujet, l'expérience de Van - Helmont qui planta un saule du poids de 2,267 kilogrammes dans un vase de terre contenant 90,687 kilogrammes de terre desséchée au four. Il enfonça le vase dans la terre et arrosa le saule, tantôt avec de l'eau de pluie, tantôt avec de l'eau distillée.

Au bout de cinq ans, le saule pesoit 76,858 kilogrammes ; et la terre, ramenée à son degré primitif de siccité, n'avoit perdu que 57 grammes. Mais Margraaf fit voir que l'eau de pluie, employée à l'arrosage pendant cinq ans, avoit pu fournir autant de sels ou principes terreux que l'arbre en contenoit. Bergman prouva la même chose par l'analise ; et Kirwan, Hales et Tillet ont démontré, par des expériences décisives, que la terre environnante pouvoit être absorbée par les vases poreux et charriée par l'eau qui filtre à travers leurs parois. Il n'y a que les vaisseaux de verre ou ceux qui sont recouverts d'un enduit vitreux qui soient à l'abri de cette filtration : ainsi l'expérience de Van-Helmont et autres semblables ne prouvent point que l'eau seule fasse l'aliment de la plante.

Les deux organes essentiels qui absorbent l'eau sont les racines et les feuilles. Duhamel avoit déjà observé que la partie du sol la plus promptement épuisée est celle où se trouvent le plus grand nombre de racines. C'est sur-tout par les filamens ou *brindilles*, qui forment le chevelu autour des grosses racines, que se fait l'absorption de l'eau ; car la plante meurt et se dessèche si on les enlève avec soin.

Les feuilles ont encore la faculté d'absorber l'eau : Hales a prouvé que les plantes augmentent considérablement en poids lorsque l'air est humide ; et, dans les saisons sèches, de même que dans les pays où il ne pleut jamais ou très rarement, les végétaux pompent dans l'air, par le moyen des feuilles, le fluide aqueux qui leur est nécessaire. Bonnet a observé que les feuilles appliquées à l'eau par une seule de leurs surfaces continuent de vivre pendant une semaine entière.

Mais l'eau peut-elle être regardée comme aliment de la plante, ou ne doit-on la considérer que comme un conducteur des sucs alimentaires fournis par l'air et la terre ?

Les avis sont encore partagés sur cette question. Il me paroît que l'eau remplit l'une et l'autre fonction. En effet, Saussure a prouvé que l'accrétion en poids d'une plante arrosée avec de l'eau très pure surpassoit tout ce que l'air et l'acide carbonique pouvoient fournir de carbone et d'oxygène. D'ailleurs, il est impossible de concevoir la formation de cette énorme quantité d'hydrogène qui fait une grande partie des principes du végétal, sans admettre la décomposition de l'eau dont l'hydrogène est principe constituant. Cependant, il faut en convenir, nous n'avons encore aucune expérience directe qui constate cette doctrine ; mais on doit en présumer la vérité d'après l'analise des plantes et l'action nécessaire de l'eau dans la végétation.

Quant au second point de la question, il est indubitable que l'eau est le principal conducteur des principes nutritifs de la plante. De l'eau foiblement aiguisée d'acide carbonique hâte singulièrement la végétation, d'après les expériences de Saussure ; l'eau des arrosages imprégnée de matières animales ou végétales facilite l'accroissement ; l'eau chargée d'une certaine quantité d'oxygène supplée à la présence de l'air atmosphérique dans les premiers développemens de la germination. Ainsi nul doute que l'eau ne soit un des conducteurs des sucs alimentaires du végétal.

L'eau ne charrie pas seulement dans la plante les principes essentiellement alimentaires, elle y porte encore les sels qu'elle tient accidentellement en dissolution. Saussure a fait de nombreuses expériences à ce sujet ; il a pris les sels les plus connus, tels que les muriates de soude, d'ammoniaque et de potasse ; le nitrate et l'acétate de chaux, le sulfate de cuivre et celui de soude effleuri, les cristaux de sucre, la gomme arabique, l'extrait de terreau, etc. Il a fait dissoudre à peu près un centième de chacune de ces substances dans l'eau, et a fait végéter dans chaque dissolution le *polygonum persicaria*, le *bidens cannabina*, la *mentha piperita*, le sapin d'Ecosse, etc. Ces dissolutions furent absorbées dans diverses proportions ; mais ce qui prouve que les sels ne forment pas un aliment pour la plante, et que ce n'est qu'une absorption purement mécanique, c'est qu'ils ne sont pas du tout altérés, et que l'absorption est d'autant plus abondante que le sel est plus nuisible à la plante. Le sulfate de cuivre est celui de tous qui éprouve la plus forte absorption : d'ailleurs les plantes absorbent indistinctement toutes les dissolutions lorsqu'on retranche les racines.

Saussure a encore éprouvé que lorsqu'on fait dissoudre plusieurs sels dans la même eau, et qu'on y fait végéter des plantes, elles absorbent les sels dans des proportions différentes. Ainsi, en faisant végéter la même plante dans une dissolution d'acétate de chaux et de muriate de potasse, ce dernier sel a perdu 35, tandis que l'autre n'a été absorbé que dans la proportion de $\frac{4}{25}$.

Les expériences du même chimiste nous prouvent que les plantes ne végètent pas également dans les diverses dissolutions. Le *polygonum* végéta pendant cinq semaines dans les dissolutions du muriate de potasse, du nitrate de chaux, des sulfate et muriate de soude; les racines s'y développèrent comme à l'ordinaire : tandis que la même plante languit dans la dissolution de muriate d'ammoniaque, et les racines n'y firent aucun progrès; elle mourut au bout de huit jours dans les dissolutions de gomme et d'acétate de chaux, et elle ne vécut que trois jours dans celle de sulfate de cuivre.

Les résultats de ces expériences peuvent nous éclairer sur l'effet des eaux salées sur la végétation.

Sennebier a voulu déterminer la proportion qui existoit entre l'eau transpirée et l'eau absorbée; à cet effet, il plongeoit le tronc de la plante dans une bouteille remplie d'eau, et introduisoit les feuilles dans un globe de verre. Il obtint des résultats d'après lesquels on voit évidemment que l'absorption et la transpiration varient beaucoup dans les divers végétaux; mais on ne peut pas regarder ces résultats comme absolument rigoureux, attendu qu'il paroît que l'ouverture du globe n'avoit pas été exactement fermée, et que par conséquent l'état de l'atmosphère et la chaleur ont dû faire varier la quantité de matière condensée dans le globe.

Les expériences de Guettard, de Duhamel et de Bonnet prouvent que la transpiration aqueuse des plantes se fait par la surface supérieure des feuilles, puisqu'en la vernissant on l'arrête presque entièrement.

Art. 2. *De l'air et des gaz considérés comme agens de la végétation.* Parmi les substances gazeuses essentielles à la végétation on ne peut compter que le gaz oxygène et le gaz acide carbonique, les autres y sont étrangers ou nuisibles; car le *cactus opuntia* qui, d'après les expériences de Saussure, continue à vivre dans le gaz azote, ne doit probablement cette faculté qu'à ce qu'il dégage, de même que quelques autres plantes vertes, une quantité considérable d'oxygène pendant le jour, laquelle fournit à la végétation pendant la nuit. D'ailleurs, Ingenhouz a mis hors de doute que les plantes périssoient dans le gaz azote et dans le gaz hydrogène lorsqu'ils sont seuls.

Nous avons déjà vu que la semence ne pouvoit germer qu'autant qu'elle avoit le contact de l'air atmosphérique, et que, dans ce cas, l'oxygène absorbé étoit reproduit en un volume pareil de gaz acide carbonique : de là vient que les semences plongées trop profondément dans la terre y pourrissent sans germer, et que très souvent, lorsqu'elles n'ont pas été pourries par leur séjour prolongé dans la terre, il suffit de les exposer à l'air, ou de les ramener à une moindre profondeur pour y développer la germination.

Lorsque la plante a pris de l'accroissement, alors l'oxygène est absorbé par les feuilles et les racines.

Ingenhouz avoit déjà prouvé que les gaz hydrogène, azote et acide carbonique employés seuls faisoient périr les plantes, mais que la végétation avoit lieu lorsqu'ils étoient mêlés dans de foibles proportions avec le gaz oxygène : d'où l'on a conclu que l'oxygène étoit nécessaire à la végétation ; et, des expériences faites à ce sujet, on est parvenu à tirer la conséquence que l'absorption de l'oxygène ne se faisoit que pendant la nuit.

Saussure a confirmé cette découverte et y a ajouté des faits importans ; il s'est assuré, non seulement que l'oxygène est absorbé pendant la nuit, mais que les plantes diffèrent beaucoup entre elles relativement à la quantité qu'elles en absorbent. Les plantes grasses en absorbent le moins, ensuite viennent les arbres verts, ensuite ceux qui perdent leurs feuilles pendant l'hiver. Saussure nous a donné la table des quantités d'oxygène qui sont absorbées pendant un mois par les principales espèces de ces plantes. Il en résulte que l'absorption est dans quelques unes de huit, le volume des feuilles étant un. Le même chimiste a prouvé que l'oxygène se convertissoit en acide carbonique dans la plante, et que celui-ci se décomposoit à la lumière pour produire l'oxygène qu'elle fournit ; car, lorsque l'air atmosphérique ne contenoit pas d'acide carbonique, la quantité d'oxygène transpiré étoit dans une proportion exacte avec l'oxygène inspiré ; tandis que si l'acide carbonique s'y trouve mêlé la proportion est plus forte. D'ailleurs, ni la machine pneumatique ni la chaleur ne peuvent extraire l'oxygène absorbé, ce qui annonce sa combinaison dans la plante.

Saussure s'est encore convaincu que les racines absorbent de l'oxygène, lequel, selon toutes les apparences, se convertit en acide carbonique qui, transporté dans les feuilles, s'y décompose par la lumière, et fournit de l'oxygène par la transpiration. La transpiration de l'oxygène par les feuilles et à la lumière n'a lieu qu'autant que la feuille n'est pas désorganisée ; elle continue lorsqu'on l'a coupée en morceaux avec un couteau, mais elle cesse lorsqu'on l'a broyée.

Nous venons de voir que les plantes se nourrissent d'oxygène pendant la nuit, et qu'elles transpirent le même gaz à une lumière vive pendant le jour ; mais Saussure a prouvé que les plantes ne sauroient végéter pendant le jour dans de l'air atmosphérique qui ne contiendroit pas quelques parties de gaz acide carbonique. A la vérité les plantes exposées au soleil peuvent vivre dans l'air qui a été dépouillé préalablement par des procédés connus de tout son acide carbonique ; mais, dans ce cas, la végétation ne se soutient que parceque la plante transpire elle-même un peu de cet acide qui est absorbé de suite : car lorsqu'on s'en empare par le moyen de la chaux à mesure qu'il se produit, la plante cesse de croître et les feuilles tombent.

D'un autre côté le même chimiste a prouvé que les plantes pouvoient vivre et fleurir pendant la nuit, avec plus de vigueur dans l'air atmosphérique, absolument purgé de gaz acide carbonique par la chaux, que lorsque ce même air atmosphérique contient du gaz acide carbonique.

Ainsi le gaz acide carbonique est nécessaire à la plante pendant le jour, et plus qu'inutile pendant la nuit ; il forme donc un des alimens de la plante pendant le jour.

L'absorption de l'acide carbonique dans l'acte de la végétation avoit été prouvée par le célèbre Priestley en 1771. Cet habile physicien fit voir, à cette époque, que l'air qu'on altéroit par la combustion d'une bougie s'amélioroit par la végétation au point de redevenir propre à entretenir la combustion. Après lui, Henri de Manchester, Sennebier, Ingenhouz et Saussure ont mis ce point de doctrine hors de doute. Il résulte de leurs expériences, sur-tout de celles du dernier, que les plantes ne végètent point dans l'acide carbonique pur ; qu'elles commencent à végéter au soleil lorsque le gaz acide carbonique n'est plus que dans la proportion de 0,50 avec celle de l'air atmosphérique ; que la végétation est d'autant plus active que la proportion est moindre, et que lorsque la proportion est de 0,083, les plantes y végètent mieux que dans l'air ordinaire.

Art. 3. *Des engrais considérés comme agens de la végétation.* J'appelle *engrais* les débris et produits des végétaux ou des animaux qui servent de nourriture à la plante. Je réserve le mot *amendement* pour exprimer la division, le mélange, en un mot la préparation et disposition des terres, de la manière la plus favorable à produire une bonne végétation. Ainsi, les fumiers, le terreau, toutes les substances animales et végétales sont des engrais. La chaux, les plâtras, la marne, les labours sont des amendemens.

L'agriculture ne prospère que par les engrais, et c'est à s'en procurer que doivent tendre tous les soins du cultivateur. C'est cette nécessité bien sentie qui a fait adopter aujourd'hui assez généralement la culture des fourrages artificiels ; on s'est dit qu'avec des fourrages on avoit des bestiaux, qu'avec des bestiaux on avoit des engrais, qu'avec des engrais on avoit tout. Le système d'agriculture des Anglais repose tout entier sur ce principe, et déjà en France on en éprouve les plus heureux résultats.

Nous devons beaucoup moins nous occuper ici de la nécessité de former des engrais que de la manière dont ils agissent dans la végétation ; ainsi, après avoir établi cette grande vérité fondamentale en agriculture, je rentre dans mon sujet. Je passerai sous silence, pour le moment, l'effet accessoire des engrais, soit comme amendement, soit comme stimulant, pour ne les considérer que comme principe nutritif.

Les plantes élevées dans une terre absolument privée de débris végétaux ou animaux, y croissent d'une manière chétive et misérable : Giobert, de Turin, a prouvé que les végétaux confiés à une terre composée du mélange le mieux assorti de silice, d'alumine, de chaux et de magnésie ne s'y développoient que très imparfaitement, quoique le mélange fût convenablement imprégné d'eau. Saussure a observé que le terreau dépouillé, par les lavages, des sucs et des débris végétaux, perdoit, en grande partie, ses vertus, et n'étoit presque plus propre à favoriser la végétation. Hassenfratz a fait germer dans de l'eau pure plusieurs semences : la plante a poussé des feuilles et produit des fleurs; mais, en déterminant rigoureusement la quantité de carbone que les produits réunis de la végétation ont fournie, il a vu constamment qu'elle étoit un peu moindre que celle que contenoit primitivement la graine. A la vérité, Saussure a obtenu des résultats différens de ceux d'Hassenfratz, en élevant dans l'eau distillée la *mentha piperata*, puisque le produit en carbone a été double de celui qui y existoit originairement ; mais ces résultats ne paroissent contradictoires que parcequ'on ne fait pas attention aux circonstances dans lesquelles s'est faite la végétation : si la végétation a lieu dans un endroit obscur ou peu éclairé, la quantité de carbone doit être moindre; elle doit au contraire être plus considérable lorsque la végétation s'opère par le contact d'une lumière vive. Dans ce premier cas, la plante absorbe de l'oxygène, ainsi que nous l'avons déjà observé ; mais elle n'en transpire point, par cela seul qu'elle n'a pas le contact d'une lumière vive ; dans le second, elle absorbe de l'acide carbonique et exhale de l'oxygène pendant le jour ; de sorte qu'elle conserve le carbone, qui est un des deux principes constituans de l'acide carbonique.

Mais tout ce que la plante prend de carbone, par l'absorption et la décomposition de l'acide carbonique contenu dans l'air, est bien peu de chose en comparaison de ce que lui fournit le sol imprégné des débris des substances animales et végétales : aussi les terrains qui en sont le plus abondamment pourvus sont-ils les plus propres à la végétation, et ce n'est qu'en les imprégnant, de temps en temps, et avant de leur confier les graines, qu'on y perpétue la faculté de produire.

Mais comment les sucs végétaux ou animaux déposés ou mêlés avec la terre peuvent-ils être charriés et introduits dans la plante ? Comment ces mêmes sucs, une fois portés dans le végétal, peuvent-ils s'y décomposer et fournir le carbone qui en devient principe constituant ? Cette double assertion embrasse toute l'opération de l'absorption et de la digestion des alimens contenus dans l'engrais. Sa solution, si elle étoit complète, nous donneroit toute la doctrine de la végétation ; mais, pour y arriver, il faudroit connoître les lois de la vitalité végétale, et nous sommes encore bien éloignés d'avoir des connoissances suffisantes sur l'action intérieure de l'organisation des végétaux. Nous nous bornerons donc à présenter quelques faits, laissant au temps, à l'observation et à l'expérience le soin d'ajouter à nos connoissances sur cette importante doctrine.

L'eau paroît être le véhicule ou le principal conducteur des sucs nutritifs du végétal : ce liquide dissout les principes qui se trouvent dans les engrais, et les transporte dans tous les organes de la plante, où ils restent soumis à son action vitale ; ainsi, lorsque les engrais sont déposés dans la terre, l'eau qui filtre se charge des sucs solubles, et pénètre dans les pores pour les faire servir à la nutrition : on peut même en imprégner l'eau au dehors, et produire le même effet par les arrosages. Une plante confiée au terreau y végète avec succès ; mais elle reçoit le même accroissement dans le terreau lessivé, lorsqu'on l'arrose avec l'eau des lessives.

Indépendamment des sucs alimentaires, l'eau peut entraîner dans les plantes tout ce qui est soluble dans ce liquide : c'est ainsi qu'elle y transporte les sels dont plusieurs sont essentiellement nuisibles à la végétation, ainsi que nous l'avons déjà observé. Cette faculté de l'eau paroîtroit prouver que son action est purement mécanique et pas du tout déterminée par le choix, le goût ou la vitalité de la plante ; on diroit que celle-ci est passive de l'introduction des sucs, et que son action vitale ne commence que dans les organes où doit s'en faire l'élaboration ou la digestion.

Mais je ne pense pas que l'eau soit le seul véhicule des sucs alimentaires des engrais : il me paroît que les sucs peuvent présenter une telle combinaison, qu'elle puisse couler dans la plante sans ce véhicule. Nous avons déjà vu que, dans le moment de la germination d'une graine, les trois principes qui la composent se réduisent en *émulsion* ; et, sous cette forme, ils peuvent passer dans le végétal pour servir à sa nutrition. La même combinaison peut avoir lieu dans les engrais, qui tous contiennent des huiles et plus ou moins de mucilage, ce qui suffit pour former une émulsion ; la seule différence qui existe entre celle-ci et celle des graines, c'est que celle des engrais contient beaucoup moins d'amidon. Il paroît que l'amidon est l'aliment par excellence de l'embryon végétal, et que la plante devenue forte n'exige pas une aussi grande quantité de ce principe nutritif.

Nous voyons donc que tous les principes qui constituent le végétal peuvent y entrer presque en nature, et qu'il ne faut que le travail de la digestion ou l'action organique des forces vitales pour les digérer, les approprier, les assimiler et former les organes et les fruits propres à chaque plante.

Sans vouloir pénétrer dans le mécanisme des fonctions qui sont régies par les lois vitales et organiques, nous pouvons néanmoins soulever un coin du voile qui couvre ces opérations, et expliquer physiquement quelques phénomènes qui tiennent à la nutrition et assimilation des sucs alimentaires.

Dans un mémoire que j'ai publié sur le suc des euphorbes, j'ai fait voir que le carbone qui y est très abondant pouvoit en être dégagé en partie par le contact des acides, de l'oxygène et autres corps.

Depuis quelques années on a fait l'application la plus heureuse de cette vérité à la clarification de quelques huiles : il suffit de mêler un gros d'acide sulfurique avec une livre d'huile de colsat pour en précipiter une grande quantité de carbone qui s'y trouve en excès ; l'huile prend, par le repos et la soustraction de ce carbone qui se précipite, une fluidité et une transparence qu'elle n'avoit pas auparavant.

De sorte que, dans le végétal, l'action de l'air ou celle des acides doit déterminer la précipitation du carbone charrié par les huiles. C'est ce carbone et celui qui provient de la décomposition de l'acide carbonique et autres principes nutritifs, qui forme la fibre, le bois ou la charpente du végétal.

L'hydrogène qui, après le carbone, est un des principes les plus abondans dans la plante, paroît essentiellement fourni par la décomposition de l'eau.

L'oxygène provient de l'air qui entoure la plante par laquelle il est absorbé pendant la nuit, et de la décomposition de l'acide carbonique.

Les autres principes, tels que les sels et les terres que l'analise démontre dans la plante, y paroissent portés par l'eau dans un état de dissolution ou dans une extrême division.

Ces principes, soumis à l'action vitale et organique du végétal, forment les élémens qui, différemment combinés et dans des proportions infinies, constituent tous les produits de la végétation, tels que huiles, résines, amidon, gommes, acides, fibres, etc., etc.

Nous avons déjà observé que la plante absorboit en nature

l'huile, le mucilage, l'amidon dans un état d'émulsion ; de sorte qu'indépendamment des trois élémens dont nous venons de parler, le végétal reçoit des composés tout formés qu'il travaille, assortit et assimile à sa nature. En réunissant tout ce que nous avons dit sur l'air, l'eau et les engrais, on se formera une idée exacte de tout ce qui concourt à sa nutrition. L'élaboration, l'altération de ces sucs par les organes du végétal est opérée par les lois vitales dont l'action nous est peu connue, et nous léguons à nos neveux cette intéressante portion de doctrine qui ne peut être éclaircie que par une longue suite de recherches et d'observations.

SECT. II. DES TERRES CONSIDÉRÉES DANS LEURS RAPPORTS AVEC LA VÉGÉTATION.

La terre sert de support à la plante, et sous le rapport de cette fonction elle doit avoir des qualités particulières que nous tâcherons de faire connoître ; mais, indépendamment de cette propriété, la terre peut être considérée comme le réceptacle et l'intermède des sucs nutritifs qui doivent entretenir la végétation ; de sorte que son action ou son influence peut être envisagée sous deux points de vue différens.

Il est difficile de déterminer quel est le mélange terreux le plus favorable à la végétation, car il dépend essentiellement de la nature très variée des plantes : les unes croissent et prospèrent dans un sol gras et argileux ; les autres se plaisent dans un terrain aride, sablonneux ou calcaire.

Mais, en faisant connoître quelles sont les conditions les plus généralement utiles pour assurer une bonne disposition du terrain pour le végétal, nous parviendrons à établir quelques principes généraux sur l'influence mécanique du sol dans la végétation.

Nous distinguerons d'abord trois principales espèces de sol (les autres n'étant que des mélanges de ceux-ci à différentes proportions) ; savoir, le sol argileux, le sol calcaire, et le sol siliceux ou sablonneux (1).

Le sol argileux a les caractères suivans : il est compacte quand

---

(1) Je ne parle point ici de quelques autres terres qui existent mélangées avec celles dont nous venons de parler, parcequ'elles s'y trouvent dans de trop foibles proportions et qu'elles ne donnent point leur caractère à la masse. Nous pourrions peut-être excepter la magnésie qui abonde dans plusieurs endroits : celle-ci a quelques rapports avec la terre calcaire ; elle est poreuse, légère et friable comme elle ; mais elle tient un peu plus du caractère de l'argile par la consistance pâteuse qu'elle prend avec l'eau ; elle retient ce liquide avec plus de force que la terre calcaire, et devient friable lorsqu'elle l'a perdu.

il est sec, pâteux lorsqu'il est mouillé ; il lâche difficilement l'eau dont il est pénétré ; il durcit et se fend par la dessiccation ; il empâte le soc de la charrue après les pluies ; il s'enlève en mottes peu friables après les sécheresses. Les racines y pénètrent avec peine ; les semences y pourrissent par suite de l'humidité ou des pluies continues ; il reçoit l'eau avec avidité lorsqu'il est sec. Cette terre, ramenée à la surface par des labours profonds, ne peut servir à la végétation qu'après avoir été long-temps aérée.

Le sol calcaire est naturellement sec, friable, poreux, léger, etc. ; l'eau y pénètre aisément, et elle s'évapore avec la même promptitude. Il peut être labouré presque en tout temps, mais les labours y sont moins nécessaires que dans l'argileux, parcequ'il n'a pas le même besoin d'être divisé. Les semences peuvent y germer à une plus grande profondeur, parcequ'il est plus perméable à l'air ; les racines y plongent sans peine.

Le sol siliceux ou sablonneux est le plus aride de tous ; il peut être mouillé par les eaux, mais les molécules n'en sont pas pénétrées. Il est très meuble ; il cède aisément à la charrue ; il se dessèche promptement.

Aucun de ces sols n'existe pur parmi ceux qui sont employés à la culture, c'est-à-dire qu'aucun terrain cultivé n'est uniquement formé d'argile, de terre calcaire ou de silice. Tous nous présentent un mélange de plusieurs principes terreux à diverses proportions ; mais on est convenu de désigner par les mots *sol argileux*, *sol calcaire* ou *sol siliceux*, un sol où l'un de ces trois principes prédomine au point de donner son caractère au mélange.

Pour qu'un terrain soit favorable à la végétation il faut qu'il réunisse les conditions suivantes :

1° Être assez poreux ou perméable pour que l'air puisse pénétrer aisément à une certaine profondeur, pour que l'eau y filtre facilement, et pour que les racines puissent y plonger, s'y ramifier et s'y étendre en tout sens ;

2° Présenter assez de consistance ou de ténacité pour que les racines s'y établissent solidement et résistent aux agitations que les mouvemens de l'atmosphère impriment aux branches ;

3° Recevoir l'eau et s'en imprégner de manière qu'elle ne s'évapore pas trop promptement et qu'elle soit fournie à la plante selon ses besoins.

Or, il n'y a aucun des sols désignés ci-dessus qui présente tous ces avantages. L'argileux résiste à l'extension des racines ; il est imperméable à l'air, il serre et étrangle la plante quand il est sec ; il la pourrit lorsqu'il est humide. Le calcaire boit l'eau avec avidité, et la laisse filtrer ou évaporer avec une telle facilité que la plante y est alternativement inondée et desséchée. Le sablonneux joint aux inconvéniens de ce dernier celui de ne pas fournir un support assez fixe au végétal.

A la vérité, le terrain si productif d'une grande partie de la Belgique n'étoit à son origine qu'un sable fin rejeté par la mer, ou des couches d'alluvion formées par les rivières qui la sillonnent. Mais si l'on considère que les nombreux canaux qu'on a creusés dans ce pays facilitent par-tout à l'agriculture le transport des denrées et des engrais ; si l'on considère que presque par-tout l'eau se trouve à une foible profondeur d'environ un pied à dix-huit pouces au-dessous de la surface du sol ; si enfin l'on fait attention que l'art de produire et d'employer les engrais est arrivé dans la Belgique au plus haut degré de perfection, on ne sera plus étonné de l'état florissant de l'agriculture dans ce pays ; et le sol qui, par sa nature, paroît peu favorable à la végétation, se trouve être le plus propre de tous du moment qu'une nappe d'eau peu profonde et des engrais nombreux et bien appropriés aux divers genres de culture fournissent tous les sucs nécessaires.

Ainsi que dans la Belgique, nous voyons presque par-tout que l'industrie a donné à l'agriculture des terrains que leur nature avoit voués à la stérilité ; c'est par des labours, des engrais et le mélange d'autres terres qu'on est parvenu à ces résultats ; c'est ce genre d'amélioration qui constitue l'art si précieux des amendemens.

Lorsqu'on veut amender une terre ou la rendre la plus propre possible à la végétation, il faut commencer par en étudier la nature et constater ses qualités et ses défauts.

Ces premières connoissances nous indiquent déjà quelles sont les plantes qui conviennent à un terrain ; car il en est qui se plaisent dans un sol compacte et argileux, tandis que d'autres préfèrent une terre aride et poreuse ; il en est qui demandent un terrain ouvert et profond pour y développer convenablement leurs longues racines, tandis que d'autres, munies de racines fibreuses et pivotantes, n'exigent qu'une mince couche de terre végétale. C'est à l'agriculteur à bien étudier son terrain, pour ne lui confier que les plantes qui lui conviennent.

Mais, par le secours des amendemens, on peut corriger les vices d'un terrain quelconque et les ramener tous à présenter les dispositions les plus favorables à la végétation : ces amendemens consistent dans le mélange des terres, l'emploi des fumiers et l'usage des labours. Nous allons les considérer séparément.

On amende un terrain compacte et argileux en y mélant des terres sèches, calcaires ou sablonneuses ; en y portant des plâtras, des gravats, de la chaux, des cendres et autres principes absorbans. Par ce mélange on divise la terre et on la rend plus perméable à l'air; l'eau la pénètre plus aisément, la charrue la sillonne sans peine, les racines s'y établissent plus facilement et plongent à une plus grande profondeur.

S'il s'agit, au contraire, d'amender une terre aride, légère et trop poreuse, le mélange d'argile est l'amendement le plus convenable de tous.

De tous les amendemens connus, celui que fournit la marne est le plus généralement employé : on s'en sert pour toutes les espèces de sols, parceque la marne les améliore tous; mais comme elle est de nature très différente, qu'elle est ou grasse ou maigre, selon la proportion de ses principes constituans, qui sont sur-tout l'argile et la chaux, il faut faire choix de celle qui convient le mieux au terrain qu'on se propose de marner. La propriété qu'a la marne en général de se furer, de se diviser et d'effleurir à l'air, développe encore un degré de chaleur qui ajoute à sa vertu amendante la propriété des stimulans dont nous parlerons par la suite. Indépendamment de cette seconde propriété, il paroît que la marne qu'on mêle dans un terrain quelconque lui communique la vertu qu'elle possède de prendre l'eau et de la retenir assez pour ne la livrer à la plante qu'à mesure de ses besoins; de sorte que cet amendement réunit plusieurs bonnes qualités qu'aucun autre ne présente au même degré.

On peut considérer les fumiers non seulement comme fournissant des sucs nutritifs au végétal, mais comme amendant le terrain auquel on les confie. En effet, les fumiers divisent la terre, la tiennent entr'ouverte, y facilitent l'accès de l'air, la filtration des eaux, et y laissent pour résidu des principes salins et terreux qui, par le laps du temps et après une longue suite d'engrais, changent ou modifient avantageusement le sol primitif.

On a long-temps disputé pour savoir s'il étoit plus convenable d'employer les fumiers faits et bien pourris que les fumiers longs ou de litière. La solution de cette question ne peut pas être donnée d'une manière absolue, parcequ'elle dépend de la nature du terrain qu'on a à semer, et de l'espèce de plante qu'on confie à la terre. Il est plus avantageux d'employer les fumiers longs dans les terres compactes, parcequ'ils tiennent la terre ouverte et la rendent plus perméable à l'air et à l'eau : les fumiers courts sont préférables pour les terrains calcaires et poreux. Une autre considération peut encore déterminer à préférer l'un à l'autre, c'est que les fumiers courts s'usent et se consument dans l'année, tandis que l'effet des fumiers longs se fait ressentir pendant deux à trois ans. Ainsi le premier est tout employé à produire une récolte ; le second peut en nourrir plusieurs, et par conséquent il faut employer celui-ci en plus grande quantité si l'on veut avoir un même résultat de part et d'autre la première année. On voit d'après cela quel est l'avantage qu'on doit retirer des feuilles, des bruyères, des pailles qu'on ensevelit dans une terre.

De tous les amendemens employés, le labour est le plus commun. Il divise et ameublit la terre ; il ramène à la surface celle qui n'est pas assez aérée ; il facilite la filtration et l'écoulement des eaux ; il détruit les mauvaises plantes et en nettoie le sol.

C'est en partant de ces idées qu'on sentira combien un labour profond est préférable à un labour superficiel ; car, par le labour profond, on permet aux racines de plonger et de se mettre à l'abri de l'ardeur dévorante du soleil, on donne à l'eau la facilité de filtrer à une grande profondeur, et d'y rester, à l'abri de l'évaporation, pour fournir aux besoins du végétal.

Mais lorsqu'on fait, pour la première fois, des labours profonds dans une terre, sur-tout dans une terre compacte, il faut laisser long-temps aérer celle qu'on ramène du fond avant de l'employer à produire ; sans cela on courroit risque de n'avoir qu'une médiocre récolte.

C'est, sans contredit, à ces labours profonds que Fellemberg doit les principaux résultats de sa culture ; et on ne sauroit trop les recommander à nos agriculteurs, qui, en général, ne connoissent pas encore cette source précieuse de prospérité agricole.

Mais les labours profonds ne sont pas également avantageux pour toutes les terres : ils ne sont essentiellement nécessaires que pour les terres fortes, compactes et argileuses. Les terres calcaires, naturellement trop poreuses, n'exigent de labour que pour recouvrir les semences qu'on leur confie.

Il est même des terres où les labours profonds ne sont pas praticables, telles sont celles qui ne forment qu'une couche de quelques pouces d'épaisseur, ou au-dessus de bancs de roche, ou au-dessus du sable, et d'autres couches peu propres à la végétation.

Après avoir considéré la terre sous le rapport de ses propriétés presque mécaniques, il nous reste à examiner si on peut la regarder comme contribuant à la végétation, en formant un des alimens de la plante.

La terre est-elle un des alimens de la plante ?

Saussure a fait, à ce sujet, quelques expériences très propres à éclaircir cette question ; il a élevé comparativement des plantes,

1° En les arrosant avec de l'eau distillée ;

2° En les élevant dans du gravier et les arrosant avec de l'eau de pluie ;

3° En les élevant dans du terreau.

L'analyse a fourni un résidu terreux et salin bien différent dans les diverses plantes. Il s'est présenté dans le rapport qui suit :

3,9 pour les premières ;
7,5 pour les secondes ;
12,0 pour les troisièmes.

Saussure a encore comparé le résidu terreux des plantes ayant végété sur un sol granitique et sur un sol calcaire, et il a trouvé constamment beaucoup plus de silice et d'oxides métalliques dans les premières, et beaucoup plus de terre calcaire dans les secondes. Le *pinus abies*, élevé dans les deux espèces de terrain, a fourni les proportions suivantes :

	Sol granitique.	Sol calcaire.
Potasse.	3,60. . . .	15
Sulfates et muriates alkalins. .	4,24. . . .	15
Carbonate de chaux. . . .	46,34. . . .	63
Carbonate de magnésie. . .	6,77. . . .	0
Silice.	13,49. . . .	0
Alumine.	14,86. . . .	16
Oxides métalliques. . . .	10,52. . . .	0

Il paroît hors de doute, d'après cela, que les plantes tirent du sol une partie des principes fixes qu'elles fournissent à l'analyse ; mais pompent-elles la totalité du sol ? Ou se forme-t-il des terres par l'acte de la végétation ? Saussure embrasse la première opinion ; Schræder cherche à établir l'opinion contraire (1).

Schræder détermina, par l'analsye, la quantité de terre que contenoient des quantités données de froment, de seigle, d'orge, d'avoine ; il éleva les graines dans des fleurs de soufre, qu'il arrosoit avec l'eau distillée ; il employa aussi au même usage les oxides d'antimoine et de zinc ; il eut l'attention de les exposer au soleil dans un jardin, mais à l'abri de la poussière et de la pluie ; il trouva constamment dans la plante plus de matière terreuse que n'en contenoit la semence.

Lampadius a planté différens végétaux dans des terres pures, il les a arrosés avec l'eau de fumier ; tous ont pris leur

---

(1) Mémoire couronné à Berlin, en 1800, sur cette question : *déterminer la proportion des parties constituantes terreuses des différentes espèces de blé, et s'assurer si les parties terreuses se forment par la végétation.*

accroissement, et chacun contenoit des parties terreuses qui n'existoient pas dans le sol primitif.

Il est possible, comme l'observe Saussure, qui, lui-même, a trouvé 46,34 de carbonate de chaux, par l'analyse d'une plante élevée dans le granit, qui n'en contenoit point, il est possible, dis-je, que l'eau qui coule au pied, que celle qui est fournie par l'air, ou celle qui sert aux arrosages, transporte peu à peu les matières terreuses dans le végétal. Cependant il ne faut pas regarder la question comme décidée, elle appelle l'attention des chimistes et exige de nouvelles expériences.

SECT. III. DE L'ACTION DES STIMULANS SUR LA VÉGÉTATION.

Nous avons parlé jusqu'ici des sucs nutritifs du végétal et du pouvoir de la terre dans tout ce qui concerne la végétation ; il nous reste à parler de quelques agens, qui influent puissamment sur toutes les fonctions de la plante et sans le concours desquels il n'y a pas de végétation.

Il ne suffit pas de présenter des alimens à la plante, faut encore que ses organes soient disposés à les recevoir età les digérer ; et ces dispositions sont subordonnées à l'influence de quelques agens qui excitent ces organes, les irritent, les mettent en jeu et développent en eux les facultés nécessaires. Ces agens sont principalement la chaleur et la lumière. Nous allons considérer leur action séparément.

CHAP. I. ACTION DE LA CHALEUR DANS LA VÉGÉTATION.

Nous avons déjà observé que la germination n'a pas lieu à une température voisine du terme de la glace ; elle ne se développe, en général, qu'à quelques degrés au-dessus de cette température ; et la végétation est d'autant plus active, que la chaleur atmosphérique est plus élevée, pourvu toutefois que la sève soit suffisamment délayée ; car une chaleur forte qui agit après un temps sec n'active pas la végétation en proportion du degré de température.

Le docteur Walker a prouvé que lorsque la sève a commencé à couler par plusieurs incisions faites au tronc ou à la tige d'une plante, on peut suspendre l'écoulement en appliquant de la glace aux ouvertures, de telle sorte qu'on l'interrompe à un ou plusieurs orifices, tandis qu'il continue à d'autres.

La première impression de la chaleur sur une plante ramollit donc la sève, la met en mouvement et en circulation, et le bourgeon grossit.

Il paroît que le premier mouvement de la sève n'est dû qu'à

l'expansion et à l'action de celle qui est ramassée dans l'aubier : cette opinion se déduit naturellement des belles observations de Knight. (*Transac. philosoph.* v. 1801 et suiv.)

Ce physicien a prouvé qu'après que la plante a développé toutes les parties qui se forment, depuis le printemps jusqu'à la fin de l'été, les feuilles·continuent à pomper dans l'air et à verser dans l'aubier, par des vaisseaux dont il a suivi la direction, tous les sucs qu'elles absorbent. La sève reste en dépôt dans l'aubier jusqu'à ce que la chaleur vienne la mettre en mouvement, ce qui arrive au printemps, ou par l'exposition du végétal à une température chaude.

De la doctrine admise par Knight, il doit s'ensuivre que la pesanteur spécifique de l'aubier doit être plus forte en hiver qu'en été, attendu que, dans le premier cas, la sève durcie dans le tissu de l'aubier remplit tous les pores, et qu'alors le même volume d'aubier contient plus de matière : c'est aussi ce qui est confirmé par l'observation. On abattit, pendant l'hiver et pendant l'été, des perches de chênes du même âge et nourris sur le même sol ; on les fit sécher au même degré de chaleur ; la pesanteur spécifique du bois abattu en hiver se trouva de 0,679, et celle du bois abattu en été, de 0,609. La pesanteur spécifique de l'aubier du premier étoit de 0,583, et celle de celui du dernier, de 0,533. L'infusion de l'aubier de l'arbre abattu en hiver étoit d'une couleur plus foncée que celle de l'autre ; sa pesanteur s'est trouvée de 1,002, tandis que celle du second étoit de 1,001.

On peut concevoir, d'après cette doctrine, comment il est possible qu'une branche d'arbre introduite dans une serre chaude par une ouverture particulière y parcoure les premiers périodes de la végétation, et produise successivement des feuilles, des fleurs, des tiges, tandis que les autres parties de l'arbre exposées au froid extérieur ne montrent aucune apparence de vie. On voit encore, en partant de la même théorie, la raison pour laquelle les branches et les arbres coupés en automne végètent, pour la plupart, au printemps, jusqu'à ce qu'ils aient épuisé le dépôt de sève qui s'étoit formé après l'été.

Cette accumulation de la sève dans le tissu de l'aubier a beaucoup d'analogie avec l'amas de graisse qui se forme dans le tissu cellulaire d'un grand nombre d'animaux aux approches de l'hiver. Dans ces derniers, cette provision de graisse sert à l'entretien de la vie pendant l'engourdissement de quelques uns, et à la nutrition de tous pendant la saison rigoureuse où ils manquent d'alimens ; tandis que dans les plantes l'amas de sève déposé dans l'aubier fournit les premiers sucs nutritifs, lorsque la chaleur vient réveiller les organes avant que la terre soit encore échauffée, et que les racines puissent pomper les sucs qui y sont contenus.

On doit donc les premiers développemens de la végétation à la chaleur atmosphérique qui ramollit les sucs déposés dans l'aubier, leur imprime le mouvement, et excite en même temps les organes. Mais lorsque la terre a enfin reçu l'impression de la chaleur, lorsqu'elle s'est mise *en amour*, pour me servir d'une expression vulgaire mais énergique, alors les racines pompent l'eau et les sucs alimentaires contenus dans la terre, et ces sucs sont transportés dans toutes les parties du végétal par le moyen des vaisseaux qui se trouvent dans le bois et sur-tout dans l'aubier.

Dans le second période de la végétation, la sève est si abondante qu'elle transsude par les pores et coule par toutes les incisions qu'on pratique sur le tronc. C'est dans ce période qu'on voit suinter la sève par l'extrémité des tiges, sur-tout lorsqu'on les a taillées.

Il est hors de doute que dans ce période de la végétation la sève monte des racines aux branches; car, si on pratique plusieurs incisions et à différentes hauteurs sur le tronc d'un arbre, la sève commence à couler par les plus basses, et l'écoulement s'établit successivement et régulièrement dans toutes jusqu'aux plus hautes. Duhamel et Bonnet, en arrosant des plantes avec des liqueurs colorées, ont vu constamment la matière colorante se montrer d'abord à la partie la plus basse et s'élever insensiblement.

Il résulte des observations de Knight que la sève augmente en densité à mesure qu'elle s'élève : la sève retirée d'un sycomore, à fleur de terre, a donné 1,004 de pesanteur spécifique, tandis que celle qui étoit extraite à la hauteur de six pieds a présenté 1,008 ; et celle qui découloit à 10 pieds et demi, 1,012.

Mais, en même temps que la sève s'épaissit par son ascension, il paroît qu'elle change de nature : la sève extraite au pied de l'arbre est insipide, tandis que celle qu'on puise dans la longueur de l'arbre est d'autant plus sucrée qu'on la cueille à une plus grande hauteur.

Le goût sucré que prend la sève en circulant dans l'arbre paroît annoncer qu'il y a *décarbonisation*, ce qui porte à croire que l'oxygène absorbé par les racines se convertit en acide carbonique et offre un phénomène analogue à celui que nous avons observé dans les premiers momens de la germination des graines.

Dans ce second période de la végétation, les feuilles parviennent à leur accroissement naturel; et, dès-lors, elles pompent les gaz et l'eau dans l'atmosphère, et deviennent les principaux organes de la végétation.

Knight a éprouvé qu'un jet de vigne privé de ses feuilles cessoit de végéter.

Lorsqu'on enduit d'un vernis les surfaces des feuilles, la végétation s'arrête et la plante meurt.

Il est connu qu'une plante ne pousse point lorsque les insectes dévorent les feuilles à mesure qu'elles se forment.

Les feuilles absorbent dans l'air tous les principes qui servent à la nutrition du végétal; elles y versent aussi, comme nous l'avons observé, des gaz et quelques humeurs excrétoires. Knight a suivi avec un grand soin les vaisseaux qui charrient les sucs depuis les feuilles jusqu'à l'écorce intérieure des plantes, et même jusqu'à l'aubier; il a observé que ces vaisseaux se dirigeoient constamment de haut en bas.

D'après tout ce que nous venons de dire, on peut distinguer plusieurs périodes bien marqués dans les progrès de la végétation annuelle d'une plante.

Le premier période comprend le moment où la sève ramassée dans l'aubier se met en mouvement par l'impression d'une chaleur quelconque, soit naturelle, soit artificielle, et produit les premiers développemens de la végétation.

Le second période est celui où les racines commencent à pomper les sucs de la terre et portent abondamment dans le cœur de l'arbre pour fournir à la nutrition et à l'accroissement.

Dans le troisième période, les feuilles deviennent, à leur tour, le principal organe de la nutrition; et, après avoir fourni aux fonctions annuelles du végétal, telles que la formation des fruits ou graines, elles versent le superflu des sucs nutritifs dans le tissu de l'aubier pour servir aux premiers développemens de la végétation l'année suivante.

CHAP. II. ACTION DE LA LUMIÈRE DANS LA VÉGÉTATION.

Ainsi que la chaleur, la lumière paroît être, non un aliment, mais une condition nécessaire pour obtenir une bonne végétation.

La lumière et la chaleur n'entrent point comme élémens matériels de la nutrition dans le végétal, leur action se borne à stimuler les organes, à les exciter, etc.; et c'est pour cela que nous avons cru devoir classer ces deux corps parmi les *stimulans*.

L'effet le plus marqué de la lumière sur la végétation, c'est de développer la couleur des végétaux : tous ceux qui sont à l'abri de cet agent blanchissent, en même temps que leur tissu devient plus mou, plus tendre et d'une saveur plus fade. Les jardiniers ont même appris à tirer parti de cette propriété; et ils recouvrent de terre ou placent dans des lieux obscurs, tels que les caves, les légumes qu'ils se proposent de blanchir. Quoique la lumière ne soit qu'un agent stimulant, elle forme une condition nécessaire à la végétation. Gougz a fait voir que, par elle-même, la lumière n'avoit pas la propriété de verdir les végétaux, et que la couleur verte n'étoit jamais produite sans la présence de l'oxygène. (*Mémoires de Manchester*, t. 4, p. 501.)

Ces phénomènes s'expliquent naturellement si l'on fait attention que les plantes absorbent l'oxygène pendant la nuit et qu'elles le transpirent pendant le jour ; car il s'ensuit que les plantes exposées pendant long-temps à l'obscurité se saturent d'oxygène, lequel, en se combinant avec le carbone, produit de l'acide carbonique qui ne peut que s'accumuler dans le végétal, sans s'y décomposer, attendu que la lumière seule peut opérer cette décomposition.

La plante privée de la lumière doit donc s'étioler en se surchargeant d'acide carbonique. Cette assertion est portée au dernier degré d'évidence par les faits suivans : dans une galerie d'environ deux cents toises de longueur, pratiquée dans une mine de charbon, pour aller couper en flanc les filons de ce combustible, je m'aperçus que les *fungus* (champignons) qui s'étoient formés sur les nombreux étançons de cette galerie, varioient en couleur et consistance, et que ceux qui étoient les plus éloignés de l'ouverture ou de la porte ne présentoient que peu de consistance et étoient très blancs, tandis que ceux qui étoient les plus rapprochés du dehors étoient colorés en jaune et très compactes : j'en cueillis, dans le fond de la galerie, parmi ceux qui étoient à l'abri de toute lumière solaire ; j'en pris d'autres à la porte, où la lumière les frappoit avec assez d'intensité. Les premiers ne m'ont fourni qu'une masse énorme de liquide fortement chargé d'acide carbonique ; ils se sont réduits d'eux-mêmes en une eau dans laquelle on n'apercevoit que quelques pellicules ou filamens fibreux, tandis que les seconds ont conservé leur forme, leur couleur, leur consistance, et n'ont produit que peu d'acide carbonique et beaucoup de principe fibreux. Il est évident que ceux de ces champignons qui s'étoient formés dans l'obscurité avoient absorbé beaucoup d'oxygène et beaucoup d'eau, qu'il s'étoit produit beaucoup d'acide carbonique par la combinaison de l'oxygène avec le carbone de la plante, et que cet acide n'ayant pas pu être décomposé, attendu que la lumière est nécessaire pour cette opération, le parenchyme du végétal devoit en être fortement imprégné, et, pour ainsi dire, gorgé tandis que cette décomposition étoit favorisée par la lumière du côté de la porte, et que, par conséquent, le carbone qu en provient devoit accroître la partie ligneuse en même temps que l'oxygène devenu libre s'échappoit dans l'air. Cette explication est conforme à tous les phénomènes que présente la végétation lorsqu'elle se fait avec les circonstances favorables.

Les phénomènes de l'étiolement des plantes ne paroissent pas admettre d'autres causes que celle-là ; et la direction que les plantes prennent vers la lumière, lorsqu'on les élève dans des serres peu éclairées, provient, sans doute, de ce que le côté le moins éclairé se remplit de sucs qui, ne pouvant pas être digérés, occasionne une accumulation, une vraie pléthore, qui gonfle les parties et y produit un volume qui doit forcer la plante à s'incliner du côté opposé.

On peut encore expliquer par-là pourquoi les plantes jaunissent toutes les fois que d'épais brouillards ou une atmosphère long-temps humide et sombre pénètrent la plante de beaucoup de sucs sans qu'une lumière vive et pure vienne en faciliter l'élaboration ou la digestion ; pourquoi les végétaux élevés par le secours de beaucoup d'engrais ne présentent ni le parfum ni le goût exquis de ceux qui croissent dans des terres moins grasses, mais à une lumière plus vive ; pourquoi les feuilles jaunissent en automne et dans tous les cas où la marche de la nutrition est troublée ou altérée par l'absence de la lumière ou de la chaleur.

Dans le végétal comme dans l'animal, il ne suffit pas de gorger l'individu de sucs alimentaires, il faut encore des organes sains pour les digérer ; mais, dans le végétal où la vitalité des organes n'est pas aussi indépendante des agens extérieurs que dans l'animal, il lui faut de plus le concours de la chaleur et de la lumière, qu'on peut regarder comme les moteurs de ses fonctions et les stimulans nécessaires de ses organes.

CHAP. III. DE L'ACTION SIMPLE OU MIXTE DE PLUSIEURS AUTRES CORPS DANS LA VÉGÉTATION.

Indépendamment des deux agens dont nous venons de parler et qu'on peut regarder comme les plus puissans de la végétation, puisque, sans eux, elle ne peut pas avoir lieu, il en est d'autres qui, quoique secondaires, ne méritent pas moins une attention particulière de notre part : je veux parler du plâtre, de la chaux, des sels, de la suie, de la poudrette, de l'écobuage, des cendres, etc.

Quoique quelques unes de ces substances, telles que la poudrette et la suie, possèdent des qualités nutritives, nous ne pouvons pas en borner les effets à cette seule faculté : il faut nécessairement y reconnoître encore une vertu stimulante, de sorte que leur action est mixte, et nous les plaçons dans ce chapitre, parceque cette vertu stimulante paroît jouer le premier rôle dans leur action : en effet que pourroient quelques atomes de poudrette répandus sur un vaste champ si on en bornoit l'effet à servir d'aliment aux nombreux végétaux qui y croissent ! On peut regarder tous ces puissans agens de la végétation comme les liqueurs fortes dont l'homme fait usage pour réveiller ses organes languissants, ou comme les épiceries dont il assaisonne ses alimens pour en faciliter la digestion.

D'autres substances, parmi celles dont nous parlons dans ce chapitre, doivent être considérées sous la double faculté d'amender le sol et de stimuler le végétal, telles sont la chaux et les cendres ; celles-ci divisent la terre et la rendent plus poreuse en même temps qu'elles lui transmettent, peu à peu, la chaleur dont elles sont imprégnées. L'écobuage produit encore le même effet ; il convient essentiellement dans les terres fortes et froides. Dans cette opération la calcination qu'on opère sur une partie de la terre en change la nature ; elle lui ôte la faculté de se délayer, de s'empâter et la rend, par conséquent, très propre à amender le reste du sol qui, par sa nature, est trop compacte.

Quelques unes des substances que nous faisons entrer dans ce chapitre ne possèdent que la vertu stimulante, tels sont les sels. Personne, assurément, ne leur attribuera une vertu nutritive, et cependant tout le monde est d'accord sur le bon effet qu'ils produisent sur la végétation. C'est sur-tout à eux qu'on doit attribuer l'action puissante des urines, de la suie, des plâtras, des cendres de pyrite, de tourbe et de bois.

L'agriculteur peu instruit attribue tout aux sels ; il en trouve dans l'air, dans l'eau, dans la terre, dans les engrais, etc. ; mais nous croyons qu'en faisant connoître ce qui est dû dans la végétation à chacun de ces agens, et, en déterminant rigoureusement ce que chacun d'eux fournit à la plante, nous avons substitué le langage de la vérité à des erreurs accréditées, et que, dorénavant, on ne verra les sels que là où ils sont, et pour les considérer comme de simples stimulans.

Plusieurs des semences dont nous nous occupons en ce moment produisent encore des effets mixtes ou composés, qu'il importe de faire connoître ; la chaux, par exemple, outre l'action amendante et stimulante que nous lui avons reconnue, sert encore à neutraliser les acides qui existent dans quelques cas, comme dans les terres argileuses ramenées à la surface par des labours profonds, dans les terreaux préparés à l'ombre, dans les vases des marais, etc. ; dans tous ces cas, sans le secours de la chaux, on seroit obligé de laisser les terres très long-temps exposées à l'air pour obtenir un résultat que l'emploi de la chaux procure en un moment.

De toutes ces substances, le plâtre est celle sur l'action de laquelle nous sommes le moins éclairés. L'effet prodigieux qu'il produit sur quelques fourrages artificiels , tels que le trè-fle , ne sauroit s'expliquer; ni en le considérant comme amen-dement , attendu qu'on le répand en poussière sur les feuilles et d'ailleurs en trop petite quantité ; ni en le considérant comme stimulant, attendu que le plâtre cru , broyé, a , à peu près les mêmes vertus que le plâtre cuit ; ni en le considérant comme absorbant , attendu qu'il n'agit qu'autant qu'il se fixe sur les feuilles. S'il étoit permis de former des conjectures sur sa manière d'agir, nous dirions que , comme il ne produit de bons effets que lorsqu'on le répand sur les feuilles mouillées, ou un peu avant la pluie, il a peut-être la propriété , en s'em-parant de l'eau , de la fournir ensuite peu à peu au végétal ; et peut-être qu'il absorbe aussi l'acide carbonique pour le transmettre de même à la plante. On pourroit peut-être aussi le considérer comme aliment du trèfle ; car M. Davy a trouvé une grande quantité de plâtre dans les cendres du trèfle. (Biblioth. Brit. n°. 328, p. 365.) Ce fait peut expliquer pour-quoi le plâtrage ne produit pas d'effet sensible sur les trèfles qui croissent dans un sol qui est pourvu de ce sel , et pour-quoi le trèfle ne peut pas prospérer sur un sol pendant plus de deux à trois ans. Nous ne pouvons former que des con-jectures sur la cause d'un fait connu et éprouvé ; il faut at-tendre du temps, de l'observation et de l'expérience, l'expli-cation de cet important phénomène.

De tout ce que nous venons de dire , on peut conclure qu'on peut distinguer trois effets dans l'action des substances qu'on ajoute aux terres pour les rendre fertiles ; et , sous ce rapport, on peut les diviser en trois classes.

1° Les unes préparent les terres de la manière la plus favo-rable à la végétation. On produit cet effet en corrigeant les vices d'une terre par le mélange d'autres terres qui ont des qualités opposées : c'est cette opération qui constitue essentiel-lement les *amendemens*. On amende encore un terrain , sans aucune addition de terre étrangère , en le divisant par des labours, en l'aérant par le mélange des fumiers longs, etc.

2° D'autres substances fournissent l'aliment à la plante ; tels sont les fumiers et tout ce qui est connu sous le nom d'en-grais; l'acide carbonique , l'eau , l'oxygène, etc.

3° D'autres enfin bornent leur action à stimuler les organes du végétal, à donner et à maintenir l'activité dans ses fonc-tions. La chaleur et la lumière tiennent le premier rang parmi celles-ci, ensuite viennent les sels, soit purs, soit mélangés , la chaux, les cendres, les terres brûlées , etc.

Mais, dans le nombre de ces agens, il en est qui réunissent

plusieurs propriétés et produisent des effets mixtes ; ainsi la chaux, les terres brûlées sont à la fois des amendans et des stimulans ; la poudrette, les urines, les fumiers sont stimulans et nourrissans.

Nous pourrions entrer dans de plus grands détails : mais, outre que les bornes d'un article s'y refusent, nous craindrions de répéter ce qui se trouve à d'autres mots du dictionnaire, et nous croyons d'ailleurs qu'il suffit d'avoir établi des principes sur la végétation pour que le lecteur en fasse lui-même une application facile. (Chap.)

VEILLÉE. Réunion des habitans d'un village pendant les longues soirées de l'hiver, pour travailler autour de la même lumière.

Cette réunion, toujours économique, a des avantages et des inconvéniens moraux, dans lesquels il n'est pas du but de cet ouvrage d'entrer. Je dirai seulement qu'il seroit possible d'en tirer un grand parti pour l'instruction des cultivateurs, et que se faisant souvent, pour épargner le feu, dans des caves ou dans des écuries humides, où l'air non renouvelé est altéré par la respiration ou les émanations du sol, il en résulte souvent des maladies chroniques et même des Asphyxies. *Voy.* ce mot.

VIEILLOTTES. On donne ce nom, aux environs de Montargis, à de petits tas de foins qu'on forme sur les prés, et qu'on y laisse jusqu'à ce qu'on puisse les voiturer à la maison, ce qui n'a lieu quelquefois que long-temps après la fenaison. Aussi arrive-t-il souvent que ce foin s'altère.

VEINE DE TERRE. Petite portion de terre, souvent plus longue que large, d'une nature différente de celle qui l'environne.

Les agriculteurs sont souvent dans le cas de remarquer dans leurs champs de ces veines, qui tantôt donnent des produits plus abondans, tantôt des produits plus foibles que le reste du champ.

Un grand nombre de causes peuvent agir pour produire une veine bonne ou mauvaise. Je vais en indiquer quelques unes.

Comme les couches de la terre sont le plus souvent d'inégale épaisseur, il se peut que celle qui est dessous la terre végétale saille davantage dans certains lieux, et ces endroits ayant moins de bonne terre seront moins fertiles.

Un champ qui se trouve sur le point de séparation d'un terrain argileux et d'un terrain sablonneux a deux natures de terre, dont l'une sera fertile dans les années sèches, et l'autre dans les années pluvieuses.

Toujours les eaux pluviales entraînent de l'humus des lieux élevés dans les lieux bas ; ainsi la ligne de leur courant sera plus fertile que les terrains adjacens.

Souvent les torrens amènent des sables qui produisent un effet positivement contraire au précédent dans les mêmes circonstances.

Ces deux causes ont commencé d'agir dès le moment où les continens actuels qui ont été dégagés des eaux de la mer agissent encore et agiront jusqu'à ce que la mer vienne de nouveau les recouvrir.

J'ai vu plusieurs fois de ces veines de terre être plus fertiles, quoique de même nature, parcequ'il y avoit dessous, à une petite profondeur, une nappe d'eau dont les émanations montoient jusqu'à la surface, ou qu'il y passoit un courant d'eau.

Les terres anciennement fouillées dans quelques unes de leurs parties, par des motifs étrangers à leur culture, sont souvent plus fertiles, ou quelquefois plus stériles dans ces parties.

Un cultivateur soigneux doit faire en sorte que ses champs soient d'une nature égale, car une inégalité de grandeur dans le blé en amène une dans la maturité, et par conséquent nuit au produit des récoltes. En conséquence les mauvaises veines seront défoncées, fumées, enfin cultivées de manière à les rendre aussi fertiles que bonnes. (B.)

VELAR, *Erysimum.* Genre de plantes de la tétradynamie siliqueuse et de la famille des crucifères, qui rassemble une quinzaine d'espèces, dont trois ou quatre sont assez communes et assez fréquemment employées en médecine pour devoir être mentionnées ici.

Le VELAR DES BOUTIQUES, ou TORTELLE, *Erysimum officinale,* Lin., a les racines annuelles ; les tiges droites, anguleuses, rameuses, hautes d'un à deux pieds ; les feuilles alternes, pétiolées, lyrées, rongées, dentées, avec le lobe supérieur plus grand ; les fleurs jaunes, très petites, disposées en épis terminaux, les siliques appliquées contre la tige. On le trouve très communément le long des chemins, parmi les décombres, autour des vieilles masures, et en général dans tous les lieux secs et pierreux qui sont cultivés. Il fleurit au milieu du printemps. Ses feuilles sont regardées comme incisives et adoucissantes, et en conséquence employées dans les toux invétérées, l'asthme pituiteux, la perte de la voix par des chants forcés, d'où le nom d'*herbe du chantre* qu'il porte vulgairement. Les chèvres et les moutons le mangent quelquefois, mais les autres bestiaux n'y touchent pas. Comme il est souvent extrêmement abondant dans les lieux qui lui conviennent, il est bon de l'utiliser en l'arrachant à la fin de l'été pour augmenter la masse des fumiers, même pour chauffer le four si on est dans un pays où le bois est rare.

Le VELAR DES CHARPENTIERS, ou *l'herbe de sainte Barbe*, *Erysimum barbarea*, Lin., a les racines vivaces, fibreuses ; les tiges droites, cannelées, rameuses, hautes d'un à deux pieds ; les feuilles alternes, amplexicaules, glabres, d'un vert foncé, lyrées, avec le lobe supérieur plus grand et denté ; les fleurs d'un jaune vif et disposées en épis à l'extrémité des tiges et des rameaux. Il se trouve en Europe dans les lieux humides et ombragés, le long des ruisseaux, sur le bord des mares. Il fleurit au milieu du printemps, et reste vert pendant tout l'hiver. C'est une très belle plante qui offre une variété double d'un grand éclat, fréquemment employée à l'ornement des jardins. Il lui faut un sol riche et frais. On le place sur les côtés des plates-bandes des parterres, en touffes de huit à dix pouces de diamètre, ou dans l'intervalle des buissons des premiers rangs des massifs. Pour le faire fleurir deux et même trois fois dans l'année, il faut couper ses tiges au moment où ses dernières fleurs s'épanouissent et l'arroser ensuite fortement. On le multiplie très bien de boutures faites en été dans un lieu frais et ombragé ; mais comme ses touffes s'augmentent très rapidement, on préfère de les déchirer en automne pour en former de nouvelles. Cette opération est des plus faciles et des plus certaines. Ses feuilles sont peu du goût des bestiaux, mais on les regarde comme détersives et vulnéraires, et on les emploie fréquemment dans les campagnes pour la guérison des blessures ; de-là vient le nom vulgaire qu'il porte.

Ce que j'ai dit au sujet du précédent s'applique aussi à celui-ci.

Le VELAR ALLIAIRE, ou simplement l'*alliaire*, a les racines vivaces, quelquefois bisannuelles ; les tiges droites, un peu velues, un peu striées, hautes de deux à trois pieds ; les feuilles alternes, pétiolées, cordiformes, fortement et inégalement dentées ; les fleurs blanches et disposées en épis au sommet des tiges et des rameaux. Il croît très abondamment dans les lieux ombragés, le long des haies, autour des maisons, et surtout dans les bosquets des jardins, et fleurit en mai. Ses feuilles dans la chaleur, et encore plus quand on les froisse, exhalent une odeur d'ail très prononcée. Les vaches les mangent quelquefois et elles communiquent leur odeur au lait et au beurre qu'elles fournissent. Il passe pour diurétique, incisif, carminatif et expectorant. On en fait assez fréquemment usage.

Il est dommage que cette plante sente mauvais et s'élève autant, car sa propriété de croître à l'ombre et de pousser dès le premiers jours du printemps, la rendent précieuse pour couvrir la nudité du sol des bosquets. Si malgré ces deux inconvéniens on veut l'y laisser, il faut avoir soin de la couper aussitôt que ses fleurs sont passées, soit pour les faire repousser, soit pour se débarrasser de l'aspect de ses longues tiges décharnées.

VELOURS VERT. Nom que Geoffroi a donné à l'ATTELABE VERT. *Voyez* ce mot.

VELVOTE. Espèce du genre des LINAIRES. *Voyez* ce mot.

VENDANGE. Cueillette des raisins destinés à faire le vin.

J'exposerai au mot VIGNE les travaux qu'exige cet arbrisseau pour donner une récolte certaine et abondante de raisins, propre à faire un vin de bonne qualité et susceptible de se conserver. Ici je dois dire quand et comment il faut s'y prendre pour le cueillir.

Comme les opérations de la vendange, et encore plus celles qui lui succèdent, sont très pressées, et que le manque de l'une d'elles, ou seulement son retard, peut conduire à la perte totale du fruit de six mois de travaux toujours pénibles, et d'inquiétudes sans cesse renaissantes, un propriétaire de vignes doit s'y prendre d'avance pour faire ses dispositions et ses préparatifs. Ainsi d'abord il se pourvoira de tonneaux neufs et fera réparer ses vieux dès le commencement de l'été, afin d'avoir le choix et de payer moins cher. Ensuite il fera visiter et nettoyer son pressoir, ses cuves, ses bannes et autres objets de service ; puis il arrêtera des vendangeurs ou des vendangeuses, et des voitures en assez grand nombre pour que sa récolte puisse être coupée et amenée à la maison en un très petit nombre de jours, deux ou trois seulement s'il se peut.

L'époque de la vendange est fixée par la plus grande maturité des raisins ; mais il est très rare qu'on ne la devance pas, soit par le désir de jouir plus vite, soit par la crainte des gelées, des pluies, des grêles et autres accidens.

La plupart des vignobles sont composés de plusieurs variétés de plants (cépéages) qui mûrissent à des époques différentes. Les raisins des unes sont donc mûrs avec excès, quand ceux des autres sont encore verts. Cette circonstance seule rend fort difficile la fixation précise du moment où il faut en faire la récolte. On prend ordinairement un terme moyen approximatif, plutôt en avant qu'en arrière, et le vin qu'on obtient est sans générosité, d'un goût âpre et d'une couleur peu flatteuse, parceque la plus grande partie des raisins n'est pas arrivée au point complet de maturité.

En effet il y a par exemple, aux environs de Paris, prèsde deux mois de distance entre la maturité de la Madeleine et celle du plant de lune. Ainsi la Madeleine est pourrie lorsque le plant de lune est dans le cas d'être vendangé. Par-tout les raisins blancs ont une qualité différente des raisins rouges.

Dans les vignobles de la ci-devant Champagne on vendange à trois reprises différentes, et on fait par conséquent trois espèces de vin dont le premier est ce vin fin si estimé dans toute l'Europe.

J'ai vu aussi dans les années de non maturité suivre la même méthode dans la ci-devant Bourgogne.

Il est probablement d'autres lieux en France où on la pratique également dans certaines circonstances.

On en fait de même dans les vignobles voisins de Malaga. La première, qui est celle des variétés hâtives, a lieu en juin; la seconde, des variétés intermédiaires, a lieu à la fin d'août, et la troisième, des variétés tardives, a lieu au commencement d'octobre. Le vin de la première a la consistance du miel; celui de la seconde est sec, clair et fort. C'est avec le troisième qu'on fabrique le véritable vin de Malaga qu'on boit dans l'étranger.

La petite augmentation de dépense qui est la suite d'un tel usage est si peu de chose, quand on la compare à l'augmentation de prix que peuvent acquérir des vins de meilleure qualité, qu'il doit paroître surprenant qu'on ne l'adopte pas par-tout. Point de doute pour moi que si, dans les environs de Paris par exemple, on vendangeoit séparément les meuniers parmi les rouges, et les méliers parmi les blancs, on n'y trouvât un grand avantage relativement à la qualité du vin. Ces deux variétés sont les plus abondantes, en principe sucré, de celles qu'on y cultive, et celles dont la maturité est la plus précoce après celle de la Madeleine, variété de mauvaise qualité, et dont on ne place des pieds dans les vignes que pour en vendre les raisins en détail.

Quelques personnes diront peut-être que les vins fabriqués avec du meunier ou du mélier seroient trop doux pour les habitans des campagnes, qui veulent que le vin gratte leur palais, qu'il se garderoit moins long-temps, etc. Mais ces raisons doivent-elles paroître valables? Une mauvaise habitude doit-elle être perpétuée? Est-on jamais, aux environs de Paris, dans le cas de ne savoir où placer son vin, comme dans les vignobles éloignés des grandes villes?

Dans les palus de Quéries, près Bordeaux, on plante là où le terrain est le plus sec les cépéages qui mûrissent le plus tard, tels que les deux espèces de verdot, et dans les lieux les plus humides le gros vilain et autres cépéages qui mûrissent de bonne heure ; par ce moyen on se procure la facilité de vendanger le tout en même temps.

Mais c'est en plantant un petit nombre de variétés choisies dans le même vignoble qu'on peut espérer d'obtenir des vendanges toujours au même degré de maturité. Déjà on est persuadé de cette vérité dans quelques vignobles, et bientôt sans doute elle se propagera dans tous.

A Langon, à Bergerac et autres vignobles du midi, on fait la vendange le plus tard possible, et on y procède tous les deux ou trois jours pendant près d'un mois, c'est-à-dire qu'on cueille seulement les grains qui sont parvenus à leur complète maturité, ce qu'on reconnoît au commencement d'altération de leur peau. Des ciseaux et un panier sont les moyens qu'on emploie. Dans ces vignobles, où les vendanges ne se terminent qu'en novembre, c'est-à-dire après que toutes les autres sont faites depuis long-temps, on a à redouter les ravages des grives et autres oiseaux mangeurs de baies. Mon malheureux et célèbre ami Gensonné, un des principaux propriétaires du premier de ces vignobles, me disoit prendre, dans sa jeunesse, une si grande quantité de ces oiseaux, que sa chasse suffisoit à la nourriture de tout son village pendant près d'un mois.

Ce n'est, je ne puis trop le répéter, qu'autant qu'on ne fera la vendange que lorsque le raisin sera le plus mûr possible, qu'on pourra espérer d'avoir, dans chaque vignoble, le vin de la meilleure qualité possible, puisque ce n'est qu'alors que le principe sucré est complètement développé, et que c'est ce principe sucré qui fait que le moût fermente et que le vin contient de l'alcohol. *Voyez* VIN, FERMENTATION, MOÛT, ACIDE, SUCRE et SIROP.

Comme la maturité des fruits se complète après qu'ils sont séparés de la plante qui les nourrissoit, qu'elle s'accélère même dans ce cas, il est très utile de laisser deux ou trois jours la vendange étalée sur de la paille avant de la soumettre à la fermentation ou de l'exprimer. Des expériences faites ces dernières années en grand par M. Sam-Paillo, expériences consignées dans un mémoire inséré dans les annales de chimie, constatent que, par ce seul soin, le vin peut gagner le double en bonté. Ces expériences, dont le résultat est complètement conforme aux principes de la saine théorie, doivent être pris en sérieuse considération par tous les propriétaires de vignobles, jaloux de faire du vin aussi bon que le comporte la nature de leurs cépéages, celle de la terre et du climat où ils sont plantés, enfin celle de la saison et autres circonstances. Qu'en coûteroit-il donc pour remplir cet objet ? Deux ou trois journées de deux ou trois ouvriers, quelques planches ou quelques bottes de paille. Mais il ne faudroit pas alors piler à moitié les raisins en les apportant à la maison, il faudroit au contraire faire l'impossible pour qu'ils y arrivent intacts, car un grain altéré ne peut plus se perfectionner, puisque c'est par la continuation de l'action vitale que l'acide tartareux qu'il contient se change en acide saccharin.

La maturité des raisins se juge assez certainement à l'aspect et à la dégustation, pour peu qu'on en ait l'habitude. Si on veut une preuve plus complète il faut examiner si la pulpe quitte le pepin.

On ne doit pas faire la vendange par un temps pluvieux, parceque la quantité d'eau qui s'attache aux grappes affoiblit d'autant le vin. On ne doit pas la faire par un temps froid, à raison du retard que ce temps apporteroit à la fermentation de la cuve, retard qui en modifie nécessairement les résultats. Au reste il ne dépend pas toujours de la volonté des cultivateurs de se conduire d'après des principes, les circonstances dominantes agissant souvent.

Dans la ci-devant Champagne on fait trois espèces de vin avec les raisins rouges; savoir, le rouge, le paillé et le blanc. Si on faisoit la vendange pour les deux premiers pendant la rosée, ils seroient plus foibles et de moins de garde. Si on la faisoit pour le dernier, lorsque la chaleur est arrivée à un certain degré, par exemple, après dix heures du matin, lorsque le soleil brille, on ne pourroit plus l'obtenir, on auroit des vins paillés ou gris.

En général c'est un abus de vendanger pendant la rosée lorsqu'on veut avoir du vin de bonne qualité, puisque la rosée ne diffère pas de la pluie dans ses effets.

Dans la grande majorité des vignobles de France on fait la vendange au jour où les officiers municipaux, ou un jury nommé par les propriétaires, ont décidé qu'on devoit la faire. On appelle cela *le ban de vendange*. Il n'est pas permis, sous peine d'amende, de devancer ce jour, et, sous peine de perdre tout droit à la protection de la loi pour les vignes non vendangées, de le dépasser. On ne peut pas se dissimuler que cet acte ne soit un grand obstacle à l'amélioration de nos vins, puisque dans chaque vignoble il y a des terrains, des expositions et des cépéages ou le raisin mûrit plus tôt ou plus tard, comme je l'ai fait remarquer plus haut, et que le plus souvent, comme je l'ai également observé plus haut, on devance plutôt qu'on ne dépasse le terme moyen le plus avantageux. Cels a publié, dans le vingt-sixième volume des Annales d'agriculture, un mémoire dans lequel il met dans tout son jour tous les inconvéniens du ban de vendange, sous les rapports du respect dû au droit de propriété et sous ceux de l'amélioration de nos vins. Je renvoie à ce mémoire ceux qui voudroient de plus grands éclaircissemens à cet égard.

Avant la révolution on ne connoissoit pas le ban de vendange dans les bons vignobles de la ci-devant Champagne, ni dans ceux du ci-devant Languedoc ; chacun vendangeoit quand il le jugeoit convenable. Les gardes-champêtres étoient obligés d'y continuer leurs fonctions jusqu'à ce que le dernier raisin fût cueilli et ils les remplissoient avec rigueur. Pendant la révolution on n'a pas exécuté ce ban de vendange dans la presque totalité de la France, et s'il y a eu des abus, c'est à raison de la licence qui régnoit alors. On peut exiger par-tout que les gardes-champêtres fassent leur devoir avec la vigilance et la sévérité nécessaires.

Il n'est peut-être pas de vignobles dans le nord de la France où on fasse la vendange plus tôt qu'aux environs de Paris, aussi le vin y est-il extrêmement mauvais. La pourriture, dit-on, frappe le raisin avant sa complète maturité. Cela est en effet ; mais pourquoi planter dans les terres si humides, mettre les ceps si près les uns des autres, multiplier autant les arbres fruitiers autour d'eux, toutes causes qui concourent si puissamment à la pourriture ?

Voyez, pour le surplus, aux mots FERMENTATION, CUVE, PRESSOIR, TONNEAU, VIN, et VIGNE. (B.)

VENDANGEOIR, VINOTERIE. (ARCHITECTURE RURALE.) Ensemble de bâtimens spécialement et exclusivement destinés à la fabrication et à la conservation du vin.

Lorsqu'un propriétaire ne possède qu'une petite étendue de vignes, il se contente de consacrer une portion de ses bâtimens à cette exploitation ; et cette portion, qui en est la vinoterie, ne change rien à la dénomination générale de la ferme ou de l'habitation à laquelle elle est attachée, parceque cette culture n'est alors qu'un foible accessoire à une autre culture plus étendue, ou aux autres moyens d'existence du propriétaire. Dans ce cas, la vinoterie n'est souvent composée que d'une vinée de dimensions suffisantes pour servir en même temps de cellier, et d'une cave au-dessous pour y descendre les vins nouveaux après leur premier soutirage. *Voyez* VINÉE, CELLIER, et CAVE.

On place cette vinoterie dans l'endroit le plus commode de l'établissement, et par forme d'appendice à l'habitation ou aux autres bâtimens d'exploitation.

Mais lorsque l'étendue des vignes à exploiter est considérable, comme cela se rencontre souvent dans les grands vignobles, leur culture devient l'occupation principale du propriétaire ; elle est pour ainsi dire exclusive de toute autre, parcequ'elle absorbe tout son temps, tous ses moyens et tous ses engrais ; et l'habitation ainsi que les bâtimens nécessaires à une aussi grande exploitation sont tous disposés pour la rendre la plus commode et la moins dispendieuse. C'est alors que l'établissement prend le nom de *vendangeoir*.

Un vendangeoir proprement dit est donc une construction rurale qui est particulière aux grands vignobles. Ses bâtimens doivent être assez nombreux et assez étendus pour satisfaire pleinement à tous les besoins de cette culture ; on doit en proportionner les dimensions aux produits présumés de l'exploitation, et les augmenter en raison du temps qu'il faudra les conserver localement pour attendre tranquillement le moment de leur vente la plus avantageuse. Enfin leur disposition générale et leur distribution particulière doivent présenter le service le plus commode et le plus économique, et sur-tout offrir au propriétaire la surveillance la plus facile et la plus immédiate sur toutes les opérations de la fabrication du vin ; car de toutes les récoltes celle-ci est peut-être la plus coûteuse, et sûrement la plus exposée aux tentations de ceux que l'on y emploie, et la fabrication du vin ne souffre aucune négligence.

Les bâtimens d'un vendangeoir consistent ordinairement ; savoir, 1° dans un logement pour le propriétaire, qui est plus ou moins grand, plus ou moins complet, suivant ses facultés et selon qu'il est destiné à son habitation habituelle, ou à lui servir seulement de pied à terre pour le temps des vendanges ; 2° dans un autre logement pour l'économe chargé de la surveillance journalière des caves, des tonneliers et des vignerons ; 3° dans une vinée de grandeur suffisante pour y placer commodément le nombre de cuves qui sera nécessaire aux besoins de l'exploitation ; 4° dans un pressoir, c'est-à-dire dans la pièce dans laquelle cette machine doit être placée ; 5° dans un cellier de grandeur convenable pour pouvoir y resserrer tous les vins nouveaux jusqu'à leur premier soutirage ; 6° dans des caves assez vastes pour contenir au moins deux années de récoltes en vins ; 7° enfin dans des emplacemens commodes pour resserrer sainement les différens approvisionnemens nécessaires à l'exploitation, comme échalas, perches, cercles, tonneaux, etc.

La récolte moyenne d'une semblable exploitation étant toujours connue localement, il est facile de calculer rigoureusement le nombre et les dimensions des différens bâtimens qui doivent composer un vendangeoir ; mais l'art consiste à savoir les disposer de la manière la plus commode et la plus avantageuse pour le propriétaire.

Nous possédons plusieurs bons ouvrages sur la culture de la vigne et sur la fabrication du vin ; malheureusement leurs auteurs estimables ont négligé de parler de la meilleure disposition des bâtimens d'une grande exploitation de vignes. On trouvera dans notre Traité d'architecture rurale un plan de vendangeoir projeté suivant les principes que nous venons d'exposer. (De Per.)

VENIN. Liqueur secrétée par quelques animaux, et qui, introduite dans le sang des hommes et des animaux, les fait périr ou leur cause des maladies plus ou moins graves.

C'est principalement les vipères qui, en Europe, distillent du venin. Celui qui sort des mandibules de quelques araignées, de la queue du scorpion, de l'aiguillon des abeilles et des guêpes, peut difficilement être rangé dans la même classe, puisque les suites de son introduction dans le sang ne sont qu'une inflammation locale qui se dissipe promptement. Quoiqu'on dise le venin de la rage, on ne peut pas rigoureusement le regarder comme un venin, quelque affreuses que soient les suites de son mélange avec la lymphe des animaux vivans, puisque la salive n'en est pas un dans l'état naturel, qu'il faut qu'elle ait éprouvé une altération particulière.

Voyez aux mots Vipère, Rage, Guêpe, et Araignée.

VENT. Mouvement plus ou moins violent de l'air dans une même direction.

L'intérêt des cultivateurs doit les obliger à étudier l'action des vents, attendu qu'elle a beaucoup d'influence sur les produits de leurs récoltes, soit indirectement, soit directement, et que, dans l'un et l'autre cas, il est quelques moyens possibles de la diminuer lorsqu'elle est nuisible.

On attribue les vents à un grand nombre de causes plus ou moins certaines.

La plus évidente est celle qui provient de la raréfaction de l'air par la chaleur du soleil. Dans les pays chauds, et même en France pendant l'été, lorsque le ciel est serein, le lever du soleil est toujours précédé et suivi d'un vent frais qui est produit par la dilatation de l'air par cet astre.

Une autre, qu'on ne peut révoquer en doute depuis les belles observations de Saussure sur les vapeurs vésiculaires, c'est l'effet de la transformation de l'eau dissoute dans l'air en nuages, qui, ayant un plus grand volume, doivent nécessairement chasser l'air en le comprimant; et l'affluence de l'air qui se presse pour remplir les vides qui sont la suite de la fusion des nuages en pluie. *Voyez* aux mots Pluie, Nuage, et Air.

La condensation de l'air par le froid, produisant une diminution dans son volume en tel ou tel temps, doit aussi donner lieu à un vide qui attire celui qui est dans le voisinage.

L'action de la pesanteur du soleil, de la lune et des planètes sur l'atmosphère doit y causer des mouvemens analogues à ceux des marées de l'Océan , c'est-à-dire des refoulemens, et produire par conséquent des vents. *Voyez* au mot ATMOSPHÈRE.

Les expériences des physiciens prouvent que l'étincelle électrique décompose l'eau. L'électricité des nuages , c'est-à-dire la foudre , doit produire le même effet dans l'air , et y occasionner ces vents violens et locaux qui accompagnent les orages.

Quoi qu'il en soit, si entre les tropiques les vents sont constants ou périodiques, ils sont extrêmement variables en Europe , sur-tout en France , et le plus souvent on ne peut deviner ce qui les fait naître , ce qui les fait changer , la cause en étant peut-être à plusieurs centaines , à plusieurs milliers de lieues. Ainsi je ne m'étendrai pas plus longuement sur leur théorie.

Le premier et le principal des points de vue sous lesquels les cultivateurs doivent considérer les vents , c'est comme conducteurs des nuages , c'est-à-dire comme cause secondaire de la pluie. En effet, s'ils ne l'occasionnent pas toujours, c'est toujours par leur intermédiaire qu'elle arrive. J'ai expliqué sommairement aux mots NUAGE et PLUIE quelles étoient les circonstances qui la produisoient et la faisoient tomber ; j'y renvoie le lecteur.

Un autre avantage des vents , c'est de changer perpétuellement de place les molécules de l'air , d'en faire un tout homogène également sain pour tous les êtres vivans , malgré les causes d'altération qui se développent dans beaucoup de lieux par suite de la décomposition des animaux , des végétaux et des minéraux. Sans les vents les pays intertropicaux seroient déserts , toutes les grandes villes et beaucoup de campagnes , en Europe même , seroient inhabitables. Ils portent par-tout l'oxygène qu'ils enlèvent aux plantes en état actuel de végétation , et le gaz acide carbonique produit par quelque cause que ce soit. Du reste ils jouissent des mêmes facultés chimiques que l'air , puisqu'ils ne sont que de l'AIR. *Voyez* ce mot.

On divise les vents en quatre principaux , qui sont ceux de l'est, du midi, de l'ouest et du nord ; en quatre secondaires, qui sont le sud-est, le sud-ouest, le nord-est, le nord-ouest ; en huit tertiaires, qui sont , sud-sud-est, sud-sud-ouest, ouest-sud-ouest, ouest-nord-ouest, et nord-nord-ouest, etc. Quelquefois , mais seulement pour l'usage de la navigation , ces dernières divisions se subdivisent encore en deux , ce qui fait que le cercle, ou *rose de boussole*, l'est en trente-deux parties , ou rhumbs.

Chaque matin , lorsque le vent dominant est foible , le soleil, en dilatant devant lui l'air refroidi par la nuit, produit un vent qui s'affoiblit à mesure que cet astre s'élève sur l'horizon.

C'est principalement pendant l'été, et dans les pays chauds, que ce fait se remarque. Les cultivateurs de plantes en SERRE, sous BACHE, sous CHASSIS (*voyez* ces mots), doivent donc n'ouvrir ces abris que lorsque ce vent froid a cessé pour la localité où ils se trouvent, c'est-à-dire après dix heures à Paris.

Ainsi que je l'ai dit au mot PLUIE, les vents pluvieux sont à Paris, dans l'ordre de leur importance sous ce rapport, sudouest, ouest, sud, nord, sud-est, nord, nord-est et est. Sur les montagnes de la ci-devant Auvergne, dans les plaines du ci-devant Languedoc et de la ci-devant Provence, ce ne sont plus les mêmes qui causent la pluie. Ducarla a consigné, dans le Journal de physique de 1781, que le vent du sud est le vent pluvieux du bas Languedoc ; le nord-ouest dans le haut Languedoc. Il y a sans doute autour de la grande chaîne des montagnes du centre de la France, et encore plus autour des Alpes, autant de vents pluvieux qu'il y a de points que les nuages ne peuvent pas franchir sans se résoudre en pluie, et par conséquent à l'opposite autant de points où les vents sont desséchans. Chaque cultivateur doit donc chercher à connoître quels sont les vents dominans de son canton, quels sont ceux qui y apportent la pluie ou la sécheresse, la chaleur ou le froid. Je dis la chaleur ou le froid, car, quoique le vent du nord soit le vent froid par excellence, cependant à Dijon, à Langres et autres villes voisines, le vent d'est, pendant l'été, est beaucoup plus froid que celui du nord, parcequ'il est passé sur les Alpes et a déposé sur leurs neiges toute la chaleur dont il étoit chargé. A Paris même on ressent souvent l'excès de froidure de ce vent, ou de son voisin le nord-nord-est. C'est en même temps lui qui est le plus desséchant, parcequ'il a déposé toute l'eau qu'il tenoit en dissolution ou en suspension (les nuages) sur les mêmes montagnes.

Dans quelques cantons on appelle ces vents desséchans VENTS-ROUX ou ROUX-VENTS. *Voyez* ce mot.

Cette qualité desséchante des vents est souvent très nuisible aux cultivateurs. Comme les rayons du soleil le plus brûlant, elle dessèche la terre, empêche les graines de germer, fait périr le jeune plant, les nouvelles pousses, en soutirant toute l'humidité qui leur est inhérente, s'oppose à la fécondation des fleurs, fait tomber les fruits avant leur maturité. Souvent, pendant l'hiver, les neiges disparoissent par ses effets avec plus de rapidité que par suite d'un dégel. Dans beaucoup de lieux on dit, dans ce cas, que le *vent la mange*. Quelquefois le résultat en est très nuisible aux blés qu'ils mettent à nu, et qu'ils exposent subitement aux fortes gelées.

Les vents desséchans, connus dans le midi de la France sous le nom de *mistral* ; en Italie sous celui de *siroco*, produisent les mêmes effets à un degré encore plus éminent, parcequ'à une extrême sécheresse ils joignent une extrême chaleur. Aussi les hommes et les animaux sont quelquefois frappés de mort, et les arbres dépouillés de leurs feuilles en peu d'instans par son fait.

Quoique les vents saturés d'humidité ne soient pas directement dangereux, ils produisent souvent de désastreux effets, en s'opposant à la transpiration des animaux et des plantes, en diminuant la production de l'oxygène, la transmission du gaz acide carbonique, etc.

Outre ces inconvéniens chimiques des vents, les agriculteurs ont encore à redouter leurs effets physiques. Combien de récoltes perdues ou diminuées parceque les blés ont été couchés par le vent avant leur complète maturité, et ont été dispersés par eux après leur sciage ; combien de fruits jetés à terre, d'arbres, de maisons même renversées à la suite des OURAGANS ! *Voyez* ce mot.

Contre tous ces effets, l'agriculteur n'a que des ABRIS (*voyez* ce mot), soit naturels, soit artificiels à opposer ; mais lorsqu'ils sont bien choisis ou bien disposés, ils remplissent presque toujours leur objet, au moins en partie. Je ne puis donc trop en recommander l'emploi.

On a cherché à mesurer la force du vent par le moyen d'un instrument appelé *anémomètre* (*voyez* ce mot) ; mais la connoissance de cette force ne mène à rien d'utile pour l'agriculture. Le degré le plus élevé de cette force a été évalué à soixante-six pieds par seconde.

Mais s'il est peu désirable de rechercher la force du vent sous les rapports de la culture, il l'est beaucoup de savoir quelle est sa direction, puisque c'est cette direction qui nous apprend, dans tel ou tel lieu, s'il est chaud ou froid, sec ou pluvieux. La vue de la direction des nuages suffit aux agriculteurs, lorsqu'il y en a, et lorsqu'il n'y en a pas, le sentiment de l'action du vent sur le visage, encore mieux sur un doigt mouillé. La GIROUETTE est le supplément de ces moyens. *Voy.* ce mot.

VENT. Dégagement de gaz hydrogène phosphoré dans les intestins des animaux domestiques, et sa sortie par l'anus. On les reconnoît au bruit qui se fait dans le ventre de ces animaux. De mauvaises digestions en sont presque toujours la cause. Rarement ils ont d'autres suites que des coliques légères qui cèdent à l'infusion d'une plante aromatique et à une diète de quelques heures. (B.)

VENT (ARBRE EN PLEIN). Arbre fruitier qu'on laisse croître à toute la hauteur auquel il est dans sa nature de parvenir, ou au moins, dont on ne dérange la croissance en hauteur que pour lui faire pousser des maitresses branches à une petite distance de la terre.

Les arbres forestiers, sur-tout lorsqu'ils sont isolés, portent aussi quelquefois le nom d'arbres en plein-vent.

Nos pères ne connoissoient que les plein-vents, car il paroît que ce n'est que dans le commencement du seizième siècle que les arbres en espalier, en contr'espalier et en buisson, ont eu de la vogue, et plus tard les quenouilles, les pyramides et les nains. Aujourd'hui ils deviennent rares aux environs des grandes villes, et c'est fâcheux, parceque s'ils rapportent plus tard, si leurs fruits sont moins gros, ils vivent beaucoup plus long-temps, produisent bien davantage, et leurs fruits sont plus savoureux.

Je désire donc, que sans proscrire les arbres taillés, on ne néglige pas autant la multiplication des plein-vents.

Il est des espèces d'arbres, et encore plus des variétés, qui ne viennent bien qu'en plein vent. Je les ai indiquées à leur article.

Les arbres en plein vents, francs de pieds, sont les meilleurs ; mais ils sont rares parmi les poiriers et les pommiers, parceque leurs variétés se reproduisent peu souvent par le semis de leurs graines, et que leurs marcottes et leurs boutures donnent des pieds très foibles et de peu de durée.

C'est dès la pépinière qu'il faut commencer à disposer les arbres à devenir des plein-vents.

D'après ce que je viens de dire ils proviennent toujours originairement de semence.

Dans les espèces précitées ils doivent être greffés sur SAUVAGEON ou sur FRANC, à raison de l'importance qu'il y a de leur donner une longue existence ; cependant il arrive quelquefois qu'on greffe les poiriers sur cognassier pour avoir plus tôt du fruit, ou sur épine pour pouvoir les placer dans un plus mauvais sol. Dans ces deux cas ils s'élèvent moins.

Une grande question divise les cultivateurs sur l'époque et sur la hauteur auxquelles il convient de greffer les arbres en plein vent.

Comme anciennement on ne greffoit que des arbres extraits des forêts, qu'on croyoit gagner du temps en les arrachant déjà forts, et qu'il falloit attendre qu'ils eussent complètement repris dans la place où on les mettoit, on les greffoit à six, huit, dix pieds, et en fente, et au moins à six ou huit ans d'âge, quelquefois le double. Actuellement que la presque totalité de ces arbres est élevée dans les pépinières, on les greffe souvent à deux ou trois ans en écusson et à un ou deux pouces de terre.

Il s'agit de savoir si ces derniers arbres sont aussi ou plus

13.   23

vigoureux, aussi ou plus productifs, aussi ou plus durables que les premiers.

Le pour et le contre a été également soutenu et appuyé d'exemples indubitables.

Les observations que j'ai personnellement faites pour me former une opinion m'ont laissé dans l'incertitude, car j'ai aussi trouvé autant de faits probans d'un côté que de l'autre.

Cette difficulté de s'assurer du fait prouve qu'on a mis trop d'importance à cette question.

La théorie est en faveur de la greffe sur de jeunes arbres et à une petite distance des racines. *Voyez* GREFFE.

Pour satisfaire tout le monde on réserve dans les pépinières les plus beaux jets de francs, pour, après les avoir conduits, selon les principes, pendant quatre à cinq ans, les greffer en fente à quatre à cinq pieds. Ces pieds s'appellent des ÉGRAINS. *Voyez* ce mot.

Un an après qu'un égrain a été greffé, il peut être planté au lieu où il doit définitivement rester. Il vaut souvent mieux attendre l'année suivante.

Le mode de plantation des arbres fruitiers de toutes natures a été indiqué au mot PLANTATION ; j'y renvoie le lecteur.

Les arbres fruitiers en plein vent une fois plantés ne demandent plus que des labours à leur pied. Rarement, dans leurs premières années, on est dans le cas de les émonder de leurs branches mortes, de leurs branches chiffonnes, de leurs branches gourmandes. Moins la serpette les touche et mieux ils croissent ; il est cependant des cas où il est bon d'arrêter leur croissance en hauteur, ou leur croissance en largeur. Alors le simple cassement de l'extrémité prédominante des branches de leur dernière pousse suffit.

Souvent aussi, sur-tout dans le cerisier, pour accélérer le grossissement de leur tronc, et par suite la pousse de leurs branches, il est bon de fendre leur écorce longitudinalement. *Voyez* CERISIER et ÉCORCE.

Débarrasser les arbres en plein vent des LICHENS et des MOUSSES qui les couvrent quelquefois est toujours bon, mais jamais nécessaire. *Voyez* ces deux mots.

Ainsi que je l'ai déjà observé, les arbres en plein vent se mettent à fruit plus ou moins promptement, selon les espèces et les variétés. Ici je dois ajouter, selon le terrain et l'exposition. En effet ce n'est que lorsqu'ils ont fini la *fougue* de leur pousse qu'ils commencent à donner du fruit, et la même espèce, dans le même climat, s'y met plus promptement dans un mauvais que dans un bon terrain, à une exposition sèche et chaude, qu'à une exposition humide et froide. Les maladies accélèrent souvent ce moment. *Voyez* Arbre, Accroissement, Fructification.

Comme la quantité de fruits dont les arbres en plein vent se chargent n'est réglée que par les circonstances atmosphériques, il arrive souvent qu'elle est considérable. Alors ces fruits consomment par leur nourriture la plus grande partie de la sève qui devoit s'accumuler dans leurs racines pour la production de l'année suivante. De là les récoltes biennes et même triennes de ces sortes d'arbres. Cet ordre alternatif d'abondance et de disette de fruit ne se dérange que lorsque des gelées, des pluies froides, des sécheresses, etc., empêchent ou font couler les fleurs une année. *Voyez* Coulure.

Si on demande pourquoi les arbres en plein vent donnent des fruits plus petits que ceux en espaliers, toutes autres circonstances égales, je répondrai : le plus grand nombre de ces fruits et la moindre chaleur de l'air dans lequel ils se trouvent. Si on demande pourquoi ils sont plus savoureux dans les mêmes circonstances, je répondrai : parcequ'ils sont plus petits, que les feuilles qui les nourrissent sont plus nombreuses, qu'elles se trouvent dans un air plus renouvelé. *Voyez* Fruit.

Les arbres fruitiers en plein vent se placent dans les jardins, dans les vergers, sur les lizières et au milieu des champs. On ne peut trop les multiplier par-tout où cela est possible, et où ils ne nuisent pas trop aux autres productions.

Qui croiroit qu'il y a des cantons en France où on n'en voit pas un seul !

VENTE EN USANCE. Se dit d'un bois actuellement en exploitation.

VENTOUSE. Roger Schabol applique ce nom à une branche qu'on laisse sans la tailler aux espaliers trop vigoureux, afin qu'elle consume dans les premiers jours du printemps l'excès de leur sève. On coupe, casse ou tord ensuite cette branche.

Ce nom et cette pratique ne sont presque pas connus des jardiniers et il n'y a pas de mal ; car le premier n'est pas juste, et la seconde peut être avantageusement suppléée par une taille d'abord plus longue, ensuite par la courbure des branches, etc. (B.)

VENTRE, BAS-VENTRE, ou ABDOMEN. (Médecine vétérinaire). Le bas-ventre est une des cavités du corps ; il est séparé de la poitrine par une cloison qu'on nomme le *diaphragme.*

Le bas-ventre renferme l'estomac, les intestins, l'épiploon, le pancréas, le foie, la rate, la vésicule du fiel (dans les animaux qui en sont pourvus), les reins, les parties internes de la génération, et enfin des glandes et des vaisseaux.

Tout le monde sait que dans les quadrupèdes le ventre est la partie inférieure du corps. Il est formé latéralement par les côtes et les flancs, et inférieurement par une espèce de nappe musculeuse, dans la longueur de laquelle on remarque une ligne qu'on nomme la *ligne blanche*. Au milieu de cette ligne est le nombril ou ombilic.

La peau recouvre toutes ces parties; elle est plus mince, et pour ainsi dire dénuée de poil au fur et à mesure qu'elle approche des cuisses; elle se prolonge pour former le fourreau qui sert de gaine au membre, et le scrotum qui enveloppe les testicules. Elle recouvre aussi les mamelles dans les femelles.

Le ventre doit être considéré sous plusieurs rapports,

Par sa forme et par son plus ou moins de volume. Il décèle dans plusieurs animaux, et sur-tout dans le cheval, les dispositions à certaines affections maladives.

Il dénote aussi la légèreté et la pesanteur des allures; enfin il indique si le cheval est ce qu'on appelle *bon mangeur*, ou *petit mangeur*.

Dans le mouton et le lapin, son trop de volume fait soupçonner l'existence de la cachexie aqueuse.

Les poulains sont ordinairement ventrus; mais cet état se passe à mesure qu'ils avancent en âge.

Lorsque le ventre a peu d'ampleur, que la côte est courte et le flanc retroussé, le cheval est dit efflanqué, lèvreté et avoir le flanc cousu. Les chevaux dont le ventre est ainsi conformé ont ordinairement beaucoup d'ardeur; ils mangent peu, et ne peuvent suffire à un service de longue durée. Ils ont assez fréquemment les jarrets douloureux et des dispositions à la *pousse*.

Le ventre trop volumineux, dont les flancs sont creux, et qui présente plus d'ampleur vers les parties inférieures que vers les flancs, est dit *ventre avalé, ventre de vache*.

Les chevaux chez lesquels le ventre a cette conformation sont soupçonnés de n'avoir point de légèreté et d'être disposés, comme ceux qui ont le flanc retroussé, à devenir poussifs.

Le ventre est aussi exposé aux hernies; celles qui sont dues à des accidens peuvent avoir lieu sur toute sa surface, et celles qui sont le produit d'efforts se manifestent aux aines et à l'ombilic.

Les INDIGESTIONS, la SUPPRESSION et la RÉTENTION d'urine; l'INLAMMATION du foie, celle des reins et des intestins; l'ENGORGEMENT de la rate, les COLIQUES et toutes les espèces de TRANCHÉES sont des maladies du bas-ventre; elles donnent quelquefois lieu au VERTIGE. La profusion des dents chez les jeunes sujets détermine souvent l'irritation dans les intestins et donne lieu à la DIARRHÉE.

Voyez ces différentes affections, chacune à leur article. (Des.)

VENTS. (Médecine vétérinaire.) Bruit quelquefois sourd, quelquefois sonore, occasionné par la sortie des flatuosités qui distendent l'estomac ou les intestins : dans le premier cas on les appelle *rots*, et dans le second ils sont appelés *pets*.

Les vents sont accompagnés de borborigmes et de coliques quelquefois violentes et meurtrières ; les alimens donnés en vert à l'étable, ceux qui n'ont que peu ou point fermenté causent des vents. *Voyez* TRANCHÉES.

Les animaux qui sont affectés de hernies rendent beaucoup de vents.

Les hernies inguinales sont celles qui en excitent le plus.

On a aussi remarqué que les chevaux qui tiquent y sont très sujets. (Des.)

VENTURES. On donne ce nom, dans quelques cantons, aux menues pailles, dans d'autres, aux mauvais grains qui sont séparés du grain par l'opération du VANNAGE. *Voyez* VAN.

VER. Synonyme de VÉRAT. *Voyez* ce mot.

VER BLANC. C'est la larve du HANNETON. *Voyez* ce mot.

VER COQUIN. On donne ce nom dans les pays de vignobles à la larve de la PYRALE DE LA VIGNE. *Voyez* ce mot.

VER DU FROMAGE. Larves de diverses sortes de mouches, qui vivent aux dépens du fromage.

VER DES GALLES. *Voyez* GALLE.

VER GRIS. Nom que les jardiniers donnent à plusieurs chenilles qui se cachent dans la terre pendant le jour et qui dévorent les légumes. *Voyez* NOCTUELLE.

VER HOTTENTOT. On a appliqué ce nom à la larve du CRIOCÈRE DE L'ASPÈRGE.

VER MERDIVORE. C'est la larve de la MOUCHE MERDIVORE. *Voyez* MOUCHE.

VER MINEUR DES FEUILLES. On a donné ce nom aux chenilles des TEIGNES qui vivent aux dépens du parenchyme des feuilles.

VER DU NEZ DES MOUTONS. *Voyez* ŒSTRE.

VER DES NOISETTES. C'est ordinairement la larve du CHARANÇON de la noisette, quelquefois ce sont des larves de TEIGNES ou de PYRALES. *Voyez* ces mots.

VER DES OLIVES. Nom de la larve de la mouche des olives. *Voyez* MOUCHE et OLIVIER.

VER SOLITAIRE. Espèce du genre TENIA.

VER DE TERRE. *Voyez* LOMBRIC.

VER DU TRÈFLE. Larve de l'EUMOLPE OBSCUR, qui mange le collet des racines du trèfle et en fait souvent périr les pieds.

VER DES TRUFFES. Larve d'une mouche. *Voy*. Truffe.
VER DES TUMEURS DES BÊTES A CORNES. *Voyez*
Œstre du bœuf.

VER TURC. Nom vulgaire de la larve du hanneton.

VERS-A-SOIE C'est dans les annales du plus ancien peuple de la terre qu'il faut chercher l'origine de l'art d'élever les vers-à-soie, et de dévider leur cocon. Inventé à la Chine 2700 ans avant l'ère chrétienne, cet art passa, de proche en proche, dans les Indes, dans la Perse et dans quelques autres parties de l'Asie. Il étoit parvenu jusque dans l'île de Cos au temps de Pline l'ancien; mais il paroît qu'on n'y en avoit encore qu'une connoissance imparfaite.

L'obscurité ne se dissipa qu'au commencement du sixième siècle : alors deux religieux, revenant des Indes à Constantinople, y apportèrent, avec des œufs de vers-à-soie, des notions sur la manière de les faire éclore, d'élever les chenilles qui en proviennent et de tirer le précieux fil dont elles composent leur cocon. Cette nouvelle industrie, accueillie avec empressement par l'empereur Justinien, devint en peu de temps l'une des principales sources de la richesse de l'empire, et en fut, suivant la remarque de Montesquieu, l'un des plus fermes soutiens.

Les premiers vers-à-soie qu'on éleva en Europe, se nourrirent de la feuille du mûrier noir. Malpighi observe qu'aucun auteur ancien n'a parlé du mûrier blanc : l'autre au contraire a été célébré par tous les poëtes latins, et Pline l'appelle le plus sage des arbres, a cause de sa tardive végétation. Mais la feuille du mûrier blanc plus précoce, plus délicate et plus tendre, convenant mieux aux vers-à-soie, on ne tarda pas à se procurer cette espèce : il est du moins certain qu'elle étoit depuis long-temps cultivée dans la Grèce, lorsque Roger, roi de Sicile, ravit à cette contrée le privilège qu'elle exerçoit exclusivement depuis six cents ans en Europe, de faire de la soie et de la façonner. S'étant emparé en 1130 des principales villes du Péloponnèse, il fit passer leurs nombreux ouvriers en soie et avec eux leur industrie à Palerme.

Elle se répandit rapidement dans le reste de l'Italie, et l'Espagne l'a reçut des Arabes.

A l'égard de la France, on a prétendu que le premier mûrier y fut planté par le seigneur d'Allan au retour de la dernière croisade. On assure de plus, que ce même arbre subsiste encore aux portes de Montélimart.

Néanmoins l'opinion commune et la plus probable est que le mûrier, et son inestimable chenille, furent apportés en France par des gentilshommes du Dauphiné qui avoient suivi Charles VIII à la conquête du royaume de Naples.

A quelque époque, au surplus, que remontent les premiers essais de culture du mûrier, les progrès en furent si lents, que, sous le règne de Louis XI, les manufactures françaises n'employoient encore que des soies d'Espagne et d'Italie. Les mûriers ne commencèrent à se multiplier que du temps de Charles IX. En 1564 François Francart, simple jardinier de Nîmes, y jetoit les fondemens d'une pépinière dont les nombreux sujets devoient couvrir en peu d'années le Languedoc, la Provence et le Dauphiné. A la même époque, Olivier de Serres faisoit au Pradel, ses premières plantations de cette espèce d'arbre; mais lorsque encouragés par Henri IV, il s'efforçoit vingt ans plus tard d'en propager la culture dans les provinces au-delà de la Loire, Francart, non moins protégé par le roi, avoit déjà enrichi de quatre millions de plants les provinces du midi.

Le mûrier peut croître dans tous les climats, mais il n'est pas aussi certain que hors d'une certaine température, ses sucs s'élaborent assez bien pour que sa feuille acquiert les qualités nécessaires à la bonne nourriture des vers; soit donc par ce motif, ou soit que dans le nord la graine ne puisse pas être garantie de la pernicieuse influence des rigueurs de l'hiver, ou soit enfin que pour naître et pour se maintenir sain et vigoureux, l'insecte ait besoin d'un printemps précoce et d'une progression constante de chaleur, privilège des seuls pays méridionaux, il est constaté que c'est là seulement que l'éducation de ces chenilles peut être entreprise avec succès et être un objet de haute importance.

Mais l'art de la *magnagnerie* y est encore trop livré à la routine et aux préjugés; on dédaigne la théorie, et on résiste à l'expérience.

Il ne peut donc qu'être utile de rassembler ici les règles que l'une et l'autre avouent, et de répéter les leçons des plus savans observateurs et des agriculteurs les plus judicieux et les plus habiles.

A tout ce que nous pourrons puiser d'instructif dans les ouvrages de l'abbé de Sauvages, si riches en observations théoriques et pratiques; dans ceux de Rozier, pleins de vues si sages, et l'écrit de M. Nysten, qui, dans la recherche des causes des maladies des vers-à-soie, a fait un si ingénieux usage de la physique pneumatique et de la chimie, nous ajouterons les faits que nous avons nous-mêmes recueillis et les avis des plus habiles praticiens que nous avons consultés; nous emprunterons aussi de divers ouvrages inédits, qui sont en nos mains, des observations importantes et des notions nouvelles; et si notre opinion n'est pas toujours d'accord avec les idées généralement reçues et avec la doctrine des maîtres, nous rendrons raison de notre sentiment, et, en discutant les principes qui diffèrent des nôtres, nous ne serons animés que du désir de chercher la vérité et d'éclairer la classe des lecteurs pour qui nous écrivons principalement.

La description anatomique du ver-à-soie appartenant plus à

l'histoire naturelle qu'elle n'intéresse l'agriculture, nous enverrons ceux de nos lecteurs qui désirent de connoître la structure de cet insecte à l'article de cette chenille dans le nouveau Dictionnaire d'histoire naturelle, publié par Déterville, et nous nous bornerons ici à expliquer le mécanisme de la mue.

Il y a des vers-à-soie qui ne se dépouillent que trois fois de leur peau avant de filer leur cocon; telle est, en Europe, la variété connue dans quelques départemens méridionaux de la France sous le nom vulgaire de *milanais*, ils sont moins gros que les vers communs; leurs cocons, plus petits, sont aussi proportionnellement moins chargés de soie, et le succès de leur éducation est plus précaire.

Mais toutes les autres espèces que nous élevons muent quatre fois avant de filer, et deux fois dans le cocon. L'intervalle d'une mue à l'autre dépend, pour les quatre premières, des progrès plus ou moins rapides de l'accroissement de l'insecte, à chaque période de sa vie, par l'effet d'une chaleur plus ou moins forte et d'une nourriture plus ou moins abondante. La peau qui n'a pas pris la même extension que les organes qu'elle enveloppe gêne la chenille et lui ôte de plus en plus le pouvoir de manger et la liberté des mouvemens. Il y va de la vie, pour le ver, de se débarrasser de cette surpeau. Pour cet effet, il dégorge une sorte de soie blanche dont il attache les brins d'un côté sur divers points de son corps, et de l'autre à tout ce qui l'entoure, afin que sa peau soit retenue, lorsqu'il fera des efforts pour la quitter. L'écaille qui couvre le museau, poussée par celle qui s'est formée dessous et par l'effet d'une agitation convulsive de la tête, ou arrachée par les pattes antérieures du ver, tombe séparément la première. Alors la chenille commence à glisser hors de son fourreau devenu trop étroit, par l'ouverture du premier anneau, en s'aidant du mouvement vermiculaire qu'elle imprime à son corps du bas en haut. Une liqueur qui se répand entre l'ancienne peau et la nouvelle en facilite la séparation et prévient les frottemens douloureux. Et aussitôt que les pattes de devant sont libres, l'insecte s'en sert comme de crampons et achève de se dégager en tirant en avant, tandis que l'enveloppe qu'il abandonne reste en arrière fixée par des amarres et par les crochets des deux appendices de l'anus.

L'époque de cette pénible opération est toujours pour le ver un temps critique. Outre l'état de langueur qui accompagne les mues, qu'on peut regarder comme autant de maladies périodiques pour les vers-à-soie, ils en éprouvent d'accidentelles, propres à chaque âge. Nous dirons les noms de ces affections morbifiques, nous en rechercherons les causes, nous en décrirons les symptômes et les effets, nous indiquerons les moyens de les prévenir ou d'y remédier, lorsque l'ordre que nous nous sommes proposés de suivre, amènera ce sujet.

Comme tous les autres animaux soumis à la domesticité, le ver-à-soie a éprouvé des modifications qui constituent, dans son espèce, des RACES et des VARIÉTÉS. (*Voyez* ces mots.) Nous avons déjà d'une de ces races, la milanaise, et nous aurons bientôt occasion de faire mention de plusieurs autres.

La possibilité de plusieurs récoltes de soie dans le courant de la même année n'est point douteuse : la durée des éducations est en général de moins de deux mois : elles se terminent ordinairement du 1 au 15 de juin ; il y auroit donc jusqu'à la fin de l'été plus de temps qu'il n'en faudroit pour en entreprendre et en achever une nouvelle, et le mûrier qui, à peine dépouillé de sa feuille, la reproduit, fourniroit sans difficulté l'aliment nécessaire. Cette reproduction a lieu douze fois par année au royaume d'Ashant : les générations des vers-à-soie s'y succèdent de mois en mois sans interruption et y donnent douze récoltes, mais toutes ensemble ne valent pas le produit d'une seule éducation d'atelier, et la soie, légère et sans substance, ne forme que des tissus de peu de durée.

En Europe la seconde feuille du mûrier, fruit de la sève dans sa plus grande activité pendant la plus forte intensité de la chaleur, trop dure même pour les vers parvenus à toute leur vigueur, leur seroit par la même raison un aliment peu convenable durant leur premier âge. Ils prospéreroient difficilement avec une telle nourriture. Les orages et les chaleurs accablantes appelées *touffes*, si fréquentes au mois de juillet, opposeroient un nouvel obstacle à leur succès. Enfin la main-d'œuvre, à l'époque de la moisson, est infiniment plus chère que pendant la saison ordinairement consacrée à l'éducation des vers-à-soie. Il paroît donc que, sous le rapport du revenu, il ne peut y avoir aucun avantage à en faire plus d'une par année, et si l'on envisage la question sous le point de vue de la conservation du mûrier, on se décidera avec encore plus de raison pour la négative. Les feuilles des arbres ne leur sont pas moins indispensables que leurs racines. (*V*. FEUILLE.) On ne peut, sans danger pour le mûrier, lui enlever ce moyen d'absorber l'humidié et les gaz néccsssires à sa nutrition, et de rejeter ceux qui lui seroient nuisibles. Il ne répare cette perte forcée que par une dépense surabondante de sève, au détriment des autres parties, et tel est le mal que lui occasionne quelquefois un seul dépouillement, qu'on est forcé de s'en abstenir l'année suivante. Quel funeste résultat n'auroit-il pas à craindre de cette opération répétée deux fois chaque année ? Forcé de se couvrir trois fois de feuilles, ses jeunes pousses, frustrées de la seconde sève destinée à les fortifier, languiroient faute de nourriture, et l'arbre, bientôt épuisé, périroit lui-même. Le produit incertain et à coup sûr minime qu'on l'auroit contraint de donner pendant un petit nombre d'années compenseroit-il la perte du revenu assuré qu'avec plus de ménagement on auroit pu raisonnablement espérer d'en tirer pendant un demi-siècle? Concluons de ces réflexions que deux récoltes par an seroient un moyen infaillible de n'en plus obtenir bientôt aucune, et que c'est sur-tout ici que le mieux est l'ennemi du bien.

Quelques écrivains ont répété, sur la foi d'un poëte, qu'on pouvoit nourrir les vers-à-soie avec les feuilles de l'orme, du rosier et de la ronce. C'est une erreur qu'ont détruite les expériences de Malpighi et de l'abbé de Sauvages. Il est aujourd'hui universellement reconnu qu'il n'y a pour ces chenilles d'autre aliment que la feuille du mûrier. L'insecte sépare dans son estomac cette résine liquide, matière de la soie, des autres principes auxquels elle est unie, et la file lorsqu'elle a pris d'abord la consistance et ensuite la ténuité nécessaires.

En Sicile, dans la Calabre, dans quelques parties de l'Espagne, on ne cultive que le mûrier noir pour la nourriture des vers-à-soie. Il produit un fil plus solide, mais plus grossier que le mûrier blanc; il a une plus longue existence, mais il croît avec plus de lenteur; on le multiplie plus difficilement, il porte moins de feuilles et les donne plus tard.

On préfère donc généralement le mûrier blanc.

Les principales variétés du mûrier blanc sont le *mûrier d'Espagne*, qui ressemble le plus au mûrier noir, mais dont la feuille est plus tendre et plus large, et devient trop grasse et trop succulente pour peu que le terrain dans lequel l'arbre est planté participe de ces qualités; le *mûrier romain*, dont les feuilles sont les plus larges et les plus remplies de sucs, et qui, par cette raison, a besoin d'un sol sec et aride pour n'être pas d'un usage dangereux; le *colomba* à feuille petite, mince, lisse, flexible et la plus soyeuse de toutes; le mûrier dont la feuille appelée *rose*, est aussi délicate et aussi luisante que la précédente, moins exposée, à cause de sa plus grande consistance, à se flétrir, à se chiffonner et à fermenter, et qui ne seroit inférieure en rien à celle du *colomba*, si l'arbre qui la porte n'étoit plus lent à croître, ne donnoit des pousses plus courtes, et se garnissoit autant de feuilles.

L'analyse exacte des feuilles des diverses variétés de mûrier blanc apprend qu'elles sont toutes composées, en général, d'un tissu fibreux, d'une substance colorante, d'une substance sucrée, la seule nutritive, enfin d'une quantité de matière résineuse plus grossière, mais cependant de la même nature que la soie dépouillée de sa partie animale. On ne peut guère douter, d'après ces produits, que la partie résineuse ne soit la seule qui contribue à la formation de la soie, comme la partie sucrée contribue à celle des liqueurs animales qui font vivre l'insecte. Il est facile de concevoir que l'espèce de feuille qui contiendra le plus de ces principes sous un moindre volume de parenchyme ou de fibres indigestes sera la meilleure nourriture qu'on puisse offrir au ver-à-soie.

Les diverses variétés de mûriers qu'on est dans l'usage d'employer en France pour l'éducation de ces chenilles présentent, comme on le sent bien, des différences très marquées dans leur analyse, et ces différences sont encore augmentées par l'âge de l'arbre, sa culture, le terrain, la saison plus ou moins pluvieuse. On peut cependant réduire ces espèces à deux principales : le mûrier greffé et le sauvageon. Si les proportions absolues de leurs principes varient, par les raisons que nous venons d'exposer, elles sont du moins toujours relatives entre elles dans les mêmes circonstances.

En prenant le résultat moyen d'un grand nombre d'expériences faites à ce sujet, il s'est trouvé que la substance résineuse contenue dans la feuille du mûrier blanc commun des plaines du Bas-Languedoc est à la quantité qu'en fournit leur sauvageon, comme 1 est à 3; c'est-à-dire, que si trente-un décagrammes (douze onces) (1) de feuilles de mûrier blanc greffé produisent trois grammes (un gros) de résine soyeuse, trente-un décagrammes (douze onces) de feuilles de sauvageon en donneront neuf grammes (trois gros). La proportion sera moindre en faveur de ces dernières, si on en compare le produit avec celui des feuilles des arbres crus sur les montagnes ; mais le premier rapport se rétablit entre les deux qualités prises l'une et l'autre dans les pays élevés.

Il ne seroit peut-être pas impossible, en suivant cette voie d'analyse et poussant plus loin ces recherches, de parvenir à assigner les différences qui existent entre les diverses variétés de mûrier greffé, et de déterminer celle qui est la plus favorable aux chenilles.

Le ver-à-soie, nourri avec une feuille peu fournie de matière soyeuse, mais très abondante en parenchyme indigeste, doit nécessairement avoir une constitution plus foible, et donner moins de soie que celui qu'on auroit élevé avec de la feuille de sauvageon. L'état de l'atmosphère et plusieurs autres causes dont il sera parlé à leur place venant à relâcher les fibres de l'insecte, il n'a plus la force de digérer ce parenchyme, l'estomac en reste surchargé, et la coagulation des humeurs y devient la cause de plusieurs maladies.

(1) L'ancien poids réduit ici en poids métrique est le petit poids de Languedoc appelé *poids de table*.

Si l'on pouvoit douter que la partie résineuse de la feuille de mûrier contribue seule à la formation de la soie, il suffiroit, pour établir ce fait, de rappeler ce qui arriva dans le Bas-Languedoc en 1782. Les pluies abondantes du mois d'avril y rendirent les feuilles très aqueuses et très pauvres en principes résineux. La chenille, avec une telle nourriture, ne put se fournir de soie : on voyoit, au temps de la montée, les vers très beaux et très sains en apparence, au lieu de filer leur cocon, rester au pied des bruyères et y périr. Un très grand nombre de ces chenilles fut ouvert par un naturaliste éclairé ; mais au lieu des deux vaisseaux soyeux, ordinairement très sensibles à cette époque, il ne trouva qu'une liqueur blanche et insipide.

La quantité prodigieuse de fruits que porte le mûrier greffé occasionne aussi de graves inconvéniens dont il sera fait mention dans la suite.

Outre la supériorité que donne au sauvageon la qualité de sa feuille, et la propriété de produire une soie plus fine et plus lustrée, il a encore sur le mûrier greffé l'avantage d'un plus prompt développement de bourgeons et de convenir essentiellement aux vers dans leur premier âge. Comme cependant on a en général peu multiplié les arbres de cette espèce, peut-être seroit-il plus avantageux aux cultivateurs qui n'en possèdent qu'un petit nombre d'en réserver la feuille pour les vers à la quatrième mue. C'est à l'époque où ils en sortent qu'arrivent pour l'ordinaire les temps étouffés qui, en relâchant les organes de ces chenilles, leur rendent trop difficile la digestion d'une nourriture telle que la feuille du mûrier greffé, trop abondant en parenchyme, susceptible, dans leur corps, d'une fermentation dangereuse et trop dépourvue de matière soyeuse.

Une aveugle cupidité a cependant fait adopter presque par-tout l'usage introduit vers 1720 par les habitans d'Alais, de ne cultiver que des mûriers greffés : ils sont plus promptement que le sauvageon en plein rapport ; ils produisent des feuilles plus grandes, plus épaisses, et par conséquent plus pesantes ; leurs rameaux sont plus chargés de mûres, ce qui ajoute encore à la pesanteur : voilà les raisons d'une préférence qui, en compromettant le succès des récoltes et en détériorant la qualité des soies, a fait chèrement acheter les avantages qu'elle peut procurer aux propriétaires qui vendent leurs feuilles.

Quoique l'inconvénient soit beaucoup moindre dans les terrains maigres des montagnes que dans les plaines humides et fertiles où la feuille acquiert une consistance peu résineuse, mais très aqueuse et très sucrée, le conseil de revenir à l'usage du sauvageon ne doit pas être plus dédaigné par les contrées élevées que par les pays plats.

La feuille des arbres nains n'est préférable à celle des arbres à haute tige que parcequ'elle est plus hâtive et plus facile à cueillir : il n'y a d'ailleurs aucune différence dans la nature et dans la combinaison de leurs sucs.

Il ne paroît pas que l'exposition ait une influence marquée sur la qualité de la feuille.

Elle se perfectionne à mesure que l'arbre avance en âge, jusqu'au moment où, devenant trop vieux, il commence à décliner : alors sa sève, progressivement affoiblie et resserrée dans des canaux de plus en plus durcis, n'entretient dans les branches qu'une végétation languissante, et ne fournit aux feuilles que des principes dégénérés. Dans la jeunesse de l'arbre, trop abondante, trop active, elle se compose d'élémens trop désordonnés, et se distribue sans équilibre.

Les engrais le rompent aussi par l'inégalité de proportion ou d'affinité entre leurs principes divers et ceux auxquels ils vont se combiner dans les différentes parties de l'arbre.

Il résulte, de tout ce qui vient d'être dit sur la qualité de la feuille, que la meilleure est celle des arbres parvenus à leur parfaite maturité, dans une terre franche, légère et sablonneuse, mais pas trop aride et plutôt sèche et maigre qu'humide et forte. Chacun peut, sur ces données, mesurer le degré de bonté de sa feuille, et apprécier par avance l'influence qu'elle aura sur la réussite de ses vers.

Plusieurs accidens contribuent à détériorer la qualité de la feuille et à en rendre l'usage pernicieux aux vers, si elle leur est donnée sans précaution.

La miellée (*voyez* Mielat) les réduit, par la dyssenterie, à un tel état de foiblesse, qu'à la mue ils n'ont plus la force de se dépouiller de leur peau. La prompte putréfaction de leurs excrémens, dans cet état de fluidité, vicie incessamment l'air dans lequel ils vivent. Enfin la miellée, si elle est abondante, bouche les stigmates de la chenille, et la fait mourir faute de respiration.

Il ne suffit pas, pour assainir les feuilles miellées, de ne les cueillir que lorsque le soleil ou le vent les ont séchées. Elles restent alors même encore trop imprégnées du redoutable poison, et s'il ne survient une pluie qui la nettoie entièrement, il est indispensable de les en purger de quelque autre manière. Pour cet effet, on est dans l'usage en beaucoup d'endroits d'entasser et de presser dans des sacs la feuille infectée de miellée. On cherche à le dissoudre par le dégagement de l'acide carbonique qu'opère la fermentation et pour dissiper l'odeur qu'elle a fait contracter aux feuilles, on les étend dans un lieu frais et aéré, et l'on a soin de les remuer souvent. Rozier remarque judicieusement que la feuille soumise à ce procédé subit deux altérations, celle de la miellée et celle de la fermentation, et qu'elle est plus mauvaise que si elle n'en avoit subi qu'une. Le lavage, ajoute-t-il, est donc préférable, puisqu'il n'altère pas la qualité de la feuille, au moins d'une manière aussi sensible. Le lavage peut se faire, ou en exposant la feuille dans des corbeilles à jour dans un grand courant d'eau, ou en la trempant à plusieurs reprises dans des baquets dont l'eau doit être chaque fois renouvelée. Après avoir laissé égoutter la feuille pendant quelques minutes à l'ombre, on l'y étend sur des draps qu'on secoue de temps en temps par les quatre coins, jusqu'à ce qu'elle soit entièrement séchée : ou mieux encore, on l'expose à un prompt et fort courant d'air, répandue sur le plancher d'un grenier, ouvert sur deux faces opposées.

A moins que les vers-à-soie ne se trouvent pressés par la faim, ils ont de la répugnance pour la feuille tachée de rouille, accident assez fréquent pour celle des mûriers plantés dans des terrains bas, trop près des eaux, ou dans des champs trop fermés : la partie rouillée étant dure et presque sans suc, les vers la dédaignent : il leur faut donc une plus grande quantité de cette feuille; mais ce déficit en est le seul inconvénient; elle ne leur fait d'ailleurs aucun mal.

Soit qu'il y ait ou non des rosées et des pluies pernicieuses ou innocentes, l'abbé de Sauvages, qui a établi ces distinctions, avouant lui-même que la feuille mouillée est en général funeste à nos chenilles, et les expériences de M. Nysten ayant découvert dans cet aliment la source de plusieurs de leurs maladies, il est plus prudent de le proscrire que de se livrer à des recherches difficiles et vaines.

Il est rare qu'au temps de la récolte des vers-à-soie il pleuve sans interruption pendant plusieurs jours, que quelques rayons de soleil ne percent pas les nuages, ou que les intervalles entre les averses ne suffisent pas pour sécher la feuille. On doit être attentif à saisir ces momens favorables pour la cueillir; et, pour achever de dissiper l'humidité qu'elle pourroit avoir conservée, il faut la berner ou la jeter en l'air à l'aide d'une fourche. Si la pluie est continue, on peut couper quelques rameaux, et les suspendre dans un lieu ouvert, jusqu'à ce que le courant d'air en ait séché les feuilles. Mais outre que ce moyen ne sauroit être souvent répété sans de grands inconvéniens pour l'arbre, il n'est praticable que pendant les premiers âges des vers, lorsque leur consommation est encore peu considérable, et que la feuille, à peine épanouie, n'étant pas susceptible de se conserver fraîche, ne peut pas être cueillie par avance. Plus tard, aussitôt que des signes, presque toujours certains, tels que l'humidité de l'atmosphère, la persévérance des vents pluvieux, etc., annoncent une pluie durable, qu'on se hâte de s'approvisionner de nourriture pour plusieurs jours. La feuille dans sa maturité, si elle n'est pas trop entassée, peut d'autant plus facilement être gardée assez long-temps, sans qu'elle se flétrisse, que l'humidité de l'air contribue à la préserver d'une trop prompte dessiccation.

Quand la pluie se prolonge, et quand avant qu'elle ait cessé la provision se trouve consommée, plutôt que de donner de la feuille mouillée aux vers, il ne faut pas hésiter à les laisser jeûner, principalement avant et après la mue, et s'ils ne sont pas dans un état de parfaite santé : ils peuvent supporter cette abstinence pendant deux fois vingt-quatre heures, sans qu'il en résulte d'autre mauvais effet que le ralentissement de leur marche ; mais comme la chaleur excite leur appétit, il vient d'absolue nécessité, lorsqu'on ne peut leur donner de quoi le satisfaire, d'éteindre les feux de l'atelier, et de laisser les vers à leur température naturelle.

Supposant enfin que la pluie s'obstine pendant le dernier âge des vers, au moment de leur plus grand appétit, il faudra bien se résoudre à leur laisser manger de la feuille mouillée ; heureusement ils sont alors dans la plus grande force de leur tempérament, et par conséquent mieux en état d'échapper aux fâcheuses conséquences d'une mauvaise nourriture ; il sera néanmoins sage d'en retarder de quelques heures la distribution, pour donner à l'insecte le temps de se vider, et pour que l'aiguillon de la faim le rende moins difficile ; de multiplier les feux de flamme dans l'atelier, et d'enlever la litière aussitôt que le repas sera achevé, parceque l'humidité jointe à la chaleur en accélère la fermentation.

Les cas cités par l'abbé de Sauvages et par M. de Nysten, où des feuilles échauffées par l'entassement ont été données aux vers-à-soie, sans produire aucun effet sensible, ne peuvent être regardés que comme des exceptions. L'échauffement provient de la fermentation, qui est elle-même un commencement de décomposition ; il est donc impossible que, généralement, des vers nourris de feuilles qui ont éprouvé cette altération dans leurs principes ne s'en ressentent pas et dans leur santé et dans la qualité de leurs produits. Rien n'est donc plus condamnable que le moyen trop communément employé pour faire perdre, par la transpiration, à la feuille grasse, la surabondance de ses sucs, de l'exposer au soleil ardent, et de la renfermer ensuite dans des toiles fortement serrées ; il suffiroit, pour atteindre au même but, de garder plus long-temps la feuille succulente dans l'entrepôt ; et à l'égard de celle qui est transportée de loin, en grande quantité à la fois, on fera bien de ne la servir qu'après qu'elle aura resté quelques heures éparpillée dans le magasin, et qu'on l'aura brassée et rafraîchie au courant d'air.

L'action du soleil sur la feuille encore attachée à l'arbre suffit dans les temps secs pour faire évaporer la légère humidité que lui occasionne sa transpiration naturelle. C'est donc une règle à observer, autant du moins que les circonstances le permettent, de ne la cueillir le matin que lorsque le soleil est déjà depuis un certain temps sur l'horizon, et le soir qu'avant la chute du serein.

Dans la manière la plus usitée de ramasser la feuille, on la foule dans des sacs suspendus à l'arbre ou dans des tabliers dont les femmes employées à ce service relèvent et nouent les deux bouts inférieurs sur leurs reins; dans ce dernier cas, la chaleur du corps se communique bientôt aux feuilles; dans le premier, il est rare qu'elles ne soient pas échauffées jusqu'à un certain degré lorsqu'on les jette sur le tas commun; le principe de fermentation s'y augmente et tend de plus en plus à se développer pendant leur séjour, quelquefois long, à cause de la distance, dans des draps, où, pour la facilité du transport, elles sont fortement comprimées en grande masse. Pour remédier à cet inconvénient, on a proposé de laisser tomber les feuilles à mesure qu'on les coupe sur des toiles placées au pied des arbres: il y auroit à cette méthode économie de temps, car il en faudroit moins pour relever ces draps et leur en substituer d'autres, quand ils seroient couverts de feuilles, que pour échanger les sacs et les tabliers pleins contre des vides; le travail de la cueillette continueroit sans interruption; et jusqu'au moment où les feuilles seroient réunies sur l'entrepôt général qui doit être à l'ombre, pour être de là transférées à l'habitation; les feuilles resteroient exposées à un salutaire courant d'air qui leur enlèveroit jusqu'à la dernière trace d'humidité, et les feroit arriver à l'atelier presque aussi fraîches que si elles sortoient de l'arbre, sur-tout si l'on avoit l'attention de ne serrer les enveloppes dans lesquelles elles doivent faire le trajet qu'autant qu'il seroit nécessaire pour les empêcher d'en sortir et de se répandre.

Pour cueillir la feuille, on coule du haut en bas, sur toute la longueur du rameau, une main qui l'entoure, légèrement fermée, tandis que l'autre, le tenant par le sommet, le force à s'incliner. En sens inverse, l'opération n'est peut-être pas aussi expéditive, mais on risque moins d'entamer l'écorce et de blesser les boutons; et ce mode est préféré par les cultivateurs qui ont à cœur la conservation de leurs arbres. Toutefois, dans l'un et l'autre, on tord, on rompt toujours un trop grand nombre de branches, on laisse à la serpette trop de dégradations à réparer. Si chaque feuille pouvoit être coupée avec des ciseaux, l'arbre sans doute s'en trouveroit infiniment mieux, et il y auroit moins de feuilles froissées, meurtries ou déchirées; mais cette pratique, nous l'avons nous-mêmes vérifié, emploieroit près de cinq fois plus de temps que le procédé en usage, et l'on ne pourroit fournir la quantité de nourriture nécessaire à une chambrée un peu considérable, qu'avec une dépense auprès de laquelle est d'une bien foible considération le dommage que peut souffrir l'arbre par l'autre méthode.

Lorsqu'aucun accident n'oblige à traiter la feuille par les moyens extraordinaires que nous avons indiqués, les soins pour sa conservation se bornent à l'étendre dans le magasin aussitôt qu'elle est arrivée des champs. La couche n'en sauroit être trop mince ; plus elle présentera de superficie à l'air, et moins les feuilles auront à craindre d'altération.

On sait par expérience que deux mètres cubes de branches de mûrier bien garnies, rendent à peu près quarante-un kilogrammes (cent livres) de feuilles ; mais ce n'est que par l'effet d'une longue habitude qu'on parvient à juger au coup d'œil de la capacité des arbres. Il est donc plus sûr de les diviser en deux classes ; l'une des arbres touffus, l'autre, de ceux qui sont peu fournis de feuilles. On en fait cueillir une égale quantité sur un arbre de chaque classe ; on divise ensuite par la pensée les branches de tous les arbres en masses de même volume que la masse dépouillée qui sert de point de comparaison ; et en multipliant par le produit de celle-ci le nombre total des autres, sans toutefois confondre les classes, on évaluera avec une sorte de précision l'ensemble de sa récolte.

Cette estimation est nécessaire, soit pour connoître la valeur des arbres dont on vend la feuille à forfait, soit pour déterminer la quantité de feuilles dont on aura besoin proportionnellement à la quantité de graines que l'on veut mettre à couvert.

Lorsque les feuilles ne sont pas trop surchargées de mûres, que les vers sont tenus dans une température convenable, et telle que la prolongation de leur vie, par défaut de chaleur, n'augmente pas la consommation, il faut à peu près huit cent vingt kilogrammes (vingt quintaux) de feuilles pour avoir quarante-un kilogrammes (cent livres) de cocons ; mais ce rapport change avec la force des éducations ; elles prospèrent d'autant moins qu'elles sont plus considérables ; et en supposant une bonne réussite, si une couvée de cinq décagrammes (deux onces) de graine exige huit cent vingt kilogrammes (vingt quintaux) de feuilles par deux grammes (une once), il suffira de six cent quatre-vingt-dix-sept à sept cent trente-huit kilogrammes (dix-sept à dix-huit quintaux) pour une couvée de treize à quinze décagrammes (cinq à six onces), de six cent quinze à six cent cinquante-six kilogrammes (quinze à seize quintaux) pour une couvée de vingt-cinq à trente décagrammes (dix à douze onces), et de quatre cent quatre-vingt-douze kilogrammes (douze quintaux pour une couvée de trente-huit à cinquante-trois décagrammes (quinze à vingt onces.)

On fait en général les couvées plus fortes que ne le comportent les règles que nous venons d'établir, d'après l'abbé de Sauvages. Si l'éducation n'éprouve aucun accident, ou l'on vend les vers surabondans, ou l'on achète un supplément de feuilles, suivant l'avantage que présente l'une ou l'autre spéculation.

Il est essentiel de vérifier avant le dernier âge des vers s'il reste assez de feuilles pour les nourrir jusqu'à la fin de leur vie. Pendant la grande frèze qui suit la quatrième mue, ils en consomment deux fois autant que dans tout le temps qui a précédé; si donc on n'a pas alors les deux tiers de la quantité dont on s'étoit assuré en commençant l'éducation, on doit se procurer ce qui en manque; mais si le prix en est tellement élevé qu'il ne laisse point de chance de bénéfice, il vaut mieux vendre une partie de ses vers, ou jeter les plus foibles et les plus retardés, ou même les sacrifier tous, quand la valeur excessive de la feuille (on l'a vu monter jusqu'à 24 fr. les quarante-un kilogrammes (cent livres) peut faire trouver, dans la vente de ce qui en reste, un profit plus certain que dans le produit des cocons.

Passons à des considérations relatives à la feuille de mûrier, à celles qui ont pour objet la graine de vers-à-soie. C'est ce nom que l'on donne vulgairement aux œufs de leur papillon.

Le choix de la graine mérite toute l'attention du cultivateur. Il n'est jamais aussi sûr d'aucune que de celle qu'il a faite lui-même; il semble donc que tant qu'elle conserve sa bonne qualité, il ne devroit pas en changer; cependant les personnes mêmes qui ne regardent pas le renouvellement comme indispensable jugent prudent qu'il ait lieu de quatre en quatre ans. Nous n'approfondirons point si cet usage n'est pas l'effet d'un préjugé, et si la dégénération de la graine ne doit pas être plutôt attribuée aux vices des éducations qu'à une disposition naturelle; mais nous inviterons ceux qui auront à se procurer une nouvelle graine de se défier de celle qui vient de loin, quelque réputation qu'elle puisse avoir, et de se borner à troquer de leurs propres cocons, contre des cocons d'une chambrée renommée par ses succès et d'un pays montueux du voisinage; par ce moyen on peut soi-même surveiller la ponte, recueillir les œufs, en soigner l'hivernage, et se mettre ainsi à l'abri de tous les dangers du changement. On reconnoit la bonne graine à sa couleur gris-cendré; elle doit pétiller sous l'ongle qui l'écrase, et laisser échapper une liqueur visqueuse et transparente.

La graine *vierge* et stérile produite sans accouplement est aplatie et conserve sa couleur primitive jonquille clair, tandis que la graine fécondée passe successivement de cette nuance au jonquille foncé, au gris de lin, au pourpre sale, et enfin à la teinte ardoisée qui la distingue.

On appelle *morfondue* la graine dont le germe a péri; elle est blanchâtre, affaissée, ne pétille point sous l'ongle, ne renferme aucune humidité, et surnage l'eau, lorsqu'elle éprouve cette altération, pour avoir été exposée à un trop fort degré de chaleur ; mais quand cet accident a pour cause l'humidité et le défaut d'air, on ne la distingue de la meilleure graine que par sa couleur brune et par l'humeur fluide, au lieu d'être glaireuse et liée, qui en découle lorsqu'on l'écrase.

Renfermée en grande quantité dans un même paquet, pendant un long transport, la graine se détériore infailliblement. Nous renvoyons au livre de l'abbé de Sauvages les personnes curieuses de savoir comment on évite cet inconvénient dans le trajet de la Chine ou des Indes en Europe ; il suffit dans un voyage plus court de séparer la graine en paquets de vingt-cinq grammes (une once), ou de la placer dans des tubes ouverts par les deux bouts, afin que les émanations de la transpiration s'exhalent à travers la toile claire dont on doit couvrir les extrémités de ces étuis.

La crainte de l'échauffement des graines doit en interdire l'entassement en toute circonstance. Le plus sûr moyen de se préserver de ce danger, dans l'intervalle de la ponte à la couvée, est de conserver la graine sur l'étoffe ou sur les feuilles qui l'ont reçue, et de ne l'en détacher qu'au moment de la mettre à éclore.

C'est aussi le temps d'autres soins non moins importans : il faut la garantir en été des effets de la chaleur qui pourroit la faire éclore spontanément ; alors un lieu sec et frais lui convient ; en hiver elle veut être tenue dans une pièce sans humidité, à une température de dix à douze degrés : un réduit voûté au rez-de-chaussée est l'entrepôt le plus favorable.

L'embryon se prépare par une gradation insensible au développement qui doit l'amener à la vie, lorsque la chaleur qui lui est nécessaire l'aura complété. Le froid contrarie cette disposition de la nature, il retarde la naissance des vers, les fait éclore inégalement, et leur laisse une incurable débilité. L'altération que le froid occasionne à la graine se manifeste par la couleur jaunâtre qu'elle prend, et par son aplatissement, effet du resserrement du fœtus qu'elle renferme.

Plusieurs écrivains italiens attribuent une grande vertu à l'usage encore parfois pratiqué, de tremper la graine dans du vin, au moment de la mettre à couver ; mais diverses expériences comparatives ont prouvé que cette préparation est au moins inutile ; il y a même telle qualité de vin qui pourroit la rendre nuisible. Le bain d'eau fraîche est tout aussi superflu, et les cultivateurs qui ne sont pas esclaves de la routine et des préjugés doivent s'abstenir de tous ces vains ou dangereux apprêts.

Les vers à leur naissance ont besoin d'une nourriture tendre proportionnée à la délicatesse de leurs organes ; il semble donc qu'on devroit les faire éclore à la première pousse des feuilles ; d'ailleurs la durée ordinaire des éducations étant de quarante-cinq à cinquante jours, on peut espérer qu'au moyen d'une couvée précoce, les vers arriveront à la montée avant l'époque, pour eux si funeste, des touffes. Mais l'hiver a ses retours; la végétation est d'autant plus hâtive qu'il a été plus tempéré, et les gelées tardives n'en sont que plus à craindre; si elles brouissent les bourgeons du mûrier, point de nouvelles feuilles avant quinze ou vingt jours; on est alors réduit, faute de nourriture, à jeter la couvée et à recommencer; on paye la graine beaucoup plus cher, si l'on n'en a pas gardé double provision, et quand elle est rare, on court le risque d'un mauvais choix. La règle la plus sûre pour commencer la couvée est donc de ne la retarder, après l'éruption des feuilles, que jusqu'au moment où la saison est assez avancée, pour ne laisser plus appréhender aucun accident, On nourrit les vers naissans avec la feuille la moins développée; on presse ensuite leur marche, et, évitant ainsi l'écueil des couvées prématurées, on atteint le but presqu'aussitôt.

Toutes circonstances égales, le produit des petites couvées est en général proportionnellement plus fort que celui des grandes; si une des couvées de vingt-cinq grammes (un once) de graine rend quarante-un kilogrammes (cent livres) de cocons, une chambrée de vingt-cinq décagrammes (dix onces) n'en donnera que vingt-cinq kilogrammes (soixante livres) par vingt-cinq grammes, et on n'en tirera guère que douze kilogrammes (vingt-cinq livres) aussi par vingt-cinq grammes, d'une couvée de cinquante décagrammes (vingt onces).

Cette diversité de résultats a pour causes l'impossibilité de donner des soins aussi attentifs et aussi efficaces à un grand nombre de vers qu'à un petit; la difficulté d'en loger aussi au large une grande quantité qu'une médiocre, et l'altération de l'air atmosphérique plus prompte et plus durable par la fermentation de la litière et les émanations des chenilles dans un atelier considérable que dans un moindre. Pour tirer un meilleur parti de leur récolte, quelques gros propriétaires partagent leur graine en petites couvées qu'ils distribuent, hors de chez eux, à des personnes de confiance. Mais ces ouvriers sont pour la plupart de pauvres cultivateurs occupés d'autres travaux, et qui laissent trop souvent à des femmes et à des enfans sans expérience la conduite de la chambrée. Il est rare que cette multitude d'éducations séparées prospère autant qu'on auroit droit de l'attendre de leur exiguité, et que la spéculation soit plus avantageuse que si on les avoit réunies en une seule. Le terme moyen entre les deux extrêmes seroit la division de la totalité de sa graine en autant de couvées de médiocre quantité et indépendantes les unes des autres, qu'on pourroit en placer sous ses yeux. Chaque chambrée étant dirigée par un chef particulier, sous l'inspection immédiate du propriétaire, cette méthode réuniroit aux avantages des éducations peu nombreuses ceux que peuvent y ajouter l'émulation et l'œil du maître.

Les vers-à-soie écloroient en Europe comme en Asie et aux îles de France et de Bourbon, par le seul effet de la chaleur de l'atmosphère ; mais la couvée spontanée ne convient pas à nos climats : la naissance des vers y coïncideroit rarement avec la poussée des feuilles, et l'inconstance de notre température occasionneroit dans l'incubation des perturbations désastreuses.

La couvée artificielle est donc préférable. Elle commence d'abord après la ponte : on peut regarder comme en faisant partie tous les soins qu'on prend de la graine ; car ils ont pour objet de la garantir, en été, de l'action de la chaleur, et en hiver de celle du froid, et de la préparer à éclore au moment convenable. Les procédés qui déterminent l'éclosion ne sont que le complément d'une longue incubation.

On fait éclore la graine ou aux nouets, ou à l'étuve.

Les nouets sont des sachets de toile ; on la choisit douce et usée, pour qu'elle laisse plus aisément échapper la transpiration de la graine entassée. On n'en renferme ordinairement dans chaque nouet que vingt-cinq grammes (une once), et jamais plus du double ; quoique, afin de pouvoir l'éparpiller au besoin dans les sachets mêmes, on leur donne une beaucoup plus grande capacité.

Des femmes les suspendent, pendant le jour, à leur ceinture, et les placent pendant la nuit sous le chevet de leur lit. Quelques *magnaniers* ne les mettent que dans leur couche, où, quand ils se lèvent, un de leurs enfans couve à leur place. Ces deux méthodes exigent que les sachets soient fréquemment ouverts, et les graines souvent remuées, pour que le contact de l'air empêche l'humidité inséparable, de leur transpiration, de les aglutiner, et pour ramener du centre aux bords celles qui ont occupé le milieu. Cette indispensable précaution étant presque inévitablement négligée la nuit, la chaleur trop long-temps concentrée donne aux œufs une odeur acide qui en annonce l'altération. Les vers qui naissent dans cette atmosphère, d'autant plus malsaine que les miasmes émanés des couveurs ou des couveuses, n'ont pu que contribuer considérablement à en augmenter l'infection, risquent de contracter une constitution foible et languissante ; beaucoup y meurent et un grand nombre de ceux qui échappent y puisent les germes de plusieurs maladies.

Quelquefois les nouets, aplatis de manière que la graine n'ait pas plus de cinq à sept millimètres (deux à trois lignes) d'épaisseur, sont couchés sur un matelas à une certaine distance de l'instrument propre à échauffer les lits connu sous le nom de *moine*, placé sous une épaisse couverture. On en approche la graine chaque jour davantage. On est attentif à la visiter et à la remuer souvent et même d'heure en heure, aussitôt qu'elle change de couleur. Cette précaution assujettissante, et dont l'omission entraîne les suites les plus fâcheuses, suffiroit, indépendamment du danger des incendies, pour faire rejeter ce mode, bien qu'en lui-même il soit préférable à l'incubation par la chaleur animale.

Quand on fait couver à l'étuve, la graine, étendue dans des corbeilles doublées de papier, en couches de la même épaisseur que dans le procédé dont il vient d'être rendu compte, est enfermée dans un réduit d'environ quatre mètres (deux toises) en carré. L'air s'y renouvelle par une petite ouverture au toit. On l'échauffe ou par un poêle ou par un foyer : un thermomètre, fixé au milieu de la corbeille, sert à régler la gradation de la chaleur. Cette méthode a sur les précédentes l'avantage d'opérer dans la graine une transpiration plus libre, plus égale et plus continue, et de laisser la facilité de la remuer sans l'exposer à se refroidir.

Le succès de la couvée est encore plus certain, et l'opération plus commode et plus économique dans le four hydraulique, espèce d'étuve portative dont les dimensions sont pour l'ordinaire de six cent cinquante à neuf cent soixante-quinze millimètres (deux à trois pieds) de longueur et autant de largeur, sur une hauteur d'environ treize décimètres (quatre pieds). Cette *couveuse* se compose de deux caisses de fer-blanc, enchâssées l'une dans l'autre, mais séparées par un intervalle de cinquante-quatre à quatre-vingt-un millimètres (deux ou trois pouces). On remplit ce vide d'eau chaude dont on entretient ou augmente la température, à l'aide d'une lampe, placée sous l'appareil, et dont on diminue au besoin la chaleur, en remplaçant par de l'eau fraîche celle qu'on en fait écouler par un robinet. L'instrument est divisé en plusieurs étages, sur lesquels on pose, par une porte latérale, des cases de carton couvertes d'une couche de graines de peu d'épaisseur. Des tubes ouverts à leurs extrémités, pénétrant dans l'intérieur de la machine, y entretiennent la communication avec l'air extérieur, et un thermomètre, plongé dans une de ces ouvertures, marque au dehors la température du dedans.

Rien n'est plus contraire aux principes d'une bonne couvée que la trop prompte exaltation de la chaleur; la nature agit avec une plus sage lenteur, et quand on veut la seconder, ce ne peut être qu'en l'imitant. De brusques coups de feux impriment à l'embryon une agitation convulsive, et le forcent à une action anticipée, tandis que ses mouvemens ne doivent se développer que par gradation, et ses organes ne se mûrir, pour ainsi dire, que peu à peu. Cette violence ne peut être suivie que de fâcheux effets, et dans ce cas, ou les vers ne naissent pas, ou du moins ils naissent mal. Dans la juste mesure, l'incubation doit durer de huit à dix jours, et comme l'éclosion a lieu communément à vingt-quatre degrés de chaleur, et que d'ailleurs la graine hivernée à dix ou douze degrés se trouve, à l'époque de la couvée, dans une atmosphère naturelle de quatorze à quinze degrés, il convient de donner à celle de la *couveuse*, dans le principe, une chaleur de seize degrés, et de l'augmenter d'un degré chaque jour. La graine change plusieurs fois de couleur pendant l'incubation : elle devient successivement bleue, violette, couleur de soufre, grise, blanche : Malpighi attribue cette variété de nuances aux mouvemensi ntérieurs du ver, à mesure qu'il se développe et qu'il se dispose à percer la coque. On ne s'arrête guère qu'au dernier de ces changemens de couleur. C'est du sixième au huitième jour que la graine blanchit, et l'on dit alors qu'elle *s'émeut*. Les œufs restent au plus deux jours dans cet état, et au bout de ce temps les vers, rongeant leurs coques avec les dents, commencent à éclore.

Aux premiers qui paroissent, la graine, en termes de l'art, *répond ;* c'est le moment de donner plus d'activité à la chaleur, pour empêcher que les chenilles ne naissent à trop de distance les unes des autres ; il est important de les égaliser.

Pour faire la *levée* des vers, on étend sur la graine une feuille de papier qui les couvre entièrement, et qu'on crible de trous d'environ deux millimètres (une ligne) de diamètre. Les vers, à peine éclos, passent par ces filières dont les bords, en raclant leur peau encore humide, font tomber les œufs qui peuvent s'y trouver attachés. On dispose sur le papier quelques bourgeons de feuilles de mûrier, qu'on enlève délicatement aussitôt qu'ils sont couverts de chenilles, pour les placer à vingt-sept centimètres (un pouce) de distance l'un de l'autre, sur un clayon formé d'éclisses de châtaignier, et garni au fond de papier gris. Cette opération se renouvelle deux fois par jour, jusqu'à ce que la couvée entière soit épuisée ; ce qui doit arriver avant la fin du troisième jour, si la graine est de bonne qualité. Il faut assigner à chaque *levée* une place distincte, afin de pouvoir administrer aux vers, suivant leur âge, les soins nécessaires pour les amener tous au niveau de ceux de la première.

Les vers-à-soie naissent gris, noirs ou roux ; suivant l'opinion commune leur couleur dépend du degré de chaleur qu'ils ont éprouvé à la couvée. La couleur rousse ou rouge est généralement décriée, sans doute parcequ'elle a plus de rapport que les deux autres avec celle du feu, car on suppose que c'est de l'excès de la chaleur qu'elle provient. L'abbé de Sauvages a démontré l'injustice de la prévention qui règne contre les vers de cette nuance ; mais il admet le principe de l'influence de la chaleur de l'incubation sur la couleur des chenilles, et il accuse la couvée spontanée de produire la couleur noire à laquelle il impute à peu près les mêmes effets que d'autres attribuent à la couleur rousse. Nous nous autorisons de ces contradictions pour oser douter que la couleur des vers soit un indice de leur bonne ou mauvaise constitution et un présage de leurs futures destinées ; et même, pour nous persuader que leur teinte a plutôt pour cause la chaleur de la couvée que le mélange des races, nous voudrions que ce fait fût constaté par des expériences plus positives que celles qu'on rapporte. Nous regrettons que M. Nysten n'ait pas tourné ses recherches vers cet objet, et nous invitons les cultivateurs éclairés à s'en occuper. En attendant, et en nous fondant sur les principes mêmes de l'abbé de Sauvages, nous pensons qu'on ne doit supprimer à leur naissance que ces vers, toujours en petit nombre, qui, trop prématurément ou trop tardivement éclos, ne peuvent jamais être mis en harmonie avec la masse de la couvée, et dont l'éducation séparée coûteroit plus qu'elle ne pourroit produire. Ces insectes sont encore alors trop petits pour qu'on puisse distinguer les infirmes et même les morts.

Voilà les vers parvenus au moment d'être placés dans l'atelier : avant de décrire les soins dont vont dépendre leur succès, examinons sur quels principes la *magnagnière* doit être construite, mais arrêtons-nous d'abord à quelques réflexions sur le choix du chef qui doit présider à l'éducation.

On donne à ce chef le nom de *magnandier* ou *magnagnier*; le plus probe, le plus intelligent, le plus actif, le plus expérimenté a besoin d'être surveillé; ils sont tous plus ou moins livrés à la routine, et les préjugés les plus populaires, les plus absurdes, exercent sur eux le plus d'empire; les phases de la lune sont leurs plus sûrs oracles, et ils opposent à toute idée de perfectionnement une résistance invincible. Il est cependant des principes élémentaires que beaucoup d'entre eux seroient en état de comprendre, et des notions nouvelles qu'ils pourroient retenir. C'est aux propriétaires éclairés à les leur inculquer et à contraindre leurs *magnagniers* à en faire l'application. Les livres ne sont point faits pour des manouvriers qui ne savent pas lire, ou qui ne les entendroient pas; mais c'est pour que les maîtres qui aiment à s'instruire soient en état de connoître, de juger, et de propager, pour leur propre avantage, les saines doctrines que les écrivains agronomes s'efforcent de leur offrir et les leçons réunies de la théorie et de l'expérience. La docilité est donc une des qualités que le *magnagnier* doit joindre à la fidélité, à la vigilance et à une longue pratique.

Venons maintenant aux considérations relatives à l'atelier.

L'emplacement le plus convenable pour un édifice destiné à l'éducation des vers-à-soie est celui où ces insectes sont le plus à l'abri d'une trop forte chaleur, de l'humidité et de la stagnation de l'air. C'est donc pour de tels établissemens un dangereux voisinage que tout ce qui réfléchit de trop près les rayons du soleil; que des marais, des étangs, des eaux tranquilles, foyers perpétuels des brouillards; que des bas fonds, des vallons étroits, des plaines peu ouvertes, d'où s'élèvent incessamment des vapeurs, et que des masses de grands arbres qui gênent l'action des vents. Sur une éminence l'air est plus frais, plus sec et plus agité, et c'est là sur-tout qu'est avantageusement située une *magnanière* à l'ex-position du nord au midi.

L'usage est de donner à ces bâtimens la forme du parallélo-gramme. Nous dirons bientôt pourquoi la forme elliptique, pro-posée autrefois par M. Maret, secrétaire de l'académie de Dijon, pour les salles des hôpitaux, nous paroît préférable.

Sur un rez-de-chaussée frais sans être humide, et dont on fait le magasin des feuilles, doit s'élever un étage que rien ne sépare du comble. Il se divise en trois pièces : l'une de peu d'étendue, pour servir d'étuve à la couvée, lorsqu'on ne fait pas usage du four hy-draulique, et de premier séjour aux vers naissants qui ont besoin d'être tenus dans un lieu resserré et facile à échauffer ; l'autre con-sacrée à une infirmerie pour les vers malades ; l'espace qui reste entre ces deux cabinets est le logement des vers, et ne doit former qu'une vaste salle.

C'est une précaution sage contre l'invasion des rats que d'en-duire toutes les faces intérieures et extérieures de la maison, à la hauteur d'un mètre (trois pieds), d'une couche de mortier bien uni, et d'arrondir les angles des encoignures.

Un atelier de vingt-quatre mètres (soixante-douze pieds) exige quatre cheminées : si c'est un carré long elles seront placées dans les angles ; dans les *magnanières* ovales on les disposera à égale distance les unes des autres : nous disons des cheminées, et non des poêles, parceque les vers-à-soie s'accommodent mal de la cha-leur étouffée des poêles, et qu'on ne peut allumer que dans des cheminées un feu clair, d'autant plus préférable qu'il contribue très efficacement à exciter la circulation de l'air dans les temps calmes.

Pour que la couche supérieure de l'air extérieur puisse pénétrer dans la *magnanière* par les interstices des tuiles, elles doivent porter à nu sur les solives de la charpente, et il est bon aussi de pratiquer de petites lucarnes dans la toiture.

La multiplicité des portes et des fenêtres en opposition directe du nord au midi est une condition, selon nous, de rigueur : leurs dimensions, principalement celles des portes, ne sauroient être trop grandes pour les fonctions qu'elles ont à remplir, et dont nous parlerons ci-après, et il faut que l'ouverture des fenêtres descende jusqu'au pavé. Elles seront garnies d'un châssis vitré, qu'on tien-dra fermé quand le temps sera assez froid pour faire descendre le thermomètre au-dessous du quinzième degré ; mais si la tempé-rature extérieure est à ce degré ou au-dessus, on pourra substi-tuer aux châssis à verre des châssis de toile claire. Par cette pré-caution, on se procurera le renouvellement de l'air, en se garantissant en même temps de l'action trop forte du soleil, qui pourroit in-commoder les vers dans les places où ses rayons frapperoient di-rectement.

Ces conseils, nous ne nous le dissimulerons pas, ne sont pas conformes aux maximes consacrées et par l'usage et par l'approbation des auteurs les plus estimés; mais quelques réflexions que nous allons présenter suffiront peut-être pour justifier nos idées, ou du moins pour encourager quelque propriétaire indépendant des préjugés d'essayer nos innovations et l'application de nos principes.

Il est généralement reconnu en physique que le mouvement vital ne peut subsister sans le concours immédiat de l'air; que tout ce qui tend à altérer la pureté de cet élément tend aussi à déranger et même à détruire l'économie animale; que l'air le plus pur, s'il n'est renouvelé, est bientôt vicié par le mouvement vital; que la fermentation et la putréfaction dégagent des corps organisés une quantité prodigieuse de substances aériformes, toutes incapables d'entretenir la respiration et la vie.

Le ver-à-soie, comme tous les autres animaux, a besoin d'un air pur pour prospérer; et comme il respire ce fluide par un grand nombre d'ouvertures, il n'est pas surprenant qu'un insecte si délicat soit très sensibles à ses bonnes ou à ses mauvaises qualités.

Faut-il citer des expériences à l'appui de ces principes? Des vers placés avec de la feuille de mûrier sous un bocal de verre hermétiquement fermé ont commencé à languir au bout de six heures, et vingt-quatre heures après ils étoient sans mouvement; mais la seule exposition au grand air, le vent du nord soufflant, les a bientôt tirés de cet état d'engourdissement et leur a rendu leurs forces. Dans le gaz hydrogène soit des marais, soit des métaux, dans l'azote de la respiration séparé de sa partie acide par l'eau de chaux, dans l'acide carbonique, dans tous les gaz méphitiques, ces chenilles ont péri en peu de temps; mais le gaz hydrogène est celui dont les effets meurtriers paroissent les plus prompts.

Or, les débris de la nourriture de la chenille imprégnés de l'humidité que la feuille cueillie, même dans les circonstances les plus favorables, retient toujours; celle qui entre en si grande quantité dans sa composition comme principe; les émanations continuelles de l'insecte; enfin cette humeur visqueuse qu'il laisse échapper en différens temps, ne tardent pas à entrer en décomposition. A mesure que les principes se désunissent, la chaleur de cette litière augmente, la fermentation insensible s'y établit, et il s'en dégage une grande abondance de gaz délétère.

Le ver plongé dans cette atmosphère empoisonnée respire le germe de maladies d'autant plus fâcheuses qu'il a séjourné plus long-temps sur ce fumier pernicieux. Les excrémens des chenilles entassées mêlés aux matières végétales participent bientôt à la fermentation générale; ils en changent la nature et la rendent plus funeste encore par l'expansion de l'azote et de l'hydrogène et du principe salino-huileux qui précèdent immédiatement et accompagnent la putréfaction. Nous avons vu dans cet état la litière acquérir une chaleur de vingt-huit degrés ; il s'en exhaloit une odeur fétide, et quelques heures avoient suffi pour produire ces accidens. Le mal s'aggrave dans les temps chauds et humides, et l'air renfermé des ateliers, s'il ne se renouvelle pas, est d'autant plus vicié que les chenilles y sont entassées en plus grande quantité, qu'ils sont habités par un plus grand nombre d'hommes, qu'on y tient plus de lampes allumées, qu'on y laisse vieillir plus long-temps les litières, et que l'air extérieur y a moins d'accès. De nombreuses expériences dons nous avons les détails sous les yeux confirment ces observations, et prouvent invinciblement que les vers ne peuvent être sains et vigoureux que dans une *magnanière* bien aérée.

Mais l'air renfermé des *magnanières*, ayant perdu son ressort, ne peut résister aux efforts de l'air extérieur, toujours plus condensé, et qui, suivant la loi de l'équilibre commun à tous les fluides, tend sans cesse à le déplacer. Lors donc que l'on procurera une entrée à cet air extérieur, et une issue à l'air vicié, il s'établira un courant de dedans en dehors, qui sera d'autant plus rapide que la différence de densité entre les deux atmosphères sera plus grande, et sur-tout que les vents qui souffleront seront plus violens et auront une action plus directe sur la masse à renouveler.

On a proposé de pratiquer des soupiraux aux planchers des *magnanières* pour donner entrée à l'air frais des appartemens inférieurs, et pour évacuer le gaz acide carbonique qui, étant plus pesant que les autres vapeurs méphitiques et même que l'air atmosphérique, tend toujours à se précipiter. Mais comme ces ouvertures ne peuvent être que très petites, eu égard à la masse d'air à renouveler, le courant qu'on détermine par-là est foible et insuffisant. La colonne d'air qui se forme n'a pour base que le diamètre de ces ouvertures ; elle va frapper directement le plancher supérieur, où trouvant une issue par des lucarnes correspondantes, ou a travers les joints des tuiles, elle s'échappe sans se mêler avec la masse du milieu de l'atelier, et sans lui communiquer son impulsion. La facilité de la manœuvre exigeant que ces ouvertures ne soient pratiquées que dans les angles de l'atelier, il en résulte qu'il n'y a que l'air de ces angles qui soit renouvelé. A l'égard de l'autre objet, nous observerons que le gaz acide carbonique qui se forme dans les *magnanières* est toujours si intimement combiné avec l'azote et l'hydrogène, qu'il perd une grande partie de ses propriétés. L'état de mélange et de combinaison avec ces deux gaz le rend équipondérable à l'air atmosphérique et peut-être même plus léger : semblable à une balle de plomb qui, plus pesante spécifiquement que l'eau, surnage cependant à la faveur du liège auquel on l'a unie. On peut aisément se convaincre, au moyen de l'eau de chaux, qu'il existe autant d'acide carbonique dans les couches supérieures des *magnanières* que dans les couches inférieures.

Les trappes néanmoins peuvent avoir une certaine utilité dans les ateliers construits en parallélogrammes. Cette forme s'opposant dans les temps calmes, où il est difficile d'établir des courans d'air, à l'expulsion de celui qui croupit dans les angles, les soupiraux peuvent procurer le déplacement de ces vapeurs qui, à cause de leur ténacité, ne se laissent pas entraîner facilement par le mouvement général de l'atmosphère. Mais la forme elliptique pareroit à tous les inconvéniens, et voilà le motif qui nous la fait regarder comme la plus avantageuse pour les *magnagnières*.

Quoi qu'il en soit, le besoin des portes et des fenêtres ne se fait jamais mieux sentir que quand le vent du sud règne et que la chaleur étouffée menace de la fermentation ; c'est principalement alors qu'il devient important d'ouvrir de toutes parts, et les jours du midi comme ceux du nord.

Cette maxime effraiera sans doute les cultivateurs qui, ne se guidant que d'après une routine aveugle ou de vieilles erreurs, sont dans l'usage si préjudiciable dans les temps où tout ce qui se rencontre dans les ateliers est près de la fermentation et de la putréfaction, de tenir exactement fermées les fenêtres exposées au midi. Ils craignent, disent-ils, d'introduire dans la *magnanière* un air contraire à leurs vers.

Quoiqu'il soit vrai que l'air de l'atmosphère n'est pas aussi pur avec le vent du midi que lorsque c'est la bise qui souffle, il faut convenir cependant qu'il l'est bien plus que l'air infect et chargé d'exhalaisons qui croupit dans les *magnagnières*. D'ailleurs avec le vent du sud, l'atmosphère est également chargée de vapeurs au nord comme au midi, dans un espace aussi circonscrit que celui d'un village ou d'une maison, et l'air qui s'introduit dans les appartemens par les fenêtres tournées au nord, est absolument de la même nature que celui qu'on respire par les fenêtres du midi.

Le point important est d'établir un courant d'air continuel qui puisse procurer l'évaporation des émanations perpétuelles des chenilles, de leur nourriture et de leurs excrémens.

Un exemple bien frappant du succès qu'on peut attendre des courans d'air introduits à propos dans les magnagnières donnera plus de poids à nos raisonnemens.

Les vers d'une chambrée assez considérable donnoient les plus belles espérances : ils avoient commencé à monter : un vent du midi survint, et les fit presque tous tomber sans force au pied des bruyères et regorger la soie, quoiqu'on eût la précaution de

laisser ouvertes une porte et une lucarne au nord, les jours opposés restant soigneusement fermés. Le conseil de les ouvrir fut
donné au magnagnier ; mais entraîné par le préjugé ordinaire, il
ne pouvoit s'y déterminer, dans la crainte que le vent du midi
n'empoisonnât le petit nombre de vers qui ne paroissoient pas encore affectés de la touffe ; il résista pendant un jour entier, et il
fallut tout l'ascendant de son confesseur sur son esprit pour le
décider à donner enfin accès au vent du midi qui continuoit à
souffler. Le thermomètre se soutenoit au vingtième degré à l'air
libre ; on fit un feu clair de sarmens, en même temps que les
portes et les fenêtres au nord et au midi furent ouvertes. Le courant d'air ne tarda pas à s'établir ; il traversoit directement les
clayons qui supportoient les vers. Les portes étant restées ouvertes
toute la journée et une partie de la nuit, trente-six heures
après, les vers étoient déjà presque tous remontés, et la récolte
fut fort bonne.

Toutefois il est des temps où l'air dans une parfaite stagnation
résiste même aux moyens que nous avons proposés pour en opérer
le renouvellement, et avec encore plus d'obstination à ceux qui
ont été jusqu'à présent en usage.

M. Faujas de Saint-Fonds a recommandé dans ces circonstances critiques de faire secouer fortement par deux personnes un drap de lit autour des tables, afin de pouvoir procurer
dans l'air un ébranlement salutaire ; mais cet ébranlement, dirigé
de haut en bas, est presque sans effet, et ne favorise pas l'entrée
de l'air extérieur. Et de plus, il paroît difficile d'exécuter une pareille manœuvre dans un atelier où l'espace que l'on laisse entre
les tables et les murailles est souvent à peine suffisant pour le passage des ouvriers.

Nous proposons un autre expédient : nous avons dit qu'au lieu
de portes de bois, on devoit employer des châssis dont les vides
seroient remplis de paille entre deux toiles clouées sur les montans
et sur les traverses. Ces châssis agités deviendront des ventilateurs
qui chasseront sans obstacle l'air de l'atelier vers les issues opposées qu'on aura soin d'ouvrir. On les fera battre pendant un
quart d'heure ou une demi-heure, suivant leur grandeur, et celle
de la masse d'air à expulser. Nous avons vu par ce procédé renouveler dans l'espace de quatre minutes environ quarante-un
mètres cubes (mille deux cents pieds) d'air vicié à dessein, et nous
fûmes assurés au moyen de l'eudiomètre, que ce renouvellement
avoit été complet.

Nous aurions moins étendu nos réflexions sur la nécessité indispensable du courant d'air, si cette vérité n'étoit encore presque
universellement méconnue. Graces aux préjugés que le moindre
froid est mortel aux vers-à-soie, on calfeutre en général jusqu'à
la plus petite ouverture, et l'on compromet ainsi le succès de sa

récolte. Les chenilles ne résistent à cette absurde méthode dans les départemens méridionaux de la France que quand les vents du nord dominent, et se jouent de toutes les précautions qu'on prend pour en garantir les magnagnières. Ce vent impétueux et qui sait pénétrer jusque dans les appartemens les mieux clos a bientôt chassé et remplacé par un air pur et salubre l'atmosphère croupissante et infectée des ateliers. Il dessèche l'humidité pernicieuse des litières, arrête la fermentation naissante et ramène par-tout la vie et la santé. Le tableau ci-dessous des récoltes dans le Bas-Languedoc, depuis 1762 jusqu'à 1782, et des vents qui ont régné chaque année pendant les mois de mai et de juin, prouvera par des faits incontestables la salutaire influence du renouvellement de l'air dans l'éducation des vers-à-soie, et fera mieux sentir le besoin de disposer un atelier de manière à ce que ce renouvellement puisse s'y opérer complètement et avec facilité, par des moyens artificiels, quand les moyens naturels viennent à manquer.

TABLEAU des récoltes de cocons dans le Bas-Languedoc, depuis 1762 jusqu'en 1782, et des temps qui ont régné pendant les mois de mai et de juin des mêmes années.

ANNÉES.	RÉCOLTES.	TEMPS QUI A RÉGNÉ.
1762	Bonne.	**MAI.** Le vent du nord a été le dominant. Il a soufflé pendant 18 jours; le ciel presque toujours serein. Il y a eu quelques rosées, et le 16 un orage, par un vent du nord. **JUIN.** Le vent du nord a été très violent pendant presque tout le mois. Trois orages par un vent du nord.
1763	Très médiocre.	**MAI.** Les vents du sud et d'ouest ont rendu le temps très variable pendant tout le mois. **JUIN.** Quelques jours de vent du nord; mais le sud a repris et régné pendant plusieurs jours. Temps couvert et point de pluie.

ANNÉES.	RÉCOLTES.	TEMPS QUI A RÉGNÉ.
1764	Très bonne.	**MAI.** Vent du nord ; quelques jours d'est. Beau temps. **JUIN.** Nord très violent jusque vers le 15, que presque tous les vers étoient montés. Le vent du sud et les chaleurs arrivées alors ont porté coup aux traîneurs.
1765	Très médiocre.	**MAI.** Vent du sud ; quelques jours de nord. **JUIN.** Vent du sud constant jusqu'au 20. Temps couvert.
1766	Bonne.	**MAI.** Pluvieux. Vent dominant nord-ouest. **JUIN.** Vent du nord. Pluie fréquente.
1767	Mauvaise.	Feuilles gelées les 19, 20 et 21 avril.
1768	Très bonne.	Temps froid depuis le commencement de mai jusqu'après la montée.
1769	Très bonne.	**MAI.** Vent du nord impétueux et froid jusqu'au 12. Le reste du mois très beau. **JUIN.** Temps favorable : le vent du midi n'a soufflé que pendant deux jours de ce mois.

ANNÉES.	RÉCOLTES.	TEMPS QUI A RÉGNÉ.
1770	Médiocre.	**MAI.** Temps très froid. **JUIN.** Chaleurs très fortes, et vent du sud-ouest pendant la montée.
1771	Modique.	Feuilles gelées pendant les nuits du 19 au 20 avril; rétablies à la fin de mai.
1772	Bonne et devenue mauvaise dans la plaine.	**MAI.** Vent du nord froid et impétueux pendant 20 jours. **JUIN.** Vent du nord jusqu'au 14. Vent du sud jusqu'à la fin du mois, avec de très fortes chaleurs.
1773	Très abondante.	**MAI.** Temps froid jusqu'au 10. Pluie jusqu'au 27. **JUIN.** Beau temps et vent frais jusqu'à la fin du mois quelques jours de pluie.
1774	Bonne et devenue mauvaise dans la plaine.	**MAI.** Vent du nord froid et pluvieux. **JUIN.** Vent du nord jusqu'au 10; vent du nord jusqu'à 20, qui fit du mal.
1775	Bonne.	**MAI.** Vent du nord très violent et temps froid jusqu'à fin du mois.

ANNÉES.	RÉCOLTES.	TEMPS QUI A RÉGNÉ.
		JUIN. Vent du sud-ouest et du sud-est sans fortes chaleurs jusqu'au 10. Vent du nord le reste du mois.
1776	Mauvaise.	**MAI.** Vent du nord depuis le 11 jusqu'au 26. Vent de midi le reste du mois. Point de pluie. **JUIN.** Vent du sud presque tout le mois; quelques jours de nord-ouest.
1777	Très mauvaise.	Le vent du nord a régné pendant le mois de mai et le mois de juin. Sur une série de 21 années, cette récolte est la seule qui paroisse faire exception aux principes avancés sur l'influence des vents. Les observations manquent sur les causes particulières qui ont prévalu.
1778	Très bonne.	**MAI.** Nord très violent depuis le 26 jusqu'à la fin du mois. **JUIN.** Le vent du nord a soufflé constamment presque tout le mois. Il a sur-tout été très violent pendant le temps de la montée.
1779	Très médiocre.	**MAI.** Vent du sud pendant presque tout le mois. Quelques jours de vent d'ouest. Chaleurs très fortes. **JUIN.** Vent du nord assez constant. Temps étouffé et marin très nuisible le 8 et le 10.
1780	Au-dessous du médiocre.	Feuilles un peu brûlées en avril.

13.   25

ANNÉES.	RÉCOLTES.	TEMPS QUI A RÉGNÉ.
1780	Au-dessous du médiocre.	**MAI.** Vent du nord depuis le 14 jusqu'au 21, et du 24 au 28. Vent du sud très pernicieux du 29 au 5 juin. **JUIN.** Vent du sud et d'ouest. Sud et nord-ouest alternativement tout le mois.
1781	Très médiocre.	Les observations météorologiques des mois de mai et de juin manquent ; mais, d'après celles des années précédentes, on peut inférer de la médiocrité de la récolte que le temps ne fut pas favorable, et que le vent du nord ne souffla pas souvent.
1782	Mauvaise.	Pluvieux. **MAI.** **JUIN.** Dans les premiers jours du mois, vent du nord auquel a succédé le midi, un temps étouffé funeste aux vers, et des chaleurs excessives.

On objectera sans doute, à notre système sur la multiplicité de fenêtres fermées seulement par des châssis à verre ou à canevas, que le grand jour sera toujours répandu dans la *magnagnière*, et que la lumière du soleil est nuisible aux vers-à-soie. Cette opinion est si bien enracinée chez les magnagniers, qu'ils poussent là-dessus la crédulité jusqu'à la superstition. Rozier la traite de préjugé, mais l'abbé de Sauvages l'a adoptée. Malgré cette dissidence, nous ne chercherions pas à savoir de quel côté est la raison, si l'erreur pouvoit être indifférente ; mais elle nous paroît entraîner de trop graves conséquences pour que nous ne nous fassions pas un devoir d'exposer nos doutes contre le sentiment le plus accrédité.

En recherchant les causes de la prétendue aversion des vers-à-soie pour la lumière, l'observateur des Cévennes, d'ailleurs si judicieux, a cru les trouver dans le genre de cette chenille qui, produisant un papillon nocturne, n'a pas été créée pour vivre à la clarté du soleil.

S'il falloit avoir recours à l'analogie pour démontrer l'erreur de cette opinion, on pourroit citer cette immense quantité de chenilles de BOMBICES, de NOCTUELLES, de PHALÈNES, de PYRALES, etc., qui sont également des animaux nocturnes, mais dont les chenilles vivent constamment au plus grand jour. Mais des expériences positives vont nous fournir des réponses encore plus victorieuses.

Nous avons suivi des vers élevés en assez grande quantité, depuis leur deuxième mue jusqu'à la montée sur des clayons constamment exposés au grand jour, de neuf heures du matin jusqu'à quatre heures du soir. Un tendelet les garantissoit du soleil, en sorte que le thermomètre se soutenoit du dix-neuf au vingtième degré : il ne s'éleva au vingt-cinquième degré qu'une fois, au temps de la montée. Ces vers réussirent parfaitement ; ils ne se pelotonnèrent pas, et fournirent de très beaux cocons bien étoffés. Comme ils étoient exposés à un courant d'air perpétuel, il ne s'en perdit presque point, quoique l'année fût très mauvaise, et qu'étant fort retardés, l'époque de leur montée se trouvât celle des grandes chaleurs.

Un autre clayon de vers, tenu dans un appartement assez obscur, étant éclairé à moitié par un rayon de lumière venant d'en haut; il offrit le même résultat.

Un autre clayon enfin, dans un cabinet parfaitement obscur, recevoit directement un rayon de soleil. Les vers qui y étoient exposés n'en paroissoient pas incommodés. Vers midi, la chaleur devenant plus forte et faisant monter le thermomètre jusqu'au trente-cinquième degré, elle desséchoit leur peau sans cependant les faire fuir.

Dans aucune de ces expériences, les vers n'ont paru fuir ni rechercher la lumière ; ils ne se sont pas ramassés en pelotons ; ils se sont comportés, en un mot, comme ceux qu'on élève à l'ordinaire dans un atelier obscur ou éclairé par la foible clarté des lampes.

Si les vers paroissent se rassembler quelquefois d'un côté du clayon de préférence à l'autre, c'est dans l'inclinaison de ce clayon ou dans l'inégalité de distribution de la nourriture qu'il faut en chercher la cause. On pourroit croire peut-être que le froid y contribue, et que ces animaux se rapprochent et se pelotonnent pour concentrer leur chaleur. Mais cet accident arrive dans les temps les plus chauds, comme dans les plus froids, et d'ailleurs le ver-à-soie n'a aucune chaleur sensible. Plusieurs de ces insectes ont été mis dans un très petit bocal de verre, au centre duquel étoit fixé un thermomètre construit exprès, dont chaque degré, correspondant à ceux du thermomètre de Réaumur, occupoit un espace de près de quatorze millimètres (six lignes). La liqueur de ce thermomètre ne s'est jamais élevée au-dessus de celle d'un pareil instrument de même marche, placé à côte du bocal dans l'air libre.

Cette expérience répétée un grand nombre de fois devant nous, et dans les différens âges du ver-à-soie, ne permet pas de douter que cette chenille n'a par elle-même d'autre chaleur, du moins sensible à l'extérieur, que celle de l'atmosphère dans laquelle elle vit.

Voici donc la clarté du jour démontrée au moins indifférente aux vers-à-soie ; mais nous pensons qu'elle leur est aussi avantageuse que l'obscurité leur est nuisible, et c'est ce que nous allons tâcher de prouver.

Les feuilles des plantes et des arbres, quoique séparées de leur tige, mais conservant encore leur mouvement de végétation, telles que sont les feuilles fraîchement cueillies que l'on donne aux vers-à-soie, étant exposées à la lumière, fournissent une très grande quantité d'air le plus pur qu'on connoisse dans la nature. Ce produit est d'autant plus pur et plus abondant que les végétaux sont doués d'une plus grande force de végétation et qu'ils reçoivent plus directement l'action de la lumière du soleil ; mais ces mêmes feuilles ne donnent dans l'obscurité qu'un air empoisonné et mortel, soit qu'il n'ait pas été convenablement modifié par le soleil, comme le croyoit M. Ingenhouz, soit à cause d'un commencement de fermentation excité par l'absence de cette lumière, comme l'assure M. Sennebier.

Ce n'est pas ici le lieu de développer la théorie et les phénomènes variés que présente cette opération admirable de la nature qui a su faire servir l'acte de la végétation à la purification de l'atmosphère, opération indispensable, sans laquelle nous ne pourrions plus subsister dans un air bientôt corrompu. Le témoignage et les expériences des physiciens les plus célèbres rendent ces faits incontestables, et nous avons vu répéter avec le plus grand soin celles qui pourroient être appliquées à l'éducation des vers-à-soie.

Si la lumière du soleil, soit directe, soit réfléchie, a une si grande influence sur les feuilles, que sa *présence* purifie l'air dans lequel elles sont plongées, et que son absence le détériore, il demeure bien démontré que la profonde obscurité dans laquelle on a coutume d'élever le ver-à-soie, bien loin de lui être favorable, lui devient au contraire nuisible, et que cette pratique est vicieuse. Elle contrarie d'ailleurs le vœu de la nature, puisque le ver-à-soie destiné par elle à vivre en plein air est aussi fait, pour cela même, pour vivre à la lumière.

Les fleurs et les fruits ne jouissent pas du même privilège que les feuilles ; ils donnent constamment au soleil comme dans l'obscurité des émanations pernicieuses. Les mûres, qui sont en même temps la fleur et le fruit du mûrier, ont le double désavantage qui résulte de cette conformation.

Aussi cet inconvénient augmente-t-il d'autant plus ceux qui accompagnent l'usage du mûrier greffé, et que nous avons déjà signalés, que cet arbre fournit une quantité infiniment plus considérable de ces fruits doublement funestes ; et les expériences que nous allons rapporter feront voir de quelle importance il seroit, pour la santé des vers, qu'on ne leur servît que des feuilles dépouillées de mûres.

Cent petites mûres pesant quatorze grammes (quatre gros trente-six grains) ont vicié dans l'espace de trois heures deux cent quatre-vingt dix-huit centimètres (quinze pouces) cubes d'air, au point qu'un moineau qui y a été renfermé pendant une minute est mort dans des convulsions, sans qu'aucun des secours usités en pareil cas ait pu le sauver. Au soleil et dans l'obscurité le résultat a toujours été le même.

Quarante petites feuilles de mûrier récemment cueillies, mises dans un vase contenant trois cent cinquante-sept centimètres (dix-huit pouces) cubes, exposées à quatre heures après midi à la chaleur atmosphérique sous un pot de faïence, pour dérober tout accès à la lumière, ont fourni dans quinze heures un air tout aussi vicié que celui des mûres, et dans lequel la bougie s'éteignoit ; mais le même air, ayant été laissé avec les mêmes feuilles au soleil pendant quelques heures, s'est bientôt assez rétabli pour entretenir la flamme et donner à l'eudiomètre treize degrés. Cinq heures plus tard, toujours au soleil, il s'est trouvé beaucoup plus pur que l'air atmosphérique et a marqué trente-deux degrés.

L'heureuse influence de la lumière sur l'air de nos magnanières étant ainsi démontrée, nous ne craignons pas de conseiller l'usage d'un moyen que nous offre la nature, également simple et facile dans son exécution, et qui n'est d'ailleurs susceptible d'aucun inconvénient. Quelle abondance d'air pur, nécessaire au ver-à-soie, ne se procureroit-on pas en élevant ces insectes avec le concours de la lumière, tandis que l'obscurité profonde où l'on a coutume de les plonger contribue à accroître la masse déjà si grande des vapeurs méphitiques des ateliers destinés à leur éducation !

L'échafaudage des tablettes sur lesquelles on établit les vers-à-soie se compose d'autant de paires de montans liés par des traverses qu'en comporte la longueur de l'atelier, sauf la place nécessaire pour la manœuvre, en les espaçant de deux en deux mètres (six pieds) au plus. Ces montans et leurs traverses sont de bois de cent huit millimètres (quatre pouces) d'équarrissage. On les fixe dans le carrelage et aux travettes du toit. Leur distance en largeur doit être réglée de manière que l'ouvrier placé sur le bord puisse en étendant le bras atteindre aisément le milieu. On pose sur les traverses, ou des planches ou des nattes de roseaux attachées les unes aux autres par des ficelles de spart ; mais dans ce dernier cas on soutient ces lits de cannes par des traverses longitudinales, dont les bouts reposent sur celles qui sont attachées aux montans. L'usage des nattes est préférable : les planchers s'imprègnent d'humidité et la conservent ; les roseaux sont au contraire promptement séchés, parceque quelque rapprochés qu'ils puissent être, il y a toujours entr'eux un intervalle à travers lequel l'air passe et se glisse dans la litière et lui enlève son humidité.

Le premier étage des tablettes doit être élevé de quatre cent quatre-vingt sept millimètres (dix-huit pouces) au-dessus du plancher : quatre cent six millimètres (quinze pouces) suffisent entre les deux autres étages , excepté le plus haut qu'on tiendra à un mètre (trois pieds) au moins au-dessous du comble.

On multiplie les rangs d'établis autant que le permet la largeur de la *magnagnière*, ou que l'exige la quantité des vers. Mais il doit rester entre chaque rang assez d'espace pour que deux personnes puissent se croiser, du moins en s'effaçant , et pour y faire passer des marche-pieds ou y dresser des échelles.

Le même appareil est nécessaire dans l'infirmerie, qui doit avoir aussi sa cheminée.

Les vers-à-soie occupent si peu de place jusqu'à leur deuxième mue inclusivement, qu'il suffit de quelques clayons pour les loger, quel que soit leur nombre. Ces clayons sont posés à six cent cinquante millimètres (deux pieds), l'un au-dessus de l'autre , sur des chevilles aussi de six cent cinquante millimètres (deux pieds) de longueur, attachées à deux montans fixés au mur et séparés par un intervalle de quatre cent quatre-vingt-sept millimètres (dix-huit pouces). On multiplie les rangs à mesure que les chenilles grossissent et demandent plus d'espace.

La chaleur jouant un grand rôle dans leur éducation , il convient de commencer par quelques observations sur ce sujet, le détail des soins minutieux qu'exigent ces insectes.

Si l'on considère la température des climats de l'Asie d'où les vers-à-soie tirent leur première origine, on ne s'étonnera pas qu'ils puissent résister en Europe à une chaleur que les hommes ont de la peine à supporter. L'abbé de Sauvages l'a poussée jusqu'au trentième degré dans ses ateliers, et plus d'une fois il a élevé ses chenilles, avec succès, à une température de 28 degrés. Mais cette exaltation ne peut avoir lieu, sans danger, que dans une atmosphère souvent renouvelée et que lorsqu'elle est amenée par gradation. Tout changement brusque de température est funeste aux vers : l'activité de leur appétit s'augmentant avec celle de la chaleur, ils surchargent tout à la fois de nourriture leur estomac, jusqu'alors accoutumé à une moindre quantité d'alimens, et leurs fonctions digestives en sont presque toujours troublées ; le mal n'est pas moins grand si l'on provoque leur faim sans la satisfaire , car la transpiration qu'excite en eux la chaleur n'étant pas suffisamment remplacée, leurs organes se dessèchent et se racornissent.

Les occasions où un très haut degré de chaleur peut être nécessaire sont extraordinaires et rares ; elles ne se présentent guère que dans le cas où la pousse des feuilles, beaucoup trop promptement accélérée, force à précipiter la couvée et les premiers âges, afin d'assurer aux vers une nourriture convenable ; et encore avonsnous vu que presque toujours il vaut mieux leur donner d'abord de la feuille moins tendre que de trop hâter leurs progrès. Le succès de ces insectes dépend bien moins de l'intensité de la chaleur que de l'égalité de la température et de son élévation graduelle, lorsqu'il faut l'augmenter. C'est parceque celle de l'atmosphère est variable qu'on a recours à des moyens artificiels pour se soustraire aux fâcheux effets de son inconstance. Dans l'éducation ordinaire, on entretient la chaleur de l'atelier de 16 à 20 degrés : elle est portée de 20 à 24 degrés dans l'éducation hâtée. Cette dernière méthode faisant parcourir aux vers, dans un moindre espace de temps, tous les périodes de leur vie, a l'avantage de réduire la consommation de la feuille, et de terminer la récolte avant l'époque si redoutable des touffes ; mais elle a aussi de graves inconvéniens : dans ces progrès forcés et peu naturels, la chenille ne peut élaborer d'une manière convenable son humeur résineuse, et ne donne le plus souvent qu'un cocon foible et sans consistance.

La manière d'échauffer les magnanières n'est pas indifférente. Nous avons déjà exposé les motifs qui doivent faire préférer les feux clairs de bois et les cheminées. Nous ajouterons seulement que le charbon de terre, tel que les maréchaux l'emploient, peut néanmoins remplacer le bois au besoin, pourvu toutefois qu'il soit brûlé sur une grille et dans une cheminée ; mais le charbon de terre prétendu épuré et désoufré doit être banni des ateliers avec autant de sévérité que le charbon de bois. Ce combustible exhale, lorsqu'il brûle, des vapeurs méphitiques aussi pernicieuses et qui exposent aux mêmes dangers les hommes et les animaux qui les respirent.

On n'est pas d'accord sur les effets de la fumée dans les magnanières. Quelques cultivateurs la regardent comme nuisible, d'autres, comme indifférente, et d'autres enfin comme avantageuse. Elle est au moins très certainement incommode, et la chaleur dont elle est accompagnée et qui se répand inégalement avec elle et comme elle, dans diverses parties de l'atelier, suivant la direction que lui imprime le mouvement de l'air, ne peut, en rompant l'équilibre de la température, qu'être plus préjudiciable qu'utile.

Le premier objet des soins à donner aux vers qui viennent de naître est de les égaliser, et c'est par la combinaison de la nourriture et du feu qu'on parvient à les faire arriver à peu près tous en même temps, quoique de différentes levées, aux mues et à la montée. Pour cet effet, on place les clayons qui contiennent les derniers éclos à l'étage le plus élevé, et on leur donne une ou deux fois de plus à manger qu'aux premiers nés qu'on tient dans les rangs les plus bas. La raison de cette conduite est que la chaleur est plus forte dans la partie supérieure de l'appartement, ordinairement chauffé avec de la braise. Mais aussitôt que le niveau est établi, les clayons d'en haut doivent changer de place avec ceux des rangs inférieurs, et, en faisant ensuite monter et descendre tous les clayons tour à tour, on est sûr de conserver dans les chenilles l'égalité de grosseur et de force qu'on leur a procurée. La quantité de feuilles doit être alors la même pour tous.

Les vers-à-soie ont des momens d'inaction et de sommeil sur lesquels on a réglé le nombre de leurs repas; mais ces insectes sont si petits, si rapprochés, si confondus pendant les deux premiers âges, qu'il est impossible de déterminer, d'après ces données, avant la seconde mue, les heures convenables pour la distribution de la nourriture. On donne de nouvelle feuille dès que la précédente est mangée; et on en répand chaque fois sur les clayons un demi-travers de doigt d'épaisseur; mais si les vers ne laissent que la nervure, c'est un avertissement d'augmenter la dose.

La feuille la plus tendre étant la meilleure pour les vers dans leur jeunesse, il faut alors choisir de préférence celle des jeunes sauvageons de pépinières; il est bon de la cueillir deux fois par jour et de ne la servir que coupée en menus morceaux. Ainsi hachée, on la répand plus également sur les vers; elle leur offre plus de bords, et c'est communément par-là qu'ils l'attaquent, et ils sont plus à même de manger sans se déplacer et sans se faire obstacle les uns aux autres.

La litière, dans le premier âge, est si peu épaisse et si peu humide, qu'on peut la laisser sans danger sous les vers; mais ils ont besoin d'être éclaircis avant la mue. Pour cet effet, on déchire la litière en petits carrés de 54 à 81 millimètres, (2 à 3 pouces) et on met entre chacun de ces fragmens une distance égale à la dimension. Faut-il garnir un nouveau clayon; on y porte le nombre de pièces de litière jugé convenable, et on leur donne entre elles le même espace, et dans les deux cas on jette de la feuille tant sur les vides que sur les pleins, en laissant toutefois une bordure vacante, afin qu'ils ne s'étendent pas trop et ne s'écartent pas. Les vers quittent bientôt la vieille litière pour la feuille fraîche, et ils s'y établissent avec une sorte d'équilibre et d'uniformité.

S'il y a de l'inconvénient à laisser trop entasser les vers, il n'y en a pas moins à leur trop grande dispersion. La feuille qui se trouve sur les places vides se flétrit, se dessèche et se perd. Les vers au premier âge ne sont pas trop clair-semés tant qu'ils conservent entre eux une distance de l'épaisseur de leur corps.

Aux approches de la mue, on remarque dans les vers un redoublement progressif d'appétit. Cet état est appelé la *petite frèze* dans les quatre premiers âges, et la *grande frèze* au cinquième. La durée de celle qui précède la première mue est ordinairement d'un jour. La chenille consomme dans ces vingt-quatre heures au moins autant de nourriture qu'elle en a pris pendant tout le reste de l'âge. Au bout de ce temps, l'appétit décline graduellement, et le ver tombe peu à peu dans un état de dégoût, de langueur et d'inaction qui l'exposeroit à être enseveli sous la feuille, si on continuoit à la répandre comme de coutume, et sans égard pour les vers alités. Mais comme, quand les précautions ont été bien prises pendant la couvée et au premier moment de la naissance pour conduire tous les vers ensemble à la mue, il n'y a guère que quelques traîneurs en retard, on ne risque rien de diminuer les repas aussitôt que le plus grand nombre fait mine de cesser de manger, et de les supprimer entièrement quand les deux tiers de la chambrée travaillent à se dépouiller. On tente bien tant qu'on le peut d'enlever les paresseux, en jetant çà et là sur les clayons quelques feuilles entières, au moyen desquelles, quand les chenilles s'y accrochent, on les porte ailleurs pour accélérer leur montée par les procédés indiqués ; mais à défaut, on n'hésite point à en faire le sacrifice : ce sont quelques victimes immolées à l'intérêt de la majorité ; et il est rare qu'avec un manganier attentif et prévoyant la perte soit jamais importante.

La même raison qui détermine à rendre les repas moins considérables et plus rares, quand le plus grand nombre des vers est dans cet état de torpeur où l'on dit qu'ils *dorment*, commande qu'on ne se presse pas de redonner de la nourriture lorsqu'il n'y a encore que quelques vers sortis de la mue. Il vaut mieux qu'ils se soumettent momentanément à une abstinence forcée que d'accabler les autres sous le poids des feuilles et que d'augmenter la litière, d'autant plus humide et susceptible de fermentation qu'elle est plus épaisse.

Outre les vers qui meurent faute de pouvoir se dépouiller de leur peau, on en perd pendant le premier âge, par l'effet de la maladie qu'on nomme vulgairement la *rouge* et de celle des *brûlés*. La *rouge* est ainsi appelée de la couleur des chenilles qui en sont atteintes. Nous avons eu déjà occasion de dire qu'on l'attribue à un trop fort degré de chaleur dans l'incubation. En persistant à douter que cette cause influe sur la teinte des vers, nous ne sommes point étonnés que ceux qui ont été mal couvés ou qui sont mal éclos n'aient qu'une courte existence et périssent pour ainsi dire au berceau. Leurs organes seulement ébauchés et leurs humeurs imparfaites se refusent, ou ne se prêtent qu'à peine aux fonctions auxquelles ils sont destinés, et l'on peut regarder les vers dans cet état comme morts nés.

Pour peu qu'un vent du nord refroidisse la température, la plupart des magnaniers non seulement augmentent le feu dans l'atelier ; mais ils en bouchent toutes les ouvertures pour interdire tout accès à l'air extérieur. Les vers doivent à cette chaleur concentrée dans une atmosphère immobile, les germes d'une maladie qui quelquefois ne se développe que dans les âges suivants, et règne jusqu'au dernier, mais qui souvent aussi tue les vers dès le premier, et c'est alors qu'on dit vulgairement qu'ils ont été *brûlés*.

Nous avons indiqué les moyens de prévenir ces accidens, dans les préceptes relatifs à la couvée et à l'éclosion; mais lorsqu'on n'a pas su empêcher le mal, il est sans remède : il falloit se prémunir par avance contre ce désastre, en ménageant avec une extrême prudence l'action du feu, car, ainsi que l'observe l'abbé de Sauvages, « Si le feu est l'ame des fonctions vitales des vers-à-soie, il en devient le fléau le plus terrible, administré sans précaution. »

Lorsque le ver-à-soie sort de sa première mue pour entrer dans le second période de sa vie, son museau est d'un gris clair, mais redevient peu à peu noir comme auparavant; les longs poils bruns dont il étoit couvert, ont fait place à des poils noirs plus rares et plus courts, qui, répandus sur sa peau blanche, la rendent tigrée; dès le second jour, il se forme sur son dos deux arcs de cercle noirs, en forme de parenthèses, et sa taille est d'environ neuf millimètres (quatre lignes) de longueur.

La distance entre les vers de cet âge doit être de deux épaisseurs de leur corps; il est donc indispensable de les éclaircir, ce qui continue à se faire de la même manière que pour l'âge précédent.

On ne délite pas encore, mais on châtre la litière : cette opération consiste à en enlever la couche inférieure aussi épaisse qu'il est possible, sans désunir la couche supérieure. On profite de l'occasion pour supprimer le papier du fond des clayons, afin que l'air, dont l'action devient de plus en plus utile, pénètre plus facilement par les fentes que laissent entre elles les éclisses assez grossièrement entrelacées. Les vers sont alors déjà assez gros pour qu'on ne craigne plus qu'ils s'échappent par ces interstices.

Il est important que la castration de la litière, comme le délitement dans les autres âges, se fasse avant que les chenilles aient amarré leur peau, ou du moins avant que leur engourdissement les empêche de remplacer par de nouveaux fils ceux qui pourroient avoir été rompus dans la manœuvre. Privés de ces brins, il leur deviendroit impossible de se dépouiller, et elles périroient inévitablement.

Avant la première mue, l'extrême petitesse des vers ne permet que difficilement de reconnoître ceux qui se retardent dans leurs progrès; mais on les distingue plus aisément au second âge, et l'on donne le nom de *menuailles* à tous ceux qui n'ont pas acquis la taille qu'ils devroient avoir.

L'inégalité a plusieurs causes : si elle provient de l'insuffisance de nourriture, on y remédie en mettant à part les vers de cette classe, en leur prodiguant la feuille et en augmentant la chaleur : s'ils ne rejoignent pas les autres, ils n'achèvent pas moins leur carrière avec assez de succès pour dédommager des soins particuliers qu'ils auront coûté. Mais il n'en est pas de même lorsque les vers restent petits, par les vices de leur constitution ou par l'effet des atteintes qu'elle a reçue. On appelle les vers de cette dernière espèce *passis*, c'est-à-dire flétris : leur peau est, en effet, ridée ; au lieu de progression dans leur croissance, ils diminuent de plus en plus de grosseur ; ils abandonnent la feuille, quittent la litière, errent sur le clayon, et périssent d'une sorte de consomption. Cette maladie est la plus redoutée, parceque les effets s'en font ressentir d'âge en âge, depuis le premier jusqu'à la montée. Les *brûlés*, dont nous avons parlé, les *passis*, dont il s'agit en ce moment, les *arpians* et les *luzettes*, dont il sera fait mention plus bas, ont puisé dans la même source, dans une chaleur étouffée au commencement de leur vie, l'affection qui les fait périr, plus ou moins tard, et après avoir inutilement occasionné plus ou moins de dépense en feuille et en main-d'œuvre ; car la maladie est incurable, et les chenilles qu'elle attaque ne font jamais de cocon. Lorsqu'elle est générale et avérée, le parti le plus sage est de jeter tous les vers, de recommencer, si on a pris cette résolution de bonne heure, ou de vendre sa feuille.

Ce n'est que par une observation extrêmement attentive qu'à la fin de la première mue on peut reconnoître l'effet qu'a produit sur les vers leur dépouillement : leurs mouvemens échappent aux yeux ; mais, après la seconde mue, on voit sans peine que ces insectes sont devenus plus effilés, plus vifs, plus agiles : ils semblent se réjouir d'être délivrés du fardeau qui les oppressoit, et prendre une nouvelle vie.

Les vers arrivent au troisième âge avec un museau devenu gris, de noir qu'il avoit été jusqu'alors, et qui conserve jusqu'à la fin de leur vie sa nouvelle couleur : celle de leur peau, bai-clair au commencement, s'éclaircit et blanchit par degrés ; leur longueur est de quatorze millimètres (six lignes), et ils paroissent deux ou trois fois plus gros qu'avant la seconde mue.

Aussitôt que les vers en sont sortis, on les transporte dans le grand atelier. On a soin de l'échauffer un jour auparavant, de manière que les vers y trouvent la même température que dans l'étuve qu'ils abandonnent. Ils quittent la litière de leurs clayons pour se jeter sur la feuille fraîche et entière qu'on répand sur eux, et qu'on place, pour la facilité de la translation, sur d'autres clayons portatifs, à mesure qu'ils l'ont couverte. Il ne faut pas négliger de rechercher les chenilles restées dans la litière. On ne laisse dans le premier logement que celles qui sont en retard, et qui ont besoin d'être poussées, et on les fait passer dans la magnagnière aussitôt qu'on les a mises au niveau des autres. Le soin d'égaliser doit être continuel, et, plus l'éducation avance, plus il acquiert d'importance.

Les vers demandent beaucoup plus d'espace qu'il ne leur en falloit auparavant : il doit y avoir entre eux trois fois l'épaisseur de leur corps.

Le nombre des repas se règle : on en donne quatre dans les vingt-quatre heures, mais il est essentiel que la distribution se fasse ponctuellement de six en six heures. La feuille se coupe encore, mais à grands morceaux; plus elle est tendre, et mieux elle convient aux vers; non que leurs dents ne commencent à être assez fortes pour mâcher celle qui a plus de consistance, mais la feuille trop dure est une cause de *grasserie*.

Les expériences de M. Nysten ont confirmé, à cet égard, l'opinion de l'abbé de Sauvages : il a vu, parmi les vers auxquels il donnoit à cet âge de larges feuilles entièrement développées, un plus grand nombre de *gras* que parmi ceux qu'il nourrissoit avec de la feuille tendre. Cette maladie est plus commune dans les pays où l'on cultive des mûriers d'Espagne que dans les contrées où l'on ne fait pas usage de cette variété, et dans les plaines où la feuille donne une nourriture trop succulente que dans les montagnes où elle est moins riche en parenchyme et moins substantielle.

On attribue aussi la *grasserie* à la couvée spontanée, au mauvais hivernage de la graine, à la concentration de la chaleur dans la couvée artificielle, à l'effet de la transpiration du corps humain sur les graines qu'on fait éclore aux nouets, et à une température trop froide pendant la mue. Sans nous arrêter à déterminer le degré d'influence de chacune de ces causes, nous nous bornerons à dire que tout ce qui occasionne engorgement dans les organes des vers, et défaut de transpiration, contribue à produire cette funeste affection : la liqueur nutritive épaissie ne circule qu'avec peine ; elle s'infiltre dans toutes les parties du corps, les bouffit, donne aux vers une couleur livide, transsude en humeur trouble et d'apparence sanieuse, et finit par déchirer la peau amincie par trop de distension. La mort des chenilles attaquées de cette maladie est toujours prompte, et rien ne sauroit les sauver.

Les *arpians* ou *harpions* désolent aussi le troisième âge : ce sont les vers de la classe des *brûlés* et des *passis* qui ont traîné leur existence au-delà de la deuxième mue. On les reconnoît à leur corps mince et grêle, à leur maigreur, au défaut d'appétit ; ils s'isolent et s'attachent à tout ce qu'ils touchent, parceque sans ce secours dans l'état de foiblesse où les réduit le marasme, ils ne pourroient pas se tenir sur leurs pattes.

Plus il y a de malades, et sur-tout de *gras*, plus il est nécessaire de déliter fréquemment. D'ailleurs, la dose des repas devenant plus considérable au troisième âge, il s'entasse en peu de temps sous les vers d'épais débris de feuilles, mêlés à une grande quantité de matières animales. La moindre humidité, secondée par la chaleur, auroit bientôt mis cette masse en fermentation; il est important de prévenir même le commencement de cet effet, et on n'y parvient qu'en enlevant, chaque jour, une partie de la litière, et en la changeant toute entière une fois pendant la frèze qui, dans cet âge, dure deux jours, et encore une fois immédiatement après la mue.

On connoît deux façons de déliter, l'une au filet, l'autre à la main.

Au filet, on étend le réseau sur les tables, et on le couvre de feuilles : les vers viennent s'y placer, en passant à travers les mailles. On le soulève alors dans toute son étendue, tandis qu'un ouvrier jette la vieille litière sur le pavé, et nettoie le plancher. Le filet est ensuite abaissé, et l'on se sert d'un second pour renouveler l'opération, parceque le premier est resté sous les vers. Cette méthode exige le concours au moins de trois personnes, et celles qui l'ont expérimentée prétendent qu'elle est moins facile et moins commode qu'on ne pourroit le croire, lorsqu'on ne l'a pas éprouvée.

A la main, demi-heure après que la feuille a été servie, deux ouvriers l'enlèvent par bandes transversales avec les vers qui viennent d'y monter : ils les placent sur la bande voisine, ramassent dans la vieille litière, les chenilles saines qui peuvent y être restées, et les rejoignent aux autres ; font tomber cette litière à terre, balayent et frottent la table nue, et y remettent la nouvelle feuille avec les vers dont elle est chargée. Pour déliter la seconde bande, les vers sont portés sur la première, et ainsi d'une bande sur l'autre, dans chaque rang de l'établi. L'opération seroit plus facile, plus prompte et plus parfaite, si l'on avoit à portée une table de relais, sur laquelle on pût entreposer successivement dans des clayons portatifs les vers des tables à déliter. Mais on veut économiser le terrain, et réduire, autant qu'il est possible, les dimensions de l'édifice, pour qu'il coûte moins à construire et à chauffer, et l'on sacrifie la commodité à l'économie.

La litière enlevée des tables ne doit pas séjourner un seul instant dans la magnanière ; et comme il n'a pu que s'en exhaler, en la remuant, des miasmes pernicieux, il est prudent de donner plus d'activité au courant d'air aussitôt qu'elle a été emportée.

La propreté constante de l'atelier ne sauroit être trop recommandée ; toute ordure doit en être sévèrement bannie ; on doit en balayer le plancher deux fois par jour, et l'arroser chaque fois, pour empêcher la poussière de s'élever : elle seroit nuisible aux vers.

Les vers-à-soie, au sortir de la troisième mue, ont vingt-sept millimètres (un pouce) de longueur ; leur peau est d'un bai plus foncé qu'à la seconde : mais elle s'éclaircit dès le second jour, et, bientôt après, devient blanche. On leur sert les feuilles entières : leur voracité, considérablement augmentée pendant ce quatrième âge, exige qu'on y proportionne la dose des repas, sans pourtant en augmenter le nombre. Une grande et rapide croissance est le fruit de cet excessif appétit. La distance entre eux de quatre fois la grosseur de leur corps leur suffit à peine, et l'un des soins les plus essentiels de cette époque est de les éclaircir. Les fréquens délitemens ne sont pas moins nécessaires : ils le sont d'autant plus que la litière est plus épaisse, et les excrémens en plus grande quantité.

On voit encore dans cet âge, comme dans le précédent, des *arpians* qui ont résisté, jusqu'à ce moment, aux causes de dépérissement et de mort qui agissoient en eux depuis leur première jeunesse.

C'est ordinairement d'abord après la quatrième mue que se déclare la *luzette*, qu'on nomme aussi la *clairette*, parceque les vers que cette maladie attaque deviennent transparens. L'abbé de Sauvages la regarde comme une prolongation et une simple modification de la maladie des *passis*, et l'attribue à la même cause. Mais les expériences de M. Nysten semblent contredire cette opinion. Il croit que la *clairette* dépend, ou d'un dérangement dans les fonctions digestives des vers, ou d'une abstinence forcée par la négligence dans la distribution de la feuille; ou par la trop grande accumulation des vers : en faisant jeûner des vers-à-soie sains pendant vingt-quatre heures, il leur a donné toute l'apparence des vers affectés de la clairette, et il les a rappelés à leur état naturel en les nourrissant. Si le remède réussit dans ce dernier cas, il est peu vraisemblable qu'il puisse être efficace contre l'altération des fonctions digestives. Quoi qu'il en soit, il faut, sans doute, toujours y recourir avant que la maladie ait fait assez de progrès pour que les humeurs des vers soient dépravées ou desséchées : les deux observateurs que nous venons de citer ont trouvé l'un et l'autre la liqueur qui remplit le canal alimentaire blanche et limpide, au lieu de jaune qu'elle est dans la chenille en état de santé, et c'est à cette différence qu'est due la transparence des vers malades. L'abbé de Sauvages rapporte de plus que le vaisseau soyeux étoit vide dans ceux qu'il a disséqués, ce qui prouve qu'à moins d'une prompte guérison ces vers sont hors d'état de filer : et, en effet, quoiqu'il y en ait qui montent sur les bruyères, ils y meurent sans faire de cocon.

« Les vers-à-soie, dit l'abbé de Sauvages, qui ont été bien soignés jusqu'au cinquième âge, sortent de la quatrième mue avec une grosse tête, une queue large ou épatée, et le corps gros et ramassé »; leur longueur est alors de cinquante-sept millimètres (un pouce neuf lignes); mais elle s'étend jusqu'à quatre-vingt-dix millimètres (trois pouces 4 lignes) dans leur plus grande croissance, entre la frèze et le commencement de leur maturité. Comme, à cause de cet accroissement, ils auront besoin de beaucoup d'espace, et que d'ailleurs il faut qu'ils soient très clair-semés, on les dispose sur les tables, de manière qu'ils n'en occupent qu'une bande au milieu, du tiers de la largeur totale. On les étend de jour en jour de chaque côté, en jetant de la feuille sur les bandes vides, jusqu'à ce qu'ils en remplissent toute l'étendue.

On leur sert toujours quatre repas, mais beaucoup plus considérables, aux heures précédemment prescrites, et on en augmente chaque jour la dose; car les progrès de l'appétit des vers sont alors aussi grands que rapides; et l'on ne doit pas s'en étonner, puisque c'est le moment où leurs organes prennent un développement prodigieux, et où se forme avec le plus d'abondance la matière gommeuse qu'ils vont bientôt filer en soie. C'est le temps de la grande *frèze* ou *briffe*, pendant laquelle ces chenilles consomment deux fois plus de feuilles qu'elles n'avoient fait depuis leur naissance. On en répand sur les tables vers le septième ou huitième jour après la mue, jusqu'à cent trente-cinq millimètres (cinq pouces de hauteur), et les magnagniers économes et attentifs la retournent entre les repas, afin que les vers profitent de tout, et ne laissent que la nervure, pour que la litière n'acquierre pas trop d'épaisseur.

Quelque système qu'on ait suivi pour la chaleur, soit qu'on ait hâté l'éducation ou qu'on ne l'ait pas pressée ; que chaque âge n'ait duré que cinq jours, ou se soit prolongé de dix, il est dangereux d'abréger le temps de la grande frèze. Une secrétion précipitée ne donneroit qu'une matière soyeuse mal nourrie, et les cocons qui en proviendroient seroient petits, foibles et peu étoffés. A cette époque, la plus importante et la plus critique, la température ne devroit pas excéder seize ou dix-sept degrés, ni être au-dessous, car le froid a aussi ses inconvéniens et ses dangers.

Cette température n'est pas difficile à obtenir lorsqu'on n'a pas à lutter contre la chaleur de l'atmosphère ; mais si on est au mois de juin, la saison est déjà plus chaude, le soleil élève une grande quantité de vapeurs ; des orages se forment, et lorsque les vents du nord ne dispersent pas ces exhalaisons humides, elles surchargent bientôt l'air et lui font perdre toute son élasticité. La chaleur n'acquiert pas plus d'intensité ; mais l'atmosphère sans ressort imprime un sentiment de pesanteur et d'accablement sur les hommes et sur les animaux ; elle leur ôte l'appétit et les jette dans un état très grave de relâchement et de stupeur. L'air, saturé de vapeurs et immobile, ne peut dissoudre ou chasser les particules de la transpiration insensible qui croupissent sur les corps. Les alimens et les humeurs animales ne tardent pas à entrer en fermentation, et il en résulte des maladies d'autant plus dangereuses, que l'être qui en est attaqué a les organes plus foibles.

Tels sont les caractères et les effets de ce terrible fléau des vers-à-soie, connu sous le nom de *touffe* ; et combien les suites n'en sont-elles pas plus funestes pour ces chenilles lorsque ce redoutable état de l'air extérieur s'aggrave dans la magnagnière par les émanations d'une litière en effervescence, par la trop forte exaltation et par la concentration de la chaleur.

C'est dans de telles circonstances que se développe ordinairement la *muscardine*, maladie dans laquelle le vert mort dans un état de mollesse et de flacidité se dessèche et se change en peu de jours, sans perdre sa forme, en un corps dur, susceptible de la plus longue conservation, si on ne l'expose pas à une trop forte humidité.

Suivant l'abbé de Sauvages, aux premières atteintes de ce mal, les vers ne sont que languissans, sans appétit, et de couleur blafarde ou tannée, et alors il y a encore du remède ; mais quand la maladie est devenue incurable, on juge de ses progrès par les taches livides ou noirâtres qu'on remarque sur différentes parties du corps de l'insecte, et auxquelles succèdent d'autres taches, tantôt d'une teinte jaune, tantôt de couleur de cannelle. Le docteur Fontana prétend que la maladie est indiquée par les excrémens liquides et olivâtres, et par une rougeur qui, au troisième période, se répand sur toute la surface du corps. Mais M. Nysten n'a retrouvé aucun de ces signes caractéristiques dans les nombreux ateliers où régnoit la muscardine, qu'il a soigneusement visités. « Les seuls phénomènes constans qu'il a observés sont, dit-il, l'inappétence, un état de langueur et un ralentissement très marqué des battemens du vaisseau dorsal ; mais ces symptômes, continue le même écrivain, ne s'observent que très peu de temps avant la mort des vers, et ils sont communs à plusieurs maladies très différentes. » Nous avons nous-mêmes attentivement examiné les vers dans des chambrées affectées de la muscardine. A l'état d'accablement, d'immobilité, de dégoût et de mollesse d'un grand nombre, on ne pouvoit douter de l'altération de leur santé ; mais jamais aucun indice particulier qui nous ait paru exclusivement propre aux muscardins ne nous les a fait distinguer avec certitude des chenilles affectées d'autres maladies ; et plus d'une fois, parmi celles où nous avions remarqué les mêmes caractères, nous avons vu les uns devenir *muscardins* et les autres *morts-blancs*, ou autrement *morts flats*. Nous pensons donc avec M. Nysten que la première de ces maladies n'a point de symptômes fixes auxquels on puisse infailliblement la reconnoître. « La dissection des vers malades, dit encore ce naturaliste, n'apprend pas plus à cet égard que leur apparence extérieure. Les vers présumés malades de la muscardine ne diffèrent pas, au moins d'une manière sensible, de ceux des vers sains ; on trouve seulement quelquefois un peu moins d'alimens et moins de mucosités dans le canal intestinal des premiers que dans celui des seconds. »

M. Nysten a aussi vérifié que les vaisseaux où se prépare la soie ne contiennent pas plus de matière soyeuse dans les muscardins que dans les vers sains, et il a opposé ce fait à l'opinion qui place le siège de cette maladie dans la matière soyeuse. Une autre preuve de cette erreur, c'est qu'on voit souvent les chrysalides de vers qui ont épuisé leur résine à faire un cocon se transformer en muscardins.

Quoique la muscardine se manifeste quelquefois dans les premiers âges des vers-à-soie, elle est beaucoup plus commune dans les dernières, et principalement au temps des touffes. Mais les chaleurs accablantes sont-elles la seule cause de cette maladie ? On a soigneusement examiné tout ce qui pouvoit contribuer à la développer : la nourriture, l'éducation, les influences atmosphériques. Nous rapporterons succinctement les résultats de ces épreuves.

Les feuilles du sauvageon et du mûrier greffé, à deux époques de la végétation, et du mûrier d'Espagne, ont été comparativement analysées; on les a fait manger aux vers, impregnées d'acide phosphorique, parceque cet acide prédomine dans les vers morts de la muscardine. Des feuilles échauffées, des feuilles mouillées leur ont été servies; mais ces expériences, en éclairant sur beaucoup de points importans, n'ont fourni aucune lumière sur leur objet principal.

Le défaut d'air dans la couvée, la stagnation de l'atmosphère dans l'atelier, sa malpropreté, toutes les négligences dans l'éducation, peuvent sans doute contribuer à disposer les vers à la muscardine. mais seulement comme causes secondaires, car on a vainement tenté de leur procurer cette maladie par de tels moyens.

L'action des gaz n'a pas eu plus de succès. Des vers exposés à celle du gaz oxygène ont péri, sans doute par la trop vive irritation de leurs organes, mais ils ne sont pas devenus muscardins. Les gaz azote, acide carbonique, hydrogène, hydrogène sulfuré, et plusieurs autres, mélangés dans diverses proportions, les ont diversement affectés, et ne leur ont pas mieux donné la muscardine.

Sur deux quantités égales de vers mis en expérience pendant la touffe, les uns dans un cabinet aéré, où un libre accès étoit laissé à l'air extérieur; les autres dans un cabinet bas, humide et calfeutré, les muscardins furent cinq fois et au-delà plus nombreux dans le premier de ces ateliers que dans le second; mais en revanche, le second fournit au-delà de sept fois plus de mort-blancs que le premier.

Il y a donc lieu d'admettre la touffe comme la cause occasionnelle de la muscardine, mais sans pouvoir expliquer l'action de l'air sur le développement de cette maladie, ni la chaleur sèche, ni la chaleur humide, ni l'électricité, essayées tour à tour par M. Nysten, ne lui ont donné des résultats sur lesquels on puisse établir un système incontestable, et au lieu de se livrer à des conjectures hasardées, il faut attendre de l'observation et du temps la découverte du secret de la nature.

La muscardine est épidémique; on a douté qu'elle fût contagieuse; l'abbé de Sauvages a même formellement nié qu'elle pût se communiquer; mais des faits décisifs démontrent que cette opinion est erronée. Des vers pris dans une chambrée saine, et mêlés à des

13   26

vers d'une chambre infectée de la muscardine, ont presque tous contracté la maladie et en sont morts. Mais la contagion ne s'est déclarée qu'après plusieurs jours de communication, et que par le contact immédiat des vers sains avec les vers malades, et il est constaté qu'elle n'est transmissible ni par les vers morts de l'épidémie, ni par les tables sur lesquelles elle a régné. Il n'est pas moins certain que cette maladie n'est pas héréditaire, et le fait est même si constant, qu'il est inutile d'en apporter des preuves.

On a combattu la muscardine par le changement d'air, les bains froids, l'usage des feuilles imprégnées d'une dissolution alkaline, les fumigations alkalines et ammoniacales; mais tous ces moyens sont restés sans effet, ou n'en ont pas eu d'uniformes et de constants.

Les expériences de M. Nysten sur l'emploi de l'acide muriatique oxygéné ne paroissent pas avoir été suivies de résultats plus satisfaisants. Il est possible que ce moyen soit un remède impuissant contre la muscardine quand la maladie est formée. Mais comment se persuader que, pour contribuer à la prévenir et à garantir les vers-à-soie du ravage des autres épidémies dues aux qualités délétères de l'air, on se servît sans aucun succès d'un agent qui, en brûlant les miasmes dont l'atmosphère est infectée, laisse en même temps échapper cet air pur, cet oxygène, premier et indispensable élément de la respiration et de la vie.

Nous voyons, dans un mémoire inédit sur les causes qui s'opposent aux succès des vers-à-soie dans le Bas-Languedoc, composé depuis vingt-sept ans, que l'auteur, persuadé que les moyens désinfectans proposés par M. Guyton de Morveau pour les salles des hôpitaux et les chambres des malades, pourroient être également salutaires aux vers-à-soie, essaya avec succès l'usage de l'air déphlogistiqué de nitre, c'est le nom qu'on donnoit alors à l'acide muriatique oxygéné. Les fumigations acides ont depuis lors pareillement réussi à M. Paroletti; et plus récemment, des expériences faites en grand, sous les yeux de l'académie du Gard, ont confirmé les avantages de ce procédé. Ces expériences furent répétées; la première année on observa que l'expansion de l'acide muriatique oxygéné dissipoit entièrement l'humidité de la litière; que les débris des feuilles n'étoient plus qu'une espèce de paille sèche sans fermentation, et par conséquent sans chaleur et sans odeur; et tandis que la jaunisse ravageoit toutes les chambrées du village, celle que l'on désinfectoit, et qui renfermoit les vers de trente-huit décagrammes (quinze onces) de graines, échappa seule à l'épidémie. La seconde année, la chaleur ayant été imprudemment exaltée et concentrée dans un atelier, au second âge des vers, tous furent menacés de la maladie des *passis*, et déjà un grand nombre en avoit péri; le reste, sans force, attendoit la mort sur une litière infecte, et qu'on ne pouvoit pas changer, parceque les chenilles, sans appétit, ne mordoient pas la feuille. On eut recours à la combustion désinfectante ; les vers ne se ranimèrent d'abord que lentement, et au bout de plusieurs jours, leur peau, toujours flétrie, ne laissoit encore que peu d'espérance ; mais les fumigations furent multipliées ; on prodigua l'acide muriatique oxygéné, et on vit enfin les vers rendus, contre toute vraisemblance, à une pleine santé. Nous ajouterons à ces faits, dont nous avons été nous-mêmes témoins, une observation qui est due à M. Nysten. Il s'est assuré que les cocons provenus de vers soumis à l'action des vapeurs acides sont plus pesans que ceux des vers qui n'ont pas subi cette épreuve ; d'où l'on peut induire avec quelque apparence de raison que les fumigations d'acide muriatique oxygéné augmentent la sécrétion de la matière soyeuse.

Tout nous autorise donc à les conseiller, du moins dans les temps bas et mous, et dans les plaines et les lieux humides ; peut-être cependant seroit-il prudent de les diminuer pendant les quatre maladies des vers, époque où les stimulans semblent être contraires à ces insectes : on les leur prodigueroit au contraire au sortir de la mue, lorsqu'on recommence à leur donner de la feuille ; enfin, c'est sur-tout vers le temps de la montée que ces gaz vivifians peuvent être utiles, en excitant les vers à s'élancer sur la bruyère avec cette vigueur qui est le garant du succès.

L'appareil le plus convenable pour ce genre de désinfection est une bouteille dont le bouchon est traversé par un tuyau de verre. On met dans la bouteille une certaine quantité de sel commun mouillé, et le tiers de cette quantité d'oxide de manganèse ; on jette sur le tout, chaque jour, matin et soir, un petit verre d'acide sulfurique. Par ce moyen le dégagement du gaz s'opère avec lenteur et d'une manière continue, et le muriate de soude et l'oxide de manganèse n'ont besoin d'être renouvelés que deux ou trois fois seulement pendant toute l'éducation.

Autant ces moyens d'épurer l'atmosphère des magnagnières paroissent être salutaires, autant est redoutable l'usage des parfums, si général et approuvé à plusieurs égards par l'abbé de Sauvages lui-même.

Si les litières viennent à infecter de leur odeur fétide les ateliers et les vers plongés dans une langueur dangereuse, dans-le dessein de ranimer ces insectes, on brûle des herbes odoriférantes, ou même quelquefois des corps résineux ; mais il est hors de doute qu'au lieu de purifier l'air par ce procédé, on ne fait qu'augmenter la masse des vapeurs sans la corriger ; le thym, le serpolet, la lavande, presque tous les végétaux, mais principalement les aromatiques, dont on se sert de préférence, contiennent une huile très expansible et un acide que le feu développe et rend pénétrant. Ces principes se mêlent à l'air de la magnagnière qu'on tient pour l'ordinaire bien fermée, de peur que le parfum ne s'échappe, et le charge de cette huile et de cet acide empyreumatique qui irritent les fibres délicates du ver-à-soie. M. de Réaumur avoit déjà éprouvé que l'odeur de l'huile de térébenthine étoit mortelle pour cet insecte : ces stimulans, en causant aux chenilles des espèces de spasmes convulsifs, semblent les ranimer; mais cet effet n'est qu'illusoire et momentané, car la chenille sortie de ces convulsions retombe bientôt dans un état de langueur et d'abattement plus dangereux encore que celui d'où l'on vouloit la retirer.

Le lard et les résines dont on fait aussi quelquefois des fumigations en pareil cas, contenant une bien plus grande quantité d'huile que les végétaux, fournissent aussi un acide bien plus abondant et plus développé, et par-là sont d'un usage infiniment plus dangereux. Si même ces vapeurs avoient une certaine intensité, elles deviendroient mortelles pour l'insecte. Des vers-à-soie exposés, dans un appareil convenable, à la vapeur de la poix-résine brûlante, de l'encens, du karabé, de la couenne de lard, de la térébenthine, à celle des bois résineux et des plantes aromatiques brûlées de manière qu'elles ne donnassent que de la fumée, ont répandu une liqueur jaunâtre et sont tombés dans l'engourdissement aussitôt qu'ils ont été frappés de ces vapeurs un peu concentrées. Deux des plus funestes sont celles de l'amadou et du vieux linge brûlant, auxquelles tant de gens ont une si grande confiance.

Les végétaux, d'ailleurs, et les corps résineux, par la manière dont on les brûle, laissent échapper une grande quantité de gaz hydrogène et d'azote; l'air respirable que contient la magnagnière est diminué d'autant, et l'atmosphère en devient plus méphitique et plus insalubre.

M. Faujas de Saint-Fond, en proscrivant les fumigations, a néanmoins recommandé celle de corne, de plume, de vieux cuirs ou d'autres matières animales de cette espèce, qui développent une certaine quantité d'ammoniaque, afin, dit-il, de la combiner avec les molécules d'acide carbonique qui flottent dans l'air; mais ce savant naturaliste n'avoit pas sans doute fait des recherches sur la nature de l'atmosphère renfermée des magnagnières. Des différentes vapeurs méphitiques qu'on peut reconnoître dans cette atmosphère, le gaz acide carbonique, à moins de quelques circonstances particulières, est celui qui s'y rencontre en plus petite quantité, et les exhalaisons alkalines qui se dégagent des excrémens du ver-à-soie, ou de la putréfaction des litières, seroient plus que suffisantes pour saturer cette petite portion d'acide carbonique, si cette combinaison pouvoit s'opérer dans ces circonstances ; mais cet ammoniac, de même que celui des matières animales qui se décomposent, n'étant pas dans l'état caustique le seul qui puisse permettre son union avec l'acide carbonique, la saturation réciproque de ces deux substances ne peut avoir lieu, peut-être même est-il avantageux de conserver cet acide carbonique, du moins en petite quantité, comme nécessaire à la production, ou, pour mieux s'exprimer, à la précipitation de l'oxygène que fournissent les feuilles de mûrier. C'est principalement l'azote et l'hydrogène qui souillent l'atmosphère des magnagnières, et malheureusement la chimie ne connoît encore aucun moyen pour neutraliser ces deux gaz mortels. Il faut nécessairement pour garantir le ver-à-soie de leurs effets pernicieux, recourir à l'introduction d'un air pur et frais qui les chasse entièrement, ou qui, s'y mêlant en si grande proportion qu'il sera possible, diminue le danger que courent les animaux qui les respirent.

Si le raisonnement prouve que les fumigations animales sont inutiles aux vers-à-soie, l'expérience démontre que, comme toutes les autres, elles leur sont funestes quand ils y sont exposés. Dans le gaz acide carbonique la vapeur d'une plume, du cuir, de la râpure de corne de cerf, de la soie, de la laine, n'ont pu tirer les chenilles de l'engourdissement dans lequel ce gaz les avoit plongées. Dans l'air atmosphérique elles ont été jetées en moins d'une minute, par l'effet de ces mêmes vapeurs, dans un état voisin de la mort.

Le vinaigre est aussi considéré comme un désinfectant par quelques cultivateurs, l'usage peut en être d'une certaine utilité dans quelques circonstances : l'évaporation de cet acide végétal procurée par une chaleur capable tout au plus de la porter à l'ébullition sera avantageuse dans les cas où l'on auroit eu l'imprudence de laisser habiter des malades dans les ateliers ; mais cet agent spécifique pour détruire, pendant quelques instans, l'odeur des fumiers et des fosses d'aisance, n'a aucune action sur le gaz hydrogène ni sur celui qui est produit par les premiers degrés de la fermentation, ou vicié par les émanations animales. Dans les circonstances même où le vinaigre peut être le plus utile, si, comme c'est l'ordinaire, on l'emploie en le répandant sur une pelle rougie au feu, il devient aussi pernicieux que les autres fumigations : cet acide se décompose et fournit une grande quantité d'acide carbonique et d'acide empyreumatique, dont nous avons fait connoître l'action dangereuse sur les vers-à-soie.

Les fréquens arrosemens du pavé avec de l'eau fraîche proposés par l'abbé de Sauvages peuvent être aussi efficacement employés, pourvu qu'on ait soin de tenir les fenêtres ouvertes et de faire battre les portes pendant l'opération, sans quoi cette précaution deviendroit aussi funeste qu'elle peut être utile. L'eau réduite en vapeur, dans une atmosphère qui ne peut se renouveler, en augmentant sa densité, lui feroit acquérir un plus grand degré de chaleur, exciteroit plus puissamment la fermentation, et exposeroit les vers à une foule d'accidens fâcheux. Le froid produit par l'évaporation est toujours en raison de la promptitude de cette évaporation, et rien ne contribue plus à cet effet qu'un courant d'air rapide. Enfin, une non moins puissante considération en faveur des arrosemens, c'est que c'est seulement dans l'état de dissolution aqueuse que l'acide carbonique peut être absorbé par les feuilles et contribuer à la formation de l'air pur.

En résumé, la touffe paroissant être la principale et peut-être l'unique cause de la *muscardine*, on sent que c'est essentiellement dans tout ce qui peut faciliter la circulation de l'air qu'on doit y chercher des remèdes : nous avons précédemment indiqué les moyens artificiels de renouveler l'atmosphère quand elle est stagnante, et c'est ici que les principes que nous avons alors développés trouvent leur plus importante application.

Lorsqu'à la chaleur accablante d'une atmosphère sans mouvement se joint une forte humidité, les vers-à-soie passent de l'état de contraction qui les caractérise en santé, dans un état de relâchement tel que peu d'heures après leur mort ils noircissent et tombent en putréfaction. Cette maladie dite de *morts-blancs*, ou vulgairement des *tripes*, et moins improprement nommée par M. Nysten, des *morts-flats*, n'a, comme la muscardine, que des symptômes incertains : la chenille périt sans avoir rien perdu de son embonpoint, de sa taille et de la blancheur de sa peau. On reconnoît cependant les vers malades à leur immobilité : étendus sur la litière, ils ne conservent d'autre signe de vie que le mouvement de systole et de diastole du vaisseau dorsal. On a jugé à l'inspection de l'estomac de ceux qu'on a disséqués, soit vivants, soit après leur mort, que le grand relâchement de cet organe trouble leurs fonctions digestives, et qu'il en résulte la dépravation totale des humeurs. Quelques uns plus robustes, ou d'abord moins affectés du mal que ceux qui expirent sur la litière, parviennent à ébaucher un cocon imparfait qui devient réellement leur tombeau, et qu'ils salissent par l'épanchement d'un liquide brun, d'une odeur infecte, dont ils sont pleins ; ces cocons s'appellent *fondus*. D'autres montent sur les rameaux, mais ils y périssent sans avoir filé, et on les y trouve suspendus par une patte, la tête et la queue en bas : on donne le nom de *capelans* à ces vers, ainsi qu'à ceux qui sont jonchés sans vie sur les tables, à cause de la couleur noire qu'ils prennent dès qu'ils ne sont plus.

Les moyens préservatifs sont encore ici l'unique ressource, et tous ceux que nous avons indiqués pour assainir, mettre en mouvement et sécher l'atmosphère, conviennent à cette maladie comme à la muscardine : nous recommandons particulièrement l'usage des feux clairs.

Ils peuvent aussi prévenir la *jaunisse*, en contribuant à donner à l'atmosphère une température douce et sèche, propre à rétablir dans les vers leur transpiration arrêtée ; car c'est le défaut de transpiration qui est la cause prochaine de cette maladie, comme de la grasserie, dont elle n'est qu'une variété. Nous renverrons donc nos lecteurs à ce que nous avons dit des gras, et nous ajouterons seulement que la couleur qui distingue les *jaunes* et qui leur donne ce nom, a pour cause l'infiltration de la lymphe dans le tissu de la peau. L'abbé de Sauvages est porté à croire que cette teinte provient de la décomposition de la matière soyeuse ; et cette opinion paroît assez fondée, puisque les vers qui auroient filé des cocons blancs ne deviennent pas *jaunes* lorsqu'ils sont attaqués de cette maladie dans le dernier âge. La présence des vers *jaunes* est un avertissement de la maturité des vers.

Nous avons, en traitant de la construction des ateliers, parlé, d'après Rozier, de la nécessité d'une infirmerie ; c'est ici le lieu d'en assigner plus particulièrement l'usage. On comprend que dans les grandes épidémies, quand les vers sains sont le petit nombre, ce petit hôpital devient inutile ; il l'est aussi pour mettre à part les vers attaqués de la maladie la plus contagieuse, de la muscardine, puisqu'elle n'est annoncée par aucun signe apparent. Mais cet atelier séparé ne seroit pas moins un établissement convenable pour y renvoyer tous les vers valétudinaires menacés de maladie, ou retardés dans leur marche.

Le cinquième âge du ver-à-soie dure jusqu'au moment où cet insecte est parvenu à sa parfaite maturité ; son appétit baisse ; il cesse de manger ; les vaisseaux gommeux, pleins de matière soyeuse, pressent le canal alimentaire ; l'animal se vide de ses derniers excrémens, ce qui réduit les dimensions de son corps ; et à mesure que le résidu de la nutrition en gagne la partie postérieure et cesse ainsi de la rendre opaque, il acquiert peu à peu une transparence qu'on observe d'abord dans la tête que l'insecte tient élevée ; un brin de soie lui sort de la filière : il erre sur les tables ; il abandonne la litière, grimpe sur les montans, et semble chercher un lieu solitaire et caché où il puisse filer en sûreté son cocon.

Les rameaux destinés à faire les cabanes doivent être prêts ; ce sont des arbrisseaux secs, et, autant qu'on le peut, à tige droite, à tête touffue et à branches menues et tortillées : l'alaterne, le filaria, le petit chêne vert épineux sont très propres à cet usage ; on y emploie aussi le genêt et la bruyère.

On forme de ces rameaux sur chaque table des allées de quatre cent quatre-vingt-dix-huit millimètres (dix-huit pouces) de largeur, et qui règnent d'un bord latéral de la table à l'autre ; les arbustes placés debout forcent par le haut contre le plancher supérieur, confondent leurs branches, et forment ainsi le berceau ; l'étage le plus élevé étant à une trop grande distance du toit pour que les rameaux y puissent atteindre, on les implante dans de petits fagots qu'on couche aussi par rang.

Là où l'on a l'espoir d'obtenir quarante-un kilogrammes (cent livres) de cocons par vingt-cinq grammes (une once) de graines, il faut quarante-un kilogrammes (cent livres) pesant de bruyère pour *ramer* dix tables. Les vers de deux tables sont réunis sur une seule, afin de rendre le service plus prompt et plus facile, et de mieux ménager la feuille dont on perd davantage en la jetant sur des vers clair-semés, et qui ont perdu tout leur appétit.

On ne doit *ramer* qu'après avoir enlevé la litière et rendu les tables nettes ; les vers y sont ensuite rapportés, et comme tous n'arrivent pas au même moment au plus haut point de la maturité, on jette sur les cabanes, pour ceux qui mangent encore, une petite quantité de feuilles de la qualité la plus propre à ranimer leur appétit émoussé. La consommation en est ordinairement si peu considérable, qu'on ne délite plus, à moins que le refroidissement de la température et l'humidité de l'atmosphère, en retardant la marche des chenilles, ne rendent de nouveaux repas nécessaires.

L'opération du délitement à travers les rameaux n'est pas facile, et en resserrant l'espace, ils interceptent la circulation de l'air. Ces inconvéniens sont sans doute des motifs puissans pour ne pas *ramer* trop tôt ; mais l'établissement trop tardif des cabanes est d'une toute autre conséquence : si le ver, dès qu'il est mûr, ne trouve pas à sa portée un endroit propice pour y attacher son cocon, il va le chercher au loin, en laissant échapper sa soie ; il se raccourcit de plus en plus, et ne fait qu'un cocon foible et sans valeur ; quelquefois même il s'épuise à tel point qu'il se transforme en crysalide sans filer : ces vers sont appelés *courts*. Le moyen d'empêcher cette déperdition consiste à surveiller les vers hâtifs et à les placer au pied de la bruyère, sur une table préparée par avance, et à défaut, dans des touffes de chiendent, ou dans des copeaux roulés de menuisier.

On offre le même secours, ou celui de cornets de papier, trois ou quatre jours après la montée des vers les plus diligens, à ceux qui, trop foibles ou trop engourdis, n'ont pu les suivre sur les rameaux ; ce *ramage* particulier prend le nom d'*hôpital* ; et éloigner les vers tardifs et languissans de la litière sur laquelle ils se traînent encore, c'est les *sévrer*. Comme leur infirmité vient souvent du roidissement de leurs fibres, occasionné par les déjections liquides et visqueuses que laissent tomber au moment de filer les vers déjà montés, on plonge ceux qui en ont été arrosés dans un bain d'eau fraîche pendant une minute, et après les avoir fait sécher au soleil, on les place à l'*hôpital*. En même temps que le lavage détruit la cause de la gêne de leurs mouvemens, la fraîcheur de l'eau donne du ton à leur peau dont la contraction peut seule faire sortir la gomme des vaisseaux qui la contiennent.

Une autre cause contribue à multiplier les vers courts : on voit quelquefois, non seulement les chenilles qui ne sont pas encore montées s'arrêter au pied des rameaux, mais encore en descendre, ou plutôt en tomber, celles qui déjà en avoient atteint la cime. Ces accidens qui arrivent ordinairement dans les temps d'orage sont communément attribués au bruit du tonnerre ou à la commotion que produit dans l'air la détonation de la matière électrique ; mille expériences ont démontré que cette opinion n'est qu'un préjugé : on a fait battre la caisse, tirer des coups de pistolets dans les ateliers, lorsque les vers avoient déjà jeté les fils de la bave, ou même formé la première gaze de leur cocon ; aucun n'a jamais été épouvanté ou dérangé par le bruit du tambour ni par l'explosion de l'arme à feu ; et tous les brins filés ont résisté à la secousse qu'elle imprimoit à l'air. Le tonnerre et les éclairs, comme l'observe Rozier, ne sont donc pas la cause du mal, mais ils l'indiquent ; et, en effet, ces météores annoncent un défaut d'équilibre dans l'électricité de l'atmosphère ; la surabondance de ce fluide, jointe à l'électricité de la soie dont les vers sont remplis, les surcharge et les accable, et comme aux approches d'un orage le temps est bas et lourd, et la chaleur suffoquante, les sinistres effets de la touffe viennent se joindre à ceux de l'électricité : le relâchement subit qu'a produit cette chaleur étouffante dans les organes du ver est d'autant plus funeste, qu'au moment de filer il est au plus haut point de contraction ; c'est par défaillance comme le dit l'abbé de Sauvages, qu'il tombe du haut des rameaux.

Le feu de flamme, le renouvellement de l'air, une chaleur tempérée, en un mot tout ce qui a été prescrit pour préserver les vers des dangers de la touffe, est impérieusement exigé dans les circonstances critiques dont nous venons de parler ; et en général la température des magnagnières doit pendant toute la montée être plutôt abaissée qu'exaltée.

Lorsque le ver-à-soie a trouvé la place qui lui convient pour faire son cocon, il jette tout autour de lui une multitude de fils d'une extrême ténuité qu'on nomme la *bave*, et au milieu desquels il suspendra son cocon. Il dépose sur un point de cette légère bourre la première goutte de sa gomme, et à mesure qu'il retire la tête en arrière, cette résine, déjà liée et filante, se durcit et forme le brin de soie ; mais la viscosité de la surface conserve assez d'humidité pour que les divers contours que l'animal lui fait faire se collent l'un à l'autre. Plus il les rapproche et plus le tissu du cocon est ferme et grenu : il est au contraire d'autant plus lâche et plus mou que le ver a moins serré ses fils. Pour en diriger les circonvolutions qui doivent donner au cocon la forme ovoïde, il tourne continuellement en divers sens sur lui-même ; sa peau toujours plus contractée, pour pousser la matière soyeuse vers la filière, s'accourcit toujours davantage ; et quand cette matière est épuisée et le cocon achevé, la dernière mue s'opère, et sous les anneaux raccourcis et comprimés l'un sur l'autre vers la tête, « il se forme, dit l'abbé de Sauvages, un nouvel animal intermédiaire entre le ver et le papillon, c'est-à-dire la chrysalide, qui lie ces deux états, et dans laquelle les principaux linéamens du papillon qui en doit éclore se trouvent déjà dessinés. »

Tous les cocons n'ont pas le même degré de perfection ; les *peaux* ou *chiques*, les *satinés* ou *veloutés*, les *doubles* sont des cocons plus ou moins défectueux. Les *chiques*, peu fournis de soie, sans consistance, et en quelque sorte seulement ébauchés, proviennent de vers courts, ou foibles et languissans, soit naturellement, soit par l'effet des vices de leur éducation. La contexture des cocons *satinés* ou *veloutés* est molle et lâche, et ils s'affaissent sous la moindre pression. Enfin, on entend par cocons *doubles* ceux qui renferment deux vers. Il paroît que ce n'est point seulement par l'effet du hasard, ou du défaut d'espace et d'une trop grande proximité sur les rameaux, que deux chenilles filent ensemble le même cocon, on ne voit point de cocons *doubles* mélangés de deux couleurs ; le ver à soie blanche et le ver à soie jaune ne s'associent jamais dans leur travail. L'abbé de Sauvages assure avoir observé que de deux papillons qui sortent d'un cocon double, l'un est le plus souvent mâle et l'autre femelle : cette circonstance autoriseroit à penser que, même dans l'état de ver, ces insectes distinguent le sexe qu'ils auront sous une autre forme, et qu'un instinct d'amour agit sur eux par avance ; mais d'autres expériences ont donné lieu de douter de la réalité de ce fait. Quoi qu'il en soit, les cocons *doubles* ont plus d'épaisseur et de volume que les cocons simples ; et ce qui en diminue la valeur, c'est que les deux vers ayant filé chacun séparément et en sens contraire, leurs brins se sont souvent croisés et unis l'un à l'autre, d'où il résulte qu'au tirage on ne peut dévider le cocon sans casser souvent les fils, ou que lorsqu'ils sont confondus ils donnent une soie inégale et grossière.

Trois ou quatre jours, à compter du moment où le ver a jeté les premiers fils de la bave, lui suffisent pour fabriquer son cocon ; mais tous les vers ne montent pas à la fois, et ne travaillent pas avec la même activité ; il est donc prudent de ne *déramer*, c'est-à-dire de n'ôter les cocons de la bruyère que deux ou trois jours après que les plus lents ont terminé leur ouvrage : si les cocons restoient plus de dix à douze jours sur les rameaux, leur poids éprouveroit, par le desséchement, une diminution préjudiciable à la vente.

Aussitôt qu'on a *déramé*, on procède au choix des cocons destinés à fournir de nouvelles graines ; on en obtient ordinairement vingt-cinq grammes (une once) de quarante-un décagrammes (une livre) de cocons, dans lesquels on suppose qu'il se trouve autant de femelles que de mâles. On prétend qu'il est possible de

reconnoître le sexe des papillons à la forme de leur enveloppe,
et que les cocons arrondis par les bouts renferment des femelles,
tandis qu'il ne sort que des mâles des cocons pointus; mais l'expérience ne confirme pas ces assertions, et il n'y a point de signe
certain pour prévoir les sexes. Quand le nombre des papillons femelles est plus grand que celui des papillons mâles, on remédie à
cette inégalité en faisant servir les mâles à plusieurs accouplemens;
mais dans la crainte que leur vertu fécondante ne s'altère par ce
double service, on n'y a recours que dans les cas d'absolue nécessité.

On doit, en choisissant les cocons pour graine, s'attacher avant
tout à ceux des tables où les vers ont le mieux prospéré et fourni
le plus promptement leur carrière; il est vraisemblable que la vigueur de ces vers aura passé aux papillons, et que la graine s'en
ressentira.

Sous le rapport de la couleur, la préférence n'est que l'effet
d'un préjugé, lorsqu'elle n'est pas inspirée par le désir de propager la nuance qu'on adopte. Quoique dans l'état de confusion
où un long mélange a jeté les espèces la même graine produise des
cocons de teintes différentes, il est néanmoins certain qu'elle en
donne toujours un plus grand nombre de la couleur préférée : sur
ce principe, si l'on désiroit multiplier les cocons blancs, il ne faudroit en prendre que de cette couleur pour graine : on en voit
trop peu de cette sorte dans les éducations ordinaires; dans la fabrication des tissus et celle de la bonneterie on emploie des blancs
qui ne peuvent être obtenus que des soies blanches, pour n'approcher que de loin de cette nuance, les cocons auparavant colorés
exigent beaucoup plus de savon, et d'ailleurs ils perdent plus au
décreusage.

Le volume des cocons pour graine est en lui-même assez indifférent; cependant comme on a remarqué que les gros papillons
femelles sont en général foibles, peu actifs et accablés du poids
de leur vaste abdomen ; que souvent ils n'achèvent pas leur
ponte et périssent de défaillance à la moindre chaleur; on augure
mieux des petits plus vifs et plus robustes, et on recherche les petits
cocons.

Il est important de s'assurer si la chrysalide dont on attend un
papillon est vivante. On reconnoît qu'elle est morte si les cocons
sont tachés, et s'ils sont très légers comparativement à leur grosseur; mais on en juge plus infailliblement en secouant chaque cocon auprès de l'oreille. On rejette tous ceux dans lesquels on ne
sent aucun mouvement, ou qu'un bruit sec et retentissant; la chrysalide, dans ces cas, est ou putréfiée et attachée au cocon, ou
desséchée et en *dragée*; on sent, lorsqu'elle est vivante, qu'elle
se meut moins librement dans l'espace qui la renferme, et que le
son qu'elle rend lorsqu'on l'agite est plus sourd et plus amorti.

Les motifs que nous avons allégués pour choisir les cocons de graine parmi ceux des vers les plus sains expliquent assez pourquoi les *peaux*, les *chiques*, et les cocons des verts *courts* doivent être exclus. A l'égard des cocons *doubles*, il n'y auroit pas les mêmes raisons de les proscrire quand ils ont été filés par des vers vigoureux ; une importante considération porteroit au contraire à les préférer, s'il étoit démontré que les cocons doubles continssent toujours un papillon mâle et une femelle ; mais il n'est pas sûr qu'ils offrent cet avantage, et il est certain qu'à cause de leur force et de l'épaisseur de leur tissu, celui des deux papillons qui cherche à le percer éprouve une résistance toujours difficile à vaincre, et que souvent il meurt à la peine. Les cocons simples sont donc plus convenables.

Afin qu'en sortant du cocon le papillon ne s'embarrasse pas dans la bave, on a soin de l'enlever : on forme ensuite des chapelets de plusieurs centaines de cocons, en passant un long fil à l'aide d'une aiguille dans l'épaisseur de leur tissu ; ces chapelets sont suspendus sur des perches dans un endroit où une chaleur tempérée laisse à la chrysalide le temps nécessaire pour se transformer en papillon bien constitué. Ce changement s'opère en dix-huit ou vingt jours, et il ne s'en écoule que huit ou dix entre la naissance des papillons les plus diligens et celle des plus tardifs.

Pour percer le cocon, le papillon heurte de sa tête avec violence le tissu d'une des extrémités du cocon, qu'il a humecté, et dont il a écarté les fils avec ses crochets antérieurs. On peut aider dans leur sortie les papillons des cocons doubles, en faisant une légère ouverture au cocon du côté de leurs têtes ; nous disons du côté de leurs têtes et non indifféremment à l'un des bouts, parcequ'il n'est pas vrai qu'après avoir travaillé en sens opposé les deux vers restent dans cette situation : quand leur ouvrage est fini ils dirigent l'un et l'autre leur tête vers le bout qui, sur la bruyère, étoit tourné en haut ; on a soin de le remarquer, mais on le reconnoît sans cette précaution, en ce qu'il est plus arrondi et surmonté de deux légères protubérances.

Les papillons ne doivent pas être laissés sur les cocons ; ils s'y accoupleroient et y produiroient leurs œufs, et l'on ne pourroit plus les recueillir. Aussitôt que les papillons sont nés on les porte dans un endroit frais sans humidité, sur une table couverte par précaution d'un morceau d'étamine usée, afin de ne pas perdre la graine qu'ils pourroient y déposer. Là ils s'accouplent, et l'accouplement dureroit vingt-quatre heures, si l'on n'avoit soin de l'abréger. On sépare ordinairement le mâle de la femelle après dix ou douze heures de conjonction : plus tôt, les femelles sont lentes à pondre, ne font qu'une petite quantité de graines, et ces graines sont souvent stériles : plus tard, la femelle, épuisée de fatigue, meurt sans avoir pondu. Le désaccouplement se fait

en saisissant les deux papillons par les ailes, et en les tirant doucement en sens inverse ; des mouvemens violens ou brusques pourroient léser les organes de la femelle.

Immédiatement après la séparation, si le mâle n'est pas nécessaire pour féconder une autre femelle, il est jeté aux poules,
qui en sont très friandes ; mais cette nourriture donne à leurs œufs
un goût détestable. La femelle avant d'avoir la même fin est
placée, ou sur des feuilles de noyer larges et fortes, ou sur
un lambeau d'étamine noire et usée ; noire, parceque la couleur
tranche avec celle de la graine ; usée, parceque la graine s'y attache moins fortement ; ou enfin sur une toile de laval ; et dans
ce dernier cas, lorsqu'on veut enlever la graine, on humecte la
toile légèrement du côté opposé ; l'apprêt tombe et la graine se
détache sans effort et presque d'elle-même. L'étamine et la toile
doivent être étendues, et les feuilles suspendues en paquets contre
un mur, au-dessus de la table où s'est fait l'accouplement, afin
qu'elle puisse recevoir les papillons et les graines qui tombent.
Peu de temps après que la femelle a été enlevée au mâle elle
commence ses pontes : quelques heures d'intervalle les séparent,
et quoique le papillon ne fût pas entièrement épuisé après la quatrième, on ne lui en laisse pas faire davantage : les œufs d'une
cinquième risqueroient d'être stériles. Les quatre pontes se font
dans l'espace d'à peu près vingt-quatre heures, et produisent de
quatre à cinq cents œufs par papillon ; l'animal les colle avec une
matière visqueuse à la place où il les dépose en y appliquant le
derrière. Il les disperse sur un grand espace lorsqu'il pond au grand
jour ; il les entasse au contraire dans l'obscurité, et cette graine
réunie en petits grumeaux est en général préférée.

Les papillons ne prenant aucune nourriture, et rien ne remplaçant par conséquent la déperdition de leurs humeurs, ils terminent
par l'épuisement leur courte existence : celle des mâles est de huit
ou dix jours ; la vie de la femelle est un peu plus courte.

La ponte finie, on laisse pendant environ deux semaines encore
les feuilles ou les étoffes chargées des œufs attachées à la muraille, ou si le lieu qui les renferme n'est pas assez frais on les transporte dans un endroit où l'on n'ait pas à redouter que la chaleur
produise la fermentation et agisse prématurément sur le germe du
ver. Il faut soigneusement éviter tout ce qui pourroit occasionner
de la poussière : en se collant sur la coque encore fraîche, elle en
boucheroit les pores et étoufferoit le germe. Lorsqu'enfin on détache du mur les pièces qui portent la graine, on prend pour sa
conservation jusqu'à l'année suivante les précautions que nous
avons déjà indiquées.

Ici est la limite qui sépare le domaine de l'agriculture de celui
de l'industrie manufacturière. Ordinairement l'agriculteur vend ses
cocons, tant ceux que le ver a percés que ceux qui sont destinés

au tirage. Comme cependant beaucoup de propriétaires font eux-mêmes filer la soie, ils ne pourront que nous savoir gré de terminer cet article par un court aperçu des procédés relatifs à cet art.

Le premier soin auquel on doit se livrer sous ce rapport, quand on a déramé, est d'*étouffer* les cocons : on ne sauroit retarder cette opération plus de dix ou douze jours sans s'exposer au danger de voir éclore les papillons.

Mais comment leur porter la mort sous le réseau dont ils se font un rempart dans l'intérieur de ces globes précieux que l'intérêt même oblige à respecter? Les fluides les plus subtils paroissent seuls devoir y parvenir.

Parmi les substances volatiles, le camphre, à raison de son extrême expansibilité, son odeur forte et pénétrante, et comme propre à garantir les cocons de la corruption des chrysalides et de la piqûre des insectes, a été regardé comme un des meilleurs agens qu'on pût employer, et cependant cette méthode n'a pas été adoptée.

On a aussi proposé de renfermer avec les cocons, pendant trente-six heures, dans un vaisseau de bois fermé, des feuilles de papier trempées dans la résine liquide de térébenthine. Nous n'avons pas eu occasion de nous assurer de l'effet de ce moyen, mais si l'expérience en constatoit l'efficacité, il n'en seroit point de plus facile, de plus économique, et par conséquent de préférable.

Réaumur a prouvé que, dans leur état de mort apparente, les insectes conservoient le besoin et la faculté de respirer : l'enveloppe serrée et gommeuse où s'enferme la chrysalide du ver-à-soie demeure donc accessible aux fluides aériformes dans lesquels elle est plongée. On sait aussi que les insectes peuvent être asphyxiés, quoique plus difficilement que les autres animaux. En conséquence on a essayé des substances gazeuses : un séjour d'une heure dans le gaz acide carbonique a asphyxié les chrysalides dans leur cocon, mais sans les faire périr; l'action de l'acide sulfureux, plus actif et plus pénétrant, a eu plus de succès : des cocons exposés pendant une heure à la lente combustion du soufre, dans un vaisseau grossièrement fermé, n'ont point garanti leur chrysalide de la mort.

Le calorique n'a pas moins de puissance, et c'est le moyen le plus usité ; mais l'est-il avec les modifications les plus convenables? La simple exposition pendant cinq jours aux rayons solaires suffit pour étouffer la nymphe ; mais l'incertitude du climat rend ce mode insuffisant ou précaire. Rozier conseilloit d'ébouillanter les cocons et de les faire promptement sécher sur des claies bien aérées ; mais, sans parler des obstacles que ce procédé peut rencontrer dans l'inconstance de la saison, le ramollissement du tissu et l'humidité que retiendra la chrysalide favoriseront la putréfaction et la décomposition, et la beauté et la qualité de la soie en seront altérées. L'étouffement à la vapeur de l'eau bouillante est sujet aux mêmes inconvéniens.

Il n'y a pas moins de dangers et d'imperfections dans l'étouffement au four. Ce procédé presque universellement suivi consiste à mettre les cocons au four après qu'on en a retiré le pain, ou dans des tiroirs que renferme une caisse de maçonnerie, et que l'on chauffe par l'intermédiaire d'un fond de tôle. On les y laisse plus ou moins long-temps, suivant le degré de chaleur, sans règle précise, et s'en remettant sur un point si délicat à l'habitude de l'ouvrier. Aussi les accidens sont-ils fréquents, et la détérioration des matières plus fréquente encore. La torréfaction que subit le cocon en crispe et durcit le tissu, et l'exsudation de la nymphe le tache : cette opération nuit donc constamment et à la fois à la netteté du produit et à la facilité du filage.

On a cherché si l'on ne pourroit pas obtenir une chaleur exempte de l'âcreté qu'a toujours le contact du feu, ou celui d'un corps solide trop fortement échauffé, et de laquelle on pût varier et régler à volonté la température en suivant l'échelle du thermomètre. Toutes ces conditions seront remplies par l'appareil inventé sur ces principes par M. d'Hombres, d'Alais, et dont on trouve la description et le dessin dans la notice des travaux de l'académie du Gard pour l'année 1808.

La vapeur de l'eau bouillante n'agit point directement dans cet *étouffoir*. Des caisses de cuivre de six centimètres (deux pouces) d'épaisseur forment dans une armoire les supports de tiroirs à fond de canevas, dans lesquels on renferme les cocons. Le calorique introduit dans la caisse supérieure par l'un de ses angles, à l'aide d'un goulot qui s'adapte à un tube parti de la chaudière, descend dans la caisse suivante par un tuyau placé dans l'angle diagonalement opposé, et ainsi d'étage en étage jusqu'au dernier. Avec dix tiroirs en place, et quatre autres de rechange, contenant chacun douze kilogrammes (vingt-neuf livres) de cocons, en couches de huit à dix centimètres (trois à quatre pouces) d'épaisseur, on peut dans une heure en étouffer de quatre à cinq cents kilogrammes (dix à douze quintaux). Nous avons vu dans un vaisseau clos, suspendu au milieu de la vapeur d'eau bouillante comprimée, et dont la température étoit réglée au moyen d'une soupape plus ou moins chargée, suivant le degré de chaleur qu'on vouloit obtenir; nous avons vu, disons-nous, des chrysalides de cocons blancs mourir en moins d'une demi-heure, à une chaleur de soixante-quinze degrés, sans que les cocons eussent éprouvé aucune détérioration, soit dans leur couleur, soit dans leur tissu : seulement leur poids se trouvoit diminué d'environ un septième; mais toutes les méthodes font éprouver une semblable réduction. Ce dernier appareil, dont le *four américain*

peut donner une idée assez exacte, est plus simple et moins coûteux que celui de M. d'Hombres; mais la chaleur y agissant de la
circonférence au centre, si on y entassoit une grande quantité
de cocons, ceux du milieu ne seroient pas étouffés quand les
autres transsuderoient, et cet inconvénient nous paroît devoir
faire accorder la préférence à la machine où les cocons placés en
couches minces, entre deux lames de vapeur, ne peuvent qu'en
recevoir également l'influence.

L'emploi du calorique n'est pas en général plus avantageusement
modifié dans le *filage* de la soie que dans la manière habituelle
d'étouffer les cocons. On ne parvient à dévider le peloton qu'ils
forment que moyennant le ramollissement de la gomme qui a
collé les nombreux contours du brin l'un sur l'autre, et c'est l'eau
chaude qui l'opère. Le feu qui la chauffe est allumé dans un petit
fourneau surmonté d'un vaisseau de cuivre appelé *bassine*, qui la
contient. On avoit fait en Italie, dès long-temps, des tentatives
pour remédier aux inconvéniens de cette méthode; mais la gloire
d'y réussir complètement étoit réservée à M. Gensouls de Bagnols,
et ce n'est pas le seul service qu'il ait rendu à l'art de tirer la soie.
Il a imaginé de substituer à l'action immédiate du feu sur l'eau de
la *bassine* celle de la vapeur de l'eau en ébullition. Le calorique, sous cette forme, puisé à la chaudière par un tube qui le
porte horizontalement aux extrémités de l'atelier, vient, au moyen
d'un robinet placé à portée de main de la fileuse, chauffer l'eau
au degré qu'on veut dans chaque bassine, par un tuyau qui y
plonge et qui s'embranche au conduit principal. Les nombreux avantages de cette méthode ont été appréciés par la chambre de commerce, l'académie impériale des sciences et la société d'agriculture de Turin, dans des expériences faites en grand sous leurs yeux.
Voici le résultat de ces épreuves : la fileuse n'a plus à souffrir,
comme avec les fourneaux ordinaires, de la chaleur d'un feu toujours vif et ardent; plus de fumée qui incommode les ouvriers
et qui ternisse la soie; la tourneuse, obligée, suivant l'ancien procédé, de tisonner le feu, n'aura plus à quitter pour ce soin
sa fonction principale; il falloit dix minutes pour élever la chaleur à 40 degrés; on la porte dans le même espace de temps à
65, et cinq minutes suffisent pour mettre en ébullition dans la bassine fermée, l'eau parvenue à 80 degrés. La soie filée à la vapeur
a au moins autant de grosseur, d'élasticité et de force que la soie
tirée à l'ordinaire; il n'y a aucune différence au désavantage de
la première, ni au moulin, ni à la teinture, ni dans la fabrication;
enfin, avec la machine de M. Gensouls, on consume deux tiers de
combustible de moins que dans la pratique en usage, et l'on
peut remplacer par des vaisseaux de bois les bassines en cuivre.

Le tour se place immédiatement derrière le fourneau : il consiste en un châssis formé de quatre fortes pièces de bois assem-

blées par des tenons dans les mortaises d'autant de pieds liés eux-mêmes par de grosses traverses. Au milieu de cet échafaudage tourne, sur un axe de fer, un hasple à quatre ailes évidées, dont le haut est soigneusement arrondi et poli. Le mouvement lui est imprimé par une jeune fille, à l'aide d'une manivelle et d'une pédale, et se communique en même temps à deux poulies, par deux tiges verticales de fil de fer, nommées griffes, dont le bout supérieur est contourné en spirale, et qui, placées à la partie antérieure du tour, sont destinées à soutenir le brin de soie montant de la bassine, à la hauteur de l'hasple. Ces griffes sont attachées à un *va et vient*, dont l'action constante empêche le fil de se porter toujours sur le même point. Dans les machines ordinaires il revient à la même place après 875 révolutions de la grande roue de l'hasple ; mais ce retour est encore trop fréquent : la soie n'a pas le temps de se sécher assez pour que les brins ne se collent pas l'un à l'autre. Ce défaut, qu'on nomme le *vitrage*, la déprécie en ce qu'il la rend plus difficile à dévider et occasionne un déchet considérable. Graces à l'invention due à M. Gensouls, d'un nouveau mécanisme aussi simple qu'ingénieux, du prix le plus modique et propre à s'adapter à toutes les espèces de tours ; ce n'est plus qu'après 2601 révolutions sur le dévidoir que le brin peut se retrouver sur le même point, et alors il n'y a plus rien à craindre des effets de l'humidité. La poulie attachée à l'axe, dans les tours ordinaires, agit, dans le nouvel appareil, par une corde sans fin sur une seconde poulie double et couronnée d'une troisième qui lui est adhérente, et qui par conséquent suit et parcourt les mêmes révolutions. Une seconde corde sans fin qui passe dans la gorge de cette troisième poulie communique son mouvement à une quatrième poulie qui porte le *va et vient*. Le rapport des divers diamètres de ces roues fait tout le secret de ce mécanisme ; il est tel que la dernière poulie fait 1936 tours, et la première 2601 révolutions avant qu'elles se retrouvent dans la même position.

M. Jourdan de Ganges a imaginé de garnir de drap les griffes, afin que le frottement dépouille le brin de tout bouchon, gance, mariage et autres imperfections, et rende ainsi le dévidage inutile ; et il économise les frais d'une autre manipulation, en doublant la soie en même temps qu'il la tire.

La fileuse, assise à côté du tour et de la bassine, jette dans l'eau que contient ce vaisseau un nombre de cocons déterminé pour l'espèce de soie qu'elle veut faire, on en emploie ordinairement de cinq à dix-huit ou vingt pour former un brin ; mais le même M. Jourdan, que nous venons de citer, est parvenu à filer des soies à deux cocons, et à rendre imperceptible, même à la loupe, la soudure des bouts lorsqu'elle a passé par la croisure.

On croise les soies en tordant ensemble deux brins qui se dévident sur l'hasple chacun en un écheveau séparé ; ils roulent ainsi l'un sur l'autre, et deviennent, par la torsion et le frottement, plus nerveux, plus ronds et plus unis. Mais le degré de croisure est arbitraire, et les fileuses n'ont pas même toujours l'attention de donner le même nombre de tours à la même soie. M. Gensouls a encore trouvé le moyen de corriger ce vice : il a substitué aux griffes une roue emboîtée dans un cercle. Elle est percée de deux trous sur son diamètre ; ils reçoivent les brins au sortir de la filière, et par le mouvement que lui imprime, en se déroulant, une ficelle dont la longueur est déterminée par le nombre de tours que doit faire la roue, les brins se croisent nécessairement dans la mesure fixée.

Avant cette opération, l'ouvrière a promené sur les cocons dans la bassine un petit balai auquel s'attache le bout du brin aussitôt que la chaleur de l'eau l'a décollé.

La première couche du cocon, formée d'un fil grossier, produit les côtes. Lorsque cette enveloppe est enlevée, les bouts de chacun des brins dont la réunion ne doit former qu'un fil sont rassemblés entre les doigts de la fileuse ; elle les tord légèrement, les croise, s'il y a lieu, avec ceux de l'autre écheveau, les fait passer dans la filière qui tient au fourneau, et ensuite dans les griffes, et les attache à l'une des ailes de l'hasple. Aussitôt la tourneuse attentive imprime le mouvement à la machine ; les yeux toujours sur les brins qui s'élèvent de la bassine, elle doit s'arrêter s'il s'en rompt quelqu'un, afin que la soie ne devienne pas inégale. La fileuse rattache les bouts cassés, et lorsqu'un cocon achève de se dévider, elle soude à son dernier bout le premier bout d'un nouveau cocon : elle en a pour cela toujours un certain nombre en réserve dans un coin de la bassine. On voit que cette ouvrière a besoin d'une constante vigilance, d'une grande activité et de beaucoup d'adresse.

Nous avons dit que les soies étoient croisées ou non croisées : on distingue les dernières par la dénomination de *trames*, parcequ'elles servent en effet à cet usage dans la fabrication des tissus : on les emploie aussi pour la bonneterie. Parmi les premières, les unes portent le nom de *tramettes*, et l'on en façonne généralement des bas ; les autres improprement appelées *organsins*, à cause qu'on leur en donne communément l'apprêt, seroient mieux désignées par la qualification de soies fines ; on en fait la chaîne des étoffes. Les soies blanches de cette espèce sont la matière des crêpes, des gazes, des blondes, et des tulles blancs. C'est pour cette dernière sorte de dentelles que M. Jourdan a filé des soies admirables par leur finesse, leur égalité et leur blancheur, à 4, à 3 et même à 2 cocons.

Les cocons doubles fournissent une soie plus grossière que les cocons simples, leur produit porte dans le commerce le nom de *doupions* ; on en fait les soies à coudre.

Les *chiques* sont la soie tirée des cocons qui portent ce nom, ou celui de *peaux*, et que nous avons dit être le rebut des chambrées. Cette soie, d'une qualité très inférieure, sert principalement à la fabrication des rubans, à des pluches.

Enfin les cocons que le papillon a percés, les pellicules de ceux qui restent après qu'on en a retiré la soie, les côtes qui sont leur première enveloppe, la bave blanche à laquelle ils sont suspendus sur les bruyères, tous ces débris, connus sous le nom de *frisons* ou de *moresques*, battus, écrasés sur un billot à diverses reprises, mis en ébullition dans de l'eau de savon, et ensuite cardés et filés, forment diverses sortes de matières appelées *coconille*, *fantaisie*, *filoselle*, *capiton*, suivant leur nature particulière ou leur préparation, et employées sous la dénomination générique de *fleuret* dans la fabrication d'une multitude de tissus et d'objets de bonneterie. Mais les cultivateurs ne manipulent jamais eux-mêmes ces résidus de l'éducation de leurs vers-à-soie et de leurs filatures; et il seroit déplacé de s'étendre davantage ici sur les procédés qui les rendent propres à l'usage qu'on en fait dans les manufactures.

L'objet des cultivateurs qui élèvent des vers-à-soie est de faire produire à ces insectes la plus grande quantité possible de cocons et d'obtenir avec un petit nombre de cocons beaucoup de soie : nous aurons atteint le but que nous nous proposions si les règles que nous avons tracées peuvent contribuer à leur assurer chaque année quarante-un kilogrammes de cocons par vingt-cinq grammes de graines, et quarante-un décagrammes de soie par quarante à quarante-cinq hectogrammes de cocons. (LAURENT S. VINCENT.)

VERCHÈRE. Nom de la JACHÈRE dans quelques cantons.

VERDEAU, ou VERDIEAU. Nom d'une variété du POIRIER SAUVAGE.

VERGE. Ancienne mesure de longueur. *Voyez* MESURE.

VERGE D'OR, *Solidago*. Genre de plante de la syngénésie superflue et de la famille des corymbifères, qui renferme plus de quarante espèces, dont une est fort commune dans les bois, et huit à dix autres, fréquemment cultivées dans les jardins, à raison de la beauté de leurs fleurs.

Toutes les verges d'or ont les feuilles alternes, et les fleurs jaunes, petites, et disposées en panicules terminales, souvent unilatérales.

La VERGE D'OR COMMUNE, *Solidago virga aurea*, Lin., a les racines vivaces; les tiges droites, striées, velues, hautes de deux à trois pieds; les feuilles inférieures elliptiques, velues, dentées; les supérieures lancéolées et souvent entières; les épis droits. Elle croît dans les bois et fleurit à la fin de l'été. On la regarde comme détersive et vulnéraire. Tous les bestiaux la mangent quand elle est jeune. L'abondance avec laquelle elle se trouve dans certains lieux fait désirer qu'on la ramasse pour faire de la litière et du fumier, ou pour chauffer le four. Elle seroit propre à l'ornement des parterres, si on n'en avoit pas quantité d'autres espèces plus belles à y placer.

La VERGE D'OR DU CANADA a les racines vivaces ; les tiges droites, velues, de deux à trois pieds de haut ; les feuilles lancéolées, dentées, trinervées ; rudes ; les épis inférieurs recourbés. Elle est originaire de l'Amérique septentrionale, et fleurit à la fin de l'été. C'est une très belle plante, qu'on voit très fréquemment dans les jardins, dont elle fait l'ornement pendant une partie de l'été et toute l'automne. Ses variétés sont presque toutes autant d'espèces.

La VERGE D'OR TRÈS ÉLEVÉE a les racines vivaces ; les tiges hérissées, hautes de quatre à cinq pieds ; les feuilles lancéolées, ridées, dentées ; les fleurs placées du même côté de la panicule. Elle croît naturellement dans l'Amérique septentrionale, et fleurit en automne. On la cultive dans la plupart de nos jardins, où elle se fait remarquer par la hauteur et la largeur de ses touffes. On lui attribue plusieurs variétés, qui, ainsi que les précédentes, doivent être regardées comme espèces.

La VERGE D'OR TOUJOURS VERTE a les racines vivaces : les tiges droites, glabres, hautes de cinq à six pieds ; les feuilles lancéolées, un peu charnues, très entières, très glabres et luisantes, seulement un peu rudes en leurs bords ; les fleurs tournées du même côté et à pédoncules velus. Elle se trouve dans l'Amérique septentrionale, et se cultive très fréquemment dans les jardins, où elle se fait remarquer par sa beauté. Elle fleurit au commencement de l'automne et ne disparoît qu'aux fortes gelées.

La VERGE D'OR A LARGES FEUILLES, *Solidago flexicaulis*, Lin., a les racines vivaces ; les tiges droites, flexueuses, noueuses, rougeâtres, glabres, hautes de deux pieds ; les feuilles ovales, aiguës, dentées, glabres ; les grappes droites. Elle est originaire d'Amérique et se cultive dans nos jardins, où elle fleurit en septembre. Quoique de moitié moins grande que les autres, elle y tient avantageusement sa place, parceque son aspect est différent.

Je pourrois étendre cette liste de plusieurs autres espèces, qu'on voit également dans les jardins ; mais dont les caractères sont plus difficiles à saisir, et que les botanistes même les plus consommés sont embarrassés à déterminer.

Toutes les plantes de ce genre se placent avec avantage dans les grands parterres, contre les murs des terrasses, dans l'intervalle des derniers rangs des massifs, sur le bord des lacs et des rivières, etc. Par-tout elles produisent de bons effets au coup-d'œil. Leurs fleurs, qui ont beaucoup d'éclat en masse, mais extrêmement peu d'odeur, terminent avec celles des astères, qu'on met souvent en opposition avec elles, le calendrier de Flore, c'est-à-dire ne disparoissent que par suite des premières fortes gelées. Quelques unes même les bravent pendant une partie de l'hiver. On les multiplie de graines, qu'on sème aussitôt qu'elles sont mûres, dans une plate-bande exposée au levant et bien préparée, ou, plus habituellement, par le déchirement des vieux pieds. Elles ont tant de propension à étendre leurs touffes, qu'un des désagrémens de leur culture est la difficulté de les fixer dans des limites. Il faut pour cela rogner tous les ans au printemps, ou déplanter tous les deux ou trois ans, pour diminuer leur grosseur, les pieds qui sont dans les parterres. Toute espèce de terre et toute exposition leur sont propres ; mais elles croissent mieux dans un bon fonds, et sont plus brillantes au soleil qu'ailleurs. Leurs tiges doivent être coupées au commencement de l'hiver et peuvent être employées à chauffer le four ou à faire du fumier. (B.)

VERGE A PASTEUR. C'est la CARDÈRE VELUE.

VERGÉE Mesure de terre anciennement en usage dans quelques lieux. *Voyez* MESURE.

VERGER. Lieu clos planté d'arbres fruitiers en plein vent.

Nos pères plantoient chaque année des vergers, ai-je observé dans les notes faisant suite à la nouvelle édition d'Olivier de Serres, imprimée chez madame Huzard, et chaque année nous détruisons ceux qui existent. Avoient-ils raison ? Avons-nous tort ? Nos jardins remplis d'espaliers, de pyramides, de quenouilles, de nains, les remplissent-ils avantageusement ?

Il est très certain que quand on examine un vaste pommier dont les branches plient sous le poids des fruits dont elles sont surchargées, on est porté à croire qu'il n'y a pas de meilleur moyen de se procurer des pommes que de planter des PLEIN-VENTS. (*Voyez* ce mot.) C'est aussi ce qu'ont d'abord fait tous les peuples lorsqu'ils ont commencé à devenir agriculteurs. Cependant, d'un côté, on a remarqué que les arbres de cette espèce employoient beaucoup de terrain, ne donnoient abondamment du fruit qu'au bout de plusieurs années, et encore de deux ou trois années l'une ; que ce fruit étoit généralement petit et très sujet à manquer par l'effet de l'intempérie des saisons, etc., etc. D'un autre côté, on a observé que la même espèce d'arbre, soumise à des procédés particuliers, fournissoit un produit dès la troisième année, et que ce produit étoit beaucoup plus assuré, plus beau, et même en définitif plus considérable ; de là on a été porté à préférer les arbres placés dans les jardins à ceux des vergers ; et c'est ce qu'on fait en ce moment, sur-tout autour des grandes villes et dans tous les lieux où l'opulence peut payer l'augmentation de dépense qu'une culture plus soignée amène nécessairement.

Je suis loin de blâmer le goût actuel, qui est très favorable au développement de l'industrie agricole, et auquel on doit le perfectionnement des variétés; mais je voudrois cependant voir conserver les vergers, qui, à côté des inconvéniens annoncés plus haut, présentent des avantages incontestables, dont le principal est d'exister, une fois plantés, sans dépenses, pendant plusieurs générations, et de fournir par conséquent annuellement, presque pour rien, des fruits à leurs propriétaires. D'ailleurs, il est beaucoup d'arbres, tels que les cerisiers, les pruniers, les noyers, etc., qui ne se prêtent pas facilement aux caprices du jardinier, et qui demandent par conséquent à être laissés en plein vent. On dira peut-être que ces arbres, ainsi que tous les autres, pourront être dispersés sur le bord des routes, sur la lisière des champs, dans les vignes, etc., et cela est vrai ; mais ils y seront plus battus par les vents, plus exposés aux intempéries de l'atmosphère, aux pillages des malfaisans, etc. On doit conclure de ces réflexions, je crois, qu'il est à désirer pour l'avantage général de la société, que les trois modes de culture des arbres fruitiers soient simultanément employés par-tout; savoir, celui des jardins, des vergers renfermés, et en plein champ.

Ordinairement on place le verger à côté de la maison, et on l'entoure de murs, ou de haies, ou de fossés, pour le mettre à l'abri des bestiaux et des voleurs : c'est le lieu des débats des enfans, souvent même des animaux domestiques, tels que les génisses, les poulains. On calcule rarement son exposition ; cependant elle n'est pas d'une petite importance pour la réussite et la vigueur des arbres, l'abondance et la qualité des fruits qu'ils doivent produire. L'ouest et le nord sont les pires, et il faut les éviter le plus possible ; un terrain profond et substantiel est celui qui convient le plus, car on doit éviter également et la trop grande aridité et la trop grande humidité.

Depuis François Ier, qu'on peut regarder comme le créateur des vergers en France, jusqu'à Olivier de Serres, qui a le premier posé les bases de leur culture, il ne paroît pas qu'on se soit beaucoup attaché au perfectionnement des variétés employées dans les vergers ; mais depuis cette dernière époque jusqu'à nos jours la science agricole a fait des progrès si rapides, que le nombre de ces variétés s'est prodigieusement accru.

Mais quelle est la nature des arbres qu'il convient de placer dans les vergers ? Je répondrai , 1° les Sauvageons; 2° les Francs. Les uns et les autres greffés s'entend. *Voyez* ces mots.

Les sauvageons ont une surabondance de vigueur que ne possèdent pas les francs. Ils étendent plus loin leurs rameaux, durent plus long-temps, sont moins délicats sur le choix du terrain , mais ils donnent du fruit beaucoup plus tard , et le fruit est de qualité inférieure. Il s'agit de choisir d'après ces données. Nos aïeux préféroient les sauvageons, comme je l'ai observé plus haut, parcequ'ils pensoient toujours à leurs enfans lorsqu'ils faisoient une plantation quelconque , et qu'ils étoient peu délicats sur la qualité des fruits ; nous choisissons communément des francs, parceque nous sommes plus accoutumés aux bonnes espèces. Il me semble que la raison indique ici le terme moyen comme le meilleur. En effet, quelques espèces de poires peuvent être greffées plus avantageusement sur sauvageons , d'autres sur franc , d'autres sur cognassier ; et certaines espèces de pommes ne doivent pas être placées indifféremment sur sauvageon ou sur franc. Quant aux autres arbres , tels que les cognassiers , les cerisiers , les pruniers , les amandiers , les abricotiers , les pêchers , les châtaigniers , les néfliers et les cormiers , ils ne présentent pas des différences aussi marquées, lorsqu'on les greffe sur un sujet plutôt que sur un autre ; mais cependant on ne peut se dispenser d'y faire attention , lorsqu'on désire avoir des arbres qui remplissent toutes les conditions requises , ne fût-ce que la considération de l'époque de la maturité des fruits , époque qui varie de plusieurs mois, selon la préférence qu'on a donnée à l'un plutôt qu'à l'autre. »

La distance qu'il convient de mettre entre les arbres des vergers varie selon la nature du terrain et l'espèce des arbres. Elle doit être considérable dans un bon terrain, et lorsque c'est une espèce de première grandeur , un noyer, par exemple. L'excès en plus est dans tous les cas plus avantageux que l'excès en moins, et pour la quantité du fruit , et pour la durée des arbres, et pour l'abondance de l'herbe que doit fournir le sol. *Voyez* Plantation.

Le mode de plantation des vergers peut être selon le goût du propriétaire, en ligne ou en quinconce ; cependant ce dernier est à préférer, parcequ'il met chaque arbre dans la position la moins défavorable relativement aux autres. *Voyez* Quinconce.

Quelques écrivains veulent qu'on place la même sorte d'arbre dans la même ligne. Je ne suis point de cet avis. Selon moi, on doit, d'après les principes des assolemens, placer un arbre à noyau entre deux arbres à pepin ; et d'après les lois de la physique, un petit arbre entre deux grands. Il sera bon de calculer aussi le placement des espèces selon les règles indiquées par M. Rast-Maupas, pour les plantations perpétuelles, règles que j'ai fait connoître au mot PLANTATION.

On ne devroit jamais manquer de défoncer le terrain destiné à être transformé en verger ; cependant l'augmentation dans la dépense arrête presque toujours. C'est un très mauvais calcul, car les effets d'un défoncement agissent pendant toute la durée des arbres ; et le produit d'une seule année, lorsque les arbres sont en plein rapport, le rembourse souvent. On croit communément que la largeur du trou produit le même effet pendant les premières années ; mais c'est une erreur, puisque cette largeur n'a aucune influence sur l'amélioration générale du sol. (*Voyez* DÉFONCEMENT.) Cependant un trou large vaut toujours mieux qu'un trou étroit; et mieux que les trous les TRANCHÉES (*voyez* ce mot) de six pieds de large sur trois de profondeur.

Une fois plantés, les arbres des vergers se conduisent comme les autres PLEIN-VENTS. *Voyez* ce mot.

Généralement le sol des vergers est laissé en pâturage. C'est là, comme je l'ai dit au commencement de cet article, qu'on laisse s'ébattre les jeunes animaux qui ont besoin d'air et d'exercice pendant que leurs mères sont au travail. Souvent aussi on l'abandonne aux oies, aux dindons, et autres volailles. Quelque destination qu'on lui donne, il faut l'entretenir en bon état de production, par des labours et des engrais, de loin en loin, tous les cinq à six ans par exemple. C'est une erreur de croire qu'on ne doive pas y établir des prairies artificielles, des cultures de céréales, de plantes qui demandent des binages d'été, comme pommes de terre, maïs, haricots, etc., l'expérience prouvant que les arbres gagneront d'autant plus qu'on les soumettra à un cours d'assolement plus régulier. *Voyez* ASSOLEMENT.

Ce qui me resteroit à dire sur les vergers, étant commun à la culture des arbres fruitiers dans les jardins, je renvoie le lecteur aux articles de chacun de ces arbres, et au mot FRUITIER. (B.)

VERGEROLLE, *Erigeron.* Genre de plantes de la syngénésie superflue et de la famille des corymbifères, qui réunit plus de trente espèces, dont trois ou quatre sont assez communes ou assez remarquables pour intéresser le cultivateur.

La VERGEROLLE ODORANTE, *Erigeron graveolens*, a les racines vivaces ; les tiges droites, cylindriques, velues, rougeâtres, rameuses, hautes de deux à trois pieds ; les feuilles alternes, sessiles, lancéolées, entières, parsemées de poils glanduleux ; les fleurs jaunes, solitaires, sur des pédoncules glanduleux, dans les aisselles des feuilles. Elle se trouve dans les lieux secs, sur le bord des chemins des parties méridionales de l'Europe et même des environs de Paris; fleurit au milieu de l'été, et exhale dans la chaleur, ou lorsqu'on la froisse, une odeur forte et désagréable. On la connoît vulgairement sous les noms d'*herbe aux punaises*, parcequ'on croit qu'elle chasse les punaises et les teignes des appartemens où on en met quelques rameaux. C'est un fait faux, ainsi que je l'ai vérifié.

Cette plante n'est pas sans agrémens par la grosseur de ses touffes, la couleur et le nombre de ses fleurs. On peut la placer avec avantage dans les lieux les plus secs et les plus chauds des jardins paysagers. On la multiplie de graines, qu'on sème, aussitôt qu'elles sont mûres, dans quelque terrain que ce soit, ou par déchirement de ses vieux pieds.

La VERGEROLLE DU CANADA a les racines annuelles; les tiges droites, cylindriques, velues, hautes de deux à trois pieds; les feuilles alternes, linéaires, lancéolées, velues; les fleurs jaunâtres et disposées en grosse panicule terminale. Elle est originaire du Canada, d'où elle a été apportée, il y a deux cents ans, en France, avec les peaux de castor qu'elle servoit à emballer. Aujourd'hui c'est une des plantes les plus communes dans beaucoup de lieux. Je l'ai vue couvrir presque exclusivement des cantons entiers dans les départemens où on laisse reposer les champs pendant plusieurs années successives. Là, elle peut être avantageusement coupée, avant sa floraison, pour faire de la litière et augmenter le tas du fumier, fabriquer de la potasse ou plus tard pour chauffer le four. Il est presque impossible de la détruire complètement dans un champ, parceque ses semences voyagent sur l'aile des vents, et peuvent y être apportées de plusieurs lieues; mais il ne paroît pas qu'elle nuise beaucoup aux récoltes, parcequ'elle pousse tard et qu'elle est étouffée par la plupart des plantes de la grande culture, même les céréales, qui sont presque mûres quand elle commence à monter en graine.

La VERGEROLLE ACRE a les racines vivaces; les tiges droites, cylindriques, velues, hautes d'un pied; les feuilles alternes, sessiles, lancéolées, obtuses, velues; les fleurs violettes, assez grandes, et solitaires sur des pédoncules axillaires. Elle croît dans les lieux secs, principalement dans les calcaires, et fleurit à la fin de l'été. Elle est très commune dans quelques cantons.

Les bestiaux ne mangent aucune de ces plantes.

VERGLAS. Pluie qui s'est glacée immédiatement après sa chute sur les arbres, sur les plantes et sur la terre. Le verglas fait quelquefois plus de mal aux arbres que les GELÉES, mais pas autant que le GIVRE, parcequ'il a moins d'épaisseur que ce dernier. *Voyez* ces deux mots.

Il n'est pas donné à l'industrie humaine d'empêcher la chute du verglas, et rarement il lui est possible d'empêcher ses effets et de reparer les suites.

VERGUE. Ancien nom de l'aune. (B).

VERJUS. Parmi les espèces de raisins cultivées, il en est une qui, dans les cantons du nord et du centre de la France, ne parvient jamais qu'à une maturité imparfaite ; on l'appelle *verjus* ; elle est désignée encore sous les noms de *bordelais* et *bourdelas*. Son suc est d'un grand usage dans l'économie domestique.

Si le hazard est la cause vraisemblable de l'art de convertir en vinaigre les vins qu'on remarquoit tourner à l'aigre, la simple observation a dû, long-temps avant qu'on perfectionnât l'art du vinaigrier, apprendre que certains fruits ou conservent une odeur et une saveur aigrelette, ou la possèdent avant d'acquérir leur parfaite maturité ; les groseilles, l'épine-vinette et sur-tout le raisin ont constamment cette saveur plus ou moins acide.

Un pepin de ce raisin semé, il y a plusieurs années, dans le jardin, très connu, du chevalier Jensen, à Chaillot près Paris, a produit une variété dont le fruit parvient à la maturité la plus complète. Ses sarmens poussent avec une vigueur extrême, et couvrent déjà une grande surface de murs. Le fruit de cette variété est excellent, mais, comme l'observe Dussieux dans son article sur la vigne, elle porte, on ne sait pas trop pourquoi, le nom de vigne aspirante.

Le verjus ne sauroit être considéré à la rigueur comme un véritable vinaigre, puisqu'il n'est pas le produit de la fermentation acéteuse ; c'est un liquide plus ou moins pur que la pression sépare des raisins encore verts et qu'on fait dépurer par un léger mouvement de fermentation vineuse.

Cet acide n'existe pas seulement dans le verjus, il se trouve encore dans le moût des autres espèces de raisins, d'autant moins abondamment qu'ils sont plus mûrs ; les liqueurs fermentées, telles que le cidre, le poiré, la bière, etc., contiennent également l'acide malique. M. Chaptal l'a rencontré jusque dans la mélasse. C'est même pour le saturer complètement qu'on emploie la chaux, les cendres ou d'autres bases terreuses ou alcalines, dans la purification du sucre. Ce même chimiste a remarqué que les vins qui contiennent le plus d'acide malique fournissent les plus mauvaises qualités d'eaux-de-vie.

Le suc de verjus n'est pas difficile à préparer ; il s'agit seulement de prendre les grains de raisins qui portent ordinairement ce nom, de les écraser encore verts, et de les laisser ainsi fermenter dans un vaisseau à découvert pendant environ trois semaines ; après on exprime le suc par le moyen d'une presse ; on mêle le marc avec de la paille hachée pour favoriser l'écoulement du suc ; on le laisse dépurer vingt-quatre heures ; on le filtre à travers le papier, et on le distribue dans des bouteilles de médiocre capacité après avoir achevé de les remplir avec de l'huile d'œillets, plus propre qu'aucune autre à couvrir les liquides de ce genre, attendu qu'elle conserve sa fluidité en hiver, et ne laisse pas, comme celle qui se fige, passer l'air atmosphérique.

C'est par ce procédé qu'on prépare et qu'on conserve tous les sucs des fruits ; mais il en existe un autre employé pour les sucs décidément acides. Il consiste à les mettre dans des bouteilles débouchées qu'on chauffe à la chaleur du bain-marie jusqu'à ce que la liqueur ait acquis une légère température. Les bouteilles refroidies, bouchées exactement, sont portées à la cave.

On fait avec le suc de verjus plusieurs mets assez recherchés ; ils portent son nom. Si on l'a laissé exposé au soleil sur plusieurs assiettes jusqu'à ce qu'il soit desséché et que l'extrait qui en résulte soit conservé dans des bouteilles bien fermées, on peut avec quelques grains de cet extrait assaisonner des œufs dans toutes les saisons. (Par.)

VERMEIL, ou VERMEILLER. Nom vulgaire du lombric.

VERMICEL, ou VERMICHEL. Pâte formée en cylindres contournés comme des vers, qu'on a d'abord fabriquée exclusivement en Italie, et qu'en ce moment on fabrique dans presque toute l'Europe.

Pour faire du vermicel, on prend du gruau de blé, celui à grain dur est le meilleur ; on le pétrit avec le moins d'eau possible, et au moyen de leviers fort longs ; on y ajoute un peu de sel et souvent quelques pincées de safran en poudre, et, après quelques heures de fermentation, on fait passer la pâte qui en est résultée, et qui est alors si dure que le doigt peut à peine la faire céder, au moyen d'une presse, à travers un crible de cuivre ayant soin de couper les cylindres à mesure qu'ils ont trois à quatre pouces de long, pour pouvoir les manier, les faire sécher, et les empaqueter facilement.

En qualité de pâte non fermentée, et très compacte, le vermicel devroit être indigeste ; mais comme il est très mince, il fournit beaucoup de points d'action aux sucs de l'estomac, en conséquence on se plaint rarement qu'il fasse mal, au contraire on le donne fréquemment aux convalescens pour les refaire, car il passe pour plus nourrissant que le pain même. Il est fort agréable au goût, soit cuit dans le bouillon, soit cuit dans le lait.

Le *macaroni*, le *kagne*, le *lazagne*, le *pâtre*, ne sont que des espèces de vermicels qui ont passé par des trous plus gros, ou d'une forme différente.

Les pâtes qu'on coupe au couteau et qu'on fait cuire avant leur dessiccation peuvent aussi entrer dans la même série.

Les Italiens sont encore les plus grands mangeurs de pâtes de tous les peuples de l'Europe. Je doute qu'ils trouvent réellement de l'avantage a les préférer au PAIN. *Voyez* ce mot: le mot BLÉ.

VERMICULAIRE BRULANTE. *Voyez* ORPIN.

VERMILLON DE PROVENCE. C'est le CARTHAME DES TEINTURIERS.

VERMINE. L'acception propre de ce mot doit s'appliquer aux poux qui tourmentent l'homme à tout âge et sur-tout dans son enfance, lorsqu'on ne leur fait pas une guerre continuelle ; mais les cultivateurs l'étendent souvent à tous les insectes en général qui nuisent aux produits de leurs récoltes, même dans quelques endroits aux rats et aux souris, aux limaces, aux vers de terre, etc.

Ce mot est devenu trop vague pour l'état actuel de nos connoissances, et en conséquence il ne doit pas être conservé. *Voyez* au mot INSECTE. (B.)

VERMOULURE. Ce mot se donne aux trous que font les insectes dans les bois ou à la poussière qui en résulte.

Un très grand nombre de genres d'insectes déposent leurs œufs sur les bois vivans et morts, et il en naît des larves qui vivent aux dépens de ces bois, y creusent des galeries, et finissent, avec le temps, par faire mourir les arbres, et par mettre hors de service les poutres, les ustensiles aratoires, les meubles et autres objets en bois que l'homme fabrique pour son utilité ou son agrément.

Les insectes qui sont les plus dangereux sous ce rapport sont les ANTRIBES, les SYNODENDRES, les APATES, les IPS, les LYCTES, les BOSTRICHES, les VRILLETTES, les SPONDYLES, les LYMEXYLON, les CAPRICORNES, les SAPERDES, les LAMIES, les LEPTURES, les CALLIDIES, les RHAGIONS, les SIREX, une ABEILLE, quelques ANDRÈNES, les SÉSIES, les HÉPIALES, les COSSUS, quelques BOMBICES, quelques TEIGNES et quelques ALUCITES. J'ai mentionné ceux de ces genres qui nuisent le plus particulièrement aux résultats des cultures. J'y renvoie pour connoître les moyens de s'opposer aux ravages des espèces qui les composent. Ici je ne veux que présenter des observations générales sur ceux de ces moyens qui s'appliquent aux bois mis en œuvre.

L'expérience prouve que plus les bois sont durs et moins ils sont facilement attaqués par les larves des insectes, ainsi le cœur du chêne l'est moins que son aubier, le noyer moins que le tremble, etc. Elle prouve encore que plus les arbres avoient de sève au moment de leur coupe, et plus ils sont recherchés par les mêmes insectes.

La conséquence de ces faits, c'est qu'il est utile de faire disparoître l'aubier des arbres, soit en l'enlevant avec la hache, soit en le transformant en cœur par l'écorcement de ces arbres deux ans avant la coupe (*voyez* Ecorcement), et de ne couper tous les arbres qu'on destine à un service durable que lorsque leur sève est dans la plus grande stagnation possible, c'est-à-dire au milieu de l'hiver.

Un autre résultat de l'expérience, et qui tient encore à la moindre quantité de sève, c'est que les arbres écorcés, écarris, ou, mieux encore, réduits en planches, qu'on met dans l'eau pendant plusieurs mois, sur-tout dans l'eau de mer, ne sont presque jamais attaqués des vers.

Outre ces moyens directs, il en est d'indirects qui produisent les mêmes effets encore plus certainement. Ainsi une poutre, exposée à la fumée pendant long-temps, s'imprègne d'acide pyro-ligneux, acide qui tue les larves qui tentent de pénétrer dans son intérieur; ainsi une planche qui a bouilli quelques heures dans une dissolution d'alun, de vitriol et autres sels, en est garantie pour toujours; ainsi, un meuble qui a été enduit d'huile bouillante au moment de sa fabrication, ou qui a été peint à l'huile, ou couvert d'un vernis, s'en défend beaucoup mieux, comme tout le monde le sait.

Je voudrois donc que les cultivateurs français, à l'exemple de ceux de l'Angleterre, fissent peindre tous leurs meubles, tous leurs instrumens aratoires qui en sont susceptibles; l'avantage d'une conservation vingt fois plus longue compenseroit de beaucoup la petite augmentation de dépense qui résulteroit de cette pratique. On éviteroit aussi par-là les frais de construction de hangars et de remises, frais souvent considérables, attendu qu'alors les chariots, les charrues, les échelles, etc., pourroient rester en plein air sans inconvénient.

Un meuble déjà attaqué peut être défendu à l'avenir par les mêmes moyens.

Plus le climat qu'on habite est chaud, et plus les ravages des insectes destructeurs du bois sont étendus et rapides; mais entre les tropiques il y a plusieurs espèces d'arbres qui en sont exempts, à raison du suc propre qu'ils renferment, suc qui ne plaît pas aux larves lignivores.

Les espèces d'insectes qui en France font le plus de tort aux bois ouvragés sont les VRILLETTES , les BOSTRICHES et les LYCTES.

VERNE. Nom ancien de l'AUNE.

VERNIS. *Voyez* SUMACH.

VERNIS GRAS. C'est de l'huile rendue siccative au moyen de la litharge ou oxide vitreux de plomb. *Voyez* HUILE.

Les cultivateurs devroient plus fréquemment employer la peinture à l'huile sur leurs instrumens aratoires et autres ustensiles, afin de les conserver. Par ce moyen avec une très petite avance ils s'éviteroient de grandes dépenses.

VERNIS DU JAPON. *Voyez* AYLANTHE.

VÉRONIQUE , *Veronica*. Genre de plantes de la décandrie monogynie et de la famille des rhynanthoïdes , qui renferme plus de soixante espèces , dont plusieurs sont très communes et employées en médecine , et qui en conséquence sont dans le cas d'être signalées aux cultivateurs.

Les véroniques ont toutes les feuilles opposées ; mais les unes ont les fleurs en épi , les autres en corymbes , et les troisièmes solitaires.

Parmi celles de la première division il faut remarquer ,

La VÉRONIQUE A ÉPI qui a les racines vivaces ; les tiges simples, presque entièrement droites, velues , hautes d'un pied ; les feuilles ovales , oblongues, crénelées , velues ; les fleurs bleues et en épi terminal. Elle croît dans les bois sablonneux , dans les pâturages secs , et fleurit au commencement de l'été. C'est une fort jolie plante dont on place avantageusement les touffes dans les parterres et les jardins paysagers , et qu'on multiplie de graines semées au printemps , ou par déchirement de vieux pieds effectué en automne ou pendant l'hiver Les moutons l'aiment beaucoup, mais les autres bestiaux la dédaignent ; il est des lieux où elle est extrêmement abondante et dont elle orne singulièrement l'aspect.

Les VÉRONIQUES de SIBÉRIE , de VIRGINIE , MARITIME LONGUES FEUILLES, BLANCHATRE, PINNÉE, et deux ou trois autre s'en rapprochent beaucoup et se cultivent dans quelques jardins. On les multiplie de même.

La VÉRONIQUE OFFICINALE a les racines vivaces ; les tige couchées , velues , longues de plus d'un pied ; les feuille ovales , obtuses, ridées , velues ; les fleurs bleuâtres ou rougeâtres, quelquefois blanches, disposées en épis géminés au sommet des tiges. Elle est extrêmement commune dans les bois arides , dans les pâturages sablonneux , et fleurit au milieu d printemps. On l'appelle improprement la *véronique mâle* puisqu'elle est hermaphrodite comme les autres. Sa saveur e

amère. Elle a joui et jouit encore même d'une certaine célébrité, sous le nom de *thé d'Europe*, comme sudorifique, vulnéraire, diurétique et astringente. Tous les bestiaux la mangent, et même les moutons et les chevaux la recherchent. Cette
circonstance, jointe à celle de croître dans les plus mauvais
sols, la rendent précieuse pour les cultivateurs, qui, s'ils ne la
sèment pas, doivent au moins la conserver dans leurs pâturages. Quoique peu marquante, les gazons qu'elle forme sont
assez agréables, lorsqu'elle est en fleur, pour qu'on doive l'introduire dans les jardins paysagers.

Parmi celles de la seconde division je noterai,

La véronique aquatique, *Veronica beccabunga*, qui a les
racines vivaces; les tiges à demi rampantes, charnues, cassantes;
les feuilles ovales, planes, épaisses, luisantes; les fleurs bleues
en grappes latérales. Elle croît abondamment dans les fontaines, les ruisseaux et autres eaux qui gèlent rarement, et
elle fleurit au commencement du printemps. Très fréquemment les ignorans en botanique la prennent pour le véritable
cresson. Voyez Sysimbre. On en fait un grand usage en médecine comme antiscorbutique. On la mange en salade ou
cuite avec l'oseille dans quelques pays, quoiqu'elle ait une
saveur qui généralement ne plaît pas d'abord. Tous les bestiaux la mangent, et les chevaux en sont très friands. Elle est
souvent si abondante dans certaines eaux, qu'il devient avantageux de la couper pour la leur donner, ou seulement pour
augmenter les fumiers. Comme elle prend racine à chaque
nœud, un seul pied suffit pour couvrir un espace considérable
dans le courant d'un seul été. Son aspect luisant et ses jolies
fleurs autorisent à en mettre dans quelques parties des bords
des ruisseaux ou des lacs des jardins paysagers.

La véronique mucronée, *Veronica anagallis*, Lin., a les
racines annuelles; les tiges droites, grêles, rameuses; les
feuilles lancéolées, dentées; les fleurs petites et bleues. Elle
se trouve souvent en grande abondance dans les fossés et même
les eaux stagnantes. Elle jouit des mêmes propriétés économiques que la précédente et devient deux ou trois fois plus
grande.

La véronique a feuilles de serpolet a les racines vivaces,
les tiges rampantes; les feuilles ovales, crénelées, glabres,
les supérieures plus allongées et alternes; les fleurs blanches,
rayées de bleu et terminées en grappes spiciformes. On la
trouve par toute l'Europe dans les champs en jachères, le long
des haies, sur la berge des fossés, et elle fleurit au milieu du
printemps. Tous les bestiaux et sur-tout les moutons l'aiment
beaucoup; et comme elle forme des touffes très denses qui

poussent des branches, c'est un grand avantage d'en avoir beaucoup dans les pâturages. Je crois qu'il seroit même avantageux d'en semer exprès dans certains endroits si cela étoit facile.

La VÉRONIQUE PETIT CHÊNE, *Veronica chamædrys*, Lin., a les racines vivaces; les tiges un peu couchées, velues de deux côtés opposés, rameuses, hautes d'un pied; les feuilles sessiles, ovales, obtuses, dentées, ridées, velues; les fleurs bleues, veinées de rouge, en grappes longues et presque spiciformes. Elle se trouve très abondamment dans les bois et les pâturages secs, et fleurit au milieu de l'été. Son aspect est très élégant, aussi doit-on ne pas négliger d'en placer dans les jardins paysagers aux lieux les plus arides. Tous les bestiaux la recherchent, les moutons et les chevaux sur-tout.

Dans la troisième division il y a à remarquer,

La VÉRONIQUE AGRESTE qui a les racines annuelles; les tiges grêles, rameuses, couchées, pubescentes, longues de cinq à six pouces; les feuilles pétiolées, en cœur; les fleurs bleues, pédonculées et axillaires. Elle croît dans les champs cultivés, et fleurit au commencement du printemps. Souvent elle couvre le sol dans les pays de jachères. Tous les bestiaux la mangent, et sur-tout les moutons qui en sont friands.

La VÉRONIQUE DES CHAMPS a les racines annuelles; les tiges droites, velues; les feuilles presque sessiles, en cœur et crénelées; les fleurs bleuâtres, solitaires et sessiles dans les aisselles des feuilles supérieures. Elle se trouve dans les mêmes lieux que la précédente. Tout ce que j'ai dit de cette dernière lui convient parfaitement.

La VÉRONIQUE A FEUILLES DE LIERRE a les racines annuelles; les tiges couchées, rameuses, longues de cinq à six pouces; les feuilles en cœur, à cinq lobes dont l'intermédiaire est le plus grand; les fleurs bleuâtres, solitaires dans les aisselles des feuilles. Elle est très commune dans certains cantons, et fleurit même pendant l'hiver. Tous les bestiaux la mangent, et sa précocité la rend très précieuse pour eux. (B.)

VERRAT. C'est le mâle du COCHON.

VERRÉ. *Voyez* VERRAT.

VERRINES. On donne ce nom dans quelques endroits aux cloches à couches, composées de plusieurs morceaux de verre à vitre assemblés avec du plomb. *Voyez* CLOCHE.

VERS. On donne ce nom vulgairement non seulement aux vers de terre (LOMBRICS, *voyez* ce mot), mais encore aux larves de beaucoup d'insectes lorsqu'elles sont privées de pattes

Les vers qui détruisent le bois dans les forêts appartiennent à un grand nombre de genres de la classe des coléoptères tels que antribe, lucane, synodendre, apate, ips, bostriche, lyctus, melassis, lymexylon, capricorne, prione, saperde, lamie, lepture, callidie, rhagie. Ceux qui détruisent les bois dans les maisons se réduisent presque aux vrillettes (*Annobium*) et aux ptilins.

On garantit les bois de haut service des attaques des vers en les mettant tremper pendant quelque temps dans l'eau douce ou salée, (celle de mer est préférable, encore plus en les mettant dans l'eau chargée d'alun). On en garantit les boiseries et les meubles en les imprégnant d'huile ou de vernis.

On a recherché la cause pour laquelle les vers attaquoient moins les bois qui avoient trempé dans l'eau pure sans avoir pu la découvrir. Je puis certifier que c'est uniquement parceque l'eau a dissous la partie extractive ou gommeuse de la sève, c'est-à-dire ce qui leur servoit de nourriture, qu'ils ne trouvent plus qu'une fibre sèche et sans saveur.

Les vers qui vivent dans les fruits et les graines sont des larves de Teignes, de Pyrales, de Charançons, de Bruches, de Mouches, de Tipules, etc. Il n'y a pas moyen de s'en débarrasser dans les campagnes, et on ne peut que très difficilement le faire dans nos fruitiers, nos greniers, etc. *Voyez* ces différens mots. (B.)

VERS INTESTINAUX. Vers qui vivent dans l'intérieur du corps des animaux. Ceux qu'il est le plus important aux cultivateurs de connoître appartiennent aux genres Tenia, Hydatide, Echinorinque, Fasciole, Strongle, Ascaride, Crinon et Filaire. *Voyez* ces mots.

VERSAINE. Nom de la jachère dans quelques cantons.

VERSOIR. Ce mot est synonyme d'oreille. C'est la partie de la charrue attachée au cep et qui sert à renverser la terre lors de l'opération du labour. *Voyez* Charrue.

VERT (BESTIAUX MIS AU). Dans l'état de nature les animaux pâturent, vivent, même pendant l'hiver, d'herbe verte, et ne mangeant de l'herbe sèche que par circonstance et peu à la fois. L'herbe verte est donc celle qui convient le plus à leur constitution, et toutes les fois qu'on les forcera à se contenter d'herbes sèches pendant toute l'année, cette constitution doit en souffrir.

Dans l'état de domesticité on est déterminé à nourrir les animaux pâturans, principalement les chevaux, d'herbe sèche, c'est-à-dire de foin ou de fourrage, 1° parcequ'employant leurs services pendant le jour tout entier, ils n'auroient que la nuit pour paître et qu'ils ne se reposeroient pas; 2° parcequ'ayant ou pouvant avoir besoin de leurs services à toutes les heures du jour et de la nuit, on seroit obligé dans le cas contraire de perdre beaucoup de temps à les aller chercher dans la campagne; 3° par

13. 28

ceque dans les pâturages abondans, les prés par exemple , ils perdent autant et plus d'herbe qu'ils en mangent , par l'effet du piétinement de leurs pieds ; 4° parcequ'à quantité égale l'herbe verte est moins nourrissante que l'herbe sèche . à raison de l'eau qu'elle contient, et, si elle n'est pas encore arrivée au moment de la floraison, à raison de la moindre quantité de principe nutritif qu'elle offre ; 5° parcequ'il seroit difficile, coûteux, et souvent même impossible d'aller couper l'herbe fraîche , à mesure du besoin pour la donner aux bestiaux dans l'écurie ; 6° parceque beaucoup de propriétaires de chevaux ne sont pas propriétaires de terres et ne pourroient par conséquent avoir de l'herbe à volonté. Il est donc une infinité d'endroits, les grandes villes par exemple , beaucoup de genres d'emploi de chevaux, la poste, le roulage , la guerre , etc., où on est forcé de nourrir les chevaux au sec pendant toute l'année et même d'économiser sur le temps de leur manger, en leur donnant des graines telles que l'avoine, l'orge, le maïs, etc., plutôt que le foin, parceque ces graines contiennent plus de substance nutritive sous un égal volume.

Les mulets, les ânes et les bœufs sont presque par-tout dans le même cas , et si les vaches , les brebis et les moutons y sont moins souvent, c'est qu'on n'a pas besoin de leurs services pour porter ou tirer , qu'on cherche davantage à économiser sur leur nourriture , et que les alimens frais donnent plus de lait et un lait de meilleure qualité aux femelles.

Dans tous les lieux où on nourrit les bestiaux au sec pendant toute l'année , il est utile à leur santé de les mettre au vert au printemps pendant quelques jours au moins.

Dans ces lieux et dans ceux où on les laisse paître pendant tout l'été , il ne faut pas les faire passer brusquement d'un régime à un autre, mais graduellement, c'est-à-dire leur donner d'abord du fourrage vert mêlé avec du fourrage sec ; car dans le cas contraire la première herbe leur fait éprouver des dérangemens dont les suites peuvent devenir dangereuses.

Il est des pays où on saigne les bestiaux avant de les mettre au vert. Cette pratique est au moins inutile quand il ne s'agit que de changer leur régime. *Voyez* ENGRAIS DES BESTIAUX.

Les jumens , les vaches et les brebis pleines ou nourrices , doivent être mises au vert plus tôt et plus long-temps que les autres.

Lorsque les chevaux maigrissent, dit Rougier de La Bergerie dans l'article de Rozier , correspondant à celui-ci , lorsqu'ils sont sans appétit , quand ils sont échauffés ou fatigués par le travail, il est utile de les mettre au vert pour les rétablir. On ne peut pas douter de l'effet du vert en voyant leur ardeur à y courir. C'est le retour au genre de vie de leur jeunesse.

Comme le vert affoiblit nécessairement les chevaux et les
bœufs, il ne faut pas exiger d'eux, pendant qu'ils y sont et
quelque temps après, un travail aussi fort que celui auquel ils
étoient auparavant assujettis.

Les jeunes animaux qui sont mis au vert au premier printemps souffrent souvent beaucoup, parcequ'il affoiblit leurs
organes digestifs.

Il vaut mieux attendre le moment où l'herbe est arrivée à
un certain degré de maturité pour mettre les bestiaux au
vert, que de les y mettre dès qu'elle commence à poindre,
parcequ'alors elle ne contient presque pas de parties nutritives et les affoiblit.

Une expression usitée dans quelques cantons d'élèves de
bestiaux, *l'herbe des champs rend amoureux*, semble devoir
convaincre de la nécessité d'y mettre les étalons de toutes les
sortes.

Dans les campagnes on met des bestiaux au vert en les
envoyant pâturer; dans les villes en leur donnant de l'herbe
verte à l'écurie. Ces deux manières ont leurs avantages et
leurs inconvéniens qu'il seroit superflu de développer, puisqu'on peut rarement choisir dans ce dernier cas.

Le vert aux champs a toujours plus d'effet que le vert à
l'écurie, principalement parcequ'il agit sur le moral et sur
le physique en même temps. On doit donc le préférer toutes
les fois que cela est possible,

Tantôt on donne aux bestiaux à l'écurie de l'herbe de pré,
de la Luzerne, du Trèfle, du Sainfoin, de la fane de Seigle ou de Froment, selon les circonstances, et il faut prendre
des précautions diverses selon l'espèce de ces herbages dont
les qualités ne sont pas les mêmes. La Chicorée sauvage a eu
d'excellens effets entre les mains de Cretté de Palluel; la Pimprenelle doit être également recherchée. Il en est de même
du Maïs et de la Spergule, des Vesces, des Pois, des Feuilles
des arbres, etc. *Voyez* ces mots.

Les avantages du vert sont moins sensibles sur les vieux
animaux. Il a même souvent des inconvéniens graves pour
eux, en ce qu'il affoiblit leur estomac au point qu'ils ne peuvent
plus bien digérer.

Je m'arrêterai ici, parceque l'objet que je traite fait déjà
partie de l'article Hygienne vétérinaire.

On doit à Gilbert de très bonnes observations sur l'usage
du vert pour les bestiaux. (B.)

VERTICILLÉ. On appelle de ce nom, en botanique, les
feuilles ou les fleurs des plantes lorsqu'elles entourent la tige
sur le même plan de coupe. (*Voyez* Plante.) La Garance a les
feuilles, et le Lamier, les fleurs verticillées. *Voyez* ces mots.

VERTIGE OU VERTIGO. (Médecine vétérinaire.) Le vertige ou vertigo se distingue en vertige essentiel et en vertige symptomatique.

Nous ne pouvons considérer ici le vertige, comme dans l'homme, en vertige dans lequel les malades croient que les objets qui les entourent tournent autour d'eux ou qu'ils tournent eux-mêmes, et en vertige accompagné de mouvement désordonnés, et dans lequel les yeux sont hagards; ce dernier est le seul qu'il soit possible de reconnoître dans les animaux : au reste, ces distinctions nous paroissent être plutôt les différens degrés de la maladie que des différences dans la maladie elle-même. Ainsi dans le vertige, comme dans beaucoup d'autres affections, le vétérinaire est presque toujours privé des premières indications.

Dans le vertige, le cheval porte parfois la tête basse et d'autre fois très élevée; il s'appuie contre l'auge ou contre la muraille (ce qui s'appelle *pousser à l'auge, pousser au râtelier*); il se recule, tire sur ses longes et puis se porte en avant avec violence; lorsqu'on veut le faire marcher il chancelle; ses jambes sont tremblantes, et paroît vouloir se précipiter, en sorte qu'il est très difficile de lui faire exécuter des mouvemens.

Soleysel s'explique ainsi dans la description qu'il donne du vertige. « Les chevaux sont sujets à une infirmité que nous nommons vertigo, qui leur ôte tellement l'usage des sens, qu'ils sont presque sans connoissance; ce mal les fait chanceler et tomber, et même se donner la tête contre les murs.

Le vertige essentiel est celui dans lequel le cerveau seul paroît affecté, et qui n'est accompagné d'aucune autre maladie apparente. Ce genre de vertige reconnoît pour cause l'inflammation des membranes qui recouvrent et enveloppent le cerveau, l'engorgement des vaisseaux qui s'y distribuent (ce qui arrive quelquefois après des coups de soleil), une pression sur sa substance, enfin toute lésion ou dérangement dans son organisation, provenant ou de causes internes qu'on ne peut reconnoître, ou de causes externes, telles que l'enfoncement des os du crâne, un épanchement sanguin ou séreux produit par des coups et des chutes.

Le vertige symptomatique est aussi une affection de cerveau; mais il est le symptôme de la plupart des inflammations du bas-ventre, et sur-tout des indigestions; celles dans lesquelles il se manifeste avec force sont presque toujours mortelles.

Dans les herbivores, la médecine vétérinaire est privée des secours prompts que lui fournissent les vomitifs dans les carnivores, secours qu'on peut faire marcher de front avec les saignées qui, tout avantageuses qu'elles sont pour calmer les accidens du vertige, deviennent très nuisibles lorsque l'estomac et les intestins sont encore dans un état de plénitude, et n'ont pu être évacués.

Le traitement de cette espèce de vertige se compose donc du traitement des maladies qui y ont donné lieu (*voyez* INDIGESTIONS, RÉTENTIONS ET SUPPRESSIONS D'URINE, TRANCHÉES ou COLIQUES, etc. etc.), et du traitement du vertige essentiel lorsque les premiers accidens sont passés.

Le vertige essentiel, lorsqu'il est dû aux causes externes dont nous avons parlé, doit être combattu par les moyens qui sont propres à faire cesser chacune de ces causes; par exemple, s'il y a enfoncement des os du crâne, on s'occupera du replacement de ces os; dans l'inflammation et l'engorgement des vaisseaux, les saignées faites à l'arrière-main, au plat des cuisses; les sétons, placés aux fesses et à l'encolure, et les breuvages antispasmodiques, tels que ceux faits avec l'infusion de menthe, de genièvre, ou autres plantes aromatiques qu'on trouve sous la main, et dans lesquelles on ajoute le muriate d'ammoniac, depuis 3 décagrammes jusqu'à 6 dans les gros animaux, suivant la force du sujet, et l'assafœtida à celle de 8 grammes (2 gros) à 16 grammes (4 gros).

Il faut aussi tenir de temps à autre, dans la bouche, des nouets d'assafœtida. (DES.)

VERTU DES PLANTES. On donne vulgairement ce nom aux propriétés médicinales vraies ou supposées des plantes.

On ne peut nier qu'il y ait des plantes, des genres de plantes, des familles de plantes qui agissent sur nos organes et sur ceux des animaux de manière à contre-balancer l'effet de certaines affections maladives, c'est-à-dire que le jalap soit purgatif, l'ipécacuanha émétique, les pavots somnifères, les malvacées adoucissantes, etc.; mais il faut avouer qu'on a beaucoup mésusé des résultats de l'expérience pour attribuer aux plantes des vertus exagérées et même imaginaires.

J'ai, pour obéir à l'usage, indiqué les vertus des plantes dont on fait le plus fréquemment usage en médecine; et en conséquence je renvoie le lecteur aux articles qui les concernent pour apprendre à les connoître.

L'ouvrage le plus méthodique qui ait été publié sur cet objet, dont on puisse par conséquent recommander la lecture avec le plus de sécurité, est la dissertation de mon collaborateur Décandolle sur les familles des plantes considérées sous le point de vue de leurs vertus.

VERVEINE, *Verbena.* Genre de plantes de la diandrie monogynie, et de la famille des pyrénacées, qui rassemble

plus de vingt espèces, dont une se trouve très abondamment
en Europe, et une autre se cultive dans les jardins, à raison de
l'excellente odeur de ses feuilles.

La VERVEINE OFFICINALE, ou *verveine commune*, a les racines annuelles ; les tiges obtusément tétragones, un peu
velues, très rameuses, hautes d'un à deux pieds ; les feuilles
opposées, sessiles, lancéolées, incisées inégalement ; les fleurs
bleuâtres ou rougeâtres, à quatre étamines, et disposées en épis
très grêles et paniculés au sommet de la tige. Elle croît dans
toute l'Europe autour des villages, le long des chemins, dans
tous les lieux incultes dont la terre est fertile, et fleurit pendant tout l'été. Toutes ses parties sont amères et passent pour
vulnéraires, fébrifuges, détersives et résolutives, mais on en fait
très peu fréquemment usage. Autrefois elle jouissoit d'une
grande réputation. On lui attribuoit un grand nombre de propriétés imaginaires, entre autres de réconcilier les cœurs ulcé-
rés. Les druides la regardoient comme sacrée, ne la cueil-
loient qu'avec des cérémonies imposantes, l'employoient pour
nettoyer les autels des dieux, pour ceindre le front des hérauts
d'armes, etc. Aujourd'hui le meilleur parti qu'on puisse en
tirer dans les lieux où elle est abondante, et ces lieux sont
nombreux, c'est de l'arracher ou couper à la fin de l'été, soit
pour la porter sur le fumier et augmenter, par son moyen,
sa masse, soit pour, en la brûlant lentement dans une fosse,
en tirer de la potasse, soit enfin pour l'employer à chauffer
le four.

La VERVEINE A TROIS FEUILLES, ou *la verveine odorante*, a les
tiges frutescentes, rameuses, hautes de trois ou quatre pieds,
les rameaux jaunâtres, glabres et tétragones ; les feuilles lancéolées, aiguës, rudes au toucher, plus pâles en dessous, réunies trois par trois autour du même point de la tige ; les fleurs
violâtres ou blanchâtres disposées en grappes paniculées à l'extrémité des tiges et des rameaux. Elle est originaire du Chili, et
se cultive dans nos jardins à cause de l'excellente odeur de
citron qu'exhalent ses feuilles dans la chaleur et quand on les
froisse. Elle est en fleur pendant presque toute l'année. Les
gelées ou l'humidité du climat de Paris l'affectent presque tous
les hivers lorsqu'elle est en pleine terre ; mais, tenue en pots,
il suffit de la rentrer dans une chambre pour pouvoir lui faire
passer cette saison sans inconvéniens. Plus au midi on en forme
avec beaucoup de facilité et d'avantage dans les jardins paysagers et autres, comme je l'ai vu en Italie, des touffes, des massifs, des palissades. Il lui faut une terre un peu consistante
et des arrosemens fréquens en été. Un recépage lui est presque
nécessaire tous les cinq à six ans, car elle perd de sa beauté par
la vieillesse. On la multiplie par marcottes et par boutures. Les

premières se font en tout temps et s'enracinent ordinairement dans l'année lorsque leur bois n'est pas trop vieux. On met les secondes, au commencement du printemps, lorsque la végétation commence à se développer, dans des pots remplis de bonne terre et placés sur couche et sous châssis. Bien conduites, elles réussissent presque toujours. On les relève l'année suivante à la fin de l'hiver pour les repiquer isolément dans des pots où elles restent deux ans, et ensuite on les change tous les deux ans de terre en augmentant la grandeur du pot en proportion de leur croissance.

Cette plante fait aujourd'hui l'objet d'un commerce assez important, tout le monde voulant en avoir un pied sur sa fenêtre ou sur sa cheminée, afin de se procurer de temps en temps le plaisir d'écraser une de ses feuilles et de jouir de l'élégance de son aspect. (B.)

VERVUES. On donne ce nom, dans quelques cantons, aux Gouttières des arbres. *Voyez* ce mot.

VESCE, *Vicia*. Genre de plantes de la diadelphie décandrie, et de la famille des légumineuses, qui renferme une cinquantaine d'espèces, offrant presque toutes un fourrage extrêmement du goût des bestiaux, sur-tout des bœufs et des vaches, et des graines propres à engraisser les mêmes bestiaux, la volaille, etc. et dont une se cultive en grand et entre très avantageusement dans les assolemens de la plus grande partie des terres arables.

Toutes les vesces ont les tiges grimpantes; les feuilles alternes, composées de plus de quatre folioles accompagnées de stipules et terminées par une vrille. Leurs fleurs sont ou portées sur un pédoncule commun allongé ou presque sessile dans les aisselles des feuilles supérieures.

Les espèces de vesces vivaces les plus dans le cas d'intéresser les cultivateurs sont,

La VESCE A ÉPI, *Vicia craca*, Lin. Elle a les racines vivaces; les tiges grêles, hautes de deux à trois pieds; les fleurs nombreuses, imbriquées, bleues, portées sur des épis plus longs que les feuilles; les folioles obtuses, velues, au nombre de neuf à douze paires, les stipules étroits et semi-sagittés. Elle croît très abondamment en France dans les champs, les haies, sur le bord des bois et fleurit pendant une partie de l'été. Toutes les fois que je l'observe, je me demande comment il est possible qu'elle ne soit pas cultivée, car elle me paroît avoir des avantages supérieurs à beaucoup d'autres plantes qui le sont. Il est des cantons où elle est extrêmement commune dans les blés. Tantôt elle y est vue avec plaisir parcequ'elle rend la paille meilleure pour la nourriture des bestiaux, tantôt elle y est vue avec peine, parcequ'elle nuit considérablement aux produits de la récolte. Il est des prés où elle est également très multipliée. C'est le *vesceron*, le *jardeau* de quelques agriculteurs. La première manière de voir n'est pas tolérable en bonne agriculture, cependant il n'est pas toujours facile d'en débarrasser les champs lorsqu'on veut en purger les récoltes d'après la seconde. On ne peut la détruire que par le semis de plantes étouffantes comme la luzerne, le trèfle, ou de plantes qui exigent des binages d'été, comme la pomme de terre, le maïs, les fèves de marais, etc.

Il est probable que le motif qui a empêché jusqu'ici de cultiver la vesce à épi, c'est que ses longues tiges ont indispensablement besoin de tuteurs et qu'on n'a pas su comment leur en donner. L'inspection des champs qu'elle infeste, et dont j'ai vu grand nombre, indique le mode de culture qui lui convient. Ainsi je la sèmerois fort clair et je lui donnerois ou des tuteurs permanens (plantes vivaces susceptibles d'être mangées par les bestiaux), ou des tuteurs temporaires (céréales ou autres plantes annuelles dans le même cas). Ces dernières pourroient être semées chaque hiver sur un hersage ou un léger binage à la houe à cheval. *Voyez*, pour de plus grand détails, l'intéressant mémoire de Thouin inséré dans ceux de l'ancienne société d'agriculture de Paris, année 1788.

La vesce des buissons, *Vicia dumetorum*, Lin. Elle a les racines, vivaces; les tiges assez grosses, hautes de deux à trois pieds; les feuilles à stipules dentés, à folioles larges, ovales, mucronées; les fleurs rouges, disposées en épis pendans. Elle croît dans les haies, les bois des pays de montagnes. Tout ce que j'ai dit de la précédente convient à celle-ci, même mieux, puisqu'elle a les folioles plus larges. Je ne l'ai trouvée au reste nulle part abondante.

La vesce des haies, *Vicia sepium*, Lin. Elle a les racines vivaces; les tiges hautes de deux à trois pieds; les feuilles à folioles ovales très entières, à stipules finement dentés; les fleurs bleues réunies quatre par quatre dans les aisselles des feuilles supérieures. Elle se trouve dans les mêmes lieux que la précédente, et les mêmes observations lui sont applicables.

Cette vesce qui pousse une des premières au printemps, n'est point cultivée, malgré les expériences si encourageantes de MM. Swaine et Thouin, trimestre d'agriculture 1788. Le premier en a retiré un énorme produit; mais il se plaint que les insectes ne permettent pas d'en récolter la graine. Je remarque que cet inconvénient est bien réel pour les pieds sauvages et ceux qu'on cultive à la manière ordinaire, mais que si, au lieu de laisser la première fleur venir à graine, on la coupoit, les femelles des insectes (ce sont des bruches) seroient mortes à l'époque de la seconde floraison , et qu'alors il ne manqueroit pas une des semences qui en proviendroient.

La VESCE PISIFORME. Elle a les racines vivaces ; les tiges grêles, hautes de deux à trois pieds ; les feuilles à folioles grandes , ovales, glabres, au nombre de huit ; les fleurs jaunâtres disposées en épis plus courts que les feuilles. Elle croît , mais rarement, en divers lieux de la France méridionale. Comme la plus fournie de fane , c'est la plus importante à cultiver pour fourrage. Elle est la *lentille du Canada* de quelques agronomes , la *vesce blanche* de quelques autres. Son grain est mangé sec comme les lentilles , soit entier , soit en purée. On le fait entrer avec avantage dans la composition du pain. Les terrains les plus légers lui conviennent. Elle ne craint point le froid. La commission d'agriculture a publié une très bonne instruction sur sa culture.

La VESCE BISANNUELLE , *Vicia biennis*, Lin. , a les racines bisannuelles ; les feuilles de trois à quatre pieds de haut ; les pédoncules multiflores ; les folioles lancéolées, glabres ; les stipules semi-sagittés. Elle est originaire de Sibérie. Je la cite à raison de sa grandeur et du nombre de ses feuilles, et parceque Thouin a proposé de la semer pour fourrage, avec le mélilot de Sibérie, d'après les principes émis plus haut.

Les espèces de vesces annuelles qu'il est bon de faire connoître aux cultivateurs sont ,

La VESCE LATHYROIDE. Elle a les racines annuelles ; les tiges couchées, longues de plus d'un pied ; les feuilles composées de six paires de folioles , dont les inférieures sont en cœur ; les fleurs bleuâtres ou rougeâtres, solitaires ou géminées dans les aisselles des feuilles supérieures. Elle croît dans les lieux secs et sablonneux de beaucoup de parties de la France et fleurit de très bonne heure au printemps. C'est pour certains cantons de pâturages une plante très précieuse. Les habitans de la Sologne, qui sont exposés à manquer de fourrage à la fin de l'hiver, lui doivent souvent la conservation de leurs moutons. Quelque petite qu'elle soit, il pourroit sans doute être utile de l'introduire dans beaucoup de pâturages, où elle ne se trouve pas naturellement. Dès le mois d'avril elle est cachée dans les herbes de manière à ce que ses graines échappent à la voracité des poules , des pigeons et autres oiseaux qui en sont très friands.

La VESCE A FEUILLES DE LIN , *Vicia linifolia*, Bosc. Elle a les racines annuelles ; les tiges grêles, hautes de deux à trois pieds ; les feuilles à folioles linéaires et entières ; les fleurs bleuâtres, géminées dans les aisselles des feuilles supérieures. Je l'ai trouvée en abondance dans les seigles des cantons granitiques de la ci-devant Bourgogne. Elle ne m'a paru décrite dans aucun ouvrage. Le fourrage qu'elle donne est excellent ; aussi ne la regarde-t-on pas par-tout comme une plante nuisible, quoiqu'elle diminue considérablement le produit des récoltes. Ce que j'ai dit à l'occasion de la vesce à épi lui convient en partie.

La VESCE JAUNE, *Vicia lutea*, Lin. Elle a les racines annuelles ; les tiges hautes d'un à deux pieds, très rameuses ; les feuilles à folioles ovales, allongées, émarginées ; les fleurs jaunes, solitaires dans les aisselles des feuilles supérieures. Elle croit dans les sols pierreux, au milieu des champs, des buissons, etc. Quelques essais faits par la société d'agriculture de Versailles, et dont j'ai été témoin, prouvent que sa culture est plus avantageuse que celle de la vesce ordinaire, principalement parcequ'elle peut être coupée jusqu'à trois fois dans le courant de l'été et encore fournir un pâturage abondant pour l'hiver, saison pendant laquelle elle végète et même fleurit. Je fais des vœux pour que sa culture prenne de l'amplitude. Elle fournit à chaque coupe, dont la première doit être faite à l'époque de l'apparition des fleurs, et à deux ou trois pouces de terre, à peu près autant que pareil terrain en vesce ordinaire coupée de même.

La VESCE COMMUNE ou *cultivée*, *Vicia sativa*, Lin. Elle a les racines annuelles ; les tiges grêles, hautes d'un à deux pieds ; les feuilles à cinq ou six paires de folioles ovales, entières ; les fleurs bleues ou blanches, solitaires ou géminées dans les aisselles des feuilles supérieures ; les gousses droites et les semences noires ou blanches. Elle est naturelle aux parties méridionales de l'Europe et se cultive de toute ancienneté pour sa fane et pour sa graine, l'une et l'autre, comme je l'ai déjà observé, également du goût des bestiaux.

« La vesce, dit Olivier de Serres dans son Théâtre d'agriculture, ouvrage que les cultivateurs ne peuvent trop méditer, fournit de bonne pâture, si, estant semée en terre fertile, elle est fauchée en herbe et sans en espérer le grain ; mais en plus grande abondance donne-t-elle de la mangeaille au bestail, si on la mesle par esgale portion avec de l'avoine, pour ensemble semer ces deux grains et en faucher l'herbe vers le commencement de mai. Toutes sortes de bestes aiment cette viande, mais par sus toutes, la bouvine s'en plaît très bien. Les bœufs du labourage en sont toujours forts et robustes. Les vaches en abondent en laict, et s'en engraisse toute l'omaille (bestes destinées à l'engrais), jeune et vieille qui en est nourrie.

« Deux saisons, pour ensemblement semer la vesce et l'avoine, y a-t-il, l'automne et le printemps, toutefois les primeraines de ces semences-ci sont toujours les plus fructueuses, comme aussi abondent plus en herbage les grasses que les maigres terres. Si estes en pays où l'avoine résiste à l'hyver (car quant à la vesce n'en faut faire doubte, sous quelque aer que ce soit), ne délayés ce mesnage plus avant que la fin d'octobre ; mais votre climat estant par trop froid, attendés la fin de l'hyver. Quant à la terre, il est bien fascheux d'employer le meilleur fonds, veu que le moyen satisfaict raisonnablement à ces choses ; par quoi ce sera en terre de moyenne fertilité que logerés ces semences-ci ; si sans grand intérest de vostre labourage, pour l'abondance de bonnes terres qu'aurés, vous est permis de vous servir en cet endroit de partie de vostre plus fécond terroir. Seroit à souhaitter que le lieu fust sans aucunes pierres, pour la commodité des faucheurs. Défaillant telle aisance, ne laissés de vous servir du lieu qu'aurés tel qu'il se rencontrera, car la faucille en fera la raison. Et bien que cest herbage couste plus à moissonner qu'à faucher, pour cela ne faut laisser de s'en pourvoir, estant beaucoup plus cher, ou de nourrir mal le bestail, ou d'en aller chercher loin le fourrage avec despence et fascheux soins. De l'arrouser ne vous mettés en peine ; toutefois ayant l'eau à commandement, donnés-leur-en en la sécheresse, car cela fera plus abonder l'herbage que si le laissés avoir soif.

« Grande commodité cause ces herbages-ci aux pays diseteux de foins et pastis ; quinze à seize arpens de terre produisant la nourriture pour toute l'année de dix à douze bestes bouvines, dont elles s'entretiennent vigoureusement ; comme aussi cette viande est agréable aux chevalines. Et ce qui augmente le mesnage est que la vesce engraisse plus tôt qu'emmaigrit le terroir, après laquelle et l'avoine ensemble meslée, peut-on utilement semer du froment, du seigle et autres blés hyvernaux, pourveu que le fonds en ait été bien et diligemment labouré. Par ainsi, selon la disposition de vostre labourage, ferés de ceste pasture par-ci par-là, ès lieux où mieux se rencontrera, la quantité requise pour vostre nourriture. Au recueillir de ceste pasture faut soigneusement observer commun, ceci à tous autres foins, que de la serre estant sèche, pour le danger de tout perdre, estant humide, portée au grenier. »

Je n'ai pu me refuser la satisfaction de copier ce passage, si remarquable par sa concision, et qui est un traité complet de la culture et des usages de la vesce. Ce qui me reste à dire n'est que son commentaire.

On connoît deux variétés de vesces relativement à la graine. La grise, c'est celle qu'on préfère pour semer avant l'hiver ; la noire, qui prospère mieux quand elle est semée après cette saison. Elles peuvent cependant se suppléer sans inconvéniens graves.

Toute terre qui n'est pas marécageuse, ou dans le cas d'être noyée par les pluies, ou qui n'est pas aride au dernier degré, convient à la vesce. Elle aime les expositions sèches et chaudes, c'est-à-dire abritées.

Un seul labour suffit toujours aux vesces dans les fonds légers; il est bon d'en donner deux dans ceux qui sont argileux. On doit choisir un beau temps pour cette opération, et émietter la terre le plus possible. Comme un binage à la houe à cheval améliore singulièrement un labour déjà bon, il ne faut pas l'économiser lorsque la possession de ce précieux instrument, ou le temps, le permet. *Voyez* HOUE A CHEVAL.

Généralement on sème cent cinquante livres de vesce, terme moyen, plus ou moins selon la nature du sol, c'est-à-dire davantage dans les terres fortes, parcequ'il périra davantage de plant, moins dans les terres légères, où presque tout doit réussir. Cette graine sera recouverte par un, deux, et même trois hersages; car la surface de la terre doit être rendue aussi unie que possible.

Dans le climat de Paris le temps le plus favorable aux semis de la vesce est, en automne, le mois de novembre. Quand il est mis en terre plus tôt il devient trop fort, et quand il y est mis plus tard il ne devient pas assez fort; et, dans l'un et l'autre cas, il est exposé à souffrir également de l'effet des gelées et des temps constamment humides.

Presque toujours les vesces d'automne souffrent pendant l'hiver, quelquefois même on est obligé de les labourer au printemps; ce qui engage à les semer, c'est d'abord le besoin de fourrage précoce, ensuite l'espérance d'une abondante récolte, si le temps est constamment favorable; car une telle vesce rend un tiers, même moitié plus que celle du printemps.

Quelquefois une vesce d'hiver, qui semble n'avoir pas réussi, pousse avec vigueur au printemps par la faculté que possède la graine de se conserver long-temps dans la terre sans germer et sans pourrir, ce qui doit engager à ne la retourner qu'après avoir acquis la certitude qu'elle est perdue, ou à attendre jusqu'au milieu de mai.

Au printemps les vesces se sèment en mars; on y emploie un peu moins de semence parcequ'il en manque peu. Ces vesces lèvent souvent en un petit nombre de jours, quelquefois elles ne sont pas encore levées en mai; le tout selon que le temps leur est favorable, c'est-à-dire qu'il y a de l'humidité et de la chaleur.

Comme on ne bine point les vesces, celles qui sont trop

claires offrent une infinité de mauvaises herbes qui salissent le champ pour plusieurs années ; cette considération milite en faveur de la pratique de les semer après des cultures de plantes qui demandent des binages d'été, tels que des pommes de terre, des haricots, du maïs, etc. Au contraire, celles qui sont épaisses étouffent complètement ces mêmes mauvaises herbes, et nettoient par conséquent le champ pour les récoltes de l'année suivante. Ce motif doit donc engager à employer plutôt plus de semences que moins ; on le doit sur-tout, quand on n'est pas dans l'intention de laisser mûrir la graine. *Voyez* ASSOLEMENT et SUCCESSION DE CULTURES.

Au reste, rarement on met des engrais dans les terres destinées aux vesces, mais on a tort si l'intention en les cultivant est d'en obtenir de la graine. Plus souvent on les sème sur des terres marnées ou chaulées. Du plâtre répandu sur leurs feuilles, à la volée, un peu avant leur floraison, accélère singulièrement leur végétation et augmente leurs produits.

Couper les vesces, à l'époque de leur floraison, est une culture améliorante du fonds, ainsi que le prouvent la théorie et la pratique ; mais pour cela il faut qu'elles soient épaisses.

« Un point important, dit Arthur Young, est de pouvoir engraisser une terre de manière que le fumier ne l'infeste pas de mauvaises herbes : or, on prévient cet inconvénient en engraissant pour semer des vesces ; les mauvaises herbes poussent à la vérité, mais l'épais feuillage de cette plante les étouffe.» (*Expériences d'Agriculture.*)

On a recommandé de semer par rangées la vesce qu'on destine à la semence. (*Voyez* RANGÉES.) Je ne doute pas du bon effet de cette pratique, attendu qu'elle donne de l'air aux tiges, de l'espace aux racines, et qu'elle permet les binages ; mais je ne l'ai vue exécutée nulle part.

On sème la vesce ou seule, ou mêlée avec le seigle, le froment, l'avoine, le sarrasin, etc. Quelquefois, mais cela ne doit pas être encouragé, avec les mauvaises graines résultant du vannage des céréales. Une telle pratique a de grands avantages, en ce qu'elle fournit des appuis à cette plante. (*Voyez* MÉLANGE.) L'avoine, comme susceptible des atteintes de la gelée, ne se sème qu'avec la vesce du printemps. Dans ces cas, quand c'est pour fourrage, on emploie ordinairement deux parties de graine de vesce contre une de céréale. Quand c'est pour graine on ne met qu'un sixième, un huitième ou douzième de céréale.

Ainsi que je l'ai déjà indiqué, on sème la vesce, 1° pour la couper quand elle entre en fleur, ou, ce qui revient au même, pour la faire paître à la même époque; 2° pour la couper lorsque la moitié des graines est arrivée à maturité ; 3° pour la couper lorsque la plus grande partie des graines est mûre ; 4° pour l'enterrer en fleur comme engrais. Je dois présenter quelques observations sur ces trois modes d'emploi.

Les vesces, sur-tout celles semées en automne, poussant de bonne heure au printemps, fournissent un fourrage abondant et d'excellente qualité à une époque (c'est en mai dans le climat de Paris) où celui des prairies naturelles et artificielles n'est pas encore arrivé au point de développement convenable. Ce fourrage très nourrissant, et du goût de tous les bestiaux, convient principalement aux vaches et aux brebis nourrices, aux agneaux encore au lait, et aux chevaux qui ont besoin d'être mis au vert. Il offre, ainsi qu'Olivier de Serres l'observe, une précieuse ressource, en tout temps, pour les pays qui n'ont aucune prairies.

Coupées quinze jours ou trois semaines plus tard, les vesces offrent un autre avantage ; c'est que leurs graines, déjà en partie formées, offrent aux bœufs, aux vaches, aux chevaux et aux brebis ou moutons fatigués, même épuisés, un moyen de se rétablir avec rapidité à raison du plus de matières nutritives qu'elles contiennent : alors on la dessèche souvent pour leur servir de nourriture pendant l'hiver. C'est la *dragée*, la *mélarde* de beaucoup de cultivateurs.

Quelquefois aussi on sème la vesce à la fin de l'été, soit seule, soit mêlée avec du seigle, du froment ou de l'avoine, pour servir de pâturage aux moutons, aux vaches, etc., au commencement de l'hiver, ou pour leur être donnée dans l'écurie lorsque les regains sont consommés. Cet emploi de la vesce est très dans le cas d'être recommandé.

Lorsque la plus grande partie des graines, car rarement il est prudent, à raison de la disposition qu'elles ont à se disperser, est mûre, on fauche les vesces pour leurs graines, que tous les bestiaux aiment, et qui sont extrêmement du goût de toutes les volailles, principalement des pigeons, qu'on peut en nourrir exclusivement pendant toute l'année. Dans ce cas la fane est dure, privée de feuilles, et bien moins propre à la nourriture des bestiaux. Moins on la bat et meilleure elle reste ; complètement privée de graines, elle n'est plus bonne qu'à faire de la litière.

La vesce a besoin d'être desséchée très rapidement, car elle perd très facilement ses feuilles et ses graines. De plus on ne peut se dispenser de la serrer aussi sèche que possible, étant, lorsqu'elle n'est pas mûre, très susceptible de moisir, et lorsqu'elle l'est, de germer, ce qui la rend impropre à la nourriture des bestiaux et des volailles. Quelques cultivateurs soigneux, pour n'avoir à craindre ni l'un ni l'autre de ces inconvéniens, stratifient leur vesce avec des branches d'arbres ou des petits fagots secs, et encore mieux avec de la paille de froment ou d'avoine, et ils sont dignes d'approbation.

Il est constaté par les écrits des agronomes grecs et romains que la vesce comme le LUPIN (*voyez* ce mot), enterrée en vert, a été de toute ancienneté regardée comme un excellent ENGRAIS. (*Voyez* ce mot et celui RÉCOLTES ENTERRÉES.) Toutes les expériences modernes tendent à convaincre des avantages de ce moyen fertilisant, moyen qui, s'il est moins puissant ou moins durable que celui des fumiers, est bien plus économique et s'offre toujours sous la main du cultivateur. Aujourd'hui que les principes sur lesquels repose l'agriculture sont mieux connus, on fait en France, en Angleterre et en Allemagne un plus fréquent usage de la vesce enterrée comme engrais ; mais cet emploi n'est pas encore assez général, ce n'est que lorsque chaque exploiteur sèmera chaque année une pièce de vesce à cette intention que les amis de l'agriculture devront applaudir.

Assez fréquemment en sème la vesce avec le sarrasin à la fin de l'été, pour les enterrer tous deux en automne, et semer sur la terre qu'ils ont engraissée des céréales au printemps suivant.

Pour que la vesce ne s'embarrasse pas dans la charrue lorsqu'on laboure pour l'enterrer, on la fauche ou on la roule un jour ou deux avant le labour.

Quelque excellente que soit la vesce, soit en feuilles, soit en graines, elle est sujette à quelques inconvéniens lorsqu'on la donne sans ménagement aux bestiaux et aux volailles. Souvent elle fait d'abord maigrir les vaches et les chevaux. Il semble résulter de quelques faits qu'elle convient mieux aux vieux qu'aux jeunes. Dans tous les cas, il faut ne la leur donner qu'en petite quantité, mêlée avec d'autre fourrage à la fois, non couverte de rosée quand elle est verte, et même, dans ce cas, la saupoudrer d'un peu de sel.

Quant à la graine, ce sont les pigeons qui s'en accommodent le mieux. Il faut la ménager aux poules, aux dindons et aux canards. Les cochons ne doivent en manger que de loin en loin, ou mêlée avec d'autres graines. C'est par excès de principes nutritifs qu'elle paroît nuire à ces animaux ; aussi appelle-t-on *cochons brûlés* ceux qui sont malades pour en avoir trop mangé. On a essayé de la convertir en pain, mais on n'en a obtenu qu'un aliment de mauvais goût et d'une digestion difficile.

C'est toujours la graine de la dernière récolte qu'il faut semer de préférence ; mais cependant elle peut se garder bonne pendant plusieurs années.

Quand la vesce, considérée relativement aux plantes qu'il

convient de placer avant ou après elle dans le même terrain, je renvoie aux articles Assolement et Succession de culture, où cet objet a été traité de main de maître par mon collaborateur Yvart. (B.)

VESCE A GRAINE BLANCHE. *Voyez* Vesce pisiforme.

VESCE DE CANADA. *Voyez* Vesce pisiforme.

VESCERON. *Voyez* Vesce a épi.

VÉSIGON. (Médecine vétérinaire.) Maladie du cheval ; affection du jarret.

Le vésigon est une tumeur molle, indolente, rarement douloureuse, et d'un volume plus ou moins considérable. Elle est située entre la partie inférieure et latérale de l'os de la jambe (le tibia) et l'espèce de corde tendineuse qui passe sur la pointe du jarret.

Le plus souvent le vésigon se montre à la face externe, mais il se manifeste aussi quelquefois à la face interne ; lorsqu'il paroît des deux côtés en même temps il est dit *vésigon* soufflé ou chevillé.

Dans les chevaux de selle il peut être occasionné par des efforts, des contusions et des distensions ; mais il arrive souvent aussi que la dureté de la main du cavalier détermine ces sortes de tumeurs. Des acoups, des arrêts trop prompts et non prévenus, et plus encore un état de contension long-temps soutenu lorsqu'on met le cheval sur les hanches, et qu'on cherche à le rassembler, sont autant de causes qui produisent les vésigons.

Dans les chevaux de trait, les efforts, les contusions, la dureté de la main du cocher, les arrêts trop courts, les reculades inconsidérées, les coups de fouet donnés en même temps que l'on retient le cheval, sont des causes qui donnent lieu aux vésigons. Il en est de même pour le cheval de charrette : les efforts que font les chevaux, soit en montant, soit en descendant, la brutalité des conducteurs qui en exigent plus qu'ils ne doivent, ou qui les battent à contre-temps et avant qu'ils ne soient placés convenablement pour exécuter ce qu'on leur demande, sont encore des causes qui déterminent ces sortes d'accidens. J'ai vu des chevaux de charrette qui avoient des vésigons énormes ; ceux des plâtriers et des carriers y sont plus exposés que les autres, attendu le travail forcé auquel ils sont assujettis.

Les marchands de chevaux sont dans l'usage d'avoir des écuries dont le devant est très élevé pour donner plus d'apparence à leurs chevaux ; cette position fatigue beaucoup les jarrets et donne des vésigons. Mais lorsque cet état n'a pas duré long-temps, et que les chevaux sont changés pour être

placés dans des écuries dont l'aire n'a que l'inclinaison nécessaire à l'écoulement des eaux, les vésigons disparoissent.
J'ai eu plusieurs fois occasion d'observer ce fait.

Lorsque le vésigon est léger, il disparoît ordinairement dans
la flexion du jarret, et ne reparoît que dans l'appui.

Le traitement consiste dans l'emploi des spiritueux en fric-
tion, tels que l'eau-de-vie camphrée, l'essence de térébenthine, la teinture de cantharides, l'ammoniac uni à l'huile
d'olive, et l'emplâtre vésicatoire.

Lorsque ces substances n'ont pas produit l'effet désiré, il
faut appliquer le *feu* (ou *cautère actuel*) en raies, entre lesquelles on sème des pointes, ou en pointes seulement, et recouvrir le tout d'un emplâtre de résine fondue, qu'on applique chaude sur la partie, en observant cependant de ne pas
employer cette résine assez chaude pour qu'elle brûle. (Des.)

VESSE-LOUP, *Lycoperdon.* Genre de plantes cryptogames, de la famille des champignons, qui renferme plus de
cinquante espèces, dont deux ou trois sont si communes dans
les pâturages secs, le long des bois et des chemins, qu'il n'est
point d'habitant des campagnes qui ne les connoisse.

Un sphéroïde plus ou moins régulier, nu ou entouré d'un
volva, sessile ou stipulé, lisse ou rugueux, d'abord solide et
charnu intérieurement, ensuite creux, et lançant, par une
ouverture qui se fait à son sommet, une poussière séminale
noire, qui étoit attachée à des filamens, forme le caractère
de ce genre.

La VESSE-LOUP DES BOUVIERS est souvent grosse comme la
tête d'un enfant et ordinairement plus que le poing. Sa chair
est d'abord blanche, puis jaune, enfin noire. On la trouve très
abondamment dans les pâturages, mais presque toujours solitaire. Son nom vient de ce que les bergers jouent souvent
avec elle comme avec une paume. Sa poussière prise intérieurement est un dangereux poison, et lancée dans les yeux peut
faire perdre la vue ; mais on l'emploie extérieurement pour
arrêter les hémorragies produites par des blessures, ou pour
dessécher des ulcères, sans qu'on ait remarqué que cela eût
des inconvéniens. Après la dispersion de ses semences, il reste
une peau épaisse, mollasse, filandreuse, qui, trempée dans une
eau où on aura mis un peu de salpêtre et de farine, devient
un très bon amadou, dont on fait exclusivemnt usage dans
quelques cantons.

Cette vesse-loup tient très peu à la terre, aussi les grands
vents de l'automne l'arrachent-ils souvent et la font rouler
dans les plaines d'une manière très pittoresque, ainsi que j'ai
eu plusieurs fois occasion de l'observer.

La VESSE-LOUP ÉTOILÉE a un volva qui se déchire et forme sur la

13. 29

terre cinq à six rayons qui lui donnent la forme d'une étoile, au centre de laquelle est un globule d'un pouce au plus de diamètre. Elle est très commune dans les bois sablonneux, ou les pâturages secs, et s'y fait remarquer par sa forme singulière. Son volva se relève par la sécheresse et s'étend par l'humidité, de sorte qu'il peut servir et sert réellement à pronostiquer le beau temps ou la pluie quelques jours à l'avance. On peut le conserver, pour cet objet, dans une chambre pendant un grand nombre d'années.

VEULE. Synonyme de foible. On dit qu'une plante est veule lorsqu'elle ne soutient pas bien sa tige. Au reste ce mot a beaucoup vieilli. (B.)

VIANDE. C'est le nom générique sous lequel on désigne les parties molles, la chair, et sur-tout les muscles de ceux des quadrupèdes, des oiseaux et des poissons que les hommes ont reconnus comme les plus propres à leur servir de nourriture. La viande diffère en qualité, suivant les espèces d'animaux, leur âge, leur sexe, leur état sauvage et domestique, la quantité et la nature des alimens dont ils ont été nourris, l'embonpoint qu'ils ont acquis, ou l'état de maigreur dans lequel ils sont tombés, suivant encore qu'ils sont pourvus ou privés des organes de la génération, ou enfin relativement au climat et aux lieux qu'ils habitent.

Les préparations qu'on fait subir aux viandes pour les rendre propres à paroître sur nos tables, donner à la chair des carnivores la délicatesse de celle des animaux herbivores, frugivores et granivores, appartiennent spécialement à la cuisine, à cet art connu dès l'origine du monde, inventé par le besoin, perfectionné par le luxe, et porté par l'intempérance au plus haut degré de raffinement; à cet art, en un mot, au progrès duquel la société auroit le plus grand intérêt, si, destiné à apprêter les alimens, il s'occupoit de les rendre salutaires autant qu'il cherche à leur donner de l'agrément. Ces préparations, que plusieurs ouvrages ont célébrées, sont trop nombreuses pour nous permettre seulement de les passer en revue : il suffira d'indiquer les procédés les plus efficaces pour soustraire, pendant un certain temps, les substances animales à la putréfaction, et éviter que leur usage ne devienne préjudiciable à la santé.

Des différens moyens de conserver les viandes. Il est des circonstances où, dans l'impossibilité de fournir à un certain nombre d'hommes de la viande fraîche en proportion de la consommation, on a besoin de la remplacer par celle qu'on a amené, par des procédés particuliers, à un état capable de servir de nourriture principale aux marins, et de braver les voyages de long cours sans s'altérer. Nous avons fait connoître ces procédés au mot SALAISON , en présentant le muriate de soude comme le plus puissant antiseptique connu.

Viande confite dans la graisse. L'huile, l'axonge, le beurre et la graisse ont encore un pareil emploi dans les pays où ces condimens sont à bon compte. En Asie et en Afrique, la viande de chameau à moitié cuite est divisée par morceaux, arrangés dans des jarres, et sur lesquels on verse du beurre fondu.

Là où l'huile est commune, ce fluide sert à conserver, par exemple, le thon, le saumon et le brochet ; mais il est nécessaire que ces poissons soient parfaitement frais, nettoyés et essuyés, coupés par fragmens, d'un pouce ou deux au plus d'épaisseur, ayant soin, chaque fois qu'on en tire un morceau, que le reste soit bien couvert de graisse.

Ces agens de la conservation ont quelques défauts dont on peut les corriger ; le plus frappant, c'est une disposition de passer à la rancidité, et de contracter alors un goût âcre et fort, qu'ils communiquent ensuite à la viande ou au poisson ; rien n'est plus aisé que de la détruire. Il suffit de les soumettre préalablement à l'opération du beurre fondu, c'est-à-dire d'évaporer leur humidité surabondante, de les tenir sur le feu pendant un certain temps dans l'état fluide, et d'enlever avec l'écumoire la matière caseuse ou albumineuse qui se rassemble à la surface, et prend une forme à demi concrète.

Viande marinée. L'application des acides n'est pas seulement utile à la conservation des fruits et des légumes, elle a encore de grands avantages pour les substances animales menacées de s'altérer dans les grandes chaleurs. En laissant macérer les viandes pendant quarante-huit heures dans le vinaigre, on parvient à les attendrir, et à corriger même cette saveur rude et ammoniacale qu'on trouve souvent au gibier et même à la chair des animaux de boucherie, sur-tout au temps du rut ; mais il faut convenir qu'en sortant de cette espèce de saumure ou marinade, ces viandes n'ont plus la saveur qui leur appartient, car quelles que soient les précautions dont on se serve, celle du vinaigre se fait toujours remarquer ; et si quelquefois on en aime le goût, on désireroit le plus souvent qu'il ne fût pas aussi sensible. Dans ce cas le vinaigre foible doit être préféré.

L'usage de conserver le poisson est beaucoup plus général dans le nord que parmi nous ; non seulement on le sale et on le confit dans l'huile, mais on emploie encore le vinaigre pour en prolonger la durée pendant six mois.

Les acides minéraux peuvent aussi concourir à la conservation des viandes ; mais il ne faut pas qu'ils soient dans leur état de concentration ordinaire, car ils agiroient sur leur tissu et les rendroient coriaces ; l'alcohol rectifié est aussi moins propre que l'eau-de-vie à ce genre d'opération. Dans cette circonstance, on a laissé de la viande pendant neuf mois dans l'alcohol à treize degrés, elle a fourni au bout de ce temps de fort bon bouillon ; et si on préconise l'acide muriatique comme un moyen merveilleux de leur donner une saveur agréable et de favoriser leur digestion, c'est lorsqu'il est étendu dans une grande quantité d'eau.

Un autre fait qui constate la préférence que l'on doit donner aux acides affoiblis pour conserver pendant quelques jours les substances animales au milieu des chaleurs excessives de l'été, et les préserver de leur tendance naturelle à la corruption, c'est le procédé qui consiste à les faire macérer dans le lait caillé ; non seulement elles y conservent tout leur caractère, mais on remarque qu'elles acquièrent plus de disposition à se cuire, deviennent plus délicates et d'une digestion plus facile. Cette pratique, adoptée dans les départemens du Haut et Bas-Rhin, offre aux habitans des petites communes rurales, où les bouchers ne tuent qu'une ou deux fois par semaine, l'avantage de se procurer de la viande dans un état frais.

Viande boucanée. Les soldats auxquels on distribue quelquefois de la viande pour huit ou dix jours sont dans l'usage de lui faire éprouver une légère dessiccation préalable au feu et à la fumée, ce qu'on appelle *boucaner ;* ils parviennent par ce moyen à la manger le dixième jour, sinon aussi délicate, du moins aussi saine que quand elle est nouvelle ; mais les viandes salées préalablement à l'opération qui les fume comme le bœuf de Hambourg, le lard, le petit-salé, les jambons, sont d'une conservation infiniment plus durable exposées dans une cheminée à une distance suffisante de la flamme du bois vert. D'abord elles perdent leur humidité surabondante, éprouvent une sorte de combinaison, leurs surfaces s'enduisent ensuite d'une espèce de vernis noirâtre, qui les préserve pendant un certain temps de la rancidité, et leur donne un goût de fumée qui ne déplaît point à la plupart.

C'est à la faveur d'un procédé à peu près semblable que les Hollandais préparent les *harengs saures :* dès que ces poissons sont retirés de la saumure, on les suspend dans des espèces de cheminées faites exprès, sous lesquelles on fait un feu susceptible de donner beaucoup de fumée, et où ils sèchent en moins de vingt-quatre heures, et se recouvrent d'un vernis conservateur.

Viande desséchée. La dessiccation est un des plus puissans moyens de conservation des viandes. Les Lapons s'en servent pour prolonger la durée de leur poisson, et ils la poussent aussi

loin qu'ils le peuvent ; elle est, comme nous venons de le
dire, bien plus efficace quand on l'applique à la viande salée.

Il y a une trentaine d'années que M. Cazalet, professeur
de physique et de chimie à Bordeaux, a présenté un procédé
pour dessécher le bœuf et le mouton pendant cinq à six ans ;
il consiste à mettre la viande désossée, et sans la cuire, à l'étuve,
et à la vernir ensuite, soit avec de la gomme, soit avec de la
colle de poisson, ou de la gélatine bien rapprochée. Cette
viande renflée dans l'eau et préparée avoit autant de saveur
que la même viande la plus fraîche.

On peut conserver la viande dans un endroit où il ne règne
que dix ou douze degrés de chaleur ; mais on doit s'abstenir
de la porter à la cave, parcequ'elle contracte toujours dans
cette partie inférieure du bâtiment un goût désagréable, sur
tout si dans le voisinage il existe un tuyau de fosse d'aisance,
quand bien même il seroit revêtu d'un double mur.

La température au degré de la congellation est un préservatif efficace contre la putréfaction pendant tout aussi long-
temps que la substance animale y est exposée ; c'est de là que
provient l'habitude où l'on est dans les climats glacés du nord
de l'Europe de garder la viande dans la neige, ainsi que celle
d'emballer le poisson dans la glace pour l'envoyer de l'Écosse
au marché de Londres.

Exposée à une température au-dessous de zéro, la viande
reste donc dans l'état de fraîcheur qu'elle avoit à l'instant où
le froid l'a surprise : c'est ainsi que les habitans du Canada
gardent leur provision en ce genre pendant le fort de l'hiver ;
mais lorsqu'il s'agit d'en faire usage, il faut la soumettre au
dégel insensible, afin qu'elle perde moins de sa saveur naturelle.

Viande cuite. La viande de boucherie et la volaille rôtie
encore chaude, qu'on a saupoudrée de sel égrugé, peut, étant
couverte avec un papier propre et changée de plat tous les
jours, se conserver un certain temps ; mais si on les arrose
avec une gelée ou du jus, quoique dans un vase où l'air extérieur pénètre difficilement, le fluide s'aigrit et gâte bientôt
la viande ; elle se garde mieux à sec.

Viande altérée. C'est en vain qu'on se flatte de rétablir la
viande qui a éprouvé un commencement d'altération, en la
lavant à diverses reprises avec de l'eau saturée d'acide carbonique, en la faisant bouillir avec un nouet de charbon,
ou en plongeant dans le bouillon qui la cuit un charbon
allumé, on peut bien, à l'aide de ces précautions, diminuer
sa défectuosité ; mais elle n'a jamais la couleur, la saveur,
la consistance et l'aspect d'une viande fraîche, quoique mas-
quée à force d'assaisonnement.

Quand le poisson arrive dans cet état, qu'on nomme *pâmé*, il faut se hâter de le vider, de le jeter dans plusieurs eaux fraîches, de le cuire ensuite dans un court-bouillon, qu'on ne peut plus faire servir une autre fois. Si, traité ainsi, il n'a pas le mérite du poisson frais, on peut du moins le manger le jour même et le lendemain sans répugnance.

Dans un moment où la Société d'agriculture du département de la Seine vient de faire un appel à tous ses membres, ainsi qu'à ses correspondans, tant étrangers que nationaux, sur l'art de conserver les substances alimentaires, et de fournir à la table du pauvre comme à celle du riche, pendant tout le cours de l'année, une variété de mets capable d'augmenter les moyens de nourriture du premier, et de multiplier les jouissances du second, il y a tout lieu d'espérer que les vues d'utilité publique de cette compagnie seront parfaitement secondées; et que nous devrons bientôt aux efforts de son zèle un bon ouvrage, réclamé par les besoins du commerce, de la marine et de l'économie domestique. (PAR.)

VIDANGE. Ce sont les excrémens humains retirés des latrines, et qu'on emploie à l'engrais des terres. *Voyez* au mot EXCRÉMENT.

VIF (BOIS) lorsqu'il présente une belle végétation ; on nomme encore ainsi les *bois durs*, par opposition avec l'acception du mot *mort-bois*.

VIGNE. Par sa position géographique, par la nature de son sol, par la variété de ses climats, par le nombre de ses abris, par l'étendue de sa population, la France est plus qu'aucun autre pays dans le cas de se livrer avec succès à la culture de la vigne ; aussi depuis plusieurs siècles les produits de ses vignobles sont-ils regardés comme une des sources principales de sa richesse territoriale, et l'exportation qui s'en fait comme le moyen le plus certain de fixer en notre faveur la balance de notre commerce avec l'étranger.

Cependant, de toutes les natures de biens, la vigne passe pour être la moins avantageuse ; et en effet on voit une population extrêmement pauvre dans presque tous les pays de vignobles, et les propriétaires qui n'ont que des vignes sont presque tous dans une gène continuelle. Ces résultats tiennent, et à la nature même de ce bien, et à des causes politiques, et à des erreurs de culture, et à la position du propriétaire.

A la nature du bien, parceque la vigne est sujette à des accidens nombreux qui la rendent souvent improductive pendant plusieurs années consécutives, et qu'il faut cependant lui donner les mêmes façons que si elle avoit payé ses frais. A quoi il faut ajouter que lorsque, dans ce cas, il survient une année abondante, le prix du vin s'avilit à un tel point que la vente de la récolte ne rembourse pas des avances des années antérieures.

A des causes politiques, parceque les impôts sur la vigne, sur le vin et ses produits sont extrêmement exagérés, fort inégalement répartis, puisque les vignes les moins productives payent souvent autant que celles qui le sont le plus, et que la qualité du vin, qui fixe sa valeur, entre rarement avec exactitude dans les élémens de la taxe qu'il supporte. Les guerres maritimes, aujourd'hui si fréquentes, de si longue durée, ont aussi les suites les plus funestes pour la plupart de nos vignobles, sur-tout sur ceux voisins des côtes et des grands fleuves.

A des erreurs de cultures : il est des vignes si mal placées relativement à la nature du sol, et à l'exposition, dont les cépages sont si mal choisis, dont les labours, la taille, l'échalage sont si négligemment exécutés, qu'elles ne rendent pas assez pour rembourser les frais qu'elles occasionnent. Je dois ajouter que la fureur d'avoir des vignes est telle qu'il est des cantons privés d'une population suffisante pour en consommer les produits, et de routes pour l'exporter, où on ne cesse d'en planter, et où par conséquent il tombe au plus bas prix.

De la position du propriétaire : plusieurs mauvaises années se succédant souvent, il ne peut, s'il est pauvre, ni faire les avances convenables pour entretenir sa vigne en bon état, ni attendre que le prix du vin soit remonté ; aussi la plupart, sur-tout en Bourgogne, sont-ils à la merci des commissionnaires avides qui s'enrichissent à leurs dépens. *Voyez* COMMISSIONNAIRE.

C'est donc entre les mains de riches propriétaires qu'il est, sous tous les rapports, avantageux que soient les vignes, afin qu'ils puissent y verser libéralement des avances en tout temps, et qu'ils puissent attendre que les circonstances ramènent le prix du vin à un taux tel qu'ils puissent trouver du bénéfice à le vendre.

Mais, dira-t-on, il est un grand nombre de vignobles où il est d'usage d'abandonner le tiers, la moitié, les deux tiers de la récolte au vigneron, à charge de toutes les dépenses et de tous les travaux, et où par conséquent le propriétaire n'a qu'à recevoir son revenu, fort ou foible. Oui, répondrai-je ; mais j'ai vécu dans plusieurs de ces vignobles, et l'expérience m'a convaincu que, soit que le vignoble produise du vin fin ou du vin commun, ce mode d'arrangement étoit aussi nuisible au propriétaire qu'au vigneron et qu'à la vigne même.

En effet, là j'ai vu les vignes extrêmement mal cultivées, c'est-à-dire que les vignerons y mettoient le moins possible de leur travail, nulle industrie réparatrice et point d'argent ; aussi ne donnoient-elles que des produits inférieurs en quan-

tité et en qualité. Là, j'ai vu les vignerons, toujours obérés
malgré la vie misérable qu'ils menoient, concourir à avilir le
prix du vin en le vendant à tout prix, et malgré cela être
forcés, dans le cours de l'année, de demander des avances à
leur propriétaire, avances qui finissoient par être perdues en
totalité ou en partie.

Pour compléter ce qu'il y a à dire sur cet objet, je copie le
morceau suivant rédigé par M. Dussieux.

« Quelques écrivains irréfléchis ont confondu la culture de
la vigne en général avec le mode de la cultiver; et parcequ'il
y a des vignerons à la mendicité et des propriétaires dans l'indigence, ils ont proposé d'arracher une partie de nos vignes
pour relever la valeur de la partie restante.

« Pour que la proposition fût admissible, il faudroit que le
terrain qu'occupent les vignes manquât à la reproduction d'une
denrée plus précieuse, celle du blé, par exemple; ou que le
vin fût tellement commun en France que ses habitans, suffisamment abreuvés de cette liqueur, et les demandes des étrangers plus que satisfaites à cet égard, il y en eût un excédant
en pure perte pour l'état comme pour les propriétaires; mais
combien il s'en faut qu'une telle supposition soit vraie, et par
conséquent plausible! Faut-il encore répéter que les terres à
blé ne sauroient convenir à la vigne, et que le terrain le plus
propre à cette plante est celui qui, dans notre climat, convient le moins à tout autre genre de reproduction? Un arpent
de vigne de Lafilée, de Latour, de Margaux en Medoc, ou
de Haut-Brion dans les graves de Bordeaux, qui rapporte annuellement trois pièces de vin à raison de 5 à 600 fr. chacune,
donneroit à peine en seigle ou en bois 10 à 12 fr. par an. Par
quel végétal utile remplaceroit-on la vigne dans les territoires
d'Arbois, de Condrieux, et sur presque toute la côte du
Rhône?

« Ajoutons à cela que le terrain consacré en France à la
culture de la vigne seroit d'une étendue presque double de
celle qu'elle y occupe aujourd'hui; que son produit suffiroit
tout au plus à la consommation de ses habitans. En prenant
pour base de ce produit les vignes dont la culture est soignée
et dont une aveugle parcimonie ou une pitoyable indigence
ne restreint point les frais d'exploitation, on obtient, année
commune, sept poinçons par arpent; mais comme dans la
combinaison de la valeur vénale du produit d'un tel arpent
nous avons soustrait un huitième de chaque propriété, censé
employé au renouvellement du vignoble, nous devons borner
ce rapport à six poinçons et un huitième.

« Voyons maintenant quel est le nombre d'arpens, ou de
demi-hectares, employés à cette culture. Plusieurs écrivains se

sont occupés de cette importante question, d'autant plus difficile à résoudre qu'il n'a encore paru aucun travail élémentaire ou méthodique qui puisse diriger une pareille recherche ;
mais en suivant ceux adoptés par les économistes on voit qu'il
y a un million six cent mille arpens employés en France à la
culture de la vigne, et que cette quantité, à six poinçons un
huitième par chaque arpent, donne un total de neuf millions
six cent quatre-vingt huit mille barriques.

« La population de l'ancienne France s'évaluoit assez généralement à vingt-quatre millions d'individus, desquels on doit
en déduire quatre pour les enfans hors d'état de boire du
vin. On doit supposer que la moitié des autres citoyens en
sont privés, ou par indigence, ou parceque d'autres boissons,
comme le cidre ou la bière, le suppléent. Ainsi la consommation du vin se trouvera restreinte aux besoins de dix millions d'individus de l'un et l'autre sexe.

« La consommation habituelle et modérée d'un homme est
de deux barriques ou poinçons. La moitié suffit pour celle
d'une femme. On en devroit donc consommer en France
quinze millions de pièces. Si on ajoute à cette quantité de vin
celui qu'on emploie à la fabrication des eaux-de-vie et des vinaigres, et aux usages de la pharmacie et de la cuisine, et
enfin celui qu'on exporte à l'étranger, on trouvera un nouveau déficit de dix-huit cent mille pièces sur ce que devroit
être le rapport des vignes de France, soit pour la consommation intérieure, soit pour son commerce du dehors ; puisqu'il
faudroit pour remplir l'une et l'autre de ces destinations un
produit général d'au moins seize millions huit cent mille pièces, c'est-à-dire, d'une part, la récolte de deux millions huit
cent mille arpens, donnant chacun sept barriques, et en
outre l'emploi en jeunes ceps, pour le renouvellement des
vignes, de trois cent quarante-trois mille arpens. Il faudroit
donc que la culture de la vigne occupât, sur le sol français,
deux millions sept cent quarante-trois mille arpens, tandis
qu'un million six cent mille seulement lui sont consacrés. Dans
le premier cas le produit territorial des vignes de France,
converti en argent, chaque arpent produisant sept barriques,
et chaque barrique représentant la valeur de 45 fr. 25 cent.,
porteroit cette seule branche de revenu annuel à la somme
de 761 millions 270 mille fr.

« Le gouvernement français doit donc le plus grand encouragement à la culture des vignes, soit qu'il considère ses produits relativement à la consommation intérieure, soit qu'il
les envisage sous le rapport de notre commerce avec l'étranger,
dont il est en effet la base essentielle. »

Les climats trop chauds et les climats trop froids sont également contraires à la nature de la vigne, aussi ne la cultive-t-on en grand et avec profit qu'entre le vingt-cinquième et le cinquante-deuxième degré de latitude. Schiras, en Perse, est je crois le point le plus méridional, et Coblentz le point le plus septentrional où on la trouve.

Mais dans les climats froids il est des localités qui, au moyen des abris, éprouvent pendant l'été une chaleur égale à celle des climats chauds; ce sont celles qui sont exposées au midi, et garanties par des montagnes des vents du nord, de l'est et de l'ouest.

L'exposition est donc la première chose qu'on doit considérer dans chaque pays quand on veut planter une vigne dans le milieu et le nord de la France.

..... *Denique apertos*
Bacchus amat colles..., dit Virgile, et beaucoup de personnes pensent qu'on ne peut recueillir de bon vin dans les plaines. Cela est vrai en général, sur-tout dans le nord; cependant il est beaucoup de vignes en plaine, ou presque en plaine dans tous les pays de vignobles. Le canton de Saint-Denis est en plaine, et c'est celui qui donne le meilleur vin d'Orléans. Le Médoc est en plaine, et on sait combien est supérieur le vin qu'il fournit. Il en est de même de beaucoup de vins de Languedoc, de la côte du Rhône, du pays d'Aunis. Il est plusieurs excellens vignobles en Bourgogne qui sont dans la même situation.

L'exposition du nord est généralement regardée comme la plus mauvaise pour la vigne; cependant les si excellens vins d'Epernay et de Versenay, dans la montagne de Reims, contrée où se termine la vigne sous ce méridien, proviennent de vignes ayant cette exposition.

Les meilleurs crus des vignes d'Indre-et-Loire, de Saumur, d'Angers, sont encore au nord. Si ma mémoire me servoit bien, je pourrois en citer encore bien d'autres dans le même cas.

Les vignes au nord ont par-tout un avantage sur les autres, c'est qu'elles sont moins sujettes aux effets désastreux des gelées du printemps. *Voyez* EXPOSITION.

La vigne s'accommode de toute espèce de terrain, pourvu qu'il ne soit pas imperméable à ses racines, ou abreuvé par des eaux corrompues; mais pour qu'elle donne un raisin abondamment fourni de principe sucré, il faut qu'elle soit dans un terrain sec et léger.

La nature du sol est donc, dans le même cas, la seconde chose qu'on doit examiner.

J'ai annoncé plus haut qu'il y avoit des variétés de raisins qui étoient plus sucrées, d'autres plus productives, etc.; qu'il s'en trouvoit qui vouloient être mélangées avec d'autres pour donner des vins de bonne qualité.

Le choix de la variété, ou des variétés, est la troisième chose à laquelle il faut faire attention encore dans le même cas. Je reviendrai sur cet objet.

Enfin la culture ayant une puissante influence sur l'époque de la maturité, sur la qualité, sur la grosseur du fruit, c'est sur le choix de cette culture qu'il faut ensuite porter ses regards. La suite de cet article le prouvera.

Plus on s'élève sur les montagnes, et plus la température diminue. Les vignes plantées sur celles très hautes des pays chauds se trouveront donc dans le cas de celles plantées dans les plaines des pays tempérés ou froids. C'est pourquoi on cultive la vigne en Abyssinie, dans le Liban, lorsqu'on ne le peut dans le Sennar, à Damas.

Plus l'inclinaison d'un coteau est considérable, et plus il reçoit directement les rayons du soleil. La vigne donnera donc du vin d'autant meilleur, dans le nord, que ce coteau sera plus rapide.

La chaleur qui s'est accumulée dans la terre pendant les jours de l'été commence à en sortir dès que les nuits deviennent fraîches, c'est-à-dire avant que le raisin soit complètement mûr. Il conviendra donc de tenir les raisins d'autant plus près de terre, afin qu'ils profitent de cette chaleur, qu'ils seront dans un climat plus froid.

Cette influence de la chaleur de la terre varie, au reste, beaucoup. Elle est plus grande, 1° dans les terres noires, parcequ'elles absorbent mieux les rayons du soleil ; 2° dans les vignes où les ceps sont peu rapprochés, parceque les mêmes rayons ont pu y pénétrer en plus grande quantité ; 3° dans les terrains en pente, parcequ'il s'est moins perdu de ses rayons ; 4° dans les terres sèches, parcequ'elle n'est pas entraînée ou enchaînée par l'eau à laquelle elle tient beaucoup. Elle est plus durable sur les coteaux, contre les murs et autres lieux abrités des vents, qu'au sommet des montagnes et dans les plaines. C'est par l'effet des abris causés par le grand nombre de feuilles, de tiges et d'échalas qui empêchent l'évaporation rapide de cette chaleur terrestre, qu'on peut expliquer le fait observé dans certaines vignes des environs de Paris, où les ceps se touchent, que la maturité est plus hâtive que dans celles voisines, où ces ceps sont plus espacés.

Les variétés à maturité hâtive ayant plus de chances favorables pour arriver à leur complète maturité dans les pays froids que les variétés tardives, elles devront être préférées.

Comme les bois et les eaux refroidissent la température de

l'air, il faudra en éloigner d'autant plus les vignes qu'elles seront dans un climat plus froid.

C'est à obtenir le mucoso-sucré dans le raisin, c'est-à-dire le principe véritablement fermentiscible, que doivent tendre les travaux du vigneron : or on ne l'obtient qu'en favorisant, par tous les moyens possibles, la complète maturité du raisin.

Pour que le raisin parvienne à sa maturité, il faut que la quantité de la sève soit dans une juste proportion avec l'intensité ou la durée de la chaleur atmosphérique. S'il n'y a pas assez de sève, la végétation est suspendue, les feuilles tombent, et le fruit reste au point où il étoit quand la chaleur l'a saisi. Si, au contraire, il y a trop de sève ou pas assez de chaleur, il pousse continuellement de nouveaux bourgeons, de nouvelles feuilles ; mais le raisin reste vert, ou ne parvient qu'à une demi-maturité.

De ces deux cas, le second est le plus commun en France ; mais il y a des années où le premier nuit beaucoup au résultat des vendanges, même dans les climats froids. Il seroit avantageux, certaines années, d'arroser certaines vignes des parties méridionales de la France, comme, au rapport d'Olivier de l'Institut, on le fait généralement en Perse.

Cependant, en tout pays, et sur-tout dans les climats froids, c'est toujours une terre plutôt sèche qu'humide qui convient à la vigne lorsqu'on met quelque importance à la bonté de ses produits, comme je l'ai déjà annoncé.

Mais quelle nature de terre convient à la vigne ? L'importance, que dans certains vignobles et même certaines parties de vignoble on attribue à la terre sur la qualité du vin, est-elle bien réelle ?

Si on parcourt les pays de vignobles, on voit d'excellens vins et de très mauvais vins provenant de vignes cultivées dans la même sorte de terre.

« Le petit vignoble de Morachet, dit M. Dussieux, est distingué en trois parties. Chacune de ces parties n'est séparée de l'autre que par un petit sentier. D'ailleurs elles forment un ensemble dont l'exposition est la même sur tous les points; même nature de terrain, quant à la couche supérieure; mêmes espèces de plants, même culture, même époque de vendange, mêmes soins et mêmes procédés dans la fabrication des vins. Jugeons maintenant, par les prix des récoltes, de la différence de leurs qualités. Quand une pièce de vin du premier Morachet se vend 1,200 francs, celle du second se vend 800 fr., et celle du troisième 400 fr. seulement. »

M. Dussieux semble croire que la nature ou la disposition des couches inférieures inconnues est la cause de cette différence de qualité; mais l'abri est-il le même pour toutes les parties de ce vignoble? Mais l'âge du premier est-il le même que celui du second et du dernier?

Cette influence de l'âge, qui se remarque dans tous les fruits, et qui les rend plus petits et moins nombreux, mais très sucrés, est extrêmement puissante sur la vigne, ainsi qu'on en a mille et mille preuves. C'est à elle qu'on attribue en Bourgogne la qualité supérieure de la première cuvée du clos de Vougeot, clos dont j'ai examiné la terre en minéralogiste et en agriculteur, et qui, comme Morachet, se divisoit aussi, avant la révolution, en trois parties fort inégales en valeur. C'est à elle qu'est due la différence si marquée qui existe entre les vins de Migraine, près Auxerre, et ceux du reste de ce vignoble. Dans tous les vignobles que j'ai vus, on m'a cité des faits du même genre. Tous les villages, depuis Dijon jusqu'à Beaune, offrent une différence dans la nature de leur vin, différence dont j'ai fréquemment pu juger sur les lieux dans ma jeunesse.

Mais les causes de ces différences peuvent être si variées qu'il est toujours fort hasardeux de dire laquelle a agi le plus puissamment dans telle localité.

Point de doute pour moi que la nature et la disposition des couches inférieures de la terre, dans une profondeur qui varie suivant cette nature, n'influent sur la qualité du raisin ; mais comme la culture ne peut avoir d'action sur elles au-delà de deux à trois pieds, sans des dépenses qu'elle ne peut supporter, il ne faut considérer leur influence que sous un point de vue général.

Les cas où cette influence est la plus nuisible sont ceux où la couche de terre cultivée est peu épaisse, et où il se trouve dessous ou une roche ou une argile imperméable aux racines.

Quelques vignes, qui sont dans ce dernier cas et en même temps sur des coteaux peu inclinés ou en plaine, offrent de plus un inconvénient très grave. C'est que la couche d'argile retenant les eaux pluviales, les ceps ont une partie de leur pied dans l'eau, ce qui fait avorter leurs fleurs, empêche de mûrir leurs fruits, ou ôte à leurs vins toute qualité, et rend leurs bourgeons plus sensibles à la gelée.

Je crois devoir attribuer à cette cause, jointe à la grande chaleur du climat, le fait que j'ai observé dans le jardin de botanique établi par Michaux à quelque distance de Charleston, Caroline du sud. Là, les vignes, apportées de France, offroient, pendant six mois de l'année, sur la même grappe, des boutons, des fleurs, dont la plus grande partie avortoit, des grains verts de toutes les grosseurs, et des grains mûrs. Cette circonstance empêchera probablement toujours la culture de la vigne dans cette partie de l'Amérique.

La plus grande partie des vigobles de la France que j'ai parcourus, et j'en ai parcouru beaucoup, sont dans une terre argilo-calcaire, tantôt primitive, comme ceux de Langres à Lyon passant par Dijon, Nuits, Châlons; tantôt secondaire comme ceux de l'entre-deux mers à Bordeaux; une partie de ceux des environs de Paris, etc. Dans ces deux sortes de terrains l'abondance des pierres est tantôt regardée comme un avantage, tantôt regardée comme un inconvénient.

La nature de terre qui en offre ensuite le plus est un gravier argileux, tel que celui des graves de Bordeaux, des environs de Nimes, de Montpellier, de la côte du Rhône, de Montélimart, d'Allan, de Donzère, de Châteauneuf du Pape, autrement la Nerte, de quelques cantons des environs de Paris, etc., etc.

Il est d'excellens vins et de très mauvais vins dans les détritus des granits, comme ceux de Côte-Rôtie, de l'Hermitage, de la Romanèche, de Chenard, de Beaujeu, parmi les premiers; et de tant de localités de la haute Bourgogne, des Vosges, des Cévennes, du Limousin, parmi les derniers.

Les vins d'Anjou croissent dans les schistes, et je sais par expérience combien ils sont bons. Ce sont des vins blancs, que leur caractère sucré et petillant rapproche beaucoup de ceux de Côte-Rôtie, de Saint-Peray et autres voisins.

Une observation d'une grande importance, faite, je crois, pour la première fois, par mon estimable ami Creuzé-Latouche, dans un excellent mémoire sur les vins, inséré dans la collection de ceux de la Société d'agriculture de Paris, c'est que les vins qui proviennent des vignes plantées dans des sols crayeux, qu'on doit regarder comme primitifs, à quelque latitude que ce soit, étoient foibles, décolorés et de peu de garde. Tels sont ceux de la ci-devant Champagne, et de quelques cantons des départemens du Cher, de la Creuse, d'Indre-et-Loir, de la Vienne, etc. Ces terres crayeuses ont de plus, à raison de leur couleur, le désavantage d'être moins chaudes que les autres.

Tantôt les déjections volcaniques donnent un vin de première qualité, comme les vins du Rhin (une partie), les vins du Vésuve, de l'Etna, de Rochemaure en Vivarais; tantôt ils en fournissent de fort médiocres, comme ceux de l'Auvergne. Mais ici le climat est froid à raison de son élévation.

Les argiles qui retiennent les eaux pluviales ne donnent jamais que des vins médiocres.

Quelquefois les terres à vignes sont extrèmement surchargées d'oxide de fer jaune ou rouge, et n'en sont pas moins propres à donner un bon vin.

Creuzé-Latouche, déjà cité plus haut, recherche quelle est l'influence de la nature du sol sur la bonté des vins rouges, comparativement aux vins blancs. Ses résultats ne m'ont pas paru assez concluans pour devoir être transformés en principes ; mais il est à désirer qu'on étende ses observations à un plus grand nombre de localités.

En général, comme je l'ai déjà observé, on ne doit consacrer aux vignes que les terres légères et peu propres, soit par leur nature, soit par leur position, à donner des produits en céréales ou autres cultures, parceque ce sont celles où la vigne trouve justement la quantité d'humidité nécessaire pour faire arriver les raisins à toute leur grosseur, et pas assez pour qu'elle puisse contre-balancer l'action de la chaleur solaire sur la formation du mucoso-sucré, et sur l'évaporation, lors de la maturité de la partie aqueuse surabondante ; formation et évaporation d'où dépendent la bonté du vin. Par cette sage distribution, telle pièce de terre qui n'auroit fourni que des buissons, parceque sa pente trop inclinée, la grande quantité de pierres dont elle est parsemée n'en permet pas le labour à la charrue, ou parceque trop exposée aux feux du soleil, et n'ayant pas une épaisseur de terre assez considérable, la plupart des autres articles de la culture n'y auroient pas trouvé, pendant l'été, assez d'humidité pour prospérer, produit un gros revenu quelquefois plus considérable qu'aucun autre du même genre.

Un sol riche est avantageux lorsqu'on désire l'abondance, mais non quand on recherche la qualité, par la raison que dans le premier cas la végétation se prolonge plus long-temps, et que les feuilles sont plus grandes, c'est-à-dire que la végétation ne cesse que lorsque les chaleurs sont déjà tombées, et que les raisins sont trop abrités des rayons du soleil, véritables producteurs du mucoso-sucré.

Comme ayant des racines à demi pivotantes et à demi traçantes, la vigne s'accommode également d'un sol profond ou d'un sol qui n'a qu'un pied et moins d'épaisseur de terre. Aux motifs de préférence pour un sol de cette dernière nature se joint la considération que ses racines y ressentent plus facilement les impressions de la chaleur solaire, qu'elle y entre plus promptement en végétation au printemps et y élabore mieux sa sève en été, et que le raisin y arrive plus promptement à maturité en automne. Je ne puis trop répéter que puisque c'est l'intensité de la chaleur qui, avec le choix de la variété, influe le plus sur la qualité du vin, il faut saisir toutes les circonstances pour augmenter cette intensité ; et, qu'en tout pays, le raisin qui mûrit un mois plus tôt, jouissant de la chaleur du soleil d'été, doit être plus sucré que celui qui ne mûrit que lorsque cette chaleur s'est affoiblie.

Il est un grand nombre de localités où, sous une couche peu épaisse de terre argilo-calcaire, on trouve une roche fendillée dans tous les sens, et dont les lits sont peu épais. Ces localités sont extrêmement avantageuses à la culture de la vigne, en ce qu'une partie des racines s'insinue dans ces interstices, et y trouve, pendant les chaleurs de l'été, quelle que soit la sécheresse de la surface, le degré d'humidité justement nécessaire à sa végétation.

C'est par le même principe que les terrains les plus surchargés de pierres sont préférés dans beaucoup de cantons, et que Rozier avoit fait, avec succès, paver ses vignes des environs de Beziers, vignes que j'ai vues, et qui sont en effet dans un terrain très aride, et à une exposition extrêmement brûlante. Cette expérience, au reste, n'a duré que quelques années, l'acquéreur de son bien n'ayant pu résister aux plaisanteries de ses voisins.

Ce que j'ai dit plus haut de l'influence de la variété sur la qualité du vin ne peut me dispenser de revenir sur cet objet, parceque je ne l'ai pas considérée sous tous ses rapports.

Cette influence agit directement ou indirectement. Directement, lorsqu'une variété arrivée à sa complète maturité, a ou n'a pas, par sa nature même, abondance de mucoso-sucré. Indirectement, lorsque mûrissant avant ou après la diminution de la chaleur solaire, elle peut acquérir ou non cette abondance de mucoso-sucré dans tel ou tel climat.

Ainsi, le pineau de Bourgogne et autres véritables pineaux; ainsi, le morillon hâtif du Jura, à bois taché de brun, parmi les noirs; le fié vert du Jura, le meslier des environs de Paris, parmi les blancs, donneront par-tout du bon vin; ainsi, le gamet de Bourgogne, le saumoireau ou gonais de l'Aube, en donneront par-tout du mauvais; et le terret du Gard, l'aspirant de l'Hérault, le bouillant des Bouches-du-Rhône, parmi les rouges; et le broumesque de l'Aude, le bon boulenque de Vaucluse, parmi les blancs, qui fournissent de bons vins dans ces départemens, n'en offriront que de détestables aux environs de Paris, faute de pouvoir y acquérir le degré de maturité convenable.

Mais malheureusement beaucoup de vignerons tirent à la quantité plutôt qu'à la qualité, et alors ils choisiront, en rouge, le carignan de l'Hérault, la chaliane de la Drôme, le feld linger du Bas-Rhin, le merveillat de Vaucluse, le piquepoul de la Haute-Garonne; et, en blanc, la clairette de Vaucluse, le courtanet de Lot-et-Garonne, le lourdaut de la Drôme, le melon de la Côte-d'Or, le sauvignon du Jura, le sémillot

de Lot-et-Garonne, toutes bonnes variétés ; ou, parmi les
rouges, le croc noir de la Mayenne, le raisin rouge du Cantal,
le moutardier de Vaucluse ; et parmi les blancs, la Rochelle
de Seine-et-Marne, le piquant Paul des Basses-Alpes, le Saint-
Pierre de la Charente-Inférieure, la vicane du même départe-
tement, toutes variétés qui s'annoncent comme devant donner
des vins plats, c'est-à-dire sans force.

J'aurois pu beaucoup augmenter cette liste, la rendre utile
pour la pratique, si j'étois plus assuré de la justesse de la nomenclature de la pépinière du Luxembourg, et si je ne crai-
gnois de donner des notions repoussées par l'expérience. Je
préfère laisser beaucoup à désirer, que de hasarder des conseils d'un effet incertain. Il me faudra encore plusieurs années
d'étude et des voyages, spécialement consacrés à l'observation
des vignobles, pour être en état de parler pertinemment sur
cet objet. Ce que j'offre aujourd'hui au lecteur n'est qu'un
léger aperçu de ce que j'espère pouvoir présenter un jour au
public, si les circonstances favorisent mes désirs.

La différence des variétés des vignes, relativement aux
climats, doit être prise en sérieuse considération, sur-tout
quand on les transporte du midi au nord ; car la plupart ne
trouvant plus dans ce dernier climat le degré de chaleur
nécessaire à la complète maturité de leur raisin, n'y peuvent donner ces vins capiteux ou liquoreux, qui les rendent si
précieuses dans le premier. On peut voir, chaque année, la
preuve de ce fait dans la pépinière de Luxembourg, où les
plants du midi se font remarquer par la vigueur de leur végétation, la grosseur de leurs grappes et de leurs grains, et le
peu de saveur de leur suc.

Il est encore un point de vue sous lequel les cultivateurs de
vigne doivent considérer les variétés des cépéages ; c'est la
durée des vins. Beaucoup d'auteurs ont parlé de cet objet en
général, mais je ne trouve nulle part des notions positives sur
ce qui le concerne ; c'est un travail tout neuf que je me propose d'entreprendre, mais qui exige tant d'expérience et un si
long temps, qu'il est douteux que je puisse le terminer.

Beaucoup de variétés de raisin demandent un terrain plus
fertile que d'autres, soit parcequ'étant très vigoureuses, il
leur faut plus de principes nutritifs, soit parcequ'étant très
foibles, elles ont plus de peine pour aller chercher au loin
ces principes, ou pour suppléer par leurs feuilles à ceux qu'elles
ne trouvent pas dans une terre aride. Ces circonstances se remarquent mieux dans les variétés du midi que dans celles du
nord, les premières étant, comme je viens de le dire, générale-
lement plus vigoureuses et plus fortes dans toutes leurs parties
que les dernières, et certaines fournissant immensément de

grappes, des grappes pesant plusieurs livres, et offrant des grains de la grosseur du pouce.

Je finis ce trop court exposé de l'influence de la variété sur la qualité du vin, par engager les propriétaires de vignes à donner à cet objet plus d'attention qu'on n'en a donné jusqu'à présent, et à publier le résultat de leurs observations. Ce n'est que par leur concours qu'ils est possible d'espérer avoir un jour un traité complet de la vigne, ce qui a paru jusqu'a présent, sous ce titre, n'étant que l'exposé de la culture usitée dans tel ou tel vignoble.

Un si grand nombre de faits tendent à prouver l'influence de la culture, sur la qualité du raisin, et par conséquent sur celle du vin, qu'il n'est pas permis de la méconnoître ; les grappes qui mûrissent en Sicile et dans les îles de l'Archipel au sommet des plus grands arbres, en Italie sur des arbres rabattus à dix ou douze pieds de haut, dans les plaines de Languedoc sur des souches de deux à trois pieds ne peuvent mûrir dans le nord que lorsqu'elles sont tenues à quelques pouces de terre ou appliquées contre un mur.

Ceci indique qu'il doit y avoir, sous ce seul rapport, autant de modes de culture de vigne qu'il y a de climats.

Une terre riche en principes végétatifs peut nourrir des vignes plus élevées, et sur le même espace un plus grand nombre de vignes qu'une terre aride. Ces deux sortes de terres, du moins dans les extrèmes, exigent donc une culture différente.

Les vignes plantées sur des côteaux très inclinés en demandent également une un peu différente de celle en plaine, et parmi ces dernières celles qui conservent les eaux des pluies pendant l'hiver (leur nombre ne laisse pas que d'être considérable) une culture différente de celles qui restent sèches pendant toute l'année.

Chaque variété en exige également une particulière, et cette circonstance peut-être entre pour beaucoup dans le non succès des efforts faits par tant de propriétaires qui ont tenté de relever la qualité de leurs vins par l'introduction de plant pris dans les plus fameux vignobles.

Ils ont donc tort ces écrivains qui ont voulu que la culture usitée dans leurs vignes fût la meilleure, et qui en conséquence exigent qu'elle soit adoptée par-tout.

Les détails auxquels je me livrerai en parlant de la culture des différens vignobles de la France prouvera ces faits d'une manière irrésistible.

Les racines de la vigne sont en partie pivotantes, et en partie traçantes et toujours fortement garnies de chevelu ; ses tiges sont cylindriques, grèles relativement à leur longueur, et ont, en conséquence, besoin de s'appuyer sur les branches des autres arbres pour se soutenir en l'air. Elles sont divisées, dans leur jeunesse, par des nœuds ou des saillies plus ou moins grosses, d'où sortent les feuilles, les vrilles et les fruits. Leur écorce de couleur fauve, plus ou moins foncée dans la jeunesse (quelquefois elle reste verte ou se tâche de brun), devient brune en vieillissant, se sépare en lanières et se renouvelle chaque année.

Dans le sarment de l'année la moelle occupe presque tout le diamètre du bois; l'année suivante elle diminue; la troisième année il y en a encore un peu; enfin à la quatrième elle a totalement disparu. *Voyez* MOELLE.

On a remarqué, dans les vignobles septentrionaux de la France, que les cépéages à petite moelle et à nœuds rapprochés donnoient du vin de première qualité. Les pineaux ont en effet ces deux caractères.

Un pied de vigne s'appelle un *cep*, quelquefois une *souche* dans le langage des vignerons.

Après la vendange on nomme *sarment* les bourgeons alors AOUTÉS. *Voyez* ce mot.

On indique par les mots *courson*, *sifflet*, etc., la portion du sarment qui a été laissée par suite de l'opération de la taille.

Un sarment couché en terre prend le nom de *provin* dans beaucoup d'endroits.

Lorsqu'on réserve un sarment de grande longueur pour obtenir une plus grande quantité de raisin; on appelle ce sarment une *sauterelle*, un *courbau*, un *arc*, un *archet*.

Les feuilles de vigne sont palmées, c'est-à-dire découpées en cinq lobes eux-mêmes dentés Elles sont portées sur un long pétiole presque cylindrique et placées alternativement sur la tige. Leur grandeur, la forme de leurs découpures, leur couleur varie beaucoup. Tantôt elles sont planes, tantôt elles sont plus ou moins tourmentées, tantôt elles sont bullées. Leur surface inférieure est ou glabre ou hérissée de poils roides, ou garnie de filamens blancs. Elles se colorent en automne ou de rouge, ou de jaune, ou de brun.

Les vrilles de la vigne sont opposées à ses feuilles. Elles se divisent ordinairement en deux parties lesquelles se contournent et s'entortillent autour des branches des arbres, des échalas et autres objets du même genre qui sont à leur portée.

L'ŒIL et le BOUTON (*Voyez* ces mots) sont enveloppés par trois ou quatre écailles coriaces, sous lesquelles, sur-tout dans la partie supérieure, se trouve une bourre de couleur blanche ou rousse qui la garantit des eaux de la pluie et des gelées de l'hiver.

Dans quelques endroits on donne au bouton le nom de BOURGEON. (*Voyez* ce mot.) Mais c'est mal à propos.

La vigne est du nombre des arbres qui développent toutes leurs feuilles et leurs fruits sur le bourgeon ou la pousse de l'année. Ce fait est d'une grande importance à connoître, car c'est sur lui qu'est fondée une partie des principes sur lesquels est appuyée la culture de la vigne.

C'est, ainsi que je l'ai déjà dit, à la base du bourgeon que se trouvent les grappes, autre circonstance très fort dans le cas d'être prise en considération.

Un bouton pointu indique un bourgeon stérile, c'est-à-dire qui ne portera pas de grappes. Au contraire un bouton obtus, dont la forme se rapproche de deux qui seroient réunis, annonce un bourgeon à fruit. Plus il est gros et plus il promet de grappes.

Comme les bourgeons poussent rapidement et conservent long-temps leur contexture herbacée, ils seroient fréquemment cassés par les vents, par les oiseaux, etc. si les vrilles ne les soutenoient pas, ou s'ils n'étoient pas appuyés par des moyens artificiels.

C'est sur une grappe simple ou composée, et opposée aux feuilles inférieures, que sont portées les fleurs de la vigne, et par conséquent ses fruits. Chacune de ses fleurs offre un calice de cinq dents, cinq pétales peu colorés et caduques, cinq étamines et un ovaire supérieur surmonté d'un stile à stigmate obtus.

Le fruit est une baie qui doit renfermer cinq semences osseuses, en forme de cœur allongé, mais qui en offre presque toujours moins, quelques unes avortant. Ce fruit contient, en outre, deux matières de nature fort différente, 1° une peau à la surface intérieure de laquelle adhère une résine colorée ou en rouge, ou en gris, ou en jaune, ou en blanc; 2° une pulpe, ou un suc muqueux non coloré.

Plusieurs des auteurs qui ont écrit sur la vigne ont recherché quel étoit le pays dont elle est originaire; mais aucun, faute de documens, ou d'analogies, n'a pu l'indiquer. Les rapports d'André Michaux, qui l'a trouvée dans les bois du Mazanderan, et Olivier, membre de l'institut, qui l'a vue dans plusieurs parties des montagnes du Curdistan, ainsi que la considération que la plupart des articles de nos cultures et de nos animaux domestiques sortent de la haute Asie, ne permettent pas de douter que la Perse ne soit son pays natal. (1)

Tous les pays où on cultive la vigne depuis long-temps, en offrent des pieds qui croissent naturellement dans les haies

----

(1) Voyez mon mémoire sur l'acclimatation des végétaux étrangers, pag. 597 du second volume de l'édition du Théâtre d'Agriculture d'Olivier de Serres, chez madame Huzard, libraire, rue de l'Eperon, à Paris.

et les buissons, où elles ont été semées par les oiseaux, mais jamais dans les grands bois. Ces vignes, si communes dans le midi, s'y nomment *labrusque*. Les regarder comme les repré sentans de la vigne sauvage, seroit une erreur, car je n'en ai pas vu deux qui fussent semblables. Elles varient peut-être plus que les vignes cultivées.

On peut facilement utiliser ces vignes pour fortifier les haies, ainsi que je l'ai indiqué à la fin de l'article qui concerne ces dernières.

La durée de la vie de la vigne, dans l'état naturel, est encore indéterminée. Strabon en cite des pieds, qui avoient une si énorme grosseur, que deux hommes pouvoient à peine embrasser leur tige. Pline parle d'une vigne qui existoit depuis six cents ans. Il est mort à Besançon, en 1793, un pied de vigne dont le tronc avoit un mètre huit décimètres de diamètre. Il existe en Bourgogne plusieurs vignes dont la plantation date de plus de quatre cents ans. Je pourrois beaucoup multiplier ces citations, si elles pouvoient avoir quelque utilité.

Le bois de la vigne étoit regardé comme indestructible par les anciens, et ils l'employoient en conséquence pour faire les statues de leurs dieux, les portes de leurs temples, etc. Il passoit pour avoir des vertus surnaturelles. Aujourd'hui on ne l'emploie plus que pour faire de petits ouvrages de tour.

« La connoissance de la structure et de l'usage des diffé‑rentes parties de la vigne, dit Dussieux, ne doit pas être considérée comme un objet de vaine curiosité, puisqu'elle a une grande influence sur la manière de la diriger et de la cultiver. Quand nous considérons, par exemple, combien est poreux le bois de la vigne, le volume de sa moelle et le peu d'adhérence de sa peau extérieure, nous nous faisons l'idée des principes qui doivent nous guider dans sa taille. La force et la rapidité avec laquelle s'élance la sève, indiquent la nécessité de Courber les sarmens et de pincer les Bourgeons (*Voyez* ces deux mots.) pour avoir abondance et grosseur dans les fruits. »

N'ayant ni liber, ni couches corticales, la végétation de la vigne diffère de celle des autres arbres, et elle peut être greffée, sans avoir besoin du contact des deux écorces. *Voyez* Greffe.

J'ai fait voir aux mots Variété, Race, etc. que plus anciennement les plantes étoient cultivées, même dans un seul local, et plus on donnoit de soins à leur culture, plus elles offroient de variétés. Or la vigne, dont la première culture se perd dans la nuit des temps, a donc dû en fournir immensément. Mais quand on considère de plus quel trajet elle a fait pour arriver en France, quand on voit qu'elle a été cultivée pendant des siècles dans l'Asie mineure avant de passer en Grèce, ensuite combien de temps elle a été cultivée dans ce dernier pays avant d'être apportée à Marseille ; quand on remarque l'étendue des pays où elle se cultive en ce moment, la différence de leur sol, de leur climat, de leur exposition, du mode de leur culture, etc., on doit croire que ses variétés augmentent encore tous les jours.

Il doit donc y avoir, et il y a effectivement dans les vignobles de France une grande quantité de variétés de vigne les unes plus précoces, les autres plus tardives, les unes à grains plus petits ou plus gros, plus sucrés ou moins sucrés, à grappes plus nombreuses ou plus grosses, etc. etc. Les unes à fruits rouges, les autres à fruits violet, gris, jaune, blanc, verdâtre, et dans toutes ces couleurs à grains ronds et à grains ovales. Chaque variété qu'on appelle *cépéage, plant* ou *complant*, doit donner, non seulement dans le même climat, dans le même terrain, à la même exposition, et à la suite du même mode de culture, un vin de nature différente, mais même ce vin doit varier avec chacune de ces circonstances.

Il n'y a pas de vigneron qui ne sache que telle variété de raisin de son vignoble donne du meilleur vin, du vin de plus de garde, une plus grande quantité de vin, etc. ; mais celui de tel vignoble ignore qu'il a dans d'autres cantons, quelquefois même très voisins, des variétés qu'il ne connoît pas, et que quelques unes d'entre elles sont préférables, sous certains rapports, à celles du sien.

Cependant il y a déjà long-temps que des personnes éclairées par un long séjour dans différens vignobles ont senti et indiqué, par des exemples irrécusables, la nécessité de faire connoître ces variétés, et depuis près d'un demi-siècle les écrivains qui ont traité de la culture de la vigne et de l'art de faire le vin, n'ont cessé de solliciter un travail propre à fixer leur nomenclature et leur valeur absolue ou comparative.

D'autres personnes, il est vrai, prétendent que le sol et le climat font seuls le bon vin, et que l'influence des variétés es nulle ; mais celles-là n'ont pas étudié la culture de la vigne e la fabrication du vin dans les vignobles même.

Cette erreur peut être facilement réfutée seulement pa trois considérations.

Qui peut nier que si, comme la chimie l'a prouvé, plu le raisin renferme de sucre et plus le vin qui en provient fourn d'alcohol, ce ne soit un moyen assuré d'augmenter la valeu des vignobles de la France méridionale que d'y planter ceu de ces raisins qui contiennent le plus de sucre ?

Qui peut nier que le principe sucré se développant d'autant plus que la maturité du raisin est plus parfaite, il ne soit avantageux pour la France septentrionale d'indiquer les variétés qui mûrissent le plus tôt?

Qui peut nier enfin que les dépenses de la culture étant les mêmes pour les variétés qui donnent beaucoup, et pour celles qui donnent peu, il ne soit possible d'augmenter les produits d'un vignoble en ne le composant que des premières?

D'un côté, on a remarqué, dans plusieurs vignobles, principalement du midi, que le grand nombre de variétés réunies ne donnoient jamais un vin de bonne qualité; en effet, il y en a d'acerbes, de sucrées, de douces; il y en a qui mûrissent plus tôt, d'autres plus tard, etc. Comment tous ces principes peuvent-ils se combiner dans la cuve?

De l'autre, Creuzé-Latouche, que j'ai déjà cité dans le cours de cet article, a toujours fait du meilleur vin dans ses propriétés, près de Châtellerault, lorsqu'il a trié les variétés des raisins et diminué le nombre de celles qui entroient dans sa composition. Il pense que ce moyen de relever les cuvées est préférable à ceux d'y mettre du sucre et du miel, etc. *Voyez* Vin. Je citerai d'autres faits du même genre, lorsque je parlerai de la pratique de la culture en différens vignobles de la France.

Il est prouvé par l'expérience que chaque espèce de plant convient à un climat, à une nature de terre, à une exposition, etc., mieux que les autres. On sent bien que les plants étant aussi variés et les circonstances où on les met par-tout différentes, il n'y a que la pratique locale qui puisse indiquer le mieux.

Rozier à Béziers, et Latapie à Bordeaux, frappés de l'importance dont seroit la connoissance des variétés de raisins pour la perfection de la culture de la vigne et de l'art de faire du vin, entreprirent, avant la révolution, quelques essais de plantations pour arriver à ce but, relativement aux vignes du ci-devant Languedoc et de la ci-devant Guyenne; mais leurs efforts furent contrariés, et n'ont pas eu de suite.

Il étoit réservé à mon collaborateur Chaptal, à qui la science œnéologique a tant d'obligations, et qui étoit plus que personne en état d'apprécier les grands avantages qui résulteroient pour la France d'un meilleur choix des variétés de raisins, de remplir les vœux des amis de l'agriculture à cet égard, au moyen de la puissante intervention du gouvernement.

Ce célèbre chimiste fit donc venir, pendant qu'il étoit ministre de l'intérieur, de chacun des départemens où on cultive la vigne, une collection de toutes les variétés connues, et les fit planter dans la pépinière du Luxembourg qu'il venoit de rétablir.

Pour parvenir à la connoissance exacte des variétés de vignes, il n'y avoit réellement que ce moyen, c'est-à-dire de réunir dans un même local toutes ces variétés, afin de pouvoir les étudier dans les circonstances les plus semblables possibles, les comparer au même moment, et faire enfin pour elles ce que Duhamel a si utilement tenté pour les autres fruits. Parcourir les départemens à l'époque de la maturité des raisins, avant d'avoir acquis une grande masse de connoissances, ne peut remplir le but ; car comment écarter l'influence du climat, du sol, de la culture ? Comment se ressouvenir de la saveur d'un raisin de Bordeaux lorsqu'on voudroit lui comparer celle d'un raisin mangé dans les vignobles de la ci-devant Bourgogne, puisque le plus souvent on a la plus grande peine à apprécier la différence de celle de deux grappes qu'on tient dans la main ?

Quelques personnes ont blâmé M. Chaptal d'avoir placé cette collection à Paris, c'est-à-dire si près de l'extrémité de la zone où la vigne peut être cultivée, plutôt que dans un des grands vignobles des parties méridionales ou intermédiaires de la France. Mais où trouver les ressources qui existent à Paris ? où y a-t-il des peintres aussi habiles, des bibliothèques aussi nombreuses, un concours d'hommes aussi éclairés ? Il étoit bon d'ailleurs, par plusieurs raisons inutiles à développer, qu'elle fût immédiatement sous les yeux du gouvernement.

Il y a huit ans que la plantation de la collection des vignes de France a été commencée à la pépinière du Luxembourg, et il y en a quatre que les premières plantées donnent des raisins, et que j'ai commencé le travail propre à en débrouiller la synonymie et à fixer les caractères des variétés qui s'y trouvent, travail dont j'ai été chargé par M. de Champagny, successeur de M. Chaptal au ministère de l'intérieur, qui prenoit un vif intérêt au succès de cette opération.

J'ai cru d'abord que l'ardeur avec laquelle je voulois me livrer à ce travail me fourniroit les moyens de surmonter ses difficultés ; mais j'en ai trouvé de telles, que cette ardeur a dû être ralentie dès la seconde année.

Premièrement la plantation offre beaucoup d'erreurs qui étoient la plupart difficiles à éviter, à raison de l'époque où on coupe les boutures, les accidens de route, de déballage, de plantation, etc.; il m'a fallu d'abord penser à les rectifier par la comparaison des mêmes noms dans plusieurs départemens, et j'ai, je crois, réussi pour quelques unes ; mais la plupart sont, encore en ce moment, incertaines pour moi. Il est des envois de départemens dans lesquels je n'ai pas encore pu me reconnoître, parceque les variétés ayant été plantées à la suite les unes des autres, leurs noms inscrits de même et sur un simple catalogue, il suffit d'une seule transposition de cep, ou d'une transposition de nom, pour que toute la série qui suit cette transposition soit faussement nommée.

J'ai déjà observé des milliers de ces plants ; j'en ai décrit deux cent cinquante, et Redouté en a figuré quarante ; mais l'incertitude où je suis de la nomenclature de beaucoup ne me permet pas de faire usage ici du résultat de mon travail. Il faut que les circonstances changent, c'est-à-dire que je sois moins contrarié dans mes projets, pour pouvoir reprendre d'une manière réellement utile la suite de mes études.

Pour faciliter mon travail j'ai composé un tableau synoptique dont je vais donner ici l'explication.

Les raisins se distinguent fort bien par la couleur. C'est sur ce caractère, le premier qu'on demande quand il est question des variétés de cette sorte de fruit, qu'est fondée ma première division. La seconde est établie d'après la forme qui est ou ronde ou ovale.

Après la forme vient la grosseur qui divise assez bien les grains des raisins en deux sections ; savoir les gros et les moyens. Dans la première série sont ceux qui ont plus de quinze millimètres de diamètre.

Les feuilles qui sont ou plus hérissées que cotonneuses, ou plus cotonneuses que hérissées, ou presque glabres, qui sont très profondément divisées, ou peu profondément divisées, épaisses ou minces, unies ou bullées, planes ou tourmentées, d'un vert clair ou d'un vert foncé, plus ou moins longues ou larges, à lobes plus ou moins écartés, servent ensuite, par ces considérations, à faire cinq nouvelles subdivisions. Puis leur pétiole qui est ou tout rouge, ou strié de rouge, ou non coloré, en fournit encore trois autres.

Je dois observer ici que les feuilles les plus basses sont toujours plus divisées et plus hérissées que celles du sommet. Aussi sont-ce toujours les intermédiaires que je choisis lorsque je les décris.

Quand les feuilles commencent à s'altérer, c'est-à-dire aux approches des froids, elles fournissent d'excellens caractères, qu'il ne faut pas conséquemment négliger. Celles des vignes à raisins noirs deviennent généralement rouges ou brunes ; celles des vignes à raisins blancs, jaunes ou fauves. Il en est plusieurs qui prennent ces couleurs de très bonne heure, la plupart ne les prennent que fort tard. Dans les unes elles commencent à se développer par les bords, dans les autres par le disque ; les taches qui en résultent sont ou régulières ou irrégulières. Il en est où elles naissent de l'intervalle des nervures, d'autres où elles offrent des cercles concentriques. Dans les pineaux ce sont de petites ligues brunes parallèles. Ces nuances se présentent à peu près les mêmes sur tous les pieds, et toutes les années sur les pieds de la même variété.

Ces onze caractères combinés forment cent cinquante-six cases où se placent toutes les variétés possibles de raisins, de manière que chaque case n'en contient qu'un petit nombre, qui se différencient par les caractères qu'elles présentent soit à la vue, soit au goût, au toucher, etc.

Ce que je considère d'abord dans un pied de vigne en fruit mûr, ce sont les bourgeons, c'est-à-dire les pousses de l'année, sur lesquelles, comme on sait, naissent exclusivement les feuilles et les fruits. Ces bourgeons sont généralement fauves, mais d'un fauve plus ou moins foncé, et quelquefois ils sont tachés.

Viennent ensuite les caractères pris des boutons qui sont plus ou moins écartés.

Le troisième objet de mes remarques est le pétiole, qui, comme je l'ai déjà observé, est ou tout rouge, ou strié de rouge, ou entièrement vert. Ces derniers caractères, quoique affoiblis quand la vigne croît à l'ombre, n'en sont pas moins toujours appréciables. Dans quelques variétés ce pétiole est hérissé, dans d'autres il est lanugineux, enfin dans d'autres il est l'un et l'autre à la fois.

Après avoir examiné ces divers objets j'arrive au fruit, qui, ainsi que je l'ai déjà observé, présente les caractères les plus nombreux et les plus importans.

En effet, sa couleur est ou rouge, ou violette, ou jaunâtre, ou blanche dans des nuances sans nombre; sa forme est ou ronde, ou ovale, sa grosseur est au-dessus ou au-dessous de quinze millimètres de diamètre transversal; sa peau est épaisse ou mince; son suc est ou très sucré, ou peu sucré, ou âpre; ses pepins sont gros ou petits, courts ou allongés, en petit ou en grand nombre; les grappes se rapprochent de la forme cylindrique, ou de la forme conique, ou serrées, ou lâches, ou longues, ou courtes, c'est-à-dire de moins d'un décimètre.

Des considérations d'un autre ordre viennent encore augmenter le nombre de ces caractères; car il est des raisins qui, toutes circonstances égales, mûrissent plus tôt que d'autres, des raisins qui se conservent plus ou moins sans altération sur pied; des vignes qui donnent constamment beaucoup ou peu de fruits, qui sont plus ou moins sujettes à la coulure, plus ou moins sensibles à la gelée, qui croissent mieux dans tel ou tel sol, à telle ou telle exposition, etc. etc.

C'est sur toutes ces données réunies que j'ai basé mon travail. Le nombre de ces données compense leur incertitude.

La comparaison d'une aussi grande quantité de vignes a dû me fournir les occasions de faire des remarques de quelque intérêt.

Ainsi je suis déjà autorisé à penser qu'il n'y a pas de vignoble d'une certaine étendue qui ne renferme des variétés qui lui sont exclusivement propres, et que quelques unes de ces variétés seroient beaucoup plus avantageuses à cultiver dans tel ou tel vignoble que plusieurs de celles qui s'y trouvent.

Ainsi j'ai déjà reconnu qu'il y a des variétés qu'on devroit multiplier dans les jardins de Paris de préférence à celles qui s'y cultivent. Je citerai six variétés distinctes de muscat, supérieures à tous égards aux deux qui y sont les plus communes, et une d'entre elles, le muscat noir du Jura, est si précoce qu'il peut être mangé dès la mi-août.

Ainsi je me suis assuré cette année (1809) (année où beaucoup de raisins n'ont pas mûri) que l'ordre de la maturité, entre les différentes variétés, n'étoit pas toujours la même. C'est le franc pineau qui s'est le moins écarté de son habitude à cet égard.

Les inconvéniens du défaut de concordance dans la synonymie des variétés de raisins se développent de plus en plus à mesure que j'avance dans mes recherches. Il y a telle variété qui a cinq à six noms, et tel nom qui s'applique à cinq à six variétés différentes. Quelquefois pour des variétés très communes cette confusion peut donner lieu à des erreurs d'une grande conséquence.

Par exemple, le nom de gamet qui, dans la Côte-d'Or, indique un si mauvais raisin, s'applique à Lyon, aux environs de Paris et ailleurs, à une variété de pineau qui fournit un excellent vin. Ces deux variétés sont voisines relativement à plusieurs de leurs caractères, mais leur raisin est fort différent en saveur; la première étant fade et la seconde sucrée, ainsi que je l'ai constaté en les goûtant comparativement, autrefois, très souvent en Bourgogne, depuis, plusieurs fois dans la pépinière du Luxembourg.

Puisque, comme il n'est pas possible d'en douter, on trouve aux environs de Paris des expositions et des natures de sol propres à la vigne, pourquoi donc le vin y est-il si mauvais? parceque la chaleur n'y est ni assez forte, ni assez prolongée pour amener à maturité les raisins des variétés qu'on y cultive, que ces raisins pourrissent le plus souvent avant l'époque de la vendange. D'après cela ne peut-on pas espérer qu'on obtiendroit du meilleur vin en substituant des variétés très précoces, comme les morillons du Doubs et du Jura, à bourgeons tachés de brun, qui mûrissent vers la mi-août, au meslier et au meunier qui font la base de la plupart de ces vignes, et qui mûrissent un mois plus tard, encore plus au plant de lune, qui est si tardif qu'il est rare qu'il arrive à complète maturité.

Ce raisin gamet, que déjà un ancien duc de Bourgogne

caractérisoit par l'épithète d'*infâme*, à raison de son influence sur la détérioration des vins de ce pays, n'est cultivé que parcequ'il charge beaucoup. Eh bien, il y a dans la liste des vignes que j'ai étudiées à la pépinière du Luxembourg cinquante variétés à raisins rouges, non connues dans cette ancienne province, qui chargent deux fois plus que lui, et qui, d'après leur saveur sucrée, doivent être dans le cas de donner un vin fort rapproché de la qualité de celui du vrai pineau.

J'ai essayé de ranger les raisins par grouppes, à peu près comme Duhamel a rangé les autres fruits, mais j'ai trouvé qu'il étoit impossible de le faire. En effet, excepté les muscats qui se rapprochent d'une manière fixe par leur saveur, quelques chasselas et quelques pineaux qui se lient aussi passablement bien, on ne trouve plus que des réunions de trois ou quatre variétés qui se confondent avec les autres par des nuances insensibles.

L'incertitude où je suis encore sur la véritable dénomination de beaucoup de raisins m'empêche d'en décrire ici. Je dirai seulement que j'ai déjà distingué dix variétés qui sont confondues sous le nom de pineau noir; que je connois quatorze muscats noirs, violets ou blancs, et vingt chasselas.

Lorsque je détaillerai, à la fin de cet article, le mode de la culture des différens vignobles de France, j'aurai soin d'indiquer les variétés qui y sont le plus estimées sous quelque rapport que ce soit.

Dans les climats chauds la vigne vient presque sans soins et donne des produits abondans. Ce n'est que par artifice qu'on peut en tirer quelque parti dans ceux du nord. Cette seule observation suffit pour convaincre que chaque climat doit avoir un mode de culture particulier, et c'est ce qui est en effet.

Par exemple, en Italie, comme je l'ai déjà observé, on laisse monter les vignes sur les arbres. Si on vouloit en faire de même dans les parties septentrionales de la France, le raisin ne mûriroit qu'imparfaitement, et le vin qui en proviendroit ne seroit pas buvable. Cette manière de conduire la vigne ne convient même déjà plus aux parties de l'Italie les plus voisines des Alpes, ainsi qu'à quelques cantons du Dauphiné, des Basses-Pyrénées, où elle a lieu. Celles de ces vignes que j'ai vues aux environs de Turin, de Milan, de Vérone, de Padoue, etc. étoient très chargées de grappes petites, peu garnies de grains et d'une époque de maturité différente. Aussi n'ai-je bu d'autre bon vin dans ces cantons que celui récolté sur les côteaux volcaniques du Vicentin, chez des propriétaires qui avoient adopté la culture usitée dans le midi de la France.

Cette culture de la vigne s'appelle culture en *hautains* ou en *hutins*. Elle offre plusieurs modes.

La manière la plus simple consiste à planter des arbres étêtés de huit à dix pieds de hauteur et de deux pouces de diamètre, les ormes et les érables de préférence, à deux toises de distance; et, lorsqu'ils sont repris, de planter à leur pied, tantôt un seul, tantôt deux ceps de vigne, qu'on fait monter d'abord sur la fourche, et qu'ensuite on dirige en guirlande d'un arbre à l'autre. Par-tout il m'a paru qu'il y avoit beaucoup à gagner pour la maturité du raisin, et, par conséquent, la bonté du vin, de ne pas laisser les sarmens s'entortiller autour des branches des arbres, branches qu'au reste on laisse les moins nombreuses possibles, au-delà de quatre à cinq, et qu'on élague tous les ans. On rogne plutôt qu'on taille les sarmens qui s'écartent trop de la direction des guirlandes. Le terrain intermédiaire entre les rangées se cultive en céréales ou en légumes.

Cette culture de la vigne, lorsqu'elle est convenablement soignée, produit un effet fort agréable à l'œil, mais je l'ai vue rarement exécutée avec intelligence.

Dans quelques cantons du midi de l'Italie, on plante des arbres morts pour supporter la vigne, arbres qui durent douze à quinze ans.

Une manière très avantageuse, et en même temps très agréable de cultiver la vigne, qui est pratiquée, dit-on, aux environs de Genève et ailleurs, c'est de la planter en quinconce ou en ligne, alternativement avec des arbres qu'on tient très bas, à deux ou trois pieds par exemple, et auxquels on laisse un petit nombre de bourgeons chaque année. La distance entre les arbres est de dix pieds. On taille les ceps de manière qu'ils aient, chaque année, six sarmens dont chacun s'attache à l'arbre le plus voisin. Ces sarmens, qui font guirlande, portent une quantité de fruits qui sont assez près de terre pour jouir du bénéfice de la chaleur qui en émane et qui ne sont pas privés de celui des rayons du soleil. C'est en petit la culture en hautain usitée en Italie; mais elle est bien mieux calculée, et plus en rapports avec les principes.

On a indiqué les érables comme employés dans ce cas; mais je leur préfèrerois l'épine (*Cratægus oxyacantha*) parcequ'elle grossit moins rapidement, s'accommode mieux des mauvais terrains, et donne moins d'ombre par ses feuilles.

J'ai lieu d'être surpris que cette pratique, si en concordance avec la théorie, ne soit pas plus généralement adoptée. Un pieu pourroit remplir par-tout l'objet des arbres vivans, si on craignoit leur présence.

Il y a beaucoup de lieux où on substitue à ces arbres des échalas de la grosseur du bras et de six à huit pieds de haut, qui offrent quelques fourchures. On les fiche profondément en terre à la distance de six à huit pieds, et on plante un cep à la base de chacun d'eux, pour en conduire les sarmens de l'un à l'autre par étages de guirlandes.

Dans les départemens les plus méridionaux, tels que les Bouches-du-Rhône, le Gard, l'Hérault, l'Aude, etc., on tient les ceps fort écartés, et on laisse monter leur souche jusqu'à deux pieds sur un seul brin. Là on laboure souvent à la charrue. On appelle ces vignes *courantes*.

Dans les vignobles des environs de Cahors, d'Albi, d'Agen, et dans tout le Médoc, on dispose souvent les vignes en treilles basses disposées en rangées fort écartées, qu'on laboure également à la charrue ; souvent, aussi, on les tient sur une seule tige, mais à un pied seulement de terre. On voit aussi quelques vignobles ainsi disposés aux environs de Grenoble, de Lyon, de Dijon, d'Autun, d'Angers, d'Orléans, d'Auxerre, de Troyes, et même de Reims et de Laon ; ce qui prouve que cette méthode des treilles a des avantages réels et de tous les pays.

Les jeunes vignes des environs de Bordeaux, des environs de la Rochelle, des environs de Lyon, d'Angers, sont déjà assujetties contre un échalas, parceque leurs sarmens commencent à n'avoir plus, dans ces localités, assez de force pour se soutenir par eux-mêmes ; les vieilles sont très peu élevées au-dessus de terre. On n'y laboure qu'à la pioche.

Dans la ci-devant Bourgogne, la ci-devant Champagne, dans les environs de Paris et d'Orléans, enfin, dans tout le reste de la France, tous les ceps sont tenus le plus près possible de terre, et chacun a son échalas. On n'y laboure qu'à la pioche.

Quoiqu'on cultive la vigne en berceau dans quelques cantons de la France, même à Wissembourg, dans le département du Bas-Rhin, je ne crois pas que cette méthode doive être employée hors des jardins, principalement parceque les grappes sont presque toutes privées de l'influence des rayons solaires, et que la hauteur où elles se trouvent fait qu'elles sont continuellement réfroidies par les vents.

Plus le climat est froid, et plus les ceps doivent être tenus bas, afin que ces raisins puissent mieux mûrir ; car il est d'expérience, ainsi que je l'ai déjà annoncé, que ceux qui sont à une petite distance de terre, profitant de l'abri qu'elle leur donne, et des émanations de calorique qui en sortent pendant la nuit, toutes les fois que la température de l'air diminue, doivent acquérir plus de qualité.

Lorsque les vignes sont sur des côteaux fort rapides, on peut laisser les ceps plus élevés, parceque les raisins profiteront de la reverbération du soleil par le moyen du sol, comme ils en profitent quand ils sont palissadés contre un mur.

A cette occasion, je citerai trois faits.

Aux environs de la ville de Saunes, dans le royaume de Léon en Espagne, pays sec, élevé et froid, chaque cep de vigne est placé au fond d'un entonnoir de deux pieds de hauteur et de six pieds de diamètre, entonnoir sur les parois duquel rampent les sarmens soutenus sur de petites fourches.

On voit, en Normandie, deux ou trois vignes, restes de celles, en assez grand nombre, qui y existoient autrefois; dans l'une d'elles, celle d'Argens, on n'emploie pas d'échalas, les sarmens rampent sur la terre jusqu'aux approches de la maturité, qu'on les relève, en attachant ensemble, par leur extrémité, ceux de chaque cep, de manière que les raisins se présentent au soleil, sans cependant s'éloigner trop de terre. Il en est de même dans quelques vignobles des environs de la Rochelle; mais là c'est la violence des vents qui détermine ce mode de culture.

Il existe une méthode particulière de planter les vignes aux environs de Cébolla, dans la nouvelle Castille. On les plante au sommet de monticules de deux à deux pieds et demi d'élévation, et écartées de trois pieds, et on en rabat les sarmens en les tenant à un pied de terre.

Je n'ai point d'objection à faire contre la culture de la vigne sans échalas, elle me paroît aussi bien entendue que possible. Il n'en est pas de même de la culture avec échalas. La grande quantité de bois qu'elle consomme, la nécessité de l'économiser, les dépenses qu'elle occasionne, l'emploi de temps qu'elle exige, tant pour l'acquisition et le placement ou le déplacement de ces échalas, que pour les labours, qui ne peuvent être faits qu'à la main, exigent qu'on la modifie.

Les plants de la vigne, ainsi que je l'ai déjà observé plus haut, sont généralement plus forts dans le midi que dans le nord : les plus foibles que je connoisse, sont ceux de la côte de Reims et des environs de Paris. Cette inégalité s'est, jusqu'à présent, conservée dans la pépinière du Luxembourg, plantée depuis six à huit ans, et mon intention est d'en observer les suites. Ce n'est pas la plantation rapprochée, en usage dans les vignobles précités, qui a produit cet effet, comme on le dit; car, dans ce cas, les plus vigoureux pieds étoufferoient les plus foibles, et la cause cessant, l'effet cesseroit. On peut donc dire que l'influence du climat est ce qui agit dans ce cas.

Le défoncement du terrain est une opération préliminaire, je dirai presque indispensable à toute plantation de vigne, quoiqu'on s'en dispense dans quelques pays. Un à deux pieds est la profondeur ordinaire de ce défoncement. C'est quelques mois, et même un an à l'avance, qu'il faut le faire. On trouvera, au mot qui le concerne, la théorie et la pratique de cette opération ; ainsi, il n'est pas nécessaire que j'en parle ici avec détail.

La vigne étant presque toujours dans des terrains pierreux, il faut souvent enlever une grande quantité de pierres, afin de faciliter l'allongement de ses racines, et pour rendre les labours moins pénibles. Dans ce cas, on réunit ces pierres en tas, qu'on appelle MERGERS dans la ci-devant Bourgogne, où le défoncement s'appelle MÉNAGE. *Voyez* ces mots. Il est avantageux, dans beaucoup de localités, de faire comme à Côte-Rotie, c'est-à-dire de disposer ces amas de pierres longitudinalement et transversalement, afin d'arrêter les terres que les pluies entraînent. Ce sont des espèces de terrasses économiques et bien plus solides que celles qui sont faites en mur, sur-tout lorsqu'elles sont traversées par des buissons, ainsi que cela est presque toujours. Elles ont, de plus, l'avantage de servir plus ou moins d'abris.

Lorsqu'on arrache une vigne dans l'intention de la replanter après quelques années de repos, l'économie commande de faire, en même temps, le défoncement du terrain ; cependant, il vaudroit mieux attendre l'année qui précèdera la replantation.

On croit qu'il est utile d'enlever, lors de l'arrachage d'une vieille vigne, les plus petites parcelles des racines. Quand bien même l'opinion sur laquelle est fondée cette croyance seroit fausse, il seroit bon de le faire, puisque ces racines sont un excellent chauffage. *Voyez* RACINE. Presque par-tout on trouve des entrepreneurs qui se chargent d'arracher et de défoncer les vieilles vignes pour le bois qu'elles fournissent ; mais ce n'est pas une économie à conseiller, parceque, pourvu qu'ils aient le bois, ils ne s'inquiettent pas du reste.

Il est encore des vignobles, mais j'ai honte de les nommer, où on emploie, pour planter la vigne, un plantoir de fer, qu'on fait entrer, à grands coups de maillet, dans une terre plutôt binée que labourée. Comment peut-on penser que des vignes, ainsi plantées, prospèreront ? Il en est, cependant, qui deviennent belles, dit-on, tant sont grandes les ressources de la nature ; mais elles languissent pendant long-temps. *Voyez* PLANTATION et PLANTOIR.

Dans d'autres endroits, au lieu d'un plantoir, on se sert de la taravelle, instrument semblable à une tarière, et avec lequel on perce des trous dans la terre, même à travers les couches de pierres. Je n'approuverai pas davantage cette méthode qui étoit fort en usage du temps d'Olivier de Serres, mais qui est tombée en désuétude, parceque c'est de la terre remuée qu'il faut aux racines des plantes. *Voyez* LABOUR.

J'ai prouvé plus haut que le choix de la variété est d

première importance pour la qualité du vin ; je dirai ici qu'il est telle variété qui vient bien au midi, et qui ne peut amener ses fruits à maturité dans le nord ; telle qui se plaît à l'exposition du levant, telle qui ne réussit que dans les terrains argileux, telle qui ne produit qu'à la suite des hivers pluvieux. Il y a des faits sans nombre de ce genre, qu'il seroit utile de connoître, mais auxquels on fait généralement peu attention. En principe, les variétés les plus tardives, quant à leur pousse, et les plus hâtives, quant à la maturité de leur fruit, sont, partout, les plus avantageuses, parcequ'elles sont les moins exposées aux effets des gelées du printemps, et que leur fruit mûrit plus complètement.

Quelques écrivains ont cru qu'il étoit avantageux de tirer le plant des vignobles du midi, mais cela n'est rien moins que prouvé. Je pencherois à croire, au contraire, qu'on gagneroit à les tirer de ceux du nord. Au reste, ce n'est pas de cela dont il faut que les propriétaires s'occupent le plus spécialement, c'est de choisir, dans leur propre vignoble, ou dans ceux de leurs voisins, les variétés (plants ou cépéages) les plus convenables sous tous les rapports. Je le répète, la plantation du Luxembourg m'a prouvé, d'une manière positive, qu'il n'y avoit pas de vignoble, quelque peu étendu qu'il fût, lorsqu'il étoit isolé, qui ne fournît des variétés, qui lui étoient propres, et dont certaines offroient des avantages sous les rapports du goût sucré, de la précocité, de l'abondance, de la rusticité, etc., etc.

J'ai annoncé plus haut l'importance de ne pas trop multiplier les variétés, car il est de fait que les vignobles du midi, comme ceux du nord qui renferment le moins de ces variétés, sont ceux qui donnent les meilleurs vins, quoique l'opinion contraire prédomine dans quelques lieux.

Je voudrois entrer dans le détail des applications de ces principes, mais je ne le puis, puisqu'ils varient selon les climats, les expositions et les terrains. Je dirai seulement que la douceur du grain des raisins n'est pas toujours un bon indice, puisque le chasselas ne peut faire qu'un mauvais vin, et que des raisins très âpres en font d'excellent. On trouvera plus bas, lorsque je parlerai de la pratique des vignobles de France, quelques indications à cet égard qui, étant avouées par l'expérience, ne seront pas dans le cas d'être contredites.

Le bois des jeunes vignes étant plus poreux que celui qui a été durci par l'âge, doit filtrer une sève bien moins élaborée et plus aqueuse ; il donnera plus de raisin, mais ces raisins fourniront un vin moins généreux et moins susceptible d'être conservé. Ce n'est qu'à douze ou quinze ans qu'une vigne nouvelle commence à donner du bon vin.

Les vignobles où, comme dans ceux des environs de Romans, de l'île d'Oléron, etc., on replante les vignes tous les vingt ou trente ans, ne doivent donc pas donner des vins de bonne qualité et de longue durée. Plus généralement les vignes sont laissées sur pied de cinquante à cent ans. On ne voit guère que dans la ci-devant Bourgogne des ceps qui aient trois, quatre et cinq siècles de plantation. Je mets au rang des jeunes vignes celles qu'on renouvelle perpétuellement en les provignant et en séparant les provins de leur souche deux ou trois ans après leur formation

C'est donc avec du plant enraciné, ou presque exclusivement, avec des BOUTURES (*voy.* ce mot), qu'on fait les plantations des vignes en tous pays. La voie des semences est repoussée parcequ'elle ôte la jouissance de trois ans au moins, et donne des variétés sans nombre dont on ne connoît pas la qualité.

On est en discussion sur la question de savoir si les boutures simples, c'est-à-dire faites avec du bois de l'année précédente seulement, sont aussi bonnes que celles dans lesquelles entre un talon de bois de deux ans; on appelle ces dernières CROCETTES. (*Voyez* ce mot). Dans beaucoup de vignobles on n'emploie que ces dernières. J'ai vu les premières réussir tout aussi-bien que les secondes. Je crois cependant qu'on doit préférer les crocettes lorsqu'on peut s'en procurer suffisamment, et je me guide dans cette détermination d'après les principes de théorie émis aux mots BOUTURE et BOURRELET.

Il est deux manières de planter les crocettes; ou directement, plus ou moins de temps après qu'elles ont été coupées, ou l'année suivante après qu'elles ont poussé des racines dans une pépinière.

Ordinairement on les coupe au moment de la taille et on les conserve, le pied dans l'eau, jusqu'à celui de la plantation. Il vaudroit mieux les conserver à moitié enterrées dans de la terre humide.

De quelque manière qu'on plante les crocettes lorsqu'elles ne sont pas enracinées, leur reprise est plus assurée lorsqu'on les enfonce à plus d'un pied et qu'on courbe leur partie inférieure, parceque plus il y a de sève accumulée et moins cette sève se meut avec vigueur, et plus elles sont disposées à pousser des racines. *Voyez* SÈVE.

Quand on plante du plant enraciné, cette précaution n'est point nécessaire, même elle est nuisible par suite du même principe.

On plante la vigne avec succès pendant tout l'hiver. La nature du sol et le temps qu'il fait doivent déterminer le moment: plus tôt dans des terrains les plus secs, et plus tard dans ceux qui le sont moins. On gagne généralement à planter avant les gelées. *Voyez* PLANTATION.

Lorsqu'on veut faire des boutures pendant l'été, et principalement dans l'intervalle des deux sèves, ce à quoi on est quelquefois forcé, il faut couper leur feuilles, et si le terrain est trop sec ou trop exposé au soleil, les arroser et ombrager; avec ces précautions, elles réussissent toujours.

La distance à laquelle il convient de mettre le plant varie au point qu'il est impossible de la fixer, même par approximation. Elle dépend du genre de culture qu'on veut adopter, du désir d'avoir plus de vin ou du meilleur vin, et de la nature du terrain. On sent en effet que ceux qui font des hautains, que ceux qui font des treilles susceptibles d'être étendues à volonté, doivent planter plus éloigné que ceux qui tiennent leurs vignes basses; que moins les ceps seront gênés et mieux ils seront nourris, mieux ils seront exposés aux influences de la chaleur solaire; que dans les terres très maigres, ils doivent, pour durer long-temps, être moins rapprochés que dans les autres.

Lorsqu'on veut, dans un pays un peu méridional, les environs de Lyon, de Bordeaux, par exemple, avoir abondance de vin sans épuiser le sol, il faut mettre une grande distance, six, huit et même dix pieds entre chaque cep, que je suppose plantés en lignes droites et parallèles, et disposer les sarmens parallèlement au terrain, dans la ligne des rangées, à des échalas fixés dans l'intervalle des ceps. Je lis, dans le Traité de la vigne de Bidet, qu'un propriétaire des environs de Bordeaux fit arracher la moitié des ceps d'une de ses vignes pour la disposer ainsi, et que cette vigne lui donna le double de ce que donnoit une vigne de même contenance située à côté, et conduite suivant la méthode ordinaire.

On sent en effet qu'ayant plus d'espace pour aller chercher sa nourriture, plus d'air et plus de soleil, cette vigne se trouvoit dans les circonstances les plus favorables; à ces avantages il faut ajouter que les travaux qu'elle exigeoit étoient moindres. Je donnerai à la fin de cet article une méthode de culture qui rentre dans celle-ci, et que je crois préférable dans toutes les localités où on est obligé, par le climat, de tenir les vignes basses.

Plus donc les vignes sont dans un climat chaud et plus elles seront écartées. Aux environs de Paris, c'est-à-dire à une des extrémités de la zone de la vigne, on les plante à deux pieds, et c'est la moindre distance possible.

Dans le développement des différens modes de culture usités en France, développement qu'on trouvera plus bas, j'aurai soin d'indiquer la distance la plus généralement admise dans chaque vignoble.

Les vignes se plantent rarement à la surface même du sol, c'est-à-dire qu'on place les crocettes dans des fosses plus ou moins larges, plus ou moins profondes, tantôt régulières, parallèles et longitudinales, c'est-à-dire allant d'un bout du terrain à l'autre ; ou transversales, c'est-à-dire perpendiculaires à la longueur de ce terrain ; tantôt irrégulières, non parallèles et courtes ; tantôt rondes, d'un pied ou plus de diamètre, et disposées avec ou sans ordre. Cette dernière manière, qu'on appelle à l'*angelot* ou à l'*angelot*, est la moins avantageuse au rapport de beaucoup de praticiens.

Dans mon opinion, les fosses doivent être, 1° dirigées du levant au couchant autant que la localité le permet, afin que les rayons du soleil de midi frappent le plus également possible les ceps ; 2° assez écartées pour que les rangées antérieures ne portent pas d'ombre sur les postérieures ; 3° assez profondes, si le terrain le permet, pour que le raisin y soit, dans les climats septentrionaux sur-tout, abrité des vents froids. Je dis si le terrain le permet, parcequ'il est des lieux où la vigne prospère et où on ne pourroit pas faire ou conserver une fosse d'un pied de profondeur, et que dans les terres humides cette fosse produiroit positivement l'effet contraire à celui qu'on en attendroit.

Planter des vignes en rangées écartées de vingt à trente pieds, comme on le fait dans quelques parties des départemens des Bouches-du-Rhône, de l'Isère et de Lot-et-Garonne, pour cultiver des céréales et autres articles, est une excellente méthode. En effet, non seulement on a abondance et excellence, mais encore les ceps, que je suppose en palissades, font l'office d'abri et augmentent les produits de ces intervalles : ce sont de véritables HAIES. (*Voyez* ce mot). On cite des terrains que les vents brûlans rendoient stériles, et qu'une plantation de ce genre a seule rendus très productifs. *Voyez* ABRI.

Encore ici je renvoie aux détails de culture usités dans les vignobles de la France, détails qui se trouveront plus bas.

L'hiver qui suit la plantation des vignes, on coupe toutes ses pousses hors une qu'on destine à servir de souche et qu'on taille sur un ou deux yeux selon sa force. C'est ordinairement la plus grosse et la plus droite.

On lit dans le Traité de la culture de la vigne, par Bidet, une observation qu'il est bon de citer ici.

M. David, propriétaire à Aix, fit planter quatre planches de vignes à côté les unes des autres. Il fit tailler deux de ces planches la première année après la plantation conformément à l'usage, et laissa les autres sans y toucher. Les premières

annoncèrent des ceps vigoureux et les secondes des ceps foibles
et de nulle espérance. L'année suivante il fit tailler les quatre
planches, et le résultat fut que celles qui ne l'avoient pas encore été donnèrent des bourgeons beaucoup plus beaux, des
raisins en beaucoup plus grande abondance, et cette supériorité se soutient toujours.

Cette observation est en concordance avec ce qui se pratique dans les pépinières bien conduites, où le plant foble
ne se rabat que la seconde année. *Voyez* Pépinière et Rece-
page.

Olivier, de l'Institut, remarque, dans son Voyage dans l'empire ottoman, que certaines îles de l'Archipel trouvent un grand
avantage à en agir de même.

Le but de tout propriétaire de vigne, jaloux de faire du bon
vin, n'importe dans quel climat, étant, comme je l'ai déjà
dit, et comme je le répèterai encore, d'avoir du raisin bien
mûr, il doit s'opposer à ce qu'on plante dans sa vigne des
arbres qui, par l'ombre et par l'humidité qu'ils y porteroient,
l'empêcheroient de mûrir. Il est cependant des vignobles qui en
sont surchargés, où on voit même s'y toucher les noyers qui,
non seulement nuisent aux raisins par leur ombre, mais encore
par leurs émanations. Aussi quel vin sort de ces vignobles?
Au plus on doit se permettre d'y laisser croître de loin en loin
quelques pêchers, quelques amandiers qui, par leur nature,
sont moins nuisibles que les autres.

Dirai-je la même chose des légumes annuels qu'on place
souvent entre les ceps? Certainement il est des cas où ils sont
nuisibles, mais aussi il en est d'autres où ils sont utiles en
fournissant des abris et conservant de l'humidité. Il est de plus
des espèces, comme la lentille, comme le lupin, qui, lorsqu'elles y sont mises modérément, n'y font jamais de mal.

Si dans quelques lieux on voit les vignes opprimées, si je
puis employer ce terme, par d'autres objets de culture, il en
est d'autres où on pousse jusqu'à l'exagération le principe de
les laisser jouir de toute l'influence des rayons du soleil, où
on proscrit, par exemple, les haies qui, lorsqu'elles ne sont
pas trop rapprochées ou qu'elles sont tenues basses, sont beaucoup plus utiles, à mon avis, en formant abri et en garantissant les vignes des voleurs, que nuisibles en projetant de
l'ombre, et répandant de l'humidité et en fournissant retraite
aux oiseaux. En général, on ne met pas assez d'importance à
la considération des abris dans la plupart des vignobles, et ils
influent cependant très puissamment sur l'époque de la maturité des raisins, et une semaine d'avance à cet égard double
souvent la bonté d'une récolte. Si une haie de trois pieds de

haut nuit, ce ne peut être qu'aux ceps qui s'en trouvent éloignés de six à huit pieds, et qu'est-ce que la perte de quelques grappes pour un arpent? J'engage donc les propriétaires de vignes exposées aux vents froids de l'est ou du nord, ou aux vents humides de l'ouest, à faire des essais de plantations de haies, car je suis convaincu qu'ils y trouveront leur avantage. *Voyez* AERI et HAIE.

Les plantes qui croissent le plus généralement dans les vignes sont, la *mercuriale annuelle*, l'*aroche étalée*, le *panic digité*, le *froment rampant* (les chiendens), la *myosote des champs*, le *mouron des oiseaux*, la *fumetère officinale*, la *crapaudine annuelle*, les *euphorbe réveille matin* et *peplus*, le *laitron des champs*, les *laitues des champs* et *vineuse*, l'*orpin âcre*, les *morgelines bleue* et *rouge*, le *liseron des champs*, la *scabieuse des champs*, l'*aristoloche clématite*, la *morelle noire*, le *souci des vignes*, la *valériane mâche*, le *chardon des champs*, l'*héliotrope d'Europe*, la *roquette des champs*, la *ronce à fruits bleus*, le *pavot coquelicot*, le *tussilage pas d'âne*, la *bugrane épineuse*, l'*ail des vignes*, la *moutarde des champs*, les *thlaspisbourse à pasteur* et *des champs*, la *spergule des champs*, le *raifort sauvage*, l'*ortie grièche*, les *auserines blanche* et *des murs*, le *lycope des champs*, le *seneçon vulgaire*, les *renoncules âcre* et *rampante*, le *pissenlit*, la *ciguë petite*, les *lamiers amplexicaule* et *purpurin*, les *véroniques des champs* et *agreste*, la *verveine officinale*, les *géranions cicutaire* et *à feuilles rondes*, et *pied de pigeon*, l'*orge des murs*, la *renouée trainasse*, le *paturin annuel*, l'*alkekenge coqueret*.

Dans beaucoup de lieux on prétend que la fleur du souci communique son odeur au vin des vignes où elle croît. Je ne rejetterai pas complètement ce fait, mais je suppose qu'on l'a exagéré. Il en est de même du prétendu goût que donnent au vin la mercuriale, l'aristoloche, la verveine et la ronce.

Ces plantes, en pourrissant dans la terre, font l'office d'engrais, c'est-à-dire améliorent un peu le sol.

Le provignage est l'opération la plus généralement pratiquée dans les vignobles. Il n'y a que ceux où on cultive en hautains et en palissades où on ne la connoisse pas. C'est sur-tout dans les vignobles de la ci-devant Bourgogne et autres plus au nord qu'on en fait un fréquent usage. Son principal objet est la multiplication des ceps; mais il offre d'autres résultats d'une grande importance; en effet, 1° le sarment étant courbé, le bourgeon qui en sort donne plus de fruit, et de meilleur fruit; 2° prenant de nouvelles racines, il tire plus de sève de la terre, et par conséquent fait davantage grossir ce fruit; 3° il permet de tenir toujours les raisins à une petite distance de terre dans les climats où cela devient nécessaire; 4° dans le vignobles où le provignage se pratique lors même qu'on n'a pas besoin de nouveaux ceps, et où, comme dans la ci-devant Bourgogne, on ne sépare pas le provin de sa mère, on peut conserver des pieds pendant des siècles, ce qui est extrêmement favorable à la qualité du vin, comme le prouve le clos de Vougeot, les Marcs-d'Or, Migraine et tant d'autres dont la supériorité des produits tient à l'âge des ceps qui ont quatre à cinq cents ans. *Voyez* Fruit. Sous ce rapport la culture de Bourgogne mérite d'être préférée.

Les inconvéniens du provignage sur les jeunes ceps, lorsqu'on sépare le provin de sa mère, comme on le fait dans tant de vignobles, c'est de prolonger le temps où ils donnent des vins inférieurs, et sur les vieux de les affoiblir, et même de les faire mourir. *Voyez* Marcotte. Ce n'est donc qu'avec prudence qu'il faut le faire.

Comme toute la théorie du provignage se trouve aux articles Marcotte, Bourrelet et Courbure des branches, et comme je dois développer plus bas, à l'article de chaque vignoble, la pratique qui lui est particulière, je ne parlerai ici de cette opération que succintement et d'une manière générale.

Il est des vignobles où on ne provigne que dans la jeunesse de la plantation, pour augmenter le nombre des ceps, ou pour regarnir les places où le plant n'a pas réussi. Il en est d'autres où on ne provigne que de loin en loin pour remplacer les ceps morts. Enfin, il en est où on provigne tous les ans un quart, un sixième, un huitième des ceps, ou moins encore.

Dans le troisième cas on agit avec l'intention de rendre la vigne éternelle; mais on ne réussit pas; car la vigne est soumise, comme les autres plantes, à la loi de l'assolement. L'arracher pour lui substituer d'autres cultures est donc une chose indispensable au bout d'un temps, qui est d'autant moins long que le sol contient moins d'humus, ou que les plants sont plus rapprochés qu'on a plus tiré à l'abondance, à moins qu'on ne lui donne de la nouvelle terre ou des engrais. Mais le transport de la nouvelle terre est très coûteux; mais les engrais détériorent la qualité du vin; mais il est certaines localités qui ne peuvent être utilement plantées qu'en vigne; mais on ne peut se décider à changer de nature de culture dans les localités dont le vin a une réputation faite. Toutes ces considérations tiennent à des circonstances particulières; c'est aux propriétaires seuls qu'il appartient de les approfondir pour ce qui les regarde.

Je reviendrai sur cet objet dans l'exposé des différens modes de culture usités en France.

La multiplication de la vigne par provins ne se fait, au reste, qu'autour des ceps déjà plantés; du moins on les lève si rarement pour les placer autre part, que je ne me rappelle pas avoir entendu dire qu'on ait planté de nouvelles vignes par leur moyen.

Il y a long-temps qu'on a greffé la vigne pour la première fois; mais cette pratique a toujours été circonscrite dans certaines localités ou dans des cas particuliers. En effet, cet arbuste reprend si facilement de marcottes et de boutures, qu'il y a fort peu d'avantages à le greffer lorsqu'il n'est question que d'en multiplier les variétés. *Voyez* GREFFE.

Je ne connois que les vignes de Sillery et quelques cantons du Dauphiné où les ceps soient tous greffés.

Comme plante qui n'a point de liber, la vigne ne peut se greffer qu'en fente, et en quelque lieu de la fente que se place la greffe, elle reprend toujours. C'est lorsque la sève commence a entrer en mouvement qu'il faut faire cette opération. Elle manque rarement quand on l'a exécutée en terre. Plus le bois est jeune et plus on est assuré de la réussite. J'ai vu des bourgeons ainsi greffés sur du bois de l'année précédente pousser de six à huit pieds en une saison. Si la greffe réussit mal dans les terrains arides et exposés à toute l'ardeur des feux du midi, c'est parcequ'elle est desséchée avant d'être reprise. Aussi, ai-je conseillé de la faire en terre, ce qui est presque toujours possible, puisqu'il ne s'agit que de commencer par faire un provin.

Il est bon de couper, quinze jours à l'avance, les sarmens qu'on veut greffer, et de les conserver enterrés à moitié dans un lieu frais, afin qu'ils soient plus avides de sève lorsqu'on les placera sur les sujets.

La plus grande utilité de la greffe pour la vigne, c'est de pouvoir transformer, en deux ans, une vigne qui renferme quinze à vingt variétés de cépéages, en une autre qui n'en contiendroit que deux, trois ou quatre au plus, l'expérience ayant prouvé, ainsi que je l'ai annoncé plus haut, et comme je le dirai encore plus bas, que si le mélange des raisins de deux, ou trois, ou quatre variétés est quelquefois avantageux, la réunion d'un plus grand nombre est toujours nuisible.

La taille de la vigne a pour but de s'opposer à la trop grande multiplication des fruits, de s'en procurer chaque année la même quantité, et de le rendre plus gros et plus hâtif. Elle se fonde sur les mêmes principes que celle des autres arbres; cependant elle offre un caractère fort distinct, c'est que le fruit venant sur les bourgeons de l'année, cette circonstance la rend beaucoup plus simple. En effet, il suffit de savoir que les boutons inférieurs sont ceux qui donnent les bourgeons à fruits, pour qu'on sache la faire. En conséquence, elle se réduit à couper, au-dessus du premier œil, les pousses de l'année précédente, c'est-à-dire les sarmens, dans les ceps qui sont les plus foibles, et au-dessus du second ceux des ceps qui sont vigoureux, soit par la nature de la variété, soit par celle du terrain, soit par toute autre cause. La partie laissée sur la souche s'appelle, comme je l'ai déjà observé, un *courson* dans beaucoup de lieux. Lorsqu'on veut se procurer une plus abondante récolte, et qu'à cet effet on laisse un ou deux sarmens, on les coupe à six, ou huit, ou dix boutons de la souche.

La déviation du canal perpendiculaire de la sève par l'effet des tailles annuelles de la vigne est favorable à la production des fruits, en ce que la circulation de la sève est moins impétueuse. *Voyez* Courbure des branches, Taille et Sève.

L'importance où il est, souvent, de tenir les ceps le plus bas possible, dans chaque genre de culture, oblige de tailler toujours de préférence sur les sarmens inférieurs, et à supprimer tous les autres. Il est sur-tout indispensable, dans le nord, de faire en sorte que les ceps ne s'élèvent jamais au-delà de la quantité strictement nécessaire pour que les grappes ne touchent point la terre. Deux mères branches suffisent à ces sortes de vignes; car si elles en avoient plus, leur fruit seroit plus lent à arriver à maturité.

On objectera peut-être que plus les vignes seront basses et plus les grappes seront exposées à la pourriture. Je ne le nierai pas ; mais j'observerai que ces effets ne seront beaucoup à craindre que dans les terrains et les années humides, et qu'il faut bien hasarder quelque chose. Le point le plus important, c'est d'avoir du fruit bien mûr, afin d'obtenir du bon vin et beaucoup de vin.

Dans les vignes basses, les bourgeons adventifs, qui sortent quelquefois au bas de la souche, sur le vieux bois, sont très utiles, en ce qu'ils permettent de couper les branches sur lesquelles on avoit taillé jusqu'alors, et de rajeunir le cep, en taillant sur ces bourgeons adventifs. *Voyez* Rajeunissement. C'est sur-tout après les fortes gelées que cette circonstance devient précieuse.

Chaque vignoble ayant sa sorte de taille ; chaque exposition, chaque variété de ceps devant avoir la sienne, ce que je dirai, lorsqu'il sera question de la culture de ceux de France, suppléera à ce qui ne se trouvera pas ici.

La question de l'époque où il convient de tailler, question qui a causé de grands débats, est résolue par les principes au mot Taille, et ce dans l'opinion de ceux qui veulent que ce soit après l'hiver ; mais comme il y a des inconvénients à peu près égaux des deux côtés, et que presque toujours le temps manque, on peut tailler pendant tout l'hiver.

Cependant j'observerai ici qu'il est reconnu, dans tous les pays de vignobles, que plus tôt on taille et plus tôt la sève entre en activité, et plus les bourgeons sont forts et abondamment chargés de grappes. Tailler immédiatement après la chute des feuilles est donc avantageux dans tous les climats où on ne craint pas les effets des gelées de l'hiver sur les coursons, ni des gelées du printemps sur les bourgeons ; mais il faut retarder le plus possible cette opération dans les pays froids ou dans les expositions sujettes aux gelées d'avril et de mai. C'est pour ne pas faire attention à cette circonstance, que tant de vignerons des environs de Paris perdent, presque tous les ans, la récolte des portions de leurs vignes situées dans des terrains humides, dans des lieux enfoncés, dans le voisinage des bois, des eaux, etc., quoiqu'ils les aient cultivées exactement comme les autres.

Un temps sec doit être préféré à un temps humide, pour procéder à l'opération de la taille des vignes, qu'il gèle ou qu'il ne gèle pas. Ce fait est prouvé par la pratique, au midi comme au nord, mais sa théorie n'est pas encore connue.

On appelle *tailler à vin*, c'est-à-dire tailler pour avoir beaucoup de vin, lorsqu'on laisse de nombreux coursons, de nombreuses *sauterelles* ou *pleyons*. Cette taille épuise beaucoup la vigne et accélère le moment de son remplacement. C'est celle de la plus grande partie des vignerons qui sont à moitié produit ou qui tiennent des vignes à ferme.

Lorsqu'on taille seulement sur un œil on risque, si cet œil périt, de voir mourir le cep, s'il est foible par sa nature. C'est pourquoi il est souvent plus prudent d'en laisser deux, sauf à faire, ensuite, un ébourgeonnage plus rigoureux.

On taille, ou en bec de flûte, ou en rond. La première de ces méthodes est préférable par les motifs développés au mot TAILLE.

Les sauterelles ou pleyons sont principalement usités dans les vignobles du nord, qui tirent le plus à la quantité. Ce sont des sarmens laissés presque dans toute leur longueur, et qu'après avoir inclinés, ou même courbés en arc, on attache à un échalas.

Lorsqu'en faisant cette opération, on laisse en même temps monter un bourgeon, la racine souffre peu parceque ce bourgeon supplée à la foiblesse de la végétation du sarment. C'est d'après ce principe qu'on doit tailler, sur-tout les vignes basses, comme plus délicates que les autres.

Une observation faite par les vignerons doit être consignée ici, parcequ'elle est appuyée sur la plus saine théorie ; c'est que si on ne se hâte pas de courber les sarmens laissés fort longs (les sauterelles, pleyons, etc.), dans l'intention d'avoir beaucoup de fruit, ou en a peu. En effet, la sève montant avec rapidité, développe les boutons à bois qui se trouvent les plus élevés, et ne fait qu'effleurer ceux à fruit qui sont au bas, lesquels finissent même quelquefois par s'éteindre, c'est-à-dire s'oblitérer, lorsque le cep est très vigoureux, ou l'année humide et chaude.

Les vignes qu'on force à produire une grande quantité de fruits donnent du plus mauvais vin et durent moins longtemps. Le principe en est commun à tous les arbres. Un propriétaire, jaloux de la réputation de son cru et du bien-être de ses enfans, doit donc empêcher son vigneron de laisser trop de coursons, de faire trop de sauterelles, de fumer, etc. Il faut que chaque cep ait juste le nombre de bourgeons et de grappes qu'il peut nourrir. Ainsi on en laissera davantage sur celui qui est très vigoureux, que ce soit par l'effet de sa nature, de son âge, ou de la terre où il se trouve. Il est une infinité de vignobles où on est obligé de replanter les vignes tous les quinze à vingt ans, c'est-à-dire peu à près qu'elles sont arrivées à l'époque de leur plein rapport, parcequ'on les force trop en production dans leurs premières années. Qu'une vigne sur le retour soit ainsi traitée, il n'y a pas grand mal; mais que, pour avoir abondance de mauvais vin, on se mette dans le cas de renouveler les jeunes, c'est ce qui devroit être proscrit par l'opinion des amis de la perfection et des patriotes éclairés. Inutilement dira-t-on que c'est une spéculation souvent avantageuse aux cultivateurs, chose qui est plus que douteuse pour moi et pour tous ceux qui sont instruits, car il est dans leurs vrais intérêts de donner une qualité supérieure aux produits de leur culture, pour les vendre et plus certainement et plus chèrement.

La taille et l'ébourgeonnement auxquels on assujettit chaque année la vigne fait qu'elle reste toujours foible, qu'elle ne croît pas autant en grosseur, en cinquante ans, dans nos vignobles, qu'elle le fait en dix en Italie, où on l'abandonne à elle-même sur de grands arbres. On trouvera au mot Feuille, Têtard, Elagage, la théorie de ce fait.

Cet affoiblissement de la vigne est un avantage réel, quoiqu'il l'empêche de vivre aussi long-temps, puisqu'il est la cause de la plus prompte maturité et de la meilleure qualité du raisin.

Les labours de la vigne varient de mode, de nombre et de temps, presque autant que les vignobles. Dans plusieurs des départemens méridionaux, on fait usage de la Charrue, dans le nord, de Pioches de différentes formes, quelquefois même de la Bêche et de la Fourche. Voyez ces mots. Il est à désirer que la charrue soit plus généralement employée qu'elle l'est, à raison de l'économie. Après la charrue, l'instrument qui expédie le plus vite la besogne, est la pioche des environs de Paris, qui a un pied de long sur six pouces de large, et dont le manche est recourbé et très court ; mais il force le vigneron à se tenir toujours aussi courbé que possible, le fatigue extrêmement, et le fait devenir voûté de bonne heure.

Des trois houes les plus généralement employées, celle qui est à fer carré convient aux terres compactes et dépourvues de pierres ; la triangulaire à celles du même genre qui ont beaucoup de pierres ; et celle à deux ou trois fourches à celles qui sont légères et caillouteuses ou graveleuses.

Toujours on doit donner un labour profond à la vigne pendant l'hiver, et deux ou trois binages dans le cours de l'été ; savoir, un avant la floraison, un lorsque les grains sont à moitié de leur grosseur, et un lorsqu'ils commencent à entrer en maturité. Lorsqu'on ne fait pas ce dernier binage, on retarde un peu le second, mais on ne doit se permettre que le moins possible de le supprimer, car labourer vaut fumer ; il est même des lieux où on en donne quatre, et on s'en trouve bien.

Dans les vignes en pente, il n'est point indifférent de labourer dans tel ou tel sens ; on doit chercher à faire toujours remonter la terre au lieu de la faire descendre, comme cela est ordinaire. Il est vrai que l'ouvrier a plus de peine en allant de haut en bas que de bas en haut ; mais aussi on est moins exposé à voir la partie supérieure de la vigne complètement dégarnie de terre. Quelques particuliers, pour allier, autant que possible, ces deux circonstances, font labourer diagonalement, et on ne peut que les approuver.

Lorsqu'on a donné le labour précédent à une vigne, en commençant du levant au couchant, il faut donner le suivant en commençant du couchant au levant.

Le mot raclet est synonyme de binage dans quelques départemens.

On appelle souvent les deux derniers binages des sarclages, parcequ'on ne fait réellement que gratter la terre pour faire périr les mauvaises plantes qui y ont cru, et qui, si on ne faisoit pas le dernier, empêcheroient la maturité du raisin, et favoriseroient l'action des gelées tardives sur lui.

Les environs de Paris offrent un mode de labourer la vigne, qui mérite d'être cité. Immédiatement après le déchalassement, c'est-à-dire en novembre, on pèle avec la pioche toute la superficie de la vigne, même on déchausse la base des ceps, dans l'épaisseur de deux à trois pouces, et on réunit la terre en petites monticules côniques dans l'intervalle des

.ceps. Après la taille, qui n'a lieu qu'au commencement du printemps, on donne un labour profond, pendant lequel on détruit les monticules. L'explication des bons effets de cette sorte de labour a été donnée au mot LABOUR.

Dans les terrains secs et exposés au midi, les binages d'été doivent être très légers, parceque profonds, ils favoriseroient l'évaporation du peu d'humidité qui s'y trouve. C'est pour n'avoir pas fait attention à ce fait, que tant de vignerons ont vu leurs vignes se faner, se dessécher, et même périr, sans qu'aucune autre cause ait paru les amener à cet état.

Il n'en est pas de même des labours d'hiver; il est avantageux qu'ils soient aussi profonds que les racines des ceps, qui sont généralement superficielles, le permettent.

La vigne est très disposée à pousser des racines rampantes et à fleur de terre; on doit d'abord faire tout ce qu'il convient pour diminuer cette disposition, ensuite pour détruire ces racines en faisant le labour d'hiver. En effet, elles sont exposées à périr pendant les sécheresses, et nuisent aux progrès des racines profondes. Quelque fondés que soient ces inconvéniens, je ne puis me dispenser de faire remarquer que généralement ce sont les racines superficielles qui concourent le plus puissamment à la vigueur des plantes, et à l'abondance de leurs fruits. *Voyez* RACINE.

Dans beaucoup de vignobles, sur-tout dans ceux qui sont le plus au nord, on fiche en terre à chaque cep et fort près de lui, un long bâton qu'on appelle échalas, et auquel on attache les bourgeons au moyen de liens de paille, de jonc ou d'osier. Cette pratique est regardée dans ces vignobles comme indispensable, et cependant dans le voisinage on s'en passe, soit en laissant les ceps plus hauts, soit en mettant les sarmens en palissade; le vrai est qu'elle a des avantages et des inconvéniens qui, si ces derniers ne prédominent pas, sont au moins compensés.

Les avantages des échalas sont de permettre d'exposer les grappes aux bénignes influences des rayons du soleil, et de permettre de placer un beaucoup plus grand nombre de ceps dans le même espace de terrain.

Leurs inconvéniens consistent d'abord à augmenter de beaucoup la dépense de la culture, soit par le haut prix auquel ils se vendent, soit par les opérations de placement, de déplacement, d'aiguisement, etc., qu'ils exigent; ensuite à redresser les bourgeons, qui devroient naturellement être penchés, et par-là favoriser l'ascension directe de la sève, ce qui retarde la maturité du fruit, comme j'en ai acquis la preuve cette année. *Voyez* Courbure des branches, Espalier et Buisson-Arbre.

Pour rendre l'usage des échalas véritablement utile, il faudroit les planter dans l'intervalle des ceps, et y fixer les bourgeons, de manière qu'au lieu que ceux de chaque cep soient réunis en faisceau, ils fussent au contraire le plus écartés possible; mais comme alors le raisin seroit plus ou moins complètement à l'ombre, il deviendroit nécessaire de le relever vers l'époque de sa maturité, pour le placer comme on le place en ce moment; opération coûteuse, difficile, et qui pourroit avoir une influence désavantageuse sur le produit de la récolte.

C'est dans les principes de cette méthode, usitée dans quelques endroits très circonscrits, qu'est établie dans quelques autres, par exemple, aux environs de Nemours, cette pratique célébrée, il y a quelque temps, par un agronome, sous le nom de pavillons, laquelle consiste à attacher les bourgeons d'un cep avec ceux des ceps voisins, de manière qu'ils se soutiennent réciproquement.

L'énorme quantité de bois que consomment les échalas, et la rapidité de la décroissance des forêts en France, doivent faire désirer qu'on puisse s'en passer. La culture en palissades basses, comme celle usitée dans le Médoc, comme celle proposée par plusieurs savans cultivateurs, et en dernier lieu par M. Cherrier, diminue beaucoup leur consommation et la main-d'œuvre, ce qui est beaucoup.

L'époque où l'on place les échalas varie selon les vignobles; le plus souvent, et le mieux, c'est immédiatement après le binage du printemps, avant le commencement de la pousse des bourgeons; quelquefois c'est après le second binage, c'est-à-dire quand les bourgeons ont acquis une partie de leur hauteur. Il faut les enfoncer assez pour que les vents ne puissent pas les renverser, et faire attention, de ne pas blesser les racines, et de ne pas détacher les boutons dans l'action.

Les meilleurs bois pour faire des échalas, la manière de les aiguiser, de les conserver, etc., ayant été indiqués à l'article qui les concerne, je n'en entretiendrai pas le lecteur.

On appelle Accoler, l'opération d'attacher les bourgeons aux échalas. Il en a été longuement parlé à ce mot.

Chaque bouton de la vigne contient ordinairement trois yeux, que la sage nature a destinés à se suppléer mutuellement en cas d'accident. Lorsque le premier se développe avec beaucoup de vigueur, les autres avortent; mais dans le cas contraire, le second, même quelquefois le troisième, poussent également, mais restent beaucoup plus foibles.

D'un autre côté, il sort souvent des bords des plaies résultant de la taille, même du vieux bois, des bourgeons adventifs qui, ainsi que les produits secondaires des vrais boutons, sont le plus souvent sans grappes.

Ce sont ces divers bourgeons qui sont l'objet de l'opération
qu'on appelle l'Ebourgeonnement. *Voyez* ce mot.

En général, bien ébourgeonner est chose difficile; cependant par-tout ce sont les femmes et les enfans qui en sont
chargés; aussi combien de récoltes qui eussent été abondantes,
qui eussent donné du bon vin, sont médiocres, et donnent
de mauvais vin, parcequ'on a trop ou pas assez ébourgeonné.

Un ébourgeonnement mal fait influe même sur les récoltes
des années suivantes, même sur la durée des ceps. C'est un
fait qui, pour être peu sensible, n'en est pas moins réel, ainsi
que la théorie et l'expérience le prouvent.

Quoique j'aie développé au mot Ebourgeonnement les
principes de cette opération dans les arbres fruitiers, je dois
ajouter ici, 1° que lorsqu'on laisse trop de bourgeons stériles
à la vigne, ils attirent une grande quantité de sève qui auroit
été employée à nourrir les fruits, et qui, par conséquent,
leur auroit profité; 2° que lorsqu'on laisse trop de bourgeons
à fruits, ils épuisent le cep ; et que non seulement la récolte
de l'année suivante est mauvaise, mais même qu'il s'en ressent
souvent pendant toute la durée de sa vie. Il n'y a cependant que
les vignerons instruits qui se déterminent à ôter des bourgeons
qui offrent des grappes. La même cause fait qu'on doit ménager même les bourgeons stériles dans les plants foibles.

On doit laisser plus de feuilles et de bourgeons aux vignes
situées sur les coteaux secs et exposés au midi, et moins dans
les fonds ombragés et humides, parceque dans le premier
cas on favorise le grossissement des raisins, et que dans le
second on empêche qu'ils deviennent trop aqueux.

La floraison de la vigne est une opération importante pour
le produit de la récolte; il ne faut point la tourmenter pendant sa durée par des travaux de quelque espèce que ce soit.
C'est du temps qu'il fait pendant sa durée que dépend la
fécondation ou la coulure.

Je ne rappellerai pas ici les différentes causes de la Coulure,
parceque je les ai développées à l'article qui la concerne;
mais j'observerai qu'il est des variétés de vignes qui y sont
beaucoup plus sujettes que les autres, soit par l'effet de leur
nature, soit parcequ'elles fleurissent trop tôt ou trop tard.
Les gelées et la sécheresse y concourent souvent plus que
toutes les autres causes ensemble. Il est des variétés dont la

plupart des grains avortent toujours On peut même regarder
les corinthes comme des raisins dout les grains avortent nécessairement, puisqu'ils n'out jamais de pepins.

Les vignerons ne peuvent pas, le plus souvent, influer sur
les causes de la coulure; cependant elle a quelquefois lieu par
suite d'une taille trop rigoureuse, d'un labour fait à contre-
temps, d'une fumure trop abondante, etc.

Il est une opération d'agriculture qu'on appelle ARRÊTER,
PINCER, et qui consiste à enlever l'extrémité d'un bourgeon
pour arrêter sa pousse en longueur, et faire grossir sa tige et
ses fruits. On la pratique dans presque tous les vignobles du
nord et non dans ceux du midi. Exécutée à propos et modérément, elle produit l'effet ci-dessus; exécutée trop tôt, ou
immodérément, non seulement elle amène des résultats contraires, mais elle retarde beaucoup la maturité des raisins,
parcequ'il se développe, sur-tout s'il pleut, de nouveaux
bourgeons qui attirent toute la sève. C'est par-tout, lorsque
les grains sont presque arrivés à toute leur grosseur, qu'il convient de la faire. Il faut sur-tout la séparer de l'ébourgconne-
ment, parceque cette dernière n'épuise déjà que trop les ceps
de leur sève. Les pieds très vigoureux et les pieds très foibles
doivent être également ménagés en la faisant, et ce par des
motifs diamétralement contraires. Ce n'est jamais comme fournissant des feuilles propres à la nourriture des vaches et des
moutons qu'on doit la considérer; ce n'est jamais à des femmes
et à des enfans inattentifs qu'il convient de la confier. Les détails dans lesquels je suis entré aux articles cités plus haut me
dispensent de m'étendre plus longuement ici.

Quant à l'enlèvement des vrilles, auquel on met tant d'importance dans certais lieux, il est prouvé qu'il ne produit ni
bien ni mal apparent.

On effeuille la vigne dans beaucoup de lieux, et ce, dans
l'intention de faire mûrir plus tôt le raisin, en l'exposant à
l'action des rayons du soleil; mais presque toujours on produit
un effet opposé, et de plus, en le faisant trop tôt, ou avec
trop d'exagération, on altère la saveur de son suc.

J'ai développé les principes à cet égard au mot EFFEUILLAGE,
mot auquel je renvoie le lecteur; mais j'ajouterai ici une considération que j'ai négligé de faire valoir alors, c'est que les
feuilles garantissant les grappes des vents froids, arrêtant les
vapeurs chaudes qui s'élèvent pendant la nuit de la terre, font
plus d'effet que les rayons du soleil, alors foibles, et souvent
voilés par les nuages et les brouillards.

Je n'approuve donc l'effeuillage que sous un seul rapport,

la coloration du raisin, mais ce rapport n'est de valeur que pour les raisins de table, sur-tout les chasselas.

Si, malgré les raisons que j'ai fait valoir, on veut continuer d'effeuiller, j'engage à le faire modérément à diverses reprises, en cassant et non en arrachant le pétiole, et le plus tard possible.

Il n'est point de procédé d'agriculture plus absurde et plus contraire aux intérêts présens et futurs des cultivateurs que d'effeuiller complètement la vigne avant la récolte, pour consacrer la feuille à la nourriture des bestiaux, comme on le fait dans quelques lieux.

Dans d'autres endroits on effeuille après la récolte, ou, ce qui est encore pire, on met les vaches et les moutons dans les vignes pour en manger les feuilles. Ces usages sont encore dans le cas d'être proscrits, parcequ'ils nuisent nécessairement aux récoltes futures, et amènent plutôt les ceps à la caducité; cependant, dans le besoin, on peut y recourir, parceque de deux maux il faut choisir le moindre. *Voyez* FEUILLES et AOUTER.

Mais, dira t-on, n'y a-t-il donc pas moyen de tirer parti des feuilles de la vigne pour la nourriture des bestiaux? Il y a moyen, répondrai-je, mais alors il faut la cultiver pour cet objet seulement. Imitez M. de Père, il plante des vignes, dans ses domaines du département de Lot-et-Garonne, au pied des arbres isolés, uniquement dans l'intention d'en récolter la feuille pour la nourriture de ses bestiaux, et il trouve un grand bénéfice à le faire. Le projet de plantation d'un verger avec des *vignes arbustives*, c'est le nom qu'il leur donne, paroît devoir être d'une exécution facile dans les départemens méridionaux, et d'une réussite certaine. *Voyez* son Manuel d'agriculture pratique, ouvrage qu'il est à regretter de ne pas voir entre les mains de tous les agriculteurs.

Dans les pays plus froids, des vignes qui entreroient en grande quantité dans la composition d'une HAIE semblable à celle dont j'ai donné l'indication à cet article, en fourniroient immensément, qu'on pourroit employer en vert ou en sec. M. de Père rapporte de plus dans le même ouvrage que les cultivateurs des environs de Vérone empilent les feuilles et les raisins des vignes sauvages dans des fosses, où ils se conservent jusqu'au printemps.

La vigne, jouissant de la faculté d'aller chercher les sucs qui lui sont nécessaires à une grande distance, peut subsister dans le même local un nombre d'années indéterminé, pour peu qu'il soit fertile; mais tout convie à la planter dans les plus mauvais sols, qu'elle épuise promptement des sucs qui lui sont propres. Elle doit donc se trouver fréquemment avoir besoin d'engrais pour soutenir l'abondance de ses produits; cependant un motif puissant s'oppose à ce qu'on lui en fournisse. Ils affoiblissent la qualité du vin, en augmentant sa quantité, et même lui donnent un mauvais goût.

De tout temps les amis du bon vin se sont élevés contre les engrais animaux, les seuls essentiellement nuisibles. C'est à l'abus de l'emploi des boues de Paris que le vignoble de Surène, jadis si estimé, doit la perte de sa réputation. C'est à cet abus que celui d'Argenteuil, qui marche aujourd'hui sur ses traces, devra bientôt la perte de la sienne. Oserai-je avouer que des propriétaires, dans les meilleurs vignobles de la France, dans la Bourgogne même, ne craignent point, par l'appât de la vente de quelques pièces de vin de plus, de nuire à leur vignoble, de nuire à la France entière en engraissant leurs vignes avec exagération au moyen de fumiers à moitié consommés? Sans doute un peu de fumier ne nuit pas sensiblement au vin; mais un peu de fumier ne produit pas assez d'effet, et on en augmente la quantité, de sorte qu'une fois qu'on a franchi le premier pas, qu'on a bravé l'opinion qui repousse, dans tous les bons vignobles, l'emploi des engrais, on ne craint plus de l'exagérer, et on ne s'arrête que là où il n'y a pas possibilité de faire autrement, comme on le voit dans les petits vignobles qui entourent Paris, et qui fournissent du vin si détestable.

Ici je voudrois pouvoir développer les motifs qui, hors les environs des grandes villes, doivent engager les propriétaires de vigne à toujours préférer la qualité à la quantité pour leur intérêt même; mais cette discussion sort du plan que je me suis fait, et me mèneroit trop loin.

N'y a-t-il pas de moyen de rendre à la terre une partie des principes qu'une longue végétation de la vigne lui a fait perdre, demandera-t-on? Oui, il y en a; mais les uns sont coûteux, et les autres sont méconnus.

Les curures des fossés, des rivières, des étangs, les boues des routes, des cours, etc., en est un. *Voyez* CURURES et BOUES.

Le transport de nouvelles terres prises dans les champs cultivés en céréales ou dans les bois en est un autre.

La fabrication d'un compost avec la terre de la vigne et des feuilles d'arbres, des herbes sèches, des pelures de gazon, etc. en est un troisième. *Voyez* COMPOST.

L'enfouissement bisannuel ou triennal de plantes semées exprès en est un quatrième. *Voyez* RÉCOLTES ENTERRÉES POUR ENGRAIS.

Je m'arrête à ce dernier comme le plus économique et le moins connu.

Il est beaucoup de plantes annuelles qu'on pourroit semer dans les vignes immédiatement après la vendange, et qui auroient assez de temps, dans le climat de Paris, et à plus forte raison dans celui de Lyon, dans celui de Montpellier, pour parvenir à presque toute leur croissance, et pouvoir être enfouies par le premier labour d'hiver. Le sarrasin est dans ce cas. Pourquoi donc n'en sème-t-on nulle part dans cette intention ? Certainement, je le sais, l'engrais du sarraisn est peu durable, mais enfin il produit un effet, et cet effet peut être répété tous les deux ou trois ans, comme je l'ai dit plus haut. Il ne lui faut qu'un léger ratissage pour qu'il réussisse sur une terre qui a eu deux binages d'été, et son enfouissage ne cause aucune dépense extraordinaire ; il exige au plus de rapprocher l'époque du labour d'hiver, car il seroit bon de l'exécuter avant les gelées, qui agissent si fort sur le sarrasin.

J'invite les propriétaires de vignes épuisées de méditer cet objet et de faire des expériences.

Si, malgré les inconvéniens des engrais animaux, et même des fumiers, on veut en faire usage, il faut les laisser se décomposer complètement à l'air, c'est-à-dire ne les employer qu'au bout de deux à trois ans lorsqu'ils auront perdu toute odeur, et encore les ménager.

Il est cependant des engrais animaux qui paroissent produire un grand effet sur les vignes sans nuire à la qualité du vin, mais ils sont rares. Ce sont les POILS, les ONGLES, les CORNES des animaux (voyez ces mots) ; ils jouissent de l'avantage de ne se décomposer que pendant les chaleurs humides, c'est-à-dire dans les circonstances où ils peuvent le mieux remplir leur but.

L'automne est l'époque la plus favorable pour le transport du fumier dans les vignes, parceque c'est celle où les vignerons sont le moins occupés, et parcequ'ayant le temps de se consommer pendant l'hiver, il est moins dans le cas de communiquer son odeur aux raisins.

Ce n'est point en l'empilant au pied de chaque cep, comme on le fait si souvent, que le fumier doit être mis dans les vignes, mais en l'étendant le plus également possible, afin qu'il puisse profiter aux plus petites fibrilles des racines, qui toujours sont loin de la souche.

La prudence engage à ne fumer qu'une partie de la vigne, et de fumer plutôt souvent que trop abondamment

Les vignes du pays d'Aunis et autres voisines, qui se fument avec des varecs, fournissent des raisins qui, non seulement en prennent l'odeur, mais qui donnent de la soude par leur incinération. (*Voyez* Varec et Soude.) Les vins de ces vignes s'emploient principalement pour faire de l'eau-de-vie.

J'ai parlé autre part de la remonte à dos d'hommes ou de chevaux des terres entraînées par les pluies, remonte qui produit souvent les effets d'un engrais.

La marne, et sur-tout la chaux, sont souvent un excellent amendement pour les vignes, mais souvent aussi elles n'y font que du mal, en rendant trop promptement soluble la petite portion de terreau que contient le sol. C'est donc avec beaucoup de ménagement qu'il faut en mettre dans les terrains maigres et exposés à tous les feux du midi, ainsi que dans ceux qui sont de nature calcaire. *Voyez* Chaux, Cendre et Marne.

J'en dirai autant des amendemens minéraux, tels que les Cendres de tourbe pyriteuse et l'Ampelite. *Voyez* ces mots.

Il n'est pas probable que le plâtre en poudre, semé sur les feuilles de la vigne, soit un bon amendement, puisqu'en exagérant le développement de ces feuilles, il retarderoit probablement la maturité du raisin. Au reste, je ne connois pas d'expérience sur cet objet.

Il est beaucoup de localités où les vins ont un goût particulier, généralement peu agréable, et qu'on qualifie de *goût de terroir*. Par-tout on est en effet convaincu que c'est la nature du sol qui le donne. Je n'ai pas à faire valoir des faits propres à prouver le contraire, mais j'ai tout lieu de croire que la variété influe bien plus souvent dans ce cas que la terre. Je connois des raisins qui ont une saveur propre si prononcée, qu'il est impossible qu'ils n'en donnent pas une au vin qui en est composé.

Ce qui a probablement appuyé cette opinion, c'est que des vins qui n'avoient point de mauvais goût en ont pris un lorsqu'on a fumé trop fortement les vignes qui les produisoient, qu'on y a mis des boues de ville, des gadoues, etc. J'ai par devers moi une observation qui porte à croire que ce n'est pas en passant dans la sève que ce mauvais goût s'est produit, mais en se fixant sur les fruits par suite d'une simple émanation. Une treille plantée dans un jardin, à l'angle d'un bâtiment, portoit la moitié de ses sarmens dans une cour ; on établit le tas de fumier sous cette dernière partie, et ses raisins devinrent mauvais, lorsque les autres restèrent les mêmes ; c'étoit du chasselas.

On peut rajeunir une vieille vigne en la coupant entre deux terres, et en supprimant, avant la fin de la première sève, la plupart des bourgeons qu'elle a poussés. En général, à moins qu'il ne soit nécessaire de faire des provins pour regarnir le

terrain, on ne doit en laisser qu'un, et ce doit être le plus fort.
On taille ensuite, l'hiver suivant, le sarment qu'il produit à un
ou deux yeux, comme ceux d'une vigne faite. Quelquefois il
faut plusieurs années de soin pour arrêter la sortie des nouveaux bourgeons de terre.

Cette manière de renouveler la vigueur des ceps est fondé
sur ce que la vigueur des arbres est d'autant plus grande que la
sève est moins déviée dans son cours par des coudes, qu'il y a
beaucoup de ces coudes dans un cep annuellement taillé, et
qu'il n'y en a point dans un sarment qui sort directement des
racines. Je ne la trouve indiquée que dans un petit nombre
de localités. Il est fâcheux qu'elle ne soit pas plus généralement connue.

D'après le principe des assolemens, un terrain qui a porté de
la vigne pendant un siècle ne devroit plus en recevoir avant
le même espace de temps ; mais, comme souvent ce terrain est
impropre à toute autre culture, hors celle des bois, et qu'on
ne veut pas laisser perdre les avantages de la réputation acquisé,
par ces terrains, de fournir du bon vin, on se contente de les
laisser reposer pendant quelques années, en y cultivant des céréales, des prairies artificielles, ou des légumes. Une bonne
pratique dans ce cas seroit de fumer fortement avant ces cultures, ensuite de faire un défoncement plus profond que
l'ancien, avant d'y remettre de la vigne, et de fumer encore
fortement. Les fumiers, en général si contrairesà la vigne,
répandus ainsi d'avance, ne se font plus remarquer que par
leurs bons effets.

Les effets des pluies continues sur les vignes et sur les produits de la vendange varient selon la saison où elles ont lieu.
1° En hiver, elles s'opposent aux labours, à la taille et autres
opérations, du moins dans certaines localités dont la terre est
marneuse et susceptible de se délayer par l'eau. 2° Au printemps, lors de la pousse, elles déterminent un développement
extraordinaire des bourgeons et des feuilles, développement
qui n'a lieu qu'aux dépens des fruits dont les grappes sont plus
rares et moins garnies. 3° Lorsque les grappes sont en fleur,
elles amènent la COULURE (voyez ce mot), sur-tout si elles
sont en même temps froides. 4° Pendant que les grains sont à
moitié de leur grosseur, elles les empêchent de s'accroître par
la raison indiquée au numéro second. 5° Quand les grains sont
encore plus avancés, elles s'opposent à ce qu'ils prennent la
saveur sucrée qui leur est propre, et qu'ils mûrissent à l'époque
ordinaire. 6° Après la maturité elles les font pourrir et retardent
les vendanges. Ce retard des vendanges est d'autant plus considérable que ces pluies ont été en tout temps plus froides et de
plus longue durée.

Dans aucun cas une année pluvieuse n'est avantageuse à la vigne et à ses produits. *Voyez* Pluie.

Lorsque la vigne est sur une pente rapide, les pluies, principalement celles qu'on appelle pluies d'orage, entraînent les terres dans les vallées, déchaussent les ceps et rendent souvent une localité incultivable pour l'avenir, à moins de frais qui ne sont pas toujours proportionnés à ses produits. *Voyez* Orage.

Il n'est pas de moyens économiquement praticables pour mettre obstacle aux tristes effets des pluies continues sur les vignes et sur leurs fruits. *Voyez* Vin.

Des fossés, des murs, ou des haies transversales, de distance en distance, sont les meilleurs obstacles qu'on puisse opposer à la descente des terres. *Voyez* Haie, Terrain en pente et Montagne.

On peut aussi retarder cet effet, comme je l'ai déjà observé, en faisant les labours de manière à remonter chaque fois les terres au moins de quelques pouces; mais ce louable usage est rarement pratiqué. (*Voyez* Labour.) Aussi combien de coteaux jadis bien garnis de vignes ne présentent-ils plus que des rochers nus, où quelques moutons trouvent à peine, au printemps et en automne, de quoi ne pas mourir de faim. J'ai trop vu de ces coteaux dans la ci-devant Bourgogne et ailleurs, pour ne pas gémir de l'insouciance ou de l'ignorance des cultivateurs de vignes, qui ne tiennent aucun compte de la postérité.

Une opération qui se fait de temps en temps dans quelques vignobles, celle de remonter à dos d'homme ou de cheval les terres ainsi entraînées, retarde les effets désastreux des eaux pluviales. Aussi devroit-elle être exécutée par-tout, d'autant plus qu'elle est extrêmement avantageuse à la vigueur des vignes, et à l'abondance comme à la bonté de leurs produits; mais elle est si coûteuse, et les vignes sont le plus souvent si peu dans le cas d'en supporter la dépense, qu'on s'y refuse le plus généralement.

Les brouillards sont beaucoup moins nuisibles aux vignes, du moins d'une manière directe, qu'on le croit communément dans certains cantons. Leurs résultats sont de les rendre plus sensibles à la gelée, tant au printemps qu'à l'automne, de concourir à la coulure dans la première de ces saisons, et de retarder la maturité du raisin dans la seconde. Tous ces effets sont produits par le froid, sans lequel ils n'existeroient pas (*voyez* Froid et Brouillard). La rouille, la brûlure, la multiplication des insectes, etc., ne sont point de leur fait.

Si une humidité surabondante est nuisible aux vignes, une sécheresse exagérée ne l'est pas moins. Dans ses premiers degrés elle empêche les feuilles et les fruits de se développer ; dans ses derniers elle fait dessécher les premières et rider les derniers, ce qui fait perdre tout espoir de récolte, et produit sur les années suivantes des effets analogues à ceux des gelées d'automne. Quand cet excès de sécheresse arrive à l'époque qui précède celle de la maturité des raisins, ces raisins se colorent plus tôt, grossissent moins, ont la peau plus épaisse, le suc moins sucré, et donnent un vin moins abondant et de plus mauvaise qualité. Ces effets se font plus ou moins sentir, selon le climat, le sol, l'exposition, etc. Planter épais, abriter des rayons du soleil par des arbres, des haies, etc., sont des moyens de diminuer ces inconvéniens ; mais ils sont repoussés, parcequ'une chaleur ou une sécheresse modérée sont ce qui convient le mieux à la bonne qualité des produits de la vigne.

Dans les départemens septentrionaux les vignes sont plus sensibles aux effets de la sécheresse que dans les méridionaux, parcequ'elles y ont des racines plus foibles, et qu'elles y sont moins accoutumées.

Les feuilles des vignes sont dans le cas d'éprouver deux accidents qui tiennent à la même cause, la BRULURE, *voyez* ce mot.

Dans le premier, qu'on appelle *rougeau* aux environs de Paris, ses feuilles rougissent subitement et tombent deux jours après, ce qui s'oppose à l'accroissement ultérieur des grains qui se rident et se dessèchent. C'est pendant l'été, après un brouillard et par les vents du sud, que le rougeau arrive le plus fréquemment.

Dans le second, connu sous le nom de *quillé* dans les mêmes lieux, il n'y a que quelques places, plus ou moins larges, plus ou moins nombreuses de la feuille qui se désorganisent, et le mal est rarement grave.

Lorsque cette dernière sorte de brûlure agit aussi sur les raisins, on dit qu'ils sont BRIMÉS ou TACONÉS. *Voyez* ces mots.

Les moyens indiqués pour empêcher ces effets, même la fumée, ne sont pas toujours praticables en grand, à raison de la dépense. Il est quelques cantons où on s'en garantit, jusqu'à un certain point, en plantant toutes les vignes en rangées, dirigées du levant au couchant. On sent en effet que le soleil levant, enfilant ces rangées, ne frappe directement que sur les ceps qui les commencent, et que la rosée a le temps de s'évaporer avant qu'il se soit assez tourné du côté du midi, ou assez élevé pour que ses rayons soient à craindre pour les autres. Je dois donc recommander aux propriétaires qui feront planter des vignes, au levant, de faire autant que possible attention à cette considération, qui ne peut paroître futile qu'à ceux qui n'ont pas été à portée d'apprécier les pertes que font annuellement certains vignobles, par suite de la brûlure des feuilles ou des grains.

On doit supposer que la plupart des maladies qui attaquent les autres arbres sont dans le cas d'attaquer la vigne. Des Chancres se voient souvent sur les ceps. Leurs bourgeons offrent quelquefois les inconvéniens de la Pléthore, qu'on appelle *carniure* dans les environs de Paris, et que les boutures ou crosettes propagent. D'autres fois leur accroissement devient excessif par suite de l'humidité surabondante où se trouvent leurs racines. C'est ce qu'on nomme *nielle* ou *geule* dans quelques lieux. La *goupillure* ou *goupillonnure* est un état de foiblesse provenant de la mauvaise nature de la couche inférieure du sol. L'Ictère se montre fréquemment sur ses feuilles. Ses raisins sont sujets à la Pourriture. *Voy.* ces mots et ceux Pleurs, Mielat, Stérilité, Galle.

Il est une plante de la classe des champignons parasites internes qui cause beaucoup de dommages à certaines vignes. C'est l'Erinée de la vigne, plus connue sous le nom de *rouille.* Elle forme sur la face inférieure des feuilles des taches rousses irrégulières, plus ou moins grandes, plus ou moins nombreuses, composées par des tubes cylindriques tronqués, qui désorganisent la feuille et l'empêchent de remplir ses fonctions. J'ai vu des vignes qui en étoient si affectées qu'elles ne portoient plus de fruit, et qu'elles annonçoient une foiblesse notable. Il semble que certaines variétés y sont plus sujettes que d'autres, si j'en juge par quelques observations commencées par moi à la pépinière du Luxembourg. Couper les feuilles avant la maturité des bourgeons séminiformes de ce parasite paroît être le seul moyen d'en garantir une vigne pour les années suivantes.

Comme étant originaire des pays chauds, la vigne est sujette en France aux effets des gelées. C'est le plus redoutable et le plus commun des fléaux auxquels sa nature l'expose. Les cultivateurs doivent tout faire pour s'en garantir, et pour en diminuer les suites.

Il faut ranger ces suites sous trois divisions : la première comprendra les gelées anticipées de l'automne. Elles font dessécher les feuilles avant le temps, désorganisent les bourgeons non encore complètement aoûtés, empêchent plus ou moins le raisin de mûrir, et par conséquent de donner un vin de bonne qualité, amènent même la perte complète de la récolte.

Certaines variétés d'une végétation tardive sont plus exposées que d'autres à ces gelées, sur-tout lorsqu'elles ne sont pas très fortes.

Ces gelées, en empêchant les sarmens de compléter leur évolution, ont souvent des suites qui se font sentir sur les récoltes des années suivantes. J'ai vu dans les environs de Paris détruire des vignes qu'elles avoient frappées après trois ou quatre ans d'efforts inutiles pour les remettre à fruit. Dans ce cas, il est toujours prudent de tailler sur un seul œil, et de ne faire aucune sauterelle, c'est-à-dire qu'il faut sacrifier l'abondance de la récolte au rétablissement de la vigueur des pieds.

Je ferai entrer dans la seconde les fortes gelées de l'hiver, qui attaquent le sarment lorsqu'il a perdu toutes ses feuilles. Leurs effets sur la récolte de l'année suivante sont les mêmes, quoiqu'à un moindre degré que les précédentes, lorsqu'il n'y a, comme cela arrive le plus ordinairement, que la partie supérieure du sarment de frappée ; mais ils sont bien autrement désastreux quand la totalité de ce sarment l'est, qu'il n'y reste plus de boutons vivans, parceque le cep est alors forcé d'en pousser sur le vieux bois, pousse qu'il fait difficilement, et dont les résultats sont si foibles qu'il est presque toujours plus avantageux de planter une nouvelle vigne que d'y compter.

Il est rare que le bois des ceps, c'est-à-dire le vieux bois, soit gelé, et on sent bien que lorsque cela arrive il n'y a autre chose à faire que d'arracher la vigne.

Une vigne dont les sarmens sont en partie gelés se taille plus tard, c'est-à-dire quand elle commence à entrer en sève, afin de pouvoir distinguer les boutons vivans et pouvoir tailler au-dessus d'eux.

La troisième division des gelées sur les vignes renferme celles qui ont lieu au printemps. Elles sont très fréquentes et agissent dans les parties les plus méridionales de la France comme dans les plus septentrionales. Il est des localités qui, par la précocité, ou le retard de leur végétation, y sont plus sujettes que les autres ; car telle gelée qui tue un bourgeon qui pousse depuis trois à quatre jours seulement, ne fait aucun mal à celui qui est en végétation depuis douze ou quinze. De là on peut conclure que certaines variétés, et c'est ce qui est en effet, sont plus sujettes que certaines autres aux effets de ces gelées. Il en est d'autres qui le sont encore, parcequ'elles se trouvent dans des expositions abritées de l'action desséchante du vent, alors dominant, ou parcequ'elles sont dans des fonds, dans le voisinage des bois, des eaux, car l'humidité de l'air joue fréquemment un rôle dans ce cas.

On a remarqué, dans un grand nombre de cas, que les vignes légèrement gelées n'étant point frappées des rayons du soleil avant leur dégel, il n'y avoit pas toujours désorganisation du bourgeon ; aussi les vignes au levant sont-elles plus mal situées, sous ce rapport, que celles au couchant. De cette remarque on a conclu que toutes les fois qu'avec des pompes on pourroit mouiller les bourgeons avant le lever du soleil, ou qu'avec de la fumée on pourroit intercepter l'action des rayons du soleil pendant quelques instans, on empêcheroit les effets de la gelée; et c'est ce que l'expérience a prouvé un grand nombre de fois, depuis Olivier de Serres, qui en a parlé le premier, jusqu'à M. Leschevin, qui a dernièrement inséré sur cet objet un excellent mémoire dans les Annales d'agriculture. Mais la difficulté et la dépense de l'exécution ne permettent un fréquent emploi de ces moyens que très en petit.

Je dois cependant ajouter, pour la satisfaction de ceux qui voudroient employer la fumée, qu'il faut préparer sur le bord de la vigne, du côté du vent, de la litière ou des feuilles mortes, mêlées de broussailles, le tout un peu humide, et y mettre le feu une demi-heure avant le lever du soleil. L'important est que cet amas brûle sans flamme et porte sur la vigne la fumée la plus épaisse possible.

Les suites des gelées de printemps sur les vignes varient selon leur intensité et l'époque où elles ont lieu. Le plus souvent elles diminuent et même anéantissent tout espoir de récolte pour l'année; mais il faut qu'elles soient très fortes et très tardives pour nuire à celles des années suivantes. Lorsque les bourgeons périssent en entier, il est bon de ménager à l'ébourgeonnement ceux qui les remplacent, et qui alors ne portent point ou presque point de raisins, afin que le grand nombre des feuilles puisse réparer, à la sève d'automne, les pertes qu'ont faites les racines à celle du printemps. Il est même des vignerons qui, par le seul résultat de leur expérience, ne touchent point de tout l'été aux vignes qui se trouvent dans ce cas, et la théorie ne peut qu'applaudir à leur pratique.

Après la gelée c'est la GRÊLE (*voyez* ce mot) qui nuit le plus aux vignes. Elle agit sur elles de trois manières : 1° elle déchire les feuilles et les empêche par-là de remplir leur destination, c'est-à-dire d'élaborer la sève fournie par les racines et de la renvoyer à la tige, aux fruits et aux racines dans l'état propre à les faire croître en grosseur et en longueur ; 2° de cicatriser la peau encore tendre des bourgeons, et de causer par-là une grande déperdition de sève ; 3° d'entamer les grains avant ou au moment de leur maturité, et, dans le premier cas, de les empêcher de grossir et de prendre la saveur qui leur est propre, et, dans le second, de faire épancher la totalité du suc qu'ils contiennent.

Il faut avoir vu, comme moi, les effets d'une forte grêle sur un vignoble, pour se faire une idée de l'aspect affreux qui en est la suite. Il n'est qu'un seul moyen de s'opposer à ses ravages, encore n'a-t-il pas été éprouvé. (*Voyez* PARATONNERRE.)

aussi faut-il supporter son malheur avec résignation, car il est sans remède. Si la grêle est tombée avant le milieu de l'été, on se gardera d'ébourgeonner, afin que les nouvelles pousses fournissent aux racines la sève qui leur est nécessaire. Quelle que soit l'époque où elle est tombée, on taillera plus court ou on laissera moins de coursons sur chaque cep, afin qu'il puisse se réparer dans le courant de l'année suivante. Il est des grêles dont les effets se font sentir deux et même trois années consécutives.

L'influence des vents sur la vigne n'a pas été assez observée; cependant elle est très puissante. Les vents desséchans de l'est, les vents froids du nord, les vents pluvieux du sud-ouest lui sont également nuisibles à toutes les époques de sa végétation, et sur-tout au moment de sa floraison et aux approches de sa maturité. Les vents violens renversent les échalas, déchirent les feuilles, etc. Je ne puis donner de règles pour cet objet, attendu qu'elles varient selon les climats et les localités; mais j'engagerai ceux qui voudront faire planter de nouvelles vignes d'y faire une sérieuse attention. *Voyez* VENT.

Il est certaines localités plus exposées aux orages que les autres. J'en connois sur la côte de Bourgogne, où, sur cinq ans, il y en a deux et même trois où les récoltes sont anéanties par suite des effets de la grêle. On doit éviter de planter des vignes dans ces localités. *Voyez* GRÊLE.

Les erreurs de la culture et les intempéries qui si souvent nuisent à la vigne et à l'abondance ou à la bonté de ses produits, ne sont pas les seules choses qu'elle ait à redouter; plusieurs insectes, des vers, des quadrupèdes et des oiseaux lui causent également de grands dommages. Je vais en présenter la liste à peu près dans l'ordre du mal qu'ils lui font.

La *Pyrale de la vigne*. Sa larve vit aux dépens de ses feuilles, et coupe leur pétiole ainsi que le pédoncule de la grappe. Elle cause de grands ravages dans les vignes des environs de Paris et autres. C'est moi qui le premier l'ai fait connoître aux naturalistes *Voyez* PYRALE.

La *Teigne de la grappe*. Sa larve est connue des vignerons sous le nom de *ver de la vigne*. Dussieux l'a confondue avec celle du sphinx de la vigne, quoiqu'elle n'ait que quatre à cinq lignes de long, et une ligne au plus de diamètre. Elle vit dans l'intérieur du grain, et va de l'un à l'autre en se filant une galerie de soie. Les grains qu'elle attaque sont perdus pour le produit, et portent même dans le vin des principes de détérioration, étant sans partie sucrée. Il est difficile de détruire cet insecte dont j'ai oublié de parler à l'article teigne.

Les *Attelabes vert et cramoisi*, vulgairement connus sous les noms d'*urbet* et de *becmare*. Sa larve coupe aussi les pétioles des feuilles afin de les faire faner. C'est principalement dans les vignes du midi de la France qu'elle cause le plus de ravages.

L'*Eumolpe de la vigne*, souvent confondu avec les précédens, et se trouvant plus abondamment dans les vignobles intermédiaires, où on l'appelle *coupe-bourgeon*, *lisette*. Il coupe les bourgeons, encore tendres, pour s'en nourrir. Il vit aussi des grains.

Le *Charançon gris*. Il se montre au moment où les bourgeons commencent à sortir, et il en mange l'extrémité; il les empêche par-là de se développer complètement, ce qui nuit et au nombre des grappes, et à la grosseur future du raisin. Les dommages qu'il cause doivent être fort graves. Je ne l'ai jamais vu très abondant, sur la vigne aux environs de Paris; mais il paroît qu'il l'est extrêmement dans le midi.

Le *Hanneton*. Sa larve, sous les noms de *ver blanc*, de *man*, de *turc*, etc., ronge les racines de la vigne et fait périr beaucoup de pieds, sur-tout dans les nouvelles plantations. Il ne faut pas négliger de la tuer lorsque les labours l'amènent à la surface de la terre.

Les *Sphinx de la vigne*, *Sphinx elpenor* et *Porcellus*, Fab. Leurs larves sont grosses comme le petit doigt, et consomment beaucoup de feuilles de vigne pour leur nourriture; mais elles sont généralement très rares, et nullement à craindre.

Voyez tous ces mots aux articles desquels j'ai indiqué les moyens de s'opposer aux ravages des insectes qu'ils indiquent.

Les *Helices* es les *Limaces* mangent aussi les feuilles et les fruits de la vigne; cependant ils sont rarement à redouter. *Voyez* les articles qui les concernent.

Lorsque les vignes sont voisines des grands bois, les *Blaireaux* et les *Renards* viennent en manger le fruit lorsqu'il est arrivé à sa maturité. Les *Sangliers*, lorsqu'ils étoient plus communs, en faisoient quelquefois de même. *Voyez* ces mots.

Un grand nombre d'oiseaux aiment les raisins, mais principalement ceux qui composent les genres *grive*, *étourneaux* *loriot* et *fauvette*. Il est des pays où les grives sur-tout causent beaucoup de dommages aux vignobles, tels sont ceux qui sont dans l'usage de ne vendanger que fort tard. Celle des fauvettes qu'on appelle *becfigue* en Provence, et *vinette* en Bourgogne ne laisse pas, malgré son peu de grosseur, que d'en causer aussi.

Je tire la plus grande partie des faits relatifs à la culture des vignes, dans le département des Bouches-du-Rhône, d'un mémoire de M. Antoine David, imprimé en 1772.

La plantation des vignes est fort étendue dans la ci-devant Provence ; on l'a portée jusqu'au-dessus de Gap ; on y recueille des vins de plusieurs qualités, très propres à l'exportation. Saint-Laurent, la Ciotat, Cassis, Roquevaire fournissent des vins muscats; Cannes, Auriol, Cassis, Marignant, Riez donnent des vins blancs très estimés. La qualité des vins rouges de la Gaude, de la Malgue, de Riez, des Mées est supérieure.

Le territoire de la ville d'Aix n'en donne que de mauvais, parceque les propriétaires tendent plutôt à la quantité qu'à la qualité. Par-tout le même effet a lieu par la même cause.

Toute la côte de la mer fournit du vin qui souffre le transport. Il est exclusivement fait avec des raisins rouges, dont les principales variétés sont,

Le MANOSQUEN ou TÉOULIER, dont le grain est noir, rond, dont la peau est coriace, le suc noir et agréable. On croit qu'il provient du pineau de Bourgogne.

L'UNI NOIR, dont la grappe est longue, le grain rare, d'un noir rougeâtre, et âpre au goût.

L'OLIVETTE NOIRE, dont le grain est oblong, d'un rouge noir, et la saveur douce.

Ces trois espèces sont précoces, demandent l'exposition méridionale, et le sommet des coteaux. Elles craignent beaucoup les gelées du printemps.

Le PLANT D'ARLES, dont le grain est ovale, noir et d'une saveur douce.

Le BRUN FOURCA, dont le grain est gros, rond, noir, dont la peau est assez dure et le suc doux.

Le PETIT BRUN, dont la grappe est très petite, dont le grain également très petit est rond, noir, et d'une saveur très agréable.

Ces trois dernières variétés sont moins précoces, et se plantent à mi-côte.

Le CATALAN, dont le grain est presque rond, noir, et dont la peau est molle.

Le MOURVÈBRE, dont le grain est noir, rond, dont la peau est molle, et la saveur peu agréable.

Le BOUTEILLAN, dont le grain est gros, d'un noir rougeâtre, et légèrement acerbe.

L'UNI ROUGE, dont la grappe est fort longue, le grain roussàtre, e le suc très doux.

Ces quatre dernières sont très tardives, et se placent dans la plaine.

Parmi ces plants, le manosquin, l'uni noir, l'olivette noire, le plant d'Arles, le petit brun et le catalan ne se trouvent pas à la pépinière du Luxembourg; et dans cette pépinière se voient de plus, l'olivette blanche, la panse commune. (C'est cette variété à grain ovale, très gros, et à peau très épaisse, dont on conserve les grappes jusque bien après l'hiver.) La panse muscade (semblable à la précédente, mais musquée et des plus agréables au goût); le muscat blanc, le plant de demoiselle, le plant salé, le plant de Languedoc, le plant pascal, la clairette, l'uni blanc, l'esparguius, le barbaroux, le figanière, le damagne, et le monestère.

Le brun fourca est la variété qui a été reconnue comme donnant le vin le plus susceptible d'être transporté par mer. Le vin de mourvèbre est fort estimé.

Le choix des plants, dit M. Antoine David, est le premier objet qu'on doive avoir en vue lorsqu'on veut faire du vin généreux. Les auteurs, tels que Garidel et Quiqueran, sont d'accord sur ce point. Chaque espèce, foulée séparément, produit un vin particulier. Le vin blanc de Cassis est fait en grande partie avec l'uni blanc; le vin blanc de Riez, avec l'aubier. Dans chaque canton il y a toujours une espèce de raisin qui domine dans le vin qu'on y fait, et qui en détermine le bouquet.

Le manosquin doit être mis en grand nombre dans les plantations des coteaux; le brun fourca dominera dans leur partie moyenne. Dans la plaine l'association du catalan, du mourvèbre, du bouteillan, de l'uni rouge, est en quelque façon indispensable, parceque le goût propre aux deux premières de ces variétés, répugne à beaucoup de personnes. Le bouteillan rendra le vin plus délicat, et l'uni rouge lui donnera plus de montant; en conséquence, on plantera toujours un tiers de plus de chacun de ces deux derniers lorsqu'on voudra avoir un vin d'excellente qualité.

Les raisins noirs et les raisins blancs, dans quelque nature de sol et à quelque exposition qu'ils se trouvent, ne mûrissent pas ensemble; aussi ces derniers n'entrent-ils pas sitôt en fermentation, exigent un cuvage plus prolongé, et les vins qui en proviennent prennent le goût de la grappe, sont souvent peu *couverts* et toujours sans bouquet.

La vigne doit être alignée du levant au couchant plutôt que du midi au nord, parceque dans cette position le soleil en plein midi, la frappant dans toute son étendue, détermine la plus prompte maturité des raisins, et qu'enfilant le matin ses intervalles, elle est moins dans le cas des atteintes de la BRULURE. *Voyez* ce mot.

On ne plante guère en vigne, en Provence, que les terrains les plus légers et les plus brûlans; tous ceux qui peuvent rapporter des céréales, et ce sont les moins communs, devant être réservés pour le blé.

Une plantation nouvelle doit toujours être précédée d'un défoncement du sol à un pied au moins.

On ne multiplie la vigne en Provence qu'au moyen des crossettes; il ne faut pas les enterrer de plus de huit pouces, et laisser seulement deux yeux hors de terre. La distance entre chaque plant sera d'autant plus grande que le terrain sera plus mauvais.

Une année après la plantation de la vigne, on déchausse chaque cep et on le ravale (RECÉ *voyez* ce mot) à trois ou quatre pouces au-dessous de la surface du terrain.

Chaque cep ravalé se trouve au centre d'une petite fosse, et par-là est plus exposé à être frappé par les gelées du printemps. Il reste dans cet état jusqu'à ce qu'on ait comblé la fosse par le second labour.

Le déchaussement s'exécute toutes les années, et toutes les années on a les mêmes craintes, jusqu'à ce que, par l'effet des tailles, le courson soit hors de terre, c'est-à-dire pendant cinq à six ans au moins. De plus, les déviations de sève, qui ont lieu à chaque taille, favorisent la production des racines superficielles, qui sont essentiellement nuisibles à la vigne.

Aussi, beaucoup de vignerons pour aller plus vite et pour faire cesser les retards toujours renaissans par l'effet des gelées du printemps, taillent-ils sur un long courson, ce qui produit des ceps foibles et peu garnis de fruits.

Les inconvéniens de la manière de traiter les vignes nouvellement plantées ont fixé les regards de M. Antoine David, et, pour éclairer les propriétaires sur leurs vrais intérêts, il a rédigé le projet suivant, qui est exactement conforme aux principes, et qui a donné dans la pratique les résultats les plus satisfaisans.

La vigne plantée et reprise, on lui donne deux ou trois binages par an; mais on la laisse pousser deux feuilles sans la tailler, c'est-à-dire qu'on ne la taille qu'à la troisième année.

Lors de la première taille, qui se fait vers la fin du mois de février, on ne laisse qu'un courson au cep: c'est ordinairement le plus fort et le plus vigoureux, n'importe par lequel des deux yeux il ait été produit. On le taille à deux yeux, s'il est assez fort ; ou bien à un œil et son œilleton s'il est encore foible, et on supprime tout le reste.

Au mois de mai suivant on ébourgeonne exactement le cep, et on ne conserve que les bourgeons qui ont poussé par les yeux du courson. Vers la fin du mois de juin on pince les bourgeons qui s'emportent.

Lors de la deuxième taille, on continue de tailler sur un courson les ceps qui sont encore foibles ; mais on doit donner deux coursons à ceux qui ont poussé vigoureusement.

Lors de la troisième taille, il convient de donner deux coursons aux ceps qui n'en avoient qu'un, et on doit monter sur trois coursons ceux qui en avoient reçu deux à la seconde taille, en supposant qu'ils auront poussé des bourgeons assez forts, et placés de façon que les trois coursons soient disposés en triangle équilatéral ; sinon on continuera de les tailler sur le même nombre de coursons, jusqu'à ce qu'il s'en présente trois bien placés.

Le raisin produit après la troisième taille ne touche point à la terre ; la hauteur des ceps est alors uniforme. Lorsqu'il est besoin de les provigner, on les incline facilement et sans risque.

Ces trois coursons sont le principe des trois bras que la vigne doit avoir pour être exactement dans sa forme, en état de grand produit, et propre à donner du vin dont la bonne qualité ira toujours en augmentant. Les trois bras se développent insensiblement, car la vigne ne reçoit qu'environ un pouce d'élévation à chaque taille.

Enfin, ces trois bras d'abord terminés par un courson unique, en prennent deux l'année suivante, ensuite trois, etc. ; on n'a plus alors égard à la figure ; on n'a en vue que la multiplicité des coursons, autant du moins que la force du cep peut le supporter : c'est l'époque du plus grand produit de la vigne, et de la bonne qualité du vin.

Dans les subdivisions et dans les passages divers par des filières toujours nouvelles, la sève reçoit cet affinage qui, en la rendant féconde, communique au raisin une saveur qu'on ne découvroit point dans ceux qu'elle produisoit après la seconde taille, parcequ'elle se portoit encore dans des canaux directs, où, ne trouvant pas de résistance, elle mettoit tous ses efforts à pousser beaucoup de bois.

Tels sont les conseils de M. Antoine David, conseils que, pour les intérêts des habitans de la ci-devant Provence, on doit désirer voir exécuter.

Le territoire de Marseille, aride par sa nature, et portant des vignes depuis l'époque de leur introduction en France, est beaucoup plus épuisé que le reste de la province ; aussi a-t-on été obligé d'en diminuer le nombre en espaçant davantage les ceps. Là donc on les plante en rangées écartées de quatre, six, huit et dix pieds ; et leur intervalle est semé tous les ans, ou tous les deux ans, selon que le propriétaire a plus ou moins d'engrais à sa disposition, alternativement en céréales et en légumes. Ainsi la vigne a plus d'espace pour aller chercher sa nourriture, et elle profite des cultures et des engrais qu'on a répandus dans ces intervalles.

En général, la culture de la vigne en Provence n'est fructueuse qu'autant que l'exportation par mer en élève les produits à un taux exagéré : la foiblesse de la population, la mauvaise nature des terres, la fréquence des gelées du printemps, des chaleurs dévorantes de l'été, etc., s'opposent à ce que les récoltes soient aussi assurées que dans les départemens voisins, et encore plus que dans ceux du centre de la France. Il est des années où, comme en 1802, la dernière de ces causes empêche les raisins de parcourir toutes les phases de leur évolution, les dessèche avant leur maturité, ce qui fait qu'ils donnent un vin de très mauvaise qualité.

Les vignobles du département du Gard (1) peuvent être divisés en trois classes, ceux de la Vaunage, ceux de St-Gilles et ceux de la côte du Rhône.

La Vaunage comprend, par rapport aux vins, non seulement cette vallée proprement dite et le revers méridional des collines qui la séparent de la plaine, mais encore le prolongement des mêmes coteaux jusqu'à Nîmes, une autre éminence parallèle qui s'écarte environ d'une lieue de la chaîne opposée, et se termine à la tête des marais qui se lient à la plage d'Aigues-Mortes, et la portion du plat pays, entre les deux chaînes, qui est plantée en vignes.

La dernière de ces collines n'est qu'un énorme amas de terre graveleuse et de cailloux roulés, antique témoignage du cours du Rhône sur ces hauteurs.

L'autre chaîne est entièrement calcaire, et la terre, descendue des sommets et des penchants dans les bas fonds, y a formé un sol extrêmement productif, et que l'industrie des habitans, tous distillateurs en même temps que cultivateurs, a consacré tout entier à la culture de la vigne.

Les vignobles de la plaine participent aux inconvéniens

---

(1) Cet article et les deux suivans ont été fournis par M. Vincent Saint-Laurent, correspondant de l'institut et secrétaire de la société d'agriculture du département du Gard.

et aux avantages d'un terrain fertile évidemment formé par les eaux, et dont les molécules sont divisés par un peu de sable.

A quelques exceptions près, tous les vins de ces contrées sont destinés à l'alambic, en sorte qu'on s'attache beaucoup plus à en augmenter la quantité qu'à en perfectionner la qualité.

Les procédés suivis dans la culture des vignes de la colline caillouteuse de Vauvert ne diffèrent de la méthode adoptée à St.-Gilles que par une plus grande négligence dans le choix des espèces et dans les soins.

Le mode de culture dans la plaine, et dans les collines qui la dominent au nord, est au contraire tout autre, et c'est ce mode qu'on va décrire.

Il a déjà été parlé de la nature du terrain.

Quant à l'exposition, on ne s'en embarrasse guère, et, par-tout où la vigne est susceptible de venir, on la plante.

On emploie généralement dix espèces de raisins noirs, parmi lesquels celle d'Alicante a été introduite, il n'y a pas bien long-temps, neuf espèces de raisins rouges et quatorze espèces de raisins blancs.

Ce sont : Raisins noirs

Alicante.

Espar, très hâtif; vin très coloré, un peu acerbe, de bonne qualité.

Ulliade, très hâtif; vin noir très doux, liqueureux, de bonne qualité.

Piquepoule, hâtif, productif, casuel; vin de bonne qualité.

Ugne, hâtif, productif, sujet à la pourriture, bon vin.

Calitor, hâtif, très productif, casuel.

Moulan, hâtif, sujet à la pourriture; vin mat.

Spiran, peu hâtif, productif; vin fin et délicat.

Terré, peu hâtif, le plus productif; vin de qualité médiocre.

Maroquin, tardif, médiocrement productif; vin très coloré.

Raisins rouges.

Muscat rouge, hâtif; vin peu parfumé.

Spiran, peu hâtif; extrêmement délicat.

Piquepoule-bourret, tardif; vin médiocre.

Terré-bourret, tardif; vin plat.

Clairette, tardif, productif; bon vin.

Maroquin bourret, tardif, *id.*

Raisin de pauvre, tardif; bon à manger, peu employé à faire du vin.

Raisins blancs.

Magdelaine, très hâtif, bon à manger.

Ugne, très hâtif, productif; bon vin.

Muscat, hâtif; vin excellent.

Malvoisie, ou *Marnesie*, hâtif, très bon à manger.

Muscat grec, ou *d'Espagne*, hâtif; le meilleur pour faire le vin sec.

Jubi, hâtif, productif; bon vin.

Doucet, hâtif; vin médiocre, douceâtre.

Calitor, hâtif, assez productif, détestable au goût, sujet à la pourriture; vin médiocre.

Colombeau, peu hâtif, productif; vin de bonne qualité; la végétation la plus vigoureuse.

Galet, peu hâtif, bon à manger; très bon vin, employé pour le raisin sec dit *passerios*.

Servan, peu hâtif, bon à manger, propre à être conservé.

Clairette, tardif, bon à manger, se conserve long-temps; très bon vin.

Muscat de Madame, tardif, bon à manger, se conserve.

Sadoule bouvier, tardif, bon à manger, sujet à la pourriture, productif, vin médiocre.

Il suffira de dire ici que le *terret-bourret*, qu'on trouvera nommé *terret-verdaon* dans le mémoire sur les vignobles de la côte du Rhône, est l'espèce dominante, parceque, ainsi qu'il est dit dans cet écrit, elle est moins que toute autre sujette à se pourrir, et qu'elle produit avec plus d'abondance.

Les espèces sont confondues dans les plantations de la Vannage. Seulement un petit nombre de particuliers de Calvisson, qui font un vin appelé *clairette*, cultivent séparément les raisins de ce nom.

On plante de deux manières, ou en enfonçant le sarment au milieu d'un trou d'environ un mètre en carré, et de 25 centimètres de profondeur; ou dans des fosses profondes de 50 centimètres, creusées dans toute la longueur du champ, et que l'on comble avec la terre de la fosse suivante; de manière que toute l'étendue du terrain se trouve défoncée et soigneusement purgée de tout ce qui pourroit nuire à la prospérité des ceps. Cette méthode est très dispendieuse; il en coûte au moins 600 f. par hectare; mais on est bientôt récupéré de cette forte avance par le plus grand produit de la vigne, et sur-tout par sa plus longue durée, même lorsqu'on a planté dans un terrain d'où vient d'être arrachée une autre vigne.

La distance entre les ceps est ordinairement de 155 centimètres en carré.

(Voir pour le provin le Mémoire sur les vignobles de la côte du Rhône; le procédé est le même.)

On ravale la vigne chaque année à deux yeux; lorsque, devenue trop vieille, elle doit être bientôt arrachée, on taille plus long pendant quelques années, parcequ'alors n'ayant plus d'intérêt à ménager les ceps, on en tire tout le parti possible. On taille dans le courant de l'hiver ; mais il faut qu'il ne gèle pas.

La vigne commence à rapporter à trois ans ; c'est l'époque où elle est rendue au propriétaire, lorsqu'il en a donné le plantage et l'entretien à prix fait ; l'entrepreneur en jouit jusqu'alors, et ce n'est guère que la troisième année que le produit paye la dépense des cultures ; mais le bénéfice est pour le planteur dans le prix de son marché.

La vigne plantée en fossés est en plein rapport à dix ans, s'y maintient jusqu'à trente, si elle est soigneusement provignée et cultivée, et prolonge son existence jusqu'à quatre-vingts ans.

Les vignes de la Vannage se travaillent à bras, avec la bêche appelée *luchet*. La première œuvre se donne au mois de mars. Le vigneron enfonce l'instrument dans la terre à la profondeur d'environ neuf pouces, en jetant son corps sur le manche qu'il pousse de son poignet droit, en même temps que pour faire entrer le fer plus avant, il presse son poignet de l'aine et de la hanche. Il retourne la motte de terre qu'il enlève, la brise et la répand. Les ouvriers placés à la suite l'un de l'autre, dans les rangs de la vigne, marchent diagonalement, et toujours à la même hauteur.

La seconde œuvre est un simple binage qui consiste essentiellement à couper, à la bêche, entre deux terres, les plantes parasites, et à remuer la terre à sa superficie, afin de donner un accès plus facile aux météores, dont l'influence se feroit moins sentir au sol, s'ils rencontroient une croûte durcie et un tissu de racines d'herbes malfaisantes. Malgré ces soins on parvient difficilement à se débarrasser de la puante aristoloche qui communique au vin son mauvais goût. Le binage veut être donné dans le courant du mois de mai.

Les jeunes plantations reçoivent un troisième labour jusqu'à leur sixième année. L'époque en est fixée au mois d'août.

Quand on peut se procurer des engrais, ou que le prix du vin peut supporter ce surcroît de dépense, on fume les vignes. Dans ce cas, on fait écarter la terre du pied de la souche par des enfans, et on place le fumier dans ces creux qu'on recouvre ensuite à la bêche. C'est principalement le crottin des bêtes à laine qu'on emploie à cet usage. On va pour cet effet le ramasser dans les vastes marais qui servent de pâturages à de nombreux troupeaux. Mais dans les circonstances présentes, le vin est à trop vil prix pour permettre cette sorte d'amendement.

L'usage des échalas est inconnu et paroît peu nécessaire.

La chaleur du climat dispense aussi d'effeuiller les sarmens ; comme d'ailleurs il n'y a guère qu'un prix uniforme pour les vins à distiller, ces mains-d'œuvres, dont l'objet est de perfectionner la qualité des vins, seroit une pure perte. L'uniformité de prix ne s'établit pourtant guère que pour les vins de vignes en plein rapport. Celui du plantier a communément moins de valeur, parcequ'il rend moins d'eau-de-vie, sur-tout dans les terrains fertiles de la plaine.

L'abus de l'introduction des troupeaux dans les vignes aussitôt après la vendange subsiste avec tous ses inconvéniens ; on a une peine infinie à s'en défendre même lorsque le sol est devenu mou par l'effet de la pluie, et on a grand besoin que le Code rural contienne des moyens efficaces de faire cesser ce pernicieux usage. Il n'est cependant pas toléré quand, au printemps, la vigne recommence à pousser.

On est toujours très pressé de vendanger. Il est rare que la colline de Vauvert n'ait pas fait sa récolte dans les derniers huit jours de septembre. Celle de la plaine a lieu dans la huitaine suivante, et les vendanges de la Vannage proprement dite sont les dernières.

On n'égrappe point le raisin. Il est transporté de la vigne à la cuve dans des tombereaux percés, à leur extrémité postérieure, d'un trou auquel est attachée une canule à robinet. On l'ouvre pour laisser s'écouler le moût dans un baril placé au-dessous pendant qu'on charge le tombereau. Il y a pour cet effet un enfant placé à la charrette et dont la fonction est de presser le raisin, afin qu'il puisse s'y entasser en plus grande quantité.

Toutes les cuves sont en pierres, et presque toutes en pierres de taille enfoncées dans la terre, de manière à ce que le talon de la charrette puisse s'appuyer sur le rebord ; on les couvre de planches mobiles supportées par des travettes : c'est le fouloir sur lequel des hommes écrasent le raisin, que d'autres y jettent des tombereaux avec des pelles.

Il est rare que le vin cuve moins de quinze jours, et plus souvent on ne le tire qu'au bout d'un mois et quelquefois de six semaines. La considération de la qualité des vins n'entre pour rien dans la détermination relative à son séjour dans la cuve. Elle dépend presque toujours de plus ou moins de facilité pour la vente de la denrée, parceque peu de propriétaires, sur-tout à présent, veulent faire l'avance de tonneaux ou seulement de leur raccommodage. C'est ordinairement l'acheteur qui fournit les siens.

Quelques propriétaires ont des foudres : c'est un luxe qui n'est pas commun.

Dans les années de grande abondance, on remet quelquefois le vin dans la cuve; on la couvre de terre glaise à une certaine épaisseur, et l'on attend ainsi, sans frais, le moment propice pour vendre.

Les tonneaux dont on se sert sont indifféremment de chêne ou de mûrier; ils sont au moins de la contenance de quarante-cinq veltes.

Un hectare de vignes en bon terrain et bien cultivé donne en terme moyen, depuis l'âge de dix ans jusqu'à trente, dix muids de vin de sept cents pintes de Paris. On en voit quelquefois rendre jusqu'à seize muids et au-delà.

On ne soumet le vin à aucune préparation.

Il est rare qu'il résiste aux chaleurs de l'été.

Son goût est plat et âpre; il y a cependant des cantons où il seroit possible d'en améliorer la qualité; telles sont les parties de terrain sec et sablonneux qu'on rencontre çà et là dans les collines et même dans la plaine; mais il faudroit y replanter les vignes, car il n'y en a pas une seule où la considération de l'abondance du produit n'ait pas exclusivement présidé au choix des espèces, et les productions sont les plus médiocres.

Les vins des vignes de la Vannage rendent par muids trois cent quarante livres poids de marc d'eau-de-vie, preuve de Hollande.

Tout ce qui ne sert pas à la boisson des habitans est distillé dans la contrée même : il n'y a pas un village qui n'ait un grand nombre d'ateliers de distillation. Cette industrie, blessée à mort, en ce moment, par les circonstances, a été long-temps une source inépuisable de richesses dont le bienfait se faisoit d'autant plus ressentir à l'agriculture, qu'ainsi qu'il a été déjà dit, tout distillateur est en même temps cultivateur, et sur-tout propriétaire de vigne.

Les vignes de Saint-Gilles sont plantées dans des cailloux résultant des attérissemens du Rhône (1). Ces cailloux sont inégalement distribués. Les cantons qui en offrent le plus donnent le meilleur vin; ceux qui en contiennent le moins donnent des récoltes plus abondantes. Ce territoire est généralement en plaine, cependant il y a quelques coteaux dont l'aspect méridional est préférable.

Les variétés appelées *espart*, *granache*, *terret*, *mouréou*, *rullade*, *clairette*, *picarnaud* et *gallet* sont préférées. Les trois dernières sont blanches et ont la propriété de donner de la viscosité au vin des premières, mais elles détériorent la cou-

---

(1) Dans ce vignoble on appelle souche ce que j'appelle cep, et cep ce que j'appelle sarment.

leur ; il faut donc en planter peu ou point du tout quand on met de l'importance à cette qualité.

L'usage le plus constant confond ces variétés dans le cuvage, et on prétend que leur mélange est avantageux ; cependant comme elles mûrissent à des époques différentes, il est probable que c'est une erreur. Au reste, la difficulté de trier chaque variété, de la faire cuver à part, exigeroit des dépenses et un emploi de bras trop considérables, eu égard à l'augmentation de prix dont le vin amélioré pourroit être susceptible.

La meilleure méthode de planter est de faire des fossés à la bêche de dix-huit pouces de profondeur. La plupart des vignerons, pour économiser, préparent leur terre avec l'araire ordinaire. Un terme moyen, dans le cas d'être employé, seroit une forte charrue attelée de six à huit mules.

Le plant est mis en terre dans les fosses ou les sillons, à l'aide d'un instrument de fer qui fait un trou de douze à quinze pouces de profondeur. Il est très important de ne point laisser de vide à l'entour du plant.

Une autre méthode qu'on appelle *planter à pied de bœuf* consiste à faire des fossés de trois pieds de long, un de large et un et demi de profondeur. On couche le cep au fond de ce fossé et on en relève l'extrémité d'environ six pouces.

Il est reconnu qu'une vigne dont les ceps sont trop rapprochés vit moins long-temps et ne produit pas plus qu'une qui les a écartés de quatre à cinq pieds environ ; aussi est-ce cette distance qui est la plus généralement adoptée.

Lorsqu'il périt un cep on le remplace par le provignement, c'est-à-dire en couchant un sarment pris sur un des ceps voisins dans une fosse d'un pied et demi de long et de large.

S'il n'y a pas dans le voisinage de cep assez vigoureux pour fournir le sarment en question, on couche un cep entier, puis on dirige un de ses sarmens vers le lieu où il en manque et un vers le lieu où il se trouvoit. Il faut pour la réussite de cette opération que le cep ne soit pas trop âgé.

Souvent on prévoit un an d'avance le besoin de ces remplacemens et on réserve un sarment sans le tailler, mais en l'ébourgeonnant rigoureusement, afin qu'il acquierre une longueur suffisante pour être couché.

Généralement on place une pelletée de bon fumier sur les provins.

Il est préférable d'arracher les ceps qui menacent ruine à attendre leur mort naturelle, parcequ'ils produisent peu lorsqu'ils sont arrivés à cet état.

On est persuadé que l'époque de la taille influe beaucoup sur la quantité et la qualité du raisin, ou, pour parler plus exactement, la température qui a lieu quand on taille, car on peut tailler avec avantage depuis le 1ᵉʳ octobre jusqu'au 31 mars, pourvu que la souche ne ressente pas les effets d'un froid humide immédiatement après cette opération. Il est de principe que la vigne taillée en octobre entrera plus tôt en sève que celle taillée en mars, et donnera du vin de meilleure qualité, parceque le raisin aura plus de temps pour mûrir ; mais aussi elle sera plus exposée aux gelées blanches du printemps.

Le vigneron doit se fixer pour le nombre de coursons qu'il laissera sur chaque cep, 1° sur la vigueur du cep ; 2° sur la nature du terrain On en conserve de quatre à six, et à chacun trois yeux. De ces trois yeux les deux supérieurs donneront des bourgeons à fruit, et l'intérieur, qu'on appelle vulgairement *bourillon*, est celui qui se taille l'année suivante.

On coupe indifféremment les sarmens en rond ou en bec de flûte ; mais cette dernière méthode est préférable.

Dans ce vignoble, les vignes sont en plein rapport à dix ans pour la quantité, et à vingt ans pour la qualité. Lorsqu'elles sont bien conduites, c'est-à-dire qu'on leur donne les labours convenables, et qu'on ne les force pas en produits, elles durent un siècle. Les plus productives sont celles qui durent le moins.

La culture à la bêche et à la charrue a également lieu dans ce vignoble. La première est la meilleure, mais elle est la plus dispendieuse, et même n'est pas toujours praticable, soit à raison des cailloux, soit par le manque de bras. C'est avec l'araire attelé de deux mules qu'on opère le plus généralement. La première façon se donne pendant l'hiver. Elle consiste à faire cinq raies entre chaque ligne de ceps dans les deux sens (les plantations sont en quinconce). La meilleure époque est février ou mars.

Cette manière de labourer jetant en quatre sens différens la terre contre chaque cep et en couvrant le pied, il est indispensablement nécessaire de le découvrir. Pour cela des hommes armés de pioches, retirent non seulement cette terre, mais encore celle qui est au-dessous et qui n'avoit pas été remuée, ce qui forme un creux. Cette opération se fait avant la montée de la sève.

Lorsque la vigne est en pleine végétation, c'est-à-dire du dix au quinze mai, on rentre dans la vigne avec un autre araire appelé *fourra*, plus léger que le premier et attelé d'une seule mule, et on recommence le labour croisé de l'hiver, labour qui bouche les trous laissés au pied des ceps.

On fume rarement les vignes du canton de Saint-Gilles, parcequ'on a reconnu que le vin de celles qui l'étoient perdoit de sa bonté, et que la dépense ne couvroit pas l'augmentation de la recette; cependant quand on peut se procurer des *boles* (joncs et autres plantes marécageuses), on les répand sur le sol et on les enterre par le second labourage ou même par le premier.

Les troupeaux entrent dans les vignes depuis la récolte jusqu'à la taille.

Autrefois on égrappoit dans le vignoble de Saint-Gilles, mais on a cessé de le faire, parcequ'on a remarqué que cela altéroit la couleur du vin, et qu'une des qualités de ce vin est la couleur, puisqu'il sert principalement à couper les vins froids et décolorés du nord de la France. Il en passe beaucoup à l'étranger. Celui qui est liqueureux est plus estimé à Paris que les autres.

« Les vignes de la côte du Rhône qui comprend Roquemaure, Tavel, Chusclan, Saint-Géniès, Saint-Laurent, Lirac, Montfaucon, etc., sont plantées sur des coteaux très caillouteux et sablonneux, qui ont le Rhône à l'aspect du levant. Le produit de ces vignes est peu considérable à cause de la nature du terrain, mais la qualité des vins en dédommage; ils sont fins, spiritueux et très généreux. Ils possèdent un bouquet agréable. Comme on est dans l'usage de ne les laisser cuver que trois jours environ, ils ont beaucoup de feu et ne demandent pas à être gardés plus de trois à quatre ans (1) ».

Les vignes sont composées d'un petit nombre de variétés: la *piquepoule* est à peu près la seule, c'est-à-dire est celle qui fait le fond de la vendange; cela n'empêche pas quelques cultivateurs d'avoir des *terret*, des *pétarcou* (dont les grains craquent sous la dent), des *mourtardiers*, des *maroquins*, et depuis quelques années le *grenache*, qui, par son bouquet et par sa couleur, donne aux vins une qualité bien supérieure, et qui avoit été inconnu jusqu'alors.

Outre le terret noir, plusieurs propriétaires qui s'attachant plus à la quantité du produit qu'à la qualité ont planté une autre espèce de terret dont les grains sont d'un vert rougeâtre, et que pour cette raison on appelle *terret verdaou*. Cette variété, cultivée principalement dans les bas fonds de Roquemaure, parcequ'elle est moins sujette à se pourrir et qu'elle produit avec abondance, fait un vin dur, vert et sans saveur, et tout propriétaire qui sera jaloux de donner de la qualité et de la réputation à ses vins la doit bannir avec soin de ses vignobles.

En raisins blancs, on distingue la clairette et le picardan, de même que celui qui est appelé, dans l'idiôme patois, le

---

(1) Extrait d'une lettre de M. Giraudy, de Nîmes.

bourboulez, qui n'est autre que le *mornain blanc*. On trouve, en outre, le *calitor*, raisin mou et très sujet à se pourrir.

Les autres variétés de raisins que produit le vignoble de la Côte-du-Rhône sont en si petit nombre, chacun dans son espèce, qu'elles ne comptent pas, et, parmi ces dernières, certaines même ne méritent pas mieux d'être cultivées que le calitor, si on en excepte le *cheres*, dont le fruit est aussi excellent à manger que le vin en est petillant et agréable à boire.

La plantation des crossettes se fait dans ce vignoble comme dans celui de S.-Gilles, mais on les écarte plus, puisqu'il en est qui le sont à deux mètres. Il en est de même du provignage. Ici cependant on a soin d'enlever tous les boutons de la partie du sarment qui doit être mise en terre. On appelle *éborgner le provin* cette opération qui accélère la pousse des racines. Ces provins donnent, presque toujours, abondance de raisins dès la première année, et se sèvrent à la troisième.

Le vignoble de la Côte-du-Rhône étant exposé au vent du nord, qui est violent et froid, et ne faisant pas usage d'échalas, on doit s'y attacher à donner le moins d'élévation possible aux ceps, excepté dans les lieux bas et humides où le raisin est exposé à pourrir. C'est d'après ce principe qu'on se dirige, en observant que la taille ayant pour objet de régler la dissémination de la sève, suivant le plus ou moins de vigueur du pied, et de retrancher ou prévenir la pousse d'une trop grande quantité de bourgeons, qui finiroient par l'épuiser. Ainsi, on taille plus court ou plus long, on laisse plus ou moins de *flèches* (sarmens), suivant la qualité plus ou moins substantielle du terrain, suivant aussi la vigueur du pied, vigueur qui dépend, ou de la variété, ou de l'âge, ou de quelque circonstance particulière.

Par exemple, la première année on enlève rez du plant toutes les menues brindilles, et on taille le sarment principal à un œil seulement au-dessus de terre ; c'est ce que les vignerons appellent *éborgner le plantier*. L'année suivante, le plus ou moins de vigueur du plant décide du plus ou moins de bois à laisser. S'il est languissant, on le coupe encore à un œil; dans le cas contraire, on lui en laisse deux. A la troisième année, on taille sur deux et même sur trois branches, suivant la vigueur et la multiplicité des jets, en observant de le faire toujours très bas, afin que la racine travaille avec plus de force. La disposition des branches en cul de lampe, c'est-à-dire en rond au sommet de la souche, est ce que les vignerons appellent *ensceller un plantier*. Enfin, à mesure que la vigne prend de l'accroissement et de la force, après l'avoir débarrassée de tout son bois inutile, on finit par lui laisser jusqu'à quatre et même cinq maîtresses branches, toujours disposées circulairement au-dessus desquelles poussent les sarmens qu'on coupe tous les ans à deux yeux et quelquefois à un seul.

On ne vendange, dans le vignoble de la Côte-du-Rhône, que lorsque les raisins sont complètement mûrs, ordinairement vers la mi-octobre. Quelquefois on effeuille quinze jours avant, afin d'accélérer cette maturité.

Le reste des travaux de ce vignoble ne diffère pas de ceux usités dans celui de Saint-Gilles.

Les excellens vins qu'il produit ne se gardent que sept, huit et au plus douze ans.

La culture des vignes, dans les départemens de Vaucluse, de l'Hérault, de l'Aude, ne m'a pas paru, lorsque je les ai traversés, différer beaucoup de celle du département du Gard, de sorte que ce seroit faire un double emploi que de la détailler ici. Ces trois départemens fournissent d'excellens vins et des vins médiocres, mais fort chargés d'alcohol, et qui sont principalement destinés à être convertis en eau-de-vie.

Les meilleurs de ces vins sont connus sous les noms de vins d'Avignon, de Montpellier, de Béziers, de Narbonne, de Carcassonne, qui se subdivisent en plusieurs qualités, comme les vins muscats de Frontignan et de Lunel, la clairette de Limoux.

Presque toutes les vignes des départemens, qui sont au pied des Pyrénées sont des hautains ou des treilles élevées. Le vin qu'on en obtient est très abondant, mais généralement très fort et de médiocre qualité. Ceux de ces vins qui, comme ceux du Roussillon, sur-tout de Rivesalte, jouissent d'une réputation méritée, sont cultivés sur des souches, c'est-à-dire de la même manière que dans les départemens du Gard, de l'Hérault, etc.

Les renseignemens qu'on va lire sont pris d'un mémoire de M. Dralet, inséré dans la collection de ceux de la société d'agriculture de la Seine, sur la topographie du département du Gers, dont Auch est le chef-lieu.

En général, on ne plante les vignes, dans le Gers, que dans les terrains calcaires ou graveleux qui ne sont pas propres à la production du froment. On préfère l'exposition du levant et du midi. Cependant, dans l'ouest de ce département, où on distille le produit des récoltes, on plante par-tout.

On entoure de haies ou de fossés le terrain qu'on destine aux plantations, et on le divise en carreaux de deux ou trois arcs chacun.

Les allées qu'on laisse entre chaque carré servent au passage des voitures et à l'écoulement des eaux. On les dépouille de leur terre végétale pour enrichir les carreaux qui les avoisinent.

Il y a des vignes basses et des vignes hautes.

On plante les vignes basses dans des fossés, et on fait, pour chaque cep, un trou carré avec la bêche; on facilite l'entrée du sarment dans la terre par le moyen d'une fiche ou d'une tarière.

La vigne, plantée dans les fossés ou les trous, vient plus rapidement ; celle qui l'est avec la fiche ou la tarière est plus durable.

Quel que soit le mode de plantation qu'on adopte, les rangées doivent être espacées de près de deux mètres. Cette distance est nécessaire pour le passage de la charrue.

On laisse une distance d'environ un mètre entre chaque cep d'une rangée.

Il n'y a guère de vignes hautes que dans la partie du sud-ouest du département, le long des rivières de l'Adour, de l'Aros, et de Bougé. Ces vignes produisent le meilleur vin.

On distingue deux sortes de vignes hautes, savoir, les hautains et les espaliers.

Avant de planter les unes et les autres, on laboure le terrain et on y fait des fossés qu'on remplit de bon terreau.

Les hautains se plantent dans les fossés éloignés les uns des autres au moins de deux mètres et demi. Les ceps y sont disposés ainsi qu'il suit : deux ceps, éloignés d'un tiers de mètre, sont soutenus par un seul échalas que l'on plante dans le milieu de l'intervalle qui les sépare. On laisse ensuite un espace de deux mètres et demi avant de placer deux nouveaux ceps et un échalas, et ainsi de suite.

Communément, les échalas sont de bois mort que l'on renouvelle chaque fois qu'il est besoin ; mais certains vignerons plantent, entre les deux ceps, un cormier ou un pommier sauvage, ou un érable, et croient que la végétation de ces arbres, qui servent d'échalas, ne nuit point à celle de la vigne.

Les vignes en espalier se plantent dans des fossés espacés de deux mètres et plus, et les ceps y sont disposés à la distance uniforme d'un mètre. Chaque cep a son échalas.

Les noms qu'on donne aux variétés varient de canton à canton. Ces noms excèdent peut-être le nombre de cent, tandis que, dans le fait, les variétés n'excèdent pas celui de vingt.

On plante ces variétés pêle-mêle ; et on n'a d'autres règles, pour le choix, que de donner la préférence à celles qui paroissent le mieux réussir dans le voisinage, et de mêler un quart ou un cinquième de ceps blancs avec les rouges. On plante plusieurs variétés ; afin, dit-on, que quelques unes, produisant l'abondance, et d'autres la qualité, il en résulte une compensation avantageuse. Cette pratique a l'inconvénient d'obliger à labourer, tailler et vendanger en même temps des variétés qui devroient l'être à des époques différentes.

On plante des chevelus (plant enraciné), des crossettes et des sarmens; les chevelus prennent plus sûrement et produisent plus tôt ; mais on croit qu'elles languissent après quelques années. Les crossettes sont peu en usage, quoiqu'il soit certain que, sans avoir l'inconvénient des chevelus, elles ont l'avantage de produire un an plus tôt que les sarmens.

Les terrains chauds et exposés au midi se plantent avant l'hiver ; au printemps, ceux d'une nature froide, et qui sont exposés au nord, sur-tout si les plants ont beaucoup de moelle.

La vigne se taille après la chute des feuilles ou avant le retour de la sève ; et on prend la précaution de retarder, le plus possible, la taille de celles qui sont situées dans les lieux bas, humides et sujets aux brouillards. On a la même attention pour les jeunes vignes et pour les plants qui ont beaucoup de moelle.

Dans toutes sortes de vignes, pour déterminer le nombre et la longueur des brins qu'on laisse à chaque souche, on consulte la bonté du terrain, l'âge de la vigne, sa vigueur, l'éloignement des souches, la qualité des ceps, les engrais, etc., afin de ne pas exiger des souches plus de nourriture qu'elles sont dans le cas d'en fournir au fruit. Ainsi, suivant ces circonstances, on laisse aux vignes basses deux, trois ou quatre brins, et à chaque brin deux ou trois yeux ; l'on a, d'ailleurs, l'attention de ne conserver que les brins qui, étant dans la direction des rangées, ne sont point exposés à être endommagés par les labours.

Les souches des espaliers ne s'élèvent qu'à un demi-mètre ; on leur laisse deux têtes de neuf à dix yeux chacune.

Les souches des hautains s'élèvent à un mètre et un tiers de hauteur ; on leur laisse quatre brins, dont deux à neuf ou dix yeux chacun, et les deux autres à deux yeux, pour recevoir la taille de l'année suivante ; on les assujettit aux échalas avec des osiers, et on lie les pampres avec de la paille à mesure qu'ils en ont besoin

Dans la plupart des cantons, faute de temps, on se contente de donner, à la hâte, trois façons aux vignes ; la première consiste à labourer par quatre ou six traits de charrue dans l'intervalle des rangées, de manière à amasser la terre dans le milieu ; la seconde façon se fait à bras : elle consiste à déchausser, avec la houe, le pied de la vigne ; et la troisième s'exécute à la charrue pour rejeter, le long des rangées, au pied de la vigne, la terre qui en avoit été éloignée ; c'est ce qu'on appelle *biner*. Il arrive souvent que les mauvais temps empêchent de faire les deux derniers de ces travaux.

Tout le monde sait combien il est important de couper les petites racines qui paroissent autour des souches lorsqu'elles sont déchaussées ; de sarcler le terrain chaque fois qu'il en a besoin, et de le herser ; d'arracher les jets inférieurs de la vigne, de réduire même le nombre des jets principaux lorsqu'ils sont trop multipliés ; de rogner et d'ésurdenter les pampres, de les dépouiller d'une partie de leurs feuilles, à mesure que s'avance la maturité des raisins. Mais ces travaux, si utiles à l'abondance et à la qualité du vin, ne sont usités que dans la partie de l'ouest et du sud-ouest du département.

C'est lorsque la vigne est déchaussée que l'on répand, au pied des souches, la terre qu'on a préparée pendant l'hiver, soit dans les allées, soit à l'extrémité des sillons. On emploie aussi, à la même époque, le marc des raisins, les feuilles des arbres, la fougère, la fiente de la volaille et des pigeons, les cendres lessivées, et les tourteaux provenant de la fabrication des huiles ; mais il n'y a que les vignobles des bons cultivateurs qui soient ainsi amendés ; il en est beaucoup qui ne reçoivent d'autre engrais que celui qui provient de la chute des feuilles de la vigne. Dans la partie de l'ouest du département, on ne néglige aucun moyen d'amélioration, et, depuis quelques années, on marne et on chaule les vignes comme les terres labourables ; aussi les produits des vignes ainsi amendées sont-ils infiniment plus considérables que ceux des vignes négligées. Celles auxquelles on ne donne que les travaux indispensables rapportent à peine.

Quand il manque des ceps à une vigne, il y a différentes manières de les remplacer.

Dans les très jeunes plantations, il suffit de planter de nouveaux sujets, soit chevelus, soit crossettes, soit sarmens, dans les endroits où les premiers ont manqué ; mais si on n'a pas eu la précaution de faire, dans cette vue, une pépinière en même temps que la première plantation, les nouveaux sujets se trouvent retardés d'autant d'années qu'il s'en est écoulé entre cette plantation et le repeuplement.

Lorsqu'il manque quelques souches dans une bonne vigne, on donne de l'amendement aux souches voisines, afin de leur faire produire des sarmens longs et vigoureux. Au commencement du printemps on courbe un de ces sarmens dans un trou pratiqué près de la souche, on en attache l'extrémité à un échalas, on l'environne de terreau et on lui laisse deux ou trois yeux au-dessus de terre. C'est ce qu'on appelle un provin. Ce sarment se nourrit ainsi aux dépens de la souche pendant une couple d'années ; et lorsqu'il paroît avoir fait assez de racines pour se passer de sa mère, on coupe d'abord en partie, ensuite en totalité, la communication qui existe entre l'un et l'autre.

Pour repeupler une vieille vigne épuisée, on donne au terrain des labours profonds et beaucoup d'engrais.

Il y a des vignerons qui coupent les vieilles vignes entre deux terres pour les rajeunir ; d'autres substituent des variétés foibles à celles qui demandent beaucoup de nourriture, par exemple les blanches aux rouges.

On connoît deux manières de greffer la vigne. L'une en fente, et l'autre en broche.

Pour la greffe en fente, on fait, à la souche, préalablement coupée, une fente dans laquelle on insère deux entes, ayant soin de faire coïncider les écorces. On les assujettit, soit avec de la filasse, soit avec de l'osier, et on les entoure de terre mouillée.

Quant à la greffe en broche, on fait avec une vrille, un trou dans la souche, également préalablement coupée, et on y insère l'ente. Cette sorte de greffe est usitée dans le canton de Gimont.

Il y a dans le département de Lot-et-Garonne trois vignobles qui fournissent une grande quantité de vin, dont la plus grande partie passe dans le nord de l'Europe ; savoir, Mozac, dont le vin est analogue à celui de Bordeaux ; Péricart, dont le vin se rapproche de celui de Cahors ; et celui de Moirax, dont le vin se prendroit pour celui du Roussillon.

Dans les environs de Bordeaux on distingue cinq vignobles principaux : les graves, où on ne cultive que du raisin rouge, il est dans du gravier ; le Médoc, où on cultive aussi le rouge de préférence, il est aussi dans le gravier ; les côtes ou coteaux de l'entre-deux mers, où les rouges et les blancs sont confusément mêlés ; c'est un sol calcaire ; enfin les palus où il y a également mélange ; c'est une argile mêlée de sable, produit des anciennes alluvions des rivières. C'est Queries et Montferrand, qui donnent le meilleur vin. Dans tous ces vignobles, on est persuadé que le nombre des cépages ou variétés de raisin concourt à améliorer la qualité du vin. On a soin seulement de planter les variétés hâtives dans les terrains froids, et les tardives dans les bonnes expositions, afin que la maturité arrive en même temps.

Le pied rouge, ou pied de perdrix, est un des cépéages les plus estimés dans les vignobles des environs de Bordeaux.

Il y a des cépéages qui donnent un mauvais vin dans certaines localités et du bon dans d'autres. Par exemple, le pelnouille qui est fort estimé, seulement dans le bas Médoc ; le petit verdat, qui ne mûrit que dans les palus ; la folle, qui ne réussit qu'à Bergerac, etc.

Dans ces vignobles, on regarde l'exposition voisine du nord, c'est-à-dire celle qui ressent les impressions du soleil, mais qui est la plus éloignée possible du midi, parceque les vents du nord dessèchent la terre, et que l'humidité est le plus grand ennemi de la vigne.

Avant de planter une vigne, dans le Bordelais, on laboure la terre et on la divise en planches de cinq pieds de large par des rigoles plus ou moins profondes et destinées à l'écoulement des eaux.

Les crossettes ne sont pas d'usage dans les vignobles des environs de Bordeaux. Ce sont des boutures simples, appelées *arles* ou *flèches*, qu'on préfère pour la plantation. On choisit les plus grosses, dont les nœuds sont les plus rapprochés, et on les plante des deux côtés de chaque planche à six pieds de distance dans les palus, à quatre pieds dans les graves, et à trois pieds dans le Médoc où on laboure avec des bœufs. Un plantoir est le moyen employé pour mettre en terre les boutures qu'on coupe à un ou deux yeux au-dessus de la surface.

Beaucoup de boutures sont en même temps, plantées en pépinière, pour pouvoir suppléer, l'année suivante, à celles qui n'ont pas réussi dans les planches.

Quelques personnes préf. rent exécuter leurs plantations avec du plant enraciné de trois ans, qu'on appelle *barbeau;* et, dans ce cas, elles font des tranchées; mais on observe que les avantages de cette méthode ne compensent pas l'augmentation de dépense à laquelle elle donne lieu.

Des labours fréquens sont donnés aux vignes nouvellement plantées. Plus elles en ont et plus elles prospèrent. Chaque année on taille, à un ou deux yeux, le plus fort des sarmens qui ont poussé, et on fait sauter tous les autres.

Les hautains et même les treilles donnent beaucoup de vin ; mais il est reconnu, aux environs de Bordeaux, que leur vin est inférieur à celui des vignes basses, c'est pourquoi ces dernières sont presque les seules qu'on plante aujourd'hui.

Lorsqu'une vigne offre des places vides, on les remplit successivement, et après avoir fumé le terrain, 1° avec des boutures, 2° avec du plant enraciné, 3°. en couchant les ceps voisins. Si le terrain est si épuisé qu'il ne puisse plus nourrir de nouveaux ceps, ou la vigne si vieille qu'elle ne se prête pas à ce dernier moyen, et que ses productions soient peu abondantes, alors on l'arrache, et on cultive pendant quelques années à sa place ou des céréales, ou du fourrage, ou des légumes, ou mieux, successivement tous ces objets.

Les provins sont laissés deux ans attachés à leur mère, après quoi on les en sépare en les coupant ; ils donnent du raisin la première année, et ensuite n'en donnent plus que la quatrième.

On étoit autrefois persuadé, dans les vignobles des environs de Bordeaux, qu'on ne pouvoit trop souvent labourer les vignes pour les entretenir dans un état satisfaisant de fertilité, et qu'il falloit ne leur donner du fumier qu'à la dernière extrémité. Aujourd'hui l'augmentation du prix de la main-d'œuvre a amené une conduite diamétralement opposée au grand détriment de la qualité du vin. Les vignobles de Lanion, autrefois réputés, sont tombés par suite de l'excès avec lequel on les a fumés. Les marchands ne cessent de se plaindre aux propriétaires des autres vignobles que chaqu année leurs vins se dégradent, et ils ne tiennent compte de leurs remarques. On peut donc craindre une diminution dans l'important commerce d'exportation de ces vins, si on continue d'agir de même, car les consommateurs étrangers iront là où se trouvera la meilleure qualité. Ceux à qui on reproche d'exagérer ainsi les engrais se défendent en disant que le fumier ne détériore le vin que pendant deux ou trois ans, et qu'après il reprend sa bonne qualité. Cela est vrai jusqu'à un certain point; mais une fois l'opinion formée en sens contraire, elle ne revient point facilement, et d'ailleurs quand on a osé mettre une fois du fumier dans sa vigne, on ne craint plus de continuer à en mettre toutes les fois qu'on remarque une diminution dans les produits.

Les vignerons qui ont de la marne sous leur main la mélangent avec du fumier, et portent le tout dans leurs vignes un an après. Ils prétendent, avec quelque fondement, que cet engrais ne nuit pas autant à la qualité du vin que le fumier pur et non consommé. *Voyez* MARNE et CHAUX.

Une manière très avantageuse de rendre la fertilité aux vignobles épuisés est de les terrer, c'est-à-dire d'y transporter des terres prises dans les champs ou autres lieux où il n'y ait jamais eu de vignes. La dépense met seule obstacle à ce que ce procédé soit aussi étendu qu'il mérite de l'être. Autant que possible on doit apporter une terre d'une nature différente de celle qui fait le fond du vignoble ; par exemple, de l'argile dans les graves et le Médoc ; du sable dans les palus et dans l'entre-deux mers. Dans ces deux dernières localités quelques particuliers ont trouvé un grand avantage à écobuer une partie de la surface de la terre de leurs vignes ; mais ils n'ont pas par cela augmenté ses principes fertilisans, comme ils l'ont cru ; ils n'ont fait que l'amender en rendant plus dominantes les parties légères. *Voyez* ECOBUAGE.

La première opération qu'on fasse dans les vignes après les vendanges, c'est d'ôter les échalas et d'ébarber, c'est-à-dire de couper l'extrémité des sarmens pour les employer, avec les feuilles qui s'y trouvent, à la nourriture des bestiaux, après quoi on les déchausse, façon qui consiste à découvrir le pied de chaque cep en faisant une espèce de fosse tout autour, et à couper avec une serpette les racines superficielles qui auroient pu naître dans le courant de l'année. On laisse ainsi le collet des racines à l'air pendant un certain temps, mais il faut les recouvrir avant les fortes gelées qui pourroient les endommager. C'est ordinairement en les recouvrant qu'on fume les vignes, et cela, en mettant un petit panier de fumier au pied de chaque cep qu'on juge en avoir besoin par la foiblesse de ses pousses précédentes, car rarement on les fume en entier. C'est encore alors qu'on provigne et qu'on commence la taille.

Les différens cantons du Bordelais diffèrent cependant d'opinion sur l'époque où il faut tailler, plusieurs, tels que Sainte-Foi, Bergerac, etc. pensant qu'il est mieux de tailler après qu'avant l'hiver.

Les vignes taillées en automne sont plus exposées aux fortes gelées de l'hiver, et comme les cépéages qui ont beaucoup de moelle, principalement parmi les blancs, les craignent plus que les autres, il seroit bon de tailler à différentes reprises les uns et les autres.

Il faut toujours tailler le plus bas qu'il est possible, eu égard aux différentes variétés, excepté pour les hautains ou les treilles. On ne laisse généralement qu'un courson à deux yeux; cependant les variétés vigoureuses par leur nature peuvent supporter une et même deux flèches (sauterelles) qui augmenteront leur produit.

Un des principaux objets de la taille après ceux-ci, c'est d'occasionner la sortie de nouveaux bourgeons au-dessous des anciens, afin de pouvoir supprimer ces derniers.

Lorsque les vignes sont si basses que les raisins traînent à terre, on aime mieux faire un trou pour l'en empêcher que de relever le cep, parcequ'on est persuadé que plus ils sont près de terre et meilleur est le vin.

Ce que je dis s'applique aux vignes de l'entre deux-mers; car dans les palus ce sont des vignes hautes, et dans les graves des vignes moyennes. Je parlerai plus bas particulièrement des vignes du Médoc.

Dans les palus donc, dont les terres sont très fertiles, on ne pourroit pas tenir les vignes aussi basses, leur nature y résiste, mais on les empêche de monter trop haut; les trois, quatre ou cinq sarmens reservés (sauterelle), que dans le langage du pays on appelle *aste*, sont taillés à douze, quinze et vingt yeux et palissadés, sur des échalas, parallèlement au terrain. Cette disposition est nommée *taille en crucifix*.

Dans les graves, qui sont moins fertiles que les palus, on ne laisse monter les ceps qu'à un pied, et on ne laisse que deux ou trois astes chargés de dix à douze yeux, astes qu'on n'étend pas dans toute leur longueur, mais qu'on recourbe en cercle, et qu'on attache à des échalas. Chaque aste exige un échalas, mais on n'en met au cep dont ils sortent qu'autant qu'il ne se soutiendroit pas de lui-même. Souvent la disposition de ces astes rend leur placement difficile, et on est obligé d'en sacrifier d'excellens par cette cause, pour tailler sur des inférieurs.

Dans l'entre-deux mers, il y a beaucoup de vignes basses

qu'on cultive sans échalas, et qu'on taille à deux ou trois yeux. Leurs bourgeons sont exposés à ramper, ce qui prive les raisins de l'influence des rayons du soleil, et rend le vin de médiocre qualité. C'est la variété appelée la folle qui domine dans ces vignobles, qui fournit les excellens vins de Castres, Laugon, Sauterne, Barsac, etc.

C'est cette folle qui fait l'excellent vin de Bergerac ; mais là on taille encore plus court, et on y a beaucoup plus de soin des vignes que dans ce vignoble, dont le terrain est fort peu fertile.

La culture dans le vignoble de St.-Emilion, qui fournit du si excellent vin, ne diffère pas de celle d'entre-deux mers, ainsi que j'ai pu m'en assurer sur les lieux, y ayant fait vendange chez la veuve de mon éloquent et malheureux ami Guadet.

On appelle, dans le Bordelais, *vignes en jovale*, celles qui sont plantées sur deux, trois ou quatre rangées rapprochées, et qui laissent ensuite de grands espaces vides qu'on cultive en céréales et autres productions, et qu'on laboure avec des bœufs. Ces vignes sont toujours en sol maigre ; ayant plus d'espace pour aller chercher leur nourriture elles, produisent beaucoup et durent long-temps. Leur taille rentre dans celles dont il vient d'être parlé.

Il n'y a pas très long-temps qu'on greffe les vignes dans le Bordelais, et encore le fait-on rarement aujourd'hui hors le cas de substituer une variété à une autre. C'est en fendant la souche rez terre, ou à la base du sarment de l'année précédente, qu'on y procède ordinairement. On s'est aussi imaginé de greffer sur racine, et on s'en est si bien trouvé, que dans beaucoup de lieux on ne greffe plus autrement.

On ne pince point les vignes dans les environs de Bordeaux.

Le sol du Médoc est un sable caillouteux. Les vignes sont palissadées, n'ont pas plus d'un pied de haut, et jamais plus de deux bras, à chacun desquels on laisse, en les taillant, une branche de l'année, coupée à sept ou huit yeux, qu'on replie en dedans en l'attachant. Leur distance est de trois pieds et demi en tout sens, mais leur palissage forme des allées.

Quand les vignerons ont taillé la vigne, ils plantent les carrassons, qui sont de petits échalas de deux pieds de haut, auxquels ils attachent de longues perches, et à ces perches les sarmens. Ces opérations s'appellent *lever la vigne* et *plier la vigne*.

Dès que la vigne est levée et pliée, on commence les labours, ou façons avec des bœufs ; on en donne quatre. La première s'appelle *cavaillonner*, et se donne au moyen d'une araire nommée *cabot*, avec laquelle on déchausse la vigne et porte la terre au milieu du sillon ; la seconde et quatrième façon s'appelle *abrier*, et se donne avec une araire appelée *courbe*, différente du cabot, et avec laquelle on reporte la terre du milieu du sillon au pied de la vigne.

Malgré l'opération de cavaillonner, on est obligé de compléter le déchaussement de la vigne à la pioche.

On a soin de donner la seconde façon avant que le raisin soit arrivé à une certaine grosseur, parceque le sable brûlant, qui seroit rapproché de lui, l'échauderoit.

Tous les cinq à six ans on déchausse les vignes à un pied de profondeur pour couper les racines qui poussent dans cette distance et forcer les autres à s'approfondir.

Les labours blessent si rarement les ceps, qu'il ne faut pas mettre ces blessures au rang de leurs inconvéniens.

Lorsque les bourgeons sont encore susceptibles d'être cassés par le passage des bœufs, on les relève momentanément avec de longues perches, soit fixées aux échalas, soit tenues par des enfans.

Une charrue à double soc est souvent employée pour donner la seconde et troisième façons. Elle expédie très vite.

Deux petites herses rondes, à dents de fer, servent, après avoir été attachées l'une à côté de l'autre par des traverses, à égaliser le terrain.

Le terrain destiné à une plantation est labouré quatre fois dans l'été qui la précède ; on préfère les boutures au plant enraciné, qui offre d'abord une belle apparence, mais qui foiblit à la seconde ou troisième année; elles sont mises en terre au moyen du plantoir, dont le trou est rempli de terreau, et leur alignement est le plus régulier possible. On les laisse sortir de cinq à six pouces hors de terre.

Les labours ne sont point épargnés aux jeunes vignes, c'est-à-dire qu'on leur en donne au moins cinq et quelquefois sept. On les taille tous les ans.

A la quatrième pousse, la vigne commence à rapporter, et à la sixième elle est arrivée au maximum de son produit.

On transporte le fumier dans les vignes au moyen de charrettes qui passent dans les allées et le déposent en petits tas.

Ces détails sont extraits de deux mémoires, l'un inséré dans la Feuille du Cultivateur, et l'autre dans le quinzième volume des annales d'Agriculture de mon collaborateur Tessier. Ce dernier, de M. Duchaffaut, tend à prouver combien il seroit avantageux de cultiver la vigne à la charrue et offre les dessins des deux charrues employées.

Je partage l'opinion de cet agriculteur, et je fais des vœux pour que la culture du Médoc, la plus conforme aux principes, la plus économique de toutes celles usitées en France, culture dont j'ai pris une idée pendant mon séjour à Pauilhac,

soit adoptée par-tout où les pentes ne sont pas trop rapides
pour la recevoir. Je donnerai plus bas de plus grands développemens à cet égard en exposant la méthode de M. Cherrier, qui n'en diffère que fort peu.

Dans l'île d'Oléron, et sur la côte voisine, on engraisse beaucoup les vignes avec du varec et de la vase de mer, ce qui
fait qu'elles produisent immensément d'un vin qui n'est pas
buvable, mais qu'on destine à faire de l'eau-de-vie. Là on taille
toujours fort long et on attache les sarmens réservés, c'est-à-dire
les astes, ou horizontalement, aux ceps voisins, ce qui fait qu'il
est presque impossible de passer dans les vignes pendant tout
l'été. Ces vignes ainsi forcées en productions (on n'est pas content quand un journal ne donne que quatre à cinq tonneaux de
vin) durent peu. On les renouvelle tous les vingt ans. Du reste,
leur culture ne diffère pas essentiellement de celle des vignes
des palus des environs de Bordeaux ou de celles du Médoc.

Les vins du département de l'Ardèche sont généralement
médiocres, parcequ'on vise plus à la quantité qu'à la qualité,
et qu'on est toujours pressé de les consommer. Cependant ceux
des coteaux de Cornas, de Saint-Perai, de Falsmate, en fournissent de fort agréables et de très recherchés.

Je prends les notes suivantes, telles qu'il les a rédigées, dans
des observations de M. Caffarelli sur la culture de ce département, à jamais célèbre en agriculture, parcequ'il a donné
naissance à notre Olivier de Serres. (Annales d'agriculture,
tome 8.)

La vigne est plantée dans des fosses profondes creusées avec
le plus grand soin. On les garnit de buis ou de fumier. Souvent
on plante sur deux rangs éloignés de trois pieds, et, ensuite,
il reste dix et quinze pieds jusqu'aux deux autres rangs, ce qui
forme ce qu'on appelle des *échants*. L'intervalle est labouré à
la bêche ou à la pioche, et ensemencé de grains de légumes ou
planté en pommes de terre : cette méthode donne aux terres un
aspect très agréable. La vigne est sarclée, bien nettoyée, taillée
long, et largement fumée pour entretenir sa vigueur. Elle est
arçonnée par la même raison, c'est-à-dire que l'on conserve
un long sarment, auquel on laisse une douzaine d'yeux, et
qu'on plie en rond. Dans quelques endroits, par exemple du
côté de Tournon, la vigne est encore échalassée, et tenue avec
beaucoup de soin. Par-tout elle est régulièrement provignée,
pour la renouveler, épamprée et ébourgeonnée, pour fournir à
la nourriture des innombrables chèvres que les particuliers
entretiennent, qu'ils soient ou qu'ils ne soient pas propriétaires.

Les espèces de raisins sont extrêmement mélangées, sans
qu'on fasse attention à la qualité, ni aux diverses époques où
ils parviennent à maturité.

Les vins se font sans méthode, sans aucune attention. Les raisins bons, médiocres, mauvais, pourris, sont mis pêle-mêle dans les cuves; on y entre sans cesse et on interrompt la fermentation. Ne seroit-il pas étonnant, après cela, que le vin eût de la qualité? Je parle en général, car il y a quelques localités, entre autres celles citées plus haut, où on agit d'après de bons principes.

La culture de la vigne dans les départemens de la Drôme et de l'Isère, départemens qui fournissent les excellens vins de Montélimart, de Donzère, de Valence, et sur-tout de l'Hermitage, se fait, sur le bord de la rivière, de la même manière qu'à la côte du Rhône, et, dans les terres, en treilles et en hautains. Faujas de Saint-Fond, dans son Histoire du Dauphiné, en vante beaucoup les résultats.

Aux environs de Lyon, où les vins sont moins fameux parcequ'ils se confondent avec ceux des pays voisins, on commence à voir des échalas dans les jeunes vignes.

Après ces vignobles, qui fournissent les vins dits du Beaujolais, et qui tous sont dans des terrains primitifs, c'est-à-dire dans des granits, des schistes, ou des pierres calcaires d'ancienne formation, viennent ceux de Saône-et-Loire, si étendus et si importans pour la consommation de Paris, où on trouve les vins de Mâcon, de Pouilly, de Fuyset, de Solutrin, de Romanech, des Torrins, de Chenard, du Moulin à vent, de Châlons, de Tournus et tant d'autres qui sont également, au moins pour la plupart, dans des terrains primitifs. Comme aux environs de Lyon, on s'y sert d'échalas pour les jeunes vignes seulement; mais la diminution de la chaleur, et par suite l'affoiblissement des ceps, oblige de les faire servir plus long-temps au soutien de ces vignes. Quoique j'aie séjourné dans ces vignobles, que j'en aie même administré un, je ne me crois pas assez instruit du détail des procédés de culture qu'on y suit pour oser entreprendre de les décrire.

Puis-je ne pas parler de la culture de ces fameux vignobles de Bourgogne, qui tiennent un rang si distingué dans le monde, qui font entrer chaque année de si grandes sommes d'argent en France!

La côte de Bourgogne, comme je l'ai dit au commencement de cet article, est composée de pierre calcaire primitive, mélée d'argile. Son exposition est celle de l'est et du sud-est. Généralement le sol en est peu fertile, sur-tout dans le haut; tantôt sa pente est très rapide, tantôt elle s'abaisse insensiblement. Une partie des plus excellens vignobles est même presque en plaine. Les variétés de vignes qui y sont les plus généralement cultivées sont parmi les rouges : le pineau de Bourgogne, qui se distingue de tous les autres pineaux par ses grains petits, écartés et peu nombreux, le pineau fleuri, le pineau gris, le cécan, le pernan, le mauzac, le plant de Malein, le gamet; et parmi les blancs, le pineau blanc, la clairette, le melon, l'aligotte, le chasselas et le ciotat.

Les vignobles les plus célèbres de ce département sont ceux de Vougeot, de Pomard, de Volnai, de Nuits, de Beaune, des Marcs-d'Or, de Abosse, de Savigny, de Chassagne, de Santenai, de de St.-Aubin, de Mergeot, de Blegny, Mulseaut, etc., etc.; car il faudroit inscrire ici autant de noms qu'il y a de villages.

C'est au véritable pineau, variété propre à ce département autant qu'au climat, intermédiaire entre les climats chauds et les climats froids, que les vins de Bourgogne doivent leur mérite et leur réputation. La vieillesse de la plupart des vignes y entre aussi pour beaucoup.

Malheureusement le pineau est une variété extrêmement peu productive; et lorsqu'il est dans un terrain maigre ou épuisé, ou lorsqu'il est vieux, il produit encore moins. La plupart des petits propriétaires, et sur-tout les vignerons qui partagent les résultats de la récolte pour salaire de leurs travaux, ont été déterminés, 1° à mêler avec leurs pineaux beaucoup de gamé ou gamet, variété à grappes plus abondantes et à grains plus nombreux et plus gros, mais qui fait un vin sans corps et sans bouquet; 2° à fumer fréquemment leurs vignes; 3° à arracher celles qui étoient très vieilles. Ces trois circonstances ont depuis une cinquantaine d'années considérablement altéré la qualité des vins en général. La révolution, qui y a d'abord fait tant de bien, a concouru à la dépréciation de ces vins, parcequ'elle a fait passer dans les mains de particuliers avides, ou peu riches, l'immense quantité de vignes qui appartenoient à l'église, et qui étoient, il faut l'avouer, régies, par elle, selon les vrais principes.

Ce n'est point pour nuire à la réputation des vignobles de la Côte-d'Or que je publie ces réflexions, c'est, au contraire, par attachement pour la prospérité de ce département, où j'ai passé les belles années de ma jeunesse, et auquel je suis attaché par tant de souvenirs. Je fais des vœux sincères pour que la masse des propriétaires actuels, mieux éclairés sur leurs vrais intérêts, voulût renoncer à la volonté de faire beaucoup de vin, et revenir à celle de leurs pères, qui préféroient la qualité à la quantité, seule manière de soutenir long-temps leur valeur. Je dis la masse, parcequ'il est encore beaucoup de personnes, et j'en pourrois citer plusieurs, sur qui l'appât de quelques pièces de vin de plus par an n'a point d'influence, et qui, en vrais Bourguignons, se croiroient coupables s'ils ne tendoient pas toujours à faire leur vin le meilleur possible. Honneurs leur soient rendus! Puisse la fortune les dédommager par la grande valeur de leurs vins de la petite quantité qu'ils se soumettent à en récolter !

La base de la culture des vignes en Bourgogne consiste à provigner tous les ans régulièrement une partie des ceps sans jamais séparer les provins de leur mère, de manière qu'au bout de dix, douze, quinze ans au plus, selon la nature de la terre et l'espèce du plant, tous aient été couchés. Il en résulte que dans certaines de ces vignes, qui ont quatre à cinq cents ans de plantation, les souches parcourent sous terre des distances considérables (plusieurs centaines de toises peut-être), et cependant n'offrent jamais à l'observateur superficiel que des ceps de l'âge ci-dessus indiqué.

En provignant, on tâche de coucher toujours les ceps dans la même direction, pour que les souches anciennes ne se croisent pas avec les nouvelles, et on veille à ce qu'ils restent toujours à une distance suffisante les uns des autres, pour que leurs grappes puissent se saturer sans obstacles de la chaleur des rayons du soleil.

Quant à la taille, aux ébourgeonnemens, aux labours, ils n'offrent que des nuances de différence avec la pratique des autres départemens. On échalasse presque par-tout ; je dis presque, parceque je me rappelle avoir vu, sur la côte même, quelques vignes rampantes, et quelques autres disposées en treille.

J'aurois voulu entrer dans des détails circonstanciés sur le mode de la culture usitée dans les vignobles qui s'étendent de Dijon à Beaune, vignobles que j'ai si souvent parcourus, où j'ai si souvent vendangé ; mais je n'ose me fier à ma mémoire.

On fait beaucoup de vin dans les départemens du centre de la France, c'est-à-dire dans ceux de la Nièvre, de l'Allier, du Cher, de l'Indre, de la Creuze, du Puy-de-Dôme, de la Loire, etc. ; mais, à quelques cantons près, il est de qualité inférieure, ou du moins jouit de peu de réputation. J'ai parcouru la plupart de ces départemens ; mais, faute d'avoir pris des notes, je ne puis parler de la culture qui y est préférée.

En général, il y a peu de vignoble, ne fût-il séparé des autres que par une rivière, où on ne trouve pas quelque procédé de culture qu'on ne voit pas dans les autres. Il faudroit des volumes pour parler de tous.

C'est dans un mémoire de M. Dauphin, inséré dans le 40ᵉ volume des Annales d'agriculture, que je puise ce qui concerne les vignes du département du Jura, parmi lesquelles se trouvent les vignobles, avec raison si estimés, d'Arbois, de Poligny, de Salins, etc.

Les variétés de raisins les plus communément cultivées dans les vignobles du Jura sont dans l'ordre de leurs qualités :

Parmi les noirs,

Le RAISIN PERLÉ. Il aime une terre substantielle, calcaire ou marneuse, un sol en pente; il redoute l'humidité lors de sa floraison; il craint aussi les gelées du printemps et de l'automne, et lorsqu'il en est atteint, il ne rapporte que deux ans après. Sa saveur, lorsqu'il est bien mûr, est légèrement musquée. Le vin qu'il donne est généreux, excellent, soit rouge, clairet ou blanc : on en fait un très bon raisiné : lorsqu'il n'éprouve pas d'accident, il fournit beaucoup. Sa taille diffère de celle des autres variétés, en ce qu'il ne faut pas la faire sur les plus forts sarmens, mais sur les intermédiaires. On lui donne, suivant sa force, une ou deux grandes *courgées*, *archets*, ou *anses de pot*, sans craindre d'allonger. Il ne demande pas à être provigné souvent.

Cette variété fait la base des vignobles cités plus haut.

Le PINEAU, OU FRANC MAURILLON. C'est, dit M. Dauphin, le raisin par excellence, le père des meilleurs vins de France; mais ici il doit y avoir confusion, car le pineau est bien distingué du maurillon du Jura, ce dernier ayant les bourgeons tachés de brun. Une terre légère et siliceuse, l'exposition du levant et du couchant sont ce qu'il demande : les gelées sont peu à craindre pour lui, il mûrit huit jours avant les autres ; le vin qu'il donne est excellent, d'un bouquet agréable et de bonne garde. Son seul défaut c'est d'être peu productif, et de ne donner souvent que de deux années l'une.

Cette variété se taille en petites courgées de six à sept nœuds, et demande à être provignée souvent.

Le PETIT BACLAN. Il aime une terre forte et argileuse, et préfère l'exposition du levant ou du midi. Les gelées de l'hiver sont à craindre pour lui : sa taille est en petites courgées de six ou sept nœuds. Il mûrit bien, donne un vin très coloré, de bon rapport et qualité, qui prend en vieillissant un petit goût de framboise.

Le TRESSEAU. Il préfère une terre forte, aime le midi et le couchant, brave les gelées. Il fait un vin abondant mais dur. Il demande à être mélangé avec des plants doucereux. Sa taille se fait en courgées moyennes, et son ébourgeonnement doit être rigoureux, car il mûrit difficilement à l'ombre.

Le MEUNIER. Ce plant se contente d'une terre maigre; il craint peu la gelée; mais si cet accident lui arrive, il ne repousse pas de raisins : sa maturité est précoce; son vin est passable. On le taille en courgée moyenne.

Le PETIT GAMET. Il vient bien en terre forte, s'accommode de toutes les expositions, principalement du nord, craint les gelées du printemps, mais repousse des raisins lorsque cet accident lui arrive.

Ce raisin mûrit bien, fait un vin coloré passable, et est d'un bon produit. On le taille à deux ou trois yeux au plus, sur plusieurs sarmens. Il demande à être provigné souvent.

Il ne faut pas confondre ce gamet avec le gros gamet, qui fait un vin plat.

Le MUSCAT NOIR. C'est celui qui mûrit le premier dans la pépinière du Luxembourg.

Parmi les blancs,

Le SAUVIGNON. Il aime la terre argileuse et en pente, préfère le midi et le couchant. Il mûrit bien, fournit beaucoup, et fait un vin doux, potable dès la première année. On le taille en longues courgées.

Le SAVAGNIN. Une terre siliceuse et calcaire, une exposition en pente au midi ou au couchant, sont ce qui lui convient le mieux : les gelées lui sont souvent funestes, sur-tout dans les pays plats. Il mûrit tard, mais charge beaucoup, se conserve bien, et le vin qu'il produit est très spiritueux. On doit le tailler en petites courgées serrées.

Le FROMENTEAU GRIS. C'est le pineau gris de plusieurs autres vignobles. Il demande une terre en pente graveleuse, et une exposition chaude, mûrit bien, fait un vin excellent, mais le produit en est médiocre. Il se taille en petites courgées.

Le CHASSELAS. Ce délicieux raisin à manger, garder et sécher, mûrit bien et est de bon rapport. On le taille alternativement en sifflet et en courgée. Son vin est doux et sucré, mais plat.

Le RAISIN PERLÉ. Il aime particulièrement les terrains marneux, et ne produit pas constamment toutes les années ; on le taille en courgée. Le vin qu'il donne est agréable et léger. Son raisin se conserve long-temps, et est excellent séché au four.

La FEUILLE RONDE. On taille constamment cette variété en sifflet; elle craint les gelées du printemps. Son fruit mûrit et produit beaucoup, mais le vin qu'il donne est médiocre et sujet à filer.

Toutes les terres et toutes les expositions propres à la vigne conviennent à cette variété. On peut se dispenser d'essayer d'autres cépéages dans les lieux où elle ne réussiroit pas. On la taille comme le petit gamet noir.

On plante la vigne de plusieurs manières dans le Jura. Celle en fossés est incomparablement la plus avantageuse. Il faut ouvrir dans toute la longueur du terrain des tranchées parallèles, de trois pieds de largeur et de deux pieds et même plus de profondeur, si la terre le permet, et si le fond est bon. La plantation à l'angelot est plus expéditive, mais moins bonne.

Elle a lieu au moyen de petites fosses que creusent plusieurs ouvriers placés sur la même ligne, ce qui fait perdre l'avantage du quinconce.

On plante encore les crossettes debout, au moyen d'un trou fait avec un pieu. C'est la plus mauvaise des méthodes.

Les crossettes doivent être prises sur des ceps vigoureux, âgés au moins de huit à dix ans. On les met en terre de préférence en automne. Si elles ont bien prospéré, on les taille la première année à deux yeux; l'année suivante on taille sur les deux plus forts sarmens destinés à donner les mères branches, et on supprime tous les autres. A la troisième, on laisse aux deux mères branches trois ou quatre nœuds, et à la quatrième la vigne est formée. On ne monte qu'une mère branche quand le terrain est maigre.

Je pense que plusieurs espèces de raisins valent mieux qu'une seule dans une vigne; qu'il faut peupler plus en noirs qu'en blancs; qu'enfin les plants fins sont toujours préférables aux plants grossiers qui discréditent le vin, et ne procurent souvent qu'une funeste abondance.

Les travaux de l'hiver sont les plus essentiels pour la vigne. Il faut la parcourir peu avant la vendange, pour reconnoître les ceps qui refusent obstinément de produire, et ceux qui vieillissent. Les premiers sont condamnés au feu ou greffés; les seconds provignés.

Le bon provignage exige un creux carré et profond. Les racines s'arrangent mieux dans cette forme. On y couche le cep en entier, et on laisse sortir deux ou trois sarmens, rarement quatre. On les espace le plus et le plus également possible.

Le temps de provigner et de planter est le même, c'est-à-dire l'hiver. On commence par les terrains graveleux et secs, et on finit par ceux qui sont argileux et humides.

On renouvelle la vigne par le moyen de la greffe dans quelques vignobles du Jura.

Tout ce qui peut servir d'engrais est bon pour fumer la vigne. Il faut seulement observer que le fumier soit bien consommé. Quelquefois on lui donne des amendemens, tels que la marne, et alors il faut en mettre de calcaire dans les sols argileux et d'argileuse dans les sols calcaires.

Ce qu'il y a de mieux pour fertiliser une vigne avec un avantage très durable, c'est de la couvrir de gazon, de prés, ou de terre neuve et reposée.

Le surplus des travaux de l'hiver consiste à remonter les terres, à faire des tranchées, à creuser des fossés pour l'écoulement des eaux, élaguer les haies, extirper leurs racines, les ronces et les plantes parasites vivaces, écarter enfin tout ce qui peut attirer l'humidité, qui favorise les gelées et retarde la maturité.

Décider du point juste entre une taille trop forte et une taille trop foible, telle est la question qui se présente à chaque cep dans le Jura, comme ailleurs. Pour la résoudre, il faut avoir égard à la fertilité du sol, à l'espèce particulière du plant, à sa force, à son âge, à l'abondance ou à la médiocrité de la récolte précédente.

On peut tailler les vignes, sur-tout celles placées sur des coteaux, à la fin de l'automne. On y trouve même l'avantage d'une végétation et d'une maturité plus hâtive. La taille du printemps doit précéder le mouvement de la sève, afin qu'il y ait une moindre déperdition.

Avant de tailler il faut parcourir la vigne armé d'une pioche, pour mettre à nu la base des ceps, et retrancher toutes les racines qui ont poussé à fleur de terre. Cette précaution toujours utile devient indispensable pour les vignes jeunes et vigoureuses, et pour celles qui ont souffert de la gelée.

On commence la taille par le pied du cep, en le nettoyant des faux bourgeons à petits yeux, des nœuds, des chicots, des mousses, et de tout ce qui peut détourner ou amuser la sève, ou attirer l'humidité. On termine par la taille à fruit qui se fait sur le bon bois, c'est-à-dire sur les sarmens poussés dans la saison précédente.

Si vous taillez en sifflet, coupez chaque sarment à deux yeux, en observant que le petit bouton du collet qui joint l'ancien bois au nouveau ne se compte pas. Vous laissez un ou plusieurs coursons ou bras, selon la vigueur du cep. La taille allongée se fait sur le sarment le plus fort et le plus sain de la courgée précédente, pourvu qu'il n'exhausse pas trop le cep. Quand il est jeune et vigoureux on le charge de deux courgées. Il faut couper net et à deux lignes du bouton sur lequel on taille.

Les échalas se placent après la taille. Ils doivent être fortement enfoncés et un peu inclinés du côté du mauvais vent.

Les ceps sont tenus dans les vignes du Jura à une hauteur et à une distance à peu près égale, c'est-à-dire à trois à quatre pieds, ce qui fait qu'ils ont entièrement la vue du soleil. Celles tenues en hautains ou treilles peuvent rendre davantage, mais la maturité de leurs raisins est plus difficile.

La vigne exige trois labours. Au premier la terre doit être bien défoncée. Si la vigne est en pente on se place obliquement, afin de ne pas tirer la terre en bas.

Le second labour devroit se croiser avec le premier et le troisième. Le plus léger sert principalement à nettoyer les vignes des mauvaises herbes qui retardent la maturité du raisin, par l'ombre et l'humidité qu'ils répandent sur le sol.

On laboure, dans le Jura, avec une houe fourchue.

Dès que la fleur est passée on ébourgeonne, c'est-à-dire qu'on enlève les bourgeons stériles et ceux qui ont poussé sur la souche, ou entre deux terres.

Lorsque les grains sont arrivés à moitié de leur grosseur on ébourgeonne par le haut (rogne) ; lorsqu'ils commencent à mûrir on retrousse les sarmens, et on les lie avec de la paille par-dessus les ceps, pour exposer les grappes au soleil.

Dans quelques vignobles, en sol plat, on enterre les ceps de la vigne pour les garantir des gelées de l'hiver.

On peut aussi rendre les gelées du printemps moins dangereuses pour les vignes, en les labourant par sillons convexes, et en faisant des tranchées qu'on garnit de pierres.

Le département du Doubs contient beaucoup de vignobles dont les vins sont dignes d'estime, quoique moins connus que beaucoup d'autres qui leur sont inférieurs. N'y auroit-il que le canton de Saint-Julien à distinguer, qu'il mériteroit d'être cité.

Parmi ces vignobles, je prends pour exemple celui de Besançon. Il comprend des terrains de gravier et de terre forte, des coteaux et des vallons, qu'on plante aux expositions du levant, du couchant et du midi. Les vallons sont d'un plus grand rapport que les coteaux, mais le vin n'y est pas si bon.

On commence à tailler dans ce vignoble seulement vers le 15 février ; les raisins blancs se taillent à deux ou trois nœuds, mais l'arbois ou pulsard à cinq ou six.

On commence les premiers labours en avril, et on les exécute avec une houe fourchue ; le second a lieu en juin, et le troisième à la fin de juillet ou au commencement d'août, et il se fait avec une houe triangulaire. C'est pendant l'hiver qu'on provigne et en mars qu'on greffe.

Les bourgeons sont attachés ou à des échalas de trois pieds et demi de haut, ce qu'on appelle en *échameis*, ou à des perches parallèles au terrain, et forment entre elles un carré parfait, ce qu'on appelle en *liquoulot*. Le liquoulot n'est élevé de terre que d'un pied, et est attaché aux échalas avec de l'osier.

La vigne se rogne (s'arrête) en mai ; on la brise (ébourgeonne) et relève à la fin de juin.

Les vignobles du département de l'Yonne, dont Auxerre est le chef-lieu, doivent être cités parmi ceux qui fournissent le meilleur vin d'ordinaire de table. S'ils sont toujours un peu plus foibles que ceux de la Côte-d'Or, ils ont souvent autant d'arôme (bouquet.)

Les vins les plus réputés de ce département sont ceux d'Auxerre, de Migraine, de Tonnerre, de Chablis, de Joigny, de Cussy, de Coulange, de Franci, de Sens, d'Avalon, etc.

Décrire la culture usitée dans le premier de ces vignobles, c'est faire connoître suffisamment celle des autres, qui n'en diffère que par des nuances.

Ce qu'on va lire est extrait d'un mémoire manuscrit, dont l'auteur ne m'est pas connu.

Dans ce canton, la plupart des vignes sont disposées en treilles de trois ou quatre pieds de haut.

Les variétés les plus estimées dans le vignoble d'Auxerre sont les pineaux noir, blanc et gris (cendré ; le plant vert, le tresseau, le romain, le plant d'Orléans, ou teinturier, le pineau de Collonges et le gamet.

Le pineau est la variété qui donne le meilleur vin, et le gamet, celle qui fournit le plus mauvais. Malheureusement il produit beaucoup, et on le multiplie avec excès, ce qui commence à altérer la réputation des vins d'Auxerre.

Les pineaux blanc et noir sont sujets à couler ; ce dernier vit le plus long-temps. On connoît des vignes qui en sont plantées, telle que celle de Migraine, qui ont plus de deux siècles constatés. Plus le plant est vieux, et meilleur est le vin.

Le pineau noir exige l'exposition la plus favorable, le sud ou le sud-est, et une terre forte à mi-côte. Dans les terres légères et maigres, il produit moins, ne dure pas long-temps, et même dégénère. Ce fait est en opposition au principe général, mais n'en est pas moins vrai.

Le pineau blanc, le plant vert et le romain réussissent bien sur le haut des côtes, et y sont d'un excellent produit; le teinturier ou plant d'Orléans se plaît dans les terrains bas et humides.

Quand on plante une vigne dans un terrain humide, on emploie des crossettes, et quand c'est dans un terrain sec, on fait usage de plant enraciné.

L'époque de la plantation est le commencement de l'hiver pour les terres légères, et la fin pour les terres fortes. Il ne faut pas planter pendant les gelées.

On met les crossettes pendant huit jours dans l'eau avant de les planter ; c'est sur les ceps les plus vigoureux qu'il faut les prendre ; tantôt on leur laisse du bois de deux ans, tantôt on ne leur en laisse pas.

Il est passé en principe que les crossettes de romain ou de tresseau doivent être pris sur une vieille vigne, et les pineaux et autres cépéages sur une jeune, c'est-à-dire de six à sept ans.

Le plant enraciné, qu'on appelle *chevelée*, s'obtient en mettant des crossettes en RIGOLE (*voyez* ce mot), dans un terrain un peu frais, à une distance de six à huit pouces et un peu inclinés. On lui donne deux ou trois binages par an pour détruire les mauvaises herbes. Il ne se relève qu'au bout de deux ans, au moment précis de la plantation.

Avant de planter, on trace des raies écartées d'environ deux pieds et demi, et, autant que possible, dans la direction de l'est à l'ouest. Ces raies s'appellent des *perchées*.

Après avoir tracé ces perchées, on trace les marteaux, qui sont des allées perpendiculaires aux perchées, plus ou moins nombreuses, plus ou moins larges, qui servent à placer les terres rapportées et les fumiers qui sont destinés à rétablir la vigne lorsqu'elle sera fatiguée de produire.

Quand ces deux tracés sont finis, on creuse dans la direction des perchées des fosses à deux ou trois pieds de distance l'une de l'autre et d'un pied carré, et on y place les crossettes ou les chevelées. On ne fait ces fosses que les unes après les autres, de manière que la première est comblée avec la terre tirée de la seconde.

Le premier labour ne se donne à la plantation que quand les boutons commencent à se développer. On taille ensuite à deux yeux (1).

De plus, on donne deux autres binages dans le cours de l'été, et en automne on butte le plant pour le garantir des fortes gelées de l'hiver.

Au printemps suivant, lors du premier binage, on détruit ces buttes.

Il faut avoir attention, lorsqu'on laboure en été une plantation de crossettes, de choisir un jour sans soleil, parceque la terre pourroit être desséchée au point que leur reprise seroit retardée jusqu'à la pousse d'automne. On appelle cette circonstance *brûler*.

Si le plant ne prenoit pas racine, on *recouleroit* l'année suivante, c'est-à-dire qu'on planteroit d'autres crossettes ou de la chevelée. Souvent ces chevelées sont prises dans des fosses où on a mis à cet effet deux crossettes dans la même, ce qu'on nomme une *guette*.

La seconde année on taille à un ou deux yeux, suivant la force du cep. On choisit, pour la taille, la branche la plus proche de terre et on abat l'autre ; puis on laboure comme la première fois.

Cette année on amorce la vigne, c'est-à-dire qu'on met sur

---

(1) On appelle le bourgeon, dans ce département, ce que j'appelle, avec les agriculteurs, œil ou bouton.

son pied, au moyen d'une petite fosse (angelot), l'épaisseur de deux doigts de fumier.

On laisse à la troisième année, encore suivant la force du cep, deux membres ou coursons, dont le plus fort sera taillé à trois yeux, et le plus foible à un œil, pour en faire un *no*, ou *recours*.

C'est à la quatrième année qu'on commence à provigner. Il est reconnu que plus une vigne est provignée et meilleure elle est, sur-tout le tresseau. C'est aussi le moyen de rétablir le pineau dégénéré.

Lorsque la vigne est à sa sixième ou septième année, on la met en perche et on la fume.

Les engrais que l'on emploie le plus communément sont des fumiers, quelquefois des vidanges et des boues de rue.

C'est pendant l'hiver qu'on fait ordinairement cette opération. Pour une vigne fumée à *pan*, on *ruelle* la vigne de deux perchées l'une, et on met une épaisseur de trois à quatre doigts de fumier dans la rigole. De cette manière tous les ceps se trouvent fumés d'un côté, ce qui a moins d'inconvéniens que si on fumoit des deux à la fois. Le fumier est recouvert ou de suite, ou à la fin de l'hiver, par le labour.

Quant aux terres qu'on emploie au même objet, on préfère celles qui contiennent le plus d'humus.

Pour entretenir une vigne en bon état, il faut fumer les provins toutes les fois qu'on en fait.

Voici la série des opérations que nécessitent, depuis l'époque de la vendange, chaque année, les vignes qui sont en plein rapport.

1° *Marquer*. C'est reconnoître et marquer les ceps sur lesquels on veut prendre des crossettes. On le fait lorsque les raisins sont encore sur pied.

2° *Délier*. C'est couper les liens par lesquels les sarmens étoient attachés aux échalas ou aux perches.

3° *Rueller*. Opération qui consiste à relever, contre les ceps, la terre du milieu des perchées. Ses résultats préservent les ceps de l'action des gelées et favorisent l'écoulement des eaux.

4° *Curer en pied*. On donne ce nom à la coupe des sarmens qui sortent des souches, ou *corées*. Quelques personnes curent au pied aussitôt après vendange, d'autres seulement au moment de la taille. Dans les vignobles où on ébourgeonne rigoureusement, cette opération seroit sans objet.

5° *Tailler*. On est dans l'habitude de tailler de même tous les plants, à la réserve du gamet et du teinturier, auxquels il faut laisser moins de longueur qu'aux autres.

Là, comme ailleurs, les avis sont partagés sur le moment où il est le plus convenable de tailler. Les uns le font avant, les autres après l'hiver; cependant on s'accorde assez à reconnoître qu'il faut tailler les vieilles vignes en automne, et les jeunes au printemps.

Lorsque la vigne est forte, on laisse à un cep quatre membres (coursons), même plus quand on vise à la quantité plutôt qu'à la qualité. Si la vigne n'est pas en perche (en treille), il faut choisir les plus voisins de la surface de la terre.

Si un cep n'a pas assez de membres, on laisse un des sarmens qui partent du tronc, et on le taille à deux yeux pour former un no. Les deux bourgeons qui naissent, qu'on appelle *éseilles*, se conservent s'ils sont assez forts. Dans le cas contraire, le plus foible est supprimé. Ensuite on supprime le vieux bois qui est au-dessus du point de leur insertion.

On laisse à chaque membre (courson) trois ou quatre boutons, si on veut ménager sa vigne; mais quand on fume beaucoup on en laisse davantage.

Il est des cas où on est obligé de couper la vigne par le pied, et de recommencer une nouvelle souche avec un ou deux des bourgeons qu'elle repousse de ses racines; c'est principalement quand ses pousses sont excessivement foibles, ou qu'elle a été gelée.

6° *Sarmenter*. C'est ramasser les sarmens après la taille.

7° *Paisseler*. Cette opération consiste à ficher les paisseaux ou échalas en terre.

On place les perches en même temps que le paisseau auquel on l'attache à l'aide de liens d'osier. C'est ce que les vignerons appellent *coudre*. On les met à un pied et demi au-dessus de terre. Elles se dépassent réciproquement de six pouces (*épondures*), et elles sont attachées ensemble avec un lien (*mouchet*).

Les avantages que présentent les vignes mises en perche (treille) sont d'être infiniment plus propres, mieux exposées au soleil, mieux garanties des vents, et de coûter moins de mise dehors en paisseaux.

La hauteur du paisseau est d'environ quatre pieds, et la longueur de la perche d'environ huit pieds.

8° *Baisser*. On donne ce nom à l'opération d'attacher les coursons aux paisseaux ou aux perches. Elle se pratique peu après le paisselage. L'osier ou la filasse sont les substances dont on se sert de préférence.

9° *Sombrer*. Labourer profondément les vignes. Il est d'usage de sombrer les terres fortes en avril; cependant on est souvent obligé d'attendre plus tard pour que la terre soit *coudrée* (desséchée). Quant aux terres légères, dites *pruches*, et aux lieux exposés à la gelée, on ne sombre guère que vers la mi-mai.

10° *Momasser*. Ce mot est synonyme d'ébourgeonner. On momasse dès que les bourgeons ont acquis une certaine longueur, qu'ils montrent leur fruit. Les bourgeons poussés sur la souche sont d'abord abattus, et ensuite ceux surnuméraires qui n'ont pas de fruit. Cependant, si on veut faire un no à la prochaine taille, il faut laisser celui de ces bourgeons qui est le plus vigoureux.

11° *Biner*. Léger labour qui se donne immédiatement avant, ou immédiatement après la floraison. Lorsque la vigne est un peu avancée, et que les gelées ne sont pas à craindre, il est mieux de biner avant la fleur, dont cette opération favorise le développement. Jamais on ne doit toucher à la vigne quand elle est en fleur.

12° *Accoler*. Attacher les bourgeons aux paisseaux. On accole à la fin de mai ou au commencement de juin, selon que la vigne est plus ou moins avancée.

13° *Rogner*. Synonyme d'ARRÊTER, PINCER. (*Voyez* ces mots.) Il est des vignes qu'on ne rogne qu'une fois; ce sont les plus foibles; d'autres qu'on rogne deux et même trois fois.

14° *Débiner*. Petit binage pour enlever les mauvaises herbes. Ce binage se fait au milieu d'août.

15° *Provigner*. On provigne en couchant un cep tout entier dans une fosse faite du côté qu'il s'agit de garnir, et selon la direction de la perchée, cep dont on dispose les sarmens dans la même direction, et qu'on recouvre ensuite de terre.

Dans les terres légères on fait les provins en mai, et on fume les provins en les faisant; mais dans les terres fortes on les fait en hiver, et on attend la seconde année.

Il est une autre manière de provigner, qu'on appelle *provigner en sauterelle*, parcequ'on se contente de courber un sarment et de le plonger dans une fosse. Elle s'emploie lorsqu'un cep est trop foible pour être couché en entier, ou lorsqu'il n'y a qu'une place à garnir. Deux ans après on coupe la sauterelle rez le cep, et on met en terre la portion qui n'y étoit pas.

Un provin est dit *baillard* quand son peu de longueur n'a pas permis de le mettre la première année au lieu qu'il doit occuper; on l'y amène successivement.

16° *Greffer*. On fait rarement cette opération dans les vignes d'Auxerre.

Les gourmets se plaignent que les vins d'Auxerre et autres du département de l'Yonne ne sont plus si bons qu'autrefois. Cela vient que là, comme par-tout, on vise beaucoup à la quantité, et qu'on fume avec exagération. Il est cependant des particuliers qui ne se laissent pas entraîner au torrent, et parmi eux je citerai M. Rougier La Bergerie, cultivateur célèbre, propriétaire actuel du vignoble de Migraine, et préfet du département, auquel je dois des remercîmens pour les notes précieuses qu'il m'a fait passer sur les variétés des vignes de ce département.

A côté des vignobles du département de l'Yonne sont ceux du département de l'Aube, qui fournissent des vins souvent confondus avec les leurs, et où on trouve principalement les Riceys, Bar-sur Aube, et quelques autres cantons fort estimés et avec raison. Leur culture se fait ou en treille, ou comme dans le département de la Haute-Marne. Aux environs de Troyes, où on cultive beaucoup en treilles, et en treilles trop élevées, on recherche un cépéage, qu'on y appelle le *gonais* (c'est le saumoireau du département de Seine-et-Marne), qui fournit beaucoup plus que le gamet, et qui donne un vin d'aussi mauvaise qualité. Ce cépéage dont, dans le pays même, on s'est plaint à moi, de la trop grande multiplication, s'opposera longtemps à l'amélioration des vins des cantons où il est abondant.

Les vignobles du département de la Haute-Marne ne jouent pas un rôle bien important dans la balance de notre commerce, cependant ils sont intermédiaires entre ceux de la Bourgogne et de la Champagne, ils fournissent des vins qui ne sont pas sans mérite, tels que ceux de Montsaugeon, de Prothois, etc., dont j'ai beaucoup fait usage, ce département étant un de ceux où j'ai le plus long-temps vécu.

La culture qui y est adoptée est la même que celle usitée dans la Haute-Saône, les Vosges, la Meurthe, départemens qui l'entourent. Je vais en donner une idée d'après M. Cherrier, cultivateur à Vassy.

On plante les vignes avec des provins (plant enraciné), avec des marcottes (crossette), avec des boutures (sarment de l'année.)

Tous ces plants bien disposés réussissent ordinairement; les premiers poussent avec plus de vigueur, et fructifient plus tôt que les seconds; ceux-ci prennent racine *plus froidement* que les simples boutures.

Les bons économes ont attention de n'employer que les plants dont le bois est bien franc et bien mûr, sur un allongement de trois pieds au moins.

Ils pratiquent dans l'alignement du terrain, de bas en haut, des fossés de quinze à dix-huit pouces de largeur, sur autant de profondeur, à la distance de quatre pieds les uns des autres, dans lesquels ils placent leur plant.

Ces plants sont fichés de la longueur de deux ou trois pouces dans la terre ferme de la partie basse des fossés.

On rejette dans ces fossés une partie de la terre la plus meuble qui en a été tirée, ensuite on couche sur cette terre les plants de toute la largeur de la fosse, si la longueur du sarment le permet, ou au moins de sept à huit pouces ; on relève le sarment sans le forcer, dans l'alignement qu'on s'est proposé, en lui faisant faire le coude contre le revers de la fosse, qu'on remplit du reste de la terre ; puis on taille le sarment à deux ou trois yeux au-dessus de la terre, et on le garantit des accidens par un bout de vieux échalas.

On diffère la taille de ce plant jusqu'en mars, crainte des gelées. Cette taille consiste à laisser un ou deux des meilleurs bourgeons, que l'on raccourcit jusqu'à un œil ou deux près de la tige dont ils sont sortis.

Après la taille on laboure le terrain à la bêche, et on fiche de bons échalas auprès de chaque cep.

Au printemps on donne un binage à la plantation ; plus tard on supprime les bourgeons les plus foibles ; plus tard encore on supprime également les petits bourgeons qui naissent dans les aisselles des feuilles ; on attache les bourgeons conservés à l'échalas, et on donne un nouveau binage.

La seconde année chaque bouton réservé donne un nouveau bourgeon ; on en conserve deux des plus forts, qu'on attache d'un premier lien peu serré aux échalas dès qu'ils peuvent y atteindre, et on supprime les autres. Plus tard on met de nouveaux liens et on supprime les entre-feuilles.

A la troisième année, après la seconde taille, on donne aux plants de vigne les mêmes soins que ceux observés pour les précédentes.

Tous ces procédés concourent à favoriser l'accroissement du plant. Leur effet est d'élever assez les sarmens pour pouvoir les provigner à la quatrième année et les espacer en forme d'échiquier, à deux pieds de distance les uns des autres.

Mais les mauvais praticiens, cherchant l'abondance dans l'économie du terrain, espacent les ceps de dix, douze ou quinze pouces les uns des autres, ce qui les prive de l'influence de l'air, de la lumière, nuit à la maturité des raisins et du bois, et par conséquent aux productions suivantes et à la qualité des vins.

Le provignage qui, en automne ou au printemps commence les travaux de la quatrième année après la plantation, est à peu près la même opération que celle de la plantation ; elle s'exécute en creusant, près de chaque plant, une fosse de dix, douze ou quatorze pouces de profondeur, dans laquelle on couche le cep en entier, sans trop serrer ni tordre la tige ; et en prolongeant cette fosse, on dirige les sarmens jusqu'aux places qu'ils doivent remplir dans l'alignement et la disposition qu'on s'est prescrit, pour y être à demeure. On radoucit ensuite les sarmens à deux ou trois boutons près de la superficie de la terre, en observant que la taille soit un peu inclinée du côté opposé au bouton, et que le bois excède d'environ un pouce le bouton supérieur.

Les soins qu'exigent les provins sont les mêmes que ceux employés à la seconde et à la troisième année après la plantation.

De chaque bouton des provins il sort un bourgeon qui souvent porte des raisins. De ces bourgeons on conserve les deux plus forts et on les attache à l'échalas. On supprime les autres s'ils sont infructueux; mais s'ils portent deux grappes on les conserve en les raccourcissant sur la feuille au-dessus du fruit. Les premiers étant arrivés à la hauteur des échalas, on les arrête en les cassant par le bout; c'est ce qu'on appelle *ébrancher* ou *rogner la vigne*. On supprime en même temps les autres entre-feuilles et les tenons ou vrilles, c'est ce qu'on appelle *nettoyer* ou *éplucher*. Il est assez ordinaire qu'il repousse de nouveaux bourgeons à l'extrémité de ceux qui ont été arrêtés; ceux-ci, ainsi que les entre-feuilles conservées sur les autres, s'allongent, et s'ils deviennent trop forts, on les raccourcit encore.

Les bourgeons ou sarmens ménagés sur chaque provin sont au nombre de deux, trois ou quatre au plus. On n'en conserve que les deux meilleurs, et ce sont ordinairement ceux qui ont été allongés; on supprime les autres, ainsi que l'extrémité du vieux bois de la tige qui excède le sarment supérieur. On allonge la taille de celui-ci jusqu'à huit, dix ou douze yeux, suivant sa force, et l'on taille l'autre à un, deux, ou au plus trois yeux près de la tige; le premier est appelé *ployant* ou *montant*, le second *brochette* ou *coursau*.

Après la taille, et avant le mouvement de la sève, on fait prendre au ployant, ou montant, la forme d'un demi-cercle, et on l'assujettit, par l'extrémité supérieure, à l'échalas du cep voisin, en lui donnant, autant que possible, la direction du midi au nord; on appelle cette opération *plier la vigne*, et l'espèce de demi-cercle qu'elle forme, dans cet état, ployant. Cette disposition, dont l'objet est de rendre le montant plus fructueux et de rapprocher de la terre les fruits de la vigne, a été jugée propre à en favoriser la maturité par l'action des reflets de la chaleur; la méthode en est généralement suivie, au moins à l'égard des espèces de plants dont le bois est très vigoureux.

Avant la taille des provins, et la pliure ou le pliage, se fait

le premier labour foncier. Une des attentions bien recom-
mandables en ce moment, c'est de couper ou supprimer toutes
les racines qui ont poussé au pied de chaque cep, à sept ou
huit pouces de la superficie de la terre, de manière que toutes
les racines conservées se trouvent exactement enterrées à cette
profondeur; si on néglige cette pratique, les racines supérieures prennent une surabondance de vigueur et font bientôt
périr celles du fond.

En cet état, la vigne est dans sa plus grande force; les
opérations qui suivent la première taille des provins ont pour
objet principal d'entretenir et de prolonger le même état de
force, en ménageant d'année en année, sur chaque plant, des
sarmens allongés qui la renouvellent, et ramènent après la
taille les mêmes opérations.

La première opération qui suit est l'ébourgeonnement,
c'est-à-dire le retranchement des jets nuisibles ou inutiles.
C'est ce qu'on appelle *chaoutrer*, *châtrer la vigne*.

On commence l'ébourgeonnement lorsque les raisins se font
apercevoir.

Les bourgeons produits par les boutons les plus bas et les
plus rapprochés de la tige, sont réservés, au nombre de deux
ou trois au plus, pour être élevés comme on l'a vu à l'égard
des provins.

Ceux-ci, que les vignerons appellent *montans* ou *merreins*,
sont destinés à renouveler la plante et ménagés pour asseoir la
taille de l'année suivante.

A l'égard des autres bourgeons, on supprime avec le pouce
tous ceux qui n'ont point de fruits; ceux qui en ont sont arrêtés
et raccourcis jusqu'auprès des boutons ou de la feuille qui se
trouve immédiatement au-dessus des raisins.

Plus tard on supprime tous les nouveaux jets poussés de la
terre ou sur la tige, ainsi que ceux nés aux aisselles des feuilles
des merreins, appelés par cette raison entre-feuilles; on supprime aussi avec les ongles les tenons ou vrilles, distribués sur la longueur de ces merreins; on attache ensuite
ceux-ci d'un premier lien à l'échalas. On nomme cette dernière opération *relever la vigne*. Si à ce moment quelques uns
des merreins atteignent le haut de l'échalas, ou s'ils le dépassent, ils sont arrêtés ou raccourcis à cette hauteur près de
l'une des entre-feuilles qu'on laisse à l'extrémité supérieure.

La suppression des faux bourgeons, des entre-feuilles et des
vrilles, est ce qu'on appelle *éplucher la vigne*. Après cette
opération, on donne, avant que les raisins soient en fleur, un
premier binage ou labour léger, pour détruire les herbes et
ameublir le terrain.

Plus tard on épluche de nouveau la vigne pour la débarrasser des pousses inutiles qu'elle a faites et la tenir constamment à la hauteur de l'échalas.

La seconde taille après le provignement s'exécute en réduisant la plante aux deux merreins élevés et ménagés pour la renouveler, on supprime tout le reste et on taille ces merreins comme l'année précédente ; la supérieure à huit, dix ou douze yeux ; l'inférieure à deux ou trois. Après quoi même disposition en demi-cercles, même labour foncier, même ménagement des merreins, même ébourgeonnement, mêmes binages, mêmes rognures, etc.

Ces opérations se répètent chaque année sur la même plante, jusqu'à ce qu'épuisée ou trop affoiblie, elle ne peut plus fournir à la même production des merreins, ce qui communément arrive à la cinquième ou sixième année, et souvent dès la troisième ou la quatrième, alors on les provigne de nouveau, suivant les procédés décrits pour la renouveler.

Il en résulte que la vigne n'arrive jamais à l'âge où elle doit donner du vin de bonne qualité, et que les opérations propres à la renouveler aussi souvent augmentent beaucoup les frais de sa culture.

Les vignes des environs de Metz sont plantées dans des terrains ou de nature sablonneuse, ou de nature pierreuse, ou de nature forte. Les premiers produisent un vin tendre et délicat qui ne se conserve pas, c'est-à-dire qu'il faut boire dans l'année. Les seconds donnent un vin plus coloré, plus ferme, qui se conserve plus long-temps. Enfin on tire des derniers un vin doux.

L'exposition de ces vignes varie, mais elle est en général au levant et au midi.

C'est en février et mars qu'on taille les vignes de ce vignoble. On laisse communément aux sauterelles depuis six jusqu'à douze boutons, selon la force des ceps.

Les labours se font indifféremment à la bêche ou à la houe pendant la fin de mars et le commencement d'avril. Le premier s'appelle la *houerie* et doit être plus profond que les autres.

On nomme sarclages les autres labours qui ont lieu en mai, en juin et en août, labours pendant lesquels on ébourgeonne et pince.

C'est pendant l'hiver, c'est-à-dire en novembre et en décembre qu'on provigne dans ce vignoble. On couche tout le cep ; mais, chose blâmable, on le taille auparavant, de sorte que souvent le courson est complètement enterré.

La greffe est très peu pratiquée dans ce vignoble.

Mon estimable ami Antoine Vallée m'a fourni la note suivante sur les vignes du département de Maine-et-Loire.

On ne cultive en général dans le département de Maine-et-Loire que le pineau blanc. Les cantons où l'on fait le vin

rouge sont Champigny-le-Sec près Saumur, et Allones près
Bourgueil. Depuis vingt ans quelques particuliers ont commencé, dans les vignobles blancs, à cultiver du plant venu
du Bordelais, dont on obtient d'assez bon vin rouge ; mais
la vigne blanche est toujours en proportion de cinq à six avec
la rouge ordinaire connue dans le pays. Elle produit un raisin
très doux, à grains très écartés, d'une bonne conservation,
mais en trop petite quantité pour avoir la vogue. On trouve
encore, clair-semés, dans les vignes blanches, différentes sortes
de raisins, entre autres une espèce nommée *gois* dans le pays ;
c'est un grain très rond, fort transparent, doux au goût, mais
avec fadeur, et en général plus séduisant à la vue que le pineau.
Cette espèce se perd peu à peu, quoiqu'elle donne beaucoup ;
il ne faut pas la regretter, le vin qui en vient n'étant pas
généreux. Tous les terrains sont connus en Maine-et-Loire,
excepté le granitique ; tous reçoivent la vigne. Les meilleurs
crûs sont les coteaux de Saumur (le fond est tuf). Les cantons de Faye, Rablé et environs (le fond est calcaire,
souvent argileux et coquillier) ; et enfin les cantons de Save-
nières (dont le nom dérive, dit-on, de *sapor vini*), et d'É-
piré, etc., où se trouve la coulée de Serrant, petit clos sur
le penchant d'une colline escarpée, qui donne le meilleur vin
de Maine-et-Loire (le fond de ces derniers cantons où croit le
vin le plus généreux est par-tout schisteux). Le rocher est souvent à fleur de terre et même tellement à découvert, qu'on n'y
plante rien. Les aspects de ces bonnes vignes sont en général
tous dans le midi, plus ou moins direct. On plante la vigne
en rangées de trois à cinq pieds, selon la bonté du sol. Quand
le sol est pauvre de terre, on plante trois brins chevelus à la
fois (pour qu'il en prenne un) dans un trou fait à la barre de
fer dans le schiste, qui, en général, n'est pas trop dur pour résister.

Toutes les vignes se plantent à bras.

On se trouve bien d'ensemencer en trèfle pendant deux ans
les coteaux ou terres où l'on veut planter la vigne. Le défrichement de ce trèfle la troisième année hâte la reprise et
l'accroissement des chevelus. On provigne par l'arcqûre d'un
brin long, dont l'extrémité est confiée à la terre. Quand les
vignes sont vieilles et qu'on veut les arracher, on les épuise
de fécondité en leur laissant beaucoup de ces longs brins que
l'on nomme *courans*, et qui se couvrent de raisins. On appelle
cela *tailler à l'anglaise*. Les bonnes vignes se taillent toutes
à très court bois.

La vigne n'est en rapport qu'au bout de cinq ou six ans,
encore ne fait-on pas de cas de ce qu'elle donne, si ce n'est
à dix ans ou même à quinze ans. Plus les vignes sont vieilles,

meilleur est le vin. On leur donne au moins trois façons toujours à bras.

Après la vendange, qui se fait en général en octobre, on chausse les vignes, c'est-à-dire on nettoie les intervalles des rangées de ceps, en portant la terre à droite et à gauche au pied des ceps, afin de donner écoulement aux eaux. A la fin de l'hiver on déchausse la vigne dès qu'on l'a taillée, pour éveiller la végétation, et on lui donne un troisième labour à la bêche courbe (la mare de Sologne) pendant l'été, pour tuer les herbes et imbiber le sol de lumière et d'air. On ne connoît point les hautains ni les échalas, excepté dans les vallées de la Loire depuis Saumur jusqu'à Beaufort, où la vigne croît avec une luxuriance étonnante et grimpe par-tout sur les arbres comme en Italie, mais où elle donne de mauvais vin qui se consomme sur le lieu.

Les vignerons fument leurs vignes pour viser à la quantité. Les propriétaires sages et jaloux de la renommée de leur vin ne fument aucunement, mais façonnent et guerettent beaucoup. Ils *terrottent* avec des débris terreux de démolitions ou autres et en reportant sur les coteaux la terre qui en dévale.

On n'effeuille pas.

On ne vendange guère qu'après qu'une petite gelée n'ait fait tomber une assez grande partie des feuilles.

En général, l'arpent de vigne ne donne guère plus de six ou huit busses, souvent moins. On ne connoît point d'ailleurs cette abondance désastreuse qui a lieu quelquefois, par un caprice de nature, dans l'Orléanais et le Blaisois.

La vigne peut durer quarante et cinquante ans, il est vrai, avec la ressource de remplacer, par les provins, les pieds qui périssent. Pendant les six premières années on la laisse croître en buisson, puis on fait élite d'un maître brin qui s'élève graduellement de taille en taille, et auquel on ne laisse que quelques yeux à chaque taille. Les vignes vieilles sont plus qu'à demi-hauteur d'homme. Les gens soigneux veillent à ce qu'on les émousse chaque année.

Un riche marchand de vin de Rouvrai m'a dit braver ainsi les gelées pour ses vignes. « Je ne leur donne, me disoit-il, aucune façon d'hiver, ni taille, ni labour, rien enfin. J'attends la saison des perfides gelées blanches, et quinze jours avant ce moment seulement je les fais tailler, j'inonde mes vignes d'ouvriers; tout se fait à la fois, taille, déchaussage. Les vignes de mes voisins sont toutes sorties de l'étui que les miennes dorment encore. Quand les gelées viennent ils voient périr leurs tendres tiges, souvent de deux à quinze pouces, tandis que tout mon monde est encore dans le duvet. Il est vrai que je fais mes vendanges quand elles sont faites par-tout, mais aussi j'ai du vin des dieux.» Il disoit vrai. Mais il faut convenir que les travaux ne seroient jamais faits à temps si tout le monde prenoit cette méthode, qui demande qu'on fasse en dix jours l'ouvrage souvent de trois mois.

Les vins d'Orléans sont très employés dans la consommation de Paris, quoiqu'ils soient d'une qualité fort inférieure à ceux de Mâcon et d'Auxerre, qui arrivent aussi en abondance dans cette ville, à raison de la facilité des transports par eau. Quoique peu chargés d'alcohol, on en fait de l'eau-de-vie fort renommée par son bon goût, et des vinaigres excellens.

Le vignoble d'Orléans est partagé en un grand nombre de communes, cependant on ne cite guère, à Paris, les différences qui se trouvent entre leurs vins, excepté Saint-Y et Beaugency, qui, dans les années favorables, fournissent un vin très distingué.

Dans ce canton les vignes sont les unes dans le calcaire, ce sont celles qui sont sur la côte et au-dessus ; les autres dans le gravier, ce sont celles qui sont sur le bord de la rivière, surtout sur la rive gauche. Leur culture n'est pas assez différente de celle des environs de Paris pour que je doive en développer la pratique en détail.

C'est d'après un mémoire de M. Jumilhac, inséré dans le tome 9 des Annales d'agriculture, que je vais exposer les travaux de la culture de la vigne dans les environs de Paris.

Dans tous les environs de Paris, et je comprends sous ce nom les départemens de Seine-et-Oise et de Seine-et-Marne, on tire plus à la quantité qu'à la qualité. Beaucoup de localités en plaine argileuse et constamment humide, c'est-à-dire tout-à-fait impropres à la vigne, en sont cependant plantées. Malheureux est celui qui se trouve obligé de boire du vin de Brie, dont l'âpreté acide fait grincer les dents et contracter les muscles du visage! Il est cependant quelques cantons dont le vin est buvable, même pour des palais délicats, tels que ceux de Groslay, d'Argenteuil, de Mantes, de Triel, d'Andresy, etc.

Les vignes des environs de Paris offrent dix variétés de raisins rouges, huit de raisins blancs, et trois variétés mixtes.

Parmi les premières, les plus estimées sont le *meunier*, le *morillon*, le *murlot* ou *languedoc*, et le *plant de roi* ou *bourguignon*. Depuis quelques années il s'est introduit un pineau, sous le nom de *gamet*, dans le vignoble d'Argenteuil.

Parmi les seconds, on distingue le *meslier*, la *feuille ronde* ou *bourguignon blanc*, et le *morillon blanc*.

Parmi les troisièmes, il n'y a que le *petit muscadet*, appelé ailleurs *pineau gris*, qui soit recherché.

Si on veut la quantité on préfère le *mausard*, et le *petit* goy ou *bourguignon noir*, le *la rochelle noire* et *blonde*, le *gris mêlé* et le *sans-morillo*.

Ce sont les raisins rouges qui prédominent.

En raisins rouges ce sont le meunier et le morillon qui mûrissent les premiers. En raisins blancs c'est le meslier.

Le meunier mûrit huit à dix jours avant les autres plants, et a le précieux avantage de n'être point sujet à la coulure, au lieu que le morillon et le meslier en sont très susceptibles.

L'exposition la plus avantageuse des vignes, dans le climat de Paris, est le midi et le sud-ouest.

Lorsque la vigne est bien exposée et à l'abri du nord, c'est la partie la plus élevée qui produit le vin le plus fort ; le milieu du coteau donne la meilleure qualité, et le bas la plus grande quantité.

Dans une vigne bien tenue on ne doit pas laisser d'arbres, attendu qu'ils diminuent le nombre et la grosseur des grappes, et retardent de quinze à vingt jours la maturité. Cependant les vignes des environs de Paris en sont couvertes, et de plus, reçoivent, dans les intervalles de leurs ceps, des asperges, des haricots, des lentilles, etc.

On plante généralement la vigne, aux environs de Paris, après un labour à la charrue, en ouvrant des tranchées nommées rayons, de deux pieds de largeur, et un et demi de profondeur. Deux rayons forment une planche, et dans chaque rayon il y a deux rangs de ceps. La distance d'un rayon à l'autre, qu'on nomme l'ados de la planche, est d'environ deux pieds et demi. Les tranchées ne se rabattent qu'à la troisième année de la plantation. On unit alors la planche qui est composée de quatre rangs de ceps ; on vide le sentier qui borde chaque planche, et on jette la terre sur l'ados. Pour qu'une vigne soit bien tenue, il est nécessaire que les sentiers soient toujours bien vidés, et que les planches soient labourées en dos d'âne. Cette précaution est nécessaire pour que l'eau, si contraire à la vigne, ne séjourne pas, ou puisse s'écouler facilement.

Chacun tire ses plants de son propre fonds ou du voisinage. Ce sont des crossettes, qu'on laisse tremper dans l'eau jusqu'à ce que le bouton soit prêt à débourrer, qui servent presque exclusivement aux nouvelles plantations. On les couche au bord opposé à celui où on les assujettit. Ils s'enterrent de sept à huit pouces, et n'offrent au jour que quatre ou six yeux. Leur écartement est d'un pied et demi dans les bons fonds, et de deux dans les mauvais.

L'époque de la taille de la vigne est février et mars. Règle générale, dans tous les lieux où on n'a pas la ressource des engrais, et où le sol n'est pas fort et argileux, on ne laisse que deux yeux, et tout au plus trois. On a soin aussi de débarrasser la souche de tous les brins qui ne sont pas vigoureux, et le vigneron charge la souche selon l'apparence de force qu'elle annonce. Dans les lieux où on fume beaucoup, on laisse des *sauterelles* et quatre yeux sur le brin.

La vigne est dans sa pleine force à sept ans, et se soutient jusqu'à quinze et vingt dans le même état, pourvu que l'on ait soin de la provigner et de fumer les fosses. Passé cette époque, la tête de la souche grossit, et le bois qu'elle produit pousse moins vigoureusement. Elle se soutient encore dix à douze ans. A trente-cinq ou quarante, elle devient plus onéreuse que profitable.

Les sarmens de l'année (bourgeons), si on ne les rognoit pas au moins deux fois, atteindroient la hauteur de huit à dix pieds. Il y a des plants, tels que le négrier, le la rochelle, le sans-morillo blanc, et la feuille ronde, dont les sarmens finiroient par avoir douze pieds de hauteur. Le bois des raisins blancs est généralement plus vigoureux que celui des raisins rouges.

Il est d'usage de fumer les vignes dans les environs de Paris, et le mauvais choix du fumier contribue beaucoup à la dureté et au goût désagréable des vins qu'on y recueille. C'est ordinairement pendant l'hiver qu'on le répand, en ayant soin de mettre le plus consommé au pied des ceps. *Voyez* BOUES DES VILLES. On laboure ensuite.

On donne cinq façons à la vigne. La taille compte pour une ; l'effilage des échalas, l'ébourgeonnage, l'acolage et le rognage, ainsi que l'épamprement comptent aussi pour une ; et ensuite trois labours. Celui d'hiver à la houe. Les autres (ce sont des binages) à la binette (houe fourchue). Quelquefois on donne un quatrième labour au moment où les raisins commencent à entrer en maturité.

Les échalas sont en usage. On les place après l'ébourgeonnage, vers le milieu d'avril. Quand on en a suffisamment on en met un à chaque cep, sinon le même sert à deux.

On arrête la vigne au moment de l'accolage. On coupe les essières et les gourmands en juillet. Cette dernière opération procure deux avantages, 1° de découvrir la grappe qui mûrit bien plus tôt ; 2° de fournir une nourriture fort saine aux vaches, aux chèvres, aux moutons et aux lapins.

Les vignes se regarnissent par provignage, et c'est pendant l'hiver qu'on y procède. Plus les provins sont faits de bonne heure, et plus ils prennent de chevelu, et plus les jets ainsi que les fruits sont beaux.

En taillant, le vigneron a soin de conserver tous les brins des ceps qui lui paroissent propres à provigner, lorsqu'il y a des vides à remplir. Il fait une fosse d'une grandeur proportionnée au nombre des brins qu'il doit y mettre; elle forme un parallélogramme pour deux brins, un triangle pour trois, et un carré pour quatre. Sa profondeur est d'un pied. Il y couche ensuite la souche entière, disperse les sarmens de manière à ce qu'ils sortent de six ou huit yeux hors de terre, et la remplit. L'année suivante il la comble entièrement.

On greffe seulement quand dans une vigne on a trop d'espèces ou des espèces sujettes à la coulure.

Les environs de Laon sont l'extrémité des vignobles de France du côté du nord-ouest. Ils offrent des pentes dont les terrains varient selon leur distance du sommet. Cuissy, Pargnan, Jumigny, Vassogne, ont des fonds de sable qui produisent des vins très moelleux et très délicats; il en est de même de Visnicourt, vignoble un peu plus à l'ouest, où j'ai passé les premières années de ma vie, et où ma famille a des propriétés. Vaucler, Craone, ont des terres douces et légères qui donnent également du bon vin, mais inférieur. Bourieux, Roussi, Chaudart, Moulins, Vanderesse, ont des terres fortes, et leur vin est encore moins bon.

Les localités dont les vins sont les plus mauvais sont celles où les eaux n'ont pas d'écoulement, c'est-à-dire le bas des coteaux, car dans ce vignoble on ne pourroit planter des vignes avec succès autre part que sur des pentes exposées au midi.

Généralement on ne taille la vigne qu'au printemps dans les vignobles du Laonais, ce qui est conforme aux principes; cependant dans les fortes exploitations on commence en décembre. Par-tout cette opération est finie à la fin de mars.

Immédiatement après la taille on fait, à la bêche, le premier labour, et en même temps on provigne, ce qui a fait donner à ces deux opérations le nom de *provignage*.

Le second labour se donne ordinairement en juin, et s'appelle la *seconde roye*. Le troisième, vers le milieu de juillet. On en reste le plus souvent là; mais ceux qui entendent bien leurs intérêts donnent un quatrième labour quinze jours ou trois semaines avant la vendange, pour faire grossir le raisin et en hâter la maturité.

C'est pendant ces labours qu'on ébourgeonne la vigne et arrête leur croissance en hauteur. Ces opérations se font en général sans intelligence. Par exemple, on laisse beaucoup de petits bourgeons stériles au bas des ceps, ce qui nuit beaucoup aux produits de la récolte.

Je prends dans un mémoire de mon estimable et ancien ami Creuzé-Latouche, inséré dans le recueil de la Société d'agriculture de la Seine, les renseignemens suivans sur les vignes de la ci-devant Champagne, quoique je les aie moi-même visitées.

Toutes les vignes du département de la Marne sont sur coteaux. Leur sol est crayeux. Là, comme par-tout ailleurs, les meilleurs crûs se trouvent à côté des crûs les plus inférieurs, sans qu'il soit possible d'apercevoir aucune différence entre la nature de leur terrain.

Les vignobles si précieux d'Ay, Mareuil, Épernay et Auvilé se trouvent comme isolés et enclavés au milieu de grands espaces en terres labourables, qui ont les mêmes expositions, les mêmes hauteurs, les mêmes pentes, et dont la terre végétale, immédiatement posée sur la craie, ne présente à la vue aucune différence. Peut-on douter que l'immense profit qu'on tire de ces vignes n'ait pas fait entreprendre des cultures semblables dans le voisinage, cultures auxquelles on n'aura renoncé qu'après avoir acquis la preuve de l'infériorité des vins qui en ont résulté ?

Il faut observer que, dans ces vignobles du premier rang, la terre végétale primitive se trouve recouverte d'une forte couche d'un terreau artificiellement fait avec un mélange de fumier et de gazon consommés, de terres communes prises au bas des coteaux, et dans les plaines, et quelquefois de certains sables noirs argileux. Ces terreaux, qui se portent continuellement dans les vignes, et tous les jours de l'année, hors le temps des vendanges, en changent le sol en une véritable terre à jardin. Il n'y a pas de raison de croire que cette réparation continuelle donne de la qualité aux vins ; mais l'existence constante des bons vins de Champagne nous prouve assez que ce procédé ne la détruit pas. C'est dans ces vins surtout qu'on trouve au suprême degré cette saveur fine, indéfinissable, étrangère à tous les rapports vulgaires, et qu'on a nommée, par cette raison peut-être, *goût de pierre à fusil*. Or, rien n'est plus éloigné du silex que les terres de ce vignoble.

Une observation digne de remarque, c'est que le canton d'Epernay est en plein nord. Il en est de même de celui de Versenay dans la montagne de Reims.

A quelques exceptions près, mais qui sont prodigieuses, le département de la Marne est de toutes nos contrées à vignes le moins favorable à la qualité du vin. Les vins rouges y sont généralement foibles, décolorés, de peu de garde. Quant aux vins blancs ils n'y figurent pas mieux. Il a fallu toutes les ressources de l'art pour faire des vins de cette couleur avec des raisins rouges ; car c'est ainsi que sont faits tous les fameux vins blancs de Champagne.

Le Rhingau se divise en haut et bas. Dans les années chaudes, le vin du haut pays a l'avantage ; c'est le contraire dans les années froides.

Les meilleurs vins de la rive gauche sont ceux de Laubenheim, Bodenheim, de Bischkeim, Nierstein, Dienheim, Hærschkeim ; les plus estimés de la rive droite sont Hochheim, Vickert et Koltheim.

Les meilleurs vins du Rhingau sont premièrement d'Asmannhausen, de Rudeshem, de Hanpherg, de Rodlland et de Hinterhauser. Secondement, ceux de Geisenheim, de Rothemberg, de Kapellgarrein ; troisièmement de Solamsberg, de Fuldische-Schlosberg ; quatrièmement, d'Attenheim et de Merkerbrunner ; cinquièmement, de ceux d'Eberach et de Steinberg ; sixièmement, ceux de Kilerich et Grafemberg ; septièmement, ceux de Kannetat et de Haupberg.

Les montagnes dont le terrain est froid produisent des vins forts, qui se conservent long-temps. Le vin du meilleur fumet vient dans les terrains chargés d'argile, de marne rouge et d'ardoise, fait contraire à ce qui se fait voir par-tout ailleurs. Ceux qu'on recueille dans les vignes nouvellement fumées sont forts, pleins de feu, et d'un goût délicieux ; ce qui est encore en opposition à ce qui a lieu autre part.

On cultive trois sortes de variétés dans le Rhingau. 1° Les communes qu'on appelle *riesslinge*, qui, après celles d'Orléans, donnent le vin le meilleur et le plus fort, et qui mûrissent les premières ; 2° celles d'*Orléans*, de *Klebroth*, ou *Bourgogne* rouge ; 3° celles des treillis et des berceaux, qui donnent du vin de peu de garde.

On fume tous les cinq ou six ans, avant l'hiver, avec des boues de ville, des décombres, enfin du fumier très consommé. Il se fait deux binages d'été.

Les résultats de l'ébourgeonnage sont séchés et gardés pour la nourriture des vaches pendant l'hiver. On les donne à ces animaux après les avoir fait tremper quelque temps dans l'eau chaude.

Le vignoble de Vissembourg, dans le département du Bas-Rhin, se distingue par une culture particulière fort peu analogue à son climat d'après les principes, mais qu'on y croit être la seule avantageuse. On y tient la vigne en berceaux plats de trois pieds et demi de haut et de quatre pieds de large.

Les meilleures variétés qu'on cultive à Vissembourg sont en rouge, le *rouge ordinaire*, le *rouge de Bourgogne* et le *rouge de Lamberlsloch* ; et en blanc le *Treutsch*, le *Kleinhengot*, *Schoemberg*, *Dreymœner*, *Roesling* (c'est dans ces deux dernières variétés que sont plantés les fameux coteaux du Rhin) *Fremde*, *Gut-Edel*, *Feld-Lehms*, *Kniper*, *Sylvaner* et *Susstrauben*.

Dans ce vignoble, qui est une terre argilo-calcaire, on espace les ceps à seize pieds. On fume tous les cinq à six ans. On taille en février ou mars en laissant sur chaque cep trois a quatre sarmens de deux pieds et demi de long, et deux coursons à trois yeux. On attache à la mi-mai, donne un labour en juin, un sarclage en août.

C'est de l'autre côté du Rhin, pays dont il n'entre pas dans mon plan de parler, qu'on est dans l'usage de coucher en terre les ceps pour les empêcher d'être atteints des gelées de l'hiver et pour retarder leur végétation, parceque leurs pousses seroient presque chaque année frappées de celles du printemps.

Il est beaucoup de cantons, au-delà des limites actuelles de la vigne, où, au moyen des abris, on trouve une chaleur suffisante pendant l'été pour obtenir la maturité des raisins, et où on pourroit obtenir du vin en faisant usage du même moyen.

J'ai vu pratiquer dans plusieurs vignobles de la basse Bourgogne, de la Champagne, du Lyonnois, du Bordelais, une méthode qui me paroît avoir tous les avantages de celles dont il vient d'être question et n'en avoir pas les inconvéniens. J'en ai déjà parlé plusieurs fois ; c'est celle proposée comme la meilleure par la société économique de Valence en 1772 ; celle couronnée par l'académie de Metz en 1776 ; celle vantée par plusieurs écrivains ; enfin celle en palissades.

Pour en donner une idée, je ne puis mieux faire que de transcrire ici une partie d'un mémoire de M. Cherrier, cultivateur à Vassi, département de la Haute-Marne, mémoire sur lequel j'ai fait un rapport en 1807 à la société d'agriculture de la Seine, et qui a depuis été inséré dans les Annales d'agriculture de mon collaborateur Tessier.

« Nos procédés sont d'ouvrir dans la direction que comporte la figure, la situation, la pente et l'exposition du terrain du midi au nord, des fossés continus et parallèles, de quinze à dix-huit pouces de largeur, laissant entre chacun un intervalle de huit pieds. (Il vaudroit mieux qu'ils fussent toujours dirigés du levant au couchant pour faire plus complètement jouir les raisins des rayons du soleil du midi, les ceps s'ombrageant réciproquement quand ils sont dans la ligne du midi au nord.)

« En pratiquant ces fossés on a attention de placer la terre meuble de la superficie sur l'un des revers, et l'autre tirée du fond sur l'autre revers.

« Après les avoir ainsi creusés et vidés à la profondeur de quinze à dix-huit pouces, on donne encore un labour grossier à la terre matte du fond, qu'on y laisse sans la retirer ; on rejette sur cette première couche labourée environ deux pouces de la terre meuble.

« Ensuite on prend des plants, soit enracinés, soit marcottes ou boutures, de trois pieds de long au moins, qu'on fiche de quelques pouces dans la terre ferme du fond, et qu'on couche de sept à huit pouces sur la terre meuble en les ramenant sur le bord opposé du fossé, de manière qu'ils excèdent la surface du sol de deux à trois yeux.

« On dispose ces plants de suite sur un même alignement à deux pieds de distance les uns des autres dans toute la longueur du fossé, les recouvrant successivement, d'abord du reste de la terre meuble qui en a été tirée, et ensuite de toute celle du fond, qui se trouve par-là à la superficie.

« Les intervalles de huit pieds ménagés entre chaque ligne plantée dans un terrain nouveau, peuvent être employés en légumes sans nuire à la culture que les plants exigent pendant les trois premières années, pour les élever et les mettre en état d'être provignés à demeure.

« Lorsque la plantation se fait dans une ancienne vigne qu'on veut renouveler, on pratique de même les fossés à la distance de huit pieds, et on n'enlève que les ceps ou les souches qui se trouvent dans les alignemens. On cultive à l'ordinaire les autres ceps qui restent dans les intervalles jusqu'au moment du provignage des jeunes plants, temps auquel on arrache toutes les vieilles souches avec leurs racines.

« Au moyen d'une attention un peu suivie, ces jeunes plants, sur-tout s'ils ont été choisis enracinés, auront donné, après la seconde taille, des rameaux de trois à quatre pieds au moins ; alors ils sont propres à être provignés.

« On conçoit aisément que nos plants étant élevés à deux pieds de distance les uns des autres sur des lignes parallèles espacées de huit pieds, la distribution s'exécute naturellement et est rendue régulière, en provignant alternativement les ceps à deux pieds de chaque côté des lignes plantées.

« Ainsi ces lignes forment le milieu des sentiers, et les intervalles vides auparavant se trouvent remplis et garnis de nouvelles lignes parallèles espacées, ainsi que les ceps, de quatre pieds en quatre pieds ; c'est ce qu'on doit se proposer.

« Il est ordinaire que sur chaque plant il se trouve deux, trois et jusqu'à quatre rameaux ; dans ce cas on conserve les plus forts, et on retranche les autres. On emploie le meilleur pour former le cep à demeure.

« Si quelques plants ont avorté, ou ont été détruits, les sarmens surnuméraires peuvent y suppléer en les prolongeant par le provignement jusqu'aux plants qui sont à remplir.

« Les provins ainsi distribués et placés sont destinés à former autant de ceps à demeure ; on les raccourcit tous et on les taille, les plus forts à trois à quatre boutons, les plus foibles à deux seulement au-dessous de la superficie du sol ; c'est le premier état de la plante.

13.   36

« On peut encore se borner, cette année, à donner à chaque provin un bon échalas ordinaire affermi bien solidement en terre, et remettre à l'année suivante la formation des treillages.

« Ces treillages consistent en de forts échalas de chêne, hauts de six pieds ou environ, enfoncés au maillet à quatre pieds les uns des autres, dans l'alignement des ceps. On attache à ces échalas, avec du fil de fer, une première traverse à dix-huit pouces de la superficie du terrain, et ensuite une seconde à dix-huit ou vingt pouces au-dessus de la première.

« Les provins étant taillés à deux, trois ou quatre boutons doivent donner un pareil nombre de bourgeons d'autant plus vigoureux, que le provignage en favorise la végétation ; après les avoir débarrassés de tous les faux jets et les faux yeux, on conserve tous les autres bourgeons, on les dresse contre l'échalas à mesure qu'ils peuvent soutenir un premier lien peu serré, et on y ajoute successivement d'autres liens aussi à mesure de leurs progrès ; mais on observe de retrancher et de supprimer exactement et scrupuleusement les entrefeuilles, ainsi que les tenons ou vrilles qui naissent continuellement sur toute la longueur des bourgeons.

« On a remarqué que cette suppression est, à ce moment, la seule nécessaire, et qu'elle est suffisante pour modérer, dans notre climat, l'excès naturel de la végétation de la vigne par la diminution graduelle de cette partie renaissante des organes qui l'entretiennent. Aussi nous nous écartons en ceci des pratiques communes en allongeant les nouveaux bourgeons sans les rogner ni les arrêter par le bout.

« Lorsque les circonstances rendent la rognure ou le cassement nécessaire sur quelques uns, nous différons au moins, tant qu'il est possible, cette opération jusqu'au mois d'août, lorsque les raisins sont en verjus et que l'action de la sève est sensiblement ralentie. Elle peut alors contribuer utilement à la maturité du fruit et du bois de la vigne ; si on arrête, et si on rogne plus tôt, elle en est retardée, et la plante est affoiblie dans ses racines à proportion de la soustraction faite à sa tige. Règle générale, il n'y a nul inconvénient à laisser croître la vigne de toute longueur, autant qu'on le peut ; il y en a de très dommageables à les rogner avant le ralentissement ou la cessation de la sève.

« Cet allongement sert efficacement à fortifier la plante, et ce doit être l'objet principal de cette première culture de provins, qui les dispose à la taille de la seconde année.

« L'opération de la taille des provins, dans la méthode ordinaire, n'est qu'une pratique uniforme qui les réduit à un seul rameau direct, allongé, et à une brochette ou courson que l'on ménage, autant qu'il est possible, sur la partie de la tige la plus rapprochée de la terre. Cette pratique est nécessitée autant par l'empire de l'usage que par la disposition des ceps dans nos vignes. Ici c'est le nombre et la force des sarmens qui règlent la taille; autant on a été attentif à favoriser l'allongement des bourgeons à la pousse, autant on a soin de le réduire à la taille.

« Si alors on allonge trop, on risque de n'avoir pas de bois convenable pour l'année suivante; la surabondance des fruits en rend la maturité incertaine, et nuit également à la quantité et à la qualité de la récolte.

« Si on taille trop court, on se prive inconsidérément d'une partie de la production de l'année, et les pousses trop vives et trop fortes sont d'autant plus exposées aux dangers des frimas tardifs du printemps et des gelées de l'hiver.

« On ne peut trop le répéter, à la pousse, l'élévation, l'allongement des bourgeons fortifient autant les racines et la tige de la vigne, que le cassement prématuré et la rognure les affoiblissent : à la taille, les effets sont absolument contraires; l'allongement indiscret des sarmens énerve la plante et affoiblit ses bourgeons par l'excès de la charge. Leur raccourcissement augmente la force du cep et la vigueur de ses rameaux; ainsi la taille trop longue donne des bourgeons trop foibles, et la taille trop courte en donne de trop forts.

« Pour saisir la proportion exacte et convenable, il importe donc que l'intelligence préside à la direction de la taille.

« Voici notre méthode.

« Chacun de nos provins porte deux, trois ou quatre rameaux, qui, au moyen de leur allongement, sont tous bien conditionnés.

« Dans le premier cas, si les deux rameaux sont à peu près égaux en force, on ne recherche que la partie du vieux bois excédant le supérieur, et on les taille tous deux à quatre, cinq, six ou sept boutons; si l'un des rameaux est plus foible, on accourcit la taille, et on y laisse un ou deux boutons de moins qu'à l'autre.

« Dans le cas où le provin porte trois rameaux, on n'en conserve que les deux plus forts; on les taille comme ci-dessus, et on supprime le plus foible; si les trois rameaux sont d'égale force, on préfère de conserver ceux du bas de la tige, et on rabat les supérieurs.

« Dans ce troisième cas où le provin a donné quatre rameaux, on supprime le supérieur; on taille les deux suivans comme ci-dessus, et le rameau le plus rapproché de terre est réduit à ces deux ou trois yeux.

« On conçoit que si le provin n'a donné qu'un seul bon rameau, on le taille, suivant sa force, à quatre ou cinq boutons, et on supprime les autres.

« Tels sont les procédés de la taille de cette seconde année, qui donnent le second état de la plante ou le cep formé. Il est bon d'observer encore qu'on y cherche moins l'abondance de la récolte qu'à la préparer pour les années suivantes; que le principal objet de ces ménagemens n'est autre que d'obtenir des bois forts et vigoureux, et il sera rempli au moyen de l'ébourgeonnement et des labours faits en temps convenable.

« Après la taille on laboure à la bêche, ou avec les autres instrumens en usage, tout le terrain des sentiers, sans déranger les ceps taillés autrement que pour les mettre en place, et faire prendre l'alignement du treillage à ceux qui n'auroient pu y atteindre lors du provignage.

« On a soin de supprimer et retrancher, à la profondeur de sept à huit pouces, avec la serpette, et non avec la bêche, toutes les racines barbues qui ont poussé de la tige près de la superficie de la terre, de manière que les racines inférieures acquièrent plus de force, et se trouvent à l'abri des impressions des fortes gelées et des chaleurs excessives.

« Lorsque, par ce premier labour, les ceps sont tous alignés et mis en place, on assujettit les rameaux taillés dans la direction qu'ils doivent désormais conserver.

« Si ces rameaux sont assez longs, ce qui est rare, pour atteindre la première traverse du treillage, on peut les y attacher en les écartant à droite et à gauche; mais il est toujours mieux de les soutenir par de vieux échalas fichés des deux côtés, et auxquels on les arrête par un lien d'osier, en les inclinant à huit ou dix pouces au-dessus de la superficie du sol.

« Cette disposition est d'autant plus favorable et commode, que l'inclinaison forcée du cep modère l'impétuosité de la sève, et que les échalas servent, avec la première traverse, à élever plus facilement les nouveaux bourgeons, et à les attacher à mesure qu'ils s'allongent.

« Les choses ainsi disposées présentent, comme on l'a déjà observé, le second état de la plante après le provignage; nos ceps ne tardent pas à pousser avec d'autant plus de force, qu'ils sont bien enracinés et que nous n'avons taillé que sur des bois bien francs et bien aoûtés; on aide encore utilement à cette pousse, au moyen d'un premier binage qui aplanit les sentiers et donne une nouvelle terre au pied de chaque cep; ensuite vient l'ébourgeonnement, lorsque les nouveaux bourgeons sont assez allongés pour distinguer facilement les raisins.

« A l'ébourgeonnement nous supprimons les rameaux gourmands qui sortent du pied des ceps, et les petits jets qui nais-

sent sur la tige autour des boutons, avec les sous-yeux infructueux ; si quelques uns de ces sous-yeux montrent des raisins,
nous nous contenterons de les arrêter par le petit bout.

« Nous conservons précieusement tous les autres bourgeons
nés, dans l'ordre naturel, des boutons conservés à la taille, et
nous nous gardons bien de les casser à ce moment, ou de les
arrêter par le bout, à moins que quelques uns, ce qui est rare,
ne poussent du côté du sentier, et ne puissent être rapprochés
du treillage sans les faire éclater. C'est le seul cas où nous les
cassons par le bout ; mais nous n'en supprimons aucun, soit
qu'ils ayent du fruit ou n'en ayent pas, tant que le treillage
n'est pas garni.

« Ainsi, notre ébourgeonnement se réduit, cette année, à la
suppression simple des gourmands infructueux et des petits jets
inutiles ou nuisibles ; c'est ce qu'on peut appeler proprement
nettoyer. Après ce nettoiement vient le palissage.

« Tous les rameaux, taillés depuis deux jusqu'à cinq, six et
sept boutons, donnent autant de bourgeons nouveaux ; nous
les dirigeons tous sur le treillage, en élevant droits ceux du
milieu, qu'on attache d'abord avec des joncs de marais, ou de
la paille, aux échalas ou à la première traverse ; nous inclinons
les autres horizontalement, et nous les allongeons sur les
côtés, en les attachant successivement d'un échalas à l'autre,
et en les croisant successivement sur ceux des ceps voisins.

« Lors de ce premier palissage, nous arrêtons, par le petit
bout, celui des bourgeons nés du dernier œil du rameau principal taillé à six ou sept boutons, parceque ceux du bas de la
tige deviennent plus forts, et que le bourgeon arrêté doit être
supprimé à la taille suivante. Mais nous laissons un libre essor
à tous les autres qui, bientôt, exigent un second palissage.

« A mesure que ceux-ci s'allongent, ils produisent des entre-
feuilles (petits bourgeons axillaires) et des vrilles ; nous les supprimons tous avec soin, et nous attachons les bourgeons perpendiculairement à la seconde traverse, lorsqu'ils peuvent y
atteindre, les autres aux échalas des côtés ou aux bourgeons
croisés des ceps voisins, sans en rogner aucun, et sans les casser
par le bout, tant qu'ils peuvent être étendus ; nous nous con-
tentons d'en arrêter quelques uns, lorsque leur trop grande
élévation fait craindre qu'ils soient brisés par les vents, ou
lorsqu'ils ne peuvent être inclinés et placés de côté sans faire
confusion.

« Ces palissages, ainsi que la suppression des entrefeuilles et
des vrilles, se renouvellent successivement et se continuent à
mesure que les bourgeons s'allongent, jusqu'à ce que le ralentissement ou la cessation de la sève ne laisse plus à craindre
les inconvéniens et le danger du cassement ou de la rognure ;

alors on peut supprimer les extrémités des bourgeons sur l'une des entrefeuilles supérieures. Ce retranchement, cette suppression, qui, auparavant, sont si dommageables, peuvent quelquefois produire, à ce moment, des effets également utiles et salutaires.

« Si cette opération est faite avec intelligence, dans un automne pluvieux ou humide, qui rend la vendange trop tardive, elle accélèrera la maturité du raisin, elle assurera davantage la maturité du bois de la vigne, elle préviendra les ravages des gelées de l'hiver, et la plupart des accidens qui causent la coulure au printemps.

« Notre culture donne la facilité et les moyens de ménager ces ressources dont la température de notre climat doit faire sentir l'importance ; ainsi l'on parvient, par l'observation et le travail, à corriger le vice des saisons qui s'opposent au succès de nos récoltes. On pourroit peut-être, avec des soins et une attention suivie, faire prospérer la vigne sous des températures encore moins favorables que la nôtre, et qui semblent se refuser absolument à cette production.

« Ainsi, par le moyen des procédés ci-dessus, dès la seconde année qui suit le provignage, toutes nos vignes se trouvent garnies de rameaux allongés qui se croisent, et dont le feuillage tapisse le treillage à la hauteur de quatre à cinq pieds, dépassant la seconde traverse de six à huit pouces.

« Jusqu'ici cette culture n'a eu pour objet que de fortifier les ceps et d'en multiplier les rameaux, parceque c'est de là que dépendent, pour la suite, le succès et l'abondance des récoltes. On est parvenu au point d'obtenir ces derniers avantages, par les ménagemens raisonnés de la taille de cette seconde année.

« La taille des provins a disposé nos ceps sur des rameaux inclinés et assujettis à la direction du treillage ; chacun de ces rameaux taillés à cinq, six ou sept yeux, nous a donné la même quantité de bourgeons et de sarmens nouveaux, qui ont été allongés et palissés sur le treillage. C'est sur ces bourgeons qu'il est question d'asseoir la nouvelle taille, c'est-à-dire celle de la troisième année.

« Pour y procéder, j'examine la plante ; son état est indiqué par la vigueur ou la foiblesse des sarmens, et c'est sur ces dernières qualités que je règle la taille.

« Si, des deux sarmens qui terminent un des côtés du cep, le supérieur (qui a dû être arrêté par le haut) se trouve de beaucoup plus foible, je supprime ce dernier en rabattant sur l'autre qui, par ce retranchement, acquiert plus de force pour la pousse suivante ; en conséquence, je crains moins d'alonger celui-ci, et je le taille, suivant sa vigueur apparente, à quatre cinq et jusqu'à six ou sept yeux ; ensuite j'incline de côté horizontalement, et j'attache à un échalas, ou à un des piquets du treillage, à quelques pouces au-dessous de la première traverse.

« Il reste deux, trois ou quatre autres rameaux que je taille aussi, suivant leur force, à un, deux, trois, quatre yeux, et je les laisse ou les assujettis dans la direction qu'ils ont reçue au palissage.

« Si l'autre côté du même cep a la même force, la même quantité de sarmens, il reçoit exactement la même taille ; si ce côté est plus foible avec le même nombre de sarmens, je taille en proportion moins long, de sorte que, si les rameaux sont plus foibles de moitié, du tiers, du quart, je ne laisse aussi à chacun que la moitié, le tiers ou le quart des yeux conservés sur l'autre côté.

« Par ces ménagemens l'égalité s'établit naturellement, en ce que la pousse sera plus forte sur le côté foible taillé court, et qu'elle sera aussi moins vive sur le côté fort, en proportion de son alongement, à quoi la régularité de l'ébourgeonnement contribuera non moins efficacement que la taille même.

« Si des rameaux nés de la taille précédente, sur l'un des côtés du cep, le sarment supérieur se trouve de beaucoup plus fort que les autres, ou si tous marquent une grande vigueur, je conserve le premier sans le rabattre ; je retranche seulement l'extrémité saillante du vieux bois qui nuiroit au recouvrement de la plaie, et je ne laisse à ce rameau, quoique très vigoureux, que quatre à cinq yeux, parceque n'y ayant pas ici de suppression, il a moins de force pour soutenir plus d'alongement.

« Si, au contraire, de plusieurs rameaux sortis de la taille, ceux de l'extrémité se trouvent foibles, et le plus fort rapproché de la tige, je rabats sur ce dernier l'extrémité du vieux bois avec les bourgeons foibles qu'elle a produits, et alors je taille plus long de quelques yeux ; j'incline le rameau ainsi taillé, et je l'attache, comme il a été dit ci-dessus ; dans l'un et l'autre cas, les rameaux inférieurs, qu'on appelle *coursons* ou *rochettes*, sont toujours ménagés et taillés, relativement à leur force, à un, deux ou trois yeux : ils doivent être considérés comme des provins implantés sur la tige du cep, qui les multiplie à mesure de l'alongement annuel des rameaux supérieurs, que nous appelons *rameaux conducteurs*. Règle générale, plus on supprime de bourgeons à la taille, et plus on doit alonger les rameaux conservés ; plus on alonge les rameaux conducteurs, et plus on doit tailler court et ménager les autres.

« Après la taille des ceps, on donne à l'ordinaire le labour foncier à la terre des sentiers, en évitant avec soin de blesser ou endommager les tiges inférieures avec les instrumens, parceque *vigne blessée est à moitié vendangée.* C'est une vérité qu'il est bon d'inculquer par l'expression proverbiale. Si, lors de ce labour, quelques ceps ont encore produit des racines rapprochées de la superficie de la terre, on les ébarbe de nouveau, comme l'année précédente; dans cet état on attend le moment de l'ébourgeonnement.

«On a vu que, dans le premier état de la plante, après le provignage, l'ébourgeonnement se réduit à la suppression des faux jets et des faux yeux infructueux; que les autres rameaux faux, sortis des boutons, sont tous conservés, débarrassés successivement des entrefeuilles et des vrilles, élevés et alongés tant qu'il est possible sur leurs échalas, sans être cassés ni rognés par les bouts, qu'autant que les circonstances rendent cette opération indispensable.

«On a vu aussi qu'après la taille et la disposition des provins qui donnent le second état de la plante, où le cep est formé et placé à demeure, l'ébourgeonnement se réduit encore à la suppression simple des petits jets inutiles ou nuisibles, des faux yeux, des entrefeuilles, des vrilles; que tous les rameaux nés des yeux conservés à la taille sont alongés et palissés sur le treillage, tant en direction droite qu'horizontale; qu'on se borne à arrêter seulement par le bout le bourgeon sorti du dernier œil du rameau principal ou conducteur, ce bourgeon étant destiné à être rabattu à la taille suivante, et quelques uns des autres, lorsque leur trop grande élévation fait craindre qu'ils soient brisés et endommagés par les vents.

«Après la taille du cep, qui présente ici le troisième état de la plante, l'ébourgeonnement doit encore être le même, c'est-à-dire qu'il se réduit à la suppression des petits jets inutiles, des faux yeux infructueux, des entre-feuilles, des vrilles, et sur-tout des rameaux qui quelquefois sortent encore du pied du cep. On conserve tous les autres, on les distribue, on les palisse sur le treillage qui, cette année, doit se trouver entièrement garni, rempli et couvert de rameaux croisés sur les deux faces.

«On a observé que les coursons ou rochettes sont considérés comme autant de provins implantés sur la tige du cep; et ainsi ils doivent être traités de même que dans le premier état de la plante; les rameaux conducteurs doivent être aussi traités selon les règles de direction relatives au second état.

«En conséquence, j'arrête par leurs extrémités les bourgeons supérieurs des rameaux conducteurs, et je palisse tous les autres, tant de côté qu'en ligne droite, à moins que quelques uns fassent confusion ou s'écartent trop du feuillage, auquel

cas je supprime ceux qui n'ont pas de fruit; j'arrête par le
bout ceux qui en ont.

« J'en use de même à raison des coursons ou brochettes alongés, c'est-à-dire que, si le bourgeon supérieur est infructueux, je le supprime; je conserve le suivant, et je l'arrête par
le bout.

« Si un courson a trois ou quatre bourgeons, j'arrête le supérieur au-dessus de la première traverse, et je l'y attache,
s'il est besoin; j'enlève les autres, et je les palisse de même,
en les écartant un peu pour éviter la confusion, mais sans les
rogner ni les arrêter, avant que cette opération soit rendue
nécessaire, comme on l'a observé, ou que le ralentissement
de la sève n'en laisse plus craindre les inconvéniens ni le
danger.

« Si un courson conservé à deux yeux donne deux bourgeons,
je les conserve, et les élève dans l'ordre et la direction du
treillage.

« Si le courson n'a qu'un œil et un seul bourgeon, il est conservé avec d'autant plus de soin, élevé, alongé et palissé de
même; et dans tous ces cas je suis exact à supprimer toutes
les entrefeuilles et les vrilles qui naissent à mesure qu'ils s'a-
longent par le progrès de la végétation.

« Tels sont, en général, les règles et les procédés de notre
ébourgeonnement.

« Passons au troisième état du cep de vigne après le provignage.

« C'est le moment de sa grande force : elle a été préparée et
favorisée, autant par l'alongement des bourgeons que par la
multiplication des rameaux. L'excès de vigueur a été tempéré
par les ménagemens graduels de la taille et de l'ébourgeonnement, qui ont rendu fructueusement utile la surabondance
même des bourgeons. Tous sont alongés, palissés, bien conditionnés. C'est dorénavant à la taille à en régler la charge
d'année en année, autant pour en modérer l'excès que pour
prolonger la durée et entretenir l'état prospère de la plante.

« On peut déjà annoncer, d'après plusieurs essais, que cette
méthode a sur l'ancienne des avantages réels en ce que :

« 1° Elle est adaptée au climat, à la température du pays, à
la nature et au caractère de la plante.

« 2° L'éloignement des ceps et leur direction horizontale facilitent l'alongement des rameaux sans rien perdre des reflets
nécessaires de la chaleur. Ainsi les dangers de la coulure des
raisins, de la brûlure des feuilles, sont moins fréquens, beaucoup moins désastreux; le succès des récoltes est plus constamment assuré; la maturité des bois plus parfaite, celle des

fruits plus entière et plus prompte : ces derniers avantages sont confirmés par l'expérience.

« 3° En multipliant les rameaux sur les parties latérales obliques du même cep, la sève y est moins impétueuse, plus filtrée, mieux préparée ; par conséquent la plante donne des fruits plus succulens, des vins plus spiritueux, plus forts et de plus longue durée : au lieu que les fréquens provignages qui renouvellent nos ceps, et la taille qui les réduit chaque année à un seul rameau direct sur le tronc, concourent avec le climat à en rendre de plus en plus les productions foibles par la surabondance des parties aqueuses que les plantes reçoivent immédiatement de la terre.

« 4° Les plants de vigne ménagés suivant notre méthode, et allongés sur le treillage, acquièrent par le temps plus de consistance, et deviennent capables de résister aux grands vents et aux chaleurs excessives, ce qui en prolonge la durée et dispense de les renouveler autrement que par les ménagemens de la taille.

« 5° On peut mettre au rang des autres avantages de notre culture la facilité d'économiser les engrais en les distribuant aux plants de vigne seulement à mesure que le besoin se manifeste, sans charger toute la superficie du terrain, comme on le pratique, de nouveaux amendemens souvent inutiles et quelquefois nuisibles à la plupart des ceps.

« 6° Enfin, l'on juge qu'une étendue de terrain, cultivée suivant mes principes, peut donner une production double de celle d'une même surface traitée à l'ordinaire. »

Notre méthode présente donc accroissement de produits, diminution de dépense, économie de terrain et de travail ; elle prévient une grande partie des inconvéniens et des dangers qui causent le plus souvent la stérilité de nos vignes ; elle tend à assurer davantage l'abondance et le succès des récoltes, à préparer la maturité des raisins et à améliorer la qualité des vins.

C'est parceque je pense que cette méthode de conduire les vignes des pays tempérés est préférable, sous les rapports précités, que j'ai cru devoir en copier l'exposition. Rien, dans le mémoire de M. Cherrier, ne contrarie les principes de la plus saine physique, tout y est conforme aux résultats de l'expérience. Je ne pouvois donc mieux terminer mon travail sur la culture des vignes qu'en la faisant connoître à mes lecteurs.

Sans doute il manque beaucoup de choses sur la culture de la vigne dans le développement que je viens d'en faire ; mais il faudroit plusieurs volumes, fruits d'un travail de plusieurs années, pour les indiquer toutes ; et ce n'est qu'un article que j'étois appelé à rédiger ici. J'ai cherché à ne rien omettre

d'important, et sur-tout à éviter les erreurs de principes ;
c'est au lecteur à juger jusqu'à quel point ce but a été rempli.
Quant aux notions de pratique qui manquent relativement à
beaucoup de départemens, c'est aux cultivateurs qu'il appartient de les fournir, et je les leur demande. Ceux qui voudront de plus amples détails sur ce qui est connu en trouveront
les sources indiquées dans les notes du troisième livre de la nouvelle édition d'Olivier de Serres, imprimée chez madame Huzard, à Paris, notes où M. François (de Neufchâteau) a donné
une liste fort étendue des ouvrages qui ont été publiés sur la
culture de la vigne et sur l'art de faire le vin.

Jusqu'ici je n'ai parlé que de la vigne cultivée pour faire
du vin ; mais on en cultive aussi, et beaucoup, pour en
manger le fruit, se procurer de l'ombre, orner le voisinage des habitations, principalement les jardins, par leurs
pampres.

Dans les pays chauds les vignes, disposées en BERCEAU et en
TONNELLE (*voyez* ces deux mots), fournissent les moyens d'é-
chapper à la chaleur brûlante du soleil, et donnent des raisins, sinon aussi beaux et aussi bons que les autres, au moins
propres à faire du vin et à être mangés.

Dans le nord, c'est-à-dire au-delà du climat de Paris, les
vignes disposées de même offrent rarement des grappes convenablement garnies de grains et suffisamment mûres, parceque ces grappes ne sont jamais frappées des rayons du soleil,
et qu'elles sont exposées aux émanations d'une humidité constamment froide.

C'est donc, ou des ceps plantés en rangées et taillés près
de terre, ou des treilles tenues fort basses, ou des treilles
hautes palissadées contre un mur, qu'on doit préférer quand
on veut cultiver la vigne pour le raisin dans les climats froids
et à la faveur des abris.

La culture des vignes plantées en rangées ne diffère pas de
celle usitée dans les vignobles du nord, dans ceux des environs
de Paris principalement.

Celle des vignes en treilles basses est positivement celle
décrite par M. Cherrier, et que j'ai donnée plus haut pour
exemple.

Il ne me reste donc à parler que des vignes palissadées contre
les murs.

Le midi et le levant sont les deux expositions qui conviennent
exclusivement à la vigne palissadée dans le climat de Paris et
dans ceux qui sont au nord de cette ville, encore la seconde
est-elle sujette aux gelées et à la brûlure.

Lorsqu'on veut planter une vigne dans cette intention, ce

n'est pas contre le mur même qu'il faut la mettre en terre, mais à une distance d'une, deux, quatre, dix toises ou plus de ce mur, vers lequel on la ramènera en couchant successivement les sarmens. Il y a à gagner par-là, et un plus grand développement de racines, et une plus longue filière, d'où résultera abondance et bonté dans le raisin. On dit que c'est ainsi que se plantent les treilles de Tomery et autres villages des environs de Fontainebleau, si célèbres par l'excellence de leurs raisins.

Le sarment, arrivé au mur, sera taillé sur un ou deux yeux pour lui faire pousser un vigoureux bourgeon qu'on aura soin d'arrêter à la hauteur où on voudra le faire fourcher, et dont les entrefeuilles seront sévèrement supprimées.

Il y a deux manières principales de disposer les sarmens contre les murs.

Ou on les laisse courir au hasard, en les fourchant continuellement sur toute la surface du mur. C'est la méthode la plus commune.

Ou on les dispose en lignes simples, doubles ou triples, parallèles au terrain. Par cette méthode on a plus de raisins, des raisins plus sucrés et d'une précoce maturité, mais moins gros. *Voyez* COURBURE DES BRANCHES. C'est celle qu'on pratique dans les jardins régulièrement conduits et savamment dirigés.

Souvent on plante de la vigne entre les espaliers et on forme ainsi un cordon au-dessus d'eux dans toute la longueur du mur. Un tel cordon est extrêmement agréable à l'œil, mais très nuisible aux arbres qui forment l'ESPALIER. (*Voyez* ce mot.) Il vaut beaucoup mieux consacrer un pan de mur uniquement à la vigne, et y faire deux et même trois cordons.

On palissade la vigne comme les autres arbres en espalier, soit avec de la paille contre un treillage, soit avec des morceaux de laine et des clous contre un mur en plâtre. *Voyez* PALISSAGE.

La direction de la vigne étant fixée, on exécute la taille conformément aux principes développés plus haut; c'est-à-dire qu'on supprime tous les sarmens qui sont mal placés, qui sont trop rapprochés, qui sont dans le cas de fournir de trop foibles bourgeons, et qu'on coupe ceux qu'on croit devoir conserver, à un œil sur les pieds ou les sarmens foibles, et à deux sur ceux qui sont les plus vigoureux, et ce encore selon qu'on a plus ou moins d'espace à sa disposition.

L'ébourgeonnement, dans ces sortes de vignes, doit être aussi très sévère. Si on laisse quelques bourgeons stériles, ce n'est que dans les places qu'on aura besoin de regarnir. Tous les secondaires et foibles, ceux qui auront poussé sur le vieux bois sur-tout, seront supprimés sans rémission. Certains de ceux qui portent du fruit le seront également, lorsqu'ils croiseront les autres et feront confusion. Les principes sont que le mur soit également garni, et que toutes les grappes soient également exposées aux influences du soleil.

Plus tard, c'est-à-dire quand les raisins seront arrivés à la moitié de leur grosseur, on pincera, on coupera l'extrémité des bourgeons pour faire refluer la sève, et on veillera à ce que les nouvelles pousses, qui pourroient se montrer dans les aisselles des feuilles, soient successivement enlevées.

Lorsque le raisin sera à moitié mûr, on pourra, si le besoin le requiert, non pas arracher, mais couper à moitié de leur pétiole quelques unes des feuilles qui l'ombragent, afin de favoriser sa coloration. C'est aller directement contre son but, que de mettre à nu, comme on le fait si généralement, la base des bourgeons, ainsi que je l'ai dit plus haut. *Voyez* FEUILLES.

Les vignes palissadées ne viennent nulle part mieux que dans les cours pavées, où leurs racines trouvent une humidité toujours égale, et où leur fruit peut être plus facilement défendu contre les animaux qui le recherchent. Il faut seulement éviter de les placer dans les environs des fumiers et des égouts.

Le raisin se conservant sur la branche beaucoup mieux que lorsqu'il en est séparé, on doit l'y laisser jusqu'aux gelées, et, pour cela, l'envelopper dans des sacs de papier, de toile, ou, mieux que tout cela, de crins, pour le garantir du bec des oiseaux et de la fraîcheur humide des nuits de novembre et de décembre. Les sacs de crin noir valent mieux que ceux de crin blanc, parcequ'ils absorbent et conservent la chaleur des rayons du soleil. *Voyez* SAC.

Quant à la manière de conserver les raisins lorsqu'ils ont été cueillis, *voyez* aux mots FRUITIER et POURRITURE.

Cependant, j'observerai, en passant, que le raisin cueilli sur des treilles en terrain argileux est moins bon, mais se conserve plus long-temps. Il en est de même de ceux cueillis sur une très vieille vigne. Ces faits sont regardés comme vrais par tous les cultivateurs de chasselas des environs de Paris. *Voyez* PLUIE.

Il n'y a pas de raisons qui s'opposent à ce qu'on mette en treille ou en espalier toutes les variétés de raisins; cependant, il en est qui sont meilleures à manger et plus belles que d'autres, et on doit les y placer de préférence.

Ces variétés sont :

Les diverses espèces de chasselas, dont celle appelée de Fontainebleau, et qu'on croit venir de l'Orient, est la meilleure et la plus facile à conserver.

Le chasselas qui est représenté dans les tableaux de Van Huyssum, et dont les pétioles sont violets, très gros et très hérissés, chasselas qu'on appelle gros blanc dans le département de la Moselle, marmot dans celui de la Marne, rischeling dans celui du Haut-Rhin, et qui jouit de l'avantage d'avoir le grain plus gros, la peau plus mince, et de mûrir huit à dix jours plus tôt. Mais il est moins sucré et ne peut se conserver long-temps après qu'il a été cueilli.

Il y a aussi le chasselas violet, que sa couleur, qui se remarque aussi sur le bourgeon, caractérise assez; mais il est plus agréable à la vue qu'au goût.

Parmi les muscats, il y a un choix à faire. Les deux variétés qu'on cultive le plus communément aux environs de Paris, sont celles qui sont le plus dans le cas d'être repoussées, parce-qu'elles mûrissent très tard, c'est-à-dire, souvent pas du tout.

Le muscat noir du Jura me paroît préférable à tous les autres, quoiqu'il ait le grain petit, parcequ'il mûrit dans le courant d'août, c'est-à-dire environ un mois avant les autres.

Le muscat noir du Pô, qui mûrit douze ou quinze jours plus tard, mérite aussi l'attention des amateurs par l'excellence de son goût.

Je range à côté d'eux les muscats blancs des mêmes départemens, qui sont aussi plus hâtifs et meilleurs que le muscat blanc ordinaire.

Le muscat d'Alexandrie, dont les grains sont ovales, et quelquefois de la grosseur du pouce, se voit souvent en espalier, quoiqu'il ne mûrisse que dans les meilleures expositions et dans les années les plus chaudes.

Il est bon que je recommande aux amateurs la panse musquée du département des Bouches-du-Rhône, la malvoisie blanche du Pô, et la muscatelle du Lot, raisins très-peu musqués, mais très agréables quand on les mange au point de maturité convenable.

Parmi les raisins dits de vigne, il y en a plusieurs qui sont dans le cas d'être cultivés pour la table, soit à raison de leur précocité, soit à raison de leur bonté, soit à raison de leur beauté.

Aux environs de Paris, on cultive souvent ainsi, parmi les rouges, celui appelé de la Madeleine; comme le plus précoce; mais il est sans goût. Je préfère de beaucoup les morillons gros et petits du Doubs et du Jura, à bois taché, qui mûrissent en même temps (au commencement d'août), même un peu plus tôt, et qui sont de beaucoup meilleurs.

Voici les variétés qui m'ont paru les meilleures parmi celles de la pépinière du Luxembourg, que j'ai observées, sauf erreur de plantation.

Rouges. BERARDY (Vaucluse), DOLCETO (Pô), ÉPICIER PETIT (Vienne), LUISANT VERT (Doubs), PERSOLETTE (Drôme),

PIED DE PERDRIX (Hautes-Pyrénées), TROUSSEAU (Jura),
PINEAU DE BOURGOGNE (Côte-d'Or), FRANC PINEAU et PINEAU
NOIR (Seine-et-Marne), MEUNIER (Paris.)

Violets. BLANQUETTE VIOLETTE (Pyrénées - orientales),
GENTIL-BRUN (Bas-Rhin), PINEAU GRIS (Côte-d'Or.)

Blancs. AMADON (Charente-Inférieure), BON BLANC (Doubs),
BONROULENQUE et SPARE (Vaucluse), FIÉ JAUNE et FIÉ VERT
(Vienne), FOLLE BLANCHE (Charente), BLANC DOUX (Landes);
ce dernier a la peau extraordinairement mince ; PICARDAN
(Hérault), PIED SAIN (Mayenne), RAISIN DE CRAPAUD (Lot),
RAISIN VERT (Bas-Rhin), RIVESALTE et SAINT-RABIER (Cha-
rente), FOGGIANE (Gênes), LUGLIATICA (Marengo), MESLIER
(Paris).

Je ne donnerai pas la liste des variétés qui sont remarquables par la grosseur de leurs grains, dont les damas noirs et
blancs sont les plus monstrueux, ayant quelquefois près d'un
pouce de diamètre, ni ceux dont les grains sont alongés et
recourbés, ni ceux qui offrent des grappes de plusieurs livres
de poids, ni ceux qui présentent des grains de diverses couleurs, parceque cela me mèneroit beaucoup trop loin, et qu'en
général ils ne sont pas un bon manger. Il en est de même
des corinthes, petits raisins qui n'ont pas de pepins.

Cependant il faut que je dise un mot des verjus, qui sont
des variétés à citer par la grosseur de leurs grains, de leurs
grappes et de leurs bourgeons, variétés qui ne peuvent que
rarement amener leur fruit à maturité dans le climat de Paris,
mais qu'on y cultive pour employer le suc de ces grains,
qui est fortement acide, à l'assaisonnement des mets.

Les verjus se placent en espalier à toutes les expositions,
et comme ils fournissent des bourgeons d'une grande vigueur,
qui tiennent beaucoup de place, c'est à celles qui sont les
moins précieuses, c'est-à-dire au couchant et au nord, qu'on
les place ordinairement. Leur taille ne diffère pas de celle des
autres variétés, si ce n'est qu'elle doit être plus longue.

Les grappes de verjus, dont il n'est pas rare d'en voir de
cinq à six livres, se cueillent un peu après les autres raisins,
et se conservent comme eux. On en fait des CONFITURES et
des CONSERVES. *Voyez* ces mots et VERJUS.

Si j'avois à conseiller de cultiver la vigne, dans le climat de
Paris, uniquement pour employer sa feuille pour fourrage,
et je crois que ce seroit une bonne spéculation, j'indiquerois
le verjus comme préférable, parcequ'il craint peu les gelées
du printemps, et pousse des bourgeons d'une longueur et des
feuilles d'une largeur supérieures aux autres vignes du même
climat.

Outre la fabrication du Vin et le manger en nature, on tire encore parti des Raisins pour faire des Raisins secs, du Raisiné et du Sirop de Raisin. *Voyez* tous ces mots et ceux Alcohol, Eau-de-vie, Ether, Fermentation, Distillation, Lie, Tartre, Acide, Alkali et Sucre.

L'Amérique septentrionale nous a fourni neuf espèces de vignes, qui toutes sont dioïques, et dont on cultive plusieurs dans les jardins de Paris. Les ayant observées dans leur pays natal, je puis en parler avec plus d'assurance que d'autres.

La vigne cotonneuse, *Vitis labrusca*, Lin., a les feuilles en cœur, légèrement lobées, peu profondément dentées, d'un vert foncé en dessus, et couvertes de poils roux en dessous. Ses grappes de fruits ne sont ordinairement composées que de cinq à six grains, d'un demi-pouce de diamètre, à peau très épaisse et à suc assez agréable. Elle est très commune en Caroline, dans les lieux humides, sur le bord des marais, et elle s'élève au-dessus des plus grands arbres. J'en ai vu des ceps plus gros que la jambe. On la cultive au jardin du Muséum et dans les pépinières de Versailles.

La vigne d'été, *Vitis estivalis*, Michaux, a les feuilles en cœur, fortement trilobées, profondément dentées; les pétioles ainsi que les nervures en dessous couverts de poils ferrugineux foncé, et le reste du dessous de la feuille couvert de poils moins foncés. Ses grappes sont très longues, et les femelles offrent beaucoup de grains d'une petite grosseur. On la trouve, ainsi que la précédente avec laquelle on l'a longtemps confondue, dans les lieux humides de la Caroline, et on la cultive également dans les jardins du Muséum et dans les pépinières impériales.

La vigne de renard, *Vitis vulpina*, Lin., a les feuilles en cœur, à peine lobées, largement et obtusément dentées, glabres et luisantes des deux côtés; les grappes femelles abondamment garnies de grains gros comme des pois. Elle croît en Caroline dans les bons terrains, et s'élève sur les arbres d'une moyenne hauteur. Ses raisins sont abondans et assez bons à manger. De toutes les vignes d'Amérique c'est celle qui se rapproche le plus de la nôtre, et dont la culture peut devenir la plus avantageuse.

La vigne palmée, *Vitis palmata*, Vahl, a les feuilles en cœur, profondément lobées et dentées par des divisions aiguës. Elles sont glabres en dessus, et légèrement velues en dessous sur leurs nervures seulement. Ses grappes sont petites. Elle est originaire d'Amérique, et est cultivée au jardin des Plantes de Paris.

La vigne des rivages, *Vitis riparia*, Michaux, a les feuilles en cœur, très profondément lobées, et inégalement dentées.

par des divisions aiguës et allongées. Elles sont blanchâtres et presque glabres en dessous. Elle croît sur le bord du Mississipi. Elle est connue sous le nom de *vigne des battures*. On la cultive au jardin des Plantes et dans les pépinières impériales ; mais on n'y a que l'individu mâle.

La VIGNE SINUEUSE, *Vitis sinuosa*, Bosc, a les feuilles en cœur, à cinq lobes très profonds et arrondis, les dentelures fort larges. Elles sont glabres et luisantes en dessus et en dessous. Elle est originaire d'Amérique, et se cultive chez Noisette.

La VIGNE A FEUILLES EN CŒUR, *Vitis cordifolia*, Mich., a les feuilles très grandes, en cœur, à peine lobées, largement et inégalement dentées, d'un vert foncé en dessus et plus pâle en dessous. Elle est originaire d'Amérique, et se cultive au jardin du Muséum. Elle a disparu des pépinières impériales par suite des principes de destruction qui planent sur elles.

La VIGNE A FEUILLES RONDES, *Vitis rotundifolia*, Mich., a les feuilles un peu en cœur, non lobées, foiblement dentées, légèrement velues en dessous sur leurs nervures, et d'un vert foncé. Elle est originaire d'Amérique, et se cultive dans les jardins du Muséum. Son suc est si astringent que j'ai eu les mains crispées et douloureuses pendant plusieurs jours pour avoir écrasé quelques unes de ses grappes.

La VIGNE A FEUILLES DE PERSIL, *Vitis arborea*, Lin., a les feuilles deux fois pinnées, à divisions profondément dentées et quelquefois lobées, de la largeur du pouce, vert foncé en dessus, plus pâle en dessous. Elle est originaire d'Amérique, où elle s'élève au-dessus des plus grands arbres. L'élégance de son feuillage la rend précieuse pour l'ornement des jardins paysagers, où, bien placée et bien conduite, elle produit beaucoup d'effet.

La VIGNE D'ORIENT a les feuilles peu différentes de celles de la précédente, mais ses tiges s'élèvent à peine de quelques pieds. Elle a été apportée de l'Asie mineure par le voyageur Olivier. On peut également la placer, comme ornement, au pied des buissons dans les jardins paysagers.

La VIGNE VIERGE, *Vitis quinquefolia*, Lin., qu'on a tantôt placée parmi les LIERRES, tantôt parmi les ACHITS, et dont Michaux a fait un genre particulier, a les feuilles palmées, à cinq à six folioles lancéolées, dentées, d'un vert noir, et glabres. Ses tiges sont radicantes à la manière du lierre, c'est-à-dire qu'elles s'attachent par des griffes radiciformes aux arbres et aux murs qui sont à sa portée. Elle est originaire d'Amérique, où je l'ai vue s'élever au-dessus des plus grands arbres. On la cultive fréquemment en Europe, à raison de sa propriété de monter, seule, le long des murs exposés au nord, et de les garnir, sans dépense, d'une belle verdure pendant l'été. Elle perd ses feuilles en hiver.

Toutes ces vignes ne se multiplient que de marcottes et de boutures, qu'on fait en hiver ou au premier printemps. La dernière seule est dans le commerce.

VIGNOBLE. Ce mot est d'une acception fort vague ; tantôt c'est un lieu d'une certaine étendue planté en vigne, tantôt une grande étendue de pays où il se trouve beaucoup de vignes. Ainsi on dit également le vignoble de cette commune est situé de l'autre côté de la montagne, et le vignoble de Bordeaux fournit des vins de diverses qualités.

Il est bon de remarquer que les vignobles de la France peuvent être divisés en trois classes, 1° ceux du midi dont les vins sont forts, dangereux à boire avec excès, très chargés d'alcohol, et fort peu pourvus d'arôme (bouquet) ; 2° ceux du milieu, médiocrement forts, amis de l'estomac, ayant un bouquet très flatteur ; 3° ceux du nord, foibles, très chargés de tartre, ayant fort peu d'alcohol.

Il seroit fastidieux de détailler ici les différens vignobles de l'Empire. On trouvera la liste des plus importans au mot VIGNE. (B.)

VIN. De toutes les liqueurs fermentées, le vin est la meilleure et la plus estimée ; il forme l'objet d'un commerce considérable entre les nations ; il varie en qualité dans les divers lieux ; et cette production du sol est d'autant plus importante, que les terres, qui sont propres à la vigne, et fournissent le meilleur vin, sont, en général, sèches arides, et refuseroient tout autre genre de culture.

Nous n'entrerons ici dans aucun détail, pour déterminer l'époque où le vin commença à être connu ; nous ne parlerons pas non plus des méthodes des anciens pour cultiver la vigne et préparer le vin nous passerons même sous silence l'énumération des diverses espèces de vin que connoissoient les Egyptiens, les Grecs et les Romains On peut consulter, à ce sujet, ce qu'en dit Pline dans le quatorzième livre de son Histoire naturelle ; il y traite exclusivement de la vigne et des vins.

Nous nous bornerons ici à faire connoître, 1° les causes principales qui influent sur la qualité ou la nature des vins ; 2° les procédés de l'art pour les conserver et les améliorer ; 3° les maladies ou dégénérations auxquelles ils sont sujets.

Pour se former une doctrine plus étendue sur cette production du sol et de l'industrie, on peut consulter les articles FERMENTATION et DISTILLATION ; ils sont essentiellement liés à ce sujet. En réunissant l'ensemble des connoissances répandues dans ces trois articles, on aura une idée exacte de tout ce qu'on peut désirer sur cette importante production de la nature et de l'art.

SECTION Iʳᵉ. *Des causes qui influent sur la qualité des vins.* La vigne croît presque par-tout : on la cultive avec avantage depuis le trente-cinquième degré de latitude jusqu'au cinquante-deuxième ; mais son produit n'est pas le même dans cette immense étendue de pays : elle ne produit du bon vin qu'entre le quarantième et le cinquantième degré.

Il ne faut pas croire que la nature de la vigne, ou la différence de ses espèces soit la seule cause de l'énorme variété de produit qu'elle présente sous ces divers climats ; car la vigne de Bourgogne, successivement transportée au Cap, à Madrid et ailleurs, n'a pas tardé à y dégénérer ; et celles de Salerne, cultivées au pied du Vésuve, de même que celles du Levant, transportées à Fontainebleau, y ont donné du vin très différent de celui qu'elles produisoient dans leur terre natale.

La variété des climats influe sans doute sur la nature du raisin, mais cette cause n'est pas la seule : on voit, dans tous les pays de vignobles, des vignes provenant du même plant, cultivées de la même manière, donner néanmoins des vins très différens : dans ces cas, on ne peut rechercher la cause de ces différences que dans la nature du sol ou dans l'exposition de la vigne.

Un sol sec et aride est le plus propre à la qualité du vin : la terre argileuse et humide lui est contraire.

Un sol gras et fécond est avantageux à la quantité, mais essentiellement nuisible à la qualité.

Les terres calcaires, caillouteuses ou crayeuses ; les débris de les granit et ceux des volcans sont les plus favorables sous le rapport de la qualité du vin ; et ces terrains ne demandent pas d'autre culture que des labours multipliés et faits en temps opportun.

Quant à l'exposition que doit avoir la vigne, il paroît que celle du midi paroît la plus favorable, ensuite celle du levant : celles du nord et du couchant sont les plus funestes. On voit quelquefois sur l'étendue d'une même vigne l'action bien prononcée de ces diverses expositions, et les agriculteurs savent très bien attacher un prix différent à chaque portion, selon l'exposition dont elle jouit.

A ces causes naturelles de la différence du produit de la vigne, nous pouvons ajouter celle des saisons ; car pour qu'une vigne, placée sous un bon climat, plantée dans un sol favorable, et jouissant d'une bonne exposition, donne du bon vin, il faut encore que l'intempérie des saisons ne vienne pas déranger l'effet avantageux de ces premières causes : la vigne aime la chaleur ; le froid empêche le raisin de parvenir à maturité ; les pluies trop abondantes, sur-tout aux approches de la vendange, délayent les sucs, et préparent des vins foibles, aigres et verts ; les vents dessèchent et tourmentent les tiges ; les brouillards sont mortels pour la fleur, etc.

L'année la plus favorable à la vigne sera celle où la floraison sera accompagnée d'un temps sec, chaud et tranquille, où des pluies douces viendront nourrir le raisin lorsqu'il commence à grossir, où une chaleur constante aidera le développement du fruit, où de légères pluies humecteront de temps en temps le sol et le cep, où enfin la maturité du raisin sera favorisée d'une température chaude et sèche.

L'influence du sol, du climat, de l'exposition, des saisons es forcée ; il n'appartient à l'homme, ni de la changer, ni de la modifier ; il n'en est pas de même de celle de la culture, qui es toute à notre disposition, et celle-ci ne laisse pas que d'avoir de grands résultats, sur-tout sur la qualité du vin.

Lorsque toutes les causes qui peuvent assurer une bonne qualité de vin se trouvent réunies, tout l'art du vigneron doit se borner bien préparer la terre ; et les travaux qu'il a à exécuter à cet égard se bornent à la bien remuer à une profondeur suffisante pour l'ameublir, la diviser, l'aérer, détruire les plantes étrangères, etc.

Je sais bien que dans quelques pays on est dans l'usage de fumer la vigne ; mais c'est toujours au préjudice de la qualité du vin ; e cette méthode n'est praticable avec succès que dans les cantons où l'on préfère la quantité à la qualité. Les meilleurs œnologues pros crivent avec raison cet usage.

Au mot FERMENTATION, nous avons suivi le suc du raisin jus qu'au moment où, converti en liqueur vineuse, il est tiré de la cuve pour être versé dans les tonneaux. Ici nous allons nous occu per des changemens qu'il éprouve dans les tonneaux, et des opé rations qu'on fait sur lui, soit pour prévenir ses altérations, so pour l'améliorer.

SECTION II. *Des moyens employés pour conserver et amélioré les vins* (1). Le vin déposé dans le tonneau n'a pas atteint son der nier degré d'élaboration. Il est trouble et fermente encore ; mai comme le mouvement en est moins tumultueux, on a appelé cet période de fermentation *fermentation insensible.*

Ici on doit distinguer deux cas ou deux états dans lesquels trouve le vin : ou il existe encore du principe sucré, ou il n'e

---

(1) Les anciens nous ont transmis d'excellens préceptes pour conserv les vins, mais la plupart ne sont applicables qu'à la nature des vins qu' faisoient alors, lesquels étoient, en général, liquoreux et mal fermenté Parmi les recettes qu'ils nous ont laissées, on est tout étonné de trouv la suivante, qui tient à une crédulité vraiment puérile.

Impossibile est vinum in vappam perverti, si in vase inscripseris, a in ipsis doliis, hæc divina verba: Gustate et videte bonum esse don num. Recte feceris si etiam malum his verbis inscriptum vino injecer Cap. XIV, lib. VII, Geoponicorum.

xiste plus. S'il existe encore du principe sucré, on peut, sans in-
onvénient, laisser aller la fermentation; le vin en deviendra plus
piritueux.

Mais si le principe sucré est complètement décomposé, il faut
rrêter la fermentation et se presser d'enlever le dépôt et les écu-
nes, et de clarifier pour extraire tout le ferment qui existe dans
e vin; sans cela, il dégénèreroit bientôt en vinaigre. Pour éviter
e dernier inconvénient, on peut encore nourrir la fermentation
vec du sucre, et donner par-là au vin un corps et d'autres pro-
riétés qu'il n'auroit jamais eues.

Nous allons faire l'application de ces principes aux phénomènes
ue présente le vin dans les tonneaux : on entend un léger siffle-
nent qui provient du dégagement continu des bulles de gaz acide
arbonique qui s'échappent de tous les points de la liqueur; il se
orme une écume à la surface, qui déverse par le bondon, et
n a l'attention de tenir le tonneau toujours plein, pour que l'écume
orte et que le vin se dégorge. Il suffit, dans les premiers instans,
'assujettir une feuille sur le bondon, ou d'y mettre une tuile.

A mesure que la fermentation diminue, la masse du liquide
'affaisse, et on surveille cet affaissement avec soin pour verser
u nouveau vin, et tenir le tonneau toujours plein; c'est cette opé-
ation qu'on appelle *ouiller*. Il est des pays où l'on *ouille* tous les
ours pendant le premier mois, tous les quatre jours pendant le
euxième, et tous les huit jusqu'au soutirage. C'est ainsi qu'on le
ratique pour les vins délicieux de l'Hermitage.

En Champagne, dans les cantons où l'on récolte des vins rouges,
orsque la fermentation a cessé, vers la fin de décembre, on pro-
te d'un temps sec et d'une belle gelée pour soutirer le vin et le
ébourber.

Vers la mi-mai, avant les chaleurs, on le soutire encore, ce
ui s'appelle *tirer au clair*; on le met en cave et on relie les
oinçons en cerceaux neufs.

On soutire encore une troisième fois, ce qui s'appelle *tirer au
lair-fin*, et on clarifie avec cinq ou six blancs d'œufs délayés dans
ne chopine d'eau, pour chaque pièce de vin de deux cent qua-
ante bouteilles. Cette dernière opération ne se fait que quand on
xpédie le vin au consommateur, ou qu'on le met en bouteilles.

En général, les vins rouges de la haute montagne, en Cham-
agne, se mettent en bouteilles en novembre, ou treize mois
rès la récolte. Le vin rouge, tiré en sève, est très désagréable
boire.

Il est des vins rouges de Champagne, qu'on peut laisser sur lie
ois ou quatre ans, tels sont ceux du clos Saint-Thierry; mais
faut les garder dans des foudres de sept à dix pièces au moins.
e vin s'y nourrit et s'y comporte bien. Cette méthode n'est pra

ticable avec avantage que pour les vins généreux. Les vins foibles y deviendroient acides.

En Bourgogne, dès que la fermentation s'est ralentie dans le tonneau, on le bouche et on perce un petit trou près du bondon, qu'on ferme avec une cheville de bois qu'on appelle *fausset*. On le débouche de temps en temps pour laisser évaporer le reste du gaz.

Dans les environs de Bordeaux, on commence à ouiller huit à dix jours après avoir déposé les vins dans les tonneaux. Un mois après on les bonde, et on ouille tous les huit jours; dans le principe, on bonde sans effort, et peu à peu on assujettit la bonde, sans courrir aucun risque.

On y tire les vins blancs à la fin de novembre, et on les soufre; ils demandent plus de soin que les rouges, parceque, contenant plus de lie, ils sont plus disposés à graisser.

On ne tire au clair les vins rouges que dans le mois de mars. Ceux-ci tournent plus aisément à l'aigre que les blancs; ce qui force de les conserver dans des celliers plus frais pendant les chaleurs.

Il est des particuliers qui, après le second soutirage, font tourner les barriques, la bonde de côté, et conservent ainsi le vin hermétiquement fermé, sans avoir besoin de l'ouiller, attendu qu'il n'y a ni déperdition, ni contact avec l'air. Ils ne tirent alors le vin au clair que tous les ans, à la même époque, jusqu'à ce qu'ils trouvent avantageux de le boire. Par-tout les procédés usités sont à peu près les mêmes, et nous nous garderons bien de multiplier des détails qui ne seroient que des répétitions.

Lorsque la fermentation s'est apaisée, et que la masse du liquide jouit d'un repos absolu, le vin est fait; mais il acquiert de nouvelles qualités par la clarification. On le préserve, par cette opération, du danger de *tourner*.

Cette clarification s'opère d'elle-même par le temps et le repos il se forme peu à peu un dépôt dans le fond du tonneau et sur les parois, qui dépouille le vin de tout ce qui n'y est pas dans une dissolution absolue, ou de ce qui y est en excès. C'est ce dépôt qu'on appelle *lie*, *feces*, mélange confus de tartre, de matière colorante, et sur-tout de ce principe végéto-animal qui constitue le ferment.

Mais ces matières, quoique déposées dans le tonneau et précipitées du vin, sont susceptibles de s'y mêler encore par l'agitation le changement de température, etc., et alors, outre qu'elles nuisent à la qualité du vin qu'elles rendent trouble, elles peuvent lui imprimer un mouvement de fermentation qui le fait dégénérer en vinaigre.

C'est pour obvier à cet inconvénient qu'on transvase le vin diverses époques, qu'on en sépare avec soin toute la lie qui s'es précipitée, et qu'on dégage même de son sein, par des procédés simples que nous allons décrire, tout ce qui peut y être dans un état de dissolution incomplète. A l'aide de ces opérations, on le purge, on le purifie, on le prive de toutes les matières qui pourroient déterminer l'acétification en prolongeant la fermentation.

Nous pouvons réduire au *soufrage* et à la *clarification* tout ce qui tient à l'art de conserver les vins.

Article premier. *Du soufrage des vins. Soufrer, mécher* ou *muter* les vins, c'est les imprégner d'une vapeur sulfureuse qu'on obtient par la combustion des mèches soufrées.

La manière de composer les mèches soufrées varie sensiblement dans les divers ateliers ; les uns mêlent avec le soufre des aromates, tels que les poudres de girofle, de cannelle, de gingembre, d'iris de Florence, de fleurs de thym, de lavande, de marjolaine, etc., et fondent ce mélange dans une terrine, sur un feu modéré. C'est dans ce mélange fondu qu'on plonge des bandes de toile et de coton pour les brûler dans le tonneau. D'autres n'emploient que le soufre qu'ils fondent au feu, et dont ils imprègnent des lanières semblables.

La manière de soufrer les tonneaux nous offre les mêmes variétés : on se borne quelquefois à suspendre une mèche soufrée au bout d'un fil de fer ; on l'enflamme, et on la plonge dans le tonneau qu'on veut remplir ; on bouche et on laisse brûler : l'air intérieur se dilate et est chassé avec sifflement. On en brûle deux, trois, plus ou moins, selon l'idée ou le besoin. Lorsque la combustion est terminée, les parois du tonneau sont à peine acides : alors on y verse le vin. Dans d'autres pays, on prend un bon tonneau ; on y verse deux à trois seaux de vin, on y brûle une mèche soufrée, on bouche le tonneau après la combustion, et l'on agite en tout sens. On laisse reposer une ou deux heures ; on débouche ; on ajoute du vin ; on *mute ;* et on réitère l'opération jusqu'à ce que le tonneau soit plein : ce procédé est usité à Bordeaux.

On fait à Marseillan, près la ville de Cette, en Languedoc, avec du raisin blanc, un vin qu'on appelle *muet,* et qui sert à soufrer les autres.

On presse et foule la vendange, et on la coule de suite sans lui donner le temps de fermenter ; on met le moût dans des tonneaux qu'on remplit au quart ; on brûle plusieurs mèches dessus ; on met le bouchon, et on agite fortement le tonneau jusqu'à ce qu'il ne s'échappe plus de gaz par le bondon lorsqu'on l'ouvre. On met alors une nouvelle quantité de moût ; on y brûle dessus, et on agite avec les mêmes précautions : on réitère cette manœuvre jusqu'à ce que le tonneau soit plein. Ce moût ne fermente jamais, et c'est par cette raison qu'on l'appelle *vin muet.* Il a une saveur douceâtre, une forte odeur de soufre ; et il est employé à être mêlé avec l'autre vin blanc : on en met deux ou trois bouteilles par tonneau. Ce mélange équivaut au soufrage.

Le soufrage rend d'abord le vin trouble, et sa couleur désagréable; mais la couleur se rétablit en peu de temps, et le vin s'éclaircit. Cette opération décolore un peu le vin rouge. Le soufrage a le très précieux avantage de prévenir la dégénération acéteuse. Il paroît que le soufrage précipite le ferment qui étoit encore en dissolution dans la liqueur, puisqu'il rend le vin trouble ; de sorte que son effet le plus marqué, c'est de prévenir toute fermentation ultérieure, pourvu qu'on transvase le vin après quelque temps de repos, ou qu'on le *colle*.

Le soufrage a encore l'avantage de déplacer l'air atmosphérique dont le contact est nécessaire pour déterminer la dégénération acide.

Il produit aussi quelques atômes d'un acide énergique, qui peut bien s'opposer au développement d'un acide plus foible.

On soutire les vins avant de les soufrer, pour enlever d'abord toute la lie qui s'est précipitée.

Les anciens composoient un mastic avec la poix, un cinquantième de cire, un peu de sel et d'encens, qu'ils brûloient dans les tonneaux. Cette opération étoit désignée par les mots *picare dolia ;* et les vins ainsi préparés étoient connus sous les noms de *vina picata*. Plutarque et Hippocrate parlent de ces vins.

C'est peut-être d'après cet usage que les anciens avoient consacré le sapin à Bacchus : on donne encore aujourd'hui au vin rouge affoibli un parfum agréable, en le faisant séjourner sur une couche de copeaux de bois de sapin. Baccius prétend qu'il faut résiner les tonneaux, *picare vasa*, au moment de la canicule.

ARTICLE II. *Du soutirage des vins.* Outre l'opération du soufrage des vins, il en est une autre tout aussi essentielle, qu'on appelle *clarification.* Elle consiste d'abord à tirer le vin de dessus la lie, ce qui demande des précautions dont nous nous occuperons dans le moment, et à le dégager ensuite de tous les principes suspendus ou foiblement dissous, pour ne lui conserver que les seuls principes spiritueux et incorruptibles. Ces opérations s'exécutent même avant le soufrage, qui n'en est qu'une suite.

La première de ces opérations s'appelle *soutirer, transvaser, déféquer* le vin. Aristote conseille de répéter souvent cette manipulation, *quoniam superveniente æstatis calore solent fœces subverti, ac ita vina acescere.*

Dans les divers pays de vignobles, on a des temps marqués dans l'année pour soutirer les vins : ces usages sont sans doute établis sur l'observation constante et respectable des siècles. A l'Hermitage, on soutire en mars et septembre; en Champagne, au milieu d'octobre, vers le 15 février et vers la fin de mars; en Bourgogne, on soutire en mars et en septembre.

On choisit toujours un temps sec et froid pour exécuter cette opération. Il est de fait que ce n'est qu'alors que le vin est déposé. Les temps humides, les vents du sud les rendent troubles, et il faut se garder de soutirer quand ils règnent.

Baccius nous a laissé d'excellens préceptes sur les temps les plus favorables pour transvaser les vins : il conseille de soutirer les vins foibles, c'est-à-dire, ceux qui proviennent de terrains gras et couverts, au solstice d'hiver ; les vins médiocres, au printemps ; et les plus généreux, pendant l'été. Il donne comme précepte général de ne jamais transvaser que lorsque le vent du nord souffle ; il ajoute que le vin soutiré en pleine lune se convertit en vinaigre.

Vina in alia vasa transfundenda sunt, borealibus ventis spirantibus, nequaquam vero australibus. Et infirmiora quidem vere, potentiora autem œstate ; quæ vero in siccis locis nata sunt, post solstitium hyemale, cap. VI, lib. VII, Geoponicorum.

La manière de soutirer les vins demande encore des précautions infinies, qui ne pourront paroître indifférentes qu'à ceux qui ne savent pas quel est l'effet de l'air atmosphérique sur ce liquide ; par exemple, en ouvrant la cannelle, en plaçant un robinet à quatre doigts du fond du tonneau, le vin qui s'écoule s'aère et détermine des mouvemens dans la lie ; de sorte que, sous ce double rapport, le vin acquiert de la disposition à s'aigrir. On a obvié à une partie de ces inconvéniens, en soutirant le vin à l'aide d'un syphon ; le mouvement en est plus doux, et on pénètre, par ce moyen, à la profondeur qu'on veut, sans jamais agiter la lie. Mais toutes ces méthodes présentent des vices auxquels on a parfaitement remédié à l'aide d'une pompe dont l'usage s'est établi en Champagne et dans d'autres pays de vignobles.

On a un tuyau de cuir en forme de boyau, long de quatre à six pieds, et d'environ deux pouces de diamètre. On adapte des tuyaux de bois aux deux bouts ; ces tuyaux vont en diminuant de diamètre vers la pointe ; on les assujettit fortement au cuir, à l'aide de gros fil ; on ôte le tampon de la futaille qu'on veut remplir, et l'on y enchâsse solidement une des extrémités du tuyau, on place un bon robinet à deux ou trois pouces du fond de la futaille qu'on veut vider, et on y adapte l'autre extrémité du tuyau.

Par ce seul mécanisme, la moitié du tonneau se vide dans l'autre ; il suffit pour cela d'ouvrir le robinet, et on y fait passer le restant par un procédé simple. On a des soufflets d'environ deux pieds de long, compris le manche, et de dix pouces de largeur. Le soufflet pousse l'air par un trou placé à la partie antérieure du petit bout : une petite soupape de cuir s'applique contre le petit trou, et s'y adapte fortement pour empêcher que l'air n'y reflue lorsqu'on ouvre le soufflet ; c'est encore à l'extrémité du soufflet qu'on adapte un tuyau de bois perpendiculaire pour conduire l'air en bas ; on adapte ce tuyau au bondon , de manière que lorsqu'on souffle et pousse l'air, on exerce une pression sur le vin qui l'oblige à sortir du tonneau pour monter dans l'autre. Lorsqu'on entend un sifflement à la cannelle, on la ferme promptement : c'est une preuve que tout le vin a passé.

On emploie aussi des entonnoirs de fer-blanc, dont le bec a au moins un pied et demi de long , pour qu'il plonge dans le liquide, et n'y cause aucune agitation.

ARTICLE III. *Du collage des vins.* Le soutirage du vin sépare bien une partie des impuretés , et éloigne par conséquent quelques unes des causes qui peuvent en altérer la qualité; mais il reste encore des matières suspendues dans ce fluide dont on ne peut s'emparer que par les opérations suivantes, qu'on appelle *collage* des vins.

C'est presque toujours la colle de poisson qui sert à cet usage , et on l'emploie comme il suit : on la déroule avec soin, on la coupe par petits morceaux, on la fait tremper dans un peu de vin ; elle se gonfle, se ramollit , forme une masse gluante, qu'on verse sur le vin. On se contente alors de l'agiter fortement, après quoi on laisse reposer. Il est des personnes qui fouettent le vin dans lequel on a dissous la colle avec quelques brins de tiges de balais, et forment une écume considérable qu'on enlève avec soin ; dans tous les cas, une portion de la colle se précipite avec les principes qu'elle a enveloppés , et on soutire la liqueur dès que ce dépôt est formé.

Dans les climats chauds, on craint l'usage de la colle ; et, pendant l'été, on y supplée par des blancs d'œufs : cinq à six suffisent pour un demi-muid ; on n'en emploie que trois à quatre pour les vins délicats et peu colorés. On commence par les fouetter avec un peu de vin ; on les mêle ensuite avec la liqueur qu'on veut clarifier , et on fouette avec le même soin.

Il est possible de substituer la gomme arabique à la colle. Deux onces suffisent pour quatre cents pots de vin. On la verse sur le liquide en poudre fine , et on agite.

Il faut ne transvaser les vins que lorsqu'ils sont bien faits : si le vin est vert, dur ou sucré, il faut lui laisser passer sur la lie la seconde fermentation, et ne le soutirer que vers le milieu de mai. On pourra même le laisser jusque vers la fin de juin, s'il continue à être vert. Il arrive même quelquefois qu'on est forcé de repasser des vins sur la lie, et de les mêler fortement avec elle pour leur redonner un mouvement de fermentation qui doit les perfectionner.

Lorsque les vins d'Espagne sont troublés par la lie , Miller nous apprend qu'on les clarifie par le procédé suivant :

On prend des blancs d'œufs, du sel gris et de l'eau salée ; on met tout cela dans un vase commode, on enlève l'écume qui se forme à la surface, et l'on verse cette composition dans un tonneau de vin dont on a tiré une partie : au bout de deux à trois jours, la liqueur s'éclaircit et devient agréable au goût : on laisse reposer pendant huit jours et on soutire.

Pour remettre un vin clairet, gâté par une lie volante, on prend deux livres de cailloux calcinés et broyés, dix à douze blancs d'œufs, une bonne poignée de sel ; on bat le tout avec huit pintes de vin qu'on verse ensuite dans le tonneau : deux à trois jours après on soutire.

Ces compositions varient à l'infini : quelquefois on y fait entrer l'amidon, le riz, le lait et autres substances plus ou moins capables d'envelopper les principes qui troublent le vin.

On clarifie encore le vin, et on corrige souvent un mauvais goût, en le faisant digérer sur des copeaux de hêtre, précédemment écorcés, bouillis dans l'eau et séchés au soleil ou dans un four : un quart de boisseau de ces copeaux suffit pour un muid de vin. Ils produisent dans la liqueur un léger mouvement de fermentation qui l'éclaircit dans vingt-quatre heures.

L'art de couper les vins, de les corriger l'un par l'autre, de donner du corps à ceux qui sont foibles, de la couleur à ceux qui en manquent, un parfum agréable à ceux qui n'en ont aucun, ou qui en ont un mauvais, ne sauroit être décrit. C'est toujours le goût, l'œil et l'odorat qu'il faut consulter ; c'est la nature très variable des substances qu'on doit employer, qu'il faut étudier ; et il nous suffira d'observer que, dans toute cette partie de la science de manipuler les vins, tout se réduit, 1° à adoucir et sucrer les vins, par l'addition du moût cuit, du miel, du sucre, ou d'un autre vin très liquoreux ; 2° à colorer le vin par une infusion des pains de tournesol, le suc des baies de sureau, le bois de campêche, et sur-tout par le mélange d'un vin noir et généralement grossier, tels que ceux de Saint-Gilles en Languedoc, et du Cher dans la Touraine ; 3° à parfumer le vin par le sirop de framboise, l'infusion des fleurs de la vigne, qu'on suspend dans le tonneau, enfermées dans un nouet, ainsi que cela se pratique en Égypte, d'après le rapport d'Asselquist ; 4° à mêler de l'eau-de-vie aux vins qu'on veut rendre plus forts, pour les accommoder au goût de certains peuples et d'un grand nombre de consommateurs, etc.

On fabrique encore dans l'Orléanais et ailleurs des vins qu'on appelle *vins râpés*, et qu'on fait, ou en chargeant le pressoir d'un lit de sarmens et d'un lit de raisins alternativement, ou en faisant infuser des sarmens dans le vin. On les laisse fortement bouillir, et on se sert de ces vins pour donner de la force et de la couleur aux petits vins décolorés des pays froids et humides.

Quoique les vins puissent travailler en tout sens, il est néanmoins des époques dans l'année auxquelles la fermentation paroît se renouveler d'une manière spéciale, et c'est sur-tout lorsque la vigne commence à pousser, lorsqu'elle est en fleur et lorsque le

raisin se colore. C'est dans ces momens critiques qu'il faut surveiller les vins d'une manière particulière, et l'on pourra prévenir
tout mouvement de fermentation en les soutirant et les soufrant,
ainsi que nous l'avons indiqué.

SECTION III. *Des vaisseaux propres à conserver les vins.* Lorsque les vins sont complètement clarifiés, on les conserve dans des
tonneaux ou dans du verre. Les vases les plus amples et les mieux
fermés sont les meilleurs. Tout le monde a entendu parler de
l'énorme capacité des foudres d'Heidelberg, dans lesquels le vin
s'améliore et se conserve des siècles entiers sans s'altérer. Il est
reconnu que le vin se fait mieux dans les futailles très volumineuses que dans les petites.

Le choix du local dans lequel les vases contenant les vins doivent être déposés n'est pas indifférent : nous trouvons à ce sujet,
chez les anciens, des usages et des préceptes qui s'écartent pour
la plupart de nos méthodes ordinaires, mais dont quelques uns
méritent notre attention. Les Romains soutiroient le vin des tonneaux pour l'enfermer dans de grands vases de terre vernissés en
dedans ; c'est ce qu'ils appeloient *diffusio vinorum.* Il paroît qu'ils
avoient deux sortes de vaisseaux pour contenir les vins, qu'ils appeloient *amphore* et *cade.* L'amphore, de forme carrée ou cu-
bique, avoit deux anses, et contenoit quatre-vingts pintes de
liqueur : ce vaisseau se terminoit par un col étroit qu'on bou-
choit avec de la poix et du plâtre, pour empêcher le vin de
s'éventer. C'est ce que Pétrone nous apprend par ces mots :

*Amphoræ vitreæ diligenter gypsatæ allatæ sunt, quarum in
cervicibus pittacia erant afflixa cum hoc titulo : Falernum
opimianum annorum centum.*

Le *cade* avoit la figure d'une pomme de pin ; il contenoit
moitié plus que l'amphore.

On exposoit les vins les plus généreux, en plein air, dans ces
vases bien bouchés : les plus foibles étoient sagement mis à couvert. *Fortius vinum sub dio locandum, tenuia verò sub tecto
reponenda, cavendaque à commotione ac strepitu viarum.*
(Baccius.) *Potentius vinum, sub dio collocandum est, aver-
tatur autem ab occasu et meridie, parietibus quibusdam ap-
positis. Tenuia verò vina sub tecto ponenda sunt, fenestræ autem
fiant altiores, ad septentrionem et orientem spectantes.* Cap. II,
liv. VII, Geoponicorum. Galien nous observe que tout le vin
étoit mis en bouteilles, qu'après cela on l'exposoit à une forte
chaleur dans des chambres closes, et qu'on le mettoit au soleil
pendant l'été sur les toits des maisons pour le mûrir plus tôt et le
disposer à la boisson. *Omne vinum in lagenas transfundi, postea
in clausa cubicula multâ subjectâ flammâ reponi, et in tecta
ædium æstate insolari, undè citiùs maturescant ac potui idonea
evadant.*

Pour qu'un vin se conserve et s'améliore, il faut le déposer dans des vases et dans des lieux dont le choix n'est pas indifférent à déterminer. Les vases de verre sont les plus favorables, parceque, outre qu'ils ne présentent aucun principe soluble dans le vin, ils le mettent à l'abri du contact de l'air, de l'humidité et des principales variations de l'atmosphère. Il faut avoir l'attention de boucher exactement ces vases avec du liège fin, et de coucher les bouteilles pour que le bouchon ne puisse pas se dessécher et faciliter l'accès de l'air. On peut, pour plus de sûreté, couler de la cire sur le bouchon, l'y appliquer avec un pinceau, ou tremper le goulot dans un mélange fondu de cire, de résine ou de poix. Il est des particuliers qui recouvrent le vin d'une couche d'huile : ce procédé est recommandé par Baccius. On recouvre ensuite le goulot avec des verres renversés, des creusets, des vases de fer-blanc, ou toute autre matière capable d'empêcher que les insectes ou les souris ne se précipitent dans le vin.

Les tonneaux sont les vases les plus employés : ils sont, pour l'ordinaire, construits avec du bois de chêne. Leur capacité varie beaucoup, et ils reçoivent le nom de *barriques*, *tonneaux* ou *foudres*, selon qu'elle est plus ou moins grande. Le grand inconvénient des tonneaux, c'est non seulement de présenter au vin des substances qui y sont solubles, mais encore de se tourmenter par les variations de l'atmosphère, et de prêter des issues faciles, tant à l'air qui veut s'échapper qu'à celui qui veut pénétrer.

Les vases de terre vernissés auroient l'avantage de conserver une température plus égale, mais ils sont plus ou moins poreux ; et, à la longue, le vin doit s'y altérer. On a trouvé, dans les ruines d'Herculanum, des vaisseaux dans lesquels le vin étoit desséché. Rozier parle d'une urne semblable découverte dans une vigne du territoire de Vienne en Dauphiné, sur le lieu même où étoit bâti le palais de Pompée. Les Romains remédioient à la porosité en passant de la cire au dedans et de la poix au dehors ; ils en recouvroient toute la surface avec des linges cirés qu'ils y appliquoient avec soin.

Pline condamne l'usage de la cire, parceque, selon lui, elle faisoit aigrir les vins : *Nam ceram accipientibus vasis compertum est vina acescere.*

Quelle que soit la nature des vaisseaux destinés à contenir le vin, il faut faire choix d'une cave qui soit à l'abri de tous les accidens qui peuvent la rendre peu propre à ces usages.

1° L'exposition d'une cave doit être au nord : sa température est alors moins variable que lorsque les ouvertures sont tournées vers le midi.

2° Elle doit être assez profonde pour que la température y soit constamment la même. *In cellis quæ non satis profundæ sunt*

diurni caloris participes fiunt; vina non diu subsistunt integra.
Hoffmann.

3° L'humidité doit y être constante sans y être trop forte; l'excès détermine la moisissure des papiers , bouchons, tonneaux, etc.

La sécheresse dessèche les futailles , les tourmente et fait transsuder le vin.

4° La lumière doit y être très modérée : une lumière vive dessèche ; une obscurité presque absolue pourrit.

5° La cave doit être à l'abri des secousses. Les brusques agitations , ou ces légers trémoussemens déterminés par le passage rapide d'une voiture sur un pavé , remuent la lie , la mêlent avec le vin , l'y retiennent en suspension, et provoquent l'acétification. Le tonnerre et tous les mouvemens produits par des secousses déterminent le même effet.

6° Il faut éloigner d'une cave les bois verts , les vinaigres , et toutes les matières qui sont susceptibles de fermentation, ou qui, par leurs exhalaisons, peuvent la provoquer.

7° Il faut encore éviter la réverbération du soleil, qui , variant nécessairement la température d'une cave, doit en altérer les propriétés.

D'après cela , une cave doit être creusée à quelques toises sous terre ; ses ouvertures doivent être dirigées vers le nord; elle sera éloignée des rues , chemins, ateliers , égouts, courans, latrines , bûcher , etc. ; elle sera recouverte par une voûte.

Section IV. *Des maladies ou dégénérations du vin.* Pour mieux comprendre les dégénérations auxquelles les vins sont sujets , il faut rappeler quelques uns des principes que nous avons déjà développés dans les chapitres précédens.

La fermentation vineuse n'est due qu'à l'action réciproque entre le principe sucré et le ferment ou principe végéto-animal.

La fermentation terminée ne peut donc nous offrir que trois résultats.

1° Si les deux principes de la fermentation se sont trouvés dans le moût , dans des proportions convenables , ils ont dû être décomposés entièrement l'un et l'autre ; et il ne doit exister , après la fermentation , ni principe sucré , ni ferment : dans ce cas, on ne doit craindre aucune dégénération ultérieure , puisqu'il ne se trouve , dans le vin , aucun germe de décomposition. Les vins de cette nature , bien clarifiés, peuvent donc se conserver , sans crainte d'altération. Il faut néanmoins, dans ce cas, coller les vins pour enlever les débris de la décomposition du ferment ; sans cela , ils nagent dans la liqueur , déposent au fond des vases , et forment ce qui est connu sous le nom de *lie.* Les vins bien fermentés et dépouillés de ces débris ne courent plus aucun risque de décomposition.

2° Si le principe sucré prédomine dans le moût, par ses proportions, sur le principe végéto-animal ou ferment, ce dernier sera tout employé pour ne décomposer qu'une partie du sucre, et le vin conservera nécessairement un goût sucré.

Dans ce cas, on n'a pas à craindre, ni que le vin tourne à l'aigre, ni qu'il tourne à la graisse, parceque ces deux effets ne peuvent être produits qu'autant que le ferment y est excédant. Les vins de cette nature peuvent être conservés, sans altération aucune, aussi long-temps qu'on peut le désirer. Ils s'améliorent même avec le temps, parceque le goût sucré diminue, attendu que le sucre se combine avec les autres principes, ou qu'un reste de fermentation insensible le convertit en alcohol.

5° Mais si la levure ou le ferment prédomine dans le moût, par ses proportions, sur le principe sucré, une partie de ce ferment suffira pour décomposer tout le sucre ; et ce qui reste produit presque toutes les maladies propres aux vins : en effet, ce principe de fermentation existant toujours dans le vin, ou bien il réagit sur les principes que contient la liqueur, et, dans ce cas, il produit une dégénération acide ; ou bien il se dégage de la liqueur qui le retenoit en dissolution, et il lui donne alors une consistance sirupeuse qui produit le phénomène qu'on appelle *graisser, filer*, etc.

Il est clair que, dans les deux principaux résultats de la fermentation, on peut corriger le vice qu'elle présente en fournissant à la masse une nouvelle quantité de celui des deux principes qui ne s'y trouve pas dans de justes proportions. Lorsque le sucre prédomine, on pourroit ajouter de la levure ; et, lorsque c'est le levain qui y est en excès, comme dans tous les vins foibles, provenant de raisins qui n'ont pas atteint leur degré de maturité, ou qui, par leur nature, sont peu sucrés, on peut y ajouter du sucre.

Il est facile de voir qu'en partant de ces principes on arriveroit toujours à obtenir des fermentations entières et complètes, et que le vin ne courroit plus aucun risque d'altération. Mais il faut convenir que, par ce moyen, nous nous priverions de beaucoup d'excellens vins qui ne doivent leurs très bonnes qualités qu'à des fermentations incomplètes, mais assez habilement conduites pour développer des qualités précieuses dans la liqueur, telles que le *bouquet* ou le *fumeux*.

Nous allons rapprocher de ces principes tout ce que la pratique nous apprend sur les maladies du vin.

Presque tous les vins s'améliorent en vieillissant, et on ne peut les regarder comme parfaits que long-temps après qu'on les a fabriqués. Les vins liquoreux sont sur-tout dans ce cas-là ; mais les vins délicats tournent à l'*aigre* ou au *gras* avec une telle facilité, que ce n'est qu'avec les plus grandes précautions qu'on peut les conserver plusieurs années.

Il n'est pas de vignoble dont le vin n'ait une durée fixe et con-

nue : cette durée varie, dans le vin du même vignoble, selon la
saison qui a régné, et le temps qu'on a employé à la fermentation.

Lorsque la saison a été humide, pluvieuse ou froide, le raisin
n'a pas mûri, ou il s'est rempli d'eau, et alors le vin est foible
et de peu de durée. Lorsque la fermentation a été maintenue plus
long-temps, le vin se conserve mieux.

En général, les raisins provenant de terrains gras et bien nourris,
de même que les raisins fournis par des vignes provignées ou trop
jeunes, donnent des vins qui ne sont pas de garde. Les vins délicats et fins se conservent aussi difficilement.

Les anciens, ainsi que nous l'apprennent Galien et Athénée,
avoient déterminé l'époque de vétusté, ou l'âge auquel leurs divers
vins devoient être bus : *Falernum ab annis decem ut potui idoneum, et à quindecim usque ad viginti annos ; après ce terme,
grave est capiti et nervos offendit. Albani verò cùm duæ sint
species, hoc dulce, illud acerbum, ambo à decimo quinto anno
vigent. Surrentinum vigesimo quinto anno incipit esse utile,
quia est pingue et vix digeritur, ac veterascens solùm fit potui
idoneum. Triburtinum leve est, facile vaporat, viget ab annis
decem. Lubicanum pingue et inter Albanum et Falernum pu-
tatur usui ab annis decem idoneum. Gauranum rarum inve-
nitur, at optimum est et robustum. Signinum, ab annis sex
potui utile.*

Les soins qu'on apporte à transvaser, à coller et à *muter* les
vins, contribuent puissamment à leur conservation. Il en est peu
qui passent les mers sans cette précaution. Il importe donc, pour
prévenir toutes leurs altérations, de répéter et multiplier ces opérations ; et c'est à cet usage précieux que l'on doit la faculté de
pouvoir transporter les vins dans tous les climats, et de leur faire
éprouver toutes les températures sans crainte de décomposition.

Parmi les maladies auxquelles les vins sont les plus sujets, la
graisse et l'*acidité* sont à la fois et les plus fréquentes et les plus
dangereuses.

ARTICLE PREMIER. *De la maladie du vin appelée graisse.* La
graisse est une altération que contractent souvent les vins ; ils perdent leur fluidité naturelle, et filent comme de l'huile : on appelle
encore cette dégénération, *tourner au gras, graisser, filer,* etc.

Les vins très généreux dont le moût étoit très sucré ne tournent jamais au *gras.* Il n'y a que les vins délicats et peu riches
en esprit qui *graissent.*

Les vins foibles, qui ont très peu fermenté, sont les plus disposés à cette maladie.

Les vins foibles, faits avec les raisins égrappés, y sont plus
sujets.

Le vin tourne au gras dans les bouteilles les mieux fermées. On n'en est que trop convaincu dans la Champagne et la Bourgogne, où toute la récolte contracte quelquefois cette altération.

Les vins gras ne fournissent à la distillation qu'un peu d'eau-de-vie *grasse*, *colorée*, *huileuse*.

En général, cette maladie du vin exige peu de remèdes. Il est rare que la liqueur ne se rétablisse pas d'elle-même.

On la prévient en *collant* et *mutant* les vins avec soin, en donnant à la fermentation tout le temps convenable.

Il suffit quelquefois de laisser reposer un vase rempli de vin graisseux, ou de l'exposer dans un lieu chaud pour guérir cette maladie. On a même observé, en Champagne, que les vins blancs tournent rarement à la *graisse*, tant qu'ils sont en *cercle*. Cette dégénération a lieu sur-tout lorsque la saison a été pluvieuse, les vendanges humides, et que le vin a *plus de liqueur que de sève*.

Lorsque la graisse est constatée, ce qui s'annonce par un dépôt gras, laiteux et blanchâtre, et toutes les fois que le vin, agité légèrement sur sa *couche*, ne sonne pas, et présente un œil ou une bulle qui s'attache au verre, on a l'attention de ne pas toucher au vin ; on le laisse sur place ; et cette maladie guérit à la première ou à la seconde sève suivante : alors le dépôt blanchâtre devient brun, se dessèche, se détache par écailles dans la bouteille, et le vin reprend sa diaphanéité ; il devient *sonnant*, et on le dit *guéri*.

C'est sur-tout au temps qu'il faut abandonner la cure du vin gras : rarement cette maladie dure plus d'un an.

On a observé en Champagne que si, dans la quantité de raisins employée à faire des vins blancs, les blancs l'emportent sur les noirs, la *jaunisse* se mêle à la *graisse*, et le vin n'est plus de vente ; il a un goût fade et mou, et une couleur de cuivre qui ne permettent plus de l'employer qu'en le recoupant avec des vins rouges communs et inférieurs, très chargés en couleur et fort durs.

Il est évident, d'après la nature des causes qui déterminent la *graisse* des vins, d'après les phénomènes que présente cette maladie, et les moyens qu'on emploie pour la guérir, que cette altération provient de ce que le ferment ou le principe végéto-animal du raisin n'a pas été suffisamment élaboré ou décomposé. (1)

_____

(1) Lorsqu'on abandonne le vin graisseux à lui-même, en le maintenant dans la même température, le principe qui a rompu sa solution et s'est précipité du liquide se dessèche peu à peu et se précipite dans la bouteille ; le vin reprend alors peu à peu sa diaphanéité.

Lorsqu'on expose le vin graisseux à une température plus chaude, le ferment qui s'en étoit séparé peut s'y redissoudre ou éprouver une nouvelle fermentation qui le décompose et guérit le vin de sa maladie; mais cette nouvelle fermentation ne peut s'exciter qu'autant qu'il existe encore un peu de sucre non décomposé. Au reste, dans le cas où tout le sucre auroit

Nous avons déjà observé que ce principe, mêlé avec le principe sucré, donnoit lieu à un mouvement de fermentation qui décomposoit les deux élémens et formoit de l'alcohol. Mais il est naturel de penser, et conforme d'ailleurs à l'expérience, que, lorsque le principe sucré est peu abondant, le ferment reste en grande partie dans la liqueur après l'entière décomposition du sucre. Il y est d'abord en dissolution ; mais, comme il a une grande tendance à se précipiter, bien des causes peuvent le dégager et l'extraire, pour ainsi dire, de la liqueur où il étoit dissous.

On voit, d'après cela, pourquoi les vins les moins spiritueux sont sujets à filer ; pourquoi les vins qui ont le moins fermenté sont plus particulièrement sujets à cette maladie ; pourquoi, en collant les vins ou en procurant à la masse une nouvelle fermentation, on parvient à les rétablir ; pourquoi les vins foibles, mais bien clarifiés, en sont exempts ; pourquoi cette maladie disparoît d'elle-même aux époques de l'année où le vin éprouve une nouvelle fermentation, tant en *cercles* qu'en bouteilles.

Nous voyons un effet analogue à la *graisse* dans la bierre dans la décoction de la noix de galle, et dans plusieurs autres cas où le principe extractif très abondant se précipite de la liqueur qui le tenoit en dissolution, et acquiert les caractères de la fibre à moins que la fermentation ne le détruise, ou qu'un acide ne le précipite.

ARTICLE II. *De l'acescence spontanée du vin.* L'acescence du vin est néanmoins la maladie la plus commune, on peut même dire la plus naturelle ; car elle est presque une suite de la fermentation spiritueuse : mais connoissant les causes qui la produisent et les phénomènes qui l'accompagnent ou l'annoncent, on peut parvenir à la prévenir. Les anciens admettoient trois causes principales de l'acidité des vins : 1° l'humidité du vin ; 2° l'inconstance ou les variations de l'air ; 3° les commotions.

Pour connoître exactement cette maladie, il faut rappeler quelques principes qui seuls peuvent nous fournir des lumières ce sujet.

Nous avons observé que la fermentation du moût n'avoit lieu que par le mélange du principe sucré avec le principe végéto-animal : or, ces deux principes peuvent exister dans le moût dans des proportions bien différentes. Lorsque le corps sucré est très abondant, le principe végéto-animal est tout employé à le décomposer, et il ne suffit même pas ; de sorte que le vin reste sucré et liquoreux, sans qu'on doive craindre une dégénération

---

été décomposé, ou peut donner de l'aliment à la fermentation, et la rétablir en dissolvant dans le vin graisseux la quantité de sucre ou de moût très sucré qui est nécessaire.

acide. Lorsqu'au contraire le principe végéto-animal est plus abondant que le principe sucré, ce dernier est décomposé avant que le
premier soit tout absorbé ; alors il reste du ferment dans le vin,
lequel s'exerce sur les autres principes, se combine avec l'oxigène de l'air atmosphérique, et fait passer la liqueur à la dégénération acide. On ne peut prévenir ce mauvais résultat qu'en cla-
rifiant, collant, soufrant et décantant le vin pour enlever tout le
ferment qui y existe ; ou bien en mêlant dans le vin du sucre ou
du moût très sucré, pour continuer la fermentation spiritueuse,
et employer tout le levain à produire de l'alcohol.

Nous allons voir que l'observation vient à l'appui de cette
doctrine.

1° Les vins ne tournent jamais à l'aigre, tant que la fermentation spiritueuse n'est pas terminée, ou, en d'autres termes, tant
que le principe sucré n'est pas pleinement décomposé. De là l'a-
vantage de mettre le vin en tonneaux, avant que tout le principe
sucré ait disparu, parcequ'alors la fermentation spiritueuse se continue et se prolonge long-temps, et écarte tout ce qui pourroit
préparer la décomposition acéteuse. De là l'usage d'ajouter
un peu de sucre ou du moût dans le tonneau, pour continuer la
fermentation lorsqu'elle s'est apaisée et qu'on craint la dégénération.

2° Les vins les moins spiritueux sont ceux qui *tournent* le
plus vite.

Nous devons distinguer avec soin l'altération des vins foibles
d'avec celle des vins généreux : dans les premiers, le principe de
la fermentation se sépare et reste dispersé dans la liqueur qu'il
rend trouble ; la couleur devient lie de vin, mais la saveur est à
peine acide ; on appelle cette altération du vin, *tourner*, se *troubler* : dans les seconds, comme l'esprit-de-vin y est plus abondant, les phénomènes y sont aussi différens, et l'acide y devient
plus fort.

La différence qu'il y a encore entre les vins foibles et les vins
très généreux, c'est que ceux-ci ne tournent plus à l'aigre lorsqu'on les a dépouillés par le collage, la clarification et le soufrage,
de tout le principe de la fermentation ; tandis que les vins foibles
conservent toujours assez de ce principe, qui leur est inhérent et
nécessaire pour passer à l'aigre.

3° J'ai exposé des vins vieux de Languedoc, bien préparés et
très généreux, dans des bouteilles débouchées, à l'ardeur du soleil
des mois d'août et juillet, pendant plus de quarante jours, sans
que le vin ait perdu sa qualité ; seulement le principe colorant
s'est constamment précipité sous la forme d'une membrane qui
tapissoit le fond de la bouteille. Il est à noter que ce vin a pris une
légère amertume, et a laissé dégager quelques filamens de lie qui
formoient un nuage dans la liqueur, ce qui confirme la théorie

que nous développerons par la suite, de la cause de l'amertume que prennent quelques vins lorsqu'ils commencent à vieillir.

4° Le vin ne s'acidifie ou ne s'aigrit que lorsqu'il a le contact de l'air : l'air atmosphérique mêlé dans le vin est un vrai levain acide.

Lorsque le vin pousse, il laisse échapper ou exhaler le gaz qu'il renferme. Rozier a proposé d'adapter une vessie à un tuyau qui aboutisse dans la capacité du tonneau, pour juger de l'absorption de l'air et du dégagement du gaz. Lorsqu'elle s'emplit, le vin tend à la pousse ; si elle se vide, il tourne à l'aigre.

Lorsque le vin pousse, le tonneau laisse reverser le vin sur les parois ; et, lorsqu'on fait un trou avec une vrille, le vin s'échappe avec sifflement et écume : lorsqu'au contraire le vin tourne à l'aigre, les parois du tonneau, le bouchon et les luts sont secs, et l'air s'y précipite avec effort, dès qu'on débouche. (1)

On peut conclure de ce principe que le vin, enfermé dans des vases bien clos, n'est pas susceptible d'aigrir.

Dans les pays où le vin à une grande valeur, et où, par conséquent, l'ascescence occasionne des pertes considérables, on a observé que la dégénération acide se manifestoit d'abord dans la partie de la liqueur qui occupe le haut du tonneau, d'où elle descend peu à peu dans toute la masse ; et, en partant de cette observation, on a été conduit à soutirer le vin par le bas, de manière à séparer tout le liquide qui n'a pas été altéré. Par ce moyen extrêmement simple, dès qu'on s'aperçoit que le vin commence à tourner, on peut en soustraire une grande partie à la dégénération. Il est probable que l'acescence ne commence par les couches supérieures ou voisines de la bonde, que parceque l'air pénètre plus aisément par cette partie.

5° Il est des temps dans l'année où le vin tourne à l'aigre plus aisément : ces époques sont le retour des chaleurs, le moment de la sève de la vigne, l'époque de sa floraison et le temps où le raisin commence à rougir. C'est sur-tout dans ces momens qu'il faut le surveiller pour parer à la dégénération acide.

6° Le changement dans la température provoque encore l'acescence du vin, sur-tout lorsque la chaleur s'élève à 20 ou 25 degrés. Alors la dégénération est rapide et presque inévitable.

Il est aisé de prévenir cette altération, en écartant toutes les causes que nous venons d'assigner. Mais je crois qu'il est impossible de faire rétrograder la marche de la dégénération lorsque l'acescence s'est déclarée : dans ce cas, on peut, tout au plus, en

---

(1) La pousse du vin a tous les caractères d'une seconde fermentation. L'acescence est une dégénération de la liqueur spiritueuse ; elle n'est excitée que par le contact et l'absorption de l'oxigène de l'air atmosphérique.

masquer le goût par quelques moyens qui sont connus de tout le monde, et que nous allons rapporter.

On dissout du moût cuit, du miel ou de la réglisse, dans le vin où l'acidité se manifeste : par ce moyen, non seulement on corrige le goût aigre, en le remplaçant par la saveur douceâtre de ces ingrédiens, mais on rétablit la fermentation spiritueuse, en donnant au ferment qui existe encore dans le vin le principe sucré qui lui est nécessaire. Par ce moyen on force le ferment à s'exercer sur le sucre, et à produire du vin au lieu de produire de l'acide qui se forme lorsque le ferment porte son action sur les autres principes et se combine avec l'air.

On s'empare du peu d'acide qui a pu se former à l'aide des cendres, des alkalis, de la craie, de la chaux, et même de la litharge. Cette dernière substance, qui forme un sel très doux avec l'acide acétique, est d'un emploi très dangereux.

On peut aisément reconnoître cette sophistication criminelle, en versant de l'hydro-sulfure de potasse (foie de soufre) dans le vin. Il s'y forme de suite un précipité abondant et noir ; on peut encore faire passer du gaz hydrogène sulfuré à travers cette liqueur altérée, il s'y produira pareillement un précipité noirâtre qui n'est qu'un sulfure de plomb.

Les écrits des œnologues fourmillent de recettes qu'on propose pour corriger l'acidité des vins.

Bidet prétend qu'un cinquantième de lait écrémé, ajouté à du vin aigri, le rétablit, et qu'on peut le transvaser en cinq jours. Le lait n'a, dans cette circonstance, que l'avantage de clarifier le vin et de s'emparer du principe végéto-animal, qui donne lieu à la dégénération acide.

D'autres prennent quatre onces de blé de la meilleure qualité, le font bouillir dans l'eau jusqu'à ce qu'il crève ; lorsqu'il est refroidi, on le met dans un petit sac qu'on plonge dans le tonneau, et l'on remue bien avec un bâton.

On conseille encore les semences de poireau, celle de fenouil, etc.

ARTICLE III. *De quelques autres altérations du vin.* Indépendamment des altérations dont nous venons de parler, il en est encore d'autres qui, quoique moins communes et moins dangereuses, méritent de nous occuper : le vin contracte quelquefois ce qu'on appelle généralement *goût de fût.* Cette maladie peut provenir de deux causes : la première a lieu lorsque le vin est enfermé dans un tonneau dont le bois est vicié, vermoulu, pourri. La deuxième survient toutes les fois qu'on laisse sécher de la lie dans des futailles, et qu'on y verse ensuite du vin, quoiqu'on ait alors la précaution de l'enlever. Willermoz a proposé l'eau de chaux, l'acide carbonique et le gaz acide muriatique oxigéné, pour corriger le goût de fût qui appartient au tonneau. D'autres conseillent de coller et de soutirer le vin avec soin, et d'y faire infuser du froment grillé pendant deux ou trois jours. En Bourgogne, lorsque le vin a contracté le goût de fût, on passe ce vin sur la lie du vin non vicié, on le roule avec soin; on le goûte, pour s'assurer du moment où le goût a disparu, et on colle. Lorsque le goût ne disparoît pas à une première opération, on la renouvelle.

Les vins contractent encore avec le temps une imperfection qu'on appelle *amertume*; ceux de Bourgogne y sont très sujets. Je regarde cette dégénération du vin comme une suite de son travail dans le verre ou les tonneaux; car les vins se dépouillent peu à peu de leur principe végéto-animal ou levure, qui se dépose par la fermentation insensible, ou bien est précipité par le soufre et extrait par les blancs d'œufs; mais lorsque le vin est dépouillé de ce principe, alors le principe acerbe, inhérent au vin de Bourgogne, et qui y étoit masqué par le principe doux, paroît seul et avec tous ses caractères. Ce qui paroît prouver mon opinion à ce sujet, c'est que ce vin se conserve très bien, qu'il ne se corrige point de cette impression, qu'il ne contracte ce mauvais goût qu'avec le temps; de sorte qu'on peut regarder l'amertume comme une suite naturelle du travail du vin; cette opinion paroît d'autant plus vraisemblable, que le vin de Bourgogne a, dans sa maturité, un petit arrière-goût acerbe, que tout le monde lui connoît.

Je crois qu'on pourroit corriger ce goût en roulant ce vin sur une première lie, ou en y ajoutant à propos un peu de dissolution de sucre, ou mieux encore une pinte de vin muet par pièce de vin.

Un phénomène qui a autant frappé qu'embarrassé les nombreux écrivains qui ont parlé des maladies du vin, c'est ce qu'on appelle *les fleurs de vin*. Elles se forment dans les tonneaux, mais sur-tout dans les bouteilles dont elles occupent le goulot: elles annoncent et précèdent constamment la dégénération acide du vin. Elles se manifestent dans presque toutes les liqueurs fermentées. Je les ai vues se former, en si grande abondance, dans un mélange fermenté de mélasse et de levure de bierre, qu'elles se précipitoient par pellicules ou couches nombreuses et successives dans la liqueur. J'en ai obtenu, de cette manière, une vingtaine de couches.

Ces fleurs, que j'avois prises d'abord pour un précipité de tartre, ne sont plus à mes yeux qu'une légère altération du principe végéto-animal, qui, comme nous l'avons observé, passe avec une merveilleuse facilité à l'état de fibre. Cette substance se réduit à presque rien par la dessiccation, et n'offre à l'analyse qu'un peu d'hydrogène et beaucoup de carbonne.

On a vu, en 1791 et 1792, tout le produit d'une vendange altéré, dans les premiers temps, par une odeur âcre, nauséabonde, qui disparut à la suite d'une fermentation très prolongée. Cet effet étoit dû à une énorme quantité de punaises de bois qui s'étoient jetées sur les raisins, et qu'on avoit écrasées dans le foulage. (CHAP.)

VIN CUIT. L'art de concentrer le moût par l'évaporation au feu et de le rapprocher, à différens degrés de consistance, au tiers ou à la moitié de son volume, est aussi ancien que l'art de planter la vigne et de faire le vin. Les habitans de l'Archipel et de l'Égypte ont encore recours à ce procédé, pour composer avec le résultat une espèce de sorbet très recherché parmi eux, et qu'ils conservent à la cave dans des vaisseaux de bois.

Mais il faut convenir que dans cet état le liquide dont il s'agit ne présente qu'une sorte de sirop plus ou moins épais, à raison de l'espèce de raisin et du climat d'où il provient, et que c'est mal à propos qu'on le qualifie du nom de *vin cuit*, puisque le moût auquel il appartient n'a nullement fermenté, et que par conséquent il ne renferme pas un atome d'alcohol, principe essentiel à la composition de toute liqueur vineuse, quelle qu'en soit la dénomination pompeuse de *crême*, de *quintessence*, d'*huile*, d'*élixir*, etc.

A la vérité, les partisans de cette méthode n'avoient pas seulement pour objet de se procurer alors un sucre liquide indigène, capable de servir de condiment à leurs fruits, à leurs ratafias et à leur boisson chaude ; ils se proposoient encore, au moyen de cet auxiliaire, de remédier aux défauts de leur vendange.

Et en effet, dans les cantons où le raisin parvient difficilement à une maturité complète, il faut bien chercher à obtenir un produit pourvu du moins de toutes les qualités qu'il peut avoir. Or, quand la nature a été avare de matière sucrée, l'art doit la prodiguer au fruit qui en manque, mais dans des proportions relatives. Le moût d'un raisin plus parfait concentré d'avance, sous forme de sirop ou de conserve, ajouté à la cuve en fermentation, supplée cette matière infiniment mieux que la cassonnade, la mélasse et le miel, proposés depuis peu pour remplir un objet aussi important.

Cette pratique des anciens, que des chimistes modernes ont eu l'intention d'imiter, en proposant les supplémens dont il s'agit, ne sauroit être admise ; car, en supposant que leur prix actuel en permît l'emploi dans une pareille circonstance, ils ne seront jamais aussi efficaces que le sirop et la conserve de raisin, dont les principes ont plus d'analogie avec ceux du moût, et peuvent avoir l'inconvénient de donner des saveurs spiritueuses, étrangères aux vins, et souvent fort désagréables.

Y a-t-il une eau-de-vie plus mauvaise que celle de la mélasse ? mais ce n'est pas ici le lieu de discuter cette question ; nous aurons l'occasion, aux vendanges prochaines, d'en faire l'objet d'un travail particulier.

Ce qu'on entend aujourd'hui par *vin cuit* est une véritable liqueur de table, composée de parties égales de moût de raisin ainsi concentré et d'eau-de-vie du commerce, au mélange duquel on ajoute des semences aromatiques et des épices ; le tout infusé pendant huit jours, et passé par la chausse, d'où résulte le ratafia le plus économique qu'on puisse se procurer, puisqu'on est dispensé d'y employer du sucre. Le point essentiel, c'est de déterminer les proportions des ingrédiens, de manière qu'aucun n'y soit dominant, et qu'on ne puisse pas être fondé, en savourant une liqueur, de dire qu'elle est foible, forte, trop sucrée, trop parfumée ; enfin, il faut que la sensation qu'elle imprime sur l'organe du goût résulte de la juste combinaison de tous ces ingrédiens.

Nous croyons devoir exclure de la table des agriculteurs les liqueurs superfines, ainsi appelées parcequ'elles sont préparées par distillation, couvertes du plus beau sucre et surchargées d'aromates. Nous nous bornerons aux liqueurs bourgeoises ou communes, en un mot, à celles dont les matériaux étant à bon compte, et faciles à se procurer par-tout, sont devenues d'un usage général. Voici le plus ancien et le plus salutaire des ratafias.

Hippocras. On lui attribuoit autrefois de grandes propriétés ; il est décrit dans les œuvres de *Gallien* au nombre des vins cordiaux, et doit son origine à la pharmacie exercée par ce chef de la médecine. Sa préparation consiste à faire infuser, pendant cinq à six jours, dans du bon vin rouge ou blanc, des aromates choisis parmi les épices, et à y ajouter du sucre; mais cette préparation est tout-à-fait défectueuse.

L'hippocras ne peut se conserver aussi long-temps que le vin lui-même, parceque toutes les fois que celui-ci exerce les fonctions de dissolvant au lieu de véhicule, il éprouve infailliblement dans ses parties constituantes un changement notable, qui tend toujours à sa détérioration. On ne doit donc pas être surpris que ce ratafia tant vanté soit tombé en désuétude. Le seul moyen de lui rendre son ancienne célébrité consisteroit à en corriger la recette ; et au lieu d'ajouter immédiatement la substance amère ou aromatique au vin, ce seroit d'en faire préalablement une teinture, au moyen de l'eau-de-vie, et de l'y mêler au moment d'en faire usage, d'où résulteroit alors une liqueur plus homogène et plus suave. Le médecin seroit plus assuré de la nature et de l'efficacité du remède qu'il prescrit, et le malade trouvera le soulagement qu'il a droit d'attendre. C'est précisément là le point de perfection que j'ai eu en vue d'atteindre dans la réforme que j'ai proposée pour la confection des vins médicinaux.

Vin cuit préparé au midi. On verse dans un chaudron placé sur le feu douze pintes de moût : quand la liqueur entre en ébullition, on enlève l'écume et on pousse l'évaporation jusqu'à la réduction de la moitié ; on met la liqueur toute bouillante, sans la passer, dans la cruche où il y a partie égale d'eau-de-vie, c'est-à-dire six pintes; on y ajoute ensuite une pincée d'anis et de coriandre, un gros de cannelle de Chine, l'amande osseuse de six abricots et d'autant de pêches; on bouche la cruche avec un bouchon de liège recouvert d'un linge mouillé; on la laisse dans un endroit tempéré. Après quarante-huit heures de séjour, on passe la liqueur à travers un linge mouillé, on la remet dans la cruche, et on l'y laisse pendant l'hiver, ou jusqu'à ce qu'on la tire au clair, en la filtrant par la chausse pour la distribuer dans des bouteilles exactement fermées.

Le sirop doux de raisin peut servir de base aux ratafias qu'on voudroit préparer sur-le-champ, par-tout et dans toutes les circonstances.

Vin cuit préparé au nord. Exposez au feu douze pintes de moût, réduisez-les aux deux tiers par l'évaporation, et versez la liqueur dans une terrine pendant deux jours; au bout de ce temps, enlevez avec une écumoire la pellicule saline qui recouvre la surface, et décantez. Cette liqueur, mise sur le feu, est versée bouillante dans une cruche où se trouvent quatre pintes d'eau-de-vie; on y ajoute les aromates en même quantité, et on procède comme dessus.

Cidre et poiré cuits. Douze pintes de cidre doux (ving-quatre livres) étant réduites à la moitié dans un chaudron sur le feu, on écume et on verse bouillant dans une cruche où se trouvent six pintes d'eau-de-vie; on y ajoute une pincée d'anis et de coriandre, un gros de cannelle, et le bois de plusieurs noyaux d'abricots et de pêches; après deux jours de mélange, on passe à travers une toile mouillée, et l'on remet à macérer pendant quelques mois.

C'est absolument le même procédé pour faire le poiré cuit, que celui qui vient d'être décrit, excepté cependant qu'au lieu du cidre doux, c'est du poiré dont il faut se servir.

Des ratafias. Un autre ordre de liqueur non moins agréable, qui n'exige ni l'embarras d'un appareil distillatoire, ni ces recherches pénibles et dispendieuses dans les combinaisons ce sont les ratafias, dont la vogue remonte très haut; ils ont même eu, à l'origine, l'honneur d'être des médicamens très vantés : ce sont ceux qui conservent le mieux ce qu'on appelle le goût du fruit, préparés toujours par macération, c'est-à-dire sans le concours de la chaleur, de la fermentation et de la distillation. Ils ont nécessairement plus ou moins de couleur et de saveur.

Leur perfection dépend de plusieurs points faciles à saisir. Le premier consiste à proportionner la quantité des ingrédiens qui les constituent. Cette proportion a d'abord été déterminée par le hasard; les hommes doués d'un palais exquis ont établi ensuite des règles qui font beaucoup varier la même liqueur. En général, c'est partie égale d'eau-de-vie et la moitié en poids de sirop de raisin. La quantité de l'aromate dépend uniquement du goût des consommateurs et des ressources locales.

Ratafia des quatre fruits. Pour le préparer , on prend dix livres de cerises bien mûres, cinq livres de merises noires des bois, deux livres de framboises, une livre de groseilles. On épluche ces fruits et on les écrase ensemble avec les mains , pour laisser le mélange en macération pendant vingt-quatre heures environ ; au bout de ce temps, on passe la liqueur à travers un tamis, et le marc est soumis à la presse. On ajoute par pinte de suc la même mesure d'eau-de-vie , une livre de sirop de raisin bouillant , et sur la totalité un demi-setier d'infusion d'œillets rouges , et tous les noyaux entiers qu'on a fait sécher. On laisse le tout en repos pendant deux fois vingt-quatre heures.

Ratafia de curaçao. Il existe , dans une des colonies hollandaises , une variété de bigarade dont l'écorce est l'objet d'un commerce assez considérable, appelée *curaçao*, nom précisément de l'île où ce fruit est cultivé. C'est avec cette écorce qu'on prépare, dans la ci-devant Flandre et la Belgique , un ratafia d'un usage tellement général , qu'il n'y a pas de ménage qui n'en fasse sa provision, et même le régal de ses convives après le repas du matin et du soir.

Cette écorce étant détachée sans soin de sa pulpe, dans le pays où le fruit croît, pour être répandue dans le commerce , on a imaginé d'enlever le blanc qui recouvre la surface intérieure de l'écorce, et qui n'est qu'un véritable parenchyme, dans lequel réside l'amertume et non l'arome ; on en vient à bout en mettant ces écorces à macérer dans l'eau pendant quelques heures ; on les ratisse avec la lame d'un couteau; et la partie celluleuse de l'huile, étant amincie, est déchirée par lanières, sans le secours d'aucun instrument. Ainsi divisée, on la fait sécher. L'eau qui a servi à cette macération est d'une amertume insupportable , et loin de préjudicier à l'arome , elle le développe, et il est plus à nu dans la liqueur.

Cette opération une fois terminée , on prend une once de cette écorce séparée ainsi , qu'on met dans une cruche , et sur laquelle on verse deux pintes de bonne eau-de-vie et deux livres de sirop de raisin bouillant; le tout reste en infusion pendant deux jours ; au bout de ce temps on filtre la liqueur.

Cette recette est préférable à celle qui consiste à employer la distillation , vu que par ce moyen dispendieux et impraticable dans la plupart des ménages on n'obtient pas cette amertume , d'autant plus agréable à conserver, que , combinée avec l'arome , elle forme une liqueur moelleuse d'un goût délicieux.

Ratafia de raisin. Il faut convenir que, pour sa préparation, le sirop doux de raisin est supérieur à celui du sucre, lequel, ajouté à l'eau-de-vie dans des proportions convenables, ne présentera jamais qu'un ratafia sucré et pas davantage ; au lieu que le raisin, comme nous l'avons déjà observé, porte avec lui un goût de fruit et un arome qui, au bout d'un certain temps , perfectionnent la plupart des objets avec lesquels on le mêle.

Ratafia de noyaux. Dans la saison où les abricots sont à leur point de maturité, on prend les noyaux entiers et nouveaux de ces fruits, dont on remplit les deux tiers d'une cruche, et auxquels on ajoute de l'eau-de-vie, qu'on bouche exactement et qu'on expose au soleil pendant un mois. Ce terme expiré, on en sépare les noyaux au moyen d'un tamis, et on remet l'infusion dans la cruche, en y ajoutant une livre de sirop de raisin bouillant par pinte ; au bout d'un mois, on tire à clair le ratafia par la chausse et on le distribue dans des bouteilles.

Le ratafia de noyaux de pêches se prépare de la même manière, mais ces deux liqueurs ont un caractère particulier qui les distingue ; l'un a la saveur d'abricot, l'autre celle de la pêche : cette différence ne vient pas de l'amande du noyau, mais du bois, dans lequel réside l'arome. Ce parfum étant fort délicat, il faut bien se garder de concasser le noyau, de mêler aucun aromate étranger à l'infusion, comme par exemple le clou de girofle, la cannelle, le macis ; ce seroit le moyen d'enlever au ratafia le parfum naturel qu'il doit avoir et dont il porte le nom.

Vins de liqueur. Il existe entre eux une infinité de nuances que nous ne chercherons pas à saisir ; mais il nous semble qu'on ne devroit donner le nom de *vin de liqueur* qu'à celui qui, après avoir subi la fermentation qui lui est propre, jouit encore d'une saveur sucrée.

En général on pourroit, dans les parties méridionales de la France, obtenir, avec toutes les espèces de raisins que nous avons désignées comme les plus propres à faire des sirops, des vins de liqueur aussi parfaits que les plus estimés qui viennent de l'étranger. Il suffiroit de saturer le moût en partie, puis de le réduire au tiers ou à la moitié de son volume, et en le mettant dans la cuve, d'y ajouter de la conserve ou du sirop de raisin et un aromate quelconque. C'est assez qu'une portion de mucoso-sucré échappe à la fermentation, et devienne, dans le vin, l'intermède de l'union des principes qui leur servent de condiment. Ce vin, si on attend, pour le boire, qu'il ait une année de tonneau, ou de bouteilles, aura toujours un caractère de vin de liqueur.

Le moment est propice pour tirer un parti avantageux des vins qui résulteroient des raisins ainsi traités. Pourquoi s'en approvisionner à Malaga, aux îles de Chypre et de Madère, lorsque le vin de Paille qu'on fait en Alsace et en Touraine leur est au moins comparable ? On ne peut disconvenir que celui de Frontignan, de Lunel et de Rivesalte ne les surpasse. Appliquons-nous à rendre ces vins aussi bons qu'ils peuvent l'être, afin d'en assurer le débit dans toute l'Europe, et formons des vœux pour que les productions du sol de la patrie et nos ressources nationales aient aussi leurs prôneurs.

Toutes les fois qu'il s'agit de faire de ces vins une spéculation lucrative, on prend ordinairement des vins blancs ou rouges de bas aloi; on leur ajoute de l'eau-de-vie, de la mélasse ou du miel dans certaines proportions, et, pour arome, des fleurs de sureau ou d'orvale; mais il est facile de juger que ces vins sont factices, non seulement par la dégustation (un palais exercé s'y trompe rarement), mais encore en les exposant dans une cuillère sur le feu; en bouillant, la première vapeur prend feu à la flamme d'une bougie allumée, et laisse, pour résidu, une matière extractive comparable à la mélasse ou au miel, selon la nature du corps sucrant employé.

Mais, au lieu de composer ces vins de liqueur extemporanés avec des vins médiocres déjà tout faits, et dans lesquels les ingrédiens qui constituent leur propriété respective en sont isolés, ne vaut-il pas mieux employer immédiatement, à leur préparation, des matières muqueuses et aromatiques prises dans différentes sources, les mélanger, et faire toujours concourir la fermentation, afin d'obtenir un résultat plus homogène, mieux combiné, et plus susceptible de se conserver et de s'améliorer avec le temps?

Les traités d'économie domestique fourmillent de recettes pour imiter les vins de liqueur quel que soit le pays qu'on habite; les plus tolérables sont celles qui recommandent le miel, les raisins secs, les sucs doux de fruits à pepins et à noyaux, pour obtenir, au moyen de proportions convenables et du secours de la fermentation, un produit vineux préférable à ces résultats qu'on fabrique, hardiment et sans pudeur, toute l'année, à Paris, à Amsterdam, à Londres, à Dunkerque, à Marseille, sous les noms de vin de Malaga, de Madère, de Malvoisie, de Champagne et de Bourgogne, au-delà même de ce que fournissent ces vignobles célèbres.

Vins considérés relativement à la manière de les gouverner dans les tonneaux et en bouteilles. Il ne suffit pas d'avoir réglé le travail de la cuve sur la nature des raisins et l'espèce de produit qu'on veut en obtenir, il faut que les opérations que les vins doivent y subir avant de servir de boisson soient exécutées conformément aux bons principes d'œnologie. Ces opérations sont: l'ouillage ou remplissage, le soutirage, le soufrage, la clarification et le collage, et le tirage en bouteilles.

Ouillage ou *remplissage.* En supposant que le décuvage et la mise en tonneau aient été conduits d'après les préceptes d'Olivier de Serres, nous observerons que tous les soins pour gouverner la fermentation secondaire que les vins subissent à la cave doivent se réduire à tenir le tonneau exactement plein, bien fermé; à le remplir d'abord tous les jours, ensuite tous les huit jours, puis tous les quinze jours, enfin tous les mois, avec un vin du même âge que celui auquel on l'ajoute, et pour le moins aussi bon. En s'écartant de cette règle générale on change la marche de la fermentation, comme l'a judicieusement observé M. Deyeux, et on empêche les combinaisons qui s'opèrent successivement, et ne peuvent jamais être troublées sans préjudicier à la qualité des vins.

Ainsi, lorsqu'on n'a pas le temps de laisser les vins acquérir leur maturité dans le tonneau, il faut nécessairement, pour en rendre la boisson moins désagréable et plus salutaire, les associer avec un vin moins nouveau et plus généreux, car ce seroit s'abuser que de prétendre qu'il est au pouvoir de l'art de bonifier un vin de bas aloi avec un autre qui seroit encore d'une qualité inférieure.

Cette considération ne m'empêche pas de croire que des vins qui ne sont pas potables séparément le deviennent par le simple secours des mélanges faits à propos; aussi suis-je bien éloigné d'adresser des reproches à ceux qui les emploient, puisqu'ils parviennent par ce moyen à conserver des vins qui, s'ils étoient seuls, seroient de courte durée, préjudiciables au commerce, et par suite aux consommateurs.

Mais ces mélanges, qu'on ne doit pas confondre avec ces mixtions clandestines que les lois réprouvent à cause de leurs dangereuses conséquences, n'ont un plein succès qu'autant qu'on ne met pas un intervalle trop long entre l'instant où on opère et celui de la consommation.

En effet, les vins du midi, associés aux petits vins du nord, leur communiquent pour ainsi dire exclusivement leur propre saveur; mais insensiblement les deux liquides se pénètrent, se combinent de manière à former un tout homogène. C'est ainsi que de l'eau-de-vie qu'on allonge avec de l'eau est plus forte au palais, à la gorge, au moment du mélange que quatre jours après. Au reste, cette science de marier, de couper les vins, de les assortir entre eux, quoiqu'intéressante à connoître, est étrangère au sujet que nous traitons

Soutirage. Cette opération, assez difficile à régler, est d'une importance majeure; il convient de ne jamais la négliger. Elle a pour but de séparer toute la lie qui, après avoir troublé les vins pendant leur fermentation, se précipite insensiblement lorsqu'elle est achevée.

Formée d'un mélange confus de la substance végéto-animale qui a servi de levain au moût, et d'une certaine quantité de matière extractive et colorante, la lie agit sur les vins à la manière des fermens; elle y entretient un mouvement continuel de fermentation, et devient une cause prochaine de leur dégénération. C'est donc à en écarter complètement cette matière que doivent tendre tous les efforts, tous les procédés employés préalablement au transport des vins et à leur mise en bouteille, car rien ne nuit plus à leur qualité que l'agitation de la lie et sa suspension dans le liquide; elle est absolument étrangère aux vins en bouteilles.

Peut-être y a-t-il des espèces de vins qui demandent à rester plus ou moins long-temps avec leur lie; mais nous sommes dans l'opinion que le soutirage doit être répété à plusieurs époques, et toujours en temps opportun; que souvent la lie, par son trop long séjour dans les tonneaux, et par l'influence des saisons, remonte à la surface; qu'en traversant la masse du fluide une portion s'y dissout, l'autre en recouvre mécaniquement les molécules, et ne tarde pas à la faire tourner. S'il y a quelques exceptions, elles sont rares. L'expérience démontre qu'on ne devine pas les motifs qui ont fait proposer de garder les vins sur leur lie comme un moyen de les perfectionner. Je déclare qu'il n'en existe pas qui les détériore plus sûrement. Les vins parfaitement soutirés sont d'un transport et d'une garde plus faciles, mûrissent plus tôt dans les tonneaux, et deviennent susceptibles de se façonner en bouteilles; la présence de la lie dans presque tous les vins, et son abondance, produisent des effets diamétralement opposés.

Le simple soutirage suffit aux cabaretiers et à ceux qui, comme l'on dit, tirent au tonneau, pour en séparer la lie la plus grossière; il convient aussi aux vins qu'on doit laisser long-temps en futailles, et destiner pour un commerce; mais ceux qu'on est dans l'intention de garder en bouteilles, et qui ne peuvent acquérir spontanément par le temps, ou par la résidence, cette belle limpidité qui flatte les organes, et à laquelle on attache tant de prix, exigent nécessairement de recourir à la clarification et au collage. Mais avant de développer ces opérations, dont le but est d'achever ce que le soutirage a commencé, et de mettre le vin sur la voie de se perfectionner, il convient de s'arrêter au *soufrage*, qui a pour objet de favoriser le transport des vins, ainsi que leur conservation, et de corriger leurs défauts.

Clarification des vins. Le vigneron soigneux, prévoyant, jaloux de donner au résultat de son travail toute la perfection qu'il peut atteindre, doit entretenir dans un grand degré de propreté les instrumens qui servent à la vinification; les anciens étoient très recherchés sur ce point, les modernes ne paroissent pas y attacher la même importance; ils ignoroient sans doute que le bois, par exemple, se pénètre aisément de mauvaises odeurs, les transmet au moût, qui s'en imprègne avec la même facilité, en sorte que les vins, avant d'être transportés à la cave, ont déjà contracté des défauts que les opérations subséquentes ne parviennent pas à détruire entièrement, défauts que l'on exprime en disant que le vin *sent le bois*.

Il faut donc bien prendre garde que ces instrumens ne soient pas d'un bois trop vert ou trop vieux, susceptible de fournir au vin une matière extractive capable de masquer, non seulement sa saveur naturelle, mais d'agir encore à l'instar de la lie, et de donner à la liqueur vineuse une disposition à dégénérer plutôt qu'à s'améliorer.

Une des précautions essentielles, c'est que les cuves destinées à la fermentation des marcs pour faire les vins de dépense (*la piquette*) servent exclusivement à cet usage, de ne prendre, quand on veut faire resservir les vieilles futailles, que celles qui ont contenu du bon vin et de la même couleur, et de gratter la lie et le tartre déposés sur les parois ou nichés dans les interstices.

Quand une douve est gâtée, il faut la séparer, et enlever le bois de celle où il y a une friche avec un instrument tranchant, soufrer les tonneaux, les cercler, les bondonner et les serrer dans un endroit sec et aéré jusqu'à la vendange.

Pour les priver de la mauvaise odeur qu'ils auroient pu contracter par le séjour du vin qui s'y seroit gâté, il suffit de brûler, au dedans, non des végétaux aromatiques, comme on l'a proposé, mais du bois sec qui, durant son ignition, répande beaucoup de flamme, en supposant toute fois qu'ils n'aient pas déjà un goût de punaise ou de moisi; alors il ne resteroit d'autre parti que de les brûler.

Les bouteilles ne sont pas non plus sans action sur les vins : il est donc nécessaire qu'elles soient d'un verre parfaitement cuit, sans un excédent de potasse qui en rendroit bientôt la couleur, la saveur et l'odeur méconnoissables. Il ne faut jamais que les bouteilles soient portées à la cave sans y avoir passé, non du plomb, mais du gravier de rivière, pour enlever la tache qu'y a laissée le dernier vin. On les renverse ensuite sur des planches trouées, où elles demeurent jusqu'au moment de les remplir.

Ce soin de tous les jours, trop souvent négligé, est plus efficace que quand il faut rincer à la fois toutes les bouteilles destinées à recevoir la pièce qu'on va tirer : si l'on attend cet instant pour les nettoyer, elles n'ont jamais cette propreté désirable; l'humidité d'ailleurs qui y reste est étrangère au vin : elle retarde au moins sa tendance vers l'amélioration. On doit encore séparer celles qui seroient étoilées, vu qu'elles éclatent en les bouchant, ou peu de temps après qu'elles sont posées sur les lattes.

La nature des bouchons n'a pas une influence moins marquée sur les vins que celle des vases en bois ou en verre qui les renferment; il faut qu'ils soient souples, élastiques, de couleur jaunâtre, unis, serrés, imperméables à l'air, à l'humidité et au vin, qu'ils se gonflent plutôt dans le col de la bouteille, qu'ils ne soient ni ligneux, ni poreux.

J'en conviens à regret, mais la prospérité de notre commerce est intéressée à cet aveu, les bouchons provenant du chêne-liège cultivé en France ne peuvent réunir les qualités qui constituent un bon bouchon : jamais notre climat ne donnera à cet arbre une écorce aussi parfaite que les parties méridionales de l'Europe.

Il existe, dans le commerce des bouchons, un abus que je dois faire connoître : les domestiques vendent souvent aux bouchonniers des bouchons qui ont déjà servi; ils en enlèvent la surface et leur donnent l'apparence de bouchons neufs; on ne doit les employer que pour les bouteilles qui n'ont pas besoin d'être hermétiquement fermées.

Il arrive fréquemment que les vins en bouteille dépérissent par la seule défectuosité de leurs bouchons. J'ai vu le même vin, bouché avec du liège français et du liège d'Espagne, présenter, au bout d'un certain temps, toutes choses égales d'ailleurs, deux sortes de vins bien différentes.

On ne sauroit donc trop apporter d'attention dans le choix des bouchons, et recommander assez aux ménagères d'être extrêmement difficiles sur ce point. Cet article de la cave, par-tout négligé, donne souvent aux vins un caractère étranger à celui qu'ils ont naturellement, et fait perdre le fruit de tous les soins qu'on a pris. L'insouciance d'un maître de maison à cet égard est intolérable : il renonce, sans s'en douter, à présenter sur sa table une boisson agréable, qui souvent fait le mérite principal du repas, quoiqu'il ait mis un prix raisonnable pour se la procurer de bonne qualité.

Le liège contient souvent plus de principe astringent qu'à l'ordinaire, et, comme ce principe se moisit très aisément lorsqu'il se trouve en contact avec le vin et l'humidité des caves, il faut avoir la précaution, ainsi que le font déjà plusieurs négocians en vins fins de Bourgogne, de mettre macérer les bouchons dans l'eau chaude, et de les faire sécher avant de s'en servir.

Clarification des vins. Malgré le soutirage le plus exact des vins, il reste encore suspendu et en dissolution des substances qui en obscurcissent la transparence; on ne peut en opérer l'entière séparation que par les blancs d'œufs ou la colle de poisson. L'une et l'autre opération peuvent avoir lieu dans toutes les saisons; mais le temps sec et froid est préférable.

Dans le travail que j'ai publié sur la clarification, j'ai fait voir que, de toutes les matières propres à l'opérer complètement, l'albumen étoit celle qui convenoit le mieux, sous tous les rapports, pour donner aux liquides vineux cette limpidité qu'ils ne peuvent acquérir et conserver par le simple repos et par les filtres; que, vraisemblablement, les gélatines animales ne possédoient cette propriété, qu'en raison de l'albumen qu'elles contiennent; mais que, parmi les matières de ce genre, la colle de poisson méritoit la préférence, parcequ'elle est presque sans couleur, insipide. C'est la seule employée en Allemagne pour toutes les espèces de vin.

Pour clarifier les vins, on prend quatre œufs frais par tonneau de deux cent quarante pintes; on les casse séparément un à un sur une assiette, pour en séparer les blancs qu'on réunit ensuite dans un vase particulier pour les battre d'abord avec de l'eau, et ensuite du vin, ce qui opère un vide dans le tonneau. Pour en favoriser le mélange, on agite au moyen d'un fouet composé de baguettes d'osier : ailleurs on ajoute du sel marin ; mais nous pensons que cette addition est au moins inutile, car il y a des vins dans lesquels le moindre corps étranger peut intervertir ou masquer la saveur naturelle.

Mais, si les blancs d'œufs, employés à la clarification des vins rouges, remplissent complètement cet effet, il faut convenir que ce moyen, simple en apparence, n'est pas tout-à-fait exempt d'inconvéniens, quand il est employé sans précaution. Combien de fois n'arrive-t-il pas que, pour s'être servi d'un œuf qui avoit un commencement d'altération, on a dénaturé ou masqué le parfum des vins. Quelques gourmets prétendent que, pour les vins rouges de Bourgogne, on peut s'en tenir à un bon soutirage, et que la clarification, soit par l'albumen, soit par la gélatine, préjudicient à leur parfum ; cela peut être, mais il ne faut pas espérer que ces vins, mis en bouteilles, conservent leur transparence pendant long-temps ; ils deviennent louches au bout de six mois, et déposent, ce qui n'arrive pas aux mêmes vins préalablement collés ou clarifiés.

Soufrage. C'est imprégner d'une vapeur sulfureuse les tonneaux, le moût et le vin, au moyen de la combustion de mèches soufrées.

Cette opération, pratiquée de temps immémorial dans les départemens de l'ouest, sert à préserver le moût de la fermentation alcoholique, qui n'a lieu qu'aux dépens de la matière sucrée, et met, dans les mains des fabricans de sirop de raisin, un moyen commode de se livrer à ce genre de préparation long-temps après la vendange, même à une grande distance des vignobles.

Le seul procédé connu, jusqu'à présent, pour muter, consiste à faire brûler quatre mèches soufrées dans une barrique, à brasser pendant un quart d'heure, à finir de remplir la barrique avec d'autre moût, et à laisser reposer le tout vingt-quatre heures ; au bout de ce temps, on décante la liqueur pour lui faire subir une autre opération. Comme la première fois, on laisse encore reposer, on décante, et on recommence une troisième opération, si la liqueur n'est pas parfaitement claire.

Le moût, ainsi débarrassé de matières extractives, albumineuses et mucilagineuses qui se précipitent, porte le nom de vin muet : il peut se conserver pendant plusieurs années sans altération ; mais il ne faut pas le confondre avec le vin soufré. Le premier n'est, à proprement parler, que du moût mis à l'abri de la fermentation par le moyen de la vapeur sulfureuse ; l'autre acquiert, au contraire, la faculté de se transporter dans les différens climats, sans crainte de décomposition. Ce moyen corrige, en outre, l'âpreté de quelques

13.   39

qualités de vins prévient la fermentation acéteuse des vins de petit crû, trop aqueux, sujets à tourner dans les temps chauds et à l'approche des orages. Cette opération étant longue, pénible et minutieuse, il seroit bien à désirer qu'on trouvât une machine propre à muter promptement et à la fois une grande masse de fluide; ce seroit un service à rendre à l'œnologie, et il faut l'attendre des fabricans de sirop de raisin du midi de la France.

Collage des vins. Ce nom exprime les vins clarifiés par la colle de poisson, matière préférable aux blancs d'œufs pour certains vins blancs auxquels il seroit impossible, sans son concours, de donner, en peu de temps et aussi parfaitement à clair-fin, cette limpidité qu'ils ne peuvent acquérir par la clarification spontanée, ni par la filtration.

On divise par petits morceaux la colle de poisson, qu'on laisse macérer, douze heures environ, dans l'eau tiède; elle se gonfle, se ramollit au point de la pétrir dans les mains comme de la pâte; alors on la délaye avec du vin et trois quarts d'eau, et après l'avoir passée à travers un linge serré, on la verse par la bonde en agitant le mélange avec un fouet. Peu de temps après on aperçoit se former un réseau dans tout le mélange; et bientôt ce réseau, en se contractant sur lui-même, rassemble tous les corps étrangers au vin, les entraîne au fond du tonneau, et laisse la masse du vin claire, nette et pure. Le meilleur collage a lieu en hiver. On observe que, dans le temps du travail, la fermentation repousse la colle, la tient suspendue, et l'empêche d'agir, de se précipiter.

Je me suis assuré, par des expériences positives, que la colle de poisson pouvoit également clarifier toutes sortes de vins blancs et de vins rouges, remplacer, par conséquent, l'énorme quantité de blancs d'œufs que consomme cette opération domestique, et rendre à la masse alimentaire du peuple une ressource précieuse que rien ne supplée; d'ailleurs les blancs d'œufs employés pour les vins blancs ne les clarifient pas toujours; la plupart conservent un brouillard plus ou moins épais, et ne sont jamais ce qu'on appelle *clairs-fins*.

Tirage des vins en bouteilles. Après que le vin a déposé toute sa lie, et séjourné un certain temps en tonneaux, pour y perdre sa verdeur, il faut, pour lui procurer les bonnes qualités qu'il peut avoir, songer à le mettre en bouteilles sept à huit jours après avoir procédé à la clarification et au collage, et, pour n'en pas troubler la transparence, avoir la précaution de placer une cannelle à deux pouces environ au-dessus du fond du tonneau, avec une gaze ou du crêpe qui empêche la colle de passer en même temps que le vin.

Pour les boire dans toute leur bonté, il faut qu'ils soient mûrs, c'est-à-dire que la fermentation secondaire soit terminée; mais s'il est reconnu que cette maturité s'opère mieux et plus promptement en grande masse qu'en petite, il faut convenir aussi que ce n'est que dans les bouteilles exactement bouchées que le vin acquiert ce moelleux, cette finesse, ce velouté qui constituent les vins vieux : elles ne laissent rien transpirer à travers leurs pores, au lieu que, dans les tonneaux les mieux conditionnés, il y a toujours filtration, évaporation, et par conséquent déchet. Dans le premier cas, la fermentation continue son travail avec force et rapidité, à raison de la masse sur laquelle elle s'exerce; dans le second cas, au contraire, elle est lente et insensible; pour le vin mis en bouteille trop tôt, loin de mûrir et de se perfectionner, il se détériore.

Si, au sortir de l'alembic, l'eau-de-vie, par exemple, étoit distribuée dans des bouteilles parfaitement bouchées, elle ne perdroit jamais, à la longue, cette âcreté, ce feu qui la caractérisent dans sa nouveauté. Il en est de même des vins; si, immédiatement après le soutirage, on ne les laissoit pas séjourner encore un certain temps dans le tonneau, ils resteroient constamment, en bouteilles, vins nouveaux, et n'aquerroient jamais le caractère de vins vieux. Il faut donc admettre toujours un intervalle, plus ou moins long, entre le dernier soutirage et la mise en bouteilles, à raison de la nature des vins, et de l'époque où on veut les boire.

Quoique les bouteilles aient été bien rincées, il faut passer dans celles destinées à contenir les vins fins ou d'entremets et les vins de liqueur un peu de forte eau-de-vie, y tremper l'extrémité du bouchon avant de le présenter au goulot des bouteilles, et on le force d'entrer avec une palette dès que les bouteilles sont remplies à un pouce au-dessous du bouchon. On les renverse ensuite pour juger si le vin ne fuit pas, et on les place dans des cases pratiquées contre les murs de la cave, sur des lattes, couchées par piles de dix à douze rangs, ayant soin que ces lattes soient droites, fortes et assez épaisses pour ne point fléchir sous le poids des bouteilles.

On cesse de tirer lorsqu'on présume qu'il n'y a plus de vin dans le tonneau que pour remplir une douzaine de bouteilles; on soulève doucement la pièce, et le surlendemain on achève l'opération en mettant de côté les dernières bouteilles, parceque pouvant contenir un peu de lie, elles doivent être consommées les premières, ou destinées pour la cuisine.

Pour empêcher toute communication du vin en bouteilles avec l'air extérieur, garantir sur-tout le bouchon de l'action de l'humidité, des vers ou de la poussière, on goudronne avec un mélange composé de poix blanche et de poix-résine, de chaque une livre; cire jaune deux livres; térébenthine une livre, le tout fondu sur un feu doux : cette précaution convient sur-tout pour les vins mousseux, les vins fins et les vins de liqueur qu'on veut conserver quelque temps en bon état. Les premiers doivent être scellés avec de la ficelle et un fil de fer; mais on peut éviter ces embarras et cette dépense pour les vins de consommation journalière.

Dans les caves bien gouvernées, où il y a différentes espèces de vins, il est indispensable d'apposer à chaque tas de bouteilles, une étiquette écrite sur bois, imprimée sur faïence, ou enfin gravée sur une lame de plomb.

Cependant toutes les précautions apportées à la pratique des diverses opérations que nous venons de décrire n'empêchent point que les succulens vins ne contractent, avec le temps, pendant leur séjour à la cave, dans les vaisseaux de bois ou de verre, des défauts qu'il seroit peut-être plus facile de prévenir à l'époque des vendanges que d'attendre, pour les corriger, qu'ils existent, d'autant mieux que les moyens auxquels on est forcé de recourir pour les rendre potables ne produisent pas toujours les effets bienfaisans qu'on leur attribue. Ce sont ces moyens que nous avons cru utile d'examiner et de réunir ici sous un seul et même point de vue.

Vins considérés relativement aux accidens et aux maladies qui leur surviennent pendant leur séjour à la cave. Parmi les nombreux moyens proposés pour remédier aux accidens et maladies dont il s'agit, nous ne ferons mention que de ceux qui ne paroissent pas exercer d'action immédiate sur les parties constituantes du vin.

Vin fûté. Il n'est pas toujours au pouvoir du vigneron de corriger le goût de fût dans les vins qui l'ont une fois contracté ; mais on peut l'affoiblir de manière à en rendre la boisson tolérable en les tirant à clair, en les transvasant dans un autre tonneau récemment vidé, en les passant sur la lie du vin non vicié, et en le roulant souvent à la cave.

Quoique l'eau de chaux, l'acide carbonique, le gaz muriatique oxygène aient été vantés successivement comme moyens sûrs de diminuer le goût de *fût*, il est à craindre, en leur supposant une semblable propriété, que ces fluides n'exercent en même temps une action immédiate sur le principe de la couleur et de la saveur des vins, et ne leur communiquent plus d'imperfection qu'ils n'en avoient auparavant.

Pour arrêter à sa source le goût du vin fûté, il faut, après le transvasement, rechercher les douves viciées dont les tonneaux sont formés, c'est-à-dire celles qui proviennent des planches les plus voisines des racines, de l'écorce de l'arbre, au pied duquel les fourmilières s'établissent pendant la végétation, en substituer d'autres à leur place ; moyennant cette précaution, les futailles peuvent sans inconvénient servir la même année et les suivantes.

Mais il ne faut pas s'abuser, le remède indiqué est insuffisant, quelquefois impraticable ; il seroit donc à souhaiter que le gouvernement rendît une loi qui ordonneroit, lors de l'abattage, dans les forêts nationales ou dans les bois des particuliers, de contremarquer d'une manière reconnoissable les arbres auprès desquels il se trouveroit des fourmilières, et défendre de couper ceux ainsi marqués, de même que tous les bois rouges et veinés, tellement poreux, que les liqueurs vineuses transsudent et permettent à l'air atmosphérique d'y pénétrer.

Vin gelé. Lorsque le vin est surpris par le froid au point d'être gelé, on doit adapter une cannelle à chacun des tonneaux pour le soutirer, pratiquer au-devant de la pièce un fausset pour en faire sortir le vin dans la proportion du volume qu'acquièrent toutes les liqueurs susceptibles de congélation.

Au moment où le dégel s'annonce, il ne faut pas perdre de temps pour soutirer le vin ; il se sépare des glaçons qui demeurent suspendus et attachés aux parois des tonneaux, et pour peu qu'il coule d'une manière languissante, ou peut, au moyen d'une verge de fer qu'on introduit par la bonde, rompre les glaçons, et s'ils sont assez divisés pour être entraînés en même temps qu'avec le vin, on les arrête par une toile claire ou une gaze étendue sur un entonnoir. Le vin une fois séparé est transvasé dans des tonneaux propres qu'on aura eu soin de soufrer. Ceux qui suivent une marche opposée à celle que nous traçons pour sauver leur vendange s'exposent à la perdre entièrement. Les glaçons résous brusquement en liqueur demeurent confondus dans les vins, sans y former de combinaison, et les rendent d'autant plus foibles et plats, que l'eau qui en étoit une des parties constituantes est devenue, en subissant l'action du froid, fade et crue.

Les petits vins qui ont été frappés par le grand froid, et dont on a séparé les glaçons, éprouvent sans doute un déchet ; dépouillés de la partie aqueuse qui les fait passer aisément à l'aigre, ils deviennent plus spiritueux, et mêlés avec une certaine quantité de bon vin, ils peuvent se transporter sans s'altérer.

Vins qui déposent. Suivant les crûs et les années, les vins sont sujets, à mesure qu'ils vieillissent, à déposer une matière dont la nature et les propriétés ne sont pas comparables à la lie. Cette matière ne se précipite que parceque le fluide qui la tenoit en dissolution a formé de nouvelles combinaisons : elle est de deux espèces ; l'une occupe le fond des bouteilles, et n'est que du tartre ; l'autre, spécifiquement plus légère, adhère aux parois qu'elle tapisse.

Dans la crainte que le tartre, qui se précipite sous la forme de petits cristaux écailleux, n'en impose à ceux qui seroient chargés d'éclairer les autorités constituées sur l'analyse des vins frelatés, et ne soit pris pour de la litharge à laquelle il ressemble, nous rappellerons les observations de M. Deyeux, notre collègue, qui a judicieusement remarqué que, quand les vins qu'on mélange ne sont pas au même degré de fermentation, ils forment des dépôts de ce genre ; mais que rien n'est plus facile que de s'assurer de la nature de ces cristaux ; qu'il suffit, après les avoir fait déssécher, de les poser sur un charbon ardent; ils brûlent en répandant une vapeur épaisse qui a l'odeur de tartre brûlé, et, en continuant le feu, ils laissent un petit résidu blanc, qui n'est autre chose que de la potasse; mais elle n'a pas sur les vins la même influence que la lie, regardée avec raison comme un des germes de leur décomposition; elle les trouble par la secousse qu'on imprime à la bouteille, et si on veut les boire, pourvus de toute leur transparence, il faut les transvaser avec adresse au moment de les mettre sur la table.

C'est particulièrement pour les vins fins qui ne sont pas d'une consommation journalière, et pour les vins de liqueur destinés à être gardés un certain temps, que ce transvasement devient nécessaire à leur conservation. On change alors de bouteilles et de bouchons. C'est une affaire de patience qui s'opère lentement jusqu'à la dernière cuillerée, que l'on rejette.

Pour faciliter ce transvasement et diminuer les déchets, M. Jullien a imaginé un appareil qui remédie à tous les inconvéniens de l'opération pratiquée en grand; on en trouve une description succincte dans le Bulletin de la société d'encouragement pour l'industrie nationale.

Indépendamment du mauvais goût que le bois vicié, vieux ou malpropre, communique aux vins, ceux-ci deviennent quelquefois noirs par l'action de la matière astringente ou tannin contenu dans les douves de tonneaux qui décomposent la partie colorante rouge; dans ce cas il faut ajouter par pièce quelques onces de crème de tartre en poudre, imprimer aux fluides du mouvement, la couleur ne tarde pas à se rétablir.

Vin qui a le goût de moisi. Plusieurs causes peuvent donner lieu au mauvais goût caractérisé par ce mot générique; un œuf gâté, par exemple, qui a servi à la clarification, suffit pour masquer le bouquet du vin. M. Chaptal rapporte dans son traité sur l'art de faire le vin, que, dans les années 1791 et 1792, tout le produit d'une vendange fut altéré par une odeur âcre et nauséabonde, due à une énorme quantité de punaises qui s'étoient jetées sur les raisins et qu'on avoit écrasées dans le foulage.

On assure qu'en transvasant ces vins dans un vaisseau bien conditionné, soufré, et auquel on auroit ajouté quelques onces de noyaux de pêches concassés, il seroit possible de diminuer le goût de moisi. D'autres prétendent qu'en coupant des nèfles bien mûres en quatre, les enfilant et les laissant macérer dans le vin pendant un mois et les retirant ensuite, elles ont la propriété d'absorber le mauvais goût. Enfin il y en a qui conseillent d'y faire infuser pendant deux ou trois jours du froment ou une croûte de pain grillée. Sans doute si ce goût de moisi dépendoit d'un gaz hydrogène sulfuré, ces matières farineuses, réduites à l'état de charbon, pourroient, dans ce cas, devenir efficaces.

Mais il en est du vin parvenu à cet état comme de celui qui sent le bouchon. Il existe peu de moyens pour corriger un pareil défaut ; il faut le prévenir par le nettoiement exact des tonneaux et des bouteilles, mais sur-tout par le choix des bouchons.

Des vins trop verts. Si à l'époque des vendanges le raisin n'a pas atteint le degré de maturité convenable et qu'on soit forcé de le cueillir pour éviter qu'il ne pourrisse, la meilleure pratique adoptée à la cuve ne produira jamais qu'un vin médiocre et de peu de garde, à moins que l'art ne vienne au secours de la nature.

Ce seroit donc alors le cas d'imiter la pratique des anciens, de jeter à la cuve une poignée de plâtre, d'y ajouter du moût concentré, des sirops ou conserves de raisins dans des proportions relatives, et de régler la fermentation sur l'espèce de vin que désire le consommateur. La dépense que cette pratique occasionnera sera amplement compensée par le plus haut prix qu'on retirera des vins.

Ce moyen simple et facile de corriger les vices de la vendange est infaillible pour diminuer la quantité d'acide toujours trop abondant dans les fruits verts, et d'augmenter la spirituosité et de donner à tous les vins, quelle qu'en soit la source, la faculté de se conserver et de se transporter, et le degré de force que la plupart ne peuvent acquérir sans ce puissant auxiliaire ; en un mot, ce caractère moelleux, agréable et généreux qu'ils obtiennent avec le temps, et qui fait du vin un remède salutaire pour quiconque en use avec modération.

Quoiqu'il soit assez bien prouvé que la lie, par son trop long séjour dans les vins, leur imprime un mouvement de fermentation qui tend à les faire dégénérer en vinaigre, on la propose cependant comme un bon moyen pour adoucir leur verdeur ; mais c'est vraisemblablement quand on leur restitue le principe sucré dans le tonneau, parceque la lie alors sert de levain à cette matière sucrée pour déterminer la fermentation, sans laquelle ces matières sucrées à la cuve seroient insuffisantes.

Peut-être aussi y a-t-il des vins qui ont la faculté de rester plus long-temps sur leur lie sans occasionner des inconvéniens apparens ; car nous doutons que jamais cette lie soit capable de les bonifier. Peut-être existe-t-il des vins qui gagnent peu de chose par l'influence des temps et des masses comme les vins légers qui n'ont pas assez de puissance dans leur constitution pour résister à la fermentation secondaire ; il faut les consommer à peu près tels qu'ils sont et avant qu'ils soient vieillis. Toutes ces observations servent à prouver que, dans cette circonstance ainsi que dans une foule d'autres, on ne doit présenter que des généralités.

Mais une vérité sur laquelle on ne sauroit trop insister, c'est qu'il n'y a absolument que les vins riches en alcohol qui puissent s'améliorer en vieillissant, c'est-à-dire, fournir des élémens à l'action combinatoire et destructive de la main du temps; ceux qui en sont dépourvus à un certain point changent peu en s'éloignant de l'époque de la vendange ; toujours subordonnés aux évènemens et sur la voie de la décomposition, ils exigent une surveillance active dans les tonneaux ; et si on y ajoute quelques pintes d'eau-de-vie pour les adoucir et les amener à devenir potables, ils ne tardent pas à passer à l'aigre. Cette addition ne préjudicie ni à la santé, ni à la qualité d'aucun vin lorsqu'elle est faite en temps opportun et dans des proportions convenables, pourvu qu'elle se fasse dans le tonneau et y séjourne assez pour se combiner et disparoître dans la masse.

C'est dans les tonneaux que les vins perdent leur âpreté, leur verdeur, et qu'ils mûrissent ; c'est en bouteilles qu'ils s'affinent et se perfectionnent. Dans le premier cas, le travail auquel ils sont soumis d'une vendange à l'autre est plus vif et plus rapide ; dans le second cas, au contraire, il est lent et insensible.

Une fois que la clarification, soit par les blancs d'œufs, soit par la colle de poisson, les a dépouillés entièrement du principe de la fermentation, les vins ont besoin d'être divisés en petites masses pour atteindre le dernier degré d'élaboration ; un vin vert mis en bouteilles conserve toujours ce caractère ; loin de s'améliorer, il n'a pas les élémens nécessaires pour changer de qualité.

Des vins qui tournent à la graisse. Tous les vins en général sont plus ou moins sujets à cette maladie, c'est-à-dire à perdre leur fluidité pour prendre une consistance lintescente qui produit cet état qu'on appelle *filer* ou *graisser*.

Mais c'est spécialement aux vins blancs et sur-tout aux vins mousseux que cet accident arrive le plus fréquemment, parceque vraisemblablement on les met en bouteilles avant d'avoir subi les divers périodes de la fermentation. On a vu en Champagne la moitié d'une cuve tirée au mois de mars, après la vendange, passer à la graisse, tandis que l'autre moitié, mise en bouteilles au mois de septembre suivant, restoit constamment dans le même état.

Le seul fait que nous nous attachons à rapporter ne permet plus de douter de la nécessité de cuver plus long-temps les vins qui ont une tendance à la graisse, et que ce ne soit le plus sûr moyen de prévenir la maladie en écartant la cause qui la détermine.

On peut remédier à cette maladie des vins par différens moyens ; le plus simple consiste à les transvaser sur la lie d'un tonneau récemment vidé ; à leur imprimer du mouvement, à les rouler à la cave et à le tirer à clair dans une autre pièce ; à les clarifier s'ils sont rouges, et à les coller s'ils sont blancs.

La graisse n'enlève pas toujours au vin sa transparence quand elle affecte celui qui est en bouteille jusqu'au moment où il se forme un dépôt et qu'il redevienne sec, alors on le transvase ; si au contraire il a perdu de sa limpidité, on parvient à la lui restituer en se servant pour le transvasement d'un entonnoir rempli de paille brisée et fraîche, en observant de verser la liqueur d'un pied de haut.

Des vins piqués. Quand les vins se troublent tout à coup, que leur surface se recouvre de ces filamens blancs qu'on nomme la fleur du vin, qui dans les bouteilles occupent le goulot, c'est un signe que l'air extérieur s'y est introduit, et que leur perte est prochaine.

Ce n'est pas que les écrits des œnologistes ne fourmillent de recettes pour corriger les vins parvenus à cet état de dégénération. Celles où il est question de sel de Saturne, de céruse et de litharge, que des ouvrages indiquoient comme moyen d'améliorer les vins, doivent être sévèrement interdites. Quiconque oseroit aujourd'hui employer ces préparations de plomb à un pareil usage seroit poursuivi par les lois comme empoisonneur public.

Si les futailles sont d'un bois dont les vins puissent extraire quelques principes, assez poreux pour prêter des issues faciles tant à l'alcohol qui veut s'échapper qu'à l'air pour y pénétrer ; si elles sont placées dans des caves où règne une température au-delà du dixième degré du thermomètre de Réaumur, que la lie y séjourne trop long-temps, il n'est pas étonnant qu'aux trois époques de l'année où les vins travaillent, lorsque le bourgeon de la vigne se développe, quand elle est en fleur, et au moment de la vendange, les vins les plus généreux n'aient une tendance à passer à l'aigre, puisque ce sont là les conditions exigées pour favoriser l'acétification, c'est-à-dire l'art de faire le vinaigre. Il faudroit alors mettre à profit l'observation de M. Bezu, qui est parvenu à sauver des vins piqués, en arrosant, dans le temps critique où ils travaillent, les tonneaux à l'extérieur, ce qui produit du froid par une évaporation continuelle de l'eau ; en appliquant même au vin un peu de glace, l'effet est plus marqué.

Mais s'il falloit rechercher la cause de la disposition des vins à l'acescence, on seroit peut-être obligé de remonter à l'époque des vendanges ; et en effet, si les raisins qui ne sont propres qu'à donner des vins médiocres ont cuvé trop long-temps, il n'est pas étonnant que les résultats ne s'acidifient promptement. On peut suspendre l'acheminement des vins à l'acide jusqu'aux vendanges, et arrêter cette disposition en les coupant avec du vin nouveau un peu ferme, après l'avoir soutiré, soufré et clarifié.

Quand ils sont complètement tournés, il n'est guère possible de faire rétrograder la marche de la fermentation. Les vins parvenus à cet état fournissent peu et de mauvaise eau-de-vie ; ils ne sont pas même propres à faire de bon vinaigre : le mal est fait, il n'y a plus de remède.

Mais, dira-t-on, dans cette situation des choses il est encore possible de s'emparer de l'état dominant dans les vins, et de les rendre potables au moyen d'un cinquantième de lait écrémé, et du transvasement. On le peut par la craie, les cendres, le marbre, le plâtre, les coquilles d'œuf ; mais ces matières terreuses et alcalines ont l'inconvénient de former des combinaisons salines très solubles dans le vin, de rester en dissolution dans la masse de ce fluide, et le dispose à se décomposer entièrement. Aucun procédé chimique ne doit être mis en usage pour rétablir les vins de vente. S'ils paroissent réussir, ce n'est que momentanément. On ne peut les transporter ; ils sont de peu de garde ; on doit se hâter de les consommer sur les lieux parcequ'ils sont exposés à revenir dans leur premier état. Tout ce qu'on a dit à cet égard de contraire est absolument faux. La vérité est qu'un vin raccommodé est plus près de sa décomposition totale qu'avant d'avoir travaillé à sa guérison. Il n'y a pas de panacée pour les vins malades.

J'ai ouï dire autrefois que les marchands de vin de Paris, particulièrement ceux des guinguettes, consacroient un jour de la semaine, et c'étoit le plus voisin du dimanche, pour préparer, arranger, disposer les vins qu'ils devoient débiter seulement ce jour-là, parceque le surlendemain ils n'avoient plus autant de qualité pour servir de boisson. Il n'y a pas de doute que ce ne soient des vins plus ou moins piqués qu'ils parviennent à adoucir instantanément, au moyen des matières alcalines et absorbantes, et peut-être de la mélasse et du miel, qui provoquent la soif, sans cependant contenir de l'oxide de plomb. On les mélange encore avec de gros vins rouges du midi et des petits vins blancs du nord. Mais une remarque qu'on a faite, c'est que les vins qui se consomment chez les cabaretiers de Paris ont dans tous les temps le même cachet, et qu'ils doivent leur existence à une composition particulière dont la recette est vraisemblablement un secret de famille qui passera à la postérité. Mais tous ces vins qui ont été malades, et qu'on est parvenu à rétablir d'une manière plus ou moins complète, laissent peu d'espérance pour le commerce ; leur constitution organique s'est affoiblie ; ils n'ont plus assez de vigueur pour souffrir le transport, ni pour s'améliorer à la cave ; ils demeurent dans l'état où ils se trouvent, et s'ils subissent le moindre changement, c'est vers leur dépérissement. Il ne faut pas différer de les consommer ; car si on attendoit pour les boire, qu'ils eussent six mois de bouteille, on les trouveroit non comme on les y a mis, mais transformés en vinaigre.

Encore une fois, c'est à la cuve et non à la cave qu'il faut employer ces matières propres à absorber la surabondance d'acide, à augmenter l'alcohol, et adoucir les vins trop verts ; ajoutées seulement aux vins déjà faits, elles ne présentent qu'un mélange informe, une boisson hétérogène, souvent trop difficile à digérer pour certaines constitutions.

Au reste, je partage absolument l'opinion de M. Deyeux, et je dirai, pour la sécurité des consommateurs des vins ainsi rétablis, plus communs qu'on ne pense dans le commerce de détail, que, s'ils ne sont pas aussi restaurans, aussi agréables que les vins mélangés, au moins ne peuvent-ils pas nuire directement à la santé ; et si les marchands qui les mettent en vente prévenoient l'acheteur, il n'auroit aucun reproche à leur faire, sur-tout s'ils faisoient payer ces vins moins cher que les vins naturels.

Il existe d'autres altérations des vins que nous n'avons pas cru devoir signaler, parcequ'elles sont plus rares, et dépendent des localités ; nous passerons également sous silence une foule de moyens proposés pour les corriger. Ce n'est cependant pas qu'il y ait rien à craindre de leur emploi pour l'économie animale ; mais que peut-on espérer de matières âpres, austères et acides, telles que le suc de prunelles sauvages, les baies de myrtile, de sureau, de troêne, les bois de teinture, les gros vins, les copeaux de bois de hêtre, la crème de tartre et l'alun, pour donner au vin un plus haut ton de couleur, augmenter son principe extractif. Quand ces matières sont mêlées aux vins sans le concours de la fermentation, qui a seule la faculté d'assimiler leurs principes, de leur donner l'appropriation convenable, au lieu de corriger leurs défauts, elles en ajoutent d'autres qui rendent encore la boisson moins tolérable. D'ailleurs, malgré ce qu'en disent quelques auteurs sur l'innocuité de l'alun, il n'en est pas moins vrai qu'il y a toujours du danger à faire habituellement usage d'une boisson vineuse dans laquelle ce sel est en dissolution.

Nous ne poursuivrons pas plus loin nos observations sur l'art de gouverner les vins, considérés sous le rapport des altérations qu'ils subissent, et des moyens innocens qu'on met pour les prévenir. On ne peut guère, dans l'état actuel de nos connoissances, ajouter de nouveaux faits à ceux que nous venons de présenter. Il paroît vraisemblable qu'il en est des maladies des vins, comme de la plupart de celles qui affectent l'homme et même les bestiaux ; dès qu'elles existent, il n'y a plus de remède. C'est dans les préservatifs qu'il faut puiser les secours pour les en garantir. Ils sont consignés dans le Traité du Vin par le sénateur Chaptal, ouvrage qu'on ne sauroit trop recommander à la méditation des propriétaires des vignobles et aux négocians en vin qui ont à cœur les progrès de la vinification, de cette source la plus féconde de notre prospérité, de notre industrie et de nos jouissances, puisque l'empire français embrasse une étendue immense de territoire favorable à la culture de la vigne ; connoissant alors les procédés qu'on suivoit anciennement et ceux qu'on leur a avantageusement substitués, ils pourroient, n'en doutons pas, ajouter infiniment à leurs revenus et à leur commerce. (PAR.)

VINÉE. (Architecture rurale.) Lieu destiné à placer les cuves de fermentation, dans un vendangeoir. Comme le degré convenable de fermentation des vins en cuve est un point important à saisir pour assurer la bonté de leur fabrication, il est nécessaire de placer la vinée à la plus grande proximité du propriétaire, afin qu'à tout moment il puisse s'y transporter pour examiner les progrès de la fermentation, sans même être obligé de sortir dans sa cour. Il est également à désirer que cette pièce soit aussi à la proximité du cellier et du pressoir, ou plutôt qu'elle puisse communiquer directement à ces deux pièces, pour obtenir la plus grande commodité et la plus grande économie de temps dans le transport au cellier de la mère-goutte et du vin de pressurage, ainsi qu'une grande facilité de surveillance sur ces trois pièces.

Enfin, il est également avantageux que la vinée, ou au moins le cellier, ait une communication directe avec les caves, pour y descendre plus économiquement les vins nouveaux après leur premier soutirage. (De Per.)

VINAIGRE. Cet acide est d'un grand usage dans les fermes bien gouvernées; on en ajoute quelques cuillerées à la boisson des moissonneurs, lorsqu'il règne des chaleurs excessives. Il sert encore à mariner les viandes et le poisson, et à confire différentes parties de végétaux; on en fait avaler au poisson d'eau douce, dès qu'on craint qu'il n'ait ce goût de boue si désagréable; mais son emploi le plus ordinaire c'est comme assaisonnement, sur-tout à petite dose. On peut facilement se le procurer par la voie du commerce, et encore mieux le préparer à la maison sans embarras comme sans frais.

Depuis que la nature du vinaigre a été mieux appréciée, on est parvenu à en faire d'excellent avec une foule d'autres substances que le raisin, et dans lesquelles on ne soupçonnoit pas auparavant l'existence des matériaux de l'acétification. Le poiré, le cidre, la bière, l'hydromel, le marc des ruches à miel, la sève des arbres, le vin de cannes, le malt de froment, de seigle, d'orge, de maïs, le lait, les semences graminées et légumineuses peuvent, moyennant des manipulations particulières, fournir un acide comparable à celui du vin.

Vinaigre domestique. On achète un baril de vinaigre rouge ou blanc de la meilleure qualité; on en tire quelques pintes pour la consommation de la maison, et on le remplit aussitôt par une égale quantité de vin bien clair et de la même couleur; on bouche simplement le baril avec du papier ou du linge, appliqué légèrement sur l'ouverture, et on le tient à une température de 18 à 20 degrés; à mesure qu'on en a besoin on soutire la quantité susmentionnée de vinaigre, en

.. e remplaçant, comme la première fois, avec du vin; le baril, successivement vidé et rempli, fournit pendant longtemps du vinaigre bien conditionné, sans qu'il s'y forme de marc ni de dépôt sensible. Il existe encore maintenant, dans beaucoup de ménages, du vinaigre dont la première fondation remonte au-delà de cinquante ans, et qui est encore excellent. Sans doute que quand il s'agit du commerce de vinaigre, il faut bien avoir recours aux procédés exécutés en grand dans les ateliers consacrés à ce genre de fabrique.

Les caractères d'un bon vinaigre sont d'avoir une saveur acide, mais supportable, une transparence égale à celle du vin moins coloré que lui quand il est rouge; un montant, un spiritueux qui affecte agréablement les organes; c'est surtout en le frottant dans les mains que ce parfum se développe; on reconnoît aisément sa pureté en l'exposant à l'air libre, s'il s'y amasse beaucoup de mouches appelées *mouches à vinaigre*, c'est une preuve qu'il n'est pas sophistiqué; la quantité suffit pour indiquer sa force.

Conservation du vinaigre. On pratique deux moyens : le premier consiste à tenir le vinaigre à l'abri de toute influence de l'air extérieur dans des vases propres et bien bouchés, à les placer dans un lieu frais, et sur-tout à ne jamais le laisser en vidange; le plus léger dépôt suffit pour le détériorer.

Le second est d'une grande simplicité. On remplit de vinaigre des bouteilles de verre qu'on place dans une chaudière pleine d'eau sur le feu; quand elle a bouilli un quart d'heure, on les retire. Le vinaigre ainsi exposé à la chaleur du bain marie se garde pendant plusieurs années aussi bien à l'air libre que dans des bouteilles à demi pleines; on s'oppose par ce moyen à la formation de cette pellicule qui recouvre sa surface, et on détruit tous les animaux microscopiques qui se développent dans cet acide. La concentration par la gelée, par la distillation et l'addition du sel peuvent encore concourir à prolonger la durée du vinaigre.

Des vinaigres composés. Pour rendre le vinaigre plus agréable et plus généralement utile, on le charge de la partie odorante et sapide des plantes qu'on a eu la précaution auparavant de monder, de diviser et d'épuiser de leur humidité surabondante par une dessiccation forte et prompte, autrement leur eau de végétation passeroit bientôt dans le vinaigre en échange de l'acide que celui-ci leur fourniroit, ce qui diminueroit son action et l'exposeroit bientôt à s'altérer. Une autre considération, c'est que dans ce cas le vinaigre blanc doit être employé de préférence pour la préparation des vinaigres composés; qu'il faut que les végétaux aromatiques n'y séjournent

que le moins possible, et que quand une fois l'acide s'est emparé de tout ce qu'il peut en extraire, il n'y a pas un moment
à perdre pour les séparer, par la raison qu'ils réagissent sur
l'acide comme la lie sur le vin, et le décomposent. Voici
quelques exemples de ces vinaigres dont on trouve des recettes, plus ou moins imparfaites, dans tous les traités d'économie
domestique.

Les framboises, l'estragon, le sureau et les roses ayant été les
premiers végétaux mis à macérer dans le vinaigre, il paroît
juste de faire connoître les procédés d'après lesquels on peut
parvenir à faire ces vinaigres, sans qu'ils soient exposés à perdre
en peu de temps leur transparence, et à se recouvrir d'une pellicule épaisse et visqueuse, qui détruit insensiblement leur
force au point que souvent on est forcé de les jeter.

Vinaigre framboisé. On met dans une cruche autant de
framboises mûres et bien épluchées qu'elle pourra en contenir ; on verse par-dessus deux à trois pintes de vinaigre, et
après huit jours de macération au soleil on jette le vinaigre
et les framboises sur un tamis de crin ; la liqueur passée sans
expression, claire et saturée de l'arôme du fruit, est distribuée
dans des bouteilles, avec la précaution d'ajouter une couche
d'huile.

Vinaigre d'estragon. Après avoir épluché l'estragon, on
l'expose quelques jours au soleil ; quand il est fané et non
séché on le met dans une cruche que l'on remplit de vinaigre ;
on laisse le tout en macération pendant quinze jours. Au bout
de ce temps on décante la liqueur, on exprime le marc et on
filtre, soit au coton, soit au papier gris, pour être mis en
bouteilles, qu'on tient bien bouchées et dans un endroit frais.

Vinaigre surare. On choisit des fleurs de sureau au moment de leur épanouissement ; on les épluche en ne laissant
aucune partie de la tige, qui donneroit de l'âcreté ; on met
ces fleurs à demi séchées dans le vinaigre, et on expose la
cruche bien bouchée à l'ardeur du soleil pendant deux semaines ; on décante ensuite, on exprime et on filtre comme
ci-dessus.

Si, comme on le recommande dans tous les livres, on laissoit le vinaigre surare sur son marc sans le passer, pour s'en
servir au besoin, loin d'avoir plus de qualité, il se détério-
reroit bientôt, parceque dans cet état il seroit sur la voie
de la décomposition ; il convient donc d'en séparer le marc,
et de distribuer la liqueur dans des bouteilles.

Vinaigre rosat. On obtient un vinaigre agréable pour le
goût et pour la couleur avec du vinaigre blanc, dans lequel
on a mis infuser au soleil, pendant une semaine, des roses
effeuillées ; mais il faut avoir soin d'exprimer fortement le

marc, de filtrer la liqueur, et de la distribuer dans des vases bien bouchés. C'est en suivant ce procédé qu'on prépare un vinaigre d'un goût très agréable avec des fleurs de vigne sauvage, en l'exposant de la même manière au soleil.

Vinaigre composé pour les salades. Il arrive souvent que l'on mêle ensemble les trois vinaigres dont il vient d'être question, ou bien que les fleurs dont ils portent le nom sont réunies et mises à infuser dans le même vinaigre, ce qui forme cependant deux vinaigres différens. Mais voici une composition qui paroît suppléer à ce qu'on appelle vulgairement la *fourniture de salades.*

Prenez de l'estragon, de la sariette, de la civette, de l'échalotte et de l'ail, de chaque trois onces, une poignée de sommités de menthe, de baume; le tout séché, divisé, se met dans une cruche avec huit pintes de vinaigre blanc; on fait infuser pendant quinze jours au soleil; au bout de ce temps on verse le vinaigre, on exprime, on filtre ensuite, et on garde le produit dans des bouteilles parfaitement bouchées.

Vinaigre des quatre voleurs. La médecine a aussi ses vinaigres aromatiques, dont nous nous abstiendrons de présenter la nomenclature. Nous nous arrêterons à celui dit des quatre voleurs, à cause du métier que faisoient ceux qui en donnèrent la recette pour avoir leur grace.

Pour quatre pintes de vinaigre blanc, l'on prend grande et petite absinthe, romarin, sauge, menthe, rue, à demi sèches, de chaque une once et demie; deux onces de fleurs de lavande sèche; ail, acorus, cannelle, girofle et muscade, de chaque deux gros. On coupe les plantes, on concasse les drogues sèches, et on les fait macerer au soleil pendant un mois dans un vaisseau bien bouché; on coule la liqueur, ou l'exprime fortement, et on filtre pour y ajouter ensuite une demi-once de camphre dissous dans un peu d'esprit-de-vin.

Vinaigre de lavande. Dans le très grand nombre des vinaigres dont le parfumeur fait commerce, nous n'en citerons qu'un seul; il servira d'exemple pour ceux de ce genre qu'on peut employer à la toilette.

Prenez des fleurs de lavande promptement séchées au four ou à l'étuve; mettez-en une demi-livre dans une cruche et versez par-dessus quatre pintes de vinaigre blanc; laissez infuser le tout au soleil, et après huit jours d'infusion passés, exprimez le marc fortement et filtrez à travers le papier.

Ce vinaigre de lavande préparé ainsi par infusion est infiniment plus agréable et moins cher que celui obtenu par la distillation. On peut procéder de la même manière pour la préparation du vinaigre de sauge, de romarin, etc. (Par.)

VIOLETTE , *Viola.* Genre de plantes de la pentandrie
monogynie , et d'une famille indéterminée , qui renferme plus
de cinquante espèces , dont trois ou quatre sont très communes
dans les campagnes et se cultivent fréquemment dans les jardins pour l'excellente odeur ou la beauté des couleurs de leurs
fleurs.

La VIOLETTE ODORANTE a les racines vivaces , fibreuses ; les
tiges rampantes, stolonifères, stériles ; les feuilles cordiformes,
dentelées , glabres , longuement pétiolées ; les fleurs toutes
radicales , longuement pédonculées , solitaires et d'un beau
bleu. Elle croît dans toute l'Europe , dans les bois , les haies,
autour des villages , et fleurit dès les premiers beaux jours. Mais
qui est-ce qui ne la connoît pas ? Qui est-ce qui n'a pas trouvé
de l'agrément à la cueillir ? Qui est-ce qui n'a pas savouré sa
douce odeur ? Peu de fleurs se font voir avec plus de plaisir ,
parcequ'outre ses avantages propres , et qui sont incontestés ,
elle est la première qui annonce le retour du printemps. Quoiqu'extrêmement commune presque par-tout , on aime à la
cultiver dans les jardins où elle se place , soit en bordure , soit
en touffes , soit au milieu des gazons , des massifs, etc. , etc.
Jamais on ne trouve qu'elle soit trop abondante , parcequ'elle
plaît , non seulement par ses fleurs , mais encore par son feuillage qui persiste toute l'année et qui forme des gazons fort
denses et d'une couleur agréable. Rien de plus facile et de plus
rapide que sa multiplication. Quelques graines semées aussitôt
après leur maturité , quelques pieds plantés avant l'hiver suffisent pour garnir un espace considérable , parcequ'elle pousse
des jets , après la floraison, qui s'allongent souvent à quinze ou
vingt pouces dans le courant d'un été, et qui, poussant des racines à chacun de leurs nœuds , donnent ainsi lieu à autant de
pieds qu'il y a de ces nœuds, lesquels, l'année suivante, en produisent de même de nouveaux. Lorsqu'on la plante en bordure
on est obligé chaque année de s'opposer à ses empiètemens par
des châtrages rigoureux. Dans ce cas il faut l'arracher tous les
quatre à cinq ans pour la renouveler par le déchirement des
vieux pieds , car après cette révolution elle est exposée à périr
par suite de son épuisement ou de celui de la terre. On en
connoît plusieurs variétés ; 1° une *à fleurs blanches.* On la
trouve souvent dans les campagnes mêlée avec la bleue. Elle
est moins odorante, car cette couleur est l'effet d'un affoiblissement dans sa nature , mais elle ne doit pas être repoussée,
car elle contraste fort agréablement avec elle. 2° *La bleue
à fleurs doubles.* Elle existe depuis bien long-temps dans
les jardins et joint à une grosseur souvent considérable une
odeur presque toujours plus suave. 3° *La blanche à fleurs
doubles.* Celle-ci est si foible que ses pieds ne subsistent pas

long-temps ; aussi est-elle rare ; 4° *la violette panachée de
bleu et de blanc;* 5° *la violette de Parme* qui est d'un bleu
très clair, d'une odeur très suave et un peu différente de celle
de la commune. Il est aussi des variétés de violettes simples et
doubles qui fleurissent deux fois, mais il est impossible de les
distinguer des autres autrement que parcequ'on les voit en
fleur en automne.

L'espèce commune et ses variétés viennent dans tous les terrains, pourvu qu'ils ne soient ni trop secs, ni trop aquatiques.
Un peu d'ombre leur est toujours favorable. Trop de fumier
nuit à leur odeur et à l'abondance de leurs fleurs. On les emploie en médecine ; savoir, les fleurs comme rafraîchissantes
et béchiques, les feuilles comme émollientes et relâchantes, la
semence comme diurétique, émétique et hydragogue.

L'odeur de la violette ne peut se conserver que dans les
graisses, en stratifiant avec ces graisses leurs fleurs dans des
boîtes bien fermées. La distillation à l'esprit-de-vin la détruit.
La dessiccation de ces fleurs pour l'usage des pharmacies, qui
en font une assez grande consommation, doit être exécutée dans
une étuve où domine une vapeur d'alkali volatil ; car elles rougissent par le seul effet de l'acide carbonique répandu dans l'air.

La VIOLETTE HÉRISSÉE a les racines vivaces ; les feuilles cordiformes, dentées, très velues ; les fleurs grandes d'un bleu
pâle, toutes radicales et portées sur de longs pédoncules. Elle
croît dans les bois sablonneux et fleurit en mai, c'est-à-dire
après la précédente. Ses fleurs sont inodores, mais ordinairement fort nombreuses, ce qui fait qu'elle produit un très bel
effet, lorsque, comme je l'ai vu souvent, ses touffes sont isolées
et de plusieurs pouces de diamètre. On doit par conséquent
la placer dans les jardins paysagers dont le terrain lui est
propre. Elle pousse fort peu de rejets, de sorte qu'elle convient
très bien pour former des bordures. On la multiplie de graines.
Tous les bestiaux la mangent.

La VIOLETTE CANINE a les racines vivaces, les tiges souvent
couchées, mais non rampantes ; les feuilles alternes, pétiolées,
cordiformes, dentées, glabres ; les fleurs bleues, solitaires sur
de longs pédoncules axillaires. Elle croît dans les bois et les
haies et fleurit en avril. Ses fleurs n'ont point d'odeur. Souvent
le sol des taillis en est entièrement couvert au printemps
qui suit leur coupe, quoiqu'il en paroisse fort peu dans
les bois voisins. Les vaches, les chèvres et les moutons la
mangent.

La VIOLETTE TRICOLOR, plus connue sous le nom de *pensée*,
a les racines annuelles, les tiges droites, triangulaires, rameuses, hautes de cinq à six pouces ; les feuilles alternes, pétiolées, oblongues, incisées, glabres, accompagnées de stipules

pinnatifides ; les fleurs , en même temps , jaunes , violettes et blanches, sont portées sur de longs pédoncules insérés dans les aisselles des feuilles supérieures. Elle croît par toute l'Europe dans les champs, le long des haies, sur le revers des fossés, et fleurit presque pendant toute l'année. Les vaches et les chèvres la mangent, mais les autres bestiaux n'en veulent point. Transportée dans les jardins, elle y a produit, par l'effet de la culture, des variétés nombreuses , qui se font remarquer par l'éclat de leurs couleurs. Il y en a d'entièrement jaunes, et de panachées. On les multiplie de graines qui , la plupart du temps, se sèment d'elles-mêmes et couvrent les parterres de jeunes plants qu'on est obligé d'arracher en grande partie. Pour n'avoir que de belles variétés, il faut supprimer toutes les inférieures à mesure qu'elles fleurissent , car chacune se reproduit ordinairement. C'est un brillant spectacle que celui d'une plate-bande bien garnie de pensées, mais ce n'est jamais qu'au hasard que leurs couleurs sont contrastées , puisque elles souffrent difficilement la transplantation à tout âge, et sur-tout quand elles sont en fleurs. Lorsqu'on les sème on les place ordinairement par groupes, où les pieds sont espacés de trois à quatre pouces.

La VIOLETTE DE ROUEN, *Viola hispida*, Lamarck, a les racines vivaces , les tiges en partie couchées, rameuses, hérissées de poils, hautes de cinq à six pouces ; les feuilles alternes, ovales, crénelées, velues ; les fleurs d'un bleu pâle vergeté de blanc, et solitaires sur des pédoncules axillaires. Elle croît aux environs de Rouen et donne, pendant presque toute l'année , même pendant l'hiver , une quantité de fleurs telle, qu'on ne voit pas ses feuilles. On la cultive depuis quelques années dans les jardins, où on la place en bordures ou en touffes. C'est principalement par le semis de ses graines, en automne et en place, qu'on la multiplie. Je la recommande aux cultivateurs de préférence à la précédente , quoique ses fleurs aient moins d'éclat.

La VIOLETTE A GRANDES FLEURS a les racines vivaces, les tiges triangulaires simples ; les feuilles alternes, ovales , aiguës, crénelées ; les fleurs grandes , les pétales supérieurs pourpres ; les trois autres jaunes avec une tache violette à leur extrémité. Elle est originaire des hautes montagnes et se cultive dans quelques jardins sous le nom de *pensée romaine*. C'est une plante du plus grand éclat, mais délicate. Elle réussit beaucoup mieux en pot qu'en pleine terre, sur-tout lorsqu'on la tient constamment à l'ombre pendant l'été. On la multiplie comme les précédentes. (B.)

VIOLETTE GIROFLÉE. *Voyez* GIROFLÉE.

VIOLETTE MARINE. C'est la CAMPANULE A GROSSES FLEURS.

VIOLIER BLANC. C'est la GIROFLÉE BLANCHE.

VIOLIER D'HIVER. *Voyez* au mot GALANTHINE.

VIORNE , *Viburnum*. Genre de plantes de la pentandrie trigynie , et de la famille des caprifoliacées , qui rassemble une trentaine d'espèces toutes frutescentes , dont plusieurs sont intéressantes à connoître , soit sous le rapport de l'utilité , soit sous celui de l'agrément , et doivent par conséquent trouver place ici.

Les viornes ont toutes les feuilles opposées et les fleurs disposées en corymbes ombelliformes et terminaux.

La VIORNE OBIER , *Viburnum opulus* , Lin. , ou simplement l'*obier*, s'élève de dix à douze peids, a l'écorce des jeunes rameaux glabre , celle du tronc blanche ; les feuilles glabres à trois lobes, pointues et incisées, portées sur de longs pétioles glanduleux, les fleurs blanches légèrement odorantes , les extérieures plus grandes et stériles ; les baies rouges. Elle croît abondamment dans les bois humides et fleurit au milieu du printemps. Son aspect est élégant, et elle peut servir à la décoration des jardins paysagers. Tous les bestiaux aiment ses feuilles avec passion , sur-tout les chevaux et les cochons ; et comme elle pousse , après son recépage , des jets très nombreux et très vigoureux , on pourroit la cultiver avec utilité pour ce seul objet. Il est probable que ce seroit un des moyens les moins coûteux d'employer certains marais qui ne peuvent pas être desséchés complètement, mais dans lesquels il n'y a que peu d'eau. Je connois une haie faite dans un tel local avec cet arbuste, qui est devenue d'une fort bonne défense contre les bestiaux. On ne fait aucun autre usage de son bois, qui est blanc et mou , que de le brûler , ou d'en faire du charbon pour la poudre à canon. Sa multiplication peut avoir lieu par le semis de ses graines aussitôt qu'elles sont mûres, c'est-à-dire à la fin de l'automne, par marcottes , par rejets, et même par boutures. Les graines lèvent au printemps suivant, et le plant a déjà plusieurs pouces à l'hiver suivant, époque où il peut être repiqué en pépinière. Les marcottes et les boutures se font au printemps. Elles s'enracinent les unes et les autres en peu de temps.

Mais c'est la variété de cette espèce qu'on appelle *boule de neige*, *rose de Gueldre*, variété dont toutes les fleurs sont stériles et disposées en boules pendantes, qui fait principalement l'objet des soins des cultivateurs. En effet, rien n'est plus éclatant que cette variété, et lorsqu'elle se défleurit, elle couvre le sol de ses corolles qui ressemblent à de la neige. On ne sauroit trop la multiplier dans les jardins, où elle se place contre les murs, au troisième rang des massifs, dans les angles des allées, autour des eaux, etc. Par-tout elle produit de brillans effets. On la multiplie de marcottes ou de rejets qui fleurissent la seconde ou la troisième année. Comme ce sont principalement les rameaux pendans et chargés de fleurs qui lui donnent de la grace, elle ne doit pas être taillée au croissant ou au ciseau, comme on le fait quelquefois, mais seulement régularisée au moyen de la serpette, lorsque quelques unes de ses branches s'emportent. On doit, autant que possible, la faire monter sur une tige, ce qui est facile par le moyen de la taille en crochet.

La VIORNE ESCULENTE, ou *pimina* des Canadiens, ne s'élève qu'à quatre ou cinq pieds et produit des fruits plus gros que ceux de la précédente et qui se mangent. On en fait aussi un vin abondant en eau-de-vie. Il diffère infiniment peu de celui-ci. On la cultive dans quelques jardins.

La VIORNE LAURIER THYM est un arbrisseau très rameux, haut de sept à huit pieds, dont l'écorce des jeunes pousses est rougeâtre, dont les feuilles sont ovales, aiguës, très entières, luisantes, d'un vert noir; les fleurs blanches et les fruits noirs. Elle croît naturellement dans les parties méridionales de l'Europe, conserve ses feuilles toute l'année et fleurit à la fin de l'hiver. On la cultive fréquemment dans les jardins, où on en compte plusieurs variétés, dont les principales sont celle à *fleurs roses*, celle à *feuilles veinées*, celle à *feuilles panachées de blanc ou de jaune*, celle à *petites feuilles*, celle à *feuilles velues*. Dans le midi de la France on en fait des palissades, des tonnelles, on l'emploie à la décoration des parterres, etc.; et lorsqu'elle gèle, ce à quoi elle est sujette dans les hivers extraordinairement rigoureux, il suffit de la recéper rez terre, pour qu'elle répare sa perte en deux ans. Dans le climat de Paris et plus au nord, elle ne peut être conservée long-temps en pleine terre pendant cette saison; car les couvertures, en entretenant autour d'elle une humidité constante, lui sont aussi nuisibles que les gelées. Là donc il faut la tenir en pot pour pouvoir la rentrer dans l'orangerie pendant l'hiver. Elle s'accommode d'une terre médiocre, et ne demande que peu d'arrosemens, même en été. On la taille en boule, en parasol, non avec les ciseaux, mais avec la serpette, c'est-à-dire en coupant seulement les branches qui poussent trop vigoureusement. Elle forme toujours décoration dans un appartement, sur une fenêtre, les marches d'un escalier, etc.; mais à la fin de l'hiver, lorsqu'elle est couverte de fleurs, elle est extrêmement agréable. Ses fleurs sont légèrement odorantes. Souvent elle fleurit une seconde fois à la fin de l'été, sur-tout lorsque la première fois sa floraison n'a pas été complète.

Lorsqu'on veut, malgré les dangers et les inconvéniens, la tenir en pleine terre dans le climat de Paris, il vaut mieux la placer dans le plus mauvais sol et à l'exposition du nord, parcequ'elle y fait moins de progrès et que son bois s'y durcit davantage et plus tôt que dans les bons terrains et dans un lieu chaud.

On multiplie le laurier thym de toutes les manières. Ses semences mises en terre aussitôt qu'elles sont mûres, soit dans des planches bien préparées et à l'exposition du levant, soit dans des terrines sur couche et sous châssis, suivant le climat, lèvent, quelques unes la première, et le plus grand nombre la seconde année. Au printemps, les jeunes plants peuvent être repiqués en pépinière à six ou huit pouces, ou isolément dans des pots, et traités ensuite comme les autres plantes sensibles aux gelées. Ils fleurissent dès la troisième ou quatrième année, mais ce n'est qu'au bout de quinze ou vingt ans qu'ils forment des arbustes d'une grosseur remarquable.

Lorsqu'on veut faire des marcottes de laurier thym, il faut saisir l'époque qui suit la floraison, c'est-à-dire le commencement du printemps. Ces marcottes s'enracinent facilement, et peuvent être souvent levées dès la première année; mais il vaut mieux attendre la seconde.

On fait les boutures au milieu de l'été, en pleine terre ou en pot, et à l'ombre. Elles réussissent la plupart.

Les rejets sont ordinairement très abondans autour des vieux pieds de laurier thym, sur-tout lorsqu'on blesse leurs racines, et ils suffisent la plupart du temps aux besoins de la reproduction. On les préfère, comme donnant des sujets plus vigoureux et disposés à fleurir plus promptement.

La VIORNE COMMUNE, *Viburnum lantana*, Lin., plus connue sous les noms de *mancienne* ou *coudre mancienne*, est un arbrisseau de huit à dix pieds de haut, dont l'écorce des jeunes rameaux est velue; les feuilles pétiolées, cordiformes, dentées, velues, épaisses et ridées; les fleurs blanches, les baies d'abord rouges et ensuite noires. Elle croît dans les bois des pays montagneux, et fleurit en été. Ses fleurs ont une légère odeur, et ses fruits sont doux et visqueux. Ces derniers sont recherchés par les enfans et les oiseaux. On les regarde comme astringens et rafraîchissans, et on les ordonne en gargarisme dans les maux de gorge. Ses feuilles sont mangées par tous les bestiaux. Je les ai vu dessécher dans les montagnes du Beaujolais pour la nourriture des chèvres pendant l'hiver. On emploie ses jeunes pousses, dans beaucoup de lieux, en guise d'osier pour faire des liens, des paniers, des corbeilles et autres articles du même genre. Pour cela on la coupe tous les deux ans rez terre, et lorsqu'elle est dans un bon terrain et un peu ombragée, elle repousse des jets, sans branches, de quatre à cinq pieds de haut. Le bois des vieux pieds est blanc et moelleux. On en fait du charbon propre, par sa légèreté, à entrer dans la poudre à canon. L'écorce de ses racines sert à fabriquer de la glu par les mêmes procédés que celle du Houx. *Voyez* ce mot.

Cet arbuste forme des buissons bien touffus et naturellement arrondis dont l'aspect est agréable, soit lorsqu'il est couvert de fleurs, soit lorsqu'il est couvert de fruits. On ne doit pas en conséquence négliger de le faire entrer dans les jardins paysagers, où il se place au troisième rang des massifs, si on veut le faire monter, ou au second si on veut le tenir bas, car il fleurit à la seconde année de son recépage. Il fait également bien isolé ou contre un mur. Tout terrain et toute exposition lui conviennent. Il nous est venu du Canada une variété qui n'en diffère presque que par la grandeur de ses parties.

Il varie quelquefois à feuilles panachées.

La VIORNE A FEUILLES DE POIRIER, *Viburnum lentago*, Lin., est un arbrisseau de huit à dix pieds, très rameux, dont les feuilles sont pétiolées, ovales, acuminées; les pétioles membraneux et crépus latéralement; les fleurs petites et blanches. Elle croît naturellement dans l'Amérique septentrionale.

La VIORNE A FEUILLES DE PRUNIER est un arbrisseau de même grandeur, dont les feuilles sont ovales, obtuses, glabres, profondément dentées et à pétiole membraneux; les fleurs blanches et petites. On la trouve aussi dans les bois de l'Amérique.

La VIORNE NUE est un arbrisseau de même grandeur, dont les feuilles sont ovales, entières, épaisses, crénelées et rudes au toucher; ses fleurs sont blanches. Elle est originaire du même pays.

La VIORNE DENTÉE s'élève un peu moins que les précédentes; ses feuilles sont presque rondes, fortement dentées, veinées, plissées, glabres, d'un vert pâle; ses fleurs blanches. Même pays.

La VIORNE A FEUILLES D'ÉRABLE est de la même grandeur que la précédente. Ses feuilles sont en cœur, trilobées et incisées; leur pétiole est velu et accompagné de stipules; ses fleurs blanches. Même pays.

Ces cinq espèces, et trois ou quatre autres encore plus rares, se cultivent dans les jardins paysagers des environs de Paris, à la variété desquels elles contribuent. La gelée n'a aucune action sur elles. On les multiplie et on les cultive positivement comme la viorne commune. (B.)

VIORNE DES PAUVRES. C'est la CLÉMATITE COMMUNE. *Voyez* ce mot.

VIPÈRE, *Vipera*. Genre de reptiles de la famille des serpens, qui ne renferme que des espèces de petite taille, mais dont la morsure a ordinairement des suites graves pour l'homme, et mortelles pour les petits animaux. Il est donc du plus grand intérêt pour le cultivateur de les connoître pour se garantir de leurs atteintes , et leur faire la guerre autour de son domicile.

Les caractères de ce genre consistent à avoir un rang de grandes plaques sous le ventre, deux rangs de demi-plaques sous la queue, et deux grosses dents rétractiles et venimeuses à la mâchoire supérieure.

Des trois espèces de VIPÈRES qui se trouvent en France , je ne mentionnerai que la COMMUNE, parceque les deux autres en diffèrent si peu, qu'il n'y a que les naturalistes qui puissent facilement les distinguer, et qu'elles sont fort rares. D'ailleurs tout ce que je puis dire de l'une convient complètement aux autres.

La longueur de la vipère commune est ordinairement de moins de deux pieds. Sa couleur est un gris cendré luisant , avec une bande dorsale brune en zigzag, et des taches de même couleur sur les côtés. Toutes ses écailles ont une arête dans leur milieu, excepté les deux rangées latérales. On lui compte environ cent cinquante-cinq plaques couleur d'acier sous le ventre, et environ trente-neuf paires de demi-plaques semblables sous la queue. Sa tête est plus large que son corps, couverte d'écailles semblables à celles du dos, et susceptible de s'élargir encore beaucoup plus dans la colère en s'aplatissant. C'est même un des caractères par lesquels on distingue le plus facilement la vipère des COULEUVRES de France. (*Voyez* au mot COULEUVRE.) A peu de distance du museau est une petite raie transversale noire ; derrière la tête deux autres raies très écartées, et au-dessus de chaque œil une bande de même couleur, qui se prolonge assez loin. Ses mâchoires sont noires, la supérieure tachée de blanc. Ses yeux sont très vifs. Sa langue est fourchue, susceptible d'une grande extension, et très molle. C'est par un préjugé, dont on ne peut deviner l'origine, qu'on a dit et écrit qu'elle piquoit ou lançoit le poison. Il est probable que si la vipère la darde si souvent, c'est parceque c'est par elle, comme dans les chiens, que s'opère sa transpiration. Chaque mâchoire est pourvue de deux rangées de petites dents à peine capables d'entamer la peau ; mais la supérieure a de plus deux dents très différentes des autres, ou mieux deux crochets mobiles de l'avant à l'arrière , articulés à l'os de la mâchoire, creusés par un canal qui s'ouvre d'un côté sur une vésicule pleine d'une humeur jaune, et de l'autre un peu au-dessous de la pointe, en dessus. A côté de chacun de ces crochets, il y en a deux ou trois autres très petits et destinés à les remplacer , lorsque, par accident, ils se sont cassés. Dans l'état ordinaire, ces crochets sont cachés entièrement dans le muscle qui entoure leur base ; mais lorsque la vipère veut en faire usage elle les redresse ; et leur introduction dans un corps quelconque comprime la vésicule au venin, qui flue dans le canal et s'introduit dans la plaie.

Ainsi, pour empêcher l'effet de la morsure de la vipère, il suffit de boucher avec de la cire, ou autrement, le trou de chacune de ses dents ; il suffit même de lui faire mordre d'avance du bois, du cuir, ou autre chose sur quoi le venin pourra être déposé ; car chaque morsure en fait sortir d'autant moins, que ces morsures sont plus répétées et plus rapprochées, sa production étant lente comme toutes les productions des glandes.

Ce n'est point pour se défendre que la vipère a été pourvue de ces armes redoutables, c'est pour attaquer avec succès les animaux plus forts ou plus agiles qu'elle, dont elle doit se nourrir ; et lorsqu'elle l'emploie contre l'homme ou les gros animaux, ce n'est que lorsqu'elle y est forcée, qu'elle a perdu l'espoir d'éviter le danger par la fuite.

Il résulte, des expériences de Fontana, que le venin de la vipère n'est ni acide, ni alkali ; qu'il n'a point de saveur déterminée, et agit en détruisant l'irritabilité de la fibre musculaire, et en portant dans les fluides un principe de putréfaction. Il n'est constamment mortel que pour les petits animaux. Un moineau en meurt en cinq ou six minutes ; un pigeon en huit ou douze ; un chat résiste quelquefois ; un mouton très souvent ; par conséquent un homme n'a pas à craindre la mort par suite d'une seule morsure. Cette conclusion paroît contradictoire avec beaucoup de faits ; car quel est le pays où on ne cite pas des personnes mortes pour avoir été mordues par une vipère ? J'ai lieu de croire, par une observation qui m'est propre, que si l'homme meurt quelquefois des suites de leurs morsures, c'est que l'enflure qu'elles produisent toujours gagne la gorge, et empêche et la respiration et la déglutition.

Les effets de la morsure d'une vipère se font sentir très peu d'instans après qu'elle a eu lieu. On éprouve d'abord une douleur aiguë dans la plaie, dont les bords s'enflent et deviennent rouges. Bientôt l'enflure gagne les parties voisines, et tout le corps en est affecté. Un pouls fréquent et irrégulier, des sueurs froides, des soulèvemens d'estomac, des mouvemens convulsifs suivent et quelquefois le sphacèle. La plaie rend de la sanie, et on souffre long-temps et horriblement.

L'expérience de tous les peuples, sur-tout de ceux à demi-sauvages, qui, vivant perpétuellement dans les bois, sont plus exposés à être mordus par les serpens venimeux, prouve que les sudorifiques incisifs sont les plus puissans remèdes qu'on puisse employer dans le cas de morsure de la vipère. La chair de la vipère même, et autres animaux de sa famille, l'alkali volatil et les préparations où il entre, la thériaque, les racines d'ophyorize, de serpentaire, de dorstène, etc., apaisent les fâcheux symptômes qui en résultent, par les énormes sueurs qu'elles provoquent. Toujours cependant, aussitôt qu'on est mordu, on doit, au préalable, faire une forte ligature au-dessus de la plaie, la faire saigner le plus possible, et la cautériser avec un fer rouge, ou avec la pierre à cautère, si on en a à sa disposition. Avec ces précautions, les symptômes deviennent moins graves, et on est plus certain d'une prompte guérison.

On trouve les vipères dans les cantons montueux, pierreux et boisés. Elles sont fort rares dans les plaines. On les rencontre principalement au printemps, avant midi, et dans les lieux exposés au soleil. Elles changent deux fois de peau dans l'année, et s'accouplent au milieu du printemps. Leurs œufs éclosent dans leur ventre, de sorte qu'elles font des petits vivans; de là le nom qu'elles portent, lequel n'est qu'une altération de vivipare. Leur nourriture ordinaire se compose d'insectes, de crapauds, de grenouilles, de souris, de taupes et de petits oiseaux, qu'elle arrête par sa morsure, et qu'elle avale en commençant par la tête. On trouve quelquefois dans leur corps des animaux quatre fois plus gros qu'elles, leur gosier étant susceptible d'une étonnante dilatation. Elles digèrent avec une telle lenteur, qu'au bout d'un mois j'ai trouvé dans une des restes d'un crapaud qu'elle n'avoit pas encore complètement avalé lorsque je la pris. Elles passent l'hiver entier enfoncées dans la terre, sans manger; et même, pendant l'été, elles peuvent supporter des diètes fort longues, ainsi que le prouvent celles qu'on garde pour l'usage des pharmacies. Leur vie paroît être fort longue.

La chair des vipères contient un savon ammoniacal fort abondant et très propre à ranimer la circulation du sang, à augmenter la transpiration, à fondre les concrétions lymphatiques, et à faire disparoître les éruptions de la peau. L'usage qu'on en fait en médecine est assez étendu, et elles sont un produit de quelque importance pour les environs de Grenoble et de Poitiers où elles abondent. Malgré cela, et malgré qu'elles rendent service aux cultivateurs en détruisant les mulots, les campagnols, les souris et autres rongeurs, on doit leur faire une guerre à mort. (B.)

VIPÉRINE, *Echium*. Genre de plantes de la pentandrie monogynie et de la famille des borraginées, qui réunit plus de trente espèces, dont une est si commune dans les campagnes, qu'elle doit être connue de tous les cultivateurs.

La VIPÉRINE VULGAIRE a les racines vivaces, presque ligneuses; les tiges cylindriques, simples, velues, ponctuées de rouge et de noir, hautes de deux pieds et plus; les feuilles lancéolées, rudes au toucher et tachetées comme la tige, les radicales longues et pétiolées, les caulinaires éparses et sessiles; les fleurs bleues, ou rouges, ou violettes, ou blanches, et disposées en épi unilatéral à l'extrémité de la tige. Elle croit par toute l'Europe, aux lieux secs et chauds, le long des bois, des haies, des chemins, dans les champs incultes enfin. Son aspect est très élégant, et elle mérite, sous ce rapport d'être employée à l'ornement des jardins. Les poils roides dont toutes ses parties sont couvertes s'opposent à ce que les bestiaux la mangent. On en fait usage en médecine, comme adoucissante et pectorale. On l'appelle *herbe aux vipères*, parceque ses semences représentent la tête de ce reptile, et que de là on a conclu qu'elle étoit un spécifique contre ses morsures. Comme elle est excessivement commune dans certains cantons, un cultivateur jaloux de ses intérêts doit la faire couper à la fin de l'été pour en augmenter ses fumiers, ou pour chauffer son four, ou pour fabriquer de la potasse. Les abeilles trouvent d'abondantes récoltes de miel dans ses fleurs.

VITRIOL. Nom vulgaire, commun à ce que les chimistes appellent aujourd'hui *sulfate de fer* et *sulfate de cuivre*. L'huile de vitriol est l'acide sulfurique. *Voyez* ACIDE, OXIDE, FER et CUIVRE.

On emploie les vitriols dans les arts et dans la médecine vétérinaire. Celui de fer est une des bases de l'encre à écrire et des teintures noires. Celui de cuivre sert à ronger les chairs baveuses des ulcères.

VIVACE. Une plante vivace est celle qui vit plusieurs années, ou mieux, qui fructifie plusieurs fois. L'agriculture exerce souvent son industrie sur les plantes vivaces. *Voyez* PLANTE.

L'inspection des racines suffit pour faire distinguer les plantes vivaces de celles qui sont ANNUELLES ou BISANNUELLES. *Voy.* ces mots.

Outre la multiplication par graine, on exécute encore sur la plupart des plantes vivaces celle par déchirement ou section de racine, celle par rejetons, par marcottes et par boutures.

On voit, par ce court exposé, que la culture des plantes vivaces offre des facilités nombreuses.

Les arbustes, les arbrisseaux et les arbres devroient faire

partie des plantes vivaces ; mais on les en distingue généralement.

VIVE-JAUGE. On a donné ce nom à l'opération de déchausser, autant que possible, un arbre languissant, de lui laisser passer l'hiver les racines à nu, et de substituer, au printemps, du fumier à la terre, fumier qu'on recouvre de quelques pouces de terre.

Cette pratique peut souvent remplir son objet, mais souvent aussi elle peut causer la mort de l'arbre ; car l'excès d'engrais est mortel dans beaucoup de cas ; de plus elle expose les fruits à prendre un mauvais goût; en conséquence elle est peu suivie. Il vaut beaucoup mieux remplacer la mauvaise terre, ou la terre usée qui se trouve autour des racines de cet arbre, par de la bonne ou de la nouvelle. *Voyez* ENGRAIS et PLANTATION.

On appelle aussi vive-jauge l'opération de recouvrir une plantation d'asperge de fumier, et le fumier de terre. Ici, il n'y a pas à craindre au même degré les inconvéniens précédens, à raison de la nature de la plante ; mais il vaut cependant beaucoup mieux améliorer la terre avant la plantation. *Voyez* ASPERGE.

VIVIER. Pièce d'eau voisine de la maison, dans laquelle on dépose du poisson provenant de la pêche des rivières et des étangs, pour en avoir toujours, dans le besoin, à sa disposition.

Lorsque les grands propriétaires habitoient pendant toute l'année leurs châteaux, qu'ils avoient besoin de rassembler autour d'eux des moyens de subsistance permanens, ils avoient tous des viviers. Olivier de Serres en parle longuement ; aujourd'hui ils sont très rares. Aussi ne mange-t-on plus du poisson que par circonstance, aussi est-il ordinairement extrêmement cher, et quelquefois, mais momentanément, très bon marché.

Je n'appelle pas vivier ces pièces d'eau, ces canaux qui embellissent les jardins, ou servent à l'égout des eaux, et dans lesquels le poisson se multiplie. Ce sont des étangs plus petits et de forme différente des autres. (*Voyez* ETANG.) Le propre des viviers c'est de recevoir du poisson né autre part, déjà assez gros pour être mangé ; et qui y doit rester au plus un an. Tout frai doit en être ôté, parcequ'il consomme la nourriture des gros poissons et les empêche d'engraisser.

La position d'un vivier est toujours subordonnée, comme on pense bien, au cours des eaux; mais s'il est exposé au soleil et bien aéré, le poisson en sera meilleur.

Le vivier au milieu duquel passera un ruisseau, ou dans lequel entrera un filet tiré d'une rivière, sera préférable à celui formé d'eau stagnante ; cependant il ne faut pas que l'eau en soit trop vive, parceque le poisson, du moins la carpe , la tanche et la perche n'y trouvent pas assez de moyens de subsistance. J'ai eu pendant plusieurs années sous les yeux un vivier alimenté immédiatement par une fontaine , où le poisson non seulement ne grossissoit point, mais même maigrissoit, et qu'on fut obligé de supprimer par cette cause.

Lorsqu'on veut conserver des brochets et des truites dans un vivier où il y a des carpes , des perches et des tanches , et on doit le vouloir pour consommer l'alvin , il faut que ce soit dans une séparation à claire-voie du vivier, ou dans un vivier séparé, parceque, quelque gros que soit le poisson qui se trouve mêlé avec ces deux premiers , il est tourmenté par eux et maigrit au lieu d'engraisser.

Il n'est pas bon , quoique des écrivains respectables l'aient conseillé , de faire tomber dans le vivier les eaux des laviers, les égouts des fumiers, parceque, à moins que ses eaux ne soient très courantes , il en résulteroit la mort du poisson ; mais il est très avantageux d'y jeter les restes de la cuisine , soit de viande , soit de légumes cuits et crus, objets dont se nourrissent fort bien la carpe et la tanche. Si on prévoit que la glace couvre pendant l'hiver les eaux du vivier , on jette d'avance au fond une certaine quantité d'orge , de seigle, de blé, ou autres graines, aux dépens desquelles vivent les mêmes poissons jusqu'au dégel.

On prend les poissons dans les viviers avec la trouble ou la seine , et à mesure du besoin.

Les marchands de poissons devroient tous avoir des viviers autour des grandes villes de consommation ; mais comme cela leur est rarement possible , ils se contentent ordinairement de grands coffres percés de trous , ou de bateaux séparés en trois parties , dont celle du milieu est également percée de trous, coffres et bateaux qui se ferment à clef et qu'on place sur les rivières, les étangs , etc.

La carpe, la tanche, l'anguille, et même la perche, se conservent assez bien pendant quelques mois dans des baquets d'une certaine grandeur remplis d'eau de puits, pourvu qu'on leur donne à manger. (B.)

VOICHIVE. Portion d'une grange qui, dans le département des Ardennes, sert à placer les graines.

VOITURE. On doit s'enorgueillir lorsqu'on réfléchit sur la faculté dont jouit l'homme, de pouvoir, au moyen des machines, multiplier la force des animaux qu'il s'est assujettis au point où il est parvenu à le faire.

Parmi les machines , une des plus simples, de l'usage le plus général , le plus indispensable et le plus journalier en agriculture, est celle connue sous le nom générique que porte le titre ci-dessus.

Un cheval de force moyenne peut porter à peine trois cents livres sur son dos, et faire plus d'une lieue à l'heure en plaine, en disposant le fardeau de manière qu'il ne puisse pas en être blessé. Un cheval attelé à une voiture peut traîner plus de mille livres dans les mêmes circonstances.

Mais il y a un grand nombre de sortes de voitures, et on peut les faire traîner non seulement par des chevaux, mais encore par des bœufs, des ânes et même des hommes.

Il faut la force de cinq hommes pour équilibrer celle d'un cheval.

Une voiture est toujours composée d'un fond ou bâtis, ou charge, d'un ou deux essieux, de deux limons ou d'un timon, et de deux, trois ou quatre roues. Sur le fond ou bâti, ou charge, on établit souvent une cage en treillage, ou un demi-coffre en planche.

Les voitures à trois roues paroissent être assez fréquemment employées en Angleterre aux opérations agricoles ; mais elles sont complètement inconnues en France.

Le seul frotement que la théorie reconnoisse aux voitures, est celui de l'essieu des roues dans le moyeu, frottement qu'on diminue au moyen des corps gras, et lorsque l'essieu est en fer, en mettant une *boîte* de cuivre dans le moyeu.

Dans la pratique il y a deux autres frottemens, celui des parties latérales de la circonférence dans les ornières, et celui en va-et-vient du fer dont elle est recouverte, produits par les inégalités du sol.

Plus les roues sont grandes et plus elles roulent facilement, parceque le frottement de l'essieu n'augmente pas ; mais l'expérience a prouvé qu'il ne falloit pas que leur diamètre surpassât de beaucoup la hauteur du poitrail des chevaux.

Dans les voitures à quatre roues, la pratique veut que les roues soient égales ; mais les antérieures plus petites, étant une sécurité contre les versemens, et favorisant beaucoup le tourner ; on ne voit plus guère que de celles qui offrent cette différence.

Les voitures à quatre roues sont beaucoup plus avantageuses que les voitures à deux roues.

1º Parceque dans celles à deux roues, le cheval de brancard, ou limonier, porte une partie du fardeau, et ne peut pas, par conséquent, employer toute sa force à tirer, et que quand une des roues tombe d'une élévation, il y a une secousse qui fait que les limons frappent contre son ventre, le blessent et même le tuent ;

2º Parceque lorsqu'une voiture à deux roues trouve une

fondrière, elle enfonce le double d'une voiture à quatre, ce qui rend plus difficile de l'en retirer, et que lorsqu'elle marche sur le pavé, elle use deux fois plus vite ses bandes de fer.

C'est par erreur qu'on croit que les voitures à deux roues éprouvent moins de frottement que les voitures à quatre ; il est le même dans les unes et dans les autres ; seulement il se porte sur deux lignes dans les premières, et sur quatre dans les secondes.

Cependant beaucoup de cultivateurs, beaucoup de voituriers trouvent, à part ces inconvéniens, dont ils reconnoissent la réalité, qu'il est plus économique d'employer des voitures à deux roues, et ils en emploient pour les grands comme pour les petits transports, quoique plus fréquemment pour les derniers.

Je ne suis pas dans le cas de les louer ni de les blâmer, puisque ce sont les résultats d'un calcul de tous les jours qui les déterminent à agir ainsi.

De quelque manière que soit construite une voiture, elle doit être la plus solide et en même temps la plus légère possible, afin qu'elle dure long-temps et que son poids n'augmente pas trop la charge dont elle est destinée à favoriser le transport.

C'est de la bonne qualité du bois employé à faire les voitures, et de sa complète dessiccation avant d'être mis en œuvre, que résultent ces deux avantages. J'ai indiqué, au mot BOIS, quelles étoient les espèces les plus propres à cet objet, et j'y renvoie le lecteur.

On s'est convaincu, par l'expérience, que trois voitures à un seul cheval pouvoient porter un tiers de plus qu'une voiture à trois chevaux, et cela, parceque dans ces dernières, tous les chevaux ne tirent pas ordinairement avec une force égale.

Les chevaux sont attelés aux voitures tantôt au moyen de deux limons ou brancards, tantôt au moyen d'un timon.

On n'emploie jamais que des timons lorsqu'on fait usage de bœufs pour les tirer.

Les limons ou brancards sont la prolongation des deux pièces de bois qui servent à former, avec des traverses et des planches, le fond de la voiture. On attèle un des chevaux à la voiture en le faisant entrer dans l'intervalle de ces limons ; et les autres sont attachés, au moyen de longues cordes, à des crochets fixés à l'extrémité des mêmes limons.

Dans les voitures à timons, ou timonières, les pièces de bois ne dépassent pas la longueur de la voiture ; mais il part de l'espace qui les sépare une autre pièce de bois, aux deux côtés de laquelle on attache les animaux.

Il peut donc n'y avoir qu'un cheval attelé à une voiture à limons, et il en faut nécessairement deux à une voiture à timon.

Je n'entreprendrai pas de décrire toutes les sortes de voitures qui sont employées en France par les cultivateurs, attendu qu'il manque des matériaux pour le faire, et que cela exigeroit un volume.

Je me contenterai de dire que les divisions sous lesquelles elles se rangent sont au nombre de six ; savoir,

Les charrettes. Elles ont deux roues, et leur cage est à claire-voie.

Les tombereaux. Ils ont deux roues, et leur cage est formée de planches : lorsqu'au lieu de planches ce sont des douves, on dit que c'est un BANNE; et lorsque ce sont des claies, on dit que c'est une BENNE. Les bannes ne servent guère qu'à transporter la VENDANGE, et les bennes qu'à transporter le CHARBON. Un très petit tombereau s'appelle un CAMION. Il y a aussi des CARRIOLES. *Voyez* ces mots.

L'ingénieur Perronet a inventé, il y a une trentaine d'années une espèce de tombereau d'un service extrêmement facile pour le transport des terres à de petites distances, et dont on fait aujourd'hui un grand usage.

C'est une boîte dont l'ouverture est presque carrée, et le fond presque angulaire dans le sens de sa largeur, à travers de laquelle, au tiers de sa hauteur et dans le sens de sa largeur, passe l'essieu, sur lequel elle est presque en équilibre. Cette boîte se repose en avant sur une traverse, et est empêchée de se renverser de l'autre côté par un crochet placé près de cette traverse. Lorsqu'il est plein de terre, il suffit de lâcher le crochet pour qu'il fasse la culbute et qu'il la verse en entier sur le sol. Jamais on n'y attèle qu'un seul cheval.

Les chars sont des voitures à quatre roues et à claire-voie, avec deux longues pièces de bois en avant, et autant en arrière, destinées à permettre d'augmenter la charge bien au-delà des bords de la claire-voie, lorsque cette charge est composée de paille, de foin et autres objets peu pesans relativement à leur volume.

Les chariots sont aux chars ce que les tombereaux sont aux charrettes; cependant ils se confondent souvent avec les chars dans le langage vulgaire.

Les haquets sont des voitures dont le bâti est formé par deux longues pièces de bois. Ils servent principalement à porter des tonneaux pleins de vin. Le treuil muni d'une corde qu'ils ont à leur partie antérieure, et la faculté dont ils jouissent de pouvoir faire la bascule en arrière, font qu'il est possible à un seul homme de les charger et décharger des plus lourds fardeaux, ce qui les rend très commodes; cependant leur emploi est borné aux grandes villes de commerce de France.

Les cultivateurs ne peuvent se dispenser d'avoir des voitures au moins de deux de ces formes, et d'une grandeur proportionnée à l'étendue de leur exploitation.

Mais avoir des voitures ne suffit pas; il faut encore les conserver, mais fort peu de cultivateurs pensent aux moyens d'y parvenir; on les voit, presque par tout, exposées aux injures de l'air lorsqu'elles ne servent pas, ce qui fait qu'elles ne durent pas le quart de ce qu'elles auroient duré s'ils les eussent fait peindre à l'huile, et s'ils les faisoient rentrer tous les soirs sous un hangar, chose à quoi les cultivateurs anglais ne manquent jamais.

J'ai dit plus haut qu'il y avoit dans la pratique deux espèces de frottemens qui n'auroient pas lieu si le terrain où roulent les voitures étoit aussi uni et aussi dur que le fer : cette considération a déterminé deux modifications dans les voitures qu'il est bon de faire connoître ici.

L'une c'est, dans les cas où les voitures font journellement et perpétuellement le même chemin, de les faire rouler sur des bandes de fer. Il y a beaucoup de ces chemins en fer dans les exploitations des mines de charbon d'Angleterre.

L'autre, d'élargir les jantes jusqu'à six et huit pouces, plus ou moins, selon que la voiture est plus ou moins chargée. Il y a déjà un grand nombre d'années que l'intérêt personnel d'abord, et ensuite l'intérêt public, sous le point de vue de la conservation des routes, a fait adopter les larges jantes en Angleterre. Aujourd'hui la loi en France exige que les voitures des rouliers et celles des cultivateurs qui fréquentent les grandes routes en aient de même. On s'est beaucoup récrié contre cette loi dans certains cantons; mais à mesure qu'on en sent les avantages, on s'y soumet de meilleure grace. Toutes les expériences constatent qu'en effet, si ces roues coûtent d'abord beaucoup, leur plus longue durée, leur plus facile service, sous le rapport de l'accélération de la marche des voitures et de la conservation des chevaux, en offroit bientôt le dédommagement. J'ai déjà entendu un grand nombre de rouliers avouer que, quand bien même la loi qui les force à en avoir cesseroit d'être en vigueur, ils les conserveroient; et il n'y a rien à répliquer à cet aveu. Il est des localités, dans les pays de montagnes, par exemple, où leur usage seroit difficile dans l'état actuel des chemins, mais où il deviendroit facile, si on disposoit convenablement ces chemins. (B.)

VOLÉE (SEMIS A LA). Manière de répandre la semence en la jetant fort loin devant, à côté, ou derrière soi, en la faisant, pour ainsi dire, voler. Cette manière est la plus simple, la plus expéditive, et elle suffit dans le plus grand nombre des cas. *Voyez* Semis.

VOLETTE. Claie d'osier, sur laquelle on met égoutter les fromages dans le département des Vosges.

VOLIÈRE. Elle doit être construite dans l'endroit de la basse-cour où les alternatives du chaud et du froid se fassent le moins sentir; il faut qu'elle tire ses jours du côté du levant ou du midi, et soit meublée de nids de figure carrée, assez profonds pour y asseoir un pigeon à l'aise. Leur nombre est en raison de trois par paire de pigeons. Communément on leur donne des terrines de plâtre, des paniers d'osier qu'on attache au mur, ou bien on élève des cabanes de bois d'un pied en tout sens; ou bien encore on pratique des trous dans l'épaisseur des murs.

A la vérité, ces différens nids ont chacun leurs inconvéniens. On reproche aux cases en planches, dans lesquelles on met un plateau de plâtre, de s'imprégner trop facilement de la partie humide de la fiente et de contracter par-là une odeur qui finit par occasionner des maladies aux pigeons. Dans les paniers d'osier, outre que la vermine trouve plus aisément à s'y loger, les petits en tombent souvent, et si on n'a pas le soin de les remettre aussitôt dans leurs nids, ils ne tardent pas à périr. Les plâtres peuvent être avantageusement remplacés par des terrines de terre cuite vernissée. Ces dernières, à la vérité, sont d'un prix à peu près double; mais la facilité de les nettoyer à grande eau, et sur-tout leur durée, dédommagent au-delà de l'excédant de la dépense; les cavités pratiquées dans l'épaisseur du mur sont trop fraîches et ne paroissent pas leur convenir.

Quelques amateurs ont été jusqu'à faire fabriquer en terre cuite des pots assez ressemblans à ceux qu'on place pour recevoir des moineaux. Ces pots n'ont pas l'inconvénient des paniers, les petits n'en peuvent sortir; ils facilitent l'incubation et dispensent de placer des rayons en bois. Il faut avoir l'attention de mettre les nids dans l'endroit le moins clair de la volière; car les pigeons, comme tous les autres oiseaux, lorsqu'ils veulent pondre ou couver, recherchent toujours l'obscurité.

Il faut encore que la volière soit pourvue de vases destinés à contenir la boisson et la nourriture. On emploie pour le premier objet des bouteilles de grès à long col, qu'on renverse dans un vaisseau de terre fait exprès, et disposé de manière que l'eau tombe de la bouteille à mesure que les pigeons boivent. Cet appareil se nomme *pompe*. Pour renfermer leur nourriture, on se sert d'une trémie qu'on divise quelquefois en plusieurs parties destinées à contenir les différentes espèces de grains qu'on leur donne.

Mais un soin qu'on ne sauroit trop recommander, c'est de balayer souvent la volière, d'en faire nettoyer sous ses yeux toutes les parties, de faire transporter à quelque distance la colombine et les autres immondices, de renouveler la paille des nids tous les trois ou quatre jours au moins après la naissance des petits, sans quoi la fiente qui les entoure ne tarde pas à leur procurer de la vermine, qui incommode quelquefois la couveuse au point de les lui faire abandonner. Il ne faut pas négliger non plus de changer leur eau le plus souvent possible en été, et de la faire dégeler plusieurs fois par jour pendant les grands froids.

Une autre précaution, c'est de ne pas enlever les pigeonneaux sans nettoyer en même temps leur nid, et y mettre de la paille fraîche ; moyennant cette précaution, et la propreté que je n'hésite pas de conseiller de porter à l'excès, il est rare d'avoir des pigeons attaqués d'autre maladie que de l'incurable vieillesse.

Il y a des espèces de pigeons qui mettent beaucoup de paille dans leur nid, d'autres qui n'en mettent que des brins. Il est bon alors de les dégarnir quand il y en a trop, parceque les œufs pourroient tomber et se casser, et d'en ajouter quand il n'y en a point, attendu que les œufs à nu sur la planche roulent de dessous la femelle, qui ne pouvant les embrasser comme il faut, se refroidissent et ne sont plus bons à rien. Pour éviter ces inconvéniens, on fera bien de leur préparer les nids soi-même, de rompre la paille, afin qu'elle se prête mieux à la forme qu'on veut leur donner, et que les œufs ne puissent glisser entre, ce qui arrive quand elle n'a pas été préalablement brisée.

Peuplement de la volière. Quand il s'agit de remplacer les pigeons invalides, on conserve ordinairement les pigeons éclos en septembre ou octobre, parcequ'ils sont dans toute leur force au mois de mars suivant ; d'autres préfèrent les pigeons nés au printemps, vu que leur accroissement n'a point été suspendu par le froid.

On doit avoir le soin sur-tout de ne jamais souffrir dans la volière ni plus ni moins de mâles que de femelles, et de n'y tenir que des ménages assortis. Un ou deux mâles non appareillés suffisent pour porter le trouble dans l'habitation, et pour déranger toutes les pontes : aussi quelques amateurs ont-ils la précaution de retirer de la volière, aussitôt qu'ils mangent seuls, tous les jeunes pigeons qu'ils destinent à augmenter le nombre des nids, ou à remplacer ceux dont l'âge annonce la prochaine stérilité ; ils les réunissent dans un endroit qu'ils nomment l'appareilloir, et les laissent jusqu'à l'époque où le roucoulement des mâles et la coquetterie prononcée des femelles ne laissent aucun doute sur le sexe des individus.

Lorsqu'on tient les pigeons captifs, il faut placer devant leur demeure une cage de fil de fer, dont la grandeur est proportionnée au nombre des pigeons. Cette espèce de volière extérieure, dont la base doit être en planches, les côtés, le devant, en grillage ; la partie supérieure qui sert de toit à cette cage, couverte de manière à ne pas permettre à la pluie d'y pénétrer, parcequ'elle y forme avec la fiente des pigeons une boue qui s'attache à leurs pattes, aux plumes du ventre, et nuit au succès de l'incubation. Le même inconvénient résulte de la liberté laissée à ces animaux dans les temps humides ; ils rentrent dans la volière les plumes chargées d'eau et les pieds de terre, mouillent leurs œufs et leurs petits, et salissent leur nid. Cet inconvénient est moindre dans les villes que dans les campagnes, parceque dans les villes ils ne volent que de toit en toit et d'une tour à l'autre.

Cette cage leur sert à aller prendre l'air et à s'échauffer au soleil. Il est nécessaire aussi, quand les pigeons ne sortent pas, de placer dans la volière un baquet de quatre pouces de profondeur, rempli d'eau, qu'on renouvelle tous les jours. Les pigeons aiment singulièrement à se baigner et à se rouler dans la poussière pour se délivrer des poux et des puces qui les tourmentent. Si, au contraire, les pigeons jouissent de leur liberté, on placera le baquet dans la cour et près de leur demeure, car les pigeons de grosse espèce, quand ils se sont baignés, qu'ils ont leurs ailes chargées d'eau, regagnent difficilement la volière et deviennent quelquefois la proie des chats ; ce qui leur arrive encore lorsqu'on n'a pas la précaution de les tenir renfermés pendant la mue.

Pigeon de volière. C'est le nom qu'on donne le plus généralement aux pigeons mondains et aux variétés nombreuses de cette race féconde ; ils ne diffèrent en rien des autres, quant à la nourriture, mais bien à l'égard de leur grosseur, de leur multiplication et de leur couleur variée, car ils sont beaucoup plus gros et pondent presque tous les mois quand ils ne manquent point de subsistance ; mais aussi ils ne quittent jamais les alentours de la volière ; il faut y pourvoir en tout temps ; la faim la plus pressante ne les détermine pas à aller chercher au dehors leur subsistance, ils se laissent plutôt mourir d'inanition.

Si l'on vise au profit, les pigeons communs, et en général les moyennes espèces, par préférence aux gros mondains, sont ceux qui paroissent devoir être les plus multipliés, pourvu toutefois qu'on les ait choisis beaux et bien forts, qu'ils aient l'œil vif, la démarche fière, le vol roide, ce qu'on reconnoît en étendant leurs ailes et en les agitant; s'ils les retirent avec roideur, c'est signe de force et de vigueur; mais si ces parties sont foibles dans ce mouvement, c'est la marque d'un tempérament foible et délicat : ces pigeons font jusqu'à dix pontes par an dans le temps de leur plus grande vigueur. Aussi, dans le cercle de quarante jours, la femelle pond, nourrit sa progéniture, et est déjà occupée d'une autre couvée; ils sont aptes à se reproduire dès l'âge de six mois. On a observé que le principe de la reproduction étoit plus promptement développé dans les mâles que chez les femelles. Ce n'est guère qu'à la fin de la seconde année qu'ils sont dans leur plus grande vigueur; ils la conservent jusqu'à six et même huit ans, après quoi, le nombre des pontes commence à diminuer; néanmoins on en a vu encore d'assez féconds à dix et à douze ans.

On ne peut pas aisément, dans les jeunes pigeons, distinguer au premier coup d'œil le mâle de la femelle; les premiers ont en général la tête et le bec plus forts, et sont plus gros; mais le roucoulement est le signe le plus assuré auquel on puisse les reconnoître. Dans certaines variétés on connoît le mâle à la panache, c'est-à-dire à quelques taches de couleur noire que, à quelques exceptions près, les femelles n'ont jamais.

Si on désire obtenir des sujets forts et vigoureux, il est avantageux de recourir au croisement des races; mais quand il s'agit de conserver ce que les amateurs appellent pigeons de genre, il faut observer avec soin de n'y employer que les espèces dont la grosseur est une des beautés, tandis qu'il faut éviter le croisement lorsque l'on veut conserver les petites espèces dans leur forme ordinaire. Si, au contraire, on ne cherche qu'à obtenir de forts pigeonneaux, il importe peu de mélanger les races, en observant néanmoins de donner à la femelle un mâle plus gros qu'elle.

Il seroit à désirer que la race des pigeons mondains fût sans défaut; car il n'est pas rare d'y rencontrer des individus stériles; d'ailleurs c'est la plus excellente race pour le produit, et une des meilleures pour la qualité des pigeonneaux.

Il n'est pas évidemment prouvé que les pigeons domestiques soient moins fertiles quand on les laisse aller par-ci par-là hors de leur habitation, il paroîtroit au contraire très avantageux pour le propriétaire de les laisser sortir. Il en résulteroit, pour premier avantage, qu'ils consommeroient moins de vesce, et, pour deuxième avantage, qu'ils feroient rarement des œufs clairs, parceque dans le colombier, lorsqu'un mâle coche sa femelle, il est souvent interrompu par un autre mâle qui semble vouloir traverser sa jouissance, ce qui empêche la communication du germe ; mais s'ils sont en liberté, ils peuvent garder des distances où ils ne sont pas troublés.

Mais l'opinion de M. Vitry, membre de la société d'agriculture du département de la Seine, est qu'en général les pigeons retenus dans une volière spacieuse sont d'un produit beaucoup plus considérable que ceux qu'on laisse vaguer suivant leur caprice.

Les pigeons ne sont pas non plus exempts de maladies. Nous avons indiqué, au mot COLOMBIER, les principaux moyens de les en préserver : tout ce qui peut éloigner l'humidité, le méphitisme et la vermine de leurs demeures, contribue essentiellement à conserver ces oiseaux dans l'état de vigueur et de santé. (PAR.)

VOLIGE. Planche fort mince. ordinairement de bois blanc, c'est-à-dire de PEUPLIER ou de SAULE. *Voyez* ces deux mots.

On fait un grand usage des voliges dans l'intérieur des bâtimens ruraux, à raison de leur légèreté et de leur bon marché.

VORACES (PLANTES). Les cultivateurs donnent ce nom tantôt généralement à toutes les plantes à qui la vigueur de leur végétation, ou la grande quantité de graine qu'elles produisent fait épuiser le terrain, tantôt seulement à celles de ces plantes qui sont rangées parmi les mauvaises herbes. Le chou est une plante vorace dans le premier sens, le maïs dans le second, la mercuriale dans le troisième.

Des ENGRAIS et un ASSOLEMENT régulier contre-balancent les effets des deux premières séries des plantes voraces. Des SARCLAGES, des BINAGES et encore mieux un ASSOLEMENT régulier empêchent ceux de la dernière. *Voyez* ces mots.

VORDRE. Nom du saule marsaut dans la ci-devant Champagne.

VREILLE. Nom du liseron dans le département des Deux-Sèvres.

VRESANNE. Longueur d'un champ dans le département des Deux-Sèvres.

VRESON. Charrue usitée dans le département des Deux-Sèvres. Elle n'a qu'une oreille et cette oreille, est à gauche.

VRILLES. Filamens tantôt simples, tantôt doubles, et qui naissent aux extrémités des rameaux, dans les aisselles des feuilles et autres parties de certaines plantes, et qui sont destinées à s'accrocher aux branches des arbres ou des arbrisseaux pour, en se contournant, soutenir les tiges des plantes auxquelles elles appartiennent, tiges trop foibles pour se tenir droites par elles-mêmes. *Voyez* VIGNE, VESCE, GESSE, etc., ainsi que PLANTE.

VRILLETTE, *Anobium.* Genre d'insectes de l'ordre des coléoptères, qui renferme une quinzaine d'espèces, dont plusieurs se font remarquer des cultivateurs à raison des dommages qu'elles leur font.

On trouve la plupart des vrillettes au milieu du printemps. Lorsqu'on les touche elles rapprochent leurs antennes et leurs pattes de leur corps et contrefont les mortes. Souvent la section d'une partie de leur corps, ou une piqûre d'épingle, le feu même ne sont pas capables de leur faire abandonner cet état pour se sauver, ce qu'elles font cependant, quoiqu'avec lenteur dès qu'elles jugent que le danger est passé. C'est ce qui a fait donner le nom d'*opiniâtre*, *Pertinax*, à la plus commune.

Les larves des vrillettes vivent dans le bois ou autres matières solides, et y font des trous ronds et souvent très profonds en en mangeant la substance. Ce sont principalement elles qui rendent le bois *vermoulu*. Elles vivent une année entière sous cette forme. Ce sont encore elles qui font ce petit bruit continu, semblable au battement d'une montre, qu'on entend souvent dans les appartemens lorsqu'on y est tranquille, et qu'on a attribué à des araignées et à des psoques, bruit qui inquiète certaines personnes comme pronostic de mauvais augure.

La VRILLETTE MARQUETÉE a trois ou quatre lignes de long. Son corps est brun, mais le corcelet et les élytres ont des plaques de poils cendrées. Ses élytres ne sont point striés. On la trouve dans les maisons. Elle provient d'une larve qui vit dans le bois selon quelques personnes, et dans la viande desséchée selon d'autres. Cette espèce se rapproche en effet beaucoup des dermestes, et on feroit peut-être bien de la placer dans ce genre.

La VRILLETTE OPINIATRE a deux lignes de long. Elle est fauve ou brune, le corcelet très bossu et a les élytres striés. C'est la véritable *vrillette*, n° 1er de Geoffroi, celle qui perce les meubles de cette innombrable quantité de trous qui altèrent d'abord leur beauté, ensuite leur solidité, et finissent par les mettre hors de service. Sa propagation est très rapide. Il est des bois qu'elle attaque moins que d'autres ; il en est même qu'elle n'attaque pas. Elle se jette de préférence sur l'aubier, dans le chêne et autres bois durs. Les moyens de s'opposer à ses ravages sont de faire tremper les bois dans une dissolution d'alun ou autre sel, de l'exposer pendant long-temps à la fumée, de l'enduire d'une couche de peinture à l'huile. *Voyez* au mot Bois.

La VRILLETTE PETITE, *Anobium minutum*, Fab., est fauve clair, avec le corcelet arrondi, et les élytres légèrement striés. Sa longueur ne surpasse pas une ligne. Elle vit également dans le bois des meubles, sur-tout dans les bois blancs. On la trouve en conséquence très fréquemment dans les maisons aux mois de mai et de juin.

La VRILLETTE DU PAIN se distingue si peu de la précédente, que j'ai tout lieu de croire que c'est la même espèce, quoique des auteurs fort dignes de confiance l'aient décrite comme distincte. Sa larve vit dans la farine, dans le pain abandonné, etc. Comme il lui faut, ainsi qu'aux autres, une année entière pour subir ses transformations, elle fait peu de ravages et est même peu commune dans les maisons où il y a de l'ordre et de la propreté.

VUDEOU. Nom du veau dans le département du Var. (B.)

VUIDANGE d'une vente en usance, s'entend du transport des bois abattus et ouvrés hors de ses limites. Le temps dans lequel une vente doit être vidée est toujours prescrit dans les clauses de son adjudication. (DE PER.)

VULNÉRAIRE. Espèce du genre ANTHYLLIDE.

VULNÉRAIRE SUISSE. Collection de différentes plantes des Hautes-Alpes qu'on vend comme remède.

VULPIN, *Alopecurus*. Genre de plantes de la triandrie digynie et de la famille des graminées, qui réunit une douzaine d'espèces, dont plusieurs intéressent les cultivateurs, comme fournissant une excellente nourriture à leurs bestiaux, et croissant dans des localités où les autres plantes fourrageuses ne viennent pas.

Le VULPIN DES PRÉS a les racines vivaces, fibreuses; les tiges hautes d'un à deux pieds; les feuilles légèrement velues; les fleurs disposées en épi droit, avec les balles velues et sans arête. Il croît par toute l'Europe dans les prés et autres lieux humides. C'est un excellent fourrage que tous les bestiaux et sur-tout les chevaux aiment avec passion, et qui communique sa saveur à la paille avec laquelle on le mêle. Les Anglais le confondent avec le fléau sous le nom de *timoty grass*. M. Anderson a fait à son sujet des expériences qui constatent qu'il rend moins de foin et de graines que la plupart des autres plantes de sa famille qu'on cultive pour la nourriture des bestiaux; que cependant il mérite d'être semé à la volée dans les terres pauvres et marécageuses. Je ne sache pas qu'on ait répété ces expériences en France, mais j'ai tout lieu de croire que cette plante y rendroit davantage qu'en Angleterre, car j'ai souvent vu de ses trochées qui portoient huit à dix épis.

Le VULPIN GÉNICULÉ a les racines vivaces; les tiges hautes d'un pied, géniculées et couchées à leur base; les feuilles légèrement velues; les fleurs sans arête et disposées en épi. Il est très commun dans les marais, sur le bord des fossés, des étangs, etc. Sa végétation est très précoce. Les bestiaux le recherchent avec passion et s'exposent souvent à de grands périls pour l'aller manger dans les fondrières. J'ai souvent désiré que cette plante fût cultivée, mais nulle part elle ne l'est.

Le VULPIN BULBEUX a les racines vivaces, bulbeuses; les tiges droites, hautes d'un pied et plus; les fleurs velues et disposées en épis grêles et allongés. Il croît dans les marais et les prés bas, dans les parties moyennes et méridionales de l'Europe. Sa fane partage les mêmes bonnes qualités de celles des précédens, et de plus ses racines sont extrêmement recherchées par les cochons. Quelques personnes l'ont confondu avec le dernier, dont il diffère en effet fort peu.

Le VULPIN AGRESTE a les racines vivaces; les tiges hautes de huit à dix pouces; les fleurs parfaitement glabres et disposées en épis droits et grêles. Il croît dans les lieux secs des parties méridionales de l'Europe. Les bestiaux et sur-tout les moutons l'aiment beaucoup. On ne le cultive nulle part, et son peu de hauteur fait croire qu'on le feroit difficilement avec profit. (B.)

W.

WARAT. On donne ce nom, aux environs de Bergues, à un mélange de pois, de vesces, de seigle et de fèves de marais, dont ces dernières forment la plus forte partie, et qu'on coupe en vert pour fourrage, ou qu'on enterre avant la floraison pour améliorer le sol.

X.

XYLÉMA, *Xylema*. Genre de plantes de la famille des champignons, constitué par un péricarpe assez dur, de forme diverse, plein d'une gelée charnue, qui se rompt en divers endroits pour laisser sortir cette gelée.

Les espèces de ce genre, qui sont peu nombreuses, naissent sur la surface supérieure des feuilles vivantes ou mortes, et y forment des taches noires souvent luisantes. Elles doivent, lorsqu'elles sont abondantes, beaucoup nuire à la végétation; mais il n'y a pas de moyen de s'opposer à leur multiplication.

Le XYLÉMA DES ÉRABLES est quelquefois si commun sur les érables communs et faux platanes, que leurs feuilles paroissent toutes noires. J'ai observé que c'étoit principalement ceux de ces arbres qui étoient plantés dans un sol aride qui en étoient le plus infestés.

Le XYLÉMA DE CHATAIGNIER est blanchâtre et parsemé de points noirs. Il ne m'a pas paru qu'il fût, dans aucuns lieux,

assez commun pour nuire à la végétation de cet arbre et à la
production de son fruit.

Le XYLÉMA DES PEUPLIERS est noir et croît très abondamment
sur les peupliers tremble, noir, et gris-blanc. Je l'ai vu souvent
si abondant qu'il n'y avoit pas de feuilles qui ne fussent tachées. Je ne doute pas qu'il ne retarde la croissance de ces
arbres ; c'est sur ceux qui croissent dans les terrains secs qu'il
se trouve le plus communément. (B.)

Y.

YUCCA, *Yucca*. Genre de plantes de l'hexandrie monogynie et de la famille des liliacées, qui renferme une demi-
douzaine d'espèces, dont une se cultive en pleine terre dans
le climat de Paris, et est employée à des usages agricoles dans
son pays natal.

Le YUCCA GLORIEUX a les racines très nombreuses et presque
simples ; les tiges à peine hautes d'un pied ; les feuilles éparses,
rapprochées, lancéolées, très entières, roides, piquantes à
leur pointe ; les fleurs blanches, grandes, nombreuses, blanches, d'une odeur un peu nauséabonde, et disposées en longue
panicule terminale. Il est originaire de l'Amérique du nord.
C'est une superbe plante quand elle est en fleur, mais elle
n'y est pas tous les ans dans le climat de Paris. On s'en sert
pour faire des haies qui, quand elles ne laissent point de vide,
ce qui est rare, sont d'une très bonne défense et d'un très bel
aspect. On le place dans les jardins paysagers au milieu des
gazons, à quelque distance des massifs, contre les rochers et
les fabriques, et il s'y fait toujours remarquer, même sans être
en fleur, par la disposition de ses feuilles. Il ne craint que les
très fortes gelées, et sur-tout l'humidité des hivers ; en conséquence c'est une terre sèche et une exposition abritée qu'il
lui faut. On le multiplie par ses graines, par ses rejetons et
par la section de ses racines.

Le YUCCA A FEUILLES D'ALOES a les feuilles crénelées et étroites, et s'élève de quinze à vingt pieds. Il est originaire des
parties chaudes de l'Amérique, et est plus sensible à la gelée
que le précédent ; cependant je l'ai vu aussi passer l'hiver en
pleine terre dans le climat de Paris. Il sert en Caroline, ainsi
que je l'ai observé, à faire aussi des haies : pour cela il suffit
de couper des tiges et de les coucher en terre pour en avoir
une susceptible de s'opposer aux entreprises des hommes et
des bestiaux, ces tiges poussant des bourgeons dans toute leur
longueur, qui deviennent des tiges dès la première année. Le
fruit de cette espèce est bacciforme, et peut se manger, se
donner aux bestiaux, qui l'aiment beaucoup, etc.

Le yucca bosquien a les feuilles linéaires, très nombreuses et recourbées. C'est une plante fort élégante, probablement originaire du Brésil, à laquelle Desfontaines a donné mon nom. Il y a tout lieu de croire qu'elle passera l'hiver en pleine terre dans le climat de Paris; mais jusqu'à présent on l'a tenue dans l'orangerie. (B.)

Z.

ZANTHORHIZE, *Zanthorhiza*. Arbuste de deux pieds de haut; à racines traçantes; à feuilles alternes, toutes situées au haut de la tige, ailées avec impaire; à folioles ovales-cunéiformes, dentées, la terminale plus profondément; à fleurs d'un violet noirâtre, disposées en panicule terminale, et se développant avant les feuilles; qu'on cultive depuis quelques années dans les jardins paysagers, et qui forme seul un genre dans la pentandrie monogynie, et dans la famille des renonculacées.

Michaux a trouvé le zanthorhize dans les montagnes de la Caroline. J'en ai cultivé de grandes quantités dans ce pays. Sa racine et son écorce fournissent une couleur jaune fort abondante, qu'on pourra sans doute employer à la teinture. On le multiplie avec la plus grande facilité de graines, de rejetons, de boutures, de racines. Il croît dans les plus mauvais sols, et ne craint point les gelées du climat de Paris. Je suppose, par suite de l'odeur et de la saveur de sa racine, qu'elle peut devenir un sudorifique nouveau. C'est au premier rang des massifs, contre les fabriques, qu'il demande à être placé dans les jardins paysagers, où il ne produit pas, au reste, des effets bien marquans.

ZINNIA, *Zinnia*. Genre de plantes de la syngénésie superflue et de la famille des corymbifères, dans lequel on compte une demi-douzaine d'espèces, toutes de l'Amérique méridionale, et dont deux se cultivent depuis long-temps dans les jardins pour l'ornement.

Ces deux espèces sont,

Le zinnia pauciflore. Il a les racines annuelles; les tiges droites, peu rameuses, hautes de deux pieds; les feuilles opposées, amplexicaules, en cœur, lancéolées, très entières, glabres; les fleurs grandes, jaunes et sessiles. Il est originaire du Pérou, et fleurit à la fin de l'été.

Le zinnia multiflore. Il a les racines annuelles; les tiges droites, très rameuses, hautes d'un pied; les feuilles opposées, légèrement pétiolées, ovales, lancéolées, très entières, glabres; les fleurs d'un rouge assez vif avec le centre jaune, quelquefois toutes jaunes, plus petites que celles du précédent, toujours solitaires sur des pédoncules terminaux. Il croît naturellement à la Louisiane, et fleurit au milieu de l'été. C'est lui qu'on cultive le plus fréquemment.

Ces deux plantes font un assez bel effet dans les parterres, pendant tout l'automne, par l'élégance de leur port et la vivacité de la couleur de leurs fleurs. Elles ne cessent de produire des fleurs qu'aux gelées, auxquelles elles sont très sensibles. On les place ordinairement, la première au milieu, la seconde sur les côtés des plates-bandes des parterres, en groupes de deux ou trois pieds. Rarement elles se voient dans les jardins paysagers, quoiqu'elles y pussent figurer avantageusement. On les multiplie de graines qu'on sème au printemps dans une plate-bande exposée au levant et convenablement préparée, ou sur couche si on est plus au nord que Paris. Lorsque le plant a acquis quatre à cinq pouces de hauteur, on le place à demeure, autant que possible, avec la motte, et on l'arrose, en le garantissant du soleil, pendant les premiers jours. Une fois repris ces plants ne demandent plus que les soins ordinaires aux autres fleurs des parterres. On doit avoir soin de ramasser la graine de la première fleur qui s'est épanouie sur chaque pied, comme étant la mieux nourrie et la plus mûre ; les dernières sont presque toujours frappées par la gelée dans le climat de Paris.

ZIZANIE, *Zizania*. Genre de plantes de la monœcie hexandrie et de la famille des graminées.

Parmi les cinq ou six espèces que renferme ce genre, je ne citerai que la ZIZANIE CLAVELEUSE, que j'ai observée, décrite et dessinée pendant mon séjour en Caroline, où elle croît dans les eaux stagnantes et boueuses. C'est une plante annuelle, de sept à huit pieds de haut, dont les feuilles sont alternes, engaînantes et fort longues ; les fleurs disposées en panicules terminales ; les mâles situées dans la partie inférieure sur des pédoncules rameux, perpendiculaires à la tige, et les femelles dans la partie supérieure, sur des pédoncules claviformes et rapprochés de la tige. Ses graines ont six à huit lignes de long, et sont regardées comme un excellent manger. En effet, si j'en juge par celles que j'ai mâchées, elles sont plus savoureuses qu'aucune de celles que je connois dans la famille des graminées. Les sauvages, avant l'arrivée des Européens, en faisoient cuire avec leurs viandes en guise de riz. C'est le RIZ DE CANADA de quelques auteurs. Les oiseaux en sont extrêmement friands. Il seroit à désirer que cette belle et utile graminée fût introduite dans les parties méridionales de l'Europe, où elle réussiroit certainement. J'en ai rapporté des graines ; mais elles n'ont pas levé.

ZIZANIE. On donne aussi ce nom à l'YVRAIE dans quelques endroits.

ZONE. On a divisé la terre, relativement à l'aspect qu'elle présente au soleil pendant chaque mois de l'année, en cinq parties qu'on appelle zones ; une centrale qui est bornée par les tropiques, deux glaciales qui commencent au pôle, et deux tempérées qui sont intermédiaires.

Cette division de la terre est très importante pour l'agriculture, puisque chaque zone en a une qui lui est propre. *Voyez* CLIMAT.

ZOOSTÈRE, *Zoostera*. Genre de plantes de la gynandrie polyandrie, et de la famille des fluviales, qui comprend cinq espèces, toutes vivant au fond des eaux, et dont une est un objet important pour les habitans de quelques ports de mer.

Cette dernière est la ZOOSTÈRE OCÉANIQUE, qui n'a point de tige, et dont les feuilles ont souvent huit à dix pieds de long sur une largeur de quatre à cinq lignes, à la base desquelles est un spadix linéaire, engaîné, couvert d'abord, d'un côté, d'étamines presque sessiles en haut et d'ovaires à styles bifides en bas, et ensuite de capsules monospermes. Elle se trouve dans les ports de mer, dans les marais salans, enfin dans tous les endroits où la mer est profonde et tranquille. Les lagunes de Venise en sont remplies, ainsi que je l'ai observé. On la connoît particulièrement sous le nom d'ALGUE sur quelques unes de nos côtes, quoique ce *nom* appartienne généralement à toutes les plantes marines rejetées sur les bords.

On emploie la zoostère à l'emballage des objets casuels, à fumer les terres, à fabriquer de la soude. En Hollande, elle sert à fortifier les digues. *Voyez* au mot ALGUE et au mot VAREC.

Le singulier mode de fructification de cette plante doit intéresser les amis des phénomènes naturels. (B.)

SUPPLÉMENT.

A.

ACOULIN. On donne ce nom à une manière de dessécher les marais et les étangs, manière qui consiste à y faire arriver des eaux chargées de terre, et à les laisser déposer, ce qui en élève le sol. Il en a été question aux mots CANAL, ÉLÉVATION DU SOL.

ADIANTE, *Adiantum*. Genre de plantes de la cryptogamie et de la famille des fougères, qui renferme une trentaine d'espèces dont une seule appartient à l'Europe, et est dans le cas d'être citée ici, à raison de l'usage qu'on en peut faire dans les jardins paysagers. C'est l'ADIANTE DE MONTPELLIER dont les tiges sont hautes d'environ un pied; les feuilles décomposées; les folioles alternes, pédicellées, cunéiformes et dentelées. Il est vivace, croît dans les parties méridionales de l'Europe, sur les rochers humides et ombragés, et soutient assez bien les hivers du climat de Paris. C'est une plante fort élégante et qui produit de très agréables effets sur les rochers, derrière les fabriques des jardins paysagers. Une fois plantée elle ne demande plus aucun soin. On en fait un fréquent usage en médecine sous le nom de *capillaire de Montpellier*. *Voyez* CAPILLAIRE.

AGROSTIDE, *Agrostis*. Genre de plantes de la triandrie digynie et de la famille des graminées, qui renferme une cinquantaine d'espèces dont dix-huit appartiennent au sol de la France, et dont trois ou quatre sont assez communes pour mériter l'attention des cultivateurs.

L'AGROSTIDE DES CHAMPS, *Agrostis spica venti*, Lin., a les racines annuelles; les tiges droites, hautes d'environ deux pieds; les fleurs petites, extrêmement nombreuses, disposées en panicule très lâche, et chacune ayant une longue arête à la base extérieure de la corolle. Elle croît souvent en très grande abondance dans les champs sablonneux, et nuit, par conséquent, aux récoltes qu'on leur confie. Les vaches et les chevaux la recherchent beaucoup; mais les moutons n'y touchent pas. Lorsqu'elle est desséchée, le vent l'arrache, et fait rouler sa panicule dans les campagnes d'une manière très singulière. Je ne crois pas qu'il soit utile de la semer dans aucun cas.

L'AGROSTIDE DES CHIENS, *Agrostis canina*, Lin., a les racines vivaces; la tige rameuse, en partie couchée; les fleurs violettes, disposées en panicule allongée, dont la base florale est tridentée et porte une longue arête genouillée. Cette plante est commune dans les prairies humides, et doit entrer dans la composition de celles qu'on sème dans cette nature de terre, car tous les bestiaux la recherchent.

L'AGROSTIDE VULGAIRE se rapproche infiniment de la précédente, mais elle n'a point d'arête. Elle est commune dans les maïs, les prés, les champs.

L'AGROSTIDE TRAÇANTE, *Agrostis stolonifera*, a les racines vivaces; les tiges en partie couchées et stolonifères; les fleurs disposées en panicule lâche. Elle est commune dans les champs et les bois humides, sur-tout lorsqu'ils sont argileux. Les bestiaux la recherchent, comme ses congénères, et, comme elles, elle peut être utilement employée à améliorer les prairies.

L'AGROSTIDE MINIME a les racines annuelles; les tiges hautes de deux ou trois pouces; les fleurs rouges, sans barbes, et disposées en panicule filiforme. Elle croît dans les lieux sablonneux les plus arides, et fleurit une des premières au printemps. Souvent les plaines des Sablons, du Point du Jour, de Grenelle, et autres des environs de Paris, en sont si garnies dans leurs jachères, qu'elles paroissent toutes rouges. Tous les bestiaux la mangent avec plaisir, mais les moutons seuls peuvent la pâturer.

AILES. Ce sont les pétales latéraux des fleurs LÉGUMINEUSES. *Voyez* ce mot.

AISSELLE DES FEUILLES. C'est le point ou la ligne de réunion des feuilles avec la tige. *Voyez* PLANTE.

ALPISTE. *Voyez* PHALARIDE.

AVANTIN. Plant de vigne ou cep dans le territoire de Marseille. (B.)

AVIVES. C'est l'engorgement des glandes parotides. Il y a des personnes qui, dans les tranchées, font ouvrir les avives, ou les font battre en les pinçant avec la main ou avec des tenailles : on les frappe à petits coups avec le manche d'un *brocheir* ou un petit bâton. Soleysel conseille de les corrompre; je pense qu'il entend par-là de les battre; il préfère ce moyen à celui de les ouvrir.

Au reste, il est fâcheux qu'il soit tombé dans cette erreur; il a bien décrit l'engorgement des avives, qu'il regarde comme une sorte de squinancie que l'on confond, dit-il, avec les tranchées, parceque les chevaux qui en sont attaqués se couchent, se relèvent et se tourmentent sans cesse par la difficulté qu'ils ont de respirer.

L'engorgement des parotides n'a pas lieu seulement dans les esquinancies, il se montre également dans certains cas de gourme, et quelquefois dans le trombus. *Voyez* GOURME, ESQUINANCIE et TROMBUS. (DES.)

B.

BABOTTE. Olivier de Serres nomme ainsi la larve qui mange la luzerne. C'est celle de l'eumolpe obscur.

BACHE. Construction intermédiaire entre les châssis et les serres, qui n'est connue en France que depuis un petit nombre d'années, mais dont on commence à faire un fréquent usage, principalement chez les jardiniers qui se livrent au commerce des plantes des pays chauds, des ananas, et même des fruits de primeur.

Toujours, et c'est là leur véritable caractère distinctif, les baches sont bâties dans une fosse, et de manière que la partie qui paroît hors de terre soit la moins haute possible du côté du soleil.

Il y a des baches qui se rapprochent plus des châssis que des serres ; il y en a qui se rapprochent plus des serres que des châssis.

Ainsi que les châssis et les serres, les baches doivent être entre le levant et le midi pour être bien placées. Aucune ombre ne peut projeter sur elles sans nuire à leur bonté. Il est très avantageux qu'elles soient garanties des vents du nord par des abris. Un terrain incliné, et de nature sèche, est toujours à préférer lorsqu'on en a le choix. Leur éloignement de la maison du jardinier ne peut être considérable, à raison du service continuel, de jour comme de nuit, qu'elles exigent.

Pour bien remplir son objet, une bache doit n'être ni trop grande ni trop petite ; six à huit mètres de long sur deux ou deux et demi de large sont un terme moyen convenable.

Généralement on ne donne aux baches que la hauteur intérieure strictement nécessaire au passage d'un homme debout.

La première chose à faire lorsqu'on veut construire une bache est donc de creuser en terre une fosse, dans le lieu désigné, d'un demi-mètre plus grande dans ses trois dimensions, que les mesures indiquées plus haut, et de la revêtir de murs.

L'important à considérer dans une bache c'est qu'elle perde le moins possible de la chaleur qui y a été introduite, d'abord par la couche qui en fait toujours partie, et ensuite, soit par le soleil, soit par un fourneau.

Ainsi, au lieu de faire les murs des baches peu épais, simples et composés de pierres ou de briques ordinaires, comme cela a généralement lieu, ce qui permet à la chaleur de se perdre promptement dans le sol environnant, et à l'humidité de la terre de pénétrer dans l'intérieur, je voudrois qu'on les fît doubles, avec un intervalle d'un à deux décimètres, et qu'on y employât exclusivement des briques vernissées, au moins sur leur tranche extérieure. *Voyez* CHALEUR.

Le premier de ces murs, c'est-à-dire celui qui fera la paroi intérieure de la bache, devra avoir l'épaisseur de la longueur d'une brique, et l'épaisseur de sa largeur, même de son épaisseur, suffira pour le mur extérieur.

Pour plus de sécurité, l'intervalle des deux murs, après qu'ils seront bien secs, sera rempli de charbon et recouvert de briques, ou mieux, de longues dalles de pierres, scellées avec du mortier. *Voyez* CHARBON.

Par le même principe, le fond de la bache devra avoir un double pavé séparé par un lit de charbon.

Le côté du mur de la bache tourné vers le soleil n'a que la hauteur nécessaire pour empêcher les eaux des pluies d'entrer dans l'intérieur, c'est-à-dire de deux décimètres au plus. Celui qui est au nord-ouest ou au nord est plus ou moins élevé au-dessus du sol, selon l'inclinaison qu'on veut donner au vitrage, et ceux des côtés sont obliques. Lorsque ces murs ne sont pas garnis de dalles de pierres à leur sommet, on scelle sur leur bord intérieur une solive, munie d'une feuillure pour recevoir les châssis du vitrage.

L'inclinaison du vitrage des baches varie comme celui des châssis et celui des serres, selon les climats et les diverses époques de l'année. Elle doit être plutôt moins considérable que plus, sur-tout dans les baches qui n'ont point de fourneau, parceque c'est pendant l'hiver qu'il est le plus important qu'elles profitent de toute la chaleur des rayons du soleil. Il m'a paru que celle entre trente et vingt degrés étoit la plus convenable et la plus généralement adoptée dans les environs de Paris, quoiqu'il y en ait qui ont jusqu'à quarante-cinq degrés et d'autres seulement douze ou quinze. En général la pratique n'a pas encore définitivement fixé cette inclinaison quelque importante qu'elle soit.

Le vitrage des baches est composé de plusieurs châssis qui ne diffèrent de ceux des couches que par leur plus grande longueur. La largeur de ces châssis ne doit pas, à raison de la solidité, surpasser un mètre. Ils se placent sur la feuillure des bords des murs et sur des traverses en bois, qui sont scellées dans les murs du devant et du derrière, de manière à pouvoir être ou tous ou partie levés à volonté; leur jonction est la plus exacte possible. Tout ce que j'ai dit d'ailleurs de la construction des vitrages des châssis des couches et des serres, pour assurer leur service et leur conservation, s'applique également à ceux-ci.

Voilà l'extérieur terminé. Il faut actuellement considérer l'intérieur.

La porte qui conduit dans l'intérieur des baches doit être toujours à une de leurs extrémités, du côté le plus abrité. On y descend par un escalier qui est souvent exposé en plein air, mais il est toujours bon, et souvent indispensable, comme je le dirai plus bas, qu'il se rende dans une petite pièce qui sert d'antichambre, et qui est pourvue de deux portes qui, ne s'ouvrant que successivement, s'opposent à l'introduction d'une trop grande quantité d'air froid dans l'intérieur de la bache.

La partie essentielle d'une bache est la couche; elle en remplit toute la largeur et la longueur, a un couloir près, de moins d'un demi-mètre de large, qui va de la porte à l'extrémité opposée, et qui sert au service. Le mur de deux côtés, et des dalles minces de pierres, ou des briques posées de champ, en forment l'enceinte. Sa hauteur est relative au genre de culture, mais telle que les plantes soient assez près du vitrage pour avoir le plus de lumière possible, et assez éloignées pour n'être pas susceptibles d'éprouver les atteintes du froid. C'est donc au jardinier à la régler selon les circonstances. Cette couche est presque toujours faite de TAN (*voyez* ce mot), par les raisons développées au mot SERRE.

La question de savoir s'il est plus convenable que le couloir soit placé sur le devant ou sur le derrière de la bache n'est pas encore résolue; les uns prétendent qu'on perd la place la plus précieuse, à raison de sa proximité du vitrage, en le faisant sur le devant; les autres soutiennent que le service ne se fait pas si bien lorsqu'il est sur le derrière. J'aime mieux entrer dans une bache par le devant, parceque je vois mieux les plantes qui sont alors contre le jour; mais il ne m'a pas paru que la différence de position du couloir influât beaucoup, si elle influoit de quelque chose, sur les plantes cultivées dans la bache. Dans quelques baches on a tranché la question, en faisant deux couches; une petite sur le devant, et une plus large sur le derrière, et alors on avoit pu donner plus d'étendue en largeur à ces baches.

Lorsqu'à la chaleur qu'une couche où les rayons du soleil peuvent donner à une bache on veut ajouter celle du feu, il faut construire un fourneau dans l'antichambre, dont il a été parlé plus haut, et conduire des tuyaux sous le couloir et autour de la couche, positivement comme il a été dit au mot SERRE, bien entendu que les proportions de toutes les parties du fourneau et des tuyaux doivent être diminuées à raison de la moindre capacité de l'espace à échauffer.

C'est aussi dans cette antichambre que se place l'eau destinée aux arrosemens, afin que sa température se rapproche de celle de la bache.

En faisant construire un châssis, on a intention, 1° d'accélérer la levée des graines du pays, ou de pays d'une température peu élevée, et la croissance des plantes qu'elles fournissent, soit pour les amener à donner plus promptement des fleurs et des fruits (les PRIMEURS, *voyez* ce mot), soit pour leur donner quelque avance sur la saison et leur permettre de fleurir et fructifier en plein air (les MELONS, les AUBERGINES, les PIMENS, etc.); 2° de fortifier les plantes foibles et d'assurer la reprise des boutures.

L'objet des serres est presque uniquement de préserver les plantes des pays chauds des rigueurs de notre climat. Beaucoup de ces plantes n'y fleurissent pas, et encore moins y portent des fruits.

La construction des baches a pour but de faire lever les graines qui ne germeroient pas sous les châssis, faute d'y trouver assez de chaleur, et de forcer les plantes qui exigent la serre chaude pendant l'hiver de donner des fleurs et des fruits.

Pour cela, il faut que la chaleur des baches soit toujours plus élevée que celle des châssis et des serres.

Mais, dira-t-on, qui empêche de donner aux serres la chaleur nécessaire pour remplir cet objet? 1° La grande dépense, à raison de la capacité de la serre; 2° la variété d'espèces qui s'y trouvent réunies, et dont les unes veulent moins de chaleur que les autres.

Une circonstance qui concourt à rendre les baches plus avantageuses pour certaines plantes que les serres, c'est qu'entrant fort peu de bois dans leur construction et leur hauteur étant moindre, on peut leur donner une chaleur humide sans autant craindre les dégradations et les inconvéniens qui en sont la suite. Or, on sait qu'il est des plantes, sur-tout sous la zone torride, qui veulent cette sorte de chaleur qui fait périr les autres.

Ce petit nombre de mots suffit pour faire voir que la conduite des baches est beaucoup plus difficile que celle des couches à châssis et que celle des serres, quoiqu'elle soit fondée sur les mêmes principes. On a toujours deux écueils opposés à redouter; le trop grand froid et le trop grand chaud. Souvent il ne faut qu'une minute de négligence pour que toutes les plantes d'une bache périssent ou au moins perdent leurs feuilles par une de ces deux causes. Comme, ainsi que je l'ai dit plus haut, chaque plante est affectée de ces causes à un degré différent, il est prudent de n'en mettre que d'une même espèce, ou d'un petit nombre d'espèces dans la même bache, ce qui milite en faveur des petites.

Quoique la chaleur humide soit souvent utile dans les baches, elle est aussi quelquefois nuisible; d'ailleurs il faut pouvoir la régler à volonté, c'est pourquoi j'ai insisté pour

qu'en les construisant on prenne des mesures contre l'introduction de l'humidité de la terre dont on n'est pas le maître,
et qui reparoît à mesure qu'on la fait se dissiper. Un bon conducteur de bache n'est pas commun, même à Paris.

La plupart des plantes qu'on cultive dans des baches y
restent toute l'année, seulement on ouvre plus souvent et
plus long-temps les châssis des vitrages pendant l'été, et
on se dispense de faire du feu dans cette saison.

La culture des baches, comme celle des serres, sortant du
plan de cet ouvrage, ou ne s'y rattachant que dans un petit
nombre de cas, je n'étendrai pas plus loin mes observations
sur ce qui les concerne. Le lecteur pourra facilement suppléer à ce que je ne développe pas en lisant les articles
Chassis, Serre et Ananas.

Cette dernière plante étant celle qu'on cultive le plus dans
les baches, on leur donne souvent le nom de *serres à ananas.*

BAILLARGE. Variété d'orge.

BIBALE. Fourche aux environs de Toulouse.

BOLE. Nom générique des joncs et autres plantes marécageuses à l'embouchure du Rhône. On les emploie à fumer la
vigne.

BOUSSOLE. Décrire la boussole, indiquer la manière de
la construire seroit ici superflu, attendu qu'en en montrant
une on la fait mieux connoître que par un long discours, et
qu'il n'est pas économique que les cultivateurs tentent d'en
construire eux-mêmes; mais je crois utile de les engager à
s'en pourvoir, ne fut-ce que pour lever le plan de leurs propriétés. La depense est peu considérable, et une boussole en
cuivre peut durer des siècles, aussi bonne que le premier
jour. *Voyez* Aimant.

BOUVREUIL. Oiseau du genre des Gros becs (*voyez* ce
mot), qui se fait remarquer des cultivateurs, non seulement
par la beauté de son plumage, mais encore par les dégâts qu'il
cause dans leurs vergers, en mangeant, au printemps, les boutons des arbres qui y sont plantés.

On reconnoît le bouvreuil à sa grosseur à peine supérieure
à celle d'un moineau, à son bec presque rond et noir, à sa
tête, à sa queue et à l'extrémité de ses ailes noires, à son dos
et à la base de ses ailes gris ardoise, à sa gorge et à son ventre d'un rouge vif dans le mâle, et d'un gris vineux dans la
femelle ; à son croupion blanc, etc.

Dans cette espèce, le mâle est très attaché à sa femelle, ne
la quitte jamais, et l'aide dans tous les soins de l'incubation
et de la nourriture des petits. C'est sur des arbres peu élevés

qu'ils construisent leur nid. Ils vivent exclusivement de graines et de boutons.

Comme les bouvreuils se tiennent dans les grands bois pendant presque toute l'année, que ce n'est qu'au moment où les boutons des arbres fruitiers commencent à se développer qu'ils viennent autour des habitations, les cultivateurs n'ont à s'en plaindre qu'à cette époque ; et il suffit qu'ils en tuent de temps en temps quelques uns à coup de fusils pour les écarter tous. Leur chair ne vaut rien. On les prend aussi avec assez de facilité, à la même époque, avec toutes sortes de trébuchets, amorcés de graine de chenevis qu'ils aiment avec passion. Il m'a paru que c'étoit sur les pruniers qu'ils se jetoient de préférence. J'ai vu quelquefois la terre jonchée des débris des boutons de cet arbre, car pour en manger un les bouvreuils en entament dix.

On apprend à parler et à siffler toutes sortes d'airs de flageolet aux bouvreuils mâles et femelles, ce qui fait qu'on en élève souvent dans les volières.

BRIQUE. Parallélipipède de terre cuite plus ou moins long, plus ou moins épais, mais devant n'avoir que des proportions moyennes, c'est-à-dire environ vingt-quatre centimètres de long, douze de large et six d'épaisseur, dont on fait un usage fréquent dans les constructions rurales, pour suppléer la pierre dans les localités où elle est rare, et qu'on emploie comme résistant mieux au feu dans la fabrication des fourneaux, des fours, des cheminées de tous les pays, et au pavé des appartemens. *Voyez* ARGILE.

Dans ce dernier cas, la brique prend souvent une forme carrée ou hexagone, et une épaisseur moindre, et s'appelle *carreau*.

La fabrication des briques étant extrêmement facile, exigeant des fonds fort peu considérables, et pouvant se suspendre à volonté sans inconvéniens, peut être entreprise par les petits cultivateurs aidés de leur famille et de quelques hommes de journée. Aussi, dans beaucoup de pays, est-elle exclusivement entre leurs mains.

Pour que ces briques soient bonnes, il faut qu'il se trouve dans l'argile qu'on y emploie environ moitié de sable ou de sablon quartzeux. Il y existe aussi presque toujours de l'oxide de fer et la pierre calcaire. Cette argile doit être mise en bouillie, passée à la claie, et exactement corroyée, un an à l'avance, quand on veut bien opérer ; mais, trop souvent, on s'en dispense par principe d'économie.

Un cadre de bois des dimensions qu'on veut donner à la tuile, et un râble, également de bois, sont les seuls ustensiles nécessaires à un fabricant de briques.

Lorsque les briques sont faites on les laisse sécher pendant plusieurs mois à l'ombre, et ensuite on les fait cuire dans un four, dont la forme et la capacité varient dans chaque fabrique. Il est très rare que ces fours soient construits d'après les principes de la science, c'est-à-dire qu'ils exigent presque tous une consommation de bois supérieure à celle qui est nécessaire pour cuire les tuiles. Je n'entreprendrai cependant pas de traiter cette matière, parceque cela me mèneroit trop loin.

On reconnoît qu'une brique est bien cuite à la dureté de sa surface et au son clair qu'elle rend, lorsque, la tenant suspendue entre deux doigts, on frappe dessus avec un morceau de fer.

Toute brique qui n'est pas assez cuite, ou qui contient de la chaux (à raison de la pierre calcaire ci-dessus nommée), est susceptible de se décomposer à l'air; aussi, combien de maisons, ou de portions de maisons, qui auroient dû durer des siècles et qui tombent en ruines, pour avoir été construites avec de mauvaises briques.

C'est principalement pour mettre en garde les cultivateurs contre les inconvéniens de ce genre que j'ai rédigé cet article, car on pense bien que je n'ai pas voulu leur apprendre à fabriquer des briques.

Les briques vernissées, c'est-à-dire recouvertes d'une légère couche de verre, sont un bien plus mauvais conducteur de la chaleur que celles qui ne le sont pas, et que les pierres ordinaires. C'est pourquoi on doit les préférer pour la construction des châssis à demeure, des bâches, des serres, enfin de tous les bâtimens où on a besoin de conserver, le plus long-temps possible, une chaleur acquise. *Voyez* Tuile.

BROYE. Instrument de bois destiné à séparer la filasse de la chenevotte dans le chanvre roui. Il porte aussi les noms de *mache*, et de *serançoir* ou *chirançoir*. Il est composé, 1° d'une pièce de bois, de quatre à cinq pieds de long, huit pouces de large, et un peu moins d'épaisseur, monté sur quatre pieds de trente pouces de hauteur, et creusé dans toute son épaisseur, mais non dans toute sa longueur, de deux rainures de deux pouces de large; 2° d'une autre pièce de bois de même longueur, mais seulement de six pouces de largeur et un peu moins d'épaisseur, creusée dans toute son épaisseur, et dans presque toute sa longueur, d'une rainure de deux pouces de large. Un des bouts de cette dernière est terminé en manche arrondi, et l'autre se fixe, au moyen d'une cheville de fer, dans la partie supérieure des rainures de la première pièce, de manière qu'il entre aisément dans ses rainures. *Voyez* à l'article Lin, où il est figuré. (B.)

C.

CABEILLANS. On donne ce nom, aux environs de Toulouse, aux épis de blé qui échappent au dépiquage, et qu'on donne aux volailles. *Voyez* DÉPIQAUGE.

CACTIER, *Cactus*, Lin., Genre de plantes de l'icosandrie monogynie, et de la famille de son nom, qui renferme une trentaine d'espèces la plupart remarquables par leur forme singu ière, et quelques unes, ou par la grandeur, la beauté et la bonne odeur de leurs fleurs, ou par l'utilité de leurs tiges et de leurs fruits.

Toutes ces espèces sont des plantes vivaces, la plupart armées de faisceaux, d'aiguillons, et dépourvues de feuilles. Elles croissent dans les terrains les plus arides des parties chaudes de l'Amérique, se multiplient de boutures et demandent l'orangerie dans le climat de Paris.

On les partage en quatre sections.

1° En cactiers nains qui sont globuleux, tels que

Le CACTIER A COTES DROITES, *Cactus melocactus*, Lin., ou le *melon épineux*, qui a six à huit pouces de diamètre, et offre quinze à seize côtes munies de faisceaux d'épines divergentes. Il est originaire d'Amérique et se cultive dans nos serres.

2° En cactiers droits, allongés, qui ressemblent à des cierges, tel que

Le CACTIER DU PÉROU, ou *cierge épineux*. Il a sept ou huit côtes obtuses garnies de faisceaux d'épines divergentes, et s'élève à plusieurs toises. Il est originaire du Pérou, et porte de très grandes fleurs blanches et pourpres, sans odeur. On en voit un superbe pied dans les serres du Muséum d'histoire naturelle.

3° En cactiers rampans ou grimpans, et dont les tiges poussent des racines latérales, tel que

Le CACTIER A GRANDES FLEURS, ou le *serpent*. Ses tiges sont longues, rameuses, rarement d'un pouce de diamètre, pourvues de cinq à six côtes épineuses et peu saillantes. Ses fleurs sont blanches, de cinq à six pouces de diamètre, et extrêmement odorantes. Elles s'ouvrent le soir et se fanent avant le lever du soleil. On peut jouir de leur aspect presque toutes les années, dans les serres du jardin du Muséum.

Le CACTIER QUEUE DE SOURIS, *Cactus flagelliformis*, Lin. Il a les tiges presque cylindriques, et à dix angles, munies de beaucoup de foibles épines. Ses fleurs sont nombreuses, petites, durables et d'un rouge très vif. C'est l'espèce la plus commune dans nos jardins et la moins sensible au froid. Je l'ai vu cultiver en Italie en pleine terre.

4° Les cactiers composés d'articulations aplaties, qui naissent les unes sur les autres, tel que

Le CACTIER EN RAQUETTE, *Cactus opuntia*, Lin, qu'on connoît vulgairement sous le nom de *raquette*, de *cardasse*, de *nopale*, de *figuier d'Inde*. Il se trouve actuellement sauvage dans les parties méridionales de l'Europe, en Asie et en Afrique. Ses articulations, qui varient beaucoup de forme et de grandeur, sont parsemées de faisceaux d'épines, plus ou moins longues, plus ou moins nombreuses, sortant de tubercules velues. C'est sur lui ou sur des espèces fort voisines, que vit la COCHENILLE du commerce. Sa culture est indiquée au mot NOPAL.

CHUTE DU NOMBRIL. *Voyez* HERNIES.

COUDE. Le coude est formé par l'apophyse olécrane ; il fait partie du membre antérieur, et il est placé à la partie supérieure et postérieure de l'avant-bras, et près de la poitrine, sur laquelle il paroît pour ainsi dire appliqué ; lorsqu'il en est trop rapproché, l'animal est dit *panard* (cette sorte de conformation est celle des chevaux près des épaules) ; si le coude est trop éloigné de la poitrine, l'animal est dit *cagneux ;* ce défaut rend la marche lourde et pesante ; le cheval, ainsi conformé, est plus propre au trait qu'à la selle. Il se fait quelquefois à la pointe du coude une loupe ou tumeur qu'on nomme *éponge*, parcequ'elle est la suite de la compression de l'*éponge* du fer qui porte sur cette partie lorsque le cheval se couche.

Celui dans lequel la manière de se coucher produit cette tumeur, est dit se coucher en vache. *Voy*. TUMEUR. (DES.)

CUTANÉ. Le système cutané est exposé à des maladies qu'on nomme cors ; les cors sont dus à la compression des harnois, et sur-tout à celle de la selle dans les chevaux de monture ; et de la sellette dans ceux de trait ; comme c'est principalement sur les côtes que cette pression s'exerce, cette partie du corps est celle sur laquelle on rencontre le plus souvent des cors.

La compression qui s'exerce peu à peu, et sans occasionner d'inflammation, durcit la peau, l'épaissit, et en détermine la mortification ; en sorte que la portion affectée se cerne et se détache peu à peu en forme d'escarre ; il y a des personnes qui n'attendent pas la chûte de ces escarres, et qui arrachent ce qu'on appelle le cors ; cette méthode réussit quelquefois, mais elle n'est pas celle que nous conseillerions ; il nous paroît préférable d'attendre en cela le travail de la nature.

Le traitement des cors est facile et peu dispendieux ; il consiste à favoriser la chûte de l'escarre. Le plus souvent, comme nous venons de le dire, la nature en fait les frais ; on n'a eusuite qu'une plaie simple à traiter; la propreté, des étoupes sèches hachées menues, et appliquées sur le mal, amèneront la cicatrice qui est plus ou moins long-temps à se faire, suivant que l'escarre aura été plus ou moins grand; on pourra hâter la cure en bassinant la plaie avec du vin chaud. (DESPLAS.)

CANAMELLE. C'est la CANNE A SUCRE. *Voyez* ce mot.

CANARD (Supplément à l'article). On a apporté de Pologne un petit canard à corps très allongé, remarquable par l'arqûre de son bec. Il n'est pas encore très commun aux environs de Paris, mais il le deviendra, à raison de cette singularité, parmi les amateurs.

CHAINASSE. On donne ce nom, aux environs de Montargis, à une terre argileuse, mélée de sable quartzeux presqu'en même quantité.

CHIRANÇOIR. Synonyme de BROYE et de SERANÇOIR.

CHIRONE, *Chironia*. Genre de plantes de la pentandrie monogynie et de la famille des gentianées, qui renferme une vingtaine d'espèces, la plupart exotiques, et dont une, propre à la France, est assez commune et trop employée en médecine pour n'être pas citée ici.

Cette espèce est la CHIRONE CENTAURÉE, plus connue sous le nom de *petite centaurée*, plante annuelle, d'un aspect agréable, qui croît dans les terres sèches et incultes, et qui fleurit au milieu de l'été. On la reconnoît à ses feuilles opposées, elliptiques, à trois nervures et glabres, à ses fleurs rouges et disposées en corymbe dichotome à l'extrémité des tiges et des rameaux. Toutes ses parties sont fort amères et passent pour fébrifuges, et comme très propres à rétablir les estomacs délabrés. Elles purgent quand on en prend de fortes doses.

On en trouve une variété plus petite et plus rameuse dans les lieux aquatiques.

CRINOLE, *Crinum*. Genre de plantes de l'hexandrie monogynie, et de la famille des liliacées, qui renferme une demi-douzaine d'espèces originaires des pays chauds, et dont on cultive deux ou trois dans nos jardins. Ce sont des plantes fort peu différentes des amaryllis, et qui se cultiveroient comme eux si elles ne craignoient pas les gelées. *Voyez* AMARYLLIS.

CROTON, *Croton*. Genre de plantes de la monœcie monadelphie, et de la famille des tithymaloïdes, qui renferme plus de quatre-vingts espèces toutes exotiques, mais dont une se cultive en pleine terre dans les parties méridionales de la France, et porte des graines qui peuvent être utilisées pour suppléer à la cire et au suif dans la composition des chandelles.

Cette espèce est le CROTON PORTE-SUIF, ou l'*arbre à suif*, qui est originaire de la Chine, et qui s'élève à plus de cinquante pieds. Elle a les feuilles alternes, cordiformes, luisantes, accuminées, fort ressemblantes à celles de notre peuplier noir, mais qui deviennent rouges en automne. Ses fleurs naissent sur des épis érigés, les mâles en haut, et les femelles en bas. Ses fruits sont des capsules réunies trois par trois, et renferment chacune une semence recouverte d'une matière blanche, grasse, solide, qui brûle par le contact d'un corps actuellement embrasé, et qui sert aux Chinois à faire des chandelles.

Pour obtenir cette espèce de cire, assez analogue à celle du CIRIER (*voyez* ce mot), les Chinois broient les capsules, et les mettent dans de l'eau bouillante; la cire fond, surnage et s'enlève avec des culliers.

J'ai vu beaucoup de crotons porte-suif aux environs de Charleston, où on les cultive pour les planter en avenue autour des habitations, et je puis assurer que c'est un superbe arbre, fort propre à figurer dans les jardins des parties méridionales de l'Europe. Il y en a, à Montpellier, des pieds qui portent de bonnes graines. On le multiplie très facilement de graines et de marcottes. Il ne supporte pas les hivers dans le climat de Paris ; en conséquance on ne peut le conserver que dans les orangeries, où il ne fait pas bien.

CUIVRE, métal d'un rouge orangé, de son nom appellé *rouge de cuivre*, que sa ductilité et son abondance engagent à employer fréquemment dans l'économie domestique et dans les arts.

Toutes les causes de L'OXIDATION des MÉTAUX (*voyez* ces mots) agissent sur le cuivre, et le résultat de cette action est un poison connu sous le nom de *vert-de-gris ;* c'est ce qui fait que l'usage des ustensiles de cuisine faits en cuivre est si dangereux.

Pour diminuer les inconvéniens qui résultent, dans un grand nombre de cas, de l'emploi du cuivre, destiné à contenir des alimens ou des boissons, on le recouvre d'une couche d'ÉTAIN; on l'ETAME. (*Voyez* ces mots.)

Allié avec le zinc, le cuivre change de couleur, devient jaune. Le cuivre jaune est un peu moins ductile que le rouge. Son emploi en objets d'ornement imitant l'or est très étendu.

Allié avec une petite quantité d'étain, le cuivre donne le bronze, avec lequel on coule les canons, les statues, etc. Allié avec un quart, ou plus, du même métal, il perd complètement sa ductilité et forme le *métal des cloches.*

Ces trois alliages de cuivre, sur-tout les deux derniers, le rendent moins susceptible d'oxidation.

Avec l'acide de vin on convertit le cuivre en oxide, peu différent du vert-de-gris, qu'on connoît sous le nom de *verdet*, oxide qu'on emploie fréquemment dans la peinture des bois, des portes, des fenêtres, des sièges de jardins, des caisses, et autres objets du même genre, et qui porte sur ces bois le poison dont il est pourvu ; de sorte qu'il est mortel, pour ceux qui mangent le pain qui y a cuit, de chauffer le four avec ces bois.

Les moyens les plus assurés de diminuer les accidens qu'éprouvent ceux qui avalent de l'oxide de cuivre ayant été ndiqués au mot OXIDE, j'y renvoie le lecteur. (B.)

D.

DÉCUVAGE DU VIN. *Voyez* VIN, FERMENTATION, CUVE, et VIGNE.

DESENDAINER, ou **DESANDINER**. C'est ramasser le foin qui est coupé et disposé en ANDAINS (*voyez* ce mot), pour le mettre en meule et l'enlever du pré. Cette opération ne doit être faite que lorsqu'il n'y a pas de pluie à craindre, car le foin en andains la craint moins que celui qui est dans toute autre disposition.

DIGUE. Elévation de terre ordinairement plus longue que large, et d'une hauteur plus ou moins considérable, qui est destinée à arrêter les eaux, où à les détourner d'un lieu où on ne veut pas qu'elles pénètrent.

Une digue destinée à retenir les eaux pour former un étang s'appelle une CHAUSSÉE. Celle dont le but est de borner l'étendue des débordemens d'une rivière se nomme une JETÉE.

Les digues les plus considérables sont celles qui sont destinées à s'opposer aux eaux de la mer. *Voyez* DUNES.

Souvent tel cultivateur, dont les champs sont momentanément couverts des eaux qui proviennent de la pluie ou qui sortent d'une rivière, peut considérablement améliorer sa propriété en faisant une ou plusieurs digues. *Voyez* EAU, PLUIE, INONDATION, RIVIÈRE, TORRENT.

Les exemples que j'ai donnés, au mot ÉTANG, de la construction des chaussées, me dispense d'en donner de celle des digues, puisque c'est la même chose.

DORADE. Poisson du genre cyprin, qui a été apporté de la Chine en 1611, et qui est aujourd'hui fort multiplié dans et autour des grandes villes de l'Europe. On l'appelle aussi *poisson doré*, *poisson rouge*, *poisson de la Chine*.

Par l'éclat de sa couleur, par la facilité de sa multiplication, par sa propriété de vivre dans les eaux les plus corrompues et dans la plus petite quantité d'eau, ce poisson est devenu un ornement indispensable pour les pièces d'eau des jardins paysagers, et il concourt à jeter de la variété et de la vie dans les appartemens. Il varie en blanc, en brun et en marbré. Comme il est plus joli petit que gros, il est de l'intérêt des amateurs de ne lui donner à manger que le moins possible. Cependant il est bon de l'accoutumer à recevoir de la mie de pain des promeneurs, afin de l'engager à venir sur les bords dès qu'il s'y présente quelqu'un. Un seul mâle et une seule femelle suffisent pour peupler le plus vaste bassin en quelques années, pourvu qu'on empêche les quadrupèdes et les oiseaux ichthiophages d'en approcher. Du reste il ne demande aucun soin.

La chair des cyprins dorades est fort bonne lorsqu'ils ont vécu dans des eaux limpides et qu'ils y ont trouvé une nourriture abondante. (B.)

E.

EFONDRER. Synonyme de défoncer.

EMBRYON. C'est l'origine d'une nouvelle plante existant dans sa graine.

Il est formé de la radicule, de la plumule et du point vital intermédiaire, le tout contourné et rapproché le plus possible.

Tantôt il est placé au centre, tantôt autour, tantôt au-dessus, ou dessous, ou sur le côté du périsperme.

Ordinairement il n'y a qu'un embryon dans chaque graine, mais quelquefois il y en a plusieurs.

Quelque important que soit l'embryon à la reproduction des végétaux, les cultivateurs sont rarement dans le cas de le considérer. *Voyez* GRAINE, GERMINATION, COTYLÉDONS, PÉRISPERME, PLANTULE et PLUMULE.

ENGRAIS (Supplément à l'article). Un grand nombre d'expériences faites en Angleterre et en Suisse constatent qu'un moyen très certain d'accélérer l'engrais des bœufs et des cochons, c'est de les tenir, par le moyen d'une étuve, à un degré de température plus élevé que celui de l'atmosphère. Il y a déjà long-temps qu'on connoît l'efficacité de ce moyen dans l'engrais des poulardes, des chapons et des oies.

ÉPOUSSÉE. Les cultivateurs donnent ce nom à la terre surchargée de principes végétatifs et où les blés poussent trop en herbe et ne produisent presque pas de grain. Un bois défriché, un champ trop fortement fumé sont exposés à l'époussement.

ÉRINÉE, *Erineum*. Champignons parasites internes qui vivent sur les feuilles de différentes plantes et nuisent beaucoup à leurs fonctions. (*Voyez* CHAMPIGNONS.) Ils sont caractérisés par des tubes cylindriques ou turbinés, tronqués au sommet et réunis les uns à côté des autres.

L'espèce la plus importante a connoître parmi les quatre qui composent ce genre est l'ÉRINÉE DE LA VIGNE, qui forme sur la surface inférieure des feuilles de la vigne des taches nombreuses irrégulières, de couleur blanche, ensuite rousse, qui y sont quelquefois si nombreuses qu'elles la couvrent presque en entier. J'ai vu des ceps qui en étoient si surchargés, que leurs grappes n'avoient pas pu arriver à toute leur grosseur et s'étoient desséchées avant leur maturité. Il y a lieu de croire, d'après des observations incomplètes, que ce champignon, dans certains lieux, nuit sensiblement aux produits de la récolte.

Comme cette plante a les plus grands rapports avec la ROUILLE, il est probable que couper les feuilles qui en sont chargées, avant la maturité de ses bourgeons séminiformes, est le seul moyen d'en débarrasser une VIGNE. *Voyez* ces mots.

ÉRYTHRINE, *Erythrina*. Genre de plantes de la diadelphie décandrie, et de la famille des légumineuses, qui renferme une douzaine de plantes frutescentes, qui ne peuvent être cultivées en France que dans les orangeries, mais dont une *corallodendron*, Lin., sert dans nos colonies d'Amérique à former des haies; l'ÉRYTHRINE DES ANTILLES, ou *arbre de corail*, *Erythrina* et l'autre, l'ÉRYTHRINE DES INDES, ou *arbre immortel*, jouit d'une grande estime dans son pays natal.

Les semences des érythrines sont rouges, avec l'ombilic noir, ou toutes rouges. On les emploie fréquemment à faire des colliers.

ESCARGOT. Espèce du genre des HÉLICES.

ESTIVANDIER. C'est, dans les environs de Toulouse, celui qui aide à couper les blés, et à les faire dépiquer par les pieds des chevaux.

ÉTRAMPURE. On désigne par ce mot, dans beaucoup de lieux, la profondeur que la charrue donne au sillon, et par suite, le mécanisme qui fait que la charrue enfonce plus ou moins. *Voyez* CHARRUE.

EUCOME. Genre de plantes de l'hexandrie monogynie, et de la famille des liliacées, qui faisoit partie des fritillaires de Linnæus, mais que Lamarck, sous le nom de *basile*, et L'héritier, sous celui ci-dessus, en ont séparé.

Toutes les eucomes sont originaires du cap de Bonne-Espérance, et demandent l'orangerie dans nos climats pendant l'hiver, époque de l'année où elles fleurissent. L'EUCOME REINE et l'EUCOME PONCTUÉE, sont le plus communément cultivées dans les jardins de Paris. Ce sont des plantes hautes d'un pied, dont les fleurs sont réunies en épis au haut d'une hampe terminée par un bouquet de feuilles, mais d'ailleurs peu remarquables. (B.)

EXOSTOSE. On appelle exostose toute saillie contre nature, produite par la substance de l'os ; enfin, ces exostoses sont des tumeurs osseuses, soit qu'elles proviennent de coups, ou qu'elles soient la suite de dispositions particulières ou de vices de conformation.

Les suros, les jardons, les courbes, les formes, sont autant d'exostoses. (DESPLAS.)

F.

FASCINAGE. Il est des terres qui retiennent l'eau, soit par leur nature, soit par leur position locale, et dans lesquelles il est impossible, ou trop dispendieux de creuser des fossés, d'établir des égouts pour les rendre propres à la culture des céréales et autres articles qui redoutent une trop grande humidité ; ou encore lorsqu'on ne veut pas perdre la place d'un Fossé, d'un Égout. *Voyez* ces mots. Alors on a pour ressource une PIERRÉE (*voyez* ce mot), ou un fascinage.

Un fascinage, dans ce sens, s'exécute en faisant un trou plus ou moins large, mais toujours au moins d'un pied de profondeur, au-dessous de la couche de terre qui est remuée par les labours, en mettant, dans ce trou, des fagots de branches d'aune, s'il se peut (*voyez* AUNE), et à leur défaut, de chêne ou d'épine, et en recouvrant le tout de terre.

L'écartement qui existe entre les branches de ces fagots permet à l'eau de pénétrer jusqu'au fond de la fosse, et de s'infiltrer lentement sans nuire aux objets qui végètent au-dessus d'elle, ou de s'écouler, s'il y a une pente, et que la fosse se prolonge jusqu'à un ruisseau, un étang, etc.

Les causes qui détruisent les fascinages sont la pourriture du bois des fagots et l'introduction des terres entre leurs interstices, deux circonstances qui agissent plus ou moins promptement, selon la nature du bois et celle de la terre. Il n'est pas rare cependant de voir des fascinages produire leur effet pendant huit à dix ans, et peut-être plus. Le peu de dépense de leur établissement permet toujours de les renouveler aussitôt que le besoin commence à s'en faire sentir.

Il est une autre sorte de fascinage qui a pour objet de s'opposer au ravage des eaux des torrents, des rivières, des ruisseaux, même des pluies violentes et continues. Il consiste à fixer, au moyen de pieux chassés à refus de maillet, des fagots dans une position telle qu'ils changent le cours de ces eaux, les éloignent des terres qu'on veut préserver, ou seulement rompent la violence de leur cours. Souvent on fortifie le derrière de ces fagots, ou par de grosses pierres, ou par des gazons, ou par de la terre. Ce sont des DIGUES provisoires (*voyez* ce mot), qui quelquefois, avec très peu de dépense, évitent de grandes pertes aux cultivateurs. On est dans le cas de les pratiquer très souvent dans les pays de montagne. *Voyez* TORRENT, RIVIÈRE, ALLUVION, DÉBORDEMENT. (B.)

FOULURE. *Voyez* TUMEURS.

G.

GACERE. Nom de la JACHÈRE dans quelques endroits.

GARIGUES. On appelle ainsi, dans certains cantons des départemens méridionaux, les terres en friche sur lesquelles les troupeaux ont droit de parcours : ce sont de très mauvaises terres sans doute, mais on en pourroit souvent tirer un parti plus avantageux.

GIBÈLE. Poisson du genre cyprin, qui vit dans les eaux les plus stagnantes, et qui y multiplie extremement ; il ressemble à une petite carpe lorsqu'il est jeune. Je le cite parcequ'il est de l'intérêt des cultivateurs de le placer dans les abreuvoirs de leurs cours, dans les mares qui se trouvent au milieu de leurs champs et autres endroits où les carpes ne pourroient subsister. Sa chair est tendre, a peu d'arêtes, et est fort saine.

GIROUETTE. Morceau de fer-blanc parallélogramique ou terminé en pointe d'un côté, ou représentant une tête de dragon, une tête d'homme qui souffle, un homme qui chasse, qui court sur un cheval, etc., etc., qui tourne facilement sur un pivot entrant dans un tube fixé à l'extrémité la plus large de sa longueur, et qui, placé au sommet d'un édifice, indique par la direction de sa pointe celle du vent.

Les coqs des clochers sont aussi des girouettes.

Quoiqu'il ne soit pas difficile de s'assurer dans les campagnes de la direction des vents à la marche des nuages, au mouvement des feuilles, à l'impression qu'on reçoit sur son visage, ou sur son doigt légèrement humecté, il est très avantageux d'avoir une girouette sur sa maison.

Plus la girouette est élevée, plus elle est légère, plus elle tourne facilement sur son pivot ; et mieux elle remplit sa destination.

J'ai développé, à l'article VENT, les motifs qui doivent faire désirer aux cultivateurs de connoître sa direction, et par conséquent d'avoir une girouette à leur portée ; j'y renvoie le lecteur.

GITHAGE , *Githago* Genre de plantes que Linnæus avoit réuni aux Agrostèmes (*voyez* ce mot), mais que Desfontaines en a retiré pour en former un particulier.

Ce genre ne renferme que deux espèces ; mais l'une d'elles est extrêmement commune dans nos moissons, et nuit par sa graine à la bonne qualité du pain, qu'elle rend noir et amer. On la connoît vulgairement sous le nom de *nielle des blés*, *ausse nielle*. C'est une plante annuelle de deux à trois pieds de haut ; à tige velue, souvent rameuse à son sommet ; à feuilles alternes, sessiles, lancéolées, velues ; à fleurs solitaires à l'extrémité de la tige et des rameaux, grandes, à pétales entiers, d'un rouge pâle.

Le githage ne nuit pas beaucoup à la croissance du blé, parce-qu'il jette peu d'ombre ; mais chaque pied ne tient pas moins la place d'un pied de blé, et les inconvéniens de sa graine sont réels. Il faut donc chercher tous les moyens possibles de l'empêcher de croître. Sa graine, dont l'écorce est noire, se conserve plusieurs années en terre lorsqu'elle est placée trop profondément, et germe dès que le hasard des labours la ramène à la surface. Il n'y a de moyens d'en débarrasser un champ qu'en y établissant des cultures alternes, dans la rotation desquelles entrent celles qui exigent des binages d'été, qui en fassent périr les pieds avant qu'ils soient montés en graine, bien entendu que la semence de blé qu'on y répandra ensuite sera complètement purgée de graine de githage, ce qui n'est pas très facile, à raison de la similitude de sa grosseur avec celle du blé. *Voyez* au mot Criblage.

Par l'élégance de son port et la grandeur de ses fleurs qui varient dans toutes les nuances du rouge jusqu'au blanc, le githage est susceptible de servir à l'ornement des parterres ; mais cependant je ne sache pas qu'on l'y emploie.

C'est l'écorce seule de la graine du githage qui rend le pain noir, ou mieux le tache de points noirs. Sa farine, qui est un amidon presque pur, dont on se sert même dans quelques endroits pour empeser le linge, n'a aucune qualité nuisible.

Je ne crois pas qu'il soit économique de semer le githage uniquement pour faire de l'amidon avec sa graine ; cependant comme l'expérience seule doit être consultée dans ce cas, j'inviterai les cultivateurs de faire des essais. *Voyez* Amidon.

GLU. Résine glutineuse avec laquelle on prend les petits oiseaux, et qu'on retire le plus communément de la partie moyenne de l'écorce du Houx et du Gui. *Voyez* ces mots.

Autrefois on la retiroit des baies de ce dernier arbuste, mais on y a renoncé.

Dans les pays chauds il se trouve beaucoup de plantes qui

fournissent de la glu, soit naturellement, soit par incision, soit par décoction, etc.

On estime plus la glu retirée du houx que celle retirée du gui.

Pour obtenir la glu on gratte avec un couteau peu tranchant l'épiderme des jeunes branches du houx, puis on enlève le reste de l'écorce, au liber près. Cette dernière partie se pile ensuite et s'enterre dans un pot, au milieu du fumier : huit ou dix jours après, et même plus, selon la chaleur de la saison, on retire la masse, on la pétrit et la lave à grande eau, pour en enlever toutes les écailles d'épidermes, tous les filamens de liber et autres impuretés qui peuvent s'y trouver mêlées; alors la glu est faite. Pour être bonne, il faut qu'elle soit d'un beau vert, très molle et très gluante, et qu'elle se tire sans se rompre en filamens longs et fins. On la conserve dans l'eau et dans un lieu très frais. Avec des précautions elle reste bonne deux ou trois ans. Le froid la durcit, la chaleur la ramollit.

Pour employer la glu, on la place dans une température un peu chaude, ensuite on en met une petite quantité sur une poignée d'osiers d'une ligne de diamètre et d'un pied de long, réservant seulement quelques pouces sur le gros bout, pour pouvoir les empoigner. En frottant la moitié de ces osiers contre l'autre par le bout, la glu s'étend également sur eux, et ils sont bons à être employés.

Mon intention n'est pas de donner des préceptes pour prendre à la pipée, à l'arbre et à l'abreuvoir, des oiseaux qui ne nuisent que peu et même point aux cultivateurs; je voudrois qu'ils ne fissent de la glu que dans l'intention de détruire les moineaux, les seuls d'entre ces oiseaux qu'ils doivent réellement regarder comme leurs ennemis. (B.)

H.

HERSAGE. Opération de la grande agriculture, qui a pour objet de recouvrir les semences et d'unir le terrain. Elle se fait au moyen de la HERSE. *Voyez* ce mot.

Comme le hersage ne diffère pas, quant à l'objet et aux principes, du RATISSAGE, seulement qu'il se fait plus en grand et avec des instrumens différens, je renvoie à ce mot.

Voyez aussi aux mots LABOUR, SEMIS et ROULAGE. (B.)

I.

INDIGESTION. (MÉDECINE VÉTÉRINAIRE.) Les alimens secs ou verts, pris en trop grande quantité ou avec trop d'avidité, leur mauvaise qualité, l'usage qu'on en fait quelquefois avant leur maturité, ou sans avoir égard à leur détérioration et avant la fermentation ; les plantes plus ou moins malfaisantes que les animaux mangent sur les prés ; celles qui sont encore chargées de la rosée ; les fourrages verts donnés à l'étable sans précaution ; le passage subit de la nourriture verte à la nourriture sèche ; des dispositions particulières dans certains individus qui font que des alimens de bonne qualité, donnés en quantité raisonnable, leur deviennent nuisibles, sont autant de causes qui produisent l'indigestion.

La médecine vétérinaire, dont le domaine est très étendu par rapport aux différentes espèces d'animaux, est privée dans les herbivores des secours prompts et efficaces dont elle peut faire un usage salutaire dans les granivores. Comme ces animaux ont rarement des indigestions, et que la facilité avec laquelle le vomissement s'opère chez eux les dispense le plus souvent des secours de l'art, nous nous occuperons plus particulièrement ici des herbivores.

Parmi les animaux herbivores domestiques, il y en a qui ruminent et d'autres qui ne ruminent pas. On les distingue en ruminans et en non ruminans.

Les ruminans ont l'estomac divisé en quatre ventricules ou sacs, dont l'un, nommé la panse ou rumen, est d'un volume considérable, eu égard aux trois autres qui sont appelés le réseau ou bonet, le feuillet et la caillette ; ces quatre ventricules ont chacun une organisation particulière qu'il est important de connoître dans le traitement de l'indigestion, tant pour la manière d'administrer les médicamens et celle de les doser, que pour le choix de la forme solide ou liquide ; ces médicamens doivent être administrés, selon que c'est l'un ou l'autre des différens ventricules qui est affecté.

Le bœuf, la vache, le mouton, la brebis et la chèvre, composent la classe des ruminans ; les premiers sont appelés bêtes à cornes, et les seconds bêtes à laine, et, par rapport à la forme de leur estomac quadrigastique (ou animaux à quatre estomacs.)

Les non ruminans sont le cheval, l'âne, le mulet et le cochon ; ces quatre espèces d'animaux ont l'estomac composé d'un seul ventricule ou sac, ce qui les a fait désigner sous le nom de monogastiques (animaux à un seul estomac) ; le cochon qui est carnivore, c'est-à-dire qui mange de tout, ne doit pas être compris parmi les herbivores ; aussi n'en parlerons-nous qu'à la fin de cet article.

On divise encore les herbivores par rapport à la forme de leur pied ; savoir, les ruminans en didactyles (animaux qui ont deux doigts à leur pied), et les non ruminans en mono-

13. 43

dactyles (animaux à un seul doigt.) Mais ces divisions, qui
sont propres à la science vétérinaire, ne nous paroissent pas
nécessaires en économie rurale. Les noms de ruminans, de
bêtes à cornes et bêtes à laine sont mieux connus.

Avant que de passer à l'indication des moyens propres à
combattre les indigestions dans les ruminans, nous croyons
qu'il est indispensable de parler des conditions de la digestion,
et par conséquent de l'acte de la rumination, qui est de la
plus grande importance dans ces animaux.

La rumination est l'action par laquelle les alimens solides, après avoir resté un certain temps dans la panse, remontent en forme de pelotte, et sont rapportés dans la bouche, où ils n'ont d'abord été que simplement broyés à leur
premier passage, pour y être, à cette seconde fois, remâchés
et subir une nouvelle mastication qui les rend propres à être
digérés.

Ainsi la rumination suppose un état de santé ; et, dans le
cas de maladie, cet acte est diminué ou supprimé.

La rumination et la mastication, qui en est la suite, ont lieu
dans le repos et dans une sorte de silence : pour peu que ces
animaux soient détournés par le moindre bruit, et par ce qui
peut se passer autour d'eux, la rumination cesse.

Les alimens pris en vert, soit au pré ou à l'étable, produisent également des indigestions qui sont toujours accompagnées de plus ou moins de météorisation ou gonflement de
la panse. Ces indigestions peuvent dépendre de la nature des
plantes qu'ils ont mangées, qui sont quelquefois malfaisantes
par elles-mêmes, telles que les renoncules, les laiches, les
glayeuls, les iris, les joncs et les roseaux, dont les feuilles
sont plus ou moins tranchantes ; ou de la trop grande quantité de bonnes plantes dont ils se sont repus avec trop d'avidité, sur-tout quand elles sont mangées avant que la rosée
qui les couvre en ait été dissipée.

La nourriture sèche occasionne aussi quelquefois des indigestions à ces animaux.

Il est bon d'observer aussi que les indigestions sont plus
fréquentes lorsqu'on fait passer subitement ces animaux de la
nourriture sèche à la nourriture verte, et de même lorsqu'après la nourriture verte on les met sans précaution au
régime sec.

Dans le premier cas, lorsqu'on mènera les bestiaux aux
champs, on aura l'attention pendant les premiers jours de ne
les y conduire qu'après leur avoir donné un peu à manger,
pour qu'ils ne soient pas trop pressés par la faim, et de ne
les y pas laisser paître trop long-temps, et pour ainsi dire

qu'en passant, afin d'éviter qu'ils ne se gorgent de la nourriture verte dont ils sont très friands, sur-tout après un long séjour à l'étable, et lorsqu'ils y ont été nourris exclusivement au sec.

Si on donne le vert à l'étable, il faut avoir l'attention de ne le faire manger que douze heures après qu'il a été coupé.

Dans le second cas, lorsque les rigueurs de la saison forceront de les remettre à la nourriture sèche, il faudra leur en donner peu dans les commencemens, et, le plus souvent possible, les faire boire à l'eau blanchie avec la farine d'orge, de seigle ou autre, et donner des betteraves, des navets et des pommes de terre.

Les indigestions s'annoncent par la diminution et la cessation de la rumination, la tristesse, la sortie des yeux hors de l'orbite, par des bâillemens, des rots, de l'anxiété, la dureté ou la foiblesse du pouls, suivant les circonstances qui accompagnent l'indigestion, la difficulté de la respiration, le gonflement et la dureté du ventre, sur-tout du flanc gauche qui paroît être soulevé. (C'est ce qu'on appelle météorisation en vétérinaire, et en terme vulgaire enflure.) Tels sont les symptômes les plus ordinaires des indigestions qui sont plus ou moins intenses, selon les degrés de la maladie et les diverses espèces d'animaux, l'abattement et la foiblesse étant plus marqués dans les bêtes à laine.

L'enflure ou la météorisation est le dégagement du gaz acide carbonique ou du gaz hydrogène.

Celle dans laquelle il se dégage du gaz acide carbonique est due à l'indigestion causée par l'usage des fourrages verts encore mouillés, et sur-tout des sainfoins et de la luzerne.

Et celle provenant du gaz hydrogène provient de l'usage des fourrages poudreux et moisis, et au manque d'alimens liquides donnés en quantité suffisante et de bonne qualité.

On combat l'indigestion qui est accompagnée de la météorisation occasionnée par la présence du gaz acide carbonique, d'abord par la diète qui est le remède à toutes les indigestions, et puis par les breuvages alkalins, tels que l'eau de chaux donnée à la dose d'un litre pour les grands animaux, et d'un quart de litre pour le mouton et la chèvre, ou le savon à celle de trois onces: un hectogramme dissous dans un litre d'eau, et donné dans la même proportion, suivant la grosseur des animaux; ou, ce qui est encore plus efficace, l'alkali fluor ou ammoniac, à la dose d'un gros (quatre grammes, étendu dans un litre d'infusion aromatique, pour les gros animaux, et à celle de quinze à vingt gouttes dans deux décilitres de pareille infusion pour le mouton; quelquefois ce breuvage n'est pas suivi de l'effet désiré, alors on le retire et on en aide l'action par les lavemens d'eau de pariétaire.

Ces moyens ne sont pas toujours suffisans; on est quelquefois obligé d'avoir recours à la ponction.

Pour faire cette opération, on se sert d'un trois-quarts (1) revêtu d'une canule ; elle se pratique de la manière suivante : on plonge l'instrument dans le centre du flanc gauche, et on l'enfonce jusqu'à ce qu'il ait pénétré dans la panse, puis on tient d'une main la canule, afin de la fixer dans le trou que l'instrument a fait, et de l'autre on le retire pour donner une libre issue à l'air ; la grosseur du trois-quarts doit être relative à celle de l'animal sur lequel on opère ; il sera plus petit pour le mouton que pour le bœuf ; cependant, dans un cas pressé, il ne faudroit pas hésiter de se servir d'un gros trois-quarts pour le mouton, si on n'en avoit pas d'autre ; on sait qu'en pareille circonstance la grandeur de l'ouverture ne peut nuire à la cure. S'il arrivoit que la dureté de la peau empêchât le trois-quarts de pénétrer, il faudroit l'ouvrir avec le bistouri.

L'indigestion dans laquelle il se dégage du gaz hydrogène, et qui est compliquée de la dureté de la panse, est meurtrière et beaucoup plus rapide dans ses effets que celle dont nous venons de parler ; non seulement il y a une forte météorisation et une infiltration d'air, mais encore la panse est farcie d'une quantité prodigieuse d'alimens.

Dans ce cas, la ponction est insuffisante ; il faut se hâter de faire avec le bistouri une incision à deux travers de doigt au-dessus de l'endroit indiqué pour la ponction, et la prolonger environ de quatre pouces de haut en bas : par cette ouverture on vide la panse avec une curette ou avec le bras d'une jeune personne ; on en a quelquefois retiré de cette manière des quantités considérables d'alimens ; on verse ensuite par cette même ouverture des infusions de plantes aromatiques, telles que celles de sauge, d'hysope, d'absinthe, de menthe, auxquelles on peut ajouter l'eau de mélisse ou le vin, à des doses relatives à la force des animaux sur lesquels on agit ; les lavemens seconderont l'effet de tous ces moyens.

En retirant les alimens, il faut avoir l'attention de ne pas trop irriter les bords de l'ouverture, que l'on pansera avec des étoupes trempées dans du vin chaud.

Il nous reste à parler de l'indigestion produite par l'irritation de la panse ; cette espèce d'indigestion a pour cause

---

(1) On peut voir la description de cet instrument dans les **Instructions vétérinaires**, volume de 1792, et la planche qui y est jointe.

tous les corps étrangers qui peuvent irriter ou déchirer les parois de l'estomac ; les plantes garnies d'aspérités et dont les feuilles sont tranchantes donnent lieu à cette sorte d'indigestion qui est caractérisée par des évacuations sanguines.

Les breuvages et les lavemens adoucissans, les huiles végétales fraîches et les boissons mucilagineuses d'eau de graine de lin, le lait même, donnés en abondance, sont les moyens à employer, mais ils ne réussissent pas toujours dans ce cas, qui est le plus souvent désespéré ; on ne risque rien d'ouvrir la panse, pour en extraire, comme dans l'indigestion précédente, les alimens, et y introduire par l'ouverture les boissons indiquées.

Nous allons passer à l'indigestion dans les monogastriques, c'est-à-dire dans le cheval, l'âne et le mulet.

Chez ces animaux, l'indigestion s'annonce souvent par des coliques ou tranchées ; le pouls est dur et plein ; la respiration est gênée ; l'animal rend fréquemment des rots ; il regarde souvent son ventre ; il s'agite beaucoup, et paroît se plaindre ; les excrémens qu'il rend sont quelquefois secs et très durs, d'autres fois ils sont très liquides, et on y remarque des grains d'avoine encore entiers ; enfin ils exhalent une odeur très forte ; il y a des indigestions dans lesquelles les évacuations n'ont pas lieu.

Dans le cheval, l'âne et le mulet qui ont l'estomac différent de celui des ruminans, ce viscère n'est pas exclusivement le siège de l'indigestion ; souvent les gros intestins (et particulièrement le colon) sont farcis d'excrémens qui sont quelquefois durs, et que les médicamens ne peuvent évacuer n'y atteindre.

Quelquefois l'indigestion occasionne la paralysie de l'arrière-main ; cet accident arrive plus communément dans les chevaux qui font un usage habituel du son. Cet aliment, très mauvais par lui-même, s'accumule et se pelotonne dans les gros intestins, au point de former des masses très volumineuses qui, en comprimant les nerfs, donnent lieu à la paralysie.

L'indigestion cause aussi quelquefois le VERTIGE, ou *vertigo*. *Voyez* ce mot.

Cette maladie peut aussi, comme dans les ruminans, dépendre de l'usage des fourrages verts, et il peut y avoir dégagement de l'air contenu dans ces alimens. *Voyez* COLIQUES, ou TRANCHÉES DE VENTS.

Le traitement se composera ainsi qu'il suit : on fera prendre des infusions de camomille ou de sauge, dans lesquelles on ajoutera l'éther à la dose de quatre grammes, avec un demi-décagramme (un gros à un gros et demi), ou l'eau de mélisse à la même dose.

Le café réussit assez bien dans les indigestions ; il est fâcheux que sa cherté en interdise l'usage dans la médecine vétérinaire. M. Huzard l'a employé quelquefois avec succès, et j'ai été témoin de plusieurs indigestions guéries par ce moyen ; huit à dix tasses de café très-fort peuvent produire le meilleur effet ; on donnera aussi des lavemens, mais il faut avoir la précaution de vider le rectum avec la main avant de les administrer.

On est dans l'usage de faire courir fortement et long-temps les chevaux qui sont pris d'indigestion, comme si ces courses violentes et répétées pouvoient être un remède. J'ai vu des chevaux tomber roides, et mourir à la suite de ces exercices violens, qui quelquefois compliquent la maladie de la *fourbure*. On peut faire faire de légères promenades.

Dans les indigestions qui sont de longue durée, lorsque les coliques sont moins vives, et que les douleurs paroissent un peu calmées, on peut faire avaler à diverses reprises, dans le courant du jour, un opiat composé d'une demi-livre de miel, dans lequel on a mis environ quatre gros d'aloès en poudre ; il faudra continuer la diète, c'est-à-dire ne donner que la moitié de la ration ordinaire, et ne remettre à la nourriture pleine que peu à peu et par degrés. (.Des.)

M.

MACHE. Synonyme de Broye.

MANCHERONS. Ou donne ce nom, dans quelques lieux, aux deux bras du manche de la charrue.

MUSELIÈRE. Petit panier d'osier, ou tissu de fil de fer, réunion de lanières de cuir, de rubans de fil, ou de grosse ficelle, etc., qu'on place autour du museau des chiens qui sont méchans, des poulains, des ânons, des veaux qu'on veut empêcher de téter.

On peut fabriquer des muselières d'un grand nombre de manières différentes. L'important est qu'elles empêchent l'animal d'ouvrir la bouche plus qu'il n'est nécessaire pour respirer, et qu'elles ne le blessent point.

On met aussi une muselière aux furets avec lesquels on chasse les Lapins de leurs trous, aux cochons qu'on emploie à la recherche des Truffes. *Voyez* ces mots. (B.)

O.

OULIÈRE. Planches, tant vides que pleines, dans lesquelles la vigne est disposée dans le territoire de Marseille. Les planches se dirigent toujours transversalement à la pente des coteaux, afin de mettre quelque obstacle à la descente de la terre.

P.

PERSPECTIVE. C'est l'illusion que produit sur nos yeux, ou l'éloignement des objets, ou la différence de leur coloration, ou le mode de leur distribution relativement les uns aux autres.

Ainsi, une longue allée paroît plus étroite à son extrémité qu'à l'endroit où on se trouve.

Ainsi, des arbres à feuillage foncé, placés devant (sur le côté, s'entend) des arbres à feuillage clair, font paroître ces derniers plus éloignés.

Ainsi, des arbres placés à une certaine distance derrière des arbres plus petits semblent en être très près.

Sans des connoissances étendues en perspective, on ne peut planter convenablement un jardin paysager. Par elles, il peut être agrandi ou rétréci à volonté, quoique le terrain soit toujours le même.

Je voudrois pouvoir donner ici les principes de la perspective ; mais ils sont nombreux, mais ils sont aussi difficiles à développer dans les livres qu'ils sont aisés à apprécier sur le terrain. Ils ne peuvent, d'ailleurs, être compris qu'au moyen de nombreuses figures, et que par ceux qui ont des notions étendues sur la physique et les mathématiques. Je suis donc obligé de renvoyer aux ouvrages qui ont cette science pour objet ceux des cultivateurs qui voudroient l'étudier.

PLANTES GRASSES. Famille de plantes dont toutes les espèces ont une tige herbacée ou légèrement frutescente, les feuilles épaisses ou charnues.

La singularité que présentent les feuilles des plantes grasses, l'éclat des fleurs de quelques unes d'entre elles, et la facilité de leur multiplication, engagent beaucoup de personnes à les cultiver, quoique toutes soient des plantes de serre ou d'orangerie dans le climat de Paris.

Les véritables plantes grasses sont les FICOÏDES, *Mesembrianthensum* ; mais, dans le langage ordinaire, on y réunit les POURPIERS, les ALOÈS, les CACTIERS, les CRASSULES, les COLYLELS, les ORPINS, les JOUBARBES, et quelques autres.

Toutes les plantes grasses appartiennent aux sols arides brûlés par le soleil. Elles se nourrissent plus des gaz aériens que des sucs de la terre. Un petit degré d'humidité leur est beaucoup plus nuisible qu'un excès de sécheresse. On les multiplie de bourgeons qui naissent au collet de leurs racines, et de boutures, beaucoup plus souvent que de graines dont elles portent rarement dans nos climats. Les feuilles de quelques unes peuvent même servir de boutures.

Je ne m'étendrai pas plus sur les plantes grasses, attendu que la culture de celles qui peuvent supporter les hivers du climat de la France est détaillée à leur article, et qu'il n'est pas dans mon plan de parler longuement des plantes de serre et d'orangerie.

POCHET. C'est la même chose qu'AUGET, c'est-à-dire un petit creux fait en terre, avec la main, pour semer des graines en touffes.

POLELOT. *Voyez* AUGET et POCHET. (B.)

R.

RAFRAICHIR LA TERRE. Expression vide de sens, dit avec raison Rozier. On dit communément, dans certains cantons, que, lorsqu'un terrain est épuisé à produire du froment, il faut le rafraîchir en y semant du seigle. Dans ce cas, le seigle peut, en effet, donner une récolte passable parcequ'il est une autre espèce que le froment, parcequ'il pousse et mûrit plus tôt; mais il vaudroit beaucoup mieux semer, dans ce terrain, des prairies artificielles ou des plantes annuelles propres à être coupées en vert. *Voyez* ASSOLEMENT et SUCCESSION DE CULTURE. (B.)

F I N.

TABLE DES NOMS LATINS.

Nota. Les chifres romains indiquent les tomes, et les chiffres arabes, les pages.

ABIES, XI, 361.
Acanthus, I, 96.
Acarus, VIII, 338.
Acer, V, 246.
Achillea, I, 102.
Achras, XI, 374.
Aconitum, I, 113.
Acorus, I, 114.
Acridium, IV, 387.
Actea, I, 115.
Adiantum, XIII, 653.
Adonis, I, 116.
Aethusa, I, 121.
Agave, X, 136.
Agrimonia, I, 175.
Agrostema, I, 174.
Agrostis, XIII, 653.
Aira, III, 79.
Ajuga, II, 563.
Alcea, I, 211.
Alchemilla, I, 113.
Alium cepa, IX, 157.
Allium sativum, I, 176.
Alnus, II, 121.
Aloe, I, 233.
Alopecurus, XIII, 647.
Alsine, VIII, 371.
Alstroemeria, I, 238.
Althea, VI, 577.
Altica, I, 241.
Alucita, I, 243.
Amaranthus, I, 261.
Amaryllis, I, 263.
Ambrosia, I, 265.
Ammi, I, 295.
Amomum, I, 297.
Amorpha, I, 298.
Amygdalus, I, 250.
Anagallis, VIII, 434.
Anagyris, I, 206.
Anchusa, II, 564.
Andromeda, I, 315.
Andropogon, II, 207.
Anethum, I, 338.
Anethum, feniculum, V, 402.
Angelica, I, 340.

Anobium, XIII, 645.
Anodonta, I, 357.
Anona, IV, 252.
Anthemis, III, 50.
Anthericum, I, 364.
Anthyllis, I, 365.
Antholiza, I, 364.
Anthoxanthum, VI, 26.
Antirrhinum, VIII, 478.
Apis, I, 6.
Apium, IX, 568.
Apium graveolens, III, 22.
Apocinum, I, 371.
Aquilegia, I, 314.
Arabis, I, 379.
Aralia, I, 391.
Aranea, I, 385.
Arbutus, I, 393.
Arctium, II, 208.
Arctotis, I, 409.
Argemone, I, 314.
Aristolochia, I, 427.
Aristotelia, I, 429.
Artemisia, I, 430.
Arum, VI, 447.
Arundo, XI, 229.
Asarum, III, 2.
Asclepias, I, 496.
Asilus, I, 499.
Asparagus, I, 500.
Asperugo, XI, 67.
Asperula, I, 526.
Asphodelus, I, 527.
Asplenium, V, 52.
Aster, II, 81.
Astragalus, II, 89.
Astrantia, II, 91.
Atamantha, II, 92.
Atragene, II, 94.
Atriplex, I, 461.
Atropa, II, 241.
Attelabus, II, 99.
Aucuba, II, 119.
Averrhoa, III, 128.
Aylanthus, II, 149.
Azalea, II, 153.

B.

Baccharis, II, 159.
Ballota, II, 193.
Bambusa, II, 196.
Basella, II, 214.
Bellis, IX, 405.
Berberis, V, 237.
Betonica, II, 276.
Betula, II, 431.
Bidens, II, 295.
Bignonia, II, 299.
Bixa, XI, 268.
Boletus, II, 380.
Boltonia, II, 384.
Bombax, VI, 180.
Bombix, II, 385.
Bombus, XI, 446.
Borago, II, 453.
Borassus, XI, 224.
Borya, II, 399.

Brassica, IV, 41.
Brassica eruca, XI, 226.
Briza, II, 519.
Bromelia, I, 307.
Bromus, II, 522.
Bromus secalinus, V, 60.
Broussonnetia, II, 530.
Bruchus, II, 532.
Brunella, II, 539.
Bryonia, II, 556.
Bubon, II, 557.
Budleja, II, 560.
Bumelia, II, 578.
Bunias, II, 579.
Bunium, XIII, 104.
Buphthalmum, II, 580.
Buplevrum, II, 581.
Butomus, II, 583.
Buxus, II, 566.

C.

Cactus, XIII, 661.
Calamus, XI, 266.
Calcitrapa, III, 472.
Calendula, XI, 535.
Calicarpa, III, 38.
Callitriche, III, 40.
Caltha, X, 364.
Calycanthus, III, 42.
Camellia, III, 47.
Campanula, III, 56.
Camphorosma, III, 61.
Canarium, III, 78.
Canna, II, 182.
Cannabis, III, 307.
Cantharellus, III, 307.
Capparis, III, 114.
Capsicum, X, 74.
Caragana, III, 125.
Cardamine, IV, 375.
Carduus, III, 549.
Carica, IX, 398.
Carex, VII, 490.
Carlina, III, 155.
Carpinus, III, 355.
Carthamus, III, 187.
Carum, III, 190.
Caryophillus, VI, 402.
Cassia, III, 194.
Cassida, III, 196.
Catalpa, III, 204.
Catanance, IV, 416.
Caucalis, III, 212.

Cavanillea, VIII, 95.
Ceanothus, III, 222.
Cedrela, III, 227.
Celastrus, III, 228.
Celosia, IX, 437.
Celtis, VIII, 326.
Centaurea, III, 246.
Cephalanthus, III, 248.
Cerastium, III, 249.
Cerasus, III, 258.
Ceratonia, III, 180.
Ceratophyllum, IV, 244.
Cercis, VI, 267.
Cercopis, III, 252.
Cervus capreolus, IV, 18.
Cervus elaphus, III, 254.
Cervus tarandus, XI, 162.
Cestrum, III, 283.
Chara, III, 518.
Cheiranthus, VI, 408.
Chelidonium, III, 485.
Chenopodium, I, 358.
Chermes, X, 543.
Cherophyllum, III, 253.
Chicorium, IV, 23.
Chionanthus, IV, 38.
Chirone, XIII, 663.
Chondrilla, IV, 211.
Chrysobalanus, VII, 203.
Chrysocma, IV, 390.
Chrysomela, IV, 62.
Chrysophillum, III, 29.

Cicada, IV, 76.
Cicer, IV, 19.
Cicutaria, IV, 66.
Cimex, X, 571.
Cineraria, IV, 79.
Circea, IV, 81.
Cistus, IV, 83.
Citrus, IX, 216.
Clematis, IV, 109.
Clethra, IV, 112.
Clinopodium, IV, 117.
Cnicus, XI, 6.
Cobea, IV, 133.
Cobitis, IV, 134.
Coccinella, IV, 135.
Coccoloba, XI, 58.
Coccus, IV, 138.
Cochlearia, IV, 368.
Cocos, IV, 155.
Coffea, III, 5.
Coix, VII, 546.
Colchicum, IV, 165.
Colutea, II, 163.
Comptonia, IV, 199.
Conium, IV, 78.
Coniza, IV, 213.
Convallaria, VIII, 480.
Convolvulus, VIII, 43.
Copris, II, 463.
Corchorus, IV, 238.
Cordia, XI, 419.
Coreopsis, IV, 237.
Coriandrum, IV, 239.
Coriaria, XI, 103.
Cornus, IV, 245.
Coronilla, IV, 250.
Corvus, IV, 233.
Corylus, IX, 34.
Cossus, IV, 254.
Cotyledon, IV, 302.

Crambe, IV, 367.
Cratægus, I, 218.
Crepis, IV, 375.
Crescentia, III, 36.
Crinum, XIII, 663.
Crioceris, IV, 386.
Crithmum, II, 161.
Crocus, XI, 315.
Croton, XIII, 663.
Cryptocephalus, VI, 560.
Cucubalus, IV, 396.
Cucumis, IV, 200.
Cucumis colocinthis, IV, 181.
Cucumis melo, VIII, 251.
Cucumis melo suavissimus, III, 111.
Cucurbita, IV, 345.
Cucurbita citrullus, IX, 444.
Cucurbita leucantha, III, 36:
Cucurbita leucantha lagenaria, IV, 325.
Cucurbita maxima, X, 386.
Cucurbita pepo, IX, 532.
Culex, IV, 357.
Cuminum, IV, 415.
Cupressus, IV, 433.
Curculio, III, 318.
Curcuma, IV, 418.
Cuscuta, IV, 418.
Cyclamen, IV, 427.
Cygnus, IV, 429.
Cynara, I, 473.
Cynips, IV, 79.
Cynoglossum, IV, 432.
Cynosurus, IV, 380.
Cyperus, XI, 533.
Cyprinus, IV, 442.
Cyprinus gobio, VI, 451.
Cypripedium, IV, 443.
Cytisus, IV, 443.

D.

Dactylis glomerata, IV, 449.
Daphne, VII, 547.
Datura, XI, 574.
Daucus, III, 156.
Decumaria, IV, 467.
Delphinium, IV, 435.
Dermestes, IV, 490.
Dianthus, IX, 121.

Digitalis, IV, 547.
Diplolepis, V, 1.
Dipsacus, III, 131.
Dirca, V, 2.
Dolichos, V, 49.
Doronicum, V, 53.
Dracocephalum, V, 56.
Dyospyros, X, 179.

E.

Ecidium, V, 112.
Eleagnus, III, 286.
Elymus, V, 175.

Epidendrum, I, 345.
Epilobium, V, 232.
Epimedium, V, 253.

Equisetum, X, 477.
Fresyphe, V, 260.
Erica, II, 539.
Erineum, XIII, 666.
Eriophorum, VIII, 37.
Eryngium, IX, 391.
Erysimum, XIII, 341.
Esculus, VIII, 213.

Eugenia, VII, 399.
Eumolpus, V, 329.
Eupatorium, V, 331.
Euphorbia, V, 331.
Euphoria, VIII, 47.
Euphrasia, V, 328.
Evonymus, VI, 263.

F.

Faba, V, 512.
Fagus, VII, 90.
Fasciola, V, 382.
Fedia, VIII, 96.
Ferula, V, 487.
Festuca, V, 488.
Ficaria, V, 527.
Ficus, V, 543.
Fontanesia, V, 33.
Forficula, VI, 62.

Formica, VI, 105.
Fothergilla, VI, 74.
Fragaria, VI, 129.
Fraxinus, VI, 160.
Fringilla, VIII, 340.
Fritillaria, VI, 177.
Frutilla, VI, 243-
Fucus, XIII, 305.
Fumaria, VI, 246.

G.

Galanthus, VI, 271.
Galega, VI, 276.
Galeopsis, VI, 277.
Galeruca, VI, 278.
Galleria, VI, 284.
Gallium, III, 24.
Garcinia, VIII, 171.
Genipa, VI, 351.
Genista, VI, 339.
Gentiana, VI, 354.
Geranium, VI, 378.
Geum, II, 244.
Githago, XIII, 669.
Gladiolus, VI, 433.
Glecoma, XIII, 105.
Gleditsia, V, 520.

Globularia, VI, 435.
Glycine, VI, 436.
Glycirhiza, XI, 105.
Gnaphalium, VI, 437.
Gomphrena, I, 262.
Gordius, V, 59.
Gossypium, IV, 258.
Gratiola, VI, 492.
Gryllo Talpa, IV, 549.
Gryllus, VI, 561.
Guaiacum, VI, 324.
Guazuma, VI, 573.
Guilandina, II, 396.
Gymnocladus, IV, 27.
Gymnosporangium, VI, 579.

H.

Hamamelis, VII, 29.
Hedera, VIII, 9.
Hedysarum, XI, 327.
Helenium, VII, 64.
Helianthus, VII, 65.
Heliotropium, VII, 70.
Helix, VII, 68.
Helleborus, VII, 71.
Hemerocallis, VII, 74.
Hepialus, VII, 78.
Heracleum, II, 245.
Hevea, VII, 98.
Hieracium, V, 227.
Hippophae, I, 425.
Hirundo, VII, 101.

Hisperis, VII, 458.
Hœmatoxylon, III, 60.
Holcus, VII, 125.
Hordeum, IX, 269.
Hortensia, VII, 105.
Humulus, VII, 107.
Hyacinthus, VII, 358.
Hybiscus, VII, 462.
Hydatis, VII, 157.
Hydrangea, VII, 159.
Hymenea, IV, 342.
Hyosciamus, VII, 460.
Hypericum, VIII, 333.
Hippomane, VIII, 168.
Hyssopus, VII, 200.

I.

Iberis , VII, 201.
Ichneumon , VII , 203.
Ilex , VII , 130.
Illicium , II , 162.
Impatiens , II. 193.
Imperatoria , VII , 211.
Imperialis , VII , 211.
Indigofera , VII , 229.
Inula , VII , 286.
Iris , VII , 289.

Isatis , IX , 439.
Itea , VII , 325.
Ixodes , VII , 330.
Jacea , VII , 332.
Jasminum , VII , 435.
Jatropha , VIII , 231.
Jatropha manihot , VIII , 173.
Juglans , IX , 69.¼
Juncus , VII , 451.
Juniperus , VI , 346.

K.

Kalmia , VII , 461.

Kœlreuteria , VII , 466.

L.

Lactuca , VII , 516.
Lamium , VII , 528.
Lampsana , VII , 531.
Larix , VIII , 238.
Lathyrus , VI , 389.
Laurus , VII , 560.
Lavatera , VII , 591.
Lavendula , VII , 559.
Ledum , VII , 566.
Lemna , VII , 568.
Leontodon , VIII , 57.
Leontondon , X , 132.
Leonurus , I , 173.
Lepidium , IX , 437.
Leucoum , IX , 29.
Lichen , VIII , 1.
Ligeum , I , 247.
Ligustrum , XIII , 218.
Lilium , VIII , 39.
Limax , VIII , 20.
Linaria , VIII , 36.

Linum , VIII , 23.
Liquidambar , VIII , 38.
Liriodendron , XIII , 257.
Lithospermum , VI , 438.
Lithrum , XI , 345.
Litta , III , 111.
Lobelia , VIII , 51.
Locusta , XI , 398.
Lolium , VII , 326.
Lombricus , VIII , 52,
Lonicera , IV , 15.
Lotus , VIII , 55,
Lunaria , VIII , 76.
Lupinus , VIII , 78.
Lychnis , VIII , 91.
Lycium , VIII , 6.
Lycopodium , VIII , 93.
Lycopsis , VIII , 95.
Lycopus , VIII , 92.
Lymnea , VIII , 94.
Lysimachia , VIII , 46.

M.

Magnolia , VIII , 111.
Malpighia , VIII , 433.
Malus , X , 514.
Malva , VIII , 230.
Mandragora , VIII , 170.
Mangifera , VIII , 172.
Maranta , VI , 270.
Marchantia , VII , 77.
Marrubium , VIII , 219.
Matricaria , VIII , 224.
Medicago , VIII , 83.
Melampyrum , VIII , 253.
Meleagris , IV , 549.
Melica , VIII , 248.

Melilotus , VIII , 245.
Melissa , VIII , 249.
Melissa calamentha , III , 31.
Melitis , VIII , 250.
Melolontha , VII , 31.
Menispermum , VIII , 281.
Mentha , VIII , 202.
Menyanthes , VIII , 280.
Mespilus , IX , 14.
Mimosa , I , 93.
Mirabilis , IX , 25
Mitchella , VIII , 338.
Molucella , VIII , 351.
Momordica , VIII , 352.

Momordica claterium , VI, 396.
Monarda , VIII , 353.
Moringa , II , 243.
Morus , VIII , 487.
Mucor , VIII , 343.
Musca , II , 196.
Musca , VIII , 390.
Mus arvalis , III , 53.
Mus sylvaticus , VIII , 484.

Mustella , II , 240.
Myosotis , VIII , 543.
Myoxus glis , VIII , 52.
Myoxus nitela , VII , 572.
Myrica , VI , 174.
Myriophyllum , VIII , 337.
Myristica , VIII , 536.
Myrtus , VIII , 544.

N.

Narcissus , IX , 4.
Nepeta , III , 459.
Nerium , VII , 558.
Nicotiana , IX , 24.
Nicotiana tabacum , XIII , 1.

Nigella , IX , 27.
Noctua , IX , 30.
Nymphæa , IX , 21.
Nyssa , IX , 104.

O.

Ocimum , II , 215.
Œnothera , IX , 206.
Œstrus , IX , 159.
Olea , IX , 174.
Oniscus , IV , 122.
Ononis , II , 565.
Onopordon , IX , 211.
Onosma , IX , 258.
Ophrys , IX , 212.

Orchis , IX , 259.
Origanum , IX , 282.
Origanum dictammus , IV , 546.
Oriza , XI , 172.
Ornithogalum , IX , 293.
Orobanche , IX , 294.
Orobus , IX , 295.
Oxalis , IX , 323.

P.

Paliurus , IX , 375.
Palmæ , IX , 376.
Panax , VI , 398.
Panicum , IX , 388.
Papaver , IX , 468.
Papilio , IX , 399.
Parietaria , IX , 429.
Paris , IX , 430.
Passiflora , VI , 544.
Pastinaca , IX , 385.
Pediculus , X , 387.
Perca , IX , 642.
Perdix , IX , 543.
Phalaris , X , 17.
Phallus , VIII , 374.
Phalæna , X , 18.
Phascolus , VII , 50.
Phellandrium , X , 21.
Philadelphus , XIII , 617.
Phleum , V , 566.
Phlomis , X , 24.
Phlox , X , 24.
Phœnix , IV , 451.
Phormium , X , 24.
Phylica , X , 30.

Phyllirea , V , 557.
Physalis , IV , 226.
Phyteuma , XI , 67.
Phytolaca , X , 45.
Pimpinella , II , 419.
Pimpinella anisum , I , 352.
Pinguicula , VI , 492.
Pinus , X , 81.
Pinus cedrus , III , 223.
Piper , X , 284.
Pirus , X , 234.
Pistacia , X , 133.
Pisum , X , 269.
Pivonia , X , 138.
Planera , X , 153.
Plantago , X , 158.
Platanus , X , 180.
Plumbago , IV , 483.
Plumeria , VI , 157.
Poa , IX , 461.
Poinciana , X , 226.
Polemonium , X , 289.
Polyanthes , XIII , 232.
Polygala , X , 290.
Polygonum , XI , 143.

Polypodium , X , 295.
Populus , X , 5.
Portulaca , X , 416.
Potamogeton , X , 378.
Potentilla , X , 383.
Potentilla anserina , I , 415.
Primula , X ; 509.
Prinos , I , 368.
Prunus , X , 521.
, Psidium , VI , 457.

Psoralea , X , 542.
Ptelea , X , 545.
Pteris , X , 546.
Puccinia , X , 548.
Pulex , X , 549,.
Pulmonaria , X , 570.
Punica , VI , 539.
Pyralis , X , 584.
Pyrus cydonia , IV , 160.

Q.

Quercus , III , 494.

R.

Ranonculus , XI , 116.
Raphanus , XI , 39.
Reseda , XI , 155.
Reticularia , XI , 158.
Rhamnus , IX , 22.
Rhamnus pumilus , II , 450.
Rheum , YI , 164.
Rhinanthus , IV , 158.
Rhizophora , IX , 368.
Rhododendron , XI , 227.
Rhus , XII , 604.
Ribes , VI , 565.

Ricinus , XI , 167.
Robinia , XI , 197.
Rosa , XI , 237.
Rosmarinus , XI , 219.
Rubia , VI , 309.
Rubus , XI , 220.
Rubus idus , VI , 153.
Rudbeckia , XI , 302.
Rumex , IX , 309.
Rumex , IX , 454.
Ruscus , VI , 127.
Ruta , XI , 303.

S.

Sacoharum , III , 80.
Sagittaria , V , 563.
Sagus , XI , 323.
Salicornia , XI , 345.
Salisburia , XI , 397.
Salisburia , II , 346.
Salix , XI , 388.
Salsola , XI , 537.
Salvia , II , 386.
Sambucus , XIII , 611.
Sanguisorba , X , 76.
Sanicula , XI , 357.
Santalum , XI , 358.
Santolina , XI , 359.
Saperda , XI , 360.
Saponaria , XI , 373.
Satureja , XI , 386.
Saxifraga , XI , 404.
Scabiosa , XI , 406.
Scarabæus , XI , 409.
Schænus , IV , 40.
Scilla , XI , 413.
Scirpus , XI , 414.
Scleranthus , VI , 440.
Sclerotium , XI , 416.
Scorsonera , XI , 417.

Scrophularia , XI , 419.
Secale , XI , 423.
Sedum , IX , 300.
Sempervivum , VII , 453.
Senecio , XI , 462.
Serratula , XI , 385.
Sesamum , XI , 492.
Seseli , XI , 493.
Sesia , XI , 494.
Sherardia , XI , 505.
Sida , I , 93.
Sideroxillon , I , 414.
Sison , XI , 518.
Sisymbrium , XI , 519.
Sium , II , 267.
Smilax , XI , 351.
Smyrnium , VIII , 95.
Solanum , VIII , 369.
Sonchus , VII , 514.
Sorbus , XI , 528.
Sorex , VIII , 533,
Sparganium , XI , 301.
Spergula , XI , 554.
Spheria , XI , 556.
Sphinx , XI , 556.
Spilanthus , XI , 558.

Spinacia, V, 234.

Spirea, XI, 556.

Spondias, VIII, 334.

Stachis, XI, 564.

Staphylea, XI, 566.

Statice, XI, 567.

Stellaria, XI, 568.

Tabanus, XIII, 54.

Tagetes, XIII. 128.

Tamarindus, XIII, 46.

Tamarix, XIII, 47.

Tamnus, XIII, 49.

Tanacetum, XIII, 52.

Tapsia, XIII, 113.

Taxus, VII, 205.

Tendredo, XIII, 74.

Tenebrio, XIII, 71.

Thea, XIII, 114.

Thlaspi, XIII, 129.

Thlaspi bursa pastori, II, 460.

Thuia, XIII, 130.

Thymus, XIII, 133.

Tilia, XIII, 137.

Tinea, XIII. 65.

Tingis, XIII, 142.

Ulex, I, 184.

Ulmus, IX, 283.

Uredo, XIII, 267.

Vaccinium, I. 199.

Valantia, XIII, 294.

Valeriana, XIII, 294.

Vanilla, XIII, 301.

Veratrum, XIII, 304.

Verbascum, II, 429.

Xanthium, VII, 530.

Xilosteon, III, 48.

Yucca, XIII, 649.

Zanthorhiza, XIII, 650.

Zanthoxilum, IV, 96.

Zea, VIII, 118.

Zizanie, XIII, 651.

Stomoxis, XI, 572.

Strix, III, 461.

Strongylus, XI, 578.

Styrax, I, 216.

Symphytum, IV, 214.

Syringa, VIII, 17.

Sysirinchium, II, 269.

T.

Tipula, XIII, 142.

Tænia, XIII, 72.

Tordylium, XIII, 175.

Tormentilla, XIII, 175.

Tradescantia, V, 29.

Tragopogon, XI, 349.

Trapa, VIII, 103.

Trifolium, V, 381.

Trifolium, XIII, 199.

Triglochin, XIII, 223.

Trigonella, XIII, 217.

Trogossita, XIII, 221.

Tropeolum, III, 121.

Tuber, XIII, 224.

Tulipa gesneriana, XIII, 236.

Tussilago, XIII, 263.

Typha, VIII, 221.

U.

Urtica, IX, 303.

Uvaria, III, 69.

V.

Verbascum, VIII, 346.

Vespa, VI, 573.

Vinca, X, 1.

Viscum, VI, 576.

Vitex, VI, 319.

X.

Xylema, XIII, 648.

Y.

Z.

Ziziphus, VII, 457.

Zinnia, XIII, 650.

Zooster, XIII, 652.

Zygophyllum, V, 362.

LISTE ALPHABÉTIQUE

DE

MM. LES SOUSCRIPTEURS.

ALLAIS, libraire, rue de Savoye, *pour 3 exempl.*
ALLIÉ, garde magasin des vivres de la guerre, à Nancy.
AMALÉRIC frères, négocians, rue Croix-des-Petits-Champs.
ALMÉRALATOUR, avocat à Vienne, département de l'Isère.
AMÉDIC DE LEYBARDIE, à Mussidan, département de la Dordogne.
AMOUDRY, libraire, à Noyon, *p. 2 ex.*
ANCELLE, imprimeur-libraire, à Evreux.
ANCELLE, libraire, à Anvers, *p. 3 ex.*
ANGER, libraire, à Versailles.
ANGUSTOWRKI (d'), rue de Richelieu, hôtel d'Espagne.
ARBANÈRE, à Tonneins, Lot-et-Garonne.
ARCELOT, rue Sainte-Croix de la Bretonnerie, n° 24, à Paris.
ARGÉRON (Henri), maire de la commune des Herbiers (Vendée).
AUBER, artiste, rue St. Lazarre, n° 40.
AUBERT, administrateur de l'octroi, rue de Richelieu.
AUBIN DE NARBONNE, propriétaire, à Angers.
AUBRY, conseiller de préfecture, à Tours.
AUDOT, et compagnie, libraires, rue Saint-Jacques.
AUGUSTE, baron de Wackerbarth de Rotzbrurg, près Hambourg.
AUREL (Auguste), imprimeur-libraire, à Toulon, département du Var, *p. 3 ex.*
AVÉNA (Joseph), directeur de la verrerie impériale, à la Chieuza, département de la Stura, *p. 2 ex.*
AZAIS-OULÈS, secrétaire-général de la préfecture du département du Tarn, à Alby.
AZÉMAR, négociant, à Angers.

BACHELIER, libraire, quai des Augustins, *p. 2 ex.*
BACOT, libraire, au Palais-Royal.
BAILLEUL, impr.-libr., rue Helvétius, *p. 2 ex.*
BAILLY (H. G.), maire de Liège, chevalier de la Légion d'honneur, à Liège.
BALBI, docteur en médecine et professeur de botanique, à Turin.
BALLEROY, docteur en médecine, rue Pavée Saint-Sauveur, n° 16.
BALLEY, doyen des avoués, à Lyon.
BANCAL, ex-législateur, à Clermont-Ferrand (Puy-de-Dôme.)
BARAGUET-D'HILLIERS (le général), commandant du second corps de la grande armée, comte de l'empire, grand-aigle de la Légion d'honneur.
BARAT, directeur des postes, à Saint-Florentin.
BARBA, libraire, Palais-Royal, à Paris, *p. 6 ex.*
BARBAROUX (Jean-Baptiste), banquier, à Turin.
BARDE, officier de santé chargé de l'hospice civil, à Castanet, département de la Haute-Garonne.
BARGÉAS, libraire, à Limoges, *p. 23 ex.*
BARGÉAS (madame veuve), née Laroche, lib., à Angoulême, *p. 3 ex.*
BARROIS père, libraire, rue Hautefeuille, n° 28.

BARROIS (Théophile) fils , libraire , quai Voltaire , n° 5.

BARROIS (Charles) , libraire , rue Saint-Nicaise.

BASTIEN , propriétaire , à Ivry.

BASTIEN-MAUGRAS , à Neuchâtel.

BATILLOT jeune , libraire.

BAUCHAMP , libraire , boulevard Montmartre , n° 17.

BAUMANN frères , cultivateurs-botanistes et pépiniéristes , à Bollwillers , par Ruffac.

BAVILLE , sous-inspecteur des eaux et forêts , à Salins , département du Jura.

BAYLE , juge de paix , à Marmande , département de Lot-et-Garonne.

BAYVERT , libraire , à Châteauroux (Indre) , *p.* 2 *ex.*

BAZIN (Charles) , banquier , rue Saint-Marc , n° 10.

BEAUFORT , directeur des postes , à Saint-Benoît-du-Sault.

BECHET , libraire , quai des Augustins , à Paris , *p.* 2 *ex.*

BELIN fils , libraire , quai des Augustins , *p.* 3 *ex.*

BELLAND , directeur de l'enregistrement du domaine national du département de Loir-et-Cher , à Blois.

BELLART , jurisconsulte , rue du Grand-Chantier , n° 4.

BELLEJAMBE , cour Saint-Martin , pour M· ***

BELLOY-KARDOWIK , libraire , à Brest.

BENARD , maire du huitième arrondissement de la ville de Paris , rue de Montreuil , n° 35.

BERGER , capitaine d'artillerie , à Turin.

BERGERET , libraire , à Bordeaux , *p.* 2 *ex.*

BERGON , conseiller d'état , directeur de l'administration des forêts , rue neuve Saint-Augustin , n° 23.

BERGUAM , à Remiremont , département des Vosges.

BERRARD , associé de la maison Berrard-Martin , à Montpellier.

BERTH , docteur en médecine , à Montpellier.

BERTRAND (Jean-Baptiste) , greffier de la justice de paix du canton d'Allanche , arrondissement de Murat , département du Cantal.

BERTRAND , propriétaire , rue Saint-Anne , à Caen.

BERTRAND (Arthus) , libraire , rue Hautefeuille , n° 52 , *p.* 26 *ex.*

BESNARD , receveur des contributions , à Fontevrault , département de Maine-et-Loire.

BESSON (P. J.) , libraire , à Leipzick , *p.* 6 *ex.*

BEVIÈRE , rue de la Monnoie , n° 5 , à Paris.

BHALON , négociant , à Blois.

BIBLIOTHÈQUE (la) de l'Institut de France.

BLANCHART , percepteur à vie , à Chaillac.

BLANCHON (Jacques) , imprimeur-libraire , à Parme , *p.* 6 *ex.*

BLAVETTE (Alexandre) , rue Barbette , n° 18.

BLOUET (H.) , libraire , à Rennes , *p.* 2 *ex.*

BLUET , libraire , rue de Thionville , *p.* 7 *ex.*

BOCCA (Charles) , libraire , à Turin , *p.* 13 *ex.*

BOGAERT-DUMORTIER , imprimeur-libraire , à Bruges , *p.* 4 *ex.*

BOHAIRE , libraire , à Lyon , *p.* 13 *ex.*

BOICHARD , pour M. *** , à Angoulême.

BOICHOT , contrôleur des contributions du département du Jura , à Brans , par Dôle.

BOIS-HEBERT DE RAFFELOT , à Versailles.

BOISSET , avocat , à Saint-Marcellin , département de l'Isère.

BOLMONT , capitaine d'artillerie , à Metz.

BONJOUR , commissaire impérial près les salines de Dieuse , département de la Meurthe.

BONNEFONT , employé , rue des Rosiers , au Marais , n° 13.

BONNET , receveur des contributions , à Loudun , départ. de la Vienne.

BONNEVIE (P.) , boucher , à Gonesse.

BONTOUX , libraire , à Nancy , *p.* 2 *ex.*

BONVOUST fils , libraire , à Alençon , *p.* 3 *ex.*

BONZOM , libraire , à Bayonne.

BOREL et PICHARD , libraires , à Naples , *p.* 6 *ex.*

BOSC , propriét. et directeur des droits réunis à Chaumont (Haute-Marne.)

BOSQUILLON , docteur en médecine et professeur au collège impérial , place Cambrai.

BOSSANGE , MASSON et BESSON , libraires , à Paris, *p.* 14 *ex.*

BOUCHÉ , maire de Luzarche , département de l'Oise.

BOUCHER (G.) , propriétaire , à Méru.

BOUCHER DE LA RICHARDIÈRE , à Paris.

BOUCHESEICHE , chef de la première division à la préfecture de police , à Paris.

BOUFFÉ , négociant , à Dreux.

BOURQUENEY , à Salins , département du Jura.

BOUSON-LACOMTÉ , maire de la ville de Gramat , à Gramat. (Lot.)

BOUTET , propriétaire , à Auboistifrais , près Chantonnai. (Vendée.)

BOUVIER-LENCISIÈRE , juge au tribunal de première instance , à Argentan.

BOYER , au château de Dracy , près Toucy , département de l'Yonne.

BOYSSOU , caissier de la recette générale du département de la Manche , à Saint-Lô.

BOZÉRIAN aîné , quai des Augustins.

BRÉBISSON , à Falaise.

BRÉGUET fils , quai de l'horloge , n° 79.

BRIÈRE , employé au ministère de la marine , hôtel du ministère , à Paris.

BRIOLET (J.-B.) , propriétaire de Louan , commune de Manestreau.

BROCOURT , propriétaire , à Saint-Hilaire-des-Bois , par Sainte-Hermine. (Vendée.)

BRONGNIART (Alexandre) , directeur de la manufacture de Sèvres , rue Saint-Dominique , à Paris.

BROUHET-ROSE , maire de Wassigny , à Wassigny , par Réthel.

BRUGNONE (Jean) , professeur vétérinaire , à Turin.

BRUNET , juge suppléant au tribunal civil de Falaise , et membre du conseil général du département du Calvados , à Falaise.

BRUNET , libraire , rue Gît-le-Cœur , *p.* 2 *ex.*

BRUNOT-LABBE , libraire , quai des Augustins , *p.* 39 *ex.*

BUQUIN (J.-F.) , receveur de l'enregistrement et conservateur des hypothèques , à Saluce, département de la Stura.

BUSSEUIL aîné , libraire , à Nantes , *p.* 2 *ex.*

BUSSEUIL jeune , libraire , à Nantes , *p.* 13 *ex.*

CAFFARELLI , préfet du département du Calvados , à Caen.

CAILLE et RAVIER , libraires , rue Pavée.

CAILLEAU , propriétaire , à Saumur.

CALIGNON , propriétaire , au château de Bussy-le-Grand , département de la Côte-d'Or.

CAMBON , armateur , membre de la société d'encouragement pour l'industrie nationale de Paris , de celle philomatique de Bordeaux , etc. , place du Champ de Mars , à Bordeaux.

CAORS , propriétaire , à Gramat , département du Lot.

CAPELLE et RENAND , libraires , rue J.-J. Rousseau , à Paris, *p.* 13 *ex.*

CARON , secrétaire de la société d'agriculture de Versailles , rue des Réservoirs , à Versailles. (Pour la société.)

CARON-BERQUIER , imprimeur-libraire , à Amiens.

CARTOUX (successeur de M. Garnier) , libraire , à Lyon , *p.* 2 *ex.*

CATINEAU , libraire , à Poitiers.

CELLOT, rue de l'Université, n° 46.

CEPPI DE BAIROLS , juge de paix , à Turin.

CERIOUX , libraire, quai Voltaire , à Paris , *p.* 2 *ex.*

CHABRIERA, maire , à Asti , Marengo.

CHAMPAGNE , conseiller de préfecture , rue Bàt d'Argent, à Lyon.

CHARBONNEAUX , sous-préfet de l'arrondissement de Parthenay , à Parthe-nay , département des Deux-Sèvres.

CHARLY , juge en la cour d'appel , ex-législateur , à Pamiers.

CHARRON , libraire, passage Feydeau , à Paris , *p.* 5 *ex.*

CHASTENET-D'ESTERRE (Gabriel), ancien capitaine de dragons , maison Claret, place Rouaix , à Toulouse.

CHATELAIN , propriétaire cultivateur , rue du Gros-Chenèt , n° 6.

CHAUMEROT , libraire, au Palais-Royal , à Paris , *p.* 13 *ex.*

CHAUMONET-TACQUET , libraire, à Beaune , *p.* 2 *ex.*

CHERBONNIER , propriétaire , à Angers.

CHEROUVRIER , notaire et propriétaire , à Sablé.

CHESUROLLES , caissier de MM. Parguez et compagnie , rue de Choiseuil.

CHEVALTOT (Charles) , commandant au corps impérial du génie , à Verdun.

CHEVRIER , propriétaire , rue Saintonge , n° 9.

CHOMEL , receveur particulier , à Courtrai , département de la Lys.

CHOPIN , propriétaire , à Buxy , département de Saône-et-Loire.

CIBAT , officier de santé en chef des armées d'Espagne.

CLAUDE , commissaire des guerres et propriétaire , à Bodenheim.

CLÉMENT , ingénieur géographe , à Saint-Lo.

CLERE (J. P.) , imprimeur-libraire , à Belfort, *p.* 7 *ex.*

CLOISEAU , avoué , rue du Sentier , n° 3 , à Paris.

COCHON DE L'APPERENT , fils , sous-préfet à Issoudun , département de l'Indre.

COELIG (J.) , artiste vétérinaire , à Simmern , département du Rhin-et-Moselle.

COINTET l'aîné , à Ensisheim , département du Haut-Rhin.

COLAS (D.) , imprimeur-libraire , rue du Vieux Colombier , n° 26.

COLLAR , ancien officier , rue du milieu des Ursines , n° 2.

COLLARD (J.) , membre du corps-législatif , rue de Courcelles , n° 17.

COLLARDIN , libraire , à Liège , *p.* 13 *ex.*

COLLIGNON , imprimeur-libraire , à Metz.

COQUET , libraire , à Dijon , *p.* 5 *ex.*

CORONA , docteur en médecine de la faculté de Rome , à Rome.

COSTAZ , rue Saint-Honoré , n° 371.

COURCIER , imprimeur-libraire , quai des Augustins , *p.* 2 *ex.*

COURTADE , propriétaire , à Moussaron , près Condom, département du Gers.

COURTILLIÈRE (madame) , libraire , rue de la Harpe , n° 94 , *p.* 13 *ex.*

COUSIN , libraire , à Saint-Quentin.

CRAPELET , fils , imprimeur, rue de la Harpe.

CRETTÉ , libraire , rue Saint-Martin , à Paris.

CREUSÉ DE PIOLANT, juge de paix du canton de Dangé , à Piolant, par les Ormes.

CROCHARD , libraire , rue des Cordeliers , *p.* 2 *ex.*

CROULLEBOIS , libraire , rue des Mathurins , à Paris, *p.* 13 *ex.*

CROZET , libraire , rue du Lycée.

CUBIÈRE , aîné , membre de la société d'agriculture , à Versailles.

CULHAT-COREIL , notaire , rue des Fossés-Montmartre , n° 16.

CURET (Alexandre) , imprimeur-libraire , à Toulon , *p.* 5 *ex.*

DAJOT , à la terre Dulison , près Minbau , département de la Vienne.

Damême (A.), professeur à l'école militaire de cavalerie à Saint-Germain-en-Laye.

Damotté, propriétaire, à Dijon (Côte-d'Or.)

Daru, conseiller d'état, intendant de la maison de S. M. l'Empereur et Roi.

D'Auberjou de murinais, rue de Bondi, n° 1.

D'Auerweck (L.), au donjon de Vincennes.

Dauphin, libraire, à Autun, *p. 4 ex.*

Dauvigny, rue Croix-des-Petits-Champs.

D'Aux, chez mademoiselle de Waubert, rue Boucherat, n° 19.

Debarbançois, à Châteauroux, département de l'Indre.

De Bardagne (le marquis), à Vittoria, en Espagne.

De Barth, propriétaire-cultivateur, à Bourogne, près Betfort.

De Batz Trenquelléon, rue Saint-Jacques, n° 67.

De Beines, commissaire ordonnateur de la marine, et secrétaire du ministre.

De Bénévent (S. A. le prince), rue de Varenne.

De Biencourt, propriétaire, à Tours.

De Boffe, libraire, *p. 26 ex.*

Debray, libraire, rue Saint-Honoré, à Paris, *p. 13 ex.*

Debray (Auguste), membre de la légion d'honneur, et propriétaire, à Saillart, près Breteuil, département de l'Oise.

De Brou, propriétaire, rue de Fréjus, n° 7, à Paris.

De Buire, à Buire, près Péronne.

Debure, père et fils, libraires, rue Serpente.

De Buzelet, ancien officier général, à Angers.

De Castella de Berlens, colonel, rue d'Aguesseau, n° 9.

De Chanaleilles (Charles), rue d'Anjou Saint-Honoré, n° 9.

De Chateaugiron, propriétaire.

Dechatellier, propriétaire, à Nîmes.

Dechaumont, chez madame Duriaux, rue de Sèvres.

Dechezeaulx, rue des Deux-Portes-Saint-Sauveur, n° 18, *p. 2 ex.*

De Combes-Desmorelles (Jacq.-Ant.), membre du conseil général du département de l'Allier, président de canton du collège électoral de Gannat, et correspondant de la société d'agriculture du département de la Seine, au château des Morelles, près Saint-Pourçain.

De Coninck, rue neuve Saint-Pierre, n°s 88 et 89, à Gand.

Decrès (S. E. le vice-amiral), ministre de la marine.

De Custine, rue de Miromesnil, n° 19.

Defenieux-Lalanne, propriétaire, à Veyrac, près Limoges.

De Gigord (Joseph), maire de Rocher, près l'Argentière.

Dejohannet, à la Ronce, près Nogent-Roulebois.

De Julie, propriétaire, à Angers.

Dejussieu, imprimeur-libraire, à Autun, *p. 26 ex.*

Dejussieu, imprimeur-libraire, à Châlons-sur-Saône, *p. 5 ex.*

De Kerpen, née Godfroy, libraire, à Rennes.

De Labalm, rue des Tournelles.

De Lablache d'Harancourt, rue Jacob.

Delabouère, au Lycée Impérial, à Paris.

De La Brétaigne, propriétaire, à Lille.

De La Briffe, rue de Tourraine, n° 8.

De La Grivelle, rue de Condé, n° 16.

Delahaye d'Authieulle, à Amiens.

Delamayran, docteur en médecine, à Versailles.

Delaroche La Carelle, à la Carelle, par Beaujeu, département du Rhône.

De Lasalle, place des Vosges, n° 13.

De La Tourette père, ex-préfet de Gênes, à Tournon, département de l'Ardèche.

DELAUNAY, libraire, Palais Royal, à Paris, p. 13 ex.

DELAVILLE, rue de l'Université, n° 31.

DE LAVILLEGONTIER, propriétaire, rue du Perche, n° 8, à Paris.

DE LORAS, propriétaire, à Bourg (Ain.)

DELORME, rue neuve des Mathurins, n° 17, Chaussée d'Antin.

DELOROS-RODOR (J.) propriétaire, à Ceret, département des Pyrénées-Orientales.

DE MAT, libraire, à Bruxelles, p. 54 ex.

DE MONTOUON, rue des Saints-Pères, n° 9.

DEMONVILLE, imprimeur-libraire, rue Christine.

DEMORAINE, imprimeur-libraire, rue du Petit-Pont.

DENISKE (le comte Jules), à Varsovie.

DENNÉ, jeune, libraire, rue Vivienne, n° 10, p. 13 ex.

DENTU, imprimeur-libraire, rue du Pont de Lody, p. 13 ex.

DE PINTEVILLE, rue des Vieux-Moulins, à Meaux.

DE PRONVILLE, membre de la société d'agriculture de Seine-et-Oise, rue Saint-Antoine, à Versailles.

DE PUYVERT, rue de Caumartin, n° 12.

DE QUERHOENT, en sa terre de Saint-Georges-des-Bois, près Montoire, département de Loir-et-Cher.

DE ROHAN, premier aumônier de sa majesté l'Impératrice, rue de Verneuil, n° 5.

DÉROMRÉE DE VISCHENET, chez M. Dartel, négociant, à Namur.

DE SAINTEMAURE, Déslée, par Sémur.

DE SAINT-VANDELIN, propriétaire, à Besançon.

DESCHAMPS, maire de la commune de Rozac, près Périgueux.

DESCHESNES, administrateur des domaines, rue Neuve-des-Petits-Champs.

DESENNE, libraire, rue du Chantre, p. 2 ex.

DESENNE, libraire, rue de Rivoli, n° 14, p. 3 ex.

DESESSARTS, homme de lettres, place de l'Odéon.

DESCOUTTES, ancien préfet du département des Vosges, à Loriol.

DESMÉ, propriétaire, à Gisors.

DESNET, propriétaire, à Mantes.

DESOER, imprimeur-libraire, à Liège, p. 65 ex.

DESOER, fils, rue Saint-Jacques, n° 59, à Paris.

DE SOULIGNÉ, à Villeneuve-la-Guarde (Yonne.)

DE SOURDON, libraire, rue de la Jussienne, n° 15.

DE SOUVILLE, rue de Monsieur, à Paris.

DESPIÉTIÈRES, ainé, propriétaire, à Tours.

DESPLAS, vétérinaire, rue de Lille, n° 41.

DESRAY, libraire, rue Hautefeuille, n° 4, p. 13 ex.

DE THURY, rue Sainte-Catherine, place Saint-Michel.

DE VATRIN, rue des Moulins, à Paris.

DEVERNOUX, ancien militaire, à Annonay, département de l'Ardèche.

DEVILLY, libraire, à Metz, p. 6 ex.

DEVIOLAINE, inspecteur-forestier, à Villers-Cotterets.

DE VOUGES, propriétaire, rue Saint-Antoine, n° 81.

DÉZÉ, procureur impérial près le tribunal criminel, à Dijon.

D'HÉROU, maire de la commune de Saint-Pair, près Trearn (Calvados.)

DIDOT (Firmin), libraire, rue de Thionville, p. 13 ex.

DIRECTEUR (le) des postes, à Bellac, Haute-Vienne.

DISSEZ (Victor) receveur particulier, à Villefranche (Aveyron.)

DIVORY, propriétaire, au Faucon, près Sédan, département des Ardennes.

DODUN DE NEUVRY, boulevard Poissonnière, n° 19.

DONCKIER, ancien adjudant-colonel, à Dormans (Marne.)

DOUBLAT, receveur général du département des Vosges, à Epinal.

Doudou, maire de la ville de Rue.

Doucet, ancien officier d'artillerie, rue culture Sainte-Catherine, n° 48,

Dressler, sous-inspecteur des forêts, aux Deux-Ponts.

Dubignon, chef d'escadron de gendarmerie, rue de Seine, n° 23.

Dubois (Mme), libraire, rue du Marché-Pallu, n° 26, *p. 2 ex.*

Du Bourget, propriétaire, rue Clocheperche, à Paris.

Ducarry, propriétaire, etc., à Nantes.

Duchêne Gontar, propriétaire, à Angers.

Duchesne, propriétaire, à Versailles.

Duchesne, libraire, à Rennes.

Dufour (Gabriel), et compagnie, libraires, rue des Mathurins, *p. 13 ex.*

Dufour, libraire, à Falaise, département du Calvados, *p. 2 ex.*

Duguet, rue Saint-Denis, n° 118.

Duhomme, pour la société littéraire de la ville d'Avranches, à Avranches.

Dumas, libraire, à Valence, *p. 4 ex.*

Dumetz, propriétaire, à Montreuil-sur-Mer.

Dumont de La Rochelle, propriétaire, à Vire.

Dumortier (Mme veuve), imprimeur-libraire, à Lille.

Duperat (D.), à Vincennes.

Duperré de Beaumont, propriétaire, à Rouen.

Duplantier, préfet du département des Landes, et officier de la légion d'honneur, à Mont-de-Marsan.

Dupont de Nemours, membre de la société d'agriculture de Paris, etc.

Dupré de Saint-Maur, propriétaire à Argent, près d'Aubigny (Cher.)

Dutillet, administrateur des messageries, rue Sainte-Barbe, n° 16.

Dutramblay, administrateur de la caisse d'amortissement, rue d'Enfer, n° 37.

Dutruy, cultivateur, à Villeneuve-le-Roy, près Choisy.

Duval, propriétaire, à Neuilly-Saint-Front, département de l'Aisne.

Duvale, docteur en médecine, à Nemours.

Ecouchare, artiste vétérinaire, à Dôle. (Jura.)

Edouard de Montbadon, hôtel de Richelieu, rue d'Antin.

Egasse, libraire, rue Saint-Jacques, *p. 4 ex.*

Éléazar Torre, garde général forestier du département du Var, en résidence à Draguignan.

Élies-Orillat (madame), libraire, à Niort.

Erneste-Claude, à Luxembourg.

Esslinger (Fréd.), libraire, à Francfort, *p. 4 ex.*

Etchivirry, juge de paix de Baïgorry, près Saint-Jean-Pied-de-Port, département des Basses-Pyrénées.

Étienne, libraire, rue Satory, à Versailles, *p. 5 ex.*

Fabre, sénateur, rue de Grenelle Saint-Germain, n° 42.

Falcon, libraire, à Grenoble, *p. 2 ex.*

Fantin, libraire, quai des Augustins, *p. 26 ex.*

Farmin de Sainte-Reine, rue Neuve-Saint-Eustache, n° 21.

Favre, adjudant-général et membre de la légion d'honneur, à Thonon, près Genève.

Féburier, membre de la société d'agriculture et propriétaire cultivateur, à Versailles.

Fevre, ingénieur des ponts et chaussées, à Napoléonville.

Fleuriau de Bellevue, membre de plusieurs sociétés savantes, à la Rochelle.

Fontaine, libraire, à Manheim, *p. 39 ex.*

Fontaine, notaire et maire, à Conflans, département du Mont-Blanc.

Forest, libraire, près la bourse, à Nantes, *p. 6 ex.*

FORGUES, commandant d'armes à Magdebourg, à Tarbes.

FOSSES, propriétaire cultivateur à Porcherse, près Bouillon, département des Ardennes.

FOULEFLOUTIER, négociant, à Nîmes.

FOURIER-MAME, libraire, à Angers, *p. 26 ex.*

FOUTAYNE, inspecteur des eaux et forêts du second arrondissement de la Meuse, à Saint-Mihiel, département de la Meuse.

FRANCESETTI (Louis), à Turin.

FRANÇOIS DE NEUFCHATEAU, sénateur, comte de l'empire, etc.

FRÉMAUX, libraire, à Dunkerque, *p. 4 ex.*

FRERE, aîné, libraire, sur le port, à Rouen, *p. 13 ex.*

FROMENTAL, sous-inspecteur forestier d'Hirson, à Saint-Michel-Rochefort, près Vervins.

FROUSSARD, inspecteur des eaux et forêts, à Chaumont, département de la Haute-Marne.

FUGOT (Charles), au Epusse-le-Vicomte, près Epernai. (Marne.)

GABON, libraire, rue de l'École de Médecine.

GABON, notaire, à Paimbœuf. (Loire-Inférieure.)

GALLARD, libraire, à Orléans.

GALLESIO GEORGE, juge de paix, à Final, département de Montenotte.

GALLOIS (R.), greffier de la justice de paix du canton de Leigné sur Uneau, à Saint-Christophe, près Chatellerault.

GALLOIS, rue de Matignon.

GAMBIER, libraire, à Bruxelles, *p. 6 ex.*

GAREYGER fils, greffier du tribunal de première instance, à Angers.

GARDETON, notaire impérial et agriculteur, à Saint-Dier, près Billom.

GARNERY, libraire, rue de Seine, à Paris, *p. 13 ex.*

GARNIER DESCHESNES, notaire honoraire, passage des Petits-Pères.

GARNIER-JOUBERT, négociant, à Angers.

GAUDRON (Joseph), sous-inspecteur des eaux et forêts, et membre de la société d'agriculture du département de Loir-et-Cher, à Blois.

GAUTHIER frères, libraires, à Lons-le-Saulnier, *p. 13 ex.*

GAUVAIN fils, à Langres.

GAVETLE (J. C.), sous-inspecteur des eaux et forêts impériales de l'arrondissement communal de Dreux, à Châteauneuf, département d'Eure-et-Loire.

GENETS jeune, libraire, rue de Thionville, n° 14.

GERARD, libraire, rue Pavée Saint-André-des-Arts, *p. 13 ex.*

GHILINI (Ambroise-Marie), à Turin.

GIARD, libraire, à Valenciennes.

GIBOIN, médecin et maire de la Valette, chef-lieu de canton, près Angoulême.

GIDE, négociant, rue Neuve-des-Mathurins.

GIEGLER, libraire, à Milan, *p. 2 ex.*

GIGUET et MICHAUD, imprimeurs-libraires, rue des Bons-Enfans, n° 50, *p. 54 ex.*

GILBERT, libraire, rue Serpente.

GILLE, libraire, à Bourges, *p. 13 ex.*

GILLE père, libraire, à Montargis, *p. 4 ex.*

GILLET, propriétaire, rue de Turenne, au Marais.

GILLET-LAUMONT, au conseil des mines, rue de l'Université.

GIOBERT, professeur de chimie, à Turin.

GIOVINE (Jean), relieur, à Turin.

GIRARD (Pierre), propriétaire, à Grasse. (Var.)

GIRAUDY, conservateur des hypothèques, à Nîmes.

GŒURY, libraire, quai des Augustins.

GORNIER, propriétaire et maire de la commune de Thurogeau, près Mirebeau. (Vienne.)

GOSSE, libraire, à Bayonne, *p. 2 ex.*

GOUJON, libraire, rue du Bacq, n° 33, *p. 6 ex.*

GOUJON, libraire, à Saint-Germain en Laye.

GOUPIL, pharmacien, rue Helvétius, n° 25.

GOUVION-SAINT-CYR (le général), à Reverseaux.

GOYER, professeur à l'école impériale vétérinaire, à Lyon.

GRABIT, libraire, rue du Coq-Honoré, *p. 13 ex.*

GRAMAYEL, maître des cérémonies, introducteur des ambassadeurs, membre de la légion d'honneur, etc.

GRANGÉ, imprimeur, rue de la Huchette, n° 18.

GRASLIN, propriétaire, à Nantes.

GRAVIER (Yves), libraire, à Gênes, *p. 2 ex.*

GRÉGOIRE, libraire, rue Gît-le-Cœur, *p. 2 ex.*

GRENET-PELÉ, maître des postes, à Toury.

GRESLIER, propriéraire, à Nantes.

GROLIER, employé au Sénat Conservateur, quai d'Anjou.

GROS-CLAUDE, libraire, rue des Jardins, à Metz, *p. 2 ex.*

GROULT, imprimeur-libraire, à Bayeux, *p. 2 ex.*

GUÉDON, imprimeur-libraire, à Meaux, *p. 13 ex.*

GUEYMAS ROQUEBEAU, maire de la ville de Die, à Die, département de la Drôme.

GUIBERT, maire du bourg d'Attichy, à Attichy, près Soissons.

GUILLEMINET, libraire, rue des Fossés-Montmartre, *p. 13 ex.*

GUISIER, propriétaire, rue du Fardeau, n° 10, à Rouen.

GULMAN, propriétaire, à Nantes.

GUYOT (Ls. Ph.), ancien entrepreneur des pépinières du Gouvernement, à Montauban.

HABERT (Pierre), libraire, à Clamecy.

HAUDICOURT (d'), archiviste, historiographe des fastes de la Nation Française, rue de Seine, n° 27.

HÉDOUVILLE (le général, sénateur, comte d'), rue Cisalpine, n° 2.

HENRY, chef de la pharmacie centrale des hôpitaux de Paris, parvis Notre-Dame.

HENRY-D'HACQUEVILLE, à Lisieux.

HÉRAIL, notaire impérial et propriétaire foncier, à Béziers, département de l'Hérault.

HERSARD, ingénieur des mines, au Buron, près Nantes.

HERVÉ, libraire, rue du Cheval Blanc, n° 94, à Chartres, *p. 3 ex.*

HOFFMANN, juge de paix à Pirmasena, départ. du Mont-Tonnerre.

HONNÉ, ancien notaire, rue Saint-André-des-Arts.

HOUDART, membre de la Légion d'honneur, à Douai.

HOUSSIN, ingénieur des ponts et chaussées, à Saint-Lô.

HOVIUS, libraire, à Saint-Malo.

HOVOIS, libraire, à Mons.

HUETTE, propriétaire, rue de Richelieu.

HUREZ, libraire, à Cambrai, *p. 2 ex.*

HUZARD (Madame), imprimeur-libraire, rue de l'Éperon, *p. 13 ex.*

ISNARDY, bibliothécaire de la ville de Boulogne, à Boulogne-sur-Mer. (pour la bibliothèque.)

JACOB (Madame), libraire, galerie de bois, au Palais-Royal.

JACQUET, législateur, à Turin.

JANOT, avocat et membre du collège électoral du Léman, à Genève.

JARRIJON, chirurgien, à Aubusson. (Creuse.)

JOBEZ (Emmanuel) , à Morez. (Jura.)

JOGUES et DUFOU , négocians , île Feydeau , à Nantes.

JOGUES , imprimeur-libraire , à Lyon.

JOLLIVET , ministre de S. M. I., conseiller d'état à vie, en mission dans le royaume de Westphalie.

JOLY , imprimeur-libraire, à Dôle, département du Jura , *p.* 13 *ex.*

JOLICLERE , propriétaire , rue Saint-Paul , n° 25.

JOUA , propriétaire à Montagny , près Magny.

JOUVENCEL , receveur des domaines nationaux et membre de la société d'agriculture de Seine-et-Oise, à Versailles.

JURION , avocat et avoué à Bitbourg , près Trèves.

KEIL, imprimeur-libraire , à Cologne , *p.* 2 *ex.*

KERSTEN , rue du Sépulcre , n° 38.

KILLIAN , libraire , quai Voltaire , *p.* 2 *ex.*

KLOSTERMANN , libraire , à Saint-Pétersbourg , *p.* 6 *ex.*

KOENIG , libraire , quai des Augustins.

KOLB , ingénieur-vérificateur du cadastre , à Colmar , dép. du Haut-Rhin.

KORN (Guillaume-Théophile) , libraire , à Breslau , *p.* 52 *ex.*

LABAROLLIÈRE , receveur-général du département du Gard , membre de la Légion d'honneur , à Nîmes.

LABEDOYER , rue Saint-Dominique.

LABEY , instituteur à l'école polytechnique , professeur de mathématiques transcendantes au lycée Napoléon.

LABILLARDIÈRE , membre de l'institut , boulev. Montmartre , n° 4, *p.* 2 *ex.*

LABITTE , libraire , rue du Bacq , n° 1.

LACAZE , libraire , à Mont-de-Marsan.

LACOSTE-RIGAIL , négociant , à Montauban.

LADOUESPE fils , propriétaire à Mouchamps , par les Herbiers , départem. de la Vendée.

LAFONÊT , rue de Cléri , n° 5.

LAGNY , rue des Deux-Portes , n° 7.

LA GRANGE , membre de la société d'agriculture du département de l'Indre . à Saint-Benoît-du-Sault.

LA GRECA , rue de Richelieu , hôtel des Lillois.

LAIR , secrétaire de la société d'agriculture et de commerce , à Caen.

LAISNEZ , libraire , à Péronne.

LAJONCHÈRE , libraire , au Palais-Royal , à Paris.

LALOY , libraire , rue de Richelieu , en face de celle Feydeau , *p.* 13 *ex.*

LAMERVILLE (HERTAUT) , correspondant de l'institut , en sa terre de la Périsse , à Dun-sur-Auron.

LAMY (Jérôme) , juge de paix du canton de Saint-Pierre-de-Chignac , et expert du cadastre dans le même département , à Périgueux.

LANDON , peintre , rue du Bacq.

LANDRIOT , imprimeur-libraire , à Clermont-Ferrand , *p.* 3 *ex.*

LANGLOIS (Hyacinthe) , libraire , rue de Seine.

LARUELLE (P. D.) , libraire . à Aix-la-Chapelle , *p.* 2 *ex.*

LATOUR (J. A.) , imprimeur de la préfecture de la vingt-cinquième division militaire , à Liège , *p.* 4 *ex.*

LACMONO , conseiller d'état et préfet du département de Seine-et-Oise , à Versailles.

LAVAL , président de la société d'agriculture et maire de la ville de Provins , à Provins.

LE BARON (Madame Hélène) , femme Blin , libraire , à Caen , *p.* 2 *ex.*

LEBOUTEUX , libraire . sur le Cours , à Aix , *p.* 3 *ex.*

LEBRUN , entrepreneur des voitures d'Orléans , rue Contrescarpe , *p.* 2 *ex.*

LECAUCHOIX, conservateur des forêts, à Orléans.
LECHARLIER, libraire, à Bruxelles, *p.* 65 *ex.*
LECLERCQUE, imprimeur-libraire, à Arras.
LECLERE (Adrien), imprimeur-libraire, quai des Augustins.
LECLERE (Théodore), libraire, quai des Augustins, *p.* 2 *ex.*
LE COMTE, propriétaire, rue du Bacq.
LE DENTU, libraire, passage Feydeau.
LEFEBVRE, propriétaire, à Joigny, département de l'Yonne.
LEFEBVRE, agent de change, à Paris.
LEFEBVRE, notaire, à Lille.
LEFEVRE, rue Saint-Honoré, à Paris.
LEFEVRE, libraire, rue Hautefeuille, *p.* 15 *ex.*
LEFORT, libraire, rue du Rempart.
LEFOURNIER et neveux, libraires, à Brest, *p.* 2 *ex.*
LEGA, libraire, à Chantilli.
LEMAIRE (Madame veuve), libraire, à Bruxelles, *p.* 6 *ex.*
LEMARCHAND, pharmacien, grande rue, à Falaise.
LEMARIÉ, imprimeur-libraire, à Liège.
LEMESLE, employé à l'administration des droits réunis, rue Ste-Avoie.
LEMONNIER (Frédéric), à Paris.
LEMONTEY, homme de lettres, à Paris.
LE NORMANT, imprimeur-libraire, rue des Prêtres-Saint-Germain-l'Auxerrois, n° 17, *p.* 216 *ex.*
LEPAGNEZ, libraire, à Vésoul.
LEPERNAY-JOUANNE, libraire, à Alençon.
LE RICHE, libraire, quai des Augustins.
LE ROUX, libraire, à Mayence, *p.* 2 *ex.*
LEROY, membre du corps législatif, rue Bourgtibour, n° 21.
LETELLIER, libraire, rue Saint-Honoré, n° 294.
LETELLIER, libraire, à Falaise.
LETONDAL DE MALBOIRE, propriétaire, à Angers.
LEVACHER, libraire, rue des Mathurins, *p.* 2 *ex.*
LEVALLOIS, chef du bureau du secrétariat-général de la préfecture du département du Calvados, à Caen.
LEVASSEUR, propriétaire, à Bologne.
LEVRET, homme de loi, à l'Hôpital, près Conflans, département du Mont-Blanc.
LEZAUD, avocat et avoué près la cour d'appel, à Limoges.
LHUILLIER, libraire, rue Saint-Jacques, n° 55.
LIÉNARD, notaire, quai d'Orléans, n° 4.
LILLERS, rue Grange-Batelière, n° 15.
LOBLIGEOIS, ingénieur, à Limoges.
LOISILLER, maire de Chaillac, près Saint-Benoît-du-Sault, département de l'Indre.
LOISSON DE GUIMAUMONT, propriétaire, à Pierry. (Marne.)
LOLLIER, prêtre, à Neuilly-Saint-Front, département de l'Aisne.
LOMELLINI-PISCINA DE RIVAROL, à Turin.
LORENTZ, secrétaire-général de la sous-préfecture de Schélestadt, département du Bas-Rhin.
LOUCHET, receveur-général des contributions, à Amiens.
LOUVIEUX (Jean-Philippe-Mathias), greffier de la justice de paix du canton de Nandrin, arrondissement de Huy, département de l'Ourthe.
LUCAS-MONTIGNY, chef-adjoint de bureau, à la préfecture du département de la Seine.
LUCAS fils, adjoint à son père, garde des galeries du muséum d'histoire naturelle, à Paris.

MACÉ DE VAUDORÉ, propriétaire de la terre de la Joussclinière, commune de la Chapelle-Themer, près Sainte-Hermine. (Vendée.)

MAGÈNE (J.), juge de paix du canton de Plaisance, à Plaisance, département du Gers.

MAGIMEL, libraire, rue de Thionville.

MAIRE, libraire, à Lyon, *p.* 39 *ex.*

MAIRE (le) d'Asti, à Asti, département de Marengo.

MALLET, conservateur des eaux et forêts, à Poitiers.

MALLET-MAMON, propriétaire-cultivateur, rue de Bondy.

MAME frères, imprimeurs, rue Pot-de-Fer, n° 14, *p.* 2 *ex.*

MAME (Ad.), imprimeur-libraire, à Tours, *p.* 4 *ex.*

MANAVIT (Aug. Dom.), imprimeur-libraire, à Toulouse, *p.* 6 *ex.*

MANGET et CHERBULIEZ, libraires, à Genève, *p.* 2 *ex.*

MARADAN, libraire, rue des Grands-Augustins.

MARC-AURÈLE, libraire, à Valence, *p.* 2 *ex.*

MARCEL, directeur de l'imprimerie impériale.

MARCHAND, libraire, rue des Grands-Augustins, *p.* 13 *ex.*

MARIE, commissionnaire de roulage, rue Saint-Martin, n° 153.

MARIÈS, avocat, rue du Puits, à Alby.

MARIN (madame), libraire, à Dijon, *p.* 2 *ex.*

MARTIN, libraire, rue Pierre-Sarrazin.

MARTIN frères, libraires, à Nevers, *p.* 2 *ex.*

MAURIER, juge de la cour d'appel, à Dijon.

MAZUEL (J. J.), à Rouval-les-Doullens, département de la Somme.

MEHENT, maire de Boussu, près Mons.

MELINE, receveur particulier de l'arrondissement du Paget-Theniers, département des Alpes-Maritimes.

MELQUIOND, libraire, à Nîmes, *p.* 4 *ex.*

MÉQUIGNON aîné, libraire, rue de l'école de Médecine.

MERCERET, propriétaire à la Barre. (Jura.)

MERCIÉ, libraire, passage de la Comédie, à Lyon, *p.* 2 *ex.*

MERIGOT, libraire, rue Pavée.

MERLIN, libraire, quai des Augustins.

MERLIN-LAFRESNOY, membre du conseil d'arrondissement et receveur de l'hospice civil, à Boulogne-sur-Mer.

MÉSANGE (madame), libraire, rue de Savoie.

MESTADIER, avocat, à Limoges.

METTEMBERG, rue d'Enfer, n° 11.

MEUNYNCK, à Nantes.

MICHAU-GEFFRIER, secrétaire de la mairie, à Beaugency.

MICHEL (Etienne), rue des Francs-Bourgeois, n° 14.

MILLION, rue de Savoie, n° 1.

MILLON, propriétaire, à Moulherlant, près Méru, département de l'Oise.

MOLINI LANDI et compagnie, libraires, à Florence, *p.* 13 *ex.*

MONAVON, fabricant d'indienne, à la Ferrandière, près Lyon.

MONGIE aîné, libraire, cour des Fontaines, *p.* 2 *ex.*

MONGIE jeune, libraire, galerie de bois, Palais Royal, à Paris, *p.* 13 *ex.*

MONTELLIER, avocat et avoué, secrétaire de la société d'agriculture du département de la Haute-Loire, au Puy.

MONVEL fils, palais de l'archi-chancelier, à Paris.

MONY, rue Saint-Martin, n° 72.

MORANT, propriétaire, à Orléans.

MOREAU, receveur-général du département de Saône-et-Loire, à Mâcon.

MOREAU-DESBREUX, propriétaire, à Saint-Martin de Tournon, près le Blanc.

MORGNY, propriétaire, rue et hôtel Palatin, à Paris.

MOSSY, libraire, à Marseille, *p.* 13 *ex.*

SAINTIN, libraire, rue des Grands-Augustins, n° 5.
SAINT-JUST, rue de Richelieu, n° 8, *p. 2 ex.*
SAINTON, imprimeur-libraire, à Troyes, *p. 2 ex.*
SAINTONRENS, marchand grainetier, et commissionnaire en librairie, à Tartas, département des Landes, *p. 13 ex.*
SALLENAVE (François), hôtel du petit Carrousel.
SALLES, imprimeur-libraire, à Riom, départ. du Puy-de-Dôme, *p. 13 ex.*
SARSBERG, propriétaire, à Strasbourg, département de la Sarre.
SCHOELL, libraire, rue des Fossés-St.-Germain-l'Auxerrois, n° 29, *p. 13 ex.*
SENEGRA, propriétaire, à la Fère, département de l'Aisne.
SEVALLE, libraire, à Montpellier, *p. 4 ex.*
SICURO, propriétaire, à Venise.
SIGNARD (Frédéric), propriétaire, rue Guilbert, à Caen.
SOLEURE, propriétaire, et membre du collège électoral du département de l'Ourthe, à Liège.
SOLIMANI, docteur en médecine, à Nîmes.
SOUFFLOT DE MERCY, rue du Sentier, n° 11.
STAPLEAUX, imprimeur-libraire, à Bruxelles, *p. 13 ex.*
SUBY-PREMONVAL, propriétaire-cultivateur, à Tachy.

TAILLEPIED DE BONDI, receveur général, à Angers.
TARDIEU (H.), libraire, Passage des Panorama, n° 12, *p. 6 ex.*
TARDIF, rue du Four, faubourg Saint-Germain, n° 34.
TAVERNIER, horloger, à l'ancien passage du café de Foi.
TELLIER (L.), receveur général du département de la Loire, à Montbrison.
TESTOT-FERRY, à la Chapelle la Reine, près Fontainebleau.
TESTU, imprimeur-libraire, rue Hautefeuille, n° 13.
THIERRY, père et fils aîné, pharmaciens, à Caen.
THORÉ (V.), médecin, à Fabrizan, par Lésignon, département de l'Aude.
THORON père et fils aîné, négocians, à Carcassonne, département de l'Aude.
TIERSONNIER, propriétaire, à Nevers.
TILLIARD frères, libraires, rue Pavée.
TINEL (P.), secrétaire général de la préfecture du département de l'Escant, à Gand.
TONNOT, fils, médecin, à Quincy, département du Doubs.
TOPINO, libraire, à Arras.
TRAULLÉ (Alexandre), commandant d'armes, à Mézières.
TREUTTEL et WURTZ, libraires, rue de Lille, n° 17, *p. 13 ex.*
TRILLY, rue Helvétius, à Paris.
TSCHANU, cultivateur, membre du conseil d'agriculture et de la société d'émulation du département du Haut-Rhin, à Colmar.
TURODIN, aîné, rue de l'Université, n° 71.

VACCA (F.), conseiller de préfecture, à Savone, département de Montenotte.
VALFRÉ-BORZO FERDINAND, à Bra, 27e division de la Stura, près Cherasco.
VALLÉE, rue Pierre Sarrazin, n° 12.
VALLÉE, frères, libraires, à Rouen, *p. 26 ex.*
VALLIARANA (Louis), abbé, à Turin.
VANACKERE, libraire, à Lille, *p. 3 ex.*
VAN-CLEEF, frères, libraires de sa majesté le roi de Hollande, à Lahaye *p. 4 ex.*

Van-Mons, docteur en médecine, de plusieurs sociétés savantes, à Bruxelles.

Vanraest (Mme), libraire, quai Dessaix, *p.* 14 *ex.*

Varenne de Fenille, membre de la société d'agriculture de Bourg, à Bourg, département de l'Ain.

Varlet, relieur, rue Saint-Jean de Beauvais, n° 13, *p.* 2 *ex.*

Vasseur, à Boulogne-sur-Mer.

Védrine, à Arlon, département des Forêts.

Vente, libraire, boulevard des Italiens, n° 7.

Vern, propriétaire, rue d'Enfer, n° 53.

Vernet, ancien chirurgien en chef des armées françaises, à Bayeux.

Veronèse, libraire, et imprimeur de la préfecture des Basses-Pyrénées, à Pau.

Viarana (Charles-Erasme), à Turin.

Villemorin-Andrieux, quai de la Mégisserie, n° 30.

Villerval, propriétaire, à Lille.

Villet, libraire, rue Hautefeuille, *p.* 6 *ex.*

Villier (veuve), libraire, rue des Mathurins Saint-Jacques, *p.* 4 *ex.*

Vinatier, propriétaire, rue Saint-Dominique, à Moulins.

Vincenot, libraire, à Nancy, *p* 13 *ex.*

Vincent-Saint-Laurent, membre du conseil de préfecture et de la société d'agriculture, à Nîmes.

Virey, pharmacien en chef, au Val-de-Grace.

Vistoo, receveur particulier, à Malmédy, près Spa, département de l'Ourthe.

Vitalis, imprimeur-libraire, à Bar-sur-Aube.

Vitterbo, maire de Fossano, département de la Stura.

Wallois, libraire, à Amiens.

Warrée (oncle), libraire, quai des Augustins, *p.* 6 *ex.*

Warrée (Gabriel), libraire, quai Malaquais.

Warsberg (Alexandre), propriétaire, à Saarburg, près Trèves.

Worms, banquier, rue de Bondy, n° 44.

Xhrouet, imprimeur-libraire, rue des Moineaux, *p.* 2 *ex.*

Yrieix Beaupoil de Saint-Aulaire, aux Tavernes, à Périgueux.

Yvernault et Cabin, libraires, rue Saint-Dominique, n° 64, on, *p.* 26 *ex.*

FIN DE LA LISTE DES SOUSCRIPTEURS.

www.ingramcontent.com/pod-product-compliance
Lightning Source LLC
Chambersburg PA
CBHW031437210326
41599CB00016B/2031